Tabellenbuch Anlagenmechaniker IHK – Industrie

von
Hans Werner Wagenleiter (Herausgeber)
Hermann Bux
Bertram Hense
Hans-Peter Laß
Karl-Heinz Mertsch
Uwe Wellmann

2., überarbeitete und erweiterte Auflage

Handwerk und Technik – Hamburg

Vorwort

Das vorliegende Tabellenbuch ist ein Nachschlagewerk für alle Anlagemechaniker IHK – Industrie.
Die aktuelle Auflage des Tabellenbuches Anlagenmechaniker IHK – Industrie wurde umfangreich überarbeitet und erweitert.
Dabei wurden alle Kapitel teilweise neugestaltet, überarbeitet, ergänzt und den aktuell geltenden Normen und Regelwerken angepasst.
Das Tabellenbuch ist konzipiert als gestraffte, kompetente und übersichtliche Informationsquelle für die Aus-, Fort- und Weiterbildung.
Ein Einsatz an Meister-, Techniker- und Fachhochschulen sowie in der Werkstatt und auf der Baustelle ist gewährleistet.
Das Tabellenbuch **Anlagenmechaniker IHK – Industrie HT 3138** orientiert sich in seiner Gliederung an den Fachbereichen der Anlagentechnik in den Kapiteln.

1 Allgemeine Grundlagen
2 Technische Kommunikation
3 Werkstofftechnik
4 Fertigungstechnik
5 Rohrleitungssysteme
6 Versorgungstechnische Anlagen
7 Komponenten der Anlagentechnik
8 Apparate- und Behälterbau
9 Instandhaltung
10 Umwelttechnik
11 Umweltschutz, Arbeitsschutz, Brandschutz, Schallschutz

Die Gliederung und ein ansprechendes Layout auf den Seiten ermöglichen eine rasche und zielsichere Suche nach Daten, Formeln, Zahlentafeln, Übersichten und Tabellen.
Gemeinsames Anliegen von Autoren und Verlag war es, dass vielfältige Wissen so auszuwählen, dass alle zwingend notwendigen Inhalte abgebildet werden.
Gleichzeitig ist die Handhabung des Werkes gewährleistet.
Verlag und Autoren sind aber für Hinweise, Anregungen und Wünsche der Leser dankbar und bemühen sich, diese bei Überarbeitungen zu berücksichtigen.
Das Tabellenbuch **Anlagenmechaniker IHK – Industrie HT 3138** ist geeignet für den Einsatz in Prüfungen der IHK.

Autoren und Verlag

Die technischen und grafischen Zeichnungen wurden nach Vorlagen ausgeführt von: as-illustration Alexander Schmitt, 97222 Rimpar; Grafische Produktion Neumann, 97222 Rimpar; Ingenieurteam Harald Kontny, 21109 Hamburg; Planungs- und Ing.-Büro Appel, 24568 Kattendorf

ISBN 978-3-582-30064-5 Best.-Nr. 3138

Die Normblattangaben werden wiedergegeben mit Erlaubnis des DIN Deutsches Institut für Normung e.V. Maßgebend für das Anwenden der Norm ist deren Fassung mit dem neuesten Ausgabedatum, die bei der Beuth Verlag GmbH, Burggrafenstraße 6, 10787 Berlin, erhältlich ist.

Verlag Handwerk und Technik GmbH,
Lademannbogen 135, 22339 Hamburg; Postfach 63 05 00, 22331 Hamburg – 2023
E-Mail: info@handwerk-technik.de – Internet: www.handwerk-technik.de

Satz und Layout: Reemers Publishing Services GmbH, 47799 Krefeld
Druck: Himmer GmbH Druckerei & Verlag, 86167 Augsburg

Autoren und Verlag danken den genannten Firmen, Institutionen und Personen für die Überlassung von Vorlagen bzw. Abdruckgenehmigungen folgender Abbildungen:

Aalberts hydronic flow control, Machern OT Gerichshain: S. 336.2; 337.1-2
Aalberts integrated piping systems, Essen: S. 332.1-2; 333.1-2; 334.1; 335.1-2; 336.1; 342.1; 343.2-3
Air Liquide Deutschland GmbH, Düsseldorf: S. 208.8; 209.1-4
Joachim Albers, Fintel: S. 508.2
Allmess GmbH, Oldenburg i.H.: S. 502.1
ALZMETALL Werkzeugmaschinenfabrik und Gießerei Friedrich GmbH & Co. KG, Altenmarkt: S. 553.1
Anondi GmbH, Ulm www.heizsparer.de: S. 468.1
A-TEC Anlagentechnik GmbH, Willich: S. 456.1
AVK Armaturen GmbH, Wülfrath: S. 432.5; 433.1-2
BDEW Bundesverband der Energie- und Wasserwirtschaft e.V, Berlin: S. 420.2, 5; 431.1-3; 446.3; 471.1; 472.1-2
Berluto Armaturen-GmbH, Tönisvorst: S. 338.1-2
Bosch Industriekessel GmbH, Gunzenhausen: S. 465.1-2; 466.1
BWP Bundesverband Wärmepumpe e.V., Berlin: S. 556.3; 557.1-3
Carl Stahl Hebetechnik GmbH, Süßen: S. 546.3; 547.1
Cross Media Solutions GmbH, Würzburg: S. 534.3
Deutsche Gesetzliche Unfallversicherung e.V. / DGUV e.V., Berlin: S. 62.1, 3
Deutscher Wetterdienst, Abt. Klima- und Umweltberatung, Hamburg: S. 560.1
Deutscher Wetterdienst, Abt. Hydrometeorologie, Offenbach/Main: S. 572.2
DVGW CERT GmbH, Bonn: S. 62.4-6; 63.1-2; 454.2
ENTROPIE GmbH, München: S. 464.1
EnviTec Biogas AG, Saerbeck: S. 456.3
Euro Sweillem GmbH, Brüggen: S. 406.1-2
Auszug aus dem Regelwerk FGSV 370, RSA 21 - Richtlinien für die verkehrsrechtliche Sicherung von Arbeitsstellen an Straßen, Ausgabe 2021, auszugsweise wiedergegeben mit Erlaubnis der Forschungsgesellschaft für Straßen- und Verkehrswesen e.V.; Maßgebend für das Anwenden des FGSV-Regelwerkes ist dessen Fassung mit dem neuesten Ausgabedatum, erhältlich beim FGSV Verlag, Wesselinger Str. 15-17, 50999 Köln, www.fgsv-verlag.de: S. 413.1; 414.1
fischerwerke GmbH & Co. KG, Waldachtal: S. 239.1-19; 240.4-6; 241.1
FLIR Systems GmbH, Frankfurt: S. 508.1
FLOMEC®: S. 502.2
FNB Gas Umsetzungsbericht 2021 zum NEP Gas 2020-2030, Basiskarte 2021: S. 445.1
Future Mindset 2050 GmbH, Gehrden: S. 21.1, 4; 24.4; 85.11; 86.2; 87.1, 6; 88.6-7; 89.7; 90.5-7; 210.1-4; 261.1-4; 262.1-5; 277.2; 288.1; 289.2-5; 290.1-5; 291.1-2; 292.1; 293.1; 304.1-2; 386.1; 388.1; 408.1; 409.1-2; 410.1-4; 411.1-2; 412.1; 416.1; 454.1a-c; 502.4; 506.4; 509.1, 3; 510.1-6; 512.1-16; 515.1-3; 516.1; 517.1-5; 518.1-3; 519.1-2; 520.1-2; 521.1-2; 522.1-2; 523.1; 525.1-4; 526.1-2; 527.1-5; 533.2; 551.1a-e
GEA Wiegand GmbH; Ettlingen: S. 486.3-4; 487.1
Gebr. Kemper GmbH + Co. KG, Olpe: S. 345.2
GELSENWASSER AG: S. 418.1; 419.1
GeRon Gurt- und Hebetechnik GmbH & Co. KG, Bremen: S. 539.1
Gloria GmbH, Wadersloh: S. 435.3
HAMBURG WASSER: S. 422.2; 432.4
Werner Harke, Neustadt an der Weinstrasse/OT Mußbach: S. 56.1
Heco GmbH, Remchingen: S. 339.1-2; 340.1-2; 341.1-2
Hubert Waltermann GmbH & Co., Balve: S. 544.1
IFA, Sankt Augustin: S. 62.2
Industriearmaturen Göttgens GmbH, Würselen: S. 358.3
Initiative Energien Speichern: S. 444.3
Johann Bartlechner KG, Kirchweidach: S. 404.1-2; 405.1-2
KÄHLER GmbH Armaturen, Burscheid: S. 334.2
Kessel AG, Lenting: S. 440.1
KROHNE: S. 504.2
KSB SE & Co. KGaA, Frankenthal: S. 483.1-3; 484.1-2
Landesamt für Bergbau, Energie und Geologie, Hannover: S. 443.5
Lothar Huck GmbH, Bühl-Weitenung: S. 545.2-3
Lutz Pumpen GmbH, Wertheim: S. 486.1-2
Minimax GmbH, Bad Oldesloe: S. 433.3-5; 434.1-2
Netze-Gesellschaft Südwest mbH, Ettlingen: S. 446.2
Parker Hannifin Corporation: S. 286.1-5; 287.1-4; 288.2-6; 289.1
PLASSON GmbH, Wesel, www.plasson.de: S. 370.1-3; 371.1-3; 372.1-3; 373.1-2; 374.1-3; 375.1-2; 376.1; 377.1-3; 378.1-3; 379.1-2; 380.1-2; 381.1-4; 382.1-2
PRIMAGAS Energie GmbH: S. 458.1; 462.4
Puteus GmbH, Tönisvorst: S. 344.1-2
Reflex Winkelmann GmbH, Ahlen: S. 426.2
Robert Bosch Power Tools GmbH, Leinfelden-Echterdingen: S. 507.4
Schenker Storen GmbH, Ravensburg-Bavendorf: S. 55.2
Anton Schweizer, Friedrichshafen: S. 361.1
https://medienportal.siemens-stiftung.org/de/energiequellen-fuer-elektrischen-strom-100123, © Siemens Stiftung 2017, lizenziert unter CC BY-SA 4.0 international (Lizenztext siehe https://creativecommons.org/licenses/by-sa/4.0/legalcode.de): S. 471.2
Stadtwerke Osnabrück AG: S. 419.2
Steinle Industriepumpen GmbH, Düsseldorf: S. 485.1-2
Steinzeug-Keramo GmbH, Frechen: S. 406.3
TGE Gas Engineering GmbH: S. 445.2
Daniel Thaler, Stadtwerke Ostfildern: S. 422.1
Umweltbundesamt, Dessau-Roßlau: S. 420.4
VAG-Armaturen GmbH, Mannheim: S. 432.1-3
VDE Verband der Elektrotechnik Elektronik Informationstechnik e.V., Offenbach am Main: S. 63.3-6
Viega GmbH & Co. KG, Attendorn: S. 317.1; 342.2-3; 343.1
Viessmann Climate Solutions SE: S. 467.1
Thomas Wagenknecht, Leuna: S. 174.1
Wika Alexander Wiegand SE & Co. KG, Klingenberg, www.wika.com: S. 507.3
Wikimedia (©Fpunktz, CC BY-SA 3.0 DE): S. 504.1
WILO SE, Dortmund: S. 420.6-7
Markus Wölfel, Uhingen: S. 54.1; 55.1
Wolfsburger Entwässerungsbetriebe: S. 439.3
Wuppertal Institut für Klima, Umwelt, Energie gGmbH, Wuppertal: S. 446.1

Trotz intensiver Bemühungen ist es uns nicht gelungen, die Urheber einiger Abbildungen zu ermitteln. Die Rechte dieser Urheber werden selbstverständlich vom Verlag gewahrt. Die Urheber oder deren Rechtsnachfolger werden gebeten, sich mit dem Verlag in Verbindung zu setzen.

Inhalt

1 Allgemeine Grundlagen

1.1 Größen und Einheiten *quantities and units*

SI[1)]-Basiseinheiten

DIN 1301-1 : 2010-10

Physikalische Größe	Formelzeichen (DIN 1304-1)	SI-Einheiten	Einheitenzeichen (DIN 1301-1)	Weitere Einheiten
Länge	l, s	Meter, Zoll*	m	1 Meile = 1609 m, Zoll = 2,54 mm*
Masse	m	Kilogramm	kg	1 t = 1000 kg
Zeit	t	Sekunde	s	1 min = 60 s 1 h = 60 min = 3600 s
elektrische Stromstärke	I	Ampere	A	
Temperatur	T, θ, ϑ	Kelvin	K	0 K = –273,15 °C 0 °C = 273,15 K
Lichtstärke	I_v	Candela	cd	
Stoffmenge	n	Mol	mol	

[1)] Système International d'Unités (Internationales Einheitensystem)

Vorsätze von Einheiten (Auswahl)

DIN 1301-1 : 2010-10

Vorsatz	Zeichen	Potenzschreibweise	Bedeutung	Beispiel
Mega	M	10^6	millionenfach	1 Megawatt = 1 MW = 1 000 000 W
Kilo	k	10^3	tausendfach	1 Kilometer = 1 km = 1000 m
Hekto	h	10^2	hundertfach	1 Hektoliter = 1 hl = 100 l
Deka	da	10^1	zehnfach	1 Dekagramm = 10 g
		$10^0 = 1$	einfach	1 Meter
Dezi	d	10^{-1}	Zehntel	1 Dezimeter = 1 dm = 0,1 m
Zenti	c	10^{-2}	Hundertstel	1 Zentimeter = 1 cm = 0,01 m
Milli	m	10^{-3}	Tausendstel	1 Millimeter = 1 mm = 0,001 m

Vielfache und Teile von Einheiten

Längen	Flächen	Raummaße	Massen	Kräfte
1 km = 1000 m	1 ha = 100 a	1 m³ = 1000 dm³	1 t = 1000 kg	1 MN = 1000 kN
1 m = 10 dm	1 a = 100 m²	1 dm³ = 1000 cm³	1 kg = 1000 g	1 kN = 1000 N
1 dm = 10 cm	1 m² = 100 dm²	1 hl = 100 l	1 mg = 0,001 g	1 daN = 10 N
1 cm = 10 mm	1 m² = 10 000 cm²	1 l = 1000 ml	1 g = 1000 mg	
1 mm = 0,001 m	1 cm² = 100 mm²	1 cl = 0,01 l		
1 µm = 0,001 mm		1 ml = 0,001 l		

Griechisches Alphabet *greek alphabet*

Α α alpha	Ζ ζ zeta	Λ λ lambda	Π π pi	Φ φ phi
Β β beta	Η η eta	Μ μ mü	Ρ ϱ, ρ rho	Χ χ chi
Γ γ gamma	Θ θ, ϑ theta	Ν ν nü	Σ σ sigma	Ψ ψ psi
Δ δ delta	Ι iota	Π ξ xi	Τ τ tau	Ω ω omega
Ε ε epsilon	Κ κ kappa	Ο o omikron	Υ υ ypsilon	

Abgeleitete SI-Einheiten (Auswahl)

DIN 1301-1 : 2010-10, DIN 1301-2 : 1978-02

Physikalische Größe	Formelzeichen	abgeleitete SI-Einheiten	Einheitenzeichen	Weitere Einheiten
Fläche	*A*, *S*	Quadratmeter	m^2	
Volumen	*V*	Kubikmeter	m^3	1 Liter = 1 dm^3
Dichte	ϱ	Kilogramm/ Kubikmeter	$\frac{kg}{m^3}$	$1\frac{g}{cm^3} = 1\frac{kg}{dm^3} = 1\frac{t}{m^3}$
Winkel	$\alpha, \beta, \gamma, \delta$	Grad	°	1 rad (Radiant) $1^\circ = \frac{\pi}{180 \text{ rad}}$
Drehzahl	*n*	1 pro Sekunde	$\frac{1}{s}$, s^{-1}	$\frac{1}{min}$, min^{-1}
Winkelgeschwindigkeit	ω	rad pro Sekunde	$\frac{rad}{s}$	
Geschwindigkeit	*v*	Meter pro Sekunde	$\frac{m}{s}$	$1\frac{m}{s} = 3{,}6$ km (h)
Beschleunigung	*a*	Meter pro s^2	$\frac{m}{s^2}$	$g = 9{,}81 \frac{m}{s^2}$ (Erdbeschleunigung)
Kraft	*F*	Newton Kilopond*	N kp*	$1 N = 1 kg \frac{m}{s^2}$ 1 kp = 9,81 N*
Druck	*p*	Pascal	Pa at = kp/cm^2*	$1 Pa = 1\frac{N}{m^2}$, $1 bar = 10\frac{N}{cm^2}$ 1 at = 98,06 kPa* = 0,980 bar*
mechanische Spannung	σ, τ	Newton pro mm^2	$\frac{N}{mm^2}$	
Energie, Wärmemenge, Arbeit	*W*, *S*, *E*, *Q*	Joule, Wattstunde, Wattsekunde	J, Wh, Ws kcal* kpm*	1 J = 1 Nm = 1 Ws 1 kcal = 4186,8 J* 1 kpm = 9,81 J*
Leistung	*P*	Watt	W PS*	$1W = -1\frac{Nm}{s} = 1V \cdot 1A$ 1 PS = 735,5 W*
elektrische Spannung	*U*	Volt	V	$1V = 1\frac{W}{A}$
elektrischer Widerstand	*R*	Ohm	Ω	
Wärmedurchgangskoeffizient	*U*	Watt pro m^2 und Kelvin	$\frac{W}{m^2 \cdot K}$	
Wärmeleitfähigkeit	λ	Watt pro m und K	$\frac{W}{m \cdot K}$	

* (nicht mehr anzuwenden)

Formelzeichen

DIN 1304-1 : 1994-03

Zeichen	Physikalische Größe	Einheit	Zeichen	Physikalische Größe	Einheit
l	Länge	m, mm	*A*, *S*	Fläche	m^2, mm^2
h	Tiefe, Höhe	m, mm	*S*	Querschnittsfläche	m^2, mm^2
b	Breite	m, mm	α, β, γ	Winkel	°
r	Radius	m, mm	*V*	Volumen	m^3, mm^3
d, *D*	Durchmesser	m, mm	*t*	Zeit	1 h = 60 min = 3600 s
s	Weglänge, Wanddicke	m, mm	ω	Kreisfrequenz	$\frac{1}{s}$

Formelzeichen (Fortsetzung)

Zeichen	Physikalische Größe	Einheit
n	Umdrehungsfrequenz	$\frac{1}{min}$, $\frac{1}{s}$ min^{-1}, s^{-1}
v	Geschwindigkeit	$\frac{m}{s}$, $\frac{mm}{min}$, $\frac{km}{h}$
a	Beschleunigung	$\frac{m}{s^2}$
g	Erdbeschleunigung	$\frac{m}{s^2}$
$\dot{V}$	Volumenstrom	$\frac{m^3}{h}$, $\frac{l}{min}$
ω, Ω	Winkelgeschwindigkeit	$\frac{rad}{s}$
φ	Phasenwinkel	°
m	Masse	t, kg, g
m'	längenbezog. Masse	$\frac{kg}{m}$
m''	flächenbezog. Masse	$\frac{kg}{m^2}$
ϱ, ρ	Dichte	$\frac{kg}{dm^3}$
F	Kraft	N
F_G, G	Gewichtskraft	N
M	Drehmoment	Nm
p	Druck	bar, Pa, $\frac{N}{mm^2}$
p_{abs}	absoluter Druck	Pa
p_{amb}	Atmosphärendruck, Umgebungsdruck	Pa
p_e	Überdruck (+, –)	Pa
σ	Zugspannung	$\frac{N}{mm^2}$
τ	Schubspannung	$\frac{N}{mm^2}$
ε	Dehnung	%
T	Torsionsmoment	Nm
E	Elastizitätsmodul	$\frac{N}{mm^2}$
G	Schubmodul	$\frac{N}{mm^2}$

* (nicht mehr anzuwenden)

Zeichen	Physikalische Größe	Einheit
W	Widerstandsmoment	m^3
I	Flächenmoment 2. Grades	m^4
μ	Reibungszahl	–
W, A	Arbeit	J, Nm, Ws, kWh
E, W, Q	Energie, Wärmemenge	J, Nm, Ws, kWh
P	Leistung	W, $\frac{Nm}{s}$, $\frac{J}{s}$
$\dot{Q}$, Φ_{th}, Φ	Wärmestrom, Wärmeleistung	W kcal/h*
η	Wirkungsgrad	
U	elektrische Spannung	V
I	elektrischer Strom	A
R	elektrischer Widerstand	Ω
ϱ, ρ	spezifischer elektrischer Widerstand	$\Omega \cdot \frac{m^2}{m}$
N	Windungszahl	–
T, θ	Temperatur, thermodynamische (absolute) Temperatur	K, °C
t, ϑ	Celsiustemperatur	°C
ΔT, $\Delta\vartheta$, $\Delta\theta$	Temperaturunterschied	K
Q	Wärmemenge	J
λ	Wärmeleitfähigkeit	$\frac{W}{(m \cdot K)}$
α	Längenausdehnungskoeffizient	$\frac{1}{K}$, K^{-1}
γ, α_V	Volumenausdehnungskoeffizient	$\frac{1}{K}$, K^{-1}
c	spez. Wärmekapazität	$\frac{Wh}{kg \cdot K}$, $\frac{kJ}{kg \cdot K}$
H_i	spez. Heizwert	$\frac{kWh}{kg}$, $\frac{kWh}{m^3}$
H_s	spez. Brennwert	$\frac{kWh}{kg}$, $\frac{kWh}{m^3}$

1.2 Berechnungen *calculations*

Dreisatzrechnung *proportions*

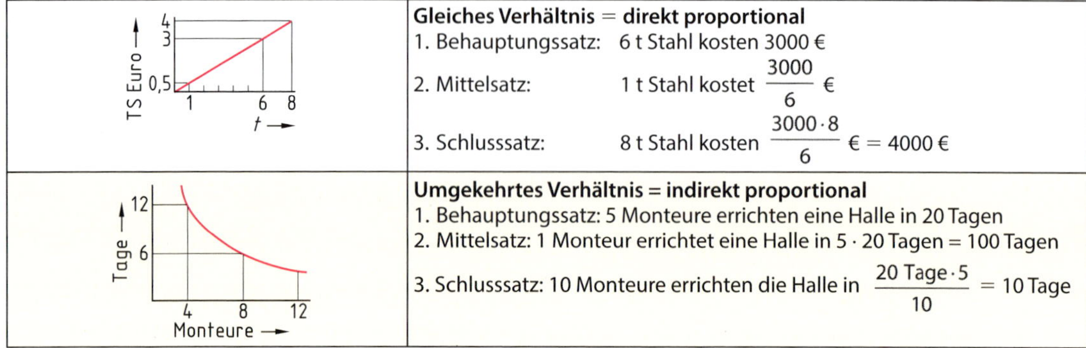

	Gleiches Verhältnis = direkt proportional 1. Behauptungssatz: 6 t Stahl kosten 3000 € 2. Mittelsatz: 1 t Stahl kostet $\frac{3000}{6}$ € 3. Schlusssatz: 8 t Stahl kosten $\frac{3000 \cdot 8}{6}$ € = 4000 €
	Umgekehrtes Verhältnis = indirekt proportional 1. Behauptungssatz: 5 Monteure errichten eine Halle in 20 Tagen 2. Mittelsatz: 1 Monteur errichtet eine Halle in 5 · 20 Tagen = 100 Tagen 3. Schlusssatz: 10 Monteure errichten die Halle in $\frac{20\ \text{Tage} \cdot 5}{10}$ = 10 Tage

Prozentrechnung, Promillerechnung, Zinsrechnung
Percentage and mil calculation, calculation of interest

	Formel	Formelzeichen	Erläuterung	
Prozentrechnung	$1\% = \frac{1}{100} = 1$ v.H. (von Hundert) Bei der Prozentrechnung beziehen sich alle Größen auf 100. $\frac{p}{100} = \frac{w}{g} \qquad w = \frac{p \cdot g}{100}$	p w g	Prozentsatz Prozentwert, Teilmenge Grundwert = 100 %	in %
Promillerechnung	$1‰ = \frac{1}{1000} = 1$ v.T. (von Tausend) Bei der Promillerechnung beziehen sich alle Größen auf 1000. $\frac{p'}{1000} = \frac{w'}{g} \qquad w' = \frac{p' \cdot g}{1000}$	p' w' g	Promillesatz Promillewert, Teilmenge Grundwert = 1000 %	in ‰
Zinsrechnung	Der Zinssatz p verhält sich zu 100 % wie die Zinsen Z zum eingesetzten. Kapital K $\frac{p}{100} = \frac{Z}{K} \qquad Z = \frac{K \cdot p \cdot t}{100}$	p Z K t	Zinssatz (-fuß) Zinsen Kapital Zeit in Jahren Der Zinseszinseffekt ist nicht berücksichtigt.	in % in € in €

Gefälle *gradient*

	Formel	Formelzeichen	Erläuterung	
Relativgefälle	$I = \frac{h}{l}$	I h l	Relativgefälle Höhendifferenz Länge	 in m, mm in m, mm
Prozentgefälle	$I_{\%} = \frac{h}{l} \cdot 100\ \%$	$I_{\%}$ h l	Prozentgefälle Höhendifferenz Länge	 in m, mm in m, mm
Neigungsverhältnis	$I_N = \frac{h}{l}$	I_N h l	Neigungsverhältnis Höhendifferenz Länge	 in m, mm in m, mm

1.3 Längen, Flächen, Volumen und Massen

Verschnitt *waste*

	Formel	Formelzeichen	Erläuterung
A_V A_V A_F A_R A_V A_V	Abschlagberechnung (z. B. in der Fertigung) $A_R = 100\ \%$ $A_V = A_R - A_F$ $A_{V\%} = \frac{A_R - A_F}{A_R} \cdot 100\ \%$ Zuschlagberechnung (z. B. Kalkulation) $A_F = 100\ \%$ $A_R = A_F + A_{Vges}$ $A_{V\%} = \frac{A_F - A_{Vges}}{A_F} \cdot 100\ \%$	A_R A_F A_V A_{Vges} $A_{V\%}$	Blechbedarf in m^2, cm^2 Werkstückfläche (Fertigteil) in m^2, cm^2 Verschnitt in m^2, cm^2 Summe der Verschnittteilflächen in m^2, cm^2 Verschnitt in %

Lehrsatz des Pythagoras *the theorem of Pythagoras*

	Formel	Formelzeichen	Erläuterung
b^2 a^2 C b a c A B c c^2	Es gilt: Hypotenusenquadrat = Summe der Kathetenquadrate $c^2 = a^2 + b^2$ $c = \sqrt{a^2 + b^2}$ $a = \sqrt{c^2 - b^2}$ $b = \sqrt{c^2 - a^2}$	c a, b	Hypotenuse z. B. liegt gegenüber dem rechten Winkel in mm Katheten z. B. umfassen den rechten Winkel in mm

Winkelfunktionen im rechtwinkligen Dreieck *trigonometric functions*

	Formel	Formelzeichen	Erläuterung
Winkelfunktionen Hypotenuse c, Kathete a, Kathete b, α, β, γ Hypotenuse c, Kathete a, Kathete b, α, 90° Hypotenuse c, Kathete a, Kathete b, β, 90°	$\text{sinus} = \frac{\text{Gegenkathete}}{\text{Hypotenuse}}$ $\text{cosinus} = \frac{\text{Ankathete}}{\text{Hypotenuse}}$ $\text{tangens} = \frac{\text{Gegenkathete}}{\text{Ankathete}}$ $\sin\alpha = \frac{a}{c}$ $\tan\alpha = \frac{a}{b}$ $\cos\alpha = \frac{b}{c}$ $\cot\alpha = \frac{b}{a}$ $\sin\beta = \frac{b}{c}$ $\tan\beta = \frac{b}{a}$ $\cos\beta = \frac{a}{c}$ $\cot\beta = \frac{a}{b}$	c a, b sin cos tan cot	Hypotenuse Katheten Sinus Cosinus Tangens Cotangens Berechnung der Seiten: $a = b \cdot \tan\alpha$ $a = b \cdot \cot\beta$ $a = c \cdot \sin\alpha$ $a = c \cdot \cos\beta$ $b = \frac{a}{\tan\alpha}$ $b = a \cdot \cot\alpha$ $b = c \cdot \sin\beta$ $b = c \cdot \cos\alpha$ $c = \frac{a}{\sin\alpha}$ $c = \frac{\alpha}{\cos\beta}$ $c = \frac{b}{\cos\alpha}$ $c = \frac{a}{\sin\alpha}$ $c = \frac{b}{\sin\beta}$

Teilungen *devidings*

	Formel	Formelzeichen	Erläuterung	
Teilung von Längen Randabstand = Teilung	$L = z \cdot t$ $t = \frac{L}{n+1}$ $z = \frac{L}{t}$	t L n z	Teilung (bezogen auf Mittellinien) Gesamtlänge Anzahl der Aufhängungen Anzahl der Teilungen (Felder zwischen den Aufhängungen)	in mm in mm
	$n = z - 1$ $L = z \cdot t + a + b$ $t = \frac{L-(a+b)}{z}$			
	$z = \frac{L-(a+b)}{t}$ $\alpha = \frac{360°}{n}$ $l_b = \frac{d_m \cdot \pi}{n}$	α n l_b	Winkel Anzahl der Bohrungen bezogen auf die Lochteilung Bogenmaß	in ° in mm

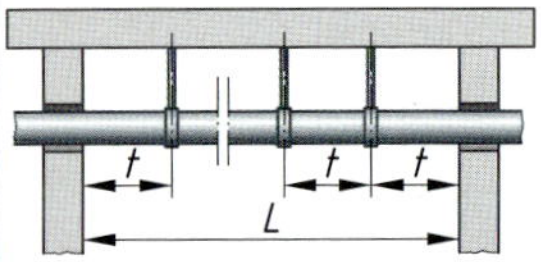

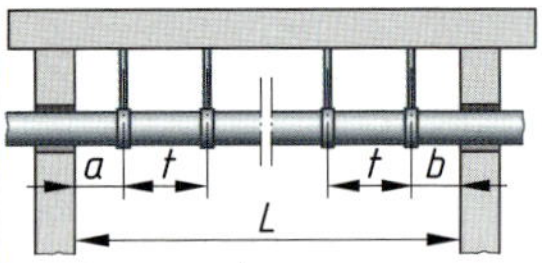

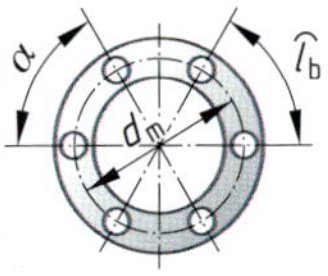

Gestreckte Länge *stretched length*

	Formel	Formelzeichen	Erläuterung	
Kreisring 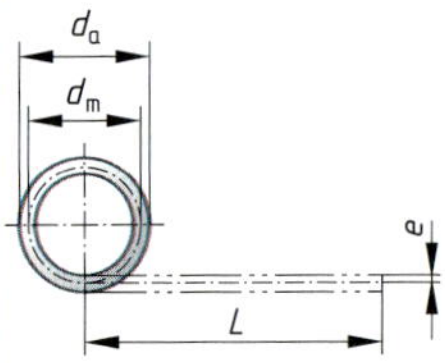	gestreckte Länge L = Länge der Schwerpunktlinie (neutralen Zone) $L = \pi \cdot d_m$ $d_m = d_a - 2 \cdot e$ $d_a = 2 \cdot R$	L d_m e d_a R	gestreckte Länge Durchmesser an der neutralen Zone Abstand d. Schwerpunktlinie von Innenseite Außendurchmesser Biegeradius	in mm in mm in mm in mm in mm
Bruchteil eines Kreises 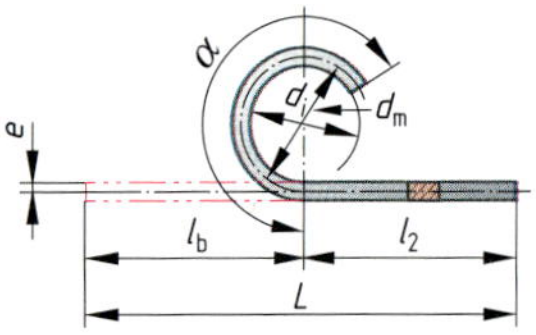	$L = l_b + l_2$ $l_b = \frac{\pi \cdot d_m \cdot \alpha}{360°}$ $d_m = d_i + 2 \cdot e$	L l_b l_2 d_m d_i α e	gestreckte Länge gekrümmtes Teilstück gerades Teilstück Durchmesser an der neutralen Zone Innendurchmesser Biegewinkel Abstand der Schwerpunktlinie	in mm in mm in mm in mm in mm in ° in mm

Flächen *areas*

	Formel	Formelzeichen	Erklärung	
Quadrat 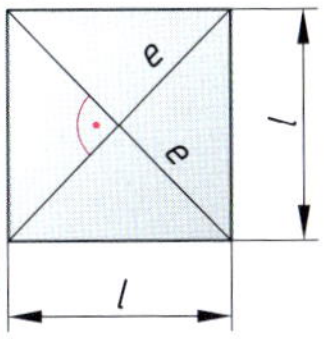	$A = l^2 \quad l = \sqrt{A}$ $A = \frac{e^2}{2} \quad e = l \cdot \sqrt{2}$ $U = 4 \cdot l$	A l e U	Fläche Seitenlänge Diagonale, Eckenmaß Umfang	in mm² in mm in mm in mm
Rechteck 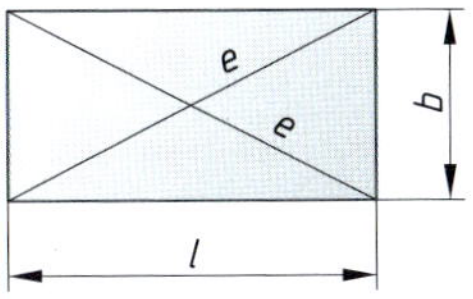	$A = l \cdot b$ $e = \sqrt{l^2 + b^2}$ $U = 2 \cdot (l + b)$	A l b e U	Fläche Seitenlänge Breite Diagonale, Eckenmaß Umfang	in mm² in mm in mm in mm in mm
Parallelogramm allgemein	$A = l_1 \cdot b \quad A = l_1 \cdot l_2 \cdot \sin\alpha$ $U = 2 \cdot (l_1 + l_2)$	A $l_{1,2}$ b $e_{1,2}$ U α	Fläche Seitenlängen Breite Diagonale, Eckenmaß Umfang Eckenwinkel	in mm² in mm in mm in mm in mm in °
Raute	$A = l_1 \cdot b$ $A = l_1^2 \cdot \sin\alpha$ $U = 4 \cdot l$			
Dreieck allgemein	$A = \frac{l \cdot b}{2}$ Wenn $\gamma = 90°$ gilt: $A = \frac{R \cdot U}{2} \quad A = \frac{l_1 + l_2}{2}$ $U = l + l_1 + l_2$ $A = \frac{1}{4}\sqrt{U(U-2l)(U-2l_1)(U-2l_2)}$	A l b $l_{1,2}$ U α, β, γ R	Fläche Grundseite Breite Seitenlängen Umfang des Dreiecks Winkel im Dreieck Inkreisradius	in mm² in mm in mm in mm in mm in ° in mm
gleichschenkelig $\alpha = \beta$	$A = \frac{l \cdot b}{2}$ $l_1 = \frac{l}{2} \cdot \sin\frac{\gamma}{2} \quad b = \sqrt{l_1^2 - \frac{l^2}{4}}$ $U = l + 2 \cdot l_1$			
gleichseitig $\alpha = \beta = \gamma$	$A = \frac{l^2}{2} \cdot \sqrt{3} \approx 0{,}433 \cdot l^2$ $A = \frac{b^2}{\sqrt{3}}$ $b = \frac{l}{2} \cdot \sqrt{3} \approx 0{,}866 \cdot l$ $U = 3 \cdot l$			

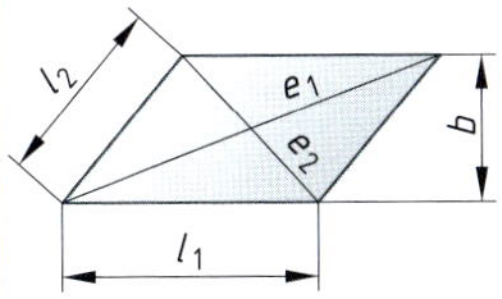

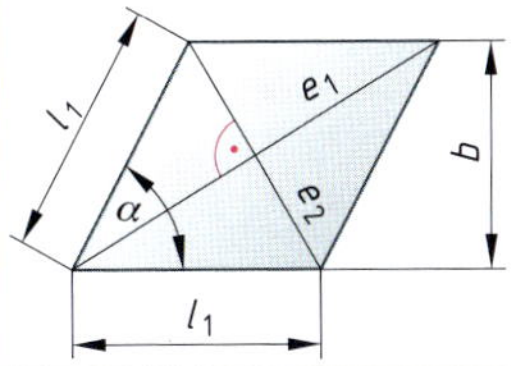

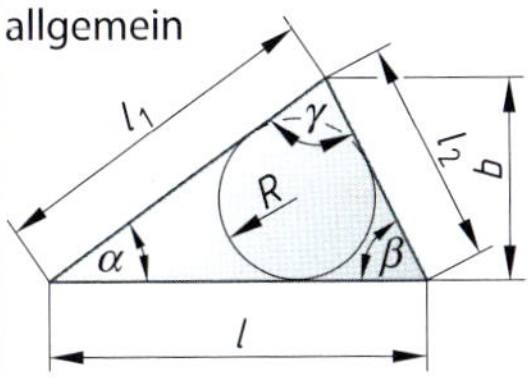

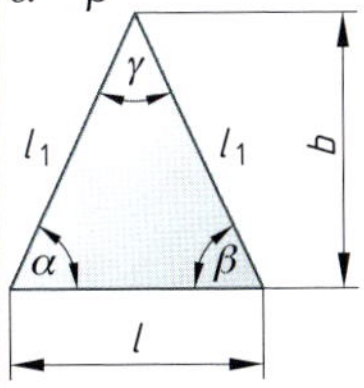

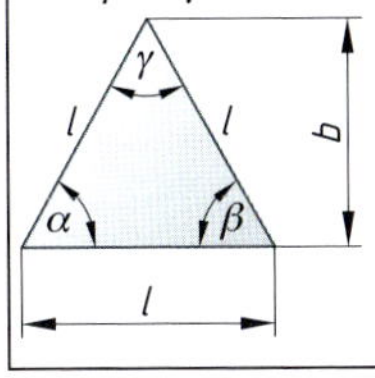

	Formel	Formelzeichen	Erklärung	
Trapez	$A = l_m \cdot b$ $\quad A = \frac{l_1 + l_2}{2} \cdot b$	A	Fläche	in mm²
	$l_m = \frac{l_1 + l_2}{2}$	b	Breite	in mm
	$U = l_1 + l_2 + s_1 + s_2$	$l_{1,2}$	Seitenlängen, parallel	in mm
		l_m	mittlere Seitenlänge	in mm
		$s_{1,2}$	Seitenlängen, nicht parallel	in mm
Regelmäßiges Vieleck	$A = A_\Delta \cdot n$	A	Vieleckfläche	in mm²
	$A = \frac{n \cdot l \cdot d_i}{4}$	A_Δ	Teilfläche	in mm²
	$l = d_a \cdot \sin\left(\frac{180°}{n}\right)$	n	Anzahl der Ecken	
	$U = n \cdot l$	l	Seitenlänge	in mm
		d_i	Inkreisdurchmesser	in mm
		d_a	Umkreisdurchmesser	in mm
		e	Diagonale, Eckenmaß	in mm
		U	Umfang	in mm
		s	Schlüsselweite	in mm

Eckenzahl	A			s	l
3	$0{,}325 \cdot d_a^2$	$1{,}299 \cdot d_i^2$	$0{,}433 \cdot l^2$	$0{,}500 \cdot e$	$0{,}867 \cdot d_a$
4	$0{,}500 \cdot d_a^2$	$1{,}000 \cdot d_i^2$	$1{,}000 \cdot l^2$	$0{,}707 \cdot e$	$0{,}707 \cdot d_a$
5	$0{,}594 \cdot d_a^2$	$0{,}908 \cdot d_i^2$	$1{,}721 \cdot l^2$	$0{,}809 \cdot e$	$0{,}588 \cdot d_a$
6	$0{,}650 \cdot d_a^2$	$0{,}866 \cdot d_i^2$	$2{,}598 \cdot l^2$	$0{,}866 \cdot e$	$0{,}500 \cdot d_a$
8	$0{,}707 \cdot d_a^2$	$0{,}828 \cdot d_i^2$	$4{,}828 \cdot l^2$	$0{,}924 \cdot e$	$0{,}383 \cdot d_a$
12	$0{,}750 \cdot d_a^2$	$0{,}804 \cdot d_i^2$	$11{,}196 \cdot l^2$	$0{,}966 \cdot e$	$0{,}309 \cdot d_a$
					$0{,}259 \cdot d_a$

	Formel	Formelzeichen	Erklärung	
Drachenviereck	$A = \frac{l_1 \cdot l_2}{2}$	A	Fläche	in mm²
	$l_1 = \frac{2 \cdot A}{l_2}$ $\quad l_2 = \frac{2 \cdot A}{l_1}$	$l_{1,2}$	Diagonalen	in mm
	$U = 2 \cdot (a + b)$	a, b	Seitenlängen	in mm
		U	Umfang	in mm
Unregelmäßiges Vieleck	Gesamtfläche gliedern in Dreiecke. Berechnen der Dreiecksfläche $A_{ges} = A_1 + A_2 + A_3 + \ldots$	A_{ges}	Gesamtfläche	in mm²
		A_n	Teilflächen 1,2, … n	in mm²

	Formel	Formelzeichen	Erklärung	
Kreis	$A = \frac{\pi \cdot d^2}{4}$	A	Fläche	in mm²
	$A = 0{,}785 \cdot d^2 \quad d = \sqrt{\frac{4 \cdot A}{\pi}}$	d	Durchmesser	in mm
	$U = \pi \cdot d$	π	Konstante $\pi = 3{,}14159\ldots \approx \frac{22}{7}$	
	$U = 2 \cdot \sqrt{\pi \cdot A}$	U	Umfang	in mm
Kreisausschnitt (Sektor)	$A = \frac{\pi \cdot d^2}{4} \cdot \frac{\alpha}{360°}$	A	Fläche	in mm²
	$A = \frac{\widehat{l_b} \cdot r}{2} \quad r = \frac{d}{2}$	d	Durchmesser	in mm
	$\widehat{l_b} = \frac{\pi \cdot d \cdot \alpha}{360°} \quad \widehat{l_b} = \widehat{\alpha} \cdot \frac{d}{2}$	α	Zentriwinkel	in °
	$U = \widehat{l_b} + d \quad \widehat{\alpha} = \frac{\pi \cdot \alpha}{180°}$	$\widehat{\alpha}$	Bogenmaß	in rad
		l_b	Bogenlänge	in mm
		r	Radius	in mm
		π	Konstante $\pi = 3{,}14159\ldots \approx \frac{22}{7}$	
		U	Umfang	in mm
Kreisring	$A = \frac{\pi \cdot d_a^2}{4} - \frac{\pi \cdot d_i^2}{4} = \frac{\pi}{4} \cdot (d_a^2 - d_i^2)$	A	Fläche	in mm²
	$d_a = \sqrt{\frac{4 \cdot A}{\pi} + d_i^2}$	d_a	Außendurchmesser	in mm
	$d_i = \sqrt{d_a^2 - \frac{4 \cdot A}{\pi}}$	d_i	Innendurchmesser	in mm
	$b = \frac{d_a - d_i}{2} \quad d_m = \frac{d_a + d_i}{2}$	d_m	mittlerer Durchmesser	in mm
		π	Konstante $\pi = 3{,}14159\ldots \approx \frac{22}{7}$	
		b	Ringbreite	in mm
Kreisringausschnitt	$A = \left(\frac{\pi \cdot d_a^2}{4} - \frac{\pi \cdot d_i^2}{4}\right) \cdot \frac{\alpha}{360°}$	A	Fläche	in mm²
	$A = \frac{\pi}{4} \cdot (d_a^2 - d_i^2) \cdot \frac{\alpha}{360°}$	d_a	Außendurchmesser	in mm
	$A = \pi \cdot d_m \cdot b \cdot \frac{\alpha}{360°}$	d_i	Innendurchmesser	in mm
	$b = \frac{d_a - d_i}{2} \quad d_m = \frac{d_a + d_i}{2}$	d_m	mittlerer Durchmesser	in mm
		π	Konstante $\pi = 3{,}14159\ldots \approx \frac{22}{7}$	
		b	Ringbreite	in mm
		α	Zentriwinkel	in °
Kreisabschnitt (Segment)	$A = \frac{\widehat{l_b} \cdot r - s \cdot (r - h)}{2} \quad A \approx \frac{2}{3} \cdot s \cdot h$	A	Fläche	in mm²
	$s = d \cdot \sin\frac{\alpha}{2} = 2 \cdot r \cdot \sin\frac{\alpha}{2}$	d	Durchmesser	in mm
	$s = 2 \cdot \sqrt{h \cdot (2 \cdot r - h)}$	α	Zentriwinkel	in °
	$h = \frac{d}{2} \cdot \left(1 - \cos\frac{\alpha}{2}\right) \quad l_b = \frac{\pi \cdot d \cdot \alpha}{360°}$	l_b	Bogenlänge	in mm
	$U = \widehat{l_b} + s$	s	Sehnenlänge	in mm
		h	Bogenhöhe	in mm
		r	Radius	in mm
		π	Konstante $\pi = 3{,}14159\ldots \approx \frac{22}{7}$	
		U	Umfang	in mm
Ellipse	$A = \frac{\pi \cdot d_i \cdot d_a}{4}$	A	Fläche	in mm²
	$A \approx 0{,}785 \cdot d_i \cdot d_a$	d_a	Umkreisdurchmesser (= große Ellipsenachse)	in mm
	$U = \pi \sqrt{\frac{d_a^2 + d_i^2}{2}}$	d_i	Inkreisdurchmesser (= kleine Ellipsenachse)	in mm
	$U \approx 1{,}57 \cdot (d_a + d_i)$	U	Umfang	in mm

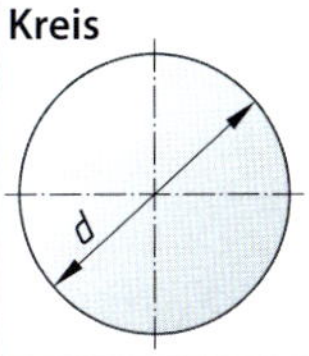

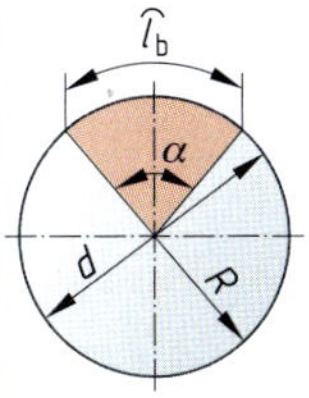

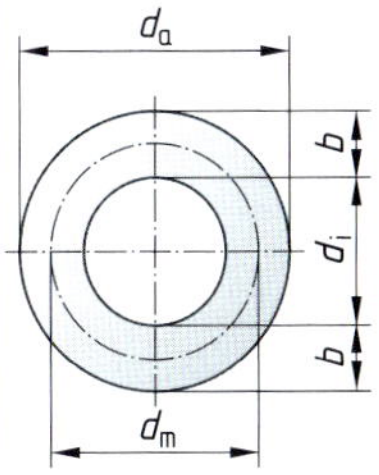

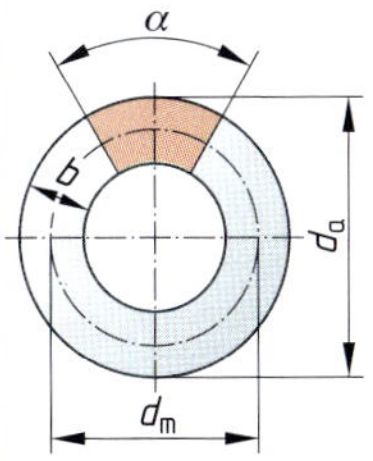

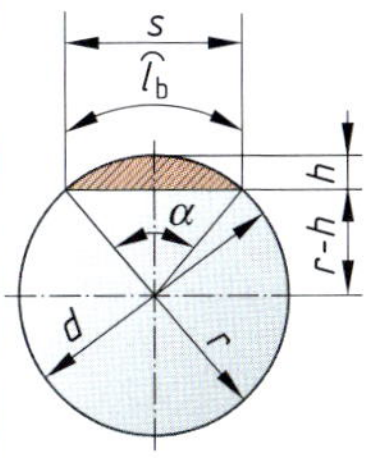

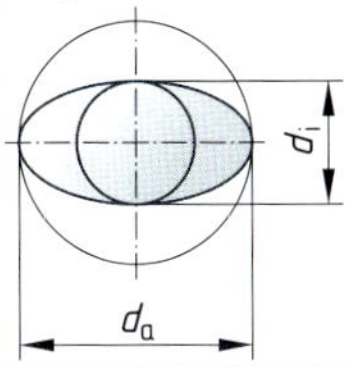

Körper (Volumen, Mantelfläche) *solids (volumes, circumferential surface)*

	Formel	Formelzeichen	Erklärung	
Würfel	$V = l^3$	V	Volumen	in mm^3
	$l = \sqrt[3]{V}$	l	Seitenlänge	in mm
	$e = l \cdot \sqrt{3}$ $\quad d = l \cdot \sqrt{2}$	e	Raumdiagonale	in mm
	$A_M = 4 \cdot l^2$	A_M	Mantelfläche	in mm^2
	$A_O = 6 \cdot l^2$	A_O	Gesamtoberfläche	in mm^2
		d	Flächendiagonale	in mm
Rechteckprisma Quader	$V = l \cdot b \cdot h$ $\quad h = \frac{V}{l \cdot b}$	V	Volumen	in mm^3
	$V = A_G \cdot h$	l	Länge	in mm
	$A_G = A_D = l \cdot b$	b	Breite	in mm
	$A_M = 2 \cdot (l \cdot h + b \cdot h)$	h	Höhe	in mm
	$A_O = A_G + A_D + A_M$	A_G	Grundfläche	in mm^2
		A_D	Deckfläche	in mm^2
		A_M	Mantelfläche	in mm^2
		A_O	Gesamtoberfläche	in mm^2
Prisma allgemein	$V = A_G \cdot h$ $\quad A_G = A_D$	V	Volumen	in mm^3
	$A_M = A_1 + A_2 + A_3 + \dots A_n$	h	Höhe	in mm
	$A_O = A_G + A_D + A_M$	$A_{1,2}$	Seitenflächen	in mm^2
		A_G	Grundfläche	in mm^2
		A_D	Deckfläche	in mm^2
		A_M	Mantelfläche	in mm^2
		A_O	Gesamtoberfläche	in mm^2
Zylinder gerade	$V = \frac{\pi \cdot d^2}{4} \cdot h$	V	Volumen	in mm^3
	$V = A_G \cdot h$ $\quad h = \frac{4 \cdot V}{\pi \cdot d^2}$	d	Durchmesser	in mm
	$A_G = A_D$	h	Höhe	in mm
	$A_M = \pi \cdot d \cdot h$ $\quad d = \sqrt{\frac{4 \cdot V}{\pi \cdot h}}$	A_G	Grundfläche	in mm^2
	$A_O = A_G + A_D + A_M$	A_D	Deckfläche	in mm^2
		A_M	Mantelfläche	in mm^2
		A_O	Gesamtoberfläche	in mm^2

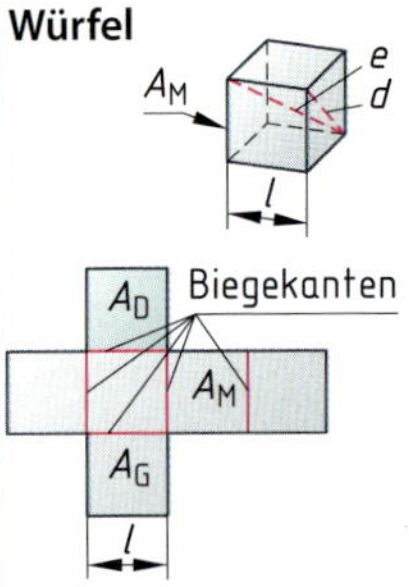

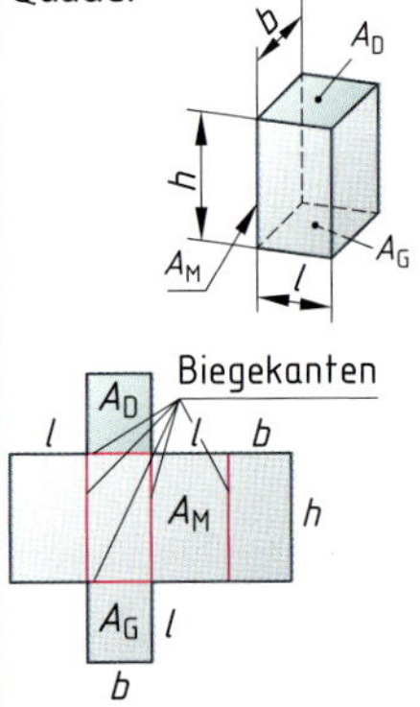

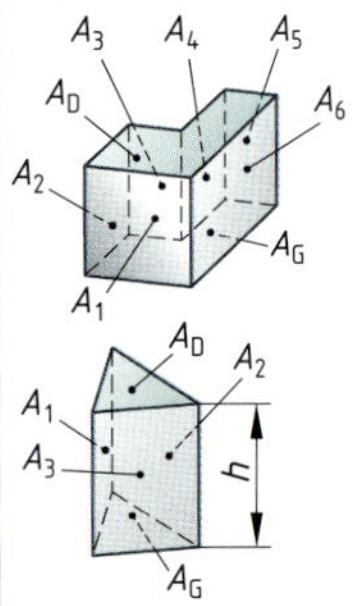

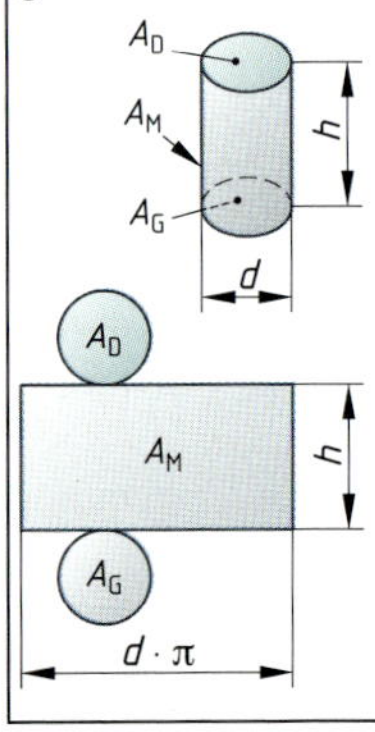

	Formel	Formelzeichen	Erklärung
Hohlzylinder 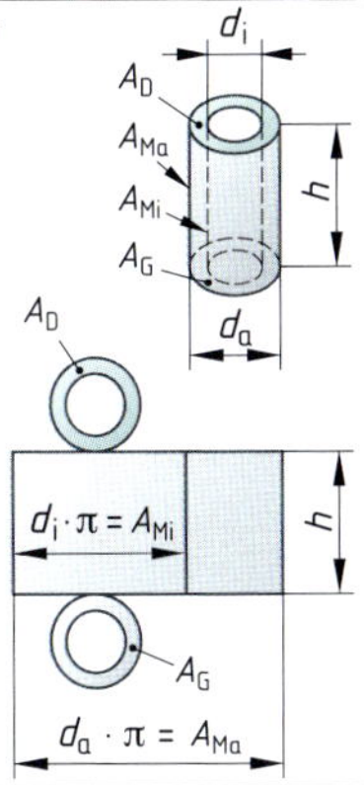	$V = A_G \cdot h$ $A_G = \frac{\pi}{4} \cdot \left(d_a^2 - d_i^2\right)$ $A_G = A_D$ $A_M = A_{Mi} + A_{Ma}$ $A_{Mi} = \pi \cdot d_i \cdot h$ $A_{Ma} = \pi \cdot d_a \cdot h$ $A_O = A_{Mi} + A_{Ma} + A_G + A_D$	V d_a d_i h A_G A_D A_M A_{Mi} A_{Ma} A_O	Volumen in mm^3 Außendurchmesser in mm Innendurchmesser in mm Höhe in mm Grundfläche in mm^2 Deckfläche in mm^2 Mantelfläche in mm^2 Mantelfläche innen in mm^2 Mantelfläche außen in mm^2 Gesamtoberfläche in mm^2
Füllvolumen von Rohren 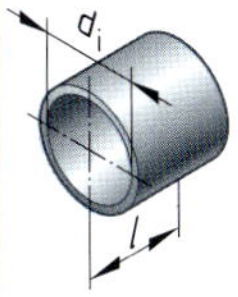	$V = A \cdot l$ $A = d_i^2 \cdot \frac{\pi}{4}$ $V = V' \cdot l$	V V' A l d_i	Volumen z. B. in dm^3; $1\ dm^3 = 1\ l$ längenbezogenes Volumen in $\frac{dm^3}{m}$ Rohrinnenfläche z. B. in dm^2 Rohrlänge in mm, cm, dm, m Rohrinnendurchmesser
Kegel 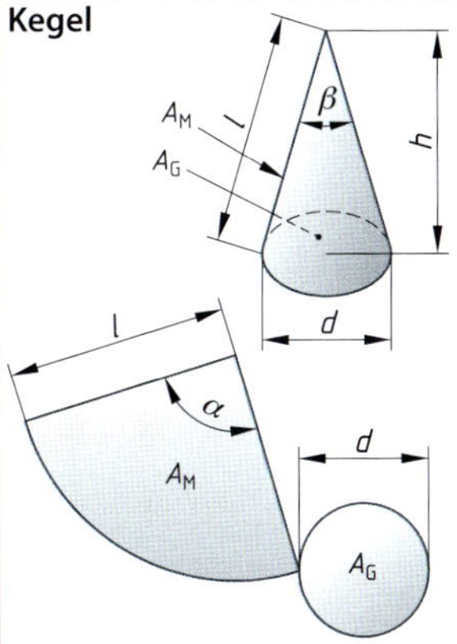	$V = \frac{1}{3} \cdot A_G \cdot h$ $A_G = \frac{\pi \cdot d^2}{4}$ $V = \frac{\pi \cdot d^2 \cdot h}{3 \cdot 4}$ $\frac{d}{2} = l \cdot \sin\frac{\beta}{2}$ $\quad l = \sqrt{h^2 + \frac{d^2}{4}}$ $\alpha = 360° \cdot \frac{d}{2 \cdot l}$ $A_M = \frac{\pi \cdot d \cdot l}{2}$ $A_O = A_G + A_M$	V d h l β α A_G A_M A_O	Volumen in mm^3 Durchmesser in mm Höhe in mm Länge der Mantellinie in mm Kegelwinkel in ° Spitzenwinkel des Kegelmantels in ° Grundfläche in mm^2 Mantelfläche in mm^2 Gesamtoberfläche in mm^2
Kegelstumpf 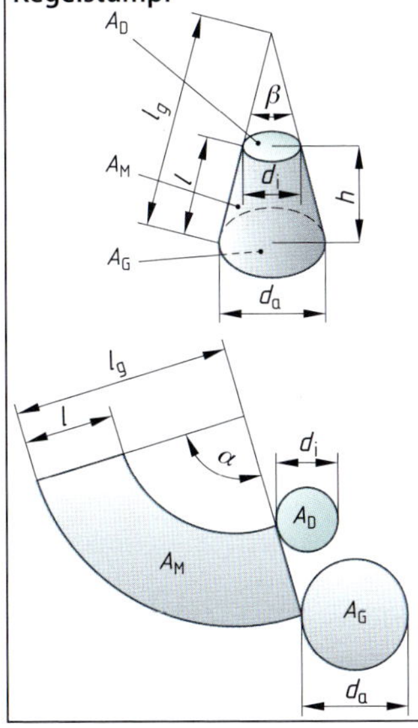	$V = \frac{\pi \cdot h}{12} \cdot \left(d_G{}^2 + d_D{}^2 + d_G \cdot d_D\right)$ $V \approx \frac{A_G + A_D}{2} \cdot h = \frac{\pi \cdot h}{8} \cdot \left(d_G{}^2 + d_D{}^2\right)$ $A_G = \frac{\pi \cdot d_G{}^2}{4}$ $\quad A_D = \frac{\pi \cdot d_D{}^2}{4}$ $l = \sqrt{h^2 + \left(\frac{d_G - d_D}{2}\right)^2}$ $A_M = \pi \cdot \frac{d_G + d_D}{2} \cdot l$ $A_O = +A_G + A_D + A_M$ $\alpha = 360° \cdot \frac{d_G}{2 \cdot l_g}$	V d_a, d_G d_i, d_D h l β α A_G A_D A_M A_O l_g	Volumen in mm^3 Durchmesser der Grundfläche in mm Durchmesser der Deckfläche in mm Höhe in mm Länge der Mantellinie in mm Kegelwinkel in ° Spitzenwinkel des Kegelmantels in ° Grundfläche in mm^2 Deckfläche in mm^2 Mantelfläche in mm^2 Gesamtoberfläche in mm^2 Mantellinie bis Kegelspitze in mm

	Formel	Formelzeichen	Erklärung	
Pyramide	$V = \frac{A \cdot h}{3}$ $V = \frac{l \cdot b \cdot h}{3}$ $h = \frac{3 \cdot V}{A}$ $h_{s1} = \sqrt{h^2 + \frac{b^2}{4}}$ $h_{s2} = \sqrt{h^2 + \frac{l^2}{4}}$ $A_M = l \cdot h_{s1} + b \cdot h_{s2}$ $A_O = l \cdot h_{s1} + b \cdot h_{s2} + l \cdot b$	V A l b h_{s1} h_{s2} h A_M A_O	Volumen Grundfläche Länge Breite Seitenhöhe 1 Seitenhöhe 2 Höhe Mantelfläche Oberfläche	in mm^3 in mm^2 in mm in mm in mm in mm in mm in mm^2 in mm^2
Pyramide	**quadratische Pyramide**		$l = b, h_{s1} = h_{s2}$ $A_M = 2 \cdot h_{s1}$ $A_0 = l^2$	
Pyramidenstumpf	$V = \frac{h}{3} \cdot \left(A_1 + A_2 + \sqrt{A_1 \cdot A_2}\right)$ $A_M = (l_1 + l_2) \cdot h_{s1} + (b_1 + b_2) \cdot h_{s2}$ $h_{s1} = \sqrt{\frac{(b_1 - b_2)^2}{4} + h^2}$ $h_{s2} = \sqrt{\frac{(l_1 - l_2)^2}{4} + h^2}$	V A_1 A_2 h l_1 l_2 b_1 b_2 h_{s1} h_{s2} A_M	Volumen Grundfläche Deckfläche Höhe untere Länge obere Länge untere Breite obere Breite Seitenhöhe 1 Seitenhöhe 2 Mantelfläche	in mm^3 in mm^2 in mm^2 in mm in mm in mm in mm in mm in mm in mm in mm^2
Pyramidenstumpf	**quadratischer Pyramidenstumpf**		$l_1 = l_2$, $b_1 = b_2$, $h_{s1} = h_{s2}$ $A_M = h_{s1} \cdot (2\,l_1 + 2\,b_1)$	
Kugel	$V = \frac{\pi}{6} \cdot d^3$ $d = \sqrt[3]{\frac{6 \cdot V}{\pi}}$ $d = \sqrt{\frac{A_0}{\pi}}$ $A_0 = \pi \cdot d^2$	V d A_0	Volumen Durchmesser Gesamtoberfläche	in mm^3 in mm in mm^2

Guldin'sche Regel *properties of Guldinus*

	Formel	Formelzeichen	Erklärung	
Guldin'sche Regel	Die um eine Drehachse rotierende Linie l erzeugt eine Mantelfläche A_M, z. B. für einen Kegelstumpf: $A_M = l \cdot l_s$ $A_M = l \cdot \pi \cdot d_s$ Der um eine Drehachse rotierende Umfang U erzeugt eine Oberfläche A_O, z. B. einen Kreistorus:	S l l_s d d_s	Schwerpunkt Mantellinie Schwerpunktweg Durchmesser des Kreistorus Durchmesser des Schwerpunktweges	 in mm in mm in mm in mm

	Formel	Formelzeichen	Erklärung	
	$A_O = U \cdot l_s$ $A_O = U \cdot \pi \cdot d_s$ Die um eine Drehachse rotierende Fläche A erzeugt ein Volumen V, z. B. für einen Kreistorus: $V = A \cdot l_s$ $V = A \cdot \pi \cdot d_s$	U A_D A_M A_O A	Umfang Deckfläche Mantelfläche Gesamtoberfläche Querschnitt der Ringfläche	in mm in mm² in mm² in mm²

Dichte *density*

	Formel	Formelzeichen	Erklärung	
	$\varrho = \frac{m}{V}$	ϱ m V	Dichte Masse Volumen	in $\frac{kg}{dm^3}$ in kg in dm³

Massenberechnung *quantity surveying*

	Formel		Formelzeichen	Erklärung	
Massenberechnung mit Dichte und Volumen 	$m = V \cdot \varrho$ $m = (V_1 + V_2 - V_3) \cdot \varrho$ Dichte ϱ in $\frac{kg}{dm^3}, \frac{g}{cm^3}, \frac{t}{m^3}$		m V $V_{1...3}$ ϱ	Masse Volumen Teilvolumen Dichte	in kg in dm³ in dm³ in $\frac{kg}{dm^3}$
	Wasser: 1 Stahl: 7,85 Al: 2,7	Glas: 2,5 PVC: 1,35 Kupfer: 8,9			
Massenberechnung mit Tabellen Profile Bleche 	$m = m' \cdot l_W$ $l_W = \frac{m}{m'}$ $m' = \frac{m}{l_w}$ $m = m'' \cdot A$ $m'' = m''_e \cdot t$ $A = \frac{m}{m''}$ m''_e in $\frac{kg}{m^2 \cdot mm}$		m m' m'' m''_e A l_W t d_a s k	Masse längenbezogene Masse (siehe Profiltabellen) flächenbezogene Masse (siehe Profiltabellen) flächenbezogene Masse pro 1 mm Blechdicke Werkstückfläche Werkstücklänge Blechdicke Rohraußendurchmesser Wanddicke Materialkonstante	in kg in $\frac{kg}{m}$ in $\frac{kg}{m^2}$ in $\frac{kg}{m^2 \cdot mm}$ in m² in m in mm in mm in mm in $\frac{kg}{m \cdot mm^2}$
	Stahl: 7,85 Al: 2,7	PVC: 1,35 Kupfer: 8,9			
Rohre 	$m = (d_a - s \cdot \pi) \cdot s \cdot k \cdot l_W$ k in $\frac{kg}{m \cdot mm^2}$				
	Stahl: 0,02466 Al: 0,00848	PVC: 0,00440 Kupfer: 0,02756			

V in	dm³	cm³	m³
ϱ in	$\frac{kg}{dm^3}$	$\frac{g}{cm^3}$	$\frac{t}{m^3}$
m in	kg	g	t

1.4 Kraft, Drehmoment, Arbeit, Leistung, Wirkungsgrad

Kräfte *forces*

	Formel	Formelzeichen	Erklärung
l, Wirkungslinie w, A, F $F_1 = 6$ N, $F_2 = 4$ N, $F_R = 10$ N $F_2 = 4$ N, $F_1 = 6$ N, $F_R = 2$ N, $F_2 = 4$ N $F_1 = 4$ N, $F_R = 9{,}3$ N, α, β, γ, $F_2 = 6$ N w_1, $F_1 = 4$ N, $F_R = 9{,}3$ N, w_2, $F_2 = 6$ N	$F = l \cdot KM \quad l = \frac{F}{KM}$ Bestimmungsgrößen von Kräften: 1. Angriffspunkt 2. Größe 3. Richtung, Wirkungslinie Kräfte mit gemeinsamer Wirkungslinie: Addition $F_R = F_1 + F_2$ Subtraktion $F_R = F_1 - F_2$ Wirkungslinien schneiden sich in einem Punkt: Zusammensetzen der Teilkräfte $F_1 + F_2$ = Diagonale F_R im Kräfteparallelogramm $F_R = \sqrt{F_1^2 + F_2^2 - 2 \cdot F_1 \cdot F_2 \cdot \cos\alpha}$ $\sin\gamma = \frac{F_1}{F_R} \cdot \sin\alpha;\ \sin\beta = \frac{F_2}{F_R} \cdot \sin\alpha$ Zerlegen der resultierenden Kraft F_R: Erzeugen der Teilkräfte $F_{1,2}$ durch Parallelverschieben der Wirkungslinien $w_{1,2}$	F l KM w A $F_{1,2}$ F_R α β γ	Kraft in N, kN Länge des gezeichneten Pfeils in cm, mm Kräftemaßstab in $\frac{N}{mm}, \frac{N}{cm}, \frac{kN}{cm}$ Wirkungslinie Angriffspunkt Einzelkräfte in N Resultierende Kraft in N Winkel zwischen F_1 und F_2 Winkel zwischen F_1 und F_R Winkel zwischen F_2 und F_R

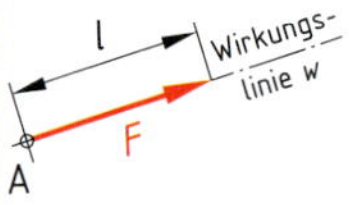

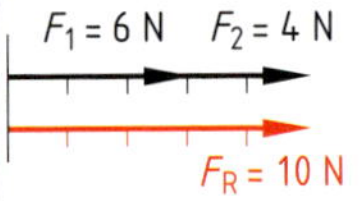

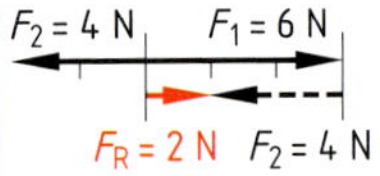

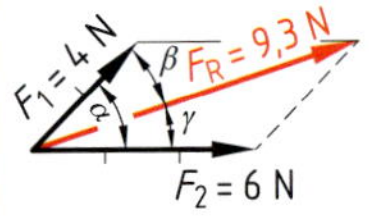

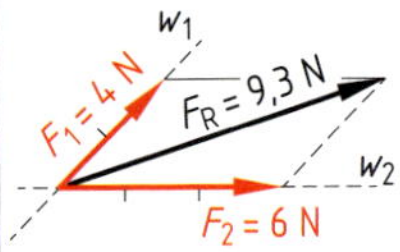

Krafteck *polygon of forces*

	Formel	Formelzeichen	Erklärung
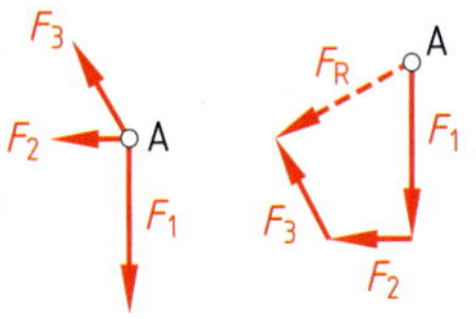 F_3, F_2, A, F_1 F_R, A, F_1, F_3, F_2	Die Teilkräfte werden maßstabsgerecht jeweils an der Pfeilspitze aneinander gereiht. Die resultierende Kraft *F* mehrerer Kräfte ist die Verbindung des Angriffspunkts A mit der Pfeilspitze der letzten Kraft.	$F_{1,2,3}$ F_R A	Einzelkräfte in N Resultierende Kraft in N Angriffspunkt

Gewichtskraft *weight*

	Formel	Formelzeichen	Erklärung
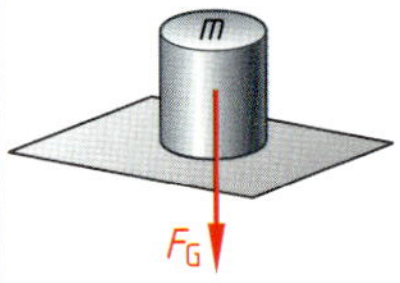 m F_G	$F_G = m \cdot g \qquad g = 9{,}81\ \frac{m}{s^2}$ Allgemein: $F = m \cdot a$	F_G m g F a	Gewichtskraft in N Masse in kg Erdbeschleunigung in $\frac{m}{s^2}$ bzw. $\frac{N}{kg}$ $1N = 1kg \cdot \frac{m}{s^2}$ Beschleunigungskraft in N Beschleunigung in $\frac{m}{s^2}$ z. B. Pkw: $\approx 3\ \frac{m}{s^2}$ Bei Verzögerung ist *a* negativ

Geschwindigkeit *velocity*

	Formel		Formelzeichen	Erklärung
gleichförmige, geradlinige Geschwindigkeit *uniform rectilinear speed*	$v = \frac{s}{t}$ $s = v \cdot t$ $t = \frac{s}{v}$		v s t	Geschwindigkeit in $\frac{m}{s}, \frac{km}{h}$ Weg in m, km Zeit in s, h $1\,\frac{m}{s} = 3{,}6\,\frac{km}{h}$ $1\,\frac{km}{h} = 0{,}277\,\frac{m}{s}$
gleichförmige, kreisförmige Geschwindigkeit *uniform speed circular*	$v = \pi \cdot d \cdot n$ $d = \frac{v}{\pi \cdot n}$ $n = \frac{v}{\pi \cdot d}$	Bei der spanenden Bearbeitung durch Bohren, Drehen, Fräsen ist v die Schnittgeschwindigkeit $v_C \rightarrow$ Berechnet wird die Drehzahl an der Maschine.	v n d	Umfangsgeschwindigkeit in m/s, m/min Drehzahl, Umdrehungsfrequenz in $\frac{1}{s}, \frac{1}{min}$ Durchmesser in m
Winkelgeschwindigkeit *angular velocity*	$\omega = 2 \cdot \pi \cdot n$ $n = \frac{\omega}{2 \cdot \pi}$		ω n	Winkelgeschwindigkeit in $\frac{1}{s}$ = Winkel $\widehat{\alpha}$ in $\frac{rad}{s}$, den ein Punkt auf einem Kreis zurücklegt in 1 s Drehzahl, Umdrehungsfrequenz in $\frac{1}{s}, \frac{1}{min}$
beschleunigte, geradlinige Bewegung *accelerated movement*	Beschleunigung „aus dem Stand" $v = a \cdot t$ $v = \sqrt{2 \cdot a \cdot s}$ $v = \frac{2 \cdot s}{t}$ $s = \frac{a \cdot t^2}{2}$ $t = \frac{v}{a}$	mit Anfangsgeschwindigkeit v_0 $v = v_0 + a \cdot t$ $v = \sqrt{v_0^2 + 2 \cdot a \cdot a}$ $s = v_0 \cdot t + \frac{a \cdot t^2}{2}$ $t = \frac{v - v_0}{a}$	v s t a v_0	Endgeschwindigkeit in $\frac{m}{s}$ Beschleunigungsweg in m Beschleunigungszeit in s Beschleunigung in $\frac{m}{s^2}$ Für Verzögerungen (= Bremsen) wird a negativ 1 m/s = $3{,}6\,\frac{km}{h}$ 1 km/h = $0{,}277\,\frac{m}{s}$ Anfangsgeschwindigkeit in $\frac{m}{s}$
Freier Fall *free fall*	$v = g \cdot t$ $h = \frac{g \cdot t^2}{2}$ $t = \sqrt{\frac{2 \cdot h}{g}}$		v h t g	Endgeschwindigkeit in $\frac{m}{s}$ Fallhöhe in m Fallzeit in s Erdbeschleunigung in $\frac{m}{s}$ $g = 9{,}81\ m/s^2 \approx 10\ m/s^2$

Hebelgesetz *leverage principle*

	Formel	Formelzeichen	Erklärung
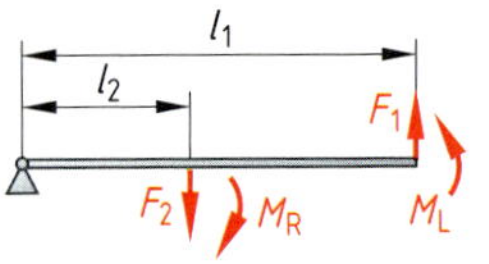	$M_L = M_R$ bzw. $\sum M = 0$ Einarmiger Hebel: $F_1 \cdot l_1 = F_2 \cdot l_2$	M_L M_R $\sum M$ $F_1 \dots F_5$ $l_1 \dots l_5$	Drehmoment, linksdrehend in Nm Drehmoment, rechtsdrehend in Nm Summe aller Drehmomente in Nm Kräfte in N Hebelarme in m
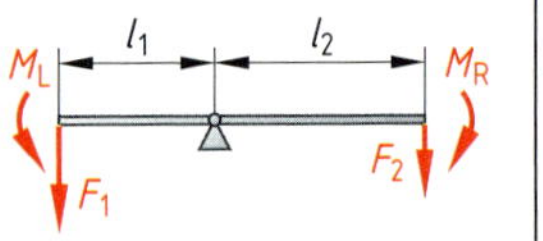	Zweiarmiger Hebel: $F_1 \cdot l_1 = F_2 \cdot l_2$	In der Statik wird das Hebelgesetz zur Berechnung der Auflagerkräfte benutzt.	
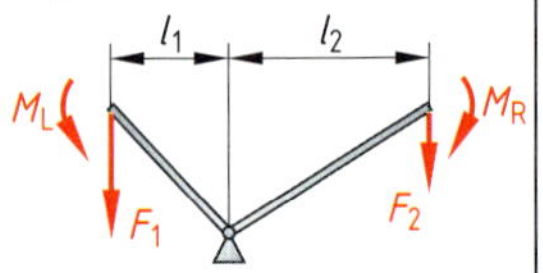	Winkelhebel: $F_1 \cdot l_1 = F_2 \cdot l_2$	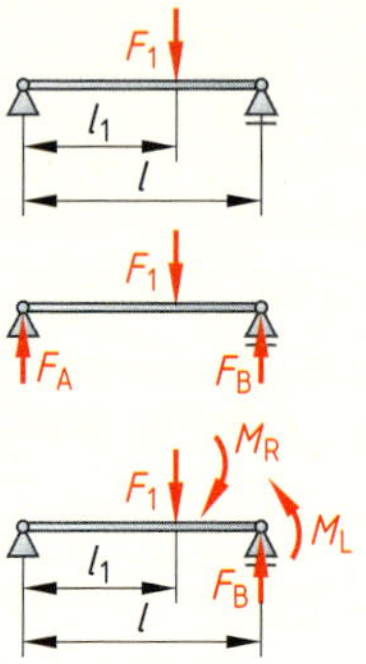	System „Actio = Reactio" $F_1 = F_A + F_B$ $M_L = M_R$ $F_B \cdot l = F_1 \cdot l_1$ $F_B = \frac{F_1 \cdot l_1}{l}$ $F_A = F_1 - F_B$
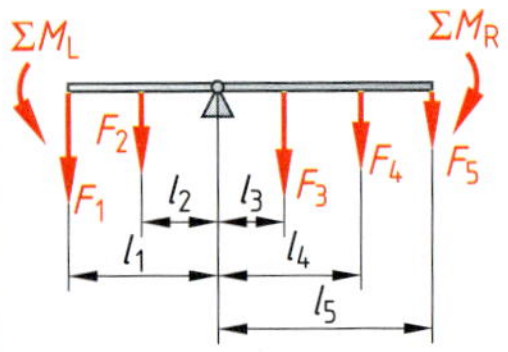	Mehrere Kräfte $\sum M_L = \sum M_R$ $(F_1 \cdot l_1) + (F_2 \cdot l_2) =$ $(F_3 \cdot l_3) + (F_4 \cdot l_4) + (F_5 \cdot l_5)$		

Drehmoment *torque*

	Formel	Formelzeichen	Erklärung
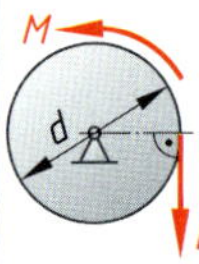	$M = F \cdot \frac{d}{2}$ Hebelarm = senkrechter Abstand zwischen Drehpunkt und Kraft	M F $\frac{d}{2}$	Drehmoment, Kraftmoment in Nm Umfangskraft in N Hebelarm in m
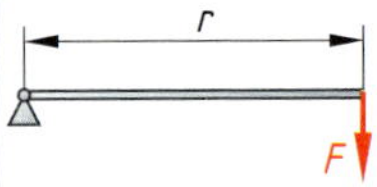	$M = F \cdot r$ Kraft **wirkt senkrecht** zum Hebelarm	r F	Radius in m Kraft in N
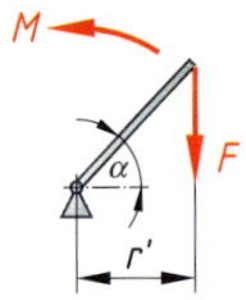	$M = F \cdot r'$ $r' = r \cdot \cos\alpha$ bzw. $M = F' \cdot r$ $F' = F \cdot \cos\alpha$ } $M = F \cdot r \cdot \cos\alpha$	r r' α	Hebelarm in m wirksamer Hebelarm bezüglich F in m Neigungswinkel in °
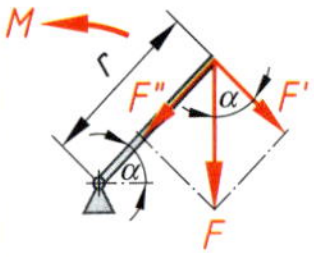	Kraft wirkt **nicht senkrecht** zum Hebelarm	r F, F', F'' α	wirksamer Hebelarm bezüglich F' in m Kraft bzw. Kraftkomponenten in N Neigungswinkel in °

Auflagerkräfte *supporting force*

	Formel	Formelzeichen	Erklärung	
Lager A, Lager B	$\sum M_l = \sum M_r$	$\sum$	Summenzeichen	
	$F_A + F_B = F_1 + F_2 + \ldots$	M_l	Linksdrehendes Kraftmoment	in N
		M_r	Rechtsdrehendes Kraftmoment	in N
		F_A	Lagerkraft im Lager A	in N
		F_B	Lagerkraft im Lager B	in N
		l	Lagerabstand	in mm
		$l_{1,2}$	Hebelarmlängen der Einzelkräfte	in mm
	Zur Berechnung von Lagerkraft F_B: $F_B \cdot l = F_1 \cdot l_1 + F_2 \cdot l_2$ $F_B = \frac{F_1 \cdot l_1 + F_2 \cdot l_2}{l}$			
	Zur Berechnung von Lagerkraft F_A: $F_A \cdot l = F_1 \cdot (l - l_1) + F_2 \cdot (l - l_2)$ $F_A = \frac{F_1 \cdot (l - l_1) + F_2 \cdot (l - l_2)}{l}$			

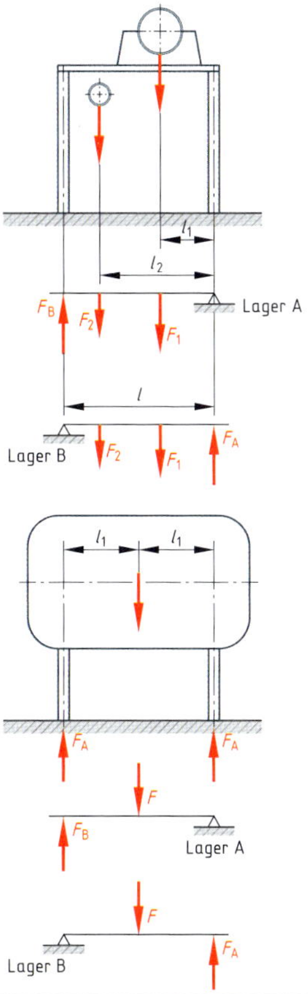

Schiefe Ebene *inclined plane*

	Formel	Formelzeichen	Erklärung	
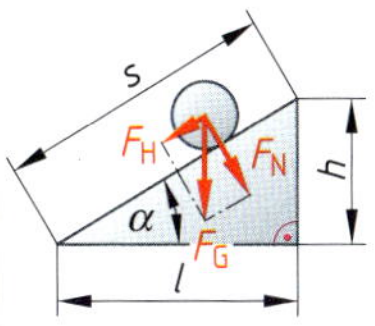	$\frac{F_H}{F_G} = \frac{h}{s}$; $\frac{F_N}{F_G} = \frac{l}{s}$	F_H	Hangabtriebskraft	in N
		F_N	Normalkraft	in N
	$F_H = F_G \cdot \sin\alpha$	F_G	Gewichtskraft	in N
		l	horizontale Länge	in m
	$F_N = F_G \cdot \cos\alpha$	h	Höhenunterschied	in m
		s	Weg	in m
	Reibung nicht berücksichtigt	α	Neigungswinkel	in °

Stellkeil *tightening wedge*

	Formel	Formelzeichen	Erklärung	
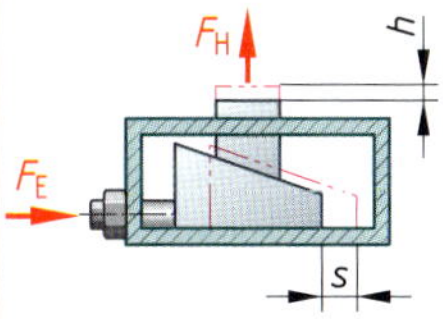	$F_E \cdot s = F_H \cdot h$	F_E	Eintreibkraft	in N
	Reibung nicht berücksichtigt	F_H	Hubkraft	in N
		h	Hubhöhe	in m, mm
			horizontale Länge	in m
			Höhenunterschied	in m
		s	Weg	in m, mm

1

Seilkraft *forces in the rope*

	Formel	Formelzeichen	Erklärung	
	$F_s = \frac{F_G}{2 \cdot \sin\beta}$ $\beta = 90° - \frac{\alpha}{2}$ $F_s = \frac{F_G}{2 \cdot \cos\frac{\alpha}{2}}$	F_s F_G β α	Kraft in einem Seilstrang Gewichtskraft Basiswinkel Anschlagwinkel	in N in N in ° in °

Schraube, Kräfte im Gewinde *screw, forces in the thread*

	Formel	Formelzeichen	Erklärung	
	$F_2 \cdot P = F_1 \cdot \pi \cdot d$ $F_2 = \frac{F_1 \cdot \pi \cdot d}{P}$ $F_2 = \frac{M_1 \cdot 1000 \cdot \pi}{P}$ $F_1 = \frac{F_2 \cdot P}{\pi \cdot d}$ Flankenreibung im Gewinde nicht berücksichtigt	F_1 F_2 d P M_1	Drehkraft Kraft in der Spindel Knebellänge Gewindesteigung Anzugsdrehmoment	in N in N in mm in mm in Nm

Flaschenzug *pulley*

	Formel	Formelzeichen	Erklärung	
Feste Rolle	$F_G = F_s$ mit Reibung: $s = h$ $F_s = \frac{F_G}{\eta}$ Gewichtskraft wird umgelenkt	F_s F_G s h η	Kraft in einem Seilstrang Gewichtskraft Kraftweg Hubhöhe Wirkungsgrad (η < 1 bzw. < 100 %)	in N in N in m in m
Lose Rolle hier: $n = 2$	$F_G \cdot h = F_s \cdot s$ mit Reibung: $s = 2 \cdot h$ $F_s = \frac{F_G}{n}$ $F_s = \frac{F_G}{n \cdot \eta}$ Gewichtskraft wird halbiert Seilweg s wird „verdoppelt"	F_s F_G s h n η	Kraft in einem Seilstrang Gewichtskraft Kraftweg Hubhöhe Anzahl der Rollen Wirkungsgrad (η < 1 bzw. < 100 %)	in N in N in m in m
Flaschenzug hier: $n = 4$	$F_G \cdot h = F_s \cdot s$ mit Reibung: $s = n \cdot h$ $F_s = \frac{F_G}{n}$ $F_s = \frac{F_G}{n \cdot \eta}$	F_s F_G s h η n	Kraft in einem Seilstrang Gewichtskraft Kraftweg Hubhöhe Wirkungsgrad (η < 1 bzw. < 100 %) Anzahl der Rollen	in N in N in m in m

Räderwinde *jack*

	Formel	Formelzeichen	Erklärung	
	$F = \frac{F_G \cdot d}{2 \cdot i \cdot l}$ $\quad F = \frac{F_G \cdot d \cdot z_1}{2 \cdot l \cdot z_2}$	F	Kraft an der Handkurbel	in N
	$h = \frac{\pi \cdot d \cdot n}{i}$ $\quad h = \frac{\pi \cdot d \cdot n \cdot z_1}{z_2}$	F_G	Gewichtskraft	in N
	$\eta = \frac{h \cdot i}{\pi \cdot d}$	l	Hebelarm	in N
		d	Durchmesser:	
			Seiltrommel	in m
		h	Hubhöhe	in m
		n	Zahl der Kurbelumdrehungen	
		i	Übersetzung des Zahntriebs	
		z_1, z_2	Zähnezahlen	
		η	Wirkungsgrad (η < 1 bzw. < 100 %)	

Reibung *friction*

	Formel	Formelzeichen	Erklärung	
Reibungskraft Haft- und Gleitreibung	Haftreibung: $F_R \leq \mu_0 \cdot F_N$	F	Kraft	in N
		F_R	Reibkraft	in N
		F_N	Normalkraft	in N
Haftreibung (Ruhe) $F < F_R$	Gleitreibung: $F_R = \mu \cdot F_N$ $\quad F_N = \frac{F_R}{\mu}$	μ_0	Haftreibungszahl	
Gleitreibung (Bewegung) $F > F_R$		μ	Gleitreibungszahl	

Reibzahlen (Auswahl)				
Werkstoffpaarung	Haftreibung μ_0		Gleitreibung μ	
	trocken	geschmiert	trocken	geschmiert
Stahl auf Stahl	0,15 – 0,30	0,10 – 0,12	0,10 – 0,12	0,04 – 0,10
Stahl auf Gusseisen	0,18 – 0,24	0,10 – 0,20	0,15 – 0,24	0,05 – 0,20
Stahl auf Cu-Sn-Legierung	0,18 – 0,20	0,10 – 0,20	0,10 – 0,20	0,04 – 0,10
Stahl auf Polyamid	0,30 – 0,40	0,10 – 0,20	0,32 – 0,45	0,05 – 0,10
Gusseisen auf Cu-Sn-Legierung	0,3	0,2	0,2	0,08
Gusseisen auf Stahl	0,33	–	0,22	0,11
Gusseisen auf Cu-Zn-Legierung	–	0,18	0,18 – 0,20	0,15 – 0,18

Arbeit, Energie, Leistung *work, energy, performance*

	Formel	Formelzeichen	Erklärung	
	$W = F \cdot s$	W	Arbeit	in Nm
	$1\,\text{Nm} = 1\,\text{J} = 1\,\text{Ws} = 1\frac{\text{kg} \cdot \text{m}^2}{\text{s}^2}$	F	Kraft	in N
		s	Kraftweg	in m
			Übliche Einheiten:	
			– mech. Arbeit	in Nm, J
			– Wärmearbeit	in J
			– elektr. Arbeit	in Ws

1

Potentielle Energie *potential energy*

	Formel	Formelzeichen	Erklärung	
(Lage-Energie)	$W_p = F_G \cdot h$ $\quad F_G = m \cdot g$ $W_p = m \cdot g \cdot h$ $\quad g = 9{,}81\,\frac{m}{s^2}$	W_p m h F_G g	potentielle Energie Masse Hubhöhe Gewichtskraft Erdbeschleunigung	in Nm in kg in m in N in $\frac{m}{s^2}$

Kinetische Energie *kinetic energy*

	Formel	Formelzeichen	Erklärung	
(Bewegungs-Energie)	$W_k = \frac{1}{2} \cdot m \cdot v^2$ $1\,\frac{m}{s} = 3{,}6\,\frac{km}{h}$ $1\,\frac{km}{h} = 0{,}277\,\frac{m}{s}$	W_k m v	kinetische Energie Masse Geschwindigkeit	in Nm in kg in $\frac{m}{s}$

Energieerhaltungssatz *energy principle*

	Formel	Formelzeichen	Erklärung	
Goldene Regel der Mechanik	$W_1 = W_2$ $F_1 \cdot s_1 = F_2 \cdot s_2$	W_1, W_2 F_1, F_2 s_1, s_2	Arbeit Kräfte Wege	in Nm in N in m

Mechanische Arbeit *mechanical work*

	Formel	Formelzeichen	Erklärung	
	$W = F_G \cdot s$ $1\text{ Nm} = 1\text{ J} = 1\text{ Ws} = \frac{1\text{ kg m}^2}{s^2}$	W F_G s	Arbeit Gewichtskraft Wege	in Nm in N in m

Mechanische Leistung (Hub-, Zug-, Pumpenleistung) *mechanical performance*

	Formel	Formelzeichen	Erklärung	
Hubleistung	$P = \frac{W}{t}$ $P = \frac{F_G \cdot s}{t}$ $\quad v = \frac{s}{t}$ $P = \frac{m \cdot g \cdot s}{t}$ $\Updownarrow$ $P = F_G \cdot v$	P W t v F_G m s g	Leistung Arbeit Zeit Hubgeschwindigkeit Gewichtskraft Masse Weg Erdbeschleunigung $g = \frac{9{,}81\text{m}}{s^2} \approx 10\,\frac{m}{s^2}$	in $\frac{Nm}{s} = W$ in Nm = Ws in s in m/s in N in kg in m

	Formel	Formelzeichen	Erklärung	
Leistung bei einer Beschleunigung	$P = \frac{F \cdot s}{t}$ $P = F \cdot v$	P F s t v	Leistung Kraft Weg Zeit Endgeschwindigkeit	in $\frac{Nm}{s} = W$ in N in m in s in $\frac{m}{s}$
Pumpenleistung	$P = \dot{m} \cdot g \cdot s$ $P = \dot{V} \cdot \varrho \cdot g \cdot s$ $\dot{m} = \frac{m}{t}$ $\quad \dot{V} = \frac{V}{t}$ $P = \dot{V} \cdot \Delta p$ $\quad P = \frac{V \cdot \Delta p}{t}$ $1 \text{ bar} = 10 \frac{N}{cm^2} = 100\,000 \frac{N}{m^2}$ 1 bar ≈ 10 m Wassersäule 1 bar = 1000 hPa = 0,1 MPa (ohne Reibungsverluste in den Rohren)	P $\dot{m}$ g s $\dot{V}$ m ϱ Δp t V	Pumpenleistung Fördermenge Erdbeschleunigung ≈ Förderhöhe Volumenstrom Masse Dichte Druckdifferenz Zeit Fördervolumen	in $\frac{Nm}{s} = W$ in $\frac{kg}{s}$ $\frac{10\ m}{s^2}$ in m in $\frac{dm^3}{s}$ in kg in $\frac{kg}{dm^3}$ in $\frac{N}{m^2}$, Pa in s in dm^3

Wirkungsgrad *efficiency*

	Formel	Formelzeichen	Erklärung	
η_1 η_2 η_{ges} P_{zu}, P_{ing} → P_{ab}, P_{exi} W_{zu}, W_{ing} → W_{ab}, W_{exi} Verluste Bauteil 1 Verluste Bauteil 2 Bauteil 1: E-Motor Bauteil 2: Pumpe	$\eta = \frac{P_{ab}}{P_{zu}} = \frac{P_{exi}}{P_{zu}} < 1$ $\quad P_{ab} = \eta \cdot P_{zu}$, $P_{exi} = \eta \cdot P_{ing}$ $\eta_{ges} = \eta_1 \cdot \eta_2 \cdot \ldots$ $P_{zu} = \frac{P_{ab}}{\eta}$ $\quad P_{ing} = \frac{P_{exi}}{\eta}$ $\eta = \frac{W_{ab}}{W_{zu}} = \frac{W_{exi}}{W_{ing}} < 1$ Pumpenleistung: $P_{zu} = \frac{\dot{V} \cdot \Delta p}{\eta}$	 η_1, η_2 η_{ges} P_{ab}, P_{exi} P_{zu}, P_{ing} W_{ab}, W_{exi} W_{zu}, W_{ing} η $\dot{V}$ Δp	exi ⇒ exit ing ⇒ in going Teilwirkungsgrade Gesamtwirkungsgrad abgegebene Leistung zugeführte Leistung abgegebene Arbeit zugeführte Arbeit Wirkungsgrad Volumenstrom Pumpendruck	 in W in W in Nm in Nm in $\frac{m^2}{s}$ in $P_a \frac{N}{m^2}$

Pumpenauswahl in Heizungsanlagen

	Formel	Formelzeichen	Erklärung	
Pumpe	$\dot{V} = \frac{\Phi_{HL}}{c \cdot \rho \cdot \Delta\theta}$ $\Phi_{HL} = q_{max} \cdot A$	$\dot{V}$ Φ_{HL} q A c ρ $\Delta\theta$	Volumenstrom Normheizlast spezifische Heizlast Wohnfläche spezifische Wärmekapazität Dichte Temperaturdifferenz	in $\frac{m^3}{s}$ in W in $\frac{W}{m^2}$ in m^2 in $\frac{Wh}{kg}$ in $\frac{kg}{m^3}$ in K

1.5 Festigkeitslehre *strength of materials*

	Formel	Formelzeichen	Erklärung
Zug	$\sigma_z = \frac{F_z}{S}$ $\quad \sigma_z = \varepsilon \cdot E$ $\Delta l = \frac{F_z \cdot l}{S \cdot E}$ $\quad E_{St} = 210\,000 \frac{N}{mm^2}$ $\varepsilon_{\%} = \frac{\Delta l}{l} \cdot 100$ $\quad E_{Al} \approx 60\,000 \frac{N}{mm^2}$ $E_{Holz} \approx 10\,000 \frac{N}{mm^2}$	σ_z F_z S l Δl E ε $\varepsilon_{\%}$	Zugspannung in $\frac{N}{mm^2}$ Zugkraft in N Querschnittsfläche in mm^2 Bauteillänge in mm Bauteildehnung in mm Elastizitätsmodul in $\frac{N}{mm^2}$ Dehnung Dehnung in %
Druck	$\sigma_d = \frac{F_d}{S}$ $\quad \sigma_d = \varepsilon \cdot E$ Bauteilhöhe muss klein sein im Verhältnis zur Querschnittsfläche, ansonsten Knickung $\Delta l = \frac{F_d \cdot l}{S \cdot E}$ $\quad \varepsilon = \frac{\Delta l}{l}$	σ_d F_d S l Δl E ε	Druckspannung in $\frac{N}{mm^2}$ Druckkraft in N Querschnittsfläche in mm^2 Bauteillänge in mm Bauteilverkürzung in mm Elastizitätsmodul in $\frac{N}{mm^2}$ Dehnung
Biegung	$\sigma_b = \frac{M_b}{W}$ $\quad M_b = F \cdot l$ starke Achse schwache Achse $\sigma_b = \frac{M_b}{W_y}$ $\quad \sigma_b = \frac{M_b}{W_z}$	σ_b M_b W W_y W_z F l	Biegespannung in $\frac{N}{mm^2}$ Biegemoment in $\frac{N}{mm^2}$ Widerstandsmoment in mm^3 Widerstandsmoment y-Achse Widerstandsmoment z-Achse Kraft in N Abstand/Hebelarm innen Berechnung von M: Seite 17
Schub, Scherung einschnittig zweischnittig	ein tragender Querschnitt $\tau = \frac{F}{S}$ $\quad S = \frac{\pi \cdot d^2}{4}$ zwei tragende Querschnitte $\tau = \frac{F}{2 \cdot S}$ $\quad S = \frac{\pi \cdot d^2}{4}$	τ F S d	Schubspannung in $\frac{N}{mm^2}$ Querkraft in N Querschnittsfläche in mm^2 Durchmesser in mm
Abscheren (Trennen) Scherfläche S $l = \pi \cdot d$	$F \geq S \cdot \tau_{aB}$ $S = l \cdot t$ τ_{aB} in N/mm^2 S235: $\tau_{aB} \approx 300 \frac{N}{mm^2}$ S255: $\tau_{aB} \approx 400 \frac{N}{mm^2}$	F S τ_{aB} R_m l t	Scherkraft in N Scherfläche in mm^2 Scherfestigkeit in $\frac{N}{mm^2}$ $\tau_{aB} \approx 0{,}8 \cdot R_m$ Zugfestigkeit in $\frac{N}{mm^2}$ Schnittkantenlänge in mm Blechdicke in mm
Flächenpressung	Ebene Berührflächen: $p_m = \frac{F_N}{A}$ gewölbte Berührflächen: $p_m = \frac{F_N}{l \cdot d}$ Berührflächen von Profilen: *A* siehe Profiltabellen	p_m F A l d	Flächenpressung in $\frac{N}{mm^2}$ Normalkraft in N Berührfläche in mm^2 Länge Lagerzapfen in mm Durchmesser Lagerzapfen in mm

	Formel	Formelzeichen	Erklärung
Zulässige Spannungen	Allgemein: $\sigma_{zul}(\tau_{zul}) = \frac{\text{Festigkeitskennwert}}{\upsilon}$	σ_{zul} τ_{zul}	zulässige Spannung in $\frac{N}{mm^2}$ zulässige Schubspannung in $\frac{N}{mm^2}$
Spannung σ_{zul} N/mm²; Dehnung ε %; R_m	**Sicherheit gegen Bruch: R_m**	υ	Sicherheitszahl $\upsilon > 1$
	$\sigma_{zzul} = \frac{R_m}{\upsilon}$ $\quad F_{zzul} = \sigma_{zzul} \cdot S$ $\sigma_{dzul} = \frac{\sigma_{dB}}{\upsilon}$ $\quad F_{dzul} = \sigma_{dzul} \cdot S$ $\sigma_{zul} = \frac{\tau_{aB}}{\upsilon}$ $\quad F_{zul} = \tau_{zul} \cdot S$	R_m R_E S σ_{zzul} F_{zzul} σ_{dzul} F_{dzul}	Bruchgrenze in $\frac{N}{mm^2}$ Streckgrenze in $\frac{N}{mm^2}$ Querschnitt in mm^2 zulässige Zugspannung zulässige Zugkraft zulässige Druckspannung zulässige Druckkraft
	Sicherheit gegen Verformen: R_e	σ_{dB} τ_{aB}	Druckfestigkeit Scherfestigkeit
Spannung σ_{zul} N/mm²; Dehnung ε %; R_e	$\sigma_{zzul} = \frac{R_e}{\upsilon}$ $\quad F_{zzul} = \sigma_{zzul} \cdot S$ $\sigma_{dzul} = \frac{R_e}{\upsilon}$ $\quad F_{dzul} = \delta_{dzul} \cdot S$	σ_{bzul} σ_{bmax} τ_{tzul}	zulässige Biegespannung in $\frac{N}{mm^2}$ maximale Biegespannung in $\frac{N}{mm^2}$ zulässige Torsionsspannung in $\frac{N}{mm^2}$
	Biegung: $\delta_{bzul} = \frac{\sigma_{bmax}}{\upsilon}$ Torsion: $\tau_{tzul} = \frac{\tau_{tmax}}{\upsilon}$ Flächenpressung: $p_{mzul} = \frac{p_{mmax}}{\upsilon}$ $F_{bzul} = p_{mmax} \cdot S$	τ_{tmax} p_{mzul} p_{mmax}	maximale Torsionsspannung in $\frac{N}{mm^2}$ zulässige Flächenpressung in $\frac{N}{mm^2}$ maximale Flächenpressung in $\frac{N}{mm^2}$

1

1.6 Druck in Flüssigkeiten und Gasen

Druckskalen

	Formel	Formelzeichen	Erklärung	
p_{abs}, p_{amb}, p_e (Skalen in bar; Luftdruck; positiver Überdruck; negativer Überdruck (Unterdruck))	$p_e = p_{abs} - p_{amb}$ $p_{abs} = p_{amb} + p_e$ $p_{abs} < p_{amb} \Rightarrow$ Unterdruck $p_{abs} > p_{amb} \Rightarrow$ Überdruck	p_e p_{abs} p_{amb}	atmosph. Druckdifferenz absoluter Druck Luftdruck = Atmosphärendruck ≈ 1 bar = Umgebungsdruck $1\ \text{bar} = 10\ \frac{\text{N}}{\text{cm}^2} = 1000\ \text{hPa}$ $= 100\ \text{kPa} = 100\,000\ \text{Pa} \approx 1 \frac{\text{kg}}{\text{cm}^2}$ Unterdruck = negativer Überdruck	in bar in bar in bar

Druck *pressure*

	Formel	Formelzeichen	Erklärung	
p, A, F	Allgemein: $p = \frac{F}{A}$, $F = p \cdot A$ mit Reibung: $p = \frac{F}{A \cdot \eta}$, $F = p \cdot A \cdot \eta$	p F A η	Druck Kolbenkraft Kolbenfläche Wirkungsgrad (η< 1 bzw. < 100 %)	in $\frac{\text{N}}{\text{cm}^2}$ in N in cm^2

Hydrostatischer Druck *hydrostatic pressure*

	Formel	Formelzeichen	Erklärung	
p, F_G, h, A	$p_{hydr} = \frac{F_G}{A} \rightarrow p_{hydr} = \frac{m \cdot g}{A} \rightarrow$ $p_{hydr} = \frac{V \cdot \rho \cdot g}{A} \rightarrow$ $p_{hydr} = \frac{A \cdot h \cdot \rho \cdot g}{A}$ $1\ \text{Pa} = 1 \frac{\text{N}}{\text{m}^2}$ $1\ \text{bar} = 10 \frac{\text{N}}{\text{cm}^2} = 100\,000 \frac{\text{N}}{\text{m}^2}$	p_{hydr} F_G A ϱ g h	hydrostatischer Druck = Boden-, Seitendruck Gewichtskraft der Flüssigkeit Fläche Dichte Erdbeschleunigung $g \approx 10 \frac{\text{m}}{\text{s}^2}$ Höhe der Flüssigkeitssäule	in Pa in N in cm^2 in $\frac{\text{kg}}{\text{dm}^3}$ in $\frac{\text{m}}{\text{s}^2}$ in m

Statischer und dynamischer Druck

	Formel	Formelzeichen	Erklärung	
Druckanteile bei einer strömenden Flüssigkeit (p_{stat}, p_{dyn}, p_{ges}, v, p)	$p_{dyn} = \frac{\rho \cdot v^2}{2}$ $p_{ges} = p_{stat} + p_{dyn}$	p p_{dyn} p_{stat} v ρ p_{ges}	Druck dynamischer Druck statischer Druck Fließgeschwindigkeit Dichte des strömenden Mediums Gesamtdruck	in Pa, bar in Pa, bar in Pa, bar in $\frac{\text{m}}{\text{s}}$ in $\frac{\text{kg}}{\text{m}^3}$ in Pa, mbar

	Formel	Formelzeichen	Erklärung	
Druckverteilung bei Querschnittsveränderung	Bernoulli-Gleichung (Durchflussgleichung) $p_{ges1} = p_{ges2}$ $p_{stat1} + p_{dyn1} = p_{stat2} + p_{dyn2}$ $\dot{V}_1 = \dot{V}_2$ $A_1 \cdot v_1 = A_2 \cdot v_2$ $p_{stat1} + \frac{v_1^2}{2} = p_{stat2} + \frac{v_2^2}{2}$	p_{ges1}, p_{ges2} p_{stat1}, p_{stat2} p_{dyn1}, p_{dyn2} $\dot{V}_1 = \dot{V}_2$ v_1, v_2 A_1, A_2	Gesamtdruck statitscher Druck dynamischer Druck Volumenstrom Strömungsgeschwindigkeit Fläche	in Pa, mbar in Pa, bar in Pa, bar in $\frac{dm^3}{s}$ in $\frac{m}{s}$ in cm^2
Druckverteilung in einer Rohrstrecke	$p_{ges} = p_{stat} + p_{dyn} + \Delta p$ Die Berechnung des Druckverlustes ist von folgenden Größen abhängig: • Innendurchmesser des Rohres • Länge des Rohres • Volumenstrom • Rauheit der Innenwandung Die Berechnung erfolgt über die Colebrook-White-Gleichung, die nur iterativ (wiederholend) zu lösen ist.	Δp p_{stat} v	Druckverlust statischer Druck Fließgeschwindigkeit	in Pa, mbar in Pa, bar in $\frac{m}{s}$

Prinzip hydraulische Presse *hydraulic press*

	Formel	Formelzeichen	Erklärung	
	$\frac{F_1}{F_2} = \frac{A_1}{A_2}$ $\frac{F_1}{A_1} = \frac{F_2}{A_2}$ $\frac{F_1}{F_2} = \frac{d_1^2}{d_2^2}$ $F_1 \cdot s_1 = F_2 \cdot s_2$ $i = \frac{F_1}{F_2} = \frac{A_1}{A_2} = \frac{s_2}{s_1} = \frac{d_1^2}{d_2^2}$	$F_{1,2}$ $A_{1,2}$ $d_{1,2}$ $s_{1,2}$ p_e i	Kolbenkräfte Kolbenflächen Kolbendurchmesser Kolbenhübe Druck im Medium Übersetzungsverhältnis	in N in cm^2 in cm in cm in $\frac{N}{cm^2}$

Auftrieb *buoyancy*

	Formel	Formelzeichen	Erklärung	
	Auftrieb, den ein Körper erfährt = Gewicht der verdrängten Flüssigkeitsmenge $F_A = V \cdot \varrho_{Fl} \cdot g$ $F_A > F_g$: Körper schwimmt $F_A = F_g$: Körper schwebt $F_A < F_g$: Körper sinkt	F_A F_g V ϱ_{Fl} g	Auftriebskraft Gewichtskraft der Flüssigkeit Volumen der verdrängten Flüssigkeit Dichte der Flüssigkeit Erdbeschleunigung $g \approx \frac{10\,m}{s^2}$	in N in N in dm^3 in $\frac{kg}{dm^3}$ in $\frac{m}{s^2}$

1.7 Wärmelehre

Temperatur *temperature*

	Formel	Formel-zeichen	Erklärung	
Kelvin, Celsius 373,15 K – 100°C – Siedepunkt Wasser 273,15 K – 0°C – Schmelzpunkt Wasser 0 K – -273,15°C – Absoluter Nullpunkt	$T = \theta + 273$ $T = \vartheta + 273$ $\theta = T - 273$ $\vartheta = T - 273$	T θ, ϑ	Thermodynamische Temperatur Temperatur	 in K in °C

Ausdehnungen bei Temperaturänderung *expansion*

Längenänderung *elongation*

	Formel	Formel-zeichen	Erklärung	
l, Δl, ΔT, l_0	$\Delta l = l_0 \cdot \alpha_1 \cdot \Delta T$[1] $= l_0 \cdot \alpha_1 \cdot \theta$ $l = l_0 \pm \Delta l$ $l = l_0 \cdot (1 \pm \alpha_1 \cdot \Delta T)$ „+" bei Erwärmung „–" bei Abkühlung $\Delta d = d_0 \cdot \alpha_1 \cdot \Delta T$ [1] $\Delta T = \Delta\theta$	$\Delta l, \Delta d$ l_0, d_0 α_1 l $\Delta T, \Delta\theta$ Δd	Längenausdehnung Länge bzw. Durchmesser **vor** Temperaturerhöhung Längenausdehnungs-koeffizient Länge **nach** Temperaturerhöhung Temperaturdifferenz Durchmesserausdehnung	in mm in mm in $\frac{1}{K}$ in mm in K in mm

Volumenänderung *volume dilatation*

	Formel	Formel-zeichen	Erklärung	
V_0, V	feste Stoffe, Flüssigkeiten $\Delta V = V_0 \cdot \gamma \cdot \Delta T = V_0 \cdot 3\alpha_1 \cdot \Delta\theta$ $V = V_0 \pm \Delta T$ $V = V_0 \cdot (1 \pm \gamma \cdot \Delta T)$ „+" bei Erwärmung „–" bei Abkühlung $\gamma \approx 3 \cdot \alpha_1$ Gase: $\Delta V = V_0 \cdot \frac{1}{273} \cdot \Delta T$	ΔV γ, α_V V_0 V $\Delta T, \Delta\theta$ α_1	Volumenzunahme Volumenausdehnungs-koeffizient Volumen **vor** Temperaturerhöhung Volumen **nach** Temperaturerhöhung Temperaturdifferenz Längenausdehnungs-koeffizient	in cm³ in $\frac{1}{K}$ in cm³ in cm³ in K in $\frac{1}{K}$

Volumenänderung von Wasser

	Formel	Formel-zeichen	Erklärung	
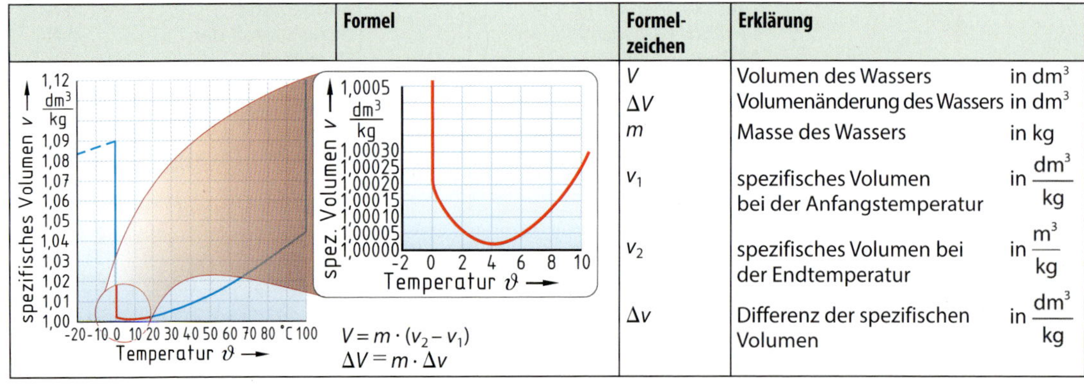	$V = m \cdot (v_2 - v_1)$ $\Delta V = m \cdot \Delta v$	V ΔV m v_1 v_2 Δv	Volumen des Wassers Volumenänderung des Wassers Masse des Wassers spezifisches Volumen bei der Anfangstemperatur spezifisches Volumen bei der Endtemperatur Differenz der spezifischen Volumen	in dm³ in dm³ in kg in $\frac{dm^3}{kg}$ in $\frac{m^3}{kg}$ in $\frac{dm^3}{kg}$

Wärmemenge *quantity of heat*

	Formel	Formelzeichen	Erklärung	
	$Q = m \cdot c \cdot \Delta T$	Q	Wärmemenge	in J, Wh
	oder	m	Masse	in kg
	$Q = m \cdot c \cdot \Delta\theta$	c	spezifische Wärmekapazität	in J/(kg · K), Wh/(kg · K)
	$\Delta\theta = \theta_2 - \theta_1$			
	$\Delta T = \Delta\theta$	ΔT	Temperaturdifferenz	in K
			Werte für c siehe Seite 144, 145	

Wärmemenge zum Schmelzen und Verdampfen von Wasser

	Formel	Formelzeichen	Erklärung	
	Schmelzen:	Q_s	Schmelzwärme	in J, Wh
	$Q_s = m \cdot s$	Q_v	Verdampfungswärme	in J, Wh
		m	Masse des Stoffes	in kg
	Verdampfen: $Q_v = m \cdot r$	s	spezifische Schmelzwärme	in $\frac{\text{Wh}}{\text{kg}}$
	1 Wh = 3600 J = 3,6 kJ	r	spezifische Verdampfungswärme Seite 141	in $\frac{\text{Wh}}{\text{kg}}$

Verbrennungswärme *combustion heat*

Formel	Formelzeichen	Erklärung	
	Q	Wärmemenge	in J, Wh
	m_B	Masse des Brennstoffs	in kg
	V_B	Volumen des Brennstoffs	in m^3
	H_i	Heizwert	in $\frac{\text{kWh}}{\text{kg}}$ oder $\frac{\text{kWh}}{\text{m}^3}$
	H_{iB}	Betriebsheizwert $H_{iB} = 0{,}90\,H_i \ldots 0{,}96\,H_i$	in $\frac{\text{kWh}}{\text{kg}}$
1 kWh = 3600 kWs = 3600 kJ	H_S	Brennwert	in $\frac{\text{kWh}}{\text{kg}}$ oder $\frac{\text{kWh}}{\text{m}^3}$

	Brennwertnutzung	Heizwertnutzung
Feste und flüssige Brennstoffe	$Q = m_B \cdot H_i$	$Q = m_B \cdot H$
Gasförmige Brennstoffe	$Q = V_B \cdot H_S$	$Q = V_B \cdot H_i$

Wärmeleistung *heat capacity*

	Formel	Formelzeichen	Erklärung	
	$\Phi = \frac{Q}{t}$ oder $\dot{Q} = \frac{Q}{t}$	$\Phi, \dot{Q}$	Wärmeleistung	in kW
		Q	Wärmemenge	in Wh
	$\Phi = \dot{m} \cdot c \cdot \Delta\vartheta$ oder	t	Zeit	in h
	$\dot{Q} = \dot{m} \cdot c \cdot \Delta\vartheta$	$\Delta\vartheta/\Delta\theta$	Temperaturdifferenz	in K
	$\Phi = \dot{m} \cdot c \cdot \Delta\vartheta$ oder	$\dot{m}$	Massenstrom	in kg/h
	$\dot{Q} = \frac{m \cdot c \cdot \Delta\vartheta}{t}$	c	spezifische Wärmekapazität in	$\frac{\text{Wh}}{\text{kg} \cdot \text{K}}$

Wärmeleistung aus elektrischer Arbeit

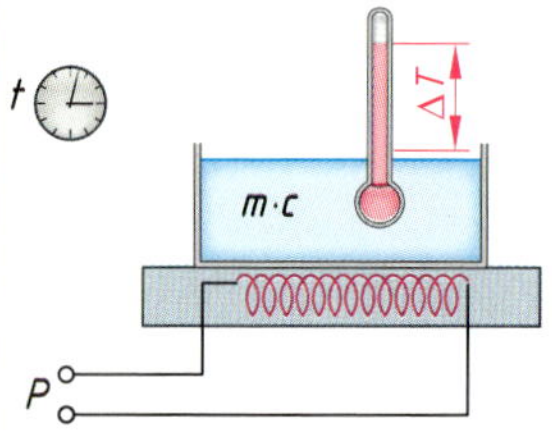

	Formel	Formelzeichen	Erklärung	
	$P = \frac{m \cdot c \cdot \Delta T}{t \cdot \eta}$	W	elektrische Arbeit	in J, Wh
		P	elektrische Leistung	in W
	$P = U \cdot I$	η	Wirkungsgrad $\eta < 1$ bzw. $\eta < 100\,\%$	
		Q	(erzeugte) Wärmemenge	in J, Wh
	$Q = W$	t	Zeit	in s
	$m \cdot c \cdot \Delta T = P \cdot t \cdot \eta$	m	Masse	in kg
		U	Spannung	in V
		I	Stromstärke	in A
	$\Delta T = \Delta\theta$	ΔT, $\Delta\theta$	Temperaturdifferenz	

Wärmedurchgang, Wärmeleitung *heat transmittance, heat conduction*

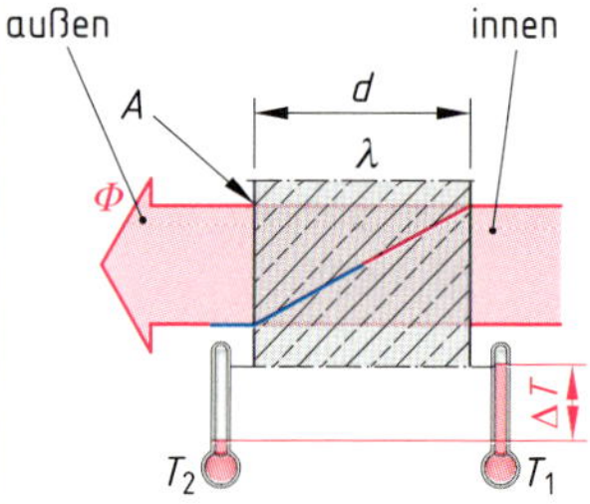

	Formel	Formelzeichen	Erklärung	
	$\Phi = A \cdot U \cdot \Delta T$ oder $\dot{Q} = A \cdot U \cdot \Delta\theta$	Φ, $\dot{Q}$	Wärmestrom	in W
		λ	Wärmeleitfähigkeit	in $\frac{\text{W}}{\text{m} \cdot \text{K}}$
	$\Phi = A \cdot \frac{\lambda}{d} \cdot \Delta T$	d	Bauteildicke	in m
		A	Bauteilfläche	in m^2
	$\dot{Q} = A \cdot \frac{\lambda}{d} \cdot \Delta\vartheta$	$\Delta\theta$, ΔT, $\Delta\vartheta$	Temperaturdifferenz	in K
		U	Wärmedurchgangskoeffizient	in $\frac{\text{W}}{\text{m}^2 \cdot \text{K}}$
	$R = \frac{d}{\lambda}$	R	Wärmedurchlasswiderstand	in $\frac{\text{W}}{\text{m}^2 \cdot \text{K}}$
	Der Wärmestrom „fließt" immer zum Bereich mit niedrigerer Temperatur			

Aufheizzeit von Wasser, Warmwasserzapfleistung, Temperaturdifferenz

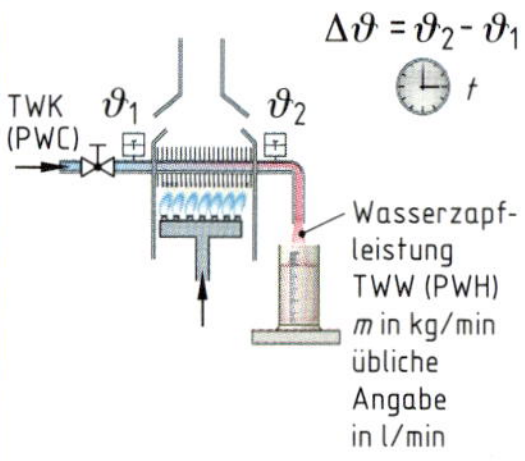

	Formel	Formelzeichen	Erklärung	
	Aufheizzeit	$\dot{Q}$, Φ	Wärmeleistung	in W
	$t = \frac{Q}{\dot{Q}}$ oder $t = \frac{m \cdot c \cdot \Delta\theta}{\dot{Q}}$	Q	Wärmemenge	in J oder Wh
		t	Aufheizzeit	in s oder h
		m	Masse	in kg
	Wasserzapfleistung	c	spezifische Wärmekapazität	in $\frac{\text{Wh}}{\text{kg} \cdot \text{K}}$
	$\dot{m} = \frac{\dot{Q}}{c \cdot \Delta\theta}$	$\Delta\theta$, $\Delta\vartheta$	Temperaturdifferenz	in K
	Temperaturdifferenz	$\dot{m}$	Massenstrom	in $\frac{\text{kg}}{\text{h}}$
Nach DIN EN 806-1 entspricht: Trinkwasser (TW) = PW Trinkwasser, kalt = PWC Trinkwasser, warm = PWH	$\Delta\theta = \frac{\dot{Q}}{\dot{m} \cdot c}$		(Volumenstrom	in $\frac{l}{\text{min}}$)

Wärmemischung

	Formel	Formelzeichen	Erklärung	
Q_1, Q_2, m_1, c_1, θ_1, m_2, c_2, θ_2, Q_M, θ_M, m_M, c_M gültig für gleiche Aggregatzustände	allgemein $Q_1 + Q_2 = Q_M$ $(m_1 \cdot c_1 \cdot T_1) + (m_2 \cdot c_2 \cdot T_2) = (m_1 \cdot c_1 + m_2 \cdot c_2) \cdot T_M$ $T_M = \frac{m_1 \cdot c_1 \cdot T_1 + m_2 \cdot c_2 \cdot T_2}{m_1 \cdot c_1 + m_2 \cdot c_2}$ Mischung gleicher Stoffe: $T_M = \frac{m_1 \cdot T_1 + m_2 \cdot T_2}{m_1 + m_2}$	Q_1 Q_2 Q_M $m_{1,2}$ $c_{1,2}$ $T_{1,2}$ m_M T_M	Wärmemenge Stoff 1 Wärmemenge Stoff 2 Wärmemenge Mischung Masse von Stoff 1, 2 spezif. Wärmekapazität Stoff 1, 2 Temperatur Stoff 1, 2 Masse der Mischung Temperatur der Mischung	in J in J in J in kg in $\frac{J}{kg \cdot K}$ in K in kg in K
Temperaturen in °C Anteile Kaltwassertemperatur θ_K Kaltwasseranteile A_K θ_M Warmwassertemperatur θ_W Warmwasseranteile A_W $\Sigma =$ A_M Mischwasseranteile Bei Berechnungen mit dem Mischungskreuz werden keine Einheiten verwendet!	für Wasser **Mischwassergrundgleichung** $m_M \cdot \theta_M = m_K \cdot \theta_K + m_W \cdot \theta_W$ **Temperatur des Mischwassers** $\vartheta_M = \frac{m_K \cdot \theta_K + m_W \cdot \theta_W}{m_M}$ **Temperatur des Kaltwassers** $\vartheta_K = \frac{m_M \cdot \theta_M - m_W \cdot \theta_W}{m_K}$ **Temperatur des Warmwassers** $\vartheta_W = \frac{m_M \cdot \theta_M - m_K \cdot \theta_K}{m_W}$ **Masse des Warmwassers** $m_W = m_K \cdot \left(\frac{\theta_M - \theta_K}{\theta_W - \theta_M}\right)$ oder $m_W = m_M \cdot \left(\frac{\theta_M - \theta_K}{\theta_W - \theta_K}\right)$ **Masse des Kaltwassers** $m_K = m_W \cdot \left(\frac{\theta_W - \theta_M}{\theta_M - \theta_K}\right)$ oder $m_K = m_M \cdot \left(\frac{\theta_W - \theta_M}{\theta_W - \theta_K}\right)$ **Mischungskreuz** $A_K = \theta_W - \theta_M$ $A_W = \theta_M - \theta_K$ $A_M = A_W + A_K$ $m_K = m_M \cdot \left(\frac{A_K}{A_M}\right)$ $m_W = m_M \cdot \left(\frac{A_W}{A_M}\right)$	m_M m_K m_W θ_M, ϑ_M θ_K, ϑ_K θ_W, ϑ_W A_M A_K A_W	Mischwassermasse Kaltwassermasse Warmwassermasse Temperatur Mischwasser Temperatur Kaltwasser Temperatur Warmwasser Mischwasseranteile Kaltwasseranteile Warmwasseranteile	in kg in kg in kg in °C in °C in °C – – –

1.8 Strömungslehre

Volumenstrom *volumetric flow rate*

	Formel	Formelzeichen	Erklärung	
	$\dot{V} = A \cdot v \quad V = \dot{V} \cdot t \quad V = A \cdot v \cdot t$	$\dot{V}$	Volumenstrom	in $\frac{m^3}{s}$
	$\dot{V} = \frac{V}{t}$; $\dot{V} = A \cdot \frac{s}{t}$	V	Fördervolumen	in m^3
		A	Strömungsquerschnitt	in m^2
		v	Strömungsgeschwindigkeit	in $\frac{m}{s}$
		s	Weg	in m
		t	Zeit	in s

Kontinuitätsgesetz *continuity equation*

	Formel	Formelzeichen	Erklärung	
	Flüssigkeiten (inkompressibel)	$\dot{V}_1$	Volumenstrom 1	in $\frac{m^3}{s}$
	$\dot{V}_1 = \dot{V}_2$	$\dot{V}_2$	Volumenstrom 2	in $\frac{m^3}{s}$
	$A_1 \cdot v_1 = A_2 \cdot v_2 = \text{Konstant}$	A_1	Strömungsquerschnitt 1	in m^2
	$\frac{A_1}{A_2} = \frac{v_2}{v_1}$	A_2	Strömungsquerschnitt 2	in m^2
	$v_2 = \frac{A_1}{A_2} \cdot v_1$; $\quad v_2 = \frac{d_1^2}{d_2^2} \cdot v_1$	v_1	Strömungsgeschwindigkeit 1	in $\frac{m}{s}$
	$v_1 = \frac{A_2}{A_1} \cdot v_2$	v_2	Strömungsgeschwindigkeit 2	in $\frac{m}{s}$
	Gase (kompressibel) $\dot{m}_1 = \dot{m}_2$	$\dot{m}_{1,2}$	Massenstrom	in $\frac{kg}{s}$
	$A_1 \cdot v_1 \cdot \varrho_1 = A_2 \cdot v_2 \cdot \varrho_2$	$\varrho_{1,2}$	Dichte	in $\frac{kg}{m^3}$
		d_1	Durchmesser 1	in mm
		d_2	Durchmesser 2	in mm

Ausflussvolumen

	Formel	Formelzeichen	Erklärung	
	$V = A \cdot V \cdot t$	V	Ausflussvolumen	in m^3
	$\dot{V} = \frac{V}{t}$	t	Zeit	in s
		A	Strömungsquerschnitt	in m^2
		v	Strömungsgeschwindigkeit	in $\frac{m}{s}$
		$\dot{V}$	Volumenstrom	in $\frac{m^3}{s}$

1.9 Gasgesetze *ideal gas law*

Allgemeine Gasgleichung *perfect gas equation*

	Formel	Formelzeichen	Erklärung	
Druck in bar; 4 bar; 2 bar; 1 bar; 4,0; 2,0; 1,0; 1,0 2,0 4,0; Volumen in Liter; $p_{abs.1}$; $p_{abs.2}$; T_1 V_1; T_2 V_2	$\frac{p_{abs,1} \cdot V_1}{T_1} = \frac{p_{abs,2} \cdot V_2}{T_2}$ (Gesetz von Boyle-Mariotte) 100 000 Pa = 1000 mbar	p_{abs} $p_{abs,1}$ $p_{abs,2}$ V, V_1, V_2 T, T_1, T_2	Absoluter Druck z. B. Gasvolumen z. B. Thermodynamische Temperatur	in bar in dm^3 in K

Gasgleichung bei konstantem Druck (isobar)

	Formel	Formelzeichen	Erklärung	
p_{abs} p_{abs}; T_1 V_1; T_2 V_2	$\frac{V}{T}$ = konstant $\frac{V_1}{T_1} = \frac{V_2}{T_2}$ Fur p = konst gilt $\Delta V = V_0 \cdot \frac{1}{273 \cdot K} \cdot \Delta\theta$	V, V_1, V_2 T, T_1, T_2 V_0 ΔV $\Delta\theta$	Gasvolumen thermodynamische Temperatur Volumen bei 0°C Volumenänderung Temperaturdifferenz	in m^3 in K in m^3 in m^3 in K

Gasgleichung bei konstanter Temperatur (isotherm)

	Formel	Formelzeichen	Erklärung	
$p_{abs.1}$ $p_{abs.2}$; V_1 V_2	$p_{abs} \cdot V$ = konstant $p_{abs,1} \cdot V_1 = p_{abs,2} \cdot V_2$	p_{abs}, $p_{abs,1}$, $p_{abs,2}$ V, V_1, V_2	absoluter Druck Gasvolumen	in bar in m^3

Gasgleichung bei konstantem Volumen (isochor)

	Formel	Formelzeichen	Erklärung	
$p_{abs.1}$ $p_{abs.2}$; T_1 V; T_2 V	$\frac{p_{abs}}{T}$ = konstant $\frac{p_{abs,1}}{T_1} = \frac{p_{abs,2}}{T_2}$	p_{abs} $p_{abs,1}$, $p_{abs,2}$ T, T_1, T_2	absoluter Druck thermodynamische Temperatur	in bar in K

1.10 Elektrotechnik *electrical engineering*

1.10.1 Elektrische Größen und Schaltungen elektrischer Widerstände

	Formel	Formelzeichen	Erläuterung
Messen der Stromstärke *current* 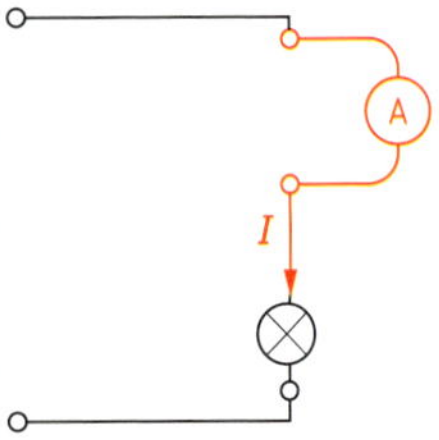	Stromstärke I wird in den Leitungen gemessen (Reihenschaltung)	 I	Einbau des Messgerätes in den zu messenden Stromkreis (Reihenschaltung) Stromstärke in A (Ampere)
Messen der Spannung *voltage* 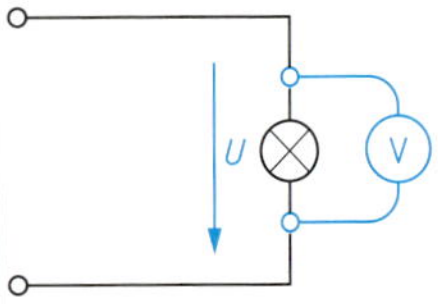	Spannung wird zwischen Eingang und Ausgang eines Bauteils gemessen (Parallelschaltung)	 U	Anschluss des Messgerätes an Eingang und Ausgang eines Bauteils Spannung in V (Volt)
Ohmsches Gesetz *Ohm's law* 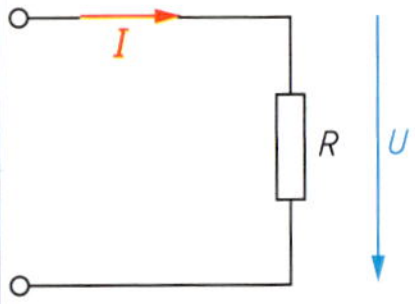	$I = \frac{U}{R}$ $U = I \cdot R$ $R = \frac{U}{I}$	I U R	Stromstärke in A Spannung in V Widerstand in Ω
Leiterwiderstand *conductor resistance* 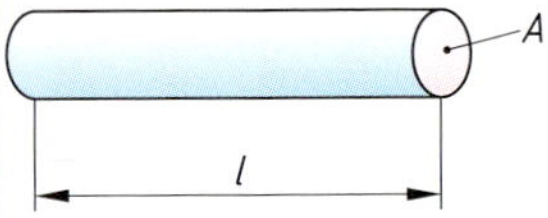	$R = \frac{\varrho \cdot l}{A}$	R ϱ, ρ l A	Widerstand in Ω spezifischer Widerstand in $\frac{\Omega \cdot mm^2}{m}$ Leiterlänge in m Leiterquerschnitt in mm^2
Reihenschaltung von Widerständen *series connection* 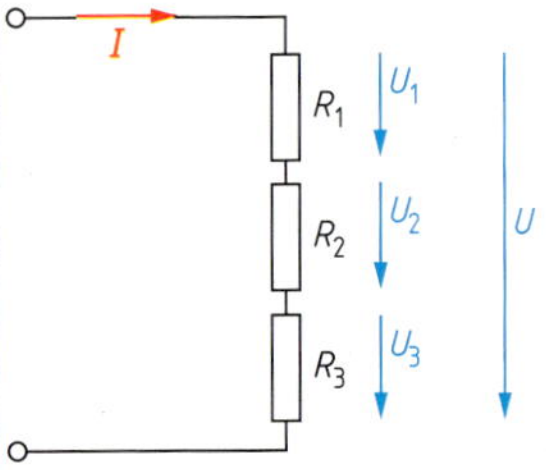	$R = R_1 + R_2 + R_3 + \ldots$ $U = U_1 + U_2 + U_3 + \ldots$ Durch alle Widerstände fließt die gleiche Stromstärke. bei 2 Widerständen: $\frac{U_1}{U_2} = \frac{R_1}{R_2}$	R $R_{1,2,3}$ I U $U_{1,2,3}$	Gesamt-Widerstand in Ω Einzel-Widerstände in Ω Stromstärke in A Gesamtspannung in V Teil-Spannungen in V

spezifischer Widerstand ϱ in $\Omega \cdot \frac{mm^2}{m}$

Werkstoff	ϱ	Werkstoff	ϱ
Silber	0,016	Eisen	0,1
Elektro-Kupfer	0,0175	Chrom-Nickel-Stahl	1,1
Aluminium	0,0278	Kohle	65

	Formel	Formelzeichen	Erläuterung
Parallelschaltung von Widerständen *parallel connection* 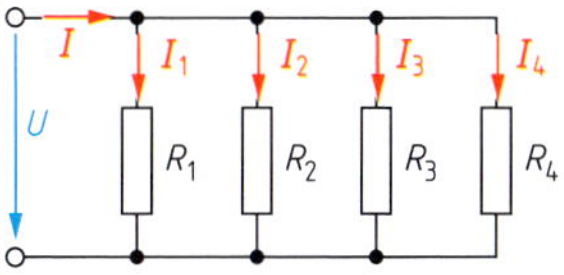 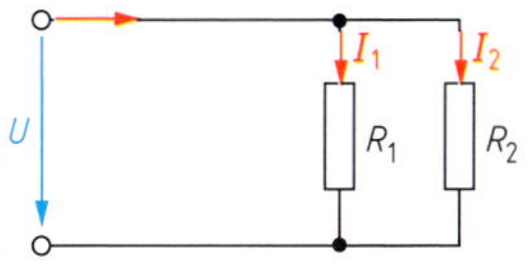	$\frac{1}{R}=\frac{1}{R_1}+\frac{1}{R_2}+\frac{1}{R_3}+\cdots$ $I = I_1 + I_2 + I_3 + \ldots$ An allen Widerständen herrscht die gleiche Spannung. Bei 2 Widerständen: $\frac{I_1}{I_2}=\frac{R_2}{R_1}$ $R=\frac{R_1 \cdot R_2}{R_1+R_2}$	R $R_{1,2,3,4}$ I $I_{1,2,3,4}$ U	Gesamt-Widerstand in Ω Einzel-Widerstände in Ω Gesamt-Stromstärke in A Teil-Stromstärken in A Spannung in V
Transformator *transformer* 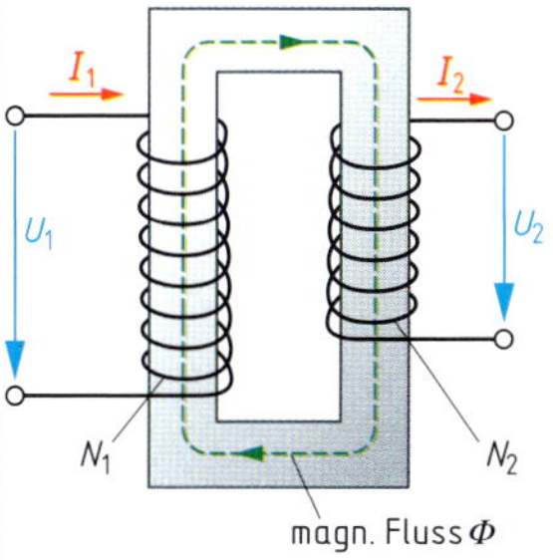	$\frac{U_1}{U_2}=\frac{N_1}{N_2}$ $\frac{I_1}{I_2}=\frac{N_2}{N_1}$ $ü=\frac{N_1}{N_2}$ $I_2=\frac{N_1 \cdot N_1}{N_2}$ $P_B=\frac{U_1-U_2}{U_1} \cdot P_D$ $P_D = U_2 \cdot I_2$	U_1 U_2 I_1 I_2 N_1 N_2 P_B P_D $ü$	Primär-Spannung in V Sekundär-Spannung in V Primär-Stromstärke in A Sekundär-Stromstärke in A Windungen: Primärspule Windungen: Sekundärspule Bauleistung in V · A Durchgangsleistung in V · A Übersetzungsverhältnis
Elektrische Leistung bei Ohmschen Widerständen *electric power* (Gleich- und Wechselstrom) 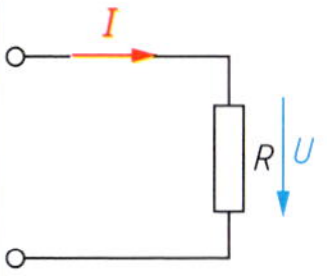 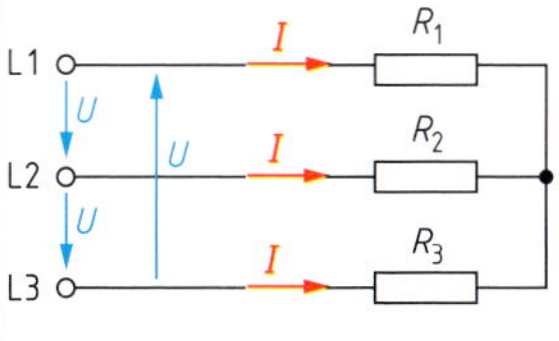	Gleich- und einphasige Wechselspannung $P=U \cdot I$ $P=I^2 \cdot R$ $P=\frac{U^2}{R}$ Öffentliches Netz: $\sim: U = 230\,V$ Drehstrom $P = \sqrt{3} \cdot U \cdot I$ Öffentliches Netz: $3\sim: U = 400\,V$	P U I R $\sqrt{3}$ ~ 3 ~	elektr. Leistung in W Spannung in V Stromstärke in A Widerstand in Ω Verkettungsfaktor Wechselspannung, einphasig Wechselspannung, 3einphasig
Drehstrom 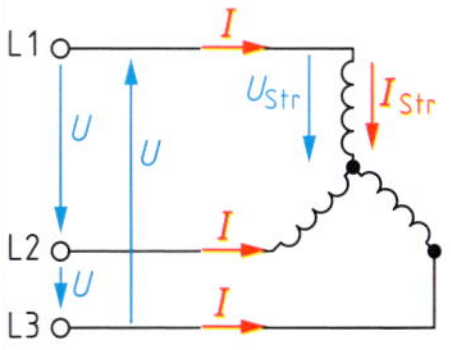 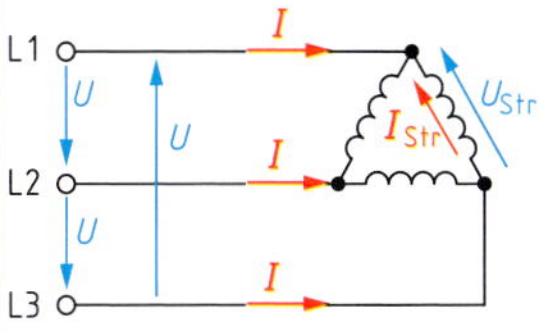	Dreiphasige Wechselspannung $P=\sqrt{3} \cdot U \cdot I \cdot \cos\varphi$ $P=3 \cdot U_{Str} \cdot I_{Str} \cdot \cos\varphi$ Bei Sternschaltung: $U_{Str} = 230\,V$ $P=\sqrt{3} \cdot U \cdot I \cdot \cos\varphi$ $P=3 \cdot U_{Str} \cdot I_{Str} \cdot \cos\varphi$ Bei Dreieckschaltung: $U_{Str} = 230\,V$	P U I $\cos\varphi$ $\sqrt{3}$ I_{Str} U_{Str}	Wirkleistung in W Leiterspannung in V Leiterstrom in A Leistungsfaktor Verkettungsfaktor Strangstrom in A Strangspannung in V

	Formel	Formelzeichen	Erläuterung	
Elektrische Arbeit *electric work*	$W = P \cdot t$	W	elektrische Arbeit 1 kWh = 3 600 000 Ws	in Ws
	$W = U \cdot I \cdot t$	P	elektrische Leistung	in W
		U	Spannung	in V
		I	Stromstärke	in A
		t	Zeit	in s

1.10.2 Elektroinstallation

Wichtige Begriffe der Installationstechnik

Außenleiter sind Leiter, die Stromquellen mit Verbrauchsmitteln verbinden, z. B. die Leiter L1, L2, L3 im Drehstromnetz, aber nicht Leiter, die vom Mittel- oder Sternpunkt ausgehen.
Die **Berührungsspannung** ist Teil einer Fehlerspannung, die von Menschen überbrückt werden kann.
Betriebserdung ist die Erdung eines Punkts des Betriebstromkreises, wie Mittelpunkt, Sternpunkt, Neutralleiter oder Außenleiter. Die Erdung leitfähiger Teile sorgt für einen Potenzialausgleich.
Betriebsmittel sind alle Gegenstände, die dem Anwenden elektrischer Energie dienen, z. B. Schalter, Motoren, Leitungen usw.
Leitungen sind aufgrund ihrer Beschaffenheit nur zur Verlegung in Gebäuden geeignet.
Kabel sind auch für die Erdverlegung geeignet.
VDE ist die Abkürzung für „Verband Deutscher Elektrotechniker e.V." und ist gleichzeitig Prüf- und Zertifizierungsinstitut für Normen im Bereich der Elektrotechnik.

Einteilung der Netzspannungsbereiche

Spannungsbereich	Technische Netzspannungen	Wechselstrom	Gleichstrom
Niederspannungsbereich	Schutzkleinspannung (Schutzklasse III) SELV (Safety Extra Low Voltage) PELV (Protective Extra Low Voltage)	bis 50 V	bis 120 V
	Kleinspannung (Schwachstrom*)	bis 50 V	bis 120 V
	Niederspannung (Starkstrom*)	bis 1000 V	bis 1500 V
Hochspannungsbereich	Mittelspannung	bis 30 000 V	
	Hochspannung	bis 110 000 S	
	Höchstspannung	bis 1 150 000 V	

* umgangsprachliche Bezeichnungen

Aufbau der öffentlichen Stromversorgungsnetze

DIN VDE 0100-100 : 2009-06
DIN VDE 0100-410 : 2018-10

Internationale Kennzeichnung (Auswahl)

Bedeutung der Kurzzeichen:

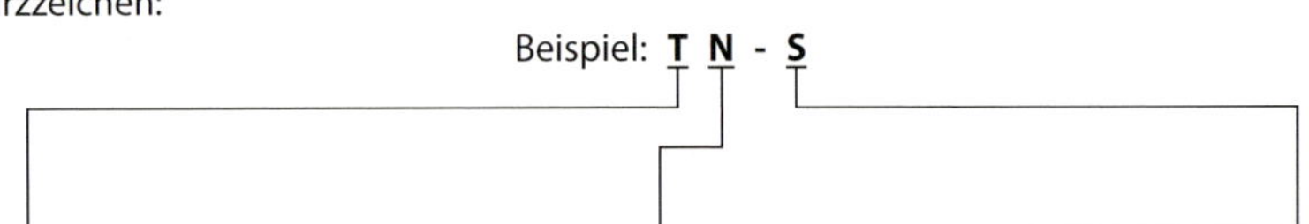

Erdung des öffentlichen Netzes	Erdung der Gebäudeinstallation	Anordnung von Neutral- und Schutzleiter
T (franz. terre) Betriebserder (Erdung des Neutralleiters der Stromquelle) **I** (franz. isolation) keine Erdung	**T** (franz. terre) Anlagen- oder Schutzerder (direkte Erdung z. B. Fundamenterder im Gebäude) **N** Erdung über eine Schutzleiterverbindung zum Betriebserder.	**S** (engl. separated) Neutral- und (N) Schutzleiter (PE) sind getrennte Leitungen. **C** (engl. combined) Neutral- und Schutzleiter sind in einer Leitung kombinert.

Heute üblicher Standard

TN-S-Netz mit Überstrom-Schutzeinrichtung und getrenntem Neutralleiter und Schutzleiter im gesamten Netz

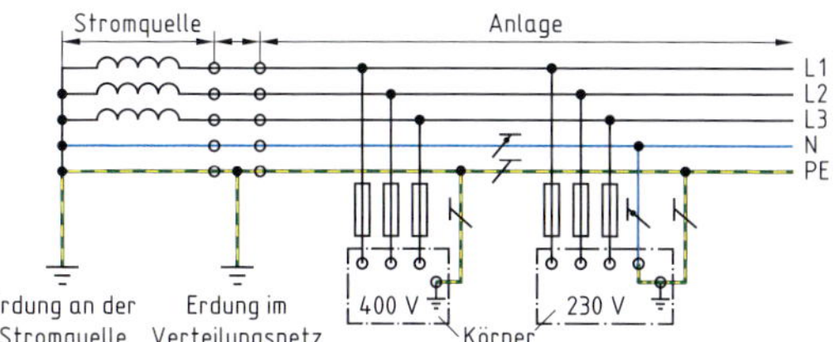

Veraltet

TN-C-Netz mit Überstrom-Schutzeinrichtung, Neutralleiter- und Schutzleiterfunktionen im gesamten Netz im PEN-Leiter zusammengefasst

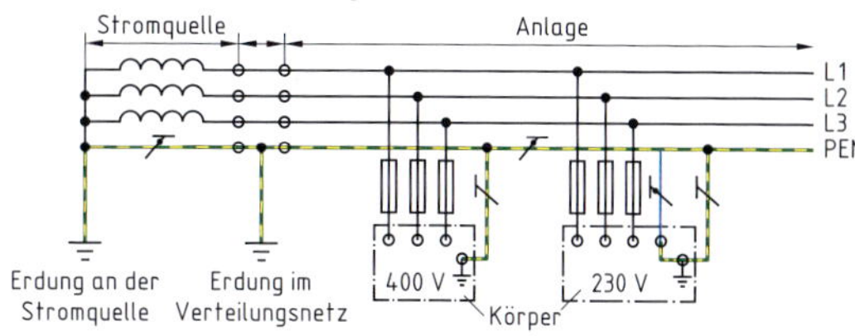

Spannungen im öffentlichen Niederspannungsnetz (Drehstromnetz):

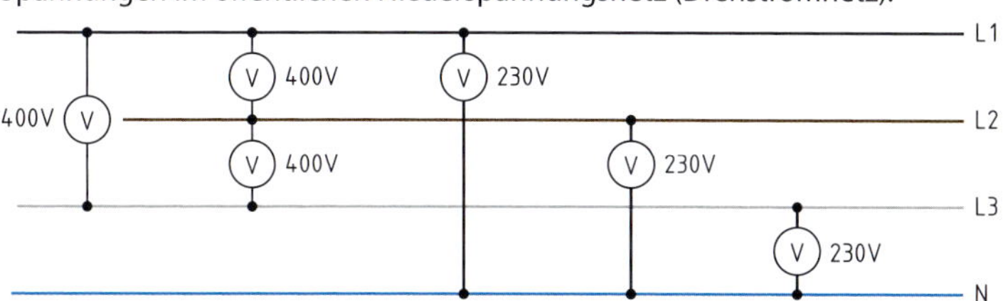

Klemmenbezeichnung und Lage der Brücken im Motorklemmkasten (Drehstrom-Asynchronmotor)

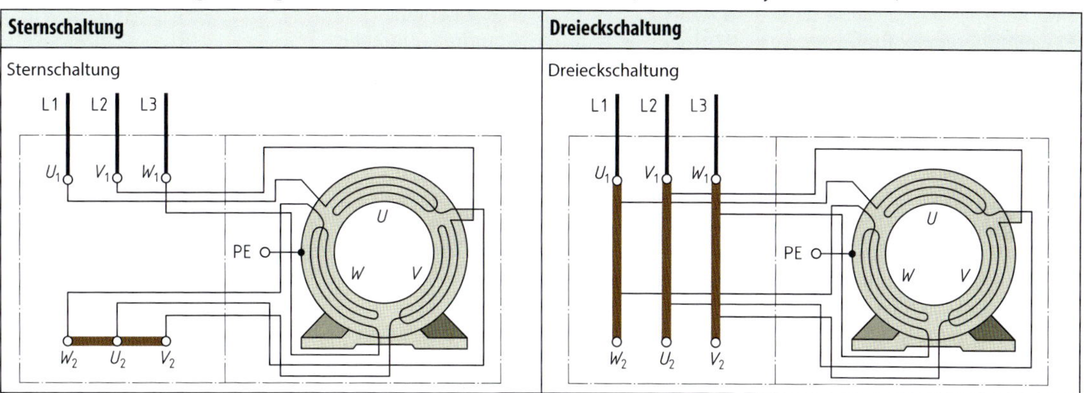

Leiterkennzeichnung von Kabeln und Leitungen

DIN EN 60445; VDE 0197 : 2018-02

Art des Leiters		Bezeichnung	Farbe	deutsch	englisch	
Wechselstrom-netz	Außenleiter 1	L1	schwarz	SW[1]	BK[1]	black
	Außenleiter 2	L2	braun	BR[1]	BN[1]	brown
	Außenleiter 3	L3	grau	GR[1]	GY[1]	grey
	Neutralleiter	N	blau	BL	BU	blue
Schutzleiter		PE, PEN[2] ⏚	grün-gelb	GN GE	GN YE	green, yellow
Gleichstrom-anschlüsse	Positiv	L+	Keine Empfehlung notwendig			
	Negativ	L-				

[1] Empfehlung (Farbe ist nicht festgelegt, grün-gelb darf jedoch nicht verwendet werden)
[2] PEN-Leiter (PE +N , Schutzleiter mit Neutralleiterfunktion)

Kurzzeichen für Leitungen

Harmonisierte Leitungen
DIN VDE 0292 : 2021-08

Beispiel:

Kennzeichnung H | 07 | V | V | | -F | 5 | G | 2,5

Bestimmung	
harmonisiert	H
nationaler Typ	A
Nennspannung U_0/U*	
300/300	03
300/500	05
450/750	07
	04
Leiterisolierung	
PVC	V
Natur- und/oder Styrol-Butadienkautschuk	R
Silikonkautschuk	S
Ethylenpropylen-Kautschuk	B
Mantel	
PVC	V
PVC, erhöht temperaturbeständig	V2
PVC, für niedrige Temperaturen	V3
Natur- und/oder Styrol-Butadienkautschuk	R
Polychloroprenkautschuk	N
Glasfasergeflecht	J
Textilgeflecht	T
Polyrethan	Q
Aufbau – Besonderheiten	
flache teilbare Leitung	H
flache nicht teilbare Leitung	H2
Leiter	
eindrähtig	-U
mehrdrähtig	-R
feindrähtig für feste Verlegung	-K
feindrähtig für flexible Verlegung	-F
feinstdrähtig für flexible Verlegung	-H
Lahnlitze	-Y
Aderzahl	n
mit Schutzleiter grüngelb	G
ohne Schutzleiter	X
Nennquerschnitt	nn

* U_0 Effektivwert der Spannung zwischen Außenleiter und Erde
U Effektivwert der Spannung zwischen Außenleiter und Außenleiter

Bezeichnungsbeispiel:
H05-VV-U 3G1,5
PVC-Mantelleitung mit Schutzleiter, dreiadrig, Leiterquerschnitt 1,5 mm²

nicht harmonisiert (Auszug) alte Typisierung
DIN VDE 0250-204 : 2000-12

Beispiel:

Kennzeichnung NY | M | HY | -J | 5x2,5

	NY	M	HY	-J	5x2,5
Normleitung	N				
Normleitung mit PVC-Isolation	NY				
Ader		A	A		
Bleimantel umhüllt		BU			
Fassungsader		F			
flexibel			F		
Gummiisolierung, -mantel		G	G		
Handlampenleitung			H		
leitende Hülle		H			
Stegleitung		IF			
Illuminations-Flachleitung		IFL			
leichte Beanspruchung		L			
Leuchtröhrenleitung		L			
mittlere Beanspruchung		M			
Mantelleitung		M			
Pendelschnur		PL			
Rohrdraht, umhüllt		RU			
schwere Beanspruchung		S			
sehr schwere Beanspruchung		SS			
Sonderleitung		S			
Leitungstrosse		T			
PVC-Isolierung, PVC-Mantel			Y		
Zugentlastung			Z		
Zinkband			Z		
Zwillingsleitung		Z			
ölfest, wetterfest				ÖU	
mit Schutzleiter				-J	
ohne Schutzleiter				-O	
Aderzahl					n
Nennquerschnitt					x n

Bezeichnungsbeispiel:
NYM-J 3X1,5
PVC-Mantelleitung mit Schutzleiter, dreiadrig, Leiterquerschnitt 1,5 mm²

Installationszonen und Vorzugsmaße

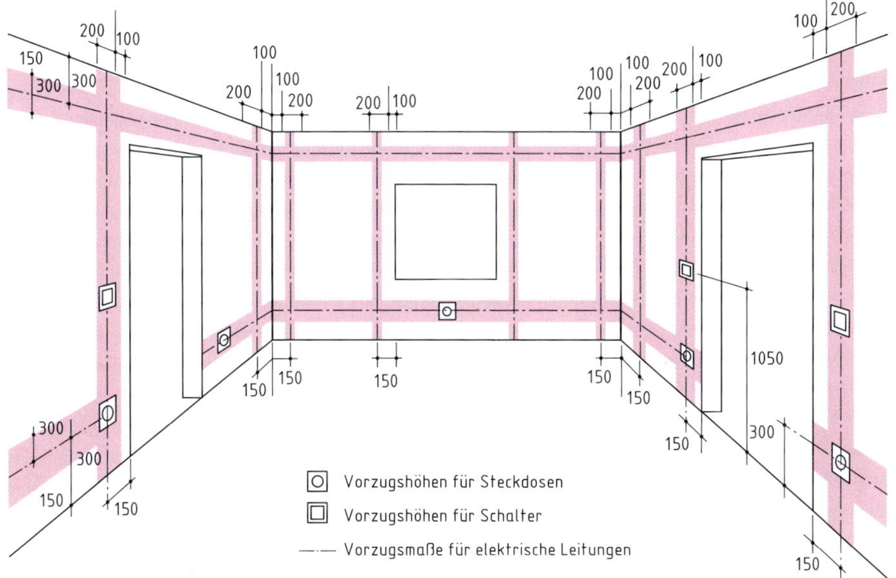

Installations- und Geräteanschlussleitungen

Kurzzeichen	Abbildung	Bezeichnung/Nennspannung U_0/U	Nennspannung	Aderzahl	Leiter-Querschnitt (mm²)	Verwendung
Installationsleitungen (Auswahl) für feste Verlegung						
H05V-U/K		PVC-Aderleitung	500/300	1	0,5…1	In trockenen Räumen, Verdrahtungsleitungen in Geräten und Gehäusen.
H07V-U/K		PVC-Aderleitung	750	1	1,5…10	In trockenen Räumen, Verlegung in Rohren, in Gehäusen und Schaltanlagen.
H05SJ-K		Silikon-Aderleitungen	500/300	1	0,5…16	Für Temperaturen bis 180 °C, in Leuchten und Wärmegeräten.
NYIF		Stegleitung	500/300	2… 5	1,5…10	In trockenen Räumen, für feste Verlegung im und unter Putz.
NYM		Mantelleitung	500/300	1… 5	1,5…10	In trockenen und nassen Räumen, für feste Verlegung auf, im und unter Putz.
Geräte-Anschlussleitungen (Auswahl)/flexible Leitungen						
H05VV-F		PVC- Schlauchleitung, flexibel	500/300	2… 5	0,75… 4	In trockenen Räumen, für Elektrogeräte mit mittlerer mechanischer Beanspruchung (Haus- und Küchengeräte).
H07RRF		leichte Gummi-Schlauchleitung	300/500	2/5	0,75… 2,5	In trockenen Räumen, für leichte Hand- und Elektrowärmegeräte.
H07RNF		Schwere Gummi-Schlauchleitung	450/700	2/5	1… 25	In trockenen und nassen Räumen sowie auf Baustellen, mit mittlerer mechanischer Beanspruchung.

Grundschaltungen der Elektroinstallation

Installationsschaltungen			
	Stromlaufplan in aufgelöster Darstellung	**Stromlaufplan in zusammenhängender Darstellung**	**Übersichtsschaltplan**
Ausschaltung	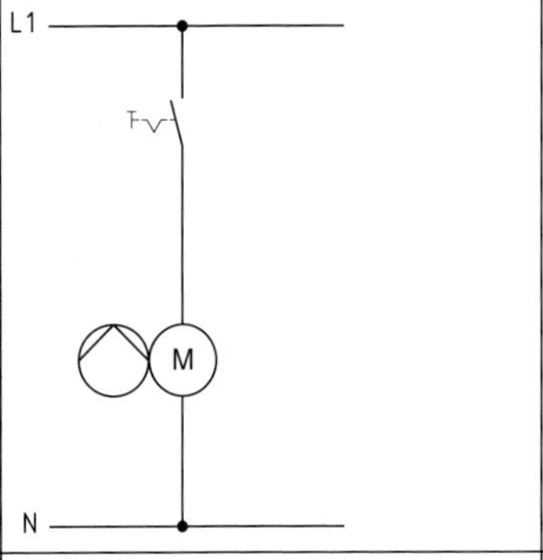 L1 M N	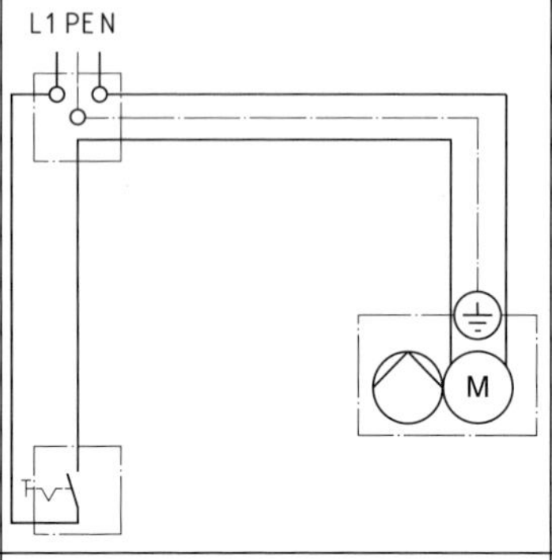 L1 PE N M	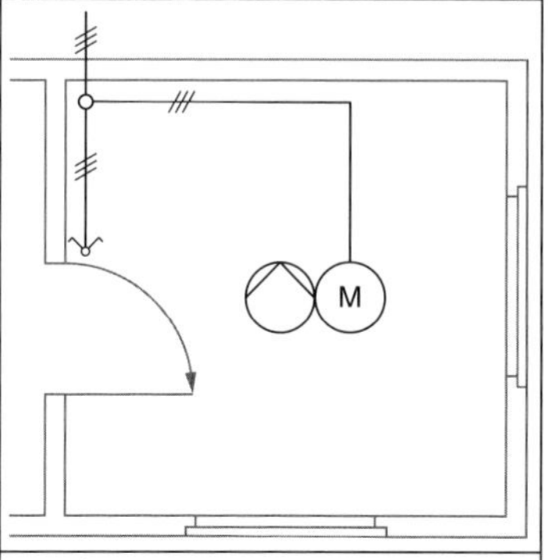 M ///
Serienschaltung	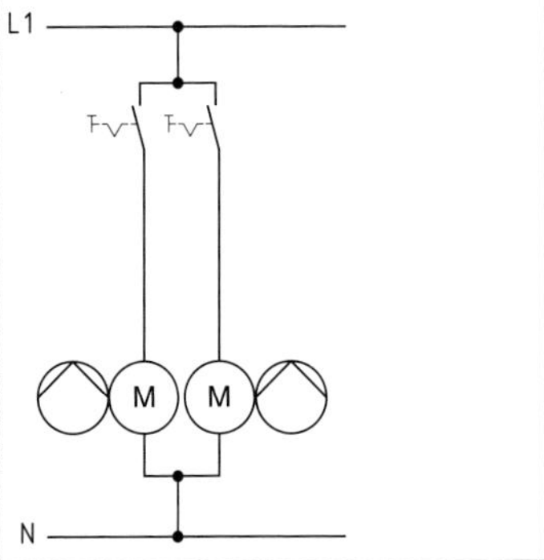 L1 M M N	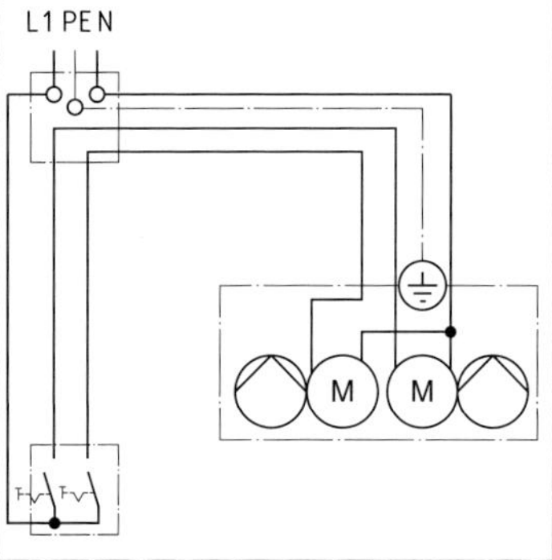 L1 PE N M M	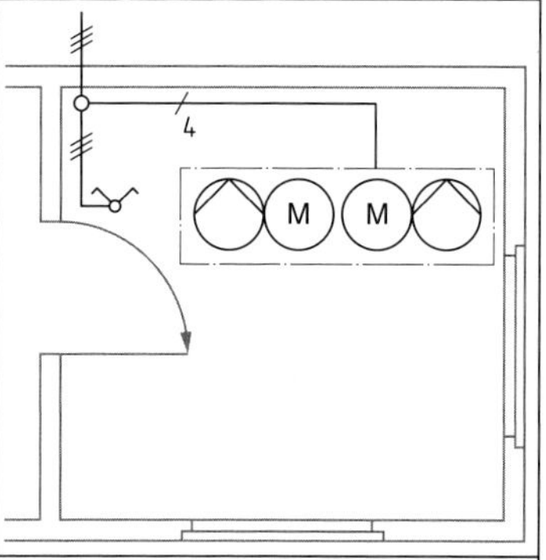 4 M M
Wechselschaltung	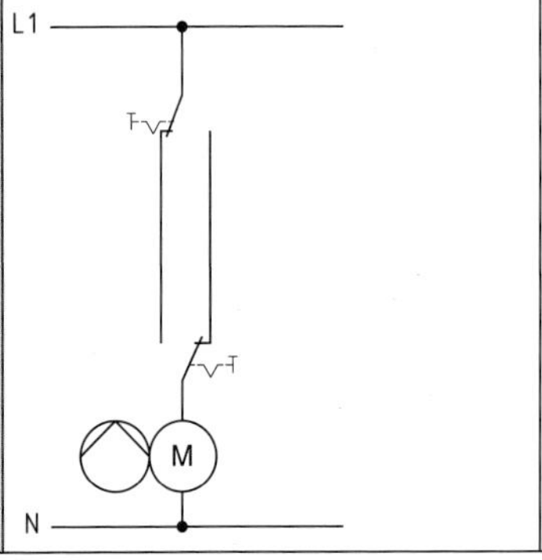 L1 M N	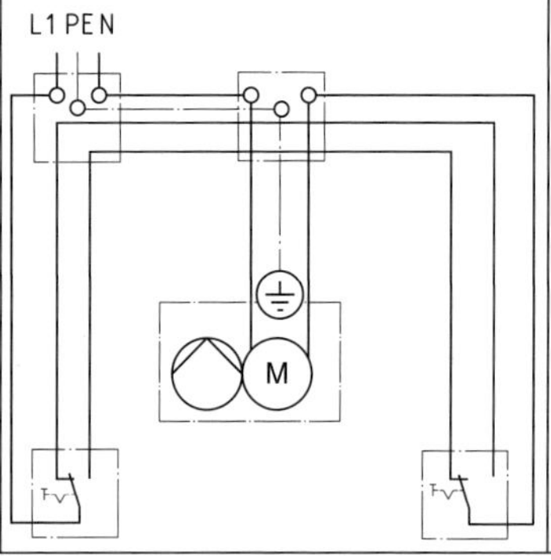 L1 PE N M	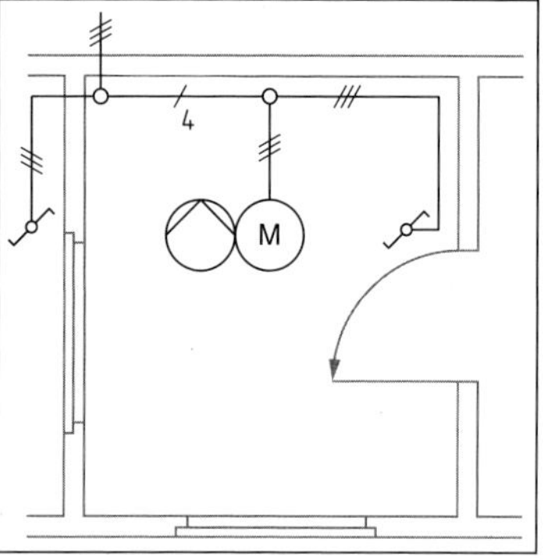 4 /// M

Verlegevorschriften

DIN EN 50565-1 (VDE 0298-565-1) : 2015-02

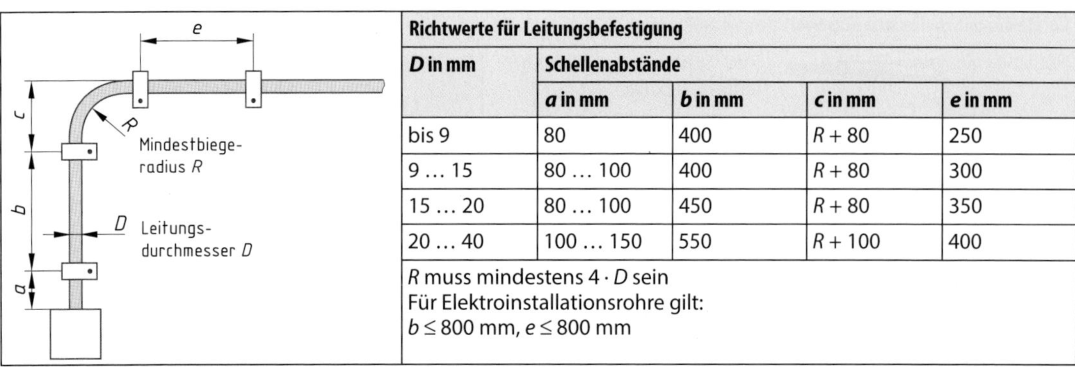

Richtwerte für Leitungsbefestigung				
***D* in mm**	**Schellenabstände**			
	***a* in mm**	***b* in mm**	***c* in mm**	***e* in mm**
bis 9	80	400	*R* + 80	250
9 … 15	80 … 100	400	*R* + 80	300
15 … 20	80 … 100	450	*R* + 80	350
20 … 40	100 … 150	550	*R* + 100	400

R muss mindestens 4 · *D* sein
Für Elektroinstallationsrohre gilt:
b ≤ 800 mm, *e* ≤ 800 mm

Schutz elektrischer Leitungen

Auslegung von Leitungen nach Verlegeart und Strombelastbarkeit
DIN VDE 0100-430 : 2010-10, DIN VDE 0100-520 : 2013-06 und DIN VDE 0298-4 : 2013-06

Nennstrom der Sicherung I_n in A	Kennfarbe der Sicherung	Mindestquerschnitt in mm² für Cu-Leitungen bei Verlegeart							
		A1		B1		B2		C	
		und Anzahl der belasteten Adern							
		2	3	3	3	2	3	2	3
10 (13)	rot	1,5	1,5	1,5	1,5	1,5	1,5	1,5	1,5
16	grau	1,5	2,5	1,5	1,5	1,5	1,5	1,5	1,5
20	blau	2,5	2,5	2,5	2,5	2,5	2,5	1,5	2,5
25	gelb	4	4	2,5	4	4	4	2,5	2,5
35	schwarz	6	6	6	6	6	6	4	4
50	weiß	10	16	10	10	10	10	10	10

Verlegeart	Beschreibung
A1	Verlegung in wärmegedämmten Wänden, im Elektroinstallationsrohr
B1	Verlegung im Elektroinstallationsrohr auf oder in der Wand oder im Installationskanal
B2	Verlegung im Elektroinstallationsrohr auf oder in der Wand, im Installationskanal oder hinter Sockelleisten
C	Verlegung direkt auf oder in der Wand

Geräteschutzsicherungen (Feinsicherungen)

DIN EN 60127-1 (VDE 0820-1) : 2015-12

Kurzzeichen	Verhalten	Abschaltzeit bei 10fachem Nennstrom
FF	superflink	2 … 6 ms
F	flink	< 20 ms
M	mittelträge	50 … 90 ms
T	träge	100 … 300 ms
TT	superträge	100 … 3000 ms

Wirkungen des elektrischen Stromes im menschlichen Körper

Wirkungen in den Bereichen

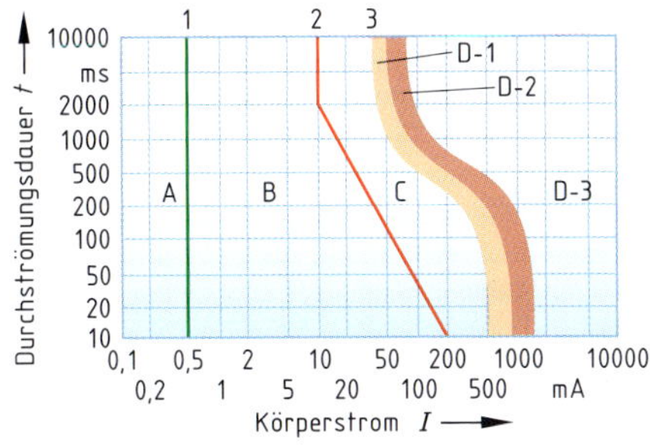

A keine Einwirkungen wahrnehmbar
B keine schädigenden physiologischen Wirkungen
C Blutdrucksteigerung, Muskelverkrampfungen, reversible Herzrhythmusstörungen, geringe Gefahr des Herzkammerflimmerns
D pathophysiologische Wirkungen, z. B. Herz- und Atemstillstand
D – 1 Gefahr des Herzkammerflimmerns bei max. 5% der Verunfallten
D – 2 Gefahr des Herzkammerflimmerns noch unter 40%
D – 3 Gefahr des Herzkammerflimmerns bei über 50%

Schwellen, die die Bereiche begrenzen

1. *Wahrnehmbarkeitsschwelle*
   Kleinstwert des Stromes, der von der durchströmten Person noch wahrgenommen wird.
2. *Loslassschwelle*
   Größtwert des Stromes, bei dem eine Person die spannungsführenden Teile noch loslassen kann.
3. *Schwelle des Herzkammerflimmerns*
   Kleinstwert des Stromes, der Herzkammerflimmern bewirkt.

Schutzmaßnahmen gegen gefährliche Körperströme

Durch direktes oder indirektes Berühren spannungsführender Anlagenteile DIN VDE 0100-410 : 2018-10

- **Direktes Berühren:** Körperkontakt mit spannungsführenden Teilen der Anlage (z. B. Motorwicklung).
- **Indirektes Berühren:** Körperkontakt mit leitfähigen Teilen der Anlage (z. B. Metallgehäuse), die fehlerhaft unter Spannung stehen.

Schutzmaßnahmen, die ein direktes Berühren verhindern

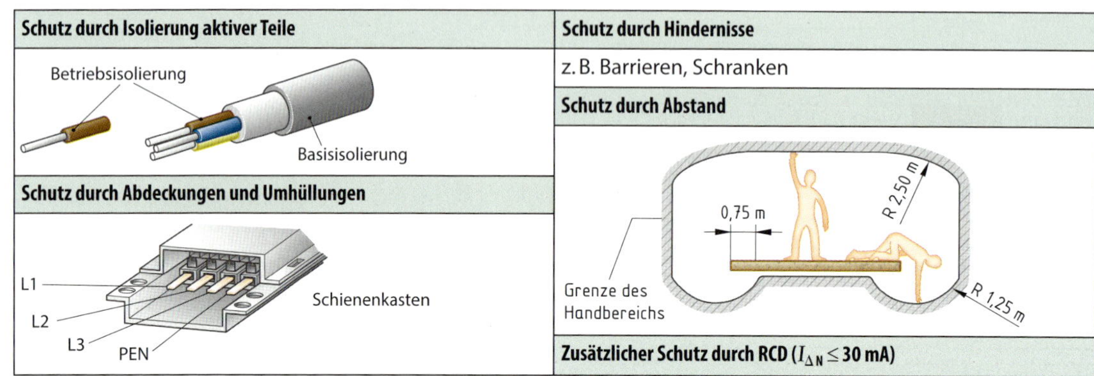

Schutzmaßnahmen, die bei direktem und indirektem Berühren gefährliche Körperströme verhindern

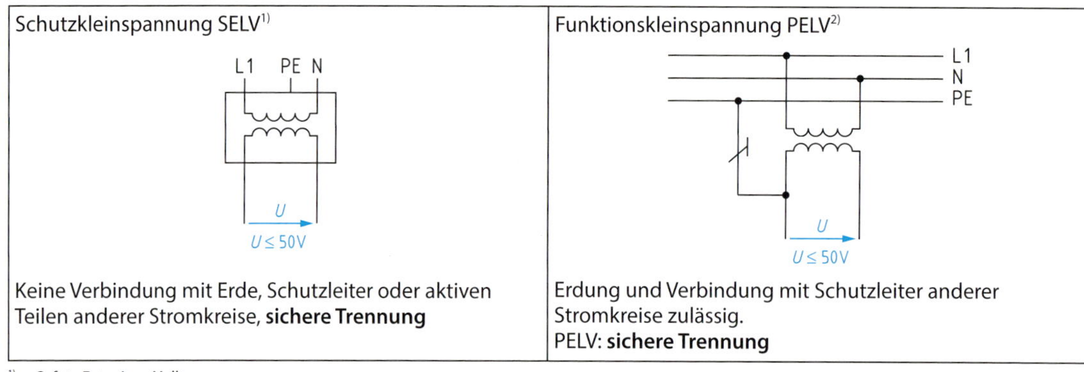

[1)] = Safety Extra Low Volltage
[2)] = Protective Extra Low Volltage

Schutzmaßnahmen, die bei indirektem Berühren gefährliche Körperströme verhindern

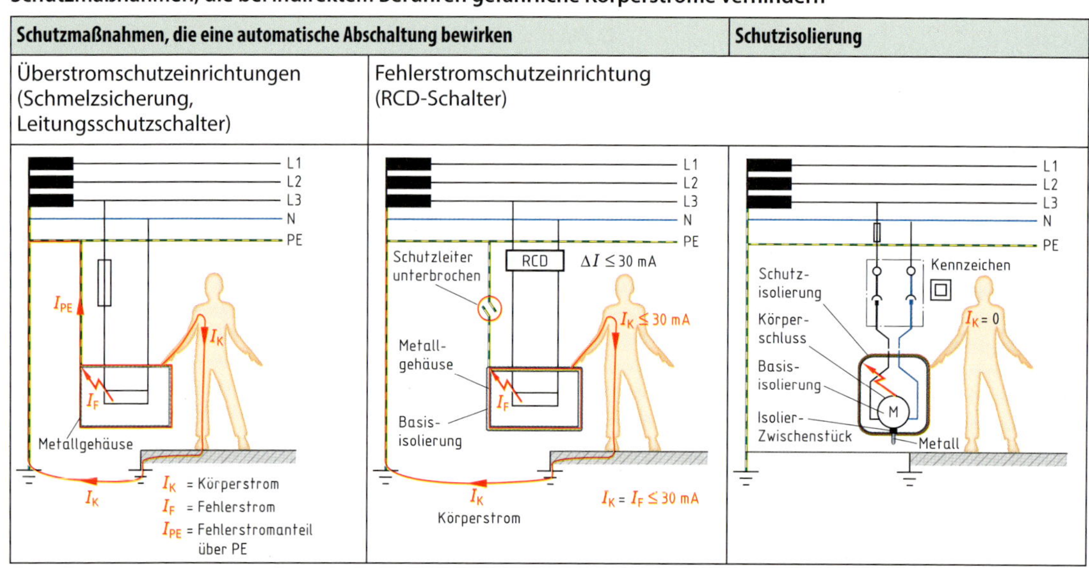

Schutztrennung

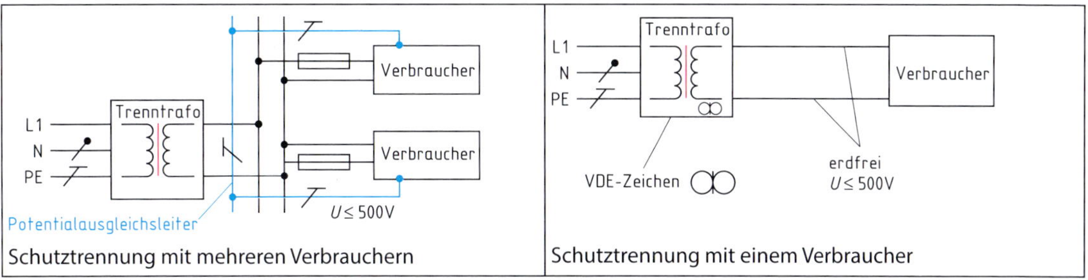

Schutztrennung mit mehreren Verbrauchern

Schutztrennung mit einem Verbraucher

Schutz elektrischer Betriebsmittel

Schutzklassen elektrischer Betriebsmittel

Schutzklasse I		Schutzklasse II		Schutzklasse III	
	Geräte mit Schutzleiteranschluss		Geräte mit Schutzisolierung	III	Geräte mit Schutzkleinspannung

Schutzarten durch Gehäuse (vgl. DIN EN 60529 (VDE 0470-1) : 2014-09)

Codebuchstaben für Internationale Sicherheit (**I**nternational **P**rotection)

IP	2	3	C	M

Kennziffer	1. Kennziffer		
	Schutz gegen Fremdkörper		Schutz vor Berührung mit
0	kein Schutz		kein Schutz
1	größer 50 mm		Handrücken
2	größer 12,5 mm		Finger
3	größer 2,5 mm		Werkzeug
4	größer 1 mm		Draht
5	staubgeschützt		Draht
6	staubdicht		Draht

Kennziffer	1. Kennziffer	
	Schutz gegen Wasser	Symbol
0	nicht geschützt	
1	Tropfwasser bei senkrechtem Gehäuse	
2	Tropfwasser bei bis zu 15° Gehäuseneigung	
3	Sprühwasser (Winkel bis 60°)	
4	Spritzwasser	
5	Strahlwasser	
6	starkes Strahlwasser	
7	zeitweiliges Untertauchen	
8	dauerhaftes Untertauchen	… bar

Zusätzlicher Buchstabe für Personenschutz	
A	Handrücken
B	Finger
C	Werkzeug
D	Draht

Ergänzender Buchstabe	
H	Hochspannungsgerät
M	geprüft bei laufender Maschine
S	geprüft bei Stillstand der Maschine
W	Schutz unter bestimmten Wetterbedingungen

Schutz- und Sicherheitszeichen für elektrische Geräte

Zeichen	Benennung	Bedeutung	Zeichen	Benennung	Bedeutung
CE	CE-Prüfzeichen „Communauté Eruopéennne" (Europäische Gemeinschaft)	Elektromagnetische Verträglichkeit, Störfestigkeit erfüllt diverse Sicherheitskriterien	DVE	VDE-Prüfzeichen Verband der Elektrotechnik Elektronik Informationstechnik e.V.	Entspricht den VDE-Bestimmungen. Sicherheit hinsichtlich elektrischer, mechanischer, thermischer, toxischer, radiologischer und sonstiger Gefährdung.
GS geprüfte Sicherheit	GS-Prüfzeichen „Geprüfte Sicherheit" (TÜV, VDE usw.)	Entspricht den sicherheitstechnischen Anforderungen des Gesetzes für technische Arbeitsmittel (GTA)	N	Funkschutzzeichen (VDE)	Funkentstört. G Grob N Normal K Kleinststörgrad O Funkstörfrei
10 11 12 94 95 96 1 2 3 4 5 6 7 8 9 Sicherheit geprüft gez.	Prüfzeichen für regelmäßige Überprüfung	Gerät wurde einer Sicherheitsprüfung unterzogen	Ex	Explosionsschutz für Betriebsmittel	Für Einsatz in explosionsgefährdeten Bereichen geeignet

Sicherheitsregeln nach DIN VDE 0105-100 : 2015-10

1. Freischalten	Der Anlagenteil muss allpolig und allseitig abgeschaltet werden. LS-Schalter abstellen, Schmelzsicherung oder NH-Sicherung entfernen
2. Gegen Wiedereinschalten sichern	LS-Schalter mit Klebeband absichern, Sicherungseinsatz mitnehmen, Schaltschrank abschließen. Verbotsschild anbringen. Nur die Person, die an der Anlage arbeitet, darf den Anlagenteil wieder in Betrieb nehmen **Nicht einschalten! Es wird gearbeitet** Ort: .... Entfernen des Schildes nur durch: Name: ....
3. Spannungsfreiheit feststellen	Spannungsfreiheit mit zweipoligem Spannungsprüfer allpolig feststellen.
4. Erden und Kurzschließen	Zuerst immer erden, dann mit den kurzzuschließenden aktiven Teilen verbinden (muss von der Arbeitsstelle aus sichtbar sein). Diese Regel entfällt bei Anlagen unter 1000 V ausgenommen, Freileitungen.
5. Benachbarte, unter Spannung stehende Teile abdecken und abschranken	Bei Anlagen unter 1000 V genügen zum Abdecken isolierende Tücher, über 1000 V sind zusätzlich Absperrtafeln, Seile, Warntafeln erforderlich.
Das Aufheben der Sicherheitsregeln geschieht in umgekehrter Reihenfolge.	

Verhaltensregeln bei elektrischen Unfällen

1. Strom abschalten, wenn nicht sofort möglich, den Verunglückten von Leitungsteilen entfernen. Hierbei Gummihandschuhe anlegen oder Holzstangen, trockenes Brett usw. benutzen.
2. Kontrolle des Bewusstseins, der Atmung und des Pulses.
3. Notruf absetzen.
4. Bei Bewusstlosigkeit in stabile Seitenlage bringen.
   Bei Atemstillstand sofort mit künstlicher Beatmung beginnen.
   Bei Herzstillstand Herzmassagen und Beatmung im Wechsel durchführen.

Prüfung elektrischer Geräte (Betriebsmittel)

vergl.: DIN EN 50678: 2021-02, DIN EN 50699: 2021-06

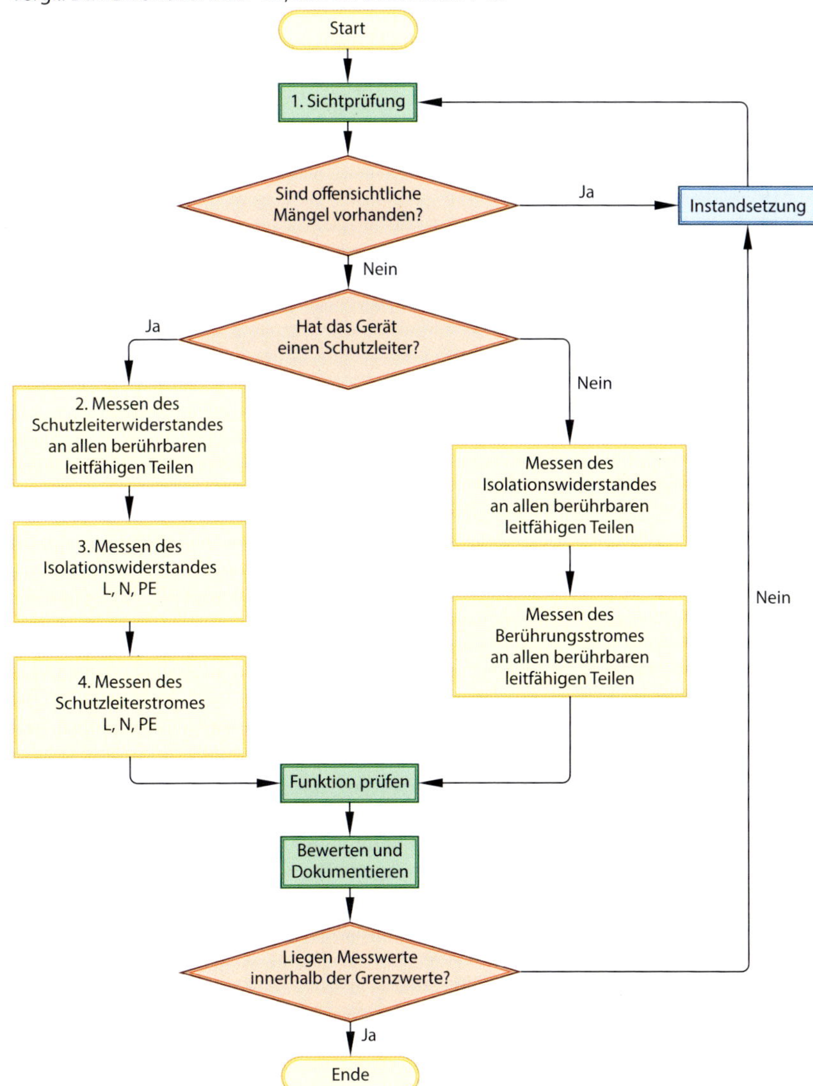

Messungen zur Prüfung elektrischer Geräte nach DIN EN 50678: 2021-02, DIN EN 50699: 2021-06

DIN EN 50678 – vorgeschrieben Messungen Prüfung elektrischer Geräte **nach einer Reparatur**	**DIN EN 50699 – vorgeschrieben Messungen** **Wiederholungsprüfung** an elektrischen Geräten, die durch eine Steckvorrichtung von der elektrischen Anlage getrennt werden können **Prüffristen** (Richtwerte): 6 Monate, auf Baustellen 3 Monate.
• **Schutzleiterwiderstand (R_{SL}, R_{PE})**	• **Schutzleiterwiderstand (R_{SL}, R_{PE})**
• **Isolationswiderstand (R_{ISO}) (Schutzklassen I, II, III)**	• **Isolationswiderstand (R_{ISO})**
• **Schutzleiterstrom (I_{SL})** **ersatzweise** **Differenzstrom (I_{DI}) oder Ersatzableitstrom (I_{EA})**	• **Schutzleiterstrom (I_{SL})** **oder** • **Differenzstrom (I_{DI})**
• **Berührungsstrom (I_{GA}) (Schutzklasse II)** **ersatzweise** **Differenzstrom (I_{DI}) oder Ersatzableitstrom (I_{EA})**	• **Berührungsstrom (I_{GA}) (Schutzklasse II)** **oder** • **Differenzstrom (I_{DI})**

Grenzwerte nach DIN EN 50678: 2021-02, DIN EN 50699: 2021-06

Schutzleiterwiderstand (R_{SL}, R_{PE})

bei Anschlussleitung bis 5 m	≤ 0,3 Ω
bei über 5 m zusätzlich	0,1 Ω pro 7,5 m
Maximalwert	1 Ω

Prüfstrom > 200 mA, auch bei handgeführten Elektrowerkzeugen; sinnvoll in beiden Polaritäten

Isolationswiderstand (R_{ISO}) alle Stromkreise sind einzuschalten!

Schutzklasse I	0,3 MΩ	bei Heizelementen	Messung zwischen L + N und PE
	≥ 1 MΩ	alle übrigen Geräte	
Schutzklasse II	≥ 2,0 MΩ	Messung zwischen L + N und berührbare, leitfähige Teile	
Schutzklasse III	≥ 0,25 MΩ	Messung zwischen L + N und berührbare, leitfähige Teile	

Prüfspannung ≥ 500 V an 0,5 MΩ

Werden nicht alle durch Netzspannung beanspruchte Isolierungen erfasst (praktisch alle Prüflinge, ohne elektrisch betätigte allpolige Relais), muss eine Schutzleiter- oder Berührstrommessung durchgeführt werden.

Schutzleiterstrom (I_{SL})

Notwendig bei allen Prüflingen der **Schutzklasse I**, bei denen der Isolationswiderstand nicht gemessen wird. Werden ungepolte Netzstecker verwendet, muss die Prüfung in beiden Positionen des Netzsteckers erfolgen.

1. Methode: (I_{SL}):	**Schutzleiterstrom**	Direkte Messung, wenn der Prüfling isoliert aufgestellt ist.		
2. Methode: (I_{DI}):	**Differenzstrom**			
3. Methode: (I_{EA}):	**Ersatzableitstrom**	Nur nach Instandsetzung bzw. Änderung (DIN EN 50678). Nur anwendbar bei vorheriger Isolationswiderstandsmessung.		
	Grenzwerte	I_{SL}, I_{DI}, I_{EA}	1 mA/kW	Bei Prüflingen mit Heizelementen u. einer Anschlussleist. > 3,5 kW.
		I_{DI}	≤ 3,5 mA~	Alle anderen Prüflinge.

Berührungsstrom (I_{GA})

Notwendig bei allen Prüflingen, bei denen der Isolationswiderstand nicht gemessen werden kann, durchzuführen an allen berührbaren leitfähigen Teilen von Geräten der **Schutzklasse II** und berührbaren Teilen von Geräten der **Schutzklasse I, die nicht mit dem Schutzleiter verbunden sind**. Werden ungepolte Netzstecker verwendet, muss die Prüfung in beiden Positionen des Netzsteckers erfolgen.

1. Methode: (I_{GA}):	**Berührungsstrom** (Geräteableitstrom)	Direkte Messung bei Netzspannung, wenn der Prüfling isoliert aufgestellt ist.		
2. Methode: (I_{DI}):	**Differenzstrom**			
3. Methode: (I_{EA}):	**Ersatzableitstrom**	Nur nach Instandsetzung bzw. Änderung (DIN EN 50678). Nur anwendbar bei vorheriger Isolationswiderstandsmessung.		
	Grenzwert	I_{GA}, I_{DI}, I_{EA}	≤ 0,5 mA	

Reparatur-Abnahmeprotokoll für elektrische Geräte ▶ siehe Kap_1.pdf 

1.11 Steuerungs- und Regelungstechnik

1.11.1 Vergleich zwischen Steuerung und Regelung

Steuerung der Innentemperatur eines Raumes	Regelung der Innentemperatur eines Raumes
Raumtemperatur**steuerung** Wird eine **Außentemperatur** erreicht z. B. 20 °C, so ist ein Heizen des Raumes nicht mehr nötig. Die Wärmezufuhr wird abgeschaltet.	Raumtemperatur**regelung** Wird eine **Raumtemperatur** von 20 °C erreicht, so ist ein Heizen des Raumes nicht mehr nötig. Die Wärmezufuhr wird abgeschaltet.
Blockschaltbild der Steuerung der Innentemperatur eines Raumes	Blockschaltbild der Regelung der Innentemperatur eines Raumes

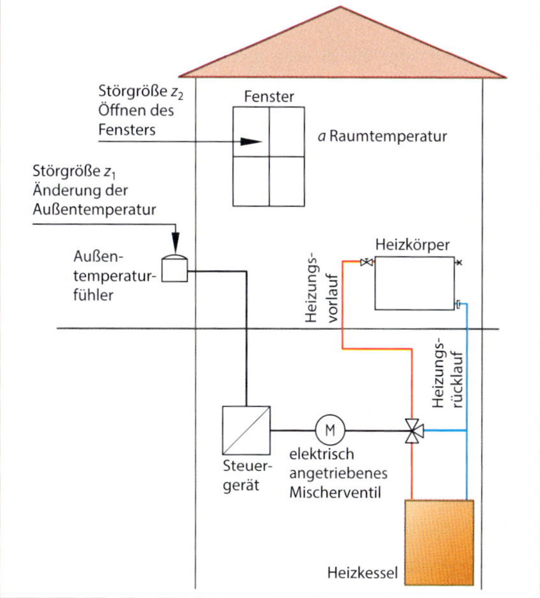

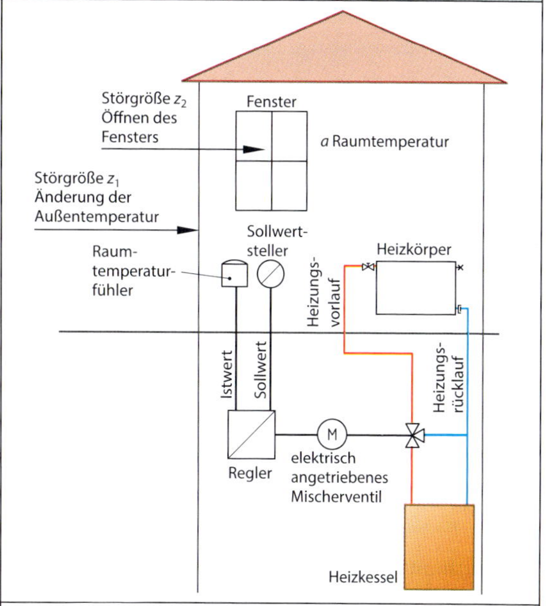

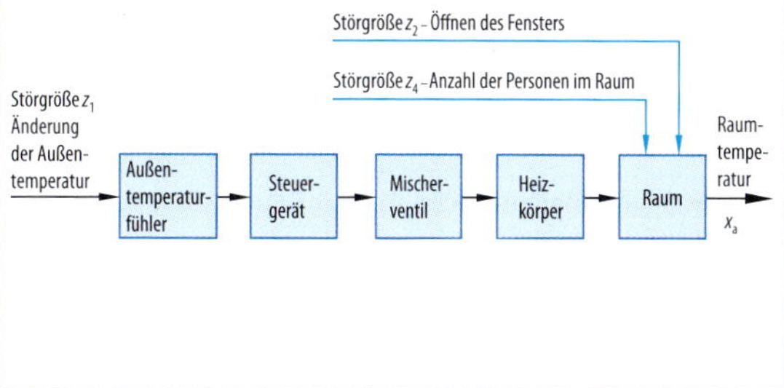

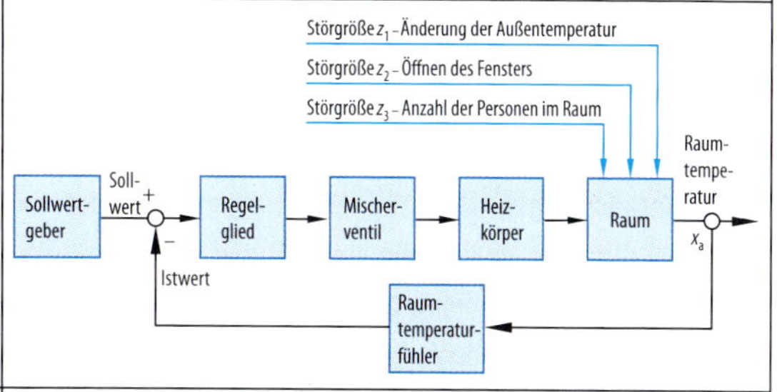

Allgemeiner Wirkungsplan eines Steuerungssystems

Eine Steuerung ist ein System, in dem die Ausgangsgröße (Istwert der Steuergröße) durch die Gesetzmäßigkeiten des Systems direkt von der Eingangsgröße (Sollwert der Steuergröße) abhängig ist. Es besteht ein **offener Wirkungskreis** der Informationsverarbeitung, daher können Störeinflüsse nicht selbsttätig ausgeglichen werden. Steuervorgänge bestehen aus Reihen- oder Parallelstrukturen.

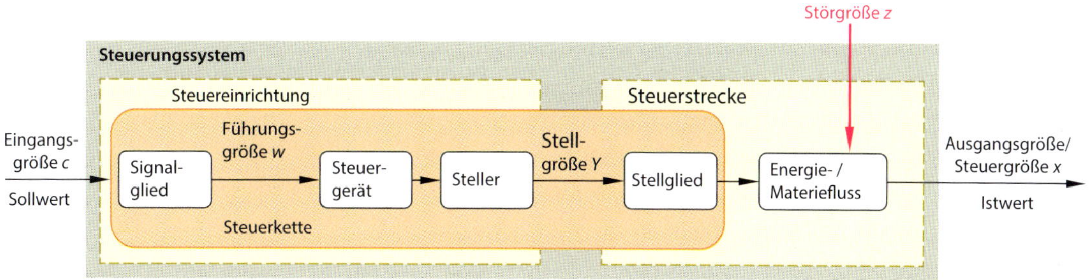

Allgemeiner Wirkungsplan eines Regelungssystems

Eine Regelung ist ein System, in dem die Regelstrecke (Istwert der Regelgröße) durch das System ständig überwacht und bei Abweichung an die Führungsgröße (Sollwert der Regelgröße) angepasst wird. Es besteht ein **geschlossener Wirkungskreis** der Informationsverarbeitung, daher werden Störeinflüsse selbsttätig ausgeglichen. Regelvorgänge bestehen aus Kreisstrukturen.

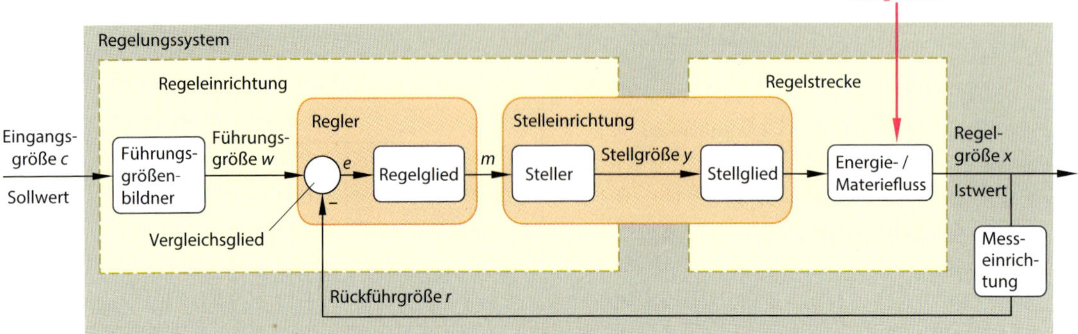

1.11.2 Grundbegriffe der Regelungs- und Steuerungstechnik

	Prozessgrößen	Erklärung
	Eingangsgröße	Allgemeine Bezeichnung für eine Größe, die von außen auf ein System oder Teilsystem einwirkt.
	Ausgangsgröße	Allgemeine Bezeichnung für eine von dem System oder Teilsystem erzeugte Größe, die nach außen wirkt und von einer Eingangsgröße beeinflusst wird.
	Sollwert	Gewünschter (vorgewählter) Wert einer Eingangs- oder Ausgangsgröße
	Istwert	Tatsächlicher (gemessener) Wert einer Eingangs- oder Ausgangsgröße
c	Zielgröße	Eingangsgröße eines Steuerungs- oder Regelungssystem, aus der der Sollwert für die Regelgröße gebildet wird. Häufig sind Ziel- und Führungsgröße identisch.
e	Regeldifferenz	Abweichung zwischen Führungsgröße (Sollwert) und Rückführgröße (Istwert) $e = w - r$
m	Reglerausgangsgröße	Ausgangsgröße des Reglers bzw. Regelgliedes, die aus der Regeldifferenz gebildet wird und die Eingansgröße des Stellers ist.
q	Aufgabengröße	Ausgangsgröße eines Steuerungs- oder Regelungssystems ist mit der Regelgröße wirkungsmäßig verknüpft. Kann sie unmittelbar gemessen werden, ist sie identisch mit der Regelgröße.
r	Rückführgröße	Wird aus der Regelgröße durch die Messeinrichtung gebildet und wird zum Vergleichsglied zurückgeführt. Sie stellt den **Istwert der Regelgröße** dar.
w	Führungsgröße	Wird aus der Zielgröße gebildet und stellt **den Sollwert der Regelgröße** dar.
x	Regelgröße	Ausgangsgröße der Regelstrecke, die durch die Stellgröße beeinflusst wird. Sie wird ständig gemessen und an die Führungsgröße angepasst.
y	Stellgröße	Ausgangsgröße des Stellers und Eingangsgröße der Regel- bzw. Steuerstrecke.
z	Störgröße	Unerwünschte, meistens nicht vorhersehbare Eingangsgröße, die von außen auf die Regel- bzw. Steuerstrecke einwirkt.
	Hysterese	Verzögertes Verhalten einer Eingangs- oder Ausgangsgröße zwischen steigenden und fallenden Werten derselben Größe

Funktionseinheiten	Erklärung
Signalglied/Führungsgrößenbildender/Sensor	Funktionseinheit, die externe Eingangsgrößen in intern verarbeitbare Signale umwandelt.
Steuergerät	Bildet aus der Führungsgröße nach einer vorgegebenen Gesetzmäßigkeit die Stellgröße.
Steller/Aktor	Funktionseinheit, die aus der Reglerausgangsgröße die erforderliche Stellgröße zur Betätigung des Stellgliedes bildet.
Stellglied	Funktionseinheit, die Teil der Steuer- oder Regelstrecke ist und den Energie- oder Materiefluss beeinflusst.
Stelleinrichtung	Aus Steller und Stellglied bestehende Funktionseinheit
Steuer- bzw. Regelstrecke	Ist der Teil des Systems, in dem der Energie- oder Materiefluss durch das Stellglied verändert wird.
Messeinrichtung	Misst die Regelgröße und bildet daraus ein Signal für die Rückführgröße.
Vergleichsglied	Bildet die Regeldifferenz zwischen Führungsgröße und Rückführgröße.
Regelglied	Bildet aus der Regeldifferenz eine Reglerausgangsgröße so, dass eine schnelle und genaue Anpassung der Regelgröße – auch beim Auftreten von Störgrößen – erfolgen kann.
Regler	Besteht aus Vergleichsglied und Regelglied.
Regeleinrichtung/ Steuereinrichtung	Gesamtheit aller Funktionseinheiten, die notwendig sind, die Strecke entsprechend der Regelungs- oder Steueraufgabe zu beeinflussen.
Steuerkette	Anordnung der Übertragungsglieder, die in Reihenstruktur aufeinander einwirken.

Vor- und Nachteile von Steuerung und Regelung

	Steuerung	Regelung
Anwendung	• Wenn keine oder nur eine Störgröße vorhanden ist.	• Wenn mehrere wesentliche und messbare Störgrößen vorhanden sind. • Wenn Störgrößen messtechnisch nicht oder schlecht erfassbar sind. • Wenn unvorhersehbare Störgrößen auftreten können.
Vorteile	• Geringerer Realisierungsaufwand • Wegen des offenen Wirkungsablaufs keine Stabilitätsprobleme	• Störgrößen werden erfasst und ausgeregelt. • Der vorgegebene Wert (Sollwert) wird genauer eingehalten.
Nachteile	• Auftretende Störgrößen werden nicht automatisch erfasst. • Für jede zu kompensierende Störgröße ist eine Messung erforderlich. • Um das Steuergerät optimal auszulegen, müssen alle Zusammenhänge der zu steuernden Strecke bekannt sein.	• Der Geräteaufwand ist höher als bei der Steuerung. • Es wird immer eine Messung benötigt.

1.11.3 Steuerungstechnik *control engineering*

Grundformen von Steuerungen

Unterscheidung nach Programmstruktur		
Benennung	**Beschreibung**	**Beispiel**
Prozessabhängige Ablaufsteuerung	Im Prozessablauf gebildete Eingangssignale werden in Reihe schrittweise zu Ausgangssignalen verarbeitet *(Reihenstruktur)*.	Temperaturabhängige oder druckabhängige Steuerung

Unterscheidung nach Programmstruktur		
Benennung	**Beschreibung**	**Beispiel**
Zeitabhängige Ablaufsteuerung (Reihenstruktur)	Durch Schaltzeiten gebildete Eingangssignale werden in Reihe schrittweise zu Ausgangssignalen verarbeitet *(Reihenstruktur)*.	Zeitschaltuhr
Asynchrone Steuerung (Verknüpfungssteuerung)	Mehrere parallele Eingangssignale werden zu einem Ausgangssignal verarbeitet *(Parallelstruktur)*.	Speichervorrangschaltung Rollladensteuerung
Unterscheidung nach Programmiertechnik		
Benennung	**Beschreibung**	**Beispiel**
Speicherprogrammierte Steuerung (SPS)	Der logische Ablauf der Steuerung ist in einem Programmspeicher abgelegt und über ein Bedienfeld veränderbar.	Speicherprogrammierbare Kleinsteuerungen (z. B. LOGO, EASY)
Verbindungsprogrammierte Steuerung (VPS)	Der logische Ablauf der Steuerung ist durch die Art der verwendeten Bauteile und deren gegenseitigen Verbindungen bestimmt.	Logische Verdrahtung mehrer Schalter (z. B. Wechselschaltung, Verriegelung, Sicherheitsabschaltung)

Schaltglieder von Ablauf- und Verknüpfungssteuerungen

IEC 60050-351 : 2014-09

Binäre Verknüpfungsglieder			
	EN 60617-12 : 1999-4		**Elektrisches Schaltbild**
	Schaltzeichen/Gleichung	**Schalttabelle**	
UND (AND)	E1, E2 → & → A $A = E1 \wedge E2$	E1 | E2 | A: 0 | 0 | **0** 0 | 1 | **0** 1 | 0 | **0** 1 | 1 | **1**	E1, E2, A
ODER (OR)	E1, E2 → ≥1 → A $A = E1 \vee E2$	E1 | E2 | A: 0 | 0 | **0** 0 | 1 | **1** 1 | 0 | **1** 1 | 1 | **1**	E1, E2, A
NICHT (NOT)	E → 1 → A $A = \overline{E}$	E1 | A: 0 | **1** 1 | **0**	E1, A
UND-NICHT (NAND)	E1, E2 → & → A $A = \overline{E1 \wedge E2}$	E1 | E2 | A: 0 | 0 | **1** 0 | 1 | **1** 1 | 0 | **1** 1 | 1 | **0**	E1, E2, A

Binäre Verknüpfungsglieder			
	EN 60617-12 : 1999-4		Elektrisches Schaltbild
	Schaltzeichen/Gleichung	Schalttabelle	
ODER-NICHT (NOR)	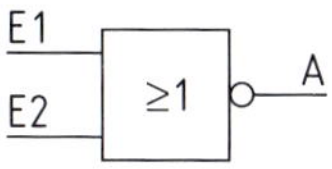 E1, E2, ≥1, A $A = \overline{E1 \vee E2}$	E1 | E2 | A 0 | 0 | 1 0 | 1 | 0 1 | 0 | 0 1 | 1 | 0	E1, E2, A
exklusiv ODER (XOR) (Entweder-Oder/ Wechselschaltung	E1, E2, =1, A $A = (\overline{E1} \wedge E2) \vee (E1 \wedge \overline{E2})$	E1 | E2 | A 0 | 0 | 0 0 | 1 | 1 1 | 0 | 1 1 | 1 | 0	E1, E2, A; E1, 0, 1, 1, 0, E2, A
Speicherglied (Storage element)			
	E1, S, A1, E2, R, A2 S Setzen R Rücksetzen	E1 | E2 | A1 | A2 0 | 0 | • | • 1 | 0 | 0 | 1 0 | 1 | 1 | 0 1 | 1 | □ | □ • Zustand unverändert □ Zustand unbestimmt	S, K1, K1, R, K2, K2, K2, K1, K1, A1, K1, A2

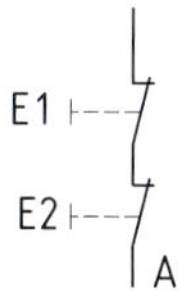

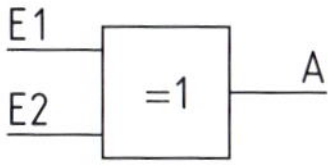

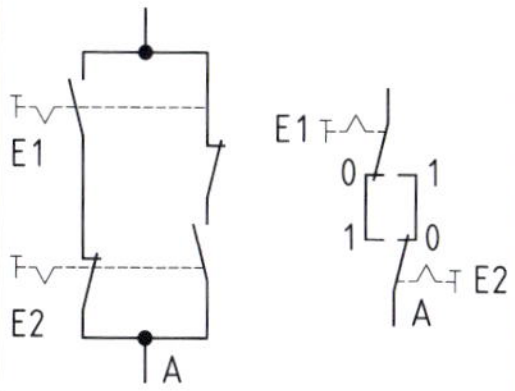

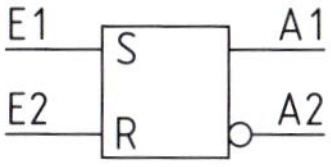

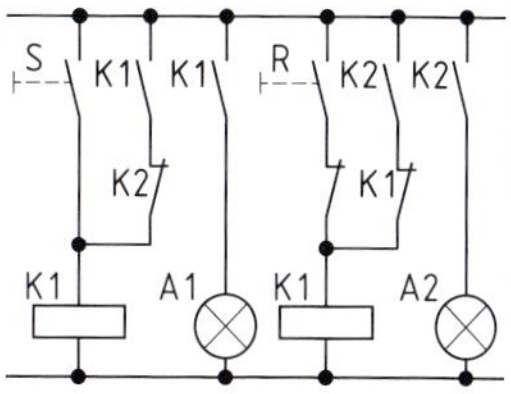

1.11.4 Regelungstechnik *automatic control engineering*

(vgl. IEC 60050-351 : 2014-09 und DIN 19227-2 : 1991-02)

Regelverhalten

Regelkreise reagieren auf unterschiedliche Arten von Einflüssen:

Einfluss	Sprungantwort des Regelkreises	Beispiel	Erläuterung
Führungsverhalten	Verhalten der Regelgröße x bei Änderungen der Führungsgröße 	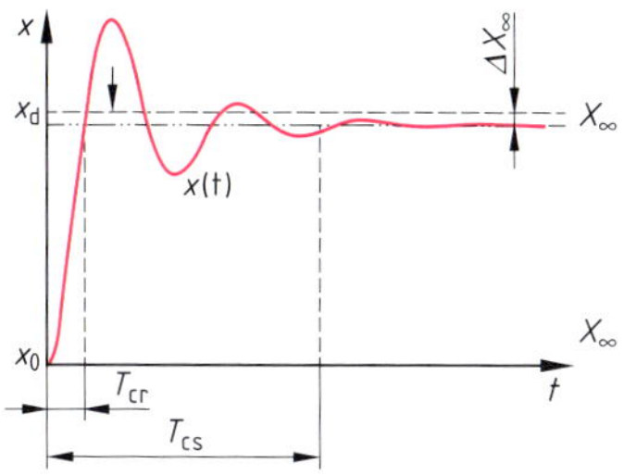 Sollfüllstand (Führungsgröße w) ändert sich z. B. in Abhängigkeit von der Tageszeit.	X_0 Regelgröße im Beharrungszustand vor und nach dem Sprung ΔX_∞ Abweichung im Beharrungszustand X_d Sollwert T_{cr} Anregelzeit T_{cs} Ausregelzeit

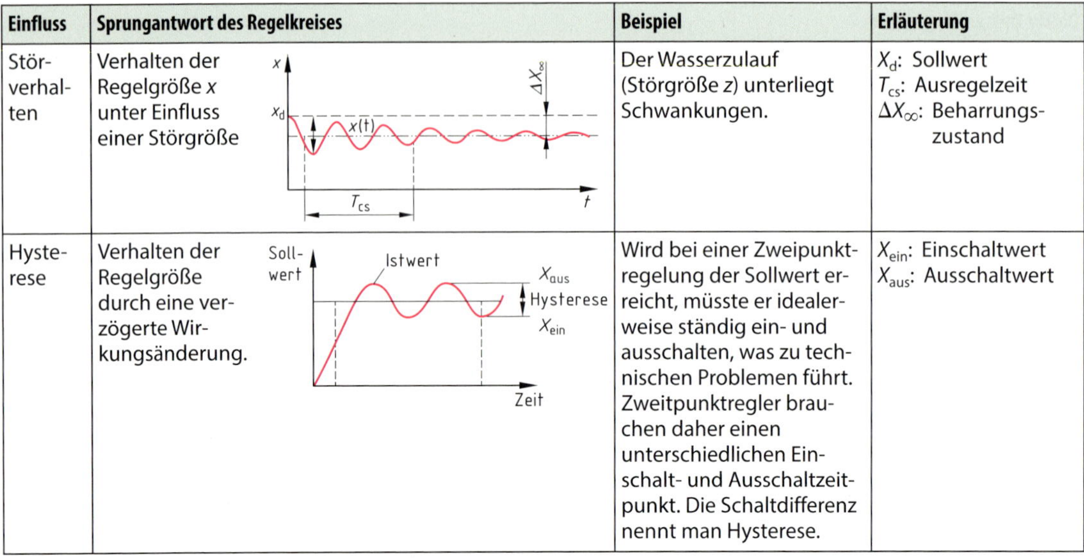

Einfluss	Sprungantwort des Regelkreises	Beispiel	Erläuterung
Störverhalten	Verhalten der Regelgröße *x* unter Einfluss einer Störgröße	Der Wasserzulauf (Störgröße *z*) unterliegt Schwankungen.	X_d: Sollwert T_{cs}: Ausregelzeit ΔX_{∞}: Beharrungszustand
Hysterese	Verhalten der Regelgröße durch eine verzögerte Wirkungsänderung.	Wird bei einer Zweipunktregelung der Sollwert erreicht, müsste er idealerweise ständig ein- und ausschalten, was zu technischen Problemen führt. Zweitpunktregler brauchen daher einen unterschiedlichen Einschalt- und Ausschaltzeitpunkt. Die Schaltdifferenz nennt man Hysterese.	X_{ein}: Einschaltwert X_{aus}: Ausschaltwert

Schaltende (unstetige) Regler

Regelart	Beispiel Füllstandsregelung	Sprungantwort	Blockdarstellung Sinnbild	Bemerkungen
Zweipunktregler *on-off controller*	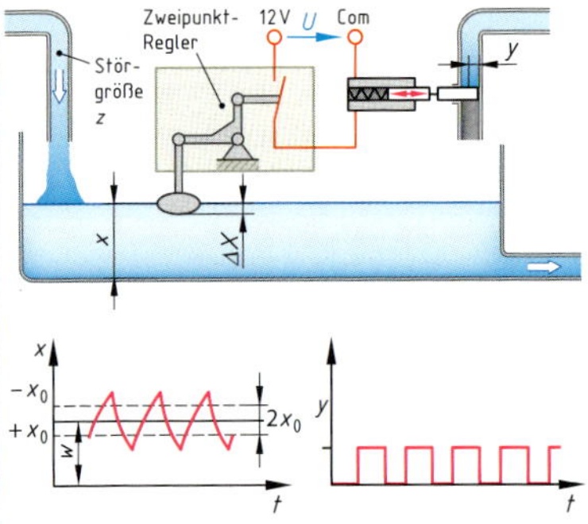 Zweipunkt-Regler, 12 V, U, Com, Störgröße z, y, x, ΔX; $-x_0$, $+x_0$, w, $2x_0$, y, t	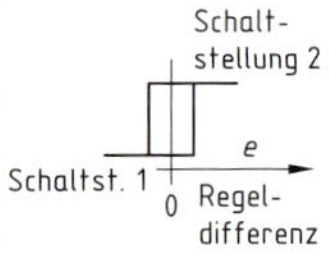 Schaltstellung 2, Schaltst. 1, 0, e, Regeldifferenz	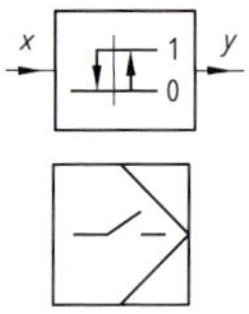 x, 1, 0, y	Stellgröße *y* hat nur die Zustände 0 oder 1, bzw. auf oder zu. Der Abstand zwischen Einschalt- und Ausschaltzeitpunkt ist die Schaltdifferenz (Hysterese). Vorteile: • einfache Bauweise • kostengünstig Nachteile: • Schwankungen um den Sollwert • neigt zu instabilem Verhalten
Dreipunktregler *three-position controller*	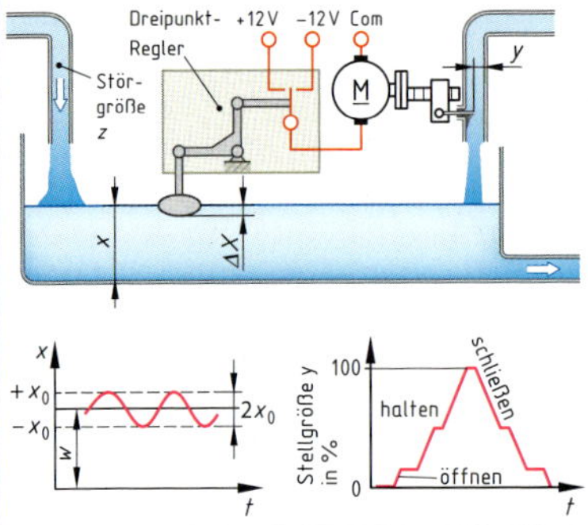 Dreipunkt-Regler, +12 V, −12 V, Com, M, Störgröße z, y, x, ΔX; $+x_0$, $-x_0$, w, $2x_0$, t, Stellgröße y in %, 100, 0, halten, schließen, öffnen, t	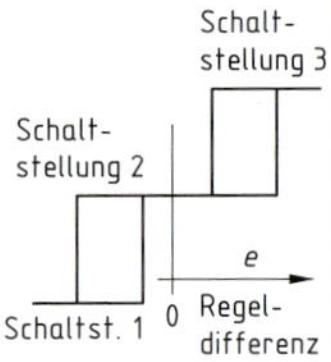 Schaltstellung 3, Schaltstellung 2, Schaltst. 1, 0, e, Regeldifferenz	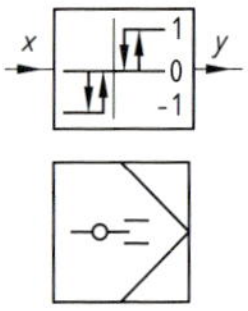 x, 1, 0, -1, y	Stellgröße *y* hat drei verschiedene Schaltzustände, z. B. Öffnen, Halten, Schließen. Vorteile: • geringere Schwankung um den Sollwert • stabiles Regelverhalten Nachteile: • aufwändigere Bauweise

Analoge (stetige) Regler

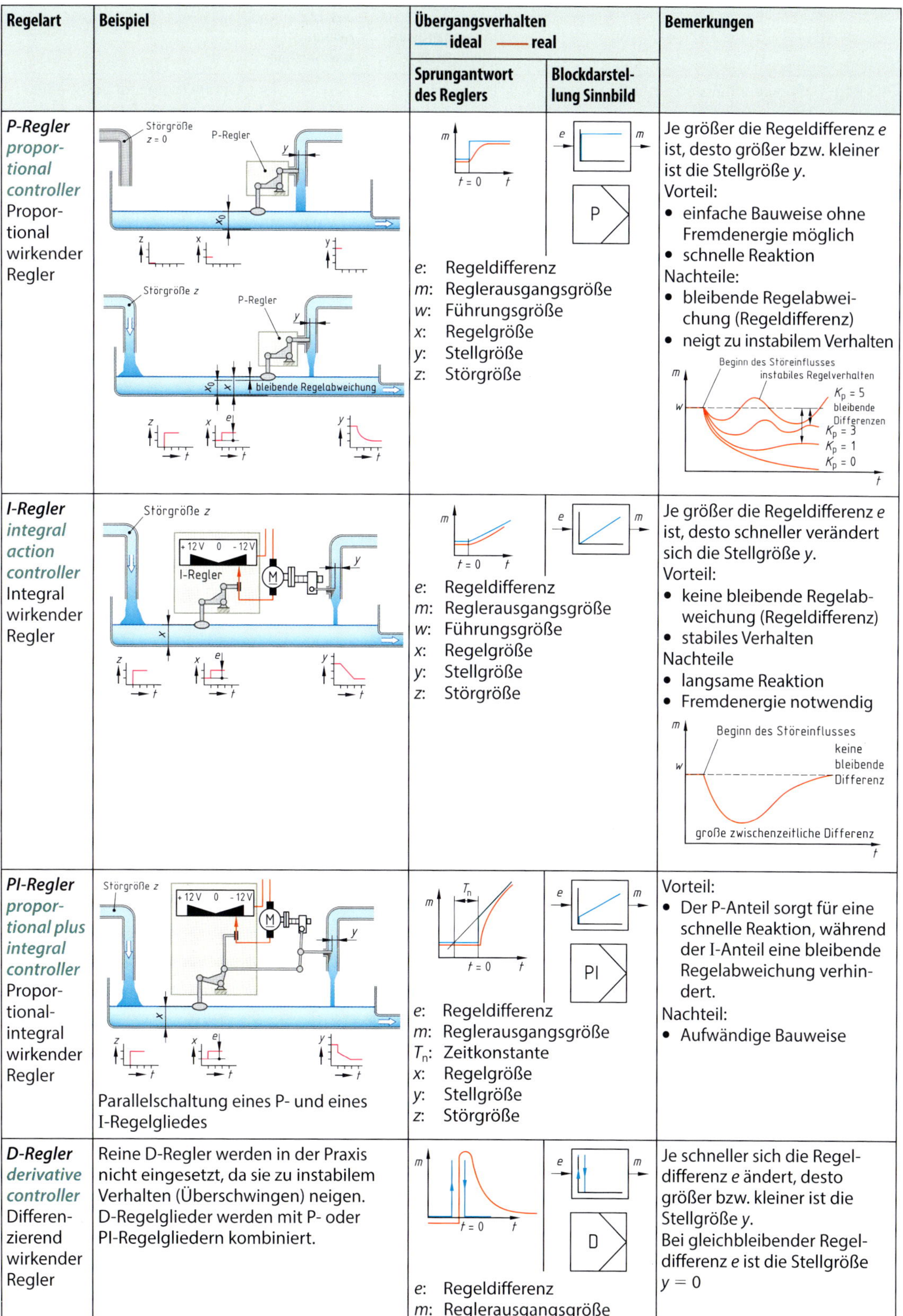

Regelart	Beispiel	Übergangsverhalten —— ideal —— real: Sprungantwort des Reglers	Übergangsverhalten: Blockdarstellung Sinnbild	Bemerkungen
P-Regler *proportional controller* Proportional wirkender Regler	Störgröße $z = 0$; P-Regler; y; x_0 — Störgröße z; P-Regler; y; x_0; x; bleibende Regelabweichung	m; $t = 0$; t — e: Regeldifferenz; m: Reglerausgangsgröße; w: Führungsgröße; x: Regelgröße; y: Stellgröße; z: Störgröße	e; m; P	Je größer die Regeldifferenz e ist, desto größer bzw. kleiner ist die Stellgröße y. Vorteil: • einfache Bauweise ohne Fremdenergie möglich • schnelle Reaktion Nachteile: • bleibende Regelabweichung (Regeldifferenz) • neigt zu instabilem Verhalten (Diagramm: Beginn des Störeinflusses; instabiles Regelverhalten; $K_p = 5$; bleibende Differenzen; $K_p = 3$; $K_p = 1$; $K_p = 0$; m; w; t)
I-Regler *integral action controller* Integral wirkender Regler	Störgröße z; +12 V 0 −12 V; I-Regler; M; y; x	m; $t = 0$; t — e: Regeldifferenz; m: Reglerausgangsgröße; w: Führungsgröße; x: Regelgröße; y: Stellgröße; z: Störgröße	e; m	Je größer die Regeldifferenz e ist, desto schneller verändert sich die Stellgröße y. Vorteil: • keine bleibende Regelabweichung (Regeldifferenz) • stabiles Verhalten Nachteile • langsame Reaktion • Fremdenergie notwendig (Diagramm: Beginn des Störeinflusses; keine bleibende Differenz; große zwischenzeitliche Differenz; m; w; t)
PI-Regler *proportional plus integral controller* Proportional-integral wirkender Regler	Störgröße z; +12 V 0 −12 V; M; y; x Parallelschaltung eines P- und eines I-Regelgliedes	m; T_n; $t = 0$; t — e: Regeldifferenz; m: Reglerausgangsgröße; T_n: Zeitkonstante; x: Regelgröße; y: Stellgröße; z: Störgröße	e; m; PI	Vorteil: • Der P-Anteil sorgt für eine schnelle Reaktion, während der I-Anteil eine bleibende Regelabweichung verhindert. Nachteil: • Aufwändige Bauweise
D-Regler *derivative controller* Differenzierend wirkender Regler	Reine D-Regler werden in der Praxis nicht eingesetzt, da sie zu instabilem Verhalten (Überschwingen) neigen. D-Regelglieder werden mit P- oder PI-Regelgliedern kombiniert.	m; $t = 0$; t — e: Regeldifferenz; m: Reglerausgangsgröße	e; m; D	Je schneller sich die Regeldifferenz e ändert, desto größer bzw. kleiner ist die Stellgröße y. Bei gleichbleibender Regeldifferenz e ist die Stellgröße $y = 0$

Regelart	Beispiel	Übergangsverhalten —— ideal —— real		Bemerkungen
		Sprungantwort des Reglers	Blockdarstellung Sinnbild	
PID-Regler *proportional plus integral plus derivative contoller* Proportional-integral differenzierend wirkender Regler	Parallelschaltung eines P-, I- und D-Regelgliedes. Der D-Anteil bewirkt zunächst eine große Änderung der Stellgröße *y*. Danach wird deren Wert auf die Größe des P-Anteils verringert. Der I-Anteil gleicht anschließend die bleibende Regelabweichung des P-Anteils aus.	*m*, *t* = 0, *t* *e*: Regeldifferenz *m*: Reglerausgangsgröße	*e*, *m* PID	Der PID zeigt zunächst eine sehr schnelle Reaktion. Um ein Überschwingen zu verhindern, wird danach die Stellgröße auf den P-Anteil zurückgesetzt und die Regeldifferenz vollständig ausgeglichen. Vorteil: • Schnelle Reaktion bei stabilem Regelverhalten Nachteil: • sehr aufwändige Bauweise

Arten der Regelung

Kaskadenregelung	Folgeregler C_1, x_1, Störgröße *z*, Führungsregler C_2, z_2 (Volumenstromschwankung), z_1 (Druckschwankung), *y*, $y_2 = w_1$, x_2, *t* System mit zwei Störgrößen (z_1 Volumenstrom-, z_2 Druckschwankung). Die Stellgröße y_1 des Führungsreglers C_2 bildet die Führungsgröße w_1 für den Folgeregler C_1.	Sind mehrere Störgrößen vorhanden, werden Systeme mit nur einem Regler leicht instabil. Bei der Kaskadenregelung werden die einzelnen Störgrößen durch eigene Regelkreise ausgeregelt. Bei der Kaskadenregelung handelt es sich um eine Ineinanderschachtelung mehrerer Regelkreise. Vorteil: • Schnelle Reaktion bei stabilem Regelverhalten Nachteil: • Sehr aufwändige Bauweise
Festwertregelung	Druckminderventil	Regelung, bei der die Führungsgröße *w* fest eingestellt ist.
Zeitplanregelung	Absenkung der Vorlauftemperatur bei Heizungsanlagen in Abhängigkeit von der Tageszeit	Regelung, bei der die Führungsgröße *w* nach einem Zeitplan geändert wird.
Folgeregelung	Vorlauftemperatur bei Heizungsanlagen in Abhängigkeit von der Außentemperatur	Regelung, bei der sich die Führungsgröße *w* in Abhängigkeit von anderen variablen Größen im Laufe der Zeit ändert, ihr Verlauf aber vorher nicht bekannt ist.
Begrenzungsregelung	Vorlauftemperaturbegrenzung bei Fußbodenheizungen	Zusätzliche Regelung, die nur in Funktion tritt, wenn eine gegebene variable Größe ihre vorbestimmten Grenzwerte erreicht.
Fuzzyregelung	Raumtemperatur bei Klimaanlagen	Das Regelverhalten wird durch Fuzzylogik formuliert. Fuzzy-Regler arbeiten mit sogenannten „linguistischen Variablen", welche sich auf „unscharfe Mengenangaben" beziehen, wie zum Beispiel hoch, mittel und niedrig.

1.11.5 Automatisierungs- und Leittechnik

Die **Automatisierungstechnik** ist ein Teilgebiet des Anlagenbaus. Sie wird eingesetzt, um technische Vorgänge in Maschinen, Anlagen oder technischen Systemen zu automatisieren.
Die **Leittechnik** fasst die Datenströme der Automation wie zum Beispiel Signale der Mess-, Steuer- und Regelungstechnik zusammen, um dadurch eine Anlage oder einen Prozess zu steuern und zu überwachen.
Die Grundbegriffe der Leittechnik sind in der DIN IEC 60050-351: Internationales Elektrotechnisches Wörterbuch – Teil 351: Leittechnik festgelegt.

Begriffe und Anwendungsgebiete

Begriff	Anwendungsbereich
Prozessleittechnik	Verfahrenstechnik
Netzleittechnik	Versorgungsnetze für Strom / Gas / Wasser / Fernwärme
Betriebsleittechnik	Schienenverkehr
Gebäudeleittechnik	Gebäudeautomation
Fertigungsleittechnik	Fertigungstechnik

1.11.5.1 Gebäudeautomation

Unter **Gebäudeautomation** (GA) / Direct-Digital-Control-Gebäudeautomation (DDC-GA) versteht man die automatische Steuerung und Regelung von Gebäudefunktionen, wie Heizung, Klima und Lüftung sowie Beleuchtung und Beschattung.

Struktur der Gebäudeautomation (DIN EN ISO 16484)

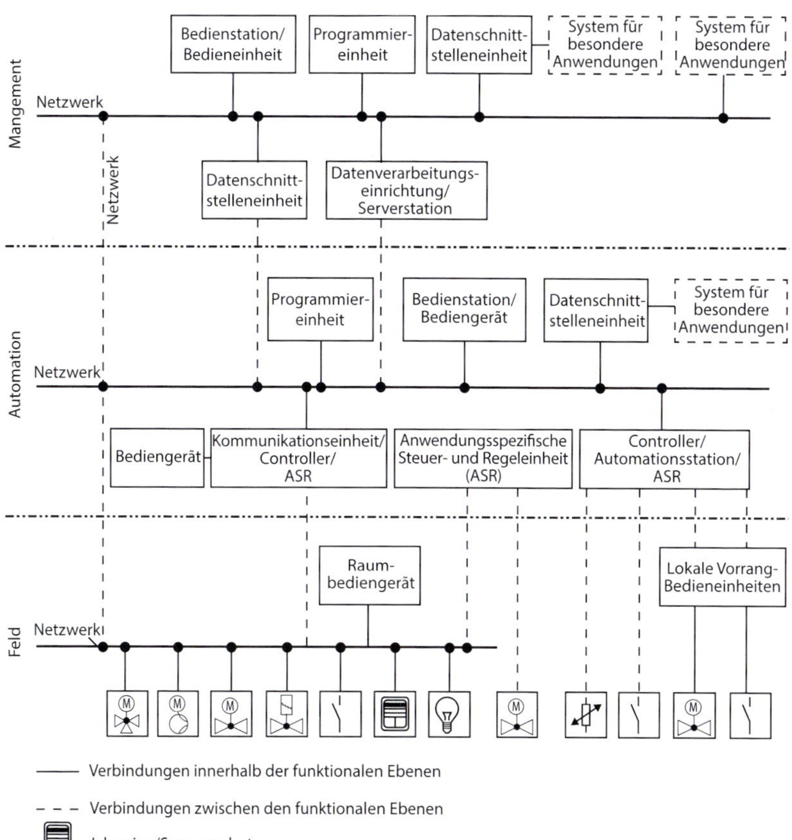

Managementbedienebene

Hier erfolgt die übergeordnete Bedienung und die Beobachtung der automatisierten Prozesse ab, aber auch die Alarmierung bei Störungen. Als **Gebäudeleittechnik** bezeichnet man die Software, mit der das Gebäude überwacht und gesteuert wird.

Automationsebene

Die Automationsebene hat die Aufgabe die gebäudetechnischen Anlagen zu steuern und zu regeln. Regel- und Steuereinheiten (Controller) vergleichen die Soll-Werte der Managementebene mit den von der Feldebene gelieferten Ist-Werten der Sensoren. Durch ein Regelungsprogramm werden die Daten ausgewertet und entsprechende Stell-Werte an die Aktoren der Feldebene ausgegeben.

Feldebene

Die Feldebene umfasst den Betrieb der technischen Anlagen des Gebäudes (z. B. für die Beleuchtungs-, Heizungs-, Klima- und Lüftungsanlage). Sensoren liefern Ist-Werte an die Automatisierungsebene und Aktoren erhalten Stell-Werte von der Automatisierungsebene. Sensoren und Aktoren werden als Feldgeräte bezeichnet.

Feldbus-Systeme

Ein Feldbus ist ein Bussystem, das in einer Anlage Feldgeräte wie Messfühler (Sensoren) und Stellglieder (Aktoren) zwecks Kommunikation mit einem Controller in der Automatisierungsebene verbindet. Auf derselben Leitung senden die Sensoren ihre Ist-Werte und die Aktoren empfangen ihre Stell-Werte. Daher wird in einem Übertragungsprotokoll die Reihenfolge der Übertragung und die Adressierung von Sender und Empfänger festlegt. Die Informationen selbst werden als sogenannte Telegramme übertragen.

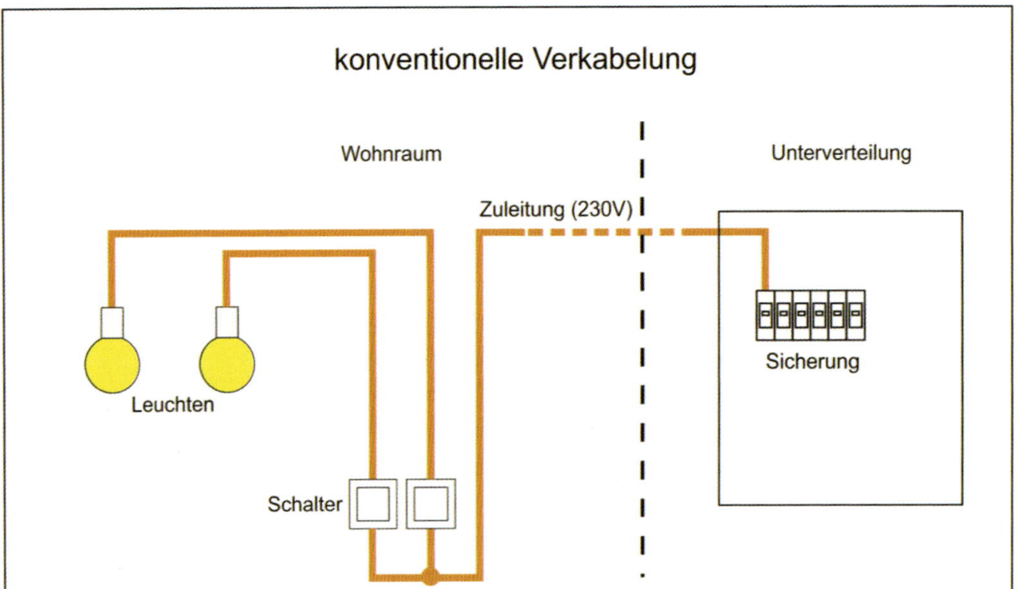

Busverkabelung

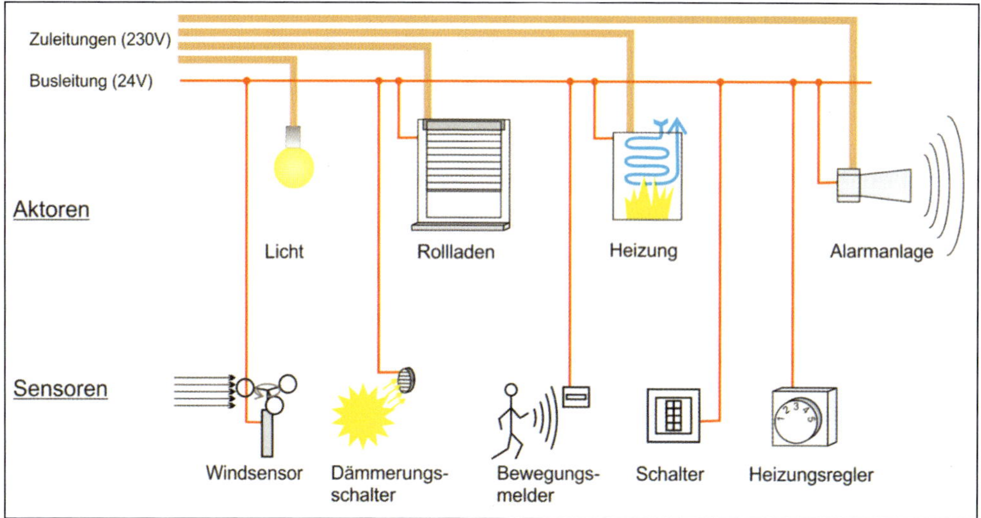

Im Gegensatz zur konventionellen Installation (verbindungsprogrammiert) gibt es bei einem Bussystem einen zusätzlichen Stromkreis, in dem die Steuer- und Regelinformationen getrennt von der reinen Stromversorgung übertragen werden. Neben kabelgebundenen Systemen gibt es auch funkbasierte Systeme.
Neben vielen herstellerspezifischen Feldbus-Varianten *gibt es offene Feldbussyteme*, die herstellerübergreifend arbeiten.

KNX-Bus

KNX ist der in der Gebäudeautomation am meisten verwendete offene Feldbus.
Es ist der Nachfolger der Feldbusse Europäischer Installationsbus (EIB), BatiBus und European Home Systems (EHS).
KNX wird auch zunehmend in Wohngebäuden und insbesondere Einfamilienbauten angewendet.
Das KNX-System ist dezentral aufgebaut.
Die Intelligenz des Systems ist also verteilt auf die einzelnen Teilnehmer, jedes Systemgerät besitzt somit einen eigenen Mikroprozessor.

Funktionsprinzip Steuerungssystem KNX

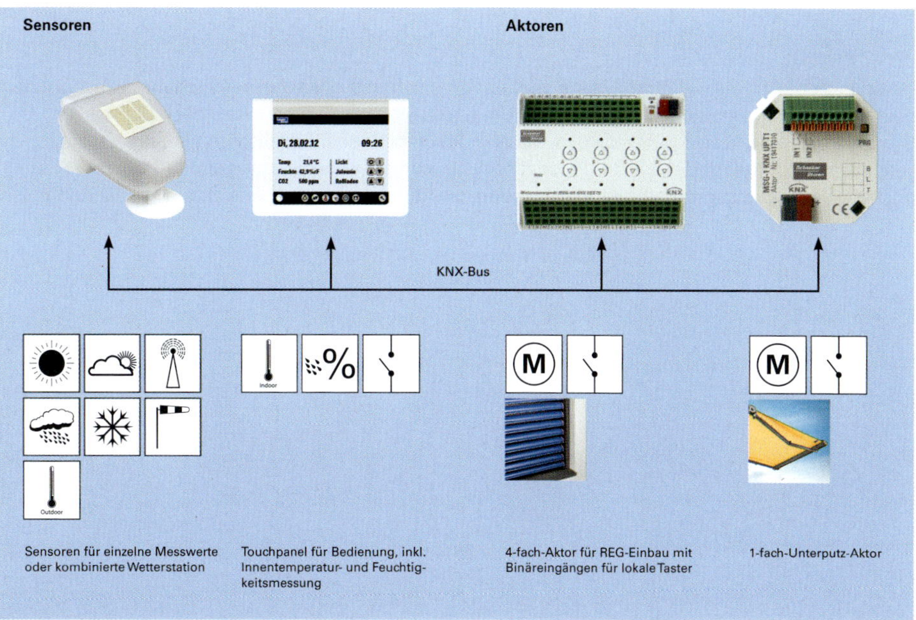

Herstellerbezogene Lösungen der Gebäudeautomation

Hausautomatisierung (Smart home)

Die Bezeichnung ‚Smart-Home' umfasst verschiedene Automationsverfahren zur Vernetzung von technischen Geräten aller Art (Haustechnik, Haushaltsgeräte, Dienstleistungen). Alternativ werden zum Teil die verwandten Begriffe Smart Living, connected Home, Hausautomation oder eHome verwendet.

Gebäudemanagementsysteme

Ein Gebäudemanagementsystem (GMS) übernimmt Steuerungsaufgaben der Kommunikations-, Haustechnik- und Gefahrenmeldeanlagen und zentralisiert die Bedienung und Betreuung dieser Anlagen.

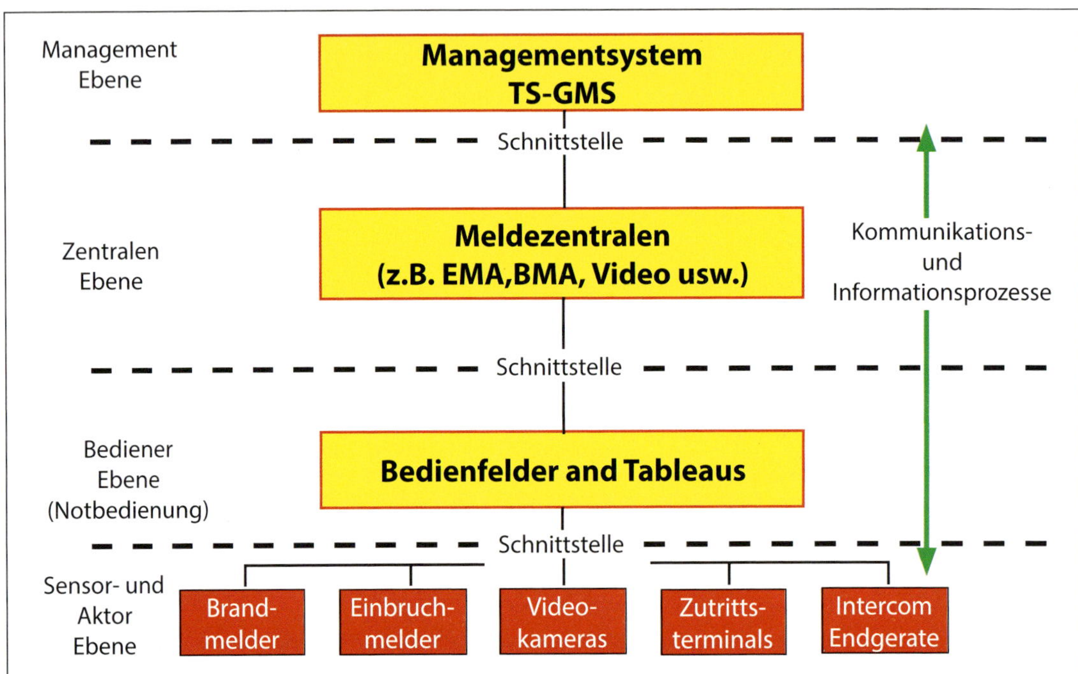

1.11.5.2 Prozessautomation

Die Prozessautomation bezieht sich auf die Verarbeitung von Stoffen und Materialien in einem verfahrenstechnischen Prozess. Automatisierung in der Prozessindustrie bedeutet, Stoff- und Energieströme gezielt zu beeinflussen. Als **Prozessleittechnik** bezeichnet man Mittel und Verfahren, die dem Steuern, Regeln und Sichern verfahrenstechnischer Anlagen dienen. Zentrale Mittel sind dabei das Prozessleitsystem und die Speicherprogrammierbare Steuerung. Daneben gibt es noch die Verbindungsprogrammierte Steuerung, die für kompliziertere Anwendungen allerdings sehr aufwändig ist.

System und Prozess

DIN EN 81346-1 : 2010-05

Technisches System
Technische Anordnung, in der Prozesse ablaufen, in denen die Eingangsgrößen aufgrund von Gesetzmäßigkeiten Ausgangsgrößen erzeugen.

Technischer Prozess
Ein Prozess ist eine Gesamteinheit von aufeinander einwirkenden Vorgängen in einem System, durch die Materie, Energie oder Informationen umgeformt, transportiert oder gespeichert werden.

Informationsverarbeitende Systeme
Die Arbeitsweise informationsverarbeitender Systeme erfolgt nach dem Prinzip Dateneingabe – -verarbeitung – -ausgabe. Informationen werden erfasst, verarbeitet und in anderer Form wieder ausgegeben.

Eine Steuerung ist ein informationsverarbeitendes System, das Materie- oder Energiefluss beeinflusst.

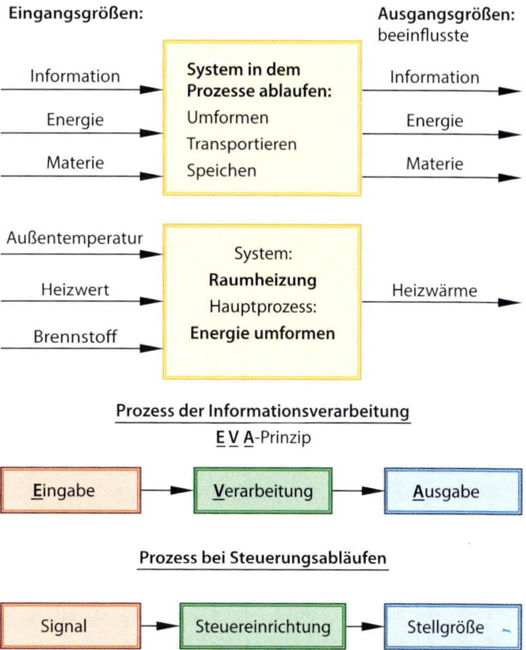

Signalarten in einem System

Signalart	Beschreibung	Darstellung
binäre Signale	**Sprungverlauf:** Sie besitzen nur zwei Werte und können nur den Zustand „vorhanden“ oder „nicht vorhanden“ einnehmen. Signal vorhanden = "1" - Kein Signal = "0"	Werte: 6 oder 0
digitale Signale	**Stufiger Verlauf:** Sie besitzen nur eine begrenzte Anzahl von Werten und können sich nur stufenweise um einen bestimmten Wert verändern.	Wertereihe: Zahlen 0, 1, 2, 3, 4, 5, 6
analoge Signale	**Stufenloser Verlauf:** Sie können einen beliebigen Wert annehmen und verändern sich dadurch kontinuierlich	Kurve: Bereich 0 bis 6

1.12 Bearbeiten von Kundenaufträgen *customer's orders*

1.12.1 Einordnung und Hauptaufgaben von Industriebetrieben

Handel
Verkehr
Bank
Versicherung
......
Dienstleistungsbetriebe
Einordnen der Industriebetriebe
Sachleistungsbetriebe
Verarbeitung
Gewinnung
z.B Handwerk
z.B Landwirtschaft
Industrie

Hauptaufgaben eines Betriebes
Finanzierung
Beschaffung
• Vergleich von Angeboten
• Auswahl lieferanten
• Bestellungen ausführen
• Oüter
• Kaufverträge
Leistungserstellung
• Planung
• Durchführung
• Kontrolle der Fertigung
Verkauf
• Angebote abgeben
• Verkaufen
Kapitalbeschaffung über Eigen-oder Fremdkapital

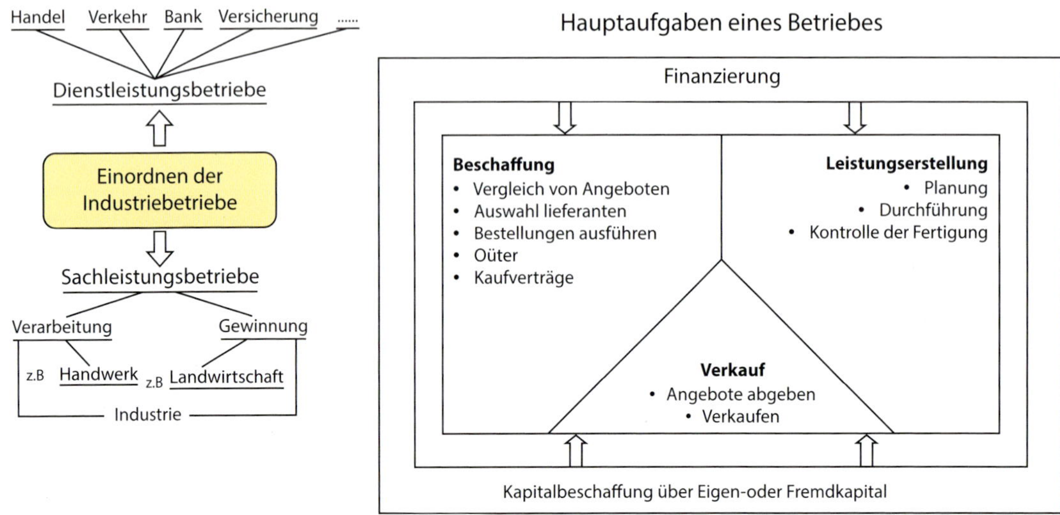

1.12.2 Phasen des Kundenauftrags

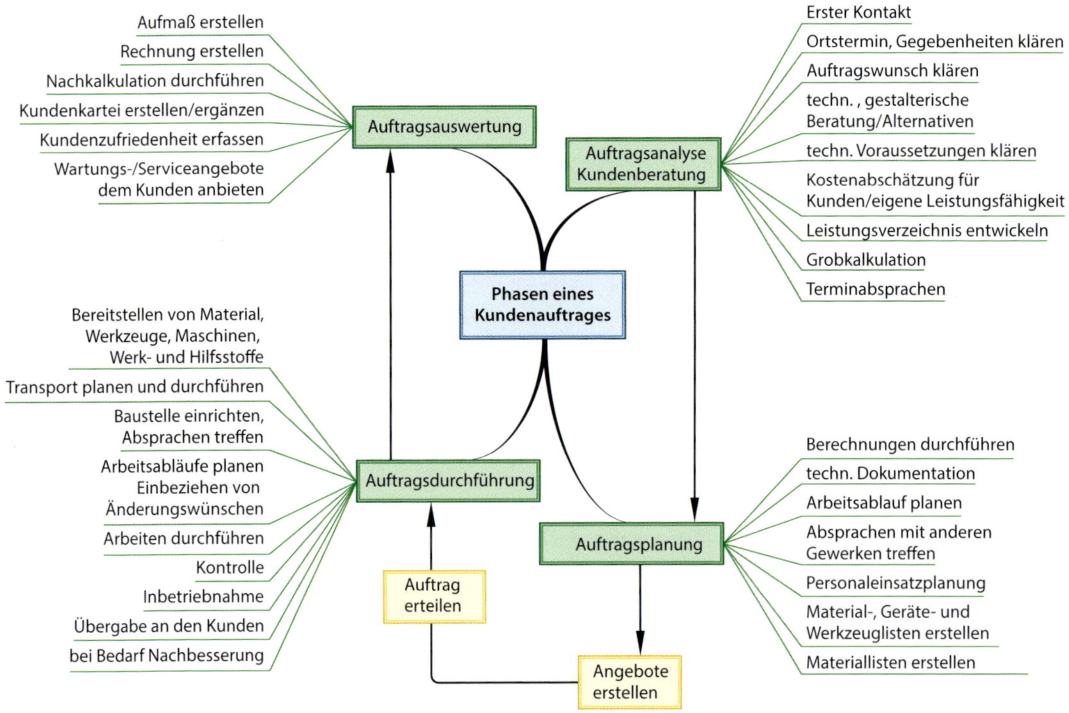
Phasen eines Kundenauftrages
Auftragsanalyse Kundenberatung
Erster Kontakt
Ortstermin, Gegebenheiten klären
Auftragswunsch klären
techn. , gestalterische Beratung/Alternativen
techn. Voraussetzungen klären
Kostenabschätzung für Kunden/eigene Leistungsfähigkeit
Leistungsverzeichnis entwickeln
Grobkalkulation
Terminabsprachen
Auftragsplanung
Berechnungen durchführen
techn. Dokumentation
Arbeitsablauf planen
Absprachen mit anderen Gewerken treffen
Personaleinsatzplanung
Material-, Geräte- und Werkzeuglisten erstellen
Materiallisten erstellen
Angebote erstellen
Auftrag erteilen
Auftragsdurchführung
Bereitstellen von Material, Werkzeuge, Maschinen, Werk- und Hilfsstoffe
Transport planen und durchführen
Baustelle einrichten, Absprachen treffen
Arbeitsabläufe planen Einbeziehen von Änderungswünschen
Arbeiten durchführen
Kontrolle
Inbetriebnahme
Übergabe an den Kunden
bei Bedarf Nachbesserung
Auftragsauswertung
Aufmaß erstellen
Rechnung erstellen
Nachkalkulation durchführen
Kundenkartei erstellen/ergänzen
Kundenzufriedenheit erfassen
Wartungs-/Serviceangebote dem Kunden anbieten

1.12.3 Auftragsarten

Unterschiedliche Auftragsarten erfordern jeweils einen spezifischen Zeit-, Material- und Arbeitsaufwand. Einfache Reparaturarbeiten und Standardwartungen beinhalten in der Regel geringe Anteile für Analyse, Planung und Auswertung. Komplexe Modernisierungs- bzw. Sanierungsarbeiten und Neuinstallationen benötigen zumeist das gesamte Spektrum der Phasen eines Kundenauftrags.

Auftrags-analyse → Auftrags-planung → Auftrags-durchführung → Auftrags-auswertung

Reparatur/Austausch

Modernisierung/Sanierung

Neuinstallation

Wartung/Service

1.12.4 Kalkulation *cost accounting*

Muster zur Ermittlung des Stundenverrechnungssatzes[1)]

Bruttolohn Facharbeiter je Stunde (100 %) z. B.		19,00 €
Prozentale Zuschläge auf den Stundenlohn		
Gesetzliche Sozialaufwendungen ca. 40 %	Arbeitgeberanteile: • Krankenversicherung • Rentenversicherung • Arbeitslosenversicherung • Konkursausfallgeld • Schwerbehindertenabgabe • Abgabe Arbeitsstättenverordnung Lohnfortzahlung Krankheit: • Berufsgenossenschaftsumlage • Arbeitsmedizinischer Dienst • Arbeitssicherheitsgesetz Feiertage z. B. Ostern, Weihnachten	7,60 €
Tarifliche Sozialaufwendungen ca. 42 %	• Urlaub • Urlaubsgeld • Weihnachtsgeld • Ausfalltage z. B. Umzug … • Auslösungen	8,06 €
Sonstige Sozialaufwendungen ca. 10 %	• Schutzkleidung • Fahrtkosten • Betriebl. Aktivitäten	1,90 €
Betriebliche Gemeinkosten 85 %	• Gehälter für Büroangestellte, Arbeitsvorbereitung, Hausmeister, Lager, Porto, Telefon, Büromaterial • Werbung • Heizung, Strom, Gas, Wasser • Betriebliche Steuern • Versicherungen, Beiträge, Gebühren • Instandhaltung an Gebäuden und Maschinen • Raumkosten, Mieten für Lagerhaltung, • KFZ-Kosten • betriebliche, nicht verrechenbare Zeiten • Steuer- und Rechtsberatungskosten • Kapitaldienst/Zinsen	16,15 €
Kalkulatorische Gemeinkosten 30 %	• Unternehmerlohn • Verzinsung des eingesetzten Kapitals • Kalkulatorische Miete • Kalkulatorische Abschreibungen	5,70 €
Zuschlag Unternehmerrisiko und Gewinn z. B. 5 %		0,95 €
Stundenverrechnungssatz je verrechenbare Stunde (Deckung der betrieblichen Kosten, Erhaltung der Betriebsbereitschaft, Sicherung der Existenz des Betriebes und der Arbeitsplätze)		59,36 €
Mehrwertsteuer 19 %		11,28 €
Endrechnungsbetrag		70,64 €

1) Zahlenwerte sind angenommene Werte und müssen auf die betriebl. Situation und die gesetzlichen Vorgaben gegebenenfalls angepasst werden.

Angebotskalkulation für einen Auftrag[1)]

Beispiel Kalkulation ohne Verrechnungsstundensatz („industrielle Kalkulation")

Materialeinzelkosten MEK	50 000,00 €	100 %
+ Materialgemeinkosten	12 500,00 €	25 %
Summe Materialkosten MK	62 500,00 €	
Fertigungslohnkosten FL	30 000,00 €	100 %
+ Fertigungsgemeinkosten FGK	49 500,00 €	165 %
+ Sondereinzelkosten der Fertigung SEF	500,00 €	
Summe Fertigungskosten FK = FL + FGK + SEF	80 000,00 €	
Summe Herstellkosten HK = MK + FK	142 500,00 €	100 %
+ Verwaltungsgemeinkosten VwGK	49 857,50 €	3,5 %
+ Vertriebsgemeinkosten VtGK	2 850,00 €	2 %
Selbstkosten SK = HK + VwGK + VtGK	192 207,50 €	100 %
Gewinnaufschlag G	19 220,75 €	10 %
Angebotspreis Netto = SK + G	214 728,25 €	100 %
Mehrwertsteuer	40 798,37 €	19 %
Angebotspreis Brutto	255 526,62 €	

Beispiel Kalkulation **mit** Verrechnungsstundensatz („handwerkliche Kalkulation")

Materialeinzelkosten MEK	5 000,00 €	100 %
+ Materialgemeinkosten	500,00 €	10 %
Summe Materialkosten MK	5 500,00 €	
Fertigungskosten FK = 40,65 €/h Verrechnungsstundensatz · 100 Arbeitsstunden	4 065,00 €	
Selbstkosten SK = MK + FK	95 650,00 €	100 %
Gewinnzuschlag	956,50 €	10 %
Angebotspreis Netto	10 521,50 €	100 %
Mehrwertsteuer	1 999,08 €	19 %
Angebotspreis Brutto	12 520,58 €	

1.12.5 Qualitätsmanagement *quality management*

DIN EN ISO 9001 : 2015-11; DIN EN ISO 9004 : 2018-08

Als Qualitätsmanagement werden alle organisatorischen Maßnahmen bezeichnet, die der Verbesserung von Produkten, Dienstleistungen und Arbeitsabläufen dienen. Es ist gleichermaßen im Handwerk und in der Industrie notwendig.

Die acht Grundsätze des Qualitätsmanagements:

Nr.	Grundsatz	Ziele
1	Kundenorientierung	Höhere Einnahmen; größere Marktanteile, flexible und schnelle Reaktion auf den Markt; höhere Kundenzufriedenheit, Kundenbindung
2	Führung	Mitarbeiter kennen und verstehen die Organisation; größere Motivation; einheitliche Evaluation, Minderung von Kommunikationsfehlern
3	Einbeziehung der Mitarbeiter	Verbesserte Motivation, Engagement, Innovation, Kreativität; Mitarbeiter „denken und leben den Betrieb"

[1)] Alle Werte sind beispielhaft und können je nach Betrieb und gesetzlichen Vorgaben gegebenenfalls abweichen

Nr.	Grundsatz	Ziele
4	Prozessorientierter Ansatz	Geringere Kosten, kürzere Durchlaufzeiten durch die wirksame Nutzung der Ressourcen, bessere und vorhersagbare Ergebnisse.
5	Systemorientierter Managementansatz	Ausrichtung der Prozesse, Konzentration auf Schlüsselprozesse, Vertrauensbildung.
6	Ständige Verbesserung	Leistungsvorsprung, Ausrichtung der Verbesserungsmaßnahmen auf allen Ebenen auf das Ziel, Flexibilität.
7	Sachbezogener Ansatz zur Entscheidungsfindung	Fundierte Entscheidungen, Wirksamkeit früherer Entscheidungen durch Bezugnahme auf die Aufzeichnungen von Fakten aufzuzeigen, verbesserte Fähigkeit, Meinungen und Entscheidungen zu bewerten.
8	Lieferantenbeziehungen zum gegenseitigen Nutzen	Verbesserte Wertschöpfung für beide Partner, verbesserte Reaktion auf veränderte Markt- oder Kundenerfordernisse und -erwartungen, Kosten- und Ressourcenverbesserung.

Qualitätsregelkreis

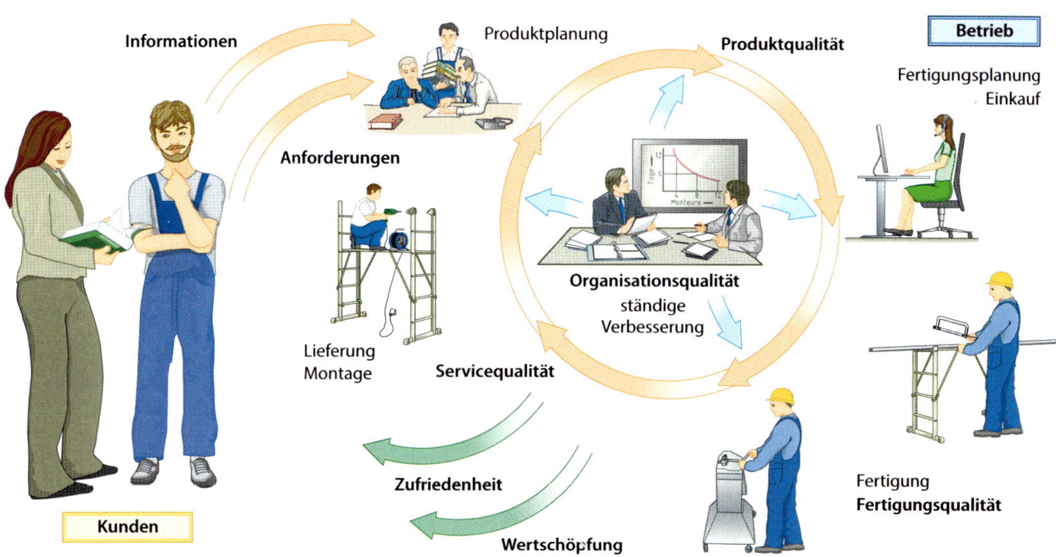

Kundenreaktionsmodell

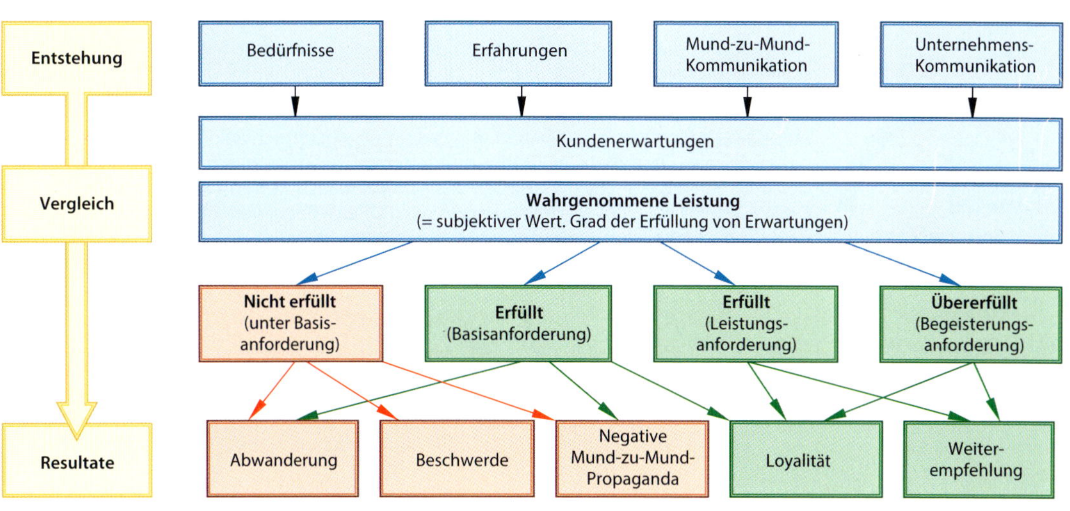

1.12.6 Prüf- und Zertifizierungszeichen

Symbol	Bedeutung
DGUV Test KPZ 000000 Sicherheit geprüft tested safety dguv.de/pruefzeichen	Als eine der Prüfstellen im Rahmen des DGUV Test vergibt das IFA das DGUV Test Zeichen für sicherheitsrelevante Bauteile und Baugruppen, wenn sie den zurzeit geltenden Sicherheits- und Gesundheitsanforderungen in der Bundesrepublik Deutschland entsprechen und nur dem Baumuster entsprechende Produkte in Verkehr gebracht werden. DGUV: Deutsche Gesetzliche Unfallversicherung IFA: Institut für Arbeitsschutz
Gefahrstoffmessung IFA Institut der DGUV Eignung geprüft Nr.: 1209001	Für Mess- und Probenahmegeräte zur Ermittlung der Gefahrstoffkonzentration am Arbeitsplatz wird ein eigenes IFA-Zeichen für Probenahmesysteme und direkt anzeigende Messsysteme vergeben. Bei den Probenahmesystemen prüft das IFA pumpenbasierte Sammelröhrchensysteme und Diffusionssammler auf Aktivkohle- und Silikagelbasis, während als direkt anzeigende Messsysteme Prüfröhrchensysteme und auf elektronischer Basis arbeitende Messsysteme zertifiziert werden.
DGUV Test KPZ GS geprüfte Sicherheit	Mit dem GS-Zeichen („Geprüfte Sicherheit") dürfen technische Produkte versehen werden, wenn • eine zugelassene, unabhängige Prüf- und Zertifizierungsstelle eine Baumusterprüfung durchführt und bestätigt, dass das Baumuster den sicherheitstechnischen Anforderungen des ProdSG entspricht und • die Prüf- und Zertifizierungsstelle kontrolliert, dass die in Verkehr gebrachten Serienprodukte mit dem geprüften Baumuster übereinstimmen.
CE	Die CE-Kennzeichnung an einem Produkt erklärt gegenüber den Behörden • dass das Produkt allen geltenden europäischen Vorschriften entspricht und • es den vorgeschriebenen Konformitätsbewertungsverfahren unterzogen wurde.
Ab 01.01.1996 werden Gasgeräte im gesamten Bereich der Europäischen Union nach gleichen Maßstäben bewertet. Mit dem CE-Zeichen wird dokumentiert, dass das Gerät den in der Gasgeräterichtlinie festgeschriebenen Standard erfüllt. Dieser Standard entspricht naturgemäß nicht den höchsten nationalen Sicherheits-und Qualitätsanforderungen, sondern stellt ein von allen Ländern akzeptiertes mittleres Niveau dar.	
CE 0085	Zur eindeutigen Identifizierung und Rückverfolgbarkeit werden von allen benannten Stellen einheitlich aufgebaute Identnummern festgelegt. **CE - 0085 AP 0285** 0285 – laufende Nummer AP – codierte Jahreszahl 0085 – Kennnummer der Zertifizierungsstelle Die Identnummer wird von der benannten Stelle als zusätzliche Angabe auf dem Typenschild empfohlen.
 DVGW: Deutscher Verein des Gas- und Wasserfaches	Im Gas- und Wasserfach liegen nicht für alle Produkte und Einrichtungen anwendbare europäische Richtlinien vor. Neben den gesamten wasserfachlichen Produkten fallen beispielsweise Gasarmaturen, Rohrleitungen und Druckregelgeräte noch nicht in den Geltungsbereich einer EG-Richtlinie. Für sie bleiben auch weiterhin die nationalen DVGW- oder DIN-DVGW-Zertifizierungen nach DVGW-Regelwerk ein verlässlicher Nachweis für die Einhaltung der anerkannten Regeln der Technik.

Symbol	Bedeutung
DIN DVGW CERT	• Für Produkte und Einrichtungen ohne anwendbare europäische Richtlinien • z. B. Gasarmaturen, Rohrleitungen, Dichtungswerkstoffe • Anwendung nationaler Normen und Regeln • Berücksichtigung nationaler Installations- und Nutzergewohnheiten
DVGW CERT GMBH GS geprüfte Sicherheit	Wer Produkte mit dem DIN-DVGW- oder DVGW-Zertifizierungszeichen verwendet – sei es als Versorgungsunternehmen, als Händler, Fachhandwerker oder Verbraucher –, dem kann in einem Schadensfall in aller Regel kein Vorwurf schuldhaften Verhaltens gemacht werden.
DVE VDE:Verband der Elektrotechnik Elektronik Informationstechnik	Für elektrotechnische Erzeugnisse, auch Produkte im Sinne des Produktsicherheitsgesetzes (ProdSG)
DVE GS geprüfte Sicherheit	Für technische Arbeitsmittel und verwendungsfertige Gebrauchsgegenstände im Sinne des Produktsicherheitsgesetzes (ProdSG)
ENEC 10	Für Erzeugnisse nach harmonisierten Zertifizierungsverfahren. Für die Prüfung gelten die im **ENEC-Abkommen** aufgeführten europäischen Normen. Eine Genehmigung einer weiteren, am europäischen Zertifizierungsverfahren beteiligten Stelle, ist nicht erforderlich.
VDE EMC	Für Geräte, die den Normen für elektromagnetische Verträglichkeit entsprechen.

2 Technische Kommunikation

2.1 Grundlagen *basics*

	Gerade Gerade *g* ist eine unbegrenzte Linie ohne Richtungsänderung.
	Strecke Strecke $\overline{AB}$ ist die kürzeste Verbindung der Punkte A und B.
oder	**Halbieren einer Strecke $\overline{AB}$ und Errichten ihrer Mittelsenkrechten** ① Kreisbögen um A und B mit beliebigen Radius *R* ergeben Schnittpunkte D und E. ② Die Verbindung der Punkte D mit E teilt die Strecke in gleiche Teile und steht senkrecht auf der Strecke $\overline{AB}$ *oder* ① Kreisbögen um A und B mit den Radien *R* und *r* ergeben Schnittpunkte D und E. ② Verlängerung der Strecke $\overline{DE}$ teilt die Strecke in gleiche Teile und steht senkrecht auf der Strecke $\overline{AB}$.
Blechtafel Blechtafel	**Errichten einer Senkrechten im Endpunkt P einer Geraden *g*** **Weg 1** ① Kreisbogen um P mit beliebigem Radius *R* ergibt Schnittpunkt A auf *g*. ② Kreisbogen um A mit Radius *R* ergibt Schnittpunkt M. ③ Kreisbogen um M mit Radius *R*. ④ Strahl von A durch M ergibt Schnittpunkt B. ⑤ Strahl von P durch B ergibt Senkrechte auf *g* im Punkt P. **Weg 2** ① Abtragen von 5 gleichen Teilen auf dem Strahl vom Punkt A und bezeichnen der Punkte 1–5 ② Im Punkt 4 Kreisbogen mit dem Radius A5. ③ Kreisbogen um A mit Radius A3. ④ Die Verbindungslinie A mit dem Schnittpunkt P ist die gesuchte Senkrechte (Prinzip „Goldener Schnitt"; dieser beruht auf dem Lehrsatz des Pythagoras).
$n = 3$	**Teilen der Strecke $\overline{AB}$ in *n* (*n* = 3) gleiche Teile** ① Auf dem Hilfsstrahl von A (Winkel *α* beliebig) *n* gleich große Strecken mit dem Zirkel abtragen. Teilpunkte C_1 – C_3 benennen. ② Verbinden von Punkt B mit dem letzten Teilungspunkt C_n. ③ Strecke $\overline{BC}$ parallel verschieben durch die Teilungspunkte C_1, C_2, C_3 ergibt die Schnittpunkte B_3, B_2, B_1. ④ Die Schnittpunkte B_1, B_2, B_3 teilen die Strecke $\overline{AB}$ in *n* gleiche Teile.
	Parallele zu einer Geraden *g* durch einen Punkt P konstruieren ① Parallelverschieben mit Zeichendreiecken. ② Parallele konstruieren mit dem Zirkel ① Kreisbogen um beliebig gewählten Punkt A mit dem Radius *R* schneidet Gerade *g* in Punkt B. ② Kreisbogen um Punkt P mit Radius *R*. ③ Kreisbogen um Punkt B mit Radius *R* schneidet Radius um Punkt P in Punkt C. Die Verbindung $\overline{PC}$ ist parallel zu *g*.

Winkel *angles*

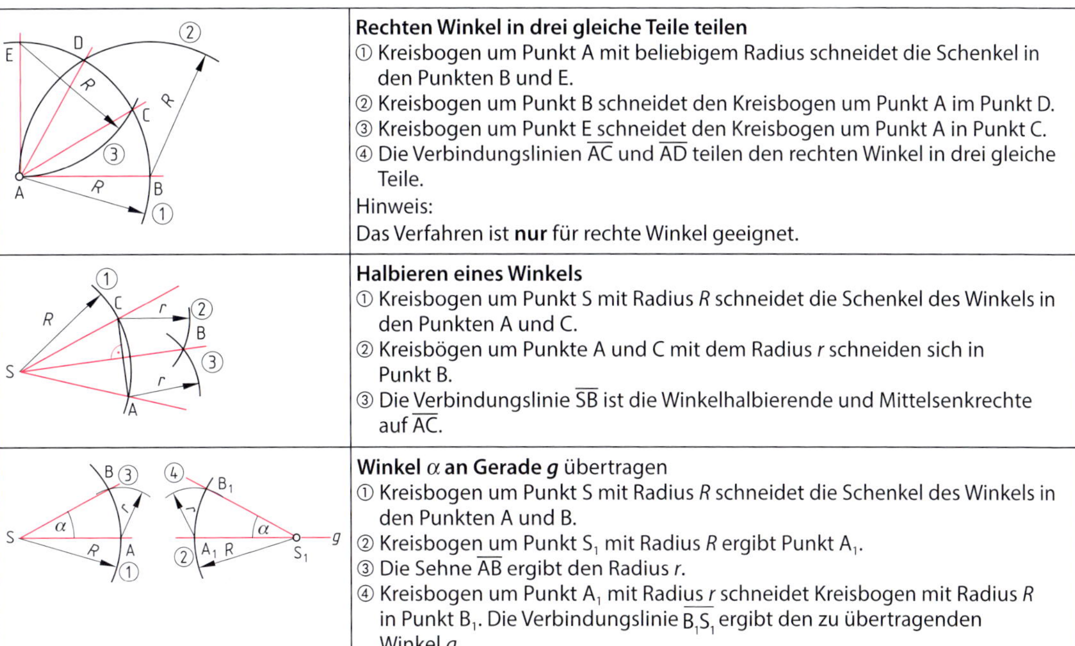

	Rechten Winkel in drei gleiche Teile teilen ① Kreisbogen um Punkt A mit beliebigem Radius schneidet die Schenkel in den Punkten B und E. ② Kreisbogen um Punkt B schneidet den Kreisbogen um Punkt A im Punkt D. ③ Kreisbogen um Punkt E schneidet den Kreisbogen um Punkt A in Punkt C. ④ Die Verbindungslinien $\overline{AC}$ und $\overline{AD}$ teilen den rechten Winkel in drei gleiche Teile. Hinweis: Das Verfahren ist **nur** für rechte Winkel geeignet.
	Halbieren eines Winkels ① Kreisbogen um Punkt S mit Radius *R* schneidet die Schenkel des Winkels in den Punkten A und C. ② Kreisbögen um Punkte A und C mit dem Radius *r* schneiden sich in Punkt B. ③ Die Verbindungslinie $\overline{SB}$ ist die Winkelhalbierende und Mittelsenkrechte auf $\overline{AC}$.
	Winkel α an Gerade *g* übertragen ① Kreisbogen um Punkt S mit Radius *R* schneidet die Schenkel des Winkels in den Punkten A und B. ② Kreisbogen um Punkt S_1 mit Radius *R* ergibt Punkt A_1. ③ Die Sehne $\overline{AB}$ ergibt den Radius *r*. ④ Kreisbogen um Punkt A_1 mit Radius *r* schneidet Kreisbogen mit Radius *R* in Punkt B_1. Die Verbindungslinie $\overline{B_1S_1}$ ergibt den zu übertragenden Winkel *a*.

Kreise *circles*

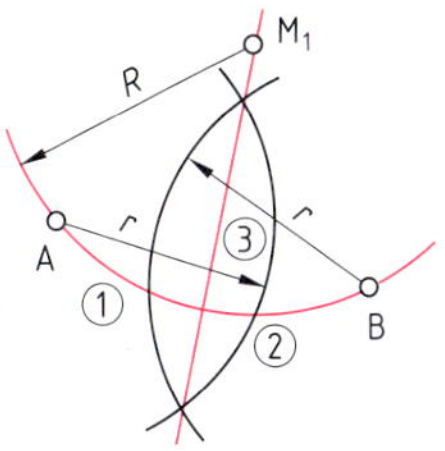

	Kreisbogen durch die Punkte A und B zeichnen ① ② ③ Konstruktion der Mittelsenkrechten auf $\overline{AB}$ → siehe Beschreibung Seite 63. Alle Punkte auf der Mittelsenkrechten sind Mittelpunkte für Kreise durch die Punkte A und B.
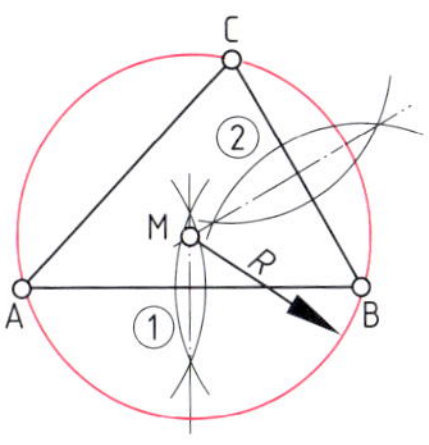	**Umkreis eines Dreiecks konstruieren** ① + ② Mittelsenkrechten auf den Strecken $\overline{AB}$ und $\overline{BC}$ errichten → siehe Beschreibung Seite 63. Die Mittelsenkrechten schneiden sich im Punkt M; M ist der Mittelpunkt des Umkreises.
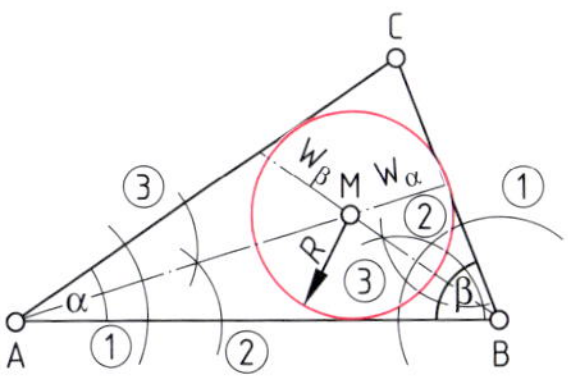	**Inkreis eines Dreiecks konstruieren** ① + ② + ③ Winkelhalbierende W_α und W_β konstruieren → siehe oben. Die Winkelhalbierenden W_α und W_β schneiden sich im Mittelpunkt M des Inkreises.

Kreise (Fortsetzung)

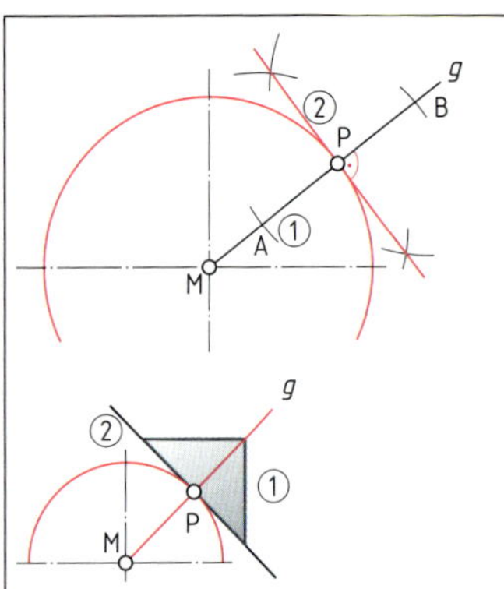

Konstruktion der Senkrechten von *g* im Punkt P (Tangente im Punkt P an Kreis konstruieren)

① Auf der Verlängerung der Strecke MP erzeugt Kreisbogen um Punkt P die Punkte A und B.

② Mittelsenkrechte auf der Strecke AB errichten → siehe Beschreibung Seite 63.
Die Mittelsenkrechte ist die Tangente im Punkt P am Kreis.

oder

① Geodreieck im Punkt P auf *g* anlegen.

② Zeichnen der Senkrechten.

Kreisanschlüsse *circular connections*

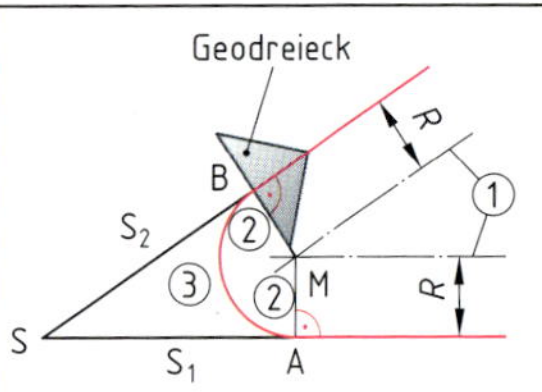

Kreisanschluss mit Radius *R* im Winkel konstruieren – Ecke abrunden

① Parallelen im Abstand *R* zu den Schenkeln S_1 und S_2 schneiden sich im Punkt M → siehe Beschreibung Seite 64.

② Senkrechte auf S_1 und S_2 durch Punkt M ergeben die Punkte A und B → Geometriedreieck.

③ Kreisbogen um M mit dem Radius $\overline{MA}$ zeichnen.

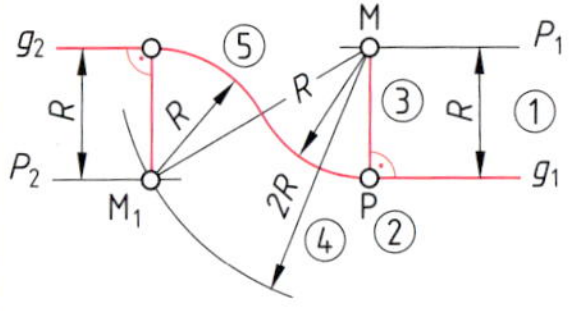

Kreisbogenübergang mit dem Radius *R* zwischen zwei Parallelen konstruieren

① Erzeugen der Parallelen p_1 und p_2 im Abstand *R* → siehe Beschreibung Seite 64.

② Festlegen des Punktes P.

③ Senkrechte im Punkt P schneidet die Parallele p_1 im Punkt M.

④ Kreisbogen um M mit Radius 2 *R* schneidet Parallele p_2 in M_1.

⑤ Kreisbögen um die Punkte M und M_1 mit dem Radius *R* verbinden die Geraden g_1 und g_2. Sie schneiden sich auf der Strecke $\overline{MM_1}$.

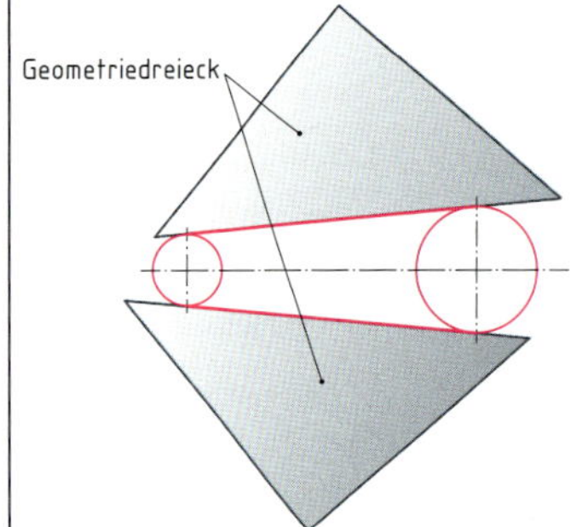

Zwei Kreise mit äußeren Tangenten verbinden
(Näherungskonstruktion)
Anlegen eines Geometriedreiecks an die Kreise von oben und unten.

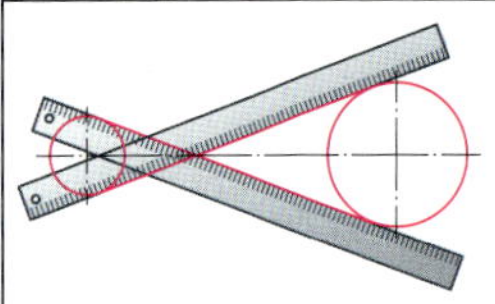

Zwei Kreise mit inneren Tangenten verbinden
(Näherungskonstruktion)
Lineal am großen Kreis von außen und am inneren Kreis von innen anlegen.

Regelmäßige Teilungen

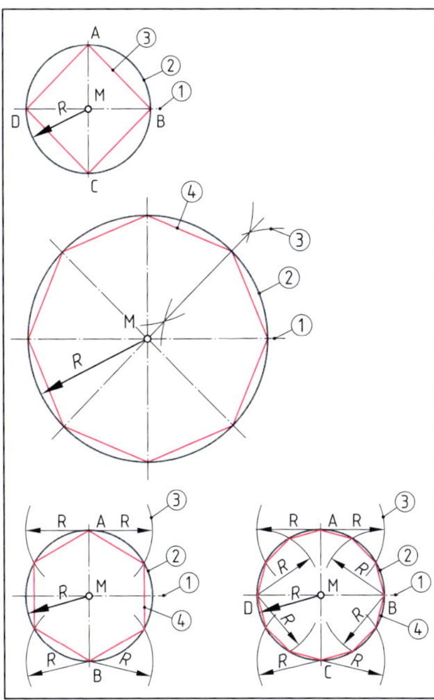	**Quadrat konstruieren** ① Achsenkreuz zeichnen. ② Kreis um M mit Radius *R* zeichnen. ③ Schnittpunkte A – D verbinden. **Achteck konstruieren** ① Achsenkreuz zeichnen. ② Kreis um M mit Radius *R* zeichnen. ③ Winkelhalbierende konstruieren → siehe Beschreibung Seite 64. ④ Ecken verbinden. **Sechseck konstruieren** ① Achsenkreuz zeichnen. ② Kreis um M mit Radius *R* zeichnen. ③ Kreisbögen mit Radius *R* um Punkte A und B zeichnen. ④ Ecken verbinden. **12-Eck konstruieren** ① Achsenkreuz zeichnen. ② Kreis um M mit Radius *R* zeichnen. ③ Kreisbögen mit Radius *R* um Punkte A, B, C, D zeichnen. ④ Ecken verbinden. Hinweis: Für Abwicklungen Konstruktionen für 6- oder 12-Eck verwenden. Beachte: Formel Seite 8

2.2 Abwicklungen

Schnitte an Grundkörpern und deren Abwicklung

Bestimmung von wahren Längen

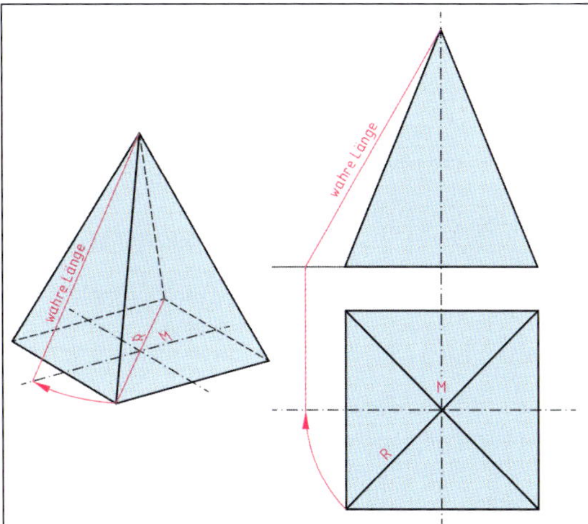	Eine Strecke bildet sich in **wahrer Länge** ab, wenn sie parallel zur Projektionsebene liegt. ① Kreisbogen um M mit Radius R bis zum Schnittpunkt mit der Mittellinie. ② Projektion auf die Verlängerung der Basisfläche. ③ Verbindung des Schnittpunkts mit der Spitze ist die „wahre Länge“ der Pyramidenkante.

Schnitte an Grundkörpern und deren Abwicklung (Fortsetzung)

Schnitte an **Pyramiden** mit Abwicklung und wahrer Schnittfläche

Waagerechte Schnittebene

① Zeichnen von Vorderansicht und Draufsicht.
② Bestimmen der wahren Längen
③ Zeichnen von Kreisbögen mit den Radien $\overline{MS1}$ und $\overline{MS2}$ um M
④ 4 × Abtragen der Kantenlänge auf dem Kreisbogen.
⑤ Verbinden der Schnittpunkte.
⑥ Zeichnen der wahren Schnittfläche.

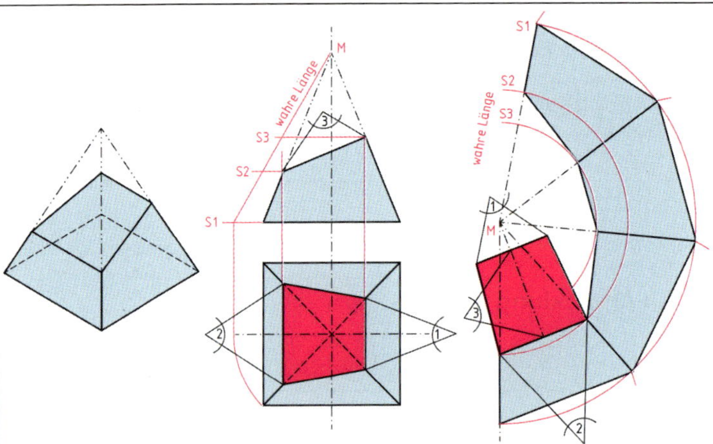

Schiefe Schnittebene

① Zeichnen von Vorderansicht und Draufsicht.
② Bestimmen der wahren Längen.
③ Zeichnen von Kreisbögen um M mit den Radien $\overline{MS1}$, $\overline{MS2}$ und $\overline{MS3}$
④ 4 × Abtragen der Kantenlänge.
⑤ Verbinden der Schnittpunkte.
⑥ Zeichnen der wahren Schnittfläche durch Abgreifen mit dem Zirkel.

Schnitte an **Kegeln** mit Abwicklung und wahrer Schnittfläche

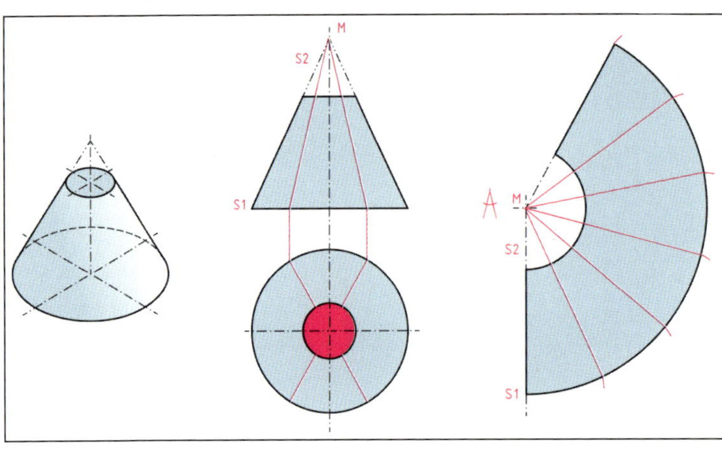

Waagerechte Schnittlage (mit 6er-Teilung)

① Notwendig: Vorderansicht und Draufsicht.
② Draufsicht in 6 gleiche Teile teilen, Mantellinien eintragen und in die Vorderansicht übertragen.
③ Kreisbogen um M mit den Radien $\overline{MS1}$ und $\overline{MS2}$; 6er-Teilung auf den Kreisbögen abtragen.
④ Letzte Teilung mit M verbinden.

Schnitte an Grundkörpern und deren Abwicklung (Fortsetzung)

Senkrechte Schnittlage (mit 12er-Teilung)

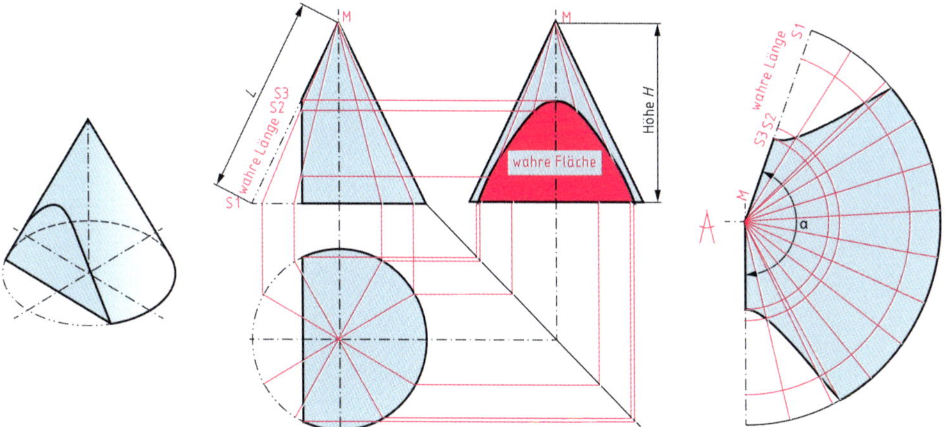

① Notwendig: Vorder-, Seiten- und Draufsicht. Schnitt senkrecht zur Grundfläche in Vorder- und Draufsicht.
② Draufsicht in 12 gleiche Teile teilen und Mantellinien in den drei Ansichten eintragen.
③ Schnittpunkte der Mantellinien mit Körperschnittlinie von der Vorderansicht in die Seitenansicht übertragen; Schnittpunkte verbinden. Es bildet sich die wahre Schnittfläche ab.
④ Kreisbögen um M mit den Radien $\overline{MS1}$, $\overline{MS2}$ und $\overline{MS3}$ zeichnen; Kantenlänge des 12-Ecks auf dem äußeren Kreisbogen 12-mal abtragen und Mantellinien zeichnen. Schnittpunkte der Mantellinien mit den Kreisbögen ergeben die Abwicklung.

Berechnungen:

Länge *L* der Mantellinie

$$L=\sqrt{\left(\frac{D^2}{2}\right)+H^2}$$

Zentriwinkel α in der Abwicklung

$$\alpha=\frac{D}{L}\cdot 180°$$

Schnittlage parallel zur Mantellinie (Parabelschnitt mit 12er-Teilung)

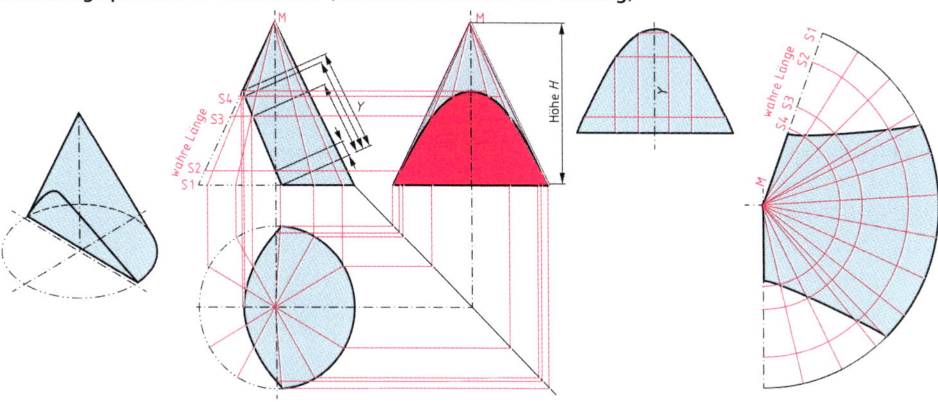

① Notwendig: Vorder-, Seiten- und Draufsicht; Schnitt parallel zur Mantellinie.
② 12er-Teilung in drei Ansichten einzeichnen; Mantellinien einzeichnen.
③ Schnittpunkte des Schnittes mit den Mantellinien in Draufsicht und Seitenansicht übertragen; Schnittpunkte miteinander verbinden.
④ Kreisbogen um M mit Radius $\overline{MS1}$ zeichnen; auf dem Kreisbogen 12er-Teilung abtragen.
⑤ Kreisbögen um M mit den Radien $\overline{MS2}$, $\overline{MS3}$, $\overline{MS4}$ zeichnen; Schnittpunkte der Kreisbögen mit den Mantellinien ergeben die Schnittkante.
⑥ Wahre Schnittfläche zeichnen durch Abtragen der wahren Längen Y u.a. sowie wahre Breiten aus der Seitenansicht.

Abwicklung pyramidenförmiger Hohlkörper

① Notwendig: Vorderansicht und Draufsicht, Schnitt in beiden Ansichten einzeichnen.
② Schnitt für die Abwicklung festlegen: Keine Schnittlinie an Ecken und möglichst kurze Verbindungslinie.
③ Wahre Längen mit Hilfskonstruktion bestimmen.
④ Abwicklung durch 3-Ecke zusammensetzen.

Übergangskörper

quadratisch auf rund

Abwicklung erstellen nach dem Dreiecksverfahren

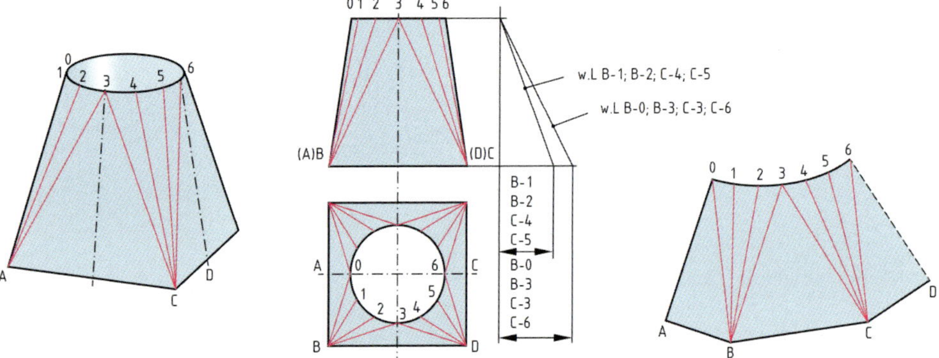

① Notwendig: Vorderansicht und Draufsicht.
② Kreis in der Draufsicht in 12 Teile teilen; Mantellinien von A, B, C und D auf die Teilung zeichnen.
③ Bestimmung der wahren Längen.
④ Abwicklung über die Dreiecke AB0, ... zusammensetzen.

Hosenrohr

(schiefe Kegel)
Dreiecksverfahren

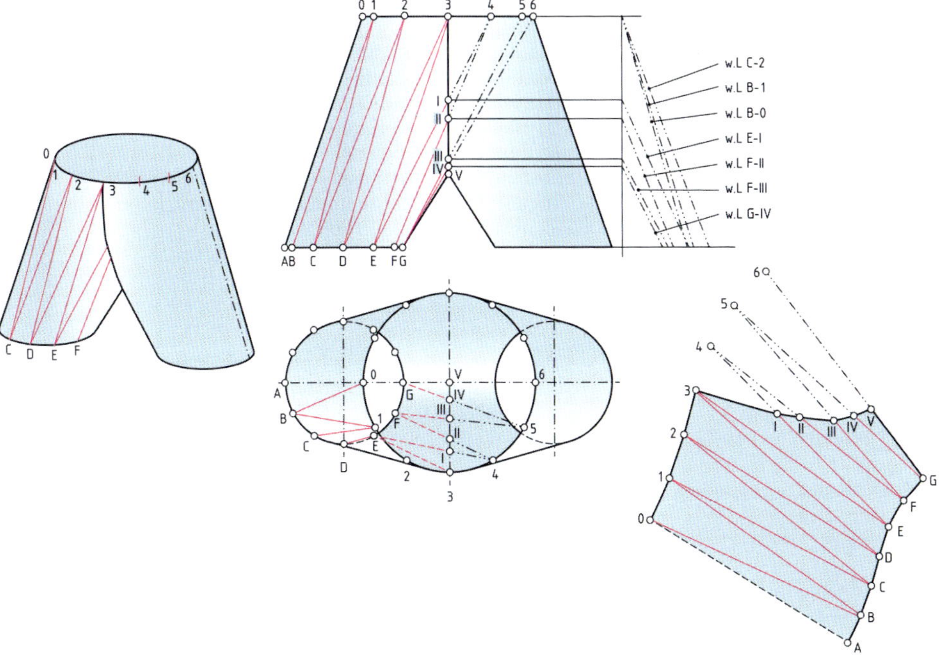

① Zeichnen von Vorderansicht und Draufsicht, 12er-Teilung zeichnen und mit Buchstaben A . . . G kennzeichnen, 6er-Teilung zeichnen und mit Ziffern 0 . . . 6 kennzeichnen.
② Mittellinien in Draufsicht und Vorderansicht zeichnen; Schnittpunkte der Mantellinien mit Kegelschnitt mit Buchstaben V . . . z kennzeichnen.
③ Abwicklung über zusammensetzen von Teildreiecken konstruieren.

2

2.3 Darstellen von technischen Daten

Pläne *plans*

Plan	Beschreibung
Technische Zeichnungen	
Zusammenbauzeichnungen	→ Erläutern den Zusammenbau von Systemen
Einzelteilzeichnungen	→ Zeichnung eines Bauteils mit kompletter Bemaßung
Gruppenzeichnungen	→ Darstellung aller zusammengebauten Einzelteile
Fertigungszeichnungen	→ Darstellung von Einzelteilen mit Festlegung der Fertigungsbedingungen
Sammelzeichnungen	→ Zeichnung mehrerer gleicher Teile mit Größenangabe, Ausführungsvorgaben und Identifizierungsnummer
Anordnungsplan	→ Räumliche Anordnung von Bauteilen
Skizze	→ Freihand erstellte Zeichnung als Entwurf oder Werkstückaufnahme vor Ort
Rohrleitungsplan	→ Meist räumlich dargestellte Rohrleitungsverläufe
Bauzeichnungen	
Vorentwurfzeichnungen	→ Meist freihand erstellte Zeichnungen zur ersten zeichnerischen Umsetzung von Ideen
Entwurfzeichnung	→ Maßstäblich oder freihand erstellte Zeichnungen
Zeichnungen für Bauvorlagen	→ Maßstäbliche Zeichnungen (1 : 100) für Baugenehmigungen
Ausführungszeichnungen	→ Maßstäbliche Zeichnung (1 : 50) für die Fertigung von Gebäuden
Lagepläne	→ Maßstäbliche Zeichnung (1 : 500), die die Lage in öffentlichen Verkehrsflächen darstellt
Bauaufnahmen	→ Bestandsaufnahmen in unterschiedlichen Maßstäben
Teilzeichnungen	→ Maßstäblich Darstellung (1 : 20 bis 1 : 1) von speziellen Ausschnitten eines Baukörpers
Sonderzeichnungen	→ Maßstäbliche oder unmaßstäbliche Zeichnungen für Installation von Heizungen, Sanitäreinrichtungen, elektrischer Versorgung und Fliesenordnung
Aufmaßzeichnungen	→ Maßstäbliche oder unmaßstäbliche Zeichnung zur Erstellung einer Abrechnung

Diagramme *diagrams*

DIN 461 : 1973-03

Ebenes kartesiches Koordinatensystem

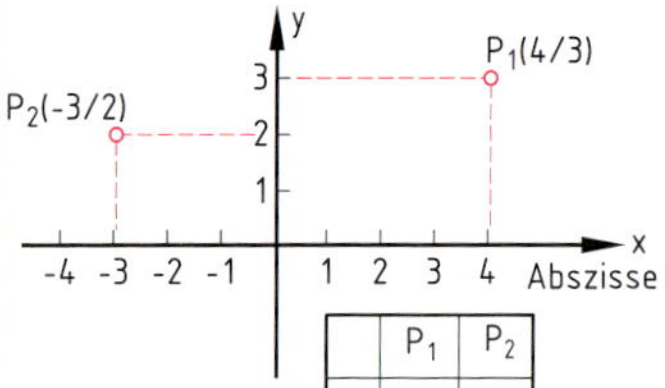

	P_1	P_2
x	4	-3
y	3	2

① Wertetabelle für Punkt P erstellen.
② Zeichnen eines rechtwinkligen Koordinatensystems.
Waagerechte Achse → Abszissenachse → x-Achse.
Senkrechte Achse → Ordinatenachse → y-Achse.
③ Abtragen von 4 Einheiten auf der Abszissenachse für P_1.
④ Abtragen von 3 Einheiten auf der Ordinatenachse für Punkt P.
⑤ Konstruktion und Bezeichnen des Punktes P_1 → beachte Kapitel Bemaßung.

Polarkoordinaten

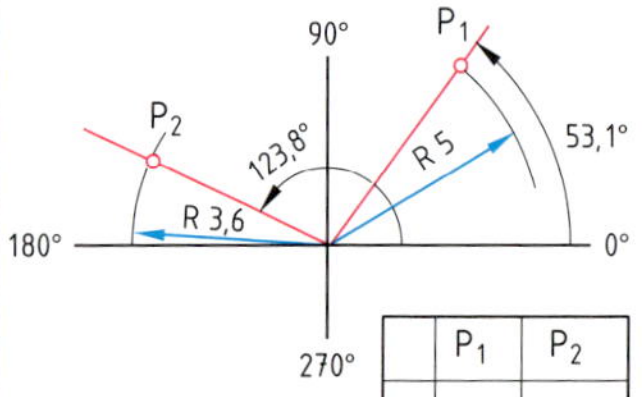

	P_1	P_2
R	5	3,6
α	53,1°	123,8°

① Wertetabelle für Punkt P_1 und P_2 erstellen.
② Zeichnen eines rechtwinkligen Koordinatensystems. Bezeichnen der Achsen gegen den Uhrzeigersinn.
Konstruktion von Punkt P_1.
③ Kreisbogen um den Nullpunkt mit dem Radius $R = 5$ mm zeichnen.
④ Zeichnen eines Strahls im Winkel von 53,1° gegen den Uhrzeigersinn.
⑤ Schnittpunkt mit P_1 bezeichnen.

Diagramme (Fortsetzung)

DIN 461 : 1973-03

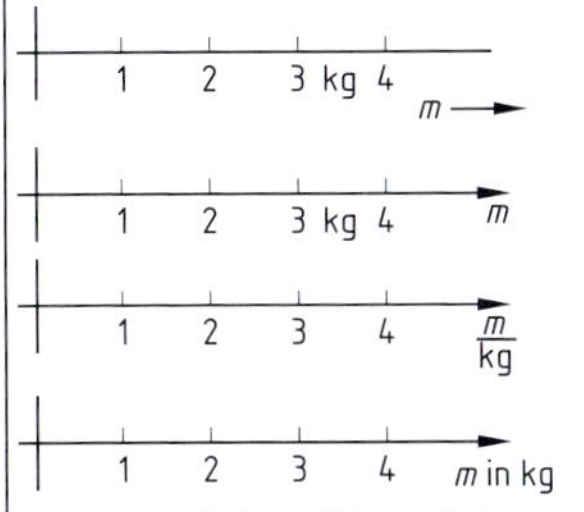

Weitere Eintragungsmöglichkeiten von Pfeilspitzen, Einheiten und Formelzeichen, z. B. Masse *m* in kg.

Nomogramm

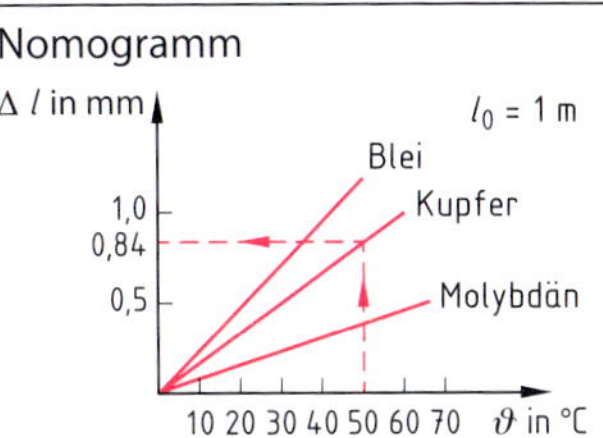

Mit den Nomogrammen können Werte graphisch bestimmt werden, z. B. die Längenänderung Δl eines Kupferstabes von $l_0 = 1$ m bei einer Temperatursteigerung von $\Delta\vartheta = 50$ °C.

① Bestimmen von $\Delta\vartheta = 50$ °C auf der Abszisse.
② Projizieren auf den Graphen von Kupfer.
③ Projizieren des Schnittpunktes auf die Ordinatenachse.
④ Ablesen der Längenänderung $\Delta l = 0{,}84$ mm.

Funktionsgraphen

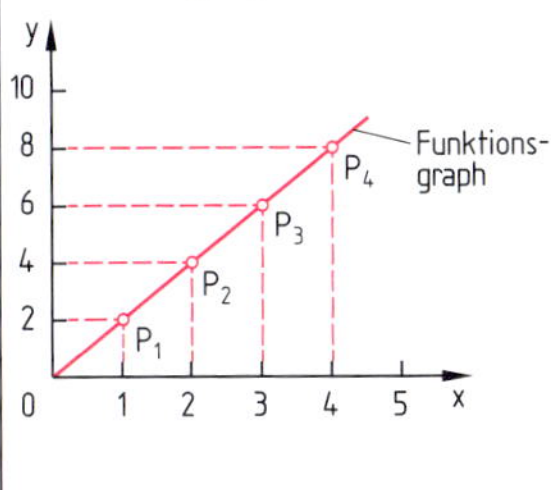

① Erstellen einer Wertetabelle.
② Zeichnen eines Achsenkreuzes, bezeichnen der Achsen mit x und y, einteilen der Achsen.
③ Eintragen der Punkte der Wertetabelle.
④ Verbinden der Punkte.

	x	**y**
$\mathbf{P_1}$	1	2
$\mathbf{P_2}$	2	4
$\mathbf{P_3}$	3	6
$\mathbf{P_4}$	4	8

Das Hartlot B-Ag67ZnCuCd635-720 (früher L-Ag67Cd) setzt sich aus den Legierungsbestandteilen Silber (67 %), Kupfer (11 %), Cadmium (10 %) und Zinn (12 %) zusammen. Diagramme stellen die Zusammensetzung des Lotes anschaulich dar. Eine Auswahl häufig verwendeter Diagrammarten sind nachfolgend dargestellt.

Liniendiagramm
Zusammensetzung von B-Ag67ZnCuCd635-720 (früher L-Ag67Cd)

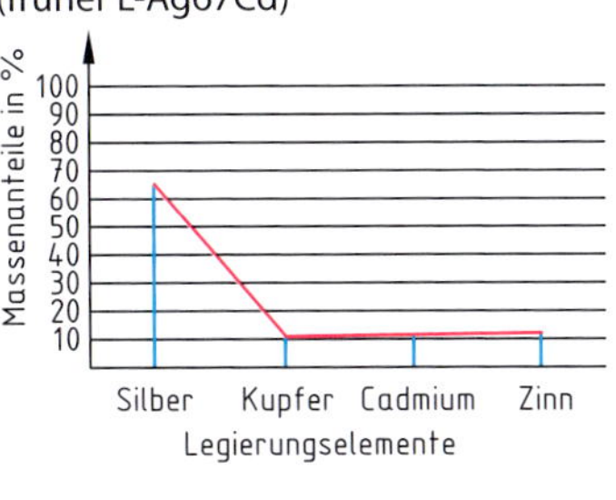

Kreisdiagramm
Zusammensetzung von B-Ag67ZnCuCd635-720 (früher L-Ag67Cd)

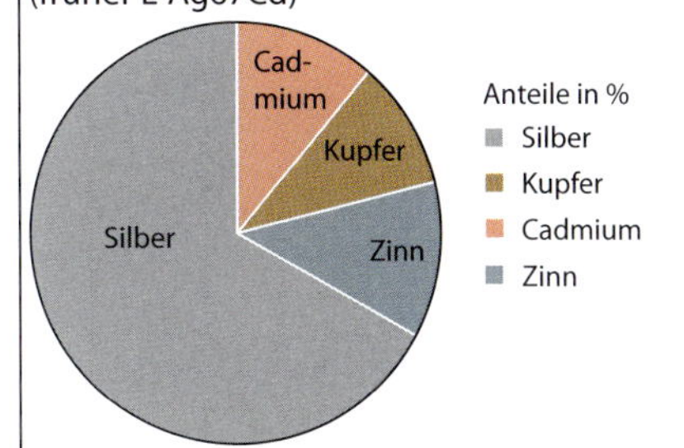

Diagramme (Fortsetzung)

DIN 461 : 1973-03

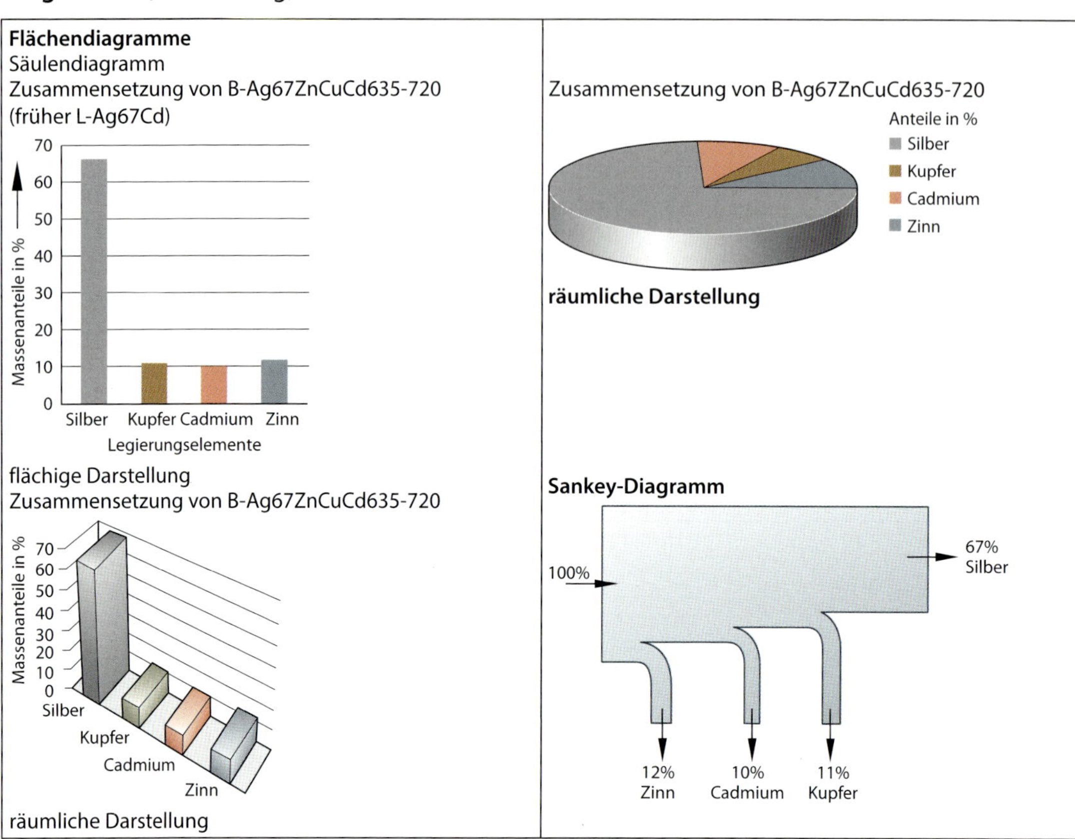

2.4 Grundlagen zur Erstellung technischer Zeichnungen

Normschrift *standard lettering*

DIN EN ISO 3098-1 : 2015-06

In der Regel wird zur Beschriftung technischer Zeichnungen die Schriftform B, vertikal eingesetzt.

ÄBCDEFGHIJKLMNÖPQRSTÜVWXYZ

äbcdefghijklmnöpqrstüvwxyz Ø

12345677890 IV X[(!?:;"-=+×·:√%□&)]

Die Höhe der Großbuchstaben orientiert sich an den vorgeschriebenen Schrifthöhen.
* Bei Texten mit Groß- und Kleinbuchstaben sollte die Mindestschrifthöhe h = 3,5 mm betragen.
Schrifthöhe h = 10 · Linienbreite

Schrifthöhe h in mm	2,5	3,5	5	7	10	14	20

Maßstäbe

DIN ISO 5455 : 1979-12

Verkleinerung	Natürliche Größe	Vergrößerung	Gewählten Maßstab in das Schriftfeld eintragen. Abweichende Maßstäbe direkt in der Zeichnung an Positionsnummern oder Teilzeichnungen angeben.
1 : 2 1 : 5 1 : 10 1 : 20 1 : 50 1 : 100	1 : 1	2 : 1 5 : 1 10 : 1 20 : 1 50 : 1 100 : 1	

Schablonen im Maßstab 1 : 1 werden als Naturgrößen bezeichnet.

Papierformate/Faltung für Ablage

DIN EN ISO 5457 : 2017-10/DIN 824 : 1981-03

Ausgangsfläche $A_0 = 1\ m^2$
Seitenverhältnis $1 : \sqrt{2}$
Alle kleineren Formate ergeben sich durch Falten.

A0 A1 A2 A3 A4 A4

Format unbeschnitten
Format beschnitten
A0
Zeichenfläche
841
1189

Kurzzeichen	Maße		
	unbeschnitten	beschnitten	Zeichenfläche
A0	880 × 1230	841 × 1189	821 × 1159
A1	625 × 880	594 × 841	574 × 811
A2	450 × 625	420 × 594	400 × 564
A3	330 × 450	297 × 420	277 × 390
A4	240 × 330	210 × 297	180 × 277

Faltung nach Form A mit ausgefaltetem Heftrand

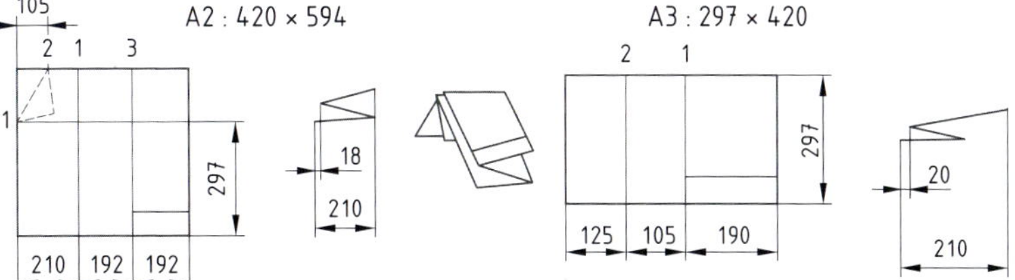

Weitere Faltungsarten:
Form B: mit zusätzlichen angebrachten Heftrand
Form C: ohne Heftrand

Hinweis:
Das Schriftfeld liegt auf der Deckseite in Leserichtung und in der unteren rechten Ecke.

Schraffuren *hatchings*

DIN EN ISO 128-3 : 2022-02

Schraffuren zur Kennzeichnung von Werkstoffen

Bei Baueinheiten aus gleichem Werktstoff erhalten die Schnittflächen eine einfache Schraffur. Sehr dünne Querschnitte werden voll geschwärzt. Lichtkante zwischen geschwärzten Querschnitten zweier Profile belassen.

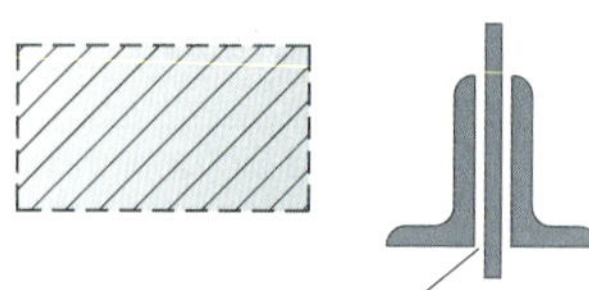

Bei Baueinheiten mit unterschiedlichen Werkstoffen gelten folgende Schraffuren:

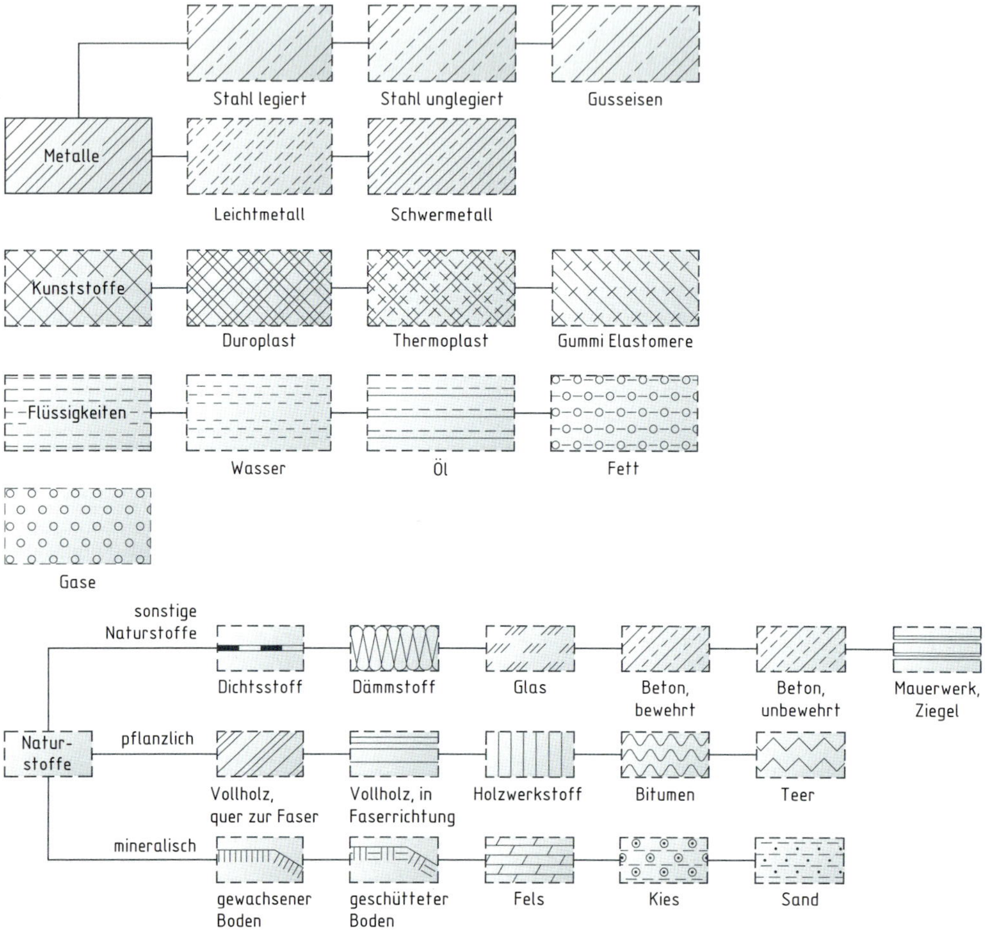

Metalle
Stahl legiert
Stahl unglegiert
Gusseisen
Leichtmetall
Schwermetall

Kunststoffe
Duroplast
Thermoplast
Gummi Elastomere

Flüssigkeiten
Wasser
Öl
Fett

Gase

Natur-stoffe

sonstige Naturstoffe
Dichtsstoff
Dämmstoff
Glas
Beton, bewehrt
Beton, unbewehrt
Mauerwerk, Ziegel

pflanzlich
Vollholz, quer zur Faser
Vollholz, in Faserrichtung
Holzwerkstoff
Bitumen
Teer

mineralisch
gewachsener Boden
geschütteter Boden
Fels
Kies
Sand

Auswahl von Schraffuren für Stoffe in Bauzeichnungen (Beispiel)

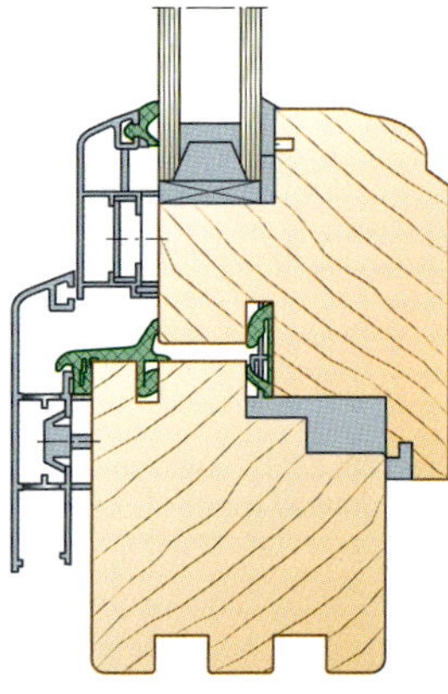

Das Bild zeigt einen Schnitt durch einen Fensterrahmen.
Es werden die Werkstoffe Holz, Aluminium und Kunststoff für die Dichtung verwendet.
Die Werkstoffe werden durch unterschiedliche Schraffuren gekennzeichnet.

Schriftfeld *title block*

DIN EN ISO 7200 : 2004-05

Datenfelder in Schriftfeldern und Dokumentenstammdaten

Die Position von Schriftfeldern in technischen Zeichnungen legt ISO 5457 fest. Für Textdokumente liegen keine ISO-Vorgaben vor.
Die Schriftfeldgesamtbreite von 180 mm passt auf eine A4-Seite und soll in gleicher Form für alle anderen Papiergrößen verwendet werden.

Beispiel für die Ausgestaltung von Schriftfeldern

Kompaktform

<table>
<tr><td>Verantwort. Abt.
ABC 2</td><td>Technische Referenz</td><td>Dokumentenart
Teil-Zusammenbauzeichnung</td><td colspan="4">Dokumentenstatus
freigegeben</td></tr>
<tr><td rowspan="2">Gesetzlicher
Eigentümer</td><td>Erstellt durch:
H. W. Wagenleiter</td><td rowspan="2">Titel, zusätzlicher Titel
Grundplatte
Komplett mit Haltern</td><td colspan="4">3195-K12</td></tr>
<tr><td>Genehmigt von:
R. Lange</td><td>Änd.
A</td><td>Ausgabedatum
2021-07-31</td><td>Spr.
de</td><td>Blatt
1/5</td></tr>
</table>

180

Erweiterte Form

<table>
<tr><td>Verantwortl. Abt.
ABC 2</td><td>Technische Referenz</td><td>Erstellt durch:
H. W. Wagenleiter</td><td colspan="4">Genehmigt von:
R. Lange</td></tr>
<tr><td colspan="2" rowspan="3">Gesetzlicher Eigentümer</td><td>Dokumentenart
Teil-Zusammenbauzeichnung</td><td colspan="4">Dokumentenstatus
freigegeben</td></tr>
<tr><td rowspan="2">Titel, zusätzlicher Titel
Grundplatte
Komplett mit Haltern</td><td colspan="4">3195-K12</td></tr>
<tr><td>Änd.
A</td><td>Ausgabedatum
2021-07-31</td><td>Spr.
de</td><td>Blatt
1/5</td></tr>
</table>

180

Schriftfeld mit angebundener Stückliste (beispielhaft)

Pos.-Nr.	Stück	Benennung	Normblatt	Werkstoff	Halbzeug (nach Materialbereitstellungsliste)

<table>
<tr><td rowspan="3"></td><td></td><td rowspan="3"></td><td></td></tr>
<tr><td rowspan="1">Maßstab</td><td>Blatt :

Lfd.-Nr. :</td></tr>
<tr><td></td><td></td></tr>
</table>

Linienarten *types of lines*

DIN EN ISO 128-2 : 2022-02

Linie Benennung Darstellung	Linienbreiten für Liniengruppe 0,35	0,5	0,7	Anwendung
Volllinie breit	0,35	0,5	0,7	Sichtbare Kanten Sichtbare Umrisse Gewindespitzen Grenze der nutzbaren Gewindelänge Hauptdarstellungen in Diagrammen, Karten, Fließbildern Systemlinien in Metallbau-Konstruktionen Formteilungslinien in Ansichten
Volllinie schmal	0,18	0,25	0,35	Lichtkanten bei Durchdringungen Maßlinien Maßhilfslinien Hinweis- und Bezugslinien Schraffuren Umrisse eingeklappter Schnitte Kurze Mittellinien Gewindegrund Maßlinienbegrenzung Diagonalkreuze zur Kennzeichnung ebener Flächen Biegelinien an Roh- und bearbeiteten Teilen Umrahmungen von Einzelheiten Kennzeichnung sich wiederholender Einzelheiten Zuordnungslinien an konischen Formelementen Lagerichtung von Schichtungen Projektionslinien Rasterlinien
Freihandlinie schmal	0,18	0,25	0,35	Von Hand dargestellte Begrenzung von Teil- oder unterbrochenen Ansichten und Schnitten. Symmetrie- oder Mittellinien sind vorrangig zu zeichnen.
Zickzacklinie schmal	0,18	0,25	0,35	Mit Zeichenautomaten dargestellte Begrenzung von Teil- oder unterbrochenen Ansichten und Schnitten. Symmetrie- oder Mittellinien sind vorrangig zu zeichnen.
Strichlinie schmal	0,18	0,25	0,35	verdeckte Kanten verdeckte Umrisse
Strichlinie breit	0,35	0,5	0,7	Kennzeichnung zulässiger Oberflächenbehandlung
Strich-Punktlinie schmal	0,18	0,25	0,35	Mittellinien Symmetrielinien Teilkreise von Verzahnungen Teilkreise für Löcher
Strich-Punktlinie breit	0,35	0,5	0,7	Kennzeichnung begrenzter Bereiche, z. B. Wärmebehandlung Kennzeichnung von Schnittebenen Formteilungslinien in Schnitten
Strich-Zweipunktlinie schmal	0,18	0,25	0,35	Umrisse benachbarter Teile Endstellungen beweglicher Teile Schwerpunktlinien Umrisse vor der Formgebung Teile vor der Schnittebene Umrisse alternativer Ausführungen Umrisse von Fertigteilen in Rohteilen Umrahmung besonderer Bereiche oder Felder Projizierte Toleranzzone

Projektionen *projections*

Isometrische Projektion *isometric projection* DIN ISO 5456-3 : 1998-04

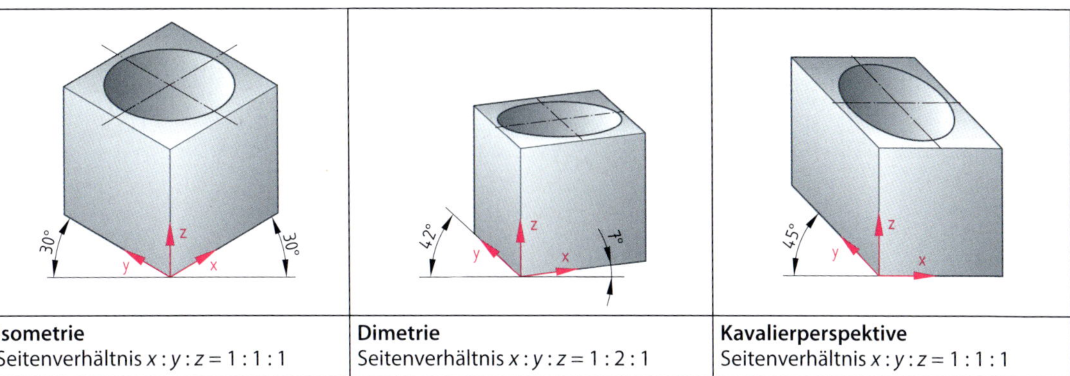

Isometrie Seitenverhältnis $x:y:z = 1:1:1$	Dimetrie Seitenverhältnis $x:y:z = 1:2:1$	Kavalierperspektive Seitenverhältnis $x:y:z = 1:1:1$

Die Isometrie ermöglicht einen gleichermaßen guten Blick auf alle 3 Seiten des Körpers, daher wird die Isometrie bevorzugt für Raumbilder verwendet. Durch die Projektion der Längssegmente entsteht eine Verkürzung mit dem Faktor 0,816. In der Zeichnung wird die Verkürzung vernachlässigt und die Längssegmente werden im Maßstab 1:1:1 gezeichnet. Kreise werden als Ellipse mit speziellen Schablonen gezeichnet.

Beispiele

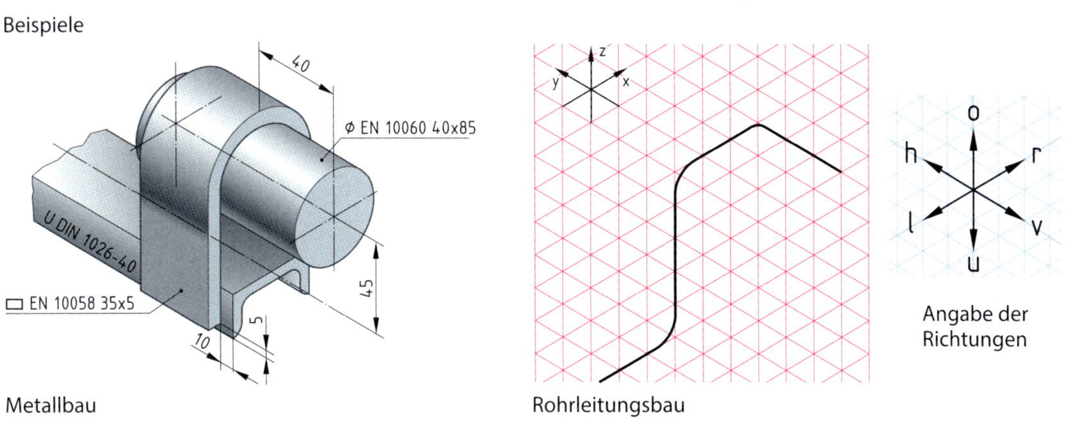

Metallbau

Rohrleitungsbau

Angabe der Richtungen

Darstellung in Ansichten *views* DIN ISO 5456-2 : 1998-04

Werkstücke werden zu Fertigungszwecken meist in der orthogonalen Darstellung gezeichnet. Zur vollständigen Darstellung von Werkstücken sind je nach Wichtigkeit folgende Ansichten zu zeichnen.

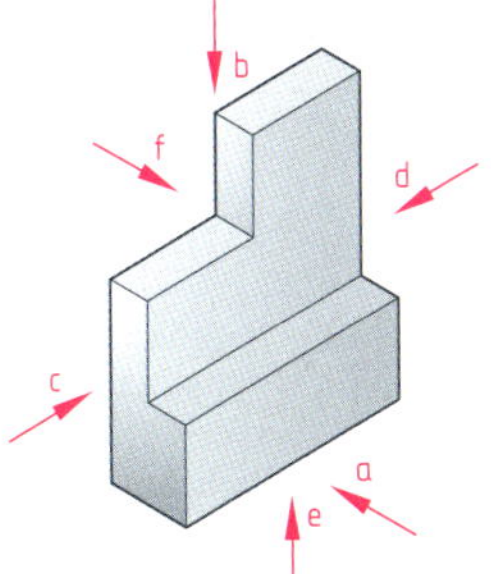

Betrachtungsrichtung		**Bezeichnung der Ansicht**	
Ansicht in Richtung	**Ansicht von**	**DIN ISO 5456-2**	**DIN 6 (alt)**
a	vorn	A	Vorderansicht
b	oben	B	Draufsicht
c	links	C	Seitenansicht von links
d	rechts	D	Seitenansicht von rechts
e	unten	E	Unteransicht
f	hinten	F	Rückansicht

DIN ISO 5456-2 definiert die Projektionsmethoden 1 und 3 sowie die Pfeilmethode. In Deutschland wird die Projektionsmethode 1 bevorzugt.

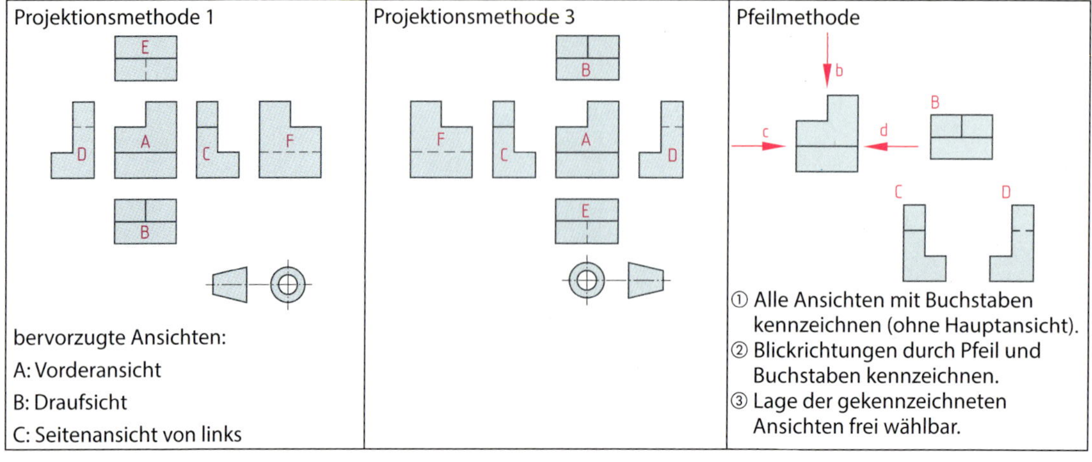

Projektionsmethode 1	Projektionsmethode 3	Pfeilmethode
bervorzugte Ansichten: A: Vorderansicht B: Draufsicht C: Seitenansicht von links		① Alle Ansichten mit Buchstaben kennzeichnen (ohne Hauptansicht). ② Blickrichtungen durch Pfeil und Buchstaben kennzeichnen. ③ Lage der gekennzeichneten Ansichten frei wählbar.

Regeln:

① Die gewählte Projektionsmethode wird durch das entsprechende Symbol im oder in der Nähe des Schriftfeldes angegeben.
② Die aussagefähigste Ansicht vom Körper als Hauptansicht (Vorderansicht) wählen.
③ Es sind soviel Ansichten zu zeichnen, wie zur eindeutigen Darstellung des Bauteils notwendig sind.
④ Gebrauchs- oder Einbaulage legen die Lage der Hauptansicht fest.
⑤ Verdeckte Umrisse oder Kanten können in die Ansicht eingezeichnet werden, wenn sie zu Verdeutlichung des Werkstückes beitragen, ohne die Lesbarkeit der Zeichnung zu beeinträchtigen.

Besondere Ansichten

DIN EN ISO 128-2 : 2022-02, DIN EN ISO 128-3 : 2022-02

Pfeilmethode A

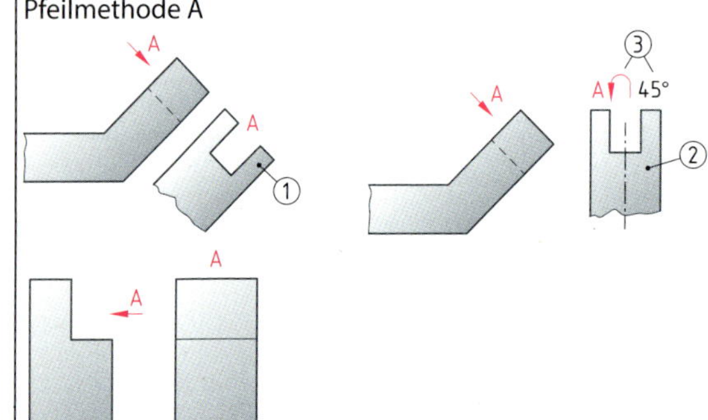

Die Pfeilmethode wird angewendet, wenn Projektionen Formverzerrungen verursachen.
① Projektionsgerechte Anordnung der Ansicht (Regelfall).
② Weitere mögliche Lage der Ansicht.
③ Die gedrehte Ansicht wird mit einem Großbuchstaben, Drehsymbol und Drehwinkel gekennzeichnet.

Pfeile kennzeichnen Ansichten, die in ihrer Lage von den Projektionsregeln abweichen.

Teilansichten

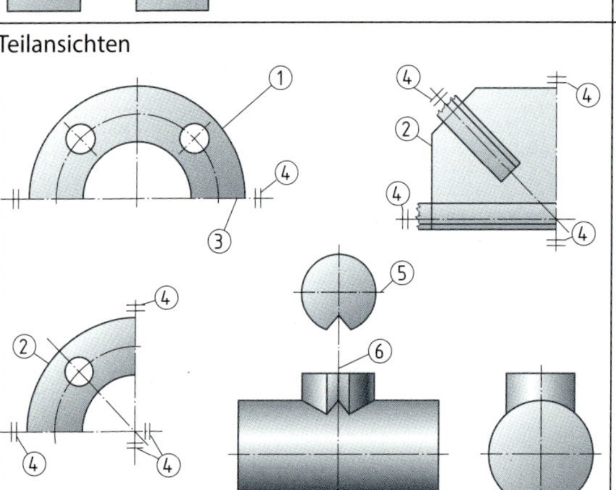

Bei symmetrischen Werkstücken ist eine Darstellung in Teilen zulässig.
① Darstellung als halbe Ansicht.
② Darstellung als Viertelansicht.
③ Mittellinien zeichnen, wenn sie auf Bruchkanten liegen.
④ Die Enden der Mittellinien erhalten zwei rechtwinklig angeordnete kurze Volllinien (schmale Strichstärke).
⑤ Teilansichten mit breiten Volllinien zeichnen.
⑥ Die Teilansichten mit der Hauptansicht durch eine Strich-Punktlinie verbinden.

Teilansichten (Fortsetzung)	Ist eine Teilansicht eindeutig, kann auf die Darstellung einer Gesamtansicht verzichtet werden. ① Teilansicht eines Achszapfens ② Teilansicht eines Loches ③ Teilansicht eines Schlitzes
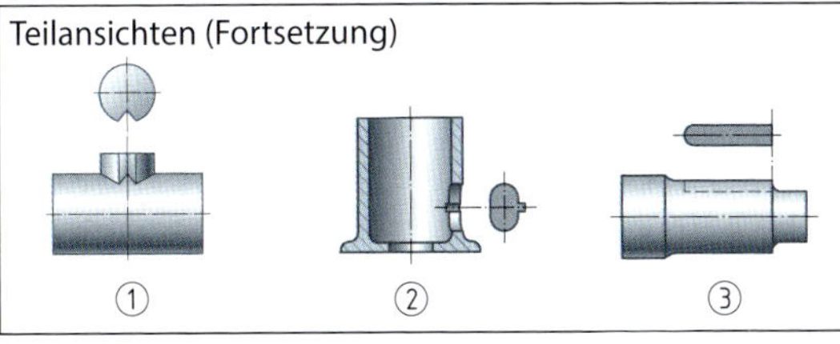	

Darstellungselemente[1]

Lichtkanten (gerundete Kanten)	① Gerundete Übergänge durch Lichtkanten (schmale Volllinie) darstellen. Lichtkanten enden kurz vor Umrisslinien oder Körperkanten. ② Die Bemaßung von Lichtkanten erfolgt an den Schnittpunkten der verlängerten Umrisslinien oder Körperkanten. Hinweis: Der Zwischenraum zwischen geschwärzt dargestellten Profilen heißt im Stahlbau ebenfalls Lichtkante. 
Symmetrische Formen 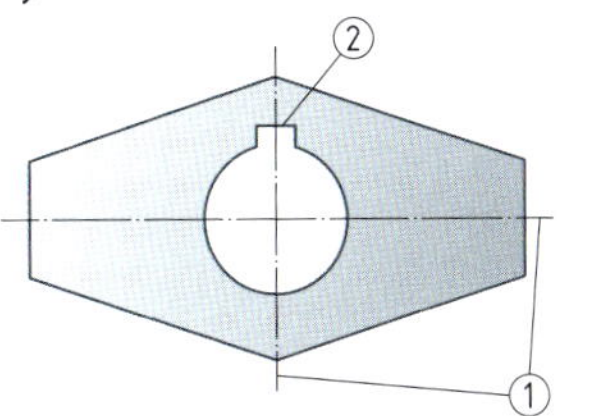	① Symmetrische Werkstücke durch Symmetrielinien (schmale Strich-Punkt-Linie) kennzeichnen. ② Geringfügige Symmetrieabweichungen sind zulässig.
Bruchlinien 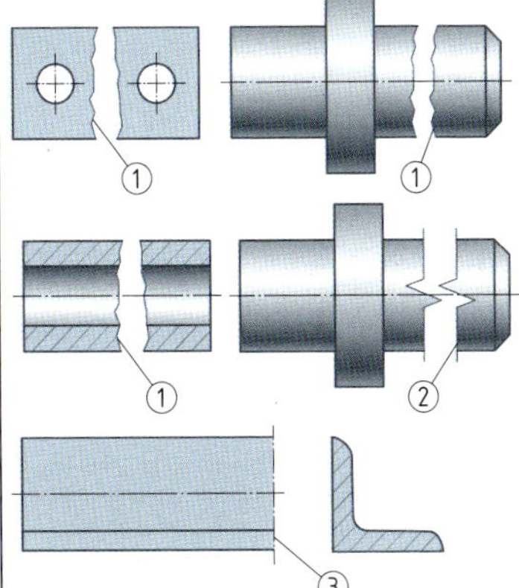	Formelemente dürfen abgebrochen oder unterbrochen dargestellt werden. ① Die Bruchlinie ist eine schmale Freihandlinie (auch bei Drehteilen in Ansicht und im Schnitt). ② Die Bruchlinie kann als eine Zickzacklinie gezeichnet werden. ③ Im Metallbau ist eine Symmetrielinie als Bruchlinie zugelassen.
Einzelheiten 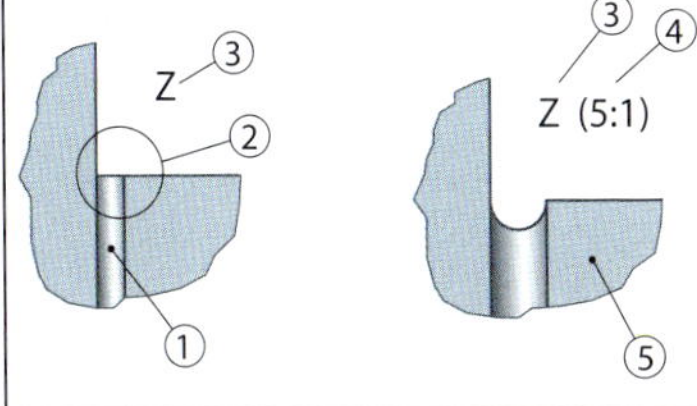	① Nicht eindeutig darstellbare Werkstückbereiche als Einzelheit zeichnen. ② Die darzustellende Einzelheit mit einer schmalen Volllinie einrahmen (Kreis, Ellipse, Rechteck). ③ Die Einzelheit mit einem Großbuchstaben kennzeichnen (vorzugsweise Z, Y, X...). ④ Der Vergrößerungsmaßstab in der Einzelheit an den Großbuchstaben in Klammern schreiben. ⑤ Bruchlinien, umlaufende Kanten entfallen.

[1] ehemals DIN 6-1 : 1986-12

Darstellungselemente (Fortsetzung)

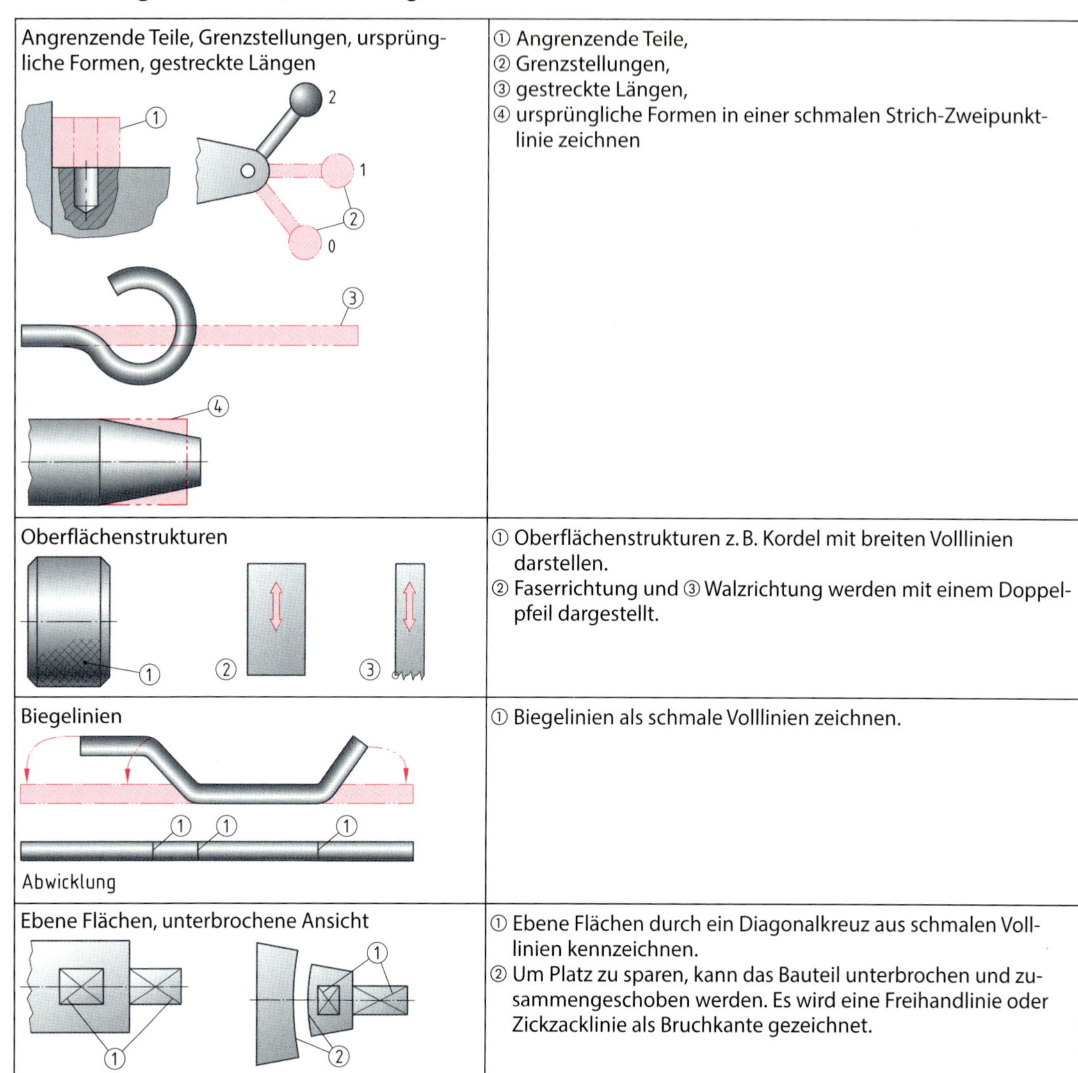

Angrenzende Teile, Grenzstellungen, ursprüngliche Formen, gestreckte Längen	① Angrenzende Teile, ② Grenzstellungen, ③ gestreckte Längen, ④ ursprüngliche Formen in einer schmalen Strich-Zweipunktlinie zeichnen
Oberflächenstrukturen	① Oberflächenstrukturen z. B. Kordel mit breiten Volllinien darstellen. ② Faserrichtung und ③ Walzrichtung werden mit einem Doppelpfeil dargestellt.
Biegelinien Abwicklung	① Biegelinien als schmale Volllinien zeichnen.
Ebene Flächen, unterbrochene Ansicht	① Ebene Flächen durch ein Diagonalkreuz aus schmalen Volllinien kennzeichnen. ② Um Platz zu sparen, kann das Bauteil unterbrochen und zusammengeschoben werden. Es wird eine Freihandlinie oder Zickzacklinie als Bruchkante gezeichnet.

Vereinfachte Darstellungen

Sich wiederholende Formelemente 12 x ⌀15 ②	① Sich wiederholende Formelemente, z. B. Bohrungen, Nuten nur einmal komplett darstellen. ② Die Anzahl der Wiederholungen in die Zeichnung eintragen, z. B. 12 Bohrungen mit ⌀ 15 mm.
Neigungen	① Geringe Neigungen entfallen in anderen Ansichten, z. B. an gewalzten Profilen.

Vereinfachte Darstellungen (Fortsetzung)

Durchdringungen	
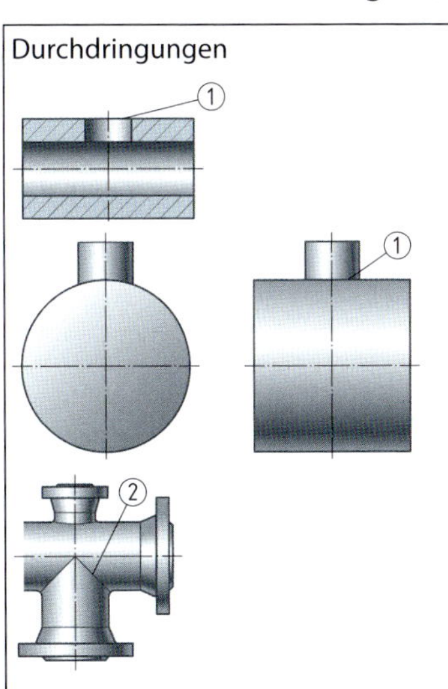	① Flache Durchdringungskurven gerade zeichnen oder ganz weglassen. ② Durchdringen an Gussteilen werden durch Lichtkanten (schmale Volllinie) gekennzeichnet. geradliniger Verlauf 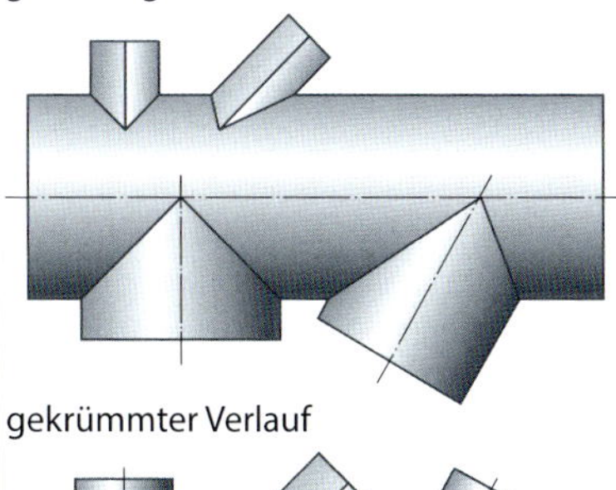 gekrümmter Verlauf 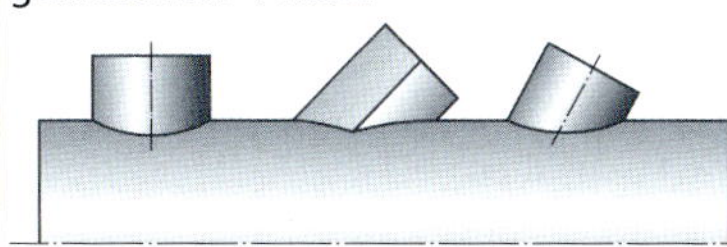
Konstruktion einer Durchdringungskurve 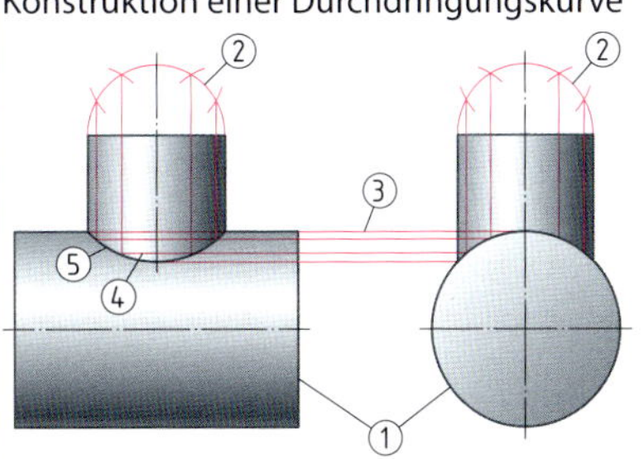	① Zeichnen von Ansicht A (Vorderansicht) und Ansicht C (Seitenansicht von links). ② Teilen des senkrechten Zylinders in 12 gleiche Teile und Einzeichnen der Mantellinien in beiden Ansichten. ③ Projizieren der Schnittpunkte der Mantellinien des senkrechten Zylinders aus Ansicht C (Seitenansicht) in Ansicht A (Vorderansicht). ④ Projektionslinien schneiden die Mantellinien in Ansicht A (Vorderansicht). ⑤ Verbindungslinie der Schnittpunkte ergibt die Durchdringungskurve.

Schnitte *cuts*

DIN EN ISO 128-3 : 2022-02

Schnitt	
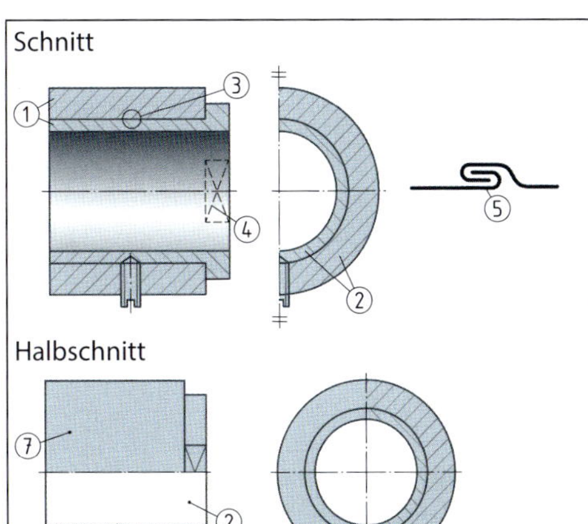 Teilschnitt 8	Werkstücke werden im • Schnitt • Halbschnitt • Teilschnitt gezeichnet. ① Schnittflächen im Winkel von 45° zu den Hauptumrissen oder zur Symmetrieachse schraffieren. ② Schraffurabstand an die Größe der Schnittfläche anpassen. ③ Geschnittene angrenzende Teile in unterschiedliche Richtungen schraffieren. ④ Hinter der Schnittebene liegende Einzelheiten mit einer schmalen Strichlinie zeichnen; davor liegende Einzelheiten mit einer schmalen Strich-Zweipunktlinie zeichnen. ⑤ Schmale Schnittflächen schwärzen; nebeneinander liegende geschwärzte Schnittflächen im Abstand von 0,5 mm zeichnen. ⑥ Bei Halbschnitten die untere bzw. rechte Hälfte geschnitten darstellen. ⑦ Verdeckte Kanten oder Umrisse können entfallen, wenn sie zur eindeutigen Darstellung des Werkstückes nicht notwendig sind. ⑧ Teilschnitte bzw. Ausbrüche durch eine schmale Freihandlinie begrenzen.

Schnitte (Fortsetzung) DIN ISO 128-40, -44 : 2002-05

<table>
<tr>
<td>Nicht zu schneidende Teile oder Teilbereiche
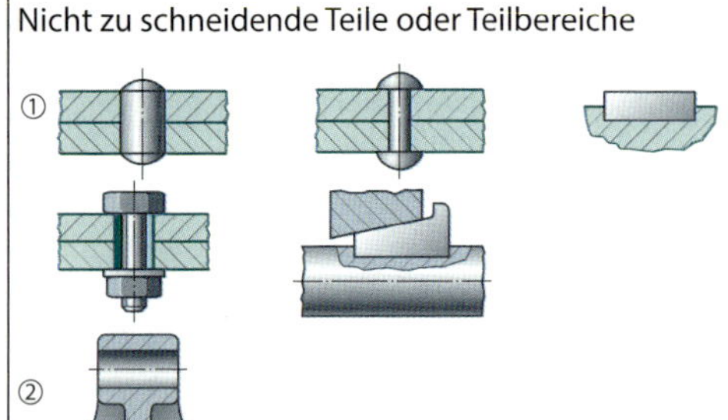
</td>
<td>① Nicht geschnitten werden Bolzen, Stifte, Nieten, Schrauben, Passfedern, Keile, Wellen.
② Rippen, Speichen und Stege nicht schneiden, wenn sie sich von der Grundform abheben sollen.</td>
</tr>
<tr>
<td>Anordnung und Angabe der Schnittebenen
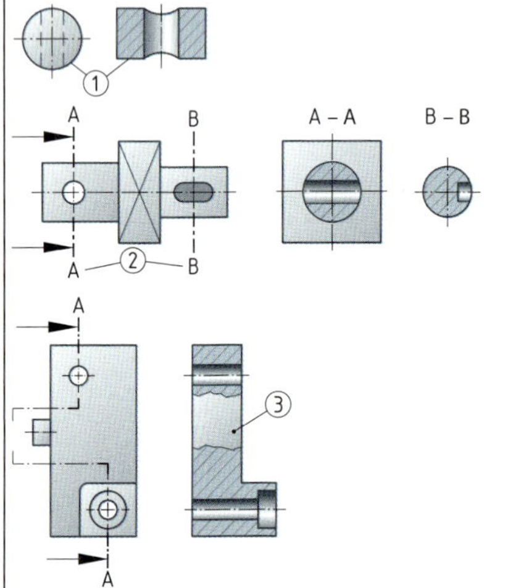
</td>
<td>① Eindeutige Schnittlagen nicht gesondert kennzeichnen.
② Nicht eindeutige Schnittlagen kennzeichnen durch:
• breite Strichpunktlinie
• zwei Pfeile für die Blickrichtung und
• gegebenenfalls mit Großbuchstaben.
③ Schnittübergänge mit Bruchlinien zeichnen.</td>
</tr>
<tr>
<td>Winklig zueinander liegende Schnittebenen
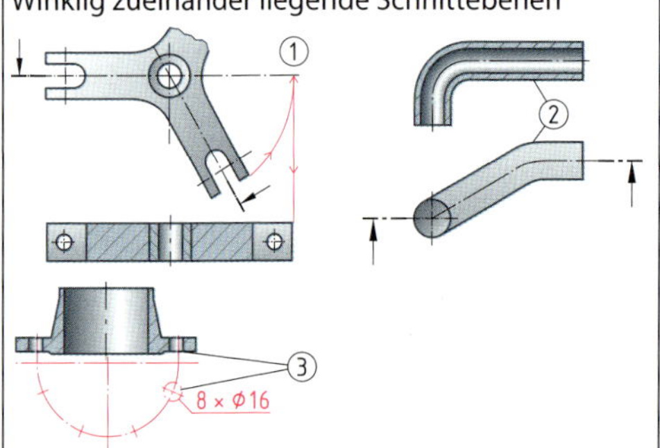
</td>
<td>① Winklig zueinander liegende Schnittebenen so darstellen, als lägen sie in einer Ebene.
Projektionsverkürzungen vermeiden.
② Schräg verlaufende Schnittebenen als Projektion zeichnen, wenn sie zwischen zwei parallelen Schnittebenen liegen.
③ Löcher in die Schnittebene drehen, wenn ihre genaue Lage durch eine zusätzliche Darstellung festgelegt wird.</td>
</tr>
<tr>
<td>② A – A
A
①
B
A
③ 45°
B – B
B</td>
<td>Profilschnitte
① in das Werkstück,
② projektionsgerecht neben das Werkstück oder
③ unter Angabe des Drehwinkels nicht projektionsgerecht neben das Werkstück zeichnen.</td>
</tr>
</table>

Positionsnummern

DIN EN ISO 6433 : 2012-12

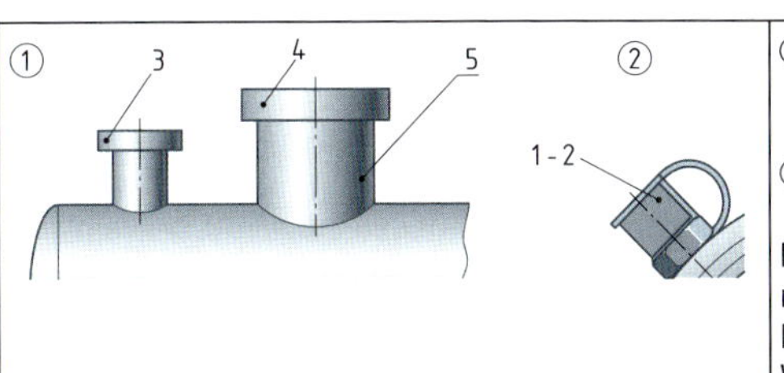

① Die Positionsnummer wird deutlich größer geschrieben und zeigt auf das gekennzeichnete Bauteil. Sie kann auch eingekreist werden.
② Zusammengehörige Bauteile können mit einer gemeinsamen Bezugslinie gekennzeichnet werden.
Die Positionsnummern sollen alle auf einer gemeinsamen Umrisslinie angeordnet werden.
Die Nummerierung erfolgt in der Montagereihenfolge oder Wichtigkeit der Bauteile.

Bemaßung *dimensioning*

DIN EN ISO 129-1 : 2022-02

Arten der Maßeintragung

Maßlinien

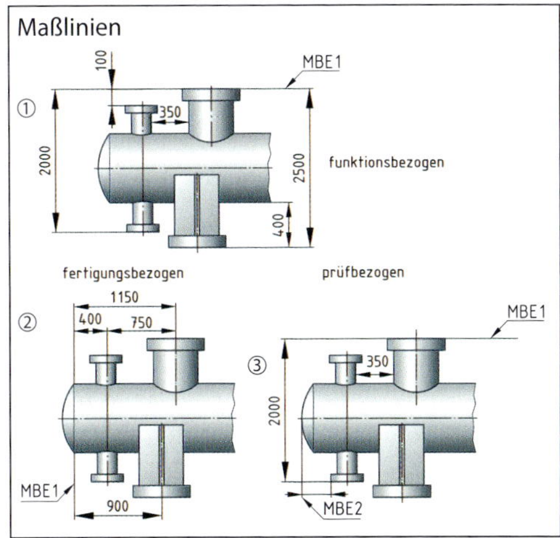

Der Zweck der Zeichnung bestimmt die Art der Bemaßung:
① Der Behälter ist funktionsbezogen bemaßt. Durch Einhalten der Maße, kann der Behälter in das Rohrsystem eingebaut werden. Die Anschlüsse „passen".
② Der Behälter ist fertigungsbezogen (nach Bezugsebene) bemaßt. Durch diese Bemaßungsanlage ist es dem Facharbeiter leicht möglich, den Anriss für die Anschlüsse und die Stütze durchzuführen.
③ Der Behälter ist prüfbezogen bemaßt. Durch die Maßanlage können gemessene Istmaße sofort mit den Sollmaßen ohne Berechnungen verglichen werden.
MBE: Maßbezugsebene

Elemente der Maßeintragung

Maßlinien

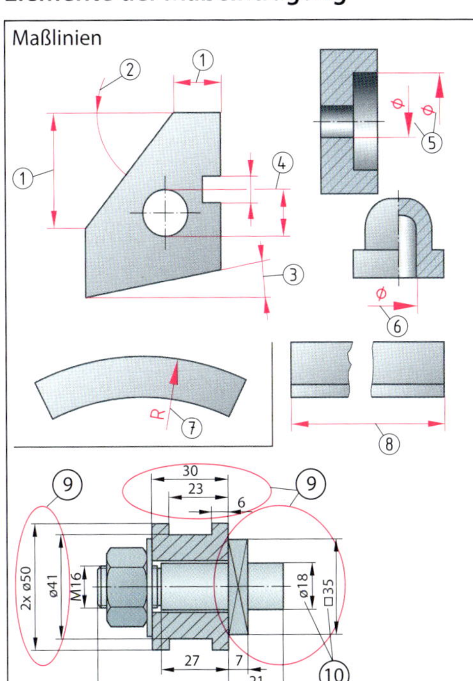

① Maßlinien parallel zu der zu bemaßenden Länge zeichnen.
② Winkel- und Bogenmaße als Kreisbogen um den Scheitelpunkt des Winkels oder dem Bogenmittelpunkt zeichnen.
③ Bei Winkelmaßen bis 30° kann die Maßlinie gerade sein. Sie steht senkrecht auf der Winkelhalbierenden.
④ Maßlinien sollen sich und andere Linien nicht schneiden, wenn es möglich ist.
Maßlinien abgebrochen zeichnen, bei
- Durchmessermaßen ⑤,
- Hälften eines symmetrischen Bauelements in Ansicht oder Schnitt ⑥,
- Mittelpunkten, die außerhalb der Zeichenebene liegen. ⑦

⑧ Die Maßlinie durchziehen bei verkürzt dargestellten Bauelementen.
⑨ Bei der Bemaßung von Baugruppen sind die Maße der einzelnen Bauteile zu gruppieren.
⑩ Symbole für Eigenschaften des Maßes → siehe Seite 92

Elemente der Maßeintragung (Fortsetzung) DIN EN ISO 129-1 : 2022-02

Maßhilfslinien	① Maßhilfslinien verlaufen in der Regel senkrecht zur Körperkante. ② Bei Unübersichtlichkeiten verlaufen die Maßhilfslinien vorzugsweise unter 60°. ③ Bei Übergängen ohne scharfe Kanten die Maßhilfslinie am Schnittpunkt der Projektionslinien zeichnen. ④ Projektionslinien dürfen unterbrochen werden, wenn der weitere Verlauf klar erkennbar ist. ⑤ Bei Winkelbemaßungen sind die Maßhilfslinien die Verlängerungen der Winkelschenkel. ⑥ Bauelemente mit gleichen Maßen mit einer gemeinsamen Maßhilfslinie bemaßen.
Maßlinienbegrenzung 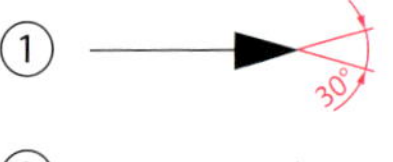   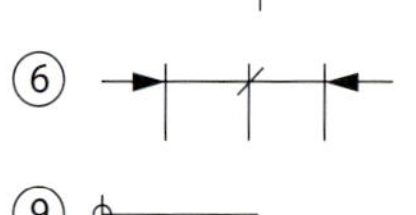 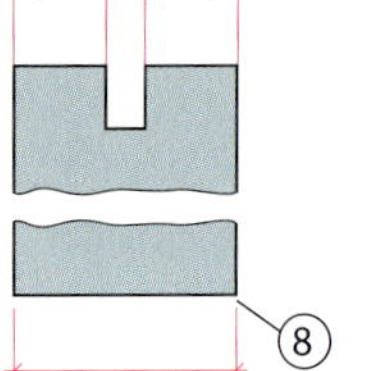	① geschlossen, 30°, gefüllt ② geschlossen, 30°, nicht gefüllt ③ offen, 30° ④ Schrägstrich 45° ⑤ offen, 90° ⑥ Schrägstrich 45°, zwischen Pfeilen bei Platzmangel ⑦ Punkt gefüllt zwischen den Pfeilen ⑧ Der Schrägstrich ist in fachbezogenen Zeichnungen üblich, z. B. in – Bauzeichnungen – Metallbauzeichnungen – Stahlbauzeichnungen. ⑨ Ursprungssymbol, ein oder mehrere Maße beginnen
Hinweislinien 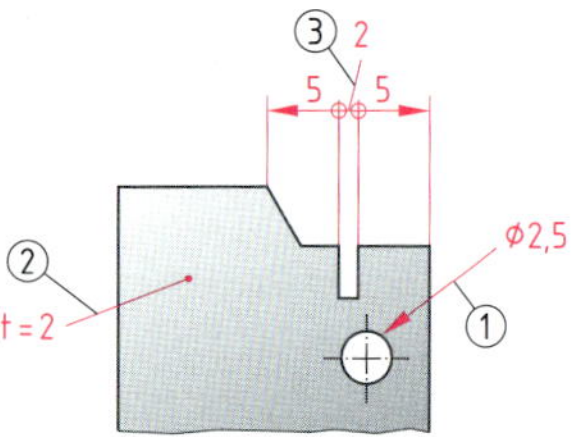	① Hinweislinien enden mit einem Pfeil. ② Hinweislinien enden mit einem Punkt auf einer Fläche. ③ Hinweislinien enden ohne Begrenzung, wenn sie an anderen Linien enden.

Maßeintragung in Zeichnungen

DIN EN ISO 129-1 : 2022-02

Anordnung von Maßzahlen *dimensional figures*

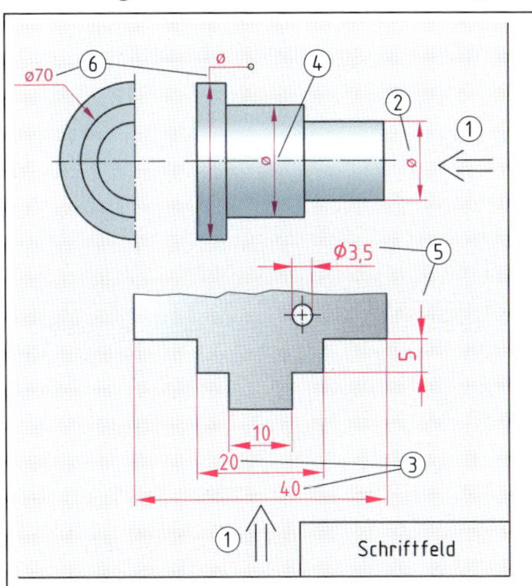

① Maßzahlen, Wortangaben und Symbole so eintragen, dass sie bezogen auf die Zeichnungslage von unten und rechts lesbar sind.
② Die Maßzahlen stehen über der Maßlinie und sind möglichst mittig anzuordnen.
③ Mehrere übereinanderstehende Maßzahlen gegeneinander versetzt eintragen.
④ Für Maßzahlen Schraffuren, Maßhilfslinien und Maßlinien unterbrechen.
⑤ Bei Platzmangel die Maßzahl an der Verlängerung der Maßhilfslinie oder an einer Bezugslinie eintragen.
⑥ Maßlinie oder die Hinweislinie verlängert und auf einer horizontalen Hinweislinie Maße eintragen.

Bemaßung von Schrägen und Winkeln

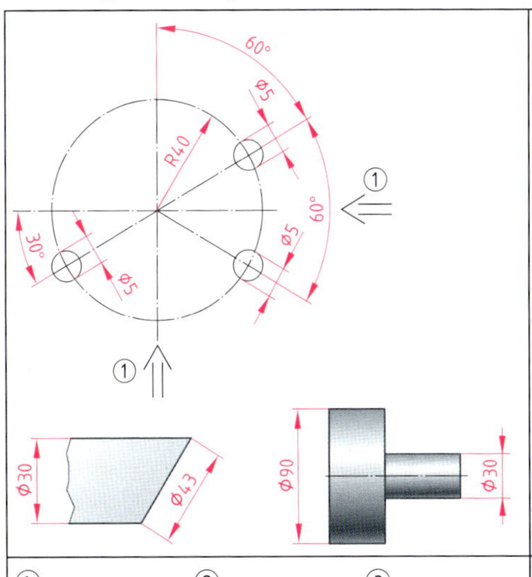

① Maßzahlen so eintragen, dass sie bezogen auf die Zeichnungslage von unten und rechts lesbar sind.

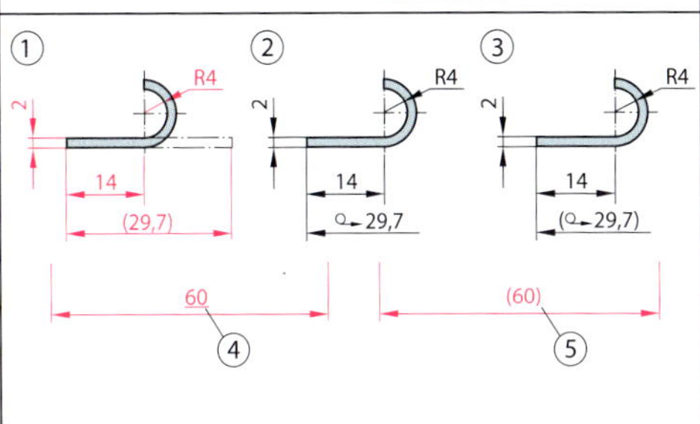

① Darstellung vor dem Biegen mit dünner 2 Punkt -Strichlinie
②, ③ Das Symbol ○→ wird der Maßzahl vorangestellt, wenn die entwickelte Länge nicht dargestellt wird.
④ Maßzahlen von nicht maßstäblich gezeichneten Teilen unterstreichen. Dies gilt nicht für unterbrochene Teile.
⑤ Eingeklammerte Maße sind **Hilfsmaße**; sie werden für die geometrische Bestimmung nicht benötigt. Die Allgemeintoleranzen gelten für diese Maße nicht.

Maßeintragung in Zeichnungen (Fortsetzung) DIN EN ISO 129-1 : 2022-02

Durchmesser *diameter* 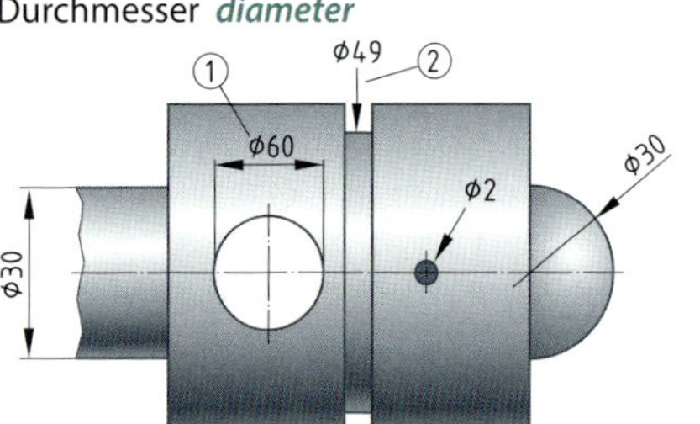 	① Das Symbol ∅ bei jeder Durchmesserbemaßung vor die Maßzahl schreiben. ② Bei Platzmangel den Durchmesser an einer Hinweislinie bemaßen.
Kugeln *balls* 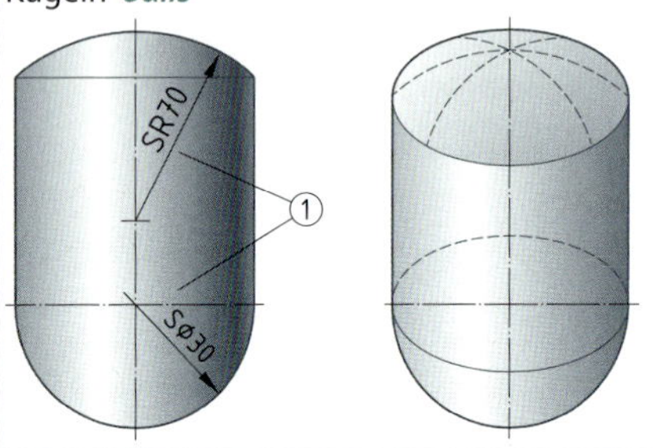 	① Bei Kugeln groß S vor die Durchmesser- oder Radiusangabe schreiben. S = sphärisch = kugelig
Radien *radiuses* 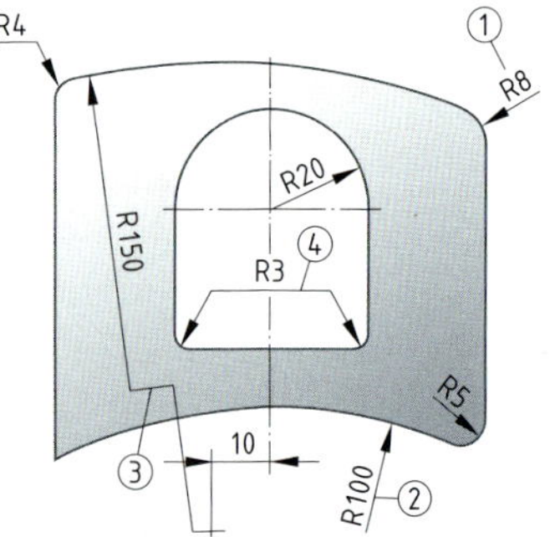 	① Bei Radien groß *R* vor die Maßzahl schreiben. ② Die Maßlinie ist auf den Mittelpunkt des Radius ausgerichtet. ③ Die Maßlinie kann abgeknickt werden, um die Mittelpunktslage zu bemaßen. ④ Radienbemaßungen können zusammengefasst werden.
Bögen *arcs* 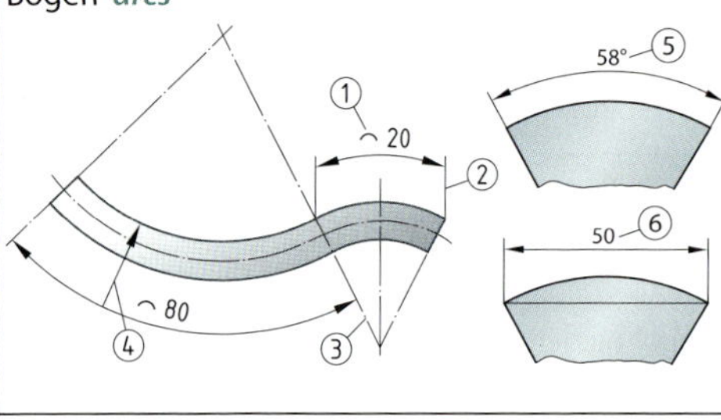 	① Das Symbol ⌒ steht vor der Maßzahl; bei von Hand erstellten Zeichnungen kann es auch auf der Maßzahl stehen. ② Bei Bogenwinkeln < 90° verlaufen die Maßhilfslinien parallel zur Winkelhalbierenden. ③ Bei Bogenwinkeln > 90° die Maßlinie an die Schenkel des Winkels anbinden. ④ Ein Bezugspfeil kann bei Bedarf die Zuordnung zwischen Maßlinie und Formelement verdeutlichen. ⑤ Maßhilfslinien verlaufen in Verlängerung der Körperkanten. Die Maßlinie als Kreisbogen zeichnen. ⑥ Maßlinien verlaufen senkrecht zur Sehne.
Quadrate *squares* □20 ① □20 □20 ①	① Das Zeichen □ vor die Maßzahl setzen, in die Fläche ein Diagonalkreuz einzeichnen.
Schlüsselweiten *wrench sizes across flats* 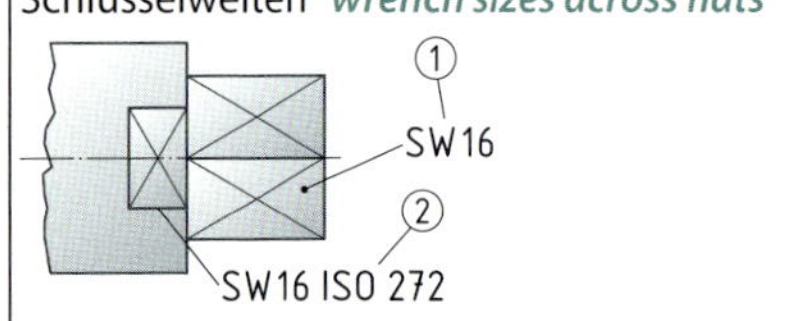 	① Die Großbuchstaben SW vor die Maßzahl schreiben, wenn die Schlüsselweite nicht direkt bemaßt werden kann, z. B. SW16. ② Die Maßzahl um die entsprechende Norm erweitern, z. B. SW 23 ISO 272.

Maßeintragung in Zeichnungen (Fortsetzung)

DIN EN ISO 129-1 : 2022-02

Rechtecke nicht mehr genormt *rectangles*	① Rechtecke können mit abgeknickten Hinweislinien bemaßt werden. ② Die Pfeillinie zeigt auf den Bauteil mit dem zuerst genannten Maß. ③ Eine zusätzliche Tiefenangabe ist zulässig, wenn eine zusätzliche Ansicht gezeichnet wird.
Neigungen nicht mehr genormt *descending gradients*	Das Zeichen ◺ steht immer vor der ① Maßzahl der Neigung in Prozent, z. B. ◺ 14 %. ② Verhältniszahl der Neigung, z. B. ◺ 1 : 5. ③ Das Zeichen ◺ wird meist auf der abgeknickten Hinweislinie eingetragen. ④ Der Neigungswinkel darf ergänzend eingetragen werden, z. B. (11,3°).
Neigungen im Metallbau nach DIN ISO 5261	Im Metallbau werden die Neigungen der Profile ⑤ durch kleine rechtwinklige Dreiecke und Koordinaten (Katheten) in natürlicher Größe bemaßt. ⑥ mit Koordinaten bezogen auf 100 bemaßt; sie sind in Klammern zu setzen.
 Verjüngungen *taper ratios* 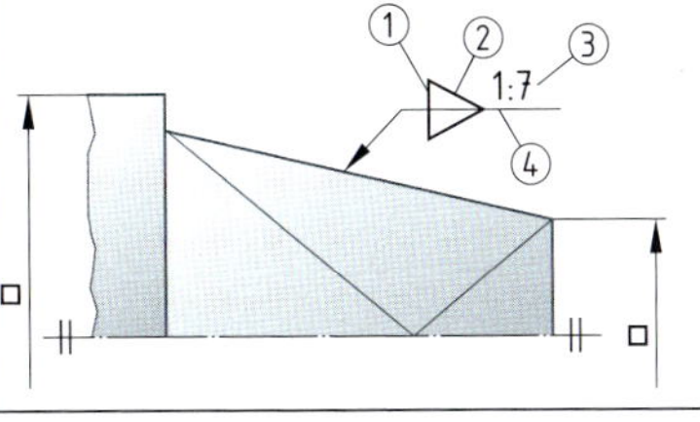	① Das Zeichen ▷ zeigt in die Verjüngungsrichtung. ② Das Zeichen ▷ steht vor der Maßzahl. ③ Die Bemaßung kann als Verhältniszahl oder Prozentzahl erfolgen. ④ Das Zeichen ▷ wird meist auf der abgeknickten Hinweislinie eingetragen.

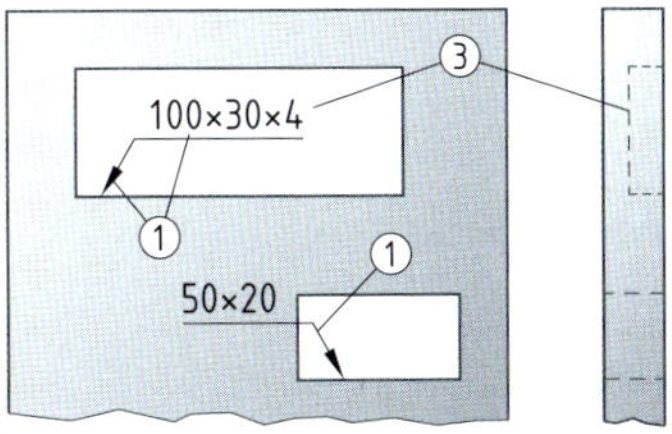

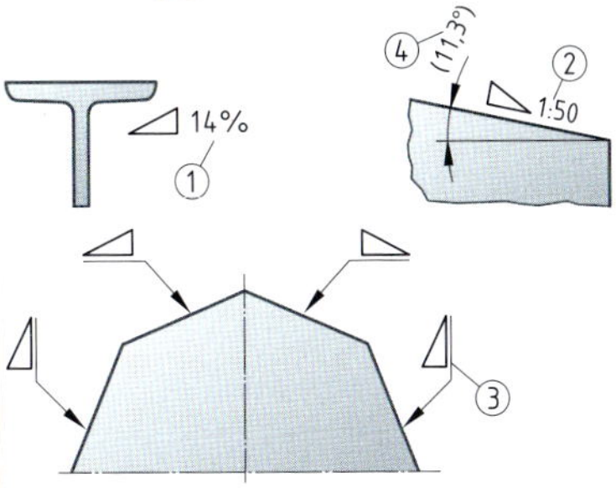

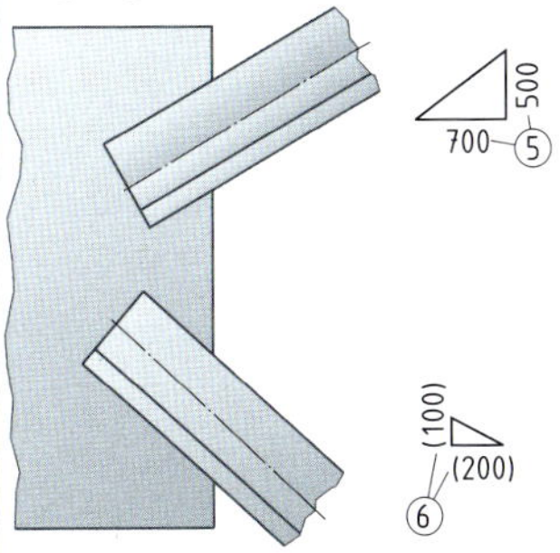

Kegel

DIN EN ISO 3040 : 2016-12

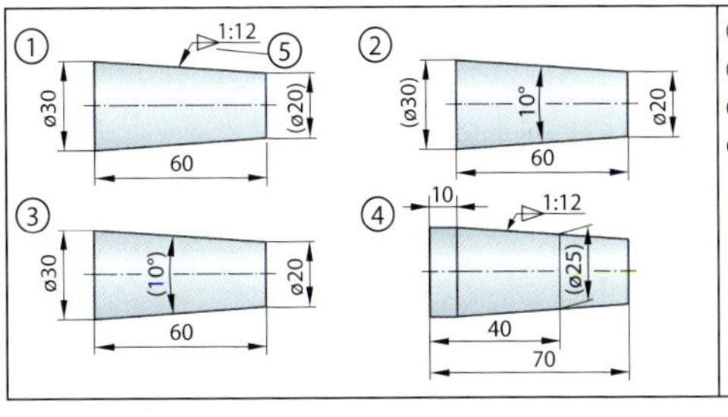	① Angabe Durchmesser, Länge und Steigung ②, ③ Angabe Durchmesser Länge und Öffnungswinkel ④ Festlegung von Länge, Durchmesser und Verjüngung ⑤ Das Zeichen zeigt in die Verjüngungsrichtung. Das ▷Zeichen steht vor der Maßzahl. Die Bemaßung kann als Verhältniszahl oder Prozentzahl erfolgen. Das Zeichen wird ▷ meist auf der abgeknickten Hinweislinie eingetragen.

Maßeintragung in Zeichnungen (Fortsetzung) DIN EN ISO 129-1 : 2022-02

Fasen, Senkungen *chamfers, countersinkings* 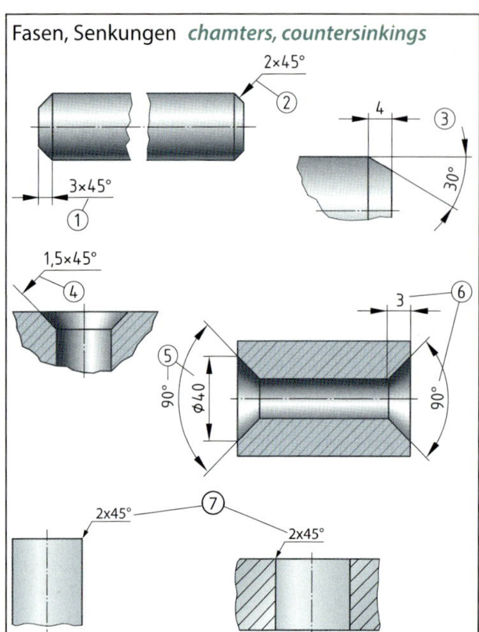	① 45°-Fasen vereinfacht mit Fasenbreite 2 × 45° angeben. ② Dargestellte oder nicht dargestellte Fasen mit 45° können auch mit Hinweislinien bemaßt werden. ③ Fasen ≠ 45° mit Fasenbreite und Winkelangabe bemaßen. Kegelige 90°-Senkungen durch ④ Hinweislinien auf der verlängerten Fase, ⑤ Durchmesser und Winkel, ⑥ Senkungstiefe und Winkel bemaßen. ⑦ Die Maße der Senkung werden an die Kante mit einer Bezugslinie eingetragen.
Wiederholende Elemente  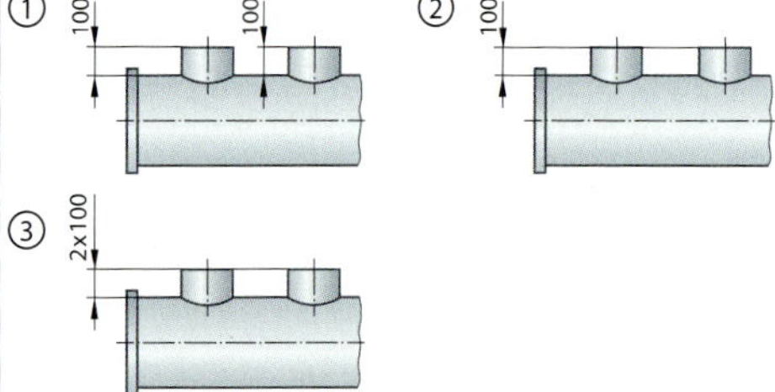 Teilung 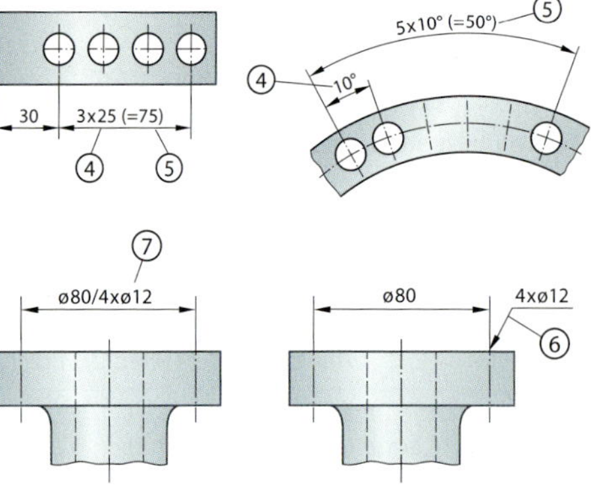	Sich wiederholende Elemente ① als Einzelmaße oder ② mit gemeinsamer Linie oder ③ mit "nx" bemaßt. ④ Gleiche Formelemente in gleichen Abständen vereinfacht durch Anzahl und Abstand des Formelementes bemaßen. ⑤ Das Gesamtmaß in Klammern ergänzen. Gleiche Formelemente auf einem zylindrischen Umfang bei gleichmäßiger Verteilung durch ⑥ Hinweislinien mit Bezugspfeilen oder ⑦ Angaben auf dem Teilkreisdurchmesser bemaßen (Anzahl × Maß des Formelements).
Parallelbemaßung	① Maßlinien parallel in eine, zwei oder drei senkrecht zueinander stehenden Richtungen eintragen.

Maßeintragung in Zeichnungen (Fortsetzung) DIN EN ISO 129-1 : 2022-02

Gewinde *threads* Außengewinde (Bolzengewinde) *extermal threads* Ansicht 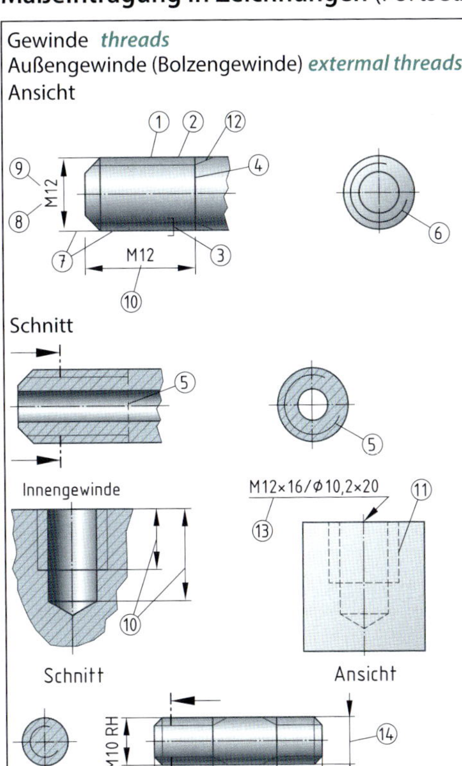	Gewinde werden vereinfacht dargestellt. ① Gewindespitzen mit breiter Volllinie. ② Gewindegrund mit schmaler Volllinie. ③ Der Abstand zwischen den Linien ① und ② ≥ 0, 7 mm oder Gewindetiefe. ④ Die sichtbare Gewindebegrenzung in breiter Volllinie zeichnen. ⑤ Die nicht sichtbare Gewindebegrenzung bei Bedarf mit schmaler Strichlinie zeichnen. ⑥ Die Lage des ¾-Kreises ist beliebig; wird überwiegend wie dargestellt gezeichnet. ⑦ Das Gewinde am Nenndurchmesser bemaßen. Die Gewindebemaßung setzt sich ⑧ aus dem Kurzzeichen für das Gewinde, z. B. M = metrisches Gewinde, und ⑨ dem Nenndurchmesser, z. B. 12 mm, zusammen. ⑩ Die Gewindelänge bemaßen, z. B. 30 mm. Zusätzlich Lochtiefe bei Gewindegrundlöchern bemaßen. ⑪ Verdeckte Gewinde in schmaler Strichlinie darstellen. ⑫ Gewindeausläufe nur bei funktionaler Notwendigkeit als schmale, schräg verlaufende Volllinie zeichnen. ⑬ Vereinfachte Bemaßung von Gewinde- und Gewindegrundloch möglich, z. B. Metrisches Gewinde ∅12 mm und 16 mm tief, Grundloch ∅10,2 mm und 20 tief. ⑭ Gewinderichtung durch LH [1] = Linksgewinde RH [2] = Rechtsgewinde kennzeichnen, wenn beide Gewinderichtungen auftreten.
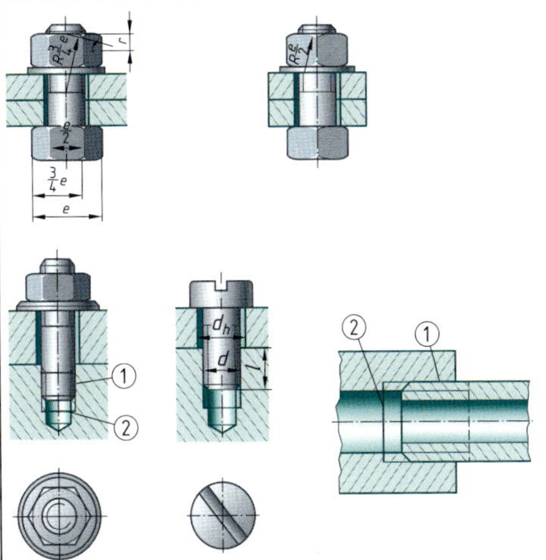	① Außengewinde verdeckt Innengewinde. ② Begrenzung des Innengewindes mit breiter Volllinie zeichnen. „Vereinfachte Darstellung von Verbindungselementen nach DIN ISO 5845-1 : 1997-04“

[1] LH = Left Hand [2] RH = Right Hand

Maßeintragung in Zeichnungen (Fortsetzung) DIN EN ISO 129-1 : 2022-02, DIN ISO 6410-1 : 1993-12, DIN EN ISO 6410-3 : 2021-12

Steigende Bemaßung

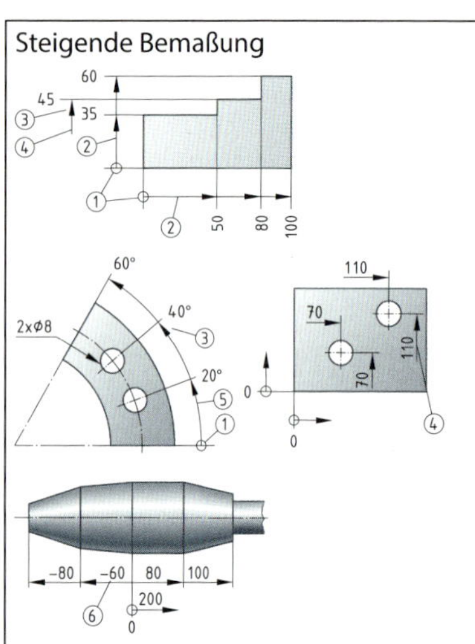

① Den Ursprung mit einem offenen Kreis festlegen.
② Vom Ursprung ausgehend meist nur eine Maßlinie einzeichnen.
③ Die Maßlinie mit einer Maßlinienbegrenzung abschließen.
④ Maßlinien können abgebrochen dargestellt werden.
⑤ Maßlinien verlaufen parallel zu gebogenen Körperkanten.
⑥ Bei steigender Bemaßung in zwei Richtungen erhält die Gegenrichtung ein negatives Vorzeichen.

Vereinfachte Darstellung und Bemaßung von Bohrungen DIN ISO 15786:2014-12

simplified representation and dimensioning of holes

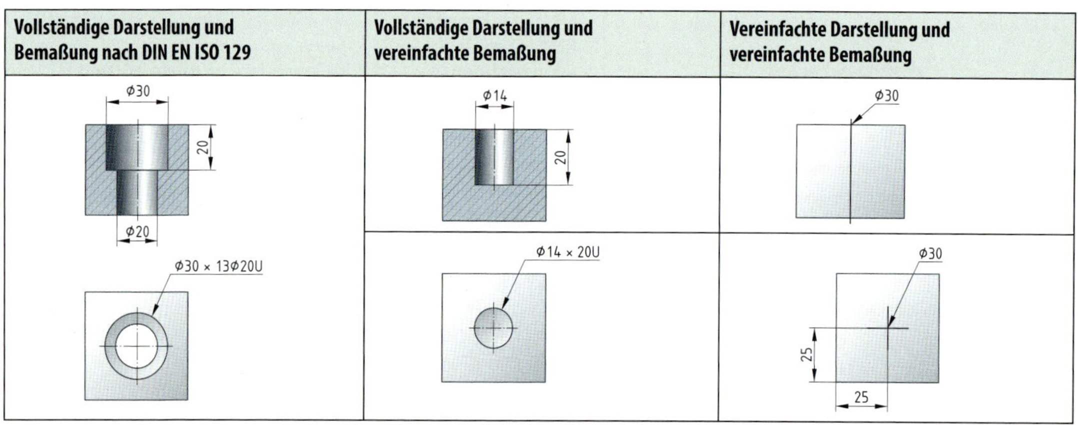

Aufbau der vereinfachten Bemaßung

Graphische Symbole		
Symbol	**Benennung**	**Beispiel**
∅	Durchmesser	∅ 16
□	Quadrat, Vierkant	□ 16
×	Trennzeichen für Nennmaß und Tiefen- bzw. Winkelangabe oder Anzahl für Formelemente/Gruppen	M16 × 30
/	Trennzeichen für Tiefenangaben, z. B. Gewindelänge und Grundlochtiefe	M16 × 30/35
U	Zylindrische Senkung, flacher Lochgrund	∅ 16 × 35 U
V	Werkstoffabhängige Bohrerspitze (Spitzenwinkel des Lochgrundes)	∅ 16 × 35 V
W	Wendeschneidplattenbohrerspitze	∅ 16 × 35 W
V̲	Maßangabe bis zur Bohrerspitze	∅ 16 × 35 V̲
B-	Von der Rückseite gefertigt	B-∅ 16 × 35V

Maßtoleranzen *general dimensional tolerances*

DIN ISO 2768-1, -2 : 1991-06, -04

Allgemeintoleranzen für Längenmaße								
Genauig-keitsgrad	**Nennmaßbereich in mm**							
	ab 0,5 bis 3	**über 3 bis 6**	**über 6 bis 30**	**über 30 bis 120**	**über 120 bis 400**	**über 400 bis 1000**	**über 1000 bis 2000**	**über 2000 bis 4000**
	obere und untere Abmaße für Längenmaße in mm							
f (fein)	± 0,05	± 0,05	± 0,1	± 0,15	± 0,2	± 0,3	± 0,5	–
m (mittel)	± 0,1	± 0,1	± 0,2	± 0,3	± 0,5	± 0,8	± 1,2	± 2
c (grob)	± 0,2	± 0,3	± 0,5	± 0,8	± 1,2	± 2	± 3	± 4
v (sehr grob)	–	± 0,5	± 1	± 1,5	± 2,5	± 4	± 6	± 8

Eintragebeispiel in Zeichnungen: ISO 2768-c

Allgemeintoleranzen für Winkelmaße					
Genauig-keitsgrad	**Nennmaßbereich für kürzeren Schenkel in mm**				
	bis 10	**über 10 bis 50**	**über 50 bis 120**	**über 120 bis 400**	**über 400**
	obere und untere Abmaße in Grad und Minuten				
f (fein) **m** (mittel)	± 1°	± 30′	± 20′	± 10′	± 5′
c (grob)	± 1° 30′	± 1°	± 30′	± 15′	± 10′
v (sehr grob)	± 3°	± 2°	± 1°	± 30′	± 20′

Eintragebeispiel in Zeichnungen: ISO 2768-c

Maßtoleranzen in Zeichnungen

DIN EN ISO 286-1 : 2019-09

Eintragung von Maßtoleranzen in Zeichnungen

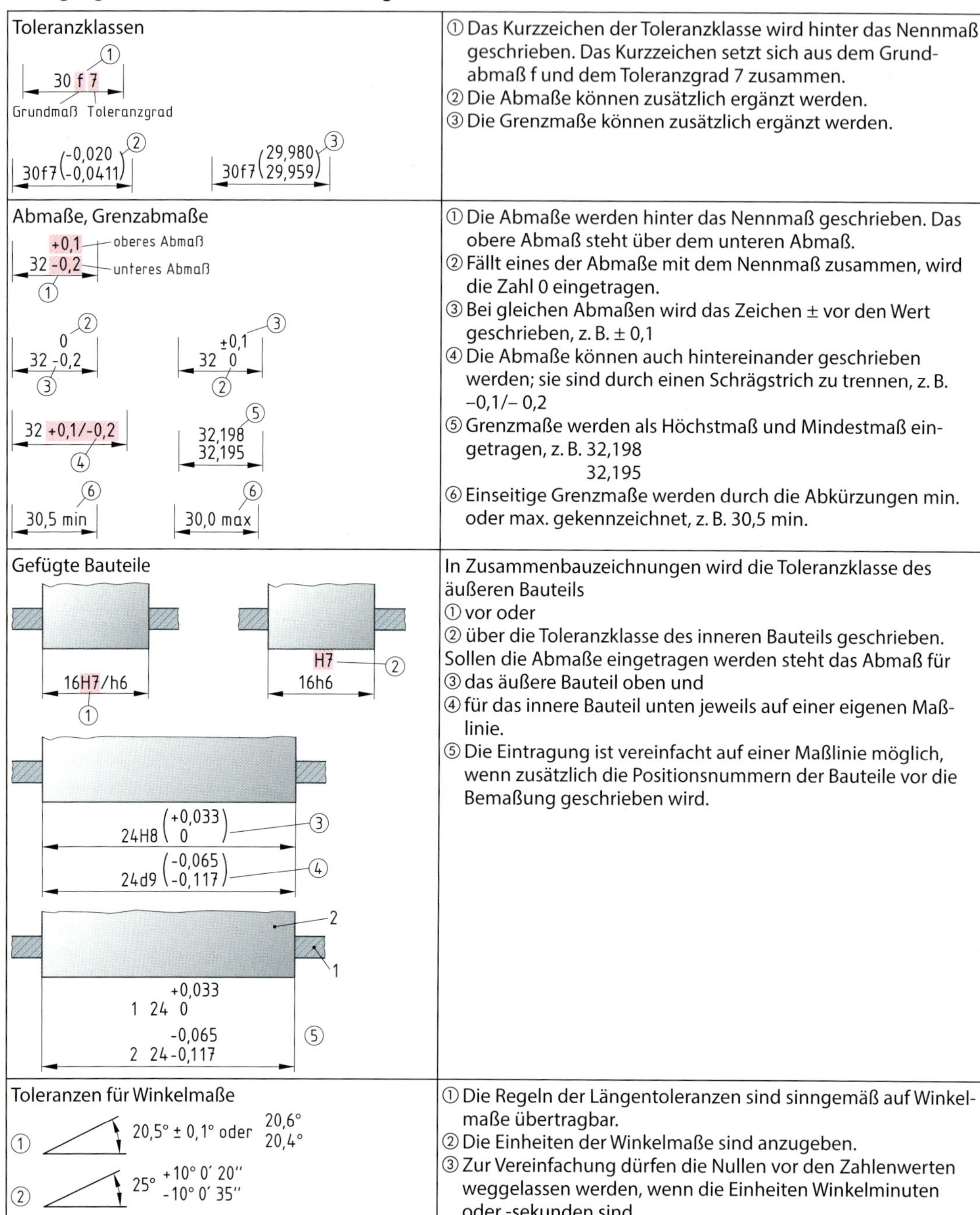

Toleranzklassen 30 f 7 (Grundmaß, Toleranzgrad) 30f7 (−0,020 / −0,041) 30f7 (29,980 / 29,959)	① Das Kurzzeichen der Toleranzklasse wird hinter das Nennmaß geschrieben. Das Kurzzeichen setzt sich aus dem Grundabmaß f und dem Toleranzgrad 7 zusammen. ② Die Abmaße können zusätzlich ergänzt werden. ③ Die Grenzmaße können zusätzlich ergänzt werden.
Abmaße, Grenzabmaße 32 +0,1 (oberes Abmaß) −0,2 (unteres Abmaß) 32 0 / −0,2 32 ±0,1 / 0 32 +0,1/−0,2 32,198 / 32,195 30,5 min 30,0 max	① Die Abmaße werden hinter das Nennmaß geschrieben. Das obere Abmaß steht über dem unteren Abmaß. ② Fällt eines der Abmaße mit dem Nennmaß zusammen, wird die Zahl 0 eingetragen. ③ Bei gleichen Abmaßen wird das Zeichen ± vor den Wert geschrieben, z. B. ± 0,1 ④ Die Abmaße können auch hintereinander geschrieben werden; sie sind durch einen Schrägstrich zu trennen, z. B. −0,1/− 0,2 ⑤ Grenzmaße werden als Höchstmaß und Mindestmaß eingetragen, z. B. 32,198 32,195 ⑥ Einseitige Grenzmaße werden durch die Abkürzungen min. oder max. gekennzeichnet, z. B. 30,5 min.
Gefügte Bauteile 16H7/h6 H7 / 16h6 24H8 (+0,033 / 0) 24d9 (−0,065 / −0,117) 1 24 +0,033 / 0 2 24 −0,065 / −0,117	In Zusammenbauzeichnungen wird die Toleranzklasse des äußeren Bauteils ① vor oder ② über die Toleranzklasse des inneren Bauteils geschrieben. Sollen die Abmaße eingetragen werden steht das Abmaß für ③ das äußere Bauteil oben und ④ für das innere Bauteil unten jeweils auf einer eigenen Maßlinie. ⑤ Die Eintragung ist vereinfacht auf einer Maßlinie möglich, wenn zusätzlich die Positionsnummern der Bauteile vor die Bemaßung geschrieben wird.
Toleranzen für Winkelmaße ① 20,5° ± 0,1° oder 20,6° / 20,4° ② 25° +10° 0′ 20″ / −10° 0′ 35″ ③ 35° +20″ / −30″	① Die Regeln der Längentoleranzen sind sinngemäß auf Winkelmaße übertragbar. ② Die Einheiten der Winkelmaße sind anzugeben. ③ Zur Vereinfachung dürfen die Nullen vor den Zahlenwerten weggelassen werden, wenn die Einheiten Winkelminuten oder -sekunden sind.

2

2.5 Toleranzen

Allgemeintoleranzen für Schweißkonstruktionen

DIN EN ISO 13920 : 1996-11

general weldment tolerances

Allgemeintoleranzen für Längenmaße								
Genauig-keits-grad	Nennmaßbereich in mm							
	ab 2 bis 30	über 30 bis 120	über 120 bis 400	über 400 bis 1000	über 1000 bis 2000	über 2000 bis 4000	über 4000 bis 8000	über 8000 bis 12 000
	obere und untere Abmaße für Längenmaße in mm							
A	± 1	± 1	± 1	± 2	± 3	± 4	± 5	± 6
B	± 1	± 2	± 2	± 3	± 4	± 6	± 8	± 10
C	± 1	± 3	± 4	± 6	± 8	± 11	± 14	± 18
D	± 1	± 4	± 7	± 9	± 12	± 16	± 21	± 27

Allgemeintoleranzen für Schweißkonstruktionen (Fortsetzung)

Allgemeintoleranzen für Längenmaße						
Genauig-keitsgrad	Nennmaßbereich in mm für die Länge des kürzeren Schenkels			Nennmaßbereich in mm für die Länge des kürzeren Schenkels		
	bis 400	über 400 bis 1000	über 1000	bis 400	über 400 bis 1000	über 1000
	obere und untere Abmaße für Winkelmaße in Grad und Minuten			obere und untere Abmaße für Winkelmaße als Tangenswert der Allgemeintoleranz in mm je 1 m des kürzeren Schenkels*		
A	± 20′	± 15′	± 10′	± 6	± 4,5	± 3
B	± 45′	± 30′	± 20′	± 13	± 9	± 6
C	± 1°	± 45′	± 30′	± 18	± 13	± 9
D	± 1° 30′	± 1° 15′	± 1°	± 26	± 22	± 18

Zeichnungseintragung z. B. für Genauigkeitsgrad C: EN ISO 13 920-C

* Werte gerundet

Allgemeintoleranzen für Form und Lage							
Genauig-keitsgrad	Nennmaßbereich in mm für größere Seitenlänge der Fläche						
	über 30 bis 120	über 120 bis 400	über 400 bis 1000	über 1000 bis 2000	über 2000 bis 4000	über 4000 bis 8000	über 8000 bis 12 000
	Genauigkeit für Geradheit, Ebenheit, Parallelität in mm						
E	0,5	1	1,5	2	3	4	5
F	1	1,5	3	4,5	6	8	10
G	1,5	3	5,5	9	11	16	20
H	2,5	5	9	14	18	26	32

Zeichnungseintragung z. B. für Genauigkeitsgrad „G“: EN ISO 13920-G kombiniert mit Genauigkeitsgrad B für Länge: EN ISO 13920-BG

Maßtoleranzen für thermische Schnitte

DIN EN ISO 9013: 2017-05

dimensional tolerances, jet cuts

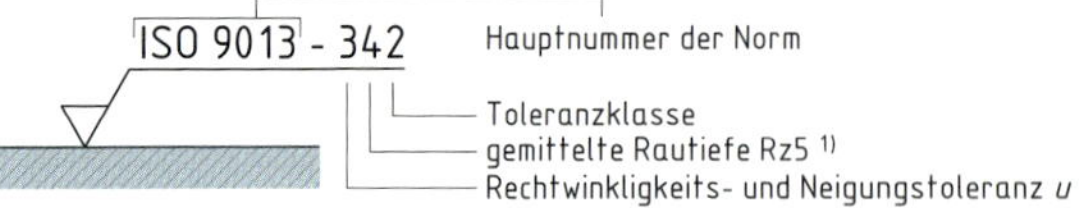

Hinweis:
Es wird in dieser Norm nur noch die Qualität der thermischen Schnitte unabhängig vom Schneidprozess (autogenes Brennschneiden, Plasmaschneiden, Laserstrahlschneiden) berücksichtigt; Brennschnitte an Aluminium, Titan, Magnesium und ihren Legierungen sowie Messing lassen sich nicht bzw. nur bedingt nach dieser Norm bewerten. Es sind in der Regel höhere Werte zu erwarten.

Bereich (Güteklassen)	**Rechtwinkligkeits- und Neigungstoleranz *u* in mm** Senkrechtschnitt Fasenschnitt	**Rautiefe Rz 5[1] in µm**
1	$u \leq 0{,}005 + 0{,}003\,a$	$Rz \leq 10 + (0{,}6a : \text{mm})$
2	$u \leq 0{,}15 + 0{,}007\,a$	$Rz \leq 40 + (0{,}8a : \text{mm})$
3	$u \leq 0{,}4 + 0{,}01\,a$	$Rz \leq 70 + (1{,}2a : \text{mm})$
4	$u \leq 0{,}8 + 0{,}02\,a$	$Rz \leq 110 + (1{,}8a : \text{mm})$
5	$u \leq 1{,}2 + 0{,}035\,a$	–

[1] Rz5 berechnet sich als arithmetisches Mittel aus den Rautiefen von 5 aneinandergrenzenden Einzelmessstrecken

Werkstückdicke in mm	**Grenzabmaße für Nennmaße in mm**								**Toleranzklasse**
	0… < 3	**3… < 10**	**10… < 35**	**35… < 125**	**125… < 315**	**315… < 1000**	**1000… < 2000**	**2000… < 4000**	
0…1	±0,04	±0,1	±0,1	±0,2	±0,2	±0,3	±0,3	±0,3	1 (früher Klasse A für autogenes Brennschneiden)
> 1…3,15	±0,10	±0,2	±0,2	±0,3	±0,3	±0,4	±0,4	±0,4	
> 3,15…6,3	±0,30	±0,3	±0,4	±0,4	±0,5	±0,5	±0,5	±0,6	
> 6,3…10		±0,5	±0,6	±0,6	±0,7	±0,7	±0,7	±0,8	
> 10…50		±0,6	±0,6	±0,4	±0,8	±1,0	±1,6	±2,5	
> 50…100			±1,3	±1,3	±1,4	±1,7	±2,2	±3,1	
> 100…150			±1,9	±2,0	±2,1	±2,3	±2,9	±3,8	
> 150…200			±2,6	±2,7	±2,7	±3,0	±3,6	±4,5	
> 200…250						±3,7	±4,2	±5,2	
> 250…300						±4,4	±4,9	±5,9	
0…1	±0,1	±0,3	±0,4	±0,5	±0,7	±0,8	±0,9	±0,9	2 (früher Klasse B für autogenes Brennschneiden)
> 1…3,15	±0,2	±0,4	±0,5	±0,7	±0,8	±0,9	±1,0	±1,1	
> 3,15…6,3	±0,5	±0,7	±0,8	±0,9	±1,1	±1,2	±1,3	±1,3	
> 6,3…10		±1,0	±1,1	±1,3	±1,4	±1,5	±1,6	±1,7	
> 10…50		±1,8	±1,8	±1,8	±1,9	±2,3	±3,0	±4,2	
> 50…100			±2,5	±2,5	±2,6	±3,0	±3,7	±4,9	
> 100…150			±3,2	±3,3	±3,4	±3,7	±4,4	±5,7	
> 150…200			±4,0	±4,0	±4,1	±4,5	±5,2	±6,4	
> 200…250						±5,2	±5,9	±7,2	
> 250…300						±6,0	±6,7	±7,9	

Bauteile erhalten eine Bearbeitungszugabe, um die Fertigteil-Nennmaße einzuhalten, wenn eine Nachbearbeitung erfolgt.

Schnittdicke *a* in mm	**Bearbeitungszugabe B_z für jede Schnittfläche in mm**
2…20	2
> 20…50	3
> 50…80	5
> 80	7

Beispieleintragung in eine technische Zeichnung **Thermischer Schnitt ISO 9013-132**

Toleranzen im Hochbau

DIN 18202 : 2019-07

dimensional tolerances for building construction

Grenzmaße

Bezug	Grenzabmaße in mm bei Nennmaßen in m				
	bis 3	über 3 bis 6	über 6 bis 15	über 15 bis 30	über 30
Maße im Grundriss, z. B. Längen, Breiten, Achs- und Rastermaße	± 12	± 16	± 20	± 24	± 30
Maße im Aufriss, z. B. Höhen von Geschossen, Podesten sowie Abstände von Aufstandflächen und Konsolen	± 16	± 16	± 20	± 30	± 30
Lichte Maße im Grundriss, z. B. Abstände zwischen Stützen, Pfeilern usw.	± 16	± 20	± 24	± 30	–
Lichte Maße im Aufriss, z. B. unter Decken und Unterzügen	± 20	± 20	± 30	–	–
Öffnungen für Fenster, Türen, Einbauelemente usw.	± 12	± 16	–	–	–
Öffnungen mit oberflächenfertigen Leibungen	± 10	± 12	–	–	–

Winkeltoleranzen im Hochbau

Bezug	Stichmaß als Grenzwerte in mm bei Nennmaßen in m					
	bis 1	von 1 bis 3	über 3 bis 6	über 6 bis 15	über 15 bis 30	über 30
alle Flächen	6	8	12	16	20	30

Vorgefertigte Teile aus Stahl

Grenzabmaße in mm bei Nennmaß in mm					
< 2000	über 2000 bis 4000	über 4000 bis 8000	über 8000 bis 12 000	über 12 000 bis 16 000	> 16 000
± 1	± 2	± 3	± 4	± 5	± 6

Toleranzübersicht

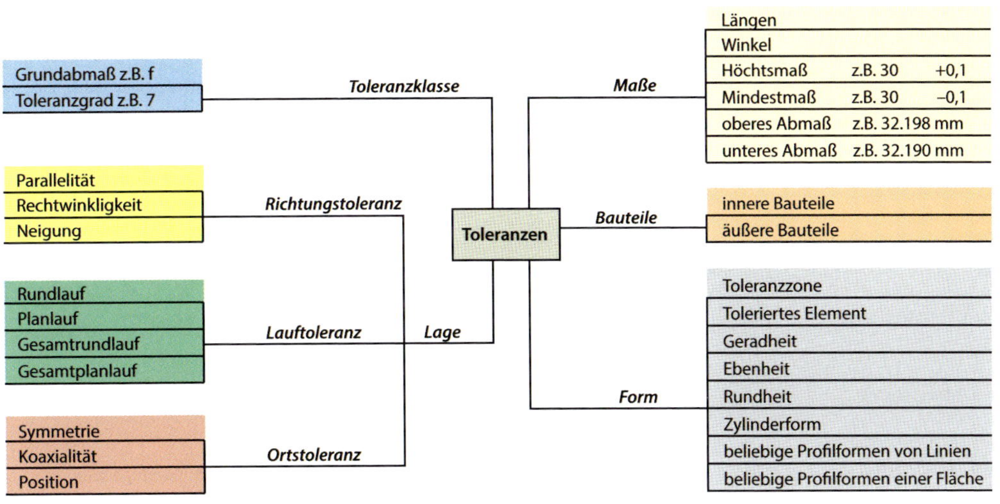

2.6 Passungen

Passungsarten

Flächige Werkstücke

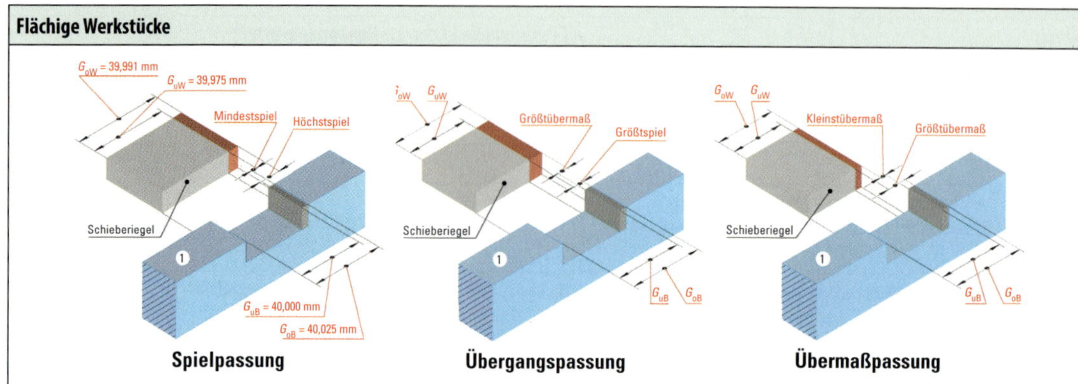

Runde Werkstücke

Spielpassung
$G_{uB} > G_{uW}$

Übergangspassung
Höchstspiel = 8 µm
Höchstübermaß = 33 µm

Übermaßpassung
$G_{uW} > G_{oB}$

$\frac{T}{2}$, G_{oB}, G_{uB}, G_{uW}, G_{oW}, $\frac{T}{2}$

Bohrung Welle

G_{oB} ⌀ 42,025, G_{uB} ⌀ 42,000, G_{uW} ⌀ 42,017, G_{oW} ⌀ 42,033

Bohrung Welle

G_{oB}, G_{uB}, G_{uW}, G_{oW}

Bohrung Welle

Passungsarten mit auf der Mittellinie angeordneten Rundkörpern

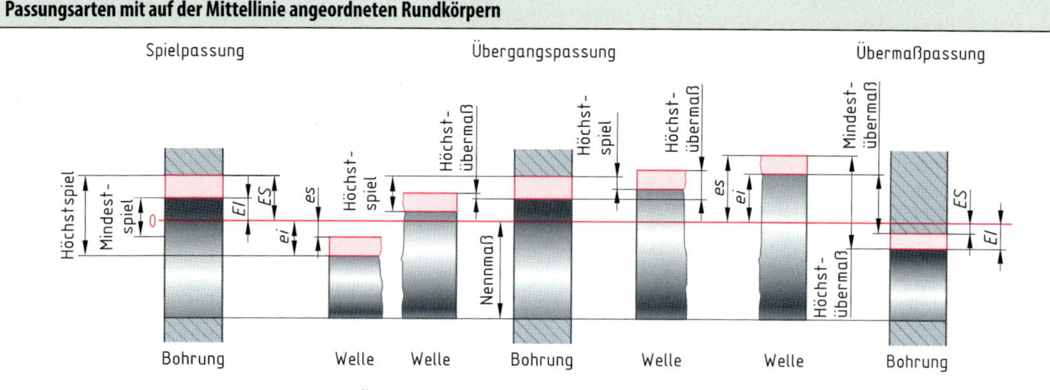

Spielpassung
Mindestspiel =
Mindestmaß$_S$ – Höchstmaß$_W$
$P_{SH} = G_{eB} - G_{eW}$
Höchstspiel =
Höchstmaß$_S$ – Mindestmaß$_W$
$P_{SH} = G_{eB} - G_{eW}$
Spanne =
Höchstspiel – Mindestspiel
$S_{SP} = P_{sM} - P_{sH}$

Übergangspassung
Höchstspiel =
Höchstmaß$_S$ – Mindestmaß$_W$
$P_{tM} = G_{eB} - G_{eW}$
Höchstübermaß =
Mindestmaß$_S$ – Höchstmaß$_W$
$P_{tM} = G_{eB} - G_{eW}$
Spanne =
Höchstspiel – Höchstübermaß
$S_{eB} = P_{sH} - P_{sM}$

Übermaßpassung
Höchstübermaß =
Mindestmaß$_S$ – Höchstmaß$_W$
$P_{SH} = G_{eB} - G_{eW}$
Mindestübermaß =
Höchstmaß$_S$ – Mindestmaß$_W$
$P_{sM} = G_{eB} - G_{eW}$
Spanne =
Höchstübermaß – Mindestübermaß$_S$
$S_{eM} = P_{sH} - P_{tM}$

Passungen, Begriffe *fits*

DIN EN ISO 286-1 : 2019-09

Begriffe	**Bedeutung**
Nulllinie	Linie, die das Nennmaß darstellt.
Grenzmaße oberes Abmaß (*ES*, *es*) unteres Abmaß (*EI*, *ei*)	 Größtes zugelassenes Istmaß. Kleinstes zugelassenes Istmaß.
Maßtoleranz (*T*, *t*)	Differenz zwischen oberen und unterem Abmaß $T = G_S - G_I = ES - EI$, $t = G_s - G_i = es - ei$
Grundtoleranz	Eine Toleranz in µm, die einem Toleranzgrad (z. B. IT7) und einem Nennmaßbereich (z. B. 10…18 mm) zugeordnet ist.
Toleranzgrad	Zahl für einen Grundtoleranzgrad
Toleranzklasse	Benennung für eine Kombination aus einem Grundabmaß mit einem Toleranzgrad, z. B. H7
Höchstmaß	Bohrung: $G_S = N + ES$, Welle: $G_s = N + es$
Mindestmaß	Bohrung: $G_I = N + EI$, Welle: $G_i = N + ei$
Passung	Differenz zwischen den Maßen zweier zu fügender Bauteile

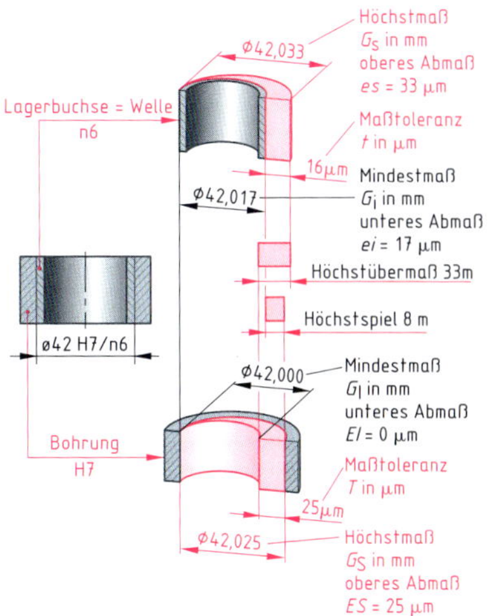

Passungssysteme *systems of fits*

Einheitsbohrung

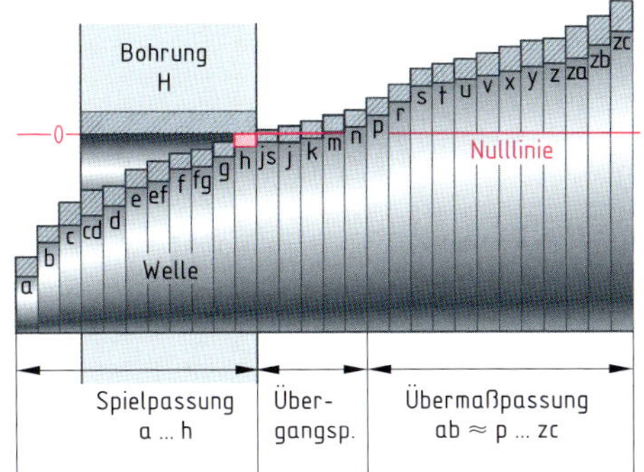

Bohrungen haben immer H.
Die H-Toleranz „sitzt" auf der Nullinie

Einheitswelle

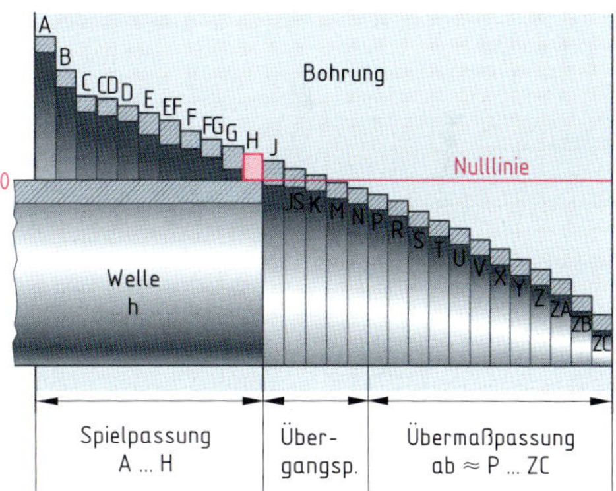

Wellen haben immer h.
Die h-Toleranz „hängt" an der Nullinie

Grundtoleranzen in µm *basic allowance*

DIN EN ISO 286-1 : 2019-09

Nennmaß in mm	Toleranzgrade																			
	IT 01	IT 0	IT 1	IT 2	IT 3	IT 4	IT 5	IT 6	IT 7	IT 8	IT 9	IT 10	IT 11	IT 12	IT 13	IT 14*	IT 15*	IT 16*	IT 17*	IT 18*
bis 3	0,3	0,5	0,8	1,2	2	3	4	6	10	14	25	40	60	100	140	250	400	600	1000	1400
über 3 bis 6	0,4	0,6	1	1,5	2,5	4	5	8	12	18	30	48	75	120	180	300	480	750	1200	1800
über 6 bis 10	0,4	0,6	1	1,5	2,5	4	6	9	15	22	36	58	90	150	220	360	580	900	1500	2200
über 10 bis 18	0,5	0,8	1,2	2	3	5	8	11	18	27	43	70	110	180	270	430	700	1100	1800	2700
über 18 bis 30	0,6	1	1,5	2,5	4	6	9	13	21	33	52	84	130	210	330	520	840	1300	2100	3300
über 30 bis 50	0,6	1	1,5	2,5	4	7	11	16	25	39	62	100	160	250	390	620	1000	1600	2500	3900
über 50 bis 80	0,8	1,2	2	3	5	8	13	19	30	46	74	120	190	300	460	740	1200	1900	3000	4600
über 80 bis 120	1	1,5	2,5	4	6	10	15	22	35	54	87	140	220	350	540	870	1400	2200	3500	5400
über 120 bis 180	1,2	2	3,5	5	8	12	18	25	40	63	100	160	250	400	630	1000	1600	2500	4000	6300
über 180 bis 250	2	3	4,5	7	10	14	20	29	46	72	115	185	290	460	720	1150	1850	2900	4600	7200
über 250 bis 315	2,5	4	6	8	12	16	23	32	52	81	130	210	320	520	810	1300	2100	3200	5200	8100
über 315 bis 400	3	5	7	9	13	18	25	36	57	89	140	230	360	570	890	1400	2300	3600	5700	8900
über 400 bis 500	4	6	8	10	15	20	27	40	63	97	155	250	400	630	970	1550	2500	4000	6300	9700
Qualität	sehr fein						fein			mittel			grob		sehr grob					

* Toleranzgrenze IT 14 bis IT18 sind für die Nennmaße bis 1 mm nicht anzuwenden

Passungsauswahl *types of fitting options*

Passungsempfehlung

Aus der Reihe 1	H8/x8, H8/u8, H7/r6, H7/n6, H7/h6, H8/h9, H7/f7, F8/h6, H8/f7, F8/h9, E9/h9, D10/h9, C11/h9
Aus der Reihe 1 und 2	H7/s6, H7/k6, H7/j6, H11/h9, G7/h6, H7/g6, H8/e8, H8/d9, D10/h11, C11/h11
Aus der Reihe 2	H11/h11, H11/d9, H11/c11, A11/h11, H11/a11

System Einheitsbohrung (blau hinterlegt)
System Einheitswelle (gelb hinterlegt)

	Einheitsbohrung	Darstellung	Beschreibung	Darstellung	Einheitswelle
Übermaßpassung	H7/x8 (H8/u8)	x8, H7	Übermaß Fügen der Bauteile nur Schrumpfen oder Dehnen mit/ohne Druck möglich; z. B. Räder/Kupplungen auf Achsen, Zapfen, Buchsen. Bauteile müssen gegen Verdrehen nicht gesichert werden.		
	H7/r6	r6, H7			
Übergangspassung	H7/n6	n6, H7	Eher Übermaß zu erwarten als Spiel. Fügen der Bauteile unter geringem Druck möglich; z. B. Kupplungen, Buchsen in Gehäusen, Ritzel auf Wellenenden. Sicherung gegen Verdrehen notwendig.		
	H6/j6	H6, j6	Eher Spiel zu erwarten als Übermaß. Fügen der Bauteile mit leichten Hammerschlägen; sichern gegen Verdrehen, z. B. Handräder, Riemenscheiben, Wechselräder.		
Spielpassung	H7/h6	H7, H8, h6, h9	Bauteile noch gleitfähig, Verschieben mit Hand möglich z. B. Riemenscheiben, Handräder, Dichtungsringe.	H7, H8, h6, h9	H7/h6
	H8/h9				H8/h9
	H8/f7	H8, f7	Bauteile haben kleines Spiel und sind leicht gegeneinander verschiebbar. Einsatz für alle Lagerungen auf Wellen, z. B. Wechselräder, Kupplungen, Steuerkolben.	F8, h9	F8/h9
	H8/d9 (H11/d9)	H8, H11, d9, d9	Bauteile mit reichlichem Spiel für grobe Passungen, z. B. Lager für Kranantriebe, Leerlaufscheiben, Achsbuchsen im Landmaschinenbau.	D10, h9, h11	D10/h9 (D10/h11)

ISO-Passungen für Einheitsbohrung

DIN EN ISO 286-1 : 2019-09

Nenn-maß-bereich in mm	Grenzabmaße in µm																	
	Bohrg. H7	Welle									Bohrg. H8	Welle						
		s6	r6	n6	m6	k6	j6	h6	g6	f7		x8	u8	s8	h9	f7	e8	d9
von 1 bis 3	+10 0	+20 +14	+16 +10	+10 +4	+8 +2	+6 0	+4 −2	0 −6	−2 −8	−6 −16	+14 0	+34 +20	–	+28 +14	0 −25	−6 −16	−14 −28	−20 −45
über 3 bis 6	+12 0	+27 +19	+23 +15	+16 +8	+12 +4	+9 +1	+6 −2	0 −8	−4 −12	−10 −22	+18 0	+46 +28	–	+37 +19	0 −30	−10 −22	−20 −38	−30 −60
über 6 bis 10	+15 0	+32 +23	+28 +19	+19 +10	+15 +6	+10 +1	+7 −2	0 −9	−5 −14	−13 −28	+22 0	+56 +34	–	+45 +23	0 −36	−13 −28	−25 −47	−40 −76
über 10 bis 14	+18	+39	+34	+23	+18	+12	+8	0	−6	−16	+27	+67 +40	–	+55	0	−16	−32	−50
über 14 bis 18	0	+28	+23	+12	+7	+1	−3	−11	−17	−34	0	+72 +45		+28	−43	−34	−59	−93
über 18 bis 24	+21	+48	+41	+28	+21	+15	+9	0	−7	−20	+33	+87 +54	–	+68	0	20	−40	−65
über 24 bis 30	0	+35	+28	+15	+8	+2	−4	−13	−20	−41	0	+97 +64	+81 +48	+35	−52	−41	−73	−117
über 30 bis 40	+25	+59	+50	+33	+25	+18	+11	0	−9	−25	+39	+119 +80	+99 +60	+82	0	−25	−50	−80
über 40 bis 50	0	+43	+34	+17	+9	+2	−5	−16	−25	−50	0	+136 +97	+109 +70	+43	−62	−50	−89	−142
über 50 bis 65	+30	+72 +53	+60 +41	+39	+30	+21	+12	0	−10	−30	+46	+168 +122	+133 +87	+99 +53	0	−30	−60	−100
über 65 bis 80	0	+78 +59	+62 +43	+20	+11	+2	−7	−19	−29	−60	0	+192 +146	+148 +102	+105 +59	−74	−60	−106	−174
über 80 bis 100	+35	+93 +71	+73 +51	+45	+35	+25	+13	0	−12	−36	+54	+232 +178	+178 +124	+125 +71	0	−36	−72	−120
über 100 bis 120	0	+101 +79	+76 +54	+23	+13	+3	−9	−22	−34	−71	0	+264 +210	+198 +144	+133 +79	−87	−71	−126	−207
über 120 bis 140		+117 +92	+88 +63									+311 +248	+233 +170	+155 +92				
über 140 bis 160	+40 0	+125 +100	+90 +65	+52 +27	+40 +15	+28 +3	+14 −11	0 −25	−14 −39	−43 −83	+63 0	+343 +280	+253 +190	+163 +100	0 −100	−43 −83	−85 −148	−145 −245
über 160 bis 180		+133 +108	+93 +68									+373 +310	+273 +210	+171 +108				
über 180 bis 200		+151 +122	+106 +77									+422 +350	+308 +236	+194 +122				
über 200 bis 225	+46 0	+159 +130	+109 +80	+60 +31	+46 +17	+33 +4	+16 −13	0 −29	−15 −44	−50 −96	+72 0	+457 +385	+330 +258	+202 +130	0 −115	−50 −96	−100 −172	−170 −285
über 225 bis 250		+169 +140	+113 +84									+497 +425	+356 +284	+212 +140				
über 250 bis 280	+52	+190 +158	+126 +94	+66	+52	+36	+16	0	−17	−56	+81	+556 +475	+396 +315	+239 +158	0	−56	−110	−190
über 280 bis 315	0	+202 +170	+130 +98	+34	+20	+4	−16	−32	−49	−108	0	+606 +525	+431 +350	+251 +170	−130	−108	−191	−320
über 315 bis 355	+57	+226 +190	+144 +108	+73	+57	+40	+18	0	−18	−62	+89	+679 +590	+479 +390	+279 +190	0	−62	−125	−210
über 355 bis 400	0	+244 +208	+150 +114	+37	+21	+4	−18	−36	−54	−119	0	–	+524 +435	+297 +208	−140	−119	−214	−350
über 400 bis 450	+63	+272 +232	+166 +126	+80	+63	+45	+20	0	−20	−68	+97	–	+587 +490	+329 +232	0	−68	−135	−230
über 450 bis 500	0	+292 +252	+172 +132	+40	+23	+5	−20	−40	−60	−131	0		+637 +540	+349 +252	−155	−131	−232	−385

Grundabmaße von Wellen und Bohrungen

DIN EN ISO 286-1 : 2019-09

Grundabmaße von Wellen in µm											Nennmaßbereich in mm	Grundabmaße von Bohrungen in µm							
d	e	f	h	j[1]	k[1]	n	r	s	u	x		E	F	H	J[2]	K[3]	N[3]	R	S
− 20 − 30 − 40	− 14 − 20 − 25	− 6 − 10 − 13	0 0 0	− 2 − 2 − 2	0 + 1 + 1	+ 4 + 8 + 10	+ 10 + 15 + 19	+ 14 + 19 + 23	+ 18 + 23 + 28	+ 20 + 28 + 34	bis 3 über 3 bis 6 über 6 bis 10	+ 14 + 20 + 25	+ 6 + 10 + 13	0 0 0	+ 4 + 6 + 8	0 + 5 + 6	− 4 − 2 − 3	− 10 − 15 − 19	− 14 − 19 − 23
− 50	− 32	− 16	0	− 3	+ 1	+ 12	+ 23	+ 28	+ 33	+ 40 + 45	über 10 bis 14 über 14 bis 18	+ 32	+ 16	0	+ 10	+ 8	− 3	− 23	− 28
− 65	− 40	− 20	0	− 4	+ 2	+ 15	+ 28	+ 35	+ 41 + 48	+ 54 + 64	über 18 bis 24 über 24 bis 30	+ 40	+ 20	0	+ 12	+ 10	− 3	− 28	− 35
− 80	− 50	− 25	0	− 5	+ 2	+ 17	+ 34	+ 43	+ 60 + 70	+ 80 + 97	über 30 bis 40 über 40 bis 50	+ 50	+ 25	0	+ 14	+ 12	− 3	− 34	− 43
− 100	− 60	− 30	0	− 7	+ 2	+ 20	+ 41 + 43	+ 53 + 59	+ 87 + 102	+ 122 + 146	über 50 bis 65 über 65 bis 80	+ 60	+ 30	0	+ 18	+ 14	− 4	− 41 − 43	− 53 − 59
− 120	− 72	− 36	0	− 9	+ 3	+ 23	+ 51 + 54	+ 71 + 79	+ 124 + 144	+ 178 + 210	über 80 bis 100 über 100 bis 120	+ 72	+ 36	0	+ 22	+ 16	− 4	− 51 − 54	− 71 − 79
− 145	− 85	− 43	0	− 11	+ 3	+ 27	+ 63 + 65 + 68	+ 92 + 100 + 108	+ 170 + 190 + 210	+ 248 + 280 + 310	über 120 bis 140 über 140 bis 160 über 160 bis 180	+ 85	+ 43	0	+ 26	+ 20	− 4	− 63 − 65 − 68	− 92 − 100 − 108
− 170	− 100	− 50	0	− 13	+ 4	+ 31	+ 77 + 80 + 84	+ 122 + 130 + 140	+ 236 + 258 + 284	+ 350 + 385 + 425	über 180 bis 200 über 200 bis 225 über 225 bis 250	+ 100	+ 50	0	+ 30	+ 22	− 5	− 77 − 80 − 84	− 122 − 130 − 140
− 190	− 110	− 56	0	− 16	+ 4	+ 34	+ 94 + 98	+ 158 + 170	+ 315 + 350	+ 475 + 525	über 250 bis 280 über 280 bis 315	+ 110	+ 56	0	+ 36	+ 25	− 5	− 94 − 98	− 158 − 170
− 210	− 125	− 62	0	− 18	+ 4	+ 37	+ 108 + 114	+ 190 + 208	+ 390 + 435	+ 590 + 660	über 315 bis 355 über 355 bis 400	+ 125	+ 62	0	+ 39	+ 28	− 5	− 108 − 114	− 190 − 208
− 230	− 135	− 68	0	− 20	+ 5	+ 40	+ 126	+ 232	+ 490	+ 740	über 400 bis 450	+ 135	+ 68	0	+ 43	+ 29	− 6	− 126	− 232

[1] für IT6, [2] für IT7 7, [3] bis IT 8

2.7 Oberflächenbeschaffenheit

Oberflächenangaben

Auszug DIN EN ISO 1302 : 2002-06

Angabe der Oberflächenbeschaffenheit am Symbol

c a e d b	*a* = Oberflächenbeschaffenheit z. B. Ra 0,7 oder Rz 11 *b* = zweite mögliche Anforderung an die Oberflächenbeschaffenheit, wenn unter Pos. *a* eine erste Anforderung beschrieben ist. *c* = Fertigungsverfahren z. B. gedreht *d* = Oberflächenrillen und Oberflächenausrichtung z. B. „M" *e* = Bearbeitungszugabe in mm

Symbolmaße

H_1 H_2 d' 60° 60°	Größe der Ziffern und Großbuchstaben *h*	3,5	5	7
	Linienbreite *d'*	0,35	0,5	0,7
	Höhe H_1	5	7	10
	Höhe H_2	10	14	20

Bedeutung der Symbole

Symbol	Erklärung	ISO 1302 (alt 1992)	ISO 1302 (neu 2002)	Beispiele
Grundsymbol	Das Grundsymbol ist mit weiteren Angaben zu ergänzen.	Ra3,2	Ra 3,2	Der Rauheitswert *Ra* = 3,2 µm darf nicht überschritten werden. Die Fertigung kann spanlos (z. B. Druckgießen) oder spanend (z. B. Fräsen) erfolgen.
Grundsymbol mit Querlinie	Die Oberfläche wird spanend hergestellt.	Ra3,2 Ra3,2	Ra 3,2	Nur *Ra* (Beachte: „16 %-Regel"[1])) Der Rauheitswert *Ra* = 3,2 µm darf nicht überschritten werden. Die Fertigung erfolgt spanend, z. B. Fräsen.
Grundsymbol mit Querlinie	Die Oberfläche wird spanend hergestellt.	Ry4,2 Ry4,2 Ry 4,2	Rz 4,2	Andere Kenngröße als nur *Ra* (Beachte: „16 %-Regel"), z. B. *Rz* 4,2.
Grundsymbol mit Querlinie	Die Oberfläche wird spanend hergestellt.	Ramax1,6	Ramax 1,6	Die Rauheit darf 1,6 µm nicht überschreiten: „max-Regel".
Grundsymbol mit Querlinie	Die Oberfläche wird spanend hergestellt.	Ra3,2 2,5	-2,5 / Ra 3,2	Die Rauheit *Ra* 3,2 wird bezogen auf die Einzelmesstrecke von 2,5 mm.
Grundsymbol mit Querlinie	Die Oberfläche wird spanend hergestellt.	Ra1,6 Ry4,2	-2,5 / Ra 3,2	Die Rauheit *Ra* 1,6 wird mit einer weiteren Rauheitskenngröße z. B. *Rz* 4,2 kombiniert.
Grundsymbol mit Querlinie	Die Oberfläche wird spanend hergestellt.	Ra3,2 Ra1,6	U Ra 3,2 L Ra 1,6 L Ra 1,6 U = upper = ober L = lower = niedrig	Für die vorhandene Rauheit R_t gilt: U *Ra* = 3,2 µm ≤ *Rt* ≤ L *Ra* = 1,6 µm Die Fertigung erfolgt spanend, z. B. durch Fräsen. Die Buchstaben U und L können bei eindeutiger Angabe weggelassen werden. Die vorhandene Rauheit *Rt* darf den unteren Grenzwert 1,6 µm nicht unterschreiten.
Grundsymbol mit Kreis	Die Oberfläche darf nicht spanend bearbeitet werden oder ist im vorgefertigten Zustand zu belassen.	Ra25	Ra 25	Der Rauheitswert *Ra* = 25 µm darf nicht überschritten werden. Die Fertigung erfolgt spanlos, z. B. durch Gießen.
Grundsymbol mit waagerechter Linie ergänzt	Auf der waagerecht verlaufenden Linie warden Fertigungsverfahren, Oberflächenbehandlungen oder Überzüge vorgeschrieben.	geschliffen Ra0,8	geschliffen Ra 0,8	Der Rauheitswert *Ra* = 0,8 µm darf nicht überschritten werden. Das Fertigungsverfahren ist Schleifen.
Grundsymbol mit waagerechter Linie und Kreis ergänzt	Die Vorgaben der Oberflächenbeschaffenheit werden auf alle Oberflächen des Werkstückes erweitert.	Ra0,8	Ra 0,8	Der Rauheitswert *Ra* = 0,8 µm darf auf allen Oberflächen des Werkstückes nicht überschritten werden. Die Fertigung erfolgt spanend, z. B. durch Schleifen.

[1] Definition 16 %-Regel:
Eine Oberfläche gilt als annehmbar, wenn nicht mehr als 16% der gemessenen Werte den oberen bzw. unteren Grenzwert überschreiten bzw. unterschreiten, bezogen auf den in Zeichnungen oder Produktdokumentationen festgelegten Wert.

Oberflächenangaben in Zeichnungen

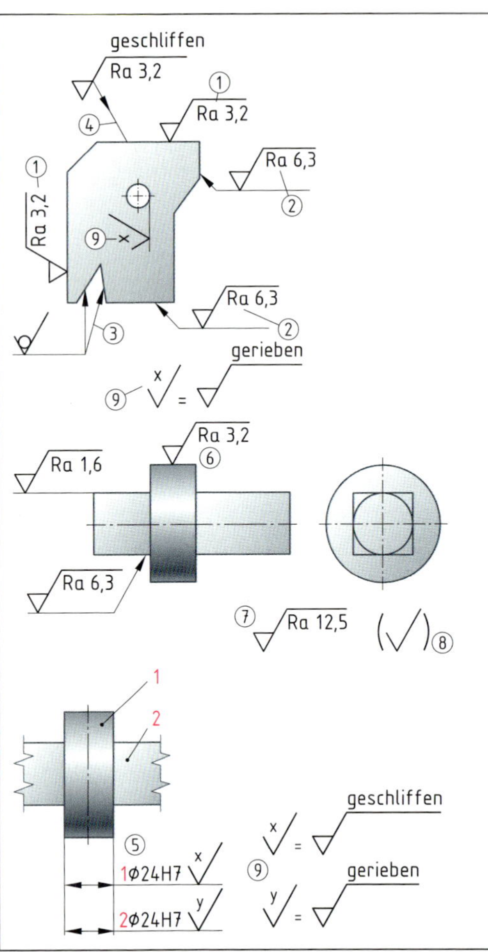

① Das Oberflächensymbol und ergänzende Eintragungen sind von unten oder rechts lesbar.

② Das Oberflächensymbol kann beliebig eingezeichnet werden, wenn der Rauheitswert von unten oder rechts lesbar ist.

Bei Bedarf können das Symbol und ergänzende Angaben auf eine Hinweislinie mit Pfeil eingetragen werden.

③ Der Pfeil zeigt auf die Oberfläche.

④ Die Verlängerung des Pfeils zeigt auf die Oberfläche.

⑤ Zur Vermeidung von Missverständnissen können die Positionsnummern den Oberflächenangaben vorangestellt werden.

⑥ Jede Oberfläche wird nur einmal in einer Zeichnung mit Oberflächenangaben versehen. Gleiches gilt für zylindrische oder prismatische Oberflächen.

⑦ Eine Oberflächenangabe außerhalb des Werkstückes bezieht sich auf alle Oberflächen.

⑧ Abweichungen zu einer für alle Oberflächen geltenden Angabe werden in Klammern gesetzt und in die Zeichnung eingetragen.

⑨ Umfangreiche oder sich wiederholende Angaben können verschlüsselt werden und in einer Legende in der Nähe des Schriftfeldes erläutert werden.

Zeichnungseintragung	**Erläuterung**	
=	Rillenrichtung parallel zur Projektionsebene	
⊥	Rillenrichtung senkrecht zur Projektionsebene	
X	Rillenrichtung gekreuzt in zwei schrägen Richtungen	
M	Rillenrichtung in viele Richtungen	
C	Rillenrichtung annähernd zentrisch zum Mittelpunkt der Oberfläche	

Oberflächenangaben in Zeichnungen (Fortsetzung)

Zeichnungseintragung	Erläuterung	
R	Rillenrichtung annähernd radial zum Mittelpunkt der Oberfläche	
P	Nichtrillige Oberfläche, ungerichtet oder muldig	
gehämmert	Oberfläche durch Hämmern gestaltet	
Mit Walzhaut	Textangabe in der Nähe des Schriftfeldes. Die Walzhaut nicht entfernen	

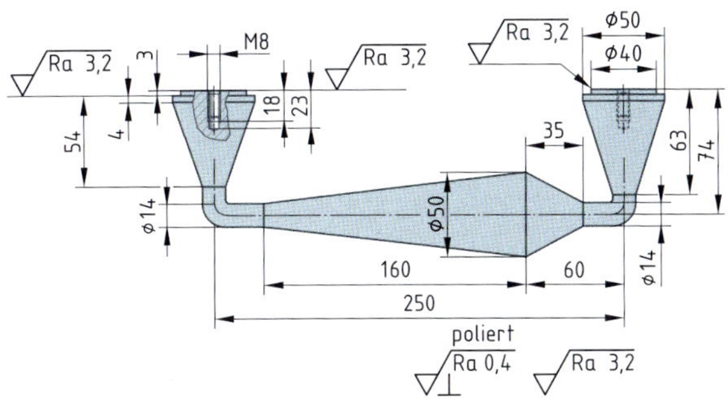

Eintragungsbeispiel für Oberflächenangaben

Fertigungsverfahren und Oberflächenbeschaffenheit[1)]

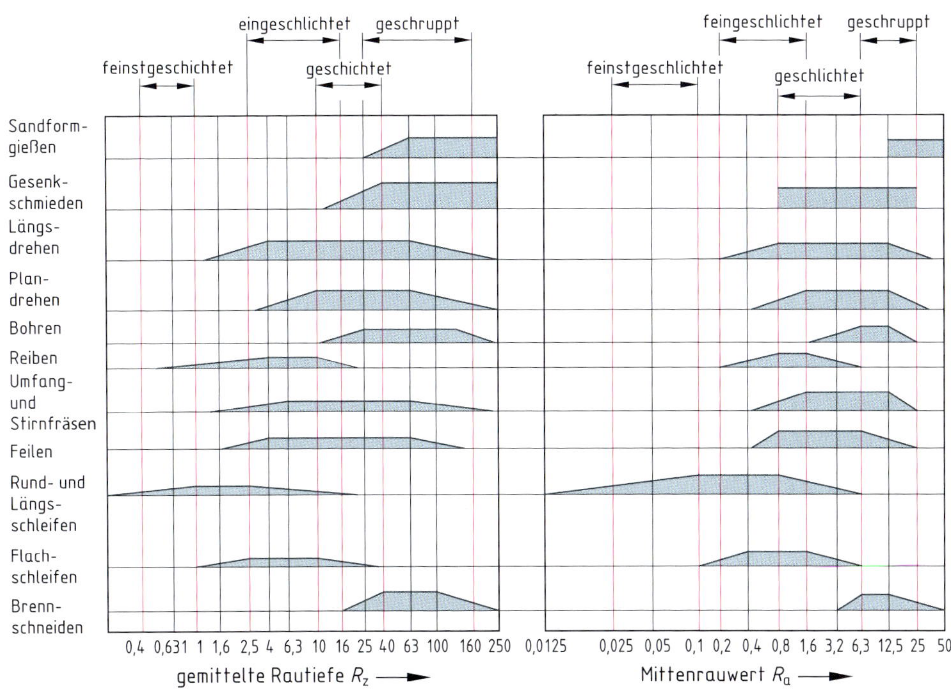

[1)] Anhaltswerte nach zurückgezogener DIN 4766

2.8 Schweißen und Löten

Stoßarten von Schweiß- und Lötnähten DIN EN ISO 2553 : 2022-07

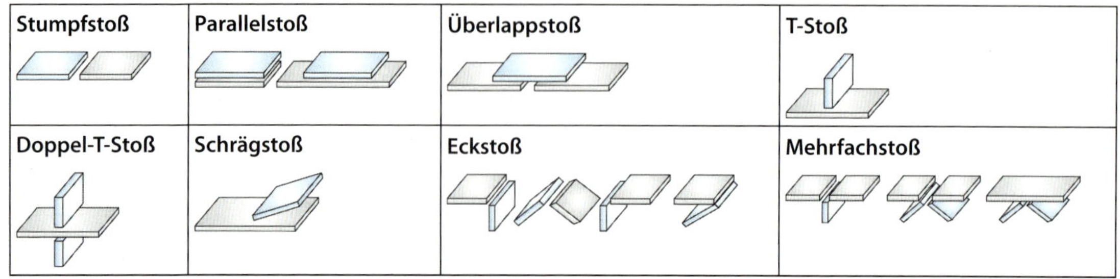

Symbolische Darstellung von Schweißverbindungen DIN EN ISO 2553 : 2022-07

Die Norm teilt die Darstellung der Schweißverbindungen in das **System A** und das **System B** ein. Das **System A** (Symbol mit doppelter Bezugslinie) wird im **europäischen** Raum angewendet; das System B (Symbol mit einfacher Bezugslinie) wird im pazifischen Raum verwendet. Die Systeme dürfen nicht miteinander vermischt werden.

In diesem Tabellenbuch wird nur das **System A** verwendet.

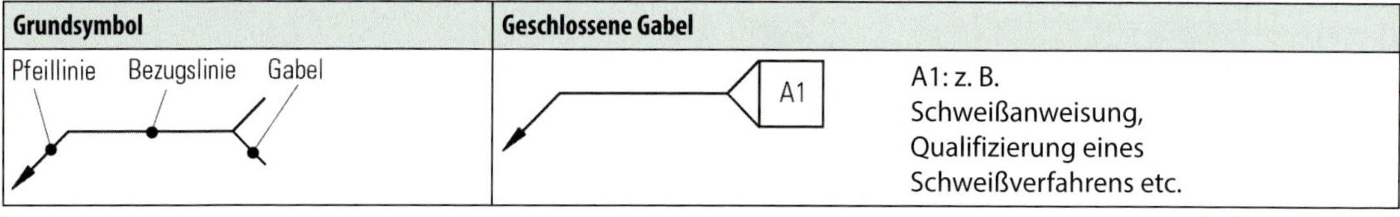

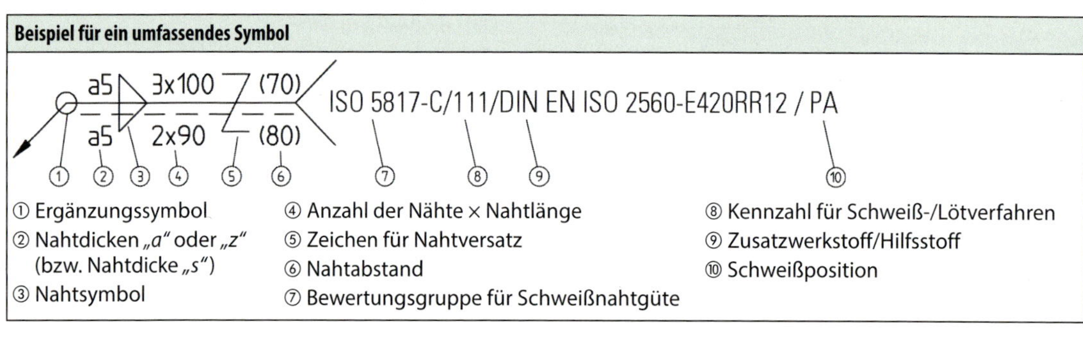

① Ergänzungssymbol
② Nahtdicken „*a*" oder „*z*" (bzw. Nahtdicke „*s*")
③ Nahtsymbol
④ Anzahl der Nähte × Nahtlänge
⑤ Zeichen für Nahtversatz
⑥ Nahtabstand
⑦ Bewertungsgruppe für Schweißnahtgüte
⑧ Kennzahl für Schweiß-/Lötverfahren
⑨ Zusatzwerkstoff/Hilfsstoff
⑩ Schweißposition

Grundsymbole für Schweißnahtformen

Symbol Name	Darstellung	Symboldarstellung
‖ I-Naht		
V V-Naht		
Y Y-Naht		
HV-Naht		
HY-Naht		
U-Naht		
HU-Naht		
widerstandsgeschweißte Punktnaht		

Grundsymbole für Schweißnahtformen (Fortsetzung)

Symbol Name	Darstellung	Symboldarstellung
schmelzgeschweißte Punktnaht		
Widerstandsrollenschweißnaht		
Liniennaht		
Bolzenschweißverbindung		
Steilflankennaht		
Halbsteilflankennaht		
aufgeweitete Y-Naht		

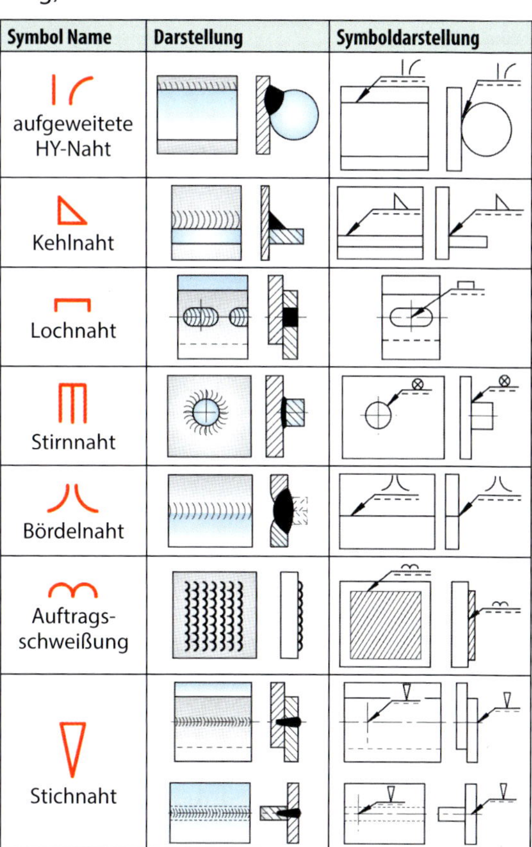

Symbol Name	Darstellung	Symboldarstellung
aufgeweitete HY-Naht		
Kehlnaht		
Lochnaht		
Stirnnaht		
Bördelnaht		
Auftragsschweißung		
Stichnaht		

Kombinierte Grundsymbole

Doppel-HV-Naht		Doppel-HV-Naht		Doppel-HV-Naht mit Kehlnaht	
erläuternd	symbolhaft	erläuternd	symbolhaft	erläuternd	symbolhaft

Zusatzsymbole

Name	Symbol	Name	Symbol	Name	Symbol	Name	Symbol
Flach nachbearbeitet Beispiel: V-Naht flach		Konvex (gewölbt) Beispiel: HV-Naht gewölbt		Konkav (hohl) Beispiel: Kehlnaht hohl		Nahtübergänge kerbfrei Beispiel: Kehlnaht kerbfreie	
Gegenlage Beispiel: V-Naht mit Gegenlage		Wurzelüberhöhung Beispiel: Gewölbte I-Naht		Schweißbadsicherung (allgemein) Beispiel: nicht festgelegt		Schweißbadsicherung (verbleibend) Beispiel: V-Naht	M M
Schweißbadsicherung (entfernt) Beispiel: V-Naht	MR MR	Abstandhalter Beispiel: Doppel-V-Naht		Einlage (aufschmelzbar) Beispiel: V-Naht		Naht zwischen 2 Punkten	A ←→ B

Stirnnähte an Bördelstumpf- und -eckstößen

Bördelnähte	Darstellung	Symbol
Nicht durchgeschweißte Naht		
Durchgeschweißte Naht		
Bördelecknähte		
Naht teilweise durchgeschweißt		
Naht voll durchgeschweißt		

Abknickende Pfeillinien

Darstellung	Symbol	Darstellung	Symbol
		mehrere Pfeillinien	mehrere Bezugslinien

Bemaßung von Schweißnähten (Auswahl)

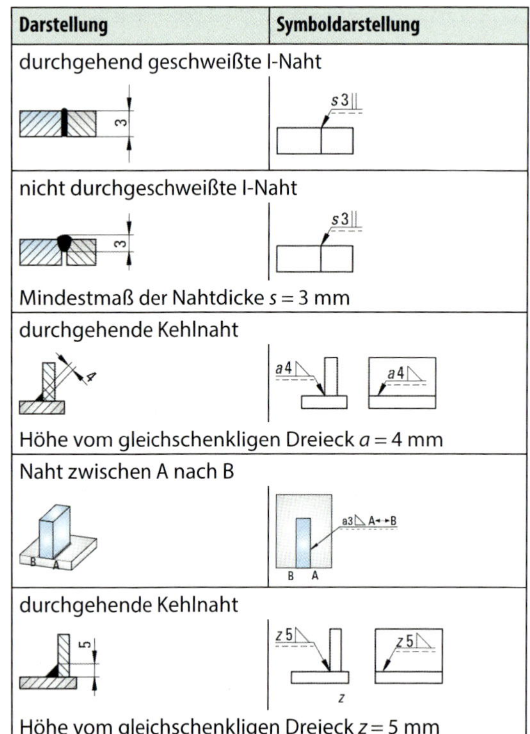

Darstellung	Symboldarstellung
durchgehend geschweißte I-Naht	s 3
nicht durchgeschweißte I-Naht Mindestmaß der Nahtdicke $s = 3$ mm	s 3
durchgehende Kehlnaht Höhe vom gleichschenkligen Dreieck $a = 4$ mm	a 4
Naht zwischen A nach B	a3 A→B
durchgehende Kehlnaht Höhe vom gleichschenkligen Dreieck $z = 5$ mm	z 5

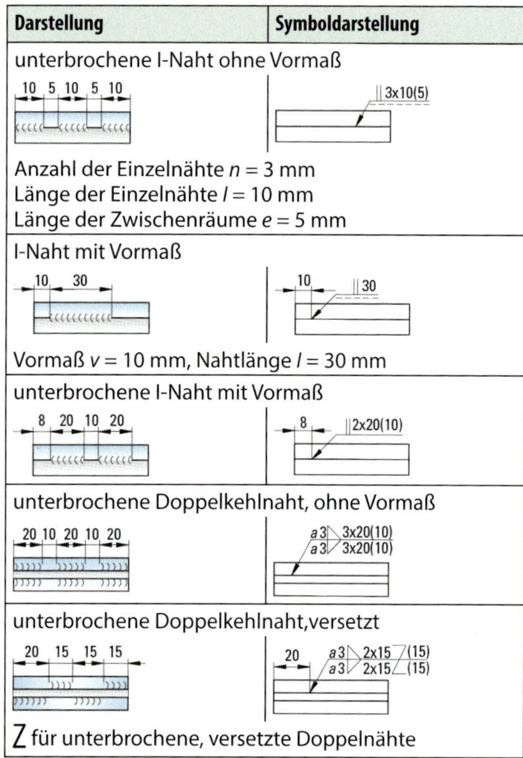

Darstellung	Symboldarstellung
unterbrochene I-Naht ohne Vormaß 10 5 10 5 10 Anzahl der Einzelnähte $n = 3$ mm Länge der Einzelnähte $l = 10$ mm Länge der Zwischenräume $e = 5$ mm	3x10(5)
I-Naht mit Vormaß 10 30 Vormaß $v = 10$ mm, Nahtlänge $l = 30$ mm	10 30
unterbrochene I-Naht mit Vormaß 8 20 10 20	8 2x20(10)
unterbrochene Doppelkehlnaht, ohne Vormaß 20 10 20 10 20	a3 3x20(10) a3 3x20(10)
unterbrochene Doppelkehlnaht,versetzt 20 15 15 15 Z für unterbrochene, versetzte Doppelnähte	20 a3 2x15 (15) a3 2x15 (15)

Prüfung von Schweißern

DIN EN ISO 9606-1 : 2017-12

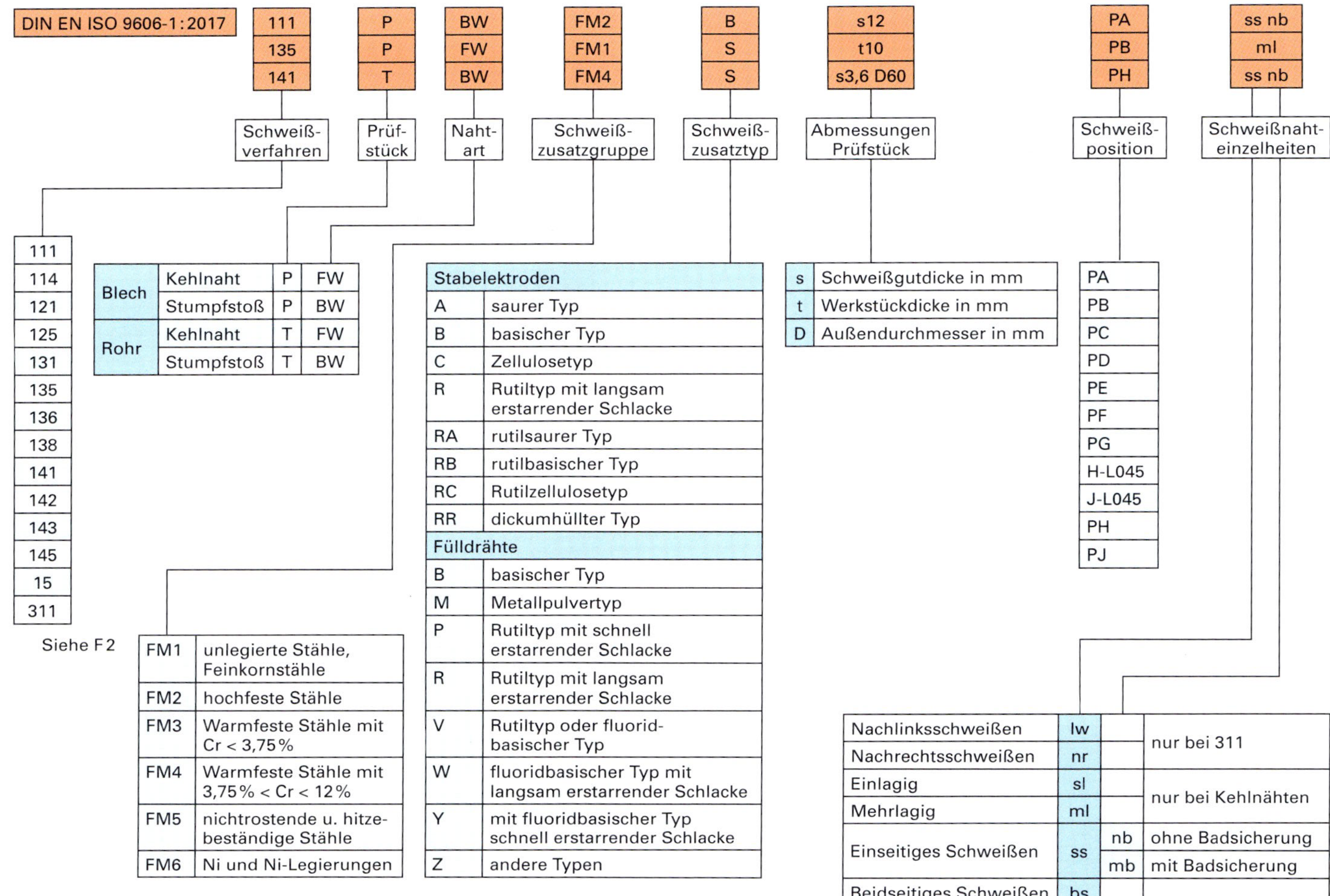

Schweißverfahren
111
114
121
125
131
135
136
138
141
142
143
145
15
311

Blech	Kehlnaht	P	FW
	Stumpfstoß	P	BW
Rohr	Kehlnaht	T	FW
	Stumpfstoß	T	BW

FM1	unlegierte Stähle, Feinkornstähle
FM2	hochfeste Stähle
FM3	Warmfeste Stähle mit Cr < 3,75 %
FM4	Warmfeste Stähle mit 3,75 % < Cr < 12 %
FM5	nichtrostende u. hitzebeständige Stähle
FM6	Ni und Ni-Legierungen

Stabelektroden	
A	saurer Typ
B	basischer Typ
C	Zellulosetyp
R	Rutiltyp mit langsam erstarrender Schlacke
RA	rutilsaurer Typ
RB	rutilbasischer Typ
RC	Rutilzellulosetyp
RR	dickumhüllter Typ
Fülldrähte	
B	basischer Typ
M	Metallpulvertyp
P	Rutiltyp mit schnell erstarrender Schlacke
R	Rutiltyp mit langsam erstarrender Schlacke
V	Rutiltyp oder fluorid-basischer Typ
W	fluoridbasischer Typ mit langsam erstarrender Schlacke
Y	mit fluoridbasischer Typ schnell erstarrender Schlacke
Z	andere Typen

s	Schweißgutdicke in mm
t	Werkstückdicke in mm
D	Außendurchmesser in mm

Schweißposition
PA
PB
PC
PD
PE
PF
PG
H-L045
J-L045
PH
PJ

Nachlinksschweißen	lw		nur bei 311
Nachrechtsschweißen	nr		
Einlagig	sl		nur bei Kehlnähten
Mehrlagig	ml		
Einseitiges Schweißen	ss	nb	ohne Badsicherung
		mb	mit Badsicherung
Beidseitiges Schweißen	bs		

Schweißfolgeplan

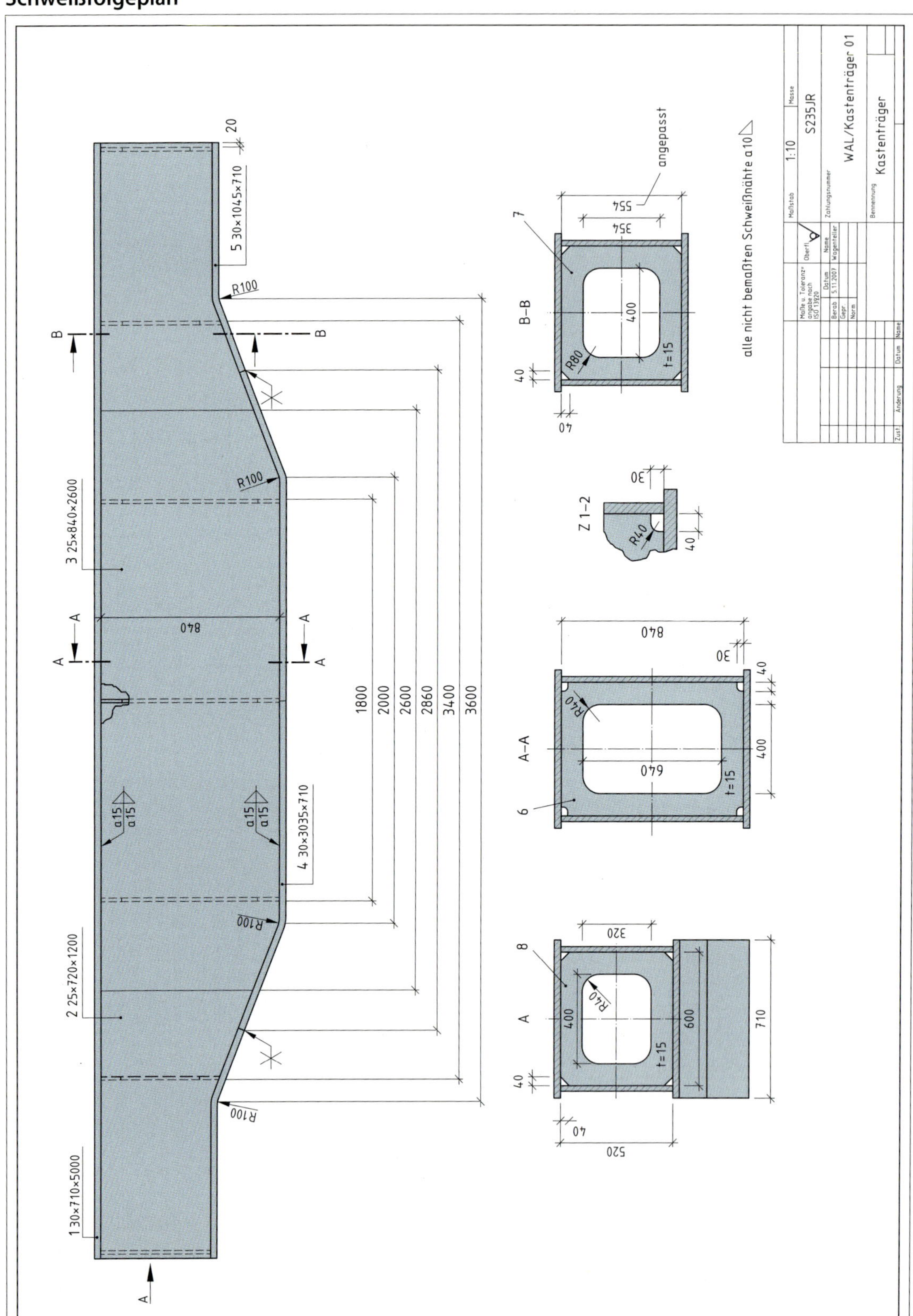

Stückliste für Kastenträger

1 Pos.	2 Menge	3 Einh.	4 Benennung	5 Norm	6 Bemerkung
1	1		Obergurt	EN 10025	Bl 30 × 710 × 5000, S235JR
2	4		Kastenblech schmal	EN 10025	Bl 25 × 720 × 1200, S235JR
3	2		Kastenblech groß	EN 10025	Bl 25 × 840 × 2600, S235JR
4	1		Untergurt lang	EN 10025	Bl 30 × 3035 × 710, S235JR
5	2		Untergurt kurz	EN 10025	Bl 25 × 1045 × 1200, S235JR
6	3		Versteifung groß	EN 10025	Bl 15 × 840 × 600, S235JR
7	2		Versteifung mittel	EN 10025	Bl 15 × 555 × 600, S235JR
8	2		Versteifung klein	EN 10025	Bl 15 × 520 × 600, S235JR

Schweißplan für Kastenträger

	Schweißfolgeplan	**Ausg.: 03**	**Werkstoff: S235JR**
HT	Nr.: SP – 071107 Ident-Nr.: 5408 Bauteil: Kastenträger	Blatt: 1/2	Zeichnungsnummer: WAL/Kastenträger 01

Bauteilbezeichnung: WAL/Kastenträger 01
Hauptabmessungen: L = 5000 mm, B = 710 mm, H = 840 mm
Masse (kg);
Allgemeine Angaben:
1. Nahtabmaße sind den Zeichnungen zu entnehmen.
2. Stumpfnähte in Position PA, Kehlnähte in Position PA oder PB geschweißt
3. Stumpfnähte Wurzeln ausgefugt und gegengeschweißt.
4. Schweißfolge nach Schweißfolgeplan (Anlage SFP 1)
5. Schweißrichtung von Mitte nach außen.
   Bei mehrlagigen Schweißnähten: Schweißrichtung nach jeder Lage ändern.
   Bei doppelseitigen Schweißnähten wechselseitig schweißen.

Vorrichtungen: Wendevorrichtung
Sonstiges: . . .

Schweißfolgeplan für Kastenträger

	Schweißfolgeplan	**Ausg.: 03**	**Werkstoff: S235JR**
HT	Nr.: SP – 071107 Ident-Nr.: 5408 Bauteil: Kastenträger	Blatt: 2/2	Zeichnungsnummer: WAL/Kastenträger 01

Nr.	**Arbeitsfolge**	**Schweißzusatz, Schweißanweisungen, Prüfanweisungen**
1	Gebrannte Bleche auf Maßhaltigkeit prüfen	Prüfplan B verwenden
2	Heften von Pos. 3 mit 2 × Pos. 2 und gegebenenfalls richten	111, EN 499 – E 42 0 RR 2
3	Wurzel schweißen	315, EN 440-G4Si1, Bauteil wenden, Wurzel ausfugen
4	DV-Naht schweißen	3215, EN 440-G4Si1, Hinweise Schweißplan beachten
5	Schweißnähte stichprobenweise durchstrahlen.	WPS -16.10.01 – PA16.10.01
6	. . .	
25	Maß- und Formkontrolle	Prüfdokumentation nach Vorgabe beachten.
26	Übergabe	

2

2.9 Rohrleitungen in technischen Zeichnungen

Kennzeichnung von Wasserversorgungsanlagen

DIN 2403 : 2018-10

Leitung	Kennbuchstaben	Farbe des Kurzzeichens/ der Linie
Trinkwasser	PW	PW grün
Kaltwasser	PWC	grün
Warmwasser	PWH	PWH rot
Zirkulation	PWH-C	violett
Nichttrinkwasserleitung	NPW	NPW NPW Betriebswasser schwarz

Farbkennzeichnung von Rohrleitungen nach dem Durchflussstoff

DIN 2403 : 2018-10

Stoff	Gruppe	Farbe/Zusatzfarbe	Schrift	Aufkleber (Beispiel)
Wasser – Abwasser, Feuerlöschwasser, Frischwasser, Heizung, Kühlmittel, Meerwasser, Schmutzwasser, Trinkwasser, Warmwasser	1	grün (RAL 6032)	weiß (RAL 9003)	Vorlauf
Wasserdampf – Abdampf, Fernwärme; Heißdampf	2	rot (RAL 3001)	weiß (RAL 9003)	Wasserdampf
Luft – Abluft, Belüftung, Druckluft, Frischluft, Kühlluft	3	grau (RAL 7004)	schwarz (RAL 9004)	Druckluft HD
Brennbare Gase – Abgas, Erdgas, Azetylen, Methan, Methanol, Propan, Rauchgas, Schutzgas	4	gelb (RAL 1003)/ rot (RAL 3001)	schwarz (RAL 9004)	Wasserstoff
Nichtbrennbare Gase – Argon, CO_2 Gas, Helium, Kohlendioxid, Stickstoff, Ozon	5	gelb (RAL 1003)/ schwarz (RAL 9004)	schwarz (RAL 9004)	Ozon
Säuren – Elektrolyt, Essigsäure, Kohlensäure, Salzsäure, Schwefelsäure, Zitronensäure	6	orange (RAL 2010)	schwarz (RAL 9004)	Chromsäure
Laugen – Alkalische Abwasser, Ammoniak, Kalilauge, Kalkmilch, Natronlauge, Salmiakgeist, Soda	7	violett (RAL 4008)	weiß (RAL 9003)	Natronlauge
Brennbare Flüssigkeiten – Alkohol, Benzin, Diesel, Ethanol, Heizöl, Schmieröl, Terpentin	8	braun (RAL 8002)/ rot (RAL 3001)	weiß (RAL 9003)	Diesel
Nichtbrennbare Flüssigkeiten – Bremsflüssigkeit, Emulsion, Glysantin	9	braun (RAL 8002)/ schwarz (RAL 9004)	weiß (RAL 9003)	Kalkwasser
Sauerstoff – Ozon	0	blau (RAL 5005)	weiß (RAL 9003)	Sauerstoff

Zuordnung von Farben und Kennzahlen zur Stoffgattung (Auswahl)

Kennzahl	Stoffgattung
Gruppe 1	Wasser (Gruppenfarbe **Grün**)
1.0	Trinkwasser
1.1	Rohwasser
1.2	Brauchwasser, Reinwasser
1.3	Aufbereitetes Wasser
1.4	Destilliertes Wasser, Kondensat
1.5	Presswasser, Sperrwasser
1.6	Kreislaufwasser
1.7	Schweres Wasser
1.8	frei für Ergänzungen
1.9	Abwasser

Kennzahl	Stoffgattung
Gruppe 2	Wasserdampf (Gruppenfarbe **Rot**)
2.0	N. D.-Dampf bis $p_e = 1{,}5$ bar
2.1	H. D.-Sattdampf
2.2	H. D.-Heißdampf
2.3	Entnahme, Gegendruckdampf
2.4	Brüdendampf
2.5	Vakuumdampf
2.6	Kreislaufdampf
2.7	frei für Ergänzungen
2.8	frei für Ergänzungen
2.9	Abdampf

Rohrleitungen in Isometrie (30° Raster)

Verlaufsarten

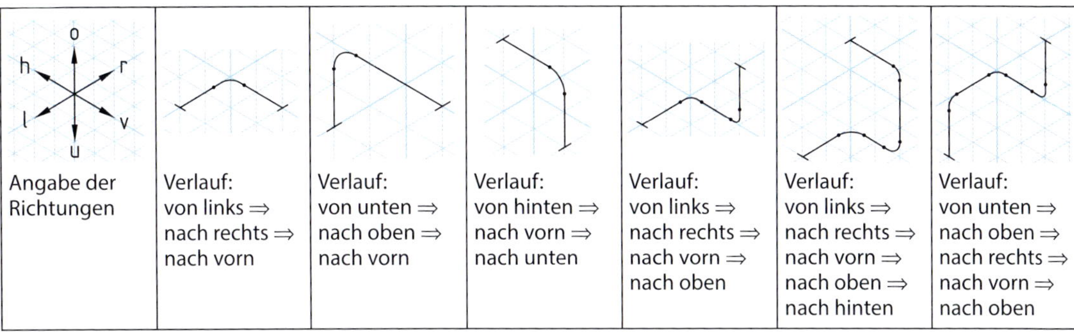

Angabe der Richtungen	Verlauf: von links ⇒ nach rechts ⇒ nach vorn	Verlauf: von unten ⇒ nach oben ⇒ nach vorn	Verlauf: von hinten ⇒ nach vorn ⇒ nach unten	Verlauf: von links ⇒ nach rechts ⇒ nach vorn ⇒ nach oben	Verlauf: von links ⇒ nach rechts ⇒ nach vorn ⇒ nach oben ⇒ nach hinten	Verlauf: von unten ⇒ nach oben ⇒ nach rechts ⇒ nach vorn ⇒ nach oben

Regeln zur isometrische Darstellung von Rohrleitungen

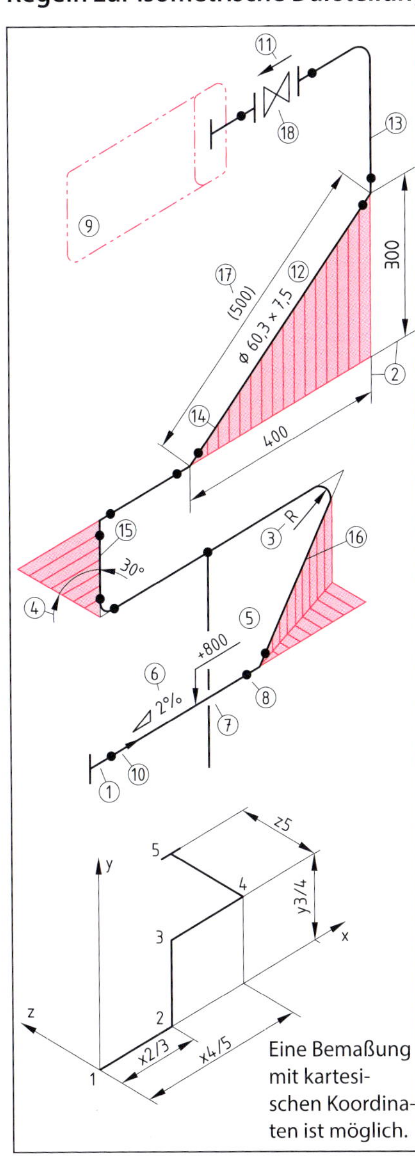

Eine Bemaßung mit kartesischen Koordinaten ist möglich.

Rohrleitungen werden meist nach den Regeln der Isometrie gezeichnet, da das Wesentliche klarer als bei der orthogonalen Darstellung zu erkennen ist.

① Rohrleitungen als breite Volllinie darstellen.
② Rohre und Bögen über die Mittellinien bemaßen.
③ Radien an der breiten Volllinie bemaßen.
④ Winkel funktionsgerecht bemaßen.
⑤ Höhenangaben mit einer Hilfslinie, die auf die Rohrleitung oder deren Verlängerung zeigt, bemaßen.
⑥ Neigungen von Rohren mit einem der Neigung entsprechenden Neigungsdreieck und einer Zahlenangabe festlegen. Die Zahlenangabe erfolgt über:

- eine Prozentangabe, z. B. 2 %,
- das Neigungsverhältnis, z. B. 1: 500,
- einen Bruch, z. B. 1/500,
- einen Winkel, z. B. 3°.

⑦ Die Fließlinie wird bei Leitungskreuzungen ohne Verbindung in der Regel nicht unterbrochen. Zur Verdeutlichung der Rohrleitungsanlagen zueinander ist eine Unterbrechung der Fließlinie zulässig.
⑧ Unlösbare Rohrleitungsverbindungen durch einen Punkt kennzeichnen.
⑨ Angrenzende Bauteile, z. B. Behälter, durch eine Strich-Zweipunktlinie kennzeichnen.
⑩ Pfeil auf der Rohrleitung bestimmt die Fließrichtung.
⑪ Fließrichtung an Absperrorganen durch einen Pfeil in Symbolnähe bestimmen.
⑫ Rohrabmessungen mit einer Hilfslinie oder direkt an der Volllinie eintragen.
⑬ Rohrleitungen, die parallel zu Koordinatenachsen verlaufen.

Rohrleitungen, die nicht parallel zu Koordinatenachsen verlaufen, mittels Hilfsprojektionsebenen und Schraffuren darstellen, z. B.

⑭ Rohre auf einer vertikalen Ebene,
⑮ Rohre auf einer horizontalen Ebene,
⑯ Rohre, die nicht parallel zu Koordinatenachsen verlaufen.
⑰ Bei Doppelbemaßungen (zur Vereinfachung der Fertigung) ein Maß in Klammern setzen.
⑱ Graphische Symbole für z. B. Ventile isometrisch darstellen.

Pos.	**Koordinaten**		
	X	**Y**	**Z**
1	0	0	0
2	+10	0	0
3	+10	+20	0
4	+30	+20	0
5	+30	+20	+20

Vereinfachte isometrische Darstellung von Zubehörteilen

Reduzierstück konzentrisch
DN200/DN100
Flansche
oder
Schweißung auf der Baustelle
Stützen
allgemein
geführt
fest
gleitend
Hänger
allgemein
geführt
fest
gleitend

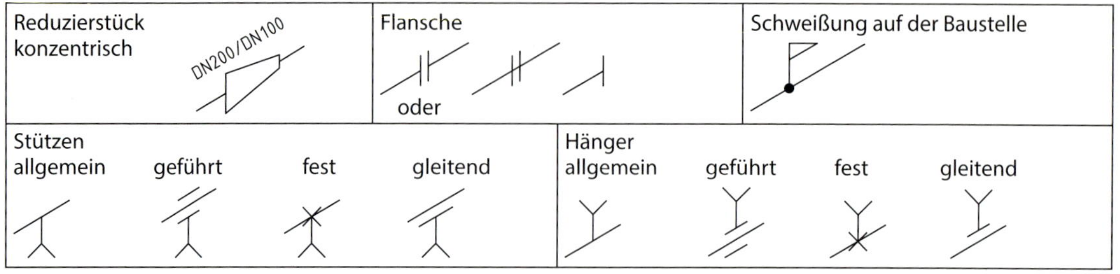

Beispiel: Rohrleitung Industrie

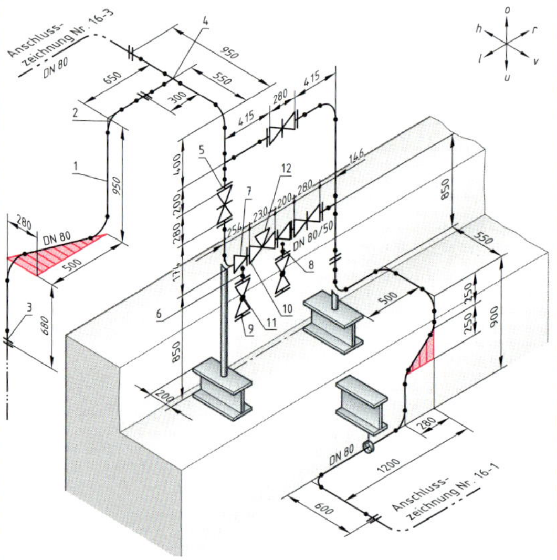

Anschluss-zeichnung Nr. 16-3
DN 80
DN 80/50
Anschluss-zeichnung Nr. 16-1
o
h
r
l
v
u

Beispiel: Kalt- und Warmwasseranschlüsse

Y
X
Z
Y
X

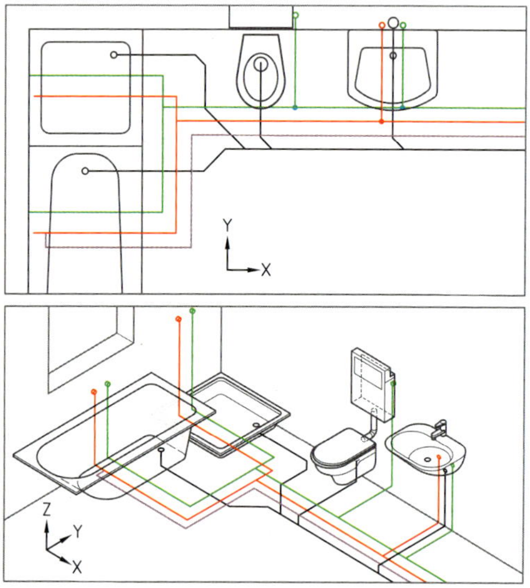

Einrohrheizung

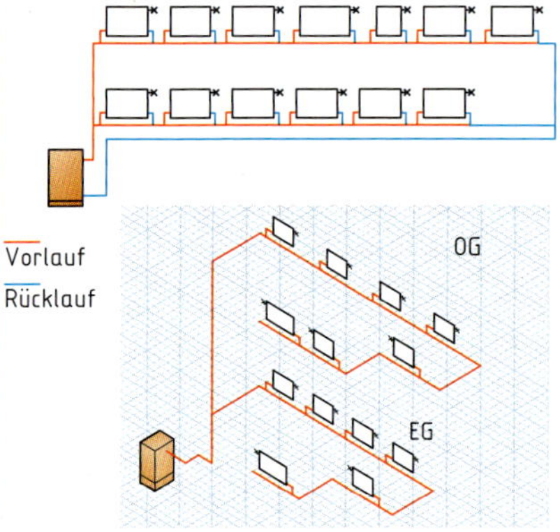

Vorlauf
Rücklauf
OG
EG

Rohrführung nach Tichelmann

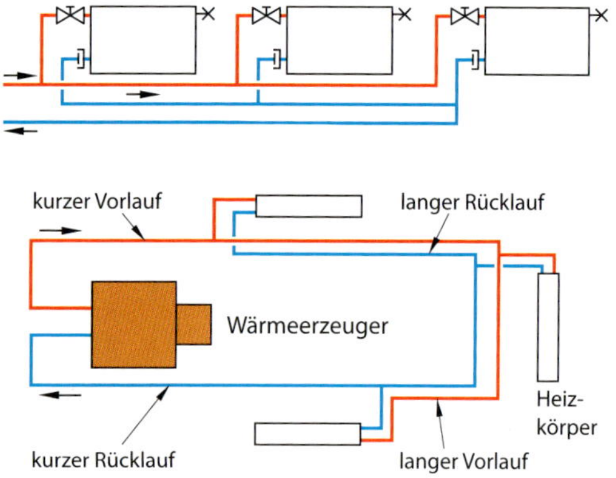

kurzer Vorlauf
langer Rücklauf
Wärmeerzeuger
Heiz-
körper
kurzer Rücklauf
langer Vorlauf

2.10 Bauzeichnen

Arten und Inhalte von Bauzeichnungen (Auswahl) *structural drawings*

Art	Maßstab	Erläuterung	
1	Vorentwurfszeichnungen	1 : 200, 1 : 500	Darstellung eines Planungskonzeptes mit wesentlichen Abmaßen
2	Entwurfszeichnungen	1 : 100, 1 : 200	Alle Größenangaben und technische Ausstattung des Gebäudes
3	Bauvorlagezeichnungen	1 : 100	Enthalten alle für die Genehmigung notwendigen Angaben (Ländervorgaben sind zu beachten)
4	Ausführungszeichnungen	1 : 100, 1 : 50, 1: 10, 1:1	Enthalten alle notwendigen Angaben für die Erstellung des Bauvorhabens, z. B. Detailzeichnungen
5	Baubestandszeichnungen	1 : 100, 1 : 50	Enthalten alle Angaben für bestehende Baukörper
6	Rohbauzeichnungen	1 : 50	Enthalten alle Angaben für die Rohbauausführungen
7	Fertigteilzeichnungen	1 : 20	Enthalten alle Angaben für Fertigung von Fertigbauteilen oder den Baukörper vor Ort

Bauzeichnungen für ein Einfamilienhaus (Ansichten, Schnitte und Grundrisse)

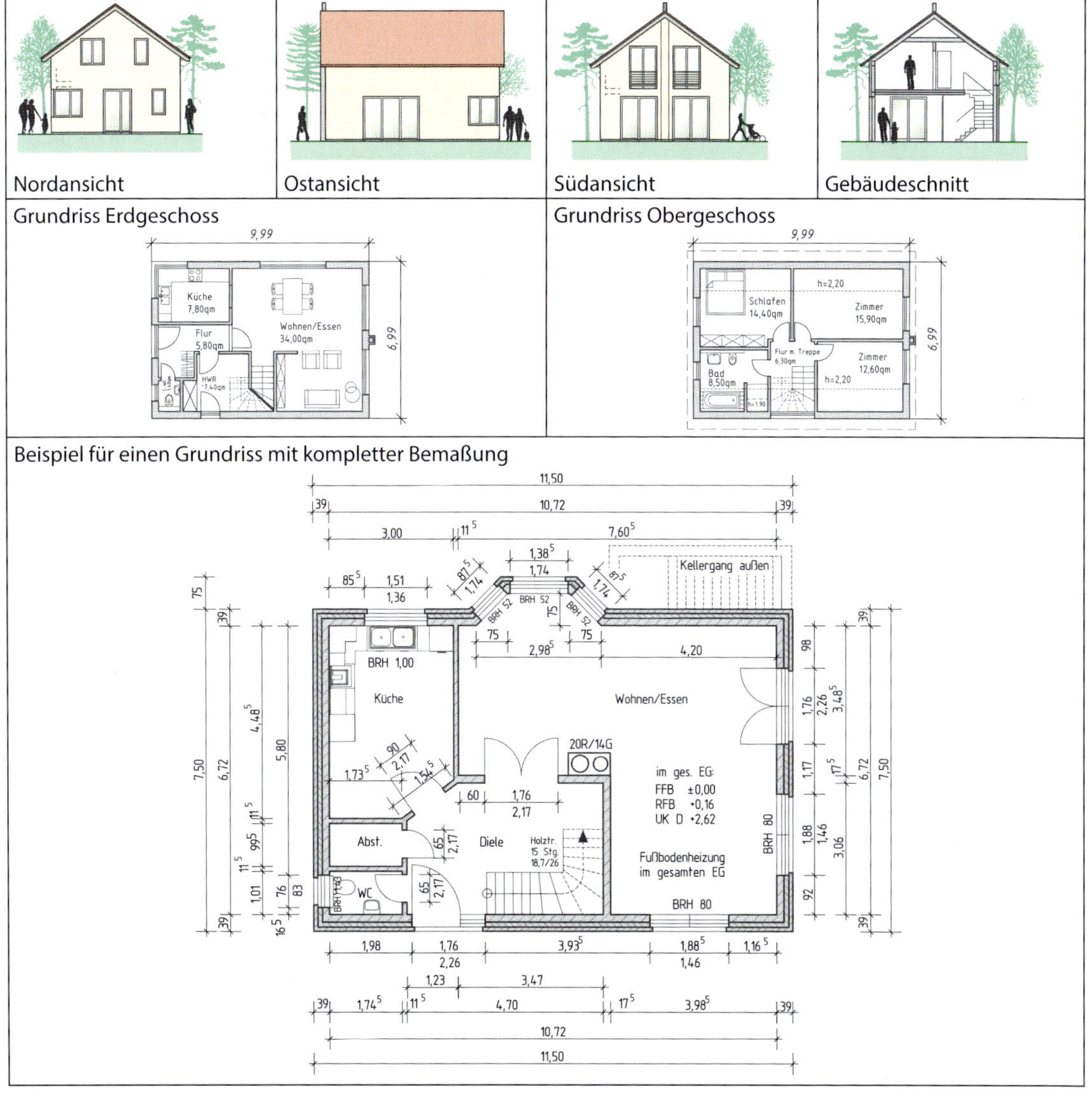

Regeln für die Darstellung und Maßeintragung in Bauzeichnungen

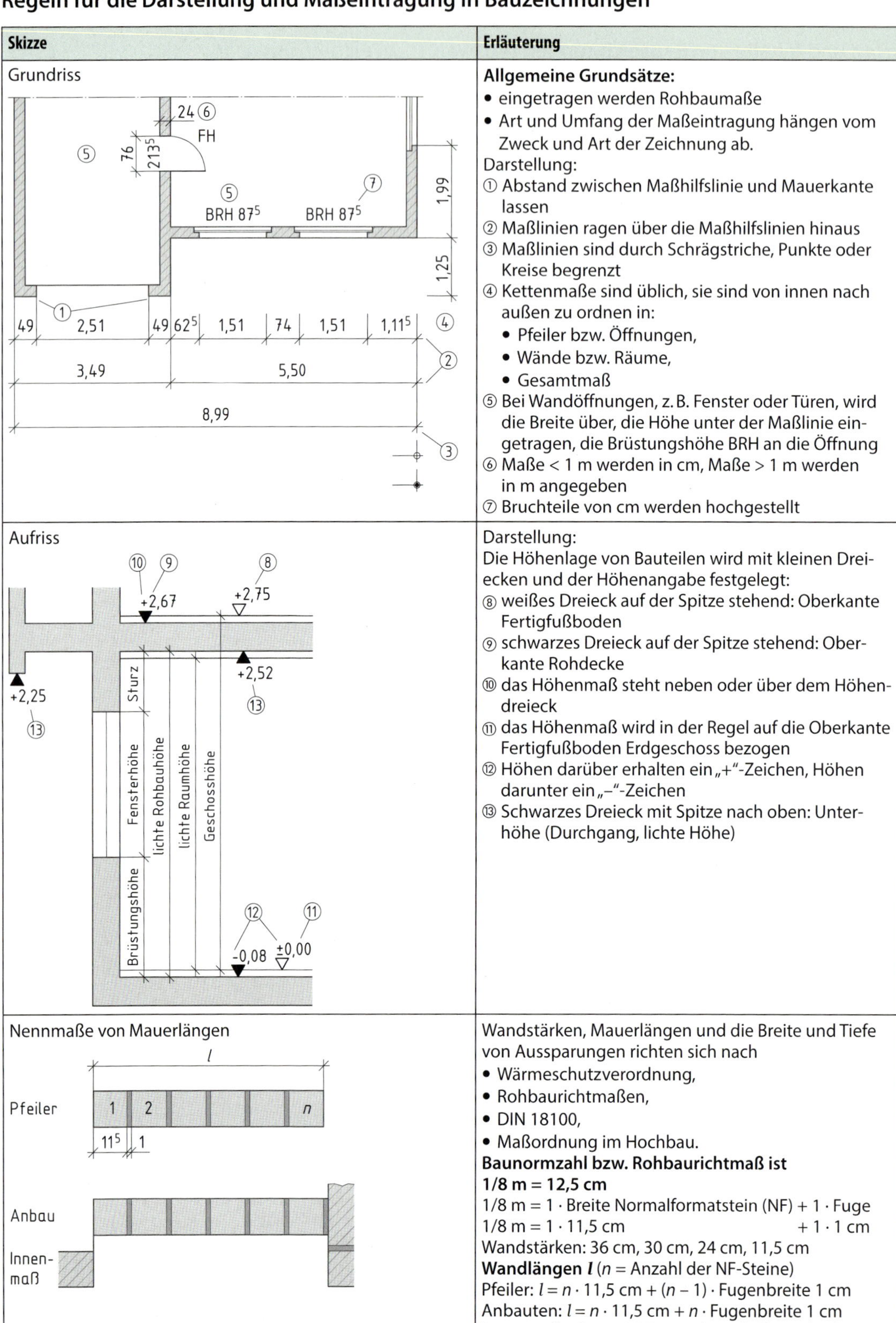

Skizze	Erläuterung
Grundriss	**Allgemeine Grundsätze:** • eingetragen werden Rohbaumaße • Art und Umfang der Maßeintragung hängen vom Zweck und Art der Zeichnung ab. Darstellung: ① Abstand zwischen Maßhilfslinie und Mauerkante lassen ② Maßlinien ragen über die Maßhilfslinien hinaus ③ Maßlinien sind durch Schrägstriche, Punkte oder Kreise begrenzt ④ Kettenmaße sind üblich, sie sind von innen nach außen zu ordnen in: • Pfeiler bzw. Öffnungen, • Wände bzw. Räume, • Gesamtmaß ⑤ Bei Wandöffnungen, z. B. Fenster oder Türen, wird die Breite über, die Höhe unter der Maßlinie eingetragen, die Brüstungshöhe BRH an die Öffnung ⑥ Maße < 1 m werden in cm, Maße > 1 m werden in m angegeben ⑦ Bruchteile von cm werden hochgestellt
Aufriss	Darstellung: Die Höhenlage von Bauteilen wird mit kleinen Dreiecken und der Höhenangabe festgelegt: ⑧ weißes Dreieck auf der Spitze stehend: Oberkante Fertigfußboden ⑨ schwarzes Dreieck auf der Spitze stehend: Oberkante Rohdecke ⑩ das Höhenmaß steht neben oder über dem Höhendreieck ⑪ das Höhenmaß wird in der Regel auf die Oberkante Fertigfußboden Erdgeschoss bezogen ⑫ Höhen darüber erhalten ein „+"-Zeichen, Höhen darunter ein „–"-Zeichen ⑬ Schwarzes Dreieck mit Spitze nach oben: Unterhöhe (Durchgang, lichte Höhe)
Nennmaße von Mauerlängen	Wandstärken, Mauerlängen und die Breite und Tiefe von Aussparungen richten sich nach • Wärmeschutzverordnung, • Rohbaurichtmaßen, • DIN 18100, • Maßordnung im Hochbau. **Baunormzahl bzw. Rohbaurichtmaß ist 1/8 m = 12,5 cm** 1/8 m = 1 · Breite Normalformatstein (NF) + 1 · Fuge 1/8 m = 1 · 11,5 cm + 1 · 1 cm Wandstärken: 36 cm, 30 cm, 24 cm, 11,5 cm **Wandlängen *l*** (n = Anzahl der NF-Steine) Pfeiler: $l = n \cdot 11{,}5$ cm + $(n-1)$ · Fugenbreite 1 cm Anbauten: $l = n \cdot 11{,}5$ cm + n · Fugenbreite 1 cm Innenmaße: $l = n \cdot 11{,}5$ cm + $(n+1)$ · Fugenbreite 1 cm

Regeln für die Darstellung und Maßeintragung in Bauzeichnungen (Fortsetzung)

Skizze	Erläuterung
Aussparungen und Durchbrüche in Wänden 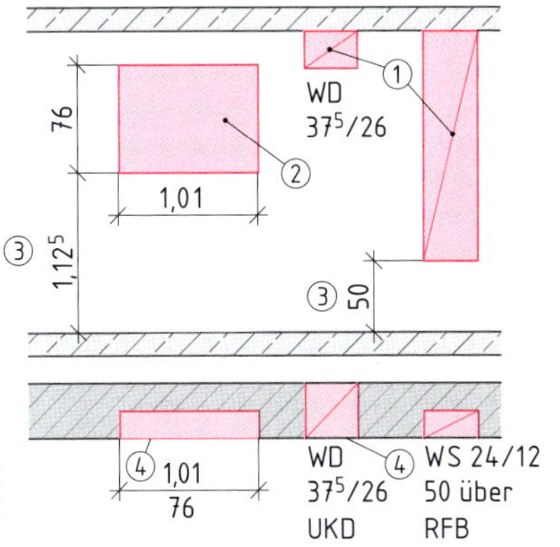	Aussparungen und Durchbrüche müssen der Maßordnung im Hochbau entsprechen. Darstellung: ① Im Aufriss kennzeichnet man Schlitze und Durchbrüche mit einer Diagonale in schmaler Volllinie, Maße werden angegeben in der Reihenfolge: Breite/Höhe ② Nischen werden im Aufriss wie Fenster dargestellt und bemaßt ③ Zusätzlich gibt man die Höhe der Unterkante von Nischen und Schlitzen an ④ Im Grundriss gibt der raumseitige Abschluss den Endzustand an • schmale Volllinie: Schlitz bleibt offen • breite Volllinie: Schlitz wird zugemauert.
Aussparungen und Durchbrüche in Decken 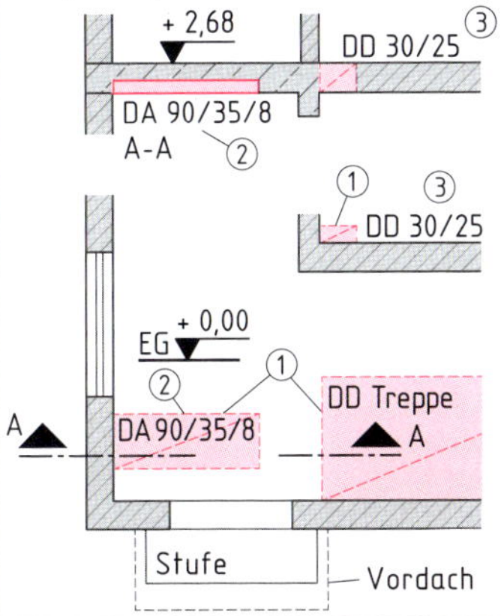	In Decken werden Aussparungen (= DA) und Durchbrüche (= DD) immer in den Grundriss des darunter liegenden Geschosses gezeichnet. Darstellung: ① Strichlinien kennzeichnen die Umrisse von Deckenaussparungen und Deckendurchbrüchen, sie liegen **über** der Schnittebene und gelten als verdeckte bzw. projizierte Körperkanten ② Maßangaben für Aussparungen in der Reihenfolge: Länge/Breite/Tiefe ③ Maßangabe für Durchbrüche in der Reihenfolge: Länge/Breite.

Zulässige Schlitze und Aussparungen in tragenden Wänden, ohne Nachweis[1]

Dicke des Mauerwerks in mm	horizontale und schräge Schlitze[2] (nachträglich)		vertikale Schlitze und Aussparungen nachträglich hergestellt			vertikale Schlitze und Aussparungen im gemauerten Verbund			
	Schlitzlänge		Tiefe[5]	Einzelschlitzbreite[6]	Abstand von Öffnungen	Breite[7]	Restwanddicke	Mindestabstände	
	unbeschränkt	≤ 1,25 m lang[3]						von Öffnungen	untereinander
	Tiefe[4]	Tiefe							
≥ 115	–	–	≤ 10	≤ 100	≥ 115	–	–	2 flache Schlitzbreiten bzw. ≥ 365	≥ Breite des Schlitzes
≥ 175	0	≤ 25	≤ 30	≤ 100	≥ 115	≤ 260	≥ 115		
≥ 240	≤ 15	≤ 25	≤ 30	≤ 150	≥ 115	≤ 385	≥ 115		
≥ 300	≤ 20	≤ 30	≤ 30	≤ 200	≥ 115	≤ 385	≥ 175		
≥ 365	≤ 20	≤ 30	≤ 30	≤ 200	≥ 115	≤ 385	≥ 240		

[1] Vertik. Schlitze und Aussparungen sind auch ohne Nachweis zulässig, wenn Querschnittsschwächung (bezogen auf 1 m Wandlänge) nicht mehr als 6 % beträgt; die Restwanddicken müssen jedoch eingehalten werden.
[2] Zulässig: ≤ 0,4 m ober- oder unterhalb Rohdecke sowie jeweils an der Wandseite; nicht zul. bei Langlochziegeln.
[3] Mind.-Abstand in Längsricht. von Öffn. ≥ 490 mm vom nächsten Horiz.-Schlitz ≥ zweifache Schlitzlänge.
[4] Tiefe darf um 10 mm erhöht werden, wenn Tiefe durch Werkzeuge exakt eingehalten werden kann, dann können auch in Wänden ≥ 240 mm gegenüberliegende Schlitze mit jeweils 10 mm Tiefe ausgeführt werden.
[5] Schlitze, die bis max. 1 m über Fußboden reichen, dürfen bei Wanddicke ≥ 240 mm mit 80 mm Tiefe und 120 mm Breite ausgeführt werden.
[6] [7] Schlitzbreite nach [6] und [7] darf je 2 m Wandlänge die Maße in [7] nicht überschreiten. Bei geringeren Wandlängen als 2 m sind die Maße nach [7] proportional zur Wandlänge zu verringern.

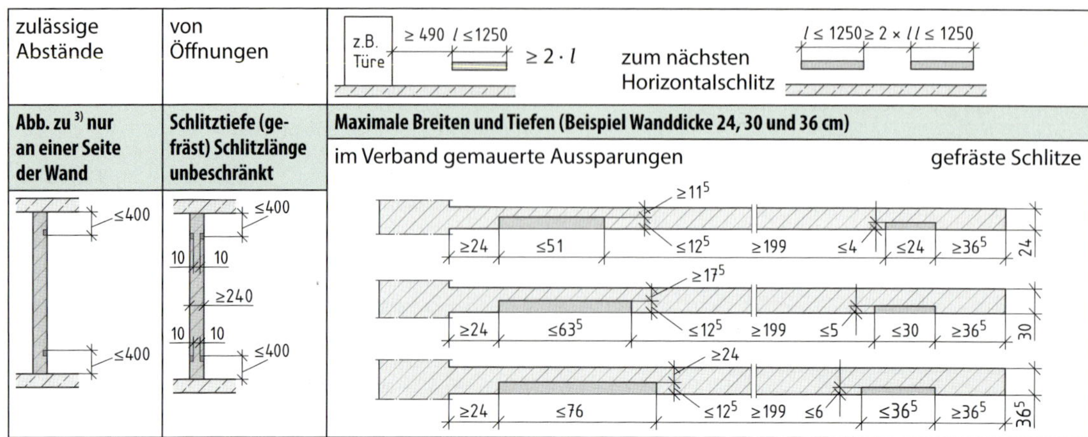

zulässige Abstände	von Öffnungen	z.B. Türe ≥ 490 l ≤ 1250 ≥ 2 · l zum nächsten Horizontalschlitz l ≤ 1250 ≥ 2 × l l ≤ 1250
Abb. zu [3] nur an einer Seite der Wand	**Schlitztiefe (gefräst) Schlitzlänge unbeschränkt**	**Maximale Breiten und Tiefen (Beispiel Wanddicke 24, 30 und 36 cm)**
		im Verband gemauerte Aussparungen / gefräste Schlitze
≤400 ≤400	≤400 10 10 ≥240 10 10 ≤400	≥11⁵ ≥24 ≤51 ≤12⁵ ≥199 ≤4 ≤24 ≥36⁵ 24 ≥17⁵ ≥24 ≤63⁵ ≤12⁵ ≥199 ≤5 ≤30 ≥36⁵ 30 ≥24 ≥24 ≤76 ≤12⁵ ≥199 ≤6 ≤36⁵ ≥36⁵ 36⁵

Darstellungen von Aussparungen (Beispiele)

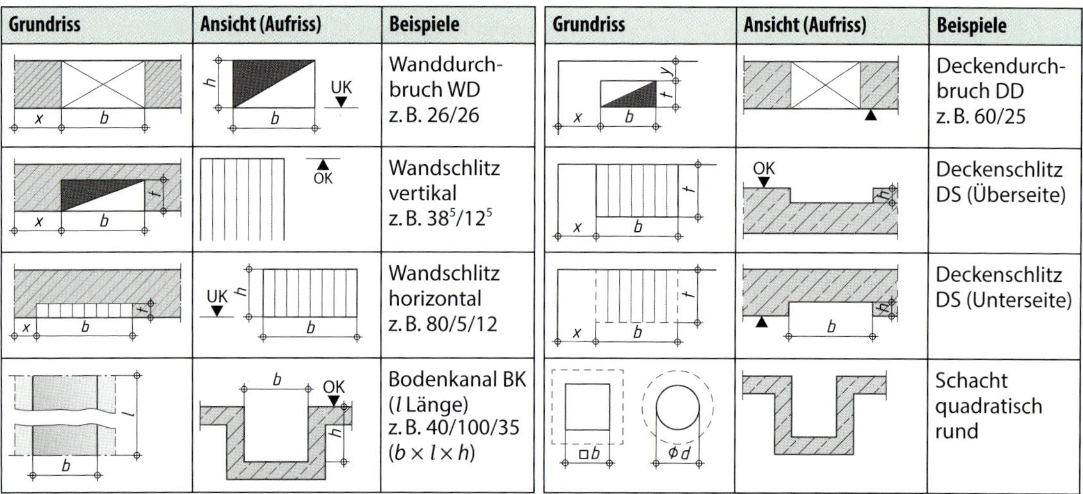

Grundriss	Ansicht (Aufriss)	Beispiele	Grundriss	Ansicht (Aufriss)	Beispiele
x b	h b UK	Wanddurchbruch WD z.B. 26/26	y t x b		Deckendurchbruch DD z.B. 60/25
t x b	OK	Wandschlitz vertikal z.B. 38⁵/12⁵	t x b	OK h	Deckenschlitz DS (Überseite)
t x b	UK h b	Wandschlitz horizontal z.B. 80/5/12	t x b	h b	Deckenschlitz DS (Unterseite)
l b	b OK h	Bodenkanal BK (l Länge) z.B. 40/100/35 ($b \times l \times h$)	□b ⌀d		Schacht quadratisch rund

Hinweis: Bezugsmaße x, y im Grundriss angeben. Durchgehende senkrechte Schlitze erhalten keine Längen- und Höhenangabe. Im Geschoss beginnenden Schlitz UK oder ▼ bemaßen. Im Geschoss endende Schlitze mit OK oder ▲ bemaßen.

Abkürzungen in Bauzeichnungen (Auswahl) – Kennzeichnung von Aussparungen

KG	Kellergeschoss	**FFB**	Fertigfußboden	**HKN**	Heizkörpernische	**Fh**	feuerhemmend
EG	Erdgeschoss	**mNN**	m über Normalnull	**WD**	Wanddurchbruch	**Fb**	feuerbeständig
OG	Obergeschoss	**UK**	Unterkante	**WS**	Wandschlitz	**RH**	Rohrhülse Ø
DG	Dachgeschoss	**OK**	Oberkante	**DD**	Deckendurchbruch	**DO**	Deckeloberkante
RFB	Rohfußboden	**BR**	Brüstung	**DA**	Dachaussparung	**UZ**	Unterzug

Aussparungen sind meist Kombinationen aus drei Buchstaben:
a) Nutzungszweck: S Sanitär, H Heizung, L Lüftung, G Gas, E Elektro; z.B. LWD, SWS, UKD
b) Bauteil: B Boden, D Decke, W Wand, F Fundament; z.B. SFS Fundamentschlitz für Sanitär
c) Aussparungsart: D Durchbruch, S Schlitz, K Kanal; z.B. EDS, SBK, LDD
d) Bemaßung: Breite $b \times$ Tiefe $t \times$ Höhe h; bei WD: b bei DD: $b \times t$; statt OK, UK auch Höhenkoten ▼▲

Schraffuren und Sinnbilder in Bauzeichnungen

DIN 1356-1 : 1995-02, DIN EN ISO 128-3 : 2022-02

Symbol	Erläuterung	Symbol	Erläuterung
	Mauerwerk		Boden
	Beton, unbewehrt		Kies
	Beton, bewehrt		Sand
	Betonfertigelement		Sperrschicht gegen Feuchte
	Putz, Mörtel		Dichtstoff
	Dämmstoff	● ● I	Metall (z. B. Bewehrung, Träger)

Darstellung von Fenstern und Türen

Darstellung von Fenstern in Schnitten

stumpf, mit Isolierverglasung	Anschlag von innen, Einfachverglasung	Anschlag von außen, Dreischeiben-Isolierverglasung

Darstellung von Türen in Schnitten

DIN links beidseitiger Schwelle	DIN rechts, Schwelle an der Öffnungsseite	DIN rechts, ohne Schwelle
Band FH		

Treppen

DIN 18360 : 2019-09, DIN 18065 : 2020-08

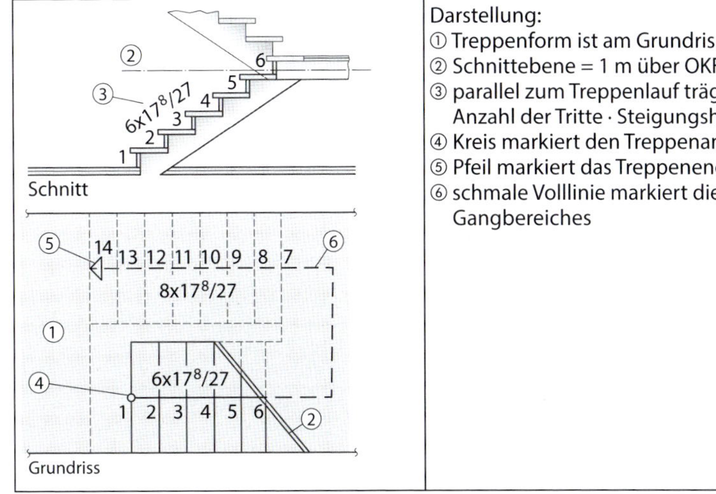

Darstellung:
① Treppenform ist am Grundriss erkennbar
② Schnittebene = 1 m über OKFFB
③ parallel zum Treppenlauf trägt man ein: Anzahl der Tritte · Steigungshöhe/Auftrittsbreite
④ Kreis markiert den Treppenanfang
⑤ Pfeil markiert das Treppenende
⑥ schmale Volllinie markiert die Ganglinie; diese liegt innerhalb des Gangbereiches

2.11 Hausinstallation *domestic installation*

Abmessungen für Hausanschlussräume – Anordnung von Anschlussleitungen

DIN 18012 : 2018-04

min 2000

einseitige Belegung min. 1,50 m

zweiseitige Belegung min. 1,80 m

Raumlänge min. 2,00 m

1 Hauseinführung oder Wanddurchführung
2 Stromhausanschluss
3 Zählerschrank
4 Haupterdungsschiene
5 Potenzialausgleichsleiter zum Hausanschluss
6 Potenzialausgleichsleiter zur Wasserleitung
7 Potenzialausgleichsleiter zur Gasleitung
8 Potenzialausgleichsleiter zur Telekommunikationsanlage
9 Potenzialausgleichsleiter zu weiteren Anlagen
10 Wasserhausanschluss mit Zähler
11 Gashausanschluss mit oder ohne Regler
12 Gaszähler
13 Telekommunikationsanschlüsse
14 Fundamenterder

Wasserleitungen *water pipes*

DIN EN 806-1 : 2001-12

Benennung	Symbol
Wasserleitung	* Der Stern wird ersetzt durch: PW Trinkwasserleitung (portable water) PWC Trinkwasserleitung, kalt PWH Trinkwasserleitung, warm PWH-C Trinkwasserleitung, warm, Zirkulation NPW Nichttrinkwasser TI Wärmedämmung
Trinkwasserleitung, kalt, Nennweite 80	PWC 80
Trinkwasserleitung, warm, Nennweite 50 und Wärmedämmung	PWC 50-TI

Benennung	Symbol
Trinkwasserleitung, warm, Zirkulation, Nennweite 40	PWC-C40
Leitungskreuz	
Abzweig, einseitig	
Abzweig, beidseitig	
Schlauchleitung	
Trinkwasser, kalt, Schlauchleitung, Nennweite 15	PWC 15
Übergang in der Nennweite z. B. von DN 50 auf DN 40	50 40

Benennung	Symbol
Übergang des höchsten Systembetriebsdruckes (MDP) z. B. von 1,0 MPa auf 0,6 MPa	1,0 MPa 0,6 MPa
Übergang im Werkstoff z. B. von Stahl auf Kupfer	St Cu
Rohrleitung in Grundrissdarstellung	○
Rohrleitung aufwärts verlaufend	+
Rohrleitung abwärts verlaufend	–
Rohrleitung hindurchgehend	+ –
Fließrichtung nach oben	+

Wasserleitungen (Fortsetzung)

Benennung	Symbol
Fließrichtung von oben	+
Fließrichtung nach unten	–
Fließrichtung von unten	–
Abzweig, einseitig, nach oben und unten führend	+ –
Elektrische Trennung, Isolierstück	

Benennung	Symbol
Potentialausgleich, Erdung	
Dehnungsbogen	
Stopfbuchsen-kompensator	
Leitungsfestpunkt	
Leitungsbefestigung mit Gleitführung	
Wand- oder Deckendurchführung mit Schutzrohr	

Benennung	Symbol
Wand oder Decken-durchführung mit Schutzrohr und Abdichtung (Mantel-rohr)	
Leitungsabschluss	
Leitungsgefälle, Leitungssteigung, nach rechts	
Leitungsgefälle nach links, 5 %	5%

Unlösbare und lösbare Rohrverbindungen DIN EN 806-1 : 2001-12/ISO 14617-8 : 2002-09

pipe connections

Benennung	Symbol
Rohrverbindung	
Art der Rohrverbindung Der Stern wird ersetzt durch: BR Hartlötverbindung CP Klemmverbindung SC Gewindeverbindung SL Weichlötverbindung AD Klebverbindung WE Schweißverbindung	*

Benennung	Symbol
Art der Rohrverbindung (Fortsetzung) CR Pressfittingverbindung FL Flanschverbindung CFL Klemmflanschverbindung QC Schnellkupplung QCF Schnellkupplung mit Befestigungsgewinde QCI Schnellkupplung mit zwei gleichen Teilen PF Steckverbindung	

Benennung	Symbol
Gewindeverbindung	
Flanschverbindung	
Geschweißte, hartgelötete oder weichgelötete Rohrverbindung	*
Schnellkupplung	
Schnellkupplung mit zwei gleichen Kupplungsteilen	

Absperr- und Drosselarmaturen *shut-off- and throttle valves* ISO 14617-8 : 2002-09 (E)

Benennung	Symbol
Absperrarmatur	
Eckventil	
Dreiwegehahn / Dreiwegeventil	
Vierwegehahn / Vierwegeventil	
Geradsitzventil	
Kugelhahn	
Kolbenschieber	
Schieber	

Benennung	Symbol
Nadelventil	
Absperrklappe	
Druckminderer	p
Anschlussvorrichtung	
Ventilanbohrschelle	
Kükenhahn	
Membranventil	
Rückschlagventil (Rückflussverhinderer)	

Benennung	Symbol
KFR-Ventil **K**ombiniertes **Frei**stromventil mit **R**ückflussverhinderer	
Rückschlagklappe (Rückflussverhinderer)	
Schrägsitzventil mit Entleerung	
Thermostatventil	ϑ
Kappenventil	

Entnahmestellen *tapping points* und Zubehörteile

DIN EN 806-1 : 2001-12

Benennung	Symbol
Auslaufventil, Entleerungsventil	
Standauslaufventil	
Wandauslaufventil	
Mischbatterie	
Standmischbatterie	
Wandmischbatterie	

Benennung	Symbol
Selbstschlussarmatur SC selbstschließend	SC
Brause	
Schlauchbrause	
Druckspüler mit Rohrunterbrecher	FV
Spülkasten	FC

Benennung	Symbol
Auslaufventil mit Schnellkupplung und Schlauchverschraubung	
Auslaufventil mit Sicherungsarmatur, Schnellkupplung und Schlauchverschraubung	*
Ablauftrichter	

Sicherungs- und Sicherheitsarmaturen *safety fittings*

DIN EN 1717 : 2011-08, DIN EN 806-1 : 2001-12

Benennung	Symbol
Sicherungsarmatur allgemein	* * Art der Sicherung
Freier Auslauf, Systemtrennung	
Rohrunterbrecher	
Rohrbelüfter Rohrentlüfter	
Rückflussverhinderer	

Benennung	Symbol
Kombination Rohrbe- und Rohrentlüfter (Schwimmentlüfter)	
Rohrtrenner	
Rückflussverhinderer mit kontrollierbaren Druckzonen	
Rohrbruchsicherung	

Benennung	Symbol
Sicherheitsventil, federbelastet (Eckform)	p >
Sicherheitsventil, Temperaturablassventil	T
Sicherheitsventil, Temperatur- und Druckablassventil	T:P

* Art der Sicherung
- AA: Ungehinderter Freier Auslauf
- AB: Freier Auslauf mit nicht kreisförmigem Überlauf (uneingeschränkt)
- AC: Freier Auslauf mit belüftetem Tauchrohr und Überlauf
- AD: Freier Auslauf mit Injektor
- AF: Freier Auslauf mit kreisförmigem Überlauf (eingeschränkt)
- AG: Freier Auslauf mit Überlauf durch Versuch mit Unterdruckprüfung bestätigt
- BA: Rohrtrenner mit kontrollierbarer Mitteldruckzone
- CA: Rohrtrenner mit unterschiedlichen, nicht kontrollierbaren Druckzonen
- DA: Rohrbelüfter in Durchgangsform
- DB: Rohrunterbrecher Typ A2 mit beweglichen Teilen
- DC: Rohrunterbrecher Typ A1 mit ständiger Verbindung zur Atmosphäre
- EA: Kontrollierbarer Rückflussverhinderer
- EB: Nicht kontrollierbarer Rückflussverhinderer
- EC: Kontrollierbarer Doppelrückflussverhinderer
- ED: Nicht kontrollierbarer Doppelrückflussverhinderer
- GA: Rohrtrenner, nicht durchflussgesteuert
- GB: Rohrtrenner, durchflussgesteuert
- HA: Schlauchanschluss mit Rückflussverhinderer
- HB: Rohrbelüfter für Schlauchanschlüsse
- HC: Automatischer Umsteller
- HD: Rohrbelüfter für Schlauchanschlüsse, kombiniert mit Rückflussverhinderer
- LA: Druckbeaufschlagter Belüfter
- LB: Druckbeaufschlagter Belüfter, kombiniert mit nachgeschaltetem Rückflussverhinderer

Wasserbehandlungsanlagen *water treatment systems*

DIN EN 806-1 : 2001-12

Benennung	Symbol
Dosiergerät	CHD
Enthärtungsanlage	SOF
Nitratentfernungsanlage	NIT
Elektrolytisches Gerät	EDS

Benennung	Symbol
Aufhärtungsanlage	HD
Umkehrosmoseanlage	RO
Desinfektionsanlage mit UV	UV
Mischfilteranlage	CF

Benennung	Symbol
Aktivkohlefilter	ACF
Mechanischer Filter	

Einrichtungen mit/ohne rotierende Teile

DIN EN 806-1 : 2001-12

Benennung	Symbol
Einrichtung mit rotierenden Teilen	
Flüssigkeitspumpe mit mechanischem Antrieb	
Druckerhöhungsanlage mit 2 Pumpen und Angaben der Förderleistung und des Druckes	0,1 MPa; $30 m^3/h$; 0,5 MPa
Waschmaschine	
Geschirrspüler	
Klimagerät	AC
Einrichtung ohne rotierende Teile	
Kompensator	

Mess- und Regeleinrichtungen

DIN EN 806-1 : 2001-12

Benennung	Symbol
Messgerät mit Anzeige	
Registriergerät	*
Messgerät mit Integriervorrichtung	*
Thermometer	°C
Manometer	Pa
Durchflussmessgerät	m^3/h
Durchflussschreiber	m^3/h
Wasserzähler	m^3
Wärmemessgerät	Wh
Steuerleitung	
Anschlussstelle für Mess- oder Regeleinrichtung	
Regler allgemein	
Steuergerät allgemein	

Antriebe für Armaturen *drives for fittings*

DIN EN 806-1 : 2001-12

Benennung	Symbol
Hydraulischer Antrieb, einfach wirkend	
Antrieb durch Membrane, einfach wirkend	
Antrieb durch Fluide, einfach wirkend	
Antrieb durch Schwimmer	
Antrieb durch Gewichtsbelastung	
Antrieb durch Federbelastung	
Antrieb durch Hand	
Antrieb durch Elektromotor	M
Antrieb durch Elektromagnet	

Behälter und Trinkwassererwärmer

vessels and potable water heating systems

DIN EN 806-1 : 2001-12

Benennung	Symbol
Trinkwasserbehälter	*
Druck- oder Vakuumbehälter	
Speichertrinkwassererwärmer, direkt beheizt Der Stern darf ersetzt werden durch: O Öl befeuert G Gas befeuert C Feststoff befeuert D Fernwärme beheizt	*
Speichertrinkwassererwärmer, indirekt beheizt, mit zwei Heizsystemen	* *
Durchlauferhitzer	

2

Behälter und Trinkwassererwärmer (Fortsetzung)

Benennung	Symbol
Druckbehälter mit Luftpolster	
Membrandruckgefäß, -behälter	

[1] Der Stern ist zu ersetzen durch:
HW Heizwasser
HW-S Heizwasser-Zulauf
HW-R Heizwasser-Rücklauf
HW-C Heizwasser-Kreislauf
HW-PS Heizwasser-Primärzulauf
HW-PR Heizwasser-Primärrücklauf
HW-SS Heizwasser-Sekundärzulauf
HW-SR Heizwasser-Sekundärrücklauf
DHW Fernheizwasser
DHW-S Fernheizwasser-Zulauf
DHW-R Fernheizwasser-Rücklauf

Benennung	Symbol
Speichertrinkwassererwärmer, solar beheizt	
Speichertrinkwassererwärmer, elektrisch beheizt	
Speichertrinkwassererwärmer, indirekt beheizt, z. B. Fernwärme[1]	*

Benennung	Symbol
Durchlauferhitzer, direkt beheizt	*
Durchlauferhitzer, solar beheizt	
Durchlauferhitzer, elektrisch beheizt	

Brandschutzanlagen *fire protection systems*

DIN EN 806-1 : 2001-12

Benennung	Symbol
Feuerlöschleitung	*

Der Stern ist zu ersetzen durch:
FW Feuerlöschleitung
FW-D Feuerlöschleitung, trocken
FW-W Feuerlöschleitung, nass
FW-S Feuerlöschleitung, Steigleitung

Benennung	Symbol
Sprinkler	
Wasservorhang	
Wandhydrant	

Benennung	Symbol
Wandhydrant mit Feuerlöschschlauchleitung	*
Unterflurhydrant	
Überflurhydrant	

Sinnbilder für Gasinstallation *gas installation*

DVGW-TRGI : 2018-10

Benennung	Symbol (Kurzzeichen)
Nennweitenübergang, Stahlrohr in DN, andere in d_a	20 25
Übergang Systembetriebsdruck	100 mbar 23 mbar
Werkstoffübergang	St Cu * 1)
Elektrische Trennung Isolierstück	
EX-Trennfunkenstrecke	
Potenzialausgleich Erdung	

Benennung	Symbol (Kurzzeichen)
Gaszähler (Einstutzen)	Σ m³
Gaszähler (Zweistutzen)	Σ m³
Druckmessgerät	p
Sicherheits-Gassteckdose * ersetzen durch AP = Aufputzsteckdose UP = Unterputzsteckdose	9 kW *
Gas-Druckregelgerät mit kombiniertem GS	
Gas-Strömungswächter (**GS**) Typ K mit TAE kombiniert	T K

Benennung	Symbol (Kurzzeichen)
Gas-Warmlufterzeuger (**WLE**)	
Gasherd (**H**)	
Gas-Heizherd (**HH**)	
Gas-Kühlschrank (**KS**)	G
Gas-Wärmepumpe (**WP**)	
Gas-Saunaofen (**SO**)	

Sinnbilder für Gasinstallation (Fortsetzung)

Benennung	Symbol (Kurzzeichen)	Benennung	Symbol (Kurzzeichen)	Benennung	Symbol (Kurzzeichen)
Lösbare Verbindung /Verschraubung		Gassicherheitsverteiler (**GS**) Typ K mit TAE kombiniert	T	Gas-Wäschetrockner (**WT**)	
Wand- oder Deckendurchführung mit Schutzrohr und Abdichtung (Mantelrohr)		Gas-Durchlaufwasserheizer (**DHW**)		Sicherheits-Gasschlauchleitung	
Wand- oder Deckendurchführung mit Schutzrohr und Brandschutzmanschette	R60, R90, R20	Gas-Vorratswasserheizer (**VWH**)		Absperreinrichtung (**AE**)	
Leitungsabschluss		Gas-Heizkessel (**HK**)	G	Magnetventil	
Rohrverbindung		Gas-Heizstrahler (**HS**)		Anbohrschelle	
Gas-Druckregelgerät (**GR**)		Gas-Raumheizer (**RH**)		Thermische Absperreinrichtung (**TAE**)	
Absperreinrichtung mit kombinierter TAE	T T	Gas-Terrassenstrahler (**TS**)		Gaslaterne (Gasleuchte oder Gasfackel) (**L**)	
Gasströmungswächter (**GS**)		Gas-Blockheizkraftwerk (**BHKW**)	BHKW	Dekorative Gasfeuer für offene Kamine (**DF**)	
Absperreinrichtung mit kombiniertem GS		Erdgas-Kleintankstelle (**ETS**)		Gas-Klimagerät (**KG**)	
Gas-Grill (**G**)		Brennstoffzellenheizgerät (**BZ**)			

[1] hier: von Stahl auf Kupfer – weitere Rohrwerkstoffe
NRS = nichtrostender Stahl
MKV = Metall-Kunststoff-Verbundrohr
PE-X = PE-X-Kunststoffrohr

* ersetzen durch
BR = Hartlötverbindung CP = Klemmverbindung
SC = Gewindeverbindung WE = Schweißverbindung
CR = Pressfittingverbindung FL = Flanschverbindung
Vorstehende Verbindungen können auch durch eigene Symbole dargestellt werden.

Sinnbilder für Heizungen (teilweise genormt, Herstellerunterlagen) DIN 28000-4 : 2014-07

heating systems

Benennung	Symbol	Benennung	Symbol	Benennung	Symbol
Wärmeerzeuger		Solar-Flachkollektor		Kondensatableiter	
Vorlauf, Rücklauf		Umwälzpumpe		Fußbodenh.-Verteiler	
Wärmeverbraucher		Raumheizkörper		Luftheizgerät	

Sinnbilder für Heizungen (teilweise genormt, Herstellerunterlagen) (Fortsetzung)

Benennung	Symbol	Benennung	Symbol	Benennung	Symbol
Rohrregister		Konvektor		Öl/Gasbrenner	
Heizkessel		Rohrschlangen		Membranausdehnungsgefäß	
Sicherheitsstandrohr		Sicherheitsventil, gewichtsbelastet		Offenes Ausdehnungsgefäß	
Wärmeübertrager, Wärmetauscher		Manueller Stellantrieb, gesichert		Sicherheitsventil, federbelastet[1]	
Gegenstromapparat		Wärmezähler mit Leitung	TV ΣW TR	Schmutzfänger	

* Weitere Sinnbilder finden Sie auf S. 346.

Abwasser- und Lüftungsleitungen *sewage- and ventilation pipes* DIN 1986-100 : 2016-12

Benennung	Symbol
Mischwasserleitung	-·-·-·-·-
Lüftungsleitung Richtungshinweise: a) hindurchgehend b) beginnend und abwärts verlaufend c) von oben kommend und endend d) beginnend und aufwärts verlaufend	=====

Benennung	Symbol
Schmutzwasserleitung Druckleitung wird mit DS gekennzeichnet	—DS—
Regenwasserleitung Druckleitung wird mit DR gekennzeichnet	- -DR- -
Fallleitung	o
Nennweitenänderung	100 / 125
Werkstoffwechsel	

Benennung	Symbol
Reinigungsrohr mit runder oder rechteckiger Öffnung	
Reinigungsverschluss	
Rohrendverschluss	
Geruchverschluss	
Belüftungsventil	

Abläufe, Abscheider, Abwasserhebeanlagen, Schächte DIN 1986-100 : 2016-12

Benennung	Symbol
Ablauf oder Entwässerungsrinne ohne Geruchverschluss	
Ablauf oder Entwässerungsrinne mit Geruchverschluss	
Ablauf mit Rückstauverschluss für fäkalienfreies Abwasser	
Schlammfang	S S

Benennung	Symbol
Probenahmeschacht	P P
Heizölsperre	H Sp H Sp
Heizölsperre mit Rückstauverschluss	H Sp H Sp

Benennung	Symbol
Abwasserhebeanlage für fäkalienhaltiges Abwasser	

Abläufe, Abscheider, Abwasserhebeanlagen, Schächte (Fortsetzung)

Benennung	Symbol
Fettabscheider	
Stärkeabscheider	
Abscheider für Leichtflüssigkeiten	
Heizölabscheider	

Benennung	Symbol
Rückstauverschluss für fäkalienfreies Abwasser	
Rückstauverschluss für fäkalienhaltiges Abwasser	
Abwasserhebeanlage für fäkalienfreies Abwasser	

Benennung	Symbol
Abwasserhebeanlage zur begrenzten Verwendung	
Schacht mit offenem Durchfluss (dargestellt mit Schmutzwasserleitung)	
Schacht mit geschlossenem Durchfluss	

Hinweis: Die zweite Abbildung gibt die Darstellung für den Grundriss wieder.

Sanitär- und Ausstattungsgegenstände

DIN 1986-100 : 2016-12

Benennung	Symbol
Badewanne	
Duschwanne	
Waschtisch, Handwaschbecken	
Sitzwaschbecken	

Benennung	Symbol
Urinalbecken	
Urinalbecken mit automatischer Spülung	
Klosettbecken	
Ausgussbecken	
Spülbecken, einfach	

Benennung	Symbol
Spülbecken, doppelt	
Geschirrspülmaschine	
Waschmaschine	
Wäschetrockner	
Klimagerät	

Hinweis: Die z.T. zweite Abbildung gibt die Darstellung im Aufriss wieder.

Anwendungsbeispiel:

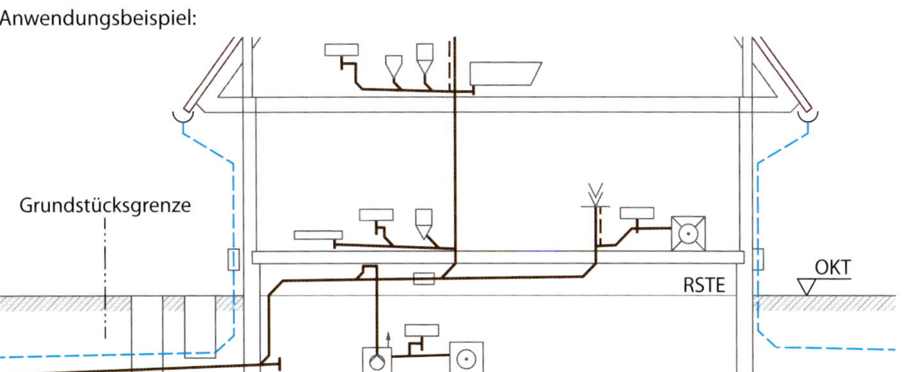

Sinnbilder für Raumlufttechnik

DIN EN 12792 : 2004-01

Benennung	Symbol
a) Zuluft-, b) Abluftdurchlass	
starre Luftleitungen oval rund rechteckig	oval ϕ a × b
starre Luftleitungen mit Wärmedämmung außen innen	XXXX XXXX
starre Luftleitungen mit Schalldämmung außen innen	
Symbole zur Regelung und für Geräte	
a) Rauchschutzklappe, b) Brandschutzklappe, c) Kombination	a) b) c)
Regler für a) konstanten, b) variablen Luftvolumenstrom	a) b)
Beipassklappe	
Ventilator a) allgemein, b) radial, c) axial	a) b) c)

Benennung	Symbol
flexible Luftleitungen	
Bogen 90°, 45° …, Abzweig	
Übergang a) plötzlich, b) gleichmäßig	a) b)
Drosselklappe, Drosselklappe luftdicht	
Schalldämpfer	
Verteilungselement Aufteil-Umschaltklappe	
Luftfilter	
Jalousieklappe	
Wetterschutzgitter	
Strömungsgleichrichter	
Symbole für Luftbehandlung	
Mischkammer mit a) konstantem, b) geregeltem Luftvolumenstrom	a) b)

Benennung	Symbol
Rückschlagklappe	
Überströmklappe	
Symbole zur Regelung und für Geräte	
Messfühler	
Regler	
Stellantrieb	
a) Lufterwärmer, b) Luftkühler	a) b)
Luftbefeuchter	
Luftmischkammer	
Ventilator-Konvektor	
Induktionsgerät	

Beispiele

Kesselanschluss

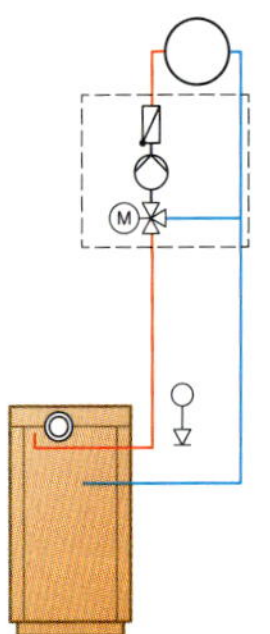

Verteilerstation Heizung

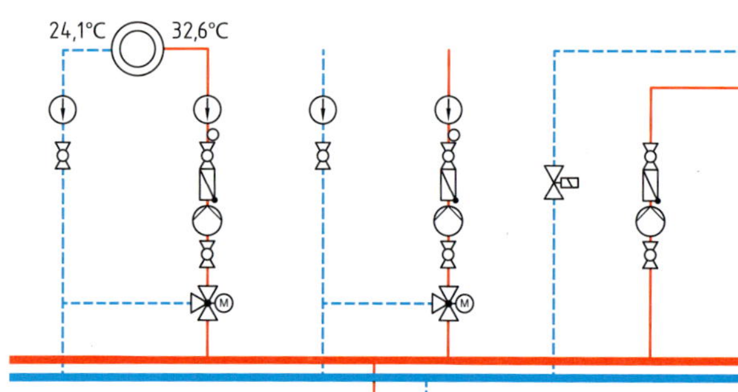

Klimaanlage

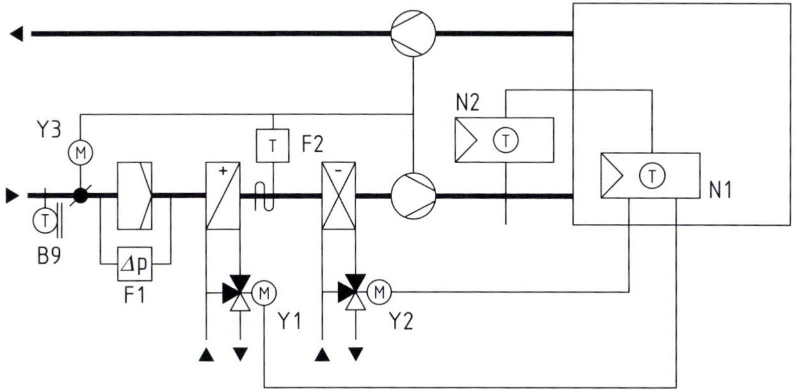

Hinweisschilder DIN 4066 : 1997-07, DIN 4067 : 1975-11, DIN 4068 : 1975-11, DIN 4069 : 2021-02

Hinweisschild für	Hydrant	Wasserversorgung/ Abwasser	Gas	Fernwärme
Schild	H 80 1,2 6,1	Wasser S 200 2,5 , 4,9 Abwasser ES 100 , 5,3 0,8	Erdgas AV 80 11,5 , 1,1	Fernwärme FH 200 , 6,9 3,3

Systematik Beispiel Hydrant	Bereich	Beschreibung
① ② ⑥ ③, ④, ⑤,	1	Die ersten zwei Felder sind für die Bezeichnung der Straßeneinbauarmatur vorgesehen. Beispiele für die Kennzeichnung des Leitungsbauteils: S = Schieber ES = Entleerungsschieber HS = Hochwasserschieber LS = Lüftungsschieber K = Absperrklappe AH = Absperrhahn der Anschlussleitung AV = Absperrventil der Anschlussleitung LV = Lüftungsventil VS = Schieber in der Vorlaufleitung RS = Schieber in der Rücklaufleitung u. a.m.
	2	Nenngröße der Leitung, z. B.: üblich „50" oder „80" bis zu mittleren Transportleitungen „100", „150", „200", „250" oder großen Transportleitungen „300" oder „400". Alle Angaben entsprechen dabei der DIN und stellen den Innendurchmesser der Leitung in Millimetern dar.
	3	Diese drei Felder geben den Abstand zwischen Schild und Schieberkasten *vom Schild nach links weg gemessen* an. Angabe in Meter, Dezimeter
	4	Diese drei Felder geben den Abstand zwischen Schild und Schieberkasten *vom Schild nach rechts weg gemessen* an. Angabe in Meter, Dezimeter
	5	Diese drei Felder geben den Abstand zwischen Schild und Schieberkasten *vom Schild gerade weg gemessen* an. Angabe in Meter, Dezimeter

2.12 Elektrotechnische Schaltpläne DIN EN 61082-1 (VDE 0040-1) : 2015-10

2.12.1 Dokumentenarten der Elektrotechnik

Schaltpläne einer elektrischen Anlage können deren Funktionsweise, räumliche Anordnung oder deren Verdrahtung zeigen.

Wichtige Schaltplanarten

Übersichtsschaltplan *functional circuit diagram* (Einstrich-Netzschema, Blockschaltplan)	Wesentliche Bestandteile der Anlage werden mit ihren wichtigsten Zusammenhängen dargestellt. Vereinfachte einpolige Darstellung	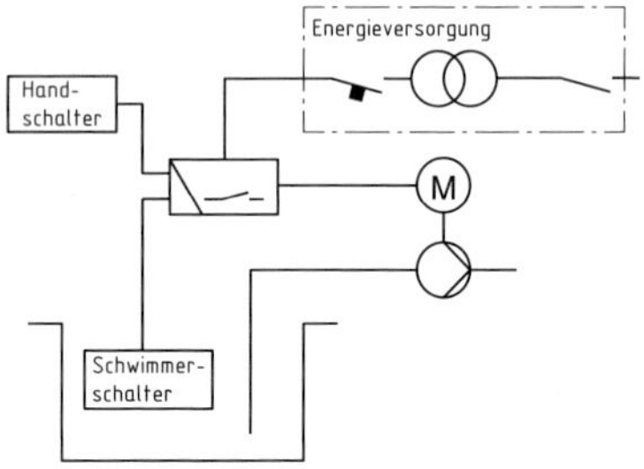 Energieversorgung, Handschalter, M, Schwimmerschalter
Funktionsschaltplan	Funktionszusammenhänge und Verhalten der Anlage	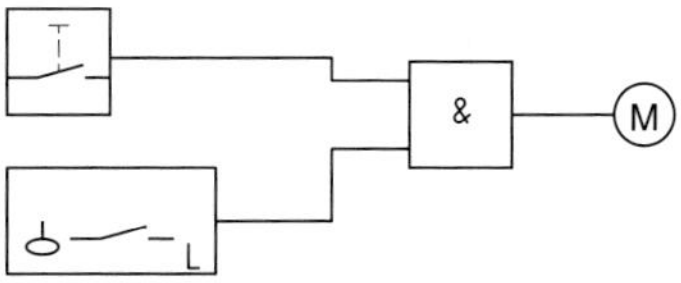 &, M, L
Logikfunktionsschaltplan *logic diagram*	Informationsverarbeitung und Signalverknüpfungen in der Anlage	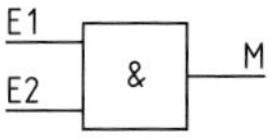 E1, E2, &, M
Stromlaufplan *electric circuit diagram*	Funktionszusammenhänge und Verhalten der Stromkreise der Anlage	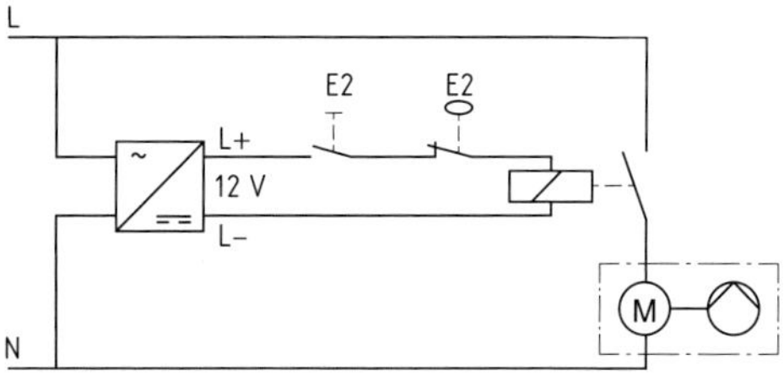 L, N, E2, E2, L+, 12 V, L–, M
Verbindungsschaltplan (Anschlussplan, Geräteverdrahtungsplan)	Verdrahtung der einzelnen Baugruppen und Komponenten der Anlage	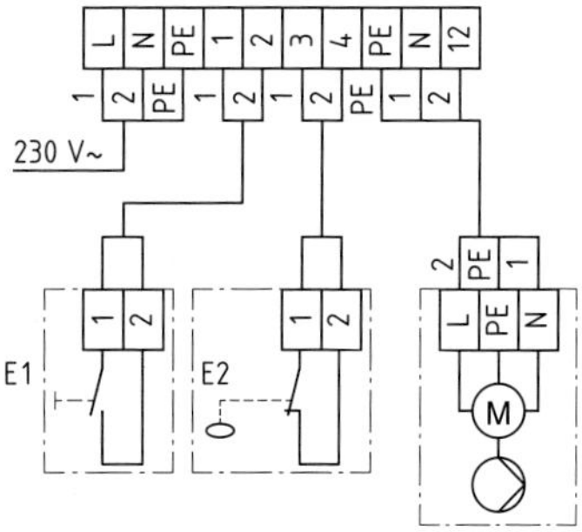 L, N, PE, 1, 2, 3, 4, PE, N, 12, 230 V~, E1, E2, M
Anordnungsplan (Lageplan, Installationsplan, Installationszeichnung, Gebäudezeichnung)	Räumliche Anordnung der Baugruppen und Komponenten der Anlage	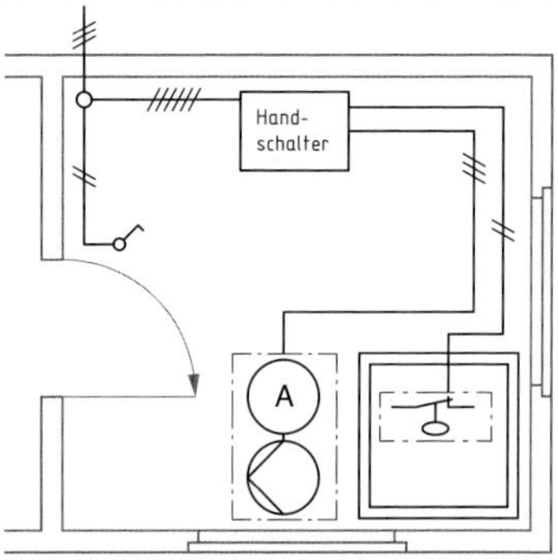 Handschalter, A

2.12.2 Sinnbilder der Elektrotechnik

Symbolelemente und Schaltzeichen für allgemeine Anwendungen DIN EN 60617-2 : 1997-08

Schaltzeichen/Symbol	Beschreibung
Konturen und Umhüllungen	
Form 1 Form 2 Form 3	Objekt, zum Beispiel Betriebsmittel, Gerät, Funktionseinheit Ergänzungen zur Kennzeichnung des Objekttyps
Form 1 Form 2	Hülle (Kolben oder Kessel) Gehäuse
Begrenzung Jede Kombination von kurzen und langen Strichen darf angewendet werden.	
	Schirm Abschirmung
Arten von Strömen und Spannungen	
	Gleichstrom
Ergänzung: Spannung rechts, Systemart links vom Schaltzeichen Beispiel: 2/M ⎓ 220/110 V	
~ ~ 10...60 kHz 3/N~400/230 V	Wechselstrom Wechselstrom mit Frequenzbereich Angabe der Spannung und Systemart
~ ≈	Wechselstrom verschiedener Frequenzbereiche
	Gleichgerichteter Strom mit Wechselstromanteil
+	positive Polarität
–	negative Polarität
N	Neutralleiter
M	Mittelleiter
Einstellbarkeit, Veränderbarkeit und automatische Steuerung	
	Einstellbarkeit, allgemein
	Einstellbarkeit, nicht linear
	Veränderbarkeit, allgemein
	Einstellbarkeit, trimmbar
	stufige Funktion

Schaltzeichen/Symbol	Beschreibung
Einstellbarkeit, Veränderbarkeit und automatische Steuerung	
5	stufenweise Einstellbarkeit, 5 Stufen
	stetige Funktion Beispiel: Einstellbarkeit, stetig
G	Regelung oder automatische Steuerung Beispiel: Verstärker
Arten von Wirkungen oder Abhängigkeiten	
	thermische Wirkung
	elektromagnetische Wirkung
×	Magnetfeld-Wirkung oder -Abhängigkeit
	Verzögerung
	Halbleiter-Effekt
Strahlung	
	elektromagnetische Strahlung, nicht ionisierend, z. B. Radiowellen oder sichtbares Licht
	kohärente Strahlung, nicht ionisierend
Mechanische und andere Stellteile	
	Wirkverbindung, z. B. mechanisch, pneumatisch Wirkverbindung mit Angabe der Drehrichtung
	verzögerte Wirkung bei Bewegung vom Bogen zu dessen Mittelpunkt
	selbsttätiger Rückgang
	Raste, kein selbsttätiger Rückgang, nicht eingerastet eingerastet
	Sperre, nicht verklinkt verklinkt
	mechanische Verriegelung zweier Geräte
	mechanische Kupplung
M	Bremse Elektromotor mit gelöster Bremse

Symbolelemente und Schaltzeichen für allgemeine Anwendungen (Fortsetzung)

Schaltzeichen/Symbol	Beschreibung
Steller, durch äußere Kräfte betätigt	
	Handbetrieb, allgemein
	Betätigung durch Ziehen
	Betätigung durch Drücken
	Betätigung durch Drehen
	Betätigung durch Annähern
	Notschalter Typ „Pilzschalter"
	Betätigung durch Hebel
	Betätigung durch Schlüssel
	Betätigung durch Rolle
	Betätigung durch Nocken
	Kraftantrieb, allgemein
	Auslösung durch pneumatische oder hydraulische Kraft
	Auslösung durch elektromagnetischen Effekt
	Auslösung durch elektromagnetisches Gerät, z. B Überstromschutz
	Betätigung durch thermisches Gerät, z. B. Überstromschutz
M	Betätigung durch Motor
	Auslösung durch Flüssigkeits-Pegel

Schaltzeichen/Symbol	Beschreibung
Steller, durch äußere Kräfte betätigt	
	Auslösung durch einen Zähler
	Auslösung durch Strömung
% H_2O	Auslösung durch relative Feuchte
Erde und Masseanschlüsse, Potenzialausgleich	
	Erde, allgemein
	Schutzerde, Schutzleiteranschluss
	Masse, Gehäuse
	Äquipotenzial
Verschiedenes	
	Fehler, Fehlerort
	Überschlag, Isolationsfehler
	Dauermagnet
	bewegbarer Kontakt z. B. Schleifkontakt
	Umsetzer, Umformer, Umrichter allgemein
	analog
	digital

Schaltzeichen für Leiter und Verbinder

DIN EN 60617-3 : 1997-08

Schaltzeichen/Symbol	Beschreibung
Verbindungen	
Form 1 Form 2 3 110 Volt 2 × 120 mm² Al	Verbindungen Beispiele: Leiter, Kabel, Leitung, Übertragungsweg – drei Verbindungen – Zusatzinformationen: Stromart, Netzart, Frequenz, Spannung, Anzahl der Leiter, Querschnitt und Material der Leiter
	Verbindung, bewegbar
	Verbindung, verdrillt

Schaltzeichen/Symbol	Beschreibung
Verbindungen	
	Leiter, geschirmt
	Leiter in einem Kabel
	Leiter, koaxial
	Leiter, koaxial, geschirmt
	Leitung oder Kabel, nicht angeschlossen
	Leitung oder Kabel, nicht angeschlossen, besonders isoliert

Schaltzeichen für Leiter und Verbinder (Fortsetzung)

Schaltzeichen/Symbol	Beschreibung
Anschlüsse und Leiterverbindungen	
•	Kreuzungspunkt Verbindung
o	Anschluss, z. B. Klemme
Form 1 / Form 2	T-Verbindung
Form 1 / Form 2	Doppelabzweig von Leitern
	Anschlussleiste
G	Neutralpunkt z. B. Drehstrom-Synchrongenerator

Schaltzeichen/Symbol	Beschreibung
Verbinder	
	Buchse von einer Steckdose oder -verbindung
	Stecker für eine Steckdose oder -verbindung
	Buchse mit Stecker
6	Buchse mit Stecker, sechspolig
	Steckverbindung Steckerseite fest, Buchsenseite beweglich
	Steckverbindung mit Adapter
Kabelverbinder	
	Kabelendverschluss mit dreiadrigem Kabel

Symbole Bauteile, Geräte und Maschinen

DIN EN 60617-4/-6 : 1997-08

Bauelemente	
	Widerstand, konstanter Wert
	Widerstand mit Anzapfungen
	Widerstand Wert verändert sich linear
	Widerstand Wert verändert sich nichtlinear
	Widerstand einstellbar
	Widerstand, einstellbar, mit beweglichem Kontakt (Potentiometer)
	Heizelement
	Kondensator
	Kondensator, einstellbar
	Kondensator, trimmbar (mit Werkzeug einstellbar)
	Spule/Drossel
	Spule mit Magnetkern
	Transformator Form 1
	Transformator Form 2

Bauelemente	
	Drosselspule Form 1
	Drosselspule Form 2
M 1~	Reihenschlussmotor, einpolig (Handbohrmaschine)
M 3~	Drehstrom-Asynchronmotor
M 1~	Asynchronmotor, einphasig Enden für eine Anlaufwicklung herausgeführt
G 3~	Drehstrom-Asynchrongenerator
+	Batterie
	Gleichrichter
	Wechselrichter
*	Regler *Reglerverhalten: P/PI/PID

2

Schaltzeichen für Halbleiter

DIN EN 60617-5 : 1997-08

Schaltzeichen/Symbol		Beschreibung	
	Halbleiterdiode, allgemein		Leuchtdiode (LED) allgemein
	Diode mit Nutzung der Temperaturabhängigkeit		
	Kaltleiter (PTC)		Heißleiter (NTC)
	Fotowiderstand		Fotodiode

Schaltzeichen/Symbol		Beschreibung	
	Fotozelle		Fototransistor
	PNP-Transistor		
	NPN-Transistor, bei dem der Kollektor mit dem Gehäuse verbunden ist		
	NPN-Avalanche-Transistor		

Schaltzeichen für Schalt- und Schutzeinrichtungen

DIN EN 60617-7 : 1997-08

Schaltzeichen/Symbol		Beschreibung	
Kennzeichen			
	Schützfunktion		
	Lasttrennschalter-Funktion		
	Leistungsschalter-Funktion		
	Endschalter-Funktion		
	Trennschalter-Funktion		
	Selbsttätige Ausschaltung durch eingebaute Messrelais		
	Funktion „selbsttätiger Rückgang"		
	Funktion „nicht selbsttätiger Rückgang"		
Kontakte mit zwei oder drei Schaltstellungen			
Form 1 / Form 2	Schließer, allgemein auch Schalter		Öffner
	Wechsler mit Unterbrechung		Wechsler mit Mittelstellung „Aus"
Form 1 / Form 2	Wechsler ohne Unterbrechung Folgeumschaltglied		Zwillingsschließer

Schaltzeichen/Symbol		Beschreibung	
Verzögerte Kontakte			
	anzugsverzögerter Schließer		abfallverzögerter Schließer
	anzugsverzögerter Öffner		abfallverzögerter Öffner
	anzugs- und abfallverzögerter Schließer		Beispiel eines Kontaktsatzes
Kontakte mit selbsttätigem und nicht selbsttätigem Rückgang			
	Schließer mit selbsttätigem Rückgang		Schließer mit nicht-selbsttätigem Rückgang
	Öffner mit selbsttätigem Rückgang		Zweiwegschalter mit Aus-Stellung in der Mitte

Schaltzeichen für Schalt- und Schutzeinrichtungen (Fortsetzung)

Schaltzeichen/Symbol	Beschreibung		
Handbetätigte Schalter			
	handbetätigter Schalter, allgemein		
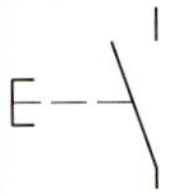	Druckschalter, Schließer mit selbsttätigem Rückgang (zusätzliches Kennzeichen nicht erforderlich)		
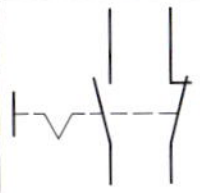	Einrastender Schalter mit 1 Schließer und 1 Öffner		
	Pilz-Notdrucktaster mit zwangsläufiger Betätigung und Selbsthaltung		
Schalter			
	Endschalter, Schließer		
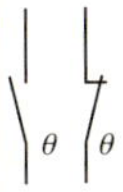 θ θ	Schließer/Öffner temperaturabhängig		
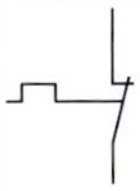	Öffner mit selbsttätiger thermischer Betätigung, Thermokontakt		
	Mehrstellungsschalter, nur bei wenigen Schalterstellungen		
Schaltgeräte			
	Schütz, Leistungskontakt, im ausgeschalteten Zustand geöffnet		Schütz, Leistungskontakt, im ausgeschalteten Zustand geschlossen
	Leistungsschalter		Trennschalter
	Lasttrennschalter mit selbsttätiger Auslösung durch eingebautes Messrelais		

Schaltzeichen/Symbol	Beschreibung
Schaltgeräte	
	Trennschalter mit Blockiereinrichtung, handbetätigt
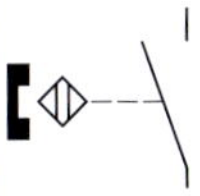 näherungsempfindlicher Schließer, betätigt durch Näherung eines Magneten	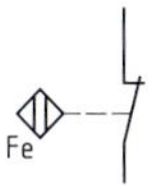 Fe näherungsempfindlicher Öffner, betätigt durch Näherung von Eisen
Elektromechanische Antriebe	
Form 1 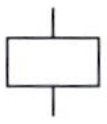 Form 2 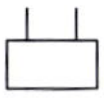	elektromechanischer Antrieb, Relaisspule allgemein
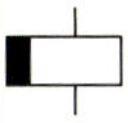	elektromechanischer Antrieb mit Rückfallverzögerung
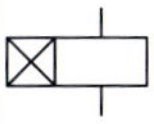	elektromechanischer Antrieb mit Ansprechverzögerung
	elektromechanischer Antrieb eines Thermorelais
Sicherungen und Sicherungsschalter	
	Sicherung, allgemein
	Sicherungsautomat (Leistungsschutzschalter)
	Sicherungsschalter
	Leitungsschutzschalter LS
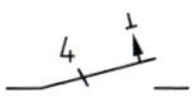 4	Vierpoliger Fehlerstromschutzschalter FI/RCD
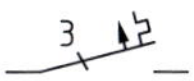 3	Dreipoliger (Motor-)Schutzschalter mit thermischer und magnetischer Überstromauslösung

Symbole für Elektroinstallationspläne

DIN EN 60617-11 : 1997-08

Schaltzeichen/Symbol	Beschreibung
Installation in Gebäuden – Kennzeichen für besondere Leiter	
	Neutralleiter (N) Mittelleiter (M)
	Schutzleiter (PE)
	Neutralleiter mit Schutzfunktion (PEN)
	Beispiel: 3 Leiter, 1 Neutralleiter, 1 Schutzleiter
Einspeisungen	
	Leitung, führt nach oben
	Leitung, führt nach unten
	Dose, allgemein Leerdose
	Anschlussdose Verbindungsdose
	Hausanschlusskasten mit Anschlüssen
	Verteiler mit fünf Anschlüssen
Steckdosen	
	Steckdose, allgemein
	Mehrfachsteckdose (Dreifachsteckdose)
	Schutzkontaktsteckdose
	Steckdose mit Abdeckung
	Steckdose, abschaltbar
	Steckdose mit verriegeltem Schalter
	Steckdose mit Trenntransformator
	Fernmeldesteckdose, allgemein Ergänzung z. B. durch TP = Telefon TV = Fernsehen TX = Telefax

Schaltzeichen/Symbol	Beschreibung
Schalter	
	Schalter, allgemein
	Schalter mit Kontrollleuchte
	Zeitschalter, einpolig
	Schalter, zweipolig
	Serienschalter, einpolig
	Wechselschalter, einpolig
	Kreuzschalter
	Darstellung im Stromlaufplan
	Dimmer
	Taster
	Taster mit Leuchte
	Zeitrelais
	Schaltuhr
	Schlüsselschalter, Wächtermelder
Auslässe und Installationen für Leuchten	
	Leuchtenauslass mit Leitung
	Leuchtenauslass auf Putz
	Leuchte, allgemein
	Leuchte, für Leuchtstofflampen, allgemein mit fünf Leuchtstofflampen
	Scheinwerfer, allgemein
	Punktleuchte
	Flutlichtleuchte
	Vorschaltgerät für Entladungslampen, von Leuchte getrennt
	Sicherheitsleuchte, Notleuchte mit getrenntem Stromkreis
	Sicherheitsleuchte mit eingebauter Stromversorgung

Symbole für Elektroinstallationspläne (Fortsetzung)

Schaltzeichen/Symbol	Beschreibung
Verschiedene Geräte	
	Heißwassergerät mit Leitung
	Ventilator mit Leitung
Fertigteile für Kabel-Verteilsysteme	
	Elektro-Installationskanal, allgemein
	Endabdeckung
	T-Abzweig

Schaltzeichen/Symbol	Beschreibung
Fertigteile für Kabel-Verteilsysteme	
	Kreuzung von zwei Verteilsystemen ohne Verbindung, z. B. auf zwei Ebenen
	flexibler Elektro-Installationskanal
	Endeinspeisung (Einspeisung von links)
	Gerader Elektro-Installationskanal mit mehreren Abzweigen
	Gerader Elektro-Installationskanal mit beweglichem Abzweig

Schaltzeichen für Mess-, Melde- und Signaleinrichtungen

DIN EN 60617-8 : 1997-08

Schaltzeichen/Symbol	Beschreibung	Schaltzeichen/Symbol	Beschreibung
*	Messgerät, anzeigend Stern ersetzen durch • Einheitenzeichen • chemisches Zeichen • grafische Kennzeichen		
*	Messgerät, aufzeichnend	*	Messgerät, integrierend z. B. Elektrizitätszähler
V	Spannungsmessgerät, anzeigend	A	Stromstärkemessgerät, anzeigend
Hz	Frequenzmessgerät		Oszilloskop
NaCl	Solekonzentrationsmessgerät		Kurvenschreiber
Form 1 – +	Form 2	Thermoelement (negativer Pol mit der breiteren Linie dargestellt)	

Schaltzeichen/Symbol	Beschreibung	Schaltzeichen/Symbol	Beschreibung
Elektrische Uhren			
	Uhr, allgemein		
	Uhr mit Kontaktgeber		
Ah	Amperestundenzähler	Wh	Wattstundenzähler
	Lampe, allgemein Leuchtmelder, allgemein		
	Leuchtmelder, blinkend		
	Horn, Hupe		Wecker, Klingel
	Sirene		
	Schnarre, Summer		

2.13 Darstellung von Mess-, Steuer- und Regelaufgaben (Prozessleittechnik)

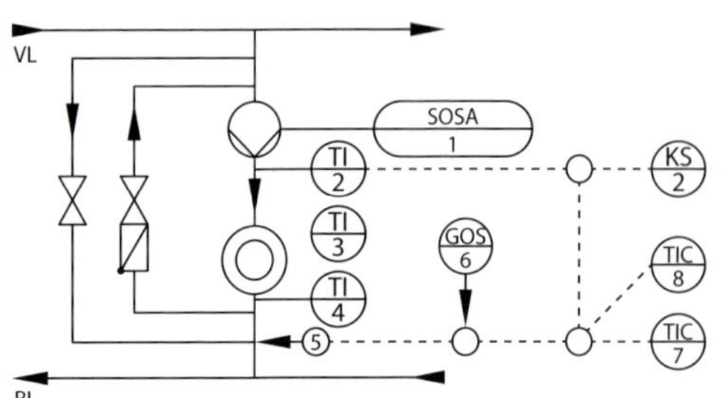

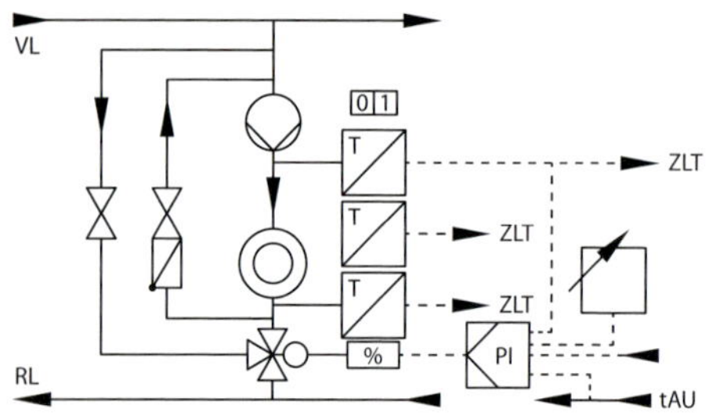

2.13.1 Begriffe und Abkürzungen der Prozessleittechnik DIN EN 62424 : 2017-12

Begriff	Deutsche Benennung	Englische Benennung
CCR	Zentraler Leitstand	*central control room*
Leiteinrichtung	Einrichtungen der Prozessleittechnik; Gesamtheit aller für die Aufgabe des Leitens notwendigen Geräte	*process control equipment*
Leitfunktion	Verarbeitungsfunktion für Prozessgrößen, die aus leittechnischen Grundfunktionen zusammengesetzt ist.	*process control function*
Verarbeitungsfunktion	Funktion in einem Prozess (Steuer- und Regelfunktionen)	*processing function*
PCE	Ingenieurtechnische Auslegung der Prozessleittechnik.	*process control engineering*
PCE-Kategorie	Kennbuchstabe, der die Art der Aufgabe an die Prozessleittechnik kennzeichnet.	*PCE category*
PCE-Aufgabe	Aufgabe an die Prozessleittechnik	*PCE request*
PCS	Prozessleitsystem	*process control system*
R&I/P&ID	Rohrleitungs- und Instrumentenfließbild	*piping and instrumentation diagram*

2.13.2 Graphische Darstellung von Aufgaben der Prozessleittechnik (PCE)

Darstellung von PCE-Aufgaben in einem RI-Fließbild

Das Rohrleitungs- und Instrumenten (RI)-Fließbild bildet die strukturellen Zusammenhänge der Anlage und deren Energie- und Materieflüsse ab. Die zur Funktionsfähigkeit der Anlage notwendigen Mess-, Regel- und Steuerungsvorgänge stellen in ihrer Gesamtheit die Aufgaben der Prozessleittechnik (PCE-Aufgaben) dar.
Die PCE-Aufgaben werden im Rohrleitungs- und Instrumenten (RI)-Fließbild mit grafischen Symbolen dargestellt.

Graphische Darstellung einer PCE-Aufgabe in einem RI-Fließbild

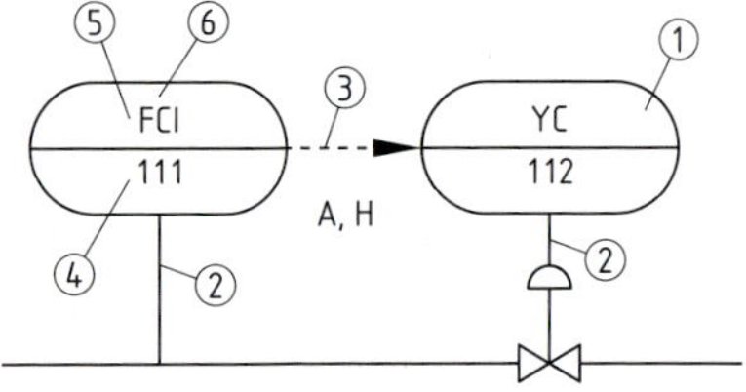

* Die Folgebuchstaben A, H und L werden außerhalb der Umrandung angegeben.

Symbol	Bedeutung
①	Bedienung über eine lokale Bedienoberfläche
	Bedienung über ein lokales Schaltpult
	Bedienung über einen zentralen Leitstand
U.....	Prozessrechner für PCE-Leitfunktionen
② ————	Prozessverbindungslinie
③ - - - - - - - - -	Signalverbindung
④ XXXX	Nummerierung
⑤ Erstbuchstabe	PCE-Kategorie (Art der Aufgabe)
⑥ Folgebuchstaben	Prozessverarbeitungsfunktion (Inhalt der Aufgabe)

Graphische Darstellung von Aufgaben der Prozessleittechnik (PCE) (Fortsetzung)

Reihenfolge bei mehreren Buchstaben	1.	2.	3.	4.
1.	F	D	Y	C
2.	B	Q	X	

Erstbuchstabe	PCE-Kategorie	Folgebuchstaben	PCE-Verarbeitungsfunktion
A	Analyse	A*	Alarm, Meldung
B	Flammenüberwachung (**B**urner)	B	Beschränkung, Begrenzung
C	Kann vom Anwender definiert warden	C	Regelung (**C**ontrol)
D	Dichte (**D**ensity)	D	Differenz
E	Elektrische Spannung (**E**lectric voltage)	E	–
F	Durchfluss (**F**low)	F	Verhältnis
G	Abstand, Länge, Stellung (**G**ap)	G	–
H	Handeingabe, Handeingriff (hiermit sind alle Eingriffe und Eingaben durch den Menschen zu kennzeichnen)	H*	oberer Grenzwert, an, offen
I	Elektrischer Strom	I	Analoganzeige (**I**ndication)
J	Elektrische Leistung	J	–
K	Zeitbasierte Funktionen	K	–
L	Füllstand (**L**evel)	L*	unterer Grenzwert, AUS. GESCHLOSSEN
M	Feuchte (**M**oisture)	M	–
N	Motor / Stellmotor	N	–
O	Kann vom Anwender definiert werden	O	Lokale oder PCS-Statusanzeige von Binärsignalen
P	Druck (**P**ressure)	P	–
Q	Menge oder Anzahl (**Q**uantity)	Q	Integral oder Summe
R	Strahlungsgrößen (**R**adiation)	R	Werte aufzeichnen (**R**ecording)
S	Geschwindigkeit, Drehzahl, Frequenz (**S**peed)	S	Binäre Steuerungsfunktion oder Schaltfunktion (nicht sicherheitsrelevant)
T	Temperatur	T	–
U	Leitfunktion (**S**ignalverknüpung)	U	–
V	Schwingung (**V**ibrantion)	V	–
W	Gewicht, Masse, Kraft (**V**ibrantion)	W	–
X	Nicht klassifiziert	X	Nicht klassifiziert
Y	Stellventil (**w**enn nicht motorgesteuert (N))	Y	Rechenfunktion
Z	Kann vom Anwender definiert werden	Z	Binäre Steuerungsfunktion oder Schaltfunktion (sicherheitsrelevant)

Kennzeichnung von PCE-Aufgaben

PCE-Kennzeichnungen für Mess-, Regel- und Alarmeinrichtungen

Messgröße (PCE-Kategorie)	Messeinrichtung (PCE-Verarbeitungsfunktion)				Regeleinrichtung (PCE-Verarbeitungsfunktion)			Alarmeinrichtung (PCE-Verarbeitungsfunktion)	
	blind	anzeigend I	schreibend R	zählend Q	blind C	anzeigend IC	schreibend RC	oberer Grenzwert H	unterer Grenzwert L
Durchfluss	F	FI	FR	FQ	FC	FIC	FRC	AH (wird außerhalb des Symboles angegeben)	AL (wird außerhalb des Symboles angegeben)
Füllstand	L	LI	LR	LQ	LC	LIC	LRC		
Feuchte	M	MI	MR	MQ	MC	MIC	MRC		
Druck	P	PI	PR	PQ	PC	PIC	PRC		
Temperatur	T	TI	TR	TQ	TC	TIC	TRC		

PCE-Kennzeichnungen für Stelleinrichtungen

Stellglied	Stelleinrichtung		mit Alarmfunktion	
	schaltend S	Kontinuierlich C	oberer Grenzwert H	unterer Grenzwert L
Handeingabe	HS	HC	AH	AL
Stellventil	YS	YC		
Stellmotor	NS	NC		

Die PCE-Verarbeitungsfunktionen müssen für Aktoren und Sensoren in gleicher Weise verwendet werden. Einige Beispiele werden auf der Folgeseite gezeigt.

PCE-Bezeichnungen für gebräuchliche Aktoren (Stellglieder) und Sensoren (Signalglieder)

Aktoren		Sensoren	
Bezeichnung	**Bedeutung**	**Bezeichnung**	**Bedeutung**
YS	Auf/Zu-Ventil	TI	Thermometer
YC	Stellarmatur, gesteuert	PI	Manometer
YCS	Stellarmatur, gesteuert mit Auf/Zu-Funktion	FI	Durchflussanzeige
YZ	Auf/Zu-Ventil (sicherheitsrelevant)	LI	Füllstandsanzeige
YIC	Stellarmatur mit kontinuierlicher Stellungsanzeige		
NS	An/Aus-Motor		
NC	Motorsteuerung		

Der Antrieb des Stellventils, z.B. elektrisch, pneumatisch oder hydraulisch, wird im Oval des RI-Fließbildes **nicht** dargestellt.

2.13.3 Beispiele für die graphische Darstellung von PCE-Aufgaben

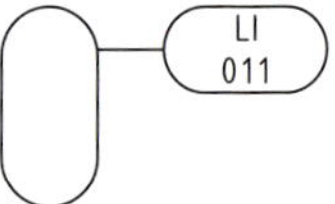

Lokale Füllstandsanzeige, ein Prozessanschluss

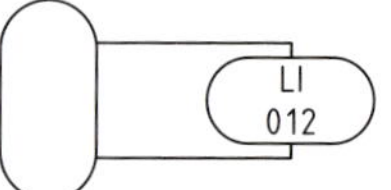

Lokale Füllstandsanzeige, zwei Prozessanschlüsse

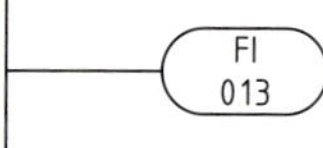

Lokale Durchflussanzeige

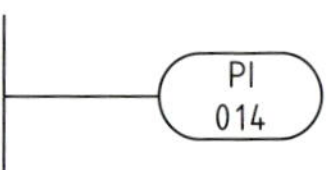

Lokale Druckanzeige

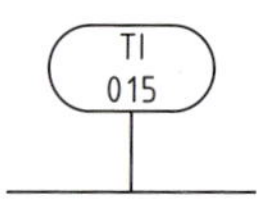

Lokale Temperaturanzeige

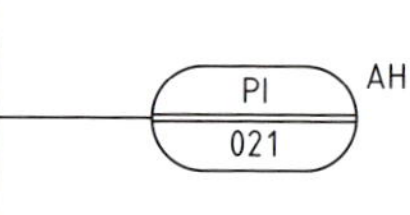

Lokales Schaltpult mit Druckanzeige und Hoch-Alarm

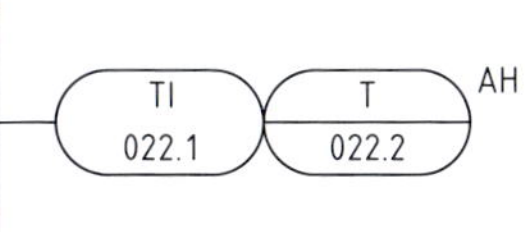

Lokale Temperaturanzeige und Hoch-Alarm mit Schaltung und Anzeige in einem zentralen Leitstand

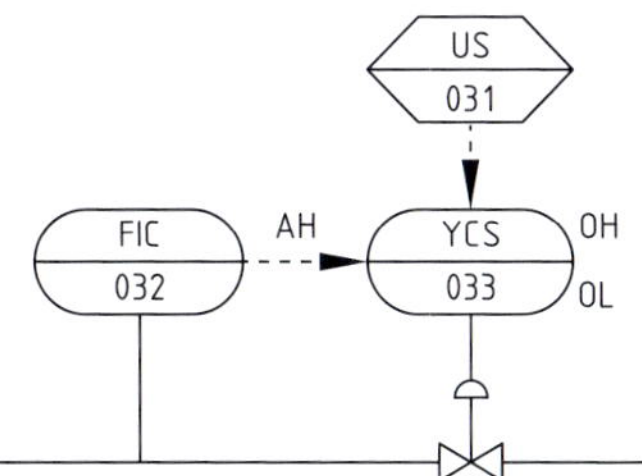

Durchflussanzeige mit Hoch-Alarm, Durchflussregelung, Stellarmatur mit Auf/Zu-Funktion und Auf/Zu-Anzeige in einem zentralen Leitstand, verknüpft mit einer PCE-Leitfunktion (z. B. Verriegelung)

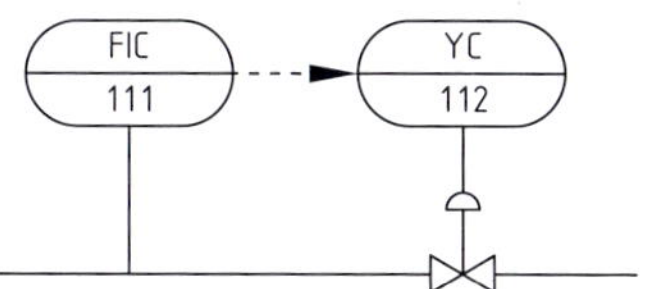

Durchfluss-Regler (einfacher PID-Algorithmus) und Stellarmatur in einem zentralen Leitstand

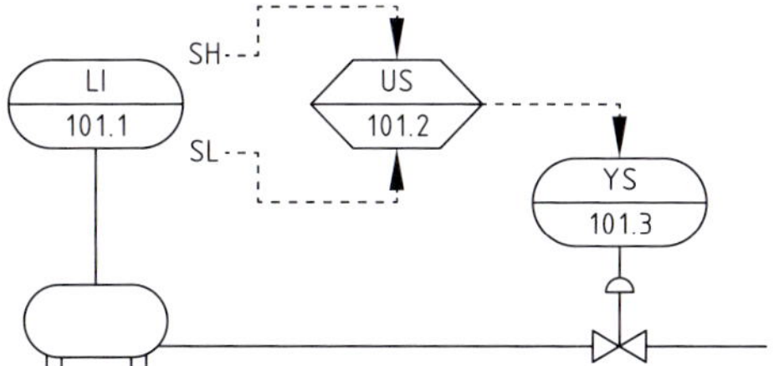

Zweipunkt-Füllstandsregler mit einer Auf/Zu-Armatur

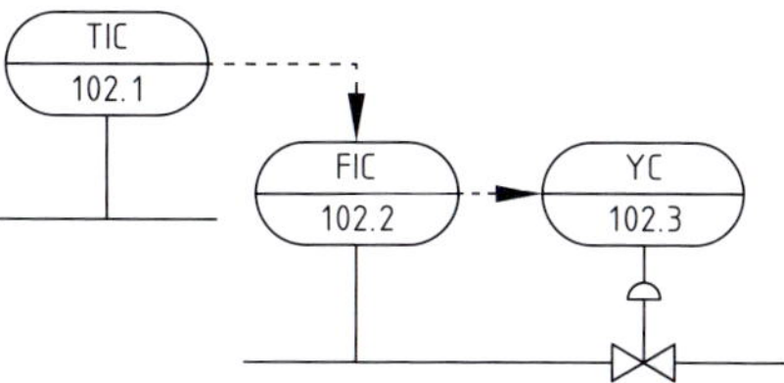

Kaskadenregelung mit einem Temperaturregler als Führungsregler einer unterlagerten Durchfluss-Regelung und Stellarmatur

Lösungsbezogene Darstellung der Prozessleittechnik DIN 19227-2 : 1991-02

Grafische Symbole zur Darstellung von Einzelheiten

Die Symbole dienen der detaillierten Darstellung der PCE-Aufgaben nach DIN EN 62424 : 2017-12 für die Herstellung und Montage sowie den Betrieb von Einrichtungen der Prozessleittechnik.

Symbol	Bedeutung
Durchfluss	
F	Aufnehmer für Durchfluss, allgemein
F	Venturirohr
F	Venturidüse
F	Blende, Normblende
F	Schwebekörper-Durchflussaufnehmer
F	Turbinen-Durchflussaufnehmer
F	Induktiver Durchflussaufnehmer
FQ	Aufnehmer für Volumen, Masse, allgemein
FQ	Ovalradzähler Verdrängerprinzip
Temperatur	
T	Aufnehmer für Temperatur, allgemein
T	Thermoelement
T	Widerstandsthermometer
Druck	
P	Aufnehmer für Druck, allgemein
P	Widerstandsaufnehmer für Druck
P	Membranaufnehmer für Druck
Niveau	
L	Aufnehmer für Stand, allgemein
L	Kapazitiver Aufnehmer für Stand
L	Aufnehmer für Stand mit Verdrängerkörper

Symbol	Bedeutung
L	Aufnehmer für Stand mit Schwimmer
L	Aufnehmer für Stand, Sender mit radioaktivem Strahler
L	Aufnehmer für Stand, Empfänger für radioaktive Strahlung
L	Aufnehmer für Stand, Sender mit Lichtquelle
L	Aufnehmer für Stand, Empfänger für Licht
L	Aufnehmer für Stand, akustisch
L	Membranaufnehmer für Stand
L	Widerstandsaufnehmer für Stand
Qualitätsgröße (Stoffeigenschaft, Analyse)	
Q	Aufnehmer für Qualitätsgröße (Analyse, Stoffeigenschaft), allgemein
CO_2 Q	Aufnehmer für CO_2-Gehalt
Q	Aufnehmer für pH-Wert
Q	Aufnehmer für Leitfähigkeit
R	Aufnehmer für Strahlung, allgemein
W	Aufnehmer für Gewichtskraft, Masse, allgemein
S	Aufnehmer für Geschwindigkeit, Drehzahl, Frequenz, allgemein
G	Aufnehmer für Abstand, Länge, Stellung, allgemein
X	Aufnehmer für Variable zur freien Verfügung durch den Anwender
Signalumformer	
* *	Signal- oder Messumformer, allgemein

Symbol	Bedeutung
* *	Signal- oder Messumformer mit galvanischer Trennung
* *	Signal- oder Messumformer mit galvanischer Trennung, in Zündschutzart „Eigensicherheit" EExi auf der Seite mit eingeschriebenem Winkel.
* *	wie vorher, jedoch Eingang **und** Ausgang in Zündschutzart „Eigensicherheit" und galvanischer Trennung
∩ #	Analog-Digital-Umsetzer
E A	Umsetzer für elektrisches Einheitssignal in pneumatisches Einheitssignal
Signalverstärker	
▷	Verstärker
	Basissymbol Anzeiger, allgemein
∩	Anzeiger, analog
#	Anzeiger, digital
▽ ▽	Grenzsignalgeber für unteren und oberen Grenzwert ▽ links: unterer ▽ rechts: oberer ▽ oben: oberer ▽ unten: unterer
▽ ▽	
Ausgabeeinheit	
	Zähler
	Registriergerät, allgemein
6 ∩	Schreiber, analog Anzahl der Kanäle als Ziffer, z. B. 6
#	Schreiber, digital

Grafische Symbole zur Darstellung von Einzelheiten (Fortsetzung)

Symbol	Bedeutung
	Drucker
	Bildschirm
Regler	
	Regler, allgemein
PID	PID-Regler mit steigendem Ausgangssignal bei steigendem Eingangssignal
PI	PI-Regler mit fallendem Ausgangssignal bei steigendem Eingangssignal
PD	Zweipunktregler mit schaltendem Ausgang
	Dreipunktregler mit schaltendem Ausgang
Stellgeräte	
	Steuergerät
	Stellantrieb, allgemein
	Membran-Stellantrieb
	Kolben-Stellantrieb
M	Motor-Stellantrieb

Symbol	Bedeutung
	Magnet-Stellantrieb
	Feder-Stellantrieb
	Ventilstellglied
	Klappenstellglied
	Stellgerät, allgemein
Bediengeräte	
	Einsteller, allgemein
E	Signaleinsteller für elektrisches Einheitssignal mit Anzeiger
	Schaltgerät allgemein
	Automatischer Messstellenabfrageschalter
	Zur Einstellung der Führungsgröße
	Für Umschalter „Hand-Autom."
H	Für Stellgeräteinsteller
	Öffner
	Schließer

Symbol	Bedeutung
12 12	Wahlschalter für 12 Stellen, z. B. 12 Messstellen
Leitungen/Signale	
	Rohrleitung, Linienbreite ≥ 1 mm
	EMSR-Leitung, allgemein, Linienbreite vorzugsweise 0,25 mm
E	Einheitssignalleitung, elektrisch
A	Einheitssignalleitung, pneumatisch
L	hydraulische Leitung
×	Kapillarleitung
	Lichtwellenleiter
	Geschirmte Leitung
	Koaxialleitung
- - - - - - - - -	Wirkungslinie
E	Einheitssignal, elektrisch
A	Einheitssignal, pneumatisch
∩	Analogsignal
#	Digitalsignal
	Binärsignal
	Impulsgeber
	Kreuzung ohne Verbindung
	Leitungsverbindung, allgemein Verbindungsstelle

3 Werkstofftechnik

3.1 Stoffwerte *material characteristics*

Element	Kurzzeichen	Ordnungszahl	Dichte ϱ in g/cm³ bei Gasen: in mg/cm³	Schmelzpunkt in °C	Siedepunkt in °C	Spez. Wärmekapazität c in $\frac{\text{J}}{\text{kg} \cdot \text{K}}$	Spez. Schmelzwärme q in $\frac{\text{kJ}}{\text{kg}}$	Längenausdehnungskoeffizient α in $\frac{1}{10^6 \cdot \text{K}}$	Stoffart [1)]
Feste Stoffe									
Aluminium	Al	13	2,7	660	2200	900	398	23,9	Metall
Antimon	Sb	51	6,69	630	1635	210	165	10,8	
Barium	Ba	56	3,7	726	1696	–	–	–	Metall
Beryllium	Be	4	1,85	1285	2970	1880	1400	12,3	Metall
Bismut	Bi	83	9,8	271,5	1560	120	55	13,5	Metall
Blei	Pb	82	11,30	327	1750	130	24	29	Metall
Bor	B	5	2,3	2050	2550	950	–	8,5	H-Metall
Cadmium	Cd	48	8,64	321	767	230	54	29,5	Metall
Calcium	Ca	20	1,55	845	1420	630	300	22,5	Metall
Chrom	Cr	24	7,2	1903	2500	455	315	8,5	Metall
Cobalt	Co	27	8,9	1492	2900	437	243	13	Metall
Eisen (rein)	Fe	26	7,86	1539	3070	470	275	12	Metall
Gold	Au	79	19,3	1063	2950	130	67	14,3	E-Metall
Jod	I	53	4,93	113,7	184,5	225	62	–	N-Metall
Iridium	Ir	77	22,45	2454	4527	130	117	6,6	E-Metall
Kohlenstoff	C	6	3,5	3700	–	510	–	–	N-Metall
Kupfer	Cu	29	8,96	1083	2350	385	205	16,8	Metall
Lanthan	La	57	6,2	920	3470	180	81	–	Metall
Lithium	Li	3	0,5	179	1340	–	670	5,8	Metall
Magnesium	Mg	12	1,74	650	1105	950	370	26,3	Metall
Mangan	Mn	25	7,43	1244	2095	480	265	23	Metall
Molybdän	Mo	42	10,22	2650	5500	265	280	5,5	Metall
Natrium	Na	11	0,97	97,8	881,3	1250	113	71	Metall
Nickel	Ni	28	8,9	1453	2910	445	305	13	Metall
Niob	Nb	41	8,55	2415	5100	275	290	7,1	Metall
Phosphor	P	15	1,82	44,5	280	760	21	–	N-Metall
Platin	Pt	78	21,4	1769	3830	130	110	9	E-Metall
Schwefel	S	16	2,07	119	444,6	705	42	–	N-Metall
Silber	Ag	47	10,5	960,5	2200	235	105	19,5	E-Metall
Silicium	Si	14	2,33	1423	2630	740	141,5	7,6	H-Metall
Strontium	Sr	38	2,54	771	1385	74	135	–	Metall
Tantal	Ta	73	16,6	2990	6100	139	173	6,5	Metall
Thallium	Tl	81	11,86	302,5	1457	–	–	–	Metall
Thorium	Th	90	11,7	1827	4600	115	67	11,5	Metall
Titan	Ti	22	4,5	1668	3262	580	89	8,5	Metall
Uran	U	92	18,8	1132	3930	120	350	–	Metall
Vanadium	V	23	6,12	1890	3000	500	340	8,3	Metall
Wolfram	W	74	19,3	3410	5400	140	195	4,5	Metall
Zink	Zn	30	7,14	419,5	908,5	398	105	29	Metall
Zinn	Sn	50	7,29	231,9	2730	230	59	27	Metall
Zirkonium	Zr	40	6,5	1855	4750	260	215	4,8	Metall
Flüssige Stoffe									
Brom	Br	35	3,20	–7,3	58,8	–	–	1150	H-Metall
Quecksilber	Hg	80	13,53	–38,84	356,6	140	11,5	1,83	Metall

3.1 Stoffwerte (Fortsetzung)

Element	Kurzzeichen	Ordnungszahl	Dichte ϱ in g/cm³ bei Gasen: in mg/cm³	Schmelzpunkt in °C	Siedepunkt in °C	Spez. Wärmekapazität c in $\frac{J}{kg \cdot K}$	Spez. Schmelzwärme q in $\frac{kJ}{kg}$	Längenausdehnungskoeffizient α in $\frac{1}{10^6 \cdot K}$	Stoffart [1]
Gasförmige Stoffe									
Argon	Ar	18	1,78	–189,4	–186	–	–	–	Gas
Chlor	Cl	17	1,56	–102,4	–34	450	–	–	Gas
Fluor	F	9	1,69	–227,6	–188,1	820	–	–	Gas
Helium	He	2	0,18	–272,1	–269	5200	–	–	Edelgas
Krypton	Kr	36	3,7	–157,2	–152,9	–	–	–	Edelgas
Neon	Ne	10	0,9	–248,6	–246	–	–	–	Edelgas
Sauerstoff	O_2	8	1,43	–219	–183	920	–	–	Gas
Wasserstoff	H_2	1	0,09	–259	–253	14450	–	–	Gas

[1] E-Metall: Edelmetall, H-Metall: Halbmetall, N-Metall: Nichtmetall
[2] bei Raumtemperatur Hinweis: spez. elektr. Widerstand

3.1.1 Wassertemperatur, Dichte, spezifisches Volumen

Wassertemperatur ϑ in °C, temperaturbezogene Dichte ϱ in kg/m³, spezifisches Volumen v in dm³/kg

ϑ °C	ϱ kg/m³	v dm³/kg
Eis		
–50	890,0	1,1236
±0	917,0	1,0905
Wasser		
±0	999,8	1,0002
1	999,9	1,0001
2	999,9	1,0001
3	999,9	1,0001
4	**1000**	**1,0000**
5	1000	1,0000
6	1000	1,0000
7	999,9	1,0001
8	999,9	1,0001
9	999,8	1,0002
10	999,7	1,0003
11	999,7	1,0003
12	999,6	1,0004
13	999,4	1,0006
14	999,3	1,0007
15	999,2	1,0008
16	999,0	1,0010
17	998,8	1,0012
18	998,7	1,0013
19	998,5	1,0015
20	998,3	1,0017
21	998,1	1,0019
22	997,8	1,0022
23	997,6	1,0024
24	997,4	1,0026
25	997,1	1,0029

ϑ °C	ϱ kg/m³	v dm³/kg
26	996,8	1,0032
27	996,6	1,0034
28	996,3	1,0037
29	996,0	1,0040
30	995,7	1,0043
31	995,4	1,0046
32	995,1	1,0049
33	994,7	1,0053
34	994,4	1,0056
35	994,0	1,0060
36	993,7	1,0063
37	993,3	1,0067
38	993,0	1,0070
39	992,7	1,0074
40	992,3	1,0078
41	991,9	1,0082
42	991,5	1,0086
43	991,1	1,0090
44	990,7	1,0094
45	990,2	1,0099
46	989,9	1,0103
47	989,4	1,0107
48	988,9	1,0112
49	988,4	1,0117
50	988,0	1,0121
51	987,6	1,0126
52	987,1	1,0131
53	986,6	1,0136
54	986,2	1,0140
55	985,7	1,0145

ϑ °C	ϱ kg/m³	v dm³/kg
56	985,2	1,0150
57	984,6	1,0156
58	984,2	1,0161
59	983,7	1,0166
60	983,2	1,0171
61	982,6	1,0177
62	982,1	1,0182
63	981,5	1,0188
64	981,0	1,0193
65	980,5	1,0199
66	979,9	1,0205
67	979,2	1,0211
68	978,8	1,0217
69	978,2	1,0223
70	977,7	1,0228
71	977,0	1,0235
72	976,5	1,0241
73	975,9	1,0247
74	975,3	1,0253
75	974,8	1,0259
76	974,1	1,0266
77	973,5	1,0272
78	972,9	1,0279
79	972,3	1,0285
80	971,6	1,0292
81	971,0	1,0299
82	970,4	1,0305
83	969,7	1,0312
84	969,1	1,0319
85	968,4	1,0326

ϑ °C	ϱ kg/m³	v dm³/kg
86	967,8	1,0333
87	967,1	1,0340
88	966,5	1,0347
89	965,8	1,0354
90	965,2	1,0361
91	964,4	1,0369
92	963,8	1,0376
93	963,0	1,0384
94	962,4	1,0391
95	961,6	1,0399
96	961,0	1,0406
97	960,2	1,0414
98	965,6	1,0421
99	958,9	1,0429
100	958,1	1,0437
105	954,5	1,0477
110	950,7	1,0519
115	946,8	1,0562
120	942,9	1,0606
130	934,6	1,0700
140	925,8	1,0801
150	916,8	1,0908
160	907,3	1,1022
170	897,3	1,1145
180	886,9	1,1275
190	876,0	1,1415
200	864,7	1,1565
220	840,3	1,1900
250	799,2	1,2513
300	712,2	1,4041

3

3.1.1.1 Zustandsgrößen von Wasser

p_{abs}:	absoluter Druck	in bar	ϱ'':	Dichte des Dampfes	in kg/m³
p_e:	Überdruck	in bar	h':	Wärmeenthalpie (Wärmeinhalt) des Wassers	in kJ/kg; Wh/kg
ϑ_s:	Siedetemperatur des Wassers	in °C	h'':	Wärmeenthalpie des Dampfes	in kJ/kg; Wh/kg
v':	spezifisches Volumen des Wassers	in dm³/kg	r:	Verdampfungswärme	in Wh/kg
v'':	spezifisches Volumen des Dampfes	in dm³/kg			

p_{abs} in bar	p_e in bar	ϑ_s in °C	v' in dm³/kg	v'' in dm³/kg	ϱ'' kg/m³	h' kJ/kg	h' Wh/kg	h'' kJ/kg	h'' Wh/kg	r Wh/kg
0,01	−0,99	6,98	1,0001	129200	0,00774	29,340	8,1500	2514,4	698,444	690,278
0,05	−0,95	32,9	1,0052	28 190	0,03547	137,77	38,269	2561,6	711,555	673,278
0,1	−0,9	45,8	1,0102	14 670	0,06814	191,83	53,286	2584,8	718,000	664,694
0,2	−0,8	60,1	1,0172	7 650	0,1307	251,45	69,847	2609,9	724,972	655,111
0,3	−0,7	69,1	1,0223	5 229	0,1912	289,30	80,361	2625,4	729,278	648,917
0,5	−0,5	81,3	1,0301	3 240	0,3086	340,56	94,600	2646,0	735,000	640,389
0,7	−0,3	90,0	1,0361	2 365	0,4229	376,77	104,658	2660,1	738,917	634,250
0,9	−0,1	96,7	1,0412	1 869	0,5350	405,21	112,558	2670,9	741,917	629,333
1,0	0	99,6	1,0434	1 694	0,5904	417,51	115,975	2675,4	743,167	627,194
1,013	**0,013**	**100**	**1,0437**	**1673**	**0,5977**	**419,06**	**116,405**	**2676,0**	**743,333**	**629,917**
1,1	0,1	102,3	1,0455	1 549	0,6455	426,43	118,454	2678,3	743,959	625,470
1,2	0,2	104,8	1,0476	1 428	0,7002	436,94	121,373	2682,0	745,006	623,609
1,3	0,3	107,1	1,0495	1 325	0,7547	446,74	124,094	2685,8	746,052	621,981
1,4	0,4	109,3	1,0513	1 236	0,8088	455,95	126,652	2688,7	746,866	620,237
1,5	0,5	111,4	1,0530	1 159	0,8628	467,13	129,758	2693,4	748,167	618,389
1,6	0,6	113,3	1,0547	1 091	0,9165	472,82	131,338	2694,9	748,611	617,214
1,7	0,7	115,2	1,0562	1 013	0,9700	480,60	133,501	2697,9	749,424	615,935
1,8	0,8	116,9	1,0579	977	1,0230	488,09	135,582	2700,4	750,122	614,539
1,9	0,9	118,6	1,0597	929	1,076	495,21	137,559	2702,9	750,819	613,261
2,0	1,0	120,2	1,0608	885,4	1,129	504,70	140,194	2706,3	751,750	611,556
2,5	1,5	127,4	1,0675	718,4	1,392	535,34	148,705	2716,4	754,555	605,833
3,0	2,0	133,5	1,0735	605,6	1,651	561,43	155,952	2724,7	756,861	600,889
3,5	2,5	138,9	1,0789	524	1,908	584,27	162,297	2731,6	758,778	596,500
4,0	3,0	143,6	1,0839	462,2	2,163	604,67	167,963	2737,6	760,444	592,500
4,5	3,5	147,9	1,0885	413,8	2,417	623,16	173,100	2742,9	761,916	588,805
5,0	4,0	151,8	1,0928	374,7	2,669	640,12	177,811	2747,5	763,194	585,389
6,0	5,0	158,8	1,1009	315,5	3,170	670,42	186,227	2755,5	765,416	579,167
7,0	6,0	165,0	1,1082	272,7	3,667	697,06	193,627	2762,0	767,222	573,583
8,0	7,0	170,4	1,1150	240,3	4,162	720,94	200,261	2767,5	768,750	568,472
9,0	8,0	175,4	1,1213	214,8	4,655	742,64	206,288	2772,1	770,027	563,750
10,0	9,0	179,9	1,1274	194,3	5,147	762,61	211,836	2776,2	771,166	559,333
11,0	10,0	184,1	1,1331	177,4	5,637	781,13	216,980	2779,7	772,139	555,139
12,0	11,0	188,0	1,1386	163,2	6,127	798,43	221,786	2782,7	772,972	551,194
13,0	12,0	191,6	1,1438	151,1	6,617	814,70	226,305	2785,4	773,722	547,417
14,0	13,0	195,0	1,1489	140,7	7,106	830,08	230,577	2787,8	774,389	543,805
15,0	14,0	198,3	1,1539	131,7	7,596	844,67	234,630	2789,9	774,972	540,333
16,0	15,0	201,4	1,1586	123,7	8,085	858,56	238,488	2791,7	775,472	537,000
17,0	16,0	204,3	1,1633	116,6	8,575	871,84	242,177	2793,4	775,944	533,750
18,0	17,0	207,1	1,1678	110,3	9,065	884,58	245,716	2794,8	776,333	530,639
19,0	18,0	209,8	1,1723	104,7	9,555	896,81	249,113	2796,1	776,694	527,583
20,0	19,0	212,4	1,1766	99,54	10,05	908,59	252,386	2792,2	775,611	524,611
25,0	24,0	223,9	1,1972	79,91	12,51	961,96	267,211	2800,9	778,028	510,833
30,0	29,0	233,8	1,2163	66,63	15,01	1008,4	280,111	2802,3	778,416	498,305
40,0	39,0	250,3	1,2521	49,75	20,10	1087,4	302,055	2800,3	777,861	475,805
50,0	49,0	263,9	1,2858	39,43	25,36	1154,5	320,694	2794,2	776,166	455,472
60,0	59,0	275,6	1,3187	32,44	30,83	1213,7	337,139	2785,0	773,611	436,472
80,0	79,0	295,0	1,3842	23,53	42,51	1317,1	365,861	2759,9	766,639	400,778
100,0	99,0	311,0	1,4526	18,04	55,43	1408,0	391,111	2727,7	757,694	366,583
150,0	149,0	342,1	1,6579	10,34	96,71	1611,0	447,500	2615,0	726,389	278,889
200,0	199,0	365,7	2,0370	5,88	170,2	1826,5	507,361	2418,4	671,778	164,417
221,2	220,2	374,2	3,17	3,17	315,5	2107,4	585,389	2107,4	585,389	0

3.1.1.2 Wasserhärte (in °dH) *water hardness*

1 mmol/l = 5,6 °dH 0,178 mmol/l = 1 °dH	Internationale Maßeinheit für die Härte des Wasser (Summe der Erdalkalien in mmol/l); früher Angabe in Grad deutscher Härte (°dH)

Wasserhärtekarte für Deutschland

Hinweis: Die Karte gibt einen groben Überblick; genaue Werte müssen bei den örtlichen Wasserversorgern erfragt werden.

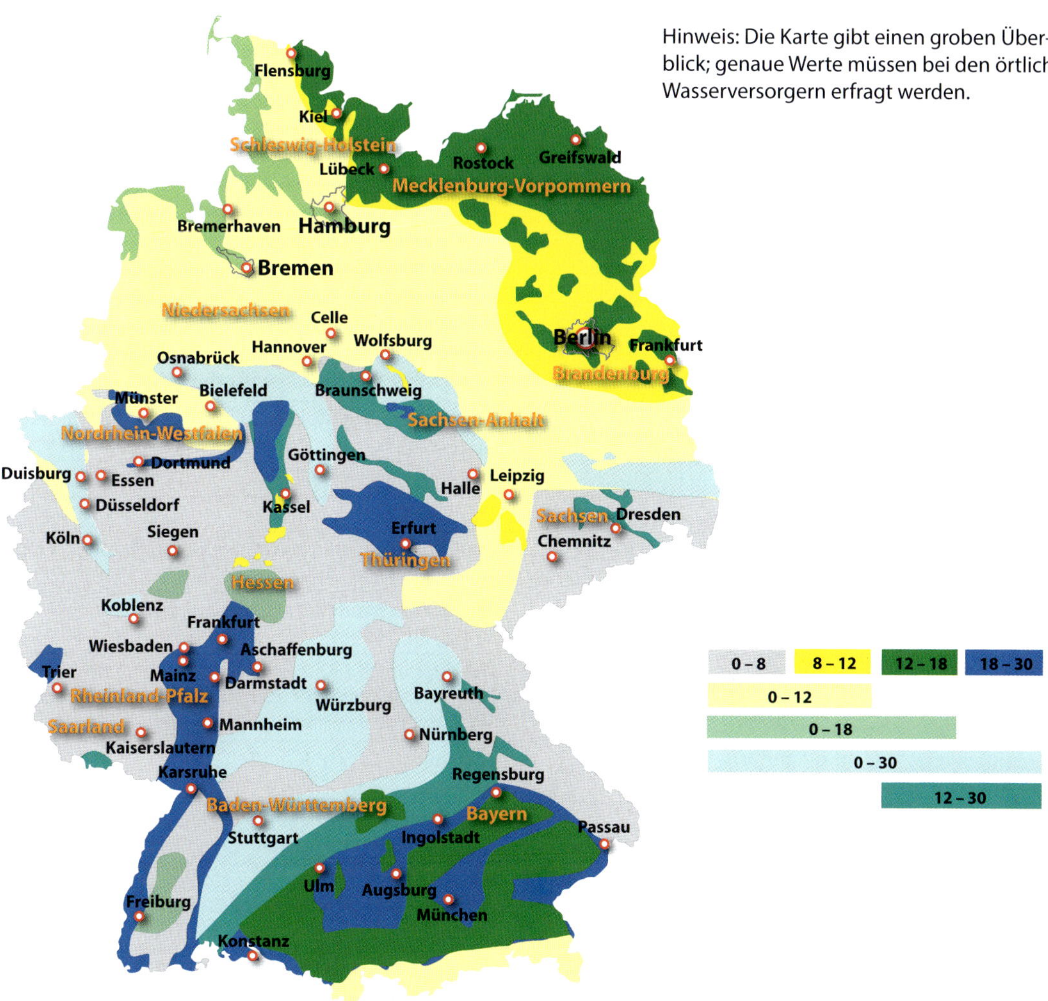

Härtebereiche nach Waschmittelgesetz

Waschmittelgesetz von 2007		
Härtebereich	**Millimol Calciumcarbonat je Liter**	**°dH**
weich	weniger als 1,5	weniger als 8,4 °dH
mittel	1,5 bis 2,5	8,4 bis 14 °dH
hart	mehr als 2,5	mehr als 14 °dH

3.1.2 Wichtige chemische Stoffe

Name	Techn. Bezeichnung	Chem. Formel	Erklärung, Verwendung, Eigenschaften
Aceton	Propanon	$(CH_3)_2CO$	Aceton ist eine farblose Flüssigkeit und findet Verwendung als Lösungsmittel.
Acetylen	Ethin	C_2H_2	**Acetylen** ist ein farbloses brennbares Gas.
Borax	Natriumtetraborat	$Na_2B_4O_7 \cdot 10H_2O$	Verwendung als Flussmittel beim Hartlöten von Edelmetallen.
Butan	Butan	C_4H_{10}	Butan ist ein farbloses brennbares Gas.
Ethan	Ethan	C_2H_6	Ethan ist ein farbloses Gas und wird mit dem Erdgas zu Heizzwecken in Feuerungsanlagen verbrannt.
Kalkstein	Calciumcarbonat	$CaCO_3$	Calciumcarbonat ist eine der am weitesten verbreiteten Verbindungen auf der Erde, vor allem in Form von Sedimentgesteinen (gelöst in H_2O).
Calciumhydrogen-carbonat	Calciumhydrogen-carbonat	$Ca(HCO_3)_2$	Calciumhydrogencarbonat bildet sich bei der Verwitterung von Kalkstein, der im Wesentlichen aus Calciumcarbonat besteht, durch die Einwirkung von Wasser und Kohlenstoffdioxid.
Gips	Calziumsulfat	$CaSO_4 \cdot 2H_2O$	**Gips** ist ein sehr häufig vorkommendes Mineral.
Kochsalz	Natriumchlorid	$NaCl$	**Natriumchlorid (Kochsalz)** ist das Natriumsalz der Salzsäure.
Kohlensäure	Kohlensäure	H_2CO_3	Existiert nur gelöst.
Kohlenstoffdioxid	Kohlenstoffdioxid	CO_2	Farbloses, geruchloses Gas
Kohlenstoff-monoxid	Kohlenstoff-monoxid	CO	Farb- und geruchloses Gas; Kohlenstoffmonoxid ist ein gefährliches Atemgift.
Lötwasser	Zinkchlorid	$ZnCl_2$	Graue, stechend riechende Flüssigkeit, Lösungsmittel zum Löten
Magnesium-carbonat	Magnesium-carbonat	$MgCO_3$	Magnesiumcarbonat ist zusammen mit Calciumcarbonat (Kalk) hauptsächlich für die Entstehung der Wasserhärte verantwortlich.
Magnesiumhydro-gencarbonat	Magnesiumhydro-gencarbonat	$Mg(HCO_3)_2$	Beeinflusst die Wasserhärte.
Magnesiumsulfat	Magnesiumsulfat	$MgSO_4$	Magnesiumsulfat ist ein farbloser, geruchloser, stark hygroskopischer Feststoff.
Methan	Methan	CH_4	Methan (auch Methylwasserstoff genannt) ist ein farbloses und geruchloses Gas, dient zur Wärmeerzeugung.
Natriumacetat	Natriumacetat	CH_3COONa	**Natriumacetat** ist ein farbloses, schwach nach Essig riechendes Salz.
Propan	Propan	C_3H_8	**Propan** ist ein farbloses Gas Es dient verflüssigt als Brenn- und Heizgas.
Salzsäure	Salzsäure	HCl	Salzsäure ist eine starke, anorganische Säure.
Schwefeldioxid	Schwefeldioxid	SO_2	Schwefeldioxid ist ein farbloses, schleimhautreizendes, stechend riechendes und sauer schmeckendes, giftiges Gas.
Schwefelsäure	Schwefelsäure	H_2SO_4	Schwefelsäure ist eine der stärksten Säuren und wirkt stark ätzend.
Schweflige Säure	Schweflige Säure	H_2SO_3	**Schweflige Säure** ist eine unbeständige, nur in wässriger Lösung existierende, schwache Säure (Mitverursacher des sauren Regens).
Stickstoffdioxid	Stickstoffdioxid	NO_2	**Stickstoffdioxid** ist ein rotbraunes, giftiges, stechend chlorähnlich riechendes Gas.
Tri	Trichlorethen	C_2HCl_3	**Trichlorethen** ist eine farblose, klare Flüssigkeit, sie wirkt als starkes Lösungsmittel.

3.1.3 Stoffwerte gasförmiger Stoffe (bei 0 °C; p_{abs} = 1,013 bar) *gaseous substances*

Stoff	chemische Formel	Dichte ϱ_n in $\frac{kg}{m^3}$	Siedetemperatur ϑ_G in °C	spezifische Wärmekapazität (*p* konstant) c_p in $\frac{Wh}{kgK}$	spezifische Wärmekapazität (*V* konstant) c_v in $\frac{Wh}{kgK}$
Acetylen	C_2H_2	1,17	–84	0,4198	0,3372
Argon	Ar	1,78	–185,7	0,1454	0,0884
Butan	C_4H_{10}	2,708	–0,5	1,599	1,457
Erdgas	–	≈ 0,7	–	–	–
Ethan	C_2H_6	1,356	–98	0,7292	1,4445
Helium	He	0,18	–268,93	1,4538	0,8780
Kohlenstoffdioxid	CO_2	1,98	–78,5	0,2279	0,1744
Kohlenstoffmonoxid	CO	1,250	–191,55	0,2896	0,2070
Luft (trocken)	–	1,293	–191,4	0,2791	0,1989
Methan	CH_4	0,72	–161,5	0,6001	0,4547
Propan	C_3H_8	2,011	–42,0	1,549	1,36
Sauerstoff	O_2	1,429	–182,9	0,2547	0,1826
Schwefeldioxid	SO_2	2,93	–10	0,1686	0,1326
Stickstoff	N_2	1,251	–195,8	0,2884	0,2059
Wasserdampf	–	–	–	0,58	–
Wasserstoff	H_2	0,0899	–252,8	3,9542	2,8086

3.1.4 Stoffwerte flüssiger Stoffe (bei 20 °C; p_{abs} = 1,013 bar) *fluidly substances*

Stoff	chemische Formel	Dichte ϱ_n in $\frac{kg}{dm^3}$	Schmelz-temperatur ϑ_F in °C	Siede-temperatur ϑ_G in °C	Zünd-temperatur ϑ_Z in °C	spezifische Wärme-kapazität c in $\frac{Wh}{kgK}$
Aceton	C_3H_6O	0,80	–94,3	56,1	450	0,599
Alkohol (Ethanol)	C_2H_5OH	0,79	–114	78	–	0,65
Benzin	–	0,72 … 0,78	ca. –45	25 … 210	ca. 200 … 300	0,581
Dieselkraftstoff/ Heizöl EL	–	0,8 … 0,85	<–30	150 … 350	220	0,57
Maschinenöl	–	0,91	–20	380 … 400	400	0,58
Petroleum	–	0,81	–70	150 … 300	550	0,597
Schwefelsäure (100 %)	H_2SO_4	1,84	–	325	–	0,384
Spiritus (95 %)	C_2H_5OH	0,82	–114	78	520	0,675
Wasser	H_2O	1,00	0	100	–	1,163

3.1.4.1 ph-Werte verschiedener Flüssigkeiten *pH values*

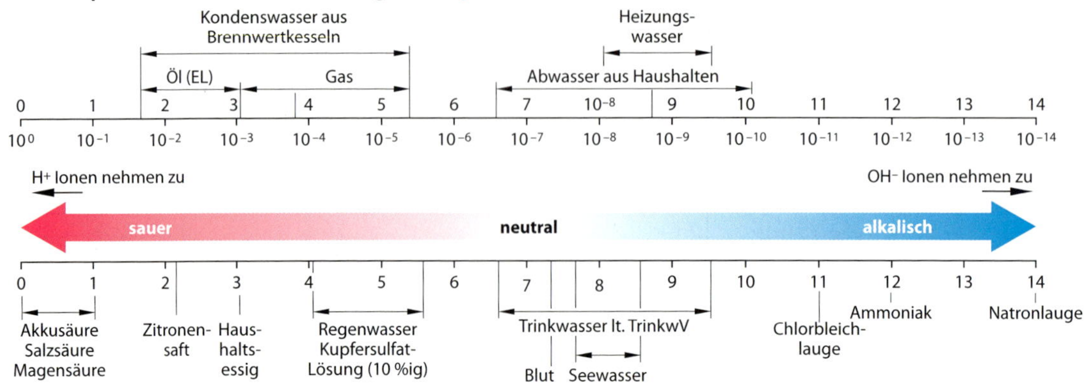

3.1.5 Stoffwerte fester Stoffe *solid substances*

Metalle

Bezeichnung	Kurzzeichen	Dichte ϱ in $\frac{kg}{dm^3}$	*E*-Modul $E \cdot 10^4$ in $\frac{N}{mm^2}$	Zugfestigkeit R_m in $\frac{N}{mm^2}$	Längenausdehnungskoeffizient $\alpha \cdot 10^{-6}$ in $\frac{1}{K}$	Spez. Wärmekapazität c in $\frac{kJ}{kg \cdot K}$	Schmelzpunkt in °C	Wärmeleitfähigkeit λ in $\frac{W}{m \cdot K}$
Aluminium	Al	2,7	7,2	40 … 100	23,9	0,899	660	238
Al-Knetlegierung	EN AW-6060 (AlMgSi0,5)	2,7	7,2	190	23,0	1,04	658	186
Al-Gusslegierung	G-AlSi12	2,64	7,2	150 … 200	21,0	–	ca. 570	155
Blei	Pb	11,35	1,7	11 … 13	29	0,13	327	35
Chrom	Cr	7,1	25,0	200 … 300	8,5	0,46	1900	69
Eisen	Fe	7,85	21		12	0,466	1535	75,5
Unleg. Stahl	S235JR	7,85	21	370	12	0,49	1500	48 … 75
hochleg. Stahl	X12CrNi18-10	7,92	–	500 … 700	16	–	ca.1450	16
Grauguss	EN-GJL-250	7,52		250 … 350	11	0,25	ca.1150	55
Gold	Au	19,3	8,1	100 … 140	14,3	0,13	1063	310
Hartmetall	K20	14,8	–	–	48	0,80	–	80
Kupfer	Cu	8,93	12,6	210 … 240	16,8	0,39	1083	364
Messing	CuZn40	8,40	–	350 … 480	20	0,38	ca. 900	117
Bronze	CuSn	ca. 8,0	–	350 … 480	18	0,38	ca. 900	120
Magnesium	Mg	1,74	4,5	160 … 200	26	0,924	650	157
Mangan	Mn	7,45	20,0	–	15	0,504	1244	29,7
Molybdän	Mo	10,22	–	–	5,2	0,26	2620	145
Nickel	Ni	8,9	22,5	350 … 520	13	0,441	1452	59
Platin	Pt	21,37	17,3	120 … 220	9	0,134	1769	70
Silber	Ag	10,5	8,1	130 … 160	19,7	0,235	960	407
Titan	Ti	4,4	11,1	350 … 560	8,2	0,63	1660	15,5
Vanadium	V	6,1	13,0	350 … 560	8,3	0,504	1900	31,4
Wolfram	W	19,3	41,5	400 … 1200	4,5	0,143	3380	130
Zink	Zn	7,14	10,0	120 … 150	29	0,395	419	113
Zinn	Sn	7,28	4,5	15 … 30	27	0,228	232	64

Nichtmetalle

Bezeichnung	Kurzzeichen	Dichte ϱ in $\frac{kg}{dm^3}$	Zugfestigkeit R_m in $\frac{N}{mm^2}$	Längenausdehnungskoeffizient $\alpha \cdot 10^{-6}$ in $\frac{1}{K}$	Spez. Wärmekapazität c in $\frac{kJ}{kg \cdot K}$	Schmelzpunkt in °C	Wärmeleitfähigkeit λ in $\frac{W}{m \cdot K}$
Acrylglas	PMMA	1,18	–	70	1,3	80	0,16
Alkohol	C_2H_5OH	0,79	–	110	2,34	–114	
Asbest		2,1 … 2,6	–		0,80	1300	–
Beton		2,0 … 2,8	5 … 60	12	0,88	–	–
Eis	H_2O	0,92	–	–	0,57	–	2,21
Glas		2,5	50 … 200	8	0,6 - 0,8	ca.1100	0,8
Holz	z. B. Fichte	0,5	–	4	1,35	–	0,1
Kork		0,1 … 0,3	–	–	1,88	–	0,05
Porzellan		2,4	–	30	0,80	–	0,7 … 1,6
PVC		1,43	20 … 50	70	–	ca. 60	0,16
Styropor		0,02	–	60	0,07	85	0,025
Wasser	H_2O	1,0	–	18	4,19	0	–
Kohlendioxid (Kohlensäure)	CO_2 ($H_2CO_3 + H_2O$)		–	–	–		
Petroleum	–	0,81	–	–	0,55	–70	–
Glycerin	–	1,3	–	–	2,39	–18	–
Maschinenöl*	–	0,91	–5	–	1,67	≈ 5	–

* Mineralöl

3.1.6 Spezifische Stoffwerte von Wasser

Spezifische Wärmekapazität Eis/Wasser/Dampf

Spezifische Wärmekapazität c in	Eis	Wasser	Dampf
kJ/(kg · K)	2,093	4,180	2,010
Wh/(kg · K)	0,582	1,163	0,559

3.1.7 Kältemittel *refrigerants*

Ursprüngliche Kältemittel	**Übergangs-/Service-Kältemittel**		**Kältemittel für neue Anlagen und Geräte**			
F**C**KW **(chlorhaltig, halogeniert)**	H**FC**KW/HFKW (teilweise **chlorhaltig**)		FKW/HFKW **(chlorfrei)**		**natürlich**	
	Einstoff-Kältemittel	Gemische (Blends)	Einstoff-Kältemittel	Gemische (Blends)	Einstoff-Kältemittel	Gemische (Blends)
z. B. R11 R12 R502 R13B1	*z. B.* **R22**	*Überwiegend R22-haltig* R401A (MP 39) R402A (HP80) R402B (HP81)	*z. B.* *GWP*[1)] **R134A** *1300* R125 *3200*	*z. B.* *GWP*[1)] **R404A** *3800* R407A *1900* R407C *1600* R410A *1900* R417A *1950* R413A *1770* Isceon 29 *2230* Isceon 79 *2530*	*z. B.* **R717 (NH_3)** R290 Propan R1270 Propylen R600a Isobutan R170 Ethan **R744 (CO_2)** **R718 (H_2O)**	*z. B.* R290/R600a R600a R290/R170
Bestehende Anlagen dürfen weiter betrieben, aber nicht mehr nachbefüllt werden. Für Anlagen mit mehr als 3 kg Kältemittel: Meldepflicht, Wartungsheft und Dichtigkeitsprüfung.	Ab Januar 2015 europaweit verboten. Das Verwendungsverbot umfasst auch das Nachfüllen mit gebrauchtem Kältemittel und alle Instandhaltungs- und Wartungsarbeiten, bei denen in den Kältekreislauf eingegriffen werden muss. Ziel: Schutz der Ozonschicht.		Bewilligungspflicht für Neuanlagen, Erweiterungen und Umbauten; Voraussetzung für eine Bewilligung: fehlende Alternativen mit natürlichen Kältemitteln. Für Anlagen mit mehr als 3 kg Kältemittel: Meldepflicht, Wartungsheft und Dichtigkeitsprüfung.		Natürliche Kältemittel sind für Neuanlagen, Erweiterungen und Umbauten anzustreben. Nach Stoffverordnung keine Bewilligungspflicht und keine Meldepflicht für natürliche Kältemittel. Für Anlagen mit mehr als 3 kg Kältemittel: Wartungsheft.	

[1)] GWP: Global Warming Potential
- Vergleichswert zur Ermittlung des Treibhauspotenzials der verschiedenen Kältemittel
- Basis: CO_2 = 1 (Zeithorizont von 100 Jahren)

Zusammensetzung und Verwendungsmöglichkeiten siehe Herstellerunterlagen.

3.1.8 Wärmedurchgangskoeffizient U (Anhaltswerte) *thermal transmission coefficient*

Wärmedurchgang von → durch → an	U in $\frac{W}{m^2 \cdot K}$
Wasser → Stahl → Wasser	300 … 500[1]
Wasser → Kupfer → Wasser	350 … 550[1]
Dampf → Stahl → Wasser	930 … 1390
Dampf → Kupfer → Wasser	1160 … 2910
Wasser → Metall → Luft[2]	10 … 29

Wärmedurchgang von → durch → an	U in $\frac{W}{m^2 \cdot K}$
Luft[3] → Stahl → Luft	10 … 16
Luft[3] → Kupfer → Luft	8 … 17
Luft[3] → Schamottesteine → Luft	5 … 7
Rauchgas[3] → Stahl → Wasser	9 … 10
Rauchgas[3] → Stahl → Dampf	11 … 14

[1] Je nach Wasserführung und Geschwindigkeit kann der U-Wert wesentlich höher sein.
[2] Heizkörper 8 … 15 W/(m² · K).
[3] Gilt auch für Heizgas.

3.1.9 Wärmeübergangszahlen h (früher α) für vertikale ebene Wände/vertikale Heizplatten

Wärmeübergangszahlen h für vertikale ebene Wände

Luftgeschwindigkeit ≤ 5 m/s										
v	0,1	0,5	1,0	1,5	2,0	2,5	3,0	3,5	4,0	4,5
h	6,6	8,3	10,4	12,5	14,6	16,7	18,8	20,9	23	25,1
Luftgeschwindigkeit > 5m/s										
v	6	7	8	9	10	12	14	16	18	20
h	31,9	38	40,1	44,1	48	55,5	62,8	69,8	76,7	83,5

v: Luftgeschwindigkeit in m/s
h: Wärmeübergangszahl in W/(m²K)

Wärmeübergangszahlen h für vertikale Heizplatten in unbeeinflusster Umgebungsluft

ϑ_H \ ϑ_L	15	18	20	22	24	28
75	6,19	5,64	5,56	5,48	5,39	5,23
70	5,59	5,47	5,38	5,30	5,21	5,03
65	5,41	5,28	5,19	5,11	5,02	4,83
60	5,23	5,09	4,99	4,90	4,80	4,60
55	5,03	4,88	4,78	4,68	4,57	4,34
50	4,81	4,65	4,54	4,43	4,31	4,06

ϑ_L: Lufttemperatur in °C
ϑ_H: Heizplattentemperatur in °C
α: Wärmeübergangszahl in W/(m²K)

3.2 Werkstoffnormung

3.2.1 Einteilung der Stähle

DIN EN 10020 : 2000-07

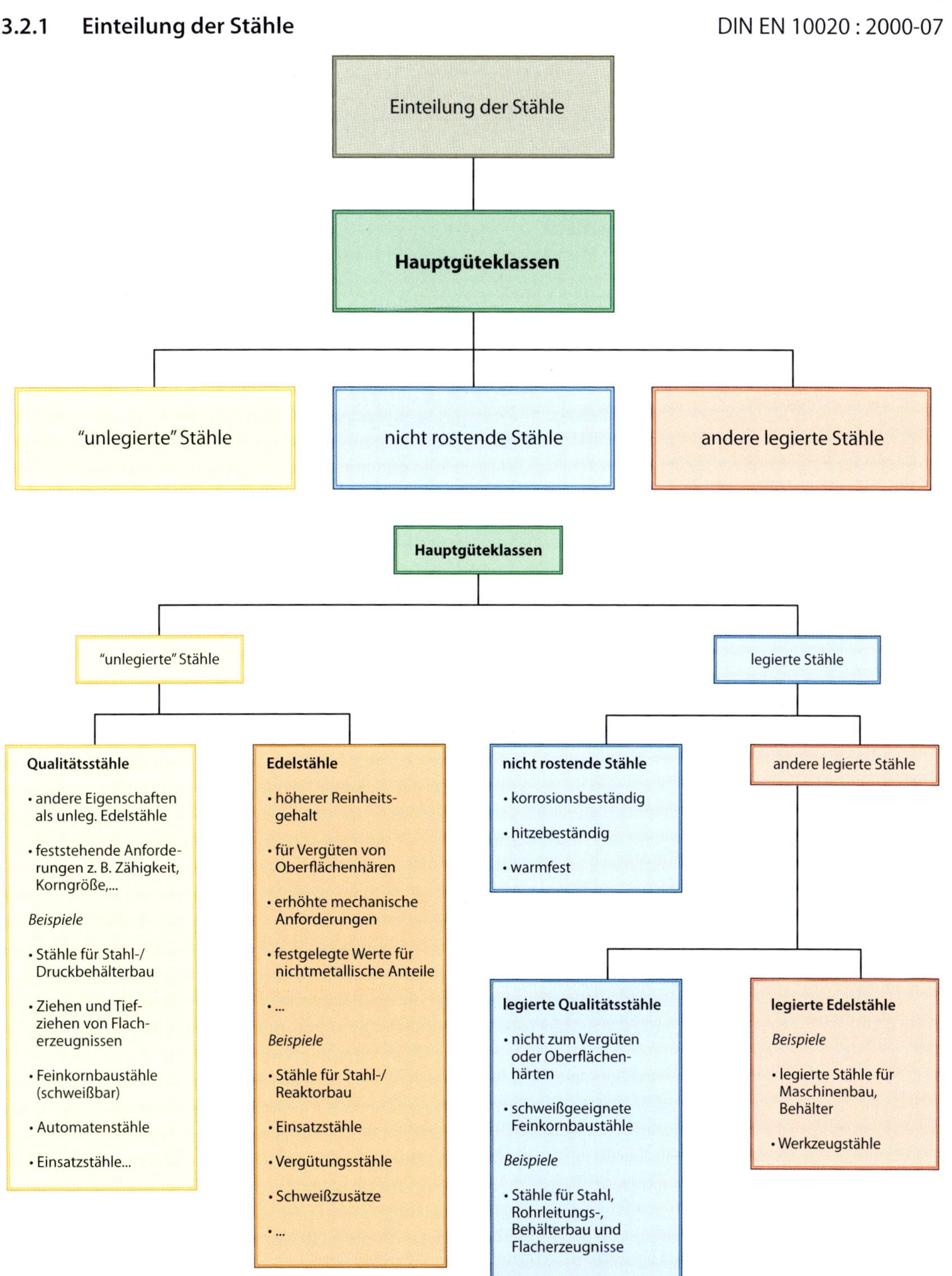

Anmerkung:
Unlegierte Stähle enthalten als Hauptlegierungselement im wesentlichen Kohlenstoff; weitere Legierungselemente wie Chrom, Kupfer, Nickel, Blei, Mangan oder Silizium können in geringen Mengen enthalten sein.
Legierte Stähle weisen mehr als 10,5 % Legierungselemente wie Chrom, Nickel u. a.m. auf.

3.2.2 Bezeichnungssystem für Eisenwerkstoffe

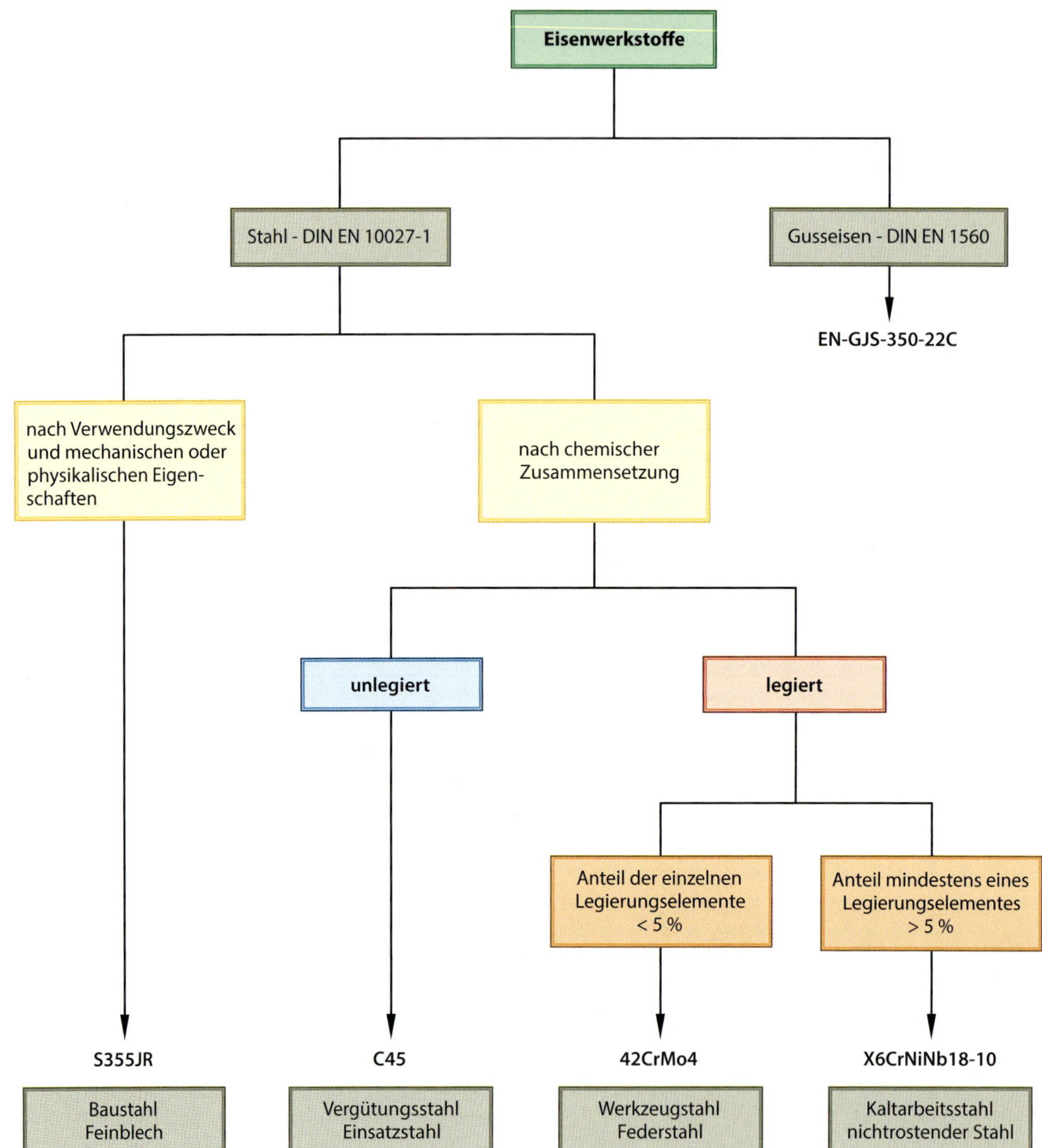

3.2.3 Bezeichnungssystem für Stähle

DIN EN 10027-1 : 2017-01

Bezeichnungssystem für Stähle mit Nummern

DIN EN 10027-2 : 2015-07

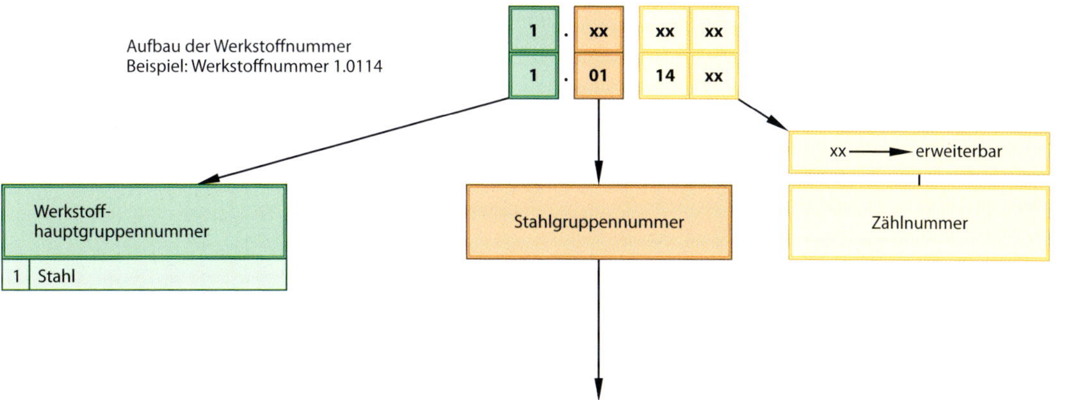

Stahlgruppennummern

Unlegierte Stähle		**Legierte Stähle**	
00, 90	**Grundstähle**		**Qualitätsstähle**
	Qualitätsstähle	**08, 98**	Stähle mit bes. phys. Eigenschaften
01, 91	Allg. Baustähle, R_m < 500 N/mm^2	**09, 99**	Stähle für verschiedene Anwendungsbereiche
02, 92	Sonstige, nicht für Wärmebehandlung vorgesehene Baustähle, R_m < 500 N/mm^2		**Edelstähle**
		20 … 28	Werkzeugstähle
03, 93	Stähle mit C < 0,12 %, R_m < 400 N/mm^2	**29**	Frei
04, 94	Stähle mit 0,12 % ≤ C < 0,25 % oder 400 N/mm^2 ≤ R_m < 500 N/mm^2	**30, 31**	Frei
		32	Schnellarbeitsstähle mit Co
05, 95	Stähle mit 0,25 % ≤ C < 0,55 % oder 500 N/mm^2 ≤ R_m < 700 N/mm^2	**33**	Schnellarbeitsstähle ohne Co
06, 96	Stähle mit C ≥ 0,55 %, R_m ≥ 700 N/mm^2	**34**	Frei
07, 97	Stähle mit höherem P- oder S-Gehalt	**35**	Walzlagerstähle
	Edelstähle	**36, 37**	Stähle mit bes. magnetischen Eigenschaften
10	Stähle mit besonderen physikalischen Eigenschaften	**38, 39**	Stähle mit bes. physikalischen Eigenschaften
11	Bau-, Maschinen-, Behälterstähle mit C < 0,5 %	**40 … 45**	Nichtrostende Stähle
12	Maschinenbaustähle mit C ≥ 0,5 %	**46**	Chem. beständige und hochwarmfeste Ni-Leg.
13	Bau-, Maschinen-, Behälterstähle mit bes. Anforderungen	**47, 48**	Hitzebeständige Stähle
14	Frei	**49**	Hochwarmfeste Werkstoffe
15 … 18	Werkzeugstähle	**50 … 84**	Bau-, Maschinen-, Behälterstähle Geordnet nach Legierungselementen
19	Frei	**85**	Nitrierstähle
		86	Frei
		87 … 89	Nicht für Wärmebehandlung bestimmte Stähle, hochfeste schweißgeeignete Stähle

Bezeichnungssystem für Stähle mit Kurznamen

DIN EN 10027-1: 2017-01

Hauptsymbole

Bezeichnung nach dem Verwendungszweck

Einsatzgebiet	Buchst.	Eigenschaften
Stahlbau	S	R_e in N/mm²
	Bsp.: S235 JR	
Maschinenbau	E	R_e in N/mm²
	Bsp.: E355	
Leitungsrohre	L	R_e in N/mm²
	Bsp.: L210GA	
Druckbehälterstähle	P	R_e in N/mm²
	Bsp.: P235GH	

Bezeichnung nach dem C-Gehalt

Einsatzgebiet	Buchst.	Kohlenstoffgehalt
Unlegierte Stähle Mn-Gehalt < 1 % (außer Automatenstähle)	C	100 × C-Gehalt
	Bsp.: C35R	

Bezeichnung durch chem. Kurzzeichen der Leg.-elemente

Einsatzgebiet	Buchst.	Kohlenstoffgehalt
Unlegierte Stähle Mn-Gehalt < 1 % Legierte Stähle Gehalt einzelner Legierungselemente < 5 %	---	100 × C-Gehalt
	Bsp.:	27MnCrB5-2 42 CrMO 4
	G	Stahlguss
	Bsp.:	G20Mo5
Legierte Stähle Gehalt einzelner Legierungselemente > 5 %	X	100 × C-Gehalt
	Bsp.:	X38CrMoNb16
	G	Stahlguss
	Bsp.:	GX 7 CrNiMo 12-1

Zusatzsymbole für Stähle

Gruppe 1 | Gruppe 2

Kerbschlagarbeit (Gruppe 1)

ϑ_{Pror} in °C	27 J	40 J	60 J
+20	JR	KR	LR
0	J0	K0	L0
−20	J2	K2	L2
−30	J3	K3	L3
−40	J4	K4	L4
−50	J5	K5	L5
−60	J6	K6	L6

Verwendung

X	Q vergütet N normalgeglüht A ausscheidungshärtend M thermomechanisch gewalzt G weitere Merkmale GH für hohe Temperaturen

Gruppe 2

Z	C besondere Kaltumformbarkeit D Schmelztauchüberzüge E Emaillierung F zum Schmieden H Hohlprofile L tiefe Temperaturen M thermomechanisch gewalzt N normalgeglüht P Spundbohlen Q vergütet S für Schiffbau T für Rohre W wetterfest

Zusatzsymbole für Stahlerzeugnisse

Anforderungen
"+H = Härtbarkeit ...

Überzug
"+Z = feuerverzinkt ...

Behandlungszustand
"+A = weichgeglüht
"+C = kaltverfestigt ...

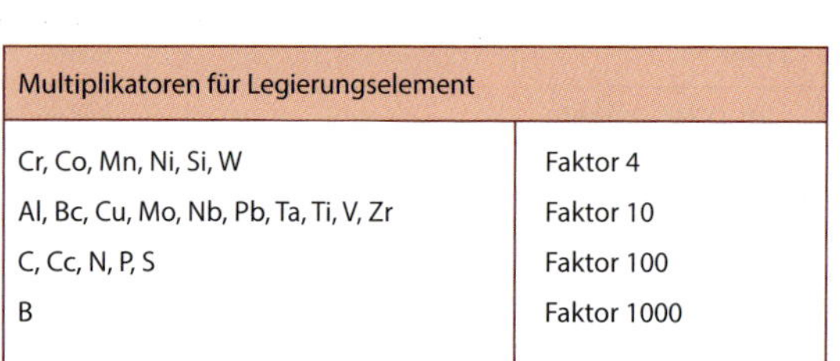

Multiplikatoren für Legierungselement	
Cr, Co, Mn, Ni, Si, W	Faktor 4
Al, Bc, Cu, Mo, Nb, Pb, Ta, Ti, V, Zr	Faktor 10
C, Cc, N, P, S	Faktor 100
B	Faktor 1000

3.2.4 Übliche Stahlsorten

Baustähle für warmgewalzte Erzeugnisse *unalloyed structural steels* DIN EN 10025-1, -2 : 2005-02, 2019-10

Kurzzeichen nach DIN EN 10025	Werkstoff-nummer	Stahlart	C-Gehalt in %	Streckgrenze R_e in N/mm²	Zugfestigkeit R_m in N/mm²	Bruchdehnung in %	Eigenschaften und Verwendung
S235JR	1.0038	QS	0,17	235	330 … 510	15 … 21	Allg. Baustahl, gute Schweißeignung
S235J0	1.0114	QS	0,17	235	380 … 580		Geschweißte Rohre, Stahlbau – gute Schweißeignung
S235J2	1.0117	QS	0,17	235	450 … 680		

Stähle für Stahlrohre für Gas und Öl DIN EN ISO 3183 : 2020-02

Kurzzeichen und Eigenschaften	Norm
L245, L290, L320, L360, L390, L415, L450, L485, L455 Eigenschaften z. B. für L245: R_e = 245 N/mm², R_m = 415 N/mm², Bruchdehnung: 24 %	ISO 3181-1
L245NB, L290NB, L360NB, L415NB, L245MB, . . . L555MB Eigenschaften z. B. für L245NB: R_e = 245 . . . 440, R_m = 415 N/mm², Bruchdehnung: 24 %	ISO 3183-2
L245NC[1)] / L245NCS, L290NC / L290NCS, L360NC / L360NCS L290MC[2)] / L290MCS, L360MC / L360MCS, . . . L555MC Eigenschaften z. B. für L245NC: R_e = 245 . . . 440, R_m = 415 N/mm², Bruchdehnung: 24 %	ISO 3183-3

[1)] NB = normalisierend gewalzt [2)] MC = thermomechanisch gewalzt

Stähle für Stahlrohre für Wasser DIN EN 10255 : 2015-05

Kurzname	Werkstoffnr.	C-Gehalt in %	Streckgrenze R_e in N/mm²	Zugfestigkeit R_m in N/mm²	Bruchdehnung in %
L235	1.0252	0,16	225 . . . 235	360 . . . 500	23 . . . 25
L275	1.0260	0,20	265 . . . 275	430 . . . 570	19 . . . 21
L355	1.0419	0,22	345 . . . 355	500 . . . 560	19 . . . 21

C-Stähle für Heizungsrohre DIN EN 10305-3 : 2016-08

Kurzname	Werkstoffnr.	C-Gehalt in %	Streckgrenze R_e in N/mm²	Zugfestigkeit R_m in N/mm²	Bruchdehnung in %
E195	1.0034	0,15	195	330 . . . 440	29
E220	1.0215	0,14	220	310	23

Korrosionsschutz unbedingt erforderlich; verzinkt oder ummantelt.

Stähle für Druckbehälter *steels for pressure vessels*

DIN EN 10028-2 : 2017-10

Kurzzeichen nach DIN EN 10025	Werkstoffnummer	Kurzzeichen alt	Stahlart	C-Gehalt in %	Streckgrenze R_e in N/mm²	Zugfestigkeit R_m in N/mm²	Bruchdehnung in %	Eigenschaften und Verwendung
P235GH*	1.0345	HI	QS	0,16	≈ 200	350 … 480	24	Druckbehälterbau, Dampfkesselbau
P265GH*	1.0425	HII	QS	0,2	≈ 240	400 … 530	22	
P295GH*	1.0481	17 Mn 4	QS	0,2	≈ 250	440 … 580	21	Industriemotor, Hermetikmotor, Reaktorbauteil
P355GH*	1.0473	19 Mn 6	QS	0,22	≈ 330	480 … 650	20	Druckbehälterbau, Dampfkesselbau

* geeignet für hohe Temperaturen

Stahlsorten für Präzisionsstahlrohre *precision steel pipes*

DIN EN 10305-1/-2 : 2016-08

Kurzzeichen nach DIN EN 10025	Werkstoffnummer	Kurzzeichen alt	Stahlart	C-Gehalt in %	Streckgrenze R_e in N/mm²	Zugfestigkeit R_m in N/mm²	Bruchdehnung in %	Eigenschaften und Verwendung
E215	1.0212	St 44-2	QS	0,10	215	290 … 430	30	Präzisionsstahlrohre, Behandlungszustand normalisiert
E235	1.0308	St 35	QS	0,17	235	340 … 480	22	
E255	1.0408	EStE 255	QS	0,21	255	440 … 570	21	
E365	1.0580	St 52	QS	0,22	365	490 … 630	22	
26Mn5	1.1161	–	–	0,2 … 0,3	–	–	–	

Nichtrostende Stähle – Edelstahl Rostfrei® *stainless steels*

DIN EN 10088-1 : 2014-12

Ferritische Stähle (korrosionsbeständig)

Stahlsorte		B[1)]	Dicke d mm	Härte HB	Dehngrenze $R_{p0,2}$ N/mm²	Zugfestigkeit R_m N/mm²	Bruchdehnung A %	Eigenschaften und Verwendung
Kurzname	Werkstoffnummer							
X2CrNi12	1.4003	+A	≤ 100	200	260	450 … 600	20	chemisch beständig, verschleißfest, gut verformbar u. schweißbar – Apparatebau
X6Cr13	1.4000	+A	≤ 25	200	230	400 … 630	20	chemisch beständig, säurebeständig, hitzebeständig – Haushaltsgeräte
X6Cr17	1.4046	+A	≤ 100	200	240	400 … 630	20	chemisch beständig, nicht rostend, tiefziehbar, korrosionsbeständig, hochfest, gut verformbar, gut schweißbar – Spültischauskleidung
X6CrMoS17	1.4105	+A	≤ 100	200	250	430 … 630	20	sehr gut zerspanbar – Verbindungselemente
X6CrMo17-1	1.4113	+A	≤ 100	200	280	440 … 660	16	rost- und säurebeständig, tiefziehbar – Fensterrahmen, Kühlerverkleidung

1) Behandlungszustand

Martensitische Stähle (korrosionsbeständig) *martensitic steels (corrosion resistant)*

Stahlsorte		B[1]	Dicke d mm	Härte HB	Dehngrenze $R_{p0,2}$ N/mm²	Zugfestigkeit R_m N/mm²	Bruchdehnung A %	Eigenschaften und Verwendung
Kurzname	Werkstoffnummer							
X12Cr13	1.4006	+A	–	220	–	≤ 730	–	chemisch beständig, nichtrostend – Konstruktionsteil in Wasser und Dampf, nichtrostende Schraube, nichtrostende Mutter
		+QT	≤ 160	–	450	650 … 850	15	
X20Cr13	1.4021	+A	–	230	–	≤ 760	–	säurebeständig, vergütbar – Pumpenelemente
		+QT	≤ 160	–	500	700 … 850	13	
X30Cr13	1.4028	+A	–	245	–	≤ 800	–	säurebeständig, härtbar – Federn, Schrauben
		+QT	≤ 160	–	650	850 … 1000	13	
X39Cr13	1.4031	+A	–	245	–	≤ 800	–	säurebeständig, härtbar – Federn, Schrauben, Messerklinge, Wälzlagerkugel
X39CrMo17-1	1.4122	+A	–	280	–	≤ 900	–	rost- und säurebeständig, gute Korrosionsbeständigkeit, bedingt schweißbar, bedingt spanbar – Armatur bis 600 °C
		+QT	≤ 60	–	550	750 … 950	20	
X50CrMoV15	1.4116	+A	–	280	–	≤ 900	–	rost- und säurebeständig, härtbar – für höherwertige Schneidwaren, chirurgische Instrumente

Austenistische Stähle (korrosionsbeständig) *austenitic steels (corrosion resistant)*

Stahlsorte		B[1]	Dicke d mm	Härte HB	Dehngrenze $R_{p0,2}$ N/mm²	Zugfestigkeit R_m N/mm²	Bruchdehnung A %	Eigenschaften und Verwendung
Kurzname	Werkstoffnummer							
X5CrNi18-10	1.4301	+AT	≤160	215	190	500 … 700	45	säurebeständig, gute Korrosionsbeständigkeit, sehr gute Schweißbarkeit, tiefziehbar, verschleißfest, gut polierbar
X10CrNi18-8	1.4310	+AT	≤ 40	230	195	500 … 750	40	Apparate und Geräte der Nahrungsmittelindustrie, Lebensmittelindustrie, Verbindungselement, Chemieanlagenbau, Molkereiindustrie
X2CrNi18-9	1.4307	+AT	≤160	215	175	450 … 680	45	gute Korrosionsbeständigkeit, gute Schmiedbarkeit, sehr gute Schweißbarkeit, mittlere Spanbarkeit, warmfest, kaltzäh – Chemische Industrie, Kücheneinrichtung, Lebensmittelindustrie
X2CrNi19-11	1.4306	+AT	≤160	215	180	460 … 680	45	warmfest, kaltzäh, gute Korrosionsbeständigkeit, sehr gut schmiedbar, sehr gut schweißbar – Apparatebau, Behälterbau Lebensmittelindustrie
X6CrNiTi18-10	1.4541	+AT	≤160	215	190	500 … 700	40	hochfest, austenitisch, gut verformbar, gut schweißbar – Schornstein, nahtloses Rohr, Druckbehälter
X2CrNiMo18-15-4	1.4438	+AT	≤160	215	220	500 … 700	40	säurebeständig, sehr lochfraßbeständig – Transportbehälter für Chemikalien

[1] Behandlungszustand

Austenitische Stähle (korrosionsbeständig) (Fortsetzung)

Stahlsorte		B[1]	Dicke d mm	Härte HB	Dehngrenze $R_{p0,2}$ N/mm²	Zugfestigkeit R_m N/mm²	Bruchdehnung A %	Eigenschaften und Verwendung
Kurzname	Werkstoffnummer							
X6CrNiMoTi17-12-2	1.4571	+AT	≤ 35	315		700 … 900	20	chemische Industrie, chem. Apparatebau, Schornstein, Druckbehälter, Schraube, Mutter
X2CrNiMo17-12-2	1.4404	+AT		215	200	500 … 700	≥ 40	gut schweißbar, gut spanbar, gut umformbar – Armaturen- und Anlagenbau, Lebensmittelindustrie, Offshore
X3CrNiMo17-13-3	1.4436	+AT	≤ 75	315	400	530 … 570	20	chemisch beständiger, nichtrostend
X2CrNiMo18-14-3	1.4435	+AT			190 … 400	490 … 1100	20 … 40	nahtloses Rohr, nichtrostende – Schraube, nichtrostende Mutter, Eckventil
X2CrNiMoN17-13-5	1.4439	+AT		250 … 350	280	580 … 780	20 … 35	beständig gegen interkristalline Korrosion
X1NiCrMo-Cu25-20-5	1.4539	+AT		230	220 … 240	530 … 730	35	besonders gut beständig gegenüber stark angreifenden Medien wie Phosphor-, Schwefel- und Salzsäuremedien – Schornstein, Druckbehälter, nahtloses Rohr
X1NiCrMo-CuN25-20-7	1.4529	+AT		250	300	650 … 850	35	hochkorrosionsbeständig, besonders bei oxidierenden und reduzierenden Säuren – Zulassung für Druckbehälter mit Temperaturen zwischen –196 und 400 °C; Brackwasserleitung, Wärmetauscher, Verdampfer, Tank in der chemischen Industrie, Kondensatorrohr von Kraftwerk, nichtrostende Schraube, nichtrostende Mutter, Druckwasserbehälter

Hinweis: Alle gemachten Angaben sind für bestimmte Lieferbedingungen und Anwendungsbereiche festgelegt. Daher sind diese Angaben für jeden speziellen Anwendungsfall zu überprüfen.

3.3 Gusseisen *cast iron*

3.3.1 Bezeichnungssystem für Gusseisenwerkstoffe nach Kurzzeichen DIN EN 1560 : 2011-05

Position und Beispiele

[1] Nur für Temperguss

Position 1		Position 2	Position 3	Position 4		Position 5		Position 6
EN nur für genormte Werkstoffe		GJ: G → Guss J → Eisen	Graphitstruktur	Mikro- oder Makro-struktur		mechanische Eigenschaften oder chemische Zusammen-setzung		Zusätzliche Anforderungen
EN	–	GJ	L		–	150 C	–	
EN	–	GJ	S		–	450-18-RT	–	
EN	–	GJ	S		–	320SiMo45-10	–	
EN	–	GJ	N		–	X300CrNiSi9-5-2	–	
EN	–	GJ	M	W	–	360-12S	–	W

Graphitstruktur	Mikro- und Makrostruktur	Mechanische Eigenschaften	Chemische Eigenschaften	Zusätzliche Anforderungen
L Lamellengraphit S Kugelgraphit M Temperkohle V Vermikulargraphit N graphitfrei Y Sonderstruktur	A Austenit F Ferrit P Martenist L Lederburit Q abgeschreckt T vergütet B nichtkohlend geglüht[1] W entkohlend geglüht[1]	Zugfestigkeit in N/mm² Dehnung in % Schlagzähigkeit Härte RT Raumtemeratur LT Tieftemperatur Angaben sind durch Bindestrich zu trennen	X vorgestellt → C-Gehalt X100*, dann folgend alle chemischen Symbole nach Gehalt absteigend geordnet	D Rohgussstück U Wärmebehandeltes Gussstück W Schweißeignung für Verbindungs-schweißen Z zusätzliche Anfor-derungen

3.3.2 Übliche Gusseisenwerkstoffe

Kurzzeichen nach DIN EN 1560	W.Nr. DIN EN 1563	R_m in N/mm²	$R_{p0,1}$ in N/mm²	$R_{p0,2}$ in N/mm²	A in %	Härte nach Brinell	Eigenschaften und Verwendung
Gusseisen mit Lamellengraphit nach DIN EN 1561 : 2012-01							
EN-GJL-150	EN-JL1020	150 … 250	98 … 165	–	0,3 … 0,8	160 … 190	Ferritisch und perlitisch – Getriebe- u. Kompressoren-gehäuse
EN-GJL-200	EN-JL1030	200 … 300	130 … 195	–	0,3 … 0,8	180 … 220	Perlitisch, Handrad-Motorengehäuse, Getriebe- u. Kompressorengehäuse, Laufbuchse, Ventil
EN-GJL-250	EN-JL1040	250 … 350	165 … 228	–	0,3 … 0,8	190 … 230	
Gusseisen mit Kugelgraphit nach DIN EN 1563 : 2012-03							
EN-GJS-400-18-LT	EN-JS 1025	400	–	240	18,0	120 … 160	Schlag- und stoßfest, begrenzt umformbar, schweißbar – erdverlegte Gas- und Wasserleitungen, Kupplungen, Gehäuse
EN-GJS-500-7	EN-JS 1050	500	–	320	7,0	140 … 190	
EN-GJS-600-3	EN-JS 1060	600	–	370	3,0	200 … 250	
EN-GJS-400-18-LT	EN-JS 1025	400	–	240	18,0	120 … 160	
Temperguss nicht entkohlend geglüht (schwarz) nach DIN EN 1562 : 2012-05							
EN-GJMB-350-10	EN-JM1130	350	–	200	10	bis 150	Gut zerspanbar, zäh – Druckgeräte, Fitting, Schiebergehäuse, Deckel
EN-GJMB-450-06	EN-JM1140	450	–	270	6	150 … 200	
EN-GJMB-550-04	EN-JM1160	550	–	300	5	165 … 215	
Temperguss entkohlend geglüht (weiß)							
EN-GJMW-400-05	EN-JM1030	400	–	220	7	220	zäh, gut zerspanbar – Fittings

3.4 Kupfer *copper*

3.4.1 Bezeichnungssystem für Kupfer

Bezeichnungssystem für Kupferwerkstoffe DIN EN 1412 : 2017-01, DIN EN 1173 : 2008-08

Symbol für Kupfer — C W 612 N R360 □ — zusätzliche Behandlung, z.B. spannungsarmgeglüht

Symbol für Erzeugungsart	
B	Werkstoffe in Blockform
C	Gusserzeugnisse
F	Schweißzusatzwerkstoffe und Hartlote
M	Vorlegierungen
R	raffiniertes Kupfer in Rohform
S	Werkstoffe in Form von Schrott
W	Knetwerkstoff
X	nicht genormte Werkstoffe

Kennzahlen und Symbole für die Werkstoffgruppen DIN EN 1412 : 1995-12

Kennzahl	Werkstoffgruppe	Symbole für die Werkstoffgruppe
000 ... 999	Kupfer	A oder B
	Niedriglegierte Cu-Legierungen (Legierungselemente < 5%)	C oder D
	Kupfersonderlegierungen (Legierungselemente < 5 %)	E oder F
(000 ... 799:	Kupfer - Aluminium - Legierungen	G
genormte	Kupfer - Nickel - Legierungen	H
Werkstoffe,	Kupfer - Nickel - Zink - Legierungen	J
	Kupfer - Zink - Blei - Legierungen	K
800 ... 999:	Kupfer - Zink - Legierungen (Zweistofflegierungen)	L oder M
nicht genormte	Kupfer - Zinn - Legierungen	N oder P
Werkstoffe)	Kupfer - Zink - Legierungen (Mehrstofflegierungen)	R oder S

Symbole für verbindliche Eigenschaften und zusätzliche Behandlungen DIN EN 1173 : 1995-12

Symbol	verbindliche Eigenschaft	Beispiel
A	Bruchdehnung in %	... – A007
B	Federbiegegrenze in N/mm²	... – B410
D	gezogen, ohne vorgeschriebene mechanische Eigenschaften	... – D
G	Korngröße	... – G020
H	Härte (HB oder HV)	... – H150
M	wie hergestellt, ohne vorgeschriebene mechanische Eigenschaften	... – M
R	Zugfestigkeit in N/mm²	... – R500
Y	0,2 %-Dehngrenze in N/mm²	... – Y460

3.4.2 Übliche Kupferwerkstoffe

ISO 1190-1 : 1982-11, DIN EN 1173 : 2008-08

Werkst.-Nr.	Kurzzeichen nach ISO 1190-1/ DIN EN 1173	Alte Bezeichnung	Streckgrenze R_e in N/mm²	Zugfestigkeit R_m in N/mm²	Bruchdehnung A in %	Eigenschaften und Verwendung
Kupferwerkstoffe aus reinem Kupfer						
CW024A	Cu-DHP-R 220 Cu-DHP-R 250 Cu-DHP-R 290	SF-Cu	≤ 140 ≥ 150 ≥ 250	220 … 270 250 … 300 ≥ 290	40 20 6	Ausgezeichnete Umformbarkeit, sehr gute Schweißbarkeit, sehr gute Lötbarkeit – Rohrleitungen (Gas, Wasser, Heizung, Klima), Dach- und Wandbekleidungen und im Apparatebau
Kupfergusslegierungen						
CC332G	CuAl10Ni3Fe2-C	G-CuAl9Ni	180 … 250	500 … 600	18 … 20	Meerwasserbeständig, säurebeständig – Armaturen
CC333G	CuAl10Fe5Ni5-C	G-CuAl10Ni	250 … 280	600 … 650	7 … 13	Hohe Korrosionsbeständigkeit, hoch belastbar, gut schweißbar – Teile im Apparatebau, Pumpengehäuse
CC483K	CuSn11Pb2-C	G-CuSn12Pb	130 … 150	240 … 280	5	Hohe Härte, verschleißfest, meerwasserfest, zerspanbar – Armaturen, Pumpengehäuse
CC484K	CuSn12Ni2-C	G-CuSn12Ni	160	280	8	
CC491K	CuSn5Zn5Pb5-C	G-CuSn5ZnPb	90	200	13	

3.4.2 Übliche Kupferwerkstoffe (Fortsetzung) ISO 1190-1 : 1982-11, DIN EN ISO 11173 : 2008-08

Werkst.-Nr.	Kurzzeichen nach ISO 1190-1/ DIN EN 1173	Alte Bezeichnung	Streckgrenze R_e in N/mm²	Zugfestigkeit R_m in N/mm²	Bruchdehnung A in %	Eigenschaften und Verwendung
Kupferknetlegierungen						
CW008A-R220-H040	Cu-0F	OF-Cu	≤ 140	≥ 220	5 … 42	Gut schweißbar – Schraube, Mutter
CW114C H080	CuSP	–	≈ 200	≈ 250	5 … 7	Schraube, Mutter, Niete, Düse für Schweißbrenner, Düse für Schneidbrenner, Erodierelektrode, Gewinderohrverschraubung, Fitting
CW303G	CuAl8Fe3	–				Temperaturbeständig ≤ 300 °C, korrosionsbeständig – Apparatebau
CW501L-R240 H050	CuZn10	Ms90	≤ 140	≥ 240	35	Sehr gut weich- und hartlötbar; Trägerwerkstoff für Thermoschalter
CW612N R360 H090	CuZn39Pb2	Ms58	< 270	≥ 360	8 … 40	Sehr gut spanbar, sehr gut warmumformbar, gut beständig gegen organische Stoffe – Rohrboden, Kondensator, Wärmeaustauscher, meerwasserführende Leitung
CW501L	CuZn10	Ms90	60 … 420	230 … 460	35	Gut lötbar
Kupfer-Knetlegierungen: Messing (bleihaltig)						
CW608N	CuZn38Pb2	CuZn38Pb1	110 … 520	340 … 570	8 … 35	Sehr gut spanbar, sehr gut warmumformbar – zum Biegen, Rohrboden, Kondensator, Wärmeaustauscher
CW617N	CuZn40Pb2	Ms58	140 … 570	350 … 610	5 … 25	Sehr gut spanbar – Armatur für Heizung, Industriearmatur, Armatur für Sanitär
CW620N	CuZn41Pb1Al	–	150 … 290	370 … 440	35	Rohre, Fittings
Kupferknetlegierung: Sondermessing						
CW702R	CuZn20Al2As	CuZn20Al2	90 … 240	300 … 390	25 … 55	Gut kaltumformbar – Rohr für Kondensator, Rohr für Wärmetauscher
CW706R	CuZn28Sn1As	CuZn28Sn1	100 … 580	320 … 630	45 … 55	Gut kaltumformbar, sehr gute Korrosionsbeständigkeit – Rohrboden für Kondensator, Rohrboden für Wärmetauscher, Kondensatorrohr
CW710R	CuZn35Ni3Mn2AlPb	CuZn35Ni2	180 … 500	440 … 650	8 … 20	Gut warmumformbar, sehr gut korrosionsbeständig, sehr witterungsbeständig – Apparatebau
Rotguss						
CC491K / 2.1096.01	CuSn5Zn5Pb5-C/Alt:	G-CuSn5ZnPb	90 … 150	200 … 300	6 … 28	Gut gießbar, optimale Spanbarkeit, hohe Festigkeit, weich- und bedingt hartlötbar, auch für erhöhte Betriebstemperaturen, gute korrosionsbeständig (auch in Meerwasser) – Wasserarmaturengehäuse, Dampfarmaturengehäuse, Pumpenlaufrad, …
Zinnbronze						
CC480K/ 2.1050.01	CuSn10-C/	G-CuSn10, G-SnBz10	130	250	10	Besonders gut geeignet für Armaturen- und Pumpengehäuse, Leit-, Lauf- und Schaufelräder für Pumpen und Wasserturbinen

3.5 Kunststoffe *plastics*

3.5.1 Einteilung der Kunststoffe

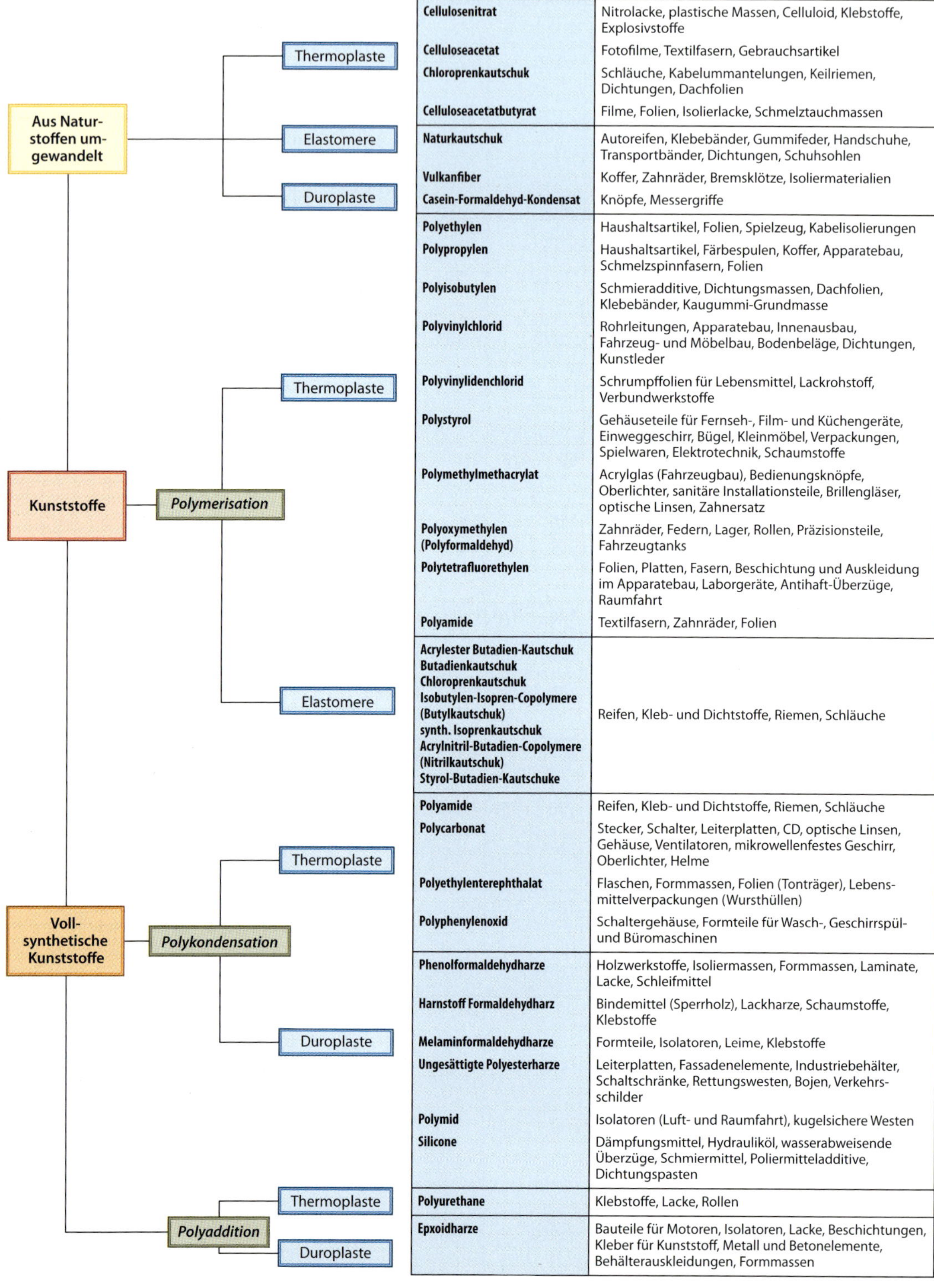

Cellulosenitrat	Nitrolacke, plastische Massen, Celluloid, Klebstoffe, Explosivstoffe
Celluloseacetat	Fotofilme, Textilfasern, Gebrauchsartikel
Chloroprenkautschuk	Schläuche, Kabelummantelungen, Keilriemen, Dichtungen, Dachfolien
Celluloseacetatbutyrat	Filme, Folien, Isolierlacke, Schmelztauchmassen
Naturkautschuk	Autoreifen, Klebebänder, Gummifeder, Handschuhe, Transportbänder, Dichtungen, Schuhsohlen
Vulkanfiber	Koffer, Zahnräder, Bremsklötze, Isoliermaterialien
Casein-Formaldehyd-Kondensat	Knöpfe, Messergriffe
Polyethylen	Haushaltsartikel, Folien, Spielzeug, Kabelisolierungen
Polypropylen	Haushaltsartikel, Färbespulen, Koffer, Apparatebau, Schmelzspinnfasern, Folien
Polyisobutylen	Schmieradditive, Dichtungsmassen, Dachfolien, Klebebänder, Kaugummi-Grundmasse
Polyvinylchlorid	Rohrleitungen, Apparatebau, Innenausbau, Fahrzeug- und Möbelbau, Bodenbeläge, Dichtungen, Kunstleder
Polyvinylidenchlorid	Schrumpffolien für Lebensmittel, Lackrohstoff, Verbundwerkstoffe
Polystyrol	Gehäuseteile für Fernseh-, Film- und Küchengeräte, Einweggeschirr, Bügel, Kleinmöbel, Verpackungen, Spielwaren, Elektrotechnik, Schaumstoffe
Polymethylmethacrylat	Acrylglas (Fahrzeugbau), Bedienungsknöpfe, Oberlichter, sanitäre Installationsteile, Brillengläser, optische Linsen, Zahnersatz
Polyoxymethylen (Polyformaldehyd)	Zahnräder, Federn, Lager, Rollen, Präzisionsteile, Fahrzeugtanks
Polytetrafluorethylen	Folien, Platten, Fasern, Beschichtung und Auskleidung im Apparatebau, Laborgeräte, Antihaft-Überzüge, Raumfahrt
Polyamide	Textilfasern, Zahnräder, Folien
Acrylester Butadien-Kautschuk **Butadienkautschuk** **Chloroprenkautschuk** **Isobutylen-Isopren-Copolymere (Butylkautschuk)** **synth. Isoprenkautschuk** **Acrylnitril-Butadien-Copolymere (Nitrilkautschuk)** **Styrol-Butadien-Kautschuke**	Reifen, Kleb- und Dichtstoffe, Riemen, Schläuche
Polyamide	Reifen, Kleb- und Dichtstoffe, Riemen, Schläuche
Polycarbonat	Stecker, Schalter, Leiterplatten, CD, optische Linsen, Gehäuse, Ventilatoren, mikrowellenfestes Geschirr, Oberlichter, Helme
Polyethylenterephthalat	Flaschen, Formmassen, Folien (Tonträger), Lebensmittelverpackungen (Wursthüllen)
Polyphenylenoxid	Schaltergehäuse, Formteile für Wasch-, Geschirrspül- und Büromaschinen
Phenolformaldehydharze	Holzwerkstoffe, Isoliermassen, Formmassen, Laminate, Lacke, Schleifmittel
Harnstoff Formaldehydharz	Bindemittel (Sperrholz), Lackharze, Schaumstoffe, Klebstoffe
Melaminformaldehydharze	Formteile, Isolatoren, Leime, Klebstoffe
Ungesättigte Polyesterharze	Leiterplatten, Fassadenelemente, Industriebehälter, Schaltschränke, Rettungswesten, Bojen, Verkehrsschilder
Polymid	Isolatoren (Luft- und Raumfahrt), kugelsichere Westen
Silicone	Dämpfungsmittel, Hydrauliköl, wasserabweisende Überzüge, Schmiermittel, Poliermitteladditive, Dichtungspasten
Polyurethane	Klebstoffe, Lacke, Rollen
Expoidharze	Bauteile für Motoren, Isolatoren, Lacke, Beschichtungen, Kleber für Kunststoff, Metall und Betonelemente, Behälterauskleidungen, Formmassen

3.5.2 Bezeichnungssystem von Kunststoffen

Bezeichnungssystem für Kunststoffe (Polymere) DIN EN ISO 1043 : 2016-09

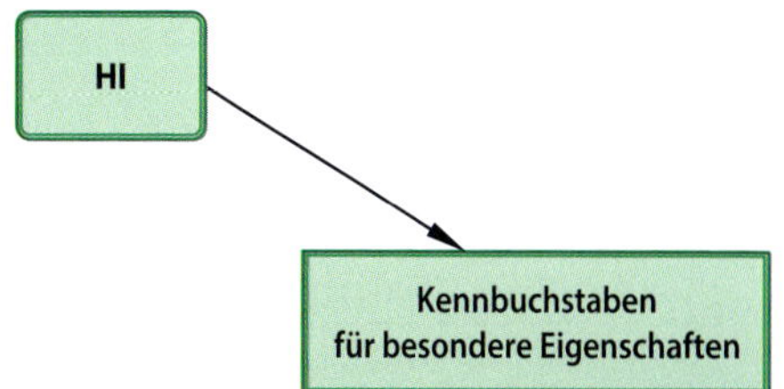

Symbol	Kunststoff	Kunststoffart[1]
ABS	Acrylnitril-Butadien-Styrol	T
AMMA	Acrylnitril-Methylmethacrylat	T
ASA	Acrylnitril-Styrol-Acrylester	T
CA	Celluloseacetat	T
IIR	Butylkautschuk (Isobutylen-Isopren-Kautschuk)	E
EP	Epoxyd	D
EPDM	Ethylen-Propylen-Dien-Kautschuk	E
FKM	Fluorkautschuk	E
MC	Metylcellulose	D
MF	Melamin-Formaldehyd	D
PA	Polyamid	T
PAN	Polyacrylnitril	T
PB	Polybutylen (Polybuten)	T
PC	Polycarbonat	T
PE	Polyethylen	T
PIB	Polyisobutylen	T
PMMA	Polymethylmethacrylat	T
PP	Polypropylen	T
PS	Polystryrol	T
PTFE	Polytetrafluorethylen (Polyetrafluorethen)	T
PUR	Polyurethan	D,T
PVAC	Polyvinylacetat	T
PVC	Polyvynilchlorid	T
PVDF	Polyvyniliden fluorid	T
SAN	Styrol-Acrylnitril	T
SI	Silikon	E
SP	Polyester, gesättigt	D
UF	Harnstoff-Formaldehyd	D
UP	Polyester, ungesättigt	D

Symbol	Eigenschaft
C	chloriert, kristallin, isotaktisch
D	Dichte
E	verschäumt, verschäumbar, epoxidiert
F	flexibel, fluoriert, flüssig
H	hoch
I	schlagzäh
L	linear, niedrig
M	Masse, mittel, molekular
N	normal
P	weichmacherhaltig, thermoplastisch
R	erhöht, random, Resol, hart
U	ultra, weichmacherfrei, ungesättigt
V	sehr
W	Gewicht
X	vernetzt, vernetzbar

[1] T = Thermoplast
E = Elastomer
D = Duroplast

3.5.3 Eigenschaften und Verwendung von Kunststoffen

(Normenübersicht ▶ siehe Kap_3.pdf )

Kurz-zeichen	Bezeichnung	Handels-namen	ϱ kg/dm³	R_m N/mm²	α 1/K	λ W/(m · K)	ϑ_{zul} °C	Verwendung
Thermoplaste								
ABS	Acrylnitril-Butadien-Styrol	Novodur, Terluran	1,06	40 … 50	0,00008	0,15	+100	HT-Abwasserrohr
ASA	Acrylnitril-Styrol-Acrylat	Luran	1,06	45 … 60	bis 0,000011	0,17	bis +100	HT-Abwasserrohr
PVC-U	Polyvinyl-chlorid-hart	Hostalit, Vestolit	1,38	50	0,00008	0,16	+70	Dachrinne, Behälter, Rohr
PVC-P	-weich	Tivolen	1,30	8 … 25	0,00020	0,17	+60	Abdichtungsbahn, Profil, Folie
PVC-C	-chloriert	PVCC	1,40	50	0,00008	–	+95	Kalt- und Warmwasser
PVDF	Polyvinyliden-fluorid	Sygef	1,78	57	0,00012	0,13	–40 … +40	Rohr, Folie
PE-HD	Polyethylen -hoher Dichte	Hostalen, Lupolen	0,95	20	0,00016	0,42	–60	Gas-, Trink-, Abwasserrohr
PE-LD	-niedriger Dichte	Vestolen	0,92	11 … 20	0,00022	0,35	bis +60	Öltank, Folie
PE-X	-vernetzt	Lupolen	0,94	18	0,00018	0,43	+95	Heizung, TW (PW) und TWW (PWC)
PS	Polystyrol	Hostyren	1,05	40 … 50	0,00008	0,15	+70	Gehäuse, Schauglas, Verpackung
PS-E	-Hartschaum	Exporit, Styropor	bis 0,05	22 … 34	–	0,041	–200 … +70	Schaumstoff, Wärmedämmung
PA	Polyamid	Durethan, Ultramid	1,13	35 … 75	0,00010	0,26	+100	Schlauch, Rohr, Textilfaser
PA6	Polyamid	Nylon	1,12 … 1,16	55 … 130	0,00007 … 0,00011	0,21 … 0,23	80 … 100	Rohr, Textilfaser
PMMA	Polymethyl-methacrylat	Plexiglas, Resatglas	1,18	70	0,00008	0,19	+68	Verglasung, Formmasse
PB	Polybutylen	Duraflex	0,93	17	0,00015	0,21	+95	Heizungs-, WW-Rohr
PIB	Polyisobuten	Oppanol, Rhepanol	0,93	3	0,00010	0,28	–30 … +70	Fugenmasse, Dichtungsband
PP	Polypropylen	Hostalen, Novolen	0,91	33	0,00010	0,28	+95	HT-Abwasserrohr, Verpackung
PP-C	PP-Copolymerisat	Hostalen	0,91	21	0,00018	0,24	+60	Fußbodenheizung
Duroplaste								
UP-Harz	ungesättigter Polyesterh.	Palatal, Vestopal	1,3 … 1,6	80 … 140	0,000025	0,21	–50 … +130	Kunstharz-Beton, Klebstoff
EP	Expoxidharz	Avaldit	1,15 … 1,2	ähnlich wie UP-Harz				Industrieboden
PUR-Sch.	Polyurethan-Hartschaum	Moltopren, Contipren	0,015 0,050	0,2 … 2	–	0,035	–40 bis +90	Wärmedämmung, Polstermaterial
UF-Sch.	Harnstoff-harz-Schaum	Iso-Schaum	bis 0,015	–	–	0,041	+100	Schaumstoff, Bindemittel

Elastomere

Kurzzeichen	chemische Bezeichnung	Dichte ϱ in kg/dm³	Festigkeit in N/mm²	obere Gebrauchstemperatur ϑ_{zul} in °C
CIIR	Butil	1,11	13	110
	Sehr gut beständig bei Alterung, Laugen und Säuren, auch in Verbindung mit hohen Temperaturen. Ozon- u. hitzebeständig, mit sehr guter Gas- u. Luftundurchlässigkeit			
CR z. B. CR-SBR 50	Chloroprene, Neopren	1,25	6	70
	Witterungs- u. ozonwiderstandsfähige beständige Qualitäten. Auch in Verbindung mit Öl, Säure u. Laugen. für mittlere oder hohe Beanspruchungen			
CSM z. B. Hypalon 65	Hypalon	1,53	4,5	100
	Sehr gut beständig gegen Benzin, Öl, Säuren und Laugen, auch bei hoher Beanspruchung und in Verbindung mit hohen Temperaturen, ozon- und hitzebeständig mit sehr guten mechanischen Eigenschaften			
EPDM z. B. EPDM-SBR 60	Äthylenkautschuk	1,28	5	100
	Witterungs- und ozonwiderstandsfähig sowie beständig mittlere bis hohe Beanspruchungen Einsatz in Verbindung mit Laugen u. Säuren **nicht** für Benzin, Lösungsmittel, Mineralöle			
NBR z. B. NBR-SBR 50	Nitrilkautschuk	1,25	5	70
	Öl-, fett- sowie kraftstoffwiderstandsfähig sowie beständig mittlere bis hohe Beanspruchungen **nicht** beständig gegen Ester und Ketone			

3.6 Glas *plastics*

DIN EN 572-1/2 : 2016-06/2012-11

Glas wird unterschieden in seinen Herstellungsformen, z. B. Floatglas, Drahtglas, Flachglas …
Bezeichnungsbeispiel für Floatglas:

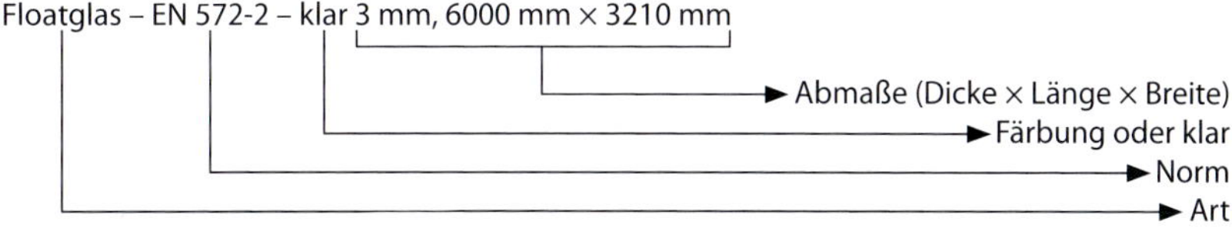

3.7 Korrosion *corrosion*

3.7.1 Korrosionsarten

DIN EN ISO 8044 : 2020-08

Wichtige Normen zu Korrosion in der Anlagentechnik:
DIN EN ISO 8044: beschreibt und definiert wichtige Korrosionsbegriffe
DIN EN 12503: beschreibt die Bewertung der Korrosionswahrscheinlichkeit bei metallischen Materialien in Wasserleitungssystemen aufgrund von interner Korrosion bzgl.

- Werkstoffeigenschaften
- Wasserbeschaffenheit
- Planung und Verarbeitung von Wasserleitungssystemen
- Dichtheitsprüfung und Inbetriebnahme von Wasserleitungssystemen
- Betriebsbedingungen
- Bewertung der Korrosionswahrscheinlichkeit
- …

DIN 1988-200: benennt Maßnahmen, die bei der Errichtung und dem Betrieb von Trinkwasser-Installationen getroffen werden können, um die Korrosionswahrscheinlichkeit der Werkstoffe und die Steinbildung in den Rohrleitungen und Apparaten gering zu halten.
DIN EN 14868: benennte Einflussfaktoren der durch Innenkorrosion bedingten Korrosionswahrscheinlichkeit metallischer Bauteile (Rohre, Behälter, Kessel, Wärmeaustauscher, Pumpen usw.) in Wasser-Rezirkulationssystemen in Gebäuden.
…
VDI 2035: beschreibt in

- Teil 1: Steinbildung in Trinkwassererwärmungs- und Warmwasser-Heizungsanlagen
- Teil 3: Abgasseitige Korrosion

Arten	Darstellung	Ursachen
Gleichmäßige Flächen-korrosion		Luft, Wasser, Säuren, Verunreinigungen auf der Oberfläche
Loch-korrosion		örtliche Korrosion durch elektrochemischen Angriff oder durch punktuelle Einwirkungen, z. B. von Säuren
Kontakt-korrosion	H_2O, Al-Niet, Fe-Blech	direkte Berührung von Werkstoffen mit unterschiedlichem Potential sowie einem Elektrolyten
Selektive Korrosion	Fe, Fe_3C, Fe, Fe(-), Fe_3C(+)	innerhalb des Werkstücks durch unterschiedliche Potentiale der Legierungsbestandteile
Inter-kristalline Korrosion	Korngrenze, Kristalle	innerhalb des Werkstücks durch elektrochemische Zersetzung an den Korngrenzen
Trans-kristalline Korrosion		Innerhalb des Werkstücks durch Wechselbeanspruchung und daraus resultierende Risse

3.7.2 Spannungsreihe

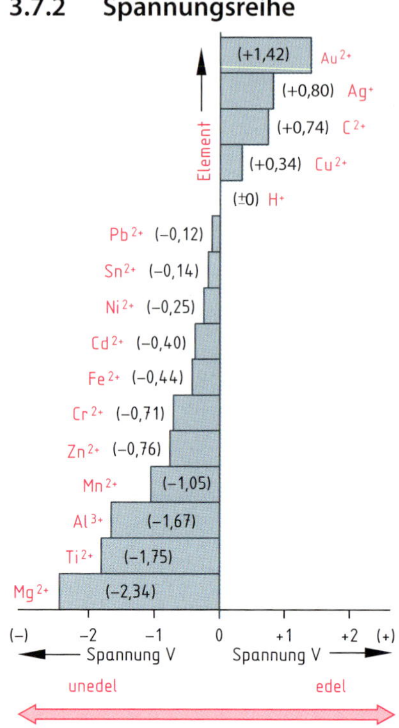

3.7.3 Methoden des Korrosionsschutzes

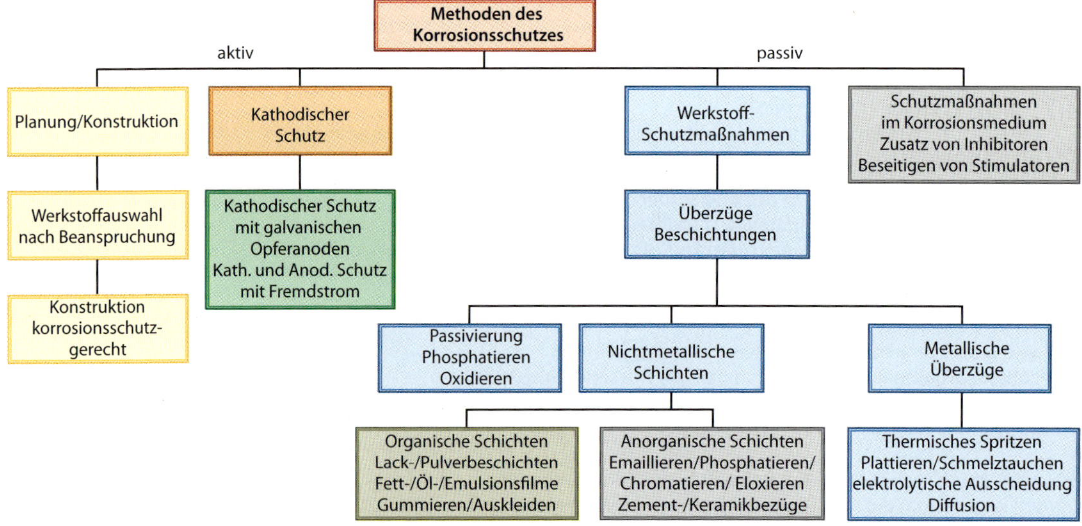

Aktiver Korrosionsschutz beinhaltet Maßnahmen, welche die Korrosionsreaktionen unmittelbar beeinflussen und greift in den chemischen Prozess der Rostbildung ein. Aktiver Korrosionsschutz geht einen offensiven Weg.

Passiver Korrosionsschutz zielt darauf ab, durch Isolation (Beschichtung, Überzug, konstruktive Maßnahmen) des metallischen Bauteils dieses gegen „korrosive Medien" wie Wasser abzuschirmen.

Permanenter Korrosionsschutz schützt Güter am Verwendungsort durch Verzinnen, Galvanisieren, Lackieren, Emaillieren und Verkupfern.

Temporärer Korrosionsschutz schützt Güter während des Transports oder kurzfristiger Lagerung durch Schutzschichten z. B. Folien, Trockenmittel z. B. Tonerde (Absorbieren von Feuchtigkeit) oder die VCI-Methode (Volatile Corrosion Inhibitor) bei der Hemmstoffe chemische Reaktionen hemmen oder ganz verhindern.

3.7.4 Korrosionsschutzgerechte Gestaltung

DIN EN ISO 12944-3 : 2018-04

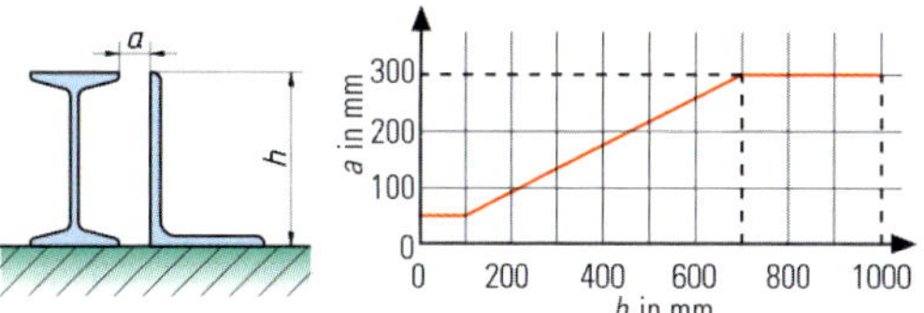

a
h
a in mm
300
200
100
0
0
200
400
600
800
1000
h in mm

Zulässiger Mindestabstand *a* zwischen zwei Bauteilen in Abhängigkeit von der Höhe *h*

Zulässiger Mindestabstand *a* zwischen einem Bauteil und einer angrenzenden Fläche in Abhängigkeit von der Höhe *h* der Bauteile (bei $h > 1000$ mm sollte $a \geq 800$ mm sein)

h
a
a
h
a
a in mm
800
600
400
200
0
0
200
400
600
800
1000
h in mm

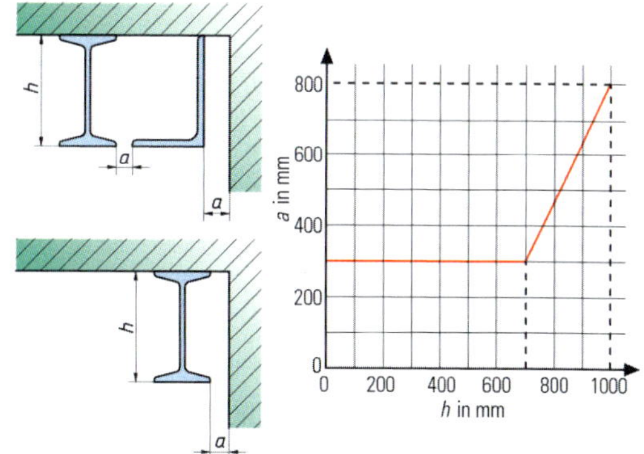

Grundregeln zur korrosionsgerechten Gestaltung

Profilauswahl

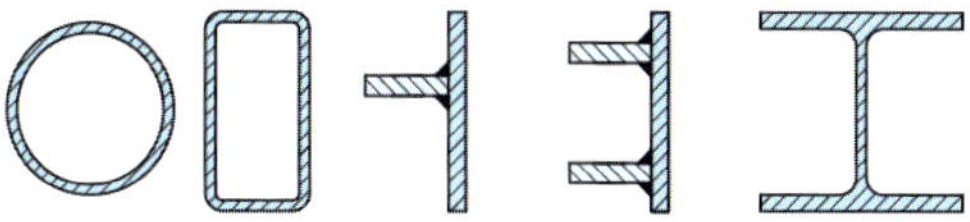

Möglichst einteilige Profile verwenden

Profilanordnung

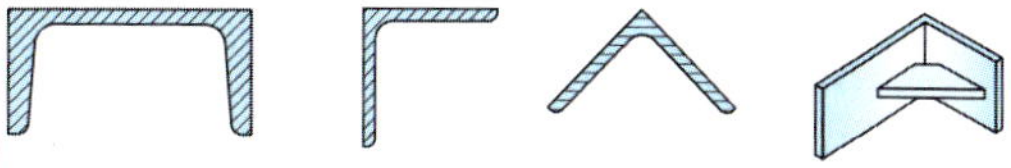

Profilöffnungen nach unten legen; Ablauföffnungen in den Ecken vorsehen

Profilauswahl

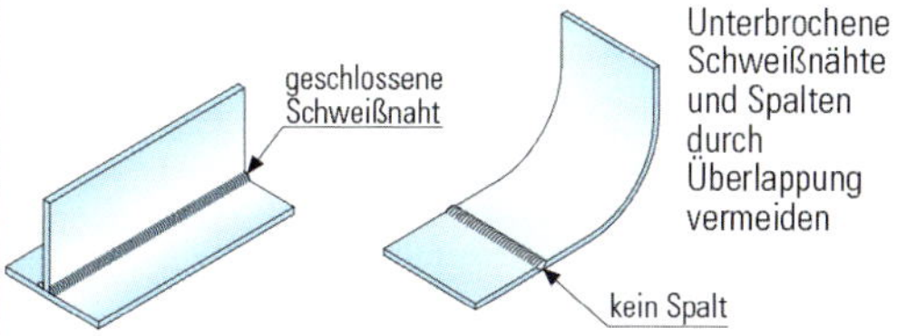
geschlossene Schweißnaht
Unterbrochene Schweißnähte und Spalten durch Überlappung vermeiden
kein Spalt

Profilanordnung

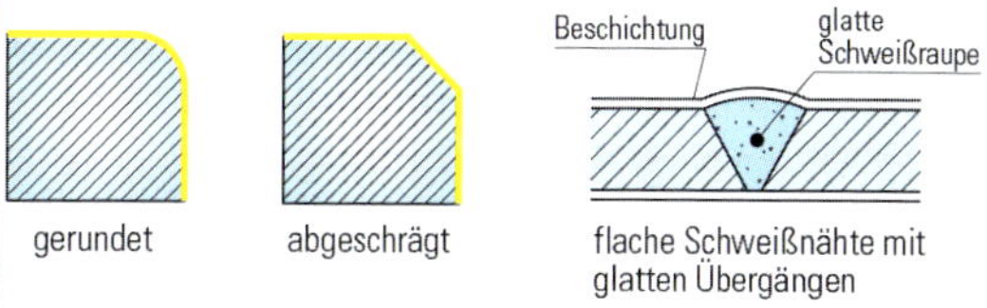
Beschichtung
glatte Schweißraupe
gerundet
abgeschrägt
flache Schweißnähte mit glatten Übergängen

Allgemeine konstruktive Maßnahmen

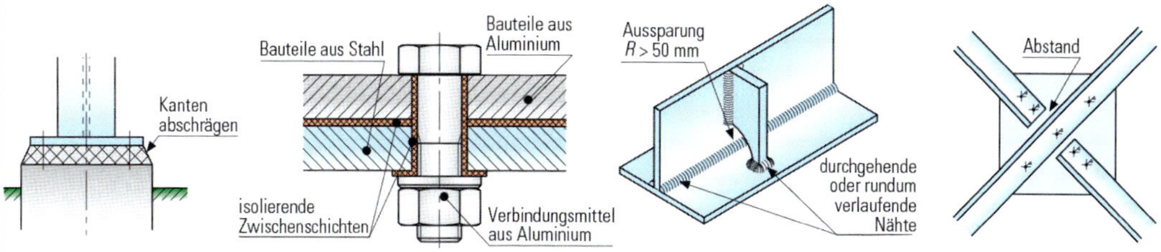
Kanten abschrägen
Bauteile aus Stahl
Bauteile aus Aluminium
isolierende Zwischenschichten
Verbindungsmittel aus Aluminium
Aussparung R > 50 mm
durchgehende oder rundum verlaufende Nähte
Abstand

3.7.5 Arten von Oberflächen und Oberflächenvorbereitung DIN EN ISO 12 944-4 : 2018-04

Oberflächenvorbereitungsgrade

1. Primäre (ganzflächige) Oberflächenvorbereitung
Walzhaut/Zunder, Rost, vorhandene Beschichtungen und Verunreinigungen werden von der Stahloberfläche entfernt. Die gesamte Stahloberfläche besteht nach der Oberflächenvorbereitung aus Stahl.
Vorbereitungsgrade: Sa, St und Be

2. Sekundäre (partielle) Oberflächenvorbereitung
Rost und andere Verunreinigungen werden entfernt, intakte Beschichtungen oder Überzüge verbleiben. Vorbereitungsgrade: P Sa, P St, P Ma

3

Ausgangszustand der Stahloberfläche
Bei Neukonstruktionen sind die Oberflächen normalerweise noch nicht beschichtet. Man unterscheidet nachstehende Rostgrade

A = Stahloberfläche mit festhaftendem Zunder bedeckt, in der Hauptsache frei von Rost
B = Stahloberfläche mit beginnender Zunderabblätterung und beginnendem Rostangriff
C = Stahloberfläche, von der der Zunder weggerostet ist oder sich abschaben lässt, die aber nur wenige für das Auge sichtbare Rostnarben aufweist
D = Stahloberfläche, von der der Zunder weggerostet ist und die zahlreiche für das Auge sichtbare Rostnarben aufweist.

Vorbereitungsgrade für primäre (ganzflächige) Oberflächen (Auswahl)		
Vorbereitungsgrad	**Verfahren**	**Merkmale der vorbereiteten Oberfläche**
Sa 1	Strahlen	Lose Walzhaut, loser Rost, lose Beschichtungen und lose Fremdbestandteile sind entfernt.
Sa 2	Strahlen	Walzhaut, Rost, Beschichtungen und Fremdbestandteile sind größtenteils entfernt. Verbleibende Rückstände müssen fest haften.
Sa 2 $^1/_2$	Strahlen	Walzhaut, Rost, Beschichtungen und Fremdbestandteile sind entfernt. Verbleibende Spuren von Verunreinigungen dürfen nur noch als leichte, fleckige oder streifige Schattierungen erkennbar sein.
St 2	Hand- o. Maschinenwerkzeug	Walzhaut, Rost, Beschichtungen und Fremdbestandteile sind entfernt. Die Oberfläche muss eine gleichmäßige metallische Farbe aufweisen.
St 3	Hand- o. Maschinenwerkzeug	Lose Walzhaut, loser Rost, lose Beschichtungen und lose Fremdbestandteile sind entfernt. Die Oberfläche muss jedoch viel gründlicher bearbeitet sein als für St 2, sodass sie einen vom Metall herrührenden Glanz aufweist.
Be	Beizen mit Säure	Walzhaut, Rost und Rückstände von Beschichtungen sind komplett entfernt. Beschichtungen müssen vor dem Beizen mit Säure durch geeignete Mittel entfernt werden.
PSa 2 $^1/_2$/PMa	Partielles Strahlen Partielles maschinelles Strahlen	Fest haftende Beschichtungen müssen intakt sein. Von der restlichen Oberfläche sind lose Beschichtungen sowie Walzhaut, Rost und Fremdbestandteile entfernt. Verbleibende Spuren von Verunreinigungen dürfen nur noch als leichte, fleckige oder streifige Schattierungen erkennbar sein.

Verunreinigungen der Oberfläche und Verfahren zu deren Entfernung	
Fett und Öl/wasserlösliche Verunreinigungen, z. B. Salze	Reinigen mit Wasser, Dampfstrahlen, Reinigen mit Emulsionen, Reinigen mit Alkalien
Walzhaut/Zunder	Beizen mit Säure, Trockenstrahlen, Nassstrahlen, Flammstrahlen
Rost	Gleiche Verfahren wie für Walzhaut/Zunder außerdem: Reinigen mit maschinell angetriebenen Werkzeugen, Druckwasserstrahlen, Spot-Strahlen
Beschichtungen	Abbeizen, Trockenstrahlen, Nassstrahlen, Druckwasserstrahlen, Sweepstrahlen, Spot-Strahlen
Zinkkorrosionsprodukte	Sweepstrahlen, Alkalisches Reinigen

3.7.6 Korrosionsschutz von Stahlbauteilen durch Feuerverzinken DIN EN ISO 1461 : 2009-10

Schichtdicken				
Teile	Material-dicke in mm	Örtliche Schicht-dicke in µm	Entsprechende flächenbezo-gene Masse $\frac{g}{m^2}$ gerundet	Mindest-werte[2)] der örtlichen Schichtdicken in µm
Stahlteile	< 1	50	360	45
Stahlteile	≥ 1 ... < 3	55	400	50
Stahlteile	≥ 3 ... < 6	70	500	60
Stahlteile	≥ 6	85	610	75
Kleinteile[1)]		55	400	50
Gussteile[1)]		70	500	60

[1)] Beträgt die Dicke geschleuderter Teile < 1 mm, so gelten die Anforderungen wie für Stahlteile mit einer Dicke < 1 mm. Sollen Werkstücke geschleudert werden, ist dies zu vereinbaren.
[2)] Die Schichtdicke ist nach oben nicht begrenzt, sofern der Verwendungszweck nicht beeinträchtigt wird.

Schutzdauer von Zinküberzügen

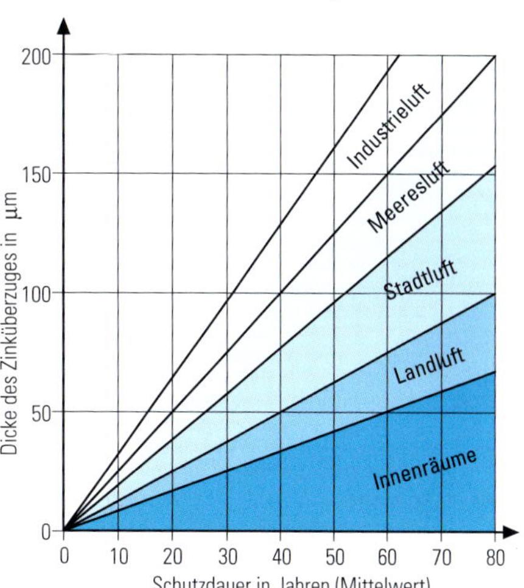

Gestaltungshinweise für verzinkte Stahlbauteile

Oberflächenhärte von verzinkten Bauteilen

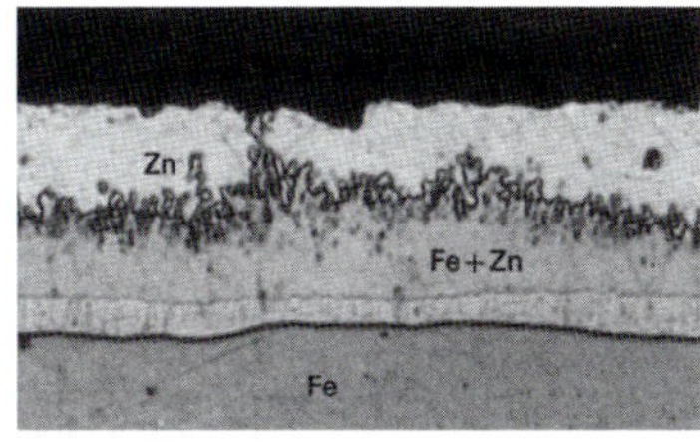

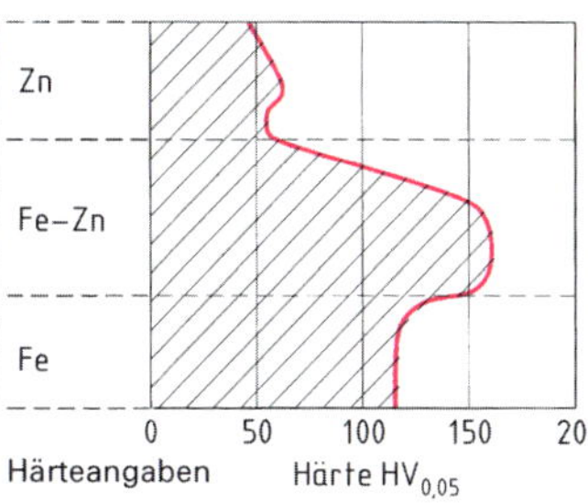

Jährliche Abtragungswerte für Zink in µm			
Beanspruchung außen a, innen i		Streu-bereiche	Mittel-werte in µm
a	Landluft	< 1,0 ... 4,0	1,5
	Stadtluft	1,0 ... 6,0	3,5
	Industrieluft	4,0 ... 13,0	8,0
	Meeresluft	< 1,0 ... 7,0	2,0
i	–	–	< 1,5

Vermeiden von Spalten

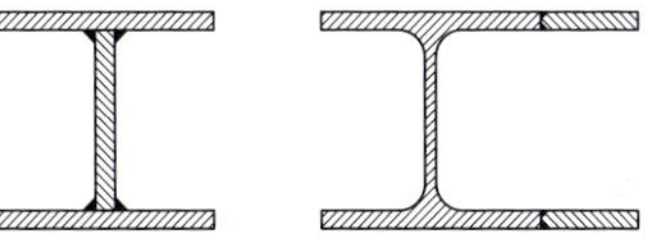

Abflussöffnungen für Feuerverzinken

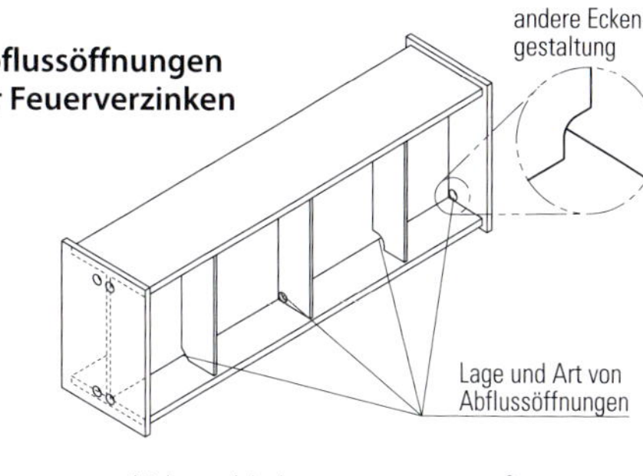

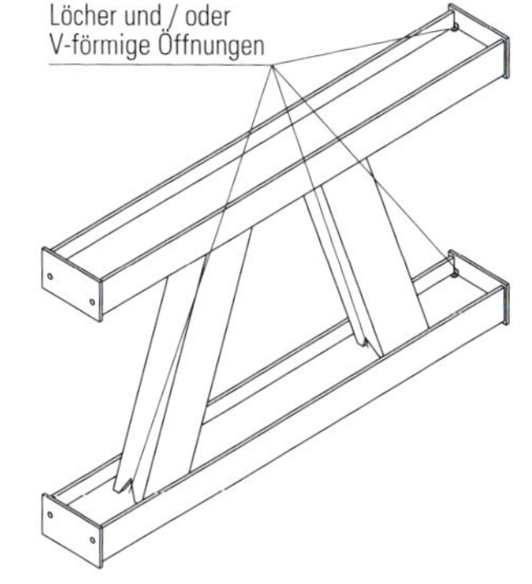

Empfehlungen für Lage und Größe von Entlüftungs- und Zulauföffnungen					
Hohlprofil-Abmessungen in mm			Mindest-Loch- in mm bei einer jeweiligen Anzahl der Öffnungen von		
○	□	▭	1	2	4
<15	<15	< 20 × 10	6		
20	20	30 × 15	8		
30	30	40 × 20	10	8	
40	40	50 × 30	12	10	
50	50	60 × 40	15	12	10
60	60	80 × 40	18	12	10
80	80	100 × 60	20	15	12
100	100	120 × 80	25	18	15
120	120	150 × 100	25	18	15
160	160	200 × 100	30	20	15
200	200	260 × 140	30	20	15

3

3.7.7 Korrosovitätskategorien

Für atmosphärische Umgebungsbedingungen und Beispiele für typische Umgebungen DIN EN ISO 12944-2 : 2018-04

Korrosivitätskategorie	Beispiele typischer Umgebungen in gemäßigtem Klima in Mitteleuropa		Flächenbezogener Massenverlust /Dickenabnahme Dickenabnahme (nach dem ersten Jahr der Auslagerung)			
	Freiluft	Innenraum	Unlegierter Stahl		Zink	
			Massenverlust m" in g/m₂	Dickenabnahme s" in mm	Massenverlust m" in g/m₂	Dickenabnahme s" in mm
C1 unbedeutend	—	beheizte Gebäude mit neutraler Atmosphäre, z. B. Büros, Verkaufsräume, Schulen, Hotels	≤ 10	≤ 1,3	≤ 0,7	≤ 0,1
C2 gering	Atmosphäre mit geringem Verunreinigungsgrad: meistens ländliche Gebiete	unbeheizte Gebäude, in denen Kondensation auftreten kann, z. B. Lagerhallen, Sporthallen	> 10 bis 200	> 1,3 bis 25	> 0,7 bis 5	> 0,1 bis 0,7
C3 mäßig	Stadt- und Industrieatmosphäre mit mäßiger Schwefeldioxidbelastung; Küstenatmosphäre mit geringer Salzbelastung	Produktionsräume mit hoher Luftfeuchte und gewisser Luftverunreinigung, z. B. Lebensmittelverarbeitungsanlagen, Wäschereien, Brauereien, Molkereien	> 200 bis 400	> 25 bis 50	> 5 bis 15	> 0,7 bis 2,1
C4 stark	Industrieatmosphäre und Küstenatmosphäre mit mäßiger Salzbelastung	Chemieanlagen, Schwimmbäder, küstennahe Werften und Bootshäfen	> 400 bis 650	> 50 bis 80	> 15 bis 30	> 2,1 bis 4,2
C5 sehr stark	Industriebereiche mit hoher Luftfeuchte und aggressiver Atmosphäre und Küstenatmosphäre mit hoher Salzbelastung	Gebäude oder Bereiche mit nahezu ständiger Kondensation und mit starker Verunreinigung	> 650 bis 1 500	> 80 bis 200	> 30 bis 60	> 4,2 bis 8,4
CX extrem	Offshore-Bereiche mit hoher Salzbelastung und Industriebereiche mit extremer Luftfeuchte und aggressiver Atmosphäre sowie subtropische und tropische Atmosphäre	Industriebereiche mit extremer Luftfeuchte und aggressiver Atmosphäre	> 1 500 bis 5 500	> 200 bis 700	> 60 bis 180	> 8,4 bis 25

Anmerkung:
Die Verlustwerte für die Korrosivitätskategorien sind identisch mit den Werten in ISO 9223.

Für Wasser und Erdreich

DIN EN ISO 12944-2:2018-04

Kategorie	Umgebung	Beispiele für Umgebungen und Bauwerke
Im1	Süßwasser	Flussbauten, Wasserkraftwerke
Im2	Salz- oder Brackwasser	wasserberührte Stahlbauten ohne kathodischen Korrosionsschutz (z. B. Hafenbereiche mit Stahlbauten wie Schleusentoren, Schleusen oder Molen)
Im3	Erdreich	Behälter im Erdbereich, Stahlspundwände, Stahlrohre
Im4	Salz- oder Brackwasser	wasserberührte Stahlbauten mit kathodischem Korrosionsschutz (z. B. Offshore-Anlagen)

Anmerkung:
In Korrosivitätskategorie Im1 und Im3 kann ein kathodischer Korrosionsschutz bei entsprechend geprüftem Beschichtungssystem verwendet werden.

3.7.8 Korrosionsschutz für Aluminiumbauteile

Anodische Oxidation von Aluminium

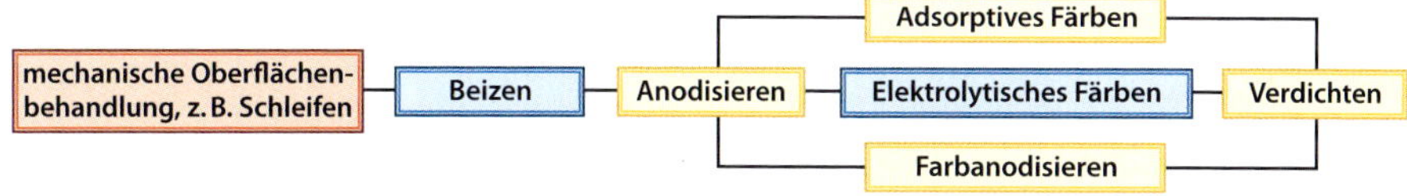

Oberflächenbeschaffenheit von Aluminiumbauteilen			
Kurzzeichen	Beschreibung der Behandlung	Oberflächenerscheinung	Einsatz
E0	Ohne Vorbehandlung, eloxiert und verdichtet	Ziehriefen, Kratzer, Scheuerstellen usw. bleiben sichtbar	Für untergeordnete Oberflächen, z. B. Hinterlegung von Schattenfugen etc. geeignet.
E1	Geschliffen, eloxiert und verdichtet	Weitestgehend gleichmäßige, etwas stumpf aussehende Oberfläche: Kleine Ziehriefen und Kratzer werden entfernt	Je nach Schleifkorn sind grobe bis feine Schleifriefen sichtbar.
E2	Gebürstet, eloxiert und verdichtet	Gleichmäßige, helle Oberfläche: Bürstenstriche sind sichtbar. Ziehriefen, Kratzer usw. werden nur teilweise entfernt	Mattglänzende Oberflächen mit zarter Struktur
E3	Poliert, anodisiert und verdichtet	Glänzende Oberfläche, Ziehriefen, Kratzer, Feilstriche werden nur zum Teil entfernt	Anwendung bevorzugt im Innenbereich, pflegeleicht, für alle Farben geeignet
E4	Geschliffen und gebürstet, eloxiert und verdichtet	Gleichmäßige helle Oberfläche: Riefen, Kratzer, Scheuerstellen etc. – vor allem verdeckte Korrosionserscheinungen –, die bei E0 oder E6 sichtbar werden können, werden beseitigt (kein Planschliff)	Pflegeleicht, Beschläge, Zargen aus Aluminium
E5	Geschliffen und gebürstet, eloxiert und verdichtet	Gleichmäßige helle Oberfläche: Riefen, Kratzer, Scheuerstellen etc., – vor allem verdeckte Korrosionserscheinungen –, die bei E0 oder E6 sichtbar werden können, werden beseitigt (kein Planschliff).	Pflegeleicht, Möbelbauteile, Lampenteile, Beschläge
E6	Chemisch vorbehandelt, anodisiert und verdichtet	Matte, raue Oberfläche. Ziehriefen, Kratzer, Feilstriche teilweise egalisiert. Materialbedingte Veränderungen im Oberflächenaussehen sind nicht immer vermeidbar.	Preisgünstig, geeignet vor allem für Dunkel-Färbungen
E7	Chemisches od. elektrochemisches Glänzen	Oberflächenfehler werden nur in begrenztem Umfang beseitigt, und Korrosionseinwirkungen können sichtbar werden.	z. B. Thekenbeschläge
E8	Polieren und chemisches od. elektrochemisches Glänzen	hochglänzendes Erscheinungsbild, mechanische Oberflächenfehler und beginnende Korrosion werden im Allgemeinen beseitigt.	Möbelbauteile

3.7.9 Beschichten von Rohren

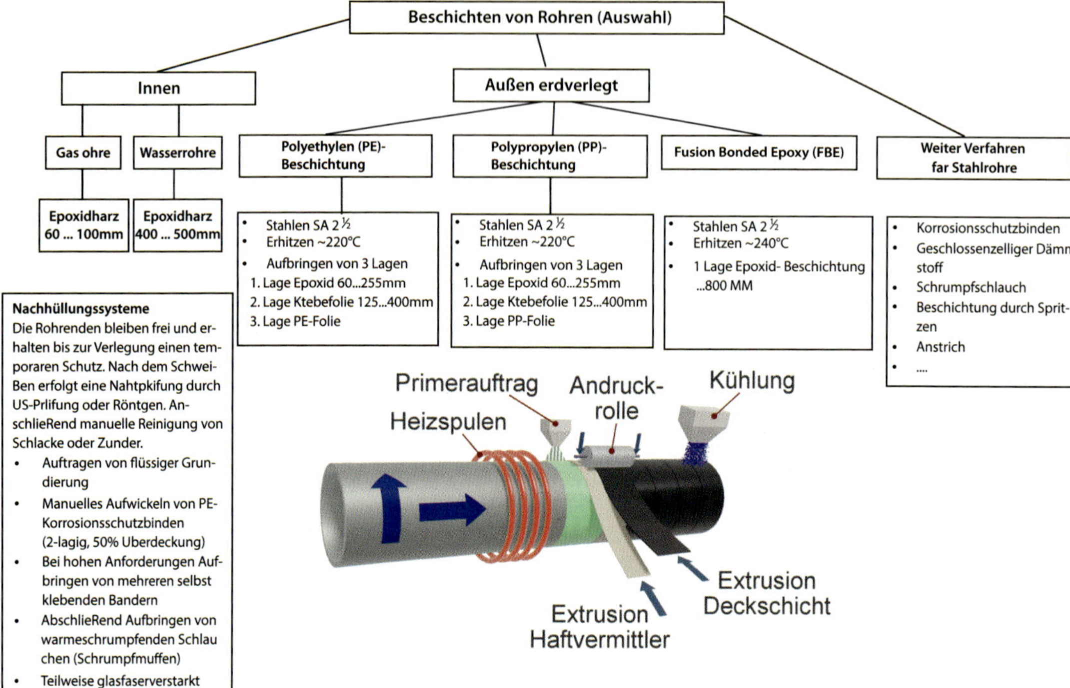

3.7.10 Beizen von Edelstählen

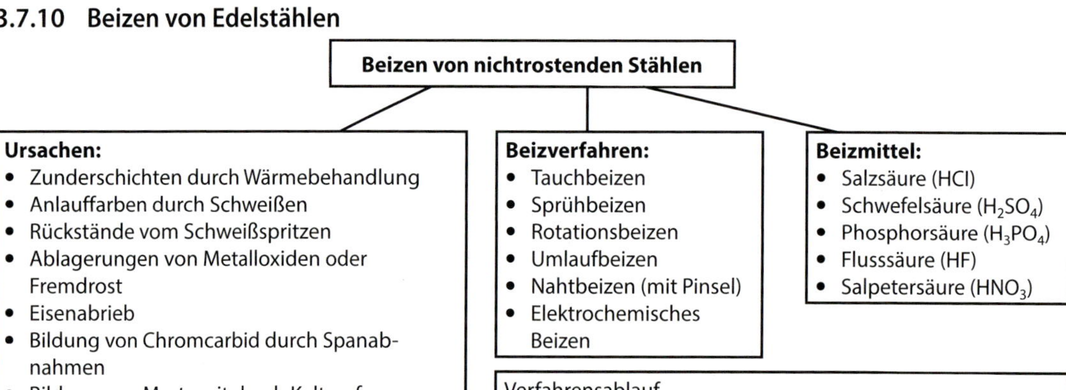

Zusammensetzung von Beizbädern

Badtyp	HNO_3 (50%) Vol-%	HF Vol-%	H_2SO_4/H_3PO_4 Vol-%	Sonstiges Vol-%	Temperatur* °C	Beizzeit min
Klassisch	10 bis 28	3 bis 8	–	0,1 Detergents[1]	15 bis 60	3 bis 20
Nitratfrei	–	3 bis 5	10 bis 25	1 bis 5 H_2O_2[2]	15 bis 60	3 bis 20

*individuelle Verfahrensangaben
[1] Reinigungsmittel, [2] Wasserstoffperoxid

Beizbarkeit von Edelstahl (Auswahl)

Kurzame	Werkstoffnummer	Beizbarkeit	Kurzname	Werkstoffnummer	Beizbarkeit
X5CrNi18-10	1.4301	gut	X2CrNiMo17-12-2	1.4404	gut
X10CrNiS18-9	1.4305	schwierig	X6CrNiMoTi17-12-2	1.4571	gut
X2CrNi19-11	1.4306	gut	X2CrNiMo18-14-3	1.4435	gut
X6CrNiTi18-10	1.4541	gut	X2CrNiMoN17-13-5	1.4439	mittel
X5CrNiMo17-12-2	1.4401	gut	X1CrNiMoCu25-20-5	1.4539	mittel

3.7.11 Eignung von Korrosionsbeständigen Stählen bei Korrosionsbelastung (Auswahl)

vgl. Bauaufsichtliche Zulassung Z-30.3-6 : 2018-03

Stahlsorte nach DIN 10088		Widerstands-klasse	Korrosivitäts-kategorie (siehe 3.7.7)	Stahlsorte nach DIN 10088		Widerstands-klasse	Korrosivitäts-kategorie (siehe 3.7.7)
Kurzname	**Werkstoff-nummer**			**Kurzname**	**Werkstoff-nummer**		
ferritisch				**austenitisch**			
X2CrNi12	1.4003	I/gering	C1	X2CrNiMo17-12-2	1.4404	III/mittel	C3
X6Cr17	1.4016			X6CrNiMoTi17-12-2	1.4571		
X2CrTi12	1.4512			X2CrNiMo18-14-3	1.4435		
austenitisch				X2CrNiMoN17-13-5	1.4439	IV/stark	C4
X5CrNi18-10	1.4301	II/mäßig	C2	X1NiCrMoCu25-20-5	1.4539		
X2CrNi18-9	1.4307			X2CrNiMnMoN25-18-6-5	1.4565	V/sehr stark	CX
X2CrNiTi19-11	1.4306			X1NiCrMoN25-20-7	1.4529		Im1,Im2
X6CrNiTi18-10	1.4541			X1 CrNiMoCuN20-18-7	1.4547		
X2CrNiN18-10	1.4311						

3.8 Wärmebehandlung von Stahl *heat treatment of steel*

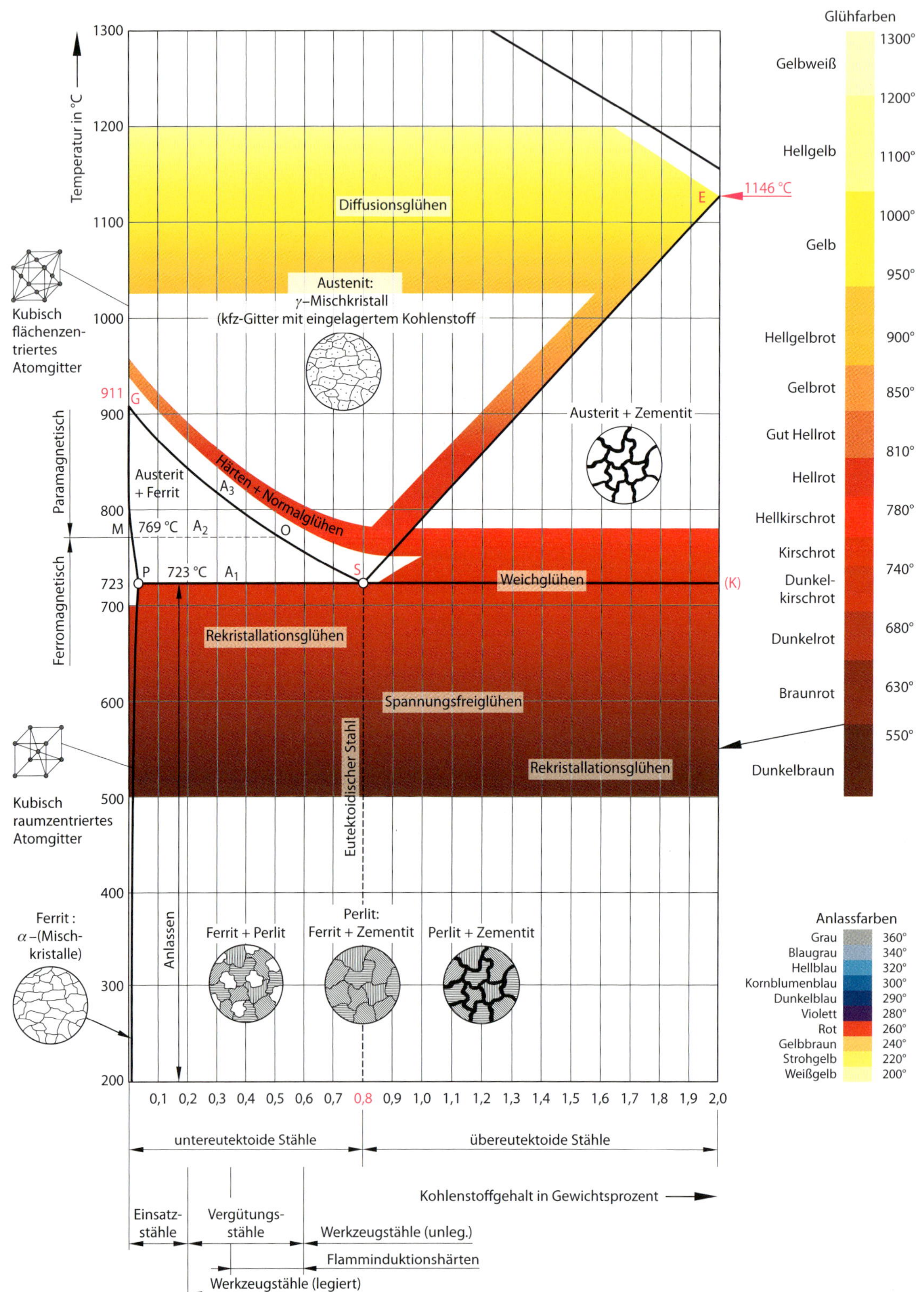

Wärmebehandlung	Erläuterung	Vorgänge
Abschrecken	Abkühlen eines Werkstücks aus dem Austenitbereich mit großer Geschwindigkeit	Abkühlen in Wasser ⇒ hohe Härte ... in Öl ⇒ geringere Härte
Anlassen	Erwärmen nach dem Abschrecken auf Temperaturen unterhalb GSK mit nach folgendem Abschrecken	Erwärmen auf ca. 300 °C ergibt „Schneidhärte" ca. 500 °C ergibt „Schlaghärte"
Austenithärten	Erwärmen auf Austenisitisierungstemperatur (über GSK)	Kohlenstoffatome werden vollständig im Eisengitter gelöst
Einsatzhärten	Härten nach vorhergehendem Aufkohlen der Randzone des Werkstücks	Kohlenstoff diffundiert in die Randzone ein und steigert den C-Gehalt
Flammhärten	Erwärmen der Randzone eines Werkstücks (über GSK) mit einem Brenner und sofortiges Abkühlen	rasches Erwärmen und Abkühlen insb. bei Serienteilen üblich, da automatisierbar
Glühen	langsames Erwärmen – langsames Abkühlen	
• Diffusionsglühen	Eindringen (= Diffundieren) von Atomen von außen, z.B. C-Atomen beim Einsetzen	Erwärmen über 1050 °C
• Rekristallisationsglühen	Neubildung der Kornstruktur, z. B. nach Grobkornbildung durch Schweißen	Erwärmen auf 500 ... 550 °C
• Spannungsarmglühen	Verringern der inneren Spannungen durch Gitterumlagerungen	Erwärmen auf 550 ... 650 °C
• Weichglühen	„weich machen" von gehärteten Werkstücken	Erwärmen im Bereich PSK
• Zwischenglühen	Glühen zwischen zwei Bearbeitungsvorgängen z. B. beim Umformen	Erwärmen
• Normalglühen	Verringern der Spannungen und Verfeinerung des Gefüges	Erwärmen auf 780 ... 950 °C
Härten	rasches Abkühlen des Austenitgefüges	Härtesteigerung durch Einlagerung von Kohlenstoffatomen im Gitter = Martensitbildung
Induktionshärten	Erwärmen der Randzone eines Werkstücks (über GSK) durch elektrische Induktion und sofortiges Abkühlen	rasches Erwärmen und Abkühlen insb. bei Serienteilen üblich, da automatisierbar
Nitrieren	Erwärmen in stickstoffabgebenden Medien und anschließendes Abschrecken	Einhängen in heißes Stickstoffgas – keine Martensitbildung, geringe Schichtdicken
Tempern von Gusseisen	Langzeitiges Glühen (bis mehrere Tage) zum Ausgleich von Strukturdefekten. Bei Guss zur Verbesserung der mechanischen Eigenschaften	Erwärmen auf 700 ... 1050 °C
Vergüten	Härten mit nachfolgendem Anlassen mit Temperaturen knapp unterhalb GSK	Martensithärten mit Anlassen auf „Schlaghärte"

3.9 Oberflächenkennzeichnung für kaltgewalztes Blech und Band

Oberflächenart

Kennzeichen (frühere Bezeichnung)	Benennung
A (03)	übliche kaltgewalzte Oberfläche
B (05)	beste Oberfläche

Oberflächenausführung

Kennzeichen	Benennung	Merkmale der Oberfläche	Rautiefe *Ra* in μm
b	besonders glatt	gleichmäßig glatt	<0,4
g	glatt	gleichmäßig glatt	<0,9
m	matt	gleichmäßig matt	0,6 ... 1,6
r	rau	aufgeraut	>1,6

3.10 Aluminium *aluminium*

3.10.1 Bezeichnungssystem für Aluminium

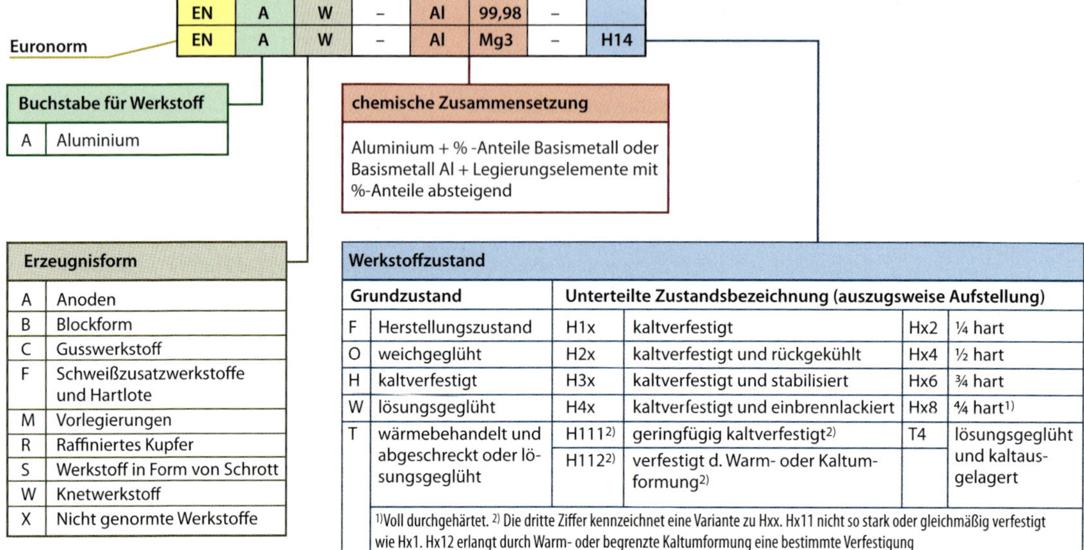

Erzeugnisform	
A	Anoden
B	Blockform
C	Gusswerkstoff
F	Schweißzusatzwerkstoffe und Hartlote
M	Vorlegierungen
R	Raffiniertes Kupfer
S	Werkstoff in Form von Schrott
W	Knetwerkstoff
X	Nicht genormte Werkstoffe

Werkstoffzustand					
Grundzustand		Unterteilte Zustandsbezeichnung (auszugsweise Aufstellung)			
F	Herstellungszustand	H1x	kaltverfestigt	Hx2	¼ hart
O	weichgeglüht	H2x	kaltverfestigt und rückgekühlt	Hx4	½ hart
H	kaltverfestigt	H3x	kaltverfestigt und stabilisiert	Hx6	¾ hart
W	lösungsgeglüht	H4x	kaltverfestigt und einbrennlackiert	Hx8	4/4 hart[1)]
T	wärmebehandelt und abgeschreckt oder lösungsgeglüht	H111[2)]	geringfügig kaltverfestigt[2)]	T4	lösungsgeglüht und kaltausgelagert
		H112[2)]	verfestigt d. Warm- oder Kaltumformung[2)]		

[1)]Voll durchgehärtet. [2)] Die dritte Ziffer kennzeichnet eine Variante zu Hxx. Hx11 nicht so stark oder gleichmäßig verfestigt wie Hx1. Hx12 erlangt durch Warm- oder begrenzte Kaltumformung eine bestimmte Verfestigung

3.10.2 Übliche Aluminiumwerkstoffe

Werkst.-Nr.	Kurzzeichen nach DIN 1725 (alt)	Alte Bezeichnung	Streckgrenze R_e in N/mm²	Zugfestigkeit R_m in N/mm²	Bruchdehnung A in %	Verwendung, Eigenschaften
EN AW-1050A	EN AW-Al 99,5	Al 99,5	20	60 … 95	25	Vormaterial für Wärmeaustauscher, Druckgerät, Druckbehälter, Rohrleitung, Hydraulikgerät, Behälter, Dachbelag, Dachrinne
EN AW-1200	EN AW-Al 99,0	Al 99,0	25 … 140	20 … 200	6 … 30	Vormaterial für Wärmeaustauscher, Rohrleitung in der Chemieindustrie, Behälter, Transportgefäß für Öl, Fett, Lack, Kraftstoff, Salpetersäure
Knetlegierungen						
EN AW-3103	EN AW AlMn1	Al Mn1	35 … 60	80 … 135	7 … 28	
EN AW-3004	EN AW AlMn1Mg1	Al Mn1Mg1	60 … 310	155 … 330	1 … 16	Vormaterial für Wärmeaustauscher geeignet für Lebensmittelkontakt
EN AW-5754	EN AW AlMg3	AlMg3	80 … 100	180 … 200	12 … 14	Behälter, Apparatebau, Vormaterial für Wärmeaustauscher
Kalt und aushärtbare Legierungen						
EN AW-6060	EN AW-Al MgSi	AlMgSi0,5	60 … 160	130 … 270	8 … 16	Vormaterial für Wärmeaustauscher, Druckgerät, Druckbehälter, Rohrleitung
EN AW-6082 T61	EM AW-Al Si1MgZr	AlMgSi1	200 … 205	280	3 … 12	Druckbehälter, Hydraulikgerät, HF-längsnahtgeschweißtes Rohr, Schraube, Mutter

3.11 Warmgewalzte Stahlprofile

3.11.1 Warmgewalzte rundkantige U-Profile

DIN 1026-1 : 2009-04

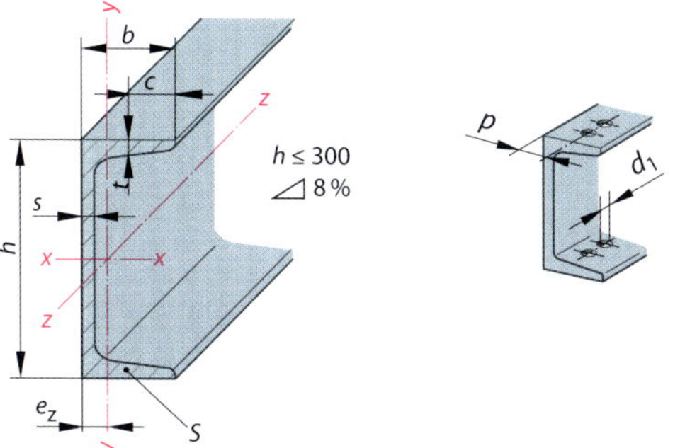

Kurzzeichen	Anreißmaße[1] in mm	
U	*p*	Ø-Schraube[2]
140	33 … 37	M12
160	34 … 42	M12
180	38 … 41	M16
200	39 … 46	M16
220	40 … 51	M16
240	46 … 50	M20
260	50 … 52	M22
280	50 … 57	M22
300	55 … 59	M24
320	58 … 62	M22
350	56 … 62	M22
380	59 … 60	M24
400	61 … 62	M27

Kurzzeichen	Abmessungen[1]					Statische Kennwerte					Längenbezogene	
						„starke" Achse $x-x$		„schwache" Achse $y-y$			Masse	Oberfläche
U	*h* in mm	*b* in mm	*s* in mm	*t* in mm	*S* in cm²	I_x in cm⁴	W_x in cm³	I_y in cm⁴	W_y in cm³	Abstand Schwerachse $z-z$ e_z in cm	m' in $\frac{kg}{m}$	A_o' in $\frac{m^2}{m}$
30 × 15	30	15	4	4,5	2,21	2,53	1,69	0,38	0,39	0,52	1,74	0,103
30	30	33	5	7	5,44	6,39	4,26	5,01	2,68	1,31	4,27	0,174
40 × 20	40	20	5	5,5	3,66	7,58	3,79	1,14	0,86	0,67	2,87	0,142
40	40	35	5	7	6,21	14,1	7,05	6,68	3,08	1,33	4,87	0,199
50 × 25	50	25	5	6	4,92	16,8	6,73	2,49	1,48	0,81	3,86	0,181
50	50	38	5	7	7,12	26,4	10,6	9,10	3,75	1,37	5,59	0,232
60	60	30	6	6	6,46	31,6	10,5	4,51	2,16	0,91	5,07	0,215
65	65	42	5,5	7,5	9,03	57,5	17,7	14,0	5,07	1,42	7,09	0,273
80	80	45	6	8	11,0	106	26,5	19,4	6,36	1,45	8,64	0,312
100	100	50	6	8,5	13,5	206	41,2	29,3	8,49	1,55	10,6	0,372
120	120	55	7	9	17,0	364	60,7	43,2	11,1	1,60	13,4	0,434
140	140	60	7	10	20,4	605	86,4	62,7	14,8	1,75	16,0	0,489
160	160	65	7,5	10,5	24,0	925	116	85,3	18,3	1,84	18,8	0,546
180	180	70	8	11	28,0	1350	150	114	22,4	1,92	22,0	0,611
200	200	75	8,5	11,5	32,2	1910	191	148	27,0	2,01	25,3	0,661
220	220	80	9	12,5	37,4	2690	245	197	33,5	2,14	29,4	0,718
240	240	85	9,5	13	42,3	3600	300	248	39,6	2,24	33,2	0,775
260	260	90	10	14	48,3	4820	371	317	47,8	2,23	37,9	0,834
280	280	95	10	15	53,4	6280	448	399	57,2	2,36	41,8	0,890
300	300	100	10	16	58,8	8030	535	495	67,8	2,70	46,2	0,950
320	320	100	14	17,5	75,8	10870	679	597	80,6	2,60	59,5	0,982
350	350	100	14	16	77,30	12840	734	570	75,1	2,40	60,6	1,05
380	380	102	13,5	16	80,4	15760	829	615	78,7	2,38	63,1	1,11
400	400	110	14	18	91,5	20350	1020	846	102	2,65	71,8	1,18

I: Flächenmoment, *W*: Widerstandsmoment
Bezeichnungsbeispiel: U-Profil DIN 1026 – U 100 – S235JR

[1] Hinweis: DIN 997 Anreißmaße wurde ersatzlos zurückgezogen. Vom Bauforum Stahl werden die Abmaße für Anreißlinien von Stangenprofilen in Tabellen bereitgestellt. Sie entsprechen den Vorgaben nach Eurocode 3 (Rand- und Lochabstände)

[2] Der Bohrungsdurchmesser ergibt sich aus der Schraubenauswahl z.B. Sechskantschraube M12 ⇨ ϕ13,5 mm (mittel), Passschraube M12 ⇨ ϕ13 H11

3.11.2 Schmale I-Profile mit schrägen Flanschen

DIN 1025-1 : 2009-04

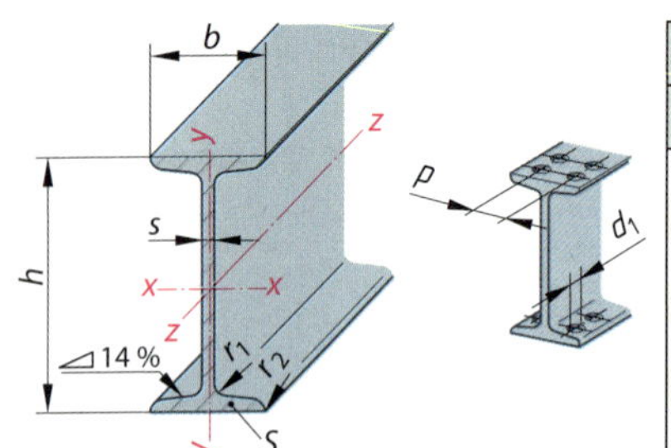

Kurzzeichen	Anreißmaße[1] in mm	
I	p	Ø-Schraube[2]
220	50 … 56	M10
240	54 … 60	M10
260	62	M12
280	68	M12
300	70 … 74	M12
320	70 … 80	M12
340	78 … 86	M12

Kurzzeichen	Anreißmaße[1] in mm	
I	p	Ø-Schraube[2]
360	84 … 86	M16
380	84 … 86	M16
400	86 … 92	M16
450	92 … 106	M16
500	102 … 110	M20
550	112 … 18	M22

Kurzzeichen	Abmessungen[1]					Statische Kennwerte				Längenbezogene	
						„starke" Achse $x-x$		„schwache" Achse $y-y$		Masse m' in $\frac{kg}{m}$	Oberfläche A_o' in $\frac{m^2}{m}$
I	h in mm	b in mm	s in mm	t in mm	S in cm^2	I_x in cm^4	W_x in cm^3	I_y in cm^4	W_y in cm^3		
80	80	42	3,9	5,9	7,57	77,8	19,5	6,29	3,00	5,94	0,304
100	100	50	4,5	6,8	10,6	171	34,2	12,2	4,88	8,34	0,370
120	120	58	5,1	7,7	14,2	328	54,7	21,5	7,41	11,1	0,439
140	140	66	5,7	8,6	18,2	573	81,9	35,2	10,7	14,3	0,502
160	160	74	6,3	9,5	22,8	935	117	54,7	14,8	17,9	0,575
180	180	82	6,9	10,4	27,9	1450	161	81,3	19,8	21,9	0,640
200	200	90	7,5	11,3	33,4	2140	214	117	26,0	26,2	0,709
220	220	98	8,1	12,2	39,5	3060	278	162	33,1	31,1	0,775
240	240	106	8,7	13,1	46,1	4250	354	221	41,7	36,2	0,844
260	260	113	9,4	14,1	53,3	5740	442	288	51,0	41,9	0,906
280	280	119	10,1	15,2	61,0	7590	542	364	61,2	47,9	0,966
300	300	125	10,8	16,2	69,0	9800	653	451	72,2	54,2	1,03
320	320	131	11,5	17,3	77,7	12510	782	555	84,7	61	1,09
340	340	137	12,2	18,3	86,7	15700	923	674	98,4	68	1,15
360	360	143	13,0	19,5	97,0	19610	1090	818	114	76,1	1,21
380	380	149	13,7	20,5	107,0	24010	1260	975	131	84	1,27
400	400	155	14,4	21,6	117,7	29210	1460	1160	149	92,4	1,33
450	450	170	16,2	24,3	147,0	45850	2040	1730	203	115	1,48
500	500	185	18,0	27,0	179,4	68740	2750	2480	268	141	1,63
550	550	200	19,0	30,0	212,0	99180	3610	3490	349	166	1,80

I: Flächenmoment, *W*: Widerstandsmoment
Bezeichnungsbeispiel: U-Profil DIN 1025 – 1 – I 360 – S235JR

[1] Hinweis: DIN 997 Anreißmaße wurde ersatzlos zurückgezogen. Vom Bauforum Stahl werden die Abmaße für Anreißlinien von Stangenprofilen in Tabellen bereitgestellt. Sie entsprechen den Vorgaben nach Eurocode 3 (Rand- und Lochabstände)

[2] Der Bohrungsdurchmesser ergibt sich aus der Schraubenauswahl z.B. Sechskantschraube M12 ⇨ ϕ13,5 mm (mittel), Passschraube M12 ⇨ ϕ13 H11

3.11.3 Mittelbreite I-Profile mit parallelen Flanschen

DIN 1025-5 : 1994-03

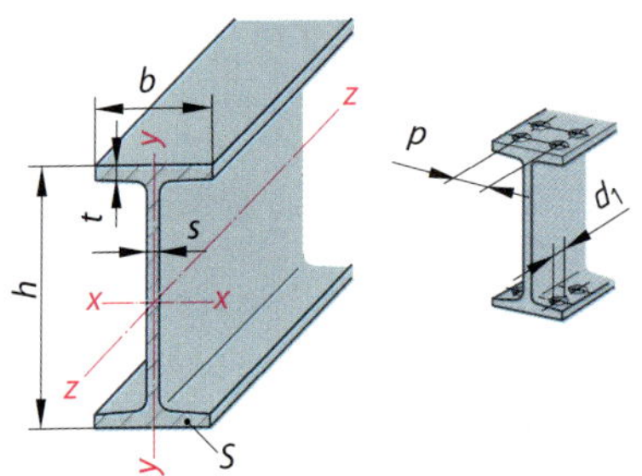

Kurzzeichen	Anreißmaße[1] in mm	
IPE	p	Ø-Schraube[2]
180	48	M10
200	54 … 58	M10
220	60 … 62	M12
240	66 … 68	M12
270	72	M16
300	72 … 86	M16
330	78 … 96	M16

Kurzzeichen	Anreißmaße[1] in mm	
IPE	p	Ø-Schraube[2]
360	88	M22
400	96 … 98	M22
450	100 … 102	M24
500	102 … 112	M24
550	110 … 112	M24
600	116 … 118	M27

Kurzzeichen	Abmessungen					Statische Kennwerte				Längenbezogene	
						„starke" Achse $y-y$		„schwache" Achse $z-z$		Masse	Oberfläche
IPE	h in mm	b in mm	s in mm	t in mm	Querschnittsfläche S in cm^2	I_y in cm^4	W_y in cm^3	I_z in cm^4	W_z in cm^3	m' in $\frac{kg}{m}$	A_o' in $\frac{m^2}{m}$
80	80	46	3,8	5,2	7,64	80,1	20,0	8,49	3,69	6,0	0,328
100	100	55	4,1	5,7	10,3	171	34,2	15,9	5,79	8,1	0,400
120	120	64	4,4	6,3	13,2	318	53,0	27,7	8,65	10,4	0,475
140	140	73	4,7	6,9	16,40	541	77,3	44,9	12,3	12,9	0,551
160	160	82	5,0	7,4	20,1	869	109	68,3	16,7	15,8	0,623
180	180	91	5,3	8,0	23,9	1320	146	101	22,2	18,8	0,698
200	200	100	5,6	8,5	28,5	1940	194	142	28,5	22,4	0,768
220	220	110	5,9	9,2	33,4	2770	252	205	37,3	26,2	0,848
240	240	120	6,2	9,8	39,1	3890	324	284	47,3	30,7	0,922
270	270	135	6,6	10,2	45,9	5790	429	420	62,2	36,1	1,04
300	300	150	7,1	10,7	53,8	8360	557	604	80,5	42,2	1,16
330	330	160	7,5	11,5	62,6	11770	713	788	98,5	49,1	1,25
360	360	170	8,0	12,7	72,7	16270	904	1040	123	57,1	1,35
400	400	180	8,6	13,5	84,5	23130	1160	1320	146	66,3	1,47
450	450	190	9,4	14,6	98,8	33740	1500	1680	176	77,6	1,61
500	500	200	10,2	16,0	116,0	48200	1930	2140	214	90,7	1,74
550	550	210	11,1	17,2	134,0	67120	2440	2670	254	106	1,88
600	600	220	12,0	19,0	156,0	92080	3070	3390	308	122	2,01

I: Flächenmoment, W: Widerstandsmoment

Bezeichnungsbeispiel: U-Profil DIN 1025 – 1 – I 360 – S235JR

[1] Hinweis: DIN 997 Anreißmaße wurde ersatzlos zurückgezogen. Vom Bauforum Stahl werden die Abmaße für Anreißlinien von Stangenprofilen in Tabellen bereitgestellt. Sie entsprechen den Vorgaben nach Eurocode 3 (Rand- und Lochabstände)

[2] Der Bohrungsdurchmesser ergibt sich aus der Schraubenauswahl z.B. Sechskantschraube M12 ⇨ ϕ13,5 mm (mittel), Passschraube M12 ⇨ ϕ13

3.11.4 Breite I-Profile mit parallelen Flanschen

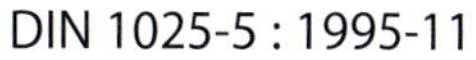
DIN 1025-5 : 1995-11

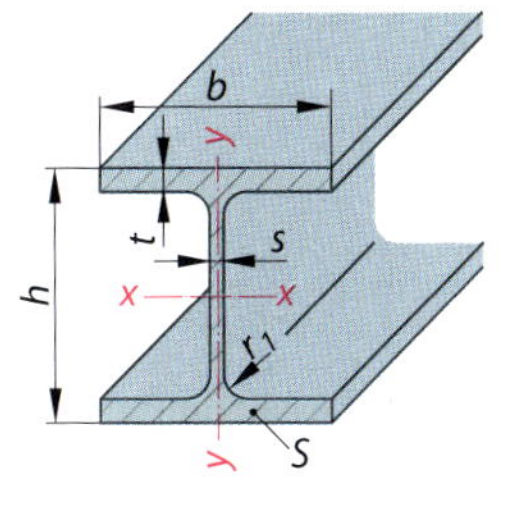

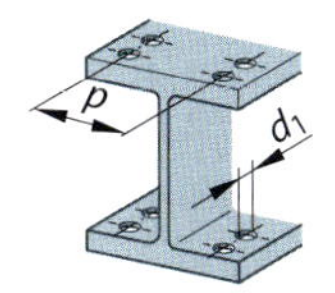

Kurzzeichen	Anreißmaße[1] in mm		Kurzzeichen	Anreißmaße[1] in mm	
IPE bzw. HE-B	p	Ø-Schraube[2]	IPE bzw. HE-B	p	Ø-Schraube[2]
100	56 … 58	M10	340	122 … 198	M27
120	60 … 68	M12	360	122 … 198	M27
140	66 … 76	M16	400	124 … 198	M27
160	80 … 84	M20	450	124 … 198	M27
180	88 … 92	M24	500	124 … 198	M27
200	100	M27	550	124 … 198	M27
220	100 … 118	M27	600	126 … 198	M27
240	108 … 138	M27	650	126 … 198	M27
260	114 … 158	M27	700	126 … 198	M27
280	114 … 178	M27	800	134 … 198	M27
300	120 … 198	M27	900	134 … 198	M27
320	122 … 198	M27	1000	134 … 198	M27

Kurzzeichen	Abmessungen					Statische Kennwerte				Längenbezogene	
						„starke" Achse $y-y$		„schwache" Achse $z-z$		Masse	Oberfläche
IPE bzw. HE-B	h in mm	b in mm	s in mm	t in mm	S in cm^2	I_y in cm^4	W_y in cm^3	I_z in cm^4	W_z in cm^3	m' in $\frac{kg}{m}$	A_o' in $\frac{m^2}{m}$
100	100	100	6	10	26,0	450	89,9	167	33,5	20,4	0,567
120	120	120	6,5	11	34,0	864	144	318	52,9	26,7	0,686
140	140	140	7	12	43,0	1510	216	550	78,5	33,7	0,805
160	160	160	8	13	54,3	2490	311	889	111	42,6	0,918
180	180	180	8,5	14	65,3	3830	426	1360	151	51,2	1,04

Kurzzeichen	Abmessungen					Statische Kennwerte				Längenbezogene	
						„starke" Achse $y-y$		„schwache" Achse $z-z$		Masse	Oberfläche
IPE bzw. HE-B	h in mm	b in mm	s in mm	t in mm	S in cm²	I_y in cm⁴	W_y in cm³	I_z in cm⁴	W_z in cm³	m' in $\frac{kg}{m}$	A_o' in $\frac{m^2}{m}$
200	200	200	9	15	78,10	5700	570	2000	200	61,3	1,15
220	220	220	9,5	16	91,0	8090	736	2840	258	71,5	1,27
240	240	240	10	17	106,0	11260	938	3920	327	83,2	1,38
260	260	260	10	17,5	118,0	14920	1150	5130	395	93,0	1,50
280	280	280	10,5	18	131,0	19270	1380	6590	471	103,1	1,62
300	300	300	11	19	149,0	25170	1680	8560	571	117	1,73
320	320	300	11,5	20,5	161,0	30820	1930	9240	616	127	1,77
340	340	300	12	21,5	171,0	36660	2160	9690	646	134	1,81
360	360	300	12,5	22,5	181,0	43190	2400	10140	676	142	1,85
400	400	300	13,5	24	198,0	57680	2880	10820	721	155	1,93
450	450	300	14	26	218,0	79890	3550	11720	781	171	2,03
500	500	300	14,5	28	239,0	107200	4290	12620	842	187	2,12
550	550	300	15	29	254,0	136700	4970	13080	872	199	2,22
600	600	300	15,5	30	270,0	171000	5700	13530	902	212,0	2,32
800	800	300	17,5	33	334,0	210600	6480	14900	994	262,0	2,71
1000	1000	300	19	36	400,0	256900	7340	16280	1085	314,0	3,11
						359100	8980				
						494100	10980				
						644700	12890				

I: Flächenmoment, W: Widerstandsmoment
Bezeichnungsbeispiel: U-Profil DIN 1025 – 1 – I 360 – S235JR
[1] Hinweis: DIN 997 Anreißmaße wurde ersatzlos zurückgezogen. Vom Bauforum Stahl werden die Abmaße für Anreißlinien von Stangenprofilen in Tabellen bereitgestellt. Sie entsprechen den Vorgaben nach Eurocode 3 (Rand- und Lochabstände)
[2] Der Bohrungsdurchmesser ergibt sich aus der Schraubenauswahl z.B. Sechskantschraube M12
⇨ ϕ13,5 mm (mittel), Passschraube M12 ⇨ ϕ13

3.11.5 Warmgewalzte gleichschenklige rundkantige T-Profile DIN EN 10055 : 1995-12

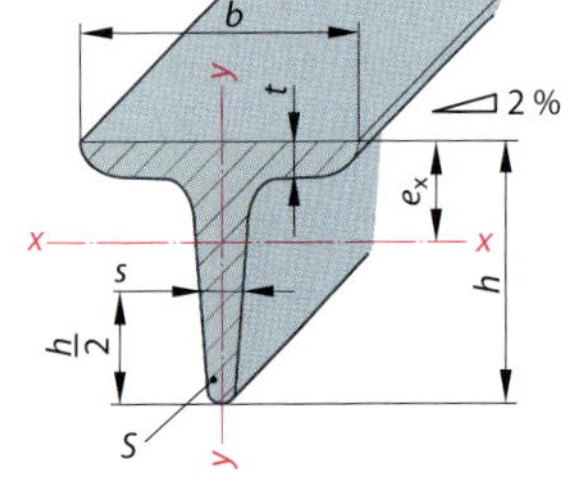

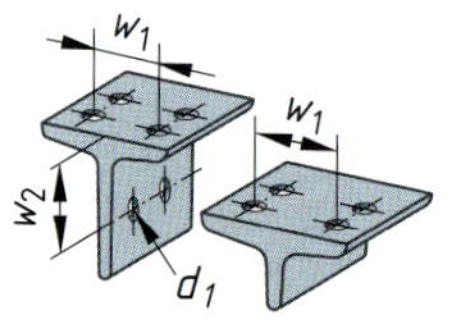

Kurzzeichen	Anreißmaße[1] in mm		
T	p_1	p_2	Ø-Bohrung
30	17	17	4,3
35	19	19	4,3
40	21	22	6,4
50	30	30	6,4
60	34	35	8,4
70	38	40	11
80	45	45	11
100	60	60	13
120	70	70	17
140	80	80	21

Kurzzeichen	Abmessungen[1]				Statische Kennwerte					Längenbezogene	
					„starke" Achse $x-x$		„schwache" Achse $y-y$			Masse	Oberfläche
T	h in mm	b in mm	$s=t$ in mm	Querschnittsfläche S in cm²	I_x in cm⁴	W_x in cm³	I_y in cm⁴	W_y in cm³	Abstand Schwerachse $z-z$ e_z in cm	m' in $\frac{kg}{m}$	A_o' in $\frac{m^2}{m}$
40	40	40	5	3,77	5,28	1,84	2,58	1,29	1,12	2,96	0,153
50	50	50	6	5,66	12,1	3,36	6,06	2,42	1,39	4,44	0,191
60	60	60	7	7,94	23,8	5,48	12,2	4,07	1,66	6,23	0,229
70	70	70	8	10,6	44,5	8,79	22,2	6,32	1,94	8,32	0,268
80	80	80	9	13,6	73,7	12,8	37	9,25	2,22	10,7	0,307
100	100	100	11	20,9	179	24,6	88,3	17,7	2,74	16,9	0,383
120	120	120	13	29,6	366	42,0	178,0	29,7	3,28	23,2	0,459
140	140	140	15	39,9	660	64,7	330,0	47,2	3,80	31,3	0,537

Bezeichnungsbeispiel: T-Profil EN 10055 – T100 – S235JR

3.11.6 Warmgewalzte ungleichschenklige rundkantige L-Profile DIN EN 10056-1 : 2017-06

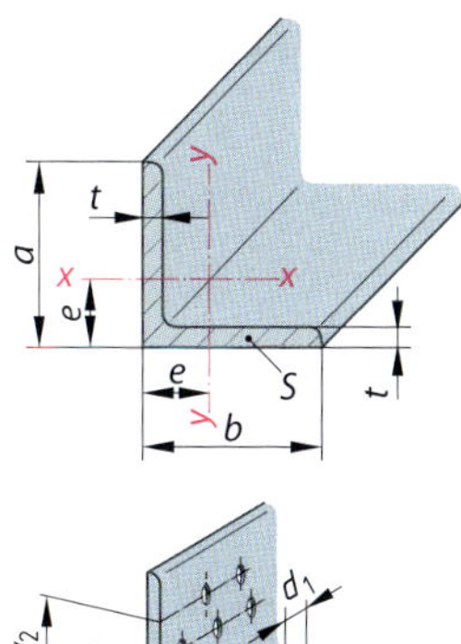

Kurzzeichen	Anreißmaße[1)] in mm				
L	p_1	p_2	p_3	Ø-Bohrung	
				d_1 max.	d_2 max.
50 × 30 × 5	35	–	–	11	–
60 × 40 × 5	35	–	–	13	–
60 × 40 × 6	36	–	–	13	–
65 × 50 × 5	40	–	35	17	11
70 × 50 × 6	41	–	36	21	11
75 × 50 × 6	41	–	36	21	11
75 × 50 × 8	43	–	–	21	–
80 × 40 × 6	43	–	–	25	–
80 × 40 × 8	46	–	–	25	–
80 × 60 × 7	47	–	–	25	13

Kurzzeichen	Anreißmaße[1)] in mm				
L	p_1	p_2	p_3	Ø-Bohrung	
				d_1 max.	d_2 max.
100 × 50 × 6	48	–	36	25	13
100 × 50 × 8	53	–	–	28	–
100 × 65 × 8	53	–	43	28	17
100 × 65 × 10	55	–	40	28	13
100 × 75 × 10	55	–	46	28	21
100 × 75 × 12	57	–	48	28	21
120 × 80 × 8	64	–	45	28	21
120 × 80 × 10	60	–	47	28	21
120 × 80 × 12	58	–	49	28	21
150 × 75 × 9	53	113	47	25	21

Kurzzeichen	Abmessungen[1)]						Statische Kennwerte				Längenbezogene	
	a in mm	*b* in mm	*t* in mm	*S* in cm^2	Abstand e_z in cm	Abstand e_y in cm	„starke" Achse *x – x*		„schwache" Achse *y – y*		Masse m' in $\frac{kg}{m}$	Oberfläche A_o' in $\frac{m^2}{m}$
L							I_x in cm^4	W_x in cm^3	I_y in cm^4	W_y in cm^3		
30 × 20 × 3	30	20	3	1,43	1,0	0,5	1,25	0,62	0,44	0,29	1,12	0,097
4			4	1,86	1,03	0,54	1,59	0,81	0,55	0,38	1,46	
40 × 20 × 3*	40	20	3	1,72	1,4	0,44	2,79	1,08	0,47	0,30	1,35	0,117
4			4	2,26	1,47	0,48	3,59	1,42	0,60	0,39	1,77	
50 × 40 × 4*	50	40	4	3,46	1,52	1,03	8,54	2,47	4,86	1,64	2,71	0,117
5*			5	4,27	1,56	1,07	10,4	3,02	5,89	2,01	3,35	
60 × 40 × 5	60	40	5	4,79	1,96	0,97	17,2	4,25	6,11	2,02	3,76	0,195
6			5	5,68	2,0	1.01	20,1	5,03	7,12	2,38	4,46	
80 × 40 × 6	80	40	6	6,89	2,85	0,88	44,9	8,73	7,59	2,44	5,41	0,234
8			8	9,01	2,94	0,9	57,6	11,4	9,68	3,16	7,07	
100 × 50 × 8	100	50	8	11,40	3,59	1,13	116	18,0	19,61	5,08	8,97	0,292
10*			10	14,1	3,67	1,20	141	22,2	23,4	6,17	11,06	
100 × 65 × 8	100	65	8	12,7	3,27	1,55	127	18,9	42,2	8,54	9,94	
120 × 80 × 10	120	80	10	19,1	3,92	1,95	276	34,1	98,1	16,2	15,02	0,391
12			12	22,7	4,0	2,03	323	40,4	114	19,1	17,8	
150 × 75 × 9	150	75	9	19,6	5,28	1,57	455	46,8	77,9	13,2	15,38	0,582
11*			11	23,6	5,37	1,65	545	56,6	93,0	15,9	18,56	
180 × 90 × 10*	180	90	10	26,2	6,28	1,85	880	75,1	151	21,2	20,58	0,696
12*			12	31,2	6,37	1,93	1040	89,3	177	25,1	24,47	
200 × 100 × 10	200	100	10	29,2	6,93	2,01	1220	93,2	210	26,3	22,95	0,774
12			12	34,8	7,03	2,10	1440	111	247	31,3	27,32	

Bezeichnungsbeispiel: L-Profil EN 10056-1 – 100 × 50 × 8 – S235JR

1) Die Werte können verwendet werden, wenn sie nicht Eurocode 3 (Rand- und Lochabstände) widersprechen.

3.11.7 Warmgewalzte gleichschenklige rundkantige L-Profile DIN EN 10056-1 : 2017-06

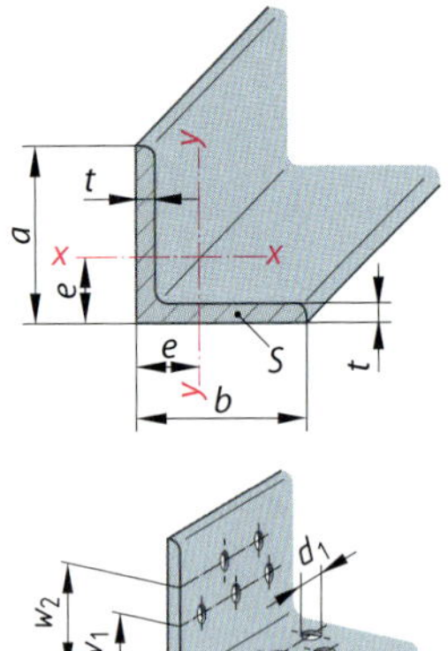

Kurzzeichen	Anreißmaße[1] in mm		
L	p_1	p_2	Ø-Bohrung d_1 max.
50 × 50 × 5	35	–	11
50 × 50 × 6	36	–	11
60 × 60 × 5	35	–	13
60 × 60 × 6	36	–	13
60 × 60 × 8	38	–	13
65 × 65 × 7	42	–	17
70 × 70 × 6	41	–	21
70 × 70 × 7	42	–	21
75 × 75 × 8	45	–	21
80 × 80 × 8	50	–	25
80 × 80 × 10	46	–	21
90 × 90 × 7	53	–	28
90 × 90 × 8	54	–	28
90 × 90 × 9	55	–	28
100 × 100 × 8	55	–	28
100 × 100 × 10	57	–	28
100 × 100 × 12	59	–	28
120 × 120 × 10	60	–	28
120 × 120 × 12	60	–	28
130 × 130 × 12	61	–	28
150 × 150 × 10	58	118	25
150 × 150 × 12	60	120	25
150 × 150 × 15	66	–	28
160 × 160 × 15	64	124	25
180 × 180 × 16	69	136	28
180 × 180 × 18	71	138	28

Kurzzeichen	Abmessungen[1]				Statische Kennwerte		Längenbezogene	
L	*a* in mm	*t* in mm	Querschnitts-fläche *S* in cm2	Abstand $e_z = e_y$ in cm	$I_y = I_z$ in cm^4	$W_y = W_z$ in cm3	Masse m' in $\frac{kg}{m}$	Oberfläche A_o' in $\frac{m^2}{m}$
20 × 20 × 3	20	3	1,12	0,6	0,39	0,28	0,88	0,077
25 × 25 × 3		3	1,42	0,73	0,79	0,45	1,12	0,097
4	25	4	1,85	0,76	1,01	0,58	1,45	
30 × 30 × 3	30	3	1,74	0,84		0,65	1,36	0,116
4	30	4	2,27	0,89	1,81	0,86	1,78	
35 × 35 × 4	35	4	2,67	1,0	2,96	1,18	2,09	0,136
5*	35	5	3,28	1,04	3,56	1,45	2,52	
40 × 40 × 4	40	4	3,08	1,12	4,48	12,56	2,42	0,155
5	40	5	3,79	1,16	5,43	1,91	2,97	
45 × 45 × 4*		4	3,49	1,23	6,43	1,97	2,74	0,174
5*	45	5	4,3	1,28	7,83	2,43	3,38	
50 × 50 × 5	50	5	4,8	1,4	11	3,05	3,77	0,194
6		6	5,69	1,45	12,8	3,61	4,47	
7*	50	7	6,56	1,49	14,6	4,15	5,15	
60 × 60 × 5	60	5	5,82	1,64	19,4	4,45	4,57	0,233
6	60	6	6,91	1,69	22,8	5,29	5,42	
8		8	9,03	1,77	29,1	6,88	7,09	
70 × 70 × 7	70	7	9,4	1,97	42,4	8,43	7,38	0,272
9*	70	9	11,9	2,05	52,6	10,6	9,32	
80 × 80 × 8	80	8	12,3	2,26	72,3	12,6	9,63	0,311
10		10	15,1	2,34	87,5	15,5	11,9	
90 × 90 × 7	90	7	12,2	2,45	92,6	14,1	9,61	0,357
90 × 90 × 9	90	9	15,5	2,54	116	18	12,1	0,357
100 × 100 × 8	100	8	15,5	2,74	145	19,9	12,18	0,390
100 × 100 × 10		10	19,2	2,82	177	24,7	15,04	0,390
12*		12	22,7	2,9	207	29,2	17,83	
120 × 120 × 10*		10	23,2	3,31	313	36,0	18,20	0,469
12*	120	12	27,5	3,40	368	42,7	21,62	
150 × 150 × 12*	150	12	34,8	4,12	737	67,7	27,35	0,586
15*		15	43,0	4,25	898	83,5	33,77	
180 × 180 × 16*	180	16	55,4	5,02	1680	130	43,48	0,705
18*		18	61,9	5,10	1870	145	48,60	
200 × 200 × 16*		16	61,8	5,52	2340	162	48,50	0,785
20*	200	20	76,4	5,68	2850	199	59,53	
24*		24	90,6	5,84	3331	235	71,11	

Bezeichnungsbeispiel: L-Profil EN 10056-1 – 100 × 100 × 10 – S235JR

[1] DIN 997 für Anreißmaße wurde ersatzlos zurückgezogen. Die genannten Anreißmaße ergeben sich aus Berechnungen für zulässige Rand- und Lochabstände.

3.12 Warmgefertigter Stabstahl

Rundstahl *round steel*
DIN EN 10060 :2004-02

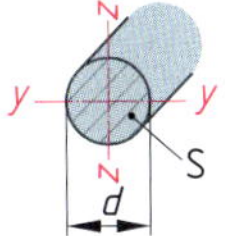

Vierkantstahl *square bar steel*
DIN EN 10059-1: 2004-02

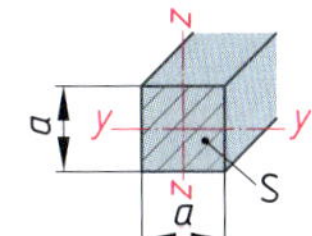

Sechskantstahl *hexagon bars*
DIN EN 10061: 2004-02

Lieferlänge: gestuft, bis 12m

Rundstahl				Vierkantstahl				Sechskantstahl
Durchmesser d in mm	Querschnittsfläche S in cm^2	$W_y = W_z$ in cm^3	Längenbezogene Masse m' in $\frac{kg}{m}$	Kantenlänge a in mm	Querschnittsfläche S in cm^2	$W_y = W_z$ in cm^3	Längenbezogene Masse m' = in $\frac{kg}{m}$	Schlüsselweite s in mm
8	0,50	0,05	0,39	**8**	0,64	0,08	0,50	
10	0,78	0,10	0,62	**10**	1,0	0,16	0,78	
12	1,13	0,17	0,89	**12**	1,44	0,28	1,13	
14	1,54	0,27	1,21	**14**	1,96	0,45	1,54	
16	2,01	0,40	1,58	**16**	2,56	0,68	2,01	
18	2,54	0,57	2,0	**18**	3,24	0,97	2,54	**18**
20	3,14	0,79	2,47	**20**	4,0	1,33	3,14	**20,5**
22	3,80	1,05	2,98	**22**	4,84	1,78	3,8	**22,5**
24	4,52	1,36	3,55					**23,5**
25	4,91	1,53	3,85	**25**	6,25	2,60	4,91	**25,5**
28	6,16	2,16	4,83					**28,5**
30	7,07	2,65	5,55	**30**	9,0	4,5	7,07	**31,5**
32	8,04	3,22	6,31	**32**	10,2	5,46	8,04	**33,5**
35	9,62	4,21	7,55	**35**	12,3	7,15	9,62	**37,5**
38	11,3	5,39	8,80					
40	12,6	6,28	9,86	**40**	16,0	10,7	12,6	**42,5**
45	15,9	8,95	12,5					
50	19,6	12,3	15,4	**50**	25,0	20,8	19,6	**47,5**
55	23,8	16,3	18,7					**52**
60	28,3	21,2	22,2	**60**	36,0	36,0	28,3	**57**
80	50,3	50,3	39,5	**80**	64,0	85,3	50,2	
100	78,5	98,2	61,7	**100**	100	167	78,5	
120	113	170	88,8					

Beispiel: **Rund EN 10060 – S235J** (USt 37-2)

Kaltgezogener, blanker Stabstahl (Auswahl)

DIN EN 10278 : 1999-12

Lieferlänge: gestuft, bis 12 m (Querschnitte siehe oben), längenbezogene Masse berechnet

Abmessung $d = s = a$ in mm	Längenbezogene Masse m' in $\frac{kg}{m}$			Abmessung $d = s = a$ in mm	Längenbezogene Masse m' in $\frac{kg}{m}$		
	Rd	Vierkant	Sechskant		Rd	Vierkant	Sechskant
2	0,024	0,031	0,027	20	2,42	3,08	–
3	0,054	0,069	0,060	24	3,48	–	3,85
4	0,097	0,124	0,107	30	5,44	–	6,00
5	0,151	0,192	0,167	32	6,19	7,88	6,83
6	0,218	0,278	0,240	36	7,84	10,01	8,64
8	0,387	0,492	0,427	40	9,67	12,36	–
10	0,605	0,770	0,667	50	15,11	19,23	16,68
12	0,871	1,11	0,960	60	21,78	–	24,03
14	1,19	1,51	1,30	70	29,63	37,77	32,67
16	1,15	1,97	1,71	80	38,75	49,25	42,65
18	1,96	2,49	–	100	60,53	77,01	66,71

Beispiel: 0,6 t Rund EN 10278 – 16 × Lager 6000 – EN 10027-1 S235JR
(= Masse in Tonnen, Durchmesser 16 mm, Lagerlänge 6 m, Baustahl)

3.13 Warmgewalzter Flachstahl (S235JR) DIN EN 10058 : 2004-02

Breite b in mm	Längenbezogene Masse m' in $\frac{kg}{m}$ bei Dicke h in mm (berechnet) Dicke h in mm →														
	5	**6**	**7**	**8**	**9**	**10**	**12**	**14**	**16**	**18**	**20**	**30**	**40**	**50**	**60**
10	0,39														
12	0,47	0,57													
14	0,55	0,66	0,77	0,88											
16	0,63	0,75	0,88	1	1,13	1,26									
18	0,71	0,85	–	1,13	1,27	1,41									
20	0,79	0,94	1,10	1,26	1,41	1,57	1,88								
25	0,98	1,18	1,37	1,57	–	1,96	2,36	2,75	3,14						
26	1,02	1,22	1,43	1,63	–	2,04	2,45	2,86	3,27	3,67	4,08				
28	1,10	1,32	1,54	1,76	–	2,20	2,64	3,08	3,52	3,96					
30	1,18	1,41	1,65	1,88	2,12	2,38	2,83	3,30	3,77	4,24	4,71				
32	1,26	1,51	–	2,01	–	2,51	3,01	3,52	4,02		5,02				
35	1,37	1,65	1,92	2,20	–	2,75	3,30	3,85	4,12	4,85	5,50				
40	1,57	1,88	2,20	2,51	2,83	3,14	3,77	4,40	5,02	5,65	6,28	9,42			
45	1,77	2,12	2,47	2,83	–	3,53	4,24	4,95	5,65		7,07	10,6			
50	1,96	2,36	2,75	3,14	3,53	3,93	4,71	5,50	6,28	7,07	7,85	11,8	15,7		
55	2,16	2,59	–	3,45	–	4,32	5,18	6,04	6,91	7,77	8,84	13,0			
60	2,36	2,83	3,30	3,77	4,24	4,71	5,65	–	7,54	8,48	9,42	14,1	18,8		
65	2,55	3,06	–	4,08	4,59	5,10	6,12	–	8,16		10,2	15,3	20,4		
70	2,75	3,30	3,85	4,40	–	5,50	6,59	–	8,79	9,89	11,0	16,5	22,0	27,5	
80	3,14	3,77	4,40	5,02	–	6,28	7,54	–	10,0		12,6	18,8	25,1	31,4	
90	3,53	4,24		5,65	6,36	7,07	8,48	–	11,3		14,1	21,2	28,3	35,3	42,4
100	3,93	4,71		6,28	–	7,85	9,42	11,0	12,6		15,7	23,6	31,4	38,3	47,1
110				6,91	7,77	8,84	10,4	12,1	13,8		17,3	25,9	34,5	43,2	
120				7,54	–	9,42	11,3	–	15,1		18,8	26,3	37,7	47,1	56,5
130				8,16	9,18	10,2	12,2	14,3	16,3		20,4	30,6	40,8	51,0	
140				8,79		11,0	13,2		17,6		22,0	33,0	44,0	55,0	
150				9,42		11,8	14,1	16,5	18,8		23,6	35,3	47,1	58,9	70,7

Beispiel: 2,5 t Flach DIN 1017-1 – 20 × 12 – 600 – EN 10027-1 S235JR
(= Masse in Tonnen, Breite 20 mm, Dicke 12 mm, Länge 600 mm)

3.14 Blanker Flachstahl (S235JR) DIN EN 10278 : 1999-12

Breite *b* in mm	**Längenbezogene Masse *m′* in $\frac{kg}{m}$ bei Dicke *h* in mm (berechnet)** **Dicke *h* in mm →**														
	2	**2,5**	**3**	**4**	**5**	**6**	**8**	**10**	**12**	**16**	**20**	**25**	**32**	**40**	**50**
5	0,077	0,096	0,116												
6	0,092	0,116	0,138	0,184											
8	0,124	0,154	0,184	0,246	0,308	0,37									
10	0,154	0,192	0,232	0,308	0,386	0,462									
12	0,184	0,232	0,278	0,370	0,462	0,554	0,740								
14	0,216	0,270	0,324	0,432	0,540	0,646	0,862								
16	0,246	0,308	0,370	0,492	0,616	0,740	0,981	1,24							
18	0,278	0,347	0,416	0,554	0,694	0,832	1,11	1,38	1,67						
20	0,308	0,386	0,462	0,616	0,770	0,942	1,24	1,54	1,84	2,46					
22	0,338		0,508	0,678	0,848	1,02	1,35	1,7	2,03						
25	0,386	0,482	0,578	0,770	0,962	1,16	1,54	1,92	2,32	3,08	3,86				
28	0,432	–	0,646	0,862	1,08	1,29	1,73	2,16	2,59	3,45	4,32				
32	0,492	0,616	0,740	0,981	1,24	1,48	1,97	2,46	–	3,94	4,92	6,16			
36	0,554	0,694	0,832	1,11	1,38	1,67	–	2,78	3,33	–	5,54				
40	0,616	–	0,924	1,24	1,54	1,84	2,46	3,08	3,7	4,92	6,16	7,7	9,81		
45	0,694	–	1,04	1,38	1,74	2,08	2,78	3,46	–	5,54	6,94	8,66	11,09		
50	0,77	–	1,16	1,54	1,92	2,32	3,08	3,86	4,62	6,16	7,7	9,62	12,36		
56	–	–	1,29	1,73	2,16	–	3,45	4,32	5,18	6,9	8,62	10,78	13,83		
63	–	–	1,45	1,94	2,42	2,91	3,88	4,86	5,82	7,76	9,7	12,16	15,5	19,42	
70	–	–	–	2,16	2,7	3,24	–	5,4	6,46	8,62	10,79	13,44	–	21,58	
80	–	–	–	–	3,08	3,7	–	6,16	7,4	9,81	12,36	15,4	–	–	–
90					3,46	4,16	–	6,94	8,32	11,09	13,83	17,36			
100					3,85	4,62	–	7,7	9,24	12,36	15,4	19,23			
125					4,82	5,78	7,7	9,62	11,58	15,4	19,22	24,03	30,8	38,55	48,16
140						6,46	–	10,79	12,95						
160								12,36			24,62	30,8			

Beispiel: 1,5 t Flach EN 10278 – 20 × 12 Lager 3000 – EN 10027-1 S235JR
(= Masse in Tonnen, Breite 20 mm, Dicke 12 mm, Lagerlänge 3 m)

3.15 Werkstoffprüfung

Werkstoffprüfung

Werkstoffprüfung ermittelt Kennwerte der mechanischen Eigenschaften von Konstruktionswerkstoffen, z. B. Zugfestigkeit und Streckgrenze, und deren Verhalten in definierten Situationen, z. B. bei der Bearbeitung.

	Formel bzw. Skizze	Formelzeichen	Erklärung
1. Zugversuch **DIN EN ISO 6892-1:2009-12** ein genormter Probestab wird bis zum Bruch auf Zug beansprucht und dabei Zugfestigkeit, Streckgrenze und Dehnung bestimmt. a) S235JR (=Stahl mit ausgeprägter Streckgrenze) b) hochfester Stahl ohne erkennbare Streckgrenze	$R_m = \frac{F_m}{S_0}$	A	Bruchdehnung in %
		d_0	Durchmesser des Probestabs in mm
		E	Elastizitätsmodul (für Stahl 210000 N/mm^3)
	$R_{eL} = \frac{F_{eL}}{S_0}$	F	Kraft (allgemein) in N/mm^2
		F_m	max. Zugkraft in N
	$R_{eH} = \frac{F_{eH}}{S_0} \triangleq R_e$	$F_{0,2}$, F_{eL}, F_{eH}	Zugkraft bei $R_{p\,0,2}$, R_{eL}, R_{eH}, in N
		L_0	Versuchslänge = Ausgangslänge des Probestabs in mm $L_0 \approx 5\,d_0 \approx 5{,}65\,S_0$
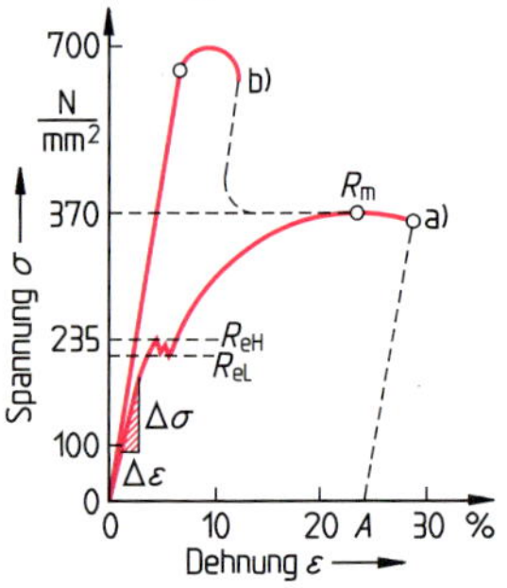	$A = \frac{L_u - L_0}{L_0} \cdot 100\%$	L_u	Messlänge des Probestabs nach dem Bruch in mm
	$L_u = L_0 + \Delta L$	ΔL	Längenänderung des Probestabs in mm
		$R_{p\,0,2}$	Dehngrenze bei 0,2% bleibender Dehnung in N/mm^2
	$Z = \frac{S_0 - S_u}{S_0} \cdot 100\%$	R_{eL}	untere Streckgrenze in N/mm^2
		R_{eH}	obere Streckgrenze in N/mm^2 = Streckgrenze R_e
	$\sigma = \frac{F}{S_0}$	R_m	Bruchgrenze = Zugfestigkeit in N/mm^2
		R_e	techn. Streckgrenze in N/mm^2
		S_0	Anfangsquerschnitt des Probestabs in mm^2
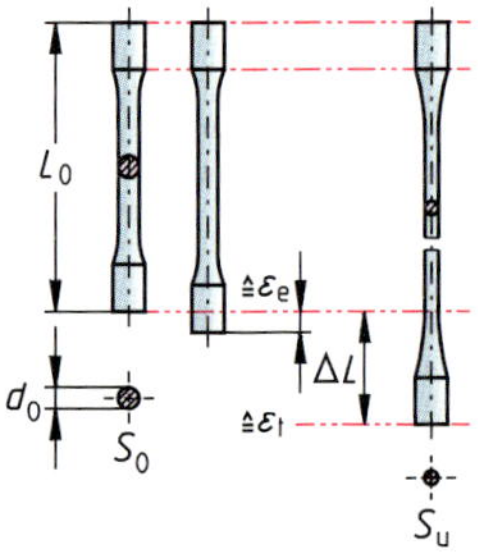	$\varepsilon = \frac{\Delta L}{L_0} \cdot 100\%$	S_u	Bruchquerschnitt des Probestabs in mm^3
		Z	Brucheinschürung in %
	$\varepsilon_e = \frac{\Delta F}{L_0} \cdot 100\%$	ε	Dehnung in %
		ε_e	elastische Dehnung in %
	Hookesches Gesetz:	ε_r	bleibende Dehnung in %
		ε_t	gesamte Dehnung in %
	$\sigma = E \cdot \varepsilon_e$	σ	Spannung in N/mm^2
	$E = \frac{\Delta\sigma}{\Delta\varepsilon_e}$	Δ	„Unterschied"
5. Kerbschlagversuch (nach Charpy) **DIN EN ISO 148-1:2017-05** in Verbindung mit **DIN 50115:1991-04** eine gekerbte Probe wird bei unterschiedlichen Temperaturen mit einem Pendelschlagwerk zerstört und aus der Schlagarbeit die Kerbschlagzähigkeit direkt ermittelt; es lässt sich auch die Kaltversprödung ermitteln	KU bzw. $KV = F_G \cdot (h_1 - h_2)$	a_k	Kerbschlagzähigkeit in N/mm
	$a_K = \frac{F_G \cdot (h_1 - h_2)}{b \cdot h_k}$	b	Breite der Probe in mm (Normalprobe: $b = 10$mm)
		F_G	Gewichtskraft des Pendelhammers in N
		h_k	Höhe der Probe an der Kerbe in mm
	$a_K = \frac{KU}{S_0}$	h_1	Pendelhammerhöhe vor dem Versuch in m
	bzw. $a_K = \frac{KV}{S_0}$	h_2	Pendelhammerhöhe nach dem Versuch in m
	$S_0 = b \cdot h_K$	$(h_1 - h_2)$	Differenzhöhe in m
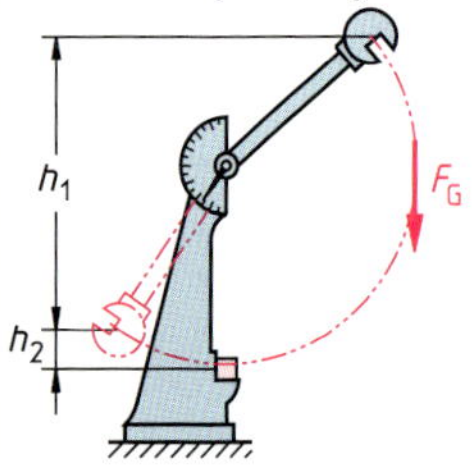	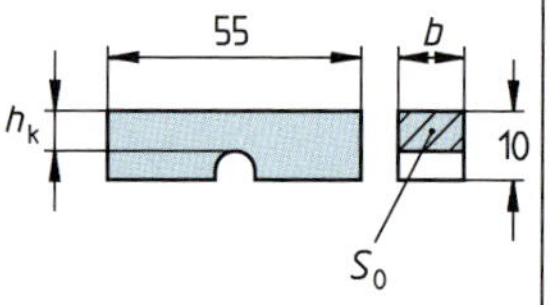	KU	Kerbschlagarbeit mit U-Kerbe in J bzw. Nm
		KV	Kerbschlagarbeit mit V-Kerbe in J bzw. Nm
		S_0	Probenquerschnitt an der Kerbe in mm^2

Werkstoffprüfung *(Fortsetzung)*

6. Härteprüfung

Härte ist der Widerstand gegen Eindringen eines Körpers; ein Prüfkörper wird in die Werkstückoberfläche eingedrückt und aus dem Maß bzw. der Tiefe des Eindrucks die Härte ermittelt.

Verfahren	**Härteprüfung nach Brinell** DIN EN ISO 6506- 1:2015-02	**Härteprüfung nach Vickers** DIN EN ISO 6507-1:2018-07	**Härteprüfung nach Rockwell** DIN EN ISO :6508-1:2016-12
	D d	d	h ① ② ③ ④ bleibende Eindringtiefe Vorlast Rückfederung Prüflast
Formel	$HBS\,bzw.\,HBW = \frac{0{,}102 \cdot F}{A}$ $A = \frac{D \cdot \pi}{2}(D - \sqrt{D^2 - d^2})$	$HV = \frac{0{,}102 \cdot F}{A}$ $A = \frac{d^2}{1{,}854}$	$HRC/HRA = 100 - \frac{h}{0{,}002}$
Prinzip	gehärtete Stahl- oder Hartmetallkugel wird in den Prüfkörper eingedrückt; der Durchmesser *d* ist ein Maß für die Härte des Prüfkörpers	Diamantpyramide wird in den Prüfkörper eingedrückt; Länge *d* der Diagonale ist ein Maß für die Härte des Prüfkörpers	Diamantkegel oder gehärtete Stahlkugel wird nach dem Aufbringen einer Vorlast in den Prüfkörper eingedrückt: bleibende Eindringtiefe *h* ist ein Maß für die Härte des Prüfkörpers
Prüfkörper	Verfahren HBS: gehärtete Stahlkugel HBW: Hartmetallkugel mit Ø *D* = 1; 2,5; 5; 10 mm	Diamantpyramide Flächenwinkel 136°	Verfahren HRC/HRA: Diamantkegel Spitzenwinkel 120° HRB/HRF: gehärtete Stahlkugel
Prüfung	Prüfkraft 10…30000N je nach Werkstoff, Probendicke und Kugeldurchmesser Prüfzeit: 10…30 s	Prüfkraft 50…980N je nach Prüfbedingung Prüfzeit: 10…30 s	HRC: Prüfvorkraft 98 N Prüfkraft 98… 1373N HRB: Prüfkraft 883 N HRA, HRF: Prüfkraft 490N Prüfzeit: 10…30 s
Anwendung	alle Werkstoffe, die „weicher" sind als gehärteter Stahl	harte und weiche Werkstoffe	HRC/HRA: gehärteter Stahl HRB/HRF: „weicher" Stahl und NE-Metalle
Vor und Nachteile	genaue, wiederholbare Werte	universell einsetzbar	Härtewerte werden direkt angezeigt
Bezeichnungsbeispiel	**140 HBS-5/250/20** 140 = Brinell-Härtewert HBS = … mit Stahlkugel 5 = Kugeldurchmesser *D* 250 = Prüfkraft 250 · 9,81 = 2452 N 20 = Einwirkdauer 20 s	**240HV20/25** 240 = Vickershärte HV = Verfahren Vickers 20 = Prüfkraft 20 · 9,81 = 196 N 25 = Einwirkdauer 25 s	65 HRC 65 = Rockwellhärte HRC = Verfahren mit Diamantkegel (cone)

Härtewerte im Vergleich für Stahl und Stahlguss (Auswahl)

DIN EN ISO 18265:2014-02

Zugfestigkeit R_m in $\frac{N}{mm^2}$	Vickershärte HV	Brinellhärte HB	Rockwellhärte		Zugfestigkeit R_m in $\frac{N}{mm^2}$	Vickershärte HV	Brinellhärte HB	Rockwellhärte	
			HRC	HRB				HRC	HRB
255	80	76,0	–	–	950	295	280	–	–
270	85	80,7	–	41,0	995	310	295	–	–
285	90	85,5	–	48,0	1030	320	304	–	–
305	95	90,2	–	52,0	1095	340	323	34,4	–
320	100	95,0	–	56,2	1125	350	333	35,5	–
350	110	105	–	62,3	1155	360	342	36,6	–
385	120	114	–	66,7	1220	380	361	38,8	–
415	130	124	–	71,2	1255	390	371	39,8	–
450	140	133	–	75,0	1290	400	380	40,8	–
480	150	143	–	78,7	1350	420	399	42,7	–
510	160	152	–	81,7	1385	430	409	43,6	–
545	170	162	–	85,0	1420	440	418	44,5	–
575	180	171	–	87,1	1485	460	437	46,1	–
610	190	181	–	89,5	1555	480	456	47,7	–
640	200	190	–	91,5	1595	490	466	48,4	–
660	205	195	–	92,5	1630	500	475	49,1	–
675	210	199	–	93,5	1665	510	485	49,8	–
690	215	204	–	94,0	1700	520	494	50,5	–
705	220	209	–	95,0	1775	540	513	51,7	–
720	225	214	–	96,0	1810	550	523	52,3	–
740	230	219	–	96,7	1845	560	532	53,0	–
770	240	228	20,3	98,1	1920	580	551	54,1	–
800	250	238	22,2	99,5	1995	600	570	55,2	–
820	255	242	23,1	–	2030	610	580	55,7	–
835	260	247	24,0	(101)	2070	620	589	56,3	–
850	265	252	24,8	–	2105	630	599	56,8	–
865	270	257	25,6	(102)	2145	640	608	57,3	–
900	280	266	27,1	(104)	2180	650	618	57,8	–
930	290	276	28,5	(105)	–	690	–	59,7	–

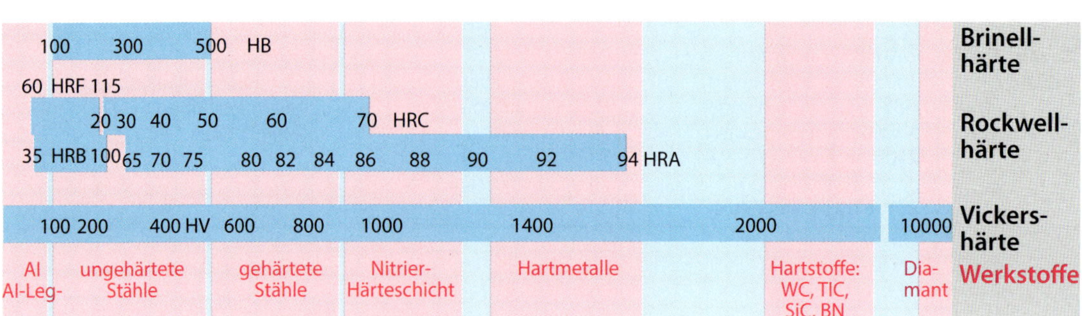

Anwendungsbereiche und Härtewertevergleich der Härteprüfverfahren
Hartstoffe: WC ⇨ Wolframcarbid, TiC ⇨ Titancarbid, SiC ⇨ Siliziumcarbid, BN ⇨ Bornitrid

Werkstoffprüfung

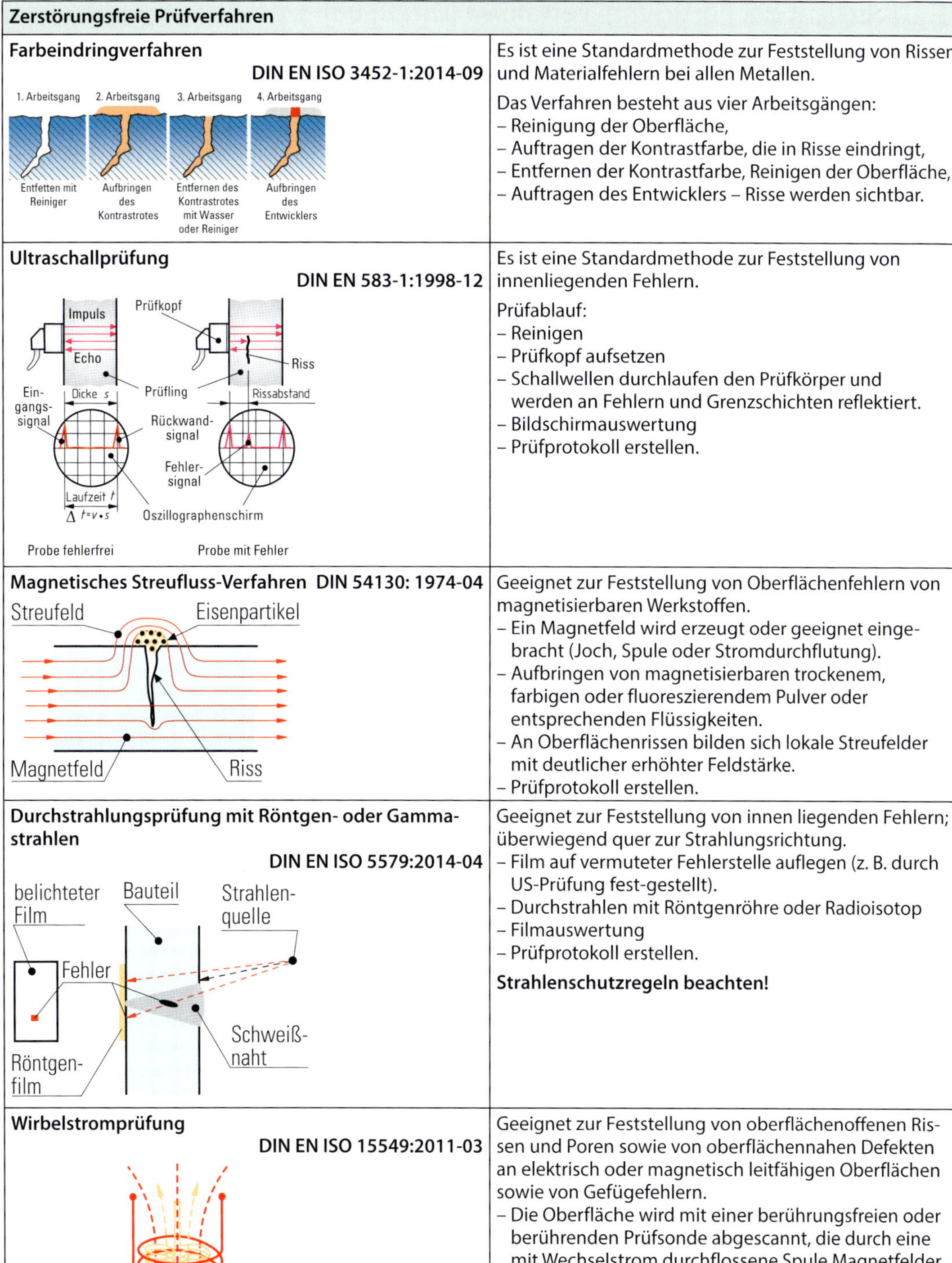

Zerstörungsfreie Prüfverfahren	
Farbeindringverfahren **DIN EN ISO 3452-1:2014-09**	Es ist eine Standardmethode zur Feststellung von Rissen und Materialfehlern bei allen Metallen. Das Verfahren besteht aus vier Arbeitsgängen: – Reinigung der Oberfläche, – Auftragen der Kontrastfarbe, die in Risse eindringt, – Entfernen der Kontrastfarbe, Reinigen der Oberfläche, – Auftragen des Entwicklers – Risse werden sichtbar.
Ultraschallprüfung **DIN EN 583-1:1998-12**	Es ist eine Standardmethode zur Feststellung von innenliegenden Fehlern. Prüfablauf: – Reinigen – Prüfkopf aufsetzen – Schallwellen durchlaufen den Prüfkörper und werden an Fehlern und Grenzschichten reflektiert. – Bildschirmauswertung – Prüfprotokoll erstellen.
Magnetisches Streufluss-Verfahren DIN 54130: 1974-04	Geeignet zur Feststellung von Oberflächenfehlern von magnetisierbaren Werkstoffen. – Ein Magnetfeld wird erzeugt oder geeignet eingebracht (Joch, Spule oder Stromdurchflutung). – Aufbringen von magnetisierbaren trockenem, farbigen oder fluoreszierendem Pulver oder entsprechenden Flüssigkeiten. – An Oberflächenrissen bilden sich lokale Streufelder mit deutlicher erhöhter Feldstärke. – Prüfprotokoll erstellen.
Durchstrahlungsprüfung mit Röntgen- oder Gammastrahlen **DIN EN ISO 5579:2014-04**	Geeignet zur Feststellung von innen liegenden Fehlern; überwiegend quer zur Strahlungsrichtung. – Film auf vermuteter Fehlerstelle auflegen (z. B. durch US-Prüfung fest-gestellt). – Durchstrahlen mit Röntgenröhre oder Radioisotop – Filmauswertung – Prüfprotokoll erstellen. **Strahlenschutzregeln beachten!**
Wirbelstromprüfung **DIN EN ISO 15549:2011-03**	Geeignet zur Feststellung von oberflächenoffenen Rissen und Poren sowie von oberflächennahen Defekten an elektrisch oder magnetisch leitfähigen Oberflächen sowie von Gefügefehlern. – Die Oberfläche wird mit einer berührungsfreien oder berührenden Prüfsonde abgescannt, die durch eine mit Wechselstrom durchflossene Spule Magnetfelder erzeugt, durch die Wirbelströme auf der Oberfläche induziert werden. – Diese Wirbelströme erzeugen wiederum elektromagnetische Felder, die vom Empfangsteil der Prüfsonde erfasst werden. – Prüfprotokoll erstellen.

4 Fertigungstechnik

4.1 Übersicht der Fertigungsverfahren (DIN 8580)

Einteilung der Fertigungsverfahren nach DIN 8580					
Hauptgruppe 1 Urformen	Hauptgruppe 2 Umformen DIN 8582	Hauptgruppe 3 Trennen	Hauptgruppe 4 Fügen DIN 8593-0	Hauptgruppe 5 Beschichten	Hauptgruppe 6 Stoffeigenschaft ändern
Merkmal: Erzeugen der Form, wobei Zusammenhalt geschaffen wird	Merkmal: Ändern der Form, wobei der Zusammenhalt beibehalten wird.	Merkmal: Erzeugen der Form, wobei Zusammenhalt vermindert wird	Merkmal: Erzeugen der Form, wobei Zusammenhalt vermehrt wird	Merkmal: Erzeugen der Form, wobei Zusammenhalt vermehrt wird	Merkmal: Ändern der Werkstoffeigenschaften
Gruppe 1.1 Urformen aus dem flüssigen Zustand	Gruppe 2.1 Druckumformen DIN 8583-1	Gruppe 3.1 Zerteilen DIN 8588	Gruppe 4.1 Zusammensetzen DIN 8593-1	Gruppe 5.1 Beschichten aus dem flüssigen Zustand	Gruppe 6.1 Verfestigen durch Umformen
Gruppe 1.2 Urformen aus dem plastischen Zustand	Gruppe 2.2 Zugdruckumformen DIN 8584-1	Gruppe 3.2 Spanen mit geometrisch bestimmten Schneiden DIN 8589-0	Gruppe 4.2 Füllen DIN 8593-2	Gruppe 5.2 Beschichten aus dem plastischen Zustand	Gruppe 6.2 Wärmebehandeln DIN EN ISO 4885
Gruppe 1.3 Urformen aus dem breiigen Zustand	Gruppe 2.3 Zugumformen DIN 8585-1	Gruppe 3.3 Spanen mit geometrisch unbestimmten Schneiden DIN 8589-0	Gruppe 4.3 An- und Einpressen DIN 8593-3	Gruppe 5.3 Beschichten aus dem breiigen Zustand	Gruppe 6.3 Thermomechanisches Behandeln
Gruppe 1.4 Urformen aus den körnigen oder pulverförmigen Zustand	Gruppe 2.4 Biegeumformen DIN 8586	Gruppe 3.4 Abtragen DIN 8590	Gruppe 4.4 Fügen durch Urformen DIN 8593-4	Gruppe 5.4 Beschichten aus dem körnigen oder pulverförmigen Zustand	Gruppe 6.4 Sintern Brennen
Gruppe 1.5 Urformen aus den span- oder faserförmigen Zustand	Gruppe 2.5 Schubumformen DIN 8587	Gruppe 3.5 Zerlegen DIN 8591	Gruppe 4.5 Fügen durch Umformen DIN 8593-5	Gruppe 5.6 Beschichten durch Schweißen	Gruppe 6.5 Magnetisieren
Gruppe 1.8 Urformen aus dem gas- oder dampfförmigen Zustand		Gruppe 3.6 Reinigen DIN 8592	Gruppe 4.6 Fügen durch Schweißen DIN 8593-6	Gruppe 5.7 Beschichten durch Löten	Gruppe 6.6 Bestrahlen
Gruppe 1.9 Urformen aus dem ionisierten Zustand			Gruppe 4.7 Fügen durch Löten DIN 8593-7	Gruppe 5.8 Beschichten aus den gas- oder dampfförmigen Zustand (Vakuumbeschichten)	Gruppe 6.7 Photochemische Verfahren
			Gruppe 4.8 Kleben DIN 8593-8	Gruppe 5.9 Beschichten aus dem ionisierten Zustand	
			Gruppe 4.9 Textiles Fügen		

4.2 Fügen durch Schrauben

4.2.1 Gewindearten – Übersicht *thread types*

DIN 202 : 1999-11

Benennung	Gewindeprofil	Kennbuchstabe	Kurzzeichen (Beispiel)	Gewinde-Ø, Rohrnennweite	Norm	Anwendungsbeispiel
Metrisches ISO-Gewinde	60°	M	M16	1 … 68 mm	DIN 13-1	Allg. Regelgewinde
			M12 × 1	1 … 1000 mm	DIN 13-2 … 11	Allg. Feingewinde
Metrisches Gewinde mit großem Spiel	60°, 1 : 16		M36	12 … 180 mm	DIN 2510	Schrauben mit Dehnschaft
Metrisches kegeliges Außengewinde			M36 × 2	6 … 60 mm	DIN 158-1, 2	Verschlussschrauben, Schmiernippel
Zylindrisches Rohrgewinde (**nicht** im Gewinde **dichtend**)	55°	G	G 1 1/2	1/8 … 6 inch	DIN EN ISO 228-1, -2	Rohrgewinde (innen und außen) für Rohrverbindungen
Zylindrisches Rohrgewinde (im Gewinde **dichtend**)	55°	R_p	R_p 3/8	1/16 … 6 inch	DIN EN 10226-1	
Zylindrisches Innengewinde und kegeliges Außengewinde	55°, 1 : 16		R_p 1/2	1/8 … 1 1/2 inch	DIN 3858[1]	Rohrgewinde (im Gewinde **dichtend**) für Rohrgewindeverbindung (mittelschwere Gewinderohre nach DIN EN 10255), Gewinderohre, Fittings
Kegeliges Rohrgewinde (im Gewinde **dichtend**)	55°, 1 : 16	R	R 3/4	1/16 … 6 inch	DIN EN 10226-1	
			R_p 1/2	1/8 … 1 1/2 inch	DIN 3858[2]	
Blechschraubengewinde	60°	ST	ST 3,5	1,5 … 9,5 mm	DIN EN ISO 1478	Blechschrauben z. B. für Blechgehäuse und -kanäle
Metrisches ISO-Trapezgewinde	30°	Tr	TR 36 × 6	8 … 300 mm	DIN 103-1 … 8	Bewegungsgewinde, z. B. Spindeln für Schraubstock, Drehmaschine
Zylindrisches Rundgewinde	30°	Rd	Rd 40 × 1/6	8 … 200 mm	DIN 405-1 … 3	Allgemein, z. B. Rohrstützen, Armaturen
Metrisches Sägengewinde	3°, 30°	S	S 48 × 8	10 … 640 mm	DIN 513-1 … 3	einseitiges Bewegungsgewinde

[1] Für Rohrverschraubungen
[2] ((wie 1))

Metrisches ISO-Gewinde (Regelgewinde)

DIN 13-1 : 1999-11

ISO metric screw thread (standard thread)

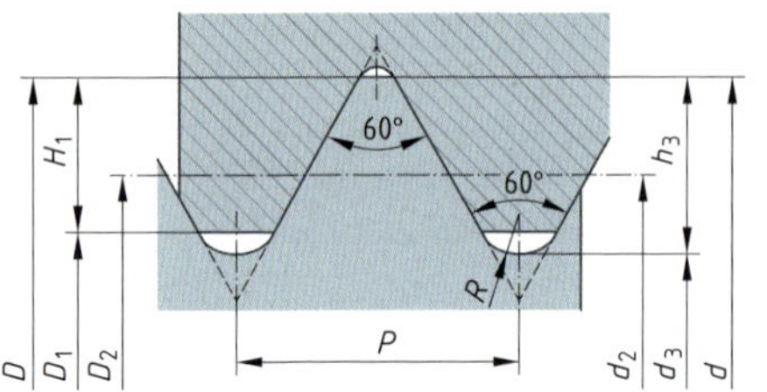

Nenndurchmesser	$d = D$
Steigung	P
Flankenwinkel	60°
Gewindetiefe: Bolzen	$h_3 = 0{,}6134 \cdot P$
Mutter	$H_1 = 0{,}5413 \cdot P$
Flankendurchmesser	$d_2 = D_2 = d - 0{,}6495 \cdot P$
Kerndurchmesser: Bolzen	$d_3 = d - 1{,}2269 \cdot P$
Mutter	$D_1 = d - 1{,}0825 \cdot P$
Rundung	$R = 0{,}1443 \cdot P$
Höhe des Profildreiecks	$H = 0{,}8660 \cdot P = \frac{\sqrt{3}}{2} \cdot P$
Kernlochdurchmesser	$= d - P$
Spannungsquerschnitt	$S = \frac{\pi}{4} \cdot \left(\frac{d_2 + d_3}{2}\right)^2$

Gewindebezeichnung $D = d$ Reihe 1	Steigung P in mm	Kern-Ø		Kernloch-Ø in mm	Spannungsquerschnitt S in mm²	Schlüsselweite SW
		Bolzen d_3 in mm	Mutter D_1 in mm			
M3	0,5	2,378	2,459	2,5	5,03	6
M4	0,7	2,764	2,850	3,2	6,78	7
M5	0,8	4,019	4,134	4,2	14,2	8
M6	1	4,773	4,914	5	20,1	10
M8	1,25	6,466	6,647	6,8	36,6	13
M10	1,5	8,160	8,376	8,5	58	16
M12	1,75	9,853	1,106	10,2	84,3	18
M16	2	13,546	13,835	14	157	24
M20	2,5	16,933	17,294	17,5	245	30
M24	3	20,319	20,752	21	353	36
M30	3,5	25,706	26,211	26,5	561	46

Metrisches ISO-Gewinde (Feingewinde)

DIN 13-2 : 1999-11

metric screw thread (fine-pitch thread)

Gewindebezeichnung $d \times P$	Kern-Ø		Gewindebezeichnung $d \times P$	Kern-Ø		Gewindebezeichnung $d \times P$	Kern-Ø	
	Bolzen d_3 in mm	Mutter D_1 in mm		Bolzen d_3 in mm	Mutter D_1 in mm		Bolzen d_3 in mm	Mutter D_1 in mm
M3 × 0,35	2,571	2,621	**M24 × 1,5**	22,160	22,376	**M72 × 2**	69,546	69,835
M4 × 0,5	3,387	3,549	**M24 × 2**	21,564	21,835	**M72 × 3**	68,319	68,752
M5 × 0,5	4,387	4,459	**M30 × 1,5**	28,160	28,376	**M80 × 2**	77,546	77,835
M6 × 0,75	5,080	5,188	**M30 × 2**	27,546	27,835	**M80 × 4**	75,093	75,670
M8 × 1	6,773	6,917	**M36 × 1,5**	34,160	34,376	**M90 × 2**	87,546	87,835
M10 × 0,75	9,080	9,188	**M36 × 2**	33,546	33,835	**M90 × 4**	85,093	85,670
M10 × 1	8,773	8,917	**M42 × 1,5**	40,160	40,376	**M100 × 2**	97,546	97,835
M12 × 1	10,773	10,917	**M42 × 2**	39,546	39,835	**M100 × 4**	95,093	95,670
M12 × 1,25	10,466	10,647	**M48 × 2**	45,546	45,835	**M110 × 4**	105,09	105,67
M14 × 1,5	12,160	12,376	**M48 × 3**	44,319	44,852	**M125 × 4**	120,09	120,67
M16 × 1	14,773	14,917	**M56 × 2**	53,546	53,835	**M140 × 4**	135,09	135,67
M16 × 1,5	14,160	14,376	**M56 × 3**	52,319	52,752	**M160 × 6**	152,64	153,51
M20 × 1	18,773	18,917	**M64 × 2**	61,546	61,835	**M180 × 6**	172,64	173,51
M20 × 1,5	18,160	18,376	**M64 × 3**	60,319	60,752	**M200 × 6**	192,64	193,51

Whitworth-Rohrgewinde für im Gewinde dichtende und nicht dichtende Rohrgewinde

British Standard pipe threads DIN EN 10226-1 : 2004-10, DIN EN ISO 228-1 : 2003-05

(im Gewinde dichtende Verbindungen)

Kegeliges Außengewinde (Kurzzeichen R)

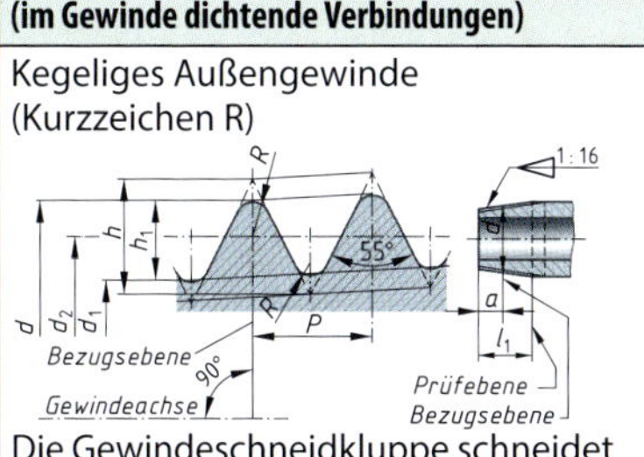

Die Gewindeschneidkluppe schneidet die Steigung von 1/16 von selbst

Zylindrisches Innengewinde (Kurzzeichen Rp)

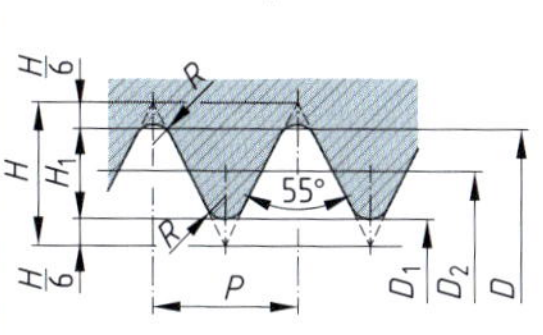

Rohrgewinde nicht dichtend ISO 228-1
Innen- und Außengewinde zylindrisch (Kurzzeichen G)

Gewinde-durchmesser	$d = D$
Gangzahl auf 25,4 mm	Z
Steigung	$P = \frac{25{,}4\text{mm}}{Z}$
Flanken-durchmesser	$D_2 = d_2 = d - h_1$
Kerndurchmesser	$D_1 = d_1 = d - 2 \cdot h_1$
Gewindetiefe	$H_1 = h_1 = 0{,}640327 \cdot P$
Flankenwinkel	55°
Rundung	$R = r = 0{,}137329 \cdot P$

Gewindebezeichnung DIN EN 10226-1			Gangzahl	Steigung	Außen-Ø	Kern-Ø	Nennweite der Rohre DN (≈ Innen-Ø des Rohres)	Abstand der Bezugsebene	Nutzbare Gewindelänge
ISO 228-1	**Außengewinde**	**Innengewinde**	Z	P in mm	$D = d$ in mm	$D_1 = d_1$ in mm	in mm	a in mm	l_1 in mm
G 1/16	**R 1/16**	**Rp 1/16**	28	0,907	7,723	6,561	3	4,0	6,5
G 1/8	**R 1/8**	**Rp 1/8**	28	0,907	9,728	8,566	6	4,0	6,5
G 1/4	**R 1/4**	**Rp 1/4**	19	1,337	13,157	11,445	8	6,0	9,7
G 3/8	**R 3/8**	**Rp 3/8**	19	1,337	16,662	14,950	10	6,4	10,1
G 1/2	**R 1/2**	**Rp 1/2**	14	1,814	20,955	18,631	15	8,2	13,2
G 3/4	**R 3/4**	**Rp 3/4**	14	1,814	26,441	24,117	20	9,5	14,5
G 1	**R 1**	**Rp 1**	11	2,309	33,249	30,291	25	10,4	16,8
G 1 1/4	**R 1 1/4**	**Rp 1 1/4**	11	2,309	41,910	38,952	32	12,7	19,1
G 1 1/2	**R 1 1/2**	**Rp 1 1/2**	11	2,309	47,803	44,845	40	12,7	19,1
G 2	**R 2**	**Rp 2**	11	2,309	59,614	56,656	50	15,9	23,4
G 2 1/2	**R 2 1/2**	**Rp 2 1/2**	11	2,309	75,184	72,226	65	17,5	26,7
G 3	**R 3**	**Rp 3**	11	2,309	87,884	84,926	80	20,6	29,8
G 4	**R 4**	**Rp 4**	11	2,309	113,030	110,072	100	25,4	35,8
G 5	**R 5**	**Rp 5**	11	2,309	138,430	135,472	125	28,6	40,1
G 6	**R 6**	**Rp 6**	11	2,309	163,830	160,872	150	28,6	40,1

Rundgewinde *knuckle thread*

DIN EN 10226-1 : 2004-10, DIN 405-1,-2 : 1997-11

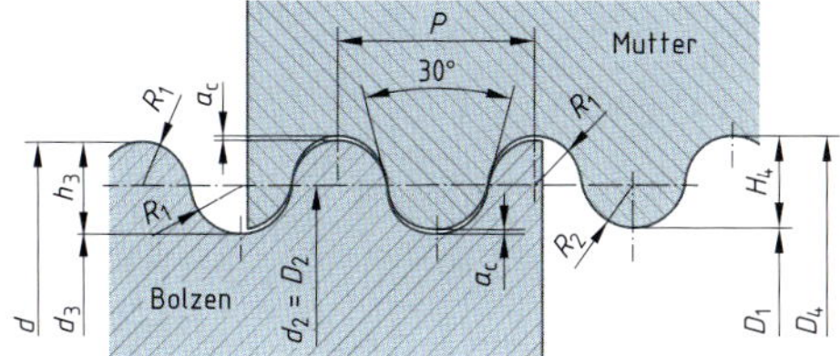

Nenn-Ø	d
Flanken-Ø	$d_2 = D_2 = d - 0{,}5 \cdot P$
Kern-Ø: Bolzen	$d_3 = d - P$
Mutter	$D_1 = d - 0{,}9 \cdot P$
Außen-Ø der Mutter	$D_4 = d + 0{,}1 \cdot P$
Steigung eingängig	P
Steigung mehrgängig	P_h
Anzahl der Gewindeanfänge	$n = \frac{P_h}{P}$
Flankenwinkel	30°
Spitzenspiel	$a_c = 0{,}05 \cdot P$
Gewindetiefe	$h_3 = H_4 = 0{,}5 \cdot P$
Rundungen	R_1, R_2, R_3

Bezeichnung $d \times P$ in mm × 25,4 mm	Flanken-Ø $d_2 = D_2$ in mm	Kern-Ø Bolzen d_3 in mm	Kern-Ø Mutter D_1 in mm	Außen-Ø Mutter D_1 in mm	Anzahl der Teilungen auf 25,4 mm
Rd8 × 1/10	6,730	5,460	5,714	8,254	10
Rd10 × 1/10	8,730	7,460	7,714	10,254	10
Rd12 × 1/10	10,730	9,460	9,714	12,254	10
Rd16 × 1/8	14,412	12,825	13,142	16,318	8
Rd20 × 1/8	18,412	16,825	17,142	20,318	8
Rd24 × 1/8	22,412	20,825	21,142	24,318	8
Rd30 × 1/8	28,412	26,825	27,142	30,318	8
Rd36 × 1/8	34,412	32,825	33,142	36,318	8

Anzahl der Teilungen auf 25,4 mm	Steigung P in mm	Spitzenspiel a_c in mm	Gewindetiefe $h_3 = H_3$ in mm	Rundung R_1 in mm	Rundung R_2 in mm	Rundung R_3 in mm
10	2,540	0,127	1,270	0,606	0,650	0,561
8	3,175	0,159	1,588	0,757	0,813	0,702

Trapezgewinde *trapezoidal thread*

DIN 103-1,-2,-4 : 1977-04

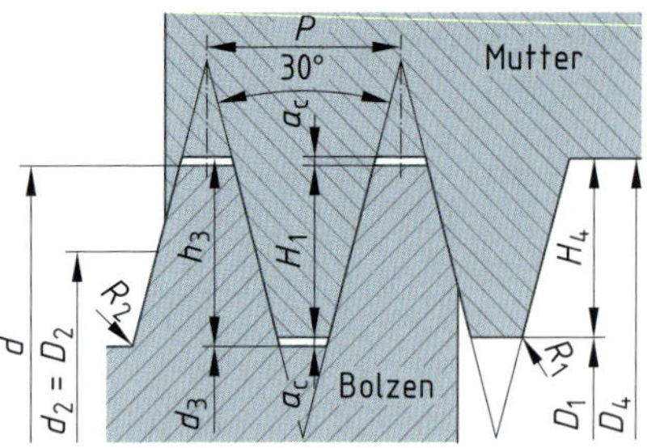

Nenn-Ø	d
Steigung eingängig	P
Steigung mehrgängig	$P_h = n \cdot P$
Gangzahl	n
Flankenwinkel	30°
Gewindetiefe	$h_3 = H_4 = 0{,}5 \cdot P + a_c$
Tragtiefe	$H_1 = 0{,}5 \cdot P$
Flanken-Ø	$d_2 = D_2 = d - 0{,}5 \cdot P$
Kern-Ø: Bolzen	$d_3 = d - (P + 2 \cdot a_c)$
Mutter	$D_1 = d - P$
Außen-Ø der Mutter	$D_4 = d + 2 \cdot a_c$
Spitzenspiel	a_c
Rundungen	R_1, R_2

Maße in mm

Steigung *P*	1,5	2…5	6…12	14…44
Spitzenspiel a_c	0,15	0,25	0,5	1
Rundung R_1	0,075	0,125	0,25	0,5
Rundung R_2	0,15	0,25	0,5	

Bezeichnung *d* × *P* in mm	**Flanken-Ø** $d_2 = D_2$ in mm	**Kern-Ø Bolzen** d_3 in mm	**Kern-Ø Mutter** D_1 in mm	**Außen-Ø Mutter** D_4 in mm
Tr8 × 1,5	7,25	6,2	6,5	8,3
Tr10 × 2	9,0	7,5	8,0	10,5
Tr12 × 3	10,5	8,5	9,0	12,5
Tr14 × 3	12,5	10,5	11,0	14,5
Tr16 × 4	14,0	11,5	12,0	16,5
Tr18 × 4	16,0	13,5	14,0	18,5
Tr20 × 4	18,0	15,5	16,0	20,5
Tr22 × 5	19,5	16,5	17,0	22,5
Tr24 × 5	21,5	18,5	19,0	24,5
Tr26 × 5	23,5	20,5	21,0	26,5
Tr28 × 5	25,5	22,5	23,0	28,5
Tr30 × 6	27,0	23,0	24,0	31,0
Tr32 × 6	29,0	25,0	26,0	33,0
Tr34 × 6	31,0	27,0	28,0	35,0
Tr36 × 6	33,0	29,0	30,0	37,0
Tr38 × 7	34,5	30,0	31,0	39,0
Tr40 × 7	36,5	32,0	33,0	41,0
Tr42 × 7	38,5	34,0	35,0	43,0
Tr44 × 7	40,5	36,0	37,0	45,0
Tr46 × 8	42,0	37,0	38,0	47,0
Tr48 × 8	44,0	39,0	40,0	49,0
Tr50 × 8	46,0	41,0	42,0	51,0
Tr52 × 8	48,0	43,0	44,0	53,0
Tr60 × 9	55,5	50,0	51,0	61,0

Passung der Gewindedurchmesser von Mutter und Bolzen: 7H/7e
Wird ein anders Toleranzfeld verlangt, so muss dieses angegeben werden, z.B. **Tr30 × 6 – 8H/8d.**

4.2.2 Mechanische Eigenschaften von Schrauben aus nichtrostendem Stahl

DIN EN ISO 3506-1 : 2020-08

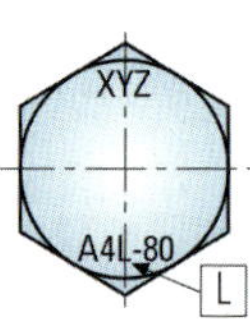

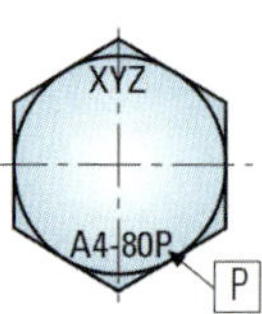

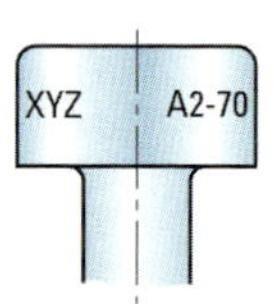

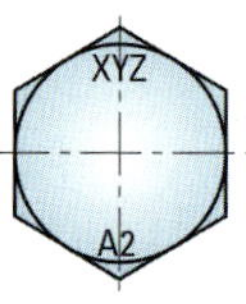

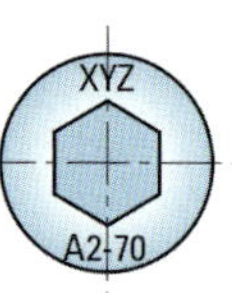

XYZ
A2-70

Schrauben, die aufgrund ihrer Geometrie die Anforderungen an die Zug- oder Torsionsfestigkeit nicht erfüllen, dürfen mit der Stahlsorte gekennzeichnet werden, jedoch nicht mit der Festigkeitsklasse.

1: Herstellerzeichen — L = Austenitischer Stahl mit C ≤ 0,3%
2: Stahlsorte — P = Passivierte Schrauben
3: Festigkeitsklasse

Stahlgruppe	Stahlsorte	Festigkeits-klasse *e*	Behandlung/Herstellung	Zugfestigkeit in N/mm²	0,2% Dehngrenze in N/mm²	Bruchdehnung *A* in %
Austenitisch	A1, A2, A3, A4, A5	50	weich	500	210	0,6 · *d*
		70	kaltverfestigt	700	450	0,4 · *d*
		80	stark kaltverfestigt	800	600	0,3 · *d*
Martensitisch	C1	50	weich	500	250	0,2 · *d*
		70	vergütet	700	410	0,2 · *d*
		110	vergütet	1100	820	0,2 · *d*
	C3	80	vergütet	800	640	0,2 · *d*
	C4	50	weich	500	250	0,2 · *d*
		70	vergütet	700	410	0,2 · *d*
Ferritisch	F1	45	weich	450	250	0,2 · *d*
		60	kalverfestigt	600	410	0,2 · *d*

4.2.3 Festigkeitsklassen von Schrauben

DIN EN ISO 898-1 : 2013-05

property classes of screws

Festigkeitsklassen für Schrauben

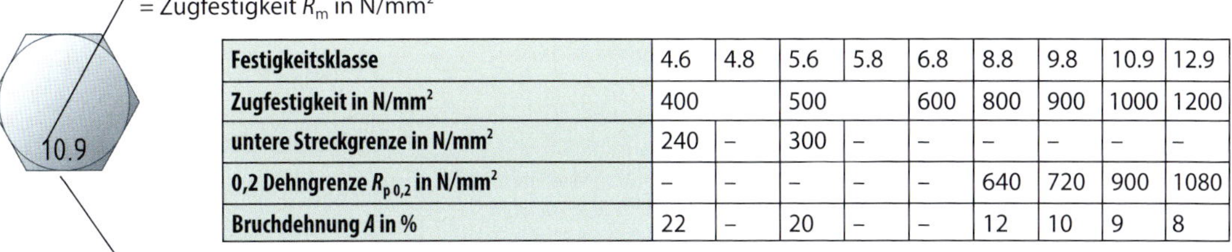

Festigkeitsklasse	4.6	4.8	5.6	5.8	6.8	8.8	9.8	10.9	12.9
Zugfestigkeit in N/mm²	400		500		600	800	900	1000	1200
untere Streckgrenze in N/mm²	240	–	300	–	–	–	–	–	–
0,2 Dehngrenze $R_{p\,0,2}$ in N/mm²	–	–	–	–	–	640	720	900	1080
Bruchdehnung *A* in %	22	–	20	–	–	12	10	9	8

Festigkeitsklassen bei Edelstahlschrauben und Edelstahlmuttern

DIN EN ISO 3506-1 : 2020-08

A	**Kennzeichen Werkstoffgruppe** A = Austenitischer Edelstahl (Chrom-Nickel-Stahl)			
2	**Kennzeichen Stahlgruppe** 1 = Automatenstahl 2 = Kaltstauchstahl legiert mit Chrom und Nickel (klassischer Edelstahl) 3 = Kaltstauchstahl mit Chrom und Nickel legiert und gehärtet mit Titan, Niob und Tantal 4 = Kaltstauchstahl mit Chrom, Nickel und Molybdän (hochsäurebeständig) 5 = Kaltstauchstahl mit Chrom, Nickel und Molybdän (hochsäurebeständig) und gehärtet mit Titan, Niob und Tantal			
70	**Stahlsorte**	**Zugfestigkeit R_m** in N/mm²	**0,2 % Dehngrenze $R_{p0,2}$** in N/mm²	**Bruchverlängerung *A***
	50 A1 70 A2, A4 (Standard) 80A4-80, A5	500 700 800	210 450 600	0,6 d 0,4 d 0,3 d

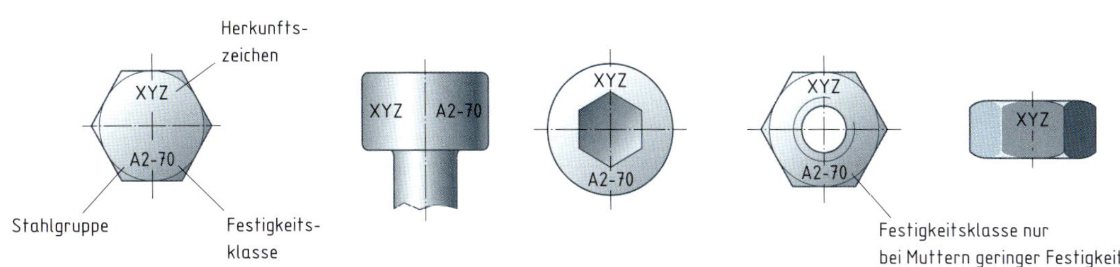

4.2.4 Festigkeitsklassen von Muttern mit Regelgewinde und zugehörende Schrauben aus Stahl

DIN EN ISO 898-2 : 2020-08

Mutterart	Flache Mutter Typ 0 (0,45 $d \le m_{min}$ < 0,8 d)		Normale Mutter Typ 1 ($m_{min} \ge 0{,}8\ d$)			Hohe Mutter Typ 2 ($m_{min} \approx 0{,}9\ d$ oder $m_{min} > 0{,}9\ d$)			
Festigkeitsklasse	04	05	5…8	10	12	8	9	10	12
Gewindebereich	M5 ≤ d ≤ M39, M8 × 1 ≤ d ≤ 39 × 3		M5 ≤ d ≤ M39, M8 × 1 ≤ d ≤ M39 × 3	M5 ≤ d ≤ M39, M8 × 1 ≤ d ≤ M16 × 1,5	M5 ≤ d ≤ M16	M5 ≤ d ≤ M39, M8 × 1 ≤ d ≤ M39 × 3	M5 ≤ d ≤ M39	M5 ≤ d ≤ M39, M8 × 1 ≤ d ≤ M39 × 3	M5 ≤ d ≤ M39, M8 × 1 ≤ d ≤ M16 × 1,5
Zugehörige Schraube für Muttern Typ 1,2	**Festigkeitsklasse Mutter**			5	6	8	9	10	12
	Festigkeitsklasse Paarungsschraube			≤ 5.8	≤ 6.8	≤ 8.8	≤ 9.8	≤ 10.9	≤ 12.9

Festigkeitsklassen für Muttern aus nichtrostendem Stahl

DIN EN ISO 3506-2 : 2010-04

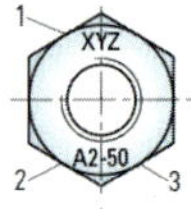
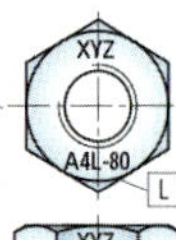
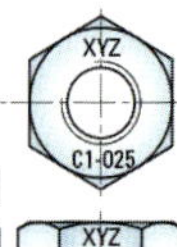
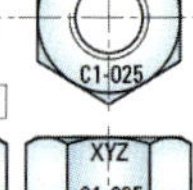
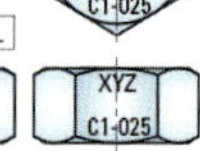

1 Herstellerzeichen
2 Stahlsorte
3 Festigkeitsklasse

L = Austenitischer Stahl mit C ≤ 0,3%
P = Passivierte Schrauben

Stahlgruppe	**Stahlsorte**	**Festigkeitsklasse**		**Behandlung/Herstellung**	**Gewindebereich**
		Muttern Typ 1 Mutterhöhe $m \ge 0{,}8 \cdot d$	**Niedrige Muttern $0{,}5 \cdot d \le m \le 0{,}8 \cdot d$**		
Austenitisch	A1, A2, A3, A4, A5	50	025	weich	≤ M39
		70	035	kaltverfestigt	
		80	040	stark kaltverfestigt	
Martensitisch	C1	50	025	weich	≤ M39
		70	035	vergütet	
		110	055	vergütet	
	C3	80	040	vergütet	
	C4	50	025	weich	
		70	035	vergütet	
Ferritisch	F1	45	020	weich	≤ M24
		60	030	kaltverfestigt	

4.2.5 Durchgangslöcher für Schrauben

clearance holesfor screws

DIN EN 20273 : 1992-02

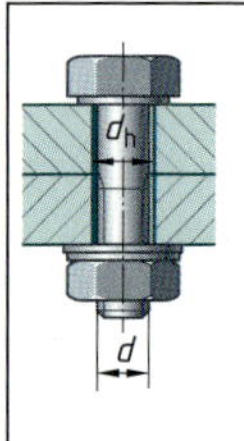

Gewinde-Ø	**Durchgangsloch d_h in mm**			**Gewinde-Ø**	**Durchgangsloch d_h in mm**		
d	**fein**	**mittel**	**grob**	***d***	**fein**	**mittel**	**grob**
M3	3,2	3,4	3,6	M12	13	13,5	14,5
M4	4,3	4,5	4,8	M16	17	17,5	18,5
M5	5,3	5,5	5,8	M20	21	22	24
M6	6,4	6,6	7	M24	25	26	28
M8	8,4	9	10	M30	31	33	35
M10	10,5	11	12				

4.2.6 Mindesteinschraubtiefen l_e für Grundlochgewinde

Empfohlene Richtwerte, bei Feingewinde 25 % Zuschlag

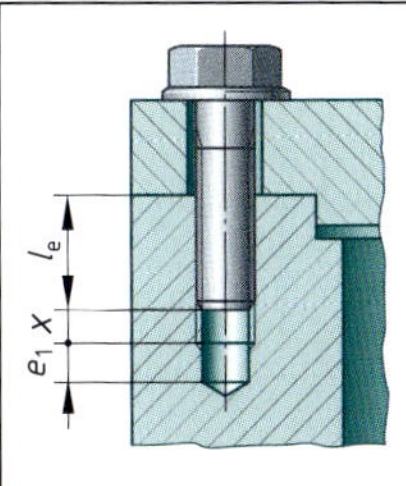

Festigkeitsklasse	3.6; 4.6	4.8 … 6.8	8.8	10.9
Stahl bis 400 N/mm²	0,8 · d	1,2 · d	–	–
Stahl bis 600 N/mm²	0,8 · d	1,0 · d	1,2 · d	1,4 · d
Stahl bis 800 N/mm²	0,8 · d	1,0 · d	1,2 · d	1,2 · d
Grauguss	1,3 · d	1,5 · d	1,5 · d	–
Kupferlegierungen	1,3 · d	1,3 · d	–	–
Aluminiumlegierungen	1,2 · d	1,4 · d	–	–
Kunststoffe	2,5 · d	–	–	–
$x \approx 3 \cdot P$; $e_1 \approx 4 \dots 6 \cdot P$; Bohrlochtiefe $= l_e + x + e_1$				

4.2.7 Sechskantschrauben
Hexagon head bolts

DIN EN ISO 4014 : 2022-10, 4017 : 2022-10, 8765 : 2022-10, 8676 : 2022-10

DIN EN **ISO 4014:** mit **Schaft**, metrisches **Regelgewinde**

DIN EN **ISO 8756:** mit **Schaft**, metrisches **Feingewinde**

DIN EN **ISO 4017: Gewinde** bis zum **Kopf**, metrisches **Regelgewinde**
DIN EN **ISO 8676: Gewinde** bis zum **Kopf**, metrisches **Feingewinde**

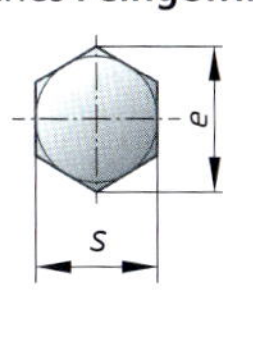

$l_g = l - b$
$l_g = l_g - 5\,P$
l_g = Mindest-Klemmlänge

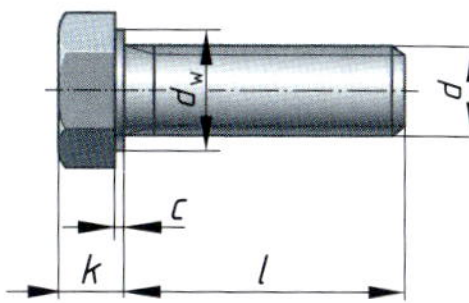

Normale Längen l: 8, 10, 12, 16, 20, 25 bis 70 mm je 5 mm gestuft, dann bis 200 mm je 10 mm, darüber je 20 mm gestuft, Festigkeitsklassen: 5.6, 8.8, 10.9
Nichtrostender Stahl A2-70 (≤ M20); A2-50 (> M20)
Bezeichnungsbeispiel:

Sechskantschraube ISO 4014 – M12 × 60 – 8.8

Sechskantschraube mit Schaft und metr. Regelgewinde — Gewindedurchmesser — Gewindelänge — Festigkeitsklasse

ISO	**Produktklasse A**										**Produkt-Klasse B**
4014; 4017; 8756; 8676	**Gewinde d Gewinde $d \times P$ in mm**	**M4**	**M5**	**M6**	**M8**	**M10**	**M12**	**M16**	**M20**	**M24**	**M30**
	d_w min.	5,88	6,88	8,88	11,63	14,63	16,63	22,49	28,19	33,61	42,75
	e min.	7,66	8,79	11,05	14,38	17,77	20,03	26,75	33,53	39,98	50,85
	k Nennmaß	2,8	3,5	4	5,3	6,4	7,5	10	12,5	15	18,7
	k min.	2,675	3,35	3,85	5,15	6,22	7,32	9,82	12,285	14,785	18,28
	c max	0,40	0,50	0,50	0,60	0,60	0,60	0,8	0,8	0,8	0,8
	s Nennmaß	7,00	8,00	10,00	13,00	16,00	18,00	24,00	30,00	36,00	46
	s min.	6,87	7,78	9,78	12,73	15,73	17,73	23,67	29,67	35,38	45
4014; 8765;	b	14	16	18	22	26	30	38	46	54	66
4014;	l	25 … 40	25 … 50	30 … 60	40 … 80	45 … 100	50 … 120	65 … 160	80 … 200	90 … 240	110 … 300
4017;	l	8 … 40	10 … 50	12 … 60	16 … 80	20 … 100	25 … 120	30 … 150	40 … 150	50 … 150	60 … 200
8765;	l				40 … 80	45 … 100	50 … 120	65 … 160	80 … 200	100 … 240	120 … 300
8676;	l				16 … 80	20 … 80	25 … 120	35 … 160	40 … 200	40 … 200	40 … 200

Senkschrauben mit Innensechskant

DIN EN ISO 10642 : 2020-02

Hexagon socket countersunk head screws

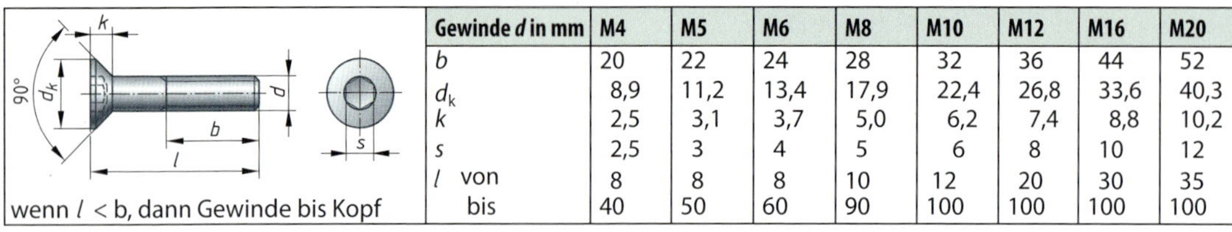

Gewinde *d* in mm	M4	M5	M6	M8	M10	M12	M16	M20
b	20	22	24	28	32	36	44	52
d_k	8,9	11,2	13,4	17,9	22,4	26,8	33,6	40,3
k	2,5	3,1	3,7	5,0	6,2	7,4	8,8	10,2
s	2,5	3	4	5	6	8	10	12
l von	8	8	8	10	12	20	30	35
bis	40	50	60	90	100	100	100	100

wenn *l* < b, dann Gewinde bis Kopf

Normale Längen: 8, 10, 12, 16, 20, 25, 30, 35, 40, 50, 60, 70, 80, 90, 100 mm
Festigkeitsklassen: 8.8; 10.9; 12.9
Bezeichnungsbeispiel: Senkschraube ISO 10642 – M10 × 50 – 8.8
Senkschraube mit Innensechskant, Gewinde M10, Länge 50 mm, Festigkeitsklasse 8.8

Senkschrauben und Linsensenkschrauben

countersunk screws and raised countersunk head screws

mit Schlitz *slotted* DIN EN ISO 2009, 2010 : 2011-12

mit Kreuzschlitz *recessed* DIN EN ISO 7046-1, 7047 : 2011-12

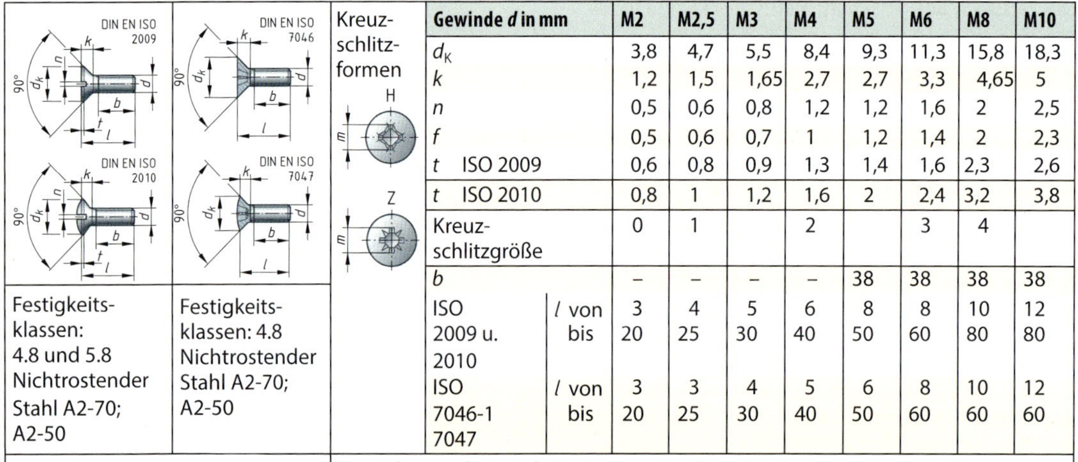

Gewinde *d* in mm		M2	M2,5	M3	M4	M5	M6	M8	M10
d_K		3,8	4,7	5,5	8,4	9,3	11,3	15,8	18,3
k		1,2	1,5	1,65	2,7	2,7	3,3	4,65	5
n		0,5	0,6	0,8	1,2	1,2	1,6	2	2,5
f		0,5	0,6	0,7	1	1,2	1,4	2	2,3
t ISO 2009		0,6	0,8	0,9	1,3	1,4	1,6	2,3	2,6
t ISO 2010		0,8	1	1,2	1,6	2	2,4	3,2	3,8
Kreuzschlitzgröße		0	1		2		3	4	
b		–	–	–	–	38	38	38	38
ISO 2009 u. 2010	*l* von	3	4	5	6	8	8	10	12
	bis	20	25	30	40	50	60	80	80
ISO 7046-1 7047	*l* von	3	3	4	5	6	8	10	12
	bis	20	25	30	40	50	60	60	60

Festigkeitsklassen: 4.8 und 5.8 Nichtrostender Stahl A2-70; A2-50

Festigkeitsklassen: 4.8 Nichtrostender Stahl A2-70; A2-50

Normale Längen: 3, 4, 5, 6, 8, 10, 12, 16, 20, 25, 30, 35, 40, 45, 50, 55, 60 mm

Für ISO 2009 u. 2010 auch 70, 80 mm

Bezeichnungsbeispiel: Senkschraube ISO 7046-1 – M6 × 50 – 4.8 – Z
Senkschraube mit Gewinde M6, Länge 50 mm, Festigkeitsklasse 4.8, Kreuzschlitzform Z

alle Maße in mm

Zylinderschrauben mit Innensechskant und Schlüsselführung

DIN 6912 : 2021-08

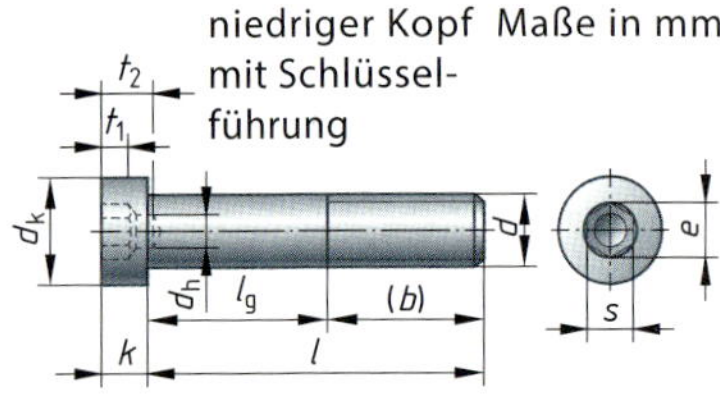

d_k, *e* und *s* wie DIN EN ISO 4762
Mindestklemmlänge $l_g = l - b$
Bezeichnungsbeispiel mit Gewinde M10, Länge *l* = 50 mm und Festigkeitsklasse 8.8:
Zylinderschraube DIN 6912 – M10 × 50 – 8.8
alle Maße in mm

d	M4	M5	M6	M8	M10	M12	M12	M20
b	14	16	18	22	26	30	38	46
d_h	2	2,5	3	4	5	6	8	10
k	2,8	3,5	4	5	6,5	7,5	10	12
t_1	1,5	1,9	2,4	2,9	3,4	3,9	5,4	6
t_2	3,3	4	5	6,5	7,5	9	11,5	14
***l* von**	10	10	10	12	16	16	20	30
bis	50	60	70	80	90	100	140	180

Normale Längen *l*: 10, 12, 16, 20, 25, 30, 35, 40, 50, 60, 70, 80, 90, 100, 120, 140, 160, 180 mm.

Produktklasse: A

Werkstoff: Stahl 8.8, CuZn, nichtrostender Stahl A2-70, A4-70

Zylinderschrauben mit Innensechskant *Hexagon socket head cap screws*

DIN EN ISO 4762 : 2004-06, DIN 7984 : 2022-03

DIN EN ISO 4762

DIN 7984

mit niedrigem Kopf
nicht mit Feingewinde
Mindestklemmlänge $l_g = l - b$
Produktklasse: A
Werkstoff: Stahl 8.8, 10.9, 12.9, nichtrostender Stahl A2-70, A4-70, Cu, Zn

Bezeichnungsbeispiel mit Gewinde M12, Länge l = 60 mm, nach DIN EN ISO 4762 und Festigkeitsklasse 8.8:
Zylinderschraube ISO 4762 – M12 × 60 – 8.8

Maße in mm	d	M4 —	M5 —	M6 —	M8 M8 × 1	M10 M10 × 1,25	M12 M12 × 1,25	M14 M14 × 1,5	M16 M16 × 1,5	M20 M20 × 1,5	M24 M24 × 2	M30 M30 × 2
DIN EN ISO 4762	d_k	7	8,5	10	13	16	18	21	24	30	36	45
	k	4	5	6	8	10	12	14	16	20	24	30
	s	3	4	5	6	8	10	12	14	17	19	22
	e	3,4	4,6	5,7	6,9	9,1	11,4	13,7	16	19,4	21,7	25,2
	t	2	2,5	3	4	5	6	7	8	10	12	15,5
	b	20	22	24	28	32	36	40	44	52	60	72
	l von	6	8	10	12	16	20	25	25	30	40	45
	bis	40	50	60	80	100	120	140	160	200	200	200
DIN 7984	k	2,8	3,5	4	5	6	7	8	9	11	13	—
	s	2,5	3	4	5	7	8	10	12	14	17	—
	e	2,9	3,6	4,7	5,9	8,1	9,4	11,7	14	16,3	19,8	—
	t	2,3	2,7	3	4,2	4,8	5,3	5,5	5,5	7,5	8	—
	b	14	16	18	22	26	30	34	38	46	54	—
	l von	6	8	10	12	16	20	30	30	40	50	—
	bis	25	30	40	60	70	80	80	80	100	100	

Normale Längen l: 5, 6, 8, 10, 12, 16, 20, 25 bis 70 mm je 5 mm gestuft, dann bis 160 mm je 10 mm, darüber je 20 mm.

Stiftschrauben *Stud bolts*

DIN 835 : 2010-07, DIN 938 : 2012-02, DIN 939 : 1995-02

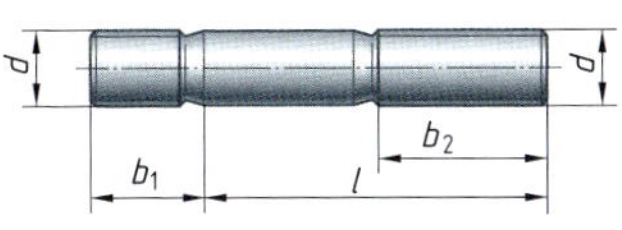

Maße in mm

d	M6 —	M8 M8 × 1	M10 M10 × 1,25	M12 M12 × 1,25	M16 M16 × 1.5	M20 M20 × 1,5	M24 M24 × 2
l von	25	30	35	40	50	60	70
bis	60	80	100	120	160	200	200

$b_2 = 2d + 6$ mm für $l \leq 125$ mm; $b_2 = 2d + 12$ mm für $l > 125$ mm

DIN 938: $b_1 \approx d$ — Einschrauben in Stahl
DIN 939: $b_1 \approx 1{,}25d$ — Einschrauben in Gusseisen
DIN 835: $b_1 \approx 2d$ — Einschrauben in Al-Legierung
Produktklasse A — Festigkeitsklasse normal: 5.6, 8.8 oder 10.9

Bezeichnungsbeispiel mit Gewinde M10, Länge l = 50 mm, Festigkeitsklasse 8.8 und für das Einschrauben in Stahl:
Stiftschraube DIN 938 – M10 × 50 – 8.8

Stockschrauben *Hanger bolts*

Stockschrauben werden verzinkt oder aus Edelstahl geliefert

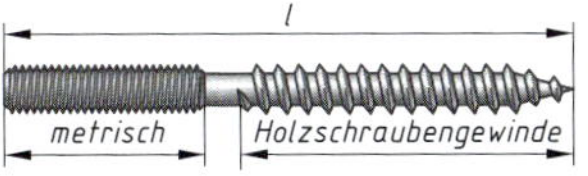

Stockschrauben verzinkt

Durchmesser d in mm	Länge in mm	Länge metr. Gewinde in mm	Länge Holzschraubengewinde in mm
4	40	10	24
5	50	20	15
6	50	18	30
8	50, 60, 80, 100, 120, 150, 160	18, 20, 32, 40, 58, 50, 55	30, 30, 38, 38, 50, 50, 50
10	80, 100, 120, 160, 180, 200, 240, 250	30, 40, 45, 50, 40, 80, 50, 50	38, 47, 47 60, 57, 60, 60, 60
12	160, 180, 200, 250, 300	40, 50, 60, 60, 60	57, 65, 60, 60, 60

Stockschrauben *Hanger bolts* (Fortsetzung)

Stockschrauben aus A2 Edelstahl

Durchmesser *d* in mm	Länge in mm	Länge metr. Gewinde in mm	Länge Holzschraubengewinde in mm
8	60, 80, 90, 100, 120	20, 30, 40, 40, 50	37, 37, 37, 47, 47
10	140, 180, 200, 250	alle 50	alle 47
12	200, 250		

4.2.8 Sechskantmuttern mit metrischem Regelgewinde *hexagon nuts*

DIN EN ISO 4032, 4033, 4034, 4035, 8673, 8674, 8675 : 2013-04; DIN EN ISO 4036 : 2021-07

a

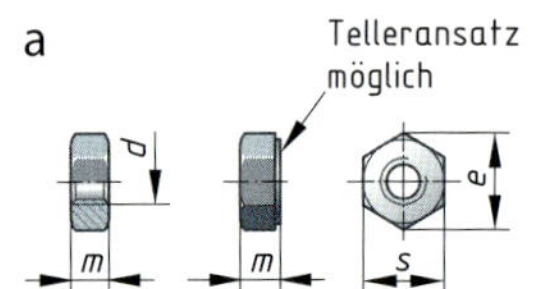

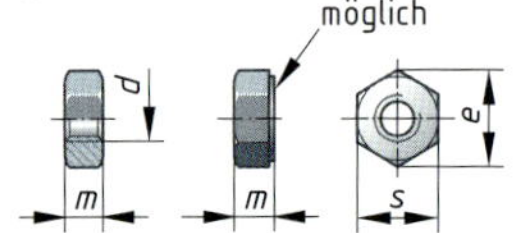

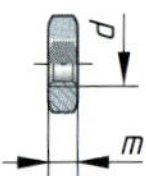

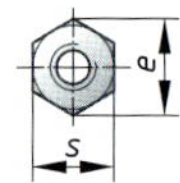

Regelgewinde:
DIN EN ISO 4032
DIN EN ISO 4033

Feingewinde:
DIN EN ISO 8673
DIN EN ISO 8674

Regelgewinde:
DIN EN ISO 4034

Regelgewinde:
DIN EN ISO 4035

Feingewinde:
DIN EN ISO 8675

Regelgewinde:
DIN EN ISO 4036

Sechskantmuttern mit Regelgewinde												Maße in mm
ISO	Gewinde *d*	M3	M4	M5	M6	M8	M10	M12	M16	M20	M24	M30
	s	5,5	7	8	10	13	16	18	24	30	36	46
	e	6	7,7	8,8	11,1	14,4	17,7	20	26,8	33	39,6	50,9
4032 1) 5)	*m*	2,4	3,2	4,7	5,2	6,8	8,4	10,8	14,8	18	21,5	25,6
4033 2)		–	–	5,1	5,7	7,5	9,3	12	16,4	20,3	23,9	28,6
4034 3)		–	–	5,6	6,1	7,9	9,5	12,2	15,9	19	22,3	26,4
4035 4) 6)		1,8	2,2	2,7	3,2	4	5	6	8	10	12	15
4036 4)		1,8	2,2	2,7	3,2	4	5	–	–	–	–	–

Sechskantmuttern mit Feingewinde								Maße in mm
ISO	Gewinde *d* × *P*	M8 × 1	M10 × 1	M12 × 1,5	M16 × 1,5	M20 × 1,5	M24 × 2	M30 × 2
	s	13	16	18	24	30	36	46
	e	14,4	17,7	20	26,8	33	39,6	50,9
8673 1) 5)	*m*	6,8	8,4	10,8	14,8	18	21,5	25,6
8674 8)		7,5	9,3	12	16,4	20,3	23,9	28,6
8675 1) 6)		4	5	6	8	10	12	15

Festigkeitsklassen:
1) 6; 8; 10 2) 9; 12 3) 4 (≤ M16); 4; 5 4) 04; 05 5) Nichtrostende Stähle A2-70, A4-70 (≤ M24); A2-50, A4-50 (> M24)
6) Nichtrostende Stähle: A2-035, A4-035 (≤ M24) A2-025, A4-025 (≥ M24); 7) Mindesthärte 110 HV30 8) 8; 12 (≤ M16); 10 (≤ M36)

Bezeichnungsbeispiel: Sechskantmutter ISO 4032 M16-8

Sechskantmutter mit metrischem Gewinde — Gewindegröße — Festigkeitsklasse

4.2.9 Flache Scheiben mit und ohne Fase *Washers*

DIN EN ISO 7089, 7090 : 2000-11

ISO 7089 ISO 7090

Bezeichnungsbeispiel:
Scheibe ISO 7089-12-200 HV
Scheibe mit Nenngröße 12 für Sechskantmutter(-schraube) M12, Härteklasse 200 HV

Werkstoffe	Härteklasse	Härtebereich
Stahl	200 HV	200–300 HV
	300 HV	300–400 HV
nicht rostender Stahl (A2, A4, F1, C1, C4)	200 HV	200–300 HV
Härteklasse 200 HV	für Schraubenfestigkeit ≤ 8:8	
Härteklasse 300 HV (vergütet)	für Schraubenfestigkeit ≤ 10:9	

Nenngröße	**3**	**4**	**5**	**6**	**8**	**10**	**12**	**16**	**20**	**24**	**30**
Innendurchmesser d_1	**3,2**	**4,3**	**5,3**	**6,4**	**8,4**	**10,5**	**13**	**17**	**21**	**25**	**31**
Für Gewinde	**M 3**	**M 4**	**M 5**	**M 6**	**M 8**	**M 10**	**M 12**	**M 16**	**M 20**	**M 24**	**M 30**
d_2	7	9	10	12	16	20	24	30	37	44	56
h	0,5	0,8	1	1,6	1,6	2	2,5	3	3	4	4

Maße in mm

4.2.10 Blechschrauben *Tapping screws*

mit Schlitz *slotted* DIN EN ISO 1481, 1482, 1483 : 2011-10
mit Kreuzschlitz *recessed* DIN EN ISO 7049, 7050, 7051 : 2011-11

- Flachkopf-Blechschraube ISO 1481 (Form C (Spitze))
- Linsenkopf-Blechschraube mit Kreuzschlitz ISO 7049 (Form C)
- Senk-Blechschraube mit Schlitz ISO 1482 (Form C)
- Senk-Blechschraube mit Kreuzschlitz ISO 7050 (Form C)
- Linsen-Blechschraube mit Schlitz ISO 1483 (Form C)
- Linsen-Blechschraube mit Kreuzschlitz ISO 1483 (Form C)
- Form F (Zapfen) – Form H, Form Z
- Kreuzschlitz – Form H, Form Z

DIN ISO	**Gewinde**		**ST2,2**	**ST2,9**	**ST3,5**	**ST4,2**	**ST4,8**	**ST5,5**	**ST6,3**
1482, 1483 7050, 7051	d_k in mm		3,8	5,5	7,3	8,4	9,3	10,3	11,3
1481, 7049			4	5,6	7	8	9,5	11	12
1481	k in mm		1,3	1,8	2,1	2,4	3	3,2	3,6
7049			1,6	2,4	2,6	3,1	3,7	4	4,6
1482, 1483 7050, 7051			1,1	1,7	2,35	2,6	2,8	3	3,15
1481, 1482, 1483	n		0,5	0,8	1	1,2	1,2	1,6	1,6
7049, 7050, 7051	Kreuzschlitzgröße		0	1	2			3	
Alle Blechschrauben	Form C		2	2,6	3,2	3,7	4,3	5	6
	Form F		1,6	2,1	2,5	2,8	3,2	3,6	3,6
1481	l	von	4,5	6,5	6,5	9,5	9,5	13	13
		bis	16	19	22	25	32	32	38
1483		von			9,5				
		bis			22				
1482, 7050, 7051		von			9,5	9,5	9,5	13	
		bis			25	32	38	38	
7049		von			9,5				
		bis			25				

Normale Längen: 4, 5, 6,5, 9,5, 13, 16, 19, 22, 25, 32, 38 mm
Werkstoff: Stahl

Bezeichnungsbeispiel:
Blechschraube ISO 7050 – ST3,5 × 22-C-Z

Senkblechschraube – Gewindeart – Schaftlänge – Art Gewindeende – Form Kreuzschlitz

4.2.11 Bohrschrauben *Drilling screws*

DIN EN ISO 10666 : 2000-02

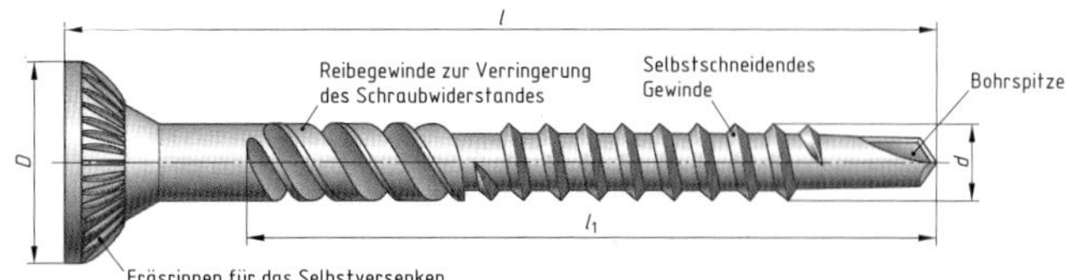

Abm. mm		Antrieb	
d	*l*	l_1	*T*
6,0	60	40	30
6,0	80	40	30
6,0	100	50	30
6,0	120	80	30
6,0	140	80	30
6,0	160	80	30
6,0	180	80	30
6,0	200	80	30
6,0	220	80	30
6,0	240	80	30
6,0	260	80	30
6,0	280	80	30
6,0	300	80	30
8,0	80	–	40
8,0	100	80	40

Abm. mm			Antrieb
d	*l*	l_1	*Torxx*, Bitgröße
8,0	120	80	40
8,0	140	80	40
8,0	160	80	40
8,0	180	80	40
8,0	200	80	40
8,0	220	80	40
8,0	240	80	40
8,0	260	80	40
8,0	280	80	40
8,0	300	80	40
8,0	320	80	40
8,0	340	80	40
8,0	360	80	40
8,0	380	80	40
8,0	400	80	40
8,0	440	80	40

Artikel- Abm. mm Antrieb Kopf- Inhalt WG x
Nr. *d l* l_1 T Ø Stück/VPE/Pal. **100St.**
verpackt in Kartons; VPE = 8 Kartons

4.2.12 Spanplattenschrauben *Clipboard screws*

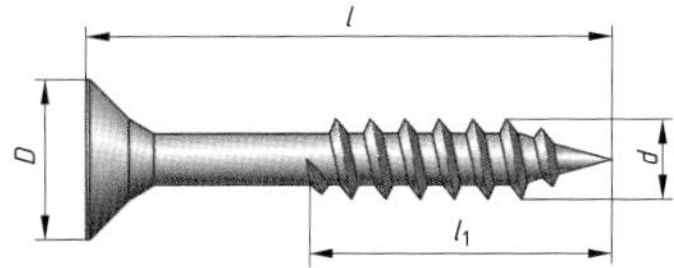

Durchmesser *d* in mm	Länge *l* in mm	Länge l_1 in mm	Antrieb Torxx in mm
3	20, 25, 30, 40	16, 18, 18, 18	10
3,5	25, 30, 35, 40, 50	17, 24, 24, 24, 30	15
4	25, 30, 35, 40, 50, 60, 70	24, 24, 24, 24, 30, 40, 40	20
4,5	40, 45, 50, 60, 70, 80	24, 30, 30, 40, 40, 40	20
5,0	40, 50, 60, 70, 80	24, 30, 30, 40, 40, 40	25
6,0	60, 80, 100…300	40, 40, 50, Rest 80	30

4.2.13 Schraubenantriebe *Screw drives*

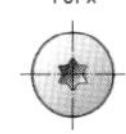

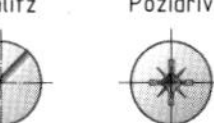
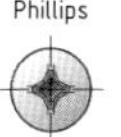
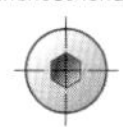

Hinweis: Die Schraubenkopfgröße bestimmt die Größe des Schraubenantriebes. Entsprechend den Anforderungen an das Gewinde bestimmt sich die Größe des Schraubenkopfes und des Schraubenantriebs.

Hinweis: Die Kreuzschlitze für Pozidriv und Phillips sind nach DIN EN ISO 4757 genormt.

4.2.14 HV-Verbindungen *High-strength friction grip fastening*

Sechskantschrauben mit großen Schlüsselweiten *Hexagon bolts with large nuts across flats*
HV-Schrauben (hochfest vorgespannte Schraubenverbindungen im Metall- und Stahlbau)

DIN EN 14399-4 : 2006-06

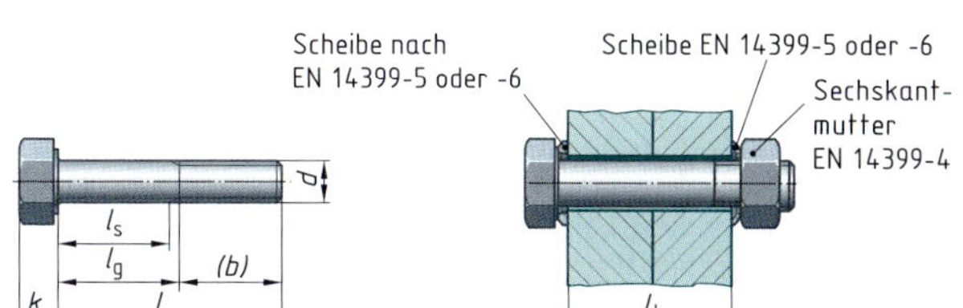

HV-Verschraubung mit:
- Sechskantschraube EN 14399-4
- Sechskantmutter EN 14399-4
- 2 Scheiben für HV-Verbindungen EN 14399-5 oder -6
  Garnitur nur vom gleichen Hersteller zulässig

Oberflächenzustand:
- normal: üblicher Herstellungszustand mit leichtem Ölfilm
- feuerverzinkt
- nach Vereinbarung Festigkeitsklasse: 10.9/10

Gewinde *d* Maße in mm	M 12	M 16	M 20	M 22	M 24	M 27	M 30
Steigung *P*	1,75	2	2,5	2,5	3	3	3,5
Gewindelänge *b*	23	28	33	34	39	41	44
Eckenmaß *e*	23,91	29,56	35,03	39,55	45,2	50,85	55,37
Schlüsselweite *s*	22	27	32	36	41	46	50
Kopfhöhe *k*	8	10	13	14	15	17	19
Länge *l* von	35	40	45	50	60	70	75
bis	95	130	155	165	195	200	200
je 5 mm gestuft							

Bezeichnungsbeispiel:
EN 14399-4 – M20 × 100 – 10.9/10 – HV – tZn

- tZn: Feuerverzinkt
- 10.9/10: Festigkeitsklasse Schraube 10.9, Festigkeitsklasse Mutter 10
- M20 × 100: Gewinde M20 Schaftlänge 100 mm
- 14399-4: Normblatt für hochfest vorspannbare Schraubenverbindung

Sechskantmuttern mit großen Schlüsselweiten
HV-Verbindungen

DIN EN 14399-4 : 2006-06

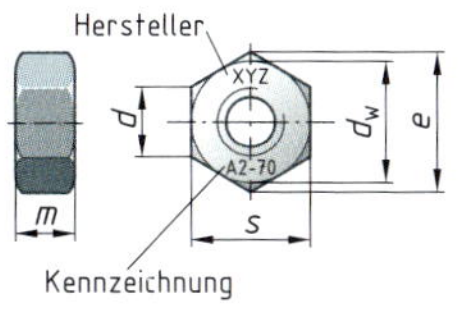

Gewinde *d* Maße in mm	M 12	M 16	M 20	M 22	M 24	M 27	M 30
Kopfdurchmesser d_w	20,1	24,9	29,5	33,3	38	42,8	46,6
Eckenmaß *e*	23,91	29,56	35,03	39,55	45,20	50,85	55,37
Mutterhöhe *m*	10	13	16	18	20	22	24
Schlüsselweite *s*	22	27	32	36	41	46	50

Oberflächenzustand siehe Schraube HV
Festigkeitsklasse: 10

Bezeichnungsbeispiel:
Sechskantmutter EN 14399-4: M20 –HV. Hochfest vorspannbre Schraubenverbindung.

Scheiben für HV-Verbindungen

DIN EN 14399-6 : 2006-06

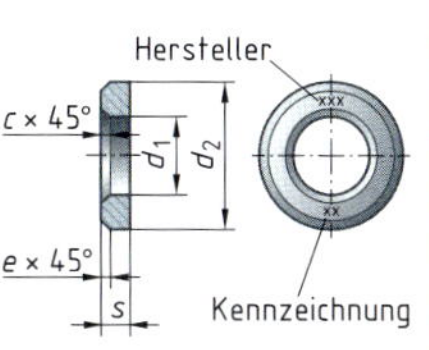

Innendurchmesser d_1	13	17	21	23	25	28	31
Für Gewinde	**M 12**	**M 16**	**M 20**	**M 24**	**M 24**	**M 27**	**M 30**
Außendurchmesser d_2	24	30	37	39	44	50	56
Innenfase *c*	1,6	1,6	2	2	2	2,5	2,5
Außenfase *e*	0,5	0,75	0,75	0,75	0,75	1	1
Scheibendicke *s*	3	4	4	4	4	5	5

Bezeichnungsbeispiel: **Scheibe EN 14399 – 36:** HV-Scheibe für HV-Schraubenverbindung mit Gewinde M30
alle Längenangaben in mm

Scheiben für U- und I-Träger für HV-Schrauben

DIN 6917 : 1989-10, DIN 6918 : 1990-04

DIN 6918 für U-Stahl: $h \leq 300$ mm (8 %), $h > 300$ mm (5 %)

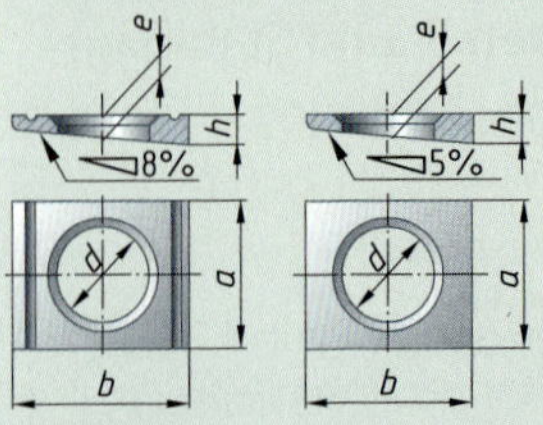

DIN 6917 für I-Stahl (14 %)

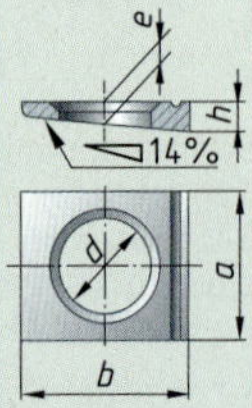

Innen-Ø *d*		**13**	**17**	**21**	**23**	**25**	**28**	**31**
Für Gewinde		**M 12**	**M 16**	**M 20**	**M 22**	**M 24**	**M 27**	**M 30**
Breite *a*		26	32	40	44	56	56	62
Länge *b*		30	36	44	50	56	56	62
DIN 6917	*h*	6,2	7,5	9,2	10	10,8	10,8	11,7
	e	4,1	5	6,1	6,5	6,9	6,9	7,5
DIN 6918	*h*	4,9	5,9	7	8	8,5	8,5	9
	e	3,7	4,45	5,25	6	6,26	6,26	6,52

Werkstoff: Stahl 295 … 350 HV — Maße in mm

Bezeichnungsbeispiel:

U-Scheibe DIN 6918-21

HV-Scheibe für U-Profile $d = 21$ mm für M 20

I-Scheibe DIN 6917-23

HV-Scheibe für I-Profile $d = 23$ mm für M 22

4.3 Technische Gase

4.3.1 Lieferformen von Schutzgasflaschen

Flaschenvolumen in l	Fülldruck in bar	Gasinhalt in m³
10		2,2/3,1
20	200/300	4,4/6,2
50		10,7/15,2

4.3.2 Farbkennzeichnung von Gasflaschen DIN EN 1089-3 : 2011-10

Die einzig verbindliche Kennzeichnung des Gasinhaltes erfolgt auf dem Gefahrzettel (Gefahrgutaufkleber).

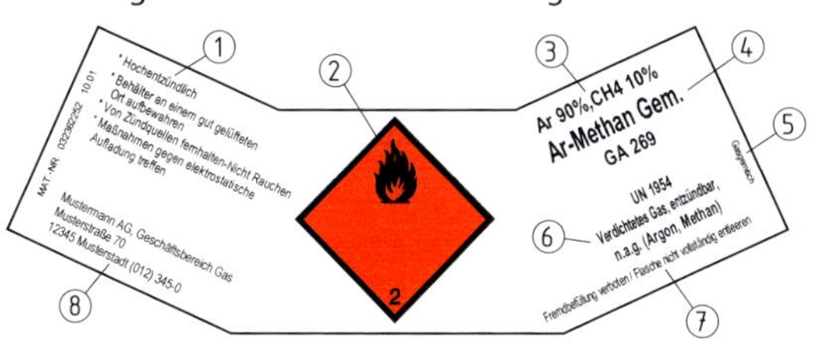

① Risiko und Sicherheitssätze
② Gefahrzeichen
③ Zusammensetzung des Gases bzw. des Gasgemisches
④ Produktbezeichnung des Herstellers
⑤ EWG-Nummer bei Einzelstoffen oder das Wort „Gasgemisch"
⑥ Vollständige Gasbenennung nach GGVS
⑦ Herstellerhinweis
⑧ Name, Anschrift und Telefonnummer des Herstellers

Die **Farbkennzeichnung** dient als zusätzliche Information über die Eigenschaften der Gase (brennbar, giftig, oxidierend). Sie ist nur für die Flaschenschulter vorgeschrieben. Die Farbe des zylindrischen Flaschenkörpers ist nicht festgelegt. Der Großbuchstabe „N" weist auf die Farbkennzeichnung nach der neuen Norm hin.

Gasart	Kennfarbe	Kennfarbe nach DIN EN 1089-3[1]	Anschluss-gewinde	Flaschen-volumen in l	Fülldruck in bar	Füllmenge in kg	Füllmenge in l
Acetylen C_2H_2	gelb gelb und roter Ring	N kastanien-braun kastanien-braun (schwarz, gelb)	Spannbügel	20 40 50	19 19 19	3,2 6,3 10	6 000
Argon Ar	grau	N dunkel-grün grau (dunkel-grün)	W21, 80 × 1/14" W21, 80 × 1/14"	10 50	200/300 200/300	– –	2 000/ 3 100 10 000/ 15 300
Helium He	grau	N braun grau	W21, 80 × 1/14" W21, 80 × 1/14"	10 50	200/300 200/300	– –	2 000/ 2 600 10 000/ 13 200
Kohlen dioxid CO_2	grau	grau grau	W21, 80 × 1/14" W21, 80 × 1/14"	10 50	58 58	7,5 20	580 2 900
Sauerstoff O_2	blau	N Weiß blau (grau)	R3/4"	10 50	200/300 200/300	– –	2 000/ 3 100 10 000/ 15 200

4.3.2 Farbkennzeichnung von Gasflaschen (Fortsetzung)

Gasart	Kennfarbe	Kennfarbe nach DIN EN 1089-3[1]	Anschlussgewinde	Flaschenvolumen in l	Fülldruck in bar	Füllmenge in kg	in l
Stickstoff N_2	grün	schwarz grau (dunkelgrün, schwarz)	W24, 32 × 1/14" W24, 32 × 1/14"	10 50	200/300 200/300	– –	2 000/ 2 600 10 000/ 13 200
Wasserstoff H_2	rot	rot rot	W21, 80 × 1/14" W21, 80 × 1/14"	10 50	200/300 200/300	– –	2 000/ 2 500 1 800/ 12600
Mischgase CO_2 + Ar in verschiedenen Mischungsverhältnissen	grau	leuchtendgrün grau	W24, 32 × 1/14" W24, 32 × 1/14"	10 20 50	200 200 200	– – –	2 000 4 000 10000
Propan C_3H_8	rot	Norm gilt nicht für Flüssiggase	W21, 80 × 1/14" W21, 80 × 1/14"	10 50	8,3 8,3	4,2 21	– –

Hinweis: Die einzig verbindliche Kennzeichnung des Gasinhaltes erfolgt über den Gefahrgutaufkleber siehe Seite 143.

[1]) Die Farbumstellung ist bis zum 1. Juli 2006 durch die Hersteller abzuschließen.

4.3.3 Zuordnung Schutzgase zu Werkstoffen

Verfahren	Grundwerkstoffe	Schutzgas	Komponenten und Volumenprozent (Herstellerangaben)						Qualitative Merkmale				
			Ar	He	CO_2	H_2	O_2	N_2	Spritzer	Einbrand	Nahtaussehen Oxidation	Porenunempfindlichkeit	Lichtbogenstabilität
MAG Metall-Aktiv-Gas-Schweißen	Unlegierte und niedriglegierte Baustähle	M21	R		18								
	Allgemeine Baustähle	M20	R		8								
	Feinkornbaustähle	M14	R		3		1						
	Stähle für Druckbehälter	M21	R	5	10								
	Rohrstähle	M23	R		5		4						
	Warmfeste Stähle	C			100								
	Einsatz-Vergütungsstähle	M20			8								
	MAG-Hochleistungsschweißen	M24	R	26,5	8		0,5						
	Hochlegierte, korrosionsbeständige CrNi-Stähle	M12	R		2								
	Hitzebeständige, warmfeste Stähle	M12	R	18	1								
	Kaltzähe, LC und ELC Stähle	M13	R				2						
	Austenite, Vollaustenite, Duplexstähle (N_2-legierte CrNi-Stähle)	Z	R	5	1,8			1,7					
	Nickel, Nickel-Basis-Legierungen	Z	R		0,11	5							
	Ferritische Stähle	Z	R	20	0,11								
	MSG-Löten beschichteter Stähle	M11	R		0,5	1							

Verfahren	Grundwerkstoffe	Schutzgas	Komponenten und Volumenprozent (Herstellerangaben)						Qualitative Merkmale				
			Ar	He	CO_2	H_2	O_2	N_2	Spritzer	Einbrand	Nahtaussehen Oxidation	Porenunempfindlichkeit	Lichtbogenstabilität
MIG Metall-Inert-Gas-Schweißen	Aluminium, Aluminium-Legierungen	I1	100							gut	sehr gut	gut	gut
	Kupfer, Kupfer-Legierungen	I3	R	20						sehr gut	sehr gut	sehr gut	gut
	Nickel, Nickel-Basis-Legierungen	I3	30	R						sehr gut	sehr gut	sehr gut	gut
		I3	R	50						sehr gut	sehr gut	sehr gut	gut
WIG Wolfram-Inert-Gas-Schweißen	Unlegierte und niedriglegierte Baustähle Hochlegierte, korrosionsbeständige CrNi-Stähle Nickel, Nickel-Basis-Legierungen	I1	100							gut	sehr gut	sehr gut	gut
		R1	R	20		5				sehr gut	sehr gut	sehr gut	sehr gut
		R1	R			2,4				sehr gut	sehr gut	sehr gut	gut
		R1	R			5				sehr gut	sehr gut	sehr gut	gut
	Austenite, Vollaustenite, Duplexstähle (N2-legierte CrNi-Stähle)	N2	R	10				2		sehr gut	sehr gut	sehr gut	sehr gut
	Aluminium, Aluminium-Legierungen Kupfer, Kupfer-Legierungen	I1	100							sehr gut	sehr gut	sehr gut	gut
		I3	R	20						sehr gut	sehr gut	sehr gut	gut
		I3	30	R						sehr gut	sehr gut	sehr gut	gut
		I3	R	50						sehr gut	sehr gut	sehr gut	gut
	Gasempfindliche Metalle wie: Titan, Molybdän, Niob	I1	100							gut	sehr gut	sehr gut	gut
	Mechanisiertes Minus-Pol-Schweißen	I2		100						sehr gut	sehr gut	sehr gut	sehr gut
Plasma-Schweißen	Unlegierte und niedriglegierte Baustähle	I1	100							gut	sehr gut	sehr gut	gut
	Hochlegierte und austenitische Stähle	I1	100							gut	sehr gut	sehr gut	gut
	Nickel, Nickel-Legierungen	R1	R			5				sehr gut	sehr gut	sehr gut	gut
	Aluminium, Aluminium-Legierungen	I1	100							sehr gut	sehr gut	sehr gut	gut
	Kupfer, Kupfer-Legierungen	I3	R	20						sehr gut	sehr gut	sehr gut	gut
Plasma-Schneiden	Hochlegierte Stähle, CrNi-Stähle	R1	R			5					sehr gut		
		R2	R			35					sehr gut		
	Aluminium, Aluminium-Legierungen Kupfer, Kupfer-Legierungen Unlegierte und niedriglegierte Baustähle	R1	R			5					sehr gut		
		I1	100								sehr gut		
		I3	R	20							sehr gut		
		N1						100			sehr gut		
		O1					100						
Formieren Wurzelschutz	Anwendung bei allen MSG-Verfahren Unlegierte, niedriglegierte und hochlegierte Stähle Austenitische CrNi-Stähle	N5				5		R			sehr gut		
		N5				10		R			sehr gut		
		R1	R			5					sehr gut		
		N1						100			gut		
	Gasempfindliche Metalle	I1	100								sehr gut		

R = Balancegase/Rest; sehr gut; gut; durchschnittlich; kein Einfluss

4.4 Fügen durch Schweißen

4.4.1 Übersicht Handschweißverfahren

Schweißverfahren Kennzahl nach DIN EN ISO 4063	Verfahrensbild	Kurzbeschreibung	Werkstoffe
Gasschmelzschweißen 311	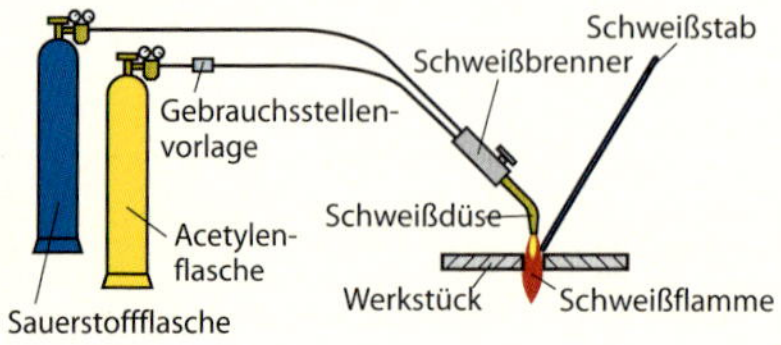 Schweißstab Schweißbrenner Gebrauchsstellenvorlage Acetylenflasche Schweißdüse Werkstück Schweißflamme Sauerstoffflasche	Die Schweißstelle wird mit einer Flamme aus Brenngas und Sauerstoff bis zum flüssigen Zustand erwärmt und die Bauteile miteinander verbunden.	niedriglegierte Stähle, NE-Metalle, Gusseisen Bleche und Rohre <6mm Heizungs-, Rohrleitungsbau alle Schweißpositionen ohne Fallnaht
Lichtbogenhandschweißen 111	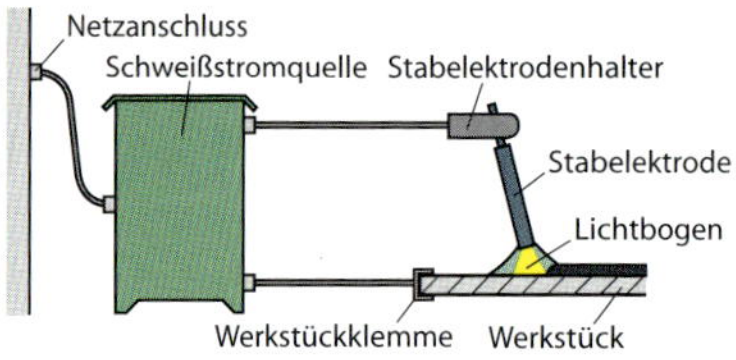 Netzanschluss Schweißstromquelle Stabelektrodenhalter Stabelektrode Lichtbogen Werkstückklemme Werkstück	Das Werkstück und die Elektrode als Zusatzwerkstoff, werden durch die Wärmewirkung eines Lichtbogens aufgeschmolzen und verschmelzen miteinander.	Bleche und Rohre aus Baustahl und Druckbehälterstahl alle Schweißpositionen Stahl-, Maschinen- und Apparatebau
Metall-Aktivgasschweißen (MAG) 135	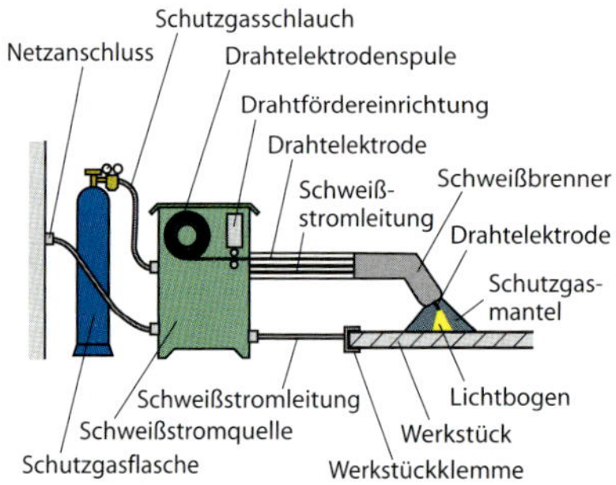 Schutzgasschlauch Netzanschluss Drahtelektrodenspule Drahtfördereinrichtung Drahtelektrode Schweißstromleitung Schweißbrenner Drahtelektrode Schutzgasmantel Schweißstromleitung Lichtbogen Schweißstromquelle Werkstück Schutzgasflasche Werkstückklemme	Das Werkstück und die Elektrode als Zusatzwerkstoff, werden durch die Wärmewirkung eines Lichtbogens aufgeschmolzen und verschmelzen miteinander. Die Schutzgashülle ist ein aktives Gas z.B. CO_2 ggfls. mit Argonzusatz	Niedrig- bis hochlegierte Stähle Stumpf- und Kehlnähte alle Schweißpositionen Stahl-, Behälter- und Brückenbau Blechdicke > 0,5mm
Metall-Intergasschweißen (MIG) 131		Das Werkstück und die Elektrode als Zusatzwerkstoff, werden durch die Wärmewirkung eines Lichtbogens aufgeschmolzen und verschmelzen miteinander. Die Schutzgashülle ist ein inertes Gas z.B. Argon.	hochlegierte Stähle, NE-Metalle Stumpf- und Kehlnähte alle Schweißpositionen Stahl-, Behälter- und Brückenbau Blechdicke > 0,5mm
Wolfram-Inertgasschweißen 141	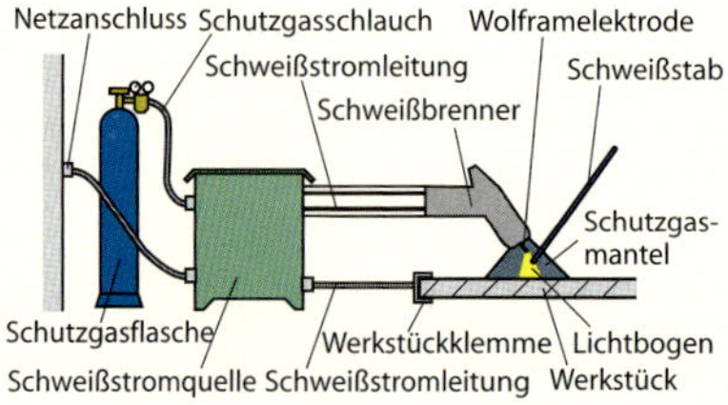 Netzanschluss Schutzgasschlauch Wolframelektrode Schweißstromleitung Schweißstab Schweißbrenner Schutzgasmantel Schutzgasflasche Werkstückklemme Lichtbogen Schweißstromquelle Schweißstromleitung Werkstück	Ein Schweißzusatz und der Grundwerkstoff werden in einem Lichtbogen aufgeschmolzen und verschmelzen. Die Wolframelektrode schmilzt nicht ab. Die Schutzgashülle ist ein inertes Gas z.B. Argon.	fast alle Metalle schweißbar alle Schweißpositionen Blechdicke < 6mm Stumpf- und Kehlnähte

4.4.2 Schweißverhalten und Klassenkennzeichnung von Gasschweißstäben

DIN EN ISO 20378 : 2018-12

Schweißstabklasse nach DIN EN ISO 20378	O I (G I)	O II (G II)	O III (G III)	O IV (G IV)	O V (GV)	O VI (G VI)	– (G VII)[1]
Fließverhalten	dünnfließend	weniger dünnfließend	zäh fließend				
Spritzer	viel	wenig	keine				
Porenneigung	ja	ja	nein				gering
Einprägung	I	II	III	IV	V	VI	VII
Farbe	–	Grau	Gold	Rot	Gelb	Grün	Silber
Lieferform	Stabdurchmesser: 1,5; 2,0; 2,5; 3,0; 4,0; 5,0 und 6,0 mm Stablängen: 1000 mm, verkupfert (Korrosionsschutz)						

[1]) Bezeichnungen in Klammern nach zurückgezogener DIN 8554. Der Schweißstab GVII wird in DIN EN ISO 20378 nicht aufgenommen.

4.4.3 Zuordnung von Schweißstäben – Stahlsorte

Gasschweißen								
Werkstoffbenennung			**Geeignete Schweißstabklasse DIN EN ISO 20378**					
Stahlart	**Norm**	**Stahlsorte Bezeichnung**	**O I (G I)**	**O II (G II)**	**O III (G III)**	**O IV (G IV)**	**O V (G V)**	**O VI (G VI)**
Allgemeine Baustähle	DIN EN 10025	S185	×	×	×	×		
		S235JR		×	×	×		
		S235J0			×	×		
		S275JR		×	×	×		
		S275J0			×	×		
		E295	×	×	×	×		
		S355J0			×	×		
Stahlrohre	DIN EN 10255		×	×	×	×		
	DIN EN 10217-1				×	×		
Rohre	DIN EN 10216-2				×	×		
Warmfeste Rohre	DIN EN 10217-2				×	×		
Bleche Bänder	DIN EN 10028	P235GH P265GH			× ×	× ×		
Bleche Bänder Rohre	DIN EN 10028 DIN EN 10216-2	P295GH 13CrMo 4-5 10CrMo 9-10				×	×	×

4.4.4 Schweißverfahren – Lötverfahren- Übersicht

DIN EN ISO 4063 : 2011-03 DIN ISO 857 : 2016-09

Kennzahl nach DIN EN ISO 4063	Verfahren
0	**Schmelzschweißen**
1	Lichtbogenschweißen
11	Metall-Lichtbogenschweißen
111	Lichtbogenhandschweißen
114	Metall-Lichtbogenschweißen mit Fülldrahtelektrode
12	Unterpulverschweißen
13	Metall-Schutzgasschweißen
131	Metall-Inertgasschweißen
135	Metall-Aktivgasschweißen
136	Metall-Aktivgasschweißen mit Fülldrahtelektrode
137	Metall-Inertgasschweißen mit Fülldrahtelektrode
141	Wolfram-Inertgasschweißen
15	Plasmaschweißen
2	**Widerstandsschweißen**
21	Widerstands-Punktschweißen
22	Widerstand-Rollennahtschweißen
23	Buckelschweißen
24	Abbrennstumpfschweißen
3	**Gasschmelzschweißen**
311	Gasschmelzschweißen mit Acetylen als Brenngas
4	**Pressschweißen**
41	Ultraschallschweißen
42	Reibschweißen
47	Gaspressschweißen
5	**Strahlschweißen**
512	Elektronenstrahlschweißen in Atmosphäre
7	**Andere Schweißverfahren**
72	Elektroschlackeschweißen
781	Lichtbogenbolzenschweißen
	Schweißen von Kunststoffen
	Heizelementschweißen, Warmgasschweißen, Lichtstrahlschweißen, Ultraschallschweißen, Reibschweißen, Hochfrequenzschweißen
	Heizwendelschweißen
9	Löten
91	Hartlöten
912/918	Flammhartlöten / Widerstandshartlöten
94	Weichlöten
942/948/952/971	Flammweichlöten/Widerstandsweichlöten/Kolbenweichlöten/Fugenlöten mit Flamme

4.4.5 Schweißeignung von unlegierten und legierten Stählen *Fitness for welding*

Schweißeignung von unlegierten und legierten Stählen

Die Schweißeignung lässt sich mithilfe des Kohlenstoffäquivalents CEV [1]) (früher mit K bezeichnet) bestimmen.

$$\mathrm{CEV} = \mathrm{C} + \frac{\mathrm{Mn}}{6} + \frac{\mathrm{Cr}+\mathrm{Mo}+\mathrm{V}}{5} + \frac{\mathrm{Ni}+\mathrm{Cu}}{15}$$

für C ≤ 0,40 %, Mn ≤ 1,6 %, Cr ≤ 1,0 %, Ni ≤ 3,5 %, Mo ≤ 0,60 %, Cu ≤ 1,0 %

CEV in %	Schweißeignung	Vorwärmen	Elektrodentyp
0 ...0,40	gut	nicht notwendig	alle geeignet
0,40...0,45	bedingt geeignet	100 °C...150 °C	basische Typen mit geringem Wasserstoffgehalt
0,45...0,60		150 °C...250 °C	basische Typen mit geringem Wasserstoffgehalt, austenitische Elektroden
> 0,60	nicht gewährleistet	250 °C...370 °C	basische Typen mit geringem Wasserstoffgehalt, austenitische Elektroden

[1]) nach Dearden und Neill

4.4.6 Schweißpositionen *Welding positions*

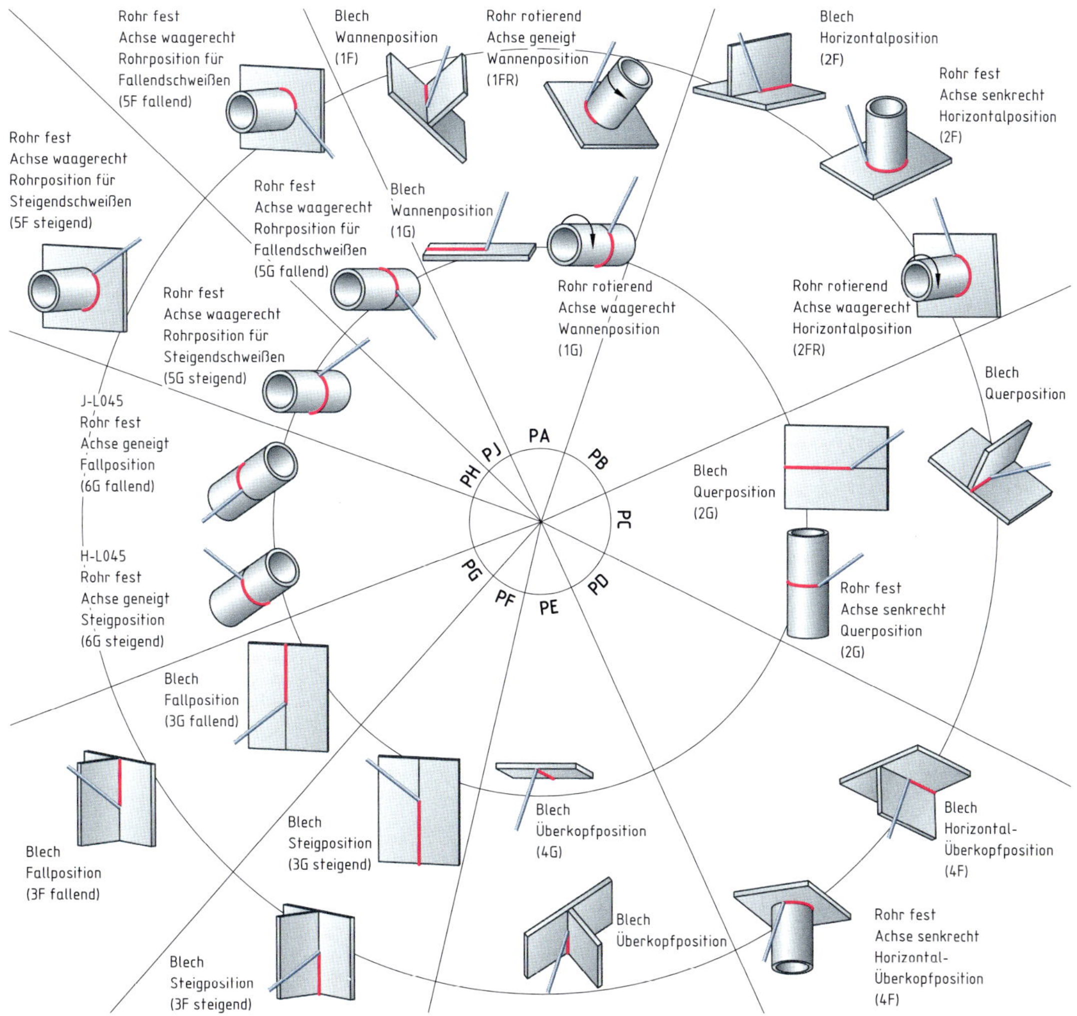

4.4.7 Schweißnahtvorbereitung für Stahl und Aluminium *Joint preperation*

Schweißnahtvorbereitung für Stahl und Aluminium (Stumpfstoß) DIN EN ISO 9692-1 : 2004-05, -3 : 2001-07

	Schweißnahtform / Fugenform, symbolhafte Darstellung	Blechdicke t in mm	Stahl b in mm	Stahl c in mm	Stahl h in mm	Stahl α, β °	Stahl Verfahren	Aluminium b in mm	Aluminium c in mm	Aluminium h in mm	Aluminium α, β °	Aluminium Verfahren
Bördelnaht	Bördelnaht 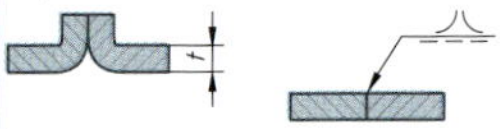	$t \leq 2$	–	–	–	–	3, 111, 141, 512	–	–	–	–	141
I-Naht	I-Naht, einseitig geschweißt 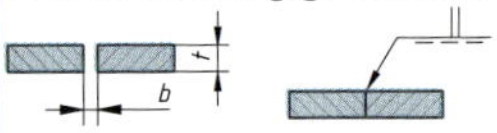	$t \leq 4$	$b \approx t$	–	–	–	3, 111, 141	$b \leq 2$ (Kantenbrechung an Wurzel empfohlen)	–	–	–	141
I-Naht	I-Naht, beidseitig geschweißt. Mit Badsicherung 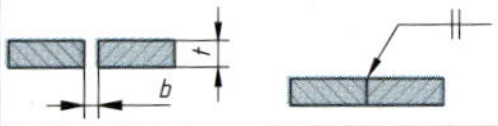	$t \leq 4$	$b \approx t$	–	–	–	111, 141	$b \leq 1{,}5$	–	–	–	141
		$3 \leq t \leq 8$	$6 \leq b \leq 8$	–	–	–	131, 135					
V-Nähte	V-Naht, einseitig geschweißt 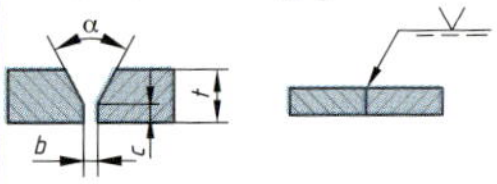	$3 \leq t \leq 10$	$b \leq 4$	$c \leq 2$	–	$40 \leq \alpha \leq 60$	3	$b \leq 3$	$c \leq 2$	–	$\alpha \geq 50$	141
								$b \leq 2$ (für Aluminium $3 \leq t \leq 10$)			$60 \leq \alpha \leq 90$	131
V-Nähte	V-Naht, mit Gegenlage 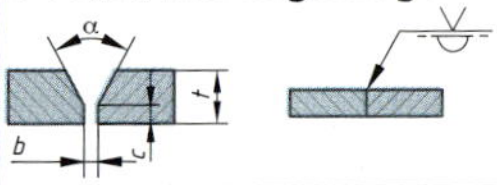	$3 \leq t \leq 40$	$b \leq 3$	$c \leq 2$	–	$\alpha = 60$	111, 141	–	–	–	–	–
						$40 \leq \alpha \leq 60$	131, 135					
V-Nähte	DV-Naht (Doppel-V-, X-Naht) 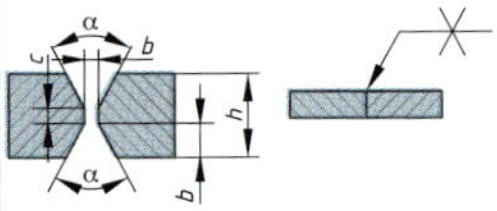	$t > 10$	$1 \leq b \leq 3$	$2 \leq c$	$h = 0{,}5t$	$\alpha = 60$	111, 141	$b \leq 3$ (für Aluminium $6 \leq t \leq 15$)	$c \leq 2$	–	$\alpha \geq 60$	141
						$40 \leq \alpha \leq 60$	131, 135	(für Aluminium $t \geq 15$)			$\alpha \geq 70$	131, 141
V-Nähte	HV-Naht, ohne/mit Gegenlage 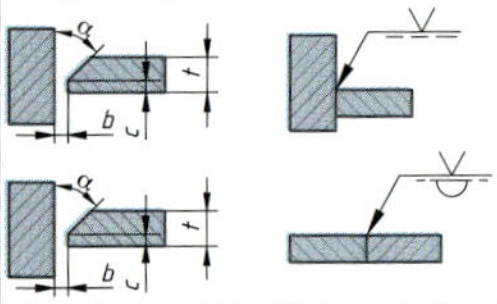	$3 \leq t \leq 10$	$2 \leq b \leq 4$	$1 \leq c \leq 2$	–	$35 \leq \alpha \leq 60$	111, 131,	$b \leq 3$	$c \leq 2$	–	50	131, 141
		$3 \leq t \leq 30$	$1 \leq b \leq 4$	$2 \leq c$	–		135, 141					
V-Nähte	DHV-Naht (Doppel HV-, K-Naht) 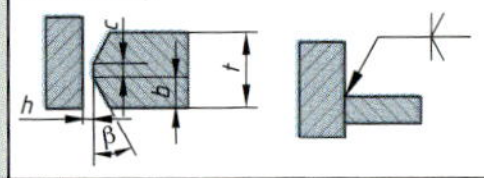	$t > 10$	$1 \leq b \leq 4$	$c \leq 2$	$h = 0{,}5t$ oder $h = 0{,}33t$	$35 \leq \alpha \leq 60$	111, 131, 135, 141	$b \leq 3$ Nicht genormt	$c \leq 2$	$h = 0{,}5t$	≈ 60	131, 141
Y-Nähte	Y-Naht, einseitig geschweißt 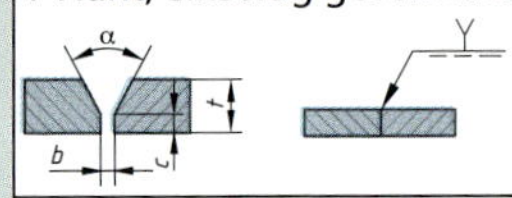	$5 \leq t \leq 40$	$1 \leq b \leq 4$	$2 \leq c \leq 4$		≈ 60	111, 131, 135, 141	$b < 2$ (für Aluminium $3 \leq t \leq 15$)	$c \leq 2$	–	$\alpha \geq 50$	131, 141
Y-Nähte	DY-Naht (Doppel-Y-Naht) 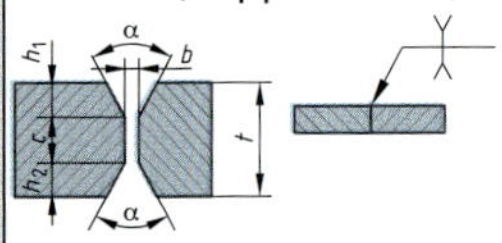	$t > 10$	$1 \leq b \leq 4$	$2 \leq c \leq 6$	$h_1 = h_2 = \frac{t-c}{2}$	$\alpha = 60$	111, 141	$b \leq 3$ (für Aluminium $6 \leq t \leq 15$)	$2 \leq c \leq 4$	$h_1 = h_2 = \frac{t-c}{2}$	$\alpha \leq 50$	141
						$40 \leq \alpha \leq 60$	131, 141	(für Aluminium $t \geq 15$)	$2 \leq c < 6$	$60 \leq \alpha \leq 70$		131

4.4.8 Übersicht und Kennwerte von Schweißmaschinen (Auswahl) *Welding machines*

Übersicht und Kennwerte von Schweißmaschinen (Auswahl)

Maschinentyp	**Inverter**						**Schweißgleichrichter**	**Schweißaggregate**
Schweißverfahren	WIG AC/DC		WIG DC		Elektrodenschweißgerät	MAG/MIG	E, MIG/MAG	E, MAG
Ausführung	tragbar, gasgekühlt	fahrbar, wassergekühlt	tragbar, gasgekühlt	fahrbar, wassergekühlt	fahrbar, eingebaute Wasserkühlung	fahrbar, wassergekühlt	fahrbar	fahrbar
Anschluss in V	240/400	240/400	240/400	240/400	240/400	240/400	240/400	Dieselmotor/ E-Motor
Einstellbereich in A	5 ... 230	5 ... 450	5 ... 300	5 ... 450	1 ... 400	5 ... 550	60 ... 750	60 ... 500
Arbeitsspannung in V	12 ... 36				33 ... 36	31 ... 40	36 ... 44	30 ... 40
Leerlaufspannung in V	75	106/75	75/95/106	78/106	80	75	69	–
Schweißzusatzwerkstoff *d* in mm	1 ... 4				1,5 ... 6,0 Stab	0,6 ... 1,6 Massivdraht, 1 ... 1,6 Aluminiumdraht	0,6 ... 1,6 Massivdraht	1,5 ... 5,0
Sicherheitsklasse	S	S	S	S	S	S	S	

Hinweis: Inverter werden meist als Kombigeräte für WIG/Lichtbogenhandschweißen oder MIG/MAG angeboten. Je nach Hersteller verfügen moderne Schweißmaschinen über folgende Zusatzfunktionen: HF-Zündgeräte, Einstellen der Taktfrequenz, wahlweises Einstellen von AC oder DC[1]), Frequenzeinstellmöglichkeit bei AC für Dünnbleche, Einstellen der Wechselstrombalance für Alu-Schweißen, Hotstart für Stabelektroden, u. a. m.

[1]) AC = Wechselstrom, DC = Gleichstrom

4.4.9 Stabelektroden nach DIN EN ISO 2560 : 2010-03 *Stick electrodes*

Stabelektrode

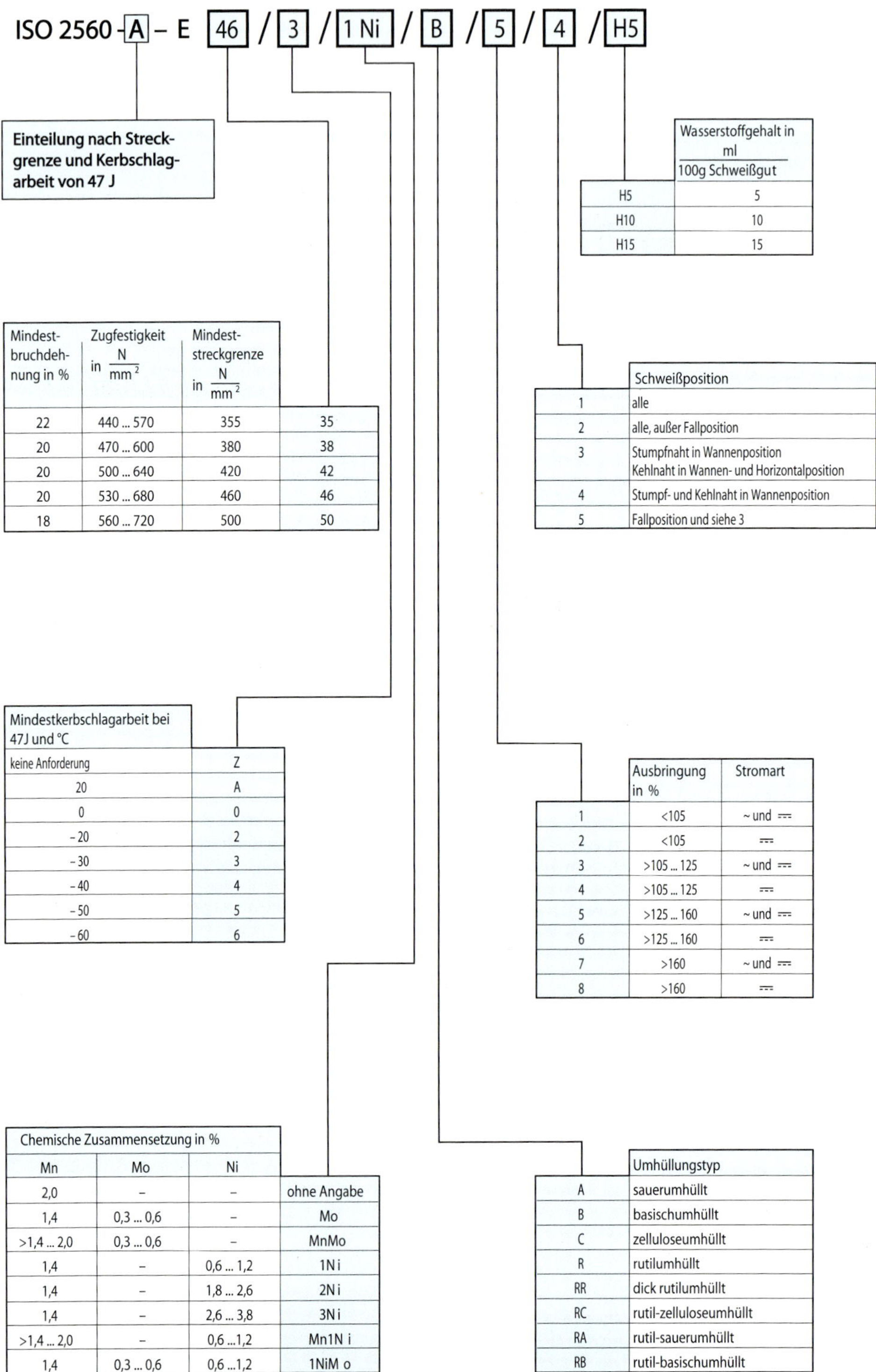

ISO 2560 - A - E 46 / 3 / 1 Ni / B / 5 / 4 / H5

A: Einteilung nach Streckgrenze und Kerbschlagarbeit von 47 J

Mindestbruchdehnung in %	Zugfestigkeit in $\frac{N}{mm^2}$	Mindeststreckgrenze in $\frac{N}{mm^2}$	
22	440 ... 570	355	35
20	470 ... 600	380	38
20	500 ... 640	420	42
20	530 ... 680	460	46
18	560 ... 720	500	50

Mindestkerbschlagarbeit bei 47J und °C	
keine Anforderung	Z
20	A
0	0
- 20	2
- 30	3
- 40	4
- 50	5
- 60	6

Chemische Zusammensetzung in %			
Mn	Mo	Ni	
2,0	–	–	ohne Angabe
1,4	0,3 ... 0,6	–	Mo
>1,4 ... 2,0	0,3 ... 0,6	–	MnMo
1,4	–	0,6 ... 1,2	1Ni
1,4	–	1,8 ... 2,6	2Ni
1,4	–	2,6 ... 3,8	3Ni
>1,4 ... 2,0	–	0,6 ...1,2	Mn1Ni
1,4	0,3 ... 0,6	0,6 ...1,2	1NiMo

	Umhüllungstyp
A	sauerumhüllt
B	basischumhüllt
C	zelluloseumhüllt
R	rutilumhüllt
RR	dick rutilumhüllt
RC	rutil-zelluloseumhüllt
RA	rutil-sauerumhüllt
RB	rutil-basischumhüllt

	Ausbringung in %	Stromart
1	<105	~ und ⎓
2	<105	⎓
3	>105 ... 125	~ und ⎓
4	>105 ... 125	⎓
5	>125 ... 160	~ und ⎓
6	>125 ... 160	⎓
7	>160	~ und ⎓
8	>160	⎓

	Schweißposition
1	alle
2	alle, außer Fallposition
3	Stumpfnaht in Wannenposition Kehlnaht in Wannen- und Horizontalposition
4	Stumpf- und Kehlnaht in Wannenposition
5	Fallposition und siehe 3

	Wasserstoffgehalt in $\frac{ml}{100g\ Schweißgut}$
H5	5
H10	10
H15	15

Hinweis: Die Anforderungen an Zugfestigkeit, Mindestkerbschlagbarkeit beziehen sich auf das Schweißgut.

4.4.10 Zuordnung Stabelektroden für das Lichtbogenhandschweißen – Werkstoff

ISO 2560 : 2010-03(Auswahl)

Stabelektroden nach DIN EN 499	Stahlsorten														
	Baustähle				Rohrstähle				Kesselbleche						
	S235JR (St 37-2)	S235J2G3* (St 37-3)	E295 (St 52-0)	S355J2G3* (St 52-3)	L235 5) (St 37-0)	L355 5) (St 52.0)	L275 5) (St 44.0)	L290NB (StE 290.7)	P235GH (HI)	P265GH (HII)	P295GH (17 Mn 4)	P355GH (19 Mn 6)	Strom-art 1)	Position 2)	Um-hüllung
E 42 0 RC 11	×	×		×	×	×	×	×	×	×	×	×	~, ⎓ –	alle	Rutilzellulose
E 42 0 RR 12	×	×		×	×	×	×	×	×	×	×	×	⎓ –, ~	Alle, bedingt PG(f)	Rutil, dickumhüllt
E 42 0 RC 11	×	×		×	×	×	×	×	×	×	×	×	~, ⎓ –	alle	Rutilzellulose
E 42 0 RR 12 3)	×	×		×	×	×	×	×	×	×	×	×	⎓ –, ~	Alle, bedingt PG(f)	Rutil, dickumhüllt
E 42 0 RR 12 4)	×	×		×	×	×	×		×	×			⎓ –, ~	Alle, bedingt PG(f)	Rutil, dickumhüllt
E 38 2 RB 12	×	×		×	×	×	×	×	×	×	×	×	⎓ –, ~	Alle, außer PG(f)	rutilbasisch
E 42 2 RB 12	×	×		×	×	×	×	×	×	×	×	×	⎓ –, ~	Alle, außer PG(f)	rutilbasisch
E 38 0 RR 73	×	×		×	×	×	×	×	×	×	×	×	~, ⎓ –	Bevorzugt PA(w), PB(h)	dickrutil
E 38 0 RR 53	×	×		×	×	×	×	×	×	×	×	×	~, ⎓ –	Bevorzugt PA(w), PB(h)	dickrutil
E 42 0 RR 73	×	×		×	×	×	×	×	×	×	×	×	~, ⎓ –	Bevorzugt PA(w), PB(h)	dickrutil
E 38 0 RR 73	×	×	×	×	×	×	×	×	×	×	×	×	~, ⎓ –	Bevorzugt PA(w), PB(h)	dickrutil
E 42 2 B 15 H10	×	×	×	×	×	×	×	×	×	×	×	×	~, ⎓ –	Bevorzugt PG(f)	basisch
E 38 2 B 12 H10	×	×	×	×	×	×	×	×	×	×	×	×	⎓ ±, ~	Alle, bedingt PG(f)	rutilbasisch
E 42 4 B 32 H10	×	×	×	×	×	×	×	×	×	×	×	×	⎓ +, ~	Alle, außer PG(f)	rutilbasisch
E 38 5 B 73 H10	×	×	×	×	×	×	×	×	×	×	×	×	~, ⎓ +	Bevorzugt PA(w), PB(h)	rutilbasisch
E 42 6 B 42 H10	×	×	×	×	×	×	×	×	×	×	×	×	⎓ +, ~	Alle, außer PG(f)	basisch
E 38 6 B 42 H10	×	×	×	×	×	×	×	×	×	×	×	×	⎓ +, ~	Alle, außer PG(f)	basisch
E 42 3 B 42 H10	×	×	×	×	×	×	×	×	×	×	×	×	⎓ +, ~	Alle, außer PG(f)	basisch
E 43 3 B 83 H10	×	×		×	×	×	×	×	×	×	×	×	⎓ +	Bevorzugt PA(w), PB(h)	basisch

1) ~ für Wechselstrom, ⎓ – für Gleichstrom mit Elektrode an Minuspol, ⎓ + für Gleichstrom mit Elektrode an Pluspol
2) Position nach DIN EN ISO 6947 (DIN 1912 zurückgezogen)
3) Si 0,5, Mn 0,6 Gew.-%
4) Si 0,4, Mn 0,5 Gew.-%
5) Rohre, Rohrverbindungen und Fittings für den Transport wässriger Flüssigkeiten einschließlich Wasser
* Güteklassen sind in DIN EN 10 025 nicht mehr definiert.

4.4.11 Stabelektroden: Lieferformen, Einstelldaten (Auswahl)

Elektrodentyp nach DIN EN 2560	Stabelektrodendurchmesser *d* in mm											
	2		2,5		3,2		4		5		6	
	Strom-stärke in A	Länge in mm	Strom-stärke in A	Länge in mm	Strom-stärke in A	Länge in mm	Strom-stärke in A	Länge in mm	Strom-stärke in A	Länge in mm	Strom-stärke in A	Länge in mm
E 42 0 RC 11	50…60	250	60… 85	350	95…130	350	125…170	350	–	–	–	–
E 42 0 RR 12	50…75	250 350	60…100	350	95…140	350	130…190	450	170…240	450	–	–
E 42 0 RC 11	–	–	55… 85	350	90…135	350	130…170	350	175…220	450		
E 42 0 RR 12 [1]	50…70	250 350	65… 90	250 350	100…140	350 450	140…180	350 450	190…240	450	240…290	450
E 42 0 RR 12 [2]	50…70	250 350	65… 90	250 350	90…140	350	120…180	350	170…240	450	–	–
E 38 2 RB 12	50…60	250	70… 90	350	100…150	350 450	140…190	350 450	220…260	450	260…320	450
E 42 2 RB 12	50…60	250	70… 95	250 350	100…150	350 450	140…190	350 450	200…250	450	–	–
E 38 0 RR 73	–	–	–	–	130…150	450	180…220	450	280…360	450	300…360	450
E 38 0 RR 53	–	–	–	–	140…160	450	180…230	450	260…340	450	–	–
E 42 0 RR 73	–	–	–	–	140…160	450	180…230	450	260…340	450	–	–
E 38 0 RR 73	–	–	–	–	120…180	450	180…220	450	260…310	450	340…400	450
E 42 2 B 15 H10*	–	–	–	–	–	–	140…200	450	220…270	450	–	–
E 38 2 B 12 H10*	55…65	350	60… 90	350	95…150	350 450	140…190	450	190…250	450	260…330	450
E 42 4 B 32 H10*	–	–	65… 90	350	100…140	450	140…190	450	190…250	450	260…340	450
E 38 5 B 73 H10*	–	–	–	–	–	–	160…220	450	220…320	450	–	–
E 42 6 B 42 H10*	–	–	65… 90	350	100…140	350 450	140…190	450	190…250	450	260…340	450
E 38 6 B 42 H10*	–	–	60… 85	350	90…140	350	140…190	450	190…250	450	–	–
E 42 3 B 42 H10*	–	–	65… 90	350	100…140	450	140…190	450	190…250	450	260…340	450
E 46 3 B 83 H10*	–	–	50…100	350	110…160	450	160…210	450	200…280	450	–	–

Hinweis: Mit * gekennzeichnete Stabelektroden bei 300 bis 350 °C für 2 Stunden rücktrocknen.
Alle anderen im Bedarfsfall rücktrocknen bei 100 bis 110 °C für 1 Stunde.

[1]) Si 0,5; Mn 0,6 Gew.-% [2]) Si 0,4; Mn 0,5 Gew.-%

4.4.12 Elektrodenverbrauch pro Meter Naht (Stabelektrodenlänge 450 mm, Stummellänge 50 mm) *electrode consumption*

Nahtart		Bleckdicke in mm	Spaltbreite in mm	Elektrodenzahl Stück/Meter		
				Ø 2,5 mm	Ø 3,25 mm	Ø 4,0 mm
I-Naht	Einseitig Zweiseitig Zweiseitig	3 4 5	1,5 2 2	5,4 – –	2,4 2,9/2,9 3,5	 2,3
V-Naht 60°		6 8 10	1 1,5 2	– – –	4 4 } Wurzel 4	2,3 6,3 11,5
Kehlnaht	Nahtdicke in mm					
	3 4 5	– – –	– – –	– – –	4 6 9,3	2,7 4 6,2

4.4.13 Zuordnung Werkstoff zu Drahtelektrode für MAG-Schweißen

DIN EN ISO 14341: 2011-04

Werkstoff Bezeichnung: DIN EN	Bezeichnung des Schweißgutes Bezeichnung der Drahtelektrode [1])	Anforderungen an Schweißgut Mindest-streckgrenze in $\frac{N}{mm^2}$	Zugfestigkeit in $\frac{N}{mm^2}$	Mindest-bruchdeh-nung in %	Mindestkerb-schlagarbeit von 47J bei °C	Schutzgas
Unlegierte Baustähle						
DIN EN 1 025: S185, S235 bis S355, E295*, E355* * vorwärmen	G 46 2 C **G4 Si 1**	460	530…680	20	–20	CO_2/M2
	G 50 3 M **G4 Si 1**	500	560…720	18	–30	M2
	G 42 1 C **G3 Si 1**	420	500…640	20	–10	CO_2/M2
	G 46 2 M **G3 Si 1***	460	530…680	20	–20	CO_2/M2
	G 42 2 M **G2 Mo***	420	500…640	20	–20	M2
	* kein St50, St60					
Kesselstähle						
DIN EN 10028-1: P235 bis P355	G 46 2 C **G4 Si 1**	460	530…680	20	–20	CO_2/M2
	G 50 3 M **G4 Si 1**	500	560…720	18	–30	
P235 bis 295, 16Mo3	G 42 2 M **G2 Mo**	420	500…640	20	–20	z.B. M2
Rohrstähle						
DIN EN 10224/ DIN EN 10217-1 L235 bis L355/ P235TR1 bis P265TR2 DIN EN 10208-2 L 210GA (+M) bis L360NB	G 46 2 C **G4 Si 1**	460	530…680	20	–20	CO_2/M2
	G 50 3 M **G4 Si 1**	500	560…720	18	–30	
	G 42 1 C **G3 Si 1***	420	500…640	20	–10	
	* nur bis StE 320.7					
	G 42 2 M **G2 Mo**	420	500…640	20	–20	M2
Feinkornbaustähle						
DIN EN 10028-1: P275 bis P355	G 46 2 C **G4 Si 1**	460	530…680	20	–20	CO_2/M2
	G 50 3 M **G4 Si 1**	500	560…720	18	–30	
	G 42 1 C **G3 Si 1**	420	500…640	20	–10	
	G 46 2 M **G3 Si 1**	460	530…680	20	–20	
Schiffbaustähle						
Stahlguss						

[1]) Fettgedruckter Teil entspricht der Bezeichnung der Drahtelektrode
Bezeichnungsbeispiel für das Schweißgut: Schweißgut EN 440 – G 46 2 M G3 Si
Bezeichnungsbeispiel für den Zusatzwerkstoff: Drahtelektrode EN 440 – G3 Si

4.4.14 Lieferformen von Schweißdrähten *filler rods*

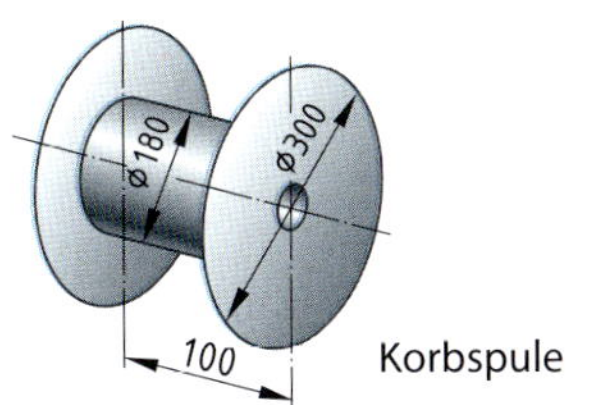

Korbspule

Drahtdurchmesser 0,8–1,6 mm
Spulengewicht max. 15 kg

Großspulen als Sonderanfertigung
für Drahtgewichte bis 300 kg
Alle Drähte gezogen und verkupfert.

4.4.15 Schweißzusätze für das Schweißen nichtrostender Stähle nach Allgemeine bauaufsichtliche Zulassung Z-30.3-6 vom 5. März 2018

Werkstoff Kurzame	Werkstoffnummer	Stabelektrode nach DIN EN ISO 3581	Drahtelektroden, Drähte und Stäbe nach DIN EN ISO 14343	Fülldrahtelektroden nach DIN EN ISO 17633
X2CrNi 12 X2CrTi12	1.4003 1.4512	19 9 L 18 8 Mn	19 9L 18 8 Mn	19 9L 18 8 Mn
X5CrNi18-10	1.4301	19 9 19 9 L 19 9 Nb	19 9 L 19 9 Nb	19 9 L 19 9 Nb
X2CrNi18-9 X2CrNi10-11	1.4307, 1.4306	19 9 L	19 9 L	19 9 L
X8CrNiTi18-10 X4CrNiMo16-5-1 X2CrNiN18-10	1.4541, 1.4318, 1.4311	19 9 L 19 9 Nb	19 9 L 19 9 Nb	19 9 L 19 9 Nb
X2CrNiMo17-12-2 X2CrNiMoN17-11-2 X2CrNiMoN17-13-3 X2CrNiMo17-12-3 X2CrNiMo18-14-3	1.4404, 1.4406, 1.4429, 1.4432, 1.4435	19 12 3 L	19 12 3 L	19 12 3 L
X6CrNiMoTi17-12-2	1.4571	19 12 3 L 19 12 3 Nb	19 12 3 L 19 12 3 Nb	19 12 3 L 19 12 3 Nb
X1NiCrMoCu25-20-5	1.4539	NiCr22Mo9Nb[1)]	20 25 5 Cu N L NiCr22Mo9Nb[2)]	–
X2CrNiMoN17-13-5	1.4439	18 16 5 N L	18 16 5 N L	18 16 5 N L
X2CrNiN23-4 X2CrNiMoN22-5-3 X2CrNiMnMoCuN24-4-3-2 X2CrNiMoN25-7-4 X2CrNiMoCuWN25-7-4 X2CrNiMoCu25-6-0	1.4362, 1.4662, 1.4662, 1.4410, 1.4501, 1.4507	22 9 3 NL	22 9 3 NL	22 9 3 NL
X2C NiN22-2 X2CrMnNiN21-5-1 X2CrMnNiMoN21-5-3	1.4062, 1.4162, 1.4482	22 93 NL 23 7 NL	22 93 NL 23 7 NL	22 93 NL 23 7 NL
X1NiCrMoCuN25-20-7	1.4529	NiCr23Mo16[1)] NiCr22Mo9Nb[1)]	NiCr23Mo16Cu2[2)] NiCr22Mo9Nb[2)]	–
X1CrNiMoCuN20-18-7 X2CrNiMnMoN25-18-6-5	1.4547, 1.4565	NiCr22Mo9Nb[1)]	NiCr22Mo9Nb[2)]	–

[1)] nach DIN EN ISO 14172:2016-02
[2)] nach DIN EN ISO 18274:2011-04

4.4.16 Einstellgrößen für das MAG-Schweißen von unlegierten und niedriglegierten Stählen in der Position PA (waagerecht)

Blech- bzw. Nahtdicke t in mm	Nahtart	Zusatzdraht d in mm	Schweißgeschwindigkeit v in $\frac{\text{cm}}{\text{min}}$	Stromstärke I in A	Spannung U in V	CO_2-Verbrauch $\dot{V}_{Gas}$ in $\frac{\text{l}}{\text{min}}$
1	I-Naht	0,8	40	60	18 … 20	8 … 10
2	I-Naht	1,2	36	120	18 … 20	8 … 10
3	I-Naht	1,2	36	180	20 … 21	12 … 16
4	I-Naht	1,2	36	180	20 … 21	12 … 16
8	I-Naht	1,6	33	180 … 240	21 … 27	16 … 18
10	I-Naht	1,6	36	180 … 240	21 … 30	16 … 18
3	Kehlnaht	1,2	33	160	23 … 25	12 … 16
4	Kehlnaht	1,6	50	350	42 … 50	18 … 20
5	Kehlnaht	1,6	50	350	42 … 50	18 … 20

4.4.17 Zuordnung von Werkstoff zu Schweißstäben beim WIG-Schweißen

DIN EN ISO 636 : 2008-08, DIN EN ISO 21952 : 2008-02, DIN EN ISO 14343 : 2010-04

Werkstoff		Schweißstab	Anforderungen an Schweißgut				Schutzgas
Bezeichnung: DIN EN	frühere DIN	Bezeichnung nach DIN EN ISO 14341 (alt: DIN EN 440), DIN EN ISO 21952 (alt: DIN EN 12070), DIN EN ISO 14343 (alt: DIN EN 12072)	Mindeststreckgrenze in $\frac{\text{N}}{\text{mm}^2}$	Zugfestigkeit in $\frac{\text{N}}{\text{mm}^2}$	Mindestbruchdehnung in %	Mindestkerbschlagarbeit	
Rohrstähle für Wurzellagen							
DIN EN 10 224/ DIN EN 10 217-1 L235 bis L355/P235TR1 bis P265TR2 DIN EN 10 208-2 L 210GA(+M) bis L360NB	DIN 1626/1629: St 37.0 bis St 52.0 DIN 1628/1630: St 37.4 bis St 52.4 DIN 17 115: St 35.8 bis St 45.8 DIN 17 172: StE 210 bis StE 350.7	Stab EN 1668-W46 3 **W2 Si**[1]) (alt: Stab DIN 8559-SG1)	460	530 … 680	20	47 J bei −30 °C	Argon R
		Schweißstab EN 12070 **W Mo**[1])	355	510	22	>47 J bei RT	
Feinkornbaustähle							
DIN EN 10 028 : P275 bis P355	DIN 17 102: StE 222 bis StE 355 WSt 255 bis WSt 355 TStE 255 bis TStE 255	Stab EN 1668-W46 3 **W2 Si**[1])	460	530 … 680	20	47 J bei −30 °C	
		Schweißstab EN 12070 **W Mo**	470	570 … 670	22	>80 J bei RT	
Nichtrostende Stähle							
DIN EN 10 088-1 X5CrNiMo 17-12-2		Stab DIN EN 12072 **W 19 12 3 L**[1]) (alt: Stab DIN 8556 SG X 2CrNiMo 19 12)	>320	550 … 650	>35	>80 J bei RT	
X6CrNiTi18-10		Stab DIN EN 12072 **W 19 9 Nb**[1]) (alt: Stab DIN 8556 SG X 5 CrNiNb 19 9)	>350	570 … 670	>30	>60 J bei RT	

Werkstoff		Schweißstab	Anforderungen an Schweißgut				Schutzgas
Bezeichnung:		**Bezeichnung nach DIN EN ISO 14341 (alt: DIN EN 440), DIN EN ISO 21952 (alt: DIN EN 12070), DIN EN ISO 14343 (alt: DIN EN 12072)**	**Mindeststreckgrenze in $\frac{N}{mm^2}$**	**Zugfestigkeit in $\frac{N}{mm^2}$**	**Mindestbruchdehnung in %**	**Mindestkerbschlagarbeit**	
DIN EN	**DIN**						
Aluminium							
DIN EN 485-2, DIN EN 753-3, DIN EN 1780, DIN EN 1706							Argon R Helium R
EN AW-1050A (Al 99,5) EN AW-1200 (Al 99) EN AW-1080A (Al 99,8) EN AW-1070A (Al 99,7)		Massivstab EN ISO 18 273-S Al 1450 (Al99,5Ti) (alt: Stab DIN 1732 SG-Al 99, 5 Ti)	≥20	≥120	≥35		
EN AW-5754 (Al Mg 3) EN AW-5049 (Al Mg Mn 0,8) EN AW-5005 (Al Mg 1)		Massivstab EN ISO 18 273-S Al 5754 (AlMg3) (alt: Stab DIN 1732 SG-Al Mg 3)	≥80	≥190	≥20		
EN AW-3207 (AlMn 0,6) EN AW-3103 (AlMn 1) EN AW-3003 (AlMnCu)		Massivstab EN ISO 18 273-S Al 3103 (AlMn3) (alt: Stab DIN 1732 SG-Al Mn 1)					
EN AW-5019 (Al Mg 5) EN AW-5754 (Al Mg 3) EN AW-7020 (Al Zn 4,5 Mg 1)		Massivstab EN ISO 18 273-S Al 5556A (AlMg5Mn) (alt: Stab DIN 1732 SG-Al Mg 5)	≥110	≥120	≥17		
EN AW-5083 (Al Mg 4,5 Mn) EN AW-5019 (Al Mg 5) EN AW-7020 (Al Zn 4,5 Mg 1)		Massivstab EN ISO 18 273-S Al 5183 (AlMg4,5Mn0,7) (alt: Stab DIN 1732 SG-Al Mg 4,5 Mn)	>125	≥275	≥17		
EN AW-6060 (Al Mg Si 0,5) EN AW-6005 (Al Mg Si 0,7) EN AW-6082 (Al Mg Si 1)		Massivstab EN ISO 18 273-S Al 4043 (AlSi5) (alt: Stab DIN 1732 SG-Al Si 5)	≥40	≥120	≥17		

[1]) Fettgedruckter Teil entspricht der Bezeichnung der Drahtelektrode
Bezeichnungsbeispiele
Massivstab EN ISO 18273-S Al 4043 oder Massivstab EN ISO 18273-S Al 4043 (AlSi5)
Hinweis: Wird mit Massivdraht geschweißt, ändert sich die Bezeichnung durch Voranstellen des Wortes Massivdraht statt Massivstab

4.4.18 Einstellgrößen für das WIG-Schweißen für verschiedene Werkstoffe (Auswahl)

Werkstoff	Blechdicke t in mm	Nahtart	Zusatzdraht d in mm	Stromstärke I in A	Spannung U in V	Schweißgeschwindigkeit v_c in $\frac{\text{cm}}{\text{mim}}$	Ar-Verbrauch $\dot{V}_{Gas}$ in $\frac{\text{l}}{\text{min}}$
legierter Stahl	1	I-Naht	1,6	60	10 ... 15	10 ... 15	3
	2		2	105	10 ... 15	20 ... 25	3 ... 4
	3		4	135	10 ... 15	20 ... 5	3 ... 5
	5		4	195	15 ... 20	15 ... 20	4 ... 5
Aluminium	1		2	45 ... 50	20 ... 25	≈20	3 ... 4
	2		3	80 ... 86	20 ... 25	≈20	3 ... 4
	4		3	160 ... 180	20 ... 25	≈16	4 ... 5
Kupfer	1		1,5	70 ... 100	20 ... 25	≈32	4
	3		2	150 ... 240	20 ... 25	≈30	5
	5		3	220 ... 350	25 ... 30	≈24	5

Gleichstromlichtbogen
verwendbar für: Stumpf- und Kehlnähte, Wurzelschweißungen
Schutzgas: Argon
Werkstoff: Schwermetalle, Titan
Polung: Minuspol an Elektrode, (geringere thermische Belastung; kein Abschmelzen)

Wechselstromlichtbogen
verwendbar für: Stumpf- und Kehlnähte, Wurzelschweißungen
Schutzgas: Argon
Werkstoff: Leichtmetalle außer Titan
Polung: Wechselstrom. Durch das dauernde Ändern der Polarität wird die hochschmelzende Oxidhaut der Leichtmetalle zerstört.

4.4.19 Schweißnahtberechnungen *Dimensioning of seams*

Nahtquerschnitt, Schweißgutmenge

	Formel	Formelzeichen	Erklärung
Nahtquerschnitt I-Naht (s, b)	$A = b \cdot s$	A	Schweißnahtquerschnittsfläche in mm²
		b	Spaltbreite in mm
		s	Blechdicke in mm
		α	Öffnungswinkel in °
		a	a-Maß
V-Naht (α, s, b)	$A = s \cdot b + s^2 \cdot \tan\frac{\alpha}{2}$ $A = s \cdot (c \cdot s + b)$	c	Nahtformfaktor Berechnung des a-Maßes $a = 0{,}7 \cdot t$ bei einseitiger Kehlnaht $a = 0{,}5 \cdot t$ bei Doppelkehlnaht Nahtformfaktoren c
Kehlnaht (h, α)	$A = a^2 \cdot \tan\frac{\alpha}{2}$ Für $\alpha = 90° \Rightarrow \tan\frac{\alpha}{2} = 1$ $A = a^2$		(siehe Tabelle Nahtformfaktoren)

α in °	V-Naht	X-Naht
60	0,58	0,29
70	0,71	0,36
90	1,00	0,50

	Formel	**Formelzeichen**	**Erklärung**
Schweißgutmenge durch Massenberechnung	$V = A \cdot l$	V	Schweißnahtvolumen in cm^3
	$m_0 = A \cdot l \cdot \varrho$	A	Nahtquerschnitt in cm^2
	$m_{\%} = m_0 \cdot x$	l	Nahtlänge in cm
	$m = m_0 \cdot (1 + x)$	m_0	Schweißgutmasse in g
		ϱ	Schweißgutdichte in $\frac{g}{cm^3}$
		$m_{\%}$	Schweißgutmasse der Nahtüberhöhung in g
		x	Zuschlag für Nahtüberhöhung in % I-Naht: 10 ... 15 % V-Naht: 10 ... 25 % Kehlnaht: 10 ... 25 %
Schweißgutmenge aus Tabellen	$m = l \cdot m_T$	m	Schweißgutmasse in g
		l	Nahtlänge in m
		m_T	längengezogene Schweißgutmasse in $\frac{g}{m}$

Nahtüberhöhung

Kehlnaht $\alpha = 90°$ | V-Naht $\alpha = 60°$

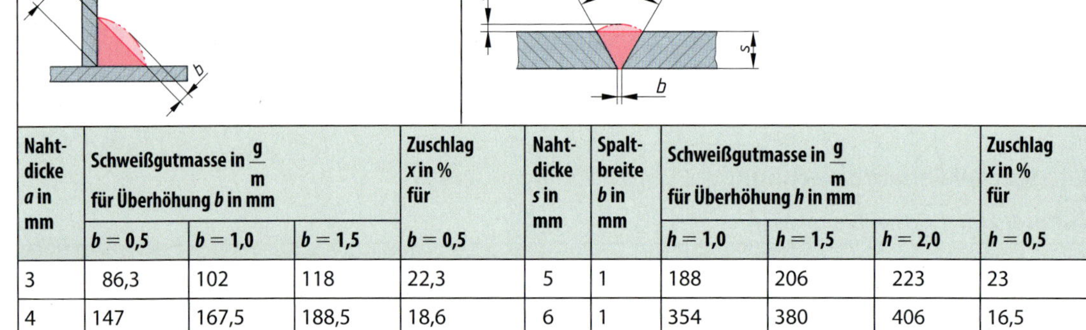

Nahtdicke a in mm	Schweißgutmasse in $\frac{g}{m}$ für Überhöhung b in mm			Zuschlag x in % für	Nahtdicke s in mm	Spaltbreite b in mm	Schweißgutmasse in $\frac{g}{m}$ für Überhöhung h in mm			Zuschlag x in % für
	$b = 0{,}5$	$b = 1{,}0$	$b = 1{,}5$	$b = 0{,}5$			$h = 1{,}0$	$h = 1{,}5$	$h = 2{,}0$	$h = 0{,}5$
3	86,3	102	118	22,3	5	1	188	206	223	23
4	147	167,5	188,5	18,6	6	1	354	380	406	16,5
5	222	249	275	13,2	8	1,5	441	469	469	14,5
6	314	346	377	11,1	10	2	681	716	752	11,5
7	422	458	495	9,6	12	2	925	965	1010	9,8

Elektrodentyp nach DIN EN 499	Abmessung in mm	I_1 in A	t_1 in s	$\dot{m}_1$ in $\frac{kg}{h}$	I_2 in A	t_2 in s	$\dot{m}_2$ in $\frac{kg}{h}$	I_3 in A	t_3 in s	$\dot{m}_3$ in $\frac{kg}{h}$
E 38 0 RC 11	3,25 × 350 4,00 × 350	90 140	103 74	0,62 1,33	120 160	68 64	0,94 1,54	130 180	57 57	1,12 1,72
E 42 0 RR 12	3,25 × 450 4,00 × 450	100 140	95 129	0,69 1,03	130 170	72 101	0,90 1,32	140 180	64 93	1,01 1,43
E 38 2 B12 H10	3,25 × 450 4,00 × 450	95 140	122 108	0,78 1,35	140 170	82 85	1,16 1,72	150 190	74 73	1,29 2,00
E 38 0 RR 73	3,25 × 450 4,00 × 450	120 160	119 129	1,24 1,75	140 200	96 97	1,55 2,34	160 220	77 86	1,91 2,63

Elektrodenverbrauch, Zeit, Energie

	Formel	Formelzeichen	Erklärung (Einheiten beachten!)
Elektrodenverbrauch durch Massevergleich	$n = \frac{m}{m_e}$	n	Anzahl der Elektroden
		m	Schweißgutmasse in g
	$m_e = \frac{\pi \cdot d^2}{4} \cdot l \cdot \varrho \cdot \frac{R}{100}$	m_e	Schweißgutmasse einer Elektrode in g
		d	Kerndurchmesser der Elektrode in mm
		l	nutzbare Elektrodenlänge in mm
		ϱ	Schweißgutdichte in $\frac{\text{g}}{\text{cm}^3}$
Elektrodenverbrauch durch Volumenvergleich	$n = \frac{V}{V_E}$	R	Ausbringung in %
		V	Nahtvolumen in mm^3
		V_E	Volumen einer Elektrode in mm^3

Elektrode $d \times l$	1,5 × 200	2 × 250	2,5 × 300	3,2 × 350	3,2 × 450	4 × 350	4 × 450	5 × 450	6 × 450
V_E in mm^3	300	750	1550	2530	3410	3250	4150	8350	12 000

	Formel	Formelzeichen	Erklärung
Abschmelzzeit	$t_n = n \cdot t_{1...3}$	t_n	Abschmelzzeit in s
	$t_n = \frac{m \cdot 3600\,s}{\dot{m} \cdot 1\text{h}}$	n	Anzahl der Elektroden
		$t_{1...3}$	Schweißzeit pro Elektrode (aus Tabellen)
		m	Schweißgutmasse in kg
		$\dot{m}$	Einbringleistung in $\frac{\text{kg}}{\text{h}}$ (aus Tabellen)

4.4.20 Gasverbrauch

	Formel	Formelzeichen	Erklärung
Gasverbrauch beim Schweißen	Sauerstoff, CO_2, Argon		
	$V_n = \frac{p_e \cdot V_{Fl}}{p_{amb}}$	V_{Fl}	Volumen der Flasche in l
		V_n	Nutzbares Gasvolumen in der Flasche in l
	$\Delta V = \frac{V_{Fl} \cdot (p_{e1} - p_{e2})}{p_{amb}}$	ΔV	Gasverbrauch in l
	$\Delta p = p_{e1} - p_{e2}$	p_e	Flaschendruck laut Inhaltsmanometer in bar
	Acetylen	p_{amb}	Luftdruck in bar
Acetylenflaschen enthalten 13 l/16 l Aceton bei 18 bar/19 bar Fülldruck	$V_n = 13\,\text{l} \cdot 25 \frac{1}{\text{bar}} \cdot p_e$	p_{e1}	Druck vor der Gasentnahme in bar
1 l Aceton löst 25 l Acetylen bei Normal-Luftdruck	V_n = 5850 l für 18 bar Fülldruck	p_{e2}	Druck nach der Gasentnahme in bar
	$V_n = 16 \cdot 25 \cdot p_e$		
	V_n = 7600 l für 19 bar Fülldruck	Δp	Druckabfall am Inhaltsmanometer in bar
	$\Delta V = (p_{e1} - p_{e2}) \cdot 325\,\frac{\text{l}}{\text{bar}}$ für 18 bar Fülldruck	$325\,\frac{\text{l}}{\text{bar}}$	Rechenwert: $\frac{5850\,\text{l}}{18\,\text{bar}}$ für 18 bar Fülldruck
	$\Delta V = (p_{e1} - p_{e2}) \cdot 400\,\frac{\text{l}}{\text{bar}}$ für 19 bar Fülldruck	$400\,\frac{\text{l}}{\text{bar}}$	Rechenwert: $\frac{7600\,\text{l}}{19\,\text{bar}}$ für 19 bar Fülldruck
Brenn-/Schweißzeit	$t_n = \frac{\Delta V}{\dot{V}}$	t_n	Brenn-/Schweißzeit in min
		ΔV	Gasverbrauch in l
		$\dot{V}$	Gasverbrauch in $\frac{\text{l}}{\text{min}}$ (aus Tabellen)

Beachte:
Da Temperatur- und Außendruckschwankungen den Vorderdruck bei gleicher Füllmenge stark abweichen lassen, ergibt die Berechnung nur einen groben Anhaltswert. Hersteller legen die Abfülltemperatur mit 15 °C fest und geben die Füllmenge in kg an.

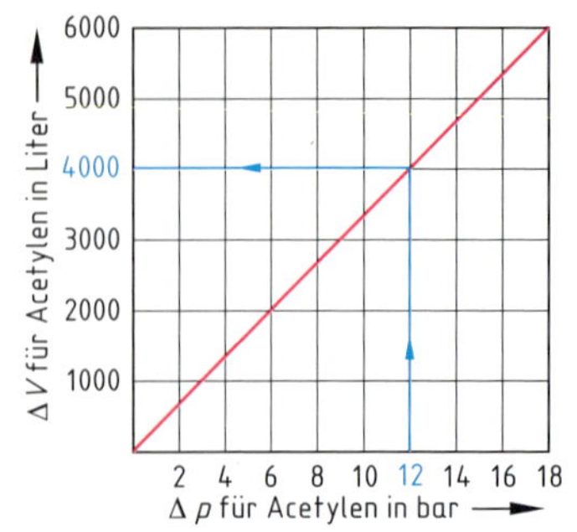

▶ siehe Kap_4.pdf

4.4.21 Unterpulverschweißen *submerged arc welding* DIN EN ISO 14171 : 2016-12

Zuordnung von Drahtelektroden zu Pulvertypen für UP-Schweißen von unlegierten Stählen und Feinkornbaustählen.

Drahtelektroden	**Pulvertypen**	
S0, S1, S2, S3, S4	MS Mangan-Silikat	AB Aluminat-basisch
S1Si, S2Si2, S3Si, S4Si	CS Calcium-Silikat	AS Aluminat-Silikat
S1Mo, S2Mo, S3Mo, S4Mo	ZS Zirkon-Silikat	AG Al-Fluorid-basisch
S2Ni, S2Ni1, S2Ni2, S2Ni3	RS Rutil-Silikat	FB Fluorid-basisch
S2Ni1Mo, S3Ni1Mo, S3Ni1,5Mo	AR Aluminat-Rutil	Z andere Typen

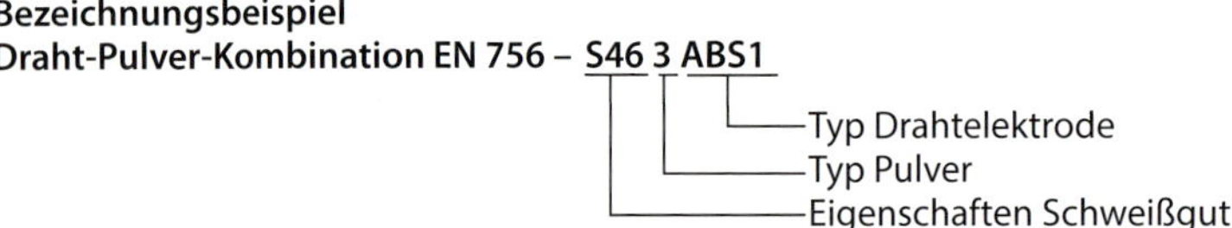

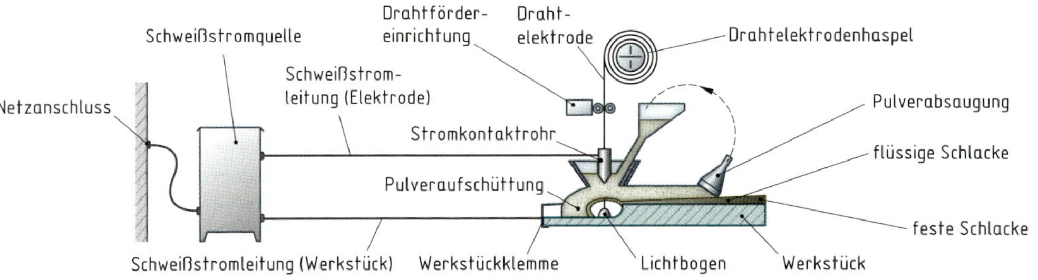

Einstellwerte für das Unterpulverschweißen (nicht genormt)

Nahtart	**Werkstoffdicke in mm**	**Durchmesser Drahtelektrode in mm**	**Nahtdicke *a* in mm**	**Spannung *U* in V**	**Stromstärke *I* in A**	**Schweißgeschwindigkeit in cm/min**
	≥ 6	3	3	30 … 32	450	75
	≥ 8	4	4	30 … 32	575	70
	≥ 10	4	5	30 … 32	650	60
	≥ 8	5	4	32 … 34	800	83
	≥ 12	5	6	32 … 34	850	58
	≥ 15	6	7	33 … 35	875	42
Nahtart	**Werkstoffdicke in mm**	**Durchmesser Drahtelektrode in mm**	**Raupen Nr.**	**Spannung *U* in V**	**Stromstärke *I* in A**	**Schweißgeschwindigkeit in cm/min**
1, 2	6	4	Raupe 1/2	35	300/350	83
	8	4	Raupe 1/2	35	450/500	77
	10	4	Raupe 1/2	35	500/550	70

Alle Angaben sind Herstellerangaben und können nur als Richtwerte betrachtet werden.

4.4.22 Schmelzschweißverbindungen an Stahl, Nickel, Titan und deren Legierungen (ohne Strahlschweißen)

Bewertungsgruppen von Unregelmäßigkeiten

DIN EN ISO 5817:2014-06

Oberflächenunregelmäßigkeiten						
Unregelmäßigkeit	**Darstellung**	**Beschreibung**	***t* in mm**	**Grenzwerte für die Unregelmäßigkeit**		
				Niedrig D	**Mittel C**	**Hoch B**
Risse, Endkraterrisse			$\geq 0{,}5$	Nicht zulässig		
Oberflächenpore		Größtmaß einer Einzelpore für – Stumpfnähte – Kehlnähte	0,5 bis 3	$d \leq 0{,}3\,s$ $d \leq 0{,}3\,a$	Nicht zulässig	Nicht zulässig
		Größtmaß einer Einzelpore für – Stumpfnähte – Kehlnähte	> 3	$d \leq 0{,}3\,s$, aber max. 3 mm $d \leq 0{,}3\,a$, aber max. 3 mm	$d \leq 0{,}2\,s$, aber max. 2 mm $d \leq 0{,}2\,a$, aber max. 2 mm	Nicht zulässig
Offener Endkraterlunker			0,5 bis 3	$h \leq 0{,}2\,t$	Nicht zulässig	Nicht zulässig
			> 3	$h \leq 0{,}2\,t$, aber max. 2 mm	$h \leq 0{,}1\,t$, aber max. 1 mm	Nicht zulässig
Bindefehler (unvollständige Bindung	–		$\geq 0{,}5$	Nicht zulässig	Nicht zulässig	Nicht zulässig
Mikro-Bindefehler	Nur nachzuweisen anhand einer mikroskopischen Untersuchung.			Zulässig	Zulässig	Nicht zulässig
Ungenügender Wurzeleinbrand	Nur für einseitig geschweißte Stumpfnähte.		$\geq 0{,}5$	Kurze Unregelmäßigkeit: $h \leq 0{,}2\,t$, aber max. 2 mm	Nicht zulässig	Nicht zulässig
Durchlaufende Einbrandkerbe	Weicher Übergang wird verlangt. Wird nicht als systematische Unregelmäßigkeit angesehen.		0,5 bis 3	Kurze Unregelmäßigkeit: $h \leq 0{,}2\,t$	Kurze Unregelmäßigkeit: $h \leq 0{,}1\,t$	Nicht zulässig
Nicht durchlaufende Einbrandkerbe			> 3	$h \leq 0{,}2\,t$, aber max. 1 mm	$h \leq 0{,}1\,t$, aber max. 0,5 mm	$h \leq 0{,}05\,t$, aber max. 0,5 mm
Wurzelkerbe	Weicher Übergang wird verlangt.		0,5 bis 3	Kurze Unregelmäßigkeit: $h \leq 0{,}2\,t + 0{,}1\,t$	Kurze Unregelmäßigkeit: $h \leq 0{,}1\,t$	Nicht zulässig
			> 3	Kurze Unregelmäßigkeit: $h \leq 0{,}2\,t$, aber max. 2 mm	Kurze Unregelmäßigkeit: $h \leq 0{,}1\,t$, aber max. 1 mm	Kurze Unregelmäßigkeit: $h \leq 0{,}05\,t$, aber max. 0,5 mm
Zu große Nahtüberhöhung (Stumpfnaht)	Weicher Übergang wird verlangt.		$\geq 0{,}5$	$h \leq 1$ mm + $0{,}25\,b$, aber max. 10 mm	$h \leq 1$ mm + $0{,}15\,b$, aber max. 7 mm	$h \leq 1$ mm + $0{,}1\,b$, aber max. 5 mm
Zu große Nahtüberhöhung (Kehlnaht)			$\geq 0{,}5$	$h \leq 1$ mm + $0{,}25\,b$, aber max. 5 mm	$h \leq 1$ mm + $0{,}15\,b$, aber max. 4 mm	$h \leq 1$ mm + $0{,}1\,b$, aber max. 3 mm

4.4.22 Schmelzschweißverbindungen an Stahl, Nickel, Titan und deren Legierungen (ohne Strahlschweißen) (Fortsetzung)

Oberflächenunregelmäßigkeiten

Unregelmäßigkeit	Darstellung	Beschreibung	*t* in mm	Grenzwerte für die Unregelmäßigkeit		
				Niedrig D	Mittel C	Hoch B
Zu große Wurzelüberhöhung	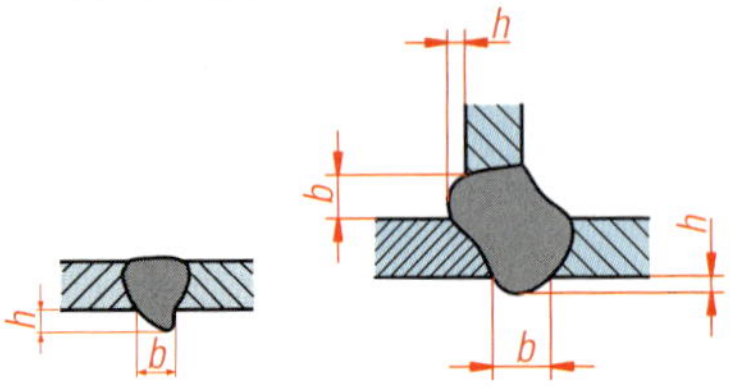		0,5 bis 3	$h \leq 1$ mm + 0,6 b	$h \leq 1$ mm + 0,3 b	$h \leq 1$ mm + 0,1 b
			≥ 3	$h \leq 1$ mm + 1,0 b, aber max. 5 mm	$h \leq 1$ mm + 0,6 b, aber max. 4 mm	$h \leq 1$ mm + 0,1 b, aber max. 3 mm
Schroffer Nahtübergang	– Stumpfnähte 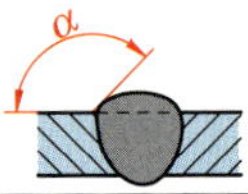		≥ 0,5	$\alpha \geq 90°$	$\alpha \geq 110°$	$\alpha \geq 150°$
	– Kehlnähte 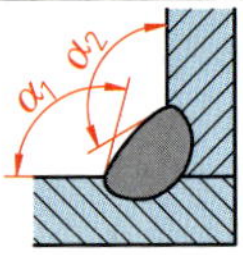		≥ 0,5	$\alpha \geq 90°$	$\alpha \geq 100°$	$\alpha \geq 110°$

Innere Unregelmäßigkeiten

Unregelmäßigkeit	Darstellung	Beschreibung	*t* in mm	Grenzwerte für die Unregelmäßigkeit		
				Niedrig D	Mittel C	Hoch B
Schweißgutüberlauf	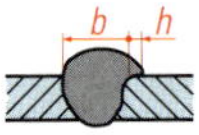		≥ 0,5	$h \leq 0,2\ b$	Nicht zulässig	Nicht zulässig
Verlaufendes Schweißgut	Weicher Übergang wird verlangt. 		0,5 bis 3	Kurze Unregelmäßigkeit: $h \leq 0,25\ t$	Kurze Unregelmäßigkeit: $h \leq 0,1\ t$	Nicht zulässig
Decklagenunterwölbung			> 3	Kurze Unregelmäßigkeit: $h \leq 0,25\ t$, aber max. 2 mm	Kurze Unregelmäßigkeit: $h \leq 0,1\ t$, aber max. 1 mm	Kurze Unregelmäßigkeit: $h \leq 0,05\ t$, aber max. 0,5 mm
Durchbrand	–		≥ 0,5	Nicht zulässig	Nicht zulässig	Nicht zulässig
Übermäßige Asymmetrie der Kehlnaht (übermäßige Ungleichschenkligkeit)	In Fällen, bei denen eine unsymmetrische Kehlnaht nicht festgelegt worden ist. 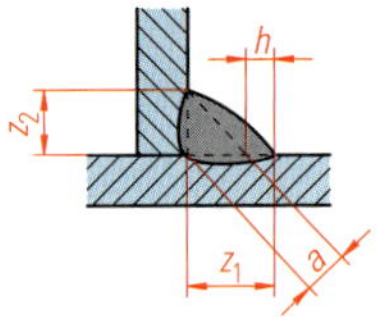		≥ 0,5	$h \leq 2$ mm + 0,2 a	$h \leq 2$ mm + 0,15 a	$h \leq 1,5$ mm + 0,15 a
Wurzelrückfall	Weicher Übergang wird verlangt. 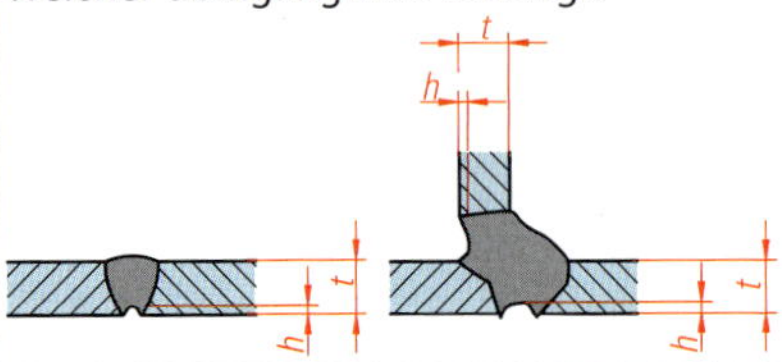		0,5 bis 3	$h \leq 0,2$ mm + 0,1 t	Kurze Unregelmäßigkeit: $h \leq 0,1\ t$	Nicht zulässig
			> 3	Kurze Unregelmäßigkeit: $h \leq 0,2\ t$, aber max. 2 mm	Kurze Unregelmäßigkeit: $h \leq 0,1\ t$, aber max. 1 mm	Kurze Unregelmäßigkeit: $h \leq 0,05\ t$, aber max. 0,5 mm
Wurzelporosität	Schwammige Ausbildung der Nahtwurzel als Folge von Blasenbildungen des Schweißgutes bei der Erstarrung (z. B. mangelnder Gasschutz der Wurzel).		≥ 0,5	Örtlich zulässig	Nicht zulässig	Nicht zulässig

Innere Unregelmäßigkeiten						
Unregelmäßigkeit	**Darstellung**	**Beschreibung**	***t* in mm**	**Grenzwerte für die Unregelmäßigkeit**		
				Niedrig D	**Mittel C**	**Hoch B**
Ansatzfehler	–		≥ 0,5	Zulässig. Die Grenze hängt von der Art der Unregelmäßigkeit ab, die beim Wiederbeginn auftritt.	Nicht zulässig	Nicht zulässig
Zu kleine Kehlnahtdicke	Nicht anwendbar auf Prozesse mit Nachweis von größerem Einbrand.		0,5 bis 3	Kurze Unregelmäßigkeit: $h \leq 0{,}2$ mm + 0,1 a	Kurze Unregelmäßigkeit: $h \leq 0{,}2$ mm	Nicht zulässig
			> 3	Kurze Unregelmäßigkeit: $h \leq 0{,}3$ mm + 0,1 a, aber max. 2 mm	Kurze Unregelmäßigkeit: $h \leq 0{,}3$ mm + 0,1 a, aber max. 1 mm	Nicht zulässig
Zu große Kehlnahtdicke	Die tatsächliche Nahtdicke der Kehlnaht ist zu groß.		≥ 0,5	Zulässig	$h \leq 1$ mm + 0,2 a, aber max. 4 mm	$h \leq 15$ mm + 0,1 a, aber max. 3 mm
Zündstelle	–		≥ 0,5	Zulässig,wenn die Eigenschaften des Grundwerkstoffes nicht beeinflusst werden.	Nicht zulässig	Nicht zulässig
Schweißspritzer Anlauffarben (Verfärbungen)	–		≥ 0,5	Die Zulässigkeit hängt von der Anwendung ab, z. B. Werkstoff, Korrosionsschutz.		

4.5 Fügen durch Löten *soldering*

Weichlote *soft solders*

DIN EN ISO 9453 : 2021-01

	Legierungs-gruppe	Legie-rungs-Nr.	Legierungs-kurzzeichen nach ISO 3677	Schmelztemperatur in °C		Verwendung
				untere [1]	obere [2]	
bleihaltig	Zinn-Blei	101	Sn63Pb37	183		Universallot für alle Lötarbeiten, „Sickerlot"
		103	Sn60Pb40	183	190	Verzinnen, Edelstahl
	Blei-Zinn Solidus-temperatur 183°C	111	Pb50Sn50	183	215	Verzinnen, E-Technik
		113	Pb55Sn45	183	226	Feinblecharbeiten, Klempnerarbeiten
		114	Pb60Sn40	183	238	
		115	Pb65Sn35	183	245	
		116	Pb70Sn30	183	255	
		117	Pb80Sn20	183	280	
	Zinn-Blei-Antimon	131	Sn63Pb37Sb	183		Feinwerktechnik, Feinlöten, Verzinnen, Feinblecharbeiten, Klempnerarbeiten, Bleilötungen, Kühlerbau, Schmierlot, Karosseriebau
		132	Sn60Pb40Sb	183	190	
		133	Pb50Sn50Sb	183	216	
		134	Pb58Sn40Sb2	185	231	
		135	Pb69Sn30Sb1	185	250	
		136	Pb74Sn25Sb1	185	263	
		137	Pb78Sn20Sb2	185	270	
	Zinn-Blei-Bismit	141	Sn60Pb38Bi2	180	185	Feinlötungen
		142	Pb49Sn48Bi3	178	205	
	Zinn-Blei Kupfer	161	Sn60Pb39Cu	183	190	Feinwerktechnik, Kupferrohrinstallation Elektrogeräte
		162	Sn50Pb49Cu1	183	215	
	Zinn-Blei-Silber	171	Sn62Pb36Ag2	179		Elektrogeräte, Elektronik
bleifrei	Zinn-Antimon	201	Sn95Sb5	235	240	Kältetechnik Niedertemperaturlötungen Kupferrohrinstallation, Edelstahl, E-Technik Gedruckte Schaltungen für hohe Betriebstemperaturen, Elektrogeräte Weichlöten bei Gasleitungen nicht zulässig
	Bismut-Zinn	301	Bi58Sn42	139		
	Zinn-Kupfer	401	Sn99,3Cu0,7	227		
		402	Sn97Cu3	227	310	
	Zinn-Kupfer-Silber	501	Sn99Cu0,7Ag0,3	217	227	
		502	Sn95Cu4Ag1	217	353	
		503	Sn92Cu6Ag2	217	380	
	Zinn-Silber	702	Sn97Ag3	221	224	
	Zinn-Silber-Kupfer	711	Sn96,5Ag3Cu0,5	217	220	
		712	Sn95,8Ag3,8Cu0,7	217	218	

Bezeichnungsbeispiel: Weichlot ISO 9453 S-Sn63Pb37

- ISO 9453 – Normblattnummer
- S – Kurzzeichen für Weichlot (kann entfallen)
- Sn63Pb37 – Zusammensetzung, 63 % Sn und 37 % Pb

Hinweis: Bleihaltige Lote nicht in Anlagen der Lebensmitteltechnik einsetzen.

[1]) untere Schmelztemperatur entspricht Solidustemperatur
[2]) obere Schmelztemperatur entspricht Liquidustemperatur

Flussmittel zum Weichlöten *fluxes for soft soldering*

DIN EN ISO 9454-1 : 2016-07

Bezeichnungsbeispiel: Flussmittel ISO 9454-2-123

Normblattnummer (9454) – Flussmitteltyp (2) – Flussmittelbasis (1) – Flussmittelaktivator (2) – Halogenidanteil (3)

Flussmitteltyp	Flussmittelbasis	Flussmittelaktivator	Halogenidanteil Massenanteil in %
1 Harz	1 Kolophonium 2 Harz	1 ohne Aktivator 2 mit Halogeniden aktiviert 3 ohne Halogenide aktiviert	1 < 0,01 2 < 0,15 3 0,15 bis 2,0 4 0 > 2,0
2 organisch (wenig oder kein Harz)	1 wasserlöslich 2 nicht wasserlöslich		
3 anorganisch	1 Salze in wässriger Lösung 2 Salze in organischer Verbindung	1 mit Ammoniumchlorid 2 ohne Ammoniumchlorid	
	2 Säuren	1 mit Phosphorsäure 2 ohne Phosphorsäure	
	3 Alkalis	1 Amine u./o. Ammoniak	

ISO-Code	Beschreibung des Flussmittels	Halogenidanteil Massenanteil in %	Anwendungsbereiche
1111	auf Kolophoniumbasis ohne Aktivator	< 0,01	Elektronik, Elektrotechnik
1122 1123 1124	auf Kolophoniumbasis mit organischem, halogenidhaltigem Aktivator (z. B. Glutaminsäurehydrochlorid)	< 0,15 0,15 bis 2,0 > 2,0	Elektronik, Elektrotechnik, Elektrogerätebau, Metallwaren
2111	auf Basis von Aminen, Diaminen und/oder Harnstoff	< 0,01	Elektronik, Präzisionslöten
2123 2124	auf Basis mit organischen, halogenidhaltigen Aktivatoren (z. B. Glutaminsäurehydrochlorid)	0,15 bis 2,0 > 2,0	Elektronik, Elektrotechnik, Metallwaren
2131	auf Basis organischer Aktivatoren (z. B. Amine und/oder Diamine)	< 0,01	Aluminium
2211	auf Basis von organischen Aktivatoren mit Aminen, Diaminen und/oder Harnstoff ohne halogenidhaltige Aktivatoren	< 0,01	Metallwaren, Präzisionslöten, Elektrotechnik
2223 2224	auf Basis von organischen halogenidhaltigen Aktivatoren	0,15 bis 2,0 > 2,0	Metallwaren, Präzisionslöten, Elektrotechnik
3114	auf Basis von Zink- und/oder Metallchloriden und/oder Ammoniumchlorid, aber ohne freie Säure	> 2,0	Wärmetauscher, Metallwaren, Metallhandwerk
3124	auf Basis von Zink- und/oder Metallchloriden ohne freie Säuren in wässriger Lösung		
3214	auf Basis von Zink- und/oder anderen Metallchloriden und Ammoniumchlorid in organischer Verbindung		Metallhandwerk, Armaturen, Kupferrohrinstallationen
3224	wie 3124 in organischer Verbindung		wie 3124
3314	auf Basis von Phosphorsäure oder Derivaten		Metallwaren aus Kupfer Kupferaktivatoren

Zuordnung von Grundwerkstoff – Weichlot – Flussmittel

Werkstoff / Weichlot nach DIN EN ISO 9453 (DIN 1707 zurückgezogen)	Stahl chromfrei	Stahl hochlegiert	GG, GT	Hartmetall, HSS	Kupfer	CuZn-Legierung	CuSn-Legierung	Cu-Ni-Zn-Legierung	Aluminium	Sn, Sn-Legierung	Zn, Zn-Legierung	Druckguss
S-Cd80Zn20									×			
S-Cd73Zn22Ag5									×			
S-Sn97Cu3 (L-SnCu3)								×				
S-Sn97Ag3								×				
S-Sn96Ag4								×				
S-Sn95Sb5 (L-SnSb5)					×	×						
S-Sn63Pb37 (L-Sn63)	×	×	×	×								
S-Sn60Pb40 (L-Sn60, L-Sn60Pb)	×	×	×	×	×	×						
S-Sn50In50 (L-SnIn50)							×			×		
S-Pb50Sn50 (L-SnPbCd18)			×		×							
S-Pb60Sn40 (L-PbSn40)				×		×						
Flussmittel, Weichlöten nach DIN EN ISO 9454-1												
3.2.2. (F-SW11) anorganische Säure	×	×	×	×	×	×	×		×		×	×
3.1.1. (F-SW12) anorganisches Salz mit Ammoniumchlorid	×	×	×	×			×					
3.2.1. (F-SW13) Phosphorsäure	×	×	×	×			×					
3.1.1. (F-SW12) anorganisches Salz mit Ammoniumchlorid						×	×					
3.1.2. (F-SW22) anorganisches Salz ohne Ammoniumchlorid								×				
2.1.2. (F-SW25) organisches, wasserlösliches Flussmittel mit Halogenen aktiviert					×					×		
1.1.1. (F-SW31) Kolophonium									×			
3.1.1. (F-SW12) anorganisches Salz mit Ammoniumchlorid									×			
2.1.3. (F-LW3) organisches, wasserlösliches Flussmittel ohne Halogenen aktiviert												

Hartlote für Schwermetalle *brazing solders for heavy metals* DIN EN ISO 17672 : 2017-01, (DIN EN 1044 : 2002-10 alt), DIN EN ISO 3677 : 2016-12, (DIN 8513-1 : 1979-10 alt)

Kurzzeichen nach ISO 17672 (DIN EN 1044)	ISO-Kurzzeichen (Kurzzeichen nach zurückgezogener DIN 8513-1 bis DIN 8513-5)	Schmelztemperatur in °C		Arbeits-tempera-tur in °C	Verarbeitungshinweise		
		untere[1])	obere[2])		Grundwerk-stoff	Form der Lötstelle	Art der Lotzuführung
Gruppe CU: Kupferhartlote							
Cu 141 (CU 104)	B-Cu100-1085 (L-SFCu)	1083		1100	unlegierter Stahl	Spalt	eingelegt
Cu 925 (CU 202)	B-Cu88Sn(P)-825/990 (L-CuSn12)	825	990	990	St, Ni	Spalt	eingelegt
Cu 470a (CU 301)	B-Cu60Zn(Si)-875/900 (L-CuZn40)	875	900	900	St, GT, Cu, Cu-Leg., Ni, Ni-Leg.	Spalt, Fuge	eingelegt, angesetzt
	B-Cu54Zn-880/890 (L-CuZn46)	880	890	890	St, GT, Cu, Cu-Leg.	Spalt	eingelegt
	B-Zn58Cu-835/845 (L-ZnCu42)	835	845	845	vorwiegend Neusilber	Spalt	eingelegt
Cu 773 (CU 305)	B-Cu48ZnNi(Si)-890/920 (L-CuNi10Zn42)	890	920	910	St, GT, Ni, Ni-Leg., Gusseisen	Spalt, Fuge Fuge	eingelegt, angesetzt
Gruppe CP: Kupfer-Phosphorhartlote							
CuP 182 (CP 201)	B-Cu92P-710/770 (L-CuP8)	710	770	720	Cu, Rotguss, Cu-Zn-Leg., Cu-Sn-Leg.	Spalt	eingelegt angesetzt
CuP 284 (CP 102)	B-Cu80AgP-645/800 (L-Ag15P)	645	800	700	Cu, Rotguss, Cu-Zn-Leg., Cu-Sn-Leg	Spalt	angesetzt, eingelegt
CuP 281a (CP 104)	B-Cu89PAg-645/815 (L-Ag5P)	645	815	710		Spalt, Fuge	angesetzt, eingelegt
CuP 279 (CP 105)	B-Cu92PAg-645/825 (L-Ag2P)	645	825	740			
Gruppe AG: Silberhartlote							
	B-Cu50ZnAgCd-620/825 (L-Ag12Cd)	620	825	800	St, GT, Cu, Cu-Leg., Ni, Ni-Leg.	Spalt, Fuge	angesetzt
AG 212 (AG 207)	B-Cu48ZnAg(Si)-800/830 (L-Ag12)	800	830	830		Spalt	angesetzt, eingelegt
AG 205 (AG 208)	B-Cu55ZnAg(Si)-820/870 (L-Ag5)	820	870	860		Spalt, Fuge	angesetzt, eingelegt
	B-Ag67ZnCuCd-635-720 (L-Ag67Cd)	635	720	710	nur für Edelmetalle	Spalt	angesetzt, eingelegt
AG 330 (AG 306)	B-Ag30CuCdZn-600/690 (L-Ag30Cd)	600	690	680	St, GT, Cu, Cu-Leg., Ni, Ni-Leg.	Spalt	angesetzt, eingelegt
AG 145 (AG 104)	B-Ag45CuZnSn-640/680 (L-Ag45Sn)	640	680	670			
AG 220 (AG 206)	B-Cu44ZnAg(Si)-690/810 (L-Ag20)	690	810	810		Spalt, Fuge	
AG 485 (AG 501)	B-Ag85Mn-960/970 (L-Ag85)	960	970	960	St, Ni, Ni-Leg.	Spalt	
AG 449 (AG 502)	B-Ag49ZnCuMnNi-680/705 (L-Ag49)	680	705	690	Hartmetall auf Stahl, W-Leg., Mo-Leg.	Spalt	

[1]) untere Schmelztemperatur entspricht Solidustemperatur
[2]) obere Schmelztemperatur entspricht Liquidustemperatur

Kurzzeichen nach ISO 17672 (DIN EN 1044)	ISO-Kurzzeichen (Kurzzeichen nach zurückgezogener DIN 8513-1 bis DIN 8513-5)	Schmelztemperatur in °C		Arbeitstemperatur in °C	Verarbeitungshinweise		
		untere[1]	obere[2]		Grundwerkstoff	Form der Lötstelle	Art der Lotzuführung
Gruppe AL: Aluminiumhartlote							
Al 107 (AL 102)	B-Al92Si-575/615 (L-AlSi7,5)	575	630	605…615	Lochplattiertes Blech (Kernwerkstoff vorzugsweise Legierungen des Typs AlMn)		
Al 110 (AL 103)	B-Al90Si-575/595 (L-AlSi10)	575	590	595…605	Lochplattiertes Blech (Kernwerkstoff vorzugsweise Legierungen des Typs AlMn)		
Al 112 (AL 104)	B-Al88Si-575/590 (L-AlSi12)	575	585	590…660	angesetzt, eingelegt		
Gruppe NI: Nickelhartlote							
Ni 620 (NI 102)	B-Ni82CrSiBFe-970/1000 (L-Ni2)	970	1000		Stahl (niedrig- und hochlegiert), Ni, Co, Co-Legierung	Spalt	angelegt, eingelegt
Ni 630 (NI 103)	B-Ni92SiB-980/1040 (L-Ni3)	980	1040				

Bezeichnungsbeispiel: Lotzusatz ISO 17672 – AL104

- Lotzusatz: Benennung
- ISO 17672: Normblattnummer
- AL104: Kurzzeichen für Lotzusatz

Lotzusatz ISO 17672 – B – Al88Si 575/585

- Lotzusatz: Benennung
- ISO 17672: Normblattnummer
- B: Kurzzeichen für Hartlöten
- Al88Si: Legierungsbestandteile
- 575/585: ungefährer Schmelzbereich

[1]) untere Schmelztemperatur entspricht Solidustemperatur
[2]) obere Schmelztemperatur entspricht Liquidustemperatur

Flussmittel zum Hartlöten *fluxes for hard soldering* DIN EN ISO 18496 : 2021-12

	Typ	Schmelztemperatur in °C		Arbeitstemperatur in °C	Wirkbestandteile	Verarbeitungshinweise	
		untere	obere			Werkstoffe	Korrosion
Schwermetalle	FH10	550	800	600	Borverbindungen, komplexe Fluoride	Vielzweckflussmittel	• Korrodierend • Rückstände durch Beizen oder Waschen entfernen
	FH11	550	800	600	Borverbindungen, komplexe Fluoride, Chloride	Cu-Al-Legierungen	
	FH12	550	850	600	Borverbindungen, elementares Bor, einfache und komplexe Fluoride	rostfreie Stähle, hochlegierte Stähle, Hartmetalle	
	FH20	700	1000	> 750	Borverbindungen, Fluoride	Vielzweckflussmittel	
	FH21	750	1100	> 800	Borverbindungen	Vielzweckflussmittel	• Im Allgemeinen nicht korrosiv • mechanisch oder durch Beizen entfernen
	FH30			> 1000	Borverbindungen, Phosphate, Silikate	für Kupfer- und Nickellote	
	FH40	600	1000		Chloride, Fluoride	alle borfreien Anwendungen	• Korrodierend • Rückstände durch Beizen oder Waschen entfernen
Leichtmetalle	FL10			> 550	hygroskopische Chloride, Lithiumverbindungen	Al, Al-Legierungen	
	FL20				nicht hygroskopische Fluoride		• Im Allgemeinen nicht korrosiv • können auf dem Werkstück verbleiben

Bezeichnungsbeispiel: Flussmittel EN 1045-FH10

Normblattnummer —— (EN 1045)
Flussmittel —— (F)
Hartlöten —— (H)
Typ —— (10)

Zuordnung von Grundwerkstoff – Hartlot

Hartlot[1]) nach DIN EN ISO 17672 DIN EN ISO 3677 (DIN 8513 alt)	Werkstoff									
	Stahl chromfrei	Stahl hochlegiert	Hartmetall, HSS	Cu	Cu-Zn-Legierung	Cu-Sn-Legierung	Cu-Ni-Zn-Legierung	Cu-Ni-Sn-Legierung	Aluminium	Löttemperatur mind. in °C
CU 101	×	×	×							1100
CU 104 B-CU100-1085 (L-SFCu)	×	×	×							1100
CU 301 B-Cu60Zn(Si)-875/900 (L-CuZn40)	×		×	×	×		×			900
– B-Zn58Cu-835/845 (L-ZnCu42)	×			×				×		845
– B-Cu54Zn-880/890 (L-ZnCu46)	×			×	×			×		890
CU 305 B-Cu48ZnNi(Si)-920/980 (L-CuNi10Zn42)	×		×	×				×		950
CP 201 B-Cu92P-710/770 (L-CuP8)					×	×	×	×		720
AG 208 B-Cu55ZnAg(Si)-820/870 (L-Ag5)	×	×		×	×			×		860
AG 207 B-Cu48ZnAg-800/830 (L-Ag12)	×			×	×					830
– B-Cu50ZnAgCd-620/825 (L-Ag12Cd)	×			×	×			×		800
CP 102 B-Cu80AgP-645/800 (L-Ag15P)		×			×			×		710
AG 502 B-Ag49ZnCuMnNi-680/705 (L-Ag49)	×		×		×					690

[1]) Nicht alle Hartlote werden durch DIN EN ISO 17672, DIN EN ISO 3677 bzw. DIN 8513-1 bis DIN 8513-5 erfasst

Zulässige Betriebsdrücke in bar der Lötstellen in Rohrleitungen DIN EN 1254-1 : 2021-10

Weichlote	ϑ_0 in °C	Rohraußendurchmesser in mm			Hartlote	ϑ_0 in °C	Rohraußendurchmesser in mm		
		≤ 34	≤ 54	≤ 108			≤ 28	≤ 54	≤ 108
S-Sn97Cu3 und S-Sn97Ag3	30	25	25	16	CP 203	30	25	25	16
	65	25	16	16	CP 105	65	25	16	10
	110	16	10	10	AG 104	110	16	10	10

4.6 Fügen durch Kleben *adhesive bonding*

Klebstoffe

Klebstoffart	Abkürzung	Basisstoffe des Klebers	Merkmale	Anwendungsgebiete
Dispersions-Klebstoffe	DK	Polyvinylacetat (PVAC) Polyacrylsäureester (PASE) Synthesekautschuk (BR)	in Wasser gelöste kleinste Klebstofftropfen	Baustoffe, Fliesenstoffe, Holzstoffe
Lösungsmittel-Klebstoffe	LK	Gelöster Nitrolack Gelöstes Celluloseacetat	Bestandteile: Klebstofflösung oder Lösungsmittel	Papier, Pappe, PVC, PS
Kontakt-Klebstoffe	KK	Polyisobutylen (PIB) Chloroprenkautschuk (CR) Nitrilkautschuk (NR)	kautschukartiger Klebstoff mit kleinen Lösungsmittelanteilen	Kunststoff – Kunststoff Kunststoff – Metall
Zweikomponenten-Reaktionsklebstoffe	ZK	Ungesättigtes Polyesterharz Epoxidharz Polyurethanharz	Binder und Härter vor Gebrauch mischen	Metall – Metall Metall – Keramik Universalkleber
Einkomponenten-Reaktionsklebstoffe	EK	Cyanacrylat (CY) Cyanacrylsäureester	Lösungsmittel verdunstet durch Luftfeuchtigkeit und härtet damit aus.	Kunststoffe Keramik Metalle
Schmelz-Klebstoffe	SK	Polyvinylbutyral (PVB) Polyiobutylen (PIB) Epoxidharz (EP)	Kleber wird zur Verarbeitung durch Erhitzen verflüssigt (Klebstoffpistole)	Universalkleber Kunststoffe

Zuordnung Werkstoffpaarung – Kleber

Werkstoff 2 \ Werkstoff 1		Metalle: Stahl: roh, grundiert, verzinkt	Metalle: Aluminium: unbehandelt, eloxiert	Metalle: Kupfer	Kunststoffe: PVC-hart	Kunststoffe: Acryl, Polycarbonatglas	Kunststoffe: Pressmassen	andere Werkstoffe: Glas, Keramik	andere Werkstoffe: Beton, Mauerwerk	andere Werkstoffe: Holz	andere Werkstoffe: Papier	andere Werkstoffe: Textil
Metalle	Stahl: roh, grundiert, verzinkt	ZK (EP, UP, PUR) oder EK (CY) und KK (CR)			EK (CY) KK (CR, NR, BR)		ZK (EP, PUR, UP) KK (CR)	KK (CR, BR, NR) und DK (PVAC, PASE)			KK (CR, BR, NR)	
Metalle	Aluminium: unbehandelt, eloxiert											
Metalle	Kupfer											
Kunststoffe	PVC-hart	EK (CY)			PVC, Spezialkleber	ZK (EP, PUR) EK (CY)		ZK (EP, PUR)				
Kunststoffe	Acryl, Poly carbonatglas	KK (Cr, NR, BR)			ZK (EP, PUR) EK (CY)	ZK (EP, PUR), KK (CR), EK (CY)						
Kunststoffe	Pressmassen	ZK (EP, KK (CR) PUR, UP)				ZK (EP, PUR, UP)						
andere Werkstoffe	Glas, Keramik	KK (CR, BR, NR) und DK (PVAC, PASE)			ZK (EP, PUR)	ZK (EP, UR), KK (CR), EK (CY)	ZK (EP, PUR, UP)	ZK, EK	DK	KK, ZK (BR, (EP), CR, NR)		
andere Werkstoffe	Beton, Mauerwerk							DK	DK			
andere Werkstoffe	Holz							KK, ZK (BR, (EP) CR, NR)		DK, LK	LK	KK
andere Werkstoffe	Papier	KK (CR, BR, NR)								LK	LK	KK
andere Werkstoffe	Textil									KK	KK	KK

Erläuterung: ZK (EP, UP, PUR)

Kleberart: ZK — Basisstoffe: EP, UP, PUR

Leitlinien für die Oberflächenvorbereitung von Metallen und Kunststoffen vor dem Kleben (Auswahl)

DIN EN 13887 : 2003-11

Werkstoff	Verfahren	Bemerkungen
Aluminium und seine Legierungen	**Verfahren 1:** – Öl- oder Fettverunreinigungen entfernen – Aufrauen durch Schleifen oder Strahlen mit Korund – Kleben ≤ 4h **Verfahren 2:** – Öl- oder Fettverunreinigungen entfernen – Aufrauen mit Korund; zusätzlich Haftvermittler – Kleben ≤ 4h **Verfahren 3:** – Öl- oder Fettverunreinigungen entfernen – Aufrauen mit Korund; zusätzlich Ätzen (chromfreie Ätzmittel verwenden) – Kleben ≤ 4h **Verfahren 4:** – Öl- oder Fettverunreinigungen entfernen – Aufrauen durch Schleifen oder Strahlen mit Korund – Vorwärmen auf 80 ± 2 °C – Ätzen (temperierte Lösung 80 ± 2 °C) für 60 ± 10 s – sorgfältig spülen – Wasserfilmriss-Versuch[1]) durchführen – Wasser ablaufen lassen (15 min) – mit Heißluft (sauber, ölfrei) ca. 10 min trocknen ($T \leq 60$ °C) – Kleben ≤ 4h	Es wird davon ausgegangen, dass Verfahren 4 das dauerhafteste ist. Haftvermittler auf Basis von Silanen können ähnliche Dauerhaftigkeit bewirken.
Kupfer- und Kupferlegierungen	– Öl- oder Fettverunreinigungen entfernen – Aufrauen mit Schleifmittel auf Aluminiumoxidbasis oder Ätzen bei Raumtemperatur – Spülen in kaltem destillierten oder voll entsalztem Wasser – Trocknen mit Druckluft – Kleben ≤ 4	Ätzlösungen: – Ammoniumpersulfat Tauchdauer ca. 1 min – Eisen-III-chlorid Tauchdauer ca. 1–2 min – Salpetersäure Tauchdauer ca. 30 s
Stahl (weich, legiert)	**Verfahren 1:** – Öl- oder Fettverunreinigungen entfernen – Schleifen und Strahlen – Kleben ≤ 4h **Verfahren 2:** – Öl- oder Fettverunreinigungen entfernen – Aufrauen und zusätzlich Ätzen – Kleben ≤ 4h **Verfahren 3:** – Öl- oder Fettverunreinigungen entfernen – Aufrauen und zusätzlich Haftvermittler – Kleben ≤ 4h **Verfahren 4:** – Öl- oder Fettverunreinigungen entfernen – Schleifen oder Strahlen – Ätzen ca. 10 min ($T = 60 \pm 2$ °C) – Abbürsten von schwarzen Niederschlägen mit Nylon-Bürste unter Wasser – mit in Propan-2-ol getränktem Lappen abwischen und trocknen lassen – Erwärmen 1 h bei 120 ± 3 °C – Kleben ≤ 4h	Haftvermittler können verwendet werden, was als das vorzugsweise anzuwendende Verfahren gilt.

[1]) Wasserfilmriss-Versuch: Wasserfilm muss nach dem Eintauchen auf dem Objekt 30 s gleichmäßig und durchgehend bestehen bleiben; dann kann von einer reinen Oberfläche ausgegangen werden.

Werkstoff	Verfahren	Bemerkungen
Stahl nichtrostend	**Verfahren 1:** – Öl- oder Fettverunreinigungen entfernen – Schleifen oder Strahlen mit Korund – Kleben ≤ 4h **Verfahren 2:** – Öl- oder Fettverunreinigungen entfernen – Aufrauen mit Gritstein auf Tonerde; Haftvermittler aufbringen – Kleben ≤ 4h **Verfahren 3:** – Öl- oder Fettverunreinigungen entfernen – Schleifen oder Strahlen mit Korund – Waschen mit basischer Reinigungsmittellösung für 10 min bei 75 ± 5 °C – Abspülen mit destilliertem oder entsalztem Wasser – Ätzen in Oxalsäure-Ätzlösung für 5–10 min bei 62 ± 2 °C – Abbürsten von schwarzen Niederschlägen mit Nylon-Bürste unter Wasser – Trocknen für 10 min bei ≤ 95 °C – Kleben ≤ 4h	
ABS-Kunststoff	– Öl- oder Fettverunreinigungen entfernen – Schleifen nach Herstellerangabe mit silanbeschichteten Schleifmitteln – Kleben nach Herstellerangaben	Meist ohne Vorbehandlung klebbar mit Klebstoffen auf Acryl- oder Lösungsmittelbasis
PA-Kunststoff	– Öl- oder Fettverunreinigungen entfernen – Ätzen für 8 ± 2 s in Ätzlösung (Ethylacetat/Resorcinol 91/9 % Massenanteile) – Lüften bei 23 ± 2 °C bis 30 min – Kleben ≤ 4h	
Thermoplaste	Diese Kunststoffe können schwierig zu kleben sein, selbst bei Anwendung von auf Acryl basierenden Klebstoffen.	Herstellerangaben erfragen und beachten
Duroplaste	Meist genügt ein Reinigen und Aufrauen vor dem Kleben	Herstellerangaben erfragen und beachten

Hinweis: Für besondere Klebeaufgaben Hersteller befragen

Konstruktionsbeispiele für Klebeverbindungen

Blechverbindungen			
Gute Festigkeit. Für dünne Querschnitte	Gute Festigkeit. Dicke Querschnitte	Gute Festigkeit nur bei großen Blechdicken	Hohe Festigkeit. Keine ebene Verbindung
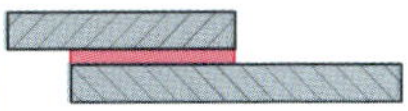	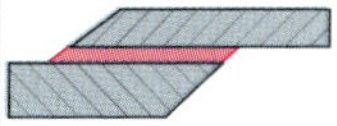		
Eckverbindungen			
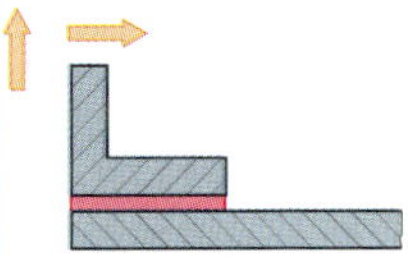 ungünstig	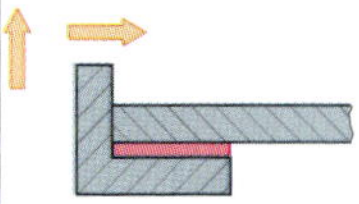 gut	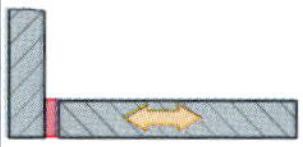 ungünstig	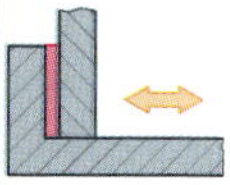 günstig
Rohrverbindungen			
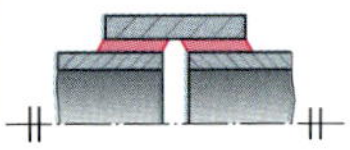	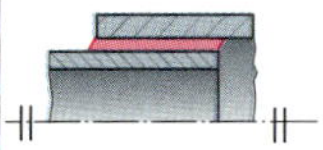	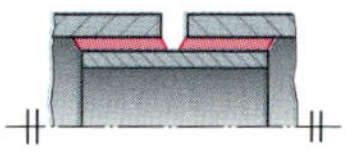	

Die Konstruktion soll so ausgelegt sein, dass die Klebefläche möglichst groß wird.

4.7 Fügen mit Dübeln *dowels*

Dübel und Anker bei verschiedenen Befestigungsuntergründen

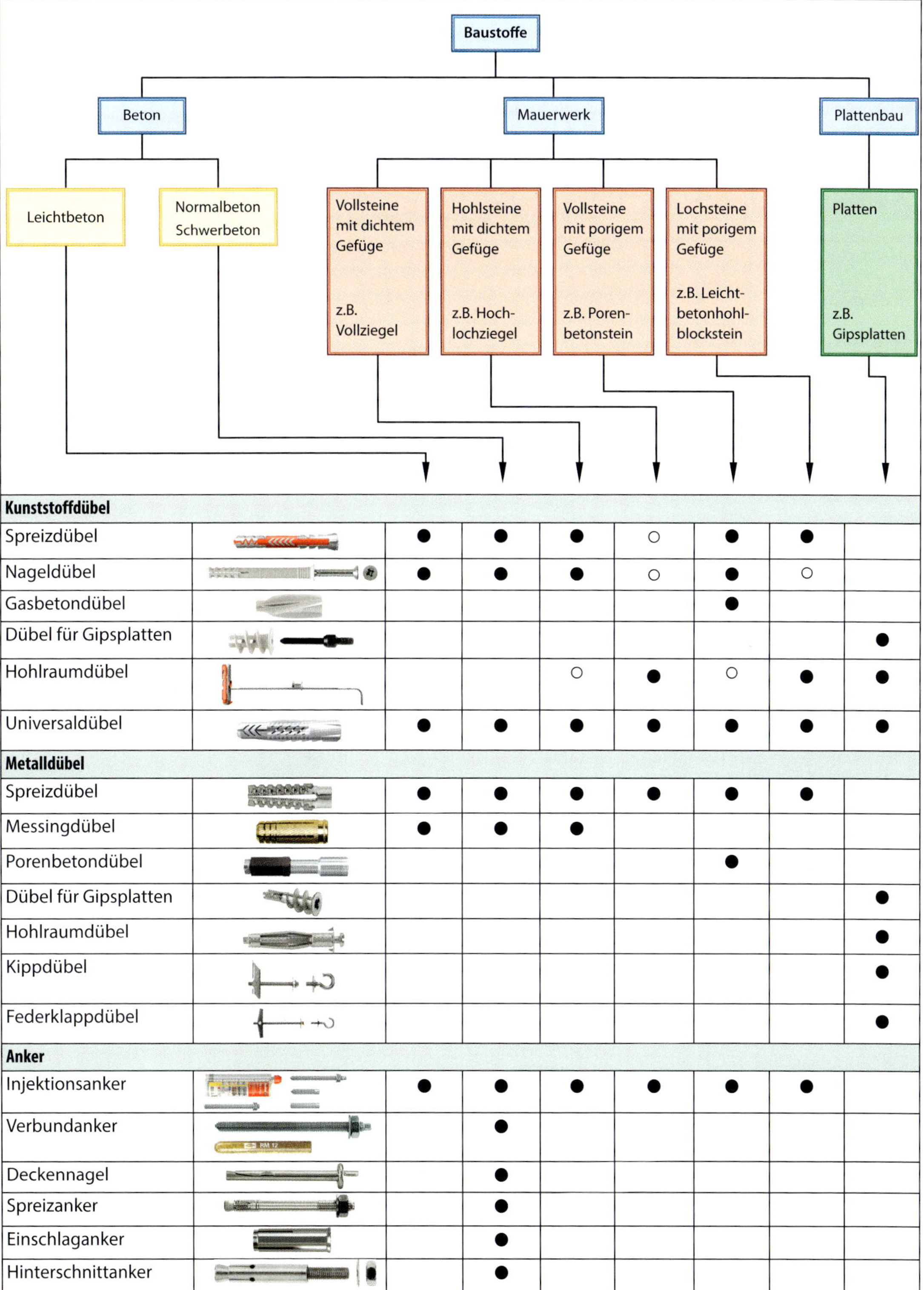

		Leichtbeton	Normalbeton Schwerbeton	Vollsteine mit dichtem Gefüge	Hohlsteine mit dichtem Gefüge	Vollsteine mit porigem Gefüge	Lochsteine mit porigem Gefüge	Platten
Kunststoffdübel								
Spreizdübel		●	●	●	○	●	●	
Nageldübel		●	●	●	○	●	○	
Gasbetondübel						●		
Dübel für Gipsplatten								●
Hohlraumdübel				○	●	○	●	●
Universaldübel		●	●	●	●	●	●	●
Metalldübel								
Spreizdübel		●	●	●	●	●	●	
Messingdübel		●	●	●				
Porenbetondübel						●		
Dübel für Gipsplatten								●
Hohlraumdübel								●
Kippdübel								●
Federklappdübel								●
Anker								
Injektionsanker		●	●	●	●	●	●	
Verbundanker			●					
Deckennagel			●					
Spreizanker			●					
Einschlaganker			●					
Hinterschnittanker			●					

● geeignet ○ bedingt geeignet

Montagearten

Vorsteckmontage	Durchsteckmontage	Abstandsmontage
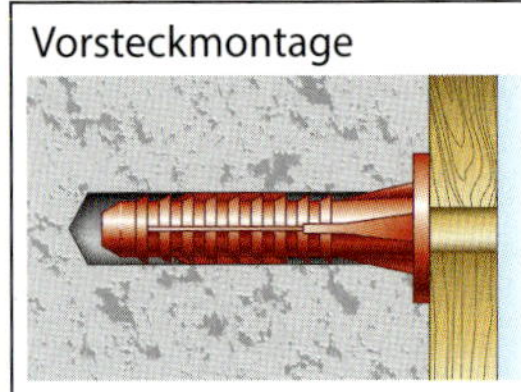	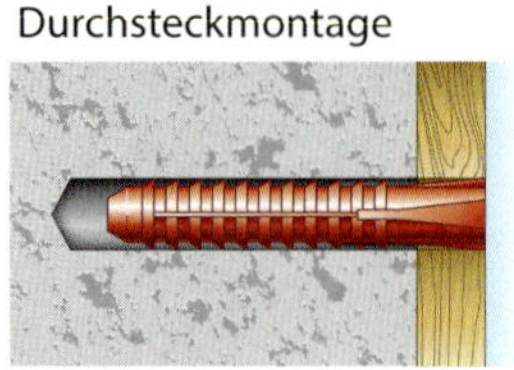	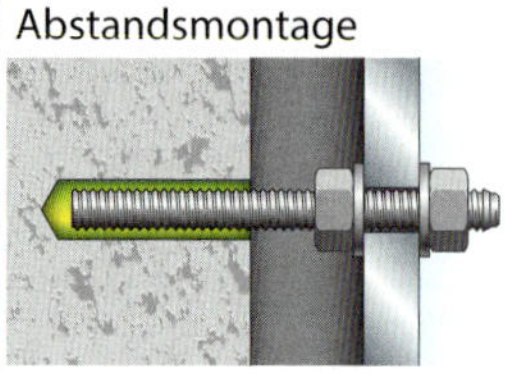

Bezeichnung/Art	Werkstoffe/System	Eignung/Verwendung Abmessungen/Lastaufnahme
Kunststoffdübel	Durchsteck- und Vorsteck-montage Kraftschluss/Reibschluss	Einfache Befestigungsaufgaben in Beton, Ziegelmauern, Platten… Keine bauaufsichtliche Zulassung

Dübelgröße *d* × *l* in mm	5 × 25	6 × 30	8 × 40	10 × 50	12 × 60	16 × 80
Schrauben-Ø in mm **Bohrtiefe in mm**	3,5 … 4 35	4,5… 5 40	4,5… 6	6… 8 70	8 …12 90	12 100
Last *F* in kN						
Beton ≥ C 16/20	0,3	0,65	0,7	1,2	1,7	2,6
Kalksandvollst. ≥ KS12	0,3	0,5	0,6	1,2	1,7	2,6
Porenbeton ≥ G2	0,03	0,03	0,04	0,09	0,14	0,14

Bezeichnung/Art	Werkstoffe/System	Eignung/Verwendung
Durchsteckanker	Durchsteckmontage, Kraftschluss	**Geeignet** für Stahlkonstruktionen, Geländer, Konsolen, Leitern, Kabeltrassen, Maschinen, Treppen, Tore, Fassaden, Fensterelemente **Auch geeignet für** Beton C12/15, Naturstein mit dichtem Gefüge, Vollziegel, Kalksand-Vollstein **Zugelassen für** gerissenen und ungerissenen Beton C20/25 bis C50/60.

Dübelgröße *d* × *l* in mm, **Gewinde**	12 × 50 M8	12 × 60 M8	12 × 80 M8	14 × 80 M10	14 × 100 M10	18 × 100 M12
Bohrer-Ø in mm **Verankerungstiefe in mm**	12 40	4,5…5 50	4,5…6 50	6…8 60	8…12 60	12 80
Last *F* in kN						
Gerissener Beton C 20/25	2,38	4,28	4,28	5,71	5,71	
Ungerissener Beton C 20/25	3,57	5,71		9,52		14,29

Bezeichnung/Art	Werkstoffe/System	Eignung/Verwendung
Schwerlastanker	Durchsteckmontage, Kraftschluss	**Geeignet für** Stahlkonstruktionen, Handläufe, Konsolen, Leitern, Kabeltrassen, Maschinen, Treppen, Tore, Fassaden, Fensterelemente, Abstandskonstruktionen, Parkbänke, Mülleimer **Auch geeignet für** Beton C12/15, Naturstein mit dichtem Gefüge **Zugelassen für u**ngerissenen Beton C20/25 bis C50/60.

Dübelgröße	M6	M8	M10	M12
Bohrer-Ø in mm **Dübellänge in mm**	10 49	12 56	15 69	18 86
Last *F* in kN				
Ungerissener Beton C 20/25	3,57	5,71	9,48	11,88

Bezeichnung/Art	Werkstoffe/System	Eignung/Verwendung Abmessungen/Lastaufnahme
Injektionsanker	Gewindestange mit Außengewinde, Scheibe und Mutter, Verbundpatrone mit Füllung aus Reaktionsharz und Quarzsand, Durchsteckmontage, Stoffschluss	**Geeignet für** Stahlkonstruktionen allgemein, Stützen, Schienen, Fuß- und Kopfplatten, Hochregale, Konsolen, Geländer, Fenster, Gerüste, Maschinen, Fassaden **Zugelassen in Verbindung mit Injektions-Mörtel** Beton ≥ C20/25 bis ≤ C50/60 (B25 - B55) **Geeignet in Verbindung mit Injektions-Mörtel auch für** Beton = B15. (Herstellerangaben beachten)

Dübelgröße	M6 × 85	M8 × 110	M10 × 130	M12 × 140	M16 × 200	M24 × 380
Bohrer-Ø in mm **Min. Verankerungstiefe in mm**	8 75	10 75	12 75	14 75	18 75	28 75
Last *F* in kN						
Beton C20/25	3,4	7,0	11,0	15,8	25,5	51,7

Hinweis: Alle Angaben sind Herstellerangaben und können bei verschiedenen Herstellern abweichen; weiterhin sind die Montagevorschriften unbedingt einzuhalten

4.8 Mechanisches Trennen *machining*

4.8.1 Bohren *drilling*

Bohrer, Arten und Einsatz

DIN 1414-1 : 2006-11, -2 : 1998-06

Bohrertyp	Spitzenwinkel σ	Seitenspanwinkel γ_f	Werkstoff
Typ H	80°	10° … 13°	Hartgummi, Kohle, Marmor, Schichtpressstoffe
	118°		weiche Kupfer-Zink-Legierung
	140°		austenitische Stähle, Magnesium-Legierungen
Typ N	118°	16° … 30°	Stahl und Stahlguss mit $R_m \leq 700$ N/mm², Grauguss, Temperguss, Legierungen aus Kupfer-Zink und Kupfer-Nickel-Zink, Nickel
	130°		Stahl und Stahlguss mit $R_m > 700$ N/mm²
	140°		nicht rostender Stahl, Aluminium-Legierungen (spröde), Kupfer mit $d > 30$ mm, nicht geschichtete Kunststoffe
Typ W	80°	35° … 40°	Pressstoffe, Duroplaste
	118°		Zink-Legierung, Lagermetalle
	130°		Al, weiche Al-Legierungen, Kupfer $d \leq 30$ mm

Richtwerte für das Bohren mit beschichteten Voll-Hartmetallbohrern

Werkstoff	v_c in $\frac{m}{min}$	*f* in mm bei Bohrerdurchmesser *d* in mm							Kühl-Schmierstoff	Hartmetallsorte
		2,5	3,5	5	8	10	12	16		
S185 (St 33) S235 (St 37) S355 (St 52)	100 100 85	0,08 0,05	0,12 0,08	0,15 0,11	0,25 0,18	0,28 0,2	0,35 0,25	0,38 0,27	Emulsion	P40
X5CrNi18 9	40	0,03	0,04	0,06	0,1	0,11	0,13	0,15	Emulsion, Öl	P40
Al Mg Si 1	63	0,08	0,11	0,15	0,24	0,28	0,31	0,35	Emulsion	K 10, K 20
Cu Zn 40	100	0,06	0,09	0,13	0,2	0,23	0,26	0,3	Emulsion	K 10, K 20

Schnittwerte für Bohren mit Schnellarbeitsstahl (HSS)

Werkstoff	v_c in $\frac{m}{min}$	*f* in mm bei Bohrerdurchmesser *d* in mm							Kühl-Schmierstoff
		2,5	3,5	5	8	10	12	16	
S185 (St 33) S235 (St 37) S355 (St 52)	25...35	0,03	0,05	0,08	0,1	0,12	0,14	0,25	Kühlschmier-Emulsion
X5CrNi18-9	≈ 10	0,03	0,04	0,06	0,08	0,09	0,1	0,13	
AlMgSi1	40...50	0,07	0,09	0,16	0,22	0,28	0,32	0,42	
CuZn40	30...60	0,06	0,1	0,16	0,2	0,22	0,25	0,3	Trocken (Druckluft)
PVC, Acrylglas	20...40	0,06	0,08	0,12	0,18	0,22	0,25	0,34	
Holz	30...60	Vorschub von Hand							

Hinweis: Die genannten Werte sind einem Herstellerkatalog entnommen und können nur als Richtwerte betrachtet werden, da die Werte bei unterschiedlichen Herstellern abweichen. Für Bohren in Beton Hinweise auf Bohrmaschinen beachten.

4.8.1.1 Schnittgeschwindigkeiten beim Trennen durch Spanen

	Formel		Formelzeichen	Erklärung	
Schnittgeschwindigkeit Bohren, Drehen, Fräsen, Sägen	Allgemein $v_c = \pi \cdot d \cdot n$ $n = \frac{v_c}{\pi \cdot d}$ $d = \frac{v_c}{\pi \cdot n}$	bei Beachtung der Einheiten $n = \frac{1000 \cdot v_c}{\pi \cdot d}$ $d = \frac{1000 \cdot v_c}{\pi \cdot n}$	v_c d n	Schnittgeschwindigkeit Durchmesser Drehzahl, Umdrehungsfrequenz	in m/min in mm in min^{-1}
Schnittgeschwindigkeit Schleifen	Allgemein $v_c = \pi \cdot d_s \cdot n$ $n = \frac{v_c}{\pi \cdot d_s}$ $d_{smax} = \frac{v_{max}}{\pi \cdot n}$	bei Beachtung der Einheiten $n = \frac{1000 \cdot v_c}{\pi \cdot d_s}$	v_c d_s n d_{smax} v_{max}	Schnittgeschwindigkeit Durchmesser der Schleifscheibe Drehzahl maximal (zulässiger) Durchmesser der Schleifscheibe maximal (zulässige) Umfangsgeschwindigkeit der Schleifscheibe	in m/s in mm in min^{-1} in mm in min^{-1}
Auftragszeit Hauptnutzungszeit: Bohren	$T = t_r + t_a$ $t_a = m \cdot t_e$ vereinfacht: $t_e = t_{tu}$[1]) $t_{tu} = t_h$ $t_h = \frac{L \cdot i}{f \cdot n}$ $L = l_w + l_s + l_a + l_ü$ Sackloch: $l_ü = 0$ Senken (Flach): $l_ü = 0$; $l_s = 0$ α: 80° / 118° / 130° / 140° l_s: $0{,}6 \cdot d$ / $0{,}3 \cdot d$ / $0{,}2 \cdot d$ / $0{,}18 \cdot d$		T t_r t_a t_e t_{tu} t_h m f i n L l_w f l_s l_a $l_ü$ α	Auftragszeit Rüstzeit Ausführungszeit Zeit pro Stück unbeeinflussbare Zeit Hauptnutzungszeit Stückzahl Vorschub Anzahl der Bohrungen Drehzahl Bearbeitungsweg Werkstückdicke Vorschub Spitzenlänge Anlaufweg ca. 2 mm Überlaufweg ca. 2 mm Spitzenwinkel des Bohrers	in min in min in min in min in min in min in mm in min^{-1} in mm in mm in mm in mm in °

[1]) In der Praxis kommen hier noch Zuschläge für Ein-/Ausspannen und für Verteilzeiten

4.8.1.2 Umdrehungsfrequenzdiagramme (früher: Drehzahldiagramme)

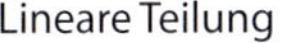

Lineare Teilung

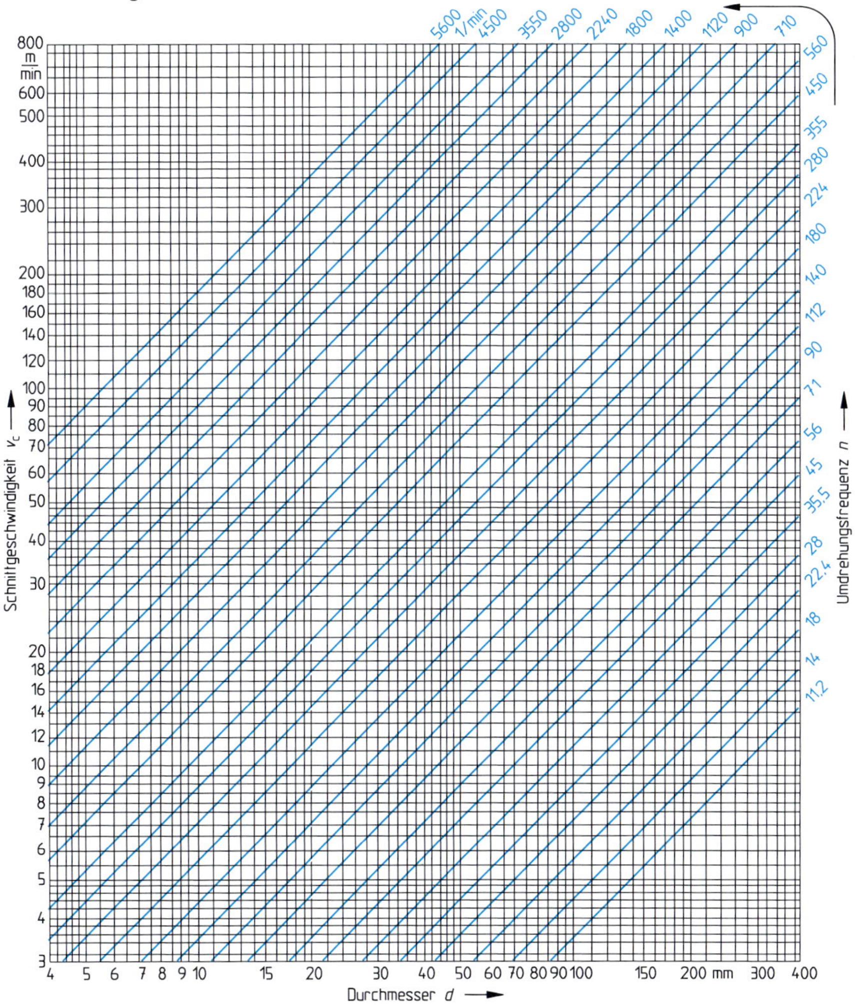
5600
1/min
4500
3550
2800
2240
1800
1400
1120
900
710
560
450
355
280
224
180
140
112
90
71
56
45
35,5
28
22,4
18
14
11,2
Umdrehungsfrequenz n
Schnittgeschwindigkeit v_c
m/min
800
600
500
400
300
200
180
160
140
120
100
90
80
70
60
50
40
30
20
18
16
14
12
10
9
8
7
6
5
4
3
4 5 6 7 8 9 10 15 20 30 40 50 60 70 80 90 100 150 200 mm 300 400
Durchmesser d

Logarithmische Teilung

2000
1400
1000
710
500
355
250
180
125
n = 90 min-1
63
45
31,5
22,4
Schnittgeschwindigkeit v_c in m/min
200
150
120
100
80
60
50
40
30
25
20
15
12
10
10 12 15 20 25 30 40 50 60 80 100 150 200 300 500 600
Durchmesser d in mm

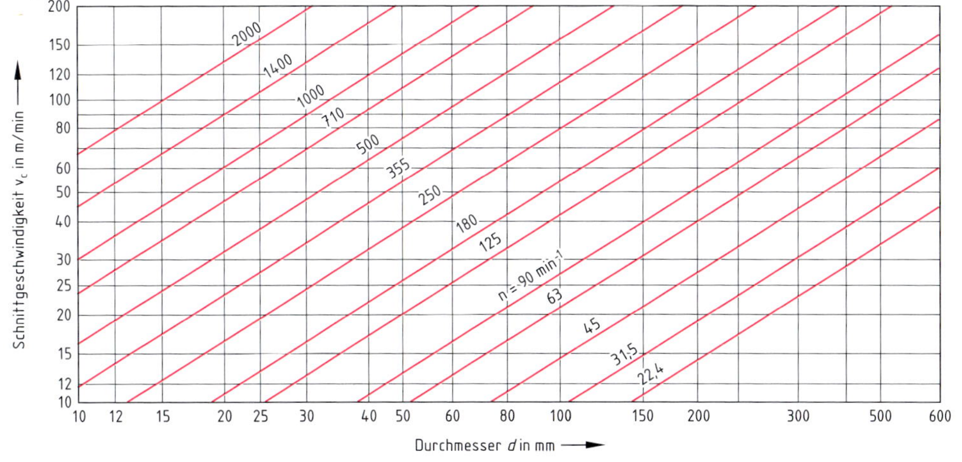

4.8.2 Sägen *Sawing*

Zerspanungsrichtwerte beim Sägen

Werkstoff	**Festigkeit R_m in $\frac{N}{mm^2}$**	**Schnittgeschwindigkeit v_c in $\frac{m}{min}$**	**Spanwinkel γ und Freiwinkel α in °**
S185, S235, 9 S 20 K, S275, E295, C15, C22, C45	330...450 450...600	25...35 19...24	15...18/12
E335, E360, C45, C60, 14 Cr 5	600...850, 500...700	15...19	15...18/8...12
16MnCr5, 20MnCr5, 37MnSi5	600...800		15/18
50CrV4, 14NiCr5, 35CrNiMo6	600...900	10...12	15/6
22NiCr14, 35NiCr18	700...900	12...15	15/6
Nichtrostende Stähle	500...700	7...17	10...12/6
Walzprofile DIN 1024/25/26	340...450	19...35	18/8
Stahlrohre S235 (St 35) dünnwandig, normal und dickwandig	350...400 500...600	35...70 24...35	15...18/8
Kupfer Bronze Messing Zink-Legierungen Alpaka-Neusilber Al-Legierungen	bis 600	60...400 40...120 400...600 100...200 20...75 500...2000	18...20/8...10 5...10/10 12/10 25/10 20/10 20...23/10

Zahnformen von Sägeblättern für das Sägen von Metall DIN 1840 : 1970-08

Benennung	**Bild**	**Kurzzeichen**	**Spanwinkel für Werkzeugtyp**			**Anwendung**
			N ±2°	**H ±2°**	**W ±2°**	
Winkelzahn	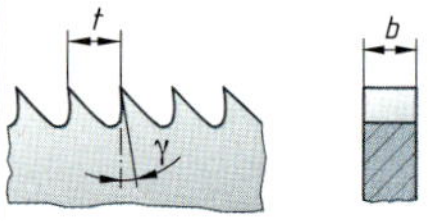	A	5°	0°	10°	DIN 1837 Regelausführung
Winkelzahn mit wechselseitiger Abkantung	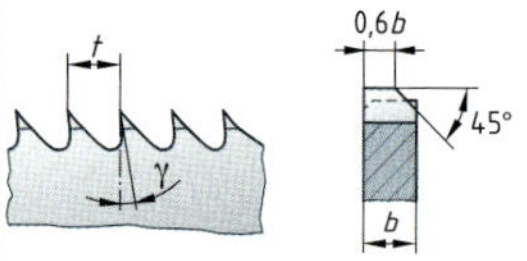	Aw				DIN 1837 Sonderausführung
Bogenzahn	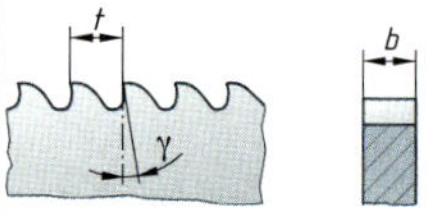	B				DIN 1838 Regelausführung DIN 1837 bei $t \geq 3{,}15$ mm Sonderausführung
Bogenzahn mit wechselseitiger Abkantung	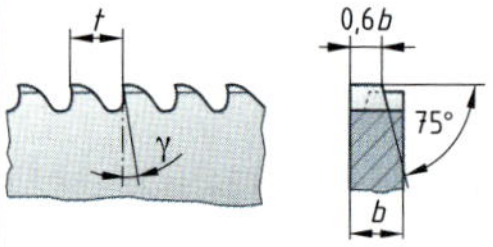	Bw	15°	8°	25°	DIN 1837 bei $t \geq 3{,}15$ mm und $b \geq 2$ mm Sonderausführung DIN 1838 bei $b \geq 2$ mm Sonderausführung
Bogenzahn mit Vor- und Nachschneider	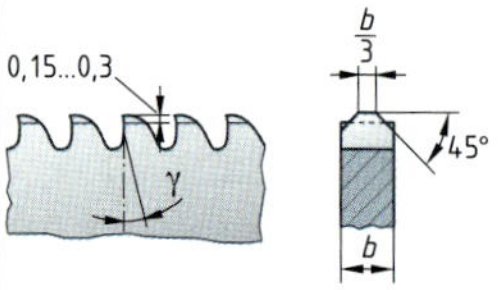	C				DIN 1837 bei $t \geq 3{,}15$ mm und $b \geq 2$ mm Sonderausführung DIN 1838 bei $b \geq 2$ mm Sonderausführung

Richtwerte für das Sägen mit Bandsägen (Vollmaterial)[1]

	Werkstoff	Dicke t in mm	Schnittgeschwindigkeit v_c in $\frac{m}{min}$	Vorschub in $\frac{mm}{min}$	Zerspanleistung g in $\frac{cm^2}{min}$	Kühlung
	Baustahl weich	$0 > t \leq 20$	80 ... 100	115 ... 190	23 ... 38	Emulsion 20 %
	Baustahl hart	$0 > t \leq 20$	60 ... 75	90 ... 140	18 ... 28	Emulsion 15 %
	Stahl rostfrei	$0 > t \leq 20$	25 ... 40	40 ... 50	8 ... 10	Emulsion 5 %
	Alu + NE-Metalle	$0 > t \leq 20$	100 ... 2000	115 ... 190	–	Sprühöl, Emulsion 20 %

[1]) Angaben sind Richtwerte, Herstellerangaben beachten.

Metallkreissägeblätter, grobgezahnt (Auswahl)

DIN 1838 : 1970-08

$d_{1\,H5}$	50		63		80		100		125		160		200	
$d_{2\,H7}$	13		16		22		22		22		32		32	
$d_{3\,H8}$	25		32		36		40		40		63		80	
	Sägeblattteilung t und Zähnezahl z													
$b_{1\,H}$	$t \approx$	z	$t \approx$	z	$t \approx$	z	$t \approx$	z	$t \approx$	z	$t \approx$	z	$t \approx$	z
0,5	3,15	48	3,15	64										
0,6	3,15	48	4	48	4	64	4	80						
0,8	4	40	4	48	4	64	5	64	5	80				
1	4	40	4	48	5	48	5	64	5	80	6,3	80		
1,2	4	40	5	40	5	48	5	64	6,3	64	6,3	80	6,3	100
1,6	5	32	5	40	5	48	6,3	48	6,3	64	6,3	80	8	80
2	5	32	5	40	6,3	40	6,3	48	6,3	64	8	64	8	80
2,5	5	32	6,3	32	6,3	40	6,3	48	8	48	8	64	8	80
3	6,3	24	6,3	32	6,3	40	8	40	8	48	8	64	10	64
4	6,3	24	6,3	32	8	32	8	40	8	48	10	48	10	64

Bezeichnungsbeispiel:

Kreissägeblatt 160 × 3 BN DIN 1838-HSS
- d in mm
- b in mm
- Zahnform
- Werkzeugtyp
- Werkstoff

Kreissägeblatt 100 × 2 AN DIN 1837-SS
- d in mm
- b in mm
- Zahnform
- Werkzeugtyp
- Werkstoff

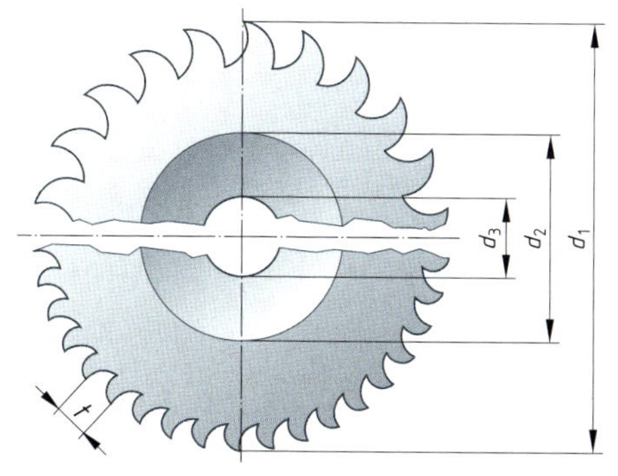

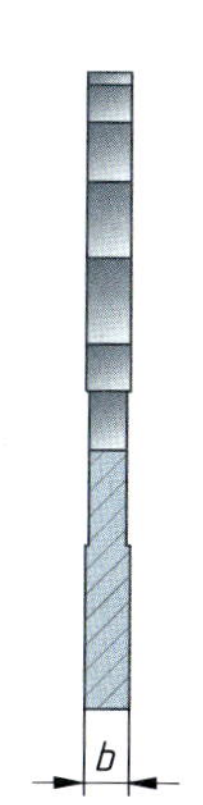

Metallkreissägeblätter, feingezahnt DIN 1837 : 1970-08

$d_{1\,H5}$	20		25		32		40		50		100		200	
$d_{2\,H7}$	5		8		8		10		13		22		32	
$d_{3\,H8}$	10		12		14		18		25		40		63	
	Teilung t und Zähnezahl z													
$b_{1\,H}$	$t \approx$	z	$t \approx$	z	$t \approx$	z	$t \approx$	z	$t \approx$	z	$t \approx$	z	$t \approx$	z
0,2	0,8	80	1	80	1	100	1	128	1,25	128				
0,4	1	64	1,25	64	1,25	80	1,25	100	1,6	100				
0,5	1,25	48	1,25	64	1,25	80	1,6	80	1,6	100	2	160		
0,8	1,25	48	1,6	48	1,6	64	1,6	80	2	80	2,5	128		
1	1,6	40	1,6	48	1,6	64	2	64	2	80	2,5	128	3,15	200
1,6	1,6	40	2	40	2	48	2	64	2,5	64	3,15	100	4	160
2	2	32	2	40	2	48	2,5	48	2,5	64	3,15	100	4	160
2,5	2	32	2	40	2,5	40	2,5	48	2,5	64	3,15	100	4	160
3	2	32	2,5	32	2,5	40	2,5	48	3,15	48	4	80	5	128
4	2,5	24	2,5	32	2,5	40	3,15	40	3,15	48	4	80	5	128
5	2,5	24	2,5	32	3,15	32	3,15	40	3,15	48	4	80	5	128

Langsägeblätter für Metallhandsägen

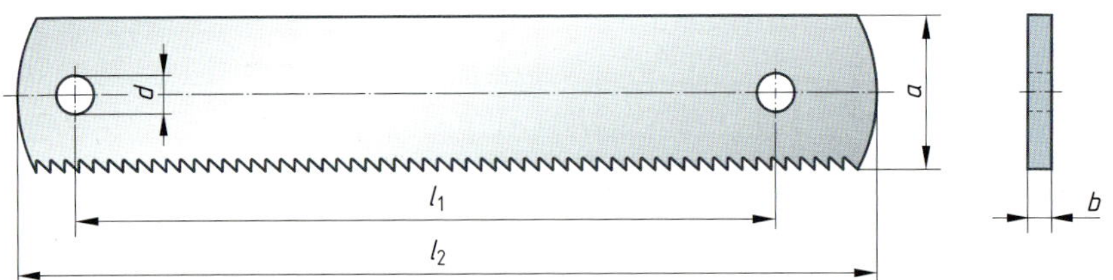

l_1 in mm ±2	a in mm	b	Zahnung		l_2 in mm max.	d in mm H14
			Steigung in mm	Zähnezahl auf 25 mm Länge		
300	12,5	0,63	0,8; 1; 1,4	32; 24; 18	315	4

Bezeichnungsbeispiel: Sägeblatt DIN 6494 300 x 12,5 x 0,63 x 1,0
Sägeblattlänge (300) — Sägeblattbreite (12,5) — Sägeblattdicke (0,63) — Steigung (1,0)

Sägeblätter für Bügelsägemaschinen

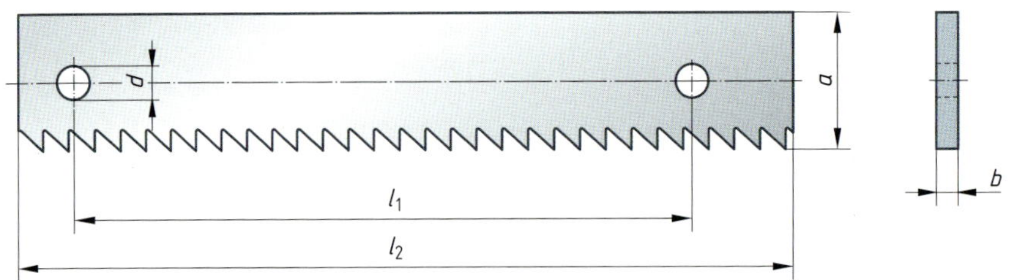

l_1 in mm	*a* in mm	*b*	Zahnung		l_2 in mm max.	*d* in mm
			Steigung in mm	Zähnezahl auf 25 mm Länge		
300	25	1,25	1,8; 2,5	14; 10	330	8
	25	1,5	1,8; 2,5	14; 2,5		
350	25	1,25	1,8; 2,5	14; 10	380	8
	25	1,5	1,8; 2,5	14; 10		
	30	1,5	1,8; 2,5; 3,2; 4	14; 10; 8; 6		
	30	2	2,5; 3,2; 4	10; 8; 6		
400	30	1,5	1,8; 2,5; 3,2; 4	14; 10; 8; 6	430	8
	30	2	1,8; 2,5; 3,2; 4; 6,3	14; 10; 8; 6; 4		
	40	2	4; 6,3	6; 4	435	10
450	30	2	2,5; 4	10; 6	485	10
	40	2	2,5; 3,2; 4; 6,3	10; 8; 6; 4		
500	40	2	4; 6,3	6; 4	535	10
600	50	2,5	4; 6,3	6; 4	640	12,5
700	50	2,5	6,3	4	740	12,5

Bezeichnungsbeispiel: Sägeblatt DIN 6495 300 × 25 × 1,25 × 1,8

4.8.3 Schleifen *grinding*

Schleifmittel, Zuordnung Werkstoff – Schleifmittel DIN ISO 525 : 2022-01, DIN EN 12413 : 2019-12

Werkstoff	Schleifmittel	chemische Zusammensetzung in Masse %	Bezeichnung
nichtrostender Stahl	Zirkonkorund	$Al_2O_3 + ZrO_2$	Z
unlegierter + ungehärteter Stahl, Stahlguss, Temperguss	Normalkorund	Al_2O_3 + Beimengung	A
legierter + gehärteter Stahl, Titan, Glas	Edelkorund	Al_2O_3 in kristalliner Form	
Cu, Al, Kunststoffe, Gusseisen, Hartguss, Hartmetall, Gestein, Glas	Siliciumkarbid	SiC in kristalliner Form	C
Werkzeugstahl > 60 HRC, HSS	Bornitrid	BN in kirstalliner Form	CBN
lose Schleifmittel zum Läppen von Hartmetall	Borkarbid	BK	BK
Hartmetall, Glas, Gusseisen, Abrichten von Schleifscheiben, Keramik	Diamant	C in kristalliner Form	D

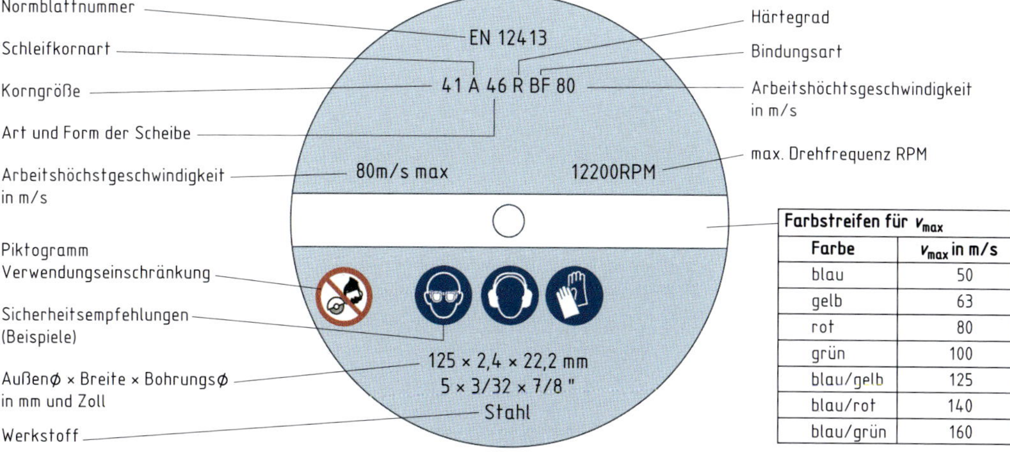

Farbstreifen für v_{max}	
Farbe	v_{max} in m/s
blau	50
gelb	63
rot	80
grün	100
blau/gelb	125
blau/rot	140
blau/grün	160

Körnung		Härtegrad		Gefüge		Bindung		Arbeitshöchstgeschwindigkeit v_{cmax} in $\frac{m}{s}$
Körnungsnummer	Bezeichnung	Kennbuchstabe	Bezeichnung	Art	Ziffer	Kennbuchstabe	Art	
4...24	grob	A, B, C, D	äußerst weich	geschlossen	0...4	V	Keramisch	16, 20, 25, 32, 40, 50, 63, 80, 100, 125, 140, 160
30...60	mittel	E, F, G	sehr weich	normal	5...7	R	Gummi	
70...220	fein	H, I, J, K	weich	offen	8...11	RF	Gummi, faserverstärkt	
240...1200	sehr fein	L, M, N, O	mittel	sehr offen	12...14	B	Kunstharz	
		P, Q, R, S	hart			BF	Kunstharz, faserverstärkt	
		T, U, V, W	sehr hart			E	Schellack	
		X, Y, Z	äußerst hart			Mg	Magnesit	
						PL	Plastikbindung	

4.8.4 Drehen *turning*

Richtwerte für das Drehen für Drehmeißel aus HSS oder mit Wendeschneidplatten aus Hartmetall

	Drehmeißel aus HSS					
Werkstoff	**Zugfestigkeit** R_m **in** $\frac{N}{mm^2}$	**Schnittgeschwindigkeit** v_c **in** $\frac{m}{min}$	**Vorschub** f **in mm**	**Schnitttiefe** a_p **in mm**	**Schneidwerkstoff**	**Standzeit in min**
unlegierter Stahl	< 500	65 ... 250	0,1 ... 0,5	3	S10-4-3-10	60
		50 ... 40	0,2 ... 1	6	S18-1-2-10	
leg. Stahl, Einsatzstahl	500 ... 900	70 ... 50	0,1 ... 0,5	3	S10-4-3-10	
		50 ... 40	0,2 ... 1	6	S18-1-2-10	
Vergütungsstahl	700	70 ... 40	0,5 ... 1	3 ... 6	S18-1-2-10	
		50 ... 20	0,1 ... 0,5	3 ... 6	S10-4-3-10	
Al-Legierungen	–	180 ... 120	0,1 ... 0,6	3 ... 6	S10-4-3-10	240
Cu-Zn-Legierungen	–	–	–	–	–	–
Messing		120 ... 80	0,1 ... 0,3	6	S10-4-3-10	120
Bronze		150 ... 100	0,1 ... 0,6	3	S10-4-3-10	
Kunststoffe	–	–	–	–	–	–
Thermoplaste		400 ... 200	0,1 ... 0,25	3	S14-1-4-5	≤ 8h
Duroplaste o. Füllstoff		250 ... 150	0,1 ... 0,25	3	S14-1-4-5	

	Drehmeißel mit Wendeschneidplatten aus Hartmetall (Wendeschneidplatte, Schaft)						
Werkstoff	**Vorschub** f **in mm**	**Schnittgeschwindigkeit** v_c **in** $\frac{m}{min}$					
		Hartmetall beschichtet			**Hartmetall unbeschichtet**		
		P15C	**P25C**	**P35C**	**P10**	**P40**	**K10**
unlegierter Stahl	0,1 ... 0,5	260 ... 230	200 ... 170	160 ... 130	170 ... 150	115 ... 95	–
	0,5 ... 1,5	230 ... 190	170 ... 140	130 ... 95	150 ... 120	95 ... 80	–
leg. Stahl, Einsatzstahl	0,1 ... 0,5	270 ... 220	240 ... 200	170 ... 140	160 ... 140	95 ... 80	–
	0,1 ... 1,5	220 ... 200	200 ... 170	140 ... 110	140 ... 115	80 ... 65	–
Vergütungsstahl	0,1 ... 0,5	230 ... 205	180 ... 150	140 ... 120	125 ... 110	90 ... 70	–
	0,5 ... 1,5	205 ... 180	150 ... 130	120 ... 90	110 ... 90	70 ... 60	–
Al-Legierungen	0,1 ... 0,6	600 ... 400	–	–	–	–	600 ... 200
Cu-Zn-Legierungen	0,1 ... 0,6	–	–	–	–	–	500 ... 200
Messing	–	–	–	–	–	–	–
Bronze	–	–	–	–	–	–	–

4.8.5 Fräsen *milling*

Schneidbedingungen für das Fräsen mit Schnellarbeitsstählen (HSS)

Werkstoff des Werkstückes	R_m in $\frac{N}{mm^2}$	Walzenfräser				Walzenstirnfräser				Schaftfräser (Zweischneider)				Schaftfräser (Dreischneider)			
		f_z in $\frac{mm}{Zahn}$	a_p in mm: 1	4	8	f_z in $\frac{mm}{Zahn}$	a_p in mm: 1	4	8	Durchmesser d in mm: ≤20		>20		Durchmesser d in mm: ≤20		>20	
			v_c in $\frac{m}{min}$				v_c in $\frac{m}{min}$			f_z in $\frac{mm}{Zahn}$	v_c in $\frac{m}{min}$	f_z in $\frac{mm}{Zahn}$	v_c in $\frac{m}{min}$	f_z in $\frac{mm}{Zahn}$	v_c in $\frac{m}{min}$	f_z in $\frac{mm}{Zahn}$	v_c in $\frac{m}{min}$
unlegierter Stahl	< 500	0,25	28	22	20	0,2	26	22	20	0,01 ... 0,09	45 ... 90	0,09	35 ... 90	0,05	25	0,08	19
		0,1	36	30	25	0,1	34	30	27						30	0,05	23
	500 ... 700	0,16	22	18	15	0,15	20	18	16	0,02	35	0,09	60	0,03	20	0,05	15
		0,08	30	22	20	0,08	26	23	21	0,05	65	0,08	35	0,01	25	0,03	18
Vergütungsstahl	700	0,18	28	22	19	0,16	26	22	21	0,02	25	0,01	15 ... 20	0,03	22	0,05	18
		0,1	36	30	25	0,08	34	30	27	0,06	40			0,01	27	0,03	20
Cu-Zn-Leg. Messing		0,22	60	50	42	0,2	60	50	46	0,01	150	0,1	200	0,05	60	0,08	45
		0,11	80	64	55	0,1	80	68	60	0,05	220	0,09	140	0,02	74	0,05	55
Bronze		0,18	55	44	38	0,16	55	48	44	0,01	40	0,09	50	0,04	55	0,06	40
		0,09	72	58	50	0,08	72	63	58	0,05	60	0,08	35	0,02	66	0,04	52
Al-Leg. zäh		0,12	300	240	200	0,12	360	250	230	0,01	150	0,1	200	0,03	300	0,05	220
		0,06	390	300	270	0,06	390	330	310	0,05	220	0,09	140	0,01	360	0,03	280
spröde		0,14	220	175	150	0,14	230	190	170	0,01	150	0,1	200	0,03	220	0,05	170
		0,07	280	230	200	0,07	280	246	230	0,05	220	0,09	140	0,01	270	0,03	200

R_m = Zugfestigkeit
f_z = Vorschub pro Zahn
a_p = Schnitttiefe bzw. Eingriffsgröße
v_c = Schnittgeschwindigkeit

Beachte: Genannte Werte sind Richtwerte, besondere Herstellerangaben sind zu beachten.

Schneidbedingungen für das Fräsen mit Hartmetallschneiden

Werkstoff des Werkstückes	R_m [1]) in $\frac{N}{mm^2}$	f_z [2]) in $\frac{mm}{Zahn}$	a_p [3]) in mm	v_c [4]) in $\frac{m}{min}$	Schneidwerkstoff
Stahl unlegiert	< 500	0,1	17	145 ... 116	P40
			15	110 ... 88	
		0,3	5	145 ... 116	
			10	110 ... 88	
		0,8	5	115 ... 92	
			10	85 ... 68	
Stahl unlegiert legiert	500 ... 900	0,1	3	130 ... 104	P30
			7	110 ... 8	
		0,2	3	120 ... 96	
			7	100 ... 0	
		0,5	1	120 ... 96	
			5	95 ... 76	
Stahl, rost- und säurebeständig	≤ 700	0,1	0,5	75 ... 60	
			3	55 ... 44	
		0,3	0,5	60 ... 48	
			3	45 ... 36	
Aluminium-Legierungen	–	0,05 ... 0,3	frei wählbar	1000 ... 300	K20
		0,01 ... 0,15		2000 ... 1000	M10

[1]) R_m = Zugfestigkeit, [2]) f_z = Vorschub pro Zahn,
[3]) a_p = Schnitttiefe bzw. Eingriffsgröße, [4]) v_c = Schnittgeschwindigkeit

Zähnezahl *z* von Fräswerkzeugen bezogen auf den Fräserdurchmesser

Werkzeug – Anwendungsgruppe N

Werkzeug	Werkzeug – Werkstoff HSS Fräserdurchmesser *d* in mm				
	≤20	30	40	50	63
Scheibenfräser	–	–	–	12 o. 16	12 o. 16
Schaftfräser	4	6	6	8	8
Walzenstirnfräser	–	–	6	8	8
Nutfräser (extra kurz)	2	2 o. 6	2 o. 8	8	–
T-Nutenfräser	6	8	10	10	10

Beachte: Zähnezahl kann je nach Hersteller abweichen

4.8.6 Schneidstoff-Anwendungsgruppen zum Zerspanen DIN 1836 : 1984-01

Werkzeuge aus Schnellarbeitsstahl (HSS) werden überwiegend für Bohren, Gewindeschneiden, Fräsen und Reiben eingesetzt. Sie sind sehr zäh, leicht zu bearbeiten und preiswert.

Zu bearbeitender Werkstoff		Zugfestigkeit R_m in $\frac{N}{mm^2}$ bzw. Brinellhärte in HB	Schneidstoff-Anwendungsgruppe ×: Regelfall, ○ : Sonderfall, –: ungeeignet		
			Werkstoffeigenschaften		
			N normale Festigkeit und Zähigkeit	H hart, zähhart und/oder kurzspanend	W weich, zäh und/oder langspanend
Allgemeiner Baustahl		≤ 600 500 … 900	× ×	– –	○ –
Automatenstahl		370 … 600 550 … 1000	× ×	– ○	○ –
Einsatzstahl	unlegiert legiert	≤ 600 500 … 800	× ×	– –	○ –
Nichtrostender Stahl		450 … 950	×	–	–
Nitrierstahl	weichgeglüht vergütet	700 … 900 800 … 1250	× ×	– ○	– –
Vergütungsstahl	weich- o. normalgeglüht unlegiert, vergütet legiert, vergütet legiert, vergütet	500 … 750 700 … 1000 700 … 1000 900 … 1250	× × × ×	– – – ○	– – – –
Werkzeugstahl	legiert, vergütet unlegiert oder legiert weichgeglüht hochgekohlt und/oder legiert, weichgeglüht	900 … 1250 180 … 240 HB 220 … 300	× × ○	– – ×	– – –
Stahlguss		400 … 1100	×	–	–
Gusseisen	mit Lamellengraphit mit Kugelgraphit 	100 … 230 HB 240 … 320 HB 100 … 230 HB 240 … 320 HB	× ○ × ○	– × – ×	– – – –
Temperguss		110 … 270	×	–	–
Al-Knet- und Gusslegierungen (Si ≤ 10 %) **Al-Gusslegierungen** (Si > 10 %)		≤ 180 150 … 250	○ ×	– –	× ○
Kupfer		200 … 400	○	–	×
Kupferlegierungen	hoher Cu-Gehalt, hohe Festigkeit	200 … 550 250 … 850	○ ×	– –	× ○
Holz		möglich, Spezialwerkzeuge für Holz beachten			
Beton		möglich, Bohrerspitze mit Hartmetall bestückt			
Glas		möglich			

4.8.7 Anwendung harter Schneidstoffe (Hartmetalle, Schneidkeramiken) zur Zerspanung

DIN ISO 513 : 2014-05

Zuordnung Werkstoff zum Anwendungsbereich

Hauptanwendungsgruppen		Anwendungsgruppen				Hauptanwendungsgruppen		Anwendungsgruppen			
Werkstück-Werkstoff	**Kennbuchstabe/ Kennfarbe**	**Harte Schneidstoffe**				**Werkstück-Werkstoff**	**Kennbuchstabe/ Kennfarbe**	**Harte Schneidstoffe**			
Stahl: Alle Arten von Stahl und Stahlguss, ausgenommen nichtrostender Stahl mit austenitischem Gefüge	**P** **blau**	P01 P10 P20 P30 P40 P50	P05 P15 P25 P35 P45	↑	↓	**Nichteisenmetalle:** Aluminium und andere Nichteisenmetalle, Nichtmetallwerkstoffe	**N** **grün**	N01 N10 N20 N30	N05 N15 N25	↑	↓
Nichtrostender Stahl: Nichtrostender austenitischer und austenitisch-ferritischer Stahl und Stahlguss	**M** **gelb**	M01 M10 M20 M30 M40	M05 M15 M25 M35	↑	↓	**Speziallegierungen und Titan:** Hochwarmfeste Speziallegierungen auf der Basis von Eisen, Nickel und Cobalt, Titan und Titanlegierungen	**S** **braun**	S01 S10 S20 S30	S05 S15 S25	↑	↓
Gusseisen: Gusseisen mit Lamellengraphit, Gusseisen mit Kugelgraphit, Temperguss	**K** **rot**	K01 K10 K20 K30 K40	K05 K15 K25 K35	↑	↓	**Harte Werkstoffe:** Gehärteter Stahl, gehärtete Gusseisenwerkstoffe, Gusseisen für Kokillenguss	**H** **grau**	H01 H10 H20 H30	H05 H15 H25	↑	↓
↑ Zunehmende Schnittgeschwindigkeit, zunehmende Verschleißfestigkeit des Schneidstoffes						↓ Zunehmender Vorschub, zunehmende Zähigkeit des Schneidstoffes					

Hartmetalle

DIN ISO 513 : 2014-05

Kennbuchstabe	Hartmetall	Bindemittel
HW	Wolframcarbid (WC), Korngröße ½ ≥ 1 µm	Co
HT, Cermets[1]	Karbide und Nitride von Titan, unbeschichtet	Ni, Co, Mo
HC	wie HW und HT, beschichtet	
HF	Wolframcarbid (WC), Korngröße < 1 µm	Co

[1] **cer**amics + **met**als

Einteilung und Eigenschaften von Schneidkeramiken

DIN ISO 513 : 2014-05

Schneidkeramik	Eigenschaften	Einsatz	Beispiele
Oxidkeramik **CA** (Oxide)	vorwiegend Al_2O_3, verschleißfest, hochtemperaturbeständig	Drehen von Grauguss, Einsatz- und Vergütungsstahl	Aluminiumoxid Al_2O_3, Zirkonoxid ZrO_2, Titanate TiO_2, oxidische Mischkeramik Al_2O_3-ZrO_2
Mischkeramik **CM** (Oxide + Nichtoxide)	vorwiegend Al_2O_3 + anderen Oxidbestandteilen, sehr verschleißfest, gut temeperaturbeständig	Drehen und Fräsen von Hartguss und hartem Stahl	Aluminiumoxid-Titancarbid Al_2O_3-TiC Aluminiumoxid-Siliciumcarbid Al_2O_3-SiC
Nichtoxidkeramik Nichtoxide	Vorwiegend Si_3N_4, temperaturbeständig, sehr zäh	Drehen und Fräsen von Guss	Bornitrid **BN**, Siliciumnitrid **CN** (Si_3N_4), Siliciumcarbid SiC, beschichtete Schneidkeramik **CC**

4.9 Thermisches Trennen *thermal cutting*

Brennschneiden *flame cutting*

Einfluss der Legierungselemente auf die Brennschneideignung von Stahl (thermisches Trennen mit der Acetylen-Sauerstoffflamme)

Legierungselement		Ohne Vorwärmung brennschneidbar bei Anteilen in %	Ausnahmen
Kohlenstoff	C	0,3	Bei einem C-Gehalt von 0,3 bis 1,6 % kann nach Vorwärmung brenngeschnitten werden.
Silicium	Si	2,5	Bei einem Si-Gehalt von 2,5 bis 4 % kann nach Vorwärmung brenngeschnitten werden.
Mangan	Mn	13	Mit Vorwärmung brennschneidbar, wenn der Mn-Gehalt < 18 % und der C-Gehalt < 1,3 %.
Chrom	Cr	1,5	Bei einem Cr-Gehalt von 1,5 . . . 3 % vorwärmen auf 600 °C.
Wolfram	W	10	Dabei dürfen die folgenden Grenzwerte für Cr ≤ 0,5 %, Ni ≤ 0,2 % Ni und C ≤ 0,8 % nicht überschritten werden.
Nickel	Ni	7	Wenn der C-Gehalt <0,3 % beträgt, darf der Ni-Gehalt bis 35 % betragen.
Molybdän	Mo	0,8	Bei einem Mo-Gehalt >0,8 % geringere Brennschneidgeschwindigkeit; über 2,5 % ist der Werkstoff nicht mehr schneidbar.

Schneidparameter für Autogenes Brennschneiden von Stahl

<table>
<tr><th rowspan="2">Schnittdicke in mm</th><th rowspan="2">Düsengröße in mm</th><th rowspan="2">Düsenabstand in mm</th><th colspan="2">Fugenbreite in mm</th><th colspan="2">Heiz-Sauerstoff-Verbrauch in m³/h</th><th colspan="3">Heizgase Verbrauch in m³/h</th><th colspan="3">Druck in bar</th><th colspan="2">Schneidsauerstoff Verbrauch in m³/h</th><th>Schneidsauerstoff Druck in bar</th><th colspan="2">Schneidgeschwindigkeit in m/min</th></tr>
<tr><th>A[1]</th><th>P[2], E[3]</th><th>A</th><th>P, E</th><th>A</th><th>P</th><th>E</th><th>O[4]</th><th>A</th><th>P, E</th><th>A</th><th>P, E</th><th>A, P, E</th><th>A</th><th>P, E</th></tr>
<tr><td>3</td><td rowspan="4">3 . . . 10</td><td rowspan="2">3 . . . 4</td><td rowspan="4">1,5</td><td rowspan="2">1,4</td><td rowspan="4">0,39</td><td rowspan="4">1,3</td><td rowspan="4">0,3</td><td rowspan="4">0,33</td><td rowspan="4">0,8</td><td rowspan="4">2</td><td rowspan="12">0,5</td><td rowspan="12">0,2</td><td rowspan="2">1,3</td><td rowspan="2">1,3</td><td rowspan="2">2</td><td>730</td><td>660</td></tr>
<tr><td>5</td><td>690</td><td>630</td></tr>
<tr><td>8</td><td rowspan="3">4 . . . 5</td><td>1,6</td><td>1,5</td><td rowspan="2">1,7</td><td>2,5</td><td>640</td><td>580</td></tr>
<tr><td>10</td><td>1,8</td><td>1,7</td><td>3</td><td>600</td><td>550</td></tr>
<tr><td>10</td><td rowspan="4">>10 . . . 25</td><td rowspan="4">1,8</td><td rowspan="2">1,9</td><td rowspan="8">0,46</td><td rowspan="8">1,5</td><td rowspan="8">0,35</td><td rowspan="8">0,38</td><td rowspan="8">0,9</td><td rowspan="8">2,5</td><td>2,3</td><td>2,8</td><td>4</td><td>620</td><td>560</td></tr>
<tr><td>15</td><td rowspan="7">5 . . . 7</td><td>2,5</td><td>3</td><td>4,3</td><td>520</td><td>490</td></tr>
<tr><td>20</td><td rowspan="2">2</td><td>2,6</td><td>3,1</td><td>4,5</td><td>450</td><td>440</td></tr>
<tr><td>25</td><td>2,8</td><td>3,4</td><td>5</td><td>410</td><td>400</td></tr>
<tr><td>25</td><td rowspan="4">>25 . . . 40</td><td rowspan="4">2</td><td rowspan="4">2,2</td><td>2,3</td><td>2,8</td><td>4</td><td>410</td><td>400</td></tr>
<tr><td>30</td><td>2,5</td><td>3</td><td>4,3</td><td>380</td><td>370</td></tr>
<tr><td>35</td><td>2,6</td><td>3,1</td><td>4,5</td><td>360</td><td>350</td></tr>
<tr><td>40</td><td>2,8</td><td>3,4</td><td>5</td><td>340</td><td>340</td></tr>
</table>

[1]) A = Acetylen
[2]) P = Propan
[3]) E = Erdgas, vorwiegend zum Abwracken
[4]) O = Sauerstoff

Schneidparameter für Plasmaschmelzschneiden

Werkstoff	Blechdicke in mm	Stromstärke in A	Schneidgasverbrauch in $\frac{m^3}{h}$		Schnittgeschwindigkeit in $\frac{m}{min}$	
			Luft	Ar/H_2	Luft	Ar/H_2
unlegierter Stahl	1 2 4 6	40 40 70 80	0,7 0,7 – 0,7	– – – –	6 6 – 2,4	– – – –
hochlegierter Stahl	1 2 4 6 10 20 40	40 60 70 120 120 200 250	0,7 0,7 – – – – –	– – 0,6 0,9 1,5 1,5 1,7	5 2 – – – – –	– – 1,4 1,3 0,9 0,7 0,3
Aluminium	2 4 6 8 10 12	30 45 60 80 90 90	1,0 – – – – –	– 1,0 1,2 1,3 1,4 1,5	2,0 – – – – –	– 5 4 3 2 1,4

Hinweis: Alle Werte sind Circa-Angaben und abhängig vom Durchmesser der Düsen; die Bedienungsanleitung der Hersteller ist unbedingt zu beachten.

4.10 Kühlschmierstoffe *cooling lubricants*

Kühlschmierstoffe, Benennung, Kurzzeichen, Eigenschaften DIN 51385 : 2013-12

Kennbuchstabe	Bearbeitungsmedien für die Zerspanung	Anwendung
SC	Kühlschmierstoff	Bearbeitungsmedium für die spanende Bearbeitung
SCN	Nicht wassermischbarer Kühlschmierstoff	Kühlschmierstoff, der für die Anwendung nicht mit Wasser gemischt wird und mit guter Schmierwirkung
SCE	Wassermischbarer Kühlschmierstoff	Kühlschmierstoff, der vor seiner Anwendung üblicherweise mit Wasser gemischt wird und mit guter Wärmeabfuhr aber geringer Schmierwirkung
SCEM	Emulgierbarer Kühlschmierstoff	Wassermischbarer Kühlschmierstoff, der bei Mischung mit Wasser eine Öl-in-Wasser-Emulsion bildet
SCEMW	Kühlschmierstoff-Emulsion	Mit Wasser gemischter emulgierbarer Kühlschmierstoff (gebrauchsfertige Öl-im-Wasser-Emulsion)
SCES	Wasserlöslicher Kühlschmierstoff	Wassermischbarer Kühlschmierstoff, der bei Mischung mit Wasser eine kolloidale oder echte Lösung ergibt
SCESW	Kühlschmierstoff-Lösung	Mit Wasser gemischter wasserlöslicher Kühlschmierstoff (gebrauchsfertige Lösung)

Anwendung von Kühlschmierstoffen

Fertigungsverfahren	Stahl		Al, Al-Legierungen	Cu, Cu-Legierungen
	normal zerspanbar	schwer zerspanbar		
Bohren	E2 % ... E5 %	E10 %, SN4	E5 %, SN1, SN2	trocken, E5 % ... E10 %
Drehen	E2 % ... E5 %	E10 %, SN4	E5 %, SW2, SN1	trocken, SW2, SN1, SN2
Fräsen	E5 % ... E10 % SW2, SN2	E10 %, SN4, SN5	E5 %, SN2, SN3	trocken, E5 %, SN1, SN2
Sägen	E10 %, SW2	E20 %, SW2	E5 %, SN2, SN3	E5 %, SN2, SN3
Schleifen	E2 % ... E5 %, SW2	E5 %, SW2	E2 % ... E5 %	E2 %, SW2

Schmierstoffe, Übersicht

DIN 51502 : 1990-08

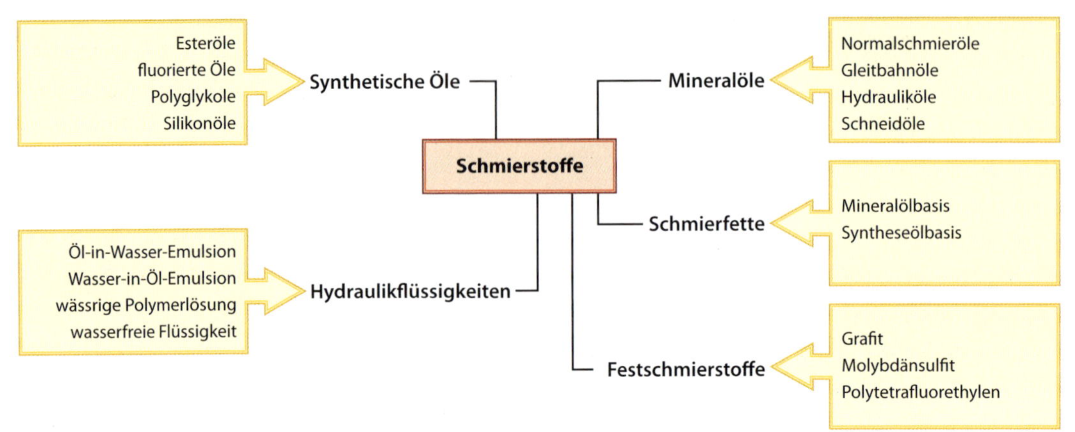

4.11 Umformen durch Biegen von Rohren und Blechen

Biegeradien für das Kaltbiegen von Rohren

DIN 25570 : 2004-02

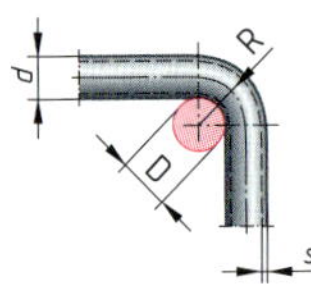

Rohre aus Stahl nach DIN EN 10220, z. B. P235TR1

$d \times s$ in mm	Biegeradius R in mm (R_{min} in mm)	Ungefährer Biegedorn-Ø in mm	$d \times s$ in mm	Biegeradius R in mm (R_{min} in mm)	Ungefährer Biegedorn-Ø in mm	$d \times s$ in mm	Biegeradius R in mm (R_{min} in mm)	Ungefährer Biegedorn-Ø in mm
21,3 × 2,6	55 (45)	90 (70)	38,0 × 4,0	100 (80)	160 (145)	60,3 × 3,6	180 (140)	300 (220)
25,0 × 2,0	65 (55)	105 (90)	42,4 × 3,2	110 (90)	140	60,3 × 4,5	180 (125)	300 (190)
26,9 × 3,2	70 (55)	115 (85)	42,4 × 4,0			70,0 × 2,9	200 (200)	330
30,0 × 2,6	80 (80)	130	44,5 × 2,6	100 (100)	150	76,1 × 2,9	250 (250)	440
30,0 × 5,0			48,3 × 2,6	125 (125)	200	88,9 × 3,2	350 (350)	610
31,8 × 2,6			48,3 × 3,2	125 (100)		108,0 × 3,6	400 (400)	690
31,8 × 4,0			48,3 × 4,0			108,0 × 5,0	400 (350)	690 (590)
38,0 × 2,6	100 (80)	160 (145)	60,3 × 2,9	200 (140)	340(220)	114,3 × 3,6	450 (400)	785 (685)

Nichtrostende Biegeradien für Stahlrohre nach DIN EN ISO 1127, z.B. X5CrNi 18-10

$d \times s$ in mm	Biegeradius R in mm (R_{min} in mm)	Ungefährer Biegedorn-Ø in mm	$d \times s$ in mm	Biegeradius R in mm (R_{min} in mm)	Ungefährer Biegedorn-Ø in mm	$d \times s$ in mm	Biegeradius R in mm (R_{min} in mm)	Ungefährer Biegedorn-Ø in mm
6,0 × 1,0	25 (20)	44 (34)	12,0 × 1,0	32,5 (25)	53 (38)	22,0 × 1,6	65 (50)	108 (78)
8,0 × 1,0		42 (32)	12,0 × 1,6			25,0 × 2,0	65 (55)	105 (85)
10,0 × 1,0		40 (30)	16,0 × 1,6	40 (35)	64 (54)	26,4 × 3,2		104 (84)
10,0 × 1,6			18,0 × 1,6	45 (40)	72 (62)	42,4 × 1,6	110 (100)	178 (158)

Anwärmlänge für das Warmbiegen

<table>
<tr>
<td>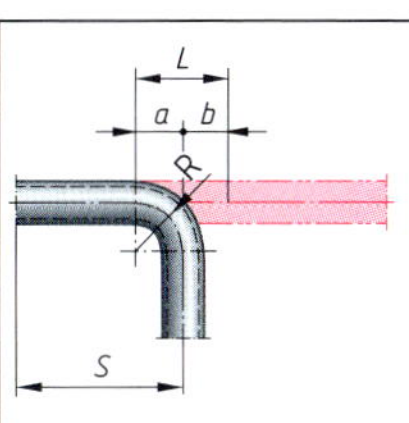
</td>
<td>L Anwärmlänge (Biegelänge) in mm
R Biegeradius in mm
S Stichmaß in mm
(Höhe des Rohrbogens)
a Länge des Maßschenkels in mm
b Länge des Biegeschenkels in mm
$R_{min} = 3 \cdot d_a$ für Stahlrohre
$R_{min} = 4 \cdot d_a$ für Kupferrohre</td>
<td>$a = \frac{2}{3} \cdot L$
$b = \frac{1}{3} \cdot L$
$L = \frac{2 \cdot R \cdot \pi \cdot 90°}{360°}$

Faustformel
$L = 1{,}5 \cdot R$</td>
</tr>
</table>

Biegen von Kupferrohr

Kupferrohre Festigkeitszustand R220 (weich): Biegeradius $R = 6 \ldots 8 \cdot$ Rohraußendurchmesser d_a

Kupferstangenrohre

Rohr-Außendurchmesser d_a in mm	Radius der neutralen Achse in mm	
	Hart R 290	Halbhart R 250
8	35	35
10	40	40
12	45	45
15	55	55
18	70	70
22	–	77
28	–	114

Warmbiegen mit Sandfüllung

Herstellung Rohrbogen 90°

$R = 4 \cdot d_a$

$a = 4 \cdot d_a \cdot 1{,}5$

Beispiel:

Rohr 35 × 1,5 (hart)

Rohrzuschnitt 600 mm

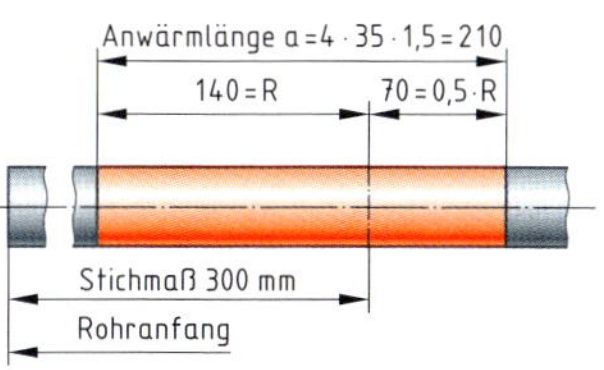

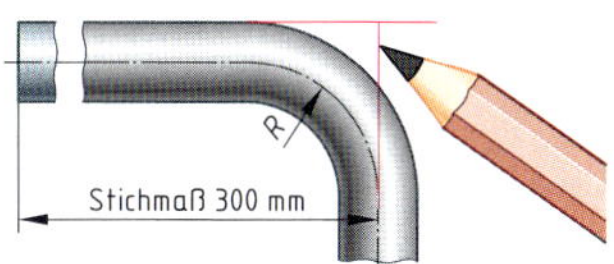

Werkstattregel: Die praktische Anwärmlänge ist an beiden Seiten um 10 mm gräßer als die berechnete Anwärmlänge

Biegeradien und Anwärmlänge

R in mm	*L* in mm	*a* in mm	*B* in mm	*R* in mm	*L* in mm	*a* in mm	*B* in mm	*R* in mm	*L* in mm	*a* in mm	*B* in mm
60	93	62	31	100	157	105	52	160	251	167	84
80	126	84	42	120	188	125	63	200	314	209	105
90	141	94	47	140	220	147	73	250	393	262	131

Biegen von Kunststoffrohr (PE-X)

Außendurchmesser d_a in mm	10	12	15	16	18	20	22	25	28
Kaltbiegung R in mm	45	60	75	80	90	100	110	125	140
Warmbiegung R in mm	20	25	34	36	40	45	48	51	62

Umformen durch Biegen und Kanten

	Formel	Formelzeichen	Erklärung
Zuschnittlänge für das Biegen und Kanten	$L = l_1 + l_2 + l_3 + \ldots - n \cdot v$ v berechnen oder aus Tabellen	L $l_{1,2,3}$ n v R t α v_{90} β	gestreckte Länge in mm = Länge der neutralen Faser Außenmaße in mm Anzahl der Kantungen Verkürzung Biegeradius in mm Blechdicke in mm Biegewinkel in ° Verkürzung für 90° Biegewinkel Öffnungswinkel
Verkürzung für $\alpha = 90°;\ \beta = 90°$	$L = l_1 + l_2 - v_{90}$ $v = 0{,}43 \cdot R + 1{,}48 \cdot t$		
$\alpha > 90°;\ \beta < 90°$	$L = l_1 + l_2 - v$ $v = 2 \cdot (R + t) - \pi \cdot \left(R + \frac{t}{3}\right) \cdot \left(\frac{180° - \beta}{180°}\right)$ v wird negativ bei großen Biegeradien.	**Bogenlänge und Verkürzung aus Fluchtlinientafel:**	
$\alpha \leq 30°;\ 90° < \beta \leq 150°$	$L = l_1 + l_2 - v$ $v = \frac{2 \cdot (R + t)}{\tan\frac{\alpha}{2}} - \pi \cdot \left(R + \frac{t}{3}\right) \cdot \left(\frac{180° - \beta}{180°}\right)$	**Bogenlänge b_w in mm**	
$\alpha \approx 0°;\ 150° < \beta \leq 180°$	$L \approx l_1 + l_2$ $v \approx 0$ (keine Verkürzung)	Fluchtlinientafel	
Zuschnittlänge (Bemaßung: Schenkellängen)	$L = l_1 + l_b + l_2$ $l_b = \pi \cdot \frac{\beta}{180°}\left(R + e \cdot \frac{t}{2}\right)$ für Biegewinkel $\beta = 90°$ $l_b = 1{,}57\left(R + e \cdot \frac{t}{2}\right)$		
Biegekraft, Biegearbeit	$F_b = 1{,}2 \cdot b \cdot t \cdot \frac{R_m}{W}$ $W = \frac{1}{3} \cdot F_b \cdot h$	F_b b h R_m W w	Biegekraft in N Werkstücklänge in mm Einschnitttiefe im Gesenk in m Bruchgrenze in N/mm² Biegekraft in Nm Gesenkweite $w \approx 5 \cdot R$ für $R = 2 \ldots 5\,t$ $w \approx 7\,R$ für $R \leq 2\,t$

Fluchtlinientafel: β = 30° 60° 90° (Öffnungswinkel); Bogenlänge b_w in mm bei α = 90°; Blechdicke 180° t in mm; 120° 90°; Biegeradius R in mm

Kleinster zulässiger Biegehalbmesser r in mm: Kaltbiegen von Flacherzeugnissen (Werkstattrichtwerte)

R_m in $\frac{N}{mm^2}$	Flachzeug-dicke t in mm	≤ 1	≤ 1,5	≤ 2,5	≤ 3	≤ 4	≤ 5	≤ 6	≤ 8	≤ 10	≤ 12	≤ 16	≤ 18	≤ 20
bis 390		1	1,6	2,5	3	5	6	8	12	16	20	28	36	40
390. . . 490		1,2	2	3	4	5	8	10	16	20	25	32	40	45
490. . . 640		1,6	2,5	4	5	6	8	10	16	20	25	36	45	50

Die Werte gelten für Biegen quer zur Walzrichtung und für einen Biegewinkel ≤ 120°. Beim Biegen parallel zur Walzrichtung und für Biegewinkel >120° ist der Wert für die nächsthöhere Blechdicke zu wählen.

Bevorzugte Biegehalbmesser *r*: 1 – 1,6 – 2,5 – 4 – 6 – 10 – 16 – 20 – 25 – 32 – 40 – 50 – 63 – 80 – 100

Tabellen für Verkürzungsfaktor *v* für Öffnungswinkel *β* (Werkstattrichtwerte)

Dicke	Biegeradius													
t	1,0	1,6	2,5	4	6	10	16	20	25	32	40	50	63	80
120°														
1	0,9	0,9	1,0	1,1	1,3	1,7	2,3	2,8	3,3	4,4	4,9	6,0	7,4	9,2
1,5		1,4	1,4	1,5	1,6	2,0	2,7	3,1	3,6	4,7	5,2	6,3	7,7	9,6
2			1,8	1,9	2,0	2,3	3,0	3,4	3,9	5,0	5,6	6,6	8,0	9,9
2,5			2,3	2,3	2,4	2,7	3,3	3,7	4,3	5,3	5,9	6,9	8,3	10,2
3				2,8	2,9	3,1	3,6	4,0	4,6	6,0	6,2	7,3	8,7	10,5
4					3,7	3,9	4,3	4,7	5,2	6,6	6,8	7,9	9,3	11,1
5					4,6	4,8	5,1	5,4	5,8	7,2	7,5	8,7	9,9	11,8
6						5,6	5,9	6,2	6,6	8,7	8,1	9,2	10,6	12,4
8							7,6	7,8	8,2		9,3	10,4	11,8	13,6
90°														
1	1,9	2,1	2,4	3,0	3,8	5,5	8,1	9,8	11,9	15,0	18,4	22,7	28,3	35,6
1,5		2,9	3,2	3,7	4,5	6,1	8,7	10,4	12,6	15,6	19,0	23,3	28,9	36,2
2			4,0	4,5	5,2	6,7	9,3	11,0	13,2	16,2	19,6	23,9	29,5	36,8
2,5			4,8	5,2	5,9	7,4	9,9	11,6	13,8	16,8	20,2	24,5	30,1	37,4
3				6,0	6,7	8,1	10,5	12,2	14,4	17,4	20,8	25,1	30,7	38,0
4					8,3	9,6	11,9	13,4	15,6	18,6	22,0	26,3	31,9	39,2
5					9,9	11,2	13,3	14,9	16,8	19,8	23,2	27,5	33,1	40,4
6							14,8	16,3	18,2	21,0	24,5	28,8	34,3	41,6
8							17,8	19,3	21,1	23,8	26,9	31,2	36,8	44,1
45°														
1	0,9	0,5	0,1	–0,6	–1,3	–2,7	–4,9	–6,3	–8,1	–10,6	–13,4	–17,0	–21,6	–27,7
1,5		1,3	0,8	0,1	–0,8	–2,3	–4,5	–5,9	–7,7	–10,2	–13,0	–16,6	–21,2	–27,3
2			1,5	0,7	–0,2	–1,9	–4,1	–5,5	–7,3	–9,8	–12,6	–16,2	–20,8	–26,9
2,5			2,2	1,4	0,4	–1,4	–3,6	–5,1	–6,9	–9,3	–12,2	–15,8	–20,4	–26,4
3				2,1	1,0	–0,8	–3,2	–4,7	–6,4	–8,9	–11,8	–15,3	–20,0	–26,0
4					2,4	–0,4	–2,2	–3,8	–5,6	–8,1	–11,0	–14,5	–19,2	–25,2
5					3,8	1,7	–1,0	–2,7	–4,8	–7,3	–10,1	–13,7	–18,3	–24,4
6						3,1	0,2	–1,6	–3,7	–6,5	–9,3	–12,9	–17,5	–23,6
8							2,8	0,9	–1,4	–4,4	–7,7	–11,2	–15,9	–22,0

Das – Zeichen vor einer Zahl bedeutet: Verlängerung des Zuschnitts

4.12 Kunststoffschweißen

4.12.1 Richtwerte für das Heizelementstumpfschweißen von Rohren und Rohrleitungsteilen nach DVS 2207-1: 2015-08, DVS 2207-11: 2020-05

Formelzeichen	Erklärung
s	Wanddicke
h	Wulsthöhe am Ende der Angleichzeit
t_A	Anwärmzeit
t_U	Umstellzeit
t_F	Fügedruckaufbauzeit
t_K	Abkühlzeit unter Fügedruck

4

	PE (Oberbegriff der Thermoplastgruppe, einschließlich PE 63, PE 80 und PE 100)						
	Angleichen[1]	Anwärmen[2]	Umstellen	Fügen[3]			
s	h	t_A	t_U	t_F	t_K		
					bis 15°C	15°C -25°C	25°C - 40°C
mm	mm	s	s	s	min	min	min
bis 4,5	0,5	bis 45	5	5	4	5	6,5
4,5–7	1,0	45–70	5–6	5–6	4–6	5–7,5	6,5–9,5
7–12	1,5	70–120	6–8	6–8	6–9,5	7,5–12	9,5–15,5
12–19	2,0	120–190	8–10	8–11	9,5–14	12–18	15,5–24
19–26	2,5	190–260	10–12	11–14	14–19	18–24	24–32
26–37	3,0	260–370	12–16	14–19	19–27	24–34	32–45
37–50	3,5	370–500	16–20	19–25	27–36	34–46	45–61
50–70	4,0	500–700	20–25	25–35	36–50	46–64	61–85

	PP						
	Angleichen[4]	Anwärmen[5]	Umstellen	Fügen[6]			
s	h	t_A	t_U	t_F	t_K		
					bis 15°C	15°C - 25°C	25°C - 40°C
mm	mm	s	s	s	min	min	min
bis 4,5	0,5	bis 53	5	6	4,0	5,0	6,5
4,5–7	0,5	53–81	5–6	6–7	4,0–6,0	5,0–7,5	6,5–9,5
7–12	1,0	81–135	6–7	7–11	6,0–9,5	7,5–12	9,5–15,5
12–19	1,0	135–206	7–9	11–17	9,5–14	12–18	15,5–24
19–26	1,5	206–271	9–11	17–22	14–19	18–24	24–32
26–37	2,0	271–362	11–14	22–32	19–27	24–34	32–45
37–50	2,5	362–450	14–17	32–43	27–36	34–46	45–61
50–70	3,0	450–546	17–22	43	36–50	46–64	61–85

[1] $p = 0,15 \pm 0,01$ N/mm², Heizelementtemperatur 220 ± 10°C
[2] $p \leq 0,01$ N/mm², Anwärmzeit = 10 x Wanddicke
[3] $p = 0,15 \pm 0,01$ N/mm²
[4] $p = 0,10$ N/mm², Heizelementtemperatur 210 ± 10°C
[5] $p \leq 0,01$ N/mm²
[6] $p = 0,10$ N/mm²

Prinzip des Heizelementstumpfschweißens

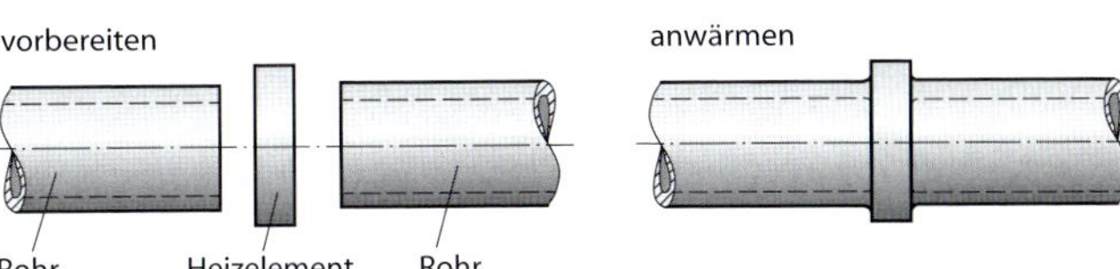

fertige Verbindung

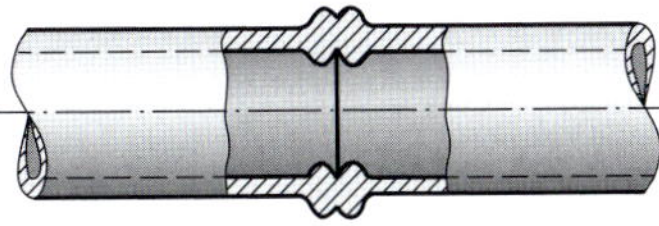

Verfahrensschritte beim Heizelementstumpfschweißen

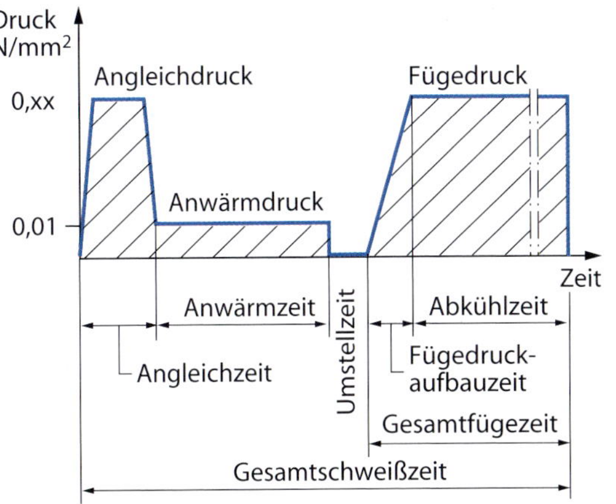

Hinweis:

p**XX** = 0,15 N/mm² **für PE**; 0,10 N/mm2 **für PP**

4.12.2 Richtwerte für das Heizelementmuffenschweißen von Rohren und Rohrleitungsteilen nach DVS 2207-1: 2015-08, DVS 2207-11: 2020-05

d Rohraußendurchmesser *b* Rohrfase	*l* Einstecktiefe mit mechanischer Bearbeitung t_A Anwärmzeit	t_U Umstellzeit t_{Kf} Abkühlzeit fixiert t_K Abkühlzeit gesamt

	PE (Oberbegriff der Thermoplastgruppe, einschließlich PE 63, PE 80 und PE 100)							**PP**						
			Anwärmen[1]		**Um-stellen**	**Abkühlen**				**Anwärmen**[2]		**Um-stellen**	**Abkühlen**	
d	*b*	*l*	t_A		t_U	t_{Kf}	t_K	*b*	*l*	t_A		t_U	t_{Kf}	t_K
			SDR[3] 11, SDR 7,4, SDR 6	SDR 17, SDR 17,6		fixiert	gesamt			SDR 11, SDR 7,4, SDR 6	SDR 17, SDR 17,6		fixiert	gesamt
mm	**mm**	**mm**	**s**	**s**	**s**	**s**	**min**	**mm**	**mm**	**s**	**s**	**s**	**s**	**min**
16	2	13	5	[4])	4	6	2	2	13	5	[4])	4	6	2
20	2	14	5		4	6	2	2	14	5		4	6	2
25	2	16	7		4	10	2	2	16	7		4	10	2
32	2	18	8		6	10	4	2	18	8		6	10	4
40	2	20	12		6	20	4	2	20	12		6	20	4
50	2	23	18		6	20	4	2	23	18		6	20	4
63	3	27	24		8	30	6	3	27	24	10	8	30	6
75	3	31	30	18	8	30	6	3	31	30	15	8	30	6
90	3	35	40	26	8	40	6	3	35	40	22	8	40	6
110	3	41	50	36	10	50	8	3	41	50	30	10	50	8
125	3	46	60	46	10	60	8	3	46	60	35	10	60	8

[1] Heizelementtemperatur 250 bis 270°C
[2] Heizelementtemperatur 250 bis 270°C
[3] Standard Dimension Ratio – d/s (Verhältnis Außenwand/Wanddicke)
[4] Aufgrund zu geringer Wanddicke ist das Schweißverfahren nicht empfehlenswert

Prinzip des Heizelementmuffenschweißens

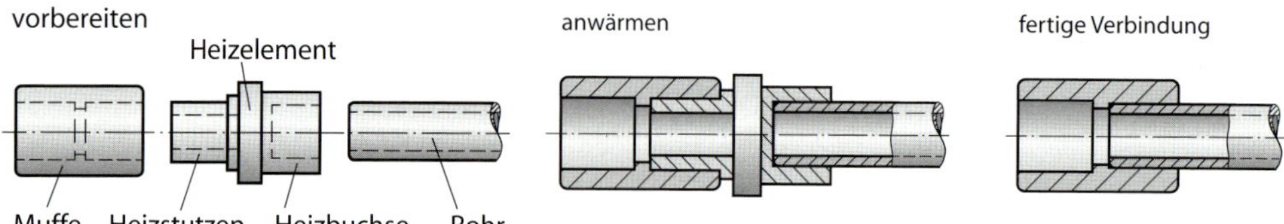

4.12.3 Heizwendelschweißen von Formstücken und Sattelformstücken nach DVS 2207-1: 2015-08, DVS 2207-11: 2020-05

Prinzip des Heizwendelschweißens

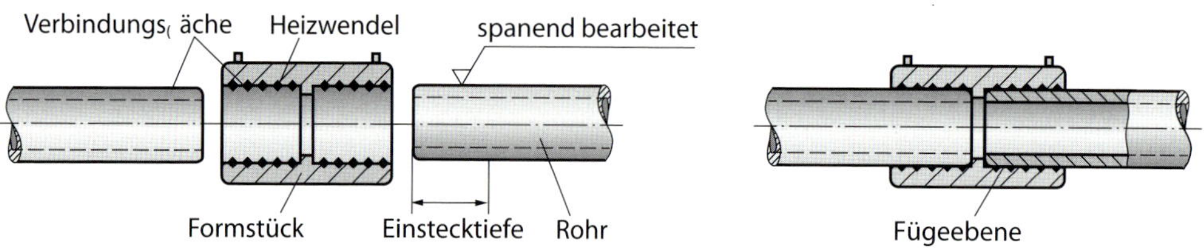

Verarbeitungsanleitung

1. Zulässige Arbeitsbedingungen schaffen, z. B. Schweißzelt.
2. Schweißgerät an das Netz oder den Wechselstromgenerator anschließen (Funktion kontrollieren).
3. Rechtwinklig abgetrenntes Rohrende außen entgraten.
4. Rundheit der Rohre durch Runddrückklemmen gewährleisten, zulässige Unrundheit ≤ 1,5 %, max. 3 mm.
5. Fügeflächen über den Schweißbereich hinaus mit einem Reinigungsmittel (nach DVGW VP 603) mit unbenutztem, saugfähigem, nicht faserndem und nicht eingefärbtem Papier reinigen.
   Rohroberfläche im Schweißbereich mechanisch bearbeiten, möglichst mit Rotationsschälgerät und Wanddickenabtrag von ca. 0,2 mm. Späne ohne Berührungen der Rohroberfläche entfernen.
6. Bearbeitete Rohroberfläche – sofern nachträglich verunreinigt – und gegebenenfalls nach Herstellerangabe auch Formstück innen mit einem Reinigungsmittel mit unbenutztem, saugfähigem, nicht faserndem und nicht eingefärbtem Papier reinigen und ablüften lassen.
7. Rohre in Formstück einschieben und Einstecktiefe durch Markierung oder geeignete Vorrichtung kontrollieren. Sattelformstück auf dem Rohr befestigen. Auf spannungsarme Montage achten. Rohr gegen Lageveränderung sichern.
8. Kabel am Formstück gewichtsentlastet anschließen.
9. Schweißdaten, z. B. mittels Barcode-Lesestift, eingeben, Anzeigen am Gerät überprüfen und Schweißprozess starten.
10. Korrekten Schweißablauf am Schweißgerät prüfen, z. B. durch Kontrolle der Displayanzeige und wenn vorhanden, der Schweißindikatoren. Fehlermeldungen beachten.
11. Kabel vom Formstück lösen.
12. Ausspannen der geschweißten Teile nach Ablauf der Abkühlzeit gemäß Herstellerangabe. Verwendete Haltevorrichtungen entfernen.
13. Schweißprotokoll vervollständigen, sofern nicht automatisch protokolliert wurde.

Schweißprotokollvorlagen nach DVS 2207  

▶ siehe Kap_4.pdf

5 Rohrleitungssyteme

5.1 Stahl-Rohrleitungssysteme

5.1.1 Übersicht der Rohre aus Stahl (Normenübersicht ▶ siehe Kap_5.pdf )

5.1.2 Rohrkenngrößen

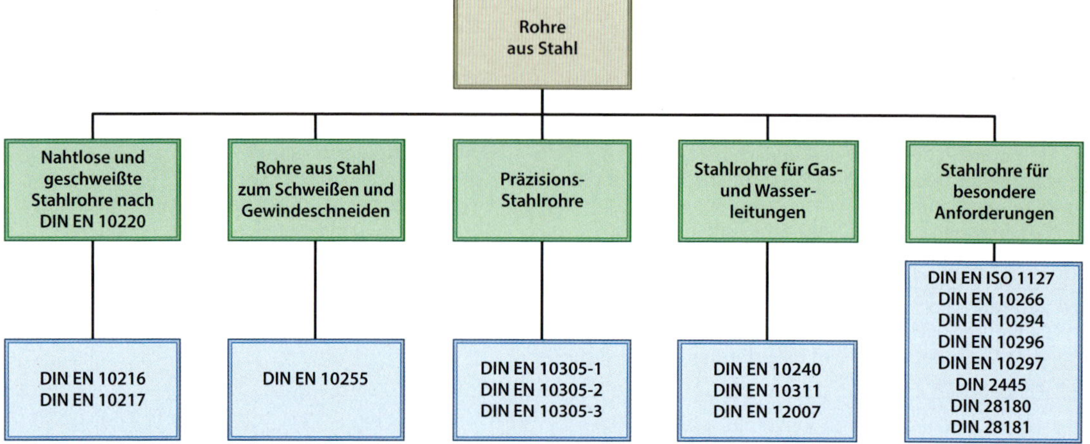

Nennweiten von Rohrleitungen *sizes of pipes* DIN EN ISO 6708 : 1995-09

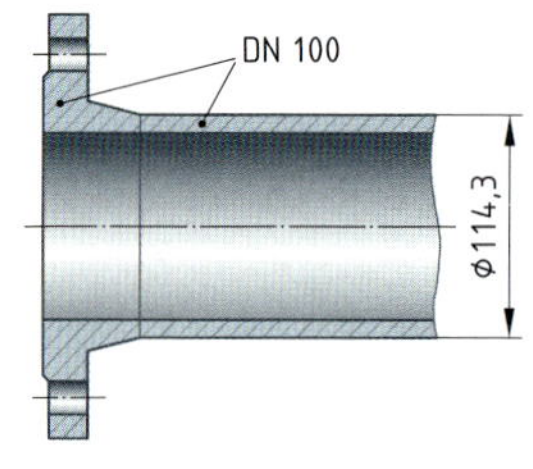

Die Nennweite **DN** ist eine numerische Kenngröße für Rohre, Rohrverbindungen, Armaturen und Formstücken die zueinander passen.
Die Nennweite wird ohne Einheit geschrieben und steht indirekt mit dem Außendurchmesser in Beziehung.

DN-Stufen												
6[1)]	8[1)]	10	12[1)]	15	16[1)]	20	25	32	40	50	56[2)]	60[2)]
65	70[2)]	80	90[2)]	100	125	150	…[3)]	500	…[4)]	1600	…[5)]	4000

1) Nicht in der DIN EN ISO 6708 enthalten, für kleinere Abstufung bei Rohrverschraubungen und Fittingen
2) Nicht in der DIN EN ISO 6708 enthalten, für Abwasserrohre
3) Bis DN 500 in Sprüngen von 50
4) Bis DN 1600 in Sprüngen von 100
5) Bis DN 4000 in Sprüngen von 200

PN-Stufen *pn stages* DIN EN 1333 : 2006-06

PN ist eine alphanumerische Kenngröße für Referenzzwecke, bezogen auf eine Kombination von mechanischen und maßlichen Eigenschaften eines Bauteils eines Rohrleitungssystems.
Sie umfasst die Buchstaben PN gefolgt von einer dimensionslosen Zahl.

- Die Zahl ist kein messbarer Wert und gibt den zulässigen Betriebsüberdruck an.
- Der maximal zulässige Druck eines Rohrleitungsteiles hängt von der PN-Stufe, dem Werkstoff und der Auslegung des Bauteils, der zulässigen maximalen Temperatur usw. ab.

Alle Bauteile mit gleichen PN- und DN-Stufen sollen gleiche Anschlussmaße für kompatible Flanschtypen haben.

PN-Stufen											
2,5	6	10	16	25	40	63	100	160	250	320	400

Druck-, Temperatur- und Volumenangaben
pressure, temperature and volume data

DIN EN 764-1 : 2016-12

Druckangaben		Temperaturangaben		Volumenangaben	
p_{abs}	Absolutdruck *absolute pressure*	ϑ, T	Absolute Temperatur *absolute temperature*	V	Inneres Volumen eines Druckraumes einschließlich der Anschlüsse bis zur ersten Verbindung
Δp	Differenzdruck *differential pressure*	$\Delta\vartheta$[1]	Temperaturdifferenz *temperature difference*	ΔV[1]	Volumenänderung
p_0	Arbeitsdruck *working pressure*	ϑ_0, T_0	Arbeitstemperatur *working temperature*	V_B[1]	Betriebsvolumen
p_S, p_{max}	maximal zulässiger Druck *maximum permissible pressure*	ϑ_{max}, ϑ_{min}, TS_{min}, TS_{max}	zulässige maximale/minimale Temperatur *permissible maximum/ minimum temperature*	V_{max}[1], V_{min}	Zulässig maximale/ minimale Volumen
p_D	Auslegungsdruck *design pressure*	ϑ_D, TD, TR	Auslegungstemperatur		
p_C	Berechnungsdruck *calculation of pressure*	ϑ_C, TC	Berechnungstemperatur		
p_T	Prüfdruck *test pressure*	ϑ_T, TT	Prüftemperatur *test temperature*		
p_{Szul}	zeitweilige Drucküberschreitung während eine Sicherheitseinrichtung in Betrieb ist	ϑ_{zul}[1]	Zeitweilige Temperaturüberschreitung während eine Sicherheitseinrichtung in Betrieb ist		

[1] Nicht in DIN EN 764 enthalten

Prüfbescheinigungen *certificates*

DIN EN 10204 : 2005-01

Arten der Prüfbescheinigung		Inhalt der Bescheinigung	Bestätigung der Bescheinigung durch
2.1	Werksbescheinigung	Bestätigung der Übereinstimmung mit der Bestellung	den Hersteller
2.2	Werkszeugnis	Bestätigung der Übereinstimmung mit der Bestellung unter Angabe von Ergebnissen nichtspezifischer Prüfung	den Hersteller
3.1	Abnahmeprüfzeugnis 3.1	Bestätigung der Übereinstimmung mit der Bestellung unter Angabe von Ergebnissen spezifischer Prüfung	den von der Fertigungsabteilung unabhängigen Abnahmebeauftragten des Herstellers
3.2	Abnahmeprüfzeugnis 3.2		den von der Fertigungsabteilung unabhängigen Abnahmebeauftragten des Herstellers **und** den vom Besteller beauftragten Abnahmebeauftragten oder den in den amtlichen Vorschriften genannten Abnahmebeauftragten

5.1.3 Rohre aus Stahl (Auswahl)

5.1.3.1 Nahtlose und geschweißte Stahlrohre

seamless and welded steel pipes

DIN EN 10220 : 2003-03, DIN EN 10216-1 : 2014-03 und DIN EN 10217-1 : 2019-08

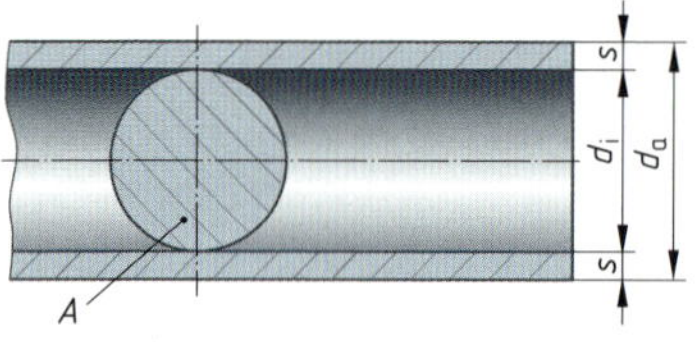

d_a:	Außendurchmesser	in mm
s:	Wanddicke	in mm
d_i:	Innendurchmesser	in mm
A:	freie Querschnittsfläche	in cm^2
A_O':	längenbezogene Rohroberfläche	in m^2/m
V':	längenbezogener Rohrinhalt	in dm^3/m
m':	längenbezogene Rohrmasse	in kg/m

DIN EN 10220, Reihe 1 nach ISO 4200 für Neukonstruktionen			**Nahtlose Stahlrohre (S) nach DIN EN 10216** *seamless steel pipes*					**Geschweißte Stahlrohre (W) nach DIN EN 10217** *welded steel pipes*				
DN	**d_a mm**	**A_o' m^2/m**	**s mm**	**d_i mm**	**A cm^2**	**V' dm^3/m**	**m' kg/m**	**s mm**	**d_i mm**	**A cm^2**	**V' dm^3/m**	**m' kg/m**
6	10,2	0,032	2,0	6,2	0,30	0,03	0,40	1,6	7,0	0,38	0,04	0,34
8	13,5	0,042	2,0	9,5	0,71	0,07	0,57	1,6	10,3	0,83	0,08	0,47
10	17,2	0,054	2,3	12,6	1,25	0,12	0,85	1,8	13,6	1,45	0,15	0,68
15	21,3	0,067	2,3	16,7	2,19	0,22	1,08	1,8	17,7	2,46	0,25	0,87
20	26,9	0,085	2,3	22,3	3,91	0,39	1,40	1,8	23,3	4,26	0,43	1,11
25	33,7	0,106	2,6	28,5	6,38	0,64	1,99	2,0	29,7	6,93	0,69	1,48
32	42,4	0,133	2,6	37,2	10,87	1,09	2,55	2,0	38,4	11,58	1,16	1,99
40	48,3	0,152	2,6	43,1	14,59	1,46	2,93	2,3	43,7	15,00	1,50	2,61
50	60,3	0,189	2,9	54,5	23,33	2,33	4,11	2,3	55,7	24,37	2,44	3,29
65	76,1	0,239	2,9	70,3	38,82	3,88	5,24	2,6	70,9	39,48	3,95	4,71
80	88,9	0,279	3,2	82,5	53,46	5,35	6,76	2,9	83,1	54,24	5,42	6,15
100	114,3	0,359	3,6	107,1	90,09	9,01	9,83	3,2	107,9	91,44	9,14	8,77
125	139,7	0,439	4,0	131,7	136,23	13,62	13,40	3,6	132,5	137,89	13,79	12,10
150	168,3	0,529	4,5	159,3	199,31	19,93	18,20	4,0	160,3	201,82	20,18	16,20
200	219,1	0,688	6,3	206,5	334,91	33,49	33,10	4,5	210,1	346,69	34,67	23,80
250	273,0	0,858	6,3	260,4	532,56	53,26	41,40	5,0	263,0	543,25	54,33	33,00
300	323,9	1,018	7,1	309,7	753,31	75,33	55,50	5,6	312,7	767,97	76,80	44,00
350	355,6	1,117	7,1	341,4	915,41	91,54	61,00	5,6	344,4	931,57	93,16	48,30
400	406,4	1,277	8,8	388,8	1187,30	118,73	86,30	6,3	393,8	1217,98	121,80	62,20
450	457,0	1,436	8,8	439,4	1516,39	151,64	97,30	6,3	444,4	1551,09	155,11	70,00
500	508,0	1,596	10,0	488,0	1870,38	187,04	123,00	7,1	493,8	1915,10	191,51	87,80
600	610,0	1,916	12,5	585,0	2687,83	268,78	184,00	7,1	595,8	2787,99	278,80	106,00

Lieferlängen	Hersteller- und Genaulängen mit Toleranzen $l \leq 6$ m (+ 10 mm), $6 < l \leq 12$ m (+ 15 mm), $l > 12$ m nach Vereinbarung	**Güte**	TR1 TR2

Werkstoffe	**DIN EN 10216 nahtlos (S)**	**DIN EN 10217 geschweißt (W)**
aus unlegierten Stählen	Teil 1	Teil 1
aus unlegierten und legierten warmfesten Stählen	Teil 2	Teil 2 und 5
aus legierten Feinkornstählen	Teil 3	Teil 3
aus unlegierten und legierten kaltfesten Stahlen	Teil 4	Teil 4 und 6
aus nichtrostenden Stählen	Teil 5	Teil 7

Ausführung	Oberfläche schwarz oder nach Vereinbarung

Optionen S (Auszug DIN EN 10216-1)		**Optionen W (Auszug DIN EN 10217-1)**	
1	Lieferzustand normalgeglüht oder normalisiert umgeformt	1	Herstellungsverfahren und/oder Fertigungsverfahren
5	Verfahren Dichtheitsprüfung	2	Lieferzustand
7	Endenvorbereitung	6	Verfahren Dichtheitsprüfung
8	Genaulängen	7	Endenvorbereitung
10	Art der Prüfbescheinigung	8	Genaulängen
14	Oberflächenschutz	9	Art der Prüfbescheinigung
		15	Oberflächenschutz

Bestellbeispiel:

Menge Rohr m/kg/Anzahl	**Maße**		**Norm**		**Werkstoff**		**Option**
50 t S-Rohr	114,3 × 3,6	–	EN 10216-1	–	P265TR2	–	Optionen 8: 10 m, 10: 2.2

Bestellung: 50 t nahtlose Stahlrohre mit einem Außendurchmesser von 114,3 mm und einer Wandstärke von 3,6 mm nach DIN EN 10216-1 aus der Stahlsorte P265TR2 in 10 m – Längen mit Werkszeugnis nach DIN EN 10204

5.1.3.2 Rohre aus Stahl zum Schweißen und Gewindeschneiden

DIN EN 10255 : 2007-07

steel pipes for welding and threading

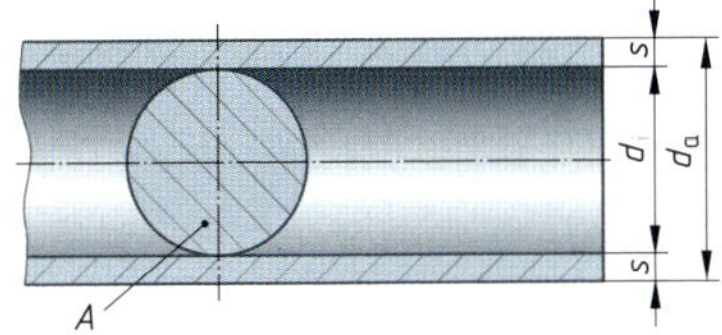

R:	Whitworth-Rohrgewinde	
d_a:	Außendurchmesser	in mm
s:	Wanddicke	in mm
d_i:	Innendurchmesser	in mm
A:	freie Querschnittsfläche	in cm^2
A_O':	längenbezogene Rohroberfläche	in m^2/m
V′:	längenbezogener Rohrinhalt	in dm^3/m
m′:	längenbezogene Rohrmasse	in kg/m

Gewinderohre nach DIN EN 10255 mit glatten Enden				**Reihe M (mittelschwer)**					**Reihe H (schwer)**				
DN	**R**	d_a **mm**	A_0' m^2/m	s **mm**	d_i **mm**	A cm^2	V' dm^3/m	m' **kg/m**	s **mm**	d_i **mm**	A cm^2	V' dm^3/m	m' **kg/m**
6	⅛	10,2	0,032	2,0	6,2	0,30	0,03	0,40	2,6	5,0	0,20	0,02	0,49
8	¼	13,5	0,042	2,3	8,9	0,62	0,06	0,64	2,9	7,7	0,47	0,05	0,77
10	⅜	17,2	0,054	2,3	12,6	1,25	0,12	0,84	2,9	11,4	1,02	0,10	1,02
15	½	21,3	0,067	2,6	16,1	2,04	0,20	1,21	3,2	14,9	1,74	0,17	1,44
20	¾	26,9	0,085	2,6	21,7	3,70	0,37	1,56	3,2	20,5	3,30	0,33	1,87
25	1	33,7	0,106	3,2	27,3	5,85	0,59	2,41	4,0	25,7	5,19	0,52	2,93
32	1 ¼	42,4	0,133	3,2	36,0	10,18	1,02	3,10	4,0	34,4	9,29	0,93	3,79
40	1 ½	48,3	0,152	3,2	41,9	13,79	1,38	3,56	4,0	40,3	12,76	1,28	4,37
50	2	60,3	0,189	3,6	53,1	22,15	2,21	5,03	4,5	51,3	20,67	2,07	6,19
65	2 ½	76,1	0,239	3,6	68,9	37,28	3,73	6,42	4,5	67,1	35,36	3,54	7,93
80	3	88,9	0,279	4,0	80,9	51,40	5,14	8,36	5,0	78,9	48,89	4,89	10,30
100	4	114,3	0,359	4,5	105,3	87,09	8,71	12,20	5,4	103,5	84,13	8,41	14,50
125	5	139,7	0,439	5,0	129,7	132,10	13,20	16,60	5,4	128,9	130,50	13,05	17,90
150	6	165,1	0,519	5,0	155,1	188,90	18,90	19,80	5,4	154,3	187,00	18,70	21,30
Auch als **schmelztauchverzinkte Rohre** nach DIN EN 10240 lieferbar.													
Auch mit verminderten Wanddicken L (grün), L1 (weiß) und L2 (braun) lieferbar.													

Fertigungsverfahren	nahtlos S oder geschweißt W	**Lieferlängen**	Standard: 6 oder 6,4 m Hersteller: 4 bis 16 m Genaulängen: nach Vereinbarung
Rohrreihe/ Farbcode	mittlere M (blau) und schwere Reihe H (rot)	**Werkstoff**	S195T nach DIN EN 10255
Gewinde	Whitworth-Rohrgewinde nach DIN EN 10266	**Optionen** 1 2 3 4 5 6 7 8 9 10 11 12	Rohrenden: • konisches Außengewinde • je eine Muffe • festgelegter Muffentyp • Verschluss (Kappe, Stopfen) • Gewindeschutz Eignung zu: • Schmelztauchverzinken A.2, A.3 • Schmelztauchverzinken A.1 • verzinkt nach DIN EN 1461 • verzinkt nach DIN EN 10240 • Lieferlänge • Prüfbescheinigung nach DIN EN 10204 2.1 (Werksbescheinigung) • temporärer Oberflächenschutz

Bestellbeispiel:

Menge ...m/kg/Anzahl	**Rohr**		**Maße**		**Norm**		**Option**
50 Stück	M-Rohr	–	48,3 × 3,2	–	EN 10255	–	Optionen 1,5,9: A.1, 10: 6 m
Bestellung: 50 Stück geschweißtes Stahlrohr nach DIN EN 10255, d_a = 48,3 mm, s = 3,2, mit konischem Außengewinde, mit Gewindekonservierung, schmelztauchverzinkt nach DIN EN 10240 – Überzugsqualität A.1, in Standardlänge von 6 m							

Gewinderohr mit Gütevorschrift nach DIN 2442 – Wandstärke *s* in mm														
DN	**6**	**8**	**10**	**15**	**20**	**25**	**32**	**40**	**50**	**65**	**80**	**100**	**125**	**150**
PN 50	2,6	2,9	2,9	3,2	3,2	4,0	4,0	4,5	4,5	4,5	5,0	5,4	5,4	5,4
PN 80													7,1	8,0
PN 100												6,3	8,0	8,8
Werkstoff: P235TR1														
Gewinde- (R) und Außendurchmesser (d_a) entsprechen DIN EN 10255														

5.1.3.3 Präzisionsstahlrohr für Pressfitting-Systeme

DIN EN 10305 : 2016-08

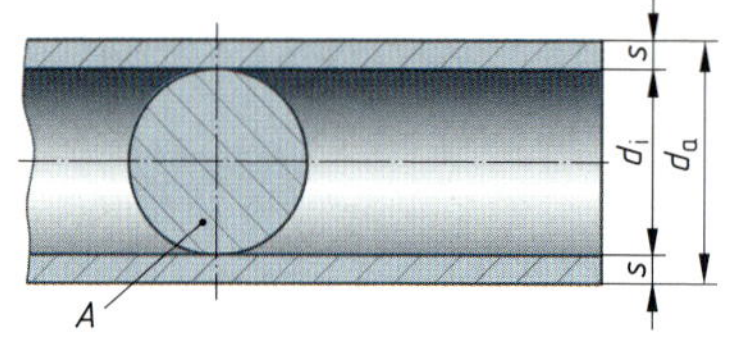

d_a:	Außendurchmesser	in mm
s:	Wanddicke	in mm
d_i:	Innendurchmesser	in mm
A:	freie Querschnittsfläche	in cm²
A_O':	längenbezogene Rohroberfläche	in m²/m
V':	längenbezogener Rohrinhalt	in dm³/m
m':	längenbezogene Rohrmasse	in kg/m

Präzisionsstahlrohr nahtlos, kaltgezogen DIN EN 10305-1[1] Präzisionsstahlrohr geschweißt, kaltgezogen DIN EN 10305-2[2]						Präzisionsstahlrohr geschweißt, maßgewalzt DIN EN 10305-3[3]					
$d_a \times s$ mm	d_i mm	A_o' m²/m	A cm²	V' dm³/m	m' kg/m	$d_a \times s$ mm	d_i mm	A_o' m²/m	A cm²	V' dm³/m	m' kg/m
8 × 1,5	5,0	0,025	0,196	0,020	0,240	8 × 1	6,0	0,025	0,283	0,028	0,173
10 × 1,5	7,0	0,031	0,385	0,039	0,314	10 × 1	8,0	0,031	0,503	0,050	0,222
12 × 1,5	9,0	0,038	0,636	0,064	0,388	12 × 1,2	9,6	0,038	0,723	0,072	0,338
15 × 1,5	12,0	0,047	1,131	0,113	0,499	15 × 1,2	12,6	0,047	1,246	0,125	0,434
18 × 1,5	15,0	0,057	1,767	0,177	0,610	18 × 1,2	15,6	0,057	1,911	0,191	0,536
20 × 1,5	17,0	0,063	2,269	0,227	0,684	20 × 1,2	17,6	0,063	2,433	0,243	0,556
22 × 2,0	18,0	0,069	2,545	0,255	0,986	22 × 1,5	19,0	0,069	2,835	0,284	0,824
28 × 2,0	24,0	0,088	4,524	0,452	1,282	28 × 1,5	25,0	0,088	4,910	0,491	1,052
30 × 2,0	26,0	0,094	5,309	0,531	1,380	30 × 1,5	27,0	0,094	5,726	0,573	1,054
35 × 2,0	31,0	0,110	7,548	0,755	1,628	35 × 1,5	32,0	0,110	8,042	0,804	1,320
42 × 2,0	38,0	0,132	11,341	1,134	1,973	42 × 1,5	39,0	0,132	11,950	1,195	1,620
50 × 2,5	45,0	0,157	15,904	1,590	2,929	50 × 2,0	46,0	0,157	16,619	1,662	2,368
60 × 2,5	55,0	0,188	23,758	2,376	3,545	60 × 2,0	56,0	0,188	22,902	2,290	4,217

[1] DIN EN 10305-1 bis d_a = 380 mm
[2] DIN EN 10305-2 bis d_a = 150 mm
[3] DIN EN 10305-3 bis d_a = 193,7 mm

Lieferzustand DIN EN 10305-1 bzw. 10305-2			Lieferzustand DIN EN 10305-3		
Symbol	**Bezeichnung**	**Beschreibung**	**Symbol**	**Bezeichnung**	**Beschreibung**
+C	zugblank/hart	Ohne abschließende Wärmebehandlung nach dem letzten Kaltziehen.	+CR1	geschweißt und maßgewalzt	Üblicherweise nicht wärmebehandelt, aber für Schlussglühung geeignet
+LC	zugblank/weich	Nach der abschließenden Wärmebehandlung folgt in geeigneter Weise ein Kaltziehen (mit begrenzter Querschnittsreduzierung).	+CR2	geschweißt und maßgewalzt	Wärmebehandlung nach dem Schweißen und Maßwalzen nicht vorgesehen
+SR	zugblank und spannungsarmgeglüht	Nach dem letzten Kaltziehen wird unter kontrollierter Atmosphäre spannungsarmgeglüht.	+A	weichgeglüht	Nach dem Schweißen und Maßwalzen werden die Rohre unter kontrollierter Atmosphäre geglüht.
+A	weichgeglüht	Nach dem letzten Kaltziehen werden die Rohre unter kontrollierter Atmosphäre geglüht.	+N	normalgeglüht	Nach dem Schweißen und Maßwalzen werden die Rohre unter kontrollierter Atmosphäre normalgeglüht.
+N	normalgeglüht	Nach dem letzten Kaltziehen werden die Rohre unter kontrollierter Atmosphäre normalgeglüht			

Werkstoffe nach DIN EN 10305-1 bzw. 10305-2		**Werkstoffe nach DIN EN 10305-3**
E215, E235, E355	E155, E195, E235, E275, E355	E155, E190, E220, E235, E260, E275, E320, E370, E420, E500, E600, E700
Prüfbescheinigungen nach DIN EN 10204	• Ohne Vorgabe mit Werkszeugnis 2.2 • sonst mit Abnahmeprüfung 3.1 oder 3.2	
Lieferlängen	• Herstelllängen 3 … 8 m	
Oberflächenschutz		
Rohr blank oder verzinkt		S1: rohschwarz, S2: gebeizt, S3: kaltgewalzt, S4: Überzug nach Vereinbarung

Bestellbeispiel:

Menge … m/kg/Anzahl	**Rohr**	**Maße**	**Norm**	**Werkstoff + Lieferzustand**	**Oberfläche**	**Zeugnis**
80 m	W-Rohr –	42 × 1,5 –	EN 10305-3-	E235 + A –	S1	3.1
80 m geschweißtes, maßgewalztes Rohr mit einem Außendurchmesser von d_a = 42 mm und einer Wanddicke von s = 1,5 mm nach DIN EN 10305-3 aus der Stahlsorte E235 weichgeglüht, rohschwarz mit Abnahmezeugnis nach DIN EN 10204.						

5.1.3.4 Nichtrostende Stahlrohre für Pressfitting-Systeme — DIN EN ISO 1127 : 2019-03 (Auswahl)

precision steel pipes for press-fitting systems

Präzisionsstahlrohr für Pressfitting-Systeme (Gas-, Heizungs-, Solar- und Trinkwasserinstallation)											
$d_a \times s$ mm Reihe 1 … 3	d_i mm	A_0' m²/m	A cm²	V' dm³/m	m' kg/m	$d_a \times s$ mm	d_i mm	A_0' m²/m	A cm²	V' dm³/m	m' kg/m
10,2 × 1,0	8,2	0,032	0,528	0,053	0,230	42 × 2,0	38,0	0,132	11,341	1,134	1,973
13,5 × 1,0	11,5	0,042	1,039	0,104	0,313	54 × 2,0	50,0	0,170	22,902	2,290	2,520
15 × 1.0	13,0	0,047	1,327	0,133	0,345	64 × 2,0	60,0	0,201	28,274	2,827	3,030
18 × 1,6	14,8	0,057	1,720	0,172	0,637	76,1 × 2,0	72,1	0,239	40,828	4,083	3,700
22 × 2,0	18,0	0,069	2,545	0,255	0,971	88,9 × 2,0	84,9	0,279	56,612	5,661	4,350
28 × 2,0	24,0	0,088	4,524	0,452	1,280	108 × 2,0	104,0	0,339	84,950	8,495	5,310
35 × 2,0	31,0	0,110	9,621	0,962	1,610	139,7 × 2,6	134,5	0,439	142,080	14,208	8,791
Werkstoffe: E195[1)], X5CrNi18-10[2)], X5CrNiMo17-12-2[3)], X6CrNiMoTi17-12-2[2)]											
Lieferlänge: Stangen 6 m											
Oberfläche: Innen und außen blank											

1) Heizung
2) Druckluft, Heizöl
3) Gas-, Solar- und Trinkwasseranlagen

5.1.4 Stahlrohr-Verbindungsteile

5.1.4.1 Gewindefittings aus Temperguss — DIN EN 10242 : 1995-03 (Auswahl, Herstellerangaben)

Gewindefittings														
Gewinde	**R** und **Rp** , DIN EN 10266													
Werkstoffe	EN-GJMW-400-5, EN-GJMW-350-4 (weißer Temperguss)													
Oberfläche	Schwarz (**S**) oder verzinkt (**V**) lieferbar													
Design-Symbol	**A** (in Deutschland nach DVGW/TRGI zugelassen) **B, C und D** (in Deutschland nicht zugelassen)													
Anwendungsbereich	$p_S \leq 20$ bar und $-20° \leq \vartheta_S \leq +300$ °C $p_S \leq 25$ bar und $-20° \leq \vartheta_S + 120$ °C													
Bestellbeispiel	Bogen 45° mit Innen- und Außengewinde der Größe 1, Ausführung schwarz, Design-Symbol A													
	Typ		**Norm**		**Kurzzeichen**			**Größe**		**Oberfläche**		**Design-Symbol**		
	Bogen		DIN EN 10242		G4/45°			1		Fe		A		
Fittinggröße	⅛	¼	⅜	½	¾	1	1 ¼	1 ½	2	2 ½	3	4	5	6
Nennweite DN	6	8	10	15	20	25	32	40	50	65	80	100	125	150

Hinweise: St: Diese Fittings werden in Stahl gefertigt und sind für die Trinkwasserinstallation nicht zugelassen,
R-L Rechts-und Linksgewinde, U ½ + UA ½ flach dichtend, U11/12 + UA11/12 keglig dichtend,
G: zylindrisches Innenbefestigungsgewinde der Überwurfmutter nach ISO 228

Typ	Winkel 90°	
Kurzz.	A1	A4

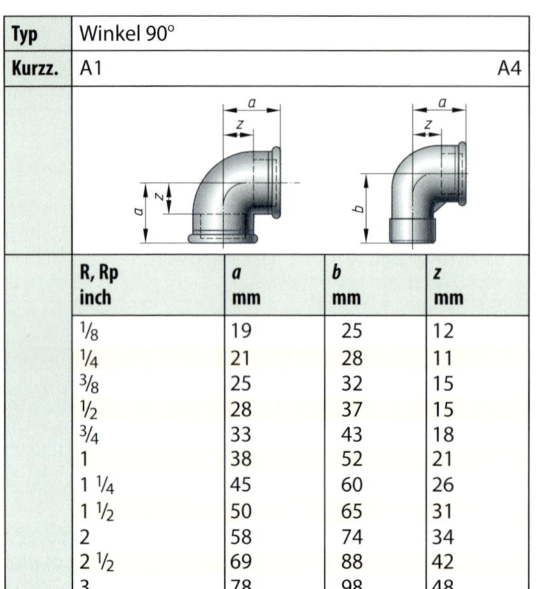

R, Rp inch	a mm	b mm	z mm
1/8	19	25	12
1/4	21	28	11
3/8	25	32	15
1/2	28	37	15
3/4	33	43	18
1	38	52	21
1 1/4	45	60	26
1 1/2	50	65	31
2	58	74	34
2 1/2	69	88	42
3	78	98	48
4	96	118	60

Typ	Winkel 90° reduziert
Kurzz.	A1

Rp (1–2) inch	a mm	b mm	z_1 mm	z_2 mm
1/4 - 1/8	20	20	10	13
3/8 - 1/4	23	23	13	13
1/2 - 1/4	24	24	11	14
1/4 - 3/8	26	26	13	16
3/4 - 3/8	28	28	13	18
3/4 - 1/2	30	31	15	18
1 - 3/8	32	34	15	24
1 - 1/2	32	34	15	21
1 - 3/4	35	36	18	21
1 1/4 - 1/2	35	38	16	25
1 1/4 - 3/4	36	41	17	26
1 1/4 - 1	40	42	21	25
1 1/2 - 3/4	38	44	19	29
1 1/2 - 1	42	46	23	29
1 1/2 - 1 1/4	46	48	27	29
2 - 1	44	52	20	35
2 - 1 1/4	48	54	24	35
2 - 1 1/2	52	55	28	36
2 1/2 - 2	61	66	34	42

Typ	Winkel 90° reduziert *angle of 90° reduced*
Kurzz.	A4

R, Rp (1–2) inch	a mm	b mm	z_1 mm
1/2 - 3/8	26	33	13
3/4 - 1/2	30	40	15
1 - 1/2	32	46	15
1 - 3/4	35	46	18
1 3/4 - 3/4	44	51	17
1 1/4 - 1	40	56	21
1 1/2 - 1	47	62	28
1 1/2 - 1 1/4	52	64	33

Typ	Winkel 45° *angle of 45°*	
Kurzz.	A1	A4

R, Rp inch	a mm	b mm	z mm
3/8	20	25	10
1/2	22	28	9
3/4	25	32	10
1	28	37	11
1 1/4	33	43	14
1 1/2	36	46	17
2	43	55	19
2 1/2	46	54	19
3	52	61	22

Typ	T-Stück *tee*
Kurzz.	B1

Rp inch	a mm	z mm
1/8	19	12
1/4	21	11
3/8	25	15
1/2	28	15
3/4	33	18
1	38	21
1 1/4	45	26
1 1/2	50	31
2	58	34
2 1/2	69	42
3	78	48
4	96	60

Typ	T-Stück reduziert oder vergrößert			
Kurzz.	B1			

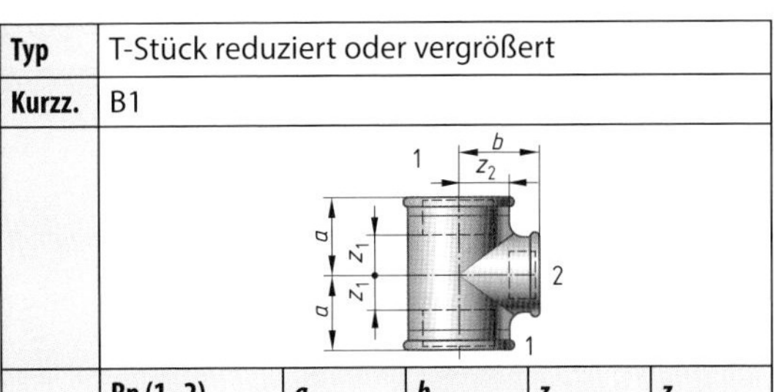

Rp (1–2) inch	a mm	b mm	z_1 mm	z_2 mm
3/8-1/4	23	23	13	13
3/8-1/2	26	26	16	13
1/2-1/4	24	24	11	14
1/2-3/8	26	26	13	16
1/2-3/4	31	30	18	15
1/2-1	34	32	21	15
3/4-1/4	26	27	11	17
3/4-3/8	28	28	13	18
3/4-1/2	30	31	15	18
3/4-1	36	35	21	18
1-1/4	28	31	11	21
1-3/8	30	32	13	22
1-1/2	32	34	15	21
1-3/4	35	36	18	21
1–1 1/4	42	40	25	21
1–1 1/2	46	42	29	23
1 1/4-3/8	32	36	13	26
1 1/4-1/2	34	38	15	25
1 1/4-3/4	36	41	17	26
1 1/4-1	40	42	21	25
1 1/4-1 1/2	48	46	29	27
1 1/4-2	54	48	35	24
1 1/2-3/8	33	38	14	28
1 1/2-1/2	36	42	17	29
1 1/2-3/4	38	44	19	29
1 1/2-1	42	46	23	29
1 1/2-1 1/4	46	48	27	29
1 1/2-2	55	52	36	28
2-1/2	38	48	14	35
2-3/4	40	50	16	35
2-1	44	52	20	35
2-1 1/4	48	54	24	35
2-1 1/2	52	55	28	36
2-2 1/2	66	61	42	34
2 1/2-1/2	41	56	14	43
2 1/2-3/4	45	59	18	44
2 1/2-1	47	60	20	43
2 1/2-1 1/4	52	62	25	43
2 1/2-1 1/2	55	63	28	44
2 1/2-2	61	66	34	42
3-1/2	46	63	15	50
3-3/4	48	66	18	51
3-1	51	67	21	50
3-1 1/4	55	70	25	51
3-1 1/2	58	71	28	52
3-2	64	73	34	49
3-2 1/2	72	76	42	49
4-1	56	80	20	63
4-1 1/2	64	84	28	65
4-2	70	86	34	62
4-2 1/2	77	89	41	62
4-3	84	92	48	62

Typ	T-Stück reduziert oder vergrößert, Durchgang reduziert					
Kurzz.	B1					

Rp (1–2–3) inch	a mm	b mm	c mm	z_1 mm	z_2 mm	z_3 mm
1/2-3/8-3/8	26	26	25	13	16	15
1/2-1/2-3/8	28	28	26	15	15	16
3/4-3/8-1/2	28	28	26	13	18	13
3/4-1/2-3/8	30	31	26	15	18	16
3/4-1/2-1/2	30	31	28	15	18	15
3/4-3/4-3/8	33	33	28	18	18	18
3/4-3/4-1/2	33	33	31	18	18	18
3/4-1-1/2	36	35	34	21	18	21
1-1/2-1/2	32	34	28	15	21	15
1-1/2-3/4	32	34	30	15	21	15
1-3/4-1/2	35	36	31	18	21	18
1-3/4-3/4	35	36	33	18	21	18
1-1-3/8	38	38	32	21	21	22
1-1-1/2	38	38	34	21	21	21
1-1-3/4	38	38	36	21	21	21
1-1 1/4-3/4	42	40	41	25	21	26
1 1/4-1/2-1	34	38	32	15	25	15
1 1/4-3/4-3/8	36	41	33	17	26	18
1 1/4-3/4-1	36	41	35	17	26	18
1 1/4-1-3/4	40	42	36	21	25	21
1 1/4-1-1	40	42	38	21	25	21
1 1/4-1 1/4-1/2	45	45	38	26	26	25
1 1/4-1 1/4-3/4	45	45	41	26	26	26
1 1/4-1 1/4-1	45	45	42	26	26	25
1 1/4-1 1/2-1	48	46	46	29	27	29
1 1/2-1/2-1 1/4	36	42	34	17	29	15
1 1/2-3/4-1 1/4	38	44	36	19	29	17
1 1/2-1-1	42	46	38	23	29	21
1 1/2-1-1 1/4	42	46	38	23	29	21
1 1/2-1 1/4-1	46	48	42	27	29	25
1 1/2-1 1/4-1 1/4	46	48	45	27	29	26
1 1/2-1 1/2-1/2	50	50	42	31	31	29
1 1/2-1 1/2-3/4	50	50	44	31	31	29
1 1/2-1 1/2-1	50	50	46	31	31	29
1 1/2-1 1/2-1 1/4	50	50	48	31	31	29
1 1/2-2–1 1/4	56	54	56	37	30	37
2-1/2-1 1/2	38	48	38	14	35	19
2-3/4-1 1/2	40	50	38	16	35	19
2-1-1 1/2	44	52	42	20	35	23
2-1 1/4-1 1/4	48	54	45	24	35	26
2-1 1/4-1 1/2	48	54	46	24	35	27
2-1 1/2-1 1/2	52	55	50	28	36	31
2-2-1/2	58	58	48	34	34	35
2-2-3/4	58	58	50	34	34	35
2-2-1	58	58	52	34	34	35
2-2-1 1/4	58	58	54	34	34	35
2-2-1 1/2	58	58	55	34	34	36
2 1/2-2-2	67	72	62	40	48	38
2 1/2-2 1/2-1	71	71	71	44	44	54
2 1/2-2 1/2-1 1/2	69	69	64	42	42	45
2 1/2-2 1/2-2	73	73	68	46	46	34
3-2-2	64	73	60	34	49	36
3-3-2	78	79	72	48	49	48

Typ	Kreuz *cross*
Kurzz.	C1

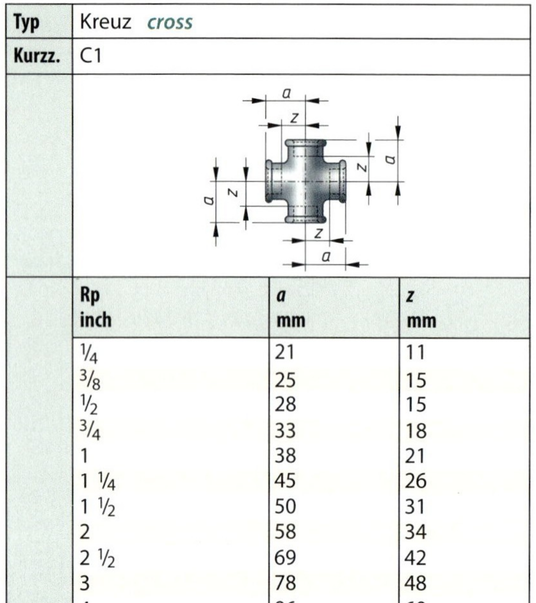

Rp inch	a mm	z mm
¼	21	11
⅜	25	15
½	28	15
¾	33	18
1	38	21
1 ¼	45	26
1 ½	50	31
2	58	34
2 ½	69	42
3	78	48
4	96	60

Typ	Kreuz, reduziert
Kurzz.	C1

Rp (1–2) inch	a mm	b mm	z_1 mm	z_2 mm
¾–½	30	31	15	18
1–½	32	34	15	21
1–¾	35	36	18	21
1 ¼–1	40	42	21	25
1 ½–1	42	46	23	29
2–1	44	52	20	35

Typ	Bogen 15 ° *arc*	
Kurzz.	G1	G4

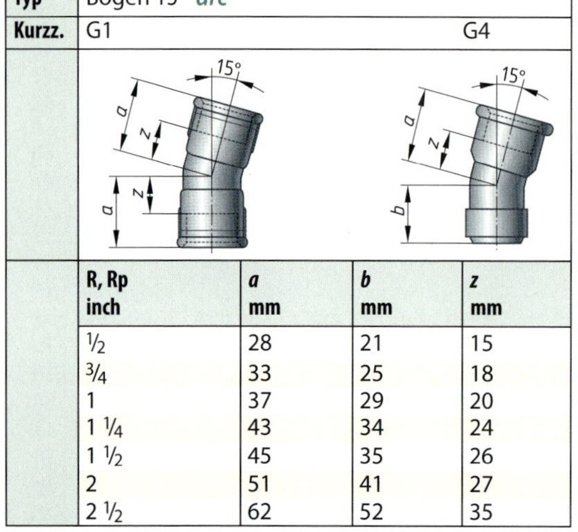

R, Rp inch	a mm	b mm	z mm
½	28	21	15
¾	33	25	18
1	37	29	20
1 ¼	43	34	24
1 ½	45	35	26
2	51	41	27
2 ½	62	52	35

Typ	Bogen 30°	
Kurzz.	G1	G4

R, Rp inch	a mm	b mm	z mm
½	30	24	17
¾	36	30	21
1	44	36	27
1 ¼	52	44	33
1 ½	56	46	37
2	66	54	42
2 ½	80	66	53
3	92	77	62
4	114	100	78

Typ	Bogen 45 °, lang	
Kurzz.	G1	G4

R, Rp inch	a mm	b mm	z mm
¼	26	21	16
⅜	30	24	20
½	36	30	23
¾	43	36	28
1	51	42	34
1 ¼	64	54	45
1 ½	68	58	49
2	81	70	57
2 ½	99	86	72
3	113	100	83
4	141	130	105

Typ	Bogen 90 °, lang	
Kurzz.	G1	G4
Typ	Bogen 90 °, kurz	
Kurzz.	D1	D4

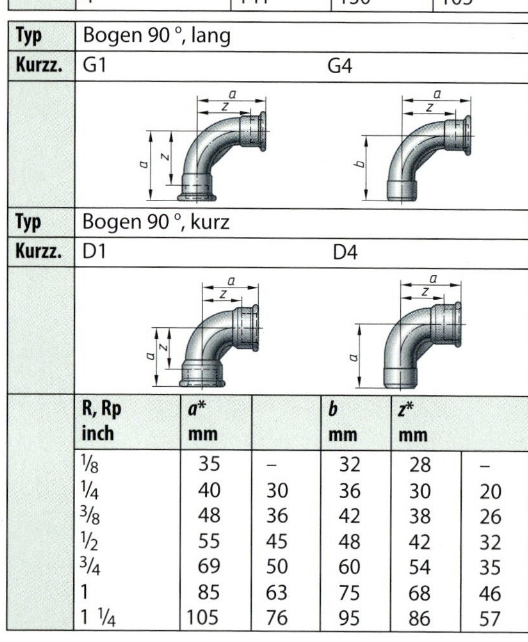

R, Rp inch	a* mm		b mm	z* mm	
⅛	35	–	32	28	–
¼	40	30	36	30	20
⅜	48	36	42	38	26
½	55	45	48	42	32
¾	69	50	60	54	35
1	85	63	75	68	46
1 ¼	105	76	95	86	57

Typ	Bogen 90 °, kurz (Fortsetzung)					
Kurzz.	D1		D4			
	R, Rp inch	***a** mm**		***b* mm**	***z** mm**	
	1 ½	116	85	105	97	66
	2	140	102	130	116	78
	2 ½	176	115	165	149	88
	3	205	127	190	175	97
	4	260	165	245	224	129

* In der 2. Reihe sind die Werte für den Bogen 90°, kurz aufgeführt.

Typ	Muffe *sleeve*			
Kurzz.	M2	M2R-L (⅜ … 2 inch)		
	Rp inch	***a* mm**	**SW mm**	**z_1 mm**
	⅛ St	25	17	11
	¼ St	27	19	7
	⅜	30		10
	½	36		10
	¾	39		9
	1	45		11
	1 ¼	50		12
	1 ½	55		17
	2	65		17
	2 ½	74		20
	3	80		20
	4	94		22

Typ	Muffe, reduziert			
Kurzz.	M2			
	Rp (1–2) inch	***a* mm**	**SW mm**	**z_2 mm**
	¼–⅛ St	27	17	10
	⅜–⅛ St	30	22	13
	⅜–¼ St	30	22	10
	½–¼	36		13
	½–⅜	36		13
	¾–¼	39		14
	¾–⅜	39		14
	¾–½	39		11
	1–⅜	45		18
	1–½	45		15
	1–¾	45		13
	1 ¼–⅜	50		21
	1 ¼–½	50		18
	1 ¼–¾	50		16
	1 ¼–1	50		14
	1 ½–½	55		23
	1 ½–¾	55		21
	1 ½–1	55		19

Typ	Muffe, reduziert (Fortsetzung)			
Kurzz.	M2			
	Rp (1–2) inch	***a* mm**	**SW mm**	**z_2 mm**
	1 ½–1 ¼	55		17
	2–½	65		28
	2–¾	65		26
	2–1	65		24
	2–1 ¼	65		22
	2–1 ½	65		22
	2 ½–1	74		30
	2 ½–1 ¼	74		28
	2 ½–1 ½	74		28
	2 ½–2	74		23
	3–1 ½	80		31
	3–2	80		26
	3–2 ½	80		23
	4–2	94		34
	4–2 ½	94		31
	4–3	94		28

Typ	Reduziernippel Form I-III *reducing*					
Kurzz.	N4					
	R, Rp (1–2) inch	**Form**	***a* mm**	***b* mm**	***z* mm**	**SW mm**
	¼–⅛ St	I	20		13	17
	⅜–⅛ St	I	20		13	19
	⅜–¼ St	I	20		10	19
	½–⅛	II	24		17	23
	½–¼	I	24		14	23
	½–⅜	I	24		14	23
	¾–¼	II	26		16	30
	¾–⅜	II	27		16	30
	¾–½	I	26		13	30
	1–¼	II	29		19	36
	1–⅜	II	29		19	36
	1–½	II	29		16	36
	1–¾	II	29		14	36
	1 ¼–⅜	II	31		21	46
	1 ¼–½	II	31		18	46
	1 ¼–¾	II	31		16	46
	1 ¼–1	II	31		14	46
	1 ½–⅜	II	31		21	50
	1 ¼–½	II	31		18	50
	1 ½–¾	II	31		16	50
	1 ½–1	II	31		14	50
	1 ½–1 ¼	I	33		12	50
	2–½	III	35	48	35	65
	2–¾	III	35	48	33	65
	2–1	II	37		20	65
	2–1 ¼	II	37		18	65
	2–1 ½	II	37		18	65
	2 ½–1	III	40	54	37	80
	2 ½–1 ¼	III	40	54	37	80
	2 ½–1 ½	II	40		21	80
	2 ½–2	II	40		16	80

Typ	Reduziernippel Form I-III (Fortsetzung)
Kurzz.	N4

Rp (1–2) inch	Form	*a* mm	*b* mm	*z* mm	SW mm
3–1	III	44	59	42	95
3–1 ¼	III	44	59	40	95
3–1 ½	III	44	59	40	95
3–2	II	44		20	95
3–2 ½	II	44		17	96
4–2	III	51	69	45	120
4–2 ½	III	51	69	42	120
4–3	II	51		21	120

Typ	Doppelnippel *double nipple*	
Kurzz.	N8	N8R-L (⅜ … 2 inch)

R inch	*a* mm	SW mm
⅛ St	29	17
¼ St	36	19
⅜	38	22
½	44	28
¾	47	33
1	53	42
1 ¼	57	50
1 ½	59	55
2	68	70
2 ½	75	85
3	83	100
4	95	131

Typ	Doppelnippel, reduziert
Kurzz.	N8

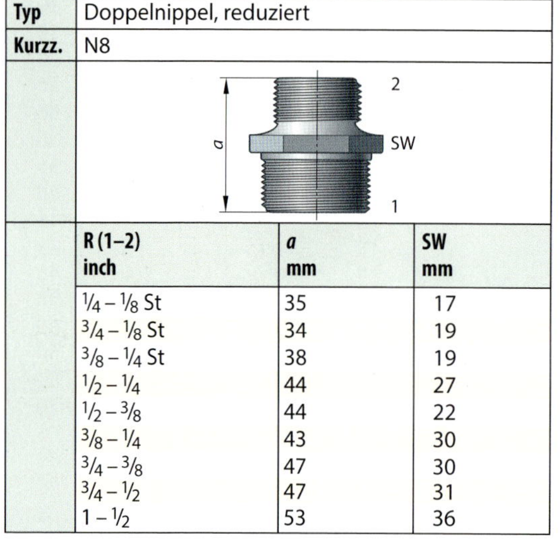

R (1–2) inch	*a* mm	SW mm
¼ – ⅛ St	35	17
¾ – ⅛ St	34	19
⅜ – ¼ St	38	19
½ – ¼	44	27
½ – ⅜	44	22
⅜ – ¼	43	30
¾ – ⅜	47	30
¾ – ½	47	31
1 – ½	53	36

Typ	Doppelnippel, reduziert (Fortsetzung)
Kurzz.	N8

Rp (1–2) inch	*a* mm	SW mm
1– ¾	53	36
1 ¼– ½	57	46
1 ¼– ¾	57	46
1 ¼– 1	57	46
1 ½– ¾	59	50
1 ½–1	59	50
1 ½–1 ¼	59	50
2–1	68	65
2–1 ½	68	65
2 ½– 1 ½	75	80
2 ½–2	75	80
3–2	83	95
3–2 ½	83	95
4–3	93	120

Typ	Gegenmuttern *against native*
Kurzz.	P4

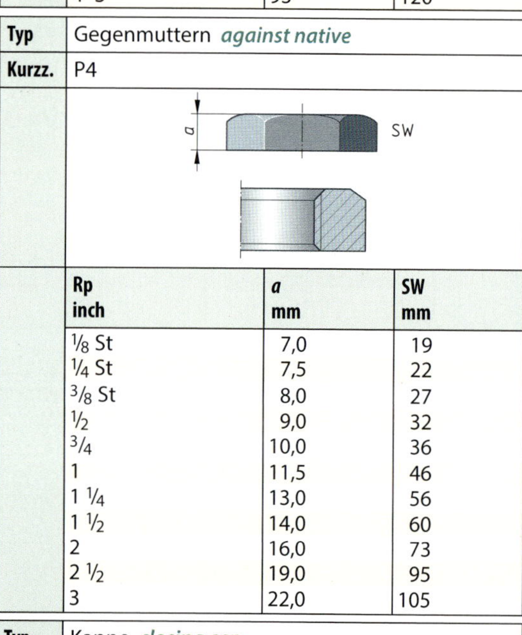

Rp inch	*a* mm	SW mm
⅛ St	7,0	19
¼ St	7,5	22
⅜ St	8,0	27
½	9,0	32
¾	10,0	36
1	11,5	46
1 ¼	13,0	56
1 ½	14,0	60
2	16,0	73
2 ½	19,0	95
3	22,0	105

Typ	Kappe *closing cap*
Kurzz.	T1

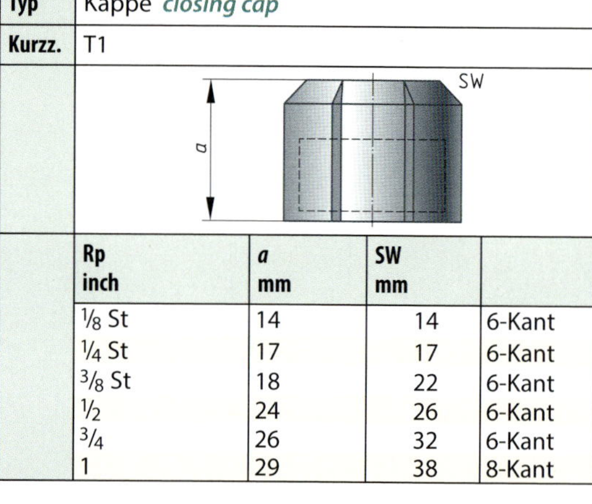

Rp inch	*a* mm	SW mm	
⅛ St	14	14	6-Kant
¼ St	17	17	6-Kant
⅜ St	18	22	6-Kant
½	24	26	6-Kant
¾	26	32	6-Kant
1	29	38	8-Kant

Typ	Kappe (Fortsetzung)		
Kurzz.	T1		

Rp inch	***a* mm**	**SW mm**	
1 ¼	36	47	8-Kant
1 ½	36	53	8-Kant
2	39	68	8-Kant
2 ½	44	86	8-Kant
3	50	96	8-Kant
4	52	128	8-Kant

Typ	Stopfen ohne Rand
Kurzz.	T8

R inch	***b* mm**	**SW mm**
⅛ St	16,0	7
¼ St	18,0	8
⅜ St	20,0	10
½	24,0	11
¾	25,5	17
1	33,0	19
1 ¼	36,0	22
2 ½	37,0	22
2	44,0	27
2 ½	52,0	32
4	66,0	41

Typ	Stopfen mit Rand
Kurzz.	T9

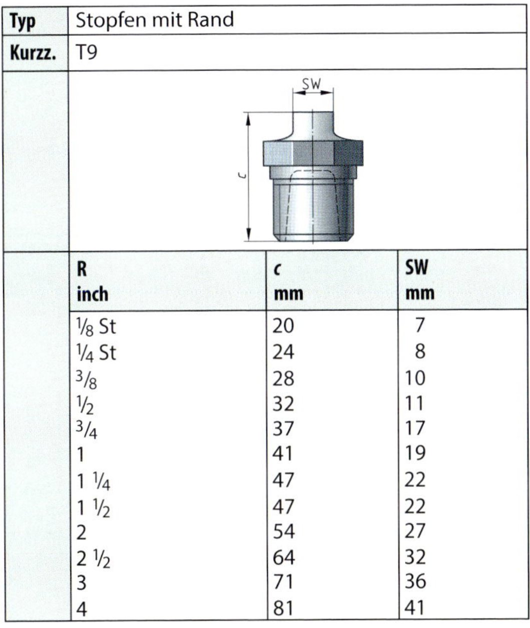

R inch	***c* mm**	**SW mm**
⅛ St	20	7
¼ St	24	8
⅜	28	10
½	32	11
¾	37	17
1	41	19
1 ¼	47	22
1 ½	47	22
2	54	27
2 ½	64	32
3	71	36
4	81	41

Typ	Stopfen mit Innen-4-/6-Kant		
Kurzz.	T11		

R inch	***a* mm**	**SW mm**	
⅛ St	8	5	6-Kant
¼ St	10	7	6-Kant
⅜ St	10	8	6-Kant
½	15	10	4-Kant
¾	17	12	4-Kant
1	19	16	4-Kant
1 ¼	22	22	4-Kant
1 ½	22	22	4-Kant
2	27	27	4-Kant

Typ	Verschraubung mit Flachdichtung
Kurzz.	U1

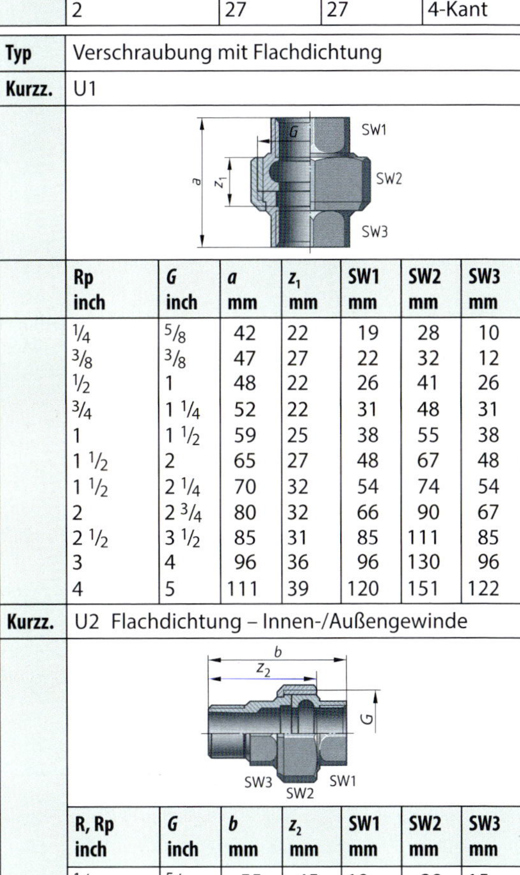

Rp inch	***G* inch**	***a* mm**	**z_1 mm**	**SW1 mm**	**SW2 mm**	**SW3 mm**
¼	⅝	42	22	19	28	10
⅜	⅜	47	27	22	32	12
½	1	48	22	26	41	26
¾	1 ¼	52	22	31	48	31
1	1 ½	59	25	38	55	38
1 ½	2	65	27	48	67	48
1 ½	2 ¼	70	32	54	74	54
2	2 ¾	80	32	66	90	67
2 ½	3 ½	85	31	85	111	85
3	4	96	36	96	130	96
4	5	111	39	120	151	122

Kurzz.	U2 Flachdichtung – Innen-/Außengewinde

R, Rp inch	***G* inch**	***b* mm**	**z_2 mm**	**SW1 mm**	**SW2 mm**	**SW3 mm**
¼	⅝	55	45	19	28	15
⅜	¾	58	48	22	32	19
½	1	66	53	26	41	23
¾	1 ¼	72	57	31	48	30

Typ	Verschraubung (Fortsetzung)
Kurzz.	U2

Rp inch	G inch	*b* mm	z_2 mm	SW1 mm	SW2 mm	SW3 mm
1	1 ½	80	63	38	55	36
1 ¼	2	90	71	48	67	48
1 ½	2 ¼	95	76	54	74	54
2	2 ¾	107	83	66	90	66
2 ½	3 ½	118	91	85	111	85
3	4	131	101	96	130	95

Kurzz.	U11 mit Konus dichtend

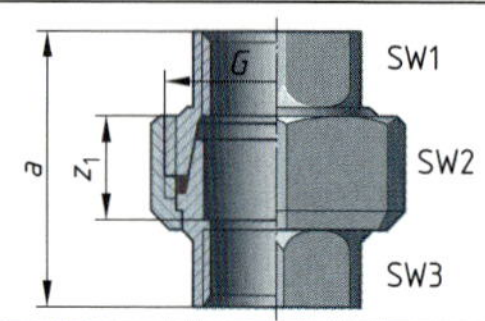

Rp inch	G inch	*a* mm	z_1 mm	SW1 mm	SW2 mm	SW3 mm
⅛	½	38	24	15	26	15
¼	⅝	42	22	19	28	*10
⅝	¾	48	28	22	32	*12
½	1	48	22	26	41	25
½	1 ⅛	48	22	26	44	26
¾	1 ¼	52	22	31	48	32
1	1 ½	58	24	38	55	38
1 ¼	2	65	27	48	67	48
1 ½	2 ¼	70	32	54	74	54
2	2 ¾	78	30	66	90	66
2 ½	3 ½	90	36	85	111	85
3	4	101	41	96	130	96
4	5	114	42	120	151	120

Kurzz.	U12 mit Konus - Innen/Außengewinde

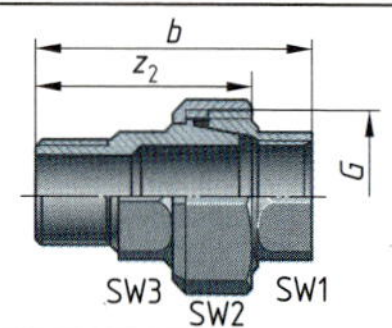

R, Rp inch	G inch	*b* mm	z_2 mm	SW1 mm	SW2 mm	SW3 mm
¼	⅝	55	45	19	28	15
⅜	¾	59	49	22	32	20
½	1	66	53	26	41	23
¾	1 ¼	72	57	31	48	30
1	1 ½	80	63	38	55	36
1 ¼	2	90	71	48	67	48
1 ½	2 ¼	96	77	54	74	54
2	2 ¾	106	82	66	90	66
2 ½	3 ½	122	95	85	111	85
3	4	134	104	96	130	95
4	5	153	117	120	151	120

Typ	Winkelverschraubung *elbow*
Kurzz.	UA1 Flachdichtung

Rp inch	G inch	*a* mm	*c* mm	z_1 mm	z_2 mm	SW1 mm	SW2 mm
⅝	¾	52	25	15	42	*12	32
½	1	58	28	15	45	26	41
¾	1 ¼	62	33	18	47	31	48
1	1 ½	72	38	21	55	38	55
1 ¼	2	82	45	26	63	48	67
1 ½	2 ¼	90	50	31	71	54	74
2	2 ¾	100	58	34	76	67	90

Kurzz.	UA2 Flachdichtung

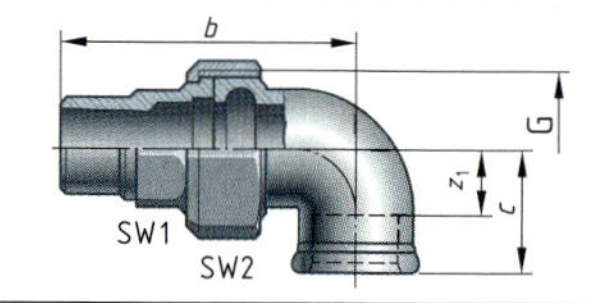

R, Rp inch	G inch	*b* mm	*c* mm	z_1 mm	SW1 mm	SW2 mm
⅜	¾	65	25	15	19	32
½	1	76	28	15	25	41
⅜	1 ¼	82	33	18	32	48
1	1 ½	93	38	21	39	55
1 ¼	2	107	45	26	48	67
1 ½	2 ¼	115	50	31	54	74
2	2 ¾	128	58	34	66	90

Kurzz.	UA11 mit Konus - Innengewinde

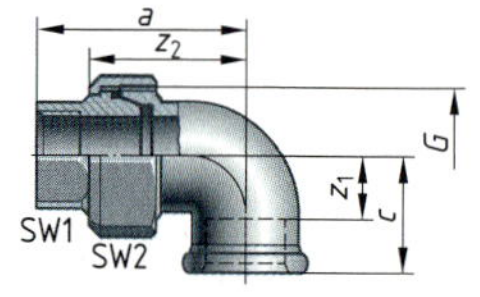

Rp inch	G inch	*a* mm	*c* mm	z_1 mm	z_2 mm	SW1 mm	SW2 mm
¼	⅝	48	21	11	38	*10	28
⅜	¾	52	25	15	42	*12	32
½	1	58	28	15	45	25	41
¾	1 ¼	62	33	18	47	32	48
1	1 ½	72	38	21	55	38	55
1 ¼	2	82	45	26	63	48	67
1 ½	2 ¼	90	50	31	71	54	74
2	2 ¾	100	58	34	76	66	90
2 ½	3 ½	130	72	45	103	85	111
3	4	134	79	49	104	96	131

Typ	Winkelverschraubung *elbow*
Kurzz.	UA12 mit Konus dichtend

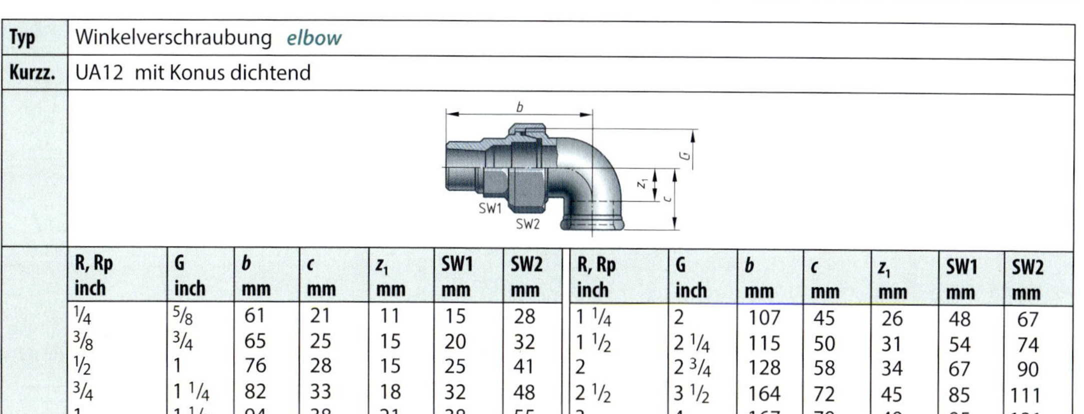

R, Rp inch	**G inch**	***b* mm**	***c* mm**	**z_1 mm**	**SW1 mm**	**SW2 mm**	**R, Rp inch**	**G inch**	***b* mm**	***c* mm**	**z_1 mm**	**SW1 mm**	**SW2 mm**
¼	⅝	61	21	11	15	28	1 ¼	2	107	45	26	48	67
⅜	¾	65	25	15	20	32	1 ½	2 ¼	115	50	31	54	74
½	1	76	28	15	25	41	2	2 ¾	128	58	34	67	90
¾	1 ¼	82	33	18	32	48	2 ½	3 ½	164	72	45	85	111
1	1 ½	94	38	21	38	55	3	4	167	79	49	95	131

Typ	Gewindeflansch
Kurzz.	ohne

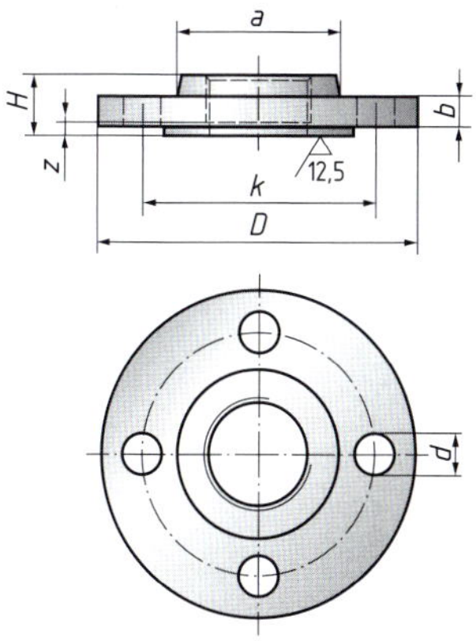

Dim. inch	**PN**	***a* mm**	***b* mm**	***d* mm**	***k* mm**	***z* mm**	**H mm**	**D mm**
¾	PN 16	45	16	14	75	9	24	105
1	PN 16	52	17	14	85	7	24	115
1	PN 16	52	17	14	85	7	24	115
1 ¼	PN 16	60	17	19	100	7	26	140
1 ¼	PN 16	60	17	19	100	7	26	140
1 ½	PN 16	72	13	19	110	8	26	150
1 ½	PN 16	72	13	19	110	8	26	150
2	PN 16	87	16	19	125	5	29	165
2	PN 16	87	16	19	125	5	29	165
2 ½	PN 16	100	16	19	145	5	32	185
2 ½	PN 16	100	16	19	145	5	32	185
3	PN 10	115	18	19	160	6	36	200
3	PN 10	115	18	19	160	6	36	200
*3	PN 16	115	18	19	160	6	36	200
3	PN 16	115	18	19	160	6	36	200
4	PN 16	140	20	19	180	2	38	220
*4	PN 16	140	20	19	180	2	38	220

* 8 Loch Ausführung

5.1.4.2 Pressfittings aus Stahl

DIN EN 10305: 2016-08 und DIN EN ISO 1127: 2019-03

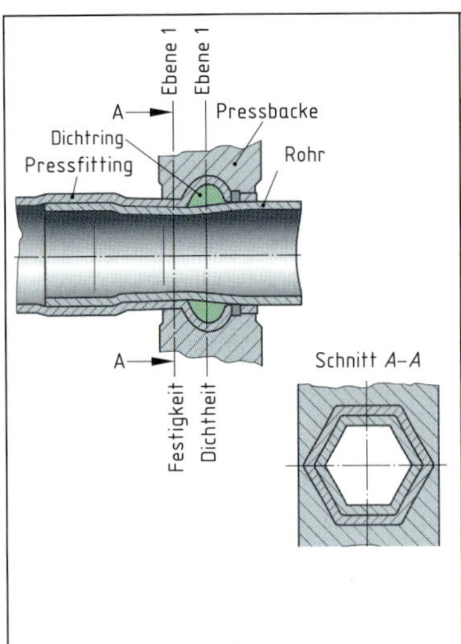

Einsatzgebiete	**S:** Trinkwasser (TW) **G:** Gas	
	H: Heizung **SL:** Solar **L:** Druckluft	
Einsatzbedingungen	**G**	$p_S \leq 5$ bar
	S, H, SL, L	$p_S \leq 16$ bar
Werkstoffe	S 195 (H)	
	X5CrNi18-10 X5CrNiMo17-12-2 X6CrNiMoTi17-12-2	
Außendurchmesser (mm)	**S, G**	15 … 108
	SL, L, H	15 … 54
Lieferlänge	L = 6 m (Stange)	
Dichtung (Rohr)	**S, L, H**	CIIR-schwarz
	SL	FPM-grün
	G	NBR-gelb-braun

Pressfittings aus unlegiertem und nichtrostendem Stahl – Auswahl (Herstellerangaben)

Bogen 90°

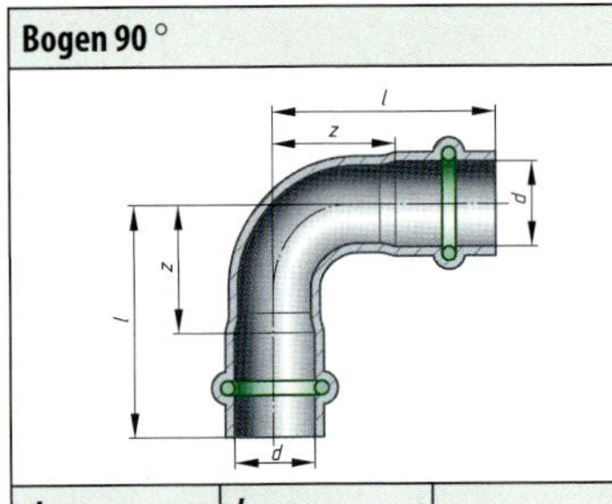

d mm	*l* mm	*z* mm
15	48	26
18	58	36
22	67	44
28	72	48
35	86	60
42	107	71
54	132	92
64,0	127	84
76,1	149	99
88,9	165	115
106,0	198	138

Bogen 90° AG

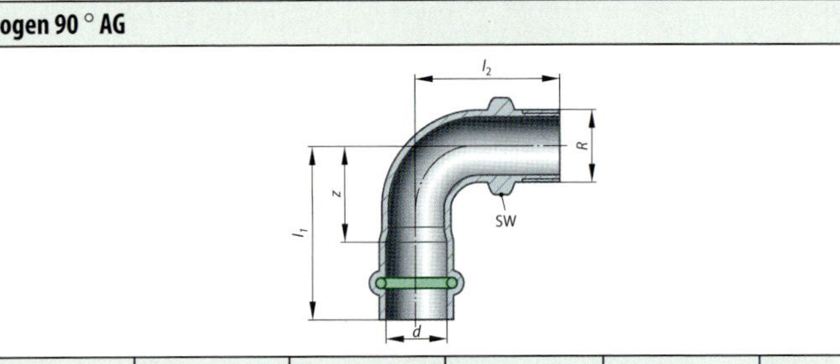

d mm	R inch	l_1 mm	l_2 mm	*z* mm	SW mm
15	1/2	48	45	26	22
18	1/2	52	49	30	22
18	3/4	52	52	30	27
22	3/4	60	61	37	27
28	1	72	77	48	36
35	1 1/4	86	91	60	45
42	1 1/2	107	102	71	51
54	2	132	123	92	64

Bogen 90 ° IG

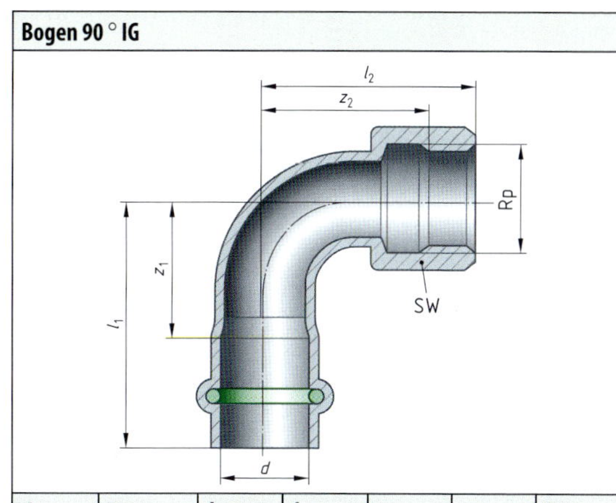

d mm	Rp inch	l_1 mm	l_2 mm	z_1 mm	z_2 mm	SW
15	½	48	41	26	28	24
18	¾	52	48	30	33	30
22	¾	60	55	37	40	30
26	1	72	72	48	55	38
35	1 ¼	86	83	60	64	46

Bogen 90 ° E

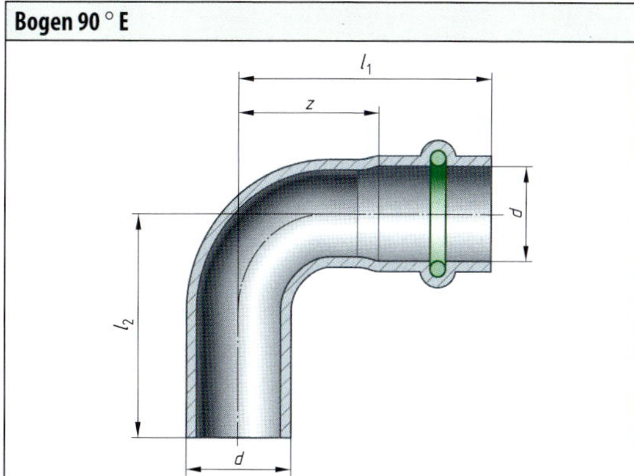

d mm	l_1 mm	l_2 mm	z mm
15	48	53	26
18	52	63	30
22	60	77	37
28	72	82	48
35	86	96	60
42	107	117	71
54	132	142	92
64,0	127	127	84
76,1	149	147	99
88,9	165	162	115
108,0	198	195	138

Bogen 45 °

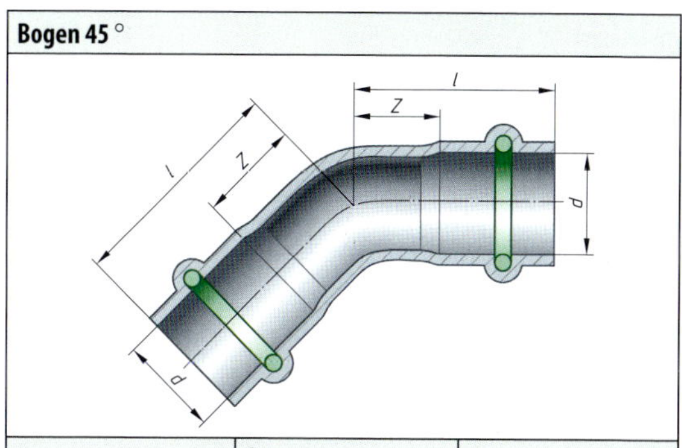

d mm	l mm	z mm
15	35	13
18	40	18
22	45	22
28	45	21
35	54	28
42	69	33
54	84	44
64,0	82	39
76,1	96	46
88,9	102	52
108,0	121	61

Bogen 45 ° E

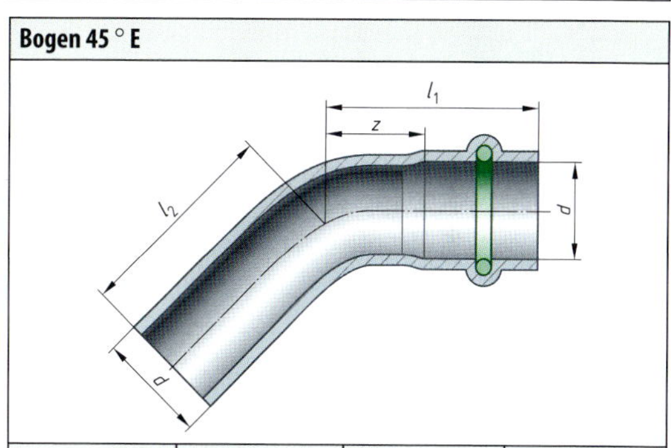

d mm	l_1 mm	l_2 mm	z mm
15	35	39	13
18	37	47	15
22	40	58	17
28	45	55	21
35	54	64	28
42	69	79	33
54	84	94	44
64,0	82	82	39
76,1	93	96	46
88,9	99	102	52
108,0	119	121	61

5

Rohrbogen 15 ° *pipe-arch*

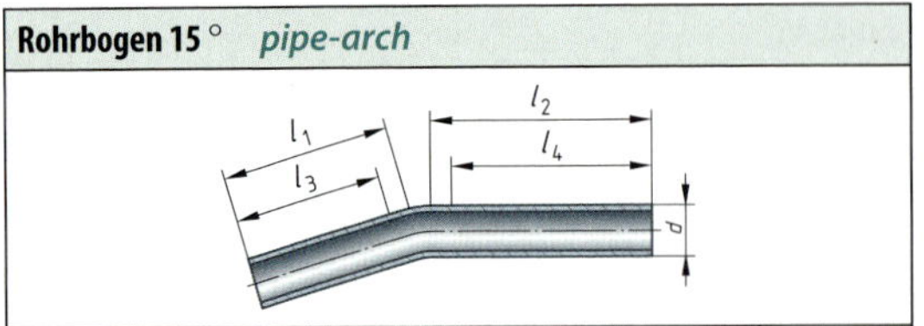

d mm	DN	l_1 mm	l_2 mm	l_3 mm	l_4 mm
15	12	80	134	48	102
18	15	90	132	57	99
22	20	100	129	66	95
28	25	110	133	74	97
25	32	130	162	90	122
42	40	170	206	114	150
54	50	220	246	155	181
64	60	290	303	161	161
76,1	65	359	359	210	210
88,9	80	415	415	275	275
108,0	100	483	483	205	205

Rohrbogen 30 °

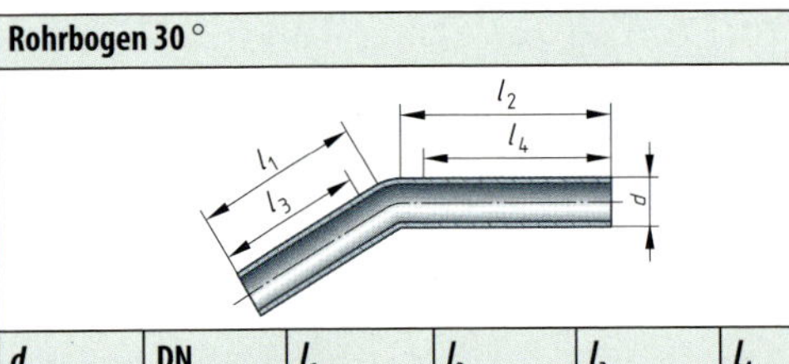

d mm	DN	l_1 mm	l_2 mm	l_3 mm	l_4 mm
15	12	80	135	44	99
18	15	90	133	52	95
22	20	100	130	60	90
26	25	110	134	67	91
25	32	130	164	81	115
42	40	170	209	102	141
54	50	220	249	141	170
64	60	290	305	161	161
76,01	65	360	360	195	195
88,9	80	416	416	260	260
108,0	100	484	484	175	175

Winkel IG

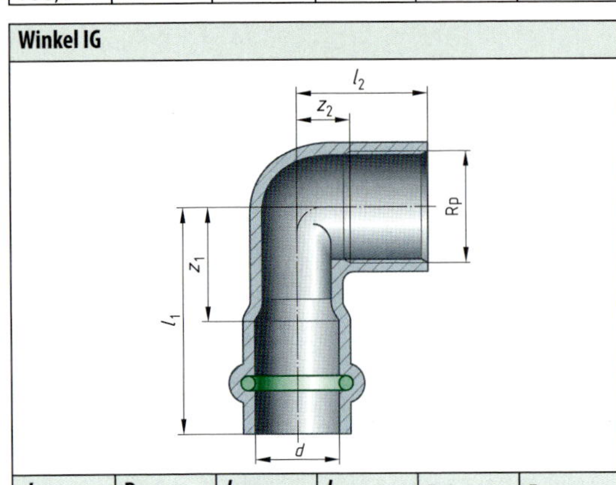

d mm	Rp inch	l_1 mm	l_2 mm	z_1 mm	z_2 mm
15	½	45	26	23	11
15	¾	47	28	25	11
18	½	44	26	22	11
18	¾	47	28	25	11
22	½	46	28	23	13
22	¾	49	30	26	13

Winkel IG (Fortsetzung)

d mm	Rp inch	l_1 mm	l_2 mm	z_1 mm	z_2 mm
22	½	53	33	30	13
28	1	54	36	30	16
35	1 ¼	62	42	36	20
42	1 ½	77	45	41	24
54	2	89	55	49	29

Einsteckwinkel

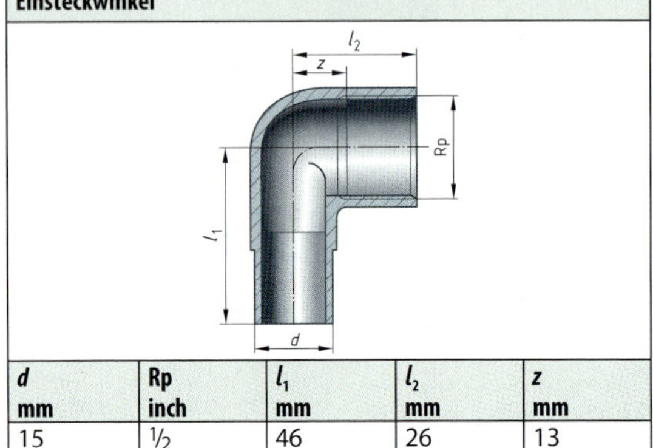

d mm	Rp inch	l_1 mm	l_2 mm	*z* mm
15	½	46	26	13

Rohrbogen 45 °

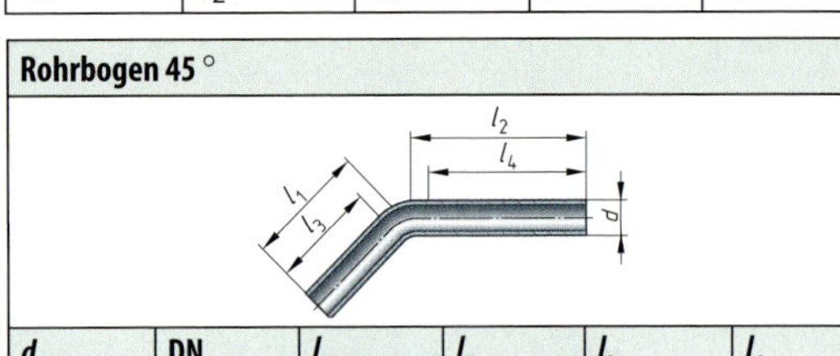

d mm	DN	l_1 mm	l_2 mm	l_3 mm	l_4 mm
15	12	80	137	39	96
18	15	90	135	47	92
22	20	100	132	53	85
28	25	110	137	58	85
25	32	130	168	71	109
42	40	170	213	90	133
54	50	220	254	125	159
64	60	292	309	120	120
76,1	65	363	363	175	175
88,9	80	419	419	225	225
108,0	100	488	488	145	145

Rohrbogen 60 °

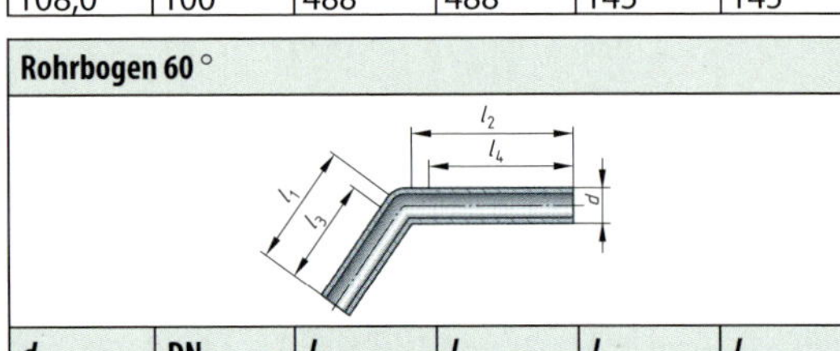

d mm	DN	l_1 mm	l_2 mm	l_3 mm	l_4 mm
15	12	80	139	34	93
18	15	90	138	41	89
22	20	100	135	46	81
28	25	110	141	49	80
25	32	130	174	59	103
42	40	170	220	76	126
54	50	220	263	107	150
64	60	293	317	100	100
76,1	65	370	370	130	130
88,9	80	426	426	185	185
106,0	100	497	497	120	120

Rohrbogen 75°

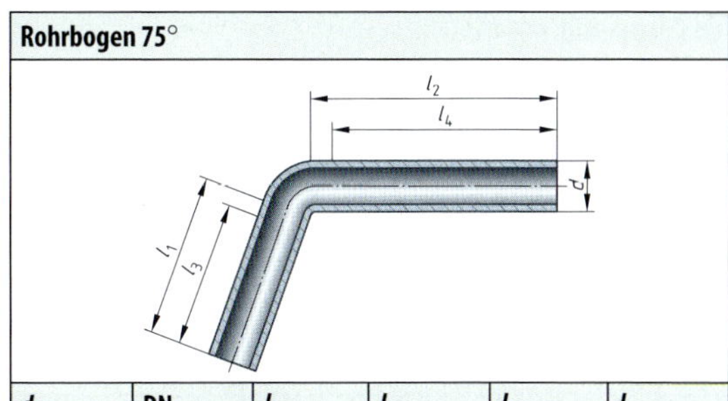

d mm	DN	l_1 mm	l_2 mm	l_3 mm	l_4 mm
15	12	80	143	29	92
18	15	90	143	34	87
22	20	100	140	38	78
28	25	110	148	39	77
25	32	130	184	46	100
42	40	170	231	60	121
54	50	220	277	87	144
64	60	302	329	80	80
76,1	65	381	381	90	90
88,9	80	439	439	155	155
106,0	100	513	513	90	90

Rohrbogen 90°

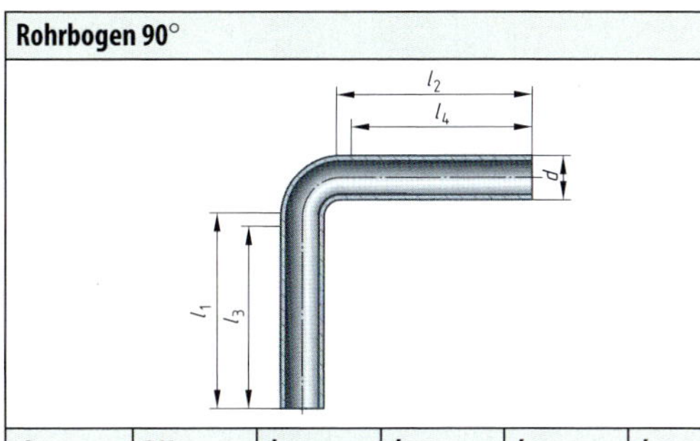

d mm	DN	l_1 mm	l_2 mm	l_3 mm	l_4 mm
15	12	80	150	22	92
18	15	90	150	26	86
22	20	100	150	28	78
28	25	110	160	26	76
25	32	130	200	30	100
42	40	170	250	41	121
54	50	220	300	62	142
64	60	292	309	69	60
76,1	65	363	363	80	105
88,9	80	462	462	105	105
106,0	100	540	540	65	65

Überbogen *crossover*

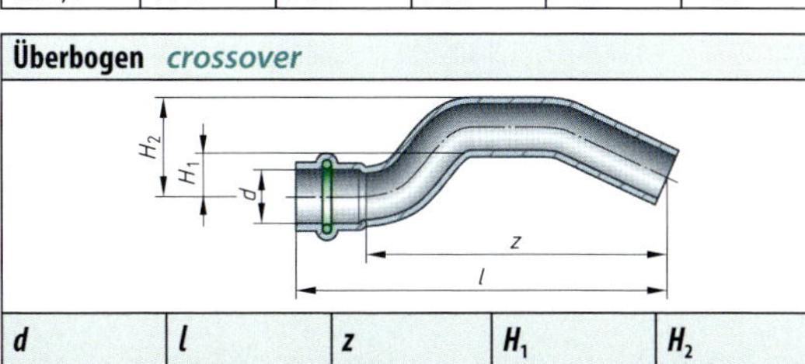

d mm	l mm	z mm	H_1 mm	H_2 mm
15	122	100	13	28
18	129	107	13	31
22	150	127	15	37

Einsteckstück AG

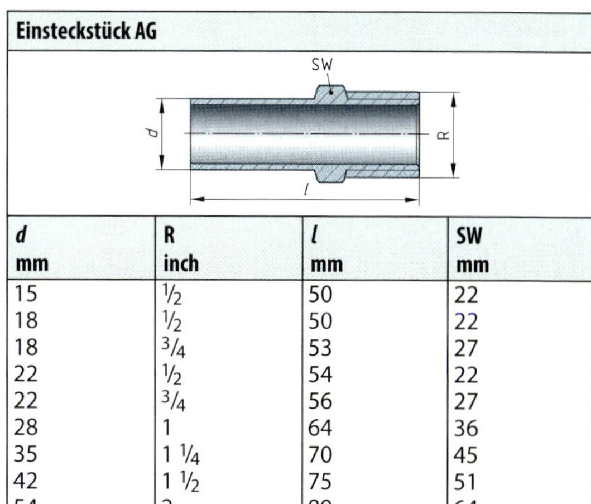

d mm	R inch	l mm	SW mm
15	½	50	22
18	½	50	22
18	¾	53	27
22	½	54	22
22	¾	56	27
28	1	64	36
35	1 ¼	70	45
42	1 ½	75	51
54	2	89	64

Einsteckstück IG

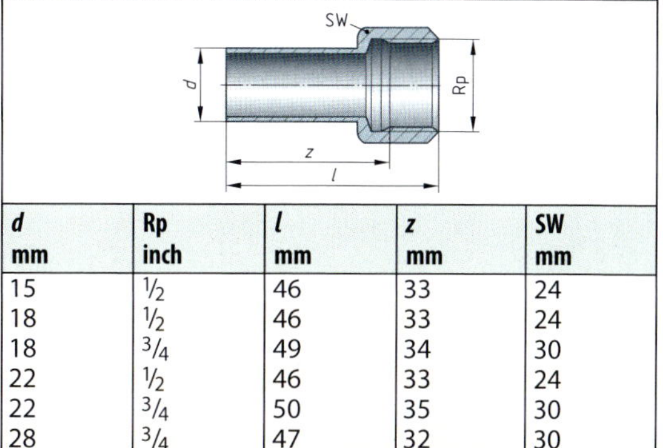

d mm	Rp inch	l mm	z mm	SW mm
15	½	46	33	24
18	½	46	33	24
18	¾	49	34	30
22	½	46	33	24
22	¾	50	35	30
28	¾	47	32	30
26	1	53	36	38
35	1 ¼	61	42	46
42	1 ½	71	52	55
54	2	80	56	65

Reduzierstück E

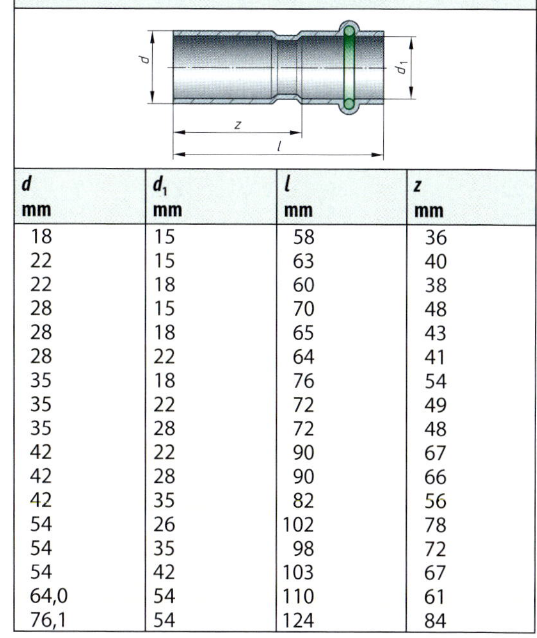

d mm	d_1 mm	l mm	z mm
18	15	58	36
22	15	63	40
22	18	60	38
28	15	70	48
28	18	65	43
28	22	64	41
35	18	76	54
35	22	72	49
35	28	72	48
42	22	90	67
42	28	90	66
42	35	82	56
54	26	102	78
54	35	98	72
54	42	103	67
64,0	54	110	61
76,1	54	124	84

Reduzierstück E (Fortsetzung)			
d **mm**	***d*₁** **mm**	***l*** **mm**	***z*** **mm**
76,1	64	126	83
88,9	54	131	91
88,9	64	132	89
88,9	76,1	132	82
108,0	54	150	110
108,0	64	152	109
108,0	76,1	152	102
108,0	88,9	145	95

Muffe

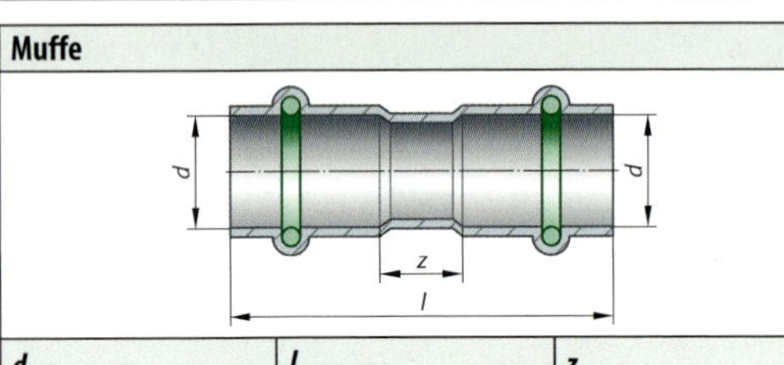

d **mm**	***l*** **mm**	***z*** **mm**
15	57	13
18	57	13
22	61	15
28	60	12
35	65	13
42	84	12
54	92	12
64,0	110	24
76,1	125	25
88,9	125	25
108,0	145	25

Schiebemuffe *sliding sleeve*

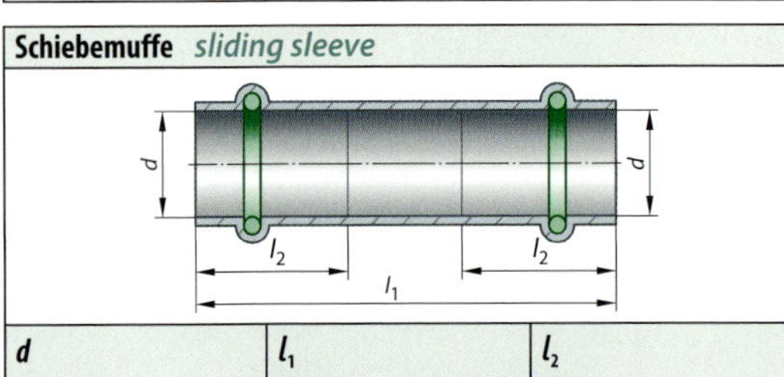

d **mm**	***l*₁** **mm**	***l*₂** **mm**
15	80	22
18	80	22
22	80	23
28	95	24
35	105	26
42	120	36
54	135	40
64,0	110	43
76,1	125	50
88,9	125	50
108,0	145	60

Übergangsstück AG *transition piece*

d **mm**	**R** **inch**	***l*** **mm**	***z*** **mm**	**SW** **mm**
15	½	49	27	22
15	¾	52	30	27
18	½	49	27	22
18	¾	52	30	27
22	½	54	31	22
22	¾	56	33	27
22	1	59	36	36
28	5/4	56	32	30
28	1	61	37	36
35	1	64	38	36
35	1 ¼	68	42	45
42	1 ½	81	45	51
54	2	91	51	64
64,0	2 ½	109	65	80
76,1	2 ½	115	65	80
88,9	3	119	69	90
108,0	4	135	75	114

Übergansstück IG

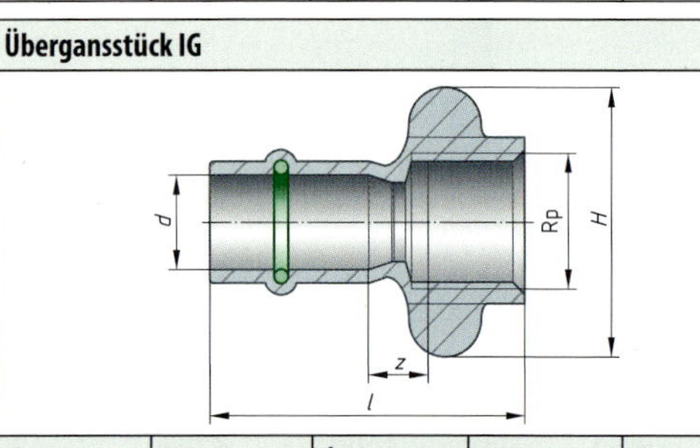

d **mm**	**Rp** **inch**	***l*** **mm**	***z*** **mm**	***H*** **mm**
15	½	48	11	41
15	½	45	23	24
15	1 ¼	47	25	30
18	½	44	22	24
18	1 ¼	47	25	30
22	½	48	25	24
22	1 ¼	49	26	30
22	1	54	31	38
28	1 ¼	50	26	30
28	1	55	31	38
35	1 ¼	60	34	46
42	1 ½	72	36	55
54	2	82	42	65

Verschraubung, flachdichtend

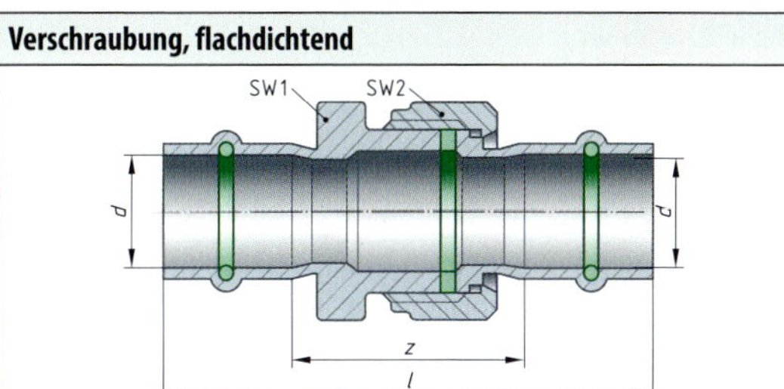

d mm	*l* mm	*z* mm	SW1 mm	SW2 mm
15	82	38	30	30
18	83	39	27	30
22	93	47	36	37
28	100	52	46	46
35	110	58	50	53
42	138	66	55	60
54	151	71	70	78

Verschraubung AG, flachdichtend

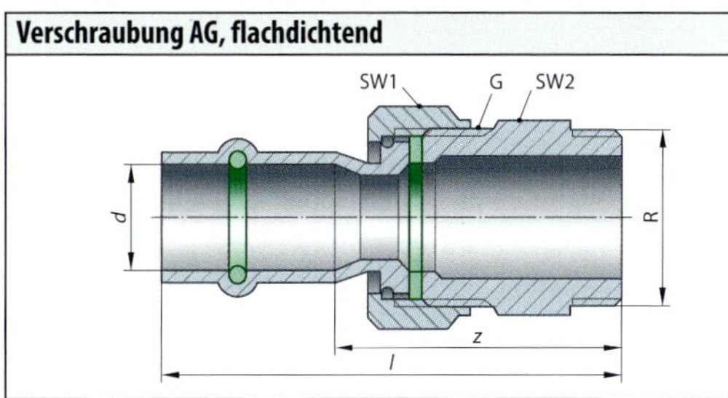

d mm	R inch	G	*l* mm	*z* mm	SW1 mm	SW2 mm
15	½	5/4	64	42	30	27
15	1 ¼	5/4	66	44	30	27
18	½	5/4	66	44	30	27
18	1 ¼	5/4	67	45	30	27
22	½	5/4	75	52	30	27
22	1 ¼	5/4	74	51	30	27
22	1	1	76	53	37	34
26	1 ¼	1	84	60	37	34
28	1	1	84	60	37	34
35	1 ¼	1 ¼	88	62	53	50
42	1 ½	1 ¼	100	64	60	55
54	2	3 ¼	117	77	78	72

Verschraubung IG, flachdichtend

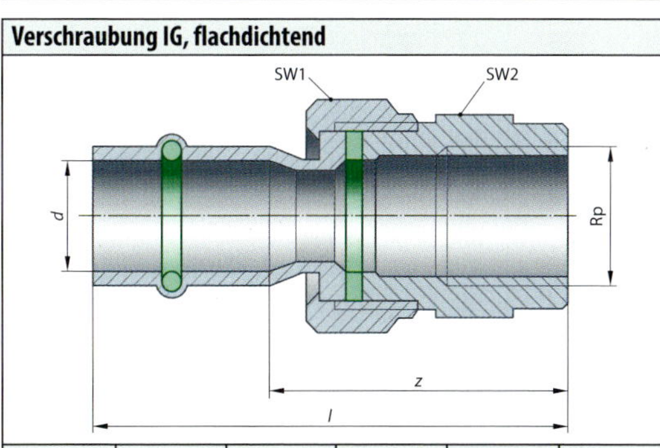

d mm	Rp inch	*l* mm	*z* mm	SW1 mm	SW2 mm
15	½	62	27	30	27
15	1 ¼	68	31	30	31
18	½	64	29	30	27

Verschraubung IG, flachdichtend (Fortsetzung)

d mm	Rp inch	*l* mm	*z* mm	SW1 mm	SW2 mm
18	1 ¼	69	32	30	31
22	½	71	35	37	27
22	1 ¼	76	38	37	31
22	1	81	41	37	40
28	1 ¼	85	46	37	34
28	1	89	48	37	40
35	1 ¼	82	37	53	50
42	1 ½	95	40	60	55
54	2	95	31	78	68

Winkelverschraubung IG, flachdichtend

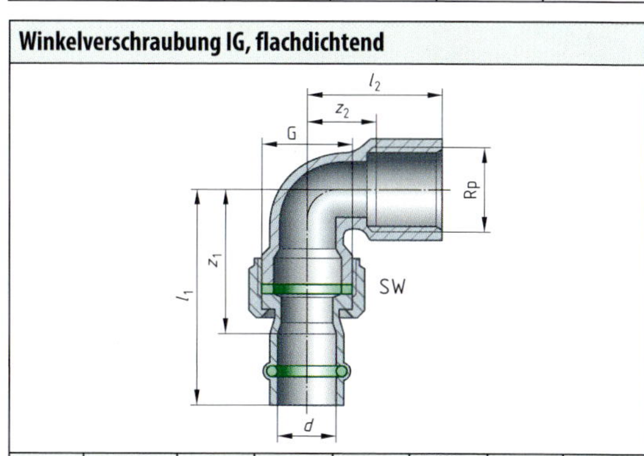

d mm	Rp inch	G	l_1 mm	l_2 mm	z_1 mm	z_2 mm	SW mm
15	½	1 ¼	60	33	38	20	25
18	½	1 ¼	61	33	39	20	25
18	1 ¼	1	66	39	44	24	36
22	1 ¼	1	70	39	47	24	37
22	1	1	73	44	50	27	37
28	1	1 ¼	80	47	56	30	46
35	1 ¼	1 ½	85	57	59	38	53
42	1 ½	2 ¼	107	59	71	40	60
54	2	3 ¼	124	69	84	45	78

T-Stück

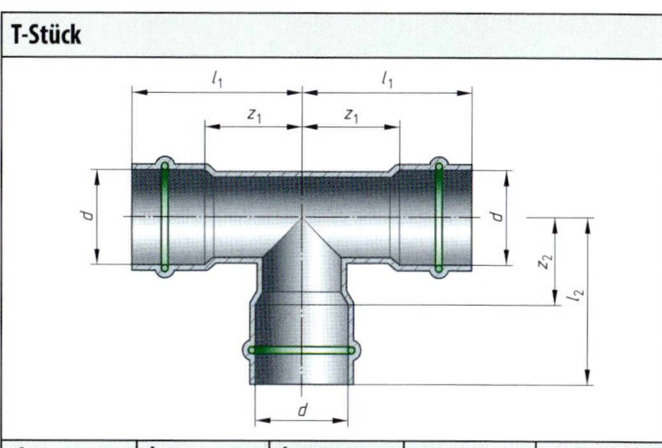

d mm	l_1 mm	l_2 mm	z_1 mm	z_2 mm
15	41	43	19	21
18	43	44	21	22
22	47	49	24	26
28	52	53	28	29
35	60	60	34	34
42	68	68	32	32
54	79	79	39	39
64,0	89	90	46	47
76,1	101	103	51	53
88,9	107	109	57	59
108,0	127	129	67	69

T-Stück AG

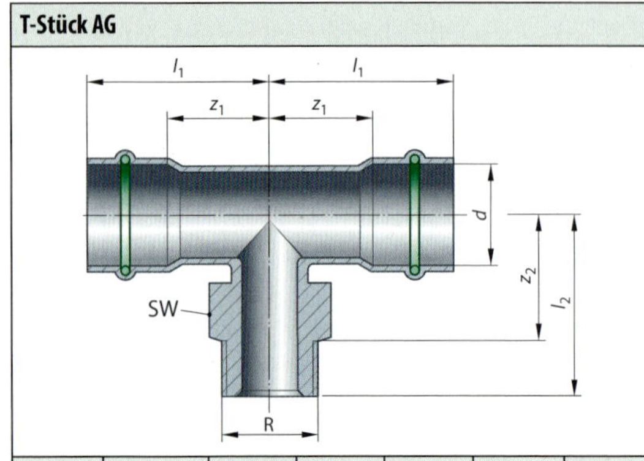

d mm	R inch	l_1 mm	l_2 mm	z_1 mm	z_2 mm	SW mm
18	1 ¼	43	38	21	23	27
22	1 ¼	45	39	22	24	27
28	1 ¼	45	42	21	27	27
35	1 ¼	47	46	21	31	27
42	1 ¼	55	49	19	34	27
54	1 ¼	58	55	18	40	27
54	1	61	58	21	43	36
54	1 ¼	69	63	29	46	44

T-Stück IG

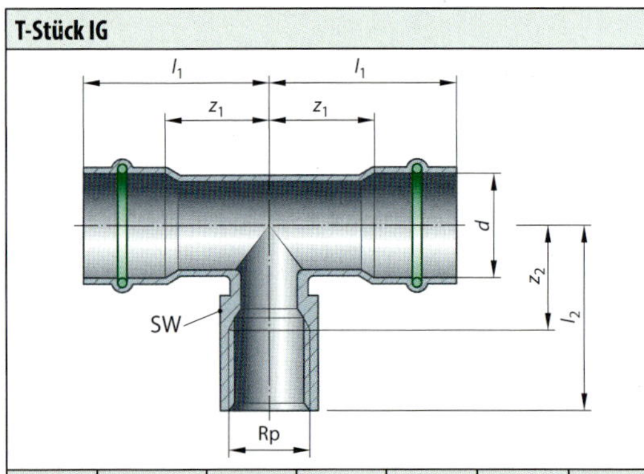

d mm	Rp inch	l_1 mm	l_2 mm	z_1 mm	z_2 mm	SW mm
15	½	43	35	21	22	24
18	½	43	36	21	21	24
18	1 ¼	46	36	24	20	30
22	½	45	32	22	19	24
22	1 ¼	47	33	24	18	30
28	½	45	35	21	22	24
28	1 ¼	52	36	28	21	30
28	1	52	41	28	25	38
35	½	45	39	19	26	24
42	½	55	42	19	29	24
54	½	58	48	18	35	24
64,0	1 ¼	70	57	27	45	
64,0	2	75	61	32	49	
76,1	1 ¼	72	65	22	50	
76,1	2	90	73	40	49	
88,9	1 ¼	72	71	22	56	
88,9	2	90	79	40	55	
108,0	1 ¼	82	81	22	76	
108,0	2	100	89	40	65	

T-Stück, reduziert

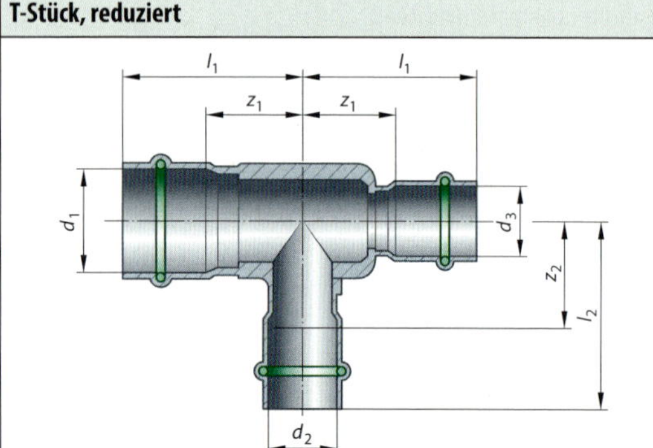

d_1 mm	d_2 mm	d_3 mm	l_1 mm	l_2 mm	l_3 mm	z_1 mm	z_2 mm	z_3 mm
18	15	15	43	44	43	21	22	21
18	15	18	43	44	43	21	22	21
22	15	15	43	47	43	20	25	21
22	15	22	45	47	45	22	22	22
22	18	18	44	47	44	21	25	22
22	18	22	45	46	45	22	24	22
22	22	15	47	47	47	24	24	25
28	15	28	45	50	45	21	26	21
28	18	28	45	50	45	25	28	25
28	22	22	46	52	46	22	29	23
28	22	28	47	53	47	23	26	23
35	15	35	45	54	45	19	32	19
35	18	35	45	54	45	19	35	19
35	22	35	47	56	47	21	33	21
25	28	35	53	56	53	27	32	27
42	18	42	55	56	55	19	34	19
42	22	42	55	59	55	19	36	19
42	28	42	61	59	61	25	35	25
42	35	42	61	63	61	25	37	25
54	22	54	58	65	58	18	42	18
54	28	54	61	65	61	21	41	21
54	35	54	65	69	65	25	43	25
54	42	54	69	74	69	29	38	29
64,0	22	68	63	25	40			
64,0	28	70	64	27	40			
64,0	35	75	69	32	43			
64,0	42	78	80	35	44			
64,0	54	84	84	41	44			
76,1	22	73	69	24	46			
76,1	28	77	70	27	46			
76,1	35	80	73	30	47			
76,1	42	84	85	34	49			
76,1	54	90	90	40	50			
88,9	22	74	76	24	53			
88,9	28	77	77	27	53			
88,9	35	80	80	30	54			
88,9	42	84	92	34	56			
88,9	54	90	97	40	57			
88,9	76,1	101	109	51	59			
108,0	22	84	85	24	62			
108,0	28	87	86	27	62			
108,0	35	90	89	30	63			
108,0	42	94	101	34	65			
108,0	54	100	106	40	66			
108,0	76,1	111	119	51	69			
108,0	88,9	117	119	57	69			

Wandscheibe IG *wall disk*

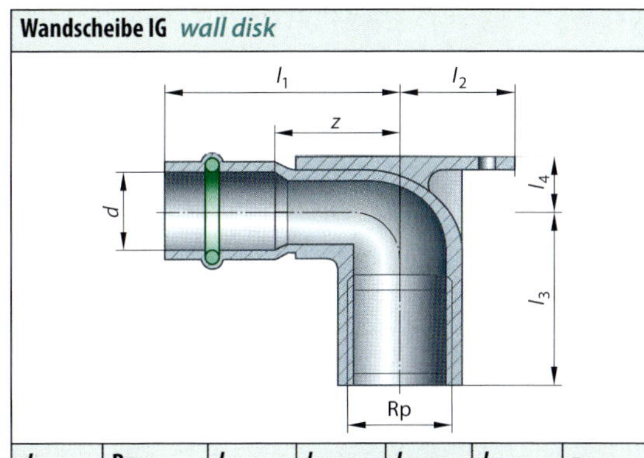

d mm	Rp inch	l_1 mm	l_2 mm	l_3 mm	l_4 mm	*z* mm
15	½	45	13	26	12	22
18	½	44	13	26	14	22
22	½	46	13	28	17	23
22	1 ¼	48	15	30	17	25
28	1	55	19	36	21	31

Flansch PN 16 *flange*

d mm	*l* mm	*z* mm	b_1 mm	b_2 mm	*d* mm	*k* mm	*D* mm	*n*
64,0	74	30	16	18	165	125	180	4
64,0	74	30	16	18	185	145	180	4
76,1	80	30	16	18	185	145	180	4
88,9	82	32	18	20	200	160	180	8
108,0	92	32	18	20	200	160	180	8

Verschlusskappe *sealing cap*

d mm	*l* mm
15	26
18	26
22	27
28	28
35	31
42	41
54	44

Dichtungen (AFM) für Flansch PN 16 *seals*

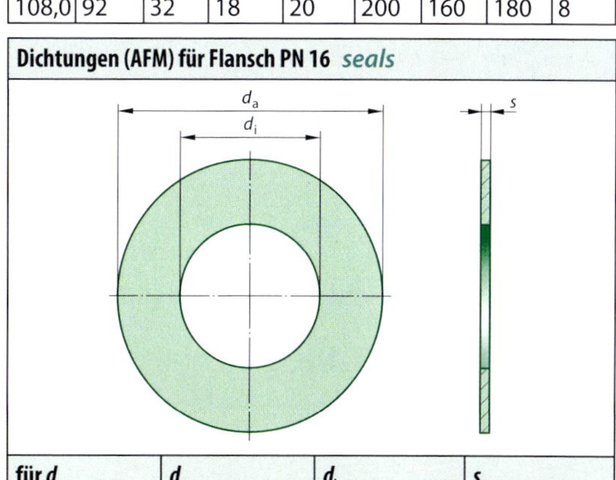

für *d* mm	d_a mm	d_i mm	*s* mm
15	40	14	3
18	45	17	3
22	58	21	3
28	68	27	3
35	78	35	3
42	88	41	3
54	102	53	3

5.1.4.3 Fittings für Schneidringverschraubungen

DIN 2353 : 2013–01 (Herstellerangaben)

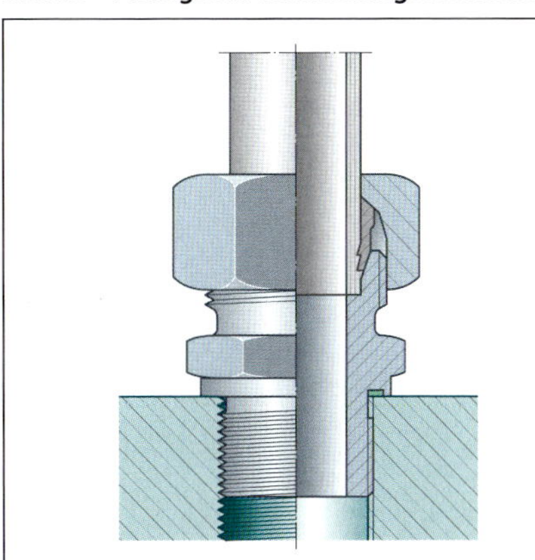

Werkstoffe

X6CrNiMoTi17-12-2
Für erhöhte Beständigkeit gegen Korrosion und Lochfraß.

Einsatzgebiete: Apparate und Bauteile der chemischen Industrie, Textilindustrie, Zelluloseherstellung, Färbereien, sowie in der Foto-, Farben-, Kunstharz- und Gummiindustrie.

Reihe	Rohr A-Ø	PN (max.)
L (leicht)	6 – 18	315 bar
	22 – 42	160 bar
S (schwer)	6 – 14	630 bar
	16 – 25	400 bar
	30 – 38	250 bar

5.1.4.3.1 Schneidringfittings (Herstellerangaben)

Gerade Verschraubung

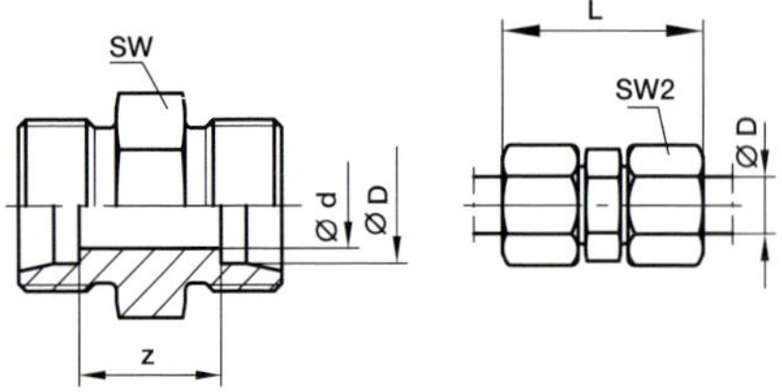

D mm	PN	d mm	L mm	z mm	SW mm	SW2 mm
6	350	4,0	39	10	12	14
8	315	6,0	40	11	14	17
10	315	8,0	42	13	17	19
12	315	10,0	49	14	19	22
15	315	12,0	46	16	24	27
18	315	15,0	48	16	27	32
22	160	19,0	52	20	32	36
28	160	24,0	54	21	41	41
35	160	30,0	63	20	46	50
42	160	36,0	66	21	55	60

Winkelverschraubung

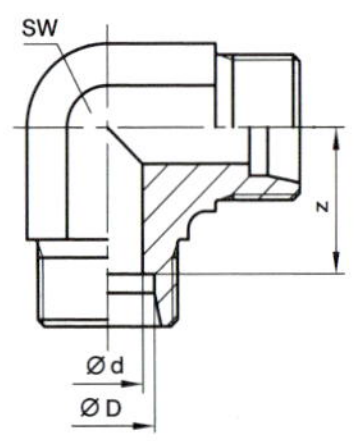

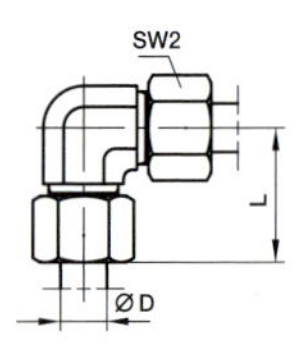

D mm	PN	d mm	L mm	z mm	SW mm	SW2 mm
6	315	4,0	27	12,0	12	14
8	315	6,0	29	14,0	14	17
10	315	8,0	30	15,0	17	19
12	315	10,0	32	17,0	19	22
15	315	12,0	36	21,1	19	27
18	315	15,0	40	23,5	24	32
22	160	19,0	44	27,5	27	36
28	160	24,0	47	30,5	36	41
35	160	30,0	56	34,5	41	50
42	160	36,0	63	40,0	50	60

Winkeleinschraub-Verschraubung (Dichtkante Form B)

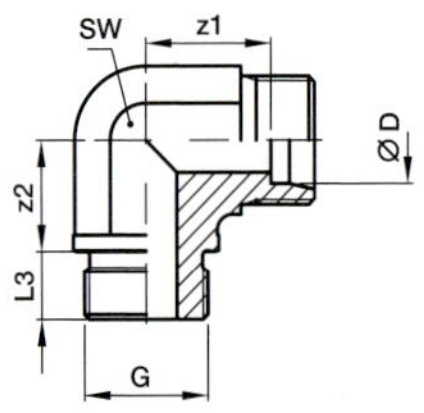

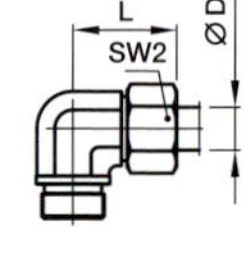

G inch	D mm	PN	L mm	z1 mm	L3 mm	z2 mm	SW mm	SW2 mm
¾″	22	160	44,0	27,5	16	26,0	27	36
¾″	28	160	48,5	31,0	16	43,5	36	41
1″	28	160	47,0	30,5	18	30,0	36	41
1 ¼	35	160	51,5	34,5	20	34,0	41	50
1 ¼	42	160	63,0	40,0	20	39,0	50	60
1 ½	35	160	50,5	40,0	22	39,0	50	50
1 ½	42	160	63,0	40,0	22	39,0	50	60
¾″	20	400	48,0	26,5	16	26,0	27	36
¾″	25	400	54,0	30,0	16	32,5	35	40
1″	25	400	54,0	30,0	18	30,0	36	46
1″	30	400	65,0	37,0	18	40,0	41	50
1 ¼	30	400	62,0	35,5	20	34,0	41	50
1 ½	38	250	72,0	41,0	22	39,0	50	60

Einstellbare Winkelverschraubung mit Schaft

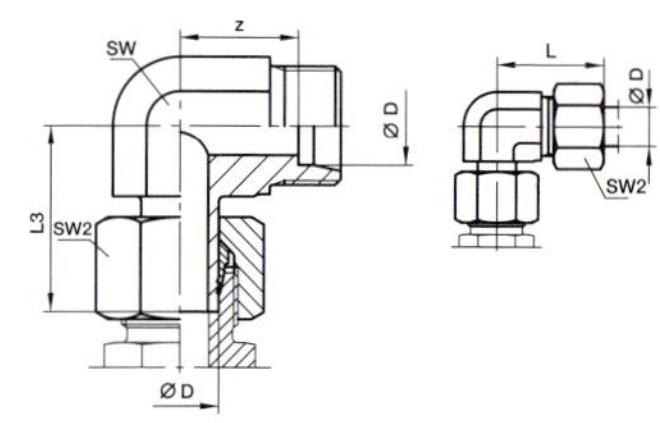

D mm	PN	L mm	z mm	L3 mm	SW mm	SW2 mm
6	315	27,0	12,0	28,0	12	14
8	315	29,0	14,0	27,5	12	17
10	315	30,0	15,0	28,0	14	19
12	315	32,0	17,0	31,5	17	22
15	315	36,0	21,1	36,0	19	27
18	315	40,0	23,5	38,0	24	32
22	160	46,0	27,5	47,0	27	36
28	160	48,0	30,5	50,5	36	41
35	160	56,0	34,5	57,0	41	50
42	160	63,0	40,0	63,5	50	60

Einstellbare Winkelverschraubung mit Einschraubgewinde

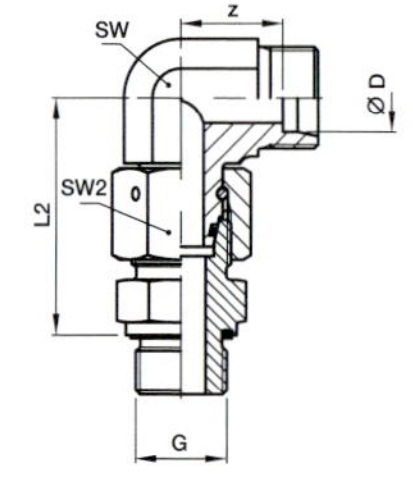

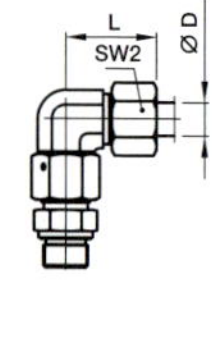

D mm	G inch	PN	L mm	z mm	L2 mm	SW mm	SW2 mm
6	⅛″	315			12,0	12	14
28	1″	160	47,0	31,0	44,0	36	41
42	1 ½	160	63,0	40,0	75,5	50	60

T – Verschraubung

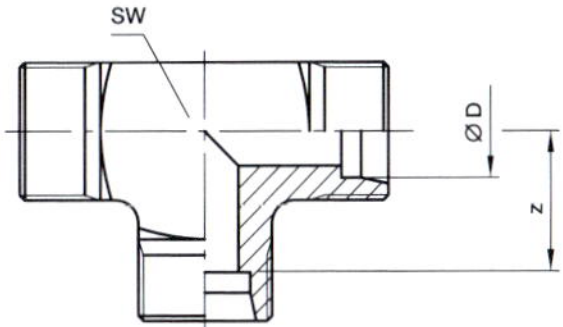

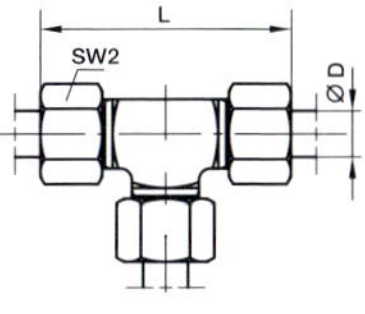

D mm	PN	d mm	L mm	z mm	SW mm	SW2 mm
6	315	4,0	54	12,0	12	14
8	315	6,0	58	14,0	14	19
10	315	8,0	60	15,0	14	19
12	315	10,0	64	17,0	17	22
15	315	12,0	72	21,0	19	27
18	315	15,0	80	23,5	24	32
22	160	19,0	88	27,5	27	26
28	160	24,0	94	30,5	36	41
35	160	30,0	112	34,5	41	50
42	160	36,0	126	40,0	50	60

T – Reduzierverschraubung

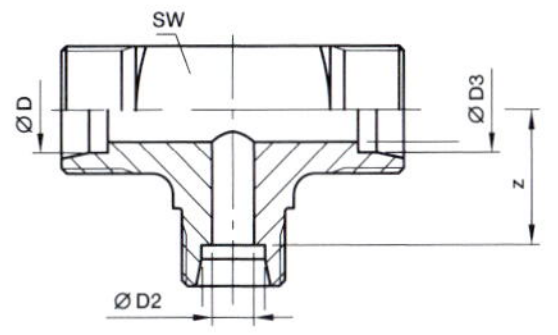

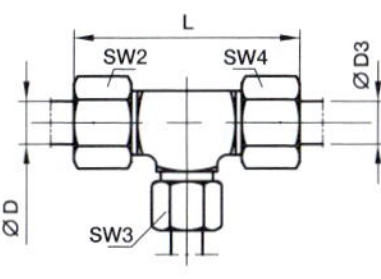

D mm	D2 mm	D3 mm	L mm	z mm	SW mm	SW2 mm	SW3 mm	SW4 mm
6	10	6	85	15,0	14	14	19	14
8	6	8	85	15,5	12	17	14	17
8	8	12	65	18,5	17	17	17	22
8	12	8	63	17,5	17	17	22	17
10	6	6	62	14,5	14	19	14	14
10	6	10	59	15,5	14	19	14	19
10	8	10	60	15,5	14	19	17	19
10	15	10	71	21,0	19	19	27	19
12	6	12	64	17,5	17	22	14	22
12	8	12	64	18,0	17	22	17	22
12	10	10	64	18,0	17	22	19	19
12	10	12	64	17,5	17	22	19	22
12	12	8	65	17,5	17	22	22	17
12	12	10	64	16,5	17	22	22	19
15	10	10	71	21,5	19	27	19	19
15	10	15	72	21,5	19	27	19	27
15	12	12	73	21,5	19	27	22	22
15	12	15	72	21,0	19	27	22	27
15	15	10	72	21,0	19	27	27	19
18	10	18	81	26,0	24	32	19	32
18	12	18	81	25,5	24	32	22	32
18	15	18	80	23,5	24	32	27	32
18	18	10	79	23,5	24	32	32	19
18	18	12	77	23,5	24	32	32	22
18	22	18	88	27,0	27	32	36	32
22	12	22	89	28,0	27	36	22	36
22	15	15	87	26,5	27	36	27	27
22	15	22	89	28,0	27	36	27	36
22	18	18	89	28,0	27	36	32	32

T – Reduzierverschraubung (Fortsetzung)

D mm	D2 mm	D3 mm	L mm	z mm	SW mm	SW2 mm	SW3 mm	SW4 mm
22	18	22	88	27,5	27	36	32	36
22	22	15	90	28,0	27	36	36	27
22	22	18	90	28,0	27	36	36	32
28	18	28	95	30,5	36	36	32	41
28	22	22	95	31,0	36	36	36	36
28	22	28	94	27,5	36	36	36	41
28	28	22	94	30,5	36	36	41	36
28	35	28	107	36,0	41	41	50	41
35	28	28	108	36,5	41	50	41	41
35	28	35	110	32,5	41	50	41	50

T – Einschraubverschraubung (Dichtkante Form B)

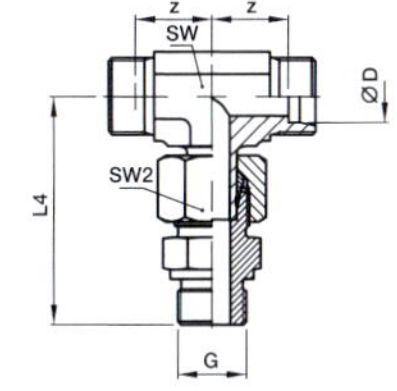

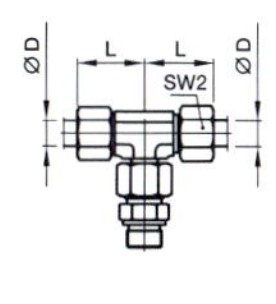

G inch	GD mm	PN	L mm	z mm	L4 mm	SW mm	SW2 mm
¾″	22	160	44,0	27,5	42,0	27	36
1″	28	160	47,0	30,5	48,0	36	41
1 ¼″	35	160	51,5	34,5	54,0	41	50
1 ½″	42	160	63,0	40,0	61,0	50	60

T – Einschraubverschraubung (Kegelgewinde)

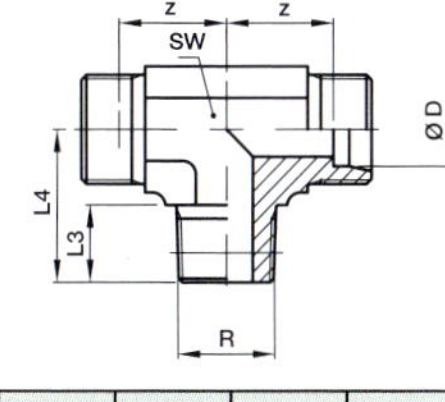

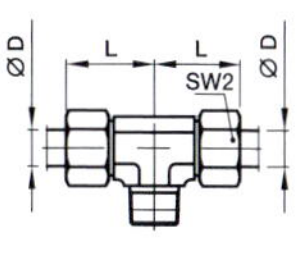

R inch	D mm	PN	L mm	z mm	L3 mm	L4 mm	SW mm	SW2 mm
⅛″	6	315	27,0	12,0	8,0	20,0	12	14
¼″	6	315	27,0	12,0	12,0	26,5	12	14
¼″	8	315	29,0	14,0	12,0	26,0	12	17
¼″	10	315	30,0	15,0	12,0	27,0	14	19
¼″	12	315	32,0	17,0	12,0	27,0	19	22
¼″	18	315	40,0	23,5	12,0	30,0	24	32
⅜″	8	315	30,0	15,0	12,0	28,0	19	17
⅜″	10	315	30,0	15,0	12,0	27,0	14	19
⅜″	12	315	32,0	17,0	12,0	28,0	17	22
⅜″	15	315	36,0	21,0	12,0	28,0	19	27
⅜″	18	315	40,0	23,5	12,0	30,0	24	32
½″	8	315	36,0	21,0	14,0	32,0	17	17
½″	10	315	41,0	27,0	14,0	32,0	24	19
½″	12	315	36,0	21,0	14,0	34,0	19	22
½″	15	315	36,0	21,0	14,0	34,0	19	27
½″	18	315	40,0	23,5	14,0	36,0	24	32

L – Einschraubverschraubung (Dichtkante Form B)

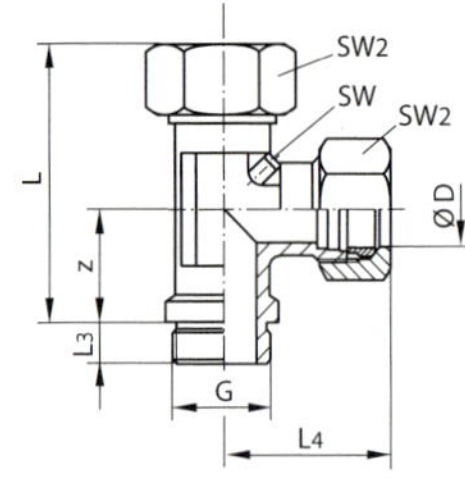

G inch	GD mm	PN	L mm	z mm	L3 mm	SW mm	SW2 mm
¾″	22	160	53,5	26,0	44,0	27	36
1″	28	160	60,5	30,0	47,0	36	41
1 ¼″	35	160	68,5	34,0	51,5	41	50
1 ½″	42	160	79,0	39,0	63,0	50	60

Einstellbare T – Verschraubung mit Schaft

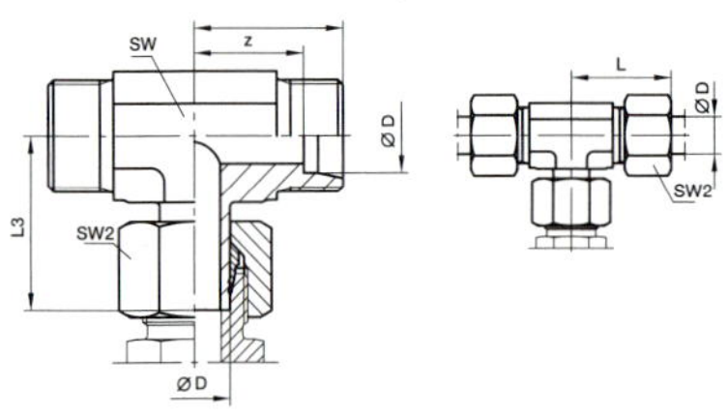

D mm	PN	L mm	z mm	L3 mm	SW mm	SW2 mm
6	315	27,0	12,0	26,0	12	14
8	315	29,0	14,0	28,0	12	17
10	315	30,0	15,0	29,0	14	19
12	315	32,0	17,0	32,0	17	22
15	315	36,0	21,0	35,0	19	27
18	315	40,0	23,5	37,5	24	32
22	160	44,0	27,5	43,0	27	36
28	160	47,0	30,5	43,5	36	41
35	160	56,0	34,5	56,5	41	50
42	160	63,0	40,0	59,0	50	60

Kreuzverschraubung

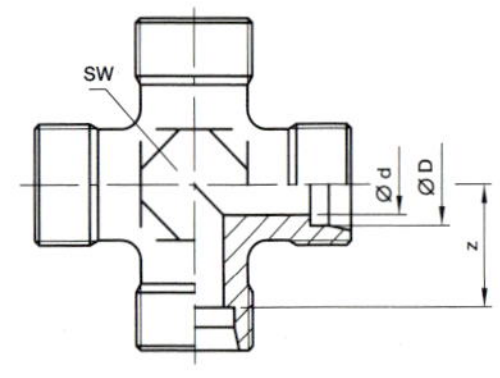

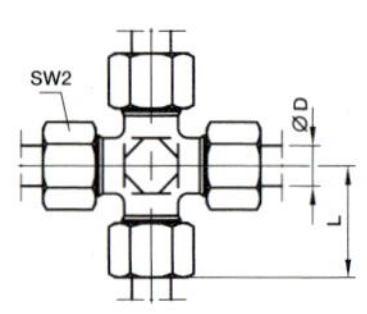

D mm	PN	d mm	L mm	z mm	SW mm	SW2 mm
6	315	4,0	27	12,0	12	14
8	315	6,0	29	14,0	12	17
10	315	8,0	30	15,0	14	19
12	315	10,0	32	17,0	17	22
15	315	12,0	36	21,0	19	27
18	315	15,0	40	23,5	24	32
22	160	19,0	44	27,5	27	36

Kreuzverschraubung (Fortsetzung)

D mm	PN	d mm	L mm	z mm	SW mm	SW2 mm
28	160	24,0	47	30,5	36	41
35	160	30,0	56	34,5	41	50
42	160	36,0	63	40,0	50	60

Manometerverschraubung

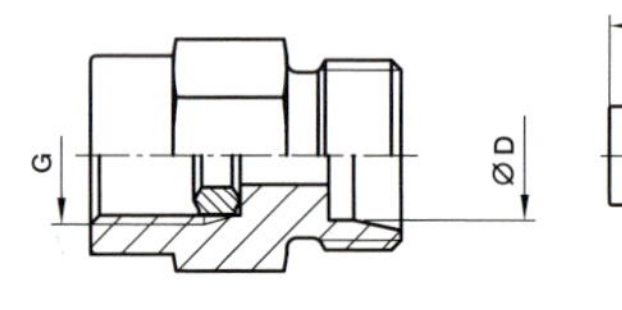

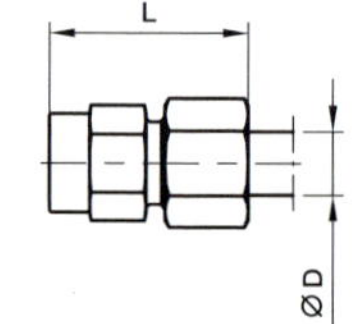

Gew. mm	G inch	D mm	PN mm	L mm
G	¼″	8	315	37
G	¼″	10	315	38
G	¼″	12	315	47
G	½″	6	315	45
G	½″	10	315	46
G	½″	12	315	47

Überwurfmutter für Schneidring

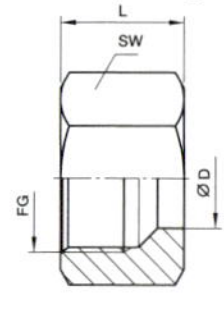

FG mm	D mm	PN	L mm	SW mm
M 12 × 1,5	6	315	15,3	14
M 14 × 1,5	8	315	15,3	17
M 16 × 1,5	10	315	16,0	19
M 18 × 1,5	12	315	16,0	22
M 22 × 1,5	15	315	17,5	27
M 26 × 1,5	18	315	18,5	32
M 30 × 2	22	160	20,0	36
M 36 × 2	28	160	21,0	41
M 45 × 1,5	35	160	24,0	50
M 52 × 2	42	160	24,0	60

2 – Kanten Schneidring

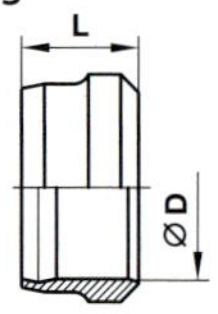

D mm	PN	L mm
15	315	10,2
18	315	10,2
22	160	11,5
28	160	11,0
35	160	13,5
42	160	13,5

Verschlussstopfen mit Innensechskant (metrisches Gewinde)

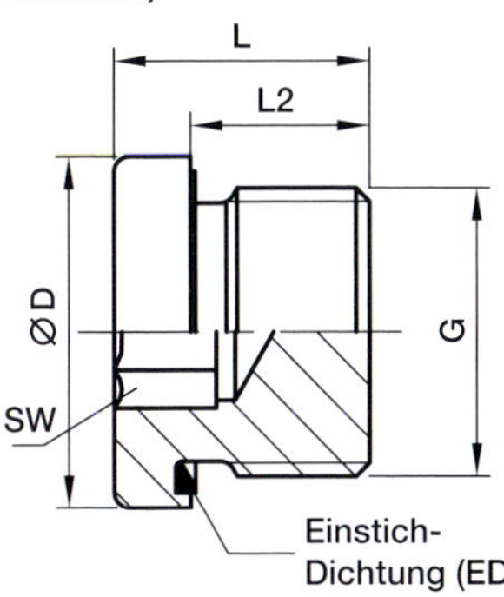

FG mm	D mm	L mm	L2 mm	SW mm	ED mm
M 10 × 1	14	12,0	8	5	Viton
M 12 × 1,5	17	14,0	12	6	Viton
M 14 × 1,5	19	17,0	12	6	Viton
M 16 × 1,5	22	17,0	12	8	Viton
M 18 × 1,5	24	17,0	12	8	Viton
M 20 × 1,5	26	13,5	10	10	Viton
M 22 × 1,5	27	19,0	14	10	Viton
M 26 × 1,5	32	21,0	16	12	Viton
M 27 × 2	32	21,0	16	12	Viton
M 33 × 2	40	23,0	16	17	Viton
M 42 × 2	50	23,0	16	22	Viton
M 48 × 2	55	23,0	16	24	Viton

5.1.4.3.2 Standardrohrschellen für Schneidringverbindungen (Herstellerangaben)

DIN 3015-1: 1999-01

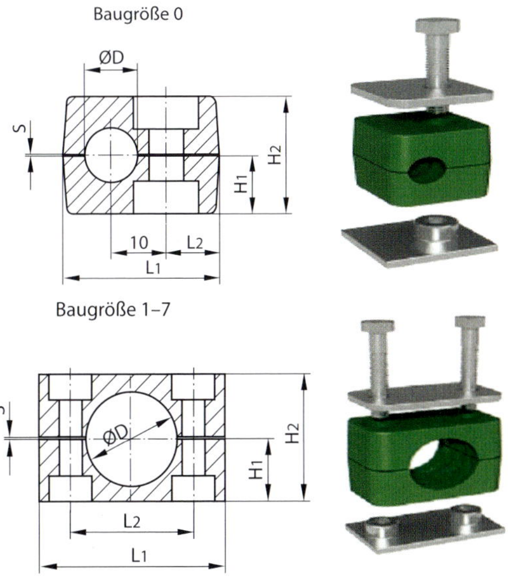

Anschweißplatten

Baugröße 0

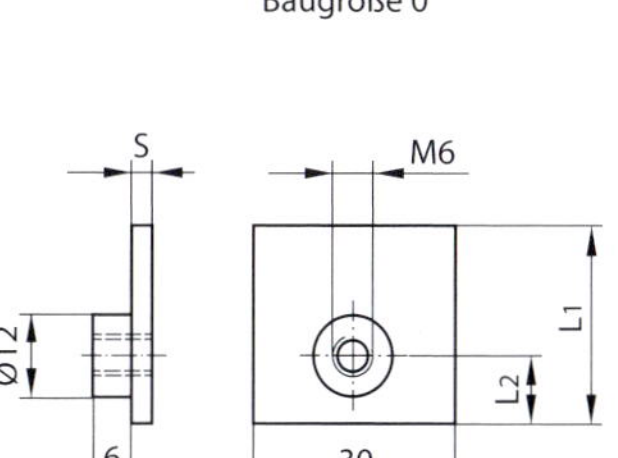

Baugröße 1–7

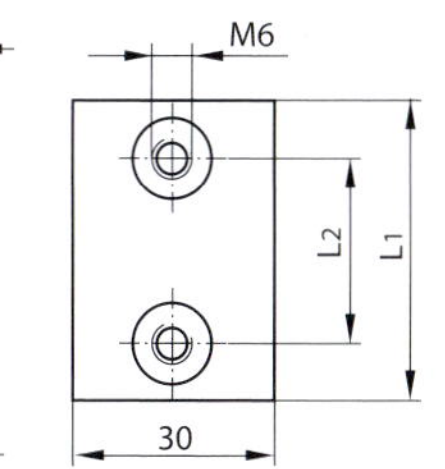

Baugröße	Rohr Ø mm	L1 mm	L2 mm	H1 mm	H2 mm	S mm
0	6/6,4/8/9,5/10/12	31,5	9,5	16,5	37	0,4
1	6/6,4/8/9,5/10/12	36	20	16,5	37	0,4
2	12,7/13,5/14/15/16/17,2/18	42	26	19,5	43	0,6
3	19/20/21,3/22/23/25/25,4	50	33	21	46	0,6
4	26,9/28/30	60	40	24	52	0,6
5	32/33,7/35/38/40/42	71	52	32	68	0,8
6	44,5/48,3/50,8	88	66	36	76	0,8
7	57,2/60,3/63,5/70/73	122	94	51,5	107	0,8

Baugröße	Rohr Ø mm	L1 mm	L2 mm	S mm
0	6/6,4/8/9,5/10/12	31,5	9,5	0,4
1	6/6,4/8/9,5/10/12	36	20	0,4
2	12,7/13,5/14/15/16/17,2/18	42	26	0,6
3	19/20/21,3/22/23/25/25,4	50	33	0,6
4	26,9/28/30	60	40	0,6
5	32/33,7/35/38/40/42	71	52	0,8
6	44,5/48,3/50,8	88	66	0,8
7	57,2/60,3/63,5/70/73	122	94	0,8

Deckplatten

Baugröße 0

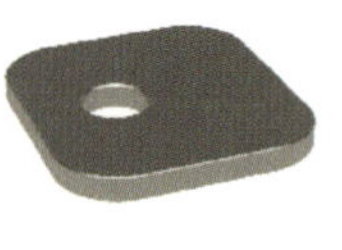

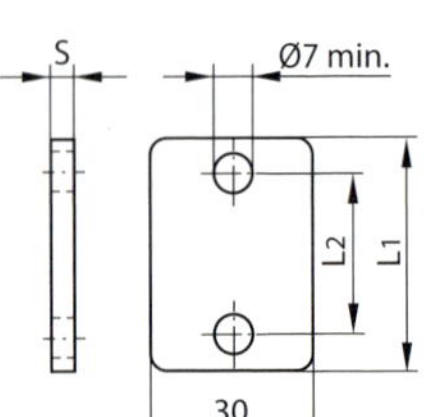

Baugröße 1–7

Baugröße	Rohr Ø mm	L1 mm	L2 mm	S mm
0	6/6,4/8/9,5/10/12	28	9,5	3
1	6/6,4/8/9,5/10/12	34	20	3
2	12,7/13,5/14/15/16/17,2/18	40	26	3
3	19/20/21,3/22/23/25/25,4	48	33	3
4	26,9/28/30	57	40	3
5	32/33,7/35/38/40/42	70	52	3
6	44,5/48,3/50,8	86	66	3
7	57,2/60,3/63,5/70/73	118	94	5

Sechskantschrauben für Standardrohrschellen

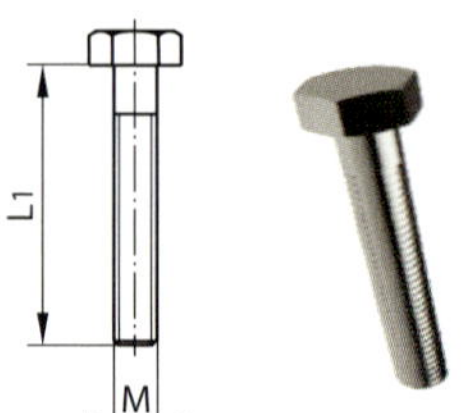

Baugröße	Rohr Ø mm	MxL1 mm
0	6/6,4/8/9,5/10/12	M6 × 20
1	6/6,4/8/9,5/10/12	M6 × 20
2	12,7/13,5/14/15/16/17,2/18	M6 × 25
3	19/20/21,3/22/23/25/25,4	M6 × 30
4	26,9/28/30	M6 × 35
5	32/33,7/35/38/40/42	M6 × 50
6	44,5/48,3/50,8	M6 × 60
7	57,2/60,3/63,5/70/73	M6 × 80

5.1.4.3.3 Standarddoppelrohrschellen für Schneidringverbindungen (Herstellerangaben) DIN 3015-3: 1999-01

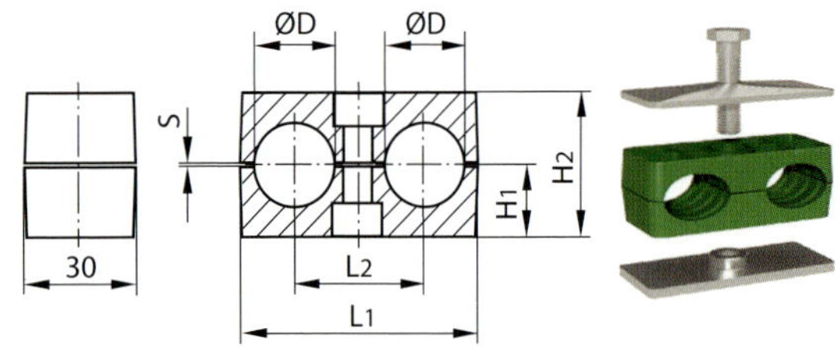

Baugröße	Rohr Ø mm	L1 mm	L2 mm	H1 mm	H2 mm	S mm
1	6/6,4/8/9,5/10/12	37	20	16,5	41	0,6
2	12,7/13,5/14/15/16/17,2/18	55	29	18,5	44,5	0,7
3	19/20/21,3/22/23/25/25,4	70	36	23,5	54,5	0,7
4	26,9/28/30	85	45	25,5	58,5	0,7
5	32/33,7/35/38/40/42	110	56	32	71,5	0,7

Anschweißplatten für Doppelrohrschellen

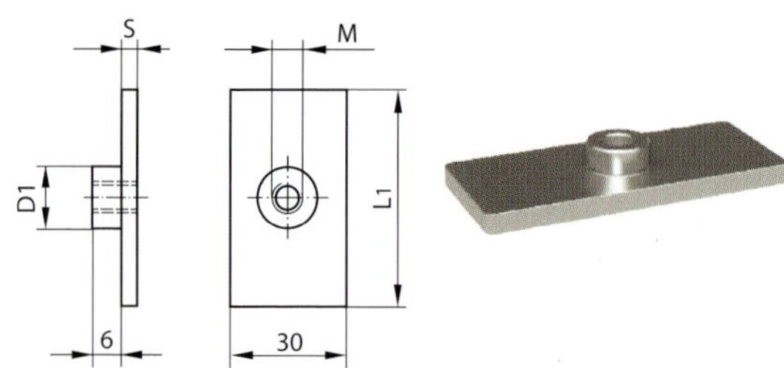

Baugröße	Rohr Ø mm	L1 mm	D1 mm	S mm	M mm
1	6/6,4/8/9,5/10/12	37	12	3	M6
2	12,7/13,5/14/15/16/17,2/18	55	14	5	M8
3	19/20/21,3/22/23/25/25,4	70	14	5	M8
4	26,9/28/30	85	14	5	M8
5	32/33,7/35/38/40/42	110	14	3	M8

Deckplatten für Doppelrohrschellen

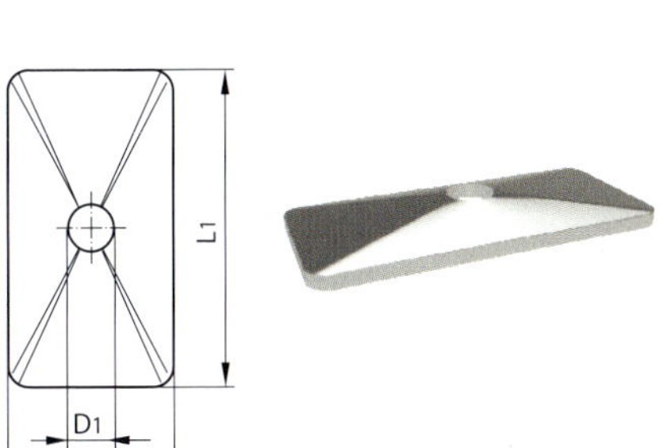

Baugröße	Rohr Ø mm	L1 mm	D1 mm
1	6/6,4/8/9,5/10/12	34	7
2	12,7/13,5/14/15/16/17,2/18	52	9
3	19/20/21,3/22/23/25/25,4	65	9
4	26,9/28/30	79	9
5	32/33,7/35/38/40/42	102	9

Sechskantschrauben für Standarddoppelrohrschellen

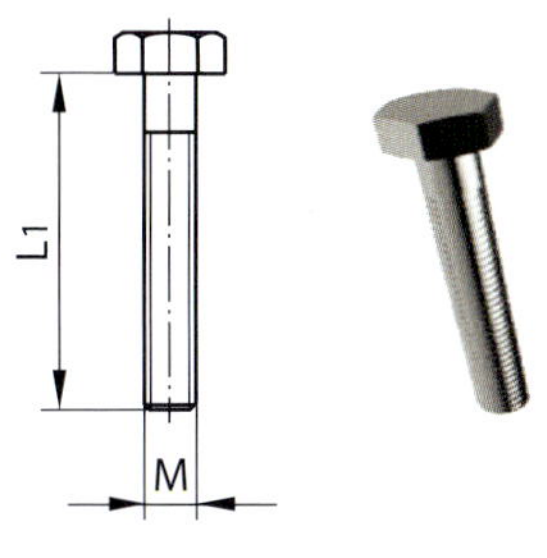

Baugröße	Rohr Ø mm	MxL1 mm
1	6/6,4/8/9,5/10/12	M6 × 35
2	12,7/13,5/14/15/16/17,2/18	M8 × 25
3	19/20/21,3/22/23/25/25,4	M8 × 45
4	26,9/28/30	M8 × 50
5	32/33,7/35/38/40/42	M8 × 60

5.1.5 Stahlflansche und Dichtungen

5.1.5.1 Flanschausführungen – Übersicht

Flanschausführungen-Übersicht DIN EN 1092-1 : 2018-12

Flanschausführung/Bund- oder Bördeltyp	DN mm	PN	Typ/Bild mm	Flanschausführung/ Bund- oder Bördeltyp	DN mm	PN	Typ/Bild mm
glatter Flansch zum Schweißen	10 … 2000	2,5 … 100	Typ 01	Gewindeflansch glatt/oval oval/mit Ansatz	10 … 100	6 … 16	ohne Ansatz / mit Ansatz
loser Flansch für glatten Bund Ausf.-Typ 32	10 … 600	6 … 40	Typ 02 (Typ 32)	Vorschweißflansch	10 … 1000	2,5 … 25	Typ 11
loser Flansch für gebördeltes Rohrende Ausf.-Typ 33	10 … 600	2,5 … 16	Typ 02 (Typ 33)	Überschiebeschweißflansch mit Ansatz	10 … 350	6 … 100	Typ 12
loser Flansch für Vorschweißbund Ausf.-Typ 34	10 … 600	10 … 40	Typ 04 (Typ 34)	Gewindeflansch mit Ansatz	10 … 350	6 … 100	Typ 13
Blindflansch	10 … 350	2,5 … 100	Typ 05	Integralflansch	10 … 350	2,5 … 100	Typ 21

5.1.5.2 Glatter Flansch (Typ 01)

DIN 3015-3: 1999-01

Glatte Flansch (Typ 01)

Werkstoffe: z.B.: P245GH, 13CrMo4-5, X5CrNi18-10 nach DIN EN 1092-1, EN 10222

Dichtungen: nach DIN EN 1514-1

Druck: $p_s \leq$ PN einsetzbar von – 10°C … 50°C, ansonsten Druck/Temperaturzuordnung nach EN 1092-1

Flanschmaße:

D: Außendurchmesser in mm
d_1: Innendurchmesser in mm
K: Lochkreisdurchmesser in mm
L: Lochdurchmesser in mm
b: Flanschdicke in mm

Bezeichnungsbeispiel:
Bezeichnung eines Glatten Flansches nach DIN EN 1092-1, Nennweite DN 600, mit Innendurchmesser 616,5 mm, PN 16, aus dem Werkstoff P265GH

Flansch EN 1092-1 / 01 / DN 600 / 616,5 / PN 16 / P265GH

Glatte Flansche aus Stahl (Typ 01) PN 6 (Auszug)

Rohr-Anschluss		Flansch			Schrauben			Masse
DN	d1 mm	D mm	b mm	K mm	Anzahl	Gewinde mm	L mm	(7,85 kg/dm³) kg
10	18,0	75	12	50	4	M10	11	0,50
15	22,0	80	12	55	4	M10	11	0,50
20	27,5	90	14	65	4	M10	11	0,50
25	34,5	100	14	75	4	M10	11	0,50
32	43,5	120	16	90	4	M12	14	1,00
40	49,5	130	16	100	4	M12	14	1,50
50	61,5	140	16	110	4	M12	14	1,50
65	77,5	160	16	130	4	M12	14	2,00
80	90,5	190	18	150	4	M16	18	3,00
100	116,0	210	18	170	4	M16	18	3,50
125	141,5	240	20	200	8	M16	18	4,50
150	170,5	265	20	225	8	M16	18	5,00
200	221,5	320	22	280	8	M16	18	7,00
250	276,5	375	24	335	12	M16	18	9,00
300	327,5	440	24	395	12	M20	22	12,00
350	359,5	490	26	445	12	M20	22	17,00
400	411,0	540	28	495	16	M20	22	20,00
450	462,0	595	30	550	16	M20	22	24,50
500	513,5	645	30	600	20	M20	22	26,50
600	616,5	755	32	705	20	M24	26	35,00

Glatte Flansche aus Stahl (Typ 01) PN 16 (Auszug)

Rohr-Anschluss		Flansch			Schrauben			Masse
DN	d1 mm	D mm	b mm	K mm	Anzahl	Gewinde mm	L mm	(7,85 kg/dm³) kg
10	18,0	90	14	60	4	M12	14	0,50
15	22,0	95	14	65	4	M12	14	0,50
20	27,5	105	16	75	4	M12	14	1,00
25	34,5	115	16	85	4	M12	14	1,00
32	43,5	140	18	100	4	M16	18	2,00
40	49,5	150	18	110	4	M16	18	2,00
50	61,5	165	19	125	4	M16	18	2,60
65	77,5	185	20	145	8[a)]	M16	18	3,00
80	90,5	200	20	160	8	M16	18	3,50
100	116,0	220	22	180	8	M16	18	4,50
125	141,5	250	22	210	8	M16	18	5,50
150	170,5	285	24	240	8	M20	22	7,00
200	221,5	340	26	295	12	M20	22	9,50
250	276,5	405	29	355	12	M24	26	14,00
300	327,5	460	32	410	12	M24	26	19,00
350	359,0	520	35	470	16	M24	26	28,00
400	411,0	580	38	525	16	M27	30	36,00
450	462,0	640	42	585	20	M27	30	46,00
500	513,5	715	46	650	20	M30	33	64,00
600	616,5	840	52	770	20	M33	36	96,00

[a] Nach EN 1092-2 Gusseisenflansche und EN 1092-3 (Flansche aus Kupferlegierungen) dürfen Flansche mit diesem PN und DN mit 4 Löchern geliefert werden. Sind Stahlflansche mit 4 Löchern erforderlich, dürfen diese nach Absprache zwischen Hersteller und Besteller geliefert werden.

5.1.5.3 Blindflansch (Typ 05)

DIN EN 1092-1: 2013-04

Blindflansch (Typ 05)

ØL
ØGmax.
b
ØK
ØD

Werkstoffe: z.B.: P245GH, 13CrMo4-5, X5CrNi18-10 nach DIN EN 1092-1, EN 10222

Dichtungen: nach DIN EN 1514-1

Druck: $p_s \leq$ PN einsetzbar von – 10°C … 50°C, ansonsten Druck/Temperaturzuordnung nach EN 1092-1

Flanschmaße:

D: Außendurchmesser in mm
K: Lochkreisdurchmesser in mm
L: Lochdurchmesser in mm
b: Flanschdicke in mm
G_{max}: Wölbung in mm

Bezeichnungsbeispiel:

Bezeichnung eines Blindflansches nach DIN EN 1092-1, Flanschtyp 05, Nennweite DN 400, Flanschdicke 22 mm, Druckstufe PN 6 aus dem Werkstoff mit dem Kurznamen 13CrMo4-5

Flansch EN 1092-1 / 05 / DN 400 x 22 / PN 6 / 13CrMo4-5

Blindflansche aus Stahl (Typ 05) PN 6 (Auszug)

Rohr-Anschluss	Flansch				Schrauben			Masse
DN	D mm	b mm	K mm	$G_{max.}$ mm	Anzahl	Gewinde mm	L mm	(7,85 kg/dm³) kg
10	75	12	50	–	4	M10	11	0,50
15	80	12	55	–	4	M10	11	0,50
20	90	14	65	–	4	M10	11	0,50
25	100	14	75	–	4	M10	11	1,00
32	120	14	90	–	4	M12	14	1,00
40	130	14	100	–	4	M12	14	1,00
50	140	14	110	–	4	M12	14	1,50
65	160	14	130	55	4	M12	14	2,00
80	190	16	150	70	4	M16	18	3,50
100	210	16	170	90	4	M16	18	4,00
125	240	18	200	115	8	M16	18	6,00
150	265	18	225	140	8	M16	18	7,50
200	320	20	280	190	8	M16	18	12,50
250	375	22	335	235	12	M16	18	18,50
300	440	22	395	285	12	M20	22	25,50
350	490	22	445	330	12	M20	22	32,00
400	540	22	495	380	16	M20	22	38,50
450	595	24	550	425	16	M20	22	51,00
500	645	24	600	475	20	M20	22	60,00
600	755	30	705	575	20	M24	26	103,00
700	860	40	810	670	24	M24	26	178,50
800	975	44	920	770	24	M27	30	252,00
900	1075	48	1020	860	24	M27	30	335,50
1000	1175	52	1120	960	28	M27	30	434,50
1200	1405	60	1340	1160	32	M30	33	717,50
1400	1630	68	1560	1346	36	M33	36	1094,50
1600	1830	76	1760	1546	40	M33	36	1545,00
1800	2045	84	1970	1746	44	M36	39	2131,00
2000	2265	92	2180	1950	48	M39	42	2862,00

Anmerkung: Das Maß G_{max} (Durchmesser der Wölbung) muss den angegebenen Werten nicht entsprechen, nur ein Höchstwert ist angegeben. Der Mittelteil der Dichtfläche eines Flansches Typ 05 muss nicht bearbeitet werden, vorausgesetzt, der Durchmesser des unbearbeiteten Abschnittes ist nicht größer als der empfohlene Durchmesser G_{max}.

Blindflansche aus Stahl (Typ 05) PN 16 (Auszug)

Rohr-Anschluss	Flansch				Schrauben			Masse
DN	D mm	b mm	K mm	$G_{max.}$ mm	Anzahl	Gewinde mm	L mm	(7,85 kg/dm³) kg
10	90	16	60	–	4	M12	14	1,00
15	95	16	65	–	4	M12	14	1,00
20	105	18	75	–	4	M12	14	1.00
25	115	18	85	–	4	M12	14	1,50
32	140	18	100	–	4	M16	18	2,00
40	150	18	110	–	4	M16	18	2,50
50	165	18	125	–	4	M16	18	2,90
65	185	18	145	55	8[a)]	M16	18	3,50
80	200	20	160	70	8	M16	18	4,50
100	220	20	180	90	8	M16	18	5,50
125	250	22	210	115	8	M16	18	8,00
150	285	22	240	140	8	M20	22	10,50
200	340	24	295	190	12	M20	22	16,50
250	405	26	355	235	12	M24	26	25,00
300	460	28	410	285	12	M24	26	35,00
350	520	30	470	330	16	M24	26	48,00
400	580	32	525	380	16	M27	30	63,50
450	640	40	585	425	20	M27	30	96,50
500	715	44	650	475	20	M30	33	133,00
600	840	54	770	575	20	M33	36	226,50
700	910	48	840	670	24	M33	36	236,00
800	1025	52	950	770	24	M36	39	325,00
900	1125	58	1050	860	28	M36	39	437,50
1000	1255	64	1170	960	28	M39	42	602,00
1200	1485	76	1390	1160	32	M45	48	999,00

[a] Nach EN 1092-2 Gusseisenflansche und EN 1092-3 (Flansche aus Kupferlegierungen) dürfen Flansche mit diesem PN und DN mit 4 Löchern geliefert werden. Sind Stahlflansche mit 4 Löchern erforderlich, dürfen diese nach Absprache zwischen Hersteller und Besteller geliefert werden.

Anmerkung: Das Maß G_{max} (Durchmesser der Wölbung) muss den angegebenen Werten nicht entsprechen, nur ein Höchstwert ist angegeben. Der Mittelteil der Dichtfläche eines Flansches Typ 05 muss nicht bearbeitet werden, vorausgesetzt, der Durchmesser des unbearbeiteten Abschnittes ist nicht größer als der empfohlene Durchmesser G_{max}.

5.1.5.4 Vorschweißflansch (Typ 11)

welding neck flanges

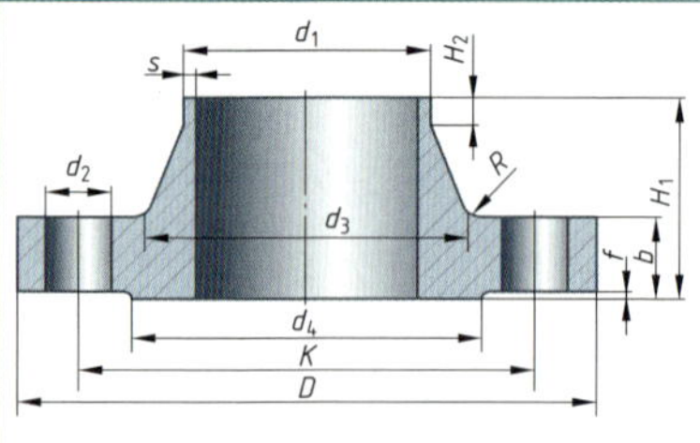

Dichtung Form IBC

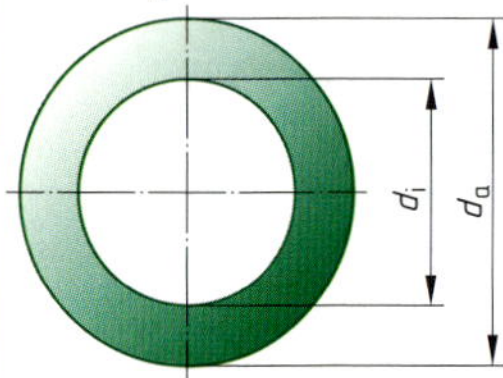

Werkstoffe: z. B.: S235JR, C21, P245GH, X2CrNi18-9 und andere nach DIN EN 1092- 1

Dichtungen:
- Auswahl und Maßangaben siehe Seite 257 ff.
- Dichtflächenform siehe Seite 256

Druck: p_s (zul. Druck) ≤ PN, Flansche einsetzbar von −10 °C … 50 °C, ansonsten Druck/Temperaturzuordnung nach DIN EN 1092-1 einhalten.

Flanschmaße in mm:

A: Lichte Querschnittsfläche siehe S. 224 ff.
D: Außen-Ø in mm
K: Lochkreis-Ø in mm
d_4: Dichtleisten-Ø in mm
d_2: Loch-Ø in mm
H_1: Flanschhöhe in mm
n: Schraubenanzahl
d_1: Rohranschluss-Ø in mm
s: Wanddicke in mm
b: Flanschdicke in mm
Stahlrohre siehe S. 224

Bezeichnungsbeispiel:

Bezeichnung eines Vorschweißflansches, Flanschtyp 11, mit der Dichtleistenform B1, der Nennweite DN 32, für einen
Rohranschlussdurchmesser von 42,4 mm und einer Druckstufe von PN16 aus dem Werkstoff P245GH

Benennung /Dichtleistenform/Nennweite × d_1[1)]/Druckstufe/Werkstoff[2)]
Flansch EN 1092-1 /11/ B1 /DN 32 × 42,4 /PN 16 /P245GH

[1)] Wenn erforderlich die Wärmebehandlung und Werkstoffbescheinigung angeben
[2)] Bei Verwendung von Rohren der Reihe 2 und 3 immer d_1 mit angeben

Vorschweißflansche (Typ11) mit Schraubenabmessungen nach DIN EN 1092-1 : 2018-12
Vorschweißflansche aus Stahl (Typ11) PN6 (Auszug)

DN	Anschlussmaße						s	R	d_3	b	H_1	f[2)]	d_4	H_2	Masse *m* in kg
	d_1 mm	D mm	K mm	d_2 mm	Schrauben[1)] Abmessung	Anzahl	mm	mm	mm	mm	mm	mm	mm	mm	
10	17,2	75	50	11	M10 × 40	4	2,0	4	26	12	28	2	35	6	0,353
15	21,3	80	55	11	M10 × 40	4	2,0	4	30	12	30	2	40	6	0,408
20	26,9	90	65	11	M10 × 40	4	2,3	4	38	14	32	2	50	6	0,621
25	33,7	100	75	11	M10 × 40	4	2,6	4	42	14	35	2	60	6	0,762
32	42,4	120	90	14	M12 × 45	4	2,6	6	55	14	35	2	70	6	1,11
40	48,3	130	100	14	M12 × 45	4	2,6	6	62	14	38	3	80	7	1,26
50	60,3	140	110	14	M12 × 45	4	2,9	6	74	14	38	3	90	8	1,43
65	76,1	160	130	14	M12 × 45	4	2,9	6	88	14	38	3	110	9	1,77
80	88,9	190	150	18	M16 × 55	4	3,2	8	102	16	42	3	128	10	2,88
100	114,3	210	170	18	M16 × 55	4	3,6	8	130	16	45	3	148	10	3,41
125	139,7	240	200	18	M16 × 60	8	4,0	8	155	18	48	3	178	10	4,65
150	168,3	265	225	18	M16 × 60	8	4,5	10	184	18	48	3	202	12	5,50
200	219,1	320	280	18	M16 × 60	8	6,3	10	236	20	55	3	258	15	8,60
250	273,0	375	335	18	M16 × 60	12	6,3	12	290	22	60	3	312	15	11,70
300	323,9	440	395	22	M20 × 65	12	7,1	12	342	22	62	4	365	15	15,30

[1)] Schraubenlänge liegt in Verbindung mit einer 2 mm dicken Dichtung vor
[2)] für Dichtleiste B1 u. B2

Vorschweißflansche aus Stahl (Typ11) PN16 (Auszug)

DN	Anschlussmaße														Masse m in kg
	d_1 mm	D mm	K mm	d_2 mm	Schrauben[2] Abmessung	Anzahl	s mm	R mm	d_3 mm	b mm	H_1 mm	f mm	d_4 mm	H_2 mm	
10	17,2	90	60	14	M12 × 45	4	2,0	4	28	16	35	2	40	6	0,678
15	21,3	95	65	14	M12 × 45	4	2,0	4	32	16	38	2	45	6	0,768
20	26,9	105	75	14	M12 × 50	4	2,3	4	40	18	40	2	58	6	1,09
25	33,7	115	85	14	M12 × 50	4	2,6	4	46	18	40	2	68	6	1,30
32	42,2	140	100	18	M16 × 55	4	2,6	6	56	18	42	2	78	6	1,91
40	48,3	150	110	18	M16 × 55	4	2,6	6	64	18	45	3	88	7	2,15
50	60,3	165	125	18	M16 × 60	4	2,9	6	74	18	45	3	102	8	2,53
65	76,1	185	145	18	M16 × 60	8[1]	2,9	6	92	18	45	3	122	10	3,03[3]
80	88,9	200	160	18	M16 × 60	8	3,2	6	105	20	50	3	138	10	3,92
100	114,3	220	180	18	M16 × 65	8	3,6	8	131	20	52	3	158	12	4,62
125	139,7	250	210	18	M16 × 70	8	4,0	8	156	22	55	3	188	12	6,30
150	168,3	285	240	22	M20 × 70	8	4,5	10	184	22	55	3	212	12	7,81
200	219,1	340	295	22	M20 × 80	12[4]	6,3	10	235[4]	24	62	3	268	16	11,50
250	273,0	405	355	26	M24 × 85	12	6,3	12	292	26	70	3	320	16	16,70
300	323,9	460	410	26	M24 × 90	12	7,1	12	344	28	78	4	378	16	22,10

[1] Nach Absprache mit Flanschhersteller auch mit 4 Löchern lieferbar
[2] Schraubenlänge liegt in Verbindung mit einer 2 mm dicken Dichtung vor
[3] Flansch mit 8 Löchern
[4] Abmessungen gelten auch für PN10 bis DN200 (Einschränkung bei DN200 und PN10: Schraubenanzahl = 8, d_3 = 234 mm)

5.1.5.5 Gewindeflansch (Typ 13)

DIN EN 1092-1 : 2018-12

Gewindeflansch (Typ 13)

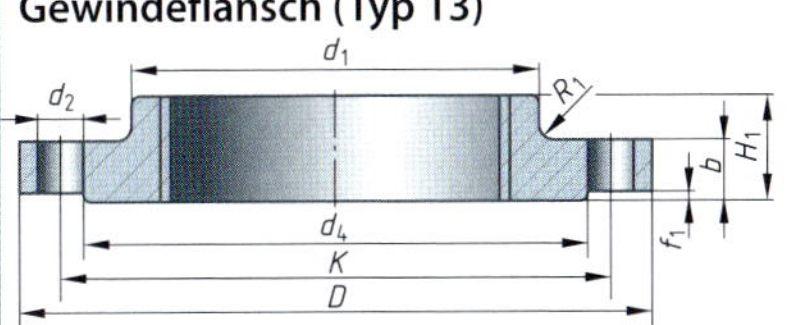

Werkstoffe: z. B.: P245GH, 13CrMo4-5, X5CrNi18-10 nach nach DIN EN 1092-1, EN 10222
Dichtungen: nach DIN EN 1514-1
Druck: $p_s \leq$ PN einsetzbar von −10 °C … 50 °C, ansonsten Druck/Temperaturzuordnung nach EN 1092-1

Flanschmaße:

R:	Gewindeanschlussmaß	in inch	H_1:	Flanschhöhe	in mm
D:	Außendurchmesser	in mm	d_4:	Dichtleistendurchmesser	in mm
K:	Lochkreisdurchmesser	in mm	f_1:	für Dichtleiste B1 und B2	in mm
d_2:	Lochdurchmesser	in mm	d_1:	Ansatzdurchmesser	in mm
b:	Flanschdicke	in mm	R_1:	Ansatzradius	in mm

Bezeichnungsbeispiel:
Bezeichnung eines Gewindeflansches nach DIN EN 1092-1, Flanschtyp 13, mit der Dichtleistenform B1, Nennweite DN 100, für einen Rohranschlussdurchmesser von 114,3 mm (R 4), Druckstufe PN 16 aus dem Werkstoff mit dem Kurznamen P245GH
Flansch EN 1092-1/13/B1/DN 100 3 20/PN 16/P245GH

Gewindeflansche aus Stahl (Typ 13) PN 6 (Auszug)													
Anschlussmaße					**Schrauben**		**Flansch**		**Dichtleiste**		**Ansatz**		**Masse**
DN	**R** inch	***D*** mm	***K*** mm	***d*₂** mm	**Anzahl**	**Größe** mm	***b*** mm	***H*₁** mm	***d*₄** mm	***f*₁** mm	***d*₁** mm	***R*₁** mm	**m** kg
10	R 3/8	75	50	11	4	M10	12	20	35	2	25	4	0,5
15	R 1/2	80	55	11	4	M10	12	20	40	2	30	4	0,5
20	R 3/4	90	65	11	4	M10	14	24	50	2	40	4	0,5
25	R 1	100	75	11	4	M10	14	24	60	2	50	4	1,0
32	R 1 1/4	120	90	14	4	M12	14	26	70	2	60	6	1,0
40	R 1 1/2	130	100	14	4	M12	14	26	80	2	70	6	1,5
50	R 2	140	110	14	4	M12	14	28	90	2	80	6	1,5
65	R 2 1/2	160	130	14	4	M12	14	32	110	2	100	6	2,0
80	R 3	190	150	18	4	M16	16	34	128	2	110	8	3,0
100	R 4	210	170	18	4	M16	16	40	148	2	130	8	3,0
125	R 5	240	200	18	8	M16	18	44	178	2	160	8	4,5
150	R 6	265	225	18	8	M16	18	44	202	2	185	10	5,0
Gewindeflansche aus Stahl (Typ 13) PN 16 (Auszug)													
10	R 3/8	90	60	14	4	M12	16	22	40	2	30	4	0,5
15	R 1/2	95	65	14	4	M12	16	22	45	2	35	4	0,5
20	R 3/4	105	75	14	4	M12	18	26	58	2	45	4	1,0
25	R 1	115	85	14	4	M12	18	28	68	2	52	4	1,0
32	R 1 1/4	140	100	18	4	M16	18	30	78	2	60	6	2,0
40	R 1 1/2	150	110	18	4	M16	18	32	88	2	70	6	2,0
50	R 2	165	125	18	4	M16	18	28	102	2	84	6	3,0
65	R 2 1/2	185	145	18	8	M16	18	32	122	2	104	6	3,0
80	R 3	200	160	18	8	M16	20	34	138	2	118	6	4,0
100	R 4	220	180	18	8	M16	20	40	158	2	140	8	4,5
125	R 5	250	210	18	8	M16	22	44	188	2	168	8	6,5
150	R 6	285	240	22	8	M20	22	44	212	2	195	10	7,5

5.1.5.6 Flanschwerkstoffe und Schrauben

DIN EN 1092-1 : 2018-12, DIN EN 1515-1 : 2000-01, -2 : 2002-03

Werkstoff-gruppe	**Werkstoff**	**Betriebstemperatur**	**Festigkeitsklasse[1]: Schraube, (Mutter)**		**Anziehmomente in Nm[2], Festigkeitsklassen (FK) Schraubenauswahl**			
1E0	C21	−10 °C … 100 °C	4.6	(5)	FK	4.6	5.6	8.8
1E1	S235JR	−10 °C … 300 °C	5.6	(5)	M10	17	22	49
2E0	GP240GR	… 350 °C/400 °C	6.8	(6)	M12	29	39	85
3E0	P265GH	… 400 °C	8.8	(8)	M16	71	95	210
					M20	138	184	425

[1] Einschränkungen nach DIN EN 1515-2 Festigkeitsklassifizierung (niedrig, normal, hoch) beachten
[2] Anziehmomente sind Richtwerte

5.1.5.7 Dichtflächenformen

Dichtflächenformen von Flanschen *flange faces of flanges*

DIN EN 1092-1 : 2018-12[1]

Dichtflächenform/ Benennung	**Kurzzeichen der Dichtungsform**	**Flachdichtung**	**PN**	**DN**
glatte Dichtfläche	A	FF	2,5; 6; 40 10; 16; 25	10 … 600 10 … 2000
		IBC	2,5; 6; 10 16; 25 40; 63	10 … 3000[2] 10 … 2000 10 … 400[3]
mit Dichtleiste	B1 und B2	FF	wie zuvor FF	wie zuvor FF
		IBC	wie zuvor IBC	wie zuvor IBC

Dichtflächenform/ Benennung	Kurzzeichen der Dichtungsform	Flachdichtung	PN	DN
mit Feder	C	TG	10; 16; 25 40	10 … 1000 10 … 600
mit Nut	D	TG		
mit Vorsprung	E	SR	10; 16; 25 40	10 … 1000 10 … 600
mit Rücksprung	F	SR		
mit O-Ring-Vorsprung	G	O-Ring	——	——
mit O-Ring-Rücksprung	H	O-Ring	——	——

1) die Oberflächenbeschaffenheit der Dichtflächen hergestellt durch Drehen für A, B1, E, F beträgt Rz = 12,5 …50 µ (Ra = 3,2 … 12,5 µ m), für B2, C, D, G, H beträgt Rz = 3,2 … 12,5 µm (Ra = 0,8 … 3,2 µm)

2) PN2,5 … 4000 und PN6 …3600

3) PN40 … 600

5.1.5.8 Flanschdichtungen

Flachdichtungen DIN EN 1514-1 : 1997-08 **Flanschdichtflächen mit Flachdichtung** DIN EN 1092-1 : 2018-12

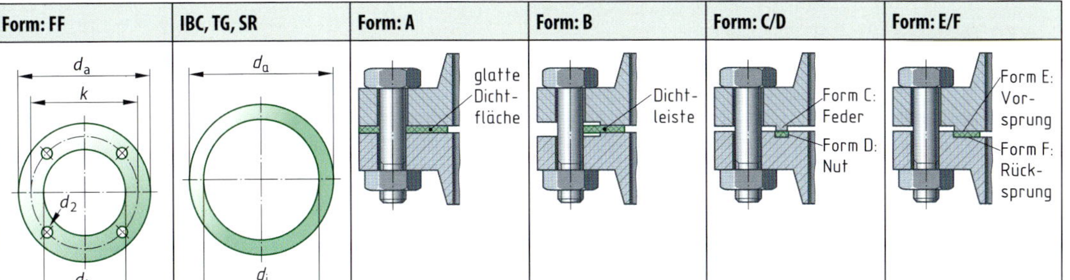

Dichtungsarten: Übersicht und Einsatzbereich

Dichtungsart[5]	Form	Bezeichnung/Norm	Dichtungswerkstoff	Einsatzbereiche
Weichstoff-dichtung		Flachdichtung DIN EN 1514-1	Gummi ohne Einlage/mit Metalleinlage/mit Gewebe- oder Drahtgewebeeinlage; expandierter Grafit mit Einlage; Pressfaser[1] mit Bindemittel; Pflanzenfaser; auf Korkbasis; Kunststoffe	Allgemeiner Rohrleitungs- und Apparatebau ohne erhöhte Anforderungen. Medium z. B.: Wasser, Dampf; Gase
		Weichstoff-Flachdichtung mit Metalleinfassung DIN EN 1514-3		
		PTFE mit weicher oder Metalleinlage[2]		Bei $p = 40$ bar und $\vartheta = 200$ °C[6]
Metall-Weichstoffdichtung		Weichstoff-Flachdichtung mit Metallummantelung DIN EN 1514-3		Im Anlagenbau bei höheren Temperaturen.
		Spiraldichtung[3] DIN EN 1514-2	CrNi- Stahl mit Grafit, PTFE[1] oder Faserstofffüllung	Wenn hohe Rückfederung erforderlich.
	Ausführung: SC	Metallummantelte Dichtung DIN EN 1514-7[3]	z. B.: Monel 400 mit Glimmer	Allg. chemische Industrie
			Inconel 600 mit PTFE[2]	für $< p$ und $>$ °C
		Welldichtung mit Metallwellband und Auflage DIN EN 1514-4[3]	Al; Cu; Messing (Ms); weicher Stahl	Chemische Prozesstechnik, höhere Anforderungen
Metall-dichtung		Kammprofildichtung DIN EN 1514- 6[3]	unlegierter Stahl; CrNi- Stahl; Ti	Höhere Anforderungen Kraftwerk- und Reaktorbau
		Linsendichtung DIN 2696[4]	Unlegierter Stahl; CrNi-Stahl	Hohe Belastungen durch hohe Drücke
		Flachdichtung aus Metall EN 1514-4	Al; Cu; Weicheisen; unlegierter Baustahl; CrNi-Stahl	Rohrleitungs,- Apparate- und Behälterbau mit erhöhten Anforderungen

[1] asbesthaltige Faserstoffe sind aus gesundheitlichen Gründen verboten
[2] PTFE ist für Kaliumhydroxid-Lösung ungeeignet
[3] metallummantelte Dichtungen sind hinsichtlich Metallband und Füllstoff farblich gekennzeichnet
[4] Flansch mit Eindrehung für Linsendichtung erforderlich
[5] Rücksprache mit Hersteller, wenn besondere Anforderungen vorliegen (z. B. Medium, Betriebsbedingungen, Belastungen)
[6] lt. Herstellerangaben

Bezeichnungsbeispiel:
Normnummer, Dichtungsform, Nenndurchmesser, Nenndruck, Dichtungsdicke, Dichtungswerkstoff

EN 1514-1, Form IBC, DN 200, PN 16, 2 mm, expandierter Grafit

Nennweitenbereich von Flachdichtungen

PN	Dichtungsform			
	Form FF	Form IBC	Form SR	Form TG
	Nennweite DN			
2,5	10 … 600	10 … 4000	–	–
6	10 … 600	10 … 3600	–	–
10	10 … 2000	10 … 3000	10 … 1000	10 … 1000
16	10 … 2000	10 … 2000	10 … 1000	10 … 1000
25	10 … 2000	10 … 2000	10 … 1000	10 … 1000
40	10 … 600	10 … 600	10 … 600	10 … 600
63	–	10 … 400	–	–

Maße von Flachdichtungen für Flansche PN6 DIN EN 1514-1 : 1997-08[1)]

DN	d_i mm	Form FF d_a mm	Schraubenlöcher Anzahl	Schraubenlöcher d_2 mm	Lochkreis-Ø K mm	Form IBC d_a mm
10	18	75	4	11	50	39
15	22	80	4	11	55	44
20	27	90	4	11	65	54
25	34	100	4	11	75	64
32	43	120	4	14	90	76
40	49	130	4	14	100	86
50	61	140	4	14	110	96
65	77	160	4	14	130	116
80	89	190	4	18	150	132
100	115	210	4	18	170	152
125	141	240	8	18	200	182
150	169	265	8	18	225	207
200	220	320	8	18	280	262
250	273	375	12	18	335	317

1) Standarddicke beträgt 2 mm, andere Dicken nach Herstellerrücksprache, d_i gilt für alle Dichtungsformen außer für die Form TG.

Maße von Flachdichtungen für Flansche PN16 DIN EN 1514-1 : 1997-08[2)]

DN	d_i mm	Form FF d_a mm	Schraubenlöcher Anzahl	Schraubenlöcher d_2 mm	Lochkreis-Ø K mm	Form IBC d_a mm	Form TG d_i mm	Form TG d_a mm	Form SR d_a mm
10	18	90	4	14	60	46	24	34	34
15	22	95	4	14	65	51	29	39	39
20	27	105	4	14	75	61	36	50	50
25	34	115	4	14	85	71	43	57	57
32	43	140	4	18	100	82	51	65	65
40	49	150	4	18	110	92	61	75	75
50	61	165	4	18	125	107	73	87	87
65	77	185	8	18	145	127	95	109	109
80	89	200	8	18	160	142	106	120	120
100	115	220	8	18	180	162	129	149	149
125	141	250	8	18	210	192	155	175	175
150	169	285	8	22	240	218	183	203	203
200	220	340	12	22	295	273	239	259	259
250	273	405	12	26	355	329	292	312	312

2) Standarddicke beträgt 2 mm, andere Dicken nach Herstellerrücksprache, d_i gilt für alle Dichtungsformen außer für die Form TG.

5.1.6 Formstücke aus Stahl zum Einschweißen (Auszug)

Werkstoffe für Formstücke nach DIN EN 10253

Werkstoffe (Beispiele)		
DIN EN 10253-1: 1999-11	Unlegierter Stahl für allgemeine Anwendungen ohne besondere Prüfanforderungen	S235, S265
DIN EN 10253-2: 2008-09	Unlegierte und legierte ferritische Stähle mit besonderen Prüfanforderungen[1]	P235 GH, P265 GH, 10CrMo9-10, X11CrMo5
DIN EN 10253-3: 2009-02	Austenitische und austenitisch-ferritische nichtrostende Stähle ohne besondere Prüfanforderungen	X6CrNiMo17-12-2, X10CrNi18-10
DIN EN 10253-4: 2009-11	Austenitische und austenitisch-ferritische nichtrostende Stähle mit besonderen Prüfanforderungen[1]	X6CrNiTi18-10, X2CrNi18-9
Ausführung		
Typ A	Schweißenden und Formstückkörper haben die gleiche Wanddicke wie ein Rohr mit gleicher Wanddicke. Bei Reduzierstücken muss die Wanddicke am Konus der festgelegten Wanddicke am größeren Ende entsprechen.	
Typ B	Formstücke haben am Formstückkörper eine erhöhte Wanddicke.	

1 z.B. Zugversuch, Härteprüfung, Kerbschlagbiegeversuch, Schweißnahtprüfung

Rohrbögen nach DIN EN 10253-2 : 2008-09

Rohrbogen 45°

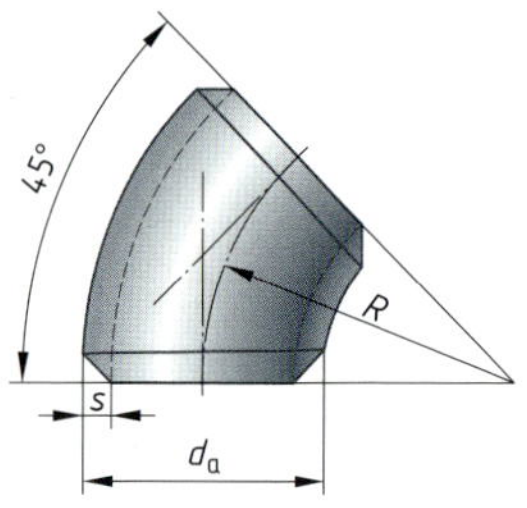

Rohrbogen 90°

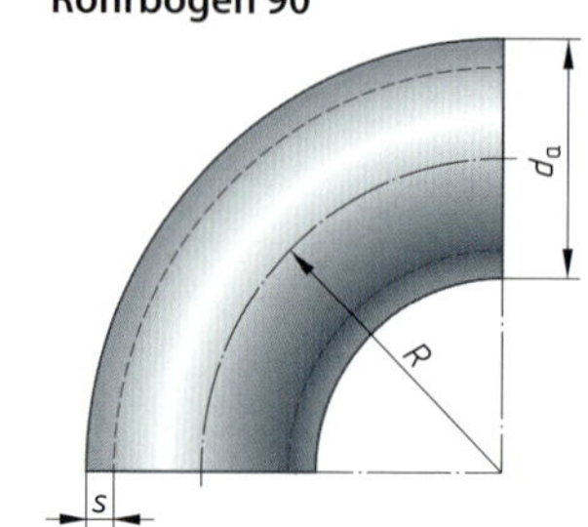

Rohrbogen 180°

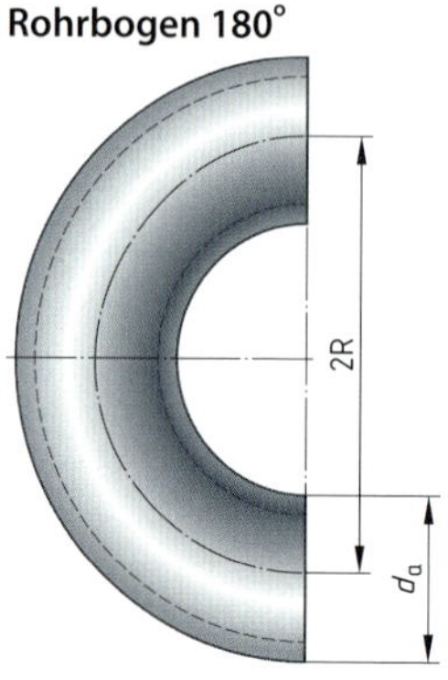

Rohrbogen Bauart 3D – Maße

DN	$d_a \times s$ mm	R mm
15	21,3 × 2	38
20	26,9 × 2,3	38
25	33,7 × 2,6	38
32	42,4 × 2,6	48
40	48,3 × 2,6	57
50	60,3 × 2,9	76
65	76,1 × 2,9	95
80	88,9 × 3,2	114
100	114,3 × 3,6	152
125	139,7 × 4	190
150	168,3 × 4,5	229
200	219,1 × 6,3	305
250	273 × 6,3	381
300	323,9 × 7,1	457
350	355,6 × 8	533
400	406,4 × 8,8	610
450	457 × 10	686
500	508 × 10	762
550	559 × 10	838
600	610 × 10	914
650	660 × 10	990
700	711 × 10	1 067
750	762 × 10	1 143
800	813 × 10	1 219
850	864 × 10	1 296
900	914 × 12,5	1 372
1 000	1 016 × 12,5	1 524
1 050	1 067 × 12,5	1 600
1 100	1 118 × 12,5	1 677
1 150	1 168 × 12,5	1 752
1 200	1 219 × 12,5	1 829

Rohrbogen Bauart 5D – Maße

DN	$d_a \times s$ mm	R mm
15	21,3 × 2	42,5
20	26,9 × 2,3	57,5
25	33,7 × 2,6	72,5
32	42,4 × 2,6	92,5
40	48,3 × 2,6	109,5
50	60,3 × 2,9	137,5
65	76,1 × 2,9	175
80	88,9 × 3,2	207,5
100	114,3 × 3,6	270
125	139,7 × 4	330
150	168,3 × 4,5	390
200	219,1 × 6,3	515
250	273 × 6,3	650
300	323,9 × 7,1	770
350	355,6 × 8	850
400	406,4 × 8,8	970
450	457 × 10	1 122
500	508 × 10	1 245
550	559 × 10	1 398
600	610 × 10	1 525
650	660 × 10	1 650
700	711 × 10	1 778
750	762 × 10	1 905
800	813 × 10	2 033
850	864 × 10	2 155
900	914 × 12,5	2 285
1 000	1 016 × 12,5	2 540
1 050	1 067 × 12,5	2 665
1 100	1 118 × 12,5	2 790
1 150	1 168 × 12,5	2 915
1 200	1 219 × 12,5	3 050

Bestellbeispiel:

500 Rohrbogen – w - EN 10253-2 – Typ A – Bauart 3D – 90° - 168,3x4,5 – P235 GH
[500 geschweißte Rohrbogen nach EN 10253-2 (ohne erhöhte Wanddicke), Bauart 3D im Winkel 90°, Außendurchmesser 168,3, Wanddicke 4,5, Stahlsorte P235 GH]

Reduzierstücke nach DIN EN 10253-2 : 2008-09 *reducers*

Konzentrisches Reduzierstück

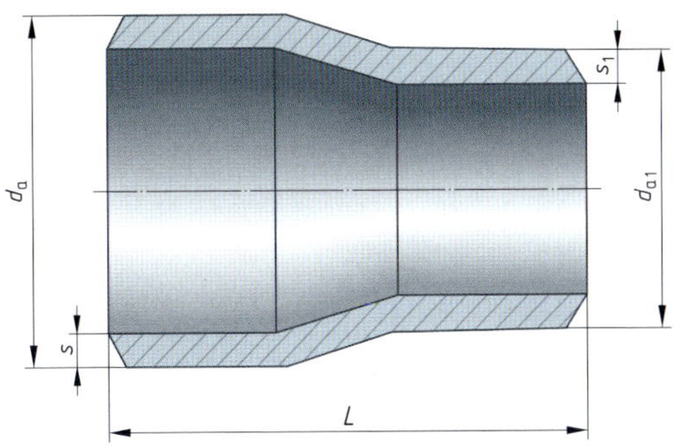

Exzentrisches Reduzierstück

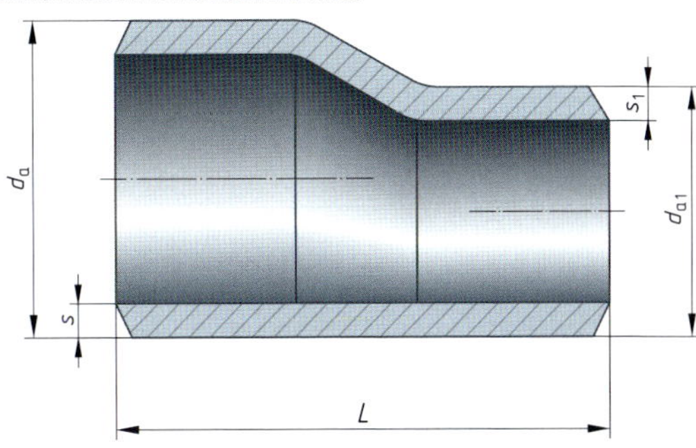

Reduzierstücke – Maße

Seite d_a		Seite d_{a1}		
DN	$d_a \times s$ mm	DN_1	$d_a \times s_1$ mm	Länge L mm
20	26,9 × 2,3	15	21,3 × 2	38
25	33,7 × 2,6	20	26,9 × 2,3	51
		15	21,3 × 2	51
32	42,4 × 2,6	25	33,7 × 2,6	51
		20	26,9 × 2,3	51
40	48,3 × 2,6	32	42,4 × 2,6	64
		25	33,7 × 2,6	64
50	60,3 × 2,9	40	48,3 × 2,6	76
		32	42,4 × 2,6	76
65	76,1 × 2,9	50	60,3 × 2,9	89
		40	48,3 × 2,6	89
80	88,9 × 3,2	65	76,1 × 2,9	89
		50	60,3 × 2,9	89
100	114,3 × 3,6	80	88,9 × 3,2	102
		65	76,1 × 2,9	102
125	139,7 × 4	100	1143 × 3,6	127
		80	88,9 × 3,2	127
150	168,3 × 4,5	125	139,7 × 4	140
		100	114,3 × 3,6	140
200	219,1 × 6,3	150	168,3 × 4,5	152
		125	139,7 × 3,6	152
250	273 × 6,3	200	219,1 × 6,3	178
		150	168,3 × 4,5	178

Seite d_a		Seite d_{a1}		
DN	$d_a \times s$ mm	DN_1	$d_a \times s_1$ mm	Länge L mm
300	323,9 × 7,1	250	273 × 6,3	203
		200	219,1 × 6,3	203
350	355,6 × 8	300	323,9 × 7,1	330
		250	273 × 6,3	330
400	406,4 × 8,8	350	355,6 × 8	356
		300	323,9 × 7,1	356
450	457 × 10	400	406,4 × 8,8	381
		350	355,6 × 8	381
500	508 × 10	450	457 × 10	508
		400	406,4 × 8,8	508
550	559 × 10	500	508 × 10	508
		450	457 × 10	508
600	610 × 10	550	559 × 10	508
		500	508 × 10	508
700	711 × 10	600	610 × 10	610
		550	559 × 10	610
800	813 × 10	700	711 × 10	610
		600	610 × 10	610
900	914 × 12,5	800	813 × 10	610
		700	711 × 10	610
1000	1016 × 12,5	900	914 × 12,5	610
		800	813 × 10	610
1200	1219 × 12,5	1000	1016 × 12,5	711
		900	914 × 12,5	711

Bestellbeispiel:

100 exzentrische Reduzierstücke – s – EN 10253-4 – Typ B 323,9x7,1 – 273x6,3 – X2CrNi18-9

[100 nahtlose exzentrische Reduzierstücke nach EN 10253-4 (mit erhöhter Wanddicke am Formstückkörper), mit den Maßen 323,9x7,1 – 273x6,3 aus der Stahlsorte X2CrNi18-9]

T –Stücke

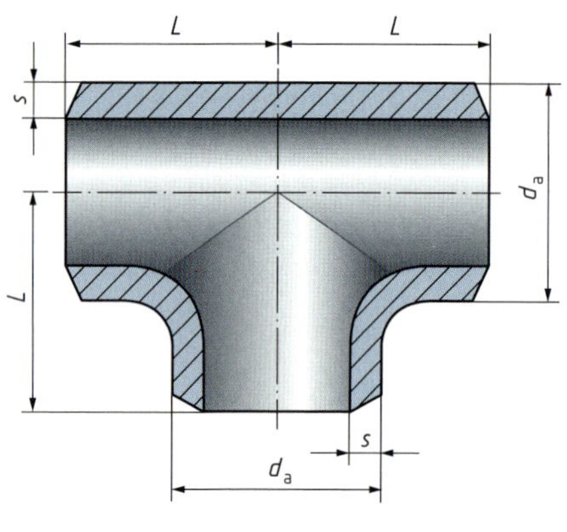

T-Stücke mit gleichem Abzweig (Vorzugsmaße)

DN	$d_a \times s$ mm	L mm	DN	$d_a \times s$ mm	L mm
15	21,3 × 2	25	450	457 × 10	343
20	26,9 × 2,3	29	500	508 × 10	381
25	33,7 × 2,6	38	550	559 × 10	419
32	42,4 × 2,6	48	600	610 × 10	432
40	48,3 × 2,6	57	650	660 × 10	495
50	60,3 × 2,9	64	700	711 × 10	521
65	76,1 × 2,9	76	750	762 × 10	559
80	88,9 × 3,2	86	800	813 × 10	597
100	114,3 × 3,6	105	850	864 × 10	635
125	139,7 × 4	124	900	914 × 12,5	673
150	168,3 × 4,5	143	1000	1016 × 12,5	749
200	219,1 × 6,3	178	1050	1067 × 12,5	762 [1]
250	273 × 6,3	216	1100	1118 × 12,5	813 [1]
300	323,9 × 7,1	254	1150	1166 × 12,5	851 [1]
350	355,6 × 8	279	1200	1219 × 12,5	889 [1]
400	406,4 × 8,8	305			

[1] Bei diesen Maßen entspricht die Länge des Abzweigs nicht der Länge des Durchgangs L, die jeweils geltenden Werte für die Länge des Abzweigs sind: 711 für DN 1050, 762 für DN 1100, 800 für DN 1150 und 838 für DN 1200.

T – Stücke mit reduziertem Abzweig (Vorzugsmaße)

DN	$d_a \times s$ mm	DN_1	$d_a \times s_1$ mm	L mm	L_1 mm
20	26,9 × 2,3	15	21,3 × 2	29	29
25	33,7 × 2,6	15	21,3 × 2	38	38
		20	26,9 × 2,3		
32	42,4 × 2,6	15	21,3 × 2	48	
		20	26,9 × 2,3		48
		25	33,7 × 2,6		
40	48,3 × 2,6	15	21,3 × 2	57	
		20	26,9 × 2,3		57
		25	33,7 × 2,6		
		32	42,4 × 2,6		
50	60,3 × 2,9	20	26,9 × 2,3	64	44
		25	33,7 × 2,6		51
		32	42,4 × 2,6		57
		40	48,3 × 2,6		60
65	76,1 × 2,9	25	33,7 × 2,6	76	57
		32	42,4 × 2,6		64
		40	48,3 × 2,6		67
		50	60,3 × 2,9		70
80	88,9 × 3,2	32	42,4 × 2,6	86	70
		40	48,4 × 2,6		73
		50	60,3 × 2,9		76
		65	76,1 × 2,9		83
100	114,3 × 3,6	40	48,3 × 2,6	105	86
		50	60,3 × 2,9		89
		65	76,1 × 2,9		95
		80	88,9 × 3,2		98

DN	$d_a \times s$ mm	DN_1	$d_a \times s_1$ mm	L mm	L_1 mm
125	139,7 × 4	50 65 80 100	60,3 × 2,9 76,1 × 2,9 88,9 × 3,2 114,3 × 3,6	124	105 108 111 117
150	168,3 × 4,5	65 80 100 125	76,1 × 2,9 88,9 × 3,2 114,3 × 3,6 139,7 × 4	143	121 124 130 137
200	219,1 × 6,3	100 125 150	114,3 × 3,6 139,7 × 4 168,3 × 4,5	178	156 162 168
250	273,1 × 6,3	100 125 150 200	114,3 × 3,6 139,7 × 4 168,3 × 4,5 219,1 × 6,3	216	184 191 194 203
300	323,9 × 7,1	150 200 250	168,3 × 4,5 219,1 × 6,3 273,0 × 6,3	254	219 229 241
350	355,6 × 8	150 200 250 300	168,3 × 4,5 219,1 × 6,3 273,0 × 6,3 323,9 × 7,1	279	238 248 257 270
400	406,4 × 8,8	150 200 250 300 350	168,3 × 4,5 219,1 × 6,3 273,0 × 6,3 323,9 × 7,1 355,6 × 8	305	264 273 283 295 305
450	457,0 × 10	200 250 300 350 400	219,1 × 6,3 273,0 × 6,3 323,9 × 7,1 355,6 × 8 406,4 × 8,8	343	298 308 321 330 330
500	508,0 × 10	250 300 400 450	273,0 × 6,3 323,9 × 7,1 406,4 × 8,8 457,0 × 10	381	333 346 356 368
550	559,0 × 10	250 300 400 500	273,0 × 6,3 323,9 × 7,1 406,4 × 8,8 508,0 × 10	419	359 371 381 406
600	610,0 × 10	250 300 400 500	273,0 × 6,3 323,9 × 7,1 406,4 × 8,8 508,0 × 10	432	384 397 406 432
650	660,0 × 10	300 350 400 500	323,9 × 7,1 355,6 × 8 406,4 × 8,8 508,0 × 10	495	422 432 432 457
700	711,0 × 10	300 400 500 600	323,9 × 7,1 406,4 × 8,8 508,0 × 10 610,0 × 10	521	448 457 483 508
750	762,0 × 10	400 500 600	406,4 × 8,8 508,0 × 10 610,0 × 10	559	483 508 533

DN	$d_a \times s$ mm	DN_1	$d_a \times s_1$ mm	L mm	L_1 mm
800	813,0 × 10	400 500 600 700	406,4 × 8,8 508,0 × 10 610,0 × 10 711,0 × 10	602	508 533 559 572
850	864,0 × 10	400 500 600 700	406,4 × 8,8 508,0 × 10 610,0 × 10 711,0 × 10	635	533 559 584 597
900	914,0 × 12,5	400 500 600 700 800	406,4 × 8,8 508,0 × 10 610,0 × 10 711,0 × 10 813,0 × 10	673	559 584 610 622 648
1000	1016,0 × 12,5	600 700 800 900	610,0 × 10 711,0 × 10 813,0 × 10 914,0 × 12,5	749	660 673 711 737
1050	1067,0 × 12,5	600 700 800 900	610,0 × 10 711,0 × 10 813,0 × 10 914,0 × 12,5	762	660 698 711 711
1100	1118,0 × 12,5	600 700 800 900	610,0 × 10 711,0 × 10 813,0 × 10 914,0 × 12,5	813	698 698 711 724
1200	1219,0 × 12,5	700 800 900 1000	711,0 × 10 813,0 × 10 914,0 × 12,5 1016,0 × 12,5	889	762 787 787 813

Bestellbeispiel:

200 T-Stücke mit gleichem Abzweig – EN 10253-3 – Typ A – 114,3x3,6 – X6CrNiMo17-12-2

[200 T-Stücke mit gleichem Abzweig nach EN 10253-3 (ohne erhöhte Wanddicke für den Formstückkörper), Maße 114,3x3,6, Stahlsorte X6CrNiMo17-12

Kappen nach DIN EN 10253-2 : 2008-09 *hats*

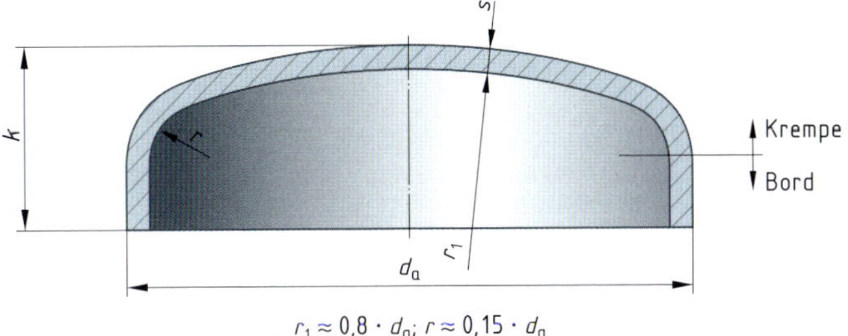

$r_1 \approx 0{,}8 \cdot d_a$; $r \approx 0{,}15 \cdot d_a$

Vorzugsmaße für Durchmesser und Wanddicke

DN	$d_a \times s$ mm	k mm
15	21,3 × 2	25
20	26,9 × 2,3	25
25	33,7 × 2,6	25
32	42,4 × 2,6	38
40	48,3 × 2,6	38
50	60,3 × 2,9	38
65	76,1 × 2,9	38
80	88,9 × 3,2	51
100	114,3 × 3,6	64
125	139,7 × 4	76
150	168,3 × 4,5	89
200	219,1 × 6,3	102
250	273 × 6,3	127
300	323,9 × 7,1	152
350	355,6 × 8	165
400	406,4 × 8,8	178
450	457 × 10	203
500	508 × 10	229
600	610 × 10	267
650	660 × 10	267
700	711 × 10	267
800	813 × 10	267
900	914 × 12,5	267
1000	1016 × 12,5	305
1200	1219 × 12,5	360

Bestellbeispiel:

50 Kappen – EN 10253-2 – Typ A – 610x10 – 10CrMo9-10

[50 Kappen nach EN 10253-2 (ohne erhöhte Wanddicke für den Formstückkörper), Maße 610x10, Stahlsorte 10CrMo9-10]

5.2 Kupfer-Rohrleitungssysteme *copper pipes*

5.2.1 Kupferrohre für Sanitärinstallationen, Heizungsbau und Gasleitungen

DIN EN 1057 : 2010-06, GW 392

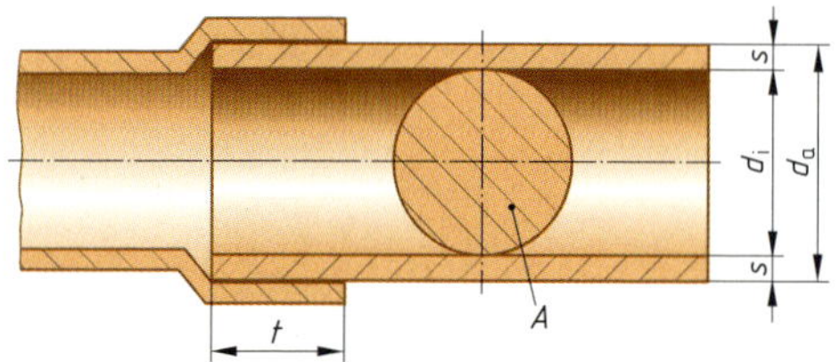

d_a:	Außendurchmesser	in mm
d_i:	Innendurchmesser	in mm
s:	Wanddicke	in mm
t:	Mindesteinstecktiefe	in mm
A:	lichter Rohrquerschnitt	in mm²
m':	längenbezogene Masse	in kg/m
V':	längenbezogener Rohrvolumeninhalt	in dm³/m
A_O':	längenbezogene Rohroberfläche	in m²/m

Lieferform	**d_a mm**	**Lieferlänge m**	**Rohrinnenoberfläche**	**Zustand (nach DIN EN 1173)**
Gerade Längen	6 … 267	3 oder 5	blank	R 250 (halbhart) R 290 (hart)
	12 … 108	5	verzinnt[1)]	R 290 (hart)
Ringe	6 … 28	25 oder 50	blank	R 220 (weich)
	12 … 22	25	verzinnt[1)]	R 220 (weich)
Werkstoff: Cu-DHP (Werkstoff- Nr.: CW024A, gut schweißbar)				

[1)] Einsatz bei Trinkwasser mit pH-Wert< 7,4 oder wenn bei pH-Werten zwischen pH 7,0 und pH 7,4 der TOC-Wert 1,5 mg/l überschritten wird

5.2.2 Einsatz- und Verarbeitung von CU-Rohr

Einsatz, Verarbeitung / CU-Rohr Ausführungen	**Anwendungsbereiche**									**Verarbeitung**						
	Sanitär	**Heizungswasser**	**Gas**	**Flüssiggas**	**Öl**	**Regenwasser**	**Solar**	**Sprinkler**	**Löschwasser**	**Kältetechnik[1)]**	**Weichlöten**	**Hartlöten**	**Pressen**	**Schweißen**	**Klemmen**	**Stecken**
nahtloses blankes CU-Rohr	×	×	×	×	×	×	×	×	×	–	×	×	×	×	×	×
flexibles dünnwandiges CU-Rohr mit PE-Mantel	×	×	–	–		×	–	–	–	–	–	–	×	–	–	–
kunststoffummanteltes CU-Rohr (WICU)	×	×	×	×	×	×	–	×	×	–	×	×	×	–	×	×
mit PUR-Mantel wärmegedämmtes CU-Rohr (GEG 100% u. 50 %)	×	×	–	–	–	–	–	–	–	–	×	×	×	–	×	×
schallgedämmtes CU-Rohr	×	×	–	–	–	–	–	–	–	–	×	×	×	–	×	×
ummanteltes CU-Rohr für Klimatechnik (metrisch)	–	–	–	–	–	–	–	–	–	×	–	×	–	–	–	–

Einsatz, Verarbeitung / CU-Rohr Ausführungen	Anwendungsbereiche									Verarbeitung						
	Sanitär	Heizungswasser	Gas	Flüssiggas	Öl	Regenwasser	Solar	Sprinkler	Löschwasser	Kältetechnik[1]	Weichlöten	Hartlöten	Pressen	Schweißen	Klemmen	Stecken
ummanteltes CU-Rohr für Klimatechnik (Zollanschluss)	–	–	–	–	–	–	–	–	–	×	–	×	–	–	–	–
innenverzinntes CU-Rohr	×	×	×	–	–	×	×	×	×	–	×	–	×	–	×	×
Wandheizungssystem aus CU-Rohr	–	×	–	–	–	–	–	–	–	–	×	×	×	–	×	×
Flächen- bzw. Fußboden-Heizung aus CU-Rohr	–	×	–	–	–	–	–	–	–	–	–	×	×	–	–	–

[1] weitere Hinweise vgl. DIN EN 12735

5.2.3 Nahtlose Kupferrohre für Gas- und Wasserleitungen von Sanitärinstallation und Heizungsbau *seamless copper pipes*

DIN EN 1057 : 2010- 06

Kupferrohre für Wasser- und Gasleitungen[2)3)5)]

DN	$d_a \times s$ mm	d_i mm	A cm²	m' kg/m	V' dm³/m	A_o' m²/m	t[4)] mm
4	6 × 1	4	0,13	0,140	0,013	0,019	5,8
6	8 × 1	6	0,28	0,196	0,028	0,025	6,8
8	10 × 1	8	0,50	0,252	0,050	0,031	7,8
10	12 × 1	10	0,79	0,308	0,079	0,038	8,6
12	15 × 1	13	1,33	0,391	0,133	0,047	10,6
15	18 × 1	16	2,01	0,475	0,201	0,057	12,6
20	22 × 1	20	3,14	0,587	0,314	0,069	15,4
25	28 × 1[7)]	26	5,31	0,757	0,531	0,088	18,4
25	28 × 1,5	25	4,91	1,111	0,491	0,088	18,4
32	35 × 1,2[7)]	32,6	8,35	1,138	0,835	0,110	23,0
32	35 × 1,5	32	8,04	1,405	0,804	0,110	23,0
40	42 × 1,2[7)]	39,6	12,32	1,374	1,232	0,132	27,0
40	42 × 1,5	39	11,95	1,699	1,195	0,132	27,0
50	54 × 1,5[7)]	51	20,43	2,209	2,043	0,170	32,0
50	54 × 2	50	19,63	2,908	1,963	0,170	32,0
–	64 × 2	60	28,27	3,467	2,827	0,201	32,5
65	76,1 × 2	72,1	40,83	4,144	4,083	0,239	33,5
80	88,9 × 2	84,9	56,61	4,859	5,661	0,279	37,5
100	108 × 2,5	103	83,32	7,374	8,332	0,339	47,5

Kupferrohre für Heizungsleitungen[6)]

$d_a \times s$ mm	d_i mm	A cm²	m' kg/m	V' dm³/m
6 × 0,6	4,8	0,18	0,091	0,018
8 × 0,6	6,8	0,36	0,124	0,036
10 × 0,6	8,8	0,61	0,158	0,061
12 × 0,7	10,4	0,85	0,274	0,085
15 × 0,8	13,4	1,41	0,314	0,141
18 × 0,8	16,4	2,11	0,385	0,211
22 × 0,9	20,2	3,20	0,531	0,320
28 × 1,0	26,0	5,31	0,755	0,531
35 × 1,0	33,0	8,55	0,951	0,855
42 × 1,0	40,0	12,57	1,146	1,257
54 × 1,2	51,6	20,91	1,768	2,091
–	–	–	–	–
76,1 × 1,5	73,1	41,97	3,124	4,197

2) Bis d_a = 108 für Kapillarlötung geeignet
3) Alle Gasleitungen schweißen, mit Kapillarfitting hartlöten oder Pressen, Heizölleitungen hartlöten
4) Mindesteinstecklänge für Kapillarlötfittings nach DIN EN 1254-1
5) Der Schutzmantel innen verzinnter Rohre ist lichtgrau, B2 nach DIN 4102
6) Der Schutzmantel für Fußbodenheizungsrohre ist gelb-orange, B2 nach DIN 4102
7) einsetzbar für Trinkwasser- und Gasinstallation lt. GW 392: 2009

Bezeichnungsbeispiel:

Rohr aus Kupfer, Zustand R220 (weich), Außendurchmesser 22 mm, Wanddicke 1,0 mm, muss wie folgt bezeichnet werden

Benennung	Norm		Zustand		Nennmaß	Lieferform
Kupferrohr	**EN 1057**	–	**R220**	–	**22 × 1,0**	**gerade Längen**

Kennzeichnung: Hersteller – DIN EN 1057– $d_a \times s$ – Zustand (R...) – Herstelldatum – DVGW-Prüfzeichen

5.2.4 Wärmegedämmte Kupferrohre

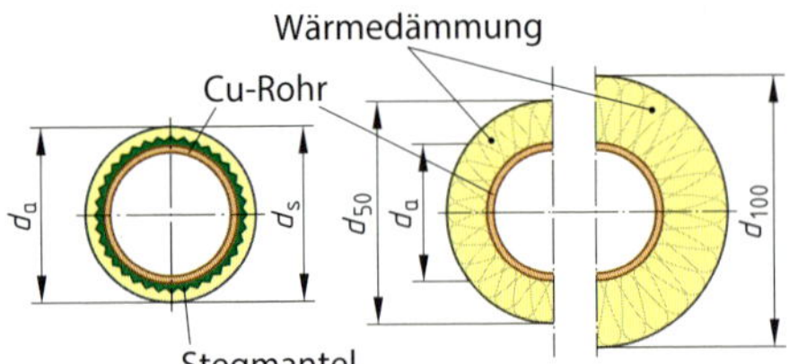

d_a:	Rohraußendurchmesser	in mm
s:	Wanddicke	in mm
d_s:	Stegmanteldurchmesser	in mm
d_{50}:	Außendurchmesser mit 50 % Dämmung nach GEG	in mm
d_{100}:	Außendurchmesser mit 100 % Dämmung nach GEG	in mm
l_a:	Abmantelungslünge	in mm

Abmessungen wärmegedämmter Kupferrohre

	Stange			**Ring**		
$d_a \times s$ mm	**d_{100} mm**	**d_{50} mm**	**d_s mm**	**d_{50} mm**	**d_s mm**	**l_a mm**
12×1	32	24	16	24	16	120
15×1	36	27	19	27	19	150
18×1	40	30	23	30	23	180
22×1	45	34	27	34	27	120
28×1,5	63	–	33	–	–	160
35×1,5	71	–	40	–	–	160
42×1,5	90	–	48	–	–	200
54×2	113	–	60	–	–	200

5.2.5 Dünnwandige Kupferrohre mit kraftschlüssiger PE-Ummantelung für Heizen, Kühlen, Trink- und Regenwasser

	$d_a \times s$ mm	**s_{cu} mm**	**d_i mm**	**A cm²**	**V' dm³/m**	**m′ kg/m**	**A_o cm²**
CU-Rohr mit festhaftender Ummantelung[1) 2) 4)]	14×2	0,30	10	0,79	0,079	0,147	0,044
	16×2	0,35	12	1,13	0,113	0,189	0,050
	18×2[3)]	0,35	14	1,54	0,154	0,215	0,057
	20×2	0,50	16	2,01	0,201	0,311	0,063
	26×3[3)]	0,50	20	3,14	0,314	0,451	0,082

1) CU-Rohrwanddicken: $s = 0{,}30$ mm für $d_a = 14$ mm, $s = 0{,}35$ mm für $d_a = 16$ u. 18 mm, $s = 0{,}50$ mm für $d_a = 20$ u. 26 mm Rohrdurchmesser, Verbindungstechnik: Pressen

2) Rohr 14 × 2,16 × 2 und 20 × 2 mit Wärmedämmung (PE geschäumt) ≤ 0,040 W/m · K lt. Hersteller

3) Ohne DVGW-Prüfzeichen

4) Einsetzbar lt. Hersteller für Fußboden- und Wandheizung

5.2.6 Lötfittings für Kupferrohre

Betriebsbedingungen für Lötfittings DIN EN 1254-1 : 2021-10

Hartlote	**max. ϑ_s °C[1)]**	**p_s (bar)[1)]**		
		$d_a \leq 28$ mm	**$d_a \leq 54$ mm**	**$d_a \leq 108$ mm**
CP 203,	30	25	25	16
CP 105 oder	65	25	16	10
AG 106	110	16	10	10

Weichlote	**max. ϑ_s °C[1)]**	**p_s (bar)[1)]**		
		$d_a \leq 34$ mm	**$d_a \leq 54$ mm**	**$d_a \leq 108$ mm**
S-Sn97Cu3	30	25	25	16
oder	65	25	16	16
S-Sn97Ag3	110	16	10	10

1) max. ϑ_s = maximal zulässige Betriebstemperatur, p_s = maximal zulässiger Betriebsdruck

Lötfittings – Auswahl DIN EN 1254- 1 : 2021-10 – Auswahl –[1)]

Bestellnummeraufbau: 5_ _ _ _ Kupferlötfittings
4_ _ _ _ Rotgusslötfittings (geringe Maßabweichungen, Werkstoff: CuSn5Zn5Pb5-C (Rotguss))

Typ: Bogen 90°
Bestellnummer: 5001 a (I + – A)

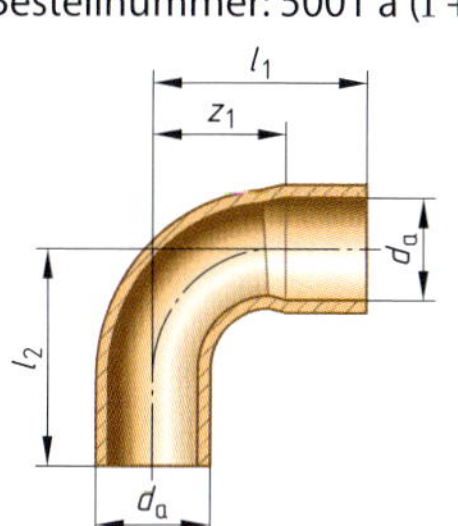

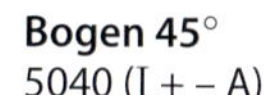

Bogen 90°
5002 a (I + – I)

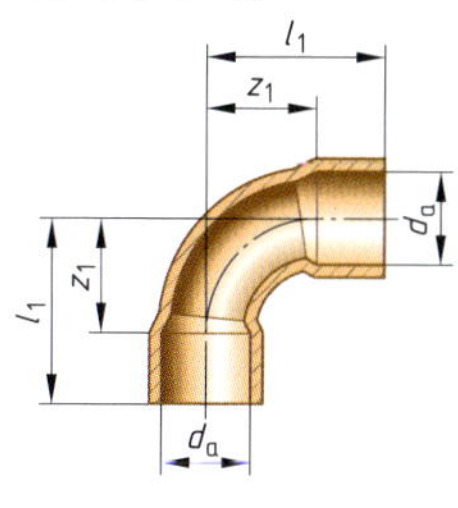

Bogen 45°
5040 (I + – A)

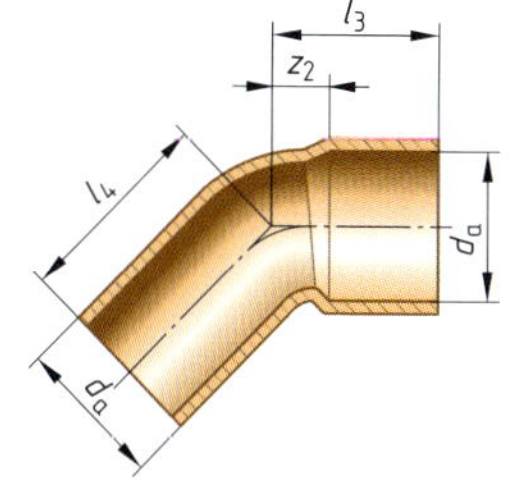

Bogen 45°
5041 (I + – I)

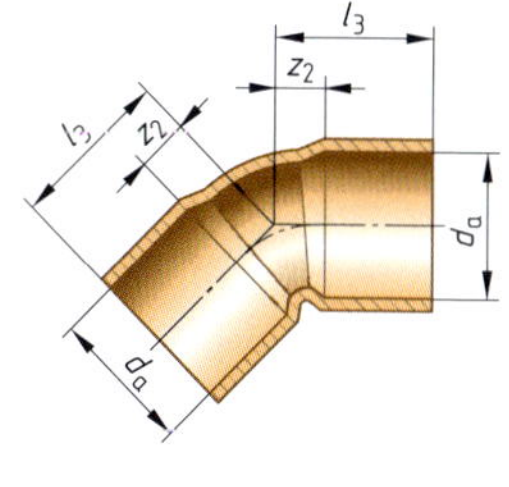

[1] Abmessungen und Bestellnummern nach Herstellerangaben. Abweichungen zu anderen Herstellern möglich. Unterschiedliche Angaben der Maße in *a* und *b* bzw. l_1 und l_2 sind möglich.

DN	d_a mm	l_1 mm	z_1 mm	l_2 mm	l_3 mm	z_2 mm	l_4 mm
6	8	17	10	18	–	–	–
8	10	22	14	24	14	4	16
10	12	23	14	25	15	5	16
12	15	29	18	31	17	6	19
15	18	32	19	37	21	8	23
20	22	42	26	43	25	9	27
25	28	52	33	55	31	12	33
32	35	65	42	67	38	15	40
40	42	77	50	79	44	17	46
50	54	97	65	98	54	22	56
–	64,0	116	83	111	64	32	66
65	76,1	134	100	128	71	38	74
80	88,9	150	112	148	82	44	85
100	108,0	225	177	–	–	–	–

Typ: Bogen 180°
Bestellnummer: 5060

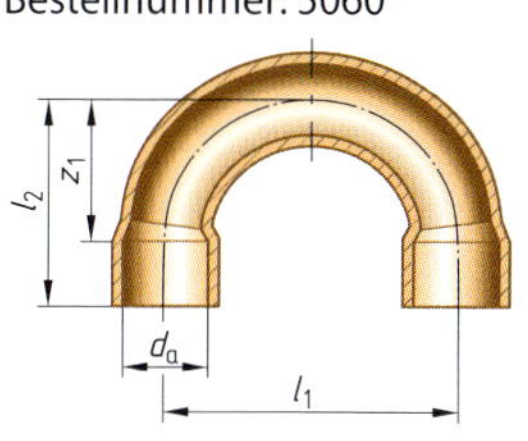

Typ: U-Bogen
Bestellnummer: 5870

DN	d_a mm	l_1 mm	l_2 mm	z_1 mm	l mm	z_2 mm	Δl[1] mm
8	10	30	25	17	–	–	–
10	12	34	27	18	87	72	4
12	15	45	34	23	113	90	6
15	18	54	40	27	135	105	6
20	22	66	48	32	166	131	6
25	28	84	60	41	208	167	8
32	35	104	92	52	266	209	12
40	42	126	111	63	315	253	12
50	54	216	167	108	–	–	–

[1] Δl: Dehnungsaufnahme

Typ: Überbogen
Bestellnummer: 5085

Typ: Überbogen
Bestellnummer: 5086

DN	d_a in mm	z_2 in mm	z_3 in mm	e in mm	c in mm
10	12	80	73	33	20
12	15	90	81	36	20
15	18	102	88	40	20
20	22	115	100	44	23

Typ: T-Stück
gleiche Durchmesser
Best.-Nr.: 5130

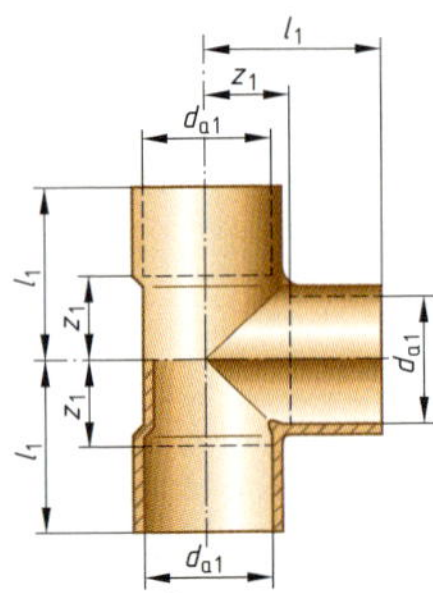

T-Stück
reduziert und erweitert
Best.-Nr.: 5130 R

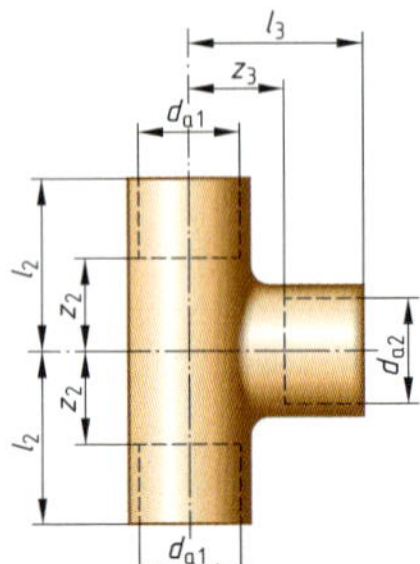

T-Stück
durchgehend reduziert
Best.-Nr.: 5130 R

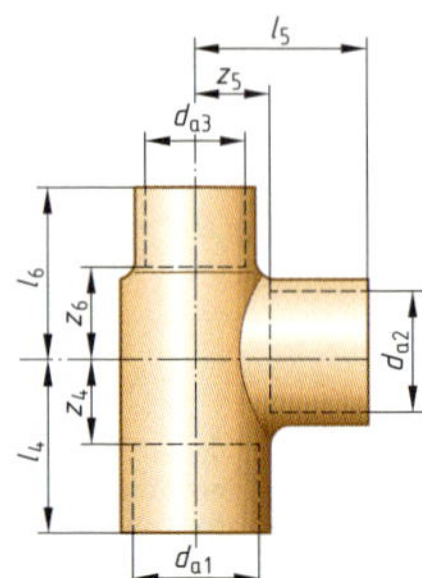

d_{a1} mm	l_1 mm	z_1 mm	$d_{a1} \times d_{a2}$ mm	l_2 mm	z_3 mm	l_3 mm	z_3 mm	$d_{a1} \times d_{a2} \times d_{a3}$ mm	l_4 mm	z_4 mm	l_5 mm	z_5 mm	l_6 mm	z_6 mm
10	14	6	12 × 10	15	6	15	7	15 × 12 × 12	18	7	18	9	18	9
12	16	7	12 × 15	18	9	18	7	15 × 15 × 12	19	8	19	8	19	10
15	19	8	15 × 10	17	6	17	9	18 × 15 × 15	22	9	21	10	22	11
18	23	10	15 × 10	18	7	18	9	18 × 18 × 12	23	10	23	10	21	12
22	28	12	15 × 18	21	10	22	9	18 × 18 × 15	23	10	23	10	23	12
28	34	15	18 × 12	21	8	19	10	22 × 15 × 15	25	9	23	12	24	13
35	42	19	18 × 15	21	8	21	10	22 × 15 × 18	25	9	24	12	25	12
42	50	23	22 × 12	23	7	21	12	22 × 18 × 18	27	11	25	12	26	13
54	61	29	22 × 15	25	9	23	12	22 × 22 × 15	28	12	28	12	25	14
64	73	40	22 × 18	27	11	25	12	22 × 22 × 18	28	12	28	12	27	14
76,1	80	46	22 × 28	32	16	32	13	28 × 28 × 22	34	15	34	15	35	19
89,9	92	54	28 × 15	28	9	26	15	35 × 22 × 22	37	14	36	16	43	31
108	112	64	28 × 18	29	10	28	15	35 × 22 × 28	37	14	36	16	42	33

Typ: Reduziermuffe
Best.-Nr.: 5240

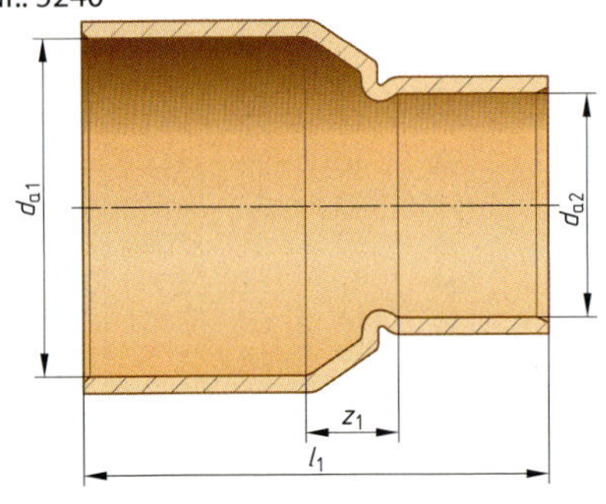

Reduziernippel
Best.-Nr.: 5243

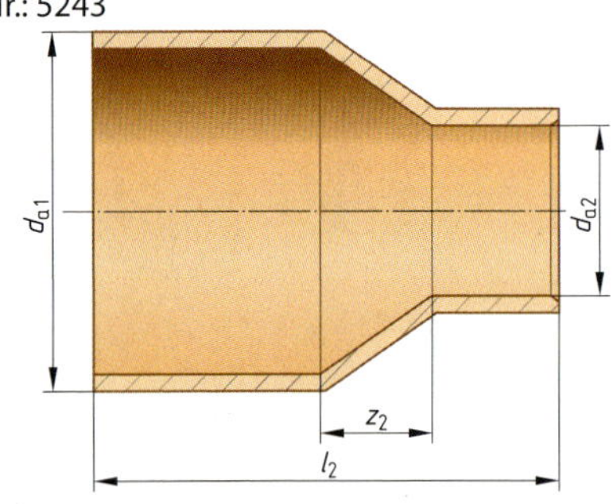

	Reduziermuffe		Reduziernippel	
$d_{a1} \times d_{a2}$ mm	z_1 mm	l_1 mm	z_2 mm	l_2 mm
8 × 6	5	17	–	–
10 × 6	2	16	2	18
10 × 8	2	19	1	19
12 × 8	5	24	3	23
12 × 10	4	20	1	19
15 × 10	5	23	6	27
15 × 12	5	26	3	24
18 × 12	7	29	4	27
18 × 15	4	27	4	29
22 × 12	9	36	7	33
22 × 15	7	37	6	37
22 × 18	6	35	5	35
28 × 15	12	44	8	39
28 × 18	7	42	6	39

	Reduziermuffe		Reduziernippel	
$d_{a1} \times d_{a2}$ mm	z_1 mm	l_1 mm	z_2 mm	l_2 mm
28 × 22	5	43	6	42
35 × 22	11	50	10	53
35 × 28	9	52	9	52
42 × 22	23	67	14	60
42 × 28	13	59	9	56
42 × 35	10	60	5	57
54 × 28	24	77	25	78
54 × 35	14	69	14	73
54 × 42	11	70	8	69
64 × 54	12	77	7	75
76,1 × 54	25	90	13	82
76,1 × 64	14	80	10	79
88,9 × 76,1	15	86	12	87
108 × 88,9	20	105	15	103

Typ: Muffe
Best.-Nr.: 5270

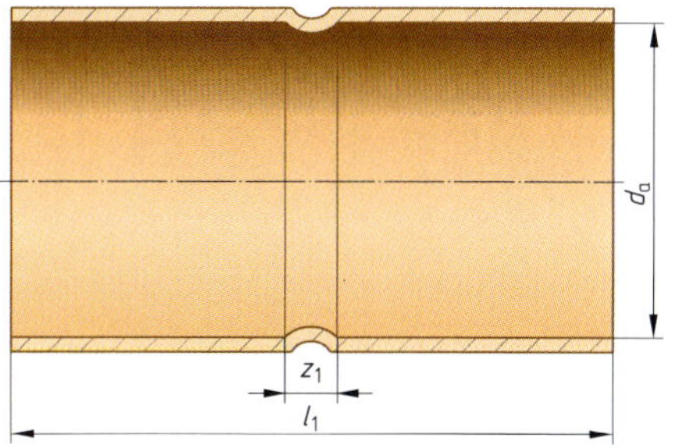

DN	d_a mm	z_1 mm	l_1 mm
4	6	1	13
6	8	1	15
8	10	1	17
10	12	2	19
12	15	2	23
15	18	2	27
20	22	2	32
25	28	2	38
32	35	2	48
40	42	2	56
50	54	2	66
–	64	5	70
65	76,1	4	72
80	88,9	5	80
100	108	4	100

Typ: Lötflansch
Best.-Nr.: 7552

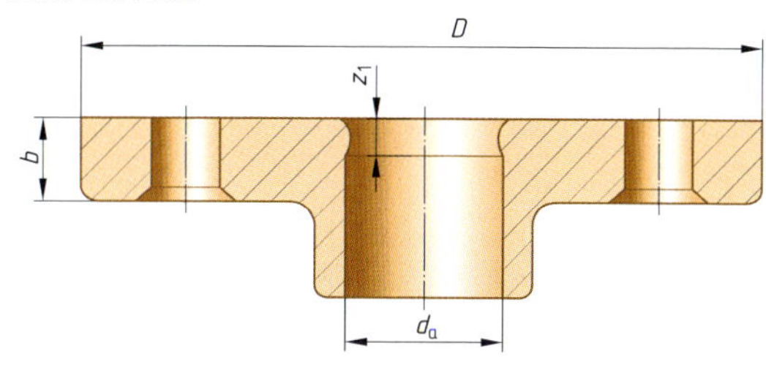

DN	d_a mm	z_1 mm	D mm	b mm
8	10	9	90	12
10	12	9	90	12
12	15	8	95	12
15	18	8	95	12
20	22	6	105	14
25	28	5	115	14
32	35	5	140	18
42	42	5	150	18
50	54	4	165	18
65	76,1	4	185	18
80	88,9	8	200	18
100	108	8	220	18

Typ: Winkel Rp
Best.-Nr.: 4090g

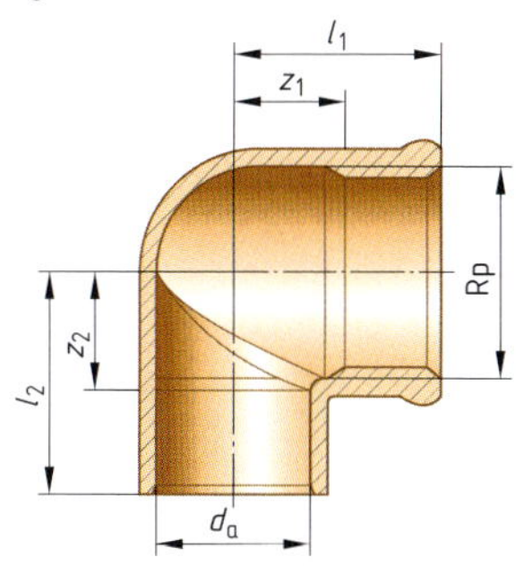

DN	$d_a \times$ Rp $d_a \times$ R mm × inch	l_1 mm	z_1 mm	l_2 mm	z_2 mm	l_3 mm	l_4 mm	z_4 mm
10	12 × ⅜	16	9	20	11	23	18	9
10	12 × ½	19	10	21	12	26	19	10
12	15 × ½	22	12	23	12	28	21	10
12	15 × ¾	23	12	28	17	–	–	–
15	18 × ½	23	14	25	12	30	32	18
15	18 × ¾	24	13	29	16	31	27	14

Winkel R
Best.-Nr.: 4092g

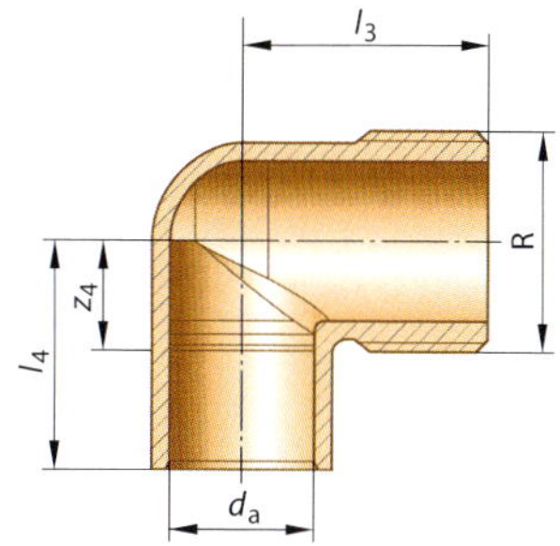

DN	$d_a \times$ Rp $d_a \times$ R mm × inch	l_1 mm	z_1 mm	l_2 mm	z_2 mm	l_3 mm	l_4 mm	z_4 mm
20	22 × ½	23	19	27	11	33	27	11
20	22 × ¾	26	16	32	16	33	29	14
25	28 × 1	32	19	40	21	46	38	19
32	35 × 1 ¼	40	19	47	23	45	45	22
40	42 × 1 ½	45	24	53	26	–	–	–
50	54 × 2	55	29	64	32	–	–	–

Typ: Übergangsnippel
Best.-Nr.: 4243g

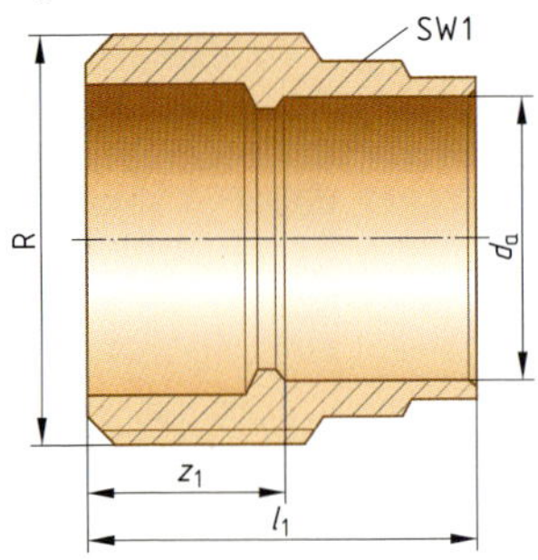

Übergangsmuffe
Best.-Nr.: 4270g

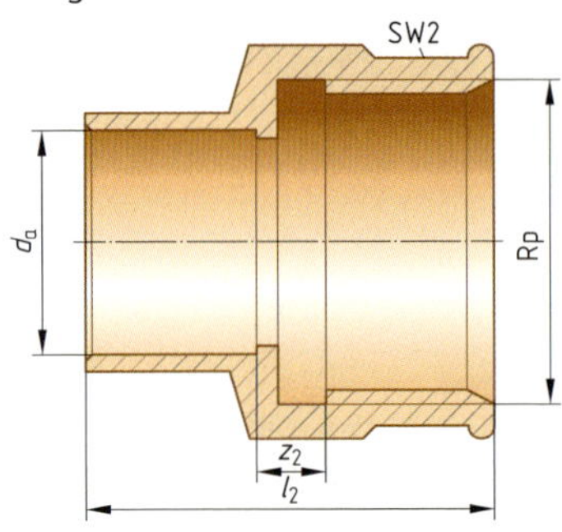

DN	$d_a \times$ Rp $d_a \times$ R mm × inch	l_1 mm	z_1 mm	SW1 mm	l_2 mm	z_2 mm	SW2 mm
8	10 × ⅜	19	11	13	21	5	21
8	10 × ½	23	15	14	25	5	25
10	12 × ⅜	21	12	16	22	5	21
10	12 × ½	23	14	16	25	5	25
12	15 × ½	26	15	18	28	5	25
12	15 × ¾	27	16	19	29	5	30
15	18 × ½	28	15	21	30	5	25
15	18 × 3⁄2	26	13	21	31	5	30
20	22 × ½	33	17	26	33	1	25
20	22 × ¾	32	16	26	34	5	30
20	22 × 1	32	16	26	36	5	38
25	28 × ¾	37	18	32	37	1	30
25	28 × 1	37	18	32	40	5	38
25	28 × 1 ¼	40	19	32	48	15	50
32	35 × 1	45	22	39	43	8	40
32	35 × 1 ¼	44	21	42	51	13	48
40	42 × 1 ½	48	21	48	56	15	56
50	54 × 2	62	30	61	64	15	68

Typ: T- Stück-Rp
Best.-Nr.: 4130g

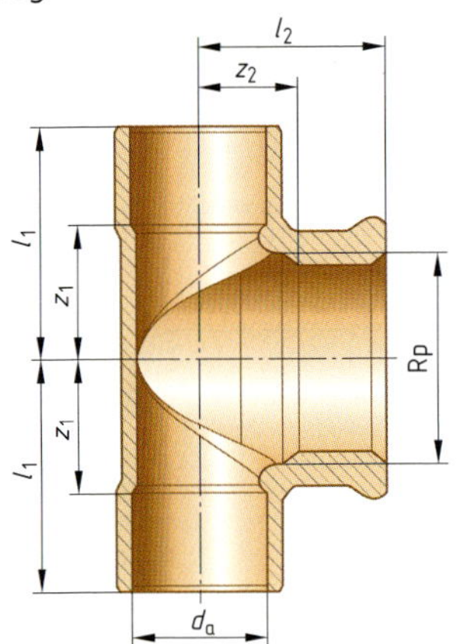

Wandscheibe
Best.-Nr.: 4472g

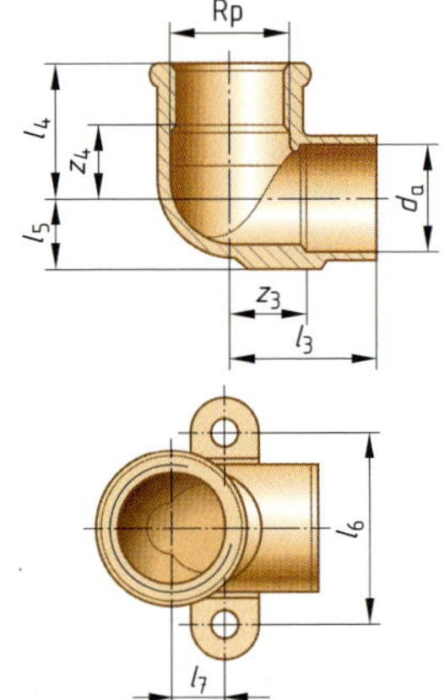

DN	$d_a \times Rp$ mm × inch	l_1 mm	z_1 mm	l_2 mm	z_2 mm	l_3 mm	z_3 mm	l_4 mm	z_4 mm	l_5 mm	l_6 mm	l_7 mm
10	12 × ⅜	–	–	–	–	20	11	16	9	8	33	9
10	12 × ½	22	13	22	7	22	13	20	11	9	33	9
12	15 × ⅜	21	10	18	10	21	10	18	6	11	34	9
12	15 × ½	23	12	23	14	23	12	22	12	10	33	9
15	18 × ½	25	12	23	14	26	13	23	13	12	33	9
15	18 × ¾	30	17	25	13	–	–	–	–	–	–	–
20	22 × ¾	32	17	27	16	33	17	27	16	14	42	12
25	28 × 1	39	20	32	20	–	–	–	–	–	–	–

Typ: Durchgangsverschraubung-Rp
Best.-Nr.: 4340

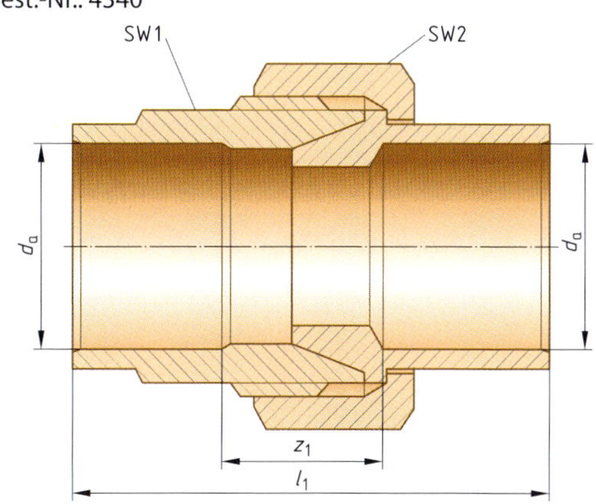

Winkelverschraubung
Best.-Nr.: 4096

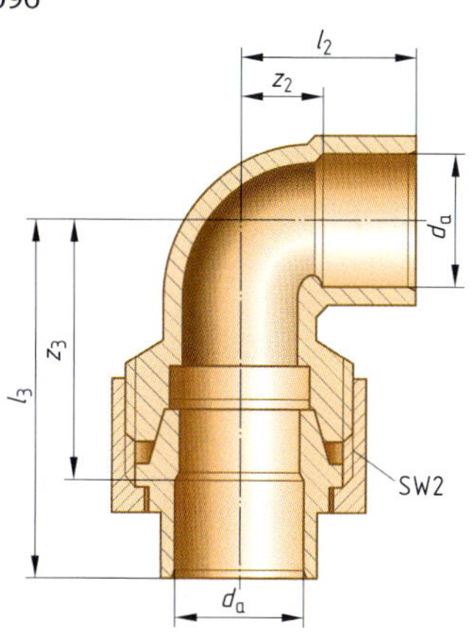

DN	d_a mm	l_1 mm	z_1 mm	l_2 mm	z_2 mm	l_3 mm	z_3 mm	SW1 mm	SW2 mm
8	10	10	13	–	–	–	–	13	19
10	12	10	12	–	–	–	–	16	23
12	15	35	13	20	9	41	30	19	29
15	18	40	14	25	12	45	32	22	29
20	22	45	13	30	14	52	36	26	36
25	28	54	17	37	18	60	42	32	46
32	35	66	20	–	–	–	–	40	52
40	42	76	21	–	–	–	–	49	59
50	54	91	27	–	–	–	–	61	75

Typ: Durchgangsverschraubung-R
Best.-Nr.: 4341g

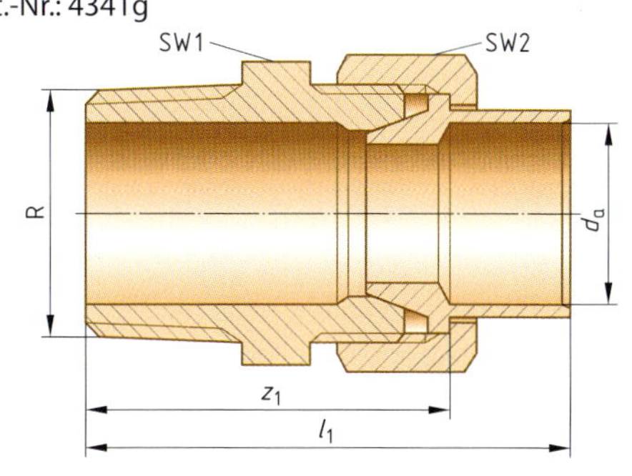

Durchgangsverschraubung-Rp
Best.-Nr.: 4340g

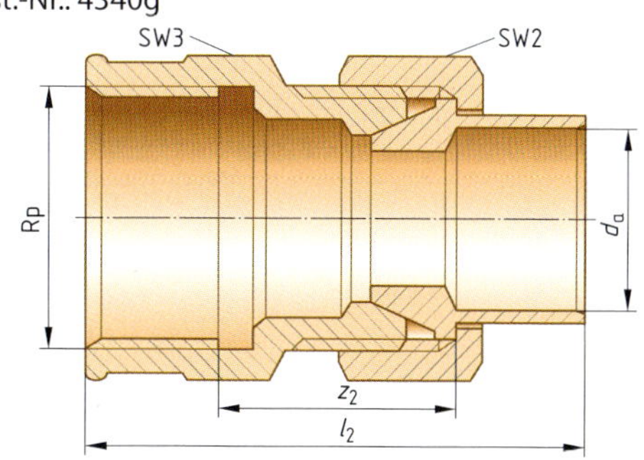

DN	$d_a \times Rp$ $d_a \times R$ mm × inch	l_1 mm	z_1 mm	l_2 mm	z_2 mm	SW1 mm	SW2 mm	SW3 mm
10	12 × ⅜	38	29	37	16	22	23	22
10	12 × ½	42	33	41	21	23	23	25
12	15 × ½	46	35	47	21	27	29	27
12	15 × ¾	50	39	47	23	28	29	31
15	18 × ½	48	35	49	21	27	29	27
15	18 × ¾	52	39	49	23	28	29	31
20	22 × ¾	55	40	53	21	34	36	34
20	22 × 1	57	41	61	26	34	36	40
25	28 × 1	63	44	58	20	44	46	44
32	35 × 1 ¼	75	53	70	25	50	52	50
40	42 × 1 ½	82	54	72	23	55	59	55
50	54 × 2	95	63	81	23	71	75	67

Typ: Winkelverschraubung-Rp
Best.-Nr.: 4096g

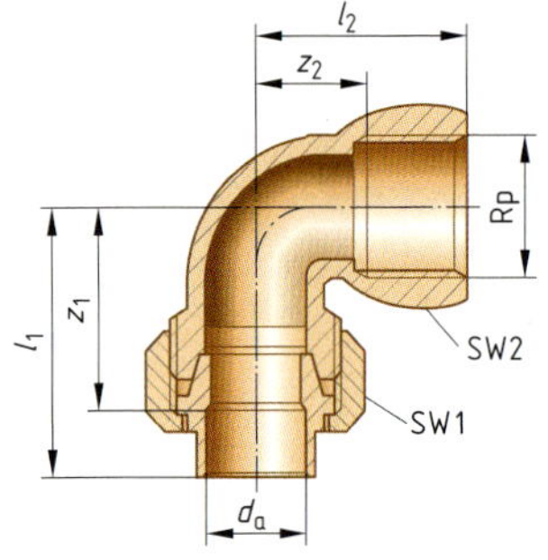

Winkelverschraubung-R
Best.-Nr.: 4098g

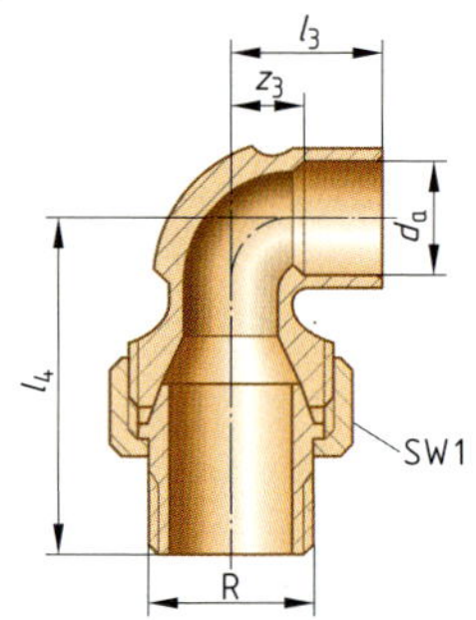

DN	$d_a \times Rp$ $d_a \times R$ mm × inch	l_1 mm	z_1 mm	l_2 mm	z_2 mm	l_3 mm	z_3 mm	l_4 mm	SW1 mm	SW2 mm
8	10 × ¼	–	–	–	–	17	9	39	18	–
10	12 × ⅜	37	28	26	14	18	9	43	23	22
10	12 × ½	–	–	–	–	18	9	49	29	–
12	15 × ½	42	31	33	18	20	9	49	29	28
15	18 × ½	44	31	33	21	25	12	51	29	28
15	18 × ¾	52	39	39	23	25	12	59	36	33
20	22 × ¾	53	37	39	23	30	14	59	36	33
25	28 × 1	63	44	47	28	37	18	68	46	39
32	35 × 1 ¼	73	50	57	35	45	22	76	52	48
40	42 × 1 ½	86	58	59	34	51	24	85	59	55
50	54 × 2	101	68	69	43	60	28	100	74	69

Bezeichnungsbeispiel:
Bezeichnung eines 90°-Bogens nach DIN EN 1254-1 mit der Bestellnummer 5002a und beidseitigem Lötmuffenanschluss für d_a = 15 mm aus Kupfer

Lötfitting	Norm	Bestellnr.	Rohraußendurchmesser	Werkstoff
Bogen 90°	**EN 1254-1**	**5002a** (l + l)	**15**	**Cu-DHP**

5.2.7 Pressfittings für Kupferrohre *press fittings for copper pipe*

DIN EN 1254-1 : 2021-10
Herstellerangaben)

Werkstoffe:
1. Kupfer (CU-DHP / CW024A)
2. Rotguss (CC499K / CuSn5Zn5Pb2-C)
3. Siliziumbronze (CC246E / CuSi4Zn9MnP)

Einsatzbereich:
Trinkwasser-Installation
Heizungs-Installation / Heizkörperanbindung
Gas-/Flüssiggas-Installation
Heizöl-Installation
Solaranlagen
Druckluftanlagen / Inertgase
Kühlwasseranlagen
Regenwasseranlagen
Löschwasser- / Sprinkleranlagen

Kennzeichnung für Gas-Pressverbinder:
Gas: für Gas-Installation
MOP5: Betriebsdruck bis 0,5 MPa (5 bar)
GT/1: für höhere thermische Belastung (HTB) von 650 °C / 30 Minuten max. 0,1 MPa (1 bar)

Anwendungsbereiche und Einsatzbedingungen von Dichtwerkstoffen (Herstellerangaben)

resistant plant materials

Einsatz von EPDM-Dichtelementen (schwarz glänzend, Lebensmittelgüte vorhanden)[1]				
Einsatzbereich	**Anwendungsbereiche**	**max. ϑ_s °C**	**max. p_s bar**	**Bemerkungen**
Trinkwasser	Trinkwasser warm/kalt, Zirkulation	85	≤ 16	nach Trinkwasser-Verordnung
Heizungsanlagen	Pumpenwasserheizungen, Heizkörperanbindung	95	3	nach DIN EN 12828
Regenwasser	Regenwassernutzungsanlagen	20	10	nach DIN 1989-100 u. DVGW-A.-Bl.: W555
Solaranlagen	Solarkreislauf	–	6	für Flachkollektoren
Wasserlöschanlagen	Löschwasserleitungen nass und nass/trocken	20	10	für Löschwasserleitungen trocken Rotguss/austenitischer Stahl
Sprinkleranlagen	ortsfeste Nassanlagen	20	10	für Rohraußendurchmesser 22 … 54 mm
Druckluft	alle Leitungsteile	20	10	max. Ölkonzentration 25 mg/m^3
Vakuum	alle Leitungsteile	20	–0,8	–
Technische Gase	alle Leitungsteile	–	–	Werkstoffbeständigkeit nach Herstelleranfrage
FKM-Dichtelemente (schwarz matt)[2]				
Fernwärme	Fernwärmeanlagen nach der Hauseinführung	140	16	wenn Zusatzstoffe im Trägermedium, dann Rücksprache mit Hersteller
Dampf	Niederdruckdampfanlagen	120	<1	–
Solaranlagen	Solarkreislauf	–	6	für Vakuumröhrenkollektoren
HNBR-Dichtelemente (gelb)[3]				
Gas	Erdgas und Gase nach DVGW-A.-Blatt G260	70	5	nach TRGI 86/96, bei HTB-Anforderungen bis $p_s = 1$ bar
Flüssiggas	Flüssiggas in der Gasphase	70	5	bei HTB-Anforderung bis $p_s = 1$ bar[4]
Heizöl, Diesel	als Heizöl- und Dieselkraftstoffleitung	40	5	einsetzbar als Saugleitung bis –0,5 bar
Druckluft	alle Leitungsteile	20	10	Ölkonzentration > 25 mg/m^3

[1] Ethylen-Propylen-Dien-Kautschuk
[2] Fluorkautschuk
[3] Acrylnitril-Butadien-Kautschuk
[4] für Gas höhere thermische Belastbarkeit (HTB) mit Beständigkeitsanforderung von 650 °C über mindestens 30 min

Auswahl bevorzugter Kupferrohrabmessungen nach DIN EN 1057 für Pressfitting-Verbindungen

Heizung/ Fernwärme	$d_a \times s$ mm	12 × 0,7	15 × 0,8	18 × 0,8	22 × 0,9	28 × 1	35 × 1,2	42 × 1,2	54 × 1,5
Trinkwasser/ Öl/ Gas	$d_a \times s$ mm	12 × 1	15 × 1	18 × 1	22 × 1	28 × 1,5	35 × 1,5	42 × 1,5	54 × 2

Pressfittings aus Messing bzw. Rotguss – Auswahl

Ausführung: Bogen 90° (I + I)(Kupfer)

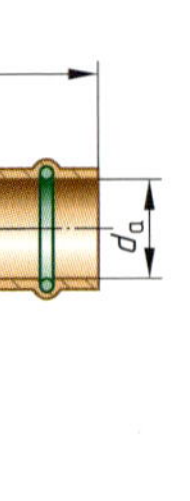

Bogen 90° (I + A) (Kupfer)

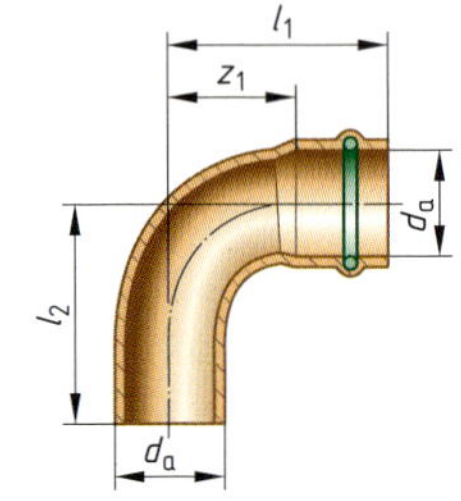

Bogen 45° (I + I) (Kupfer)

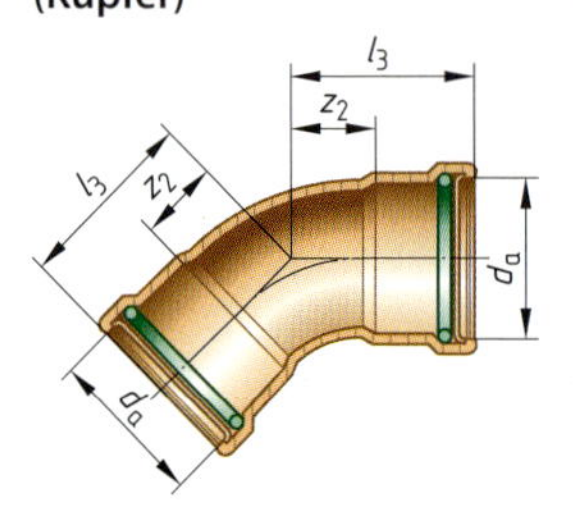

Bogen 45° (I + A) (Kupfer)

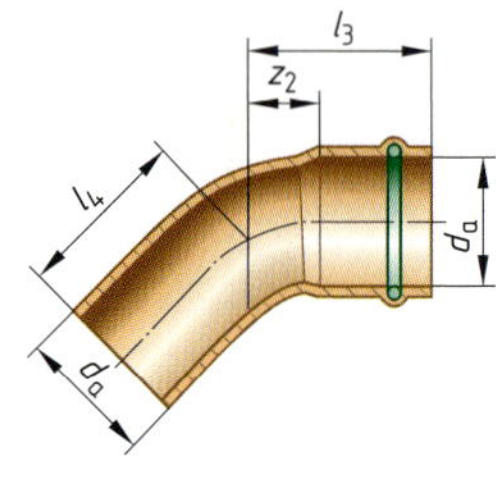

DN	d_a mm	l_1 mm	z_1 mm	l_2 mm	l_3 mm	z_2 mm	l_4 mm
10	12	32	14	34	24	6	26
12	15	40	18	42	30	8	32
15	18	44	22	46	31	9	33
20	22	49	26	51	34	11	36
25	28	58	34	60	38	14	40
32	35	68	42	70	43	17	45
40	42	86	50	88	57	21	63
50	54	105	65	107	67	27	74

Ausführung: Übergangswinkel 90°-Rp Rotguss

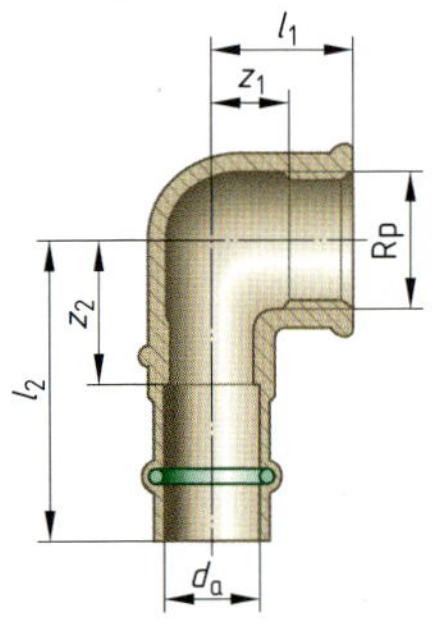

Übergangsbogen 90°-R Rotguss

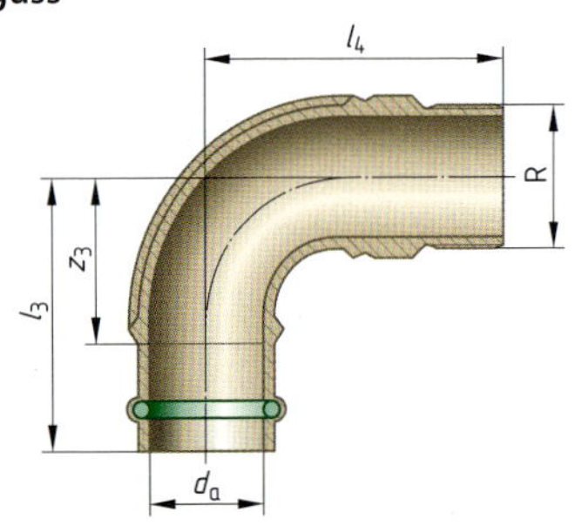

DN	$d_a \times$ Rp $d_a \times$ R mm × inch	l_1 mm	l_2 mm	l_3 mm	l_4 mm	z_1 mm	z_2 mm	z_3 mm
10	12 × ⅜	17	38	37	40	9	21	19
10	12 × ½	20	40	37	44	10	23	19
12	15 × ⅜	19	46	45	47	11	24	23
12	15 × ½	22	46	45	43	12	24	23
12	15 × ¾	25	50	51	59	14	28	29
15	18 × ½	22	46	46	50	12	24	24
15	18 × ¾	24	50	46	55	13	28	24
20	22 × ½	26	52	–	–	16	29	–
20	22 × ¾	27	52	51	59	15	29	28
20	22 × 1	29	59	–	–	17	36	–
25	28 × ½	32	56	–	–	18	33	–
25	28 × ¾	27	58	–	–	16	35	–
25	28 × 1	33	59	58	72	20	36	34
32	35 × 1 ¼	39	66	74	88	24	41	48
40	42 × 1 ½	43	77	92	98	29	41	56
50	54 × 2	55	97	110	120	37	57	70

Ausführung: T- Stück gleiche Durchmesser Kupfer

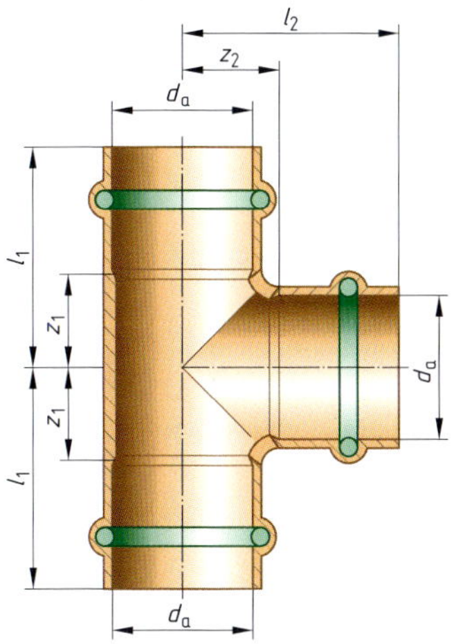

DN	d_a mm	l_1 mm	l_2 mm	z_1 mm	z_2 mm
10	12	36	27	12	9
12	15	41	33	19	11
15	18	42	35	20	13
20	22	45	38	22	15
25	28	48	43	24	19
32	35	52	48	26	22
40	42	65	65	29	29
50	54	75	75	35	35

Ausführung: T-Stück mit Außengewinde Rotguss

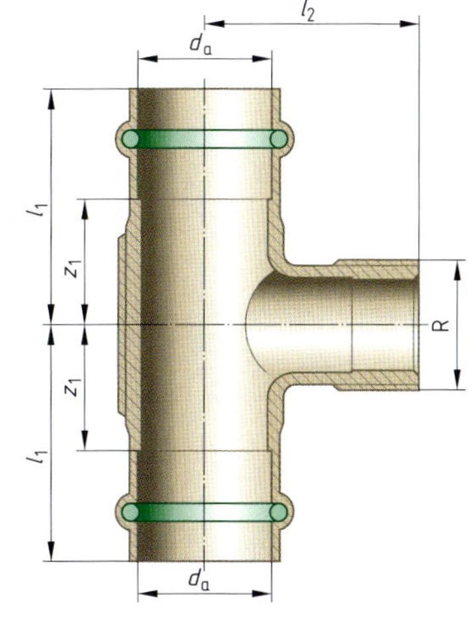

$d_a \times R \times d_a$ mm × inch × mm	l_1 mm	l_2 mm	z_1 mm
18 × ¾ × 18	45	40	23
22 × ¾ × 22	50	42	27
28 × ¾ × 28	50	45	27
35 × ¾ × 35	50	45	24
42 × ¾ × 42	55	50	19
54 × ¾ × 54	66	55	26
54 × 1 × 54	69	63	29
54 × 1 ¼ × 54	72	66	32

Ausführung: T-Stück mit Innengewinde Rotguss

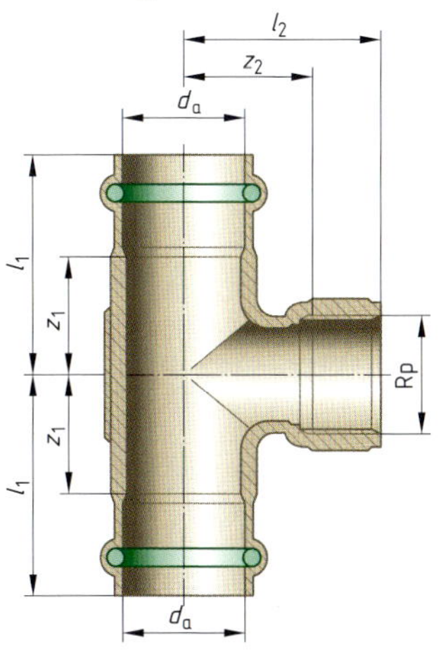

$d_a \times R \times d_a$ mm × inch × mm	l_1 mm	l_2 mm	z_1 mm	z_2 mm
12 × ½ × 12	40	35	22	20
15 × ⅜ × 15	43	35	21	22
15 × ½ × 15	45	21	22	9
18 × ½ × 18	45	40	23	25
22 × ½ × 22	49	43	25	28
22 × ¾ × 22	49	45	25	29
28 × ½ × 28	49	46	25	31
28 × ¾ × 28	53	50	29	34
35 × ½ × 35	49	49	23	34
35 × 1 × 35	60	55	35	36
42 × ½ × 42	55	50	19	35
42 × 1 × 42	65	59	29	40
54 × ½ × 54	66	55	26	40
54 × 1 × 54	70	66	30	47

5

Ausführung: T-Stück reduziert Kupfer

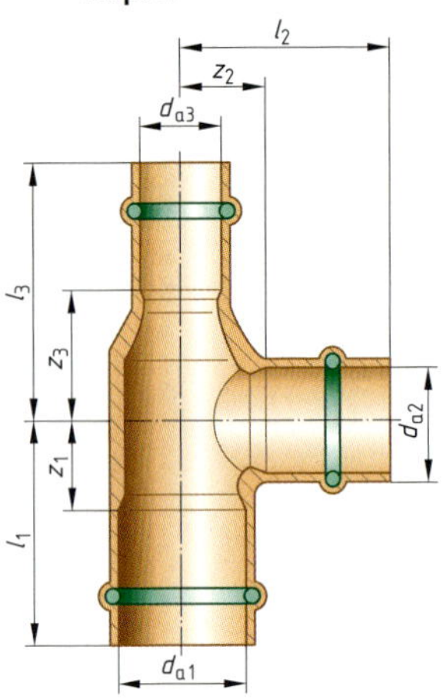

$d_{a1} \times d_{a2} \times d_{a3}$ mm	l_1 mm	l_2 mm	l_3 mm	z_1 mm	z_2 mm	z_3 mm
12 × 15 × 12	38	32	38	20	10	20
15 × 12 × 12	39	30	39	17	12	21
15 × 12 × 15	39	30	39	17	12	17
15 × 15 × 12	41	33	41	19	11	23
15 × 18 × 15	42	35	42	20	13	20
15 × 22 × 15	45	38	45	23	15	23
18 × 12 × 18	39	31	39	17	13	17
18 × 15 × 15	41	35	45	19	13	23
18 × 15 × 18	41	35	41	19	13	19
18 × 18 × 15	42	35	47	20	13	25
22 × 15 × 15	41	37	47	18	15	25
22 × 15 × 18	41	37	44	18	15	22
22 × 15 × 22	41	37	41	18	15	18
22 × 18 × 15	42	37	50	19	15	28
22 × 18 × 18	42	37	47	19	15	25
22 × 18 × 22	42	37	42	19	15	29
22 × 22 × 15	45	38	51	22	15	29
22 × 22 × 18	45	38	51	22	15	19
28 × 15 × 28	41	41	41	17	19	17
28 × 18 × 22	42	41	47	18	19	24
28 × 18 × 28	42	41	42	18	19	18
28 × 22 × 22	45	42	50	21	19	27
28 × 22 × 28	45	42	45	21	19	21
28 × 28 × 22	48	43	53	24	19	30
35 × 15 × 35	44	44	44	18	22	18
35 × 22 × 28	46	45	53	20	22	29
35 × 22 × 35	46	45	46	20	22	20
35 × 28 × 35	49	46	49	23	22	23
42 × 22 × 42	53	52	53	17	29	17
42 × 28 × 42	55	53	55	19	29	19
42 × 35 × 42	58	55	58	22	29	22
54 × 22 × 54	60	58	60	22	35	20
54 × 28 × 54	63	59	63	23	35	23
54 × 35 × 54	68	61	68	28	35	28
54 × 42 × 54	69	71	69	29	35	29

Ausführung: Übergangsstück mit Außengewinde Rotguss

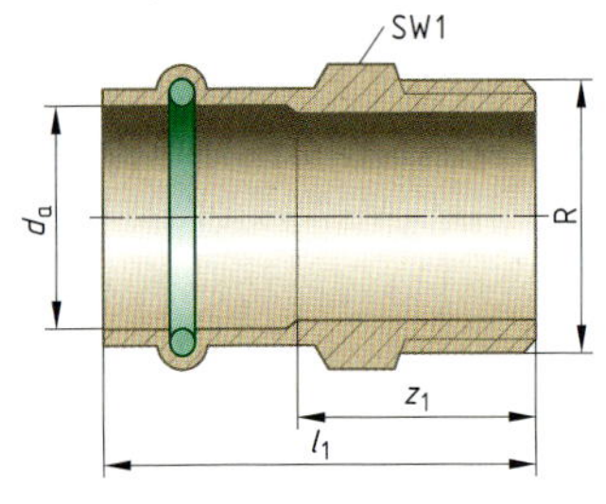

Übergangsstück mit Innengewinde Rotguss

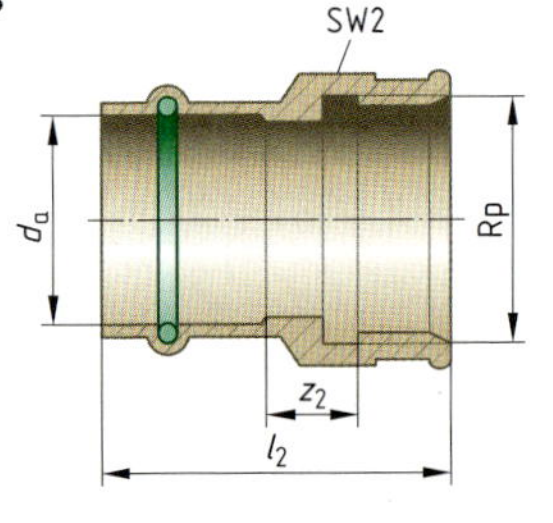

DN	$d_a \times R$ $d_a \times Rp$ mm × inch	l_1 mm	z_1 mm	SW1 mm	l_2 mm	z_2 mm	SW2 mm
10	12 × ⅜	34	17	17	32	7	21
10	12 × ½	38	20	22	39	7	26
12	15 × ⅜	39	17	19	–	–	–
12	15 × ½	44	22	22	44	7	26
15	15 × ¾	48	16	27	45	11	31
15	18 × ½	43	21	22	44	6	26
15	18 × ¾	47	25	27	45	11	31
20	22 × ½	45	22	27	44	7	26
20	22 × ¾	50	27	27	47	11	31
20	22 × 1	55	32	34	52	15	38
25	28 × ¾	52	28	33	–	–	–
25	28 × 1	55	32	34	52	15	38
25	28 × 1 ½	62	38	42	–	–	–
32	35 × 1	53	27	40	–	–	–
32	35 × 1 ¼	59	36	43	54	13	47
32	35 × 1 ½	60	35	50	–	–	–
40	42 × 1 ¼	65	29	48	–	–	–
40	42 × 1 ½	67	31	50	69	10	53
50	54 × 1 ½	78	38	68	–	–	–
50	54 × 2	79	39	68	80	20	70

Ausführung: Muffe Kupfer

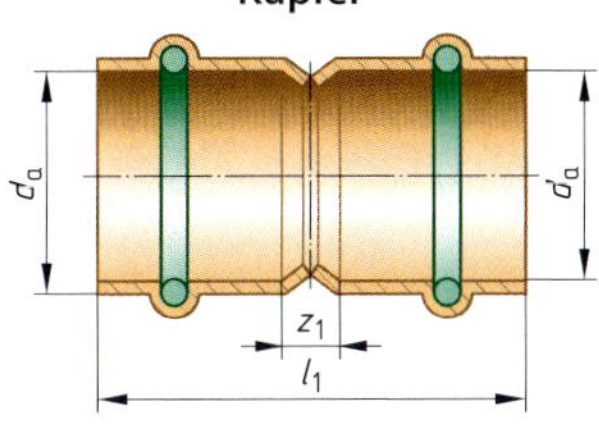

Schiebemuffe[1)] Rotguss

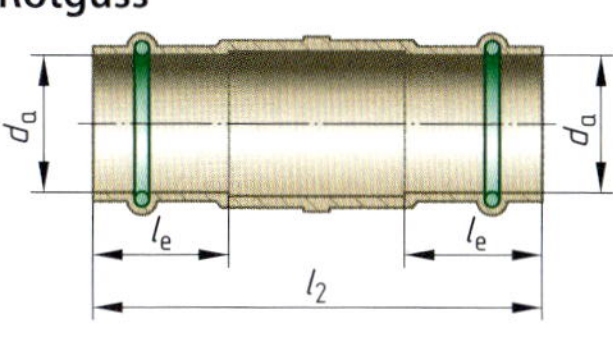

DN	d_a mm	l_1 mm	z_1 mm	l_2 mm	l_e mm
10	12	42	6	–	–
12	15	50	6	80	22
15	18	54	10	80	22
20	22	56	10	85	24
25	28	58	10	95	24
32	35	62	10	105	26
40	42	84	12	120	42
50	54	92	12	135	48

[1)] l_e: Mindesteinstecktiefe des Rohres, z-Maß für Schiebemuffe = $l_2 - 2 \times l_e$

Ausführung: Reduziermuffe Kupfer

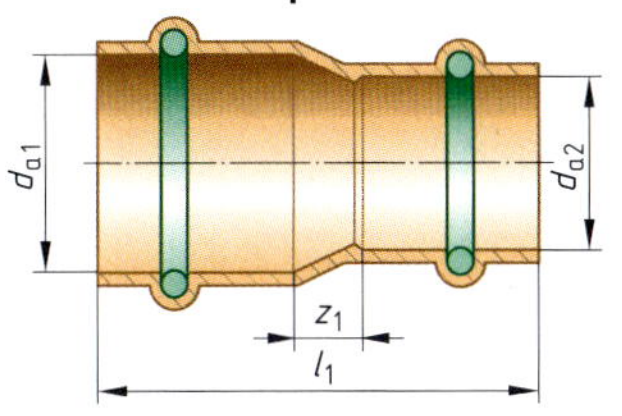

Verschlusskappe Kupfer

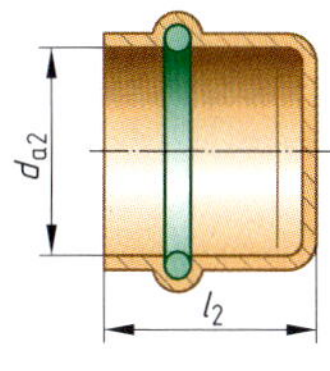

d_{a1} mm	d_{a2} mm	l_1 mm	z_1 mm	l_2 mm
15	12	48	8	23
18	15	53	9	26
22	15	56	11	–
22	18	54	9	27
28	22	58	11	27
35	28	63	13	29
42	35	75	13	34
54	42	95	19	41
–	54	–	–	46

Ausführung: Verschraubung flachdichtend Rotguss

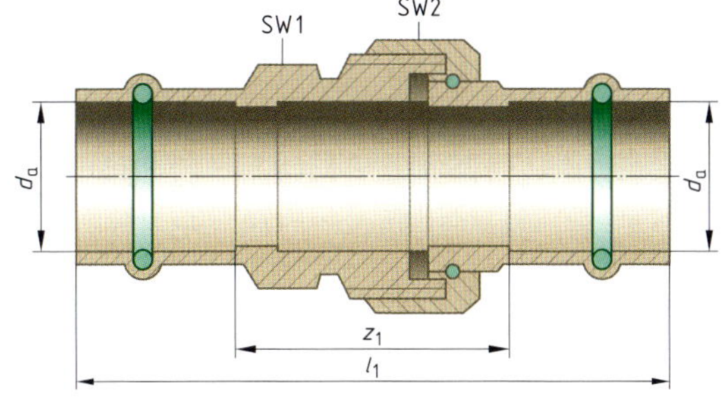

Wandscheibe Rotguss

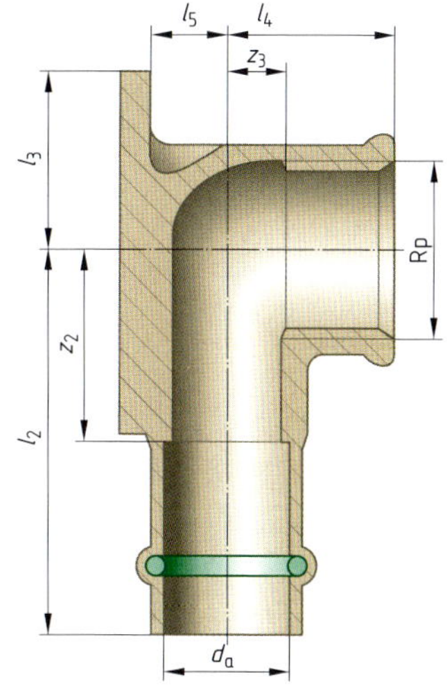

DN	d_a mm	l_1 mm	z_1 mm	SW1 mm	SW2 mm
10	12	65	30	25	30
12	15	77	33	25	30
15	18	80	36	24	30
20	22	89	42	31	37
25	28	95	48	40	46
32	35	100	49	45	53
40	42	121	49	50	60
50	54	133	53	70	78

DN	$d_a \times$ Rp mm × inch	l_2 mm	z_2 mm	l_3 mm	z_3 mm	l_4	l_5 mm
10	12 × ½	40	23	21	10	20	11
12	15 × ½	46	24	21	12	22	13
15	18 × ½	46	24	21	12	22	15
15	18 × ¾	50	28	21	13	24	16
20	22 × ½	52	29	21	14	24	20
20	22 × ¾	50	27	21	16	27	19
–	–	–	–	–	–	–	–
–	–	–	–	–	–	–	–

Ausführung: Winkelverschraubung flachdichtend Rotguss

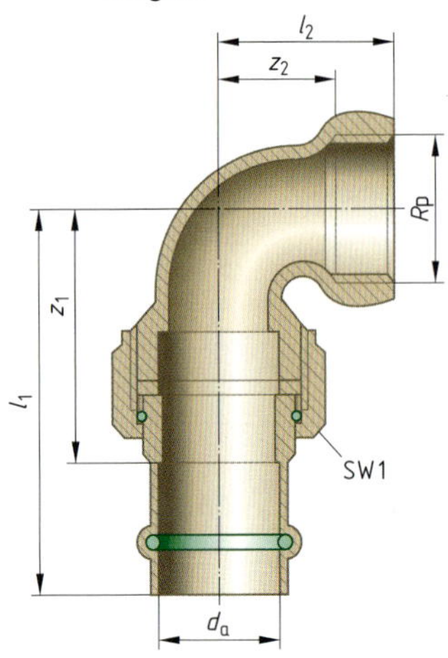

DN	$d_a \times$ Rp mm × inch	l_1 mm	z_1 mm	l_2 mm	z_2 mm	SW1 mm
10	12 × ½	53	36	33	18	30
12	15 × ½	60	38	33	18	30
15	18 × ½	63	41	33	18	30
15	18 × ¾	65	43	39	23	36
20	22 × ¾	71	47	39	23	37
20	22 × 1	74	50	44	25	37
25	28 × 1	81	57	47	28	46
32	35 × 1 ¼	85	60	57	35	53
40	42 × 1 ½	108	72	59	38	60
50	54 × 2	114	74	69	43	78

Ausführung: Verschraubung flachdichtend mit Außengewinde; Rotguss

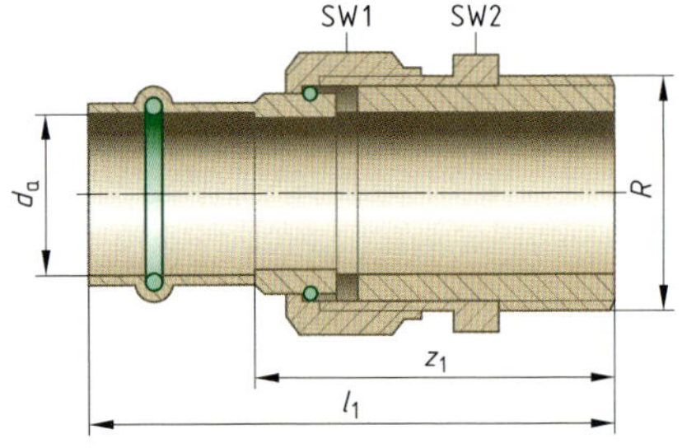

Verschraubung flachdichtend mit Innengewinde Rotguss

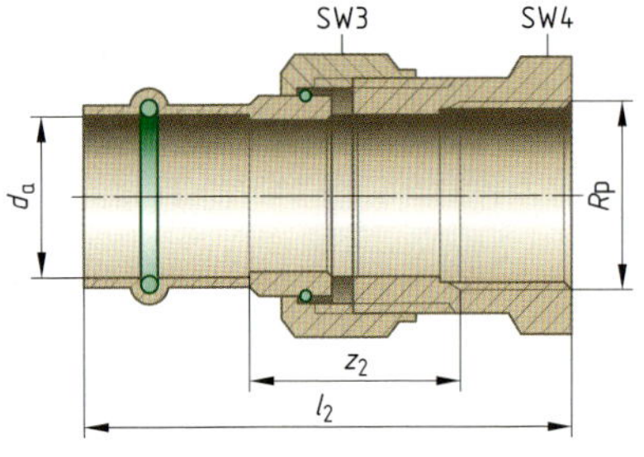

DN	$d_a \times$ R $d_a \times$ Rp mm × inch	l_1 mm	z_1 mm	SW1 mm	SW2 mm	l_2 mm	z_2 mm	SW3 mm	SW4 mm
10	12 × ⅜	55	37	30	27	56	23	30	27
10	12 × ½	58	40	30	27	–	–	–	–
12	15 × ½	65	43	30	27	63	26	30	27
12	15 × ¾	67	45	30	28	66	31	30	31
15	18 × ½	67	45	30	27	65	28	30	27
15	18 × ¾	69	47	30	28	68	33	30	31
20	22 × ½	69	46	37	34	–	–	–	–
20	22 × ¾	74	50	37	34	72	32	37	34
20	22 × 1	75	51	37	34	81	39	37	40
25	28 × ¾	79	55	46	44	63	23	46	32
25	28 × 1	78	54	46	44	76	33	46	44
32	35 × 1 ¼	89	63	53	50	83	36	53	50
40	42 × 1 ½	101	65	60	55	96	38	60	56
50	54 × 2	107	67	78	70	85	28	78	68

5.2.8 Steckfittings für Kupfer-, Stahl- und Edelstahlrohr (nach Herstellerangaben) *plug fittings*

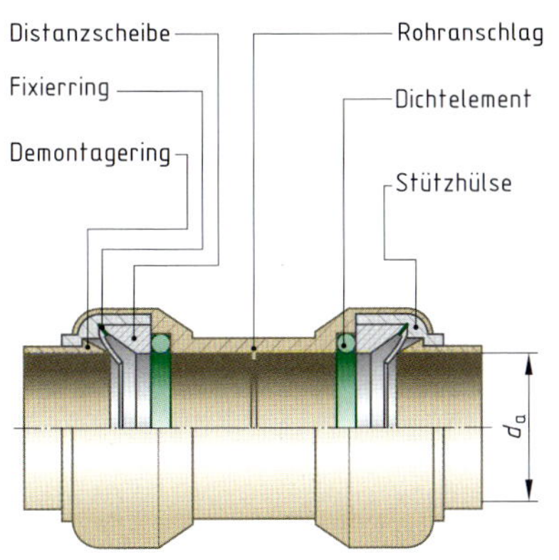

Einsatz	für Heizung, Sanitär u. Industrie – **nicht für Gas und Solar**
Steckverbindungsart	formschlüssige, dauerhaft dichte Rohrverbindung (DVGW W534)
Werkstoff	Entzinkungsbeständiges Messing CW 602N, Rotguss (Rg 5, CC 491K)
Dichtungselement	EPMD, einsetzbar unter Putz
Betriebstemperatur	−20 °C … +90 °C für Heizung und Sanitär
Betriebsdruck	10 bar bei 114 °C und 16 bar bei max. 30 °C
Demontierbar und wiederverwendbar; geeignet für CU-Rohr R220, R250, R290 und Kalibrieren erforderlich, ein Stützring aber nicht.	

Ausführung:

Winkel 90° i + i

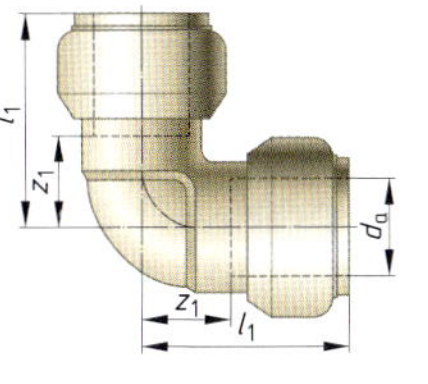

Winkel 90° i + a

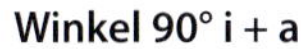
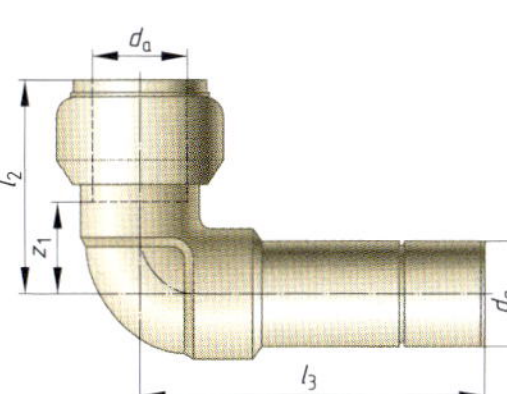

Winkel 45° i + i

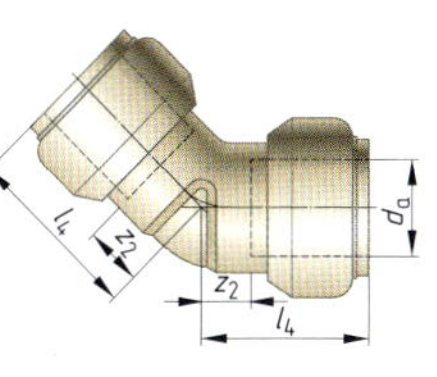

Winkel 45° i + a

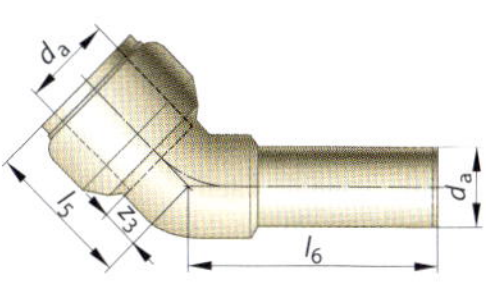

DN	d_a mm	l_1 mm	z_1 mm	l_2 mm	l_3 mm	l_4 mm	z_2 mm	l_5 mm	l_6 mm	z_3 mm
10	12	31	7	31	42	33	5	33	36	5
15	15	33	9	33	44	33	5	33	37	5
15	18	34	10	34	48	34	5	34	38	5
20	22	40	12	41	48	41	6	41	42	6
25	28	49	17	49	57	49	7	49	48	7
32	35	76	19	–	–	77	20	66	93	9
40	42	85	23	–	–	85	23	75	106	13
50	54	98	29	–	–	98	29	83	114	14

Ausführung:

T-Stück

Muffen

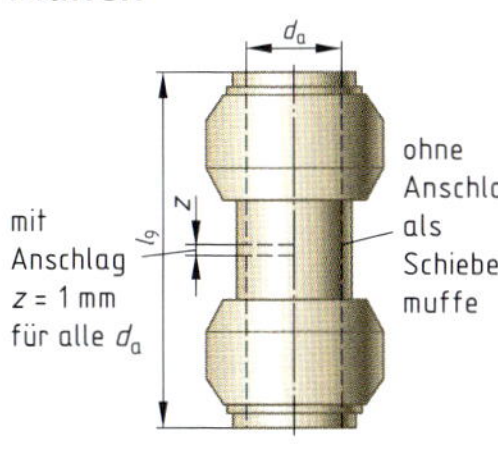

Kappe

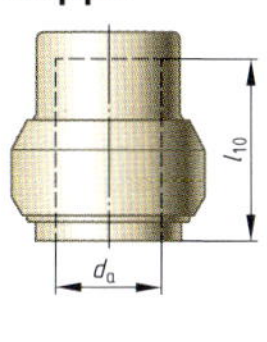

Kappe mit Entlüftung

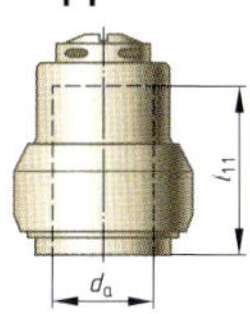

DN	d_a mm	l_7 mm	l_8 mm	z_4 mm	z_5 mm	l_9 mm	l_{10} mm	l_{11} mm
10	12	31	62	7	7	49	24	24
15	15	34	65	9	10	49	24	24
15	18	34	68	10	10	49	24	24
20	22	41	81	12	12	59	29	29
25	28	49	97	16	15	65	32	32
32	35	77	154	20	20	115	57	–
40	42	85	170	23	23	126	62	–
50	54	98	196	29	29	139	69	–

Ausführung: Reduziernippel

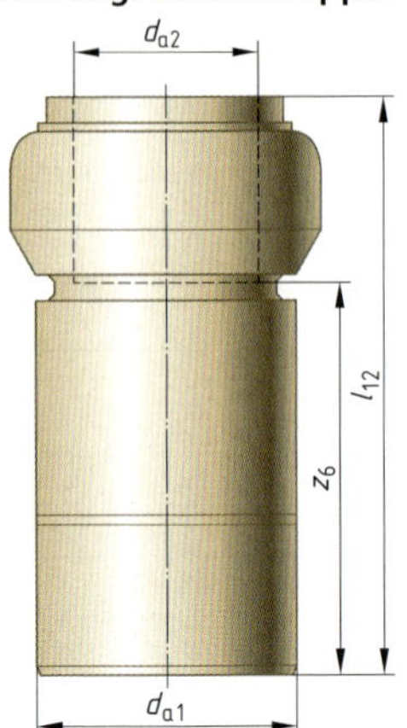

Reduziermuffe

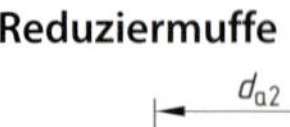
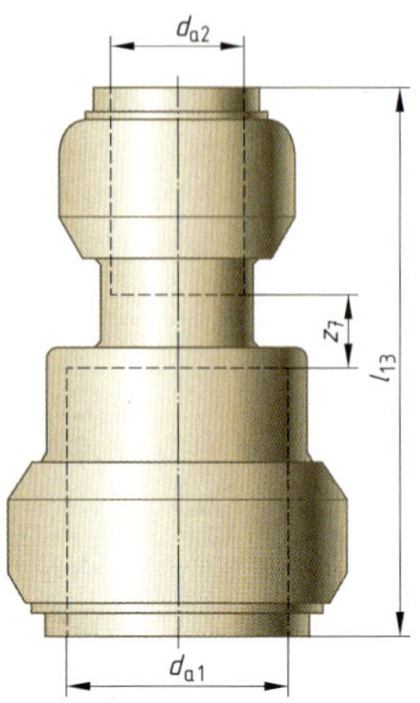

$d_{a1} \times d_{a2}$ mm	l_{12} mm	z_6 mm	l_{13} mm	z_7 mm
15 × 12	46	22	–	–
18 × 15	46	22	**49**	**1**
22 × 12	52	28	–	–
22 × 15	52	28	–	–
22 × 18	52	28	**54**	**1**
28 × 15	55	31	–	–
28 × 18	55	31	–	–
28 × 22	56	27	**62**	**1**
35 × 22	83	55,5		
35 × 28	87	55,5		
42 × 22	87	59,5		
42 × 28	91,5	58,5		
42 × 35	116	61		
54 × 35	124	67		
54 × 42	129	68		

Ausführung: T-Stück mit Abgang Rp

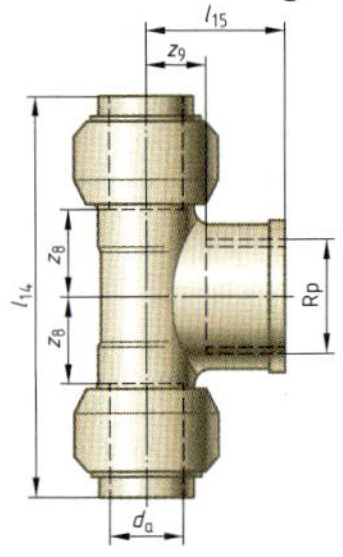

Übergangswinkel mit Abgang Rp

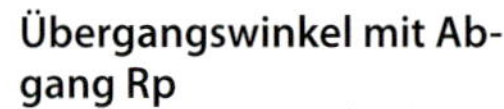
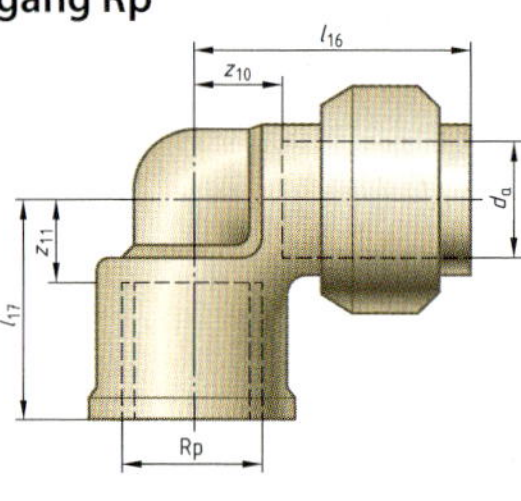

Übergangswinkel mit Abgang R

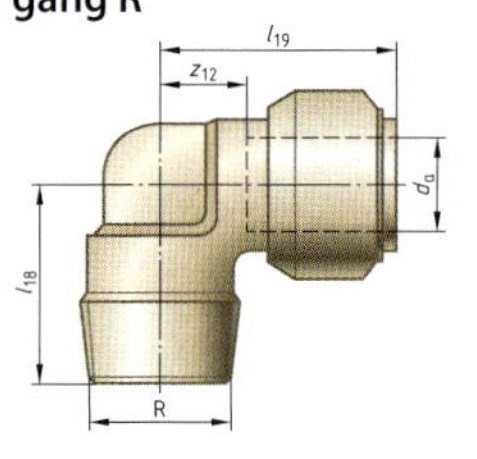

Deckenwinkel mit Abgang Rp

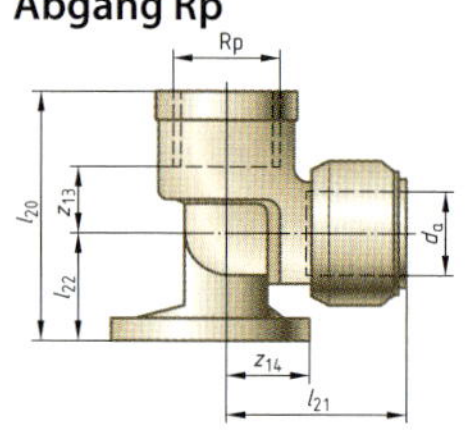

$d_a \times$ R $d_a \times$ Rp mm × inch	l_{14} mm	z_8 mm	l_{15} mm	z_9 mm	l_{16} mm	z_{10} mm	l_{17} mm	z_{11} mm	l_{18} mm	l_{19} mm	z_{12} mm	l_{20} mm	l_{21} mm	l_{22} mm	z_{13} mm	z_{14} mm
12 × ½	–	–	–	–	34	10	25	11	29	33	7	45	34	20	11	11
15 × ½	69	11	25	11	34	10	25	11	29	33	9	45	35	20	11	11
18 × ½	70	13	27,5	12	36	12	25	11	29	34	10	45	34	20	13	11
18 × ¾	–	–	–	–	40	16	33	18	36	34	10	51	40	20	9	11
22 × ½	78	10	27	14	–	–	–	–	–	–	–	–	–	–	–	–
22 × ¾	78	13	30	12	42	13	33	18	34	41	12	54	40	21	18	12
28 × 1	–	–	–	–	49	17	37	21	42	49	17	–	–	–	–	–
35 × ½	136	11	48,5	20	–	–	–	–	–	–	–	–	–	–	–	–
42 × ½	147	11	52	23	–	–	–	–	–	–	–	–	–	–	–	–

Ausführung: Übergangsnippel

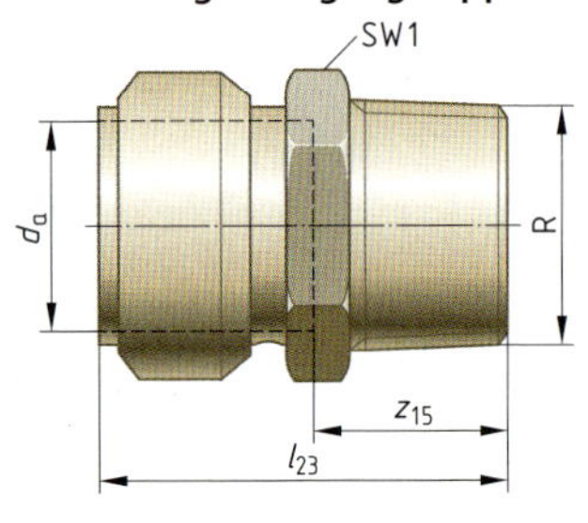

Übergangsmuffe

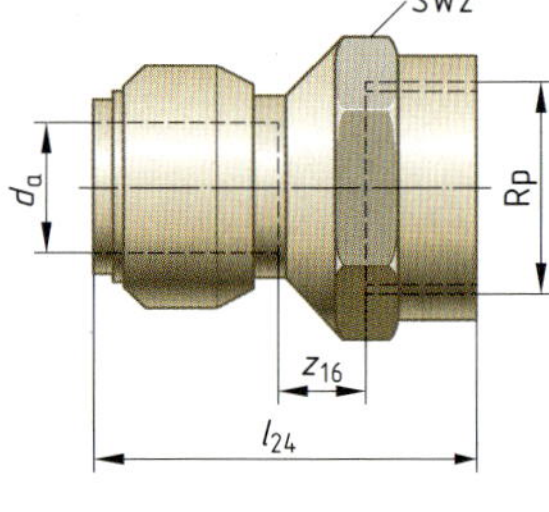

$d_a \times$ R $d_a \times$ Rp mm × inch	l_{23} mm	z_{15} mm	SW1 mm	l_{24} mm	z_{16} mm	SW2 mm
12 × ⅜	39	15	20	39	2	25
12 × ½	40	16	25	40	2	25
15 × ⅜	39	16	20	39	2	22
15 × ½	40	16	22	40	3	25
18 × ½	43	19	24	40	3	25
18 × ¾	43	19	28	43	3	32
22 × ½	44	16	28	45	2	32
22 × ¾	46	18	28	47	3	32

Ausführung: T-Stück reduziert

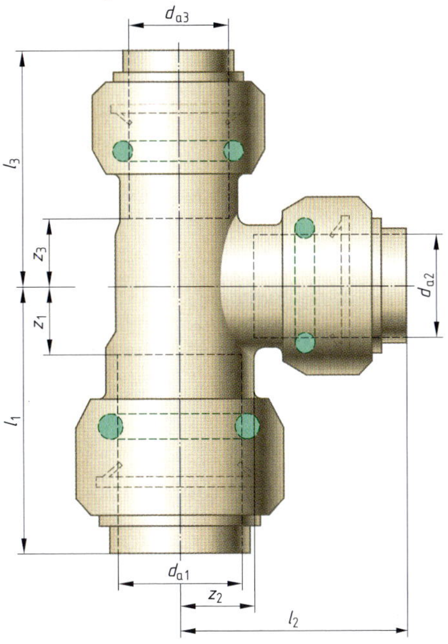

$d_{a1} \times d_{a2} \times d_{a3}$ mm	l_1 mm	l_2 mm	l_3 mm	z_1 mm	z_2 mm	z_3 mm
15 × 12 × 15	30,2	31,5	30,2	7,2	8,5	7,2
22 × 15 × 15	35,5	35,2	35,2	8,5	12,2	12,2
22 × 15 × 22	35,7	35,2	35,7	8,7	12,2	8,7
22 × 18 × 18	35,5	35,2	33,0	8,5	12,2	10,0
22 × 18 × 22	37,5	35,2	37,5	10,5	12,2	10,5
22 × 22 × 15	39,2	39,2	35,2	12,2	12,2	12,2
22 × 22 × 18	39,2	39,2	35,2	12,2	12,2	12,2
28 × 15 × 28	39,7	38,5	39,7	8,7	15,5	8,7
28 × 18 × 18	41,0	38,2	41,0	10,2	15,2	10,2
28 × 18 × 28	41,4	39,8	33,2	10,4	16,8	10,2
28 × 22 × 22	46,2	42,5	42,5	15,2	15,5	15,5
28 × 22 × 28	43,2	42,5	43,2	12,2	15,5	12,2
28 × 28 × 15	46,2	46,2	38,5	15,2	15,2	15,5
28 × 28 × 18	46,2	46,2	38,2	15,2	15,2	15,2
28 × 28 × 22	46,2	46,2	38,5	15,2	15,2	15,5
35 × 15 × 35	68,3	62,7	68,3	11,3	39,7	11,3
35 × 22 × 35	74,2	72,9	74,2	17,2	45,9	17,2
35 × 28 × 35	74,2	75,9	74,2	17,2	44,9	17,2
42 × 22 × 42	79,4	76,4	79,4	17,4	49,4	17,4
42 × 28 × 42	79,4	79,4	79,4	17,4	48,4	17,4
54 × 22 × 54	87,8	77,3	87,8	19,0	50,0	19,0
54 × 28 × 54	87,8	85,3	87,8	18,8	54,3	18,8
54 × 35 × 54	88,8	86,0	88,8	19,8	29,0	19,8

5

5.3 Mehrschicht-Verbundrohrsysteme

(Herstellerangaben)

Rohrabmaße:
d_a: Außendurchmesser in mm
d_i: Innendurchmesser in mm
s: Wanddicke mm
A: lichter Querschnitt in cm^2
m': längenbezogene Masse g/m
V': längenbezogener Rohrinhalt in dm^3/m

Anwendung:
- Trinkwasser (warm und kalt)
- Heizung, Flächenheizung
- Druckluft

5.3.1 Mehrschichtverbundrohre für Trinkwasser-, Heizungs- und Druckluftanlagen[1)]

Ausführung:				PE-Xc/Al/PE-Xc (PN 10)			PE-X/Al/PE-HD (PN 20)						PP/Al/PP (PN 25)					
Lieferform: Stange				$l = 5m$ für $d_a = 16 \ldots 63$ mm			$l = 5m$ für $d_a = 16 \ldots 63$ mm						$l = 4m$ für $d_a = 16 \ldots 100$ mm					
Ringbund				$l = 50 \ldots 200$ mm für $d_a = 16 \ldots 25$ mm			$l = 50/100$ für $d_a = 16 \ldots 26$ mm						$l = 100$ m für $d_a = 16$ mm					
Biegeradius:				$R \geq 5 \times d_a$			$R \geq 5 \times d_a$						$R \geq 6 \times d_a$					
Längenausdehnungs-koeffizient:				$\alpha = 0{,}025 \frac{mm}{m \cdot K}$			$\alpha = 0{,}026 \frac{mm}{m \cdot K}$						$\alpha = 0{,}03 \frac{mm}{m \cdot K}$					
zul. Druck				≤ 10 bar			≤ 6 bar			≤ 10 bar			≤ 7,17 bar			≤ 12,7 bar		
zul. Temperatur				≤ 70 °C			≤ 95 °C			≤ 70 °C			≤ 90°			≤ 60°		
DN	**d_a mm**	**s mm**	**d_i mm**	**A cm^2**	**V' dm^3/m**	**m' g/m**	**d_a mm**	**s mm**	**d_i mm**	**A cm^2**	**V' dm^3/m**	**m' g/m**	**d_a mm**	**s mm**	**d_i mm**	**A cm^2**	**V' dm^3/m**	**m' g/m**
10	16	2,2	11,6	1,06	0,106	112,8	16	2,0	12	1,13	0,11	130	16	2,7	10,6	0,85	0,085	185
15	20	2,8	14,4	1,63	0,163	173,8	20	2,5	15	1,76	0,18	190	20	3,4	13,2	1,37	0,137	212
20	25	2,7	19,6	3,02	0,305	245,0	26	3,0	20	3,14	0,31	300	25	4,2	16,6	2,16	0,216	326
25	32	3,2	25,6	5,14	0,522	380,0	32	3,0	26	5,31	0,53	420	32	5,4	21,2	3,53	0,353	506
32	40	3,5	33,0	8,55	0,855	525,0	40	3,5	33	8,55	0,86	600	40	6,7	26,6	5,56	0,556	759
40	50	4,0	42,0	13,85	1,385	735,0	50	4,0	42	13,9	1,39	840	50	8,4	33,2	8,66	0,866	1,148
50	63	4,5	52,0	21,23	2,255	1090	63	4,5	54	22,9	2,29	1200	63	10,5	42,0	13,85	1,385	1,752

[1)] Herstellerangaben nicht immer übertragbar, auf DVGW Zulassung achten.

5.3.2 Auswahlkriterien für Rohrleitungssysteme in der Gebäudetechnik

Anwendung	Regelwerk	Betriebs-temperatur	Betriebsdruck	Rohrwerkstoff	Elastomer[5]
Gashausanschluss-leitungen	DVGW G 459-1	– 20 °C bis 20 °C [1]	bis 10 bar	PE / PE-X	NBR
Wasserhausanschluss-leitungen	DVGW W 400-1 bis 3	bis 20 °C	bis 16 bar	PE / PE-X	NBR
Gasinstallation	DVGW G 600 TRGI 2018	– 20 °C bis 70 °C	bis 5 bar (HTB / GT 5) bis 5 bar (HTB / GT 1)	Edelstahl Kupfer	HNBR
Flüssiggasinstallation	TRF 2021[2]	– 20 °C bis 70 °C	≤ 100 mbar (GT 1) > 100 mbar (GT 5)	Kupfer Edelstahl	HNBR
Flächentemperierung	DIN EN 1264	bis 50 °C	bis 6 bar	Polybutylen PE-X	EPDM
Trinkwasseranlagen	DIN 1988[6] VDI 6023	60 °C (85 °C)	bis 10 bar (DEA bis 16 bar)	Edelstahl Kupfer PE-X; PE-X/AL/PE-X	EPDM
Trinkwasser-erwarmungsanlagen (therm. Desinfektion)	DIN 1988[6] DVGW W 291 / W551 / W553	bis 60 °C (≥ 70 °C)	10 bar 6 bar (geschl. TWE)	Edelstahl Kupfer PE-X; PE-X/AL/PE-X	EPDM
Trinkwasser-erwärmungsanlagen (heizungsseitig)	DIN 1988[6] DIN 4753-1	≤ 95 °C (TWE geschl.) > 95 °C (TWE mittelbar)	10 bar 6 bar (geschl. TWE)	Edelstahl Kupfer	EPDM
Heizungsanlagen (NT-PWWH)	DIN EN 12828	bis 70 °C	bis 6 bar	Kupfer Stahl (S235JR) PE-X/AL/PE-X	EPDM
Nahwärme (Erdreich)	AGFW	bis 95 °C	bis 10 bar	PE-X; PE-X/AL/PE-X	EPDM
Heizungsanlagen (gewerblich) WRG	DIN EN 12828	bis 110 °C	bis 6 bar	Kupfer Stahl (S235JR)	EPDM
Solaranlagen (Flachkollektoren)	DIN EN 12975 DIN EN 12976	bis 200 °C[3]	bis 6 bar	Edelstahl Kupfer	EPDM
Fernwärmeanlagen	Techn. Anschluss-beding. TAB Fern-wärmeversorger[4]	bis 140 °C	bis 16 bar	Edelstahl Kupfer	FKM
Solaranlagen (Vakuumkollektoren)	DIN EN 12975 DIN EN 12976	bis 280 °C[3]	bis 6 bar	Edelstahl Kupfer	FKM

[1] – 20 °C Prüfkriterium für Einsatz in Gasleitungen
[2] in Anlehnung an DVGW-Arbeitsblatt G 600 TRGI 2018
[3] Stillstandtemperaturen von bis zu 200 °C möglich, bei Vakuumröhrenkollektoren bis zu 280 °C (DIN EN 12977-1)
[4] die Anforderungen der TAB der einzelnen Versorger können differenzieren
[5] Kurzbezeichnung für anwendungsspezifische Compounds mit den erforderlichen Zulassungen
[6] Die DIN 1988 besteht aus den Teilen ..-100, -200, -300, -500, -600.

5.3.3 Pressfittings für Mehrschichtverbundrohr (Radialpressen)

Ausführung: P-Winkel 90°

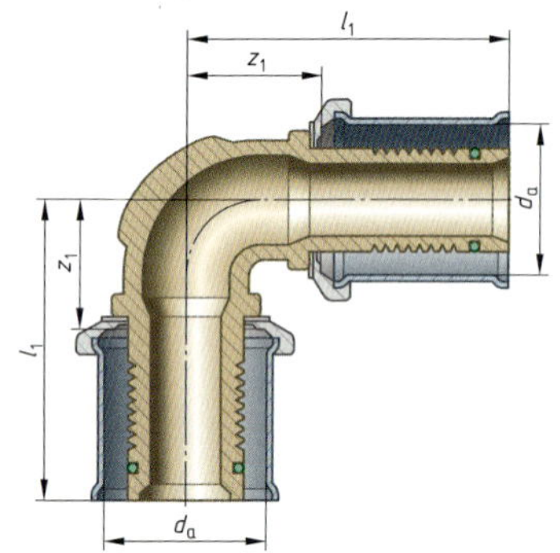

P-Winkel 45°

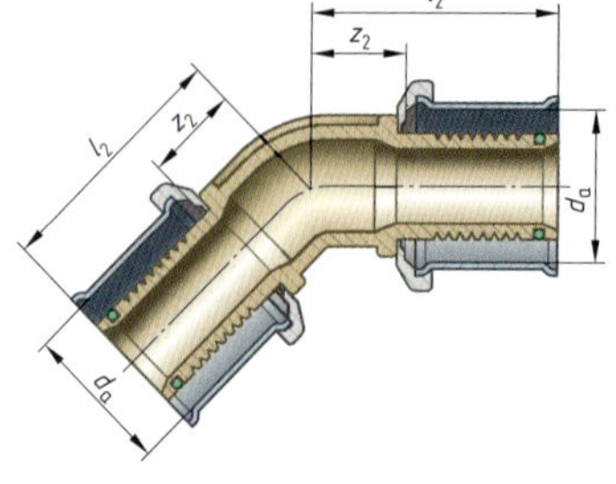

DN	d_a mm	l_1 mm	z_1 mm	l_2 mm	z_2 mm
10	16	37	17	–	–
15	20	41	19	–	–
20	25	45	21	43	19
25	32	52	24	48	21
32	40	65	35	58	29
40	50	76	40	66	33
50	63	89	47	75	33

Ausführung: P-T-Stück, egal und reduziert

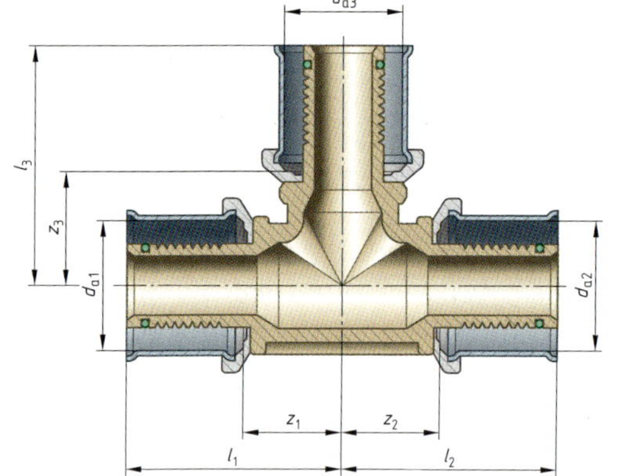

d_{a1} mm	d_{a3} mm	d_{a2} mm	l_1 mm	l_2 mm	l_3 mm	z_1 mm	z_2 mm	z_3 mm
16	16	16	37	37	37	17	17	17
16	20	16	40	40	41	20	20	19
20	16	16	41	40	39	19	20	19
20	16	20	39	39	39	17	17	19
20	20	16	41	40	41	19	20	19
20	20	20	40	40	40	19	19	19
25	16	16	45	41	41	21	21	21
25	16	20	45	43	41	21	21	21
25	16	25	45	45	41	21	21	21
25	20	20	45	43	43	21	21	21
25	20	25	45	45	43	21	21	21
25	25	16	45	41	45	25	21	21
25	25	25	45	45	45	21	21	21
32	16	25	48	44	43	20	20	23
32	16	32	48	48	43	20	20	23
32	20	20	48	44	45	20	22	23
32	20	32	48	48	43	20	20	22
32	25	25	52	48	48	24	24	24
32	25	32	52	52	48	24	24	24
32	32	32	52	52	52	24	24	24
40	20	40	55	55	49	25	25	27
40	25	32	55	53	51	25	25	27
40	25	40	55	55	51	25	25	27
40	32	32	58	56	56	28	28	28
40	32	40	58	58	56	28	28	29
40	40	40	62	62	62	32	32	31
50	25	50	65	65	56	29	29	25
50	32	50	65	65	60	29	29	29
50	40	50	70	70	65	34	34	35
50	50	50	75	75	75	39	39	36
63	25	63	74	74	64	32	32	40
63	32	63	74	75	68	32	32	40
63	40	63	77	77	73	35	35	43
63	50	63	83	83	80	40	40	44
63	63	63	87	87	87	45	45	43

Ausführung: P-Kupplung

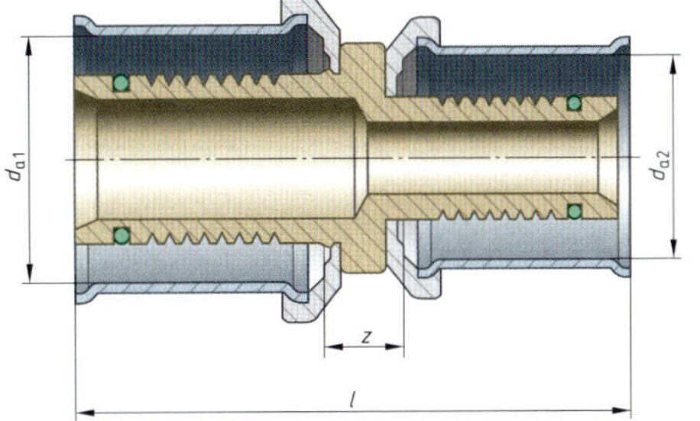

d_{a1} mm	d_{a2} mm	l mm	z mm
16	16	49	8
20	20	52	8
20	16	50	9
25	25	59	10
25	16	54	10
25	20	56	10
32	32	68	10
32	20	60	10
32	25	63	10
40	40	71	11
40	32	69	10
50	50	82	11
50	40	77	11
63	63	95	10
63	50	89	11

Ausführung: P-Verschraubung (G)

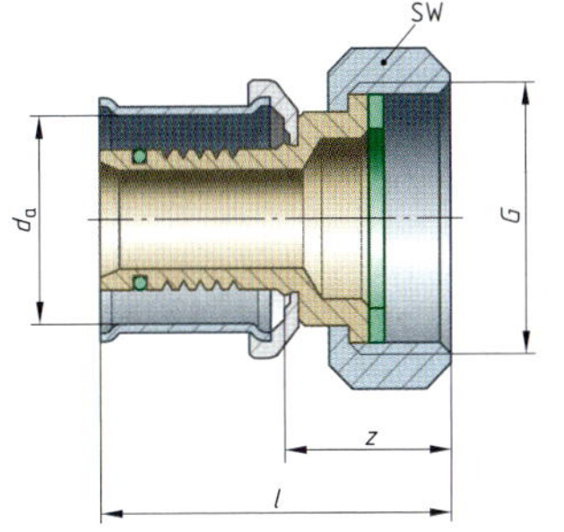

d_a mm	G inch	l mm	z mm	SW mm
16	½	38	19	23
16	¾	42	23	30
20	½	47	26	24
20	¾	43	23	30
25	1	46	22	36
25	1 ¼	51	26	50
25	1 ½	55	30	52
32	1	57	37	37
32	1 ¼	55	25	50
32	1 ½	58	28	52
40	1 ¼	67	36	46
40	1 ½	56	25	52
50	1 ¾	63	27	59
50	2 ½	75	30	66
63	2 ½	75	28	70

Ausführung: P-Bogen 90° (R)

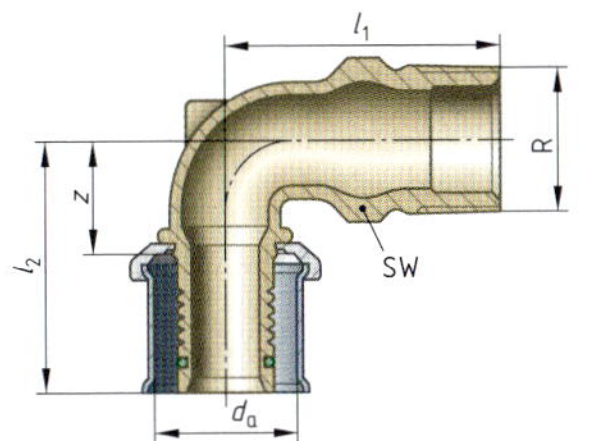

P-Winkel 90° (Rp)

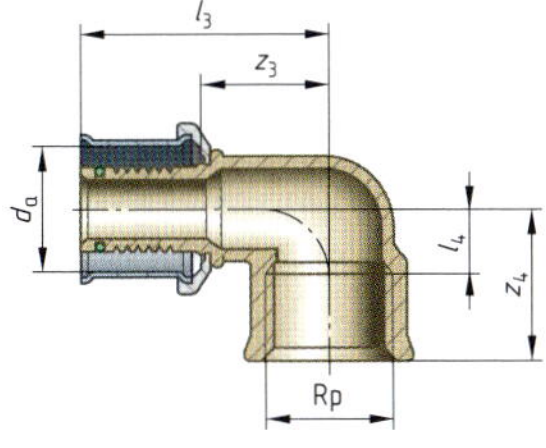

d_a mm	R/Rp inch	l_1 mm	l_2 mm	l_3 mm	l_4 mm	z mm	z_3 mm	z_4 mm	SW mm
16	½	45	37	44	28	16	26	20	21
16	¾	45	37	–	–	17	–	–	19
20	½	36	40	45	32	19	31	23	19
20	¾	36	40	47	37	19	33	26	19
25	1	56	48	–	–	24	–	–	32
25	¾	49	45	55	39	21	36	29	27
32	1	58	52	59	45	24	40	33	32
40	1 ¼	72	65	–	–	35	–	–	41
50	1 ½	77	76	–	–	40	–	–	41
50	1 ¼	75	76	–	–	40	–	–	48
63	2	90	89	–	–	46	–	–	59

Ausführung: P-Übergangsstück (R) *transition piece*

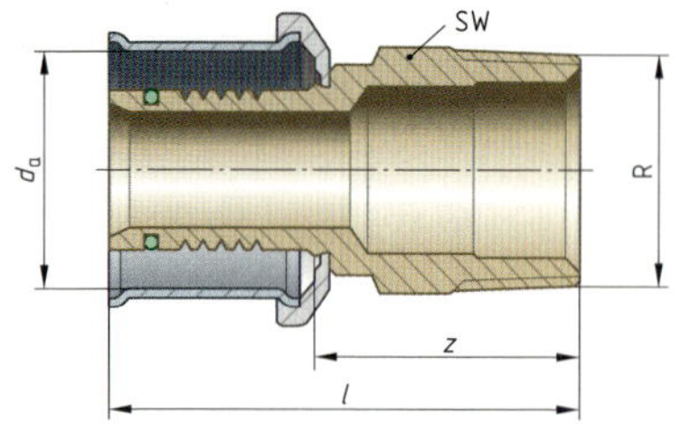

d_a mm	R inch	l mm	z mm	SW mm
16	½	49	29	22
16	¾	42	32	27
20	½	50	29	22
20	¾	51	30	27
25	¾	60	36	27
25	1	64	25	34
32	1	68	40	34
32	1 ¼	71	43	43
40	1 ¾	71	41	43
50	1 ¼	79	43	47
50	1 ½	79	43	50
63	2	91	48	68

P-Übergangsstück (Rp)

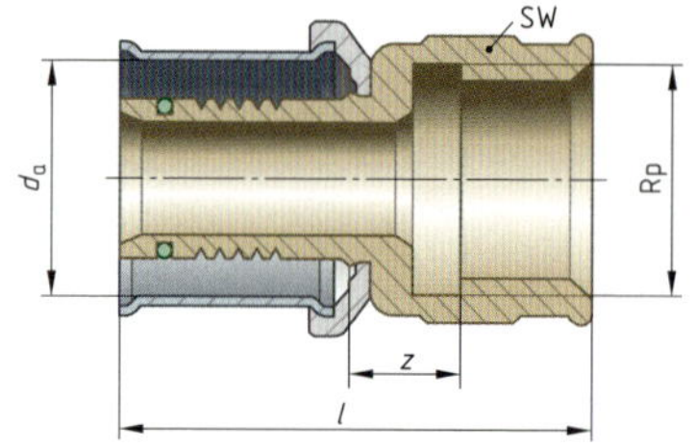

d_a mm	Rp inch	l mm	z mm	SW mm
16	½	41	9	25
16	¾	43	10	30
20	½	41	9	25
20	¾	43	9	31
25	¾	47	9	31
25	1	50	11	37
32	1	54	11	38
40	1 ¼	59	13	47
50	1 ½	66	14	63
63	2	77	13	70

Ausführung: P-T-Stück (Rp)

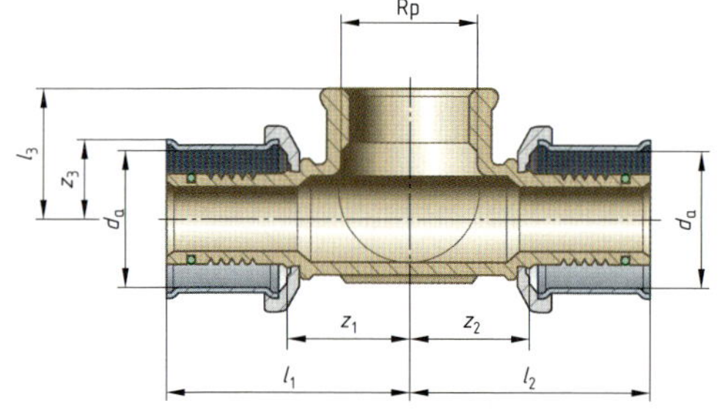

d_a mm	Rp inch	l_1 mm	l_2 mm	l_3 mm	z_1 mm	z_2 mm	z_3 mm
16	½	43	43	23	23	23	13
20	½	46	46	24	26	26	14
25	½	46	46	21	22	22	12
25	¾	51	51	24	26	26	14
32	¾	54	54	24	26	26	13
32	1	55	55	29	27	27	18
40	¾	60	60	30	30	30	20
40	1	60	60	32	30	30	21
50	¾	70	70	35	34	34	25
50	1	65	65	36	29	29	25
63	1	73	73	41	31	31	30

Ausführung: P-Wandscheibe *wall washer*

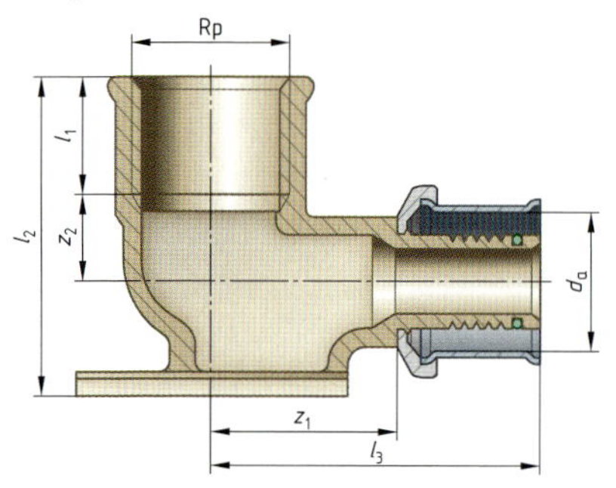

d_a mm	Rp inch	l_1 mm	l_2 mm	l_3 mm	z_1 mm	z_2 mm
16	½	15	46	47	27	15
20	½	15	48	48	28	15
20	¾	17	47	51	31	14

P-Doppelwandscheibe *double-wall disc*

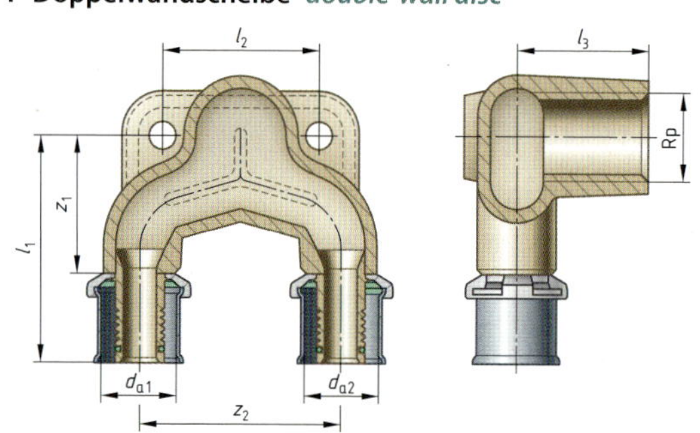

d_{a1} mm	d_{a2} mm	Rp inch	l_1 mm	l_2 mm	l_3 mm	z_1 mm	z_2 mm
16	16	½	55	40	32	50	36
16	20	½	57	40	32	50	35
20	20	½	55	40	32	50	35

Ausführung: P-Wanddurchführung 90°
wall by implementing

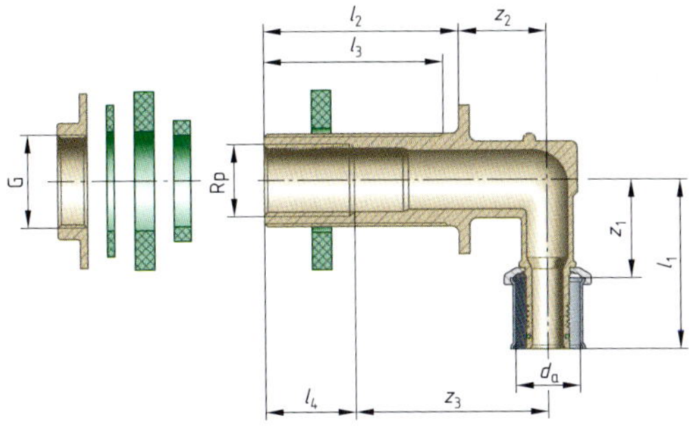

d_a mm	Rp inch	G inch	l_1 mm	l_2 mm	l_3 mm	l_4 mm	z_1 mm	z_2 mm	z_3 mm
16	½	¾	50	18	15	15	27	25	28
16	½	¾	47	25	21	15	27	25	35
16	½	¾	47	35	31	25	27	25	35
16	½	¾	47	55	51	30	27	25	50

P-Doppelwanddurchführung
double-wall by implementing

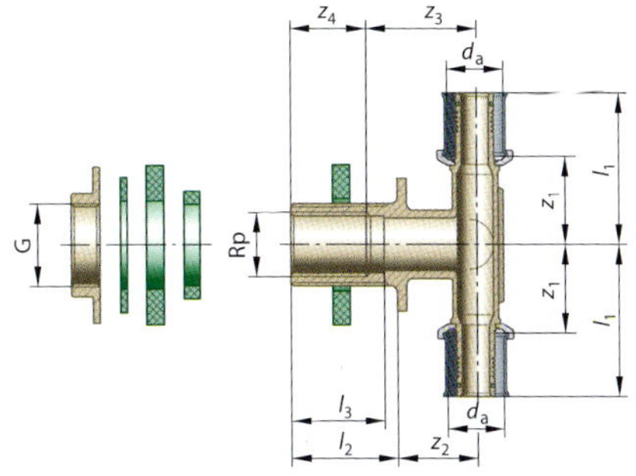

d_a mm	Rp inch	G inch	l_1 mm	l_2 mm	l_3 mm	z_1 mm	z_2 mm	z_3 mm	z_4 mm
16	½	¾	47	18	16	27	25	28	15
16	½	¾	47	25	21	27	25	35	15
16	½	¾	47	35	31	27	25	35	25

Ausführung: Wanddurchführung

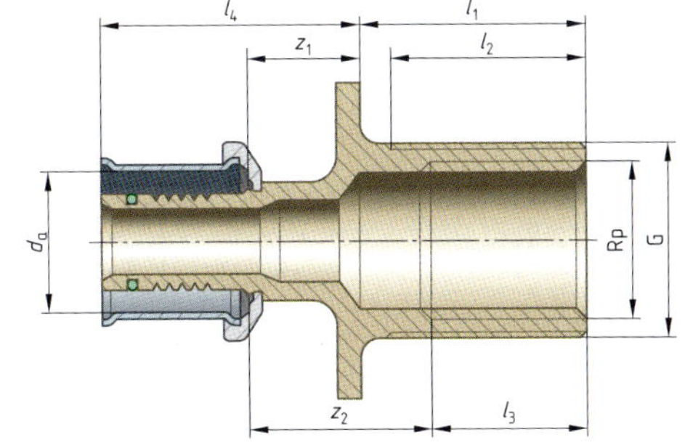

d_a mm	Rp inch	G inch	l_1 mm	l_2 mm	l_3 mm	l_4 mm	z_1 mm	z_2 mm
16	½	¾	30	25	20	34	15	25

P-Verteiler (4-fach)

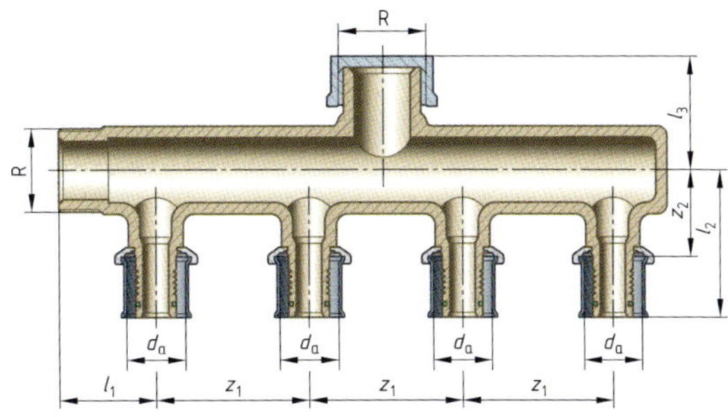

d_a mm	R inch	l_1 mm	l_2 mm	l_3 mm	z_1 mm	z_2 mm
16	¾	32	47	32	50	27

5.4 Rohrarmaturen aus Metall

5.4.1 Armaturen für Gewindeverbindungen

Merkmal/ Armatur	Baulänge	Bauhöhe	Strömungs-Widerstand	Öffnungs- bzw. Schließzeit	Eignung für Stell-vorgänge	Molchung	Einsatzgrenzen
Ventil	groß	mittel	groß	mittel	sehr gut	nein	Mittlere DN, höchste PN
Schieber	klein	groß	klein	lang	schlecht	möglich	Größte DN, mittlere PN
Hahn	mittel	klein	klein	kurz	schlecht	möglich	Mittlere DN, mittlere PN
Klappe	klein	klein	mittel	kurz	mäßig	nein	Größte DN, kleine PN

5.4.1.1 Armaturen aus Messing (Herstellerangaben)

Freistromventile mit (ohne) Entleerung – Innengewinde (DIN – DVGW)

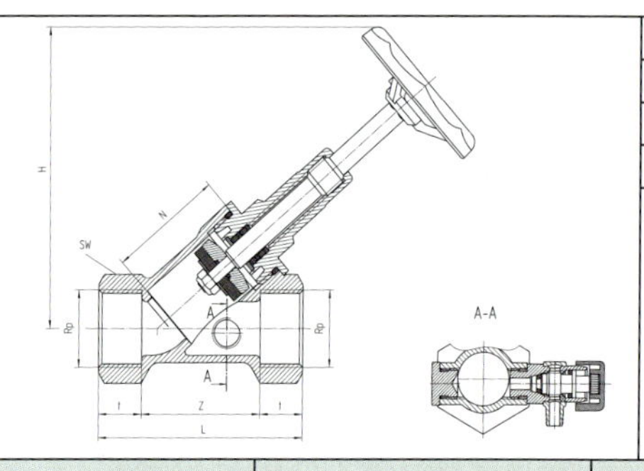

Druckbereich	PN16
Nennweiten	DN 15 50
Temperaturbeständigkeit	90 °C
Werkstoff	CuZn40Pb2
Gehäuseausführung	Nockengehäuse

Nennweite	Anschlussgewinde Rp	Maße in mm					
		L mm	*H* mm	*N* mm	*t* mm	*Z* mm	*SW 6-kt/8 kt** mm
15	½	67	90	34,5	15	37	27
20	¾	77	104	42,5	16,3	44	32
25	1	92	130	51,0	19,1	54	41
32	1 ¼	112	158	62,0	21,4	69	50*
40	1 ½	122	170	70,5	21,4	79	55*
50	2	152	205	87,5	25,7	100	70*

Gradsitzventil – Innengewinde (DIN – DVGW)

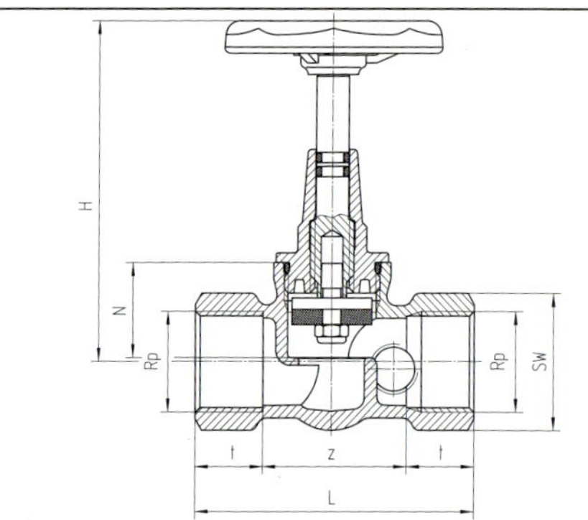

Druckbereich	PN20
Nennweiten	DN 15 50
Temperaturbeständigkeit	90 °C
Werkstoff	CuZn40Pb2
Gehäuseausführung	Innengewinde

Nennweite	Anschlussgewinde Rp	Maße (mm)					
		L mm	*H* mm	*t* mm	*Z* mm	*N* mm	SW 6-kt/8-kt* mm
15	½	64	71	13,2	37,6	22	25
20	¾	73,5	91	14,5	44,5	25	32
25	1	91,5	110	16,8	57,9	31	41

Nennweite	Anschlussgewinde Rp	Maße (mm)					
		L mm	*H* mm	*t* mm	*Z* mm	*N* mm	SW 6-kt/8-kt* mm
32	1 ¼	110	132	21,4	67,2	36	50*
40	1 ½	120	139	23	74	41,5	56*
50	2	150	156	25,7	98,6	48	70*

Kesselfüll- und Entleerungsventil – Innen-/Außengewinde (DIN – DVGW)

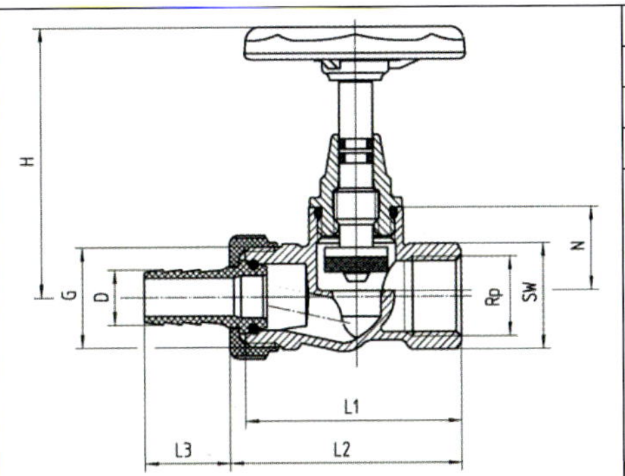

Druckbereich	PN20
Nennweiten	DN 15 …… 50
Temperaturbeständigkeit	90 °C
Werkstoff	CuZn40Pb2
Gehäuseausführung	Innengewinde

Nennweite	Anschlussgewinde G	Maße (mm)						
		L1 mm	*L2* mm	*L3* mm	*H* mm	*D* mm	*N* mm	*SW* mm
15	¾	58,5	62,5	22,5	70	14,4	22	25
20	1	68	76	24,5	89	20,4	25	32

Kolbenschieber – Innengewinde (DIN – DVGW)

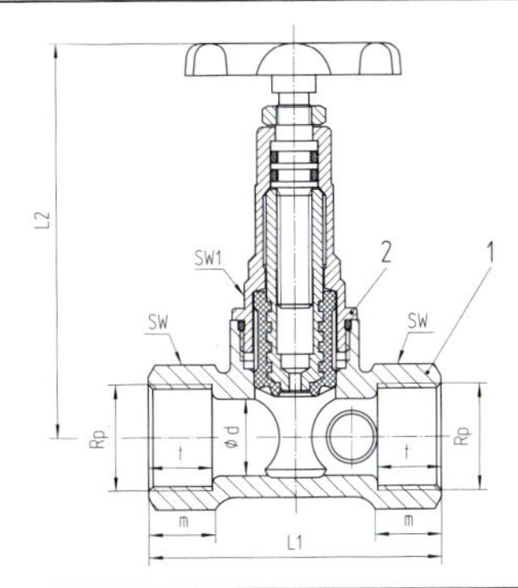

Druckbereich	PN10
Nennweiten	DN 15 ……. 50
Temperaturbeständigkeit	90 °C
Werkstoff	CuZn40Pb2
Gehäuseausführung	Innengewinde

Nennweite	Anschlussgewinde Rp	Maße (mm)					
		L1 mm	*L2* mm	*t* mm	*d* mm	*m* mm	*SW 6-kt/8 kt** mm	*SW 1* mm
15	½	65	98	15	14	15	27	24
20	¾	75	100	16,3	19	17	32	24
25	1	90	124	19,1	24	20	41	32
32	1 ¼	110	153	21,4	30	22	50*	42
40	1 ½	120	170	21,4	38	22	55*	49
50	2	150	203	25,7	47	26	70*	60

Kugelhahn – Innengewinde (DIN – DVGW)

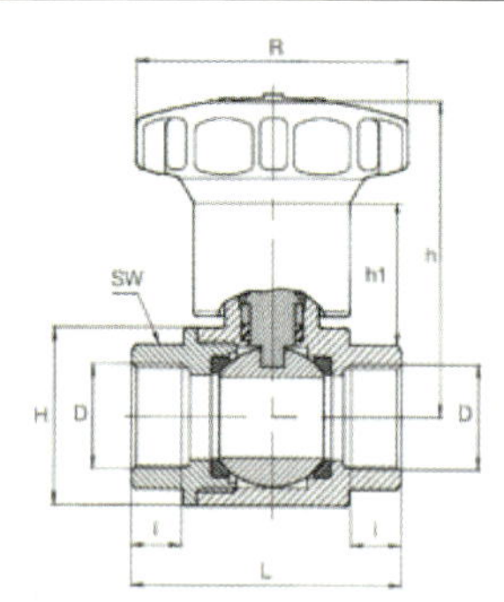

Druckbereich	PN25 …….. 64
Nennweiten	DN8 ………. 50
Temperaturbeständigkeit	–30 °C – 160 °C
Werkstoff (Gehäuse/Kugel) / Dichtungen	CuZn40Pb2 / PTFE
Gehäuseausführung	Innengewinde

Nennweite	Anschlussgewinde D (Rp)	Druckbereich (bar)	Maße (mm)						
			L mm	*h* mm	*H* mm	*h1* mm	*R* mm	*i* mm	*SW* mm
8	¼	64	52	68	28	25	80	11	22
10	3/8	64	52	68	28	25	80	11	22
15	½	64	64	72	35	25	80	16	27
20	¾	40	40	82	44	35	80	19	33
25	1	40	40	88	53	35	80	19	41
32	1 ¼	25	25	108	63	35	112	20	50
40	1 ½	25	25	118	78	40	112	21	55
50	2	25	25	130	94	50	115	26	70

Kugelhahn – Innengewinde (DIN – DVGW)

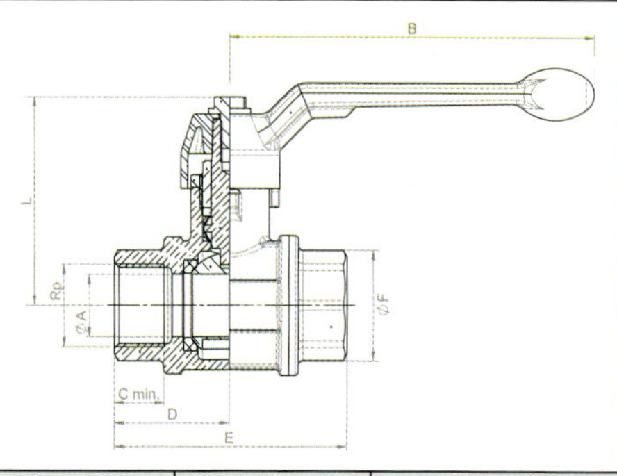

Druckbereich	PN 80*/100
Nennweiten	DN6 ……… 50
Temperaturbeständigkeit	–20°C – 130°C
Werkstoff (Gehäuse/Kugel)/ Dichtung	CW617N / PTFE
Gehäuseausführung	Innengewinde/Innengewinde

DN	Rp inch	Maße (mm)							
		øA mm	*B* mm	*C* mm	*D* mm	*E* mm	*øF* mm	*L* mm	*SW* mm
6	1/8″	8	75	10,0	24,0	48,0	23,0	52,0	19
8	¼″	8	75	12,0	24,5	51,0	23,0	52,0	22
10	3/8″	10	100	12,0	27,1	54,3	29,0	60,8	22
15	½″	15	100	15,0	34,5	69,0	36,0	63,8	27
20	¾″	20	120	16,3	38,5	77,0	44,5	75,6	33
25	1″	25	120	19,1	44,5	89,3	53,3	79,4	41
32	1 ¼″	32	150	21,4	51,5	103,0	65,0	97,6	50
40	1 ½″	40	150	22,0	57,0	114,0	79,0	104,0	55
50*	2″	50	200	25,7	67,0	134,0	96,0	117,5	70

Rückflussverhinderer – Innengewinde (DIN – DVGW)

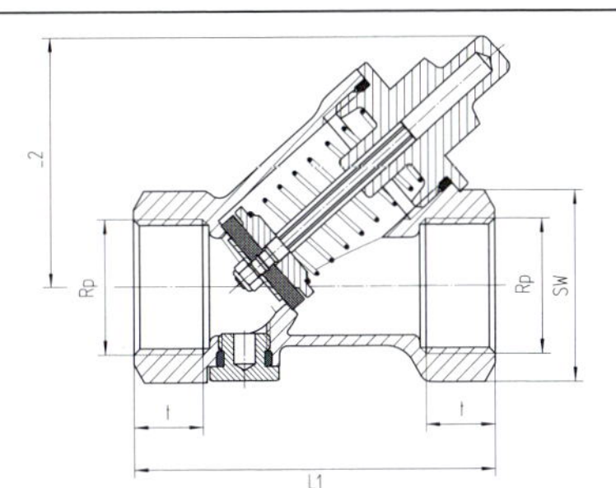

Druckbereich	PN16
Nennweiten	DN15 50
Temperaturbeständigkeit	90 °C
Werkstoff	CuZn40Pb2
Gehäuseausführung	Nockengehäuse

Nennweite	Anschlussgewinde R / Rp inch	Maße (mm) L1 mm	L2 mm	t mm	SW 6-kt/8-kt* mm
15	½	66,5	40	13,2	27
20	¾	76,5	50	14,8	32
25	1	91,5	61	17,5	41
32	1 ¼	111,5	70	21,4	50*
40	1 ½	121,5	90	21,4	55*
50	2	152	111	25,7	70*

Wasserzähler – Einbaugarnitur (DIN – DVGW)

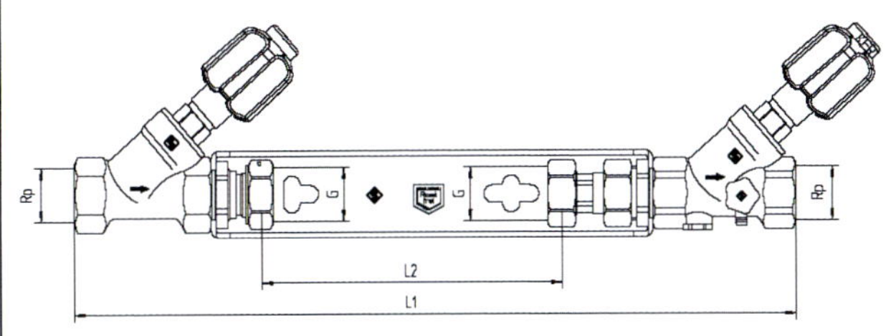

Druckbereich	PN16
Nennweiten	DN25 50
Temperaturbeständigkeit	90 °C
Werkstoff (Gehäuse/Kugel)/ Dichtung	CuZn40Pb2/X5CrNi18-10 CuZn21Si3P/X5CrNi18-10

Nennweite	Anschlussgewinde Rp inch	Anschlussgewinde G inch	Maße (mm) L1 mm	L2 mm	Wandabstand fest mm	Wandabstand verstellbar mm
25-Q_3 4	1	1	466	190+10	85	100 – 140
32-Q_3 4	1 ¼	1	507	190+10	85	100 – 140
32-Q_3 10	1 ¼	1 ¼	584	260+10	91	100 – 145
40-Q_3 10	1 ½	1 ½	615	260+10	91	100 – 145
50-Q_3 16	2	2	721	300+10	–	152 – 200

5

5.4.1.2 Armaturen aus Rotguss (Herstellerangaben)

Freistromventil – Außengewinde (DIN – DVGW)

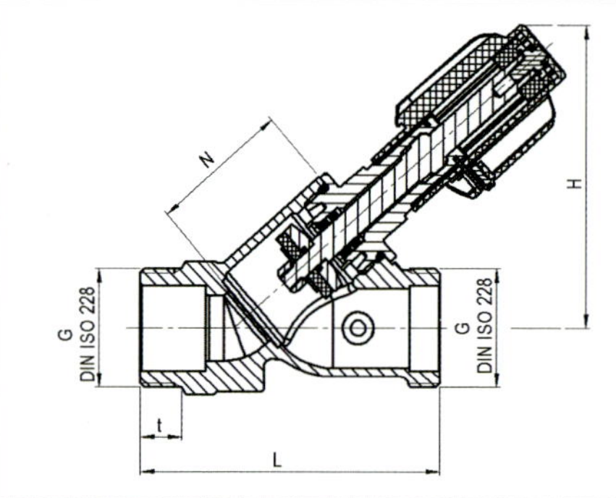

Druckbereich	PN16
Nennweiten	DN15 50
Temperaturbeständigkeit	90 °C
Werkstoff	CuSn5ZnPb2
Gehäuseausführung	Außengewinde/Innengewinde

Nennweite	Anschlussgewinde G inch	Maße (mm)			
		L mm	*H* mm	*t* mm	*N* mm
15	¾	77	81	12	34,5
20	1	94	92	14	42,5
25	1 ¼	110	107	15	51
32	1 ½	126	132	16	62
40	1 ¾	140	138	17	71
50	2 3/8	167	176	21	88

Kolbenventil – Innengewinde (DIN – DVGW)

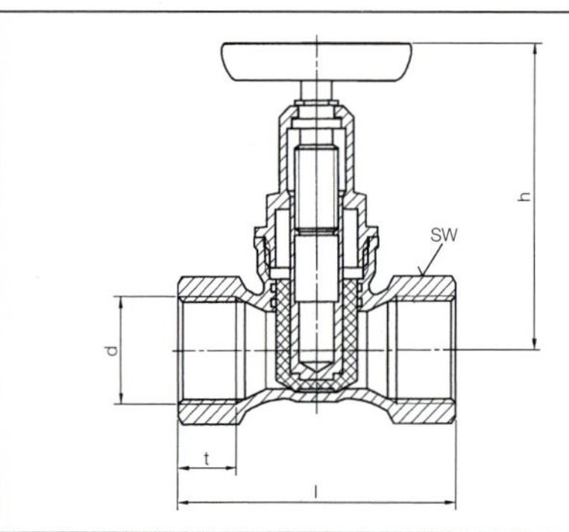

Druckbereich	PN10
Nennweiten	DN15 50
Temperaturbeständigkeit	90 °C
Werkstoff (Gehäuse)	CuSn5ZnPb2
Gehäuseausführung	Innengewinde (mit/ohne Entleerung)

Nennweite	Anschlussgewinde d (Rp) inch	Maße (mm)			
		l mm	*h* mm	*t* mm	*SW* mm
15	½	65	70	15,0	27
20	¾	75	85	16,3	32
25	1	90	95	19,1	41
32	1 ¼	110	110	21,4	50
40	1 ½	120	130	21,4	55
50	2	150	150	25,7	70

Kolbenventil – Außengewinde (DIN – DVGW)

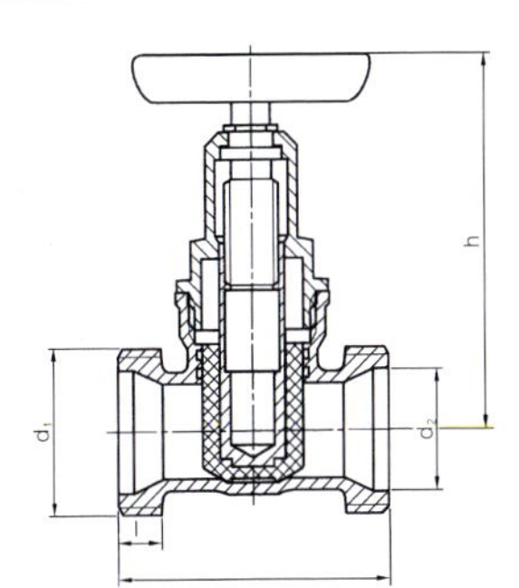

Druckbereich	PN10
Nennweiten	DN15 50
Temperaturbeständigkeit	90 °C
Werkstoff (Gehäuse)	CuSn5ZnPb2
Gehäuseausführung	Außengewinde (mit/ohne Entleerung)

Nennweite	Anschlussgewinde (d1) G inch	Maße (mm)			
		l_1 mm	*h* mm	l_2 mm	d_2 mm
15	¾	60	70	8,0	18
20	1	65	85	9,5	24
25	1 ¼	70	95	11,0	31
32	1 ½	90	110	13,0	37
40	1 ¾	100	130	13,0	43
50	2	120	150	15,0	57

Rückflussverhinderer – Überwurfmutter und Innengewinde (DIN – DVGW)

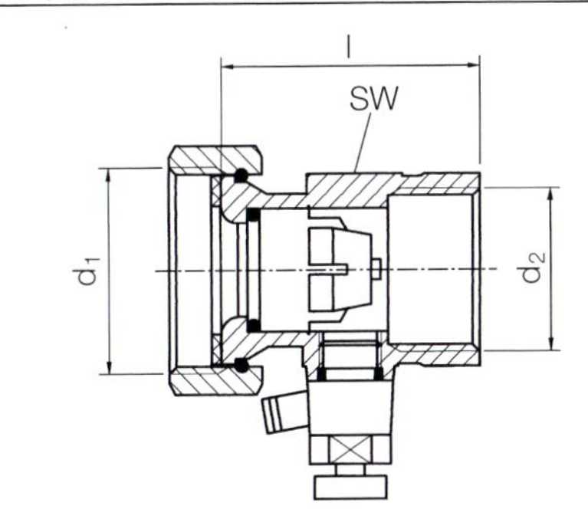

Druckbereich Öffnungsdruck (Rückfluss-verhinderer)	PN10 ≥ 10 mbar
Nennweiten	DN15 50
Temperaturbeständigkeit	90 °C
Werkstoff (Gehäuse)	CuSn5ZnPb2
Gehäuseausführung	Überwurfmutter und Innengewinde (mit/ohne Entleerung)

Nennweite	Anschlussgewinde (d_1) G inch	Maße (mm)		
		Anschlussgewinde (d_2) Rp inch	*l* mm	SW 6kt/8kt* mm
15	¾	½	50	27
20	1	¾	53	32
25	1 ¼	1	55	38*
32	1 ½	1 ¼	65	48*
40	1 ¾	1 ½	75	55*
50	2 3/8	2	75	70*

Druckminderer – Außengewinde DN 15 – 32 (DIN – DVGW)

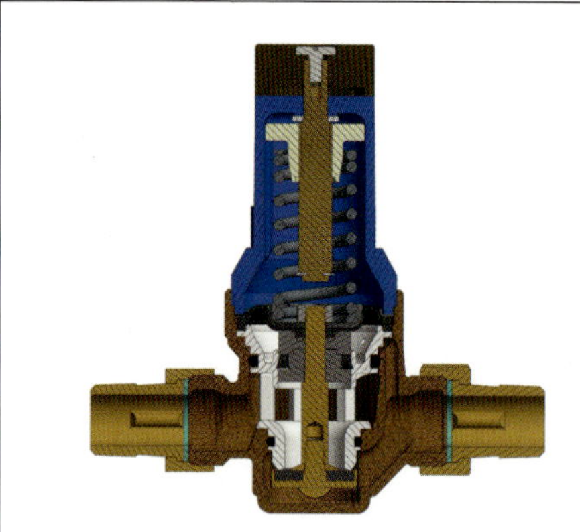

Druckbereich	PN 16
Nennweiten	DN15 32
Temperaturbeständigkeit	–30 °C – 190 °C (optional)
Gehäusewerkstoff (Membran, Dichtungen)	CuSn5ZnPb (NBR, NBR)
Gehäuseausführung	Außengewinde

Nennweite	Anschlussgewinde R inch	Maße (mm)			
		b_2 mm	h_1 mm	b_1 mm	h_2 mm
15	½	137	104	78	27
20	¾	141	109	78	27
25	1	161	107	90	29
32	1 ¼	177	109	100	43

Druckminderer – Außengewinde DN 40 – 65 (DIN – DVGW)

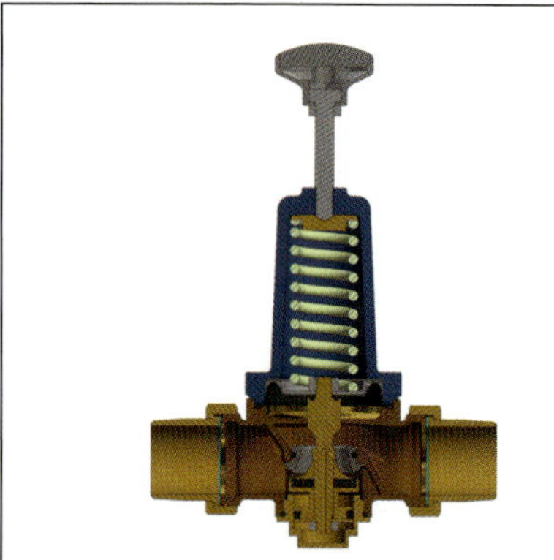

Druckbereich	PN 40
Nennweiten	DN40 65
Temperaturbeständigkeit	–30 °C – 190 °C (optional)
Gehäusewerkstoff (Membran, Dichtungen)	CuSn5ZnPb (NBR, NBR)
Gehäuseausführung	Außengewinde

Nennweite	Anschlussgewinde R inch	Maße (mm)			
		b_2 mm	h_1 mm	b_1 mm	h_2 mm
40	1 ½	210	242	125	51
50	2	210	242	125	53
65	2 ½	273	256	150	68

5.4.1.3 Armaturen aus Stahl (Herstellerangaben)

Muffenventil – Innengewinde

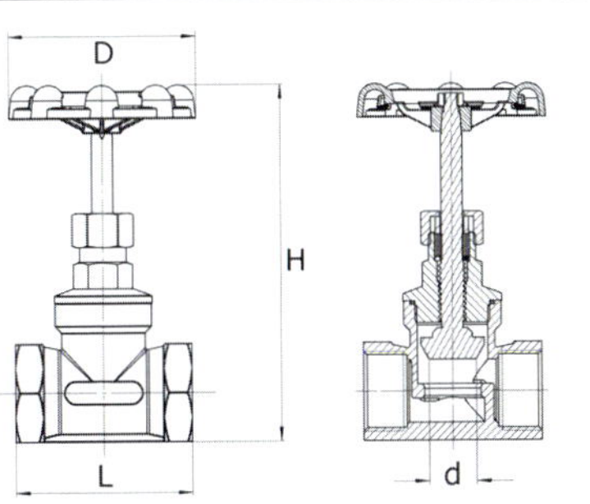

Druckbereich	PN 16
Nennweiten	DN8 50
Temperaturbeständigkeit	–20°C – 180°C
Gehäusewerkstoff (Membran, Dichtungen)	X5CrNiMo17-12-2, PTFE
Gehäuseausführung	Innengewinde

Nennweite	Anschlussgewinde G inch	Maße (mm) *l* mm	*H* mm	*D* mm	*d* mm
15	½	52	106	70	15
20	¾	66	114	80	20
25	1	76	127	80	25
32	1 ¼	86	150	90	32
40	1 ½	94	154	100	40
50	2	118	170	100	50

Muffenschrägsitzventil – Innengewinde

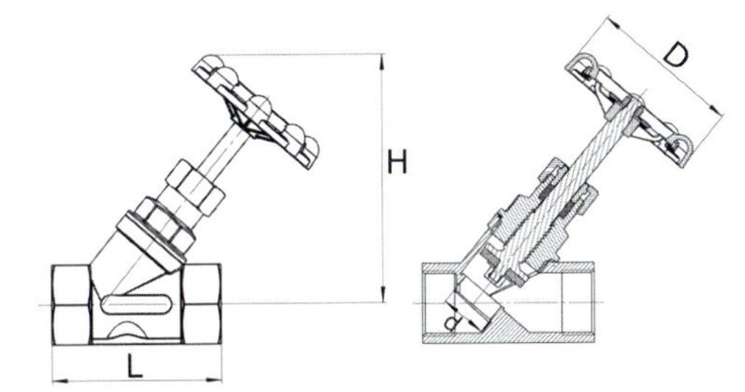

Druckbereich	PN40
Nennweiten	DN8 50
Temperaturbeständigkeit	0 °C – 180 °C
Gehäusewerkstoff (Membran, Dichtungen)	X5CrNiMo17-12-2, PTFE
Gehäuseausführung	Innengewinde

Nennweite	Anschlussgewinde G inch	Maße (mm) *L* mm	*H* mm	*D* mm	*d* mm
15	½	65,5	97	62	12,5
20	¾	75,5	110	62	18,0
25	1	90,5	117	83	23,5
32	1 ¼	111,0	138	83	31,4
40	1 ½	121,0	150	114	35,7
50	2	151,0	168	114	45,5

Muffenschieber – Innengewinde

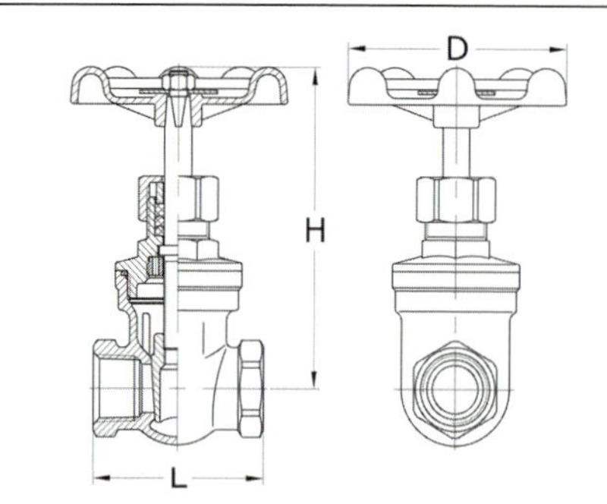

Druckbereich	PN16
Nennweiten	DN15 65
Temperaturbeständigkeit	–20 °C – 180 °C
Werkstoff (Gehäuse), Dichtungen	X5CrNiMo17-12-2, PTFE
Gehäuseausführung	Innengewinde

Nennweite	Anschlussgewinde G inch	Maße (mm)		
		L mm	*H* mm	*D* mm
15	½	55	100	70
20	¾	60	107	70
25	1	65	110	80
32	1 ¼	75	130	80
40	1 ½	85	147	90
50	2	95	170	100

Kugelhahn – Innengewinde

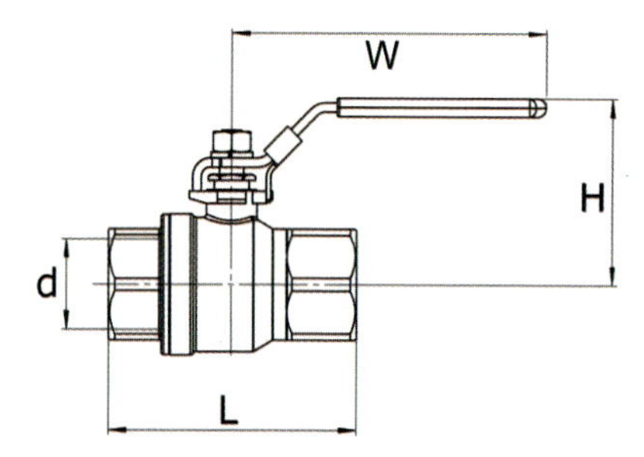

Druckbereich	PN64, PN130
Nennweiten	DN8 80
Temperaturbereich	–20 °C – 180 °C
Werkstoff (Gehäuse), Dichtungen	X5CrNiMo17-12-2, PTFE
Gehäuseausführung	Innengewinde

Nennweite	Anschlussgewinde G inch	Maße (mm)			
		L mm	*H* mm	*W* mm	*d* mm
15	½	75	55	93	15,0
20	¾	80	68	113	20,0
25	1	90	79	139	25,0
32	1 ¼	110	84	139	32,0
40	1 ½	120	97	163	38,0
50	2	140	100	167	50,0

Rückschlagventil – Innengewinde

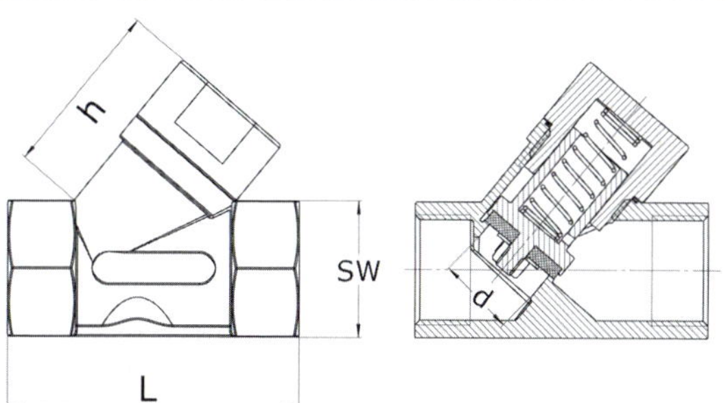

Druckbereich	PN 40
Nennweiten	DN8 65
Temperaturbeständigkeit	–20 °C – 180 °C
Werkstoff (Gehäuse), Dichtungen	X5CrNiMo17-12-2, PTFE
Gehäuseausführung	Innengewinde

Nennweite	Anschlussgewinde G inch	Maße (mm)			
		L mm	*h* mm	*d* mm	*SW* mm
15	½	66	34	12,5	27
20	¾	76	45	18,0	32
25	1	90	57	23,5	41
32	1 ¼	111	64	31,4	50
40	1 ½	121	76	35,7	56
50	2	151	87	45,5	70

Kugelrückschlagventil – Innengewinde

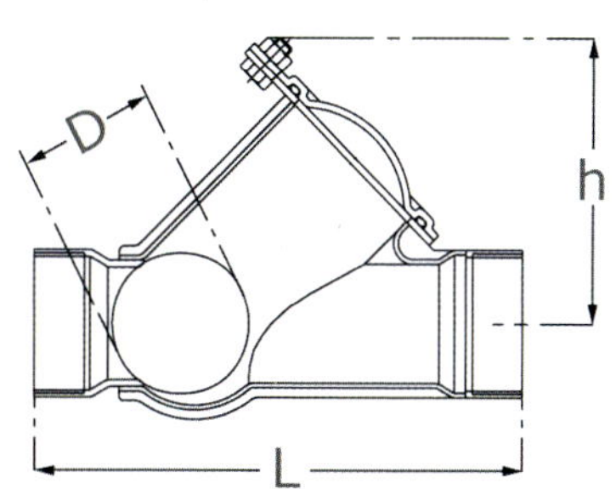

Druckbereich	PN 16
Nennweiten	DN32 50
Temperaturbeständigkeit	–20 °C – 180 °C
Werkstoff (Gehäuse), Dichtungen	X5CrNiMo17-12-2, NBR
Gehäuseausführung	Innengewinde

Nennweite	Anschlussgewinde G inch	Maße (mm)		
		L mm	*h* mm	*D* mm
32	1 ¼	175	99	50
40	1 ½	190	99	50
50	2	210	112	60

5.4.2 Armaturen für Pressverbindungen (Herstellerangaben)

Freistromventile mit (ohne) Entleerung – Pressausführung (DIN – DVGW)

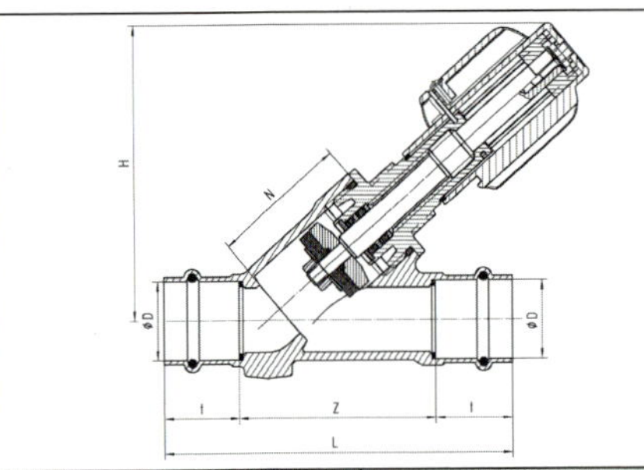

Druckbereich	PN16
Nennweiten	15 – 54 mm
Temperaturbeständigkeit	90 °C
Werkstoff	CuZn33Pb1,5AlAs
Gehäuseausführung	Pressanschluss

	Maße (mm)					
Nennweite	***D* mm**	***L* mm**	***H* mm**	***t* mm**	***Z* mm**	***N* mm**
15	15	110	80	26,5	57	34,5
18	18	123	90	28,5	66	42,5
22	22	123	90	28,5	66	42,5
28	28	130	106	28,5	73	51
35	35	148	132	32,5	83	62
42	42	178	140	36,5	105	70,5
54	54	208	177	46,5	115	87,5

Schrägsitzventil / KFR-Schrägsitzventil

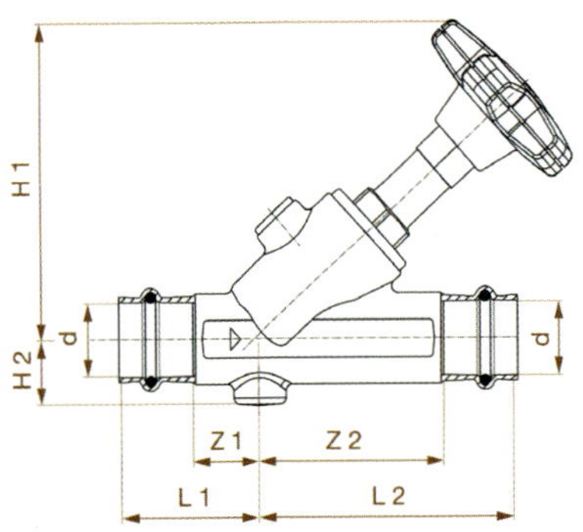

Druckbereich				**PN10**			
Nennweiten				**DN15 ..... 50**			
Werkstoff (Gehäuse)				**Rotguss**			
DN	***d* mm**	***Z1* mm**	***Z2* mm**	***L1* mm**	***L2* mm**	***H1* mm**	***H2* mm**
15	15	17	44	105	22	85	19
20	22	20	54	120	25	98	21
25	28	22	66	135	31	115	25
32	35	24	80	155	32	131	27
40	42	28	84	161	41	154	31
50	54	30	105	188	43	178	37

Rückflussverhinderer

Druckbereich				**PN10**			
Nennweiten				**DN15 ..... 50**			
Werkstoff (Gehäuse)				**Rotguss**			
DN	***d* mm**	***Z1* mm**	***Z2* mm**	***L1* mm**	***L2* mm**	***H1* mm**	***H2* mm**
15	15	17	44	39	66	42	20
20	22	20	54	43	77	47	22
25	28	22	66	46	89	59	26
32	35	24	80	50	105	67	28
40	42	28	84	65	120	78	32
50	54	30	105	70	145	90	38

Kugelhahn

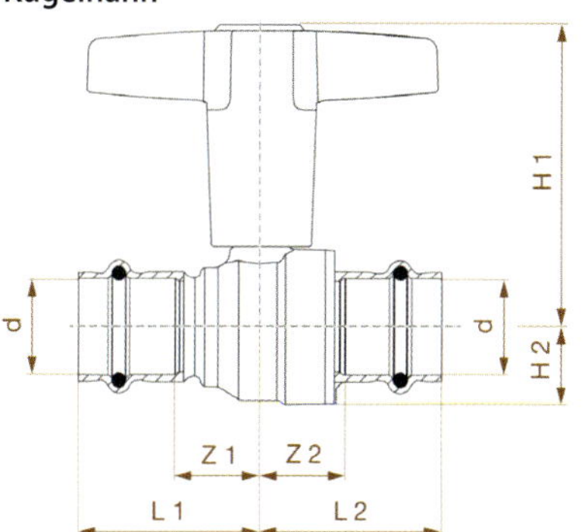

Druckbereich				PN10			
Nennweiten				DN15 ….. 50			
Werkstoff (Gehäuse)				Rotguss			
DN	*d* mm	*Z1* mm	*Z2* mm	*L1* mm	*L2* mm	*H1* mm	*H2* mm
15	15	20	20	42	42	69	15
20	22	21	20	44	43	72	18
25	28	26	26	49	50	91	22
32	35	30	26	55	52	97	34
40	42	37	32	73	68	119	28
50	54	44	38	84	78	127	41

5.4.3 Armaturen für Lötmuffenverbindungen (Herstellerangaben)

Schrägsitzventil mit Entleerung

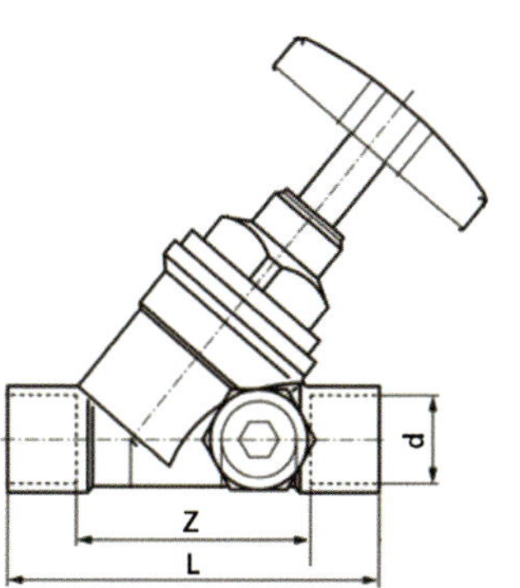

Druckbereich		PN10	
Nennweiten		DN10 ….. 50	
Werkstoff		Messing	
DN	*d* mm	*Z* mm	*L* mm
10	12	37	55
12	15	43	65
15	18	44	70
20	22	45	77
25	28	60	96
50	54	146	210

Schrägsitzventil mit Verschraubung und Entleerung

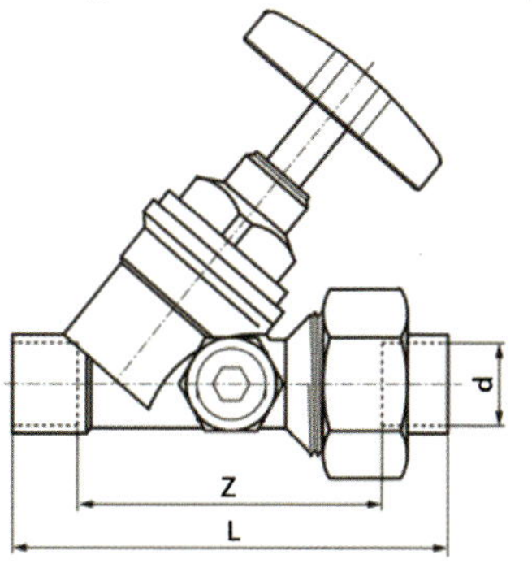

Druckbereich		PN10	
Nennweiten		DN10 ….. 25	
Werkstoff		Messing	
DN	*d* mm	*Z* mm	*L* mm
10	12	42	60
12	15	46	68
15	18	51	77
20	22	52	84
25	28	65	103

Kugelhahn

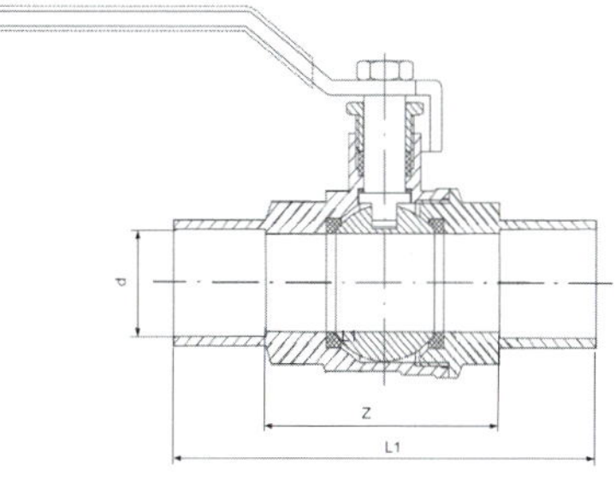

Druckbereich		PN10	
Nennweiten		DN10 ….. 25	
Werkstoff		Messings	
DN	*d* mm	*Z* mm	*L1* mm
12	15	38	69
15	18	40	72
20	22	45	81
25	28	52	95

Muffenschieber

Druckbereich		PN10	
Nennweiten		DN10 25	
Werkstoff		Messings	
DN	*d* mm	*Z* mm	*L* mm
10	12	15	35
12	15	16	40
15	18	17	47
20	22	19	52
25	28	23	63

Rückflussverhinderer

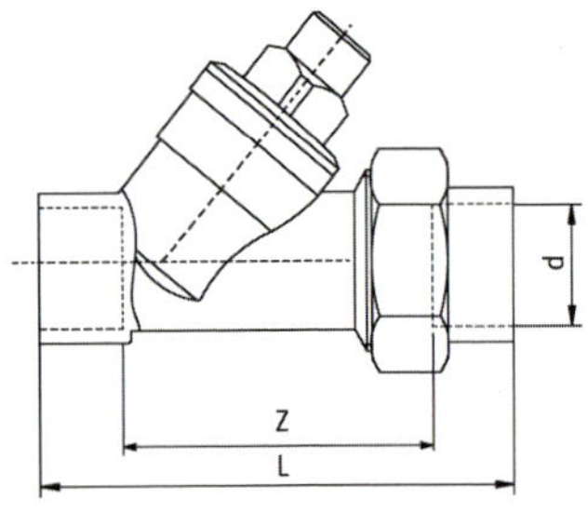

Druckbereich		PN10	
Nennweiten		DN10 25	
Werkstoff		Messings	
DN	*d* mm	*Z* mm	*L* mm
10	12	37	57
12	15	45	68
15	18	46	76
20	22	51	84
25	28	63	103

5.4.4 Armaturen für Flanschverbindungen

5.4.4.1 Absperrarmaturen *shut-off valves*

Merkmal/ Armatur	Baulänge	Bauhöhe	Strömungs-Widerstand	Öffnungs- bzw. Schließzeit	Eignung für Stell-vorgönge	Molchung	Einsatzgrenzen
Ventil	groß	mittel	groß	mittel	sehr gut	nein	Mittlere DN, höchste PN
Schieber	klein	groß	klein	lang	schlecht	möglich	Größte DN, mittlere PN
Hahn	mittel	klein	klein	kurz	schlecht	möglich	Mittlere DN, mittlere PN
Klappe	klein	klein	kittel	kurz	mäßig	nein	Größte DN, kleine PN

Ventile (Herstellerangaben) nach DIN EN 13709 : 2010-10 (Auswahl)

Absperrventil in Durchgangsform mit Flanschen und Stopfbuchsabdichtung
shut-off valve in straight through with flanges and gland seal

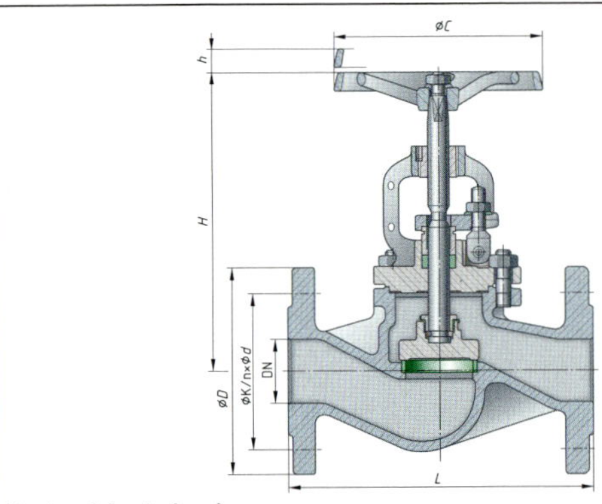

K: Lochkreisdurchmesser
n: Anzahl der Löcher
d: Durchmesser der Löcher

Druckbereiche	PN 16, PN 25, PN 40
Nennweiten	DN 15...500
Werkstoffe	EN-JL 1040 EN-JS 1049 **1.0619 + N** 1.0460 1.4408
Einsatzgebiete (Auszug)	Anlagenbau, Industrie, Kraftwerkstechnik, Schiffbau
Medien (Auszug)	Dämpfe, Gase, Flüssigkeiten

Abmessungen

		DN													
		15	**20**	**25**	**32**	**40**	**50**	**65**	**80**	**100**	**125**	**150**	**200**	**250**	**300**
L	mm	130	150	160	180	200	230	290	310	350	400	480	600	730	850
H	mm	185	185	205	205	230	230	270	305	355	395	450	570	685	770
Ø *C*	mm	120	120	140	140	160	160	180	200	225	250	400	520	520	520
Hub *h*	mm	9	9	13	13	21	19	28	32	36	52	56	73	80	110
Masse PN 25	kg	4,4	5,4	6,3	7	10,5	13,8	21	27,5	40	61	84	160	265	377
Masse PN 40	kg	4,8	5,4	7,1	8	11,5	13,5	23,5	28	39,5	61	84	170	283	414

Absperrventile in Eckform mit Flanschen und Stopfbuchsabdichtung
shut-off valves angle pattern with flanges and gland seal

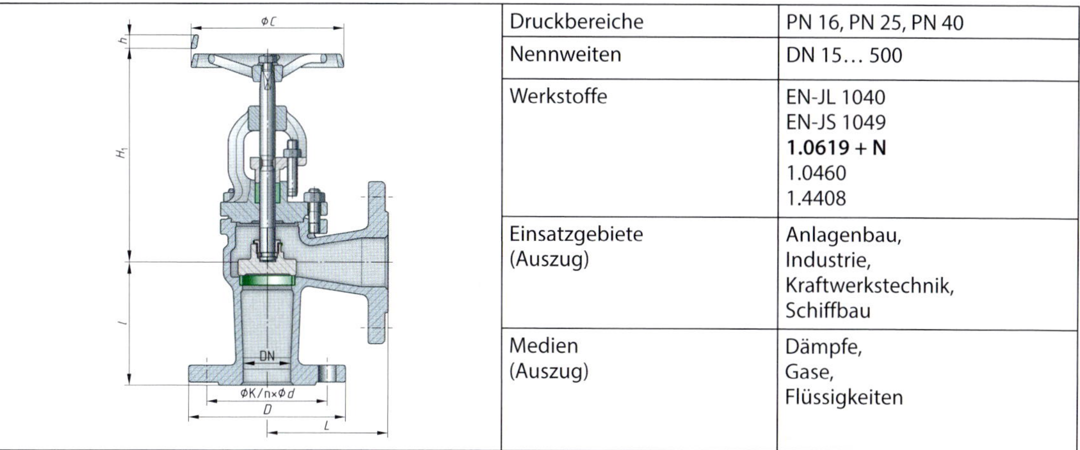

Druckbereiche	PN 16, PN 25, PN 40
Nennweiten	DN 15… 500
Werkstoffe	EN-JL 1040 EN-JS 1049 **1.0619 + N** 1.0460 1.4408
Einsatzgebiete (Auszug)	Anlagenbau, Industrie, Kraftwerkstechnik, Schiffbau
Medien (Auszug)	Dämpfe, Gase, Flüssigkeiten

Abmessungen

DN		**15**	**20**	**25**	**32**	**40**	**50**	**65**	**80**	**100**	**125**	**150**	**200**	**250**	**300**
l	mm	90	95	100	105	115	125	145	155	175	200	225	275	325	375
H_1	mm	185	185	200	200	215	215	245	280	320	360	415	495	575	655
Ø *C*	mm	120	120	140	140	160	160	180	200	225	250	400	520	520	520
Hub	mm	9	9	13	13	21	19	28	32	36	52	56	73	80	110
Masse PN 25	kg	5,2	7,2	7,4	8,4	12,4	13,6	20	25	34	53	70	138	170	290
Mass PN 40	kg	5,2	7,2	7,4	8,4	12,4	13,6	20	25	34	53	70	148	183	327

Membran-Absperrventil mit Flanschanschluss (Herstellerangaben) nach DIN EN 558-1 : 1995-12, DIN 3546-1: 2011-01

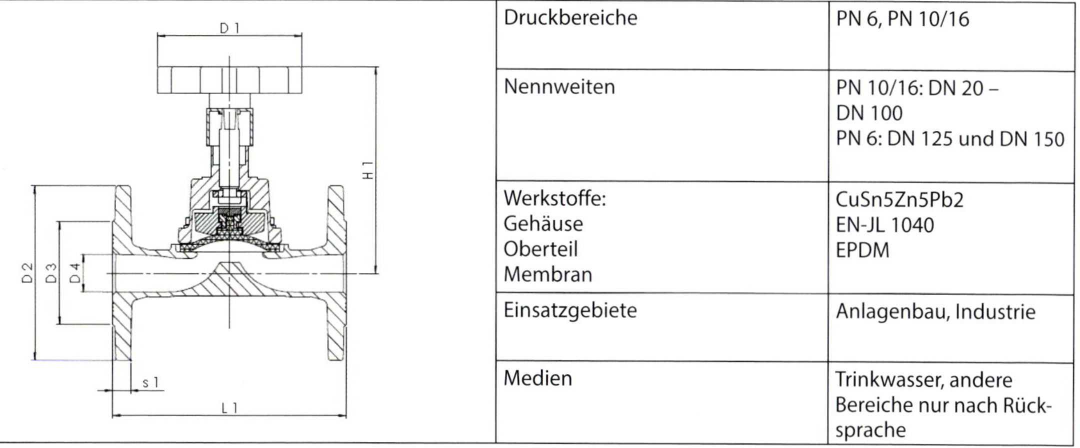

Druckbereiche	PN 6, PN 10/16
Nennweiten	PN 10/16: DN 20 – DN 100 PN 6: DN 125 und DN 150
Werkstoffe: Gehäuse Oberteil Membran	CuSn5Zn5Pb2 EN-JL 1040 EPDM
Einsatzgebiete	Anlagenbau, Industrie
Medien	Trinkwasser, andere Bereiche nur nach Rück-sprache

	25	32	40	50	65	80	100	125	150
L1 mm	160	180	200	230	290	310	350	400	480
H1 mm	135	155	155	195	250	280	350	350	388
D1 mm	100	100	100	125	200	200	200	250	315
D2 mm	115	140	150	165	185	200	220	250	280
D3 mm	68	78	88	102	122	138	158	188	212
D4 mm	25	32	40	50	65	80	100	125	150
s1 mm	12	13	14	14	15	16	18	21	21
m kg	3,2	5,8	6,5	8,8	13,6	20	29	51	70
Vmax (Punkt) m^3/h	20,6	36,8	45,2	76,1	111,5	158,4	233,0	364,0	524,0
	PN 10/16								**PN 6**

Schieber (Herstellerangaben) nach DIN EN 13709 : 2010-10 (Auswahl) *slide valve*

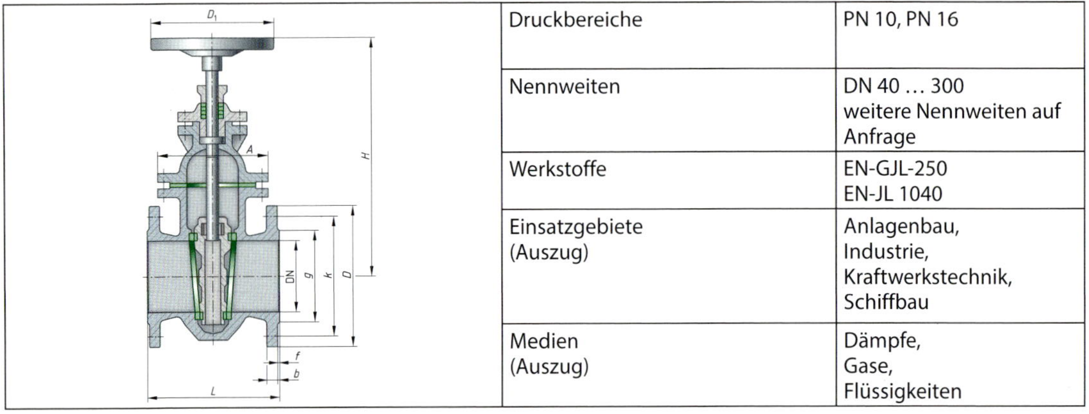

Druckbereiche	PN 10, PN 16
Nennweiten	DN 40 … 300 weitere Nennweiten auf Anfrage
Werkstoffe	EN-GJL-250 EN-JL 1040
Einsatzgebiete (Auszug)	Anlagenbau, Industrie, Kraftwerkstechnik, Schiffbau
Medien (Auszug)	Dämpfe, Gase, Flüssigkeiten

PN bar	DN	Baumaße in mm				Flanschanschlussmaße in mm						Masse kg
		L mm	*H* mm	*A* mm	D_1 mm	*D* mm	*k* mm	*b* mm	*g* mm	*f* mm	*n*×*d* mm	
10/16	40	240	290	180	200	150	110	18	88	3	4×18	18,0
	50	250	310	195	200	165	125	20	102	3	4×18	19,5
	65	270	365	225	250	185	145	20	122	3	4×18	30,0
	80	280	395	245	250	200	160	22	138	3	8×18	37,5
	100	300	425	280	315	220	180	24	158	3	8×18	52,0
	125	325	480	325	315	250	210	26	188	3	8×18	68,5
	150	350	520	350	315	285	240	26	212	3	8×22	84,5
16	200	400	620	405	400	340	295	30	268	3	12×22	141,5
	250	450	710	460	500	405	355	32	320	3	12×26	201,0
	300	500	760	520	500	460	410	32	378	4	12×26	280,5
10	200	400	625	410	400	340	295	26	268	3	8×22	142,5
	250	450	700	460	500	395	350	28	320	3	12×22	182,5
	300	500	790	535	500	445	400	28	370	4	12×22	273,0

Kugelhähne (Herstellerangaben) nach DIN EN 1983 : 2013-12 (Auswahl) *ball valves*

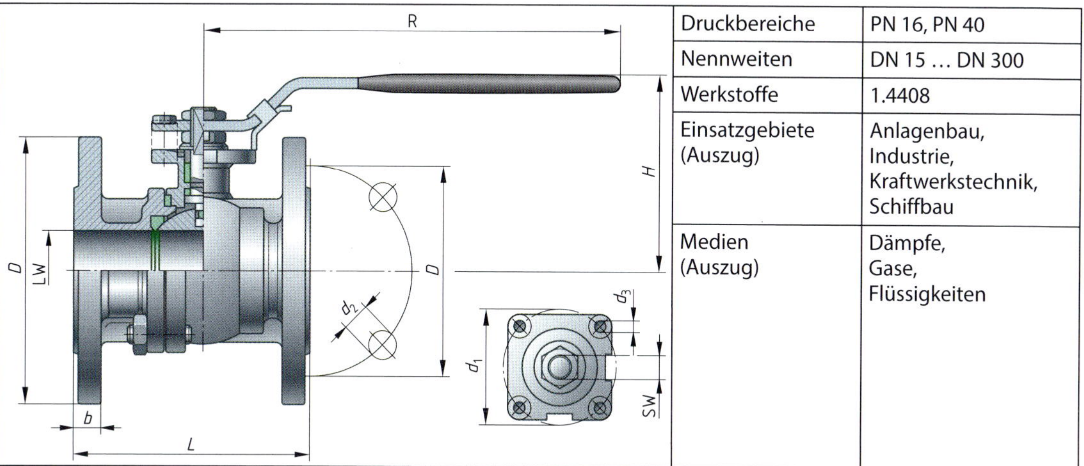

Druckbereiche	PN 16, PN 40
Nennweiten	DN 15 … DN 300
Werkstoffe	1.4408
Einsatzgebiete (Auszug)	Anlagenbau, Industrie, Kraftwerkstechnik, Schiffbau
Medien (Auszug)	Dämpfe, Gase, Flüssigkeiten

z = Anzahl der Flanschlöcher — Maße in mm

DN	LW mm	L mm	SW mm	H mm	R mm	d_1 mm	d_3 mm	PN16 D mm	PN16 z	PN16 d_2 mm	PN16 K mm	PN16 b mm	PN40 D mm	PN40 z	PN40 d_2 mm	PN40 K mm	PN40 b mm	Masse ≈ kg PN 16	Masse ≈ kg PN 40
15	15	115	6,5	66	165	42	M5	95	4	14	65	14	95	4	14	65	16	2,000	2,400
20	20	120	6,5	74	165	42	M5	105	4	14	75	16	105	4	14	85	18	3,700	3,100
25	25	125	8,0	87	200	50	M6	115	4	14	85	16	115	4	14	85	18	3,700	4,120
32	32	130	8,0	92	200	50	M6	140	4	18	100	16	140	4	18	100	18	5,020	5,600
40	38	140	9,5	105	250	70	M8	150	4	18	110	16	150	4	18	110	18	6,580	7,000
50	50	150	9,5	115	265	70	M8	165	4	18	125	18	165	4	18	125	20	8,800	9,680
65	64	170	17,0	152	390	102	M10	185	4	18	145	18	185	8	18	145	22	13,920	15,260
80	76	180	17,0	162	390	102	M10	200	8	18	160	20	200	8	18	160	24	17,580	19,260
100	100	190	17,0	179	390	102	M10	220	8	18	180	20	235	8	22	190	24	23,580	27,310
125	125	325	23,0	212	630	125	M12	250	8	18	210	22						61,700	
150	150	350	23,0	231	630	125	M12	285	8	22	240	22						72,500	
200	200	400	23,0	278	950	125	M12	340	12	22	295	24						100,500	
250	250	450	27,0	DN 250/300		140	M16	405	12	26	355	26						158,150	
300	300	500	30,0	Handgetriebe *gearoperation*		140	M16	460	12	26	410	28						213,150	

Absperrklappen (Herstellerangaben) nach DIN EN 593 : 2018-01 (Auswahl) *butterfly valves*

Druckbereiche	PN 6, PN 10, PN 16
Nennweiten	DN 25 … DN 600
Werkstoffe	EN-JS 1030
Einsatzgebiete (Auszug)	Anlagenbau, Industrie, Kraftwerkstechnik, Schiffbau
Medien (Auszug)	Kalt-, Warm- und Heißwasser, Trinkwasser, Brauchwasser

Abmessungen und Gewichte

DN	25	32	40	50	65	80	100	125	150	200	250	300	350	400	500	600
L in mm	33	33	33	43	46	46	52	56	56	60	68	78	78	102	127	154
H in mm	117	117	123	129	139	147	168	186	202	236	263	292	358	407	495	555
E in mm	58	58	66	69	81	100	109	124	140	167	203	232	257	298	356	418
l in mm	19	19	19	19	19	19	19	23	23	23	24	24	24	29	38	48
SW in mm	11	11	11	11	11	11	11	17	17	17	22	22	22	27	36	46
Masse in kg	1,3	1,3	1,6	2,2	2,7	3,4	4,4	6,4	7,9	11,8	21	30,4	46,8	72	132,8	217,3

5.4.4.2 Verteilerkonstruktion für Flanschenarmaturen

DIN EN 558 : 2022-09, DIN EN 558/14 PN 10/16 mit Rohren DIN EN 10220, Reihe 1 und DIN EN 10255

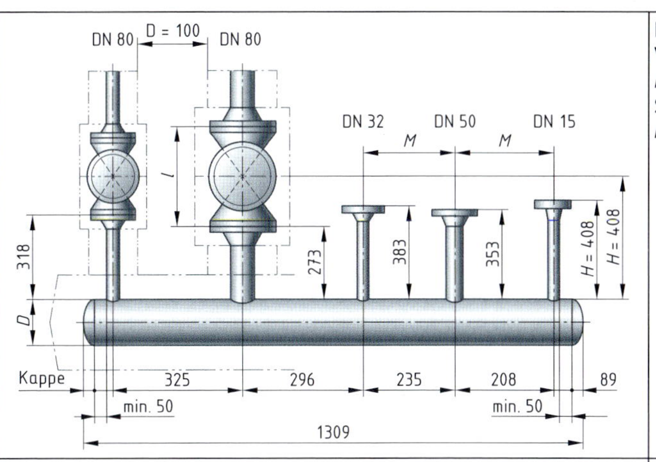

Berechnungsgrundlagen:
Verteilerdurchmesser:
$D \geq 1{,}2 \cdot DN_{max}$
Stutzenhöhe:
$h = H - l/2 - s_D$

Konstruktionsfolge:
1. Verteilerdurchmesser **D** festlegen (ggf. Fließgeschwindigkeit berücksichtigen)
2. Höhe **H** Verteileroberkante/Spindelmitte festlegen (Armaturenbauart berücksichtigen)
3. Stutzenhöhen **h** entnehmen
4. Stutzenmittenabstand **M** entnehmen

D:	Verteilerdurchmesser	in mm
DN_{max}:	Größte Stutzennennweite	
h:	Rohrstutzenhöhe	in mm
H:	Höhe Verteileroberkante/ Spindelmitte	
l:	Armaturenbaulänge	
s_D:	Dichtungsdicke (≥ 2 mm)	
l_D:	Abstand der Wärmedämmung (nach EnEV mit $\lambda = 0{,}035$ W/(m · K))	
M:	Stutzenmittenabstand	

Rohrstutzenhöhe *h* in mm

200	150	125	100	80	65	50	40	32	25	20	15	DN	H
248	308	348	373	393	403	433	448	458	468	473	483	**200**	**550**
	258	298	323	343	353	383	393	408	418	423	433	**150**	**500**
		273	298	318	328	358	373	383	393	398	408	**125**	**475**
			273	293	303	333	346	358	368	383	383	**100**	**450**
				243	253	283	298	308	318	328	338	**80**	**400**
					228	258	273	283	293	298	308	**65**	**375**
						233	248	258	268	273	283	**50**	**350**
							198	208	218	223	233	**40**	**300**
								183	193	199	209	**32**	**275**
									168	173	183	**25**	**250**
										123	133	**20**	**200**
											83	**15**	**150**

DN → DN 2 ≤ DN

15	161											
20	164	167										
25	178	180	194									
32	182	185	198	202								
40	193	196	209	213	225							
50	209	212	225	230	241	257						
65	234	237	250	254	265	282	306					
80	255	258	271	276	287	303	328	349				
100	285	287	301	305	316	333	357	378	408			
125	297	300	313	318	329	345	370	391	421	433		
150	310	313	326	331	342	358	383	404	434	446	459	
200	340	343	356	361	372	388	413	434	464	476	489	519
DN	15	20	25	32	40	50	65	80	100	125	150	200

Stutzenmittenabstand *M* in mm bei l_D = 100 mm

Verteilermaße: Verteiler mit Wärmedämmung, Ventilbaulänge nach DIN EN 558-1/1

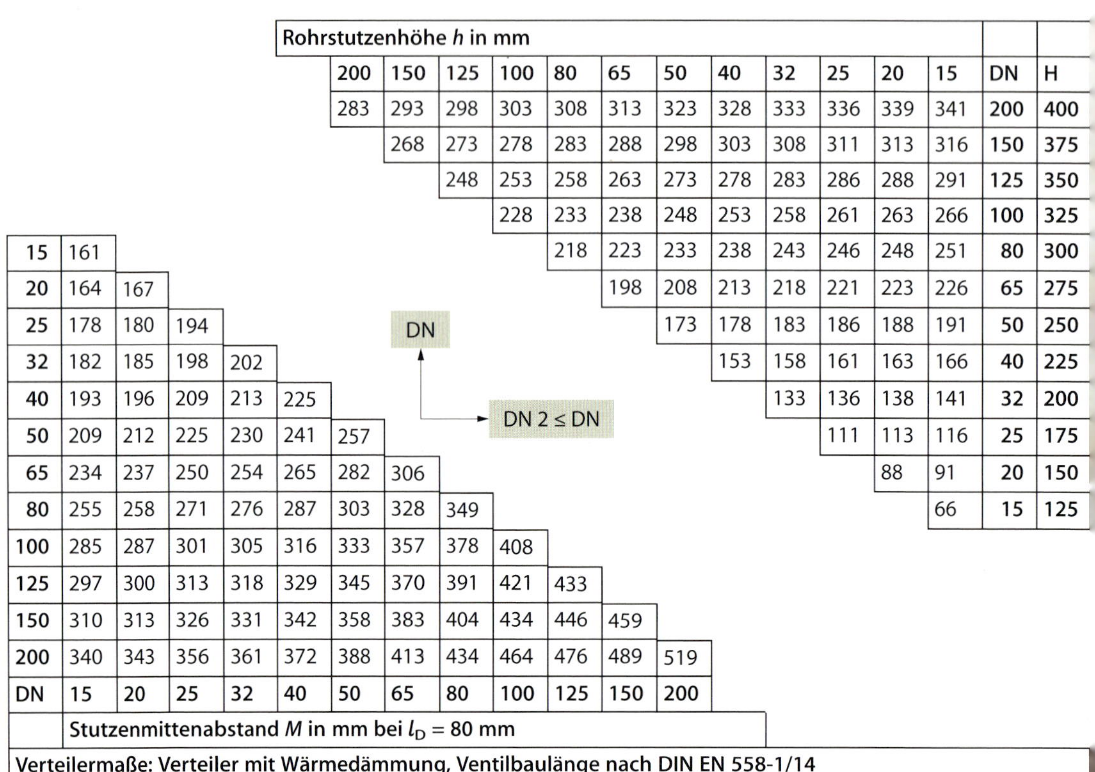

Rohrstutzenhöhe h in mm													
200	150	125	100	80	65	50	40	32	25	20	15	DN	H
283	293	298	303	308	313	323	328	333	336	339	341	200	400
	268	273	278	283	288	298	303	308	311	313	316	150	375
		248	253	258	263	273	278	283	286	288	291	125	350
			228	233	238	248	253	258	261	263	266	100	325
				218	223	233	238	243	246	248	251	80	300
					198	208	213	218	221	223	226	65	275
						173	178	183	186	188	191	50	250
							153	158	161	163	166	40	225
								133	136	138	141	32	200
									111	113	116	25	175
										88	91	20	150
											66	15	125

DN												
15	161											
20	164	167										
25	178	180	194									
32	182	185	198	202								
40	193	196	209	213	225							
50	209	212	225	230	241	257						
65	234	237	250	254	265	282	306					
80	255	258	271	276	287	303	328	349				
100	285	287	301	305	316	333	357	378	408			
125	297	300	313	318	329	345	370	391	421	433		
150	310	313	326	331	342	358	383	404	434	446	459	
200	340	343	356	361	372	388	413	434	464	476	489	519
DN	15	20	25	32	40	50	65	80	100	125	150	200
	Stutzenmittenabstand M in mm bei l_D = 80 mm											

Verteilermaße: Verteiler mit Wärmedämmung, Ventilbaulänge nach DIN EN 558-1/14

5.4.4.3 Hydraulische Weiche *hydraulic soft*

Wirkungsweise Hydraulische Weiche

bei Heizwasser		bei Kühlwasser	
T_1, T_3, $\dot{V}_{\text{primär}}$, $\dot{V}_{\text{sekundär}}$, T_2, T_4	$\dot{V}_P = \dot{V}_s$ $T_1 = T_3$ $T_2 = T_4$ $\dot{Q}_P = \dot{Q}_s$	T_1, T_3, $\dot{V}_{\text{primär}}$, $\dot{V}_{\text{sekundär}}$, T_2, T_4	$\dot{V}_P = \dot{V}_s$ $T_1 = T_3$ $T_2 = T_4$ $\dot{Q}_P = \dot{Q}_s$
T_1, T_3, $\dot{V}_{\text{primär}}$, $\dot{V}_{\text{sekundär}}$, T_2, T_4	$\dot{V}_P = \dot{V}_s$ $T_1 = T_3$ $T_2 > T_4$ $\dot{Q}_P = \dot{Q}_s$	T_1, T_3, $\dot{V}_{\text{primär}}$, $\dot{V}_{\text{sekundär}}$, T_2, T_4	$\dot{V}_P > \dot{V}_s$ $T_1 = T_3$ $T_2 < T_4$ $\dot{Q}_P = \dot{Q}_s$
T_1, T_3, $\dot{V}_{\text{primär}}$, $\dot{V}_{\text{sekundär}}$, T_2, T_4	$\dot{V}_P < \dot{V}_s$ $T_1 > T_3$ $T_2 = T_4$ $\dot{Q}_P = \dot{Q}_s$	T_1, T_3, $\dot{V}_{\text{primär}}$, $\dot{V}_{\text{sekundär}}$, T_2, T_4	$\dot{V}_P < \dot{V}_s$ $T_1 < T_3$ $T_2 = T_4$ $\dot{Q}_P = \dot{Q}_s$

Bauformen Hydraulische Weiche (Firmenangaben)

Vorteile:
- keine hydraulische Beeinflussung zwischen Kessel- und Abnehmerkreis
- Entkopplung nicht benötigter Wärmeerzeuger
- Erhöhung der Wirtschaftlichkeit und der Lebensdauer der Anlage
- einsetzbar für Einkessel-, Mehrkessel- und Brennwertanlagen
- Wasserverteilung auch in kleinsten Leitungsbereichen

1. Kesselanlage vor Hydraulischer Weiche

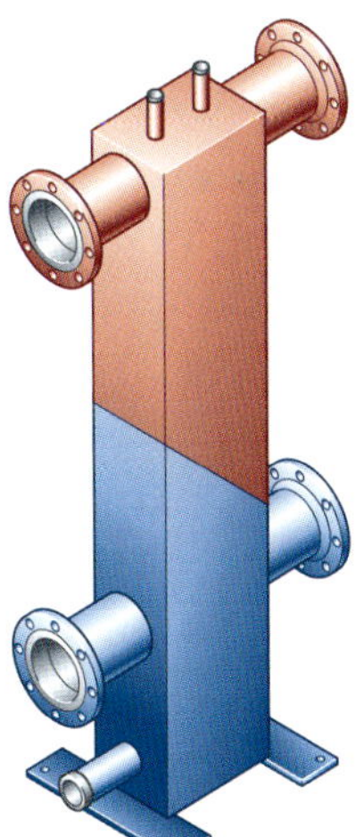

Weichen-kammer	Anschluss	Durchsatz bei Δt 20 K m³/h	Höhe mm	Fertigisolierung nach GEG	
				Werkstoff	mm
80/80	1 ½″ AG	4	700	①	35
120/80	2″ AG	8	800	②	40
160/80	DN 65	10	1140	③/④	65/100
200/120	DN 80	18	1450	③/④	65/100
250/150	DN 100	27	1470	③/④	65/100
300/200	DN 125	43	1480	③/④	65/100
400/200	DN 150	57	1495	③/④	65/100
450/250	DN 200	85	1720	④	100
500/300	DN 200	110	1920	④	100
600/400	DN 250	170	2045	④	100
650/450	DN 300	235	2145	④	100
700/500	DN 350	300	2600	④	100

2. Anlage mit integrierter Luft- und Gasabscheidung durch Edelstahlkorb

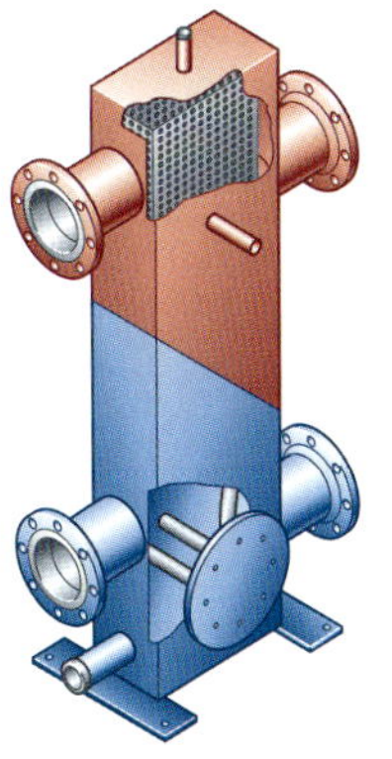

Weichen-kammer	Anschluss	Durchsatz bei Δt 20 K m³/h	Höhe in mm	Fertigisolierung nach GEG	
				Werkstoff	mm
80/80	1 ½″ AG	4	700	①	35
120/80	2″ AG	8	800	②	40
160/80	DN 65	10	1140	③/④	65/100
200/120	DN 80	18	1450	③/④	65/100
250/150	DN 100	27	1470	③/④	65/100
300/200	DN 125	43	1480	③/④	65/100
400/200	DN 150	57	1495	③/④	65/100
450/250	DN 200	85	1720	④	100
500/300	DN 200	110	1920	④	100
600/400	DN 250	170	2045	④	100
650/450	DN 300	235	2145	④	100
700/500	DN 350	300	2600	④	100

Legende für Fertigisolierung:
① Schwarzer EPP-Schaum
② PUR-Schaum im schwarzen Alu-Blechmantel
③ PUR-Schaum im Alu-Grobkornmantel
④ Mineralwolle im verzinkten Stahlblechmantel

5.4.4.4 Sicherheitsarmaturen *safety taps*

Rückschlagarmaturen (Herstellerangaben) *non-return valves*

Flanschen-Kugelrückflussverhinderer (Auswahl) *flanged ball check valve*

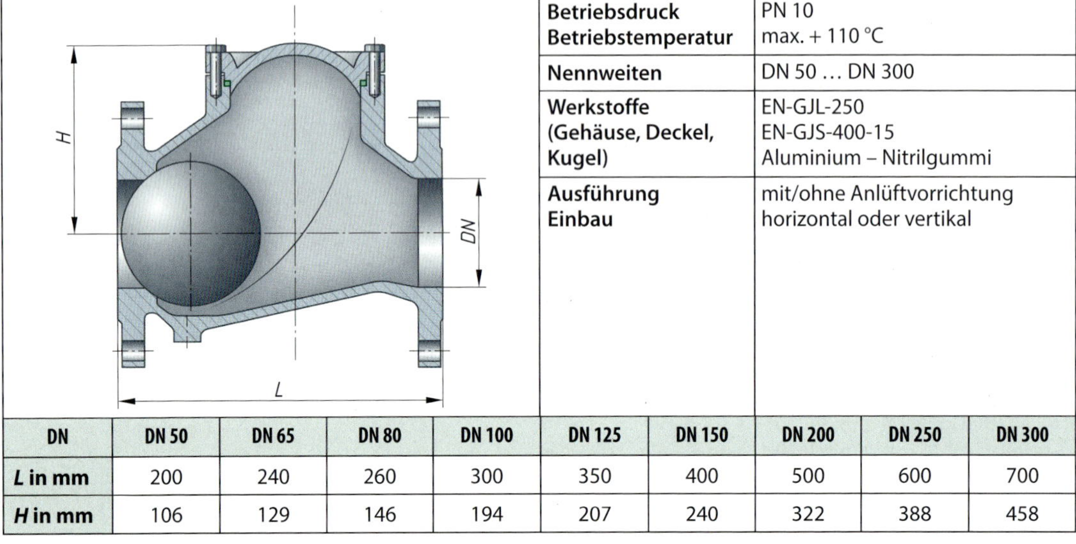

Betriebsdruck **Betriebstemperatur**	PN 10 max. + 110 °C
Nennweiten	DN 50 … DN 300
Werkstoffe (Gehäuse, Deckel, Kugel)	EN-GJL-250 EN-GJS-400-15 Aluminium – Nitrilgummi
Ausführung **Einbau**	mit/ohne Anlüftvorrichtung horizontal oder vertikal

DN	DN 50	DN 65	DN 80	DN 100	DN 125	DN 150	DN 200	DN 250	DN 300
***L* in mm**	200	240	260	300	350	400	500	600	700
***H* in mm**	106	129	146	194	207	240	322	388	458

Flanschen-Rückschlagklappen (Auswahl) *flanged check valves*

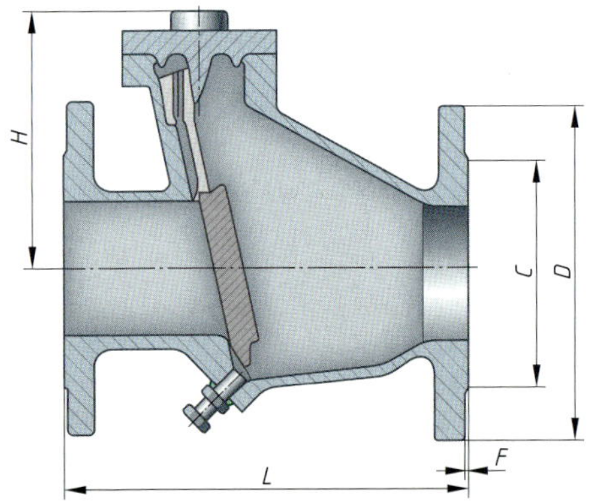

Betriebsdruck **Betriebstemperatur**	PN 16 max. + 80 °C
Nennweiten	DN 50 + DN 300
Werkstoffe (Gehäuse, Deckel, Klappe)	EN-GJL-250 EN-GJS-400-15 EN-GJS-400-15
Ausführung	mit Anlüft-vorrichtung

DN	*D* mm	*C* mm	*L* mm	*F* mm	*H* mm
50	165	102	200	3	118
65	185	122	240	3	135
80	200	138	260	3	160
100	220	158	300	3	182
125	250	188	350	3	205
150	285	212	400	3	235
200	340	268	500	3	275
250	405	320	600	3	320
300	460	378	700	3	365

Geradsitz-Rückschlagventil (Auswahl) *globe check valve*

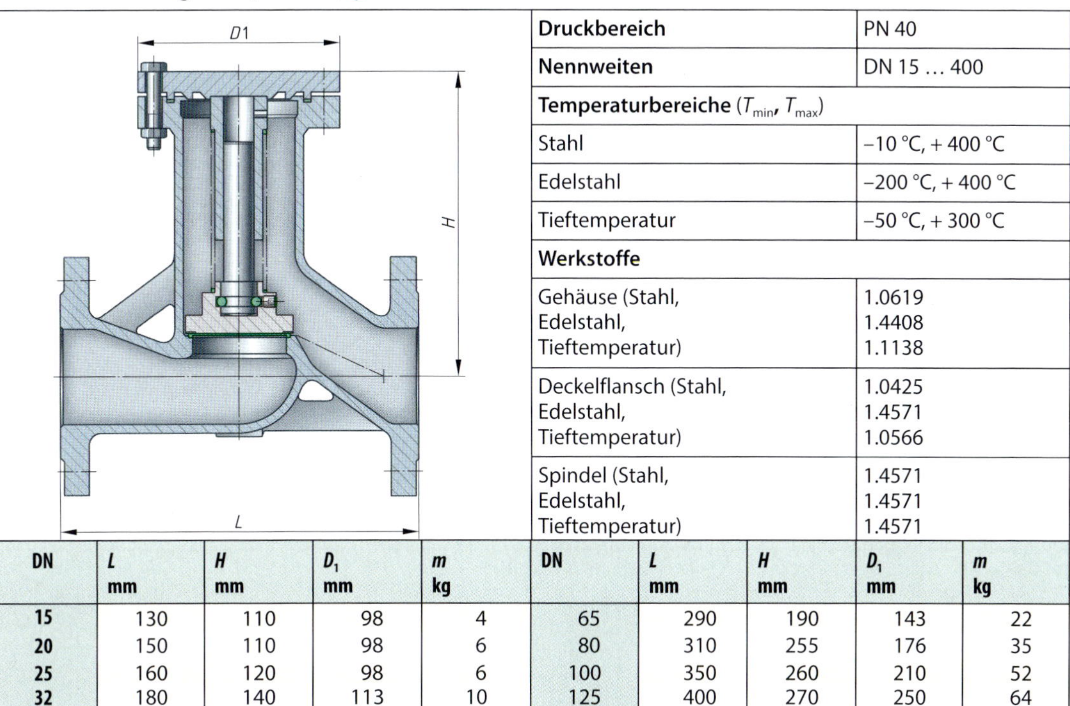

Druckbereich	PN 40
Nennweiten	DN 15 … 400
Temperaturbereiche (T_{min}, T_{max})	
Stahl	–10 °C, + 400 °C
Edelstahl	–200 °C, + 400 °C
Tieftemperatur	–50 °C, + 300 °C
Werkstoffe	
Gehäuse (Stahl, Edelstahl, Tieftemperatur)	1.0619 1.4408 1.1138
Deckelflansch (Stahl, Edelstahl, Tieftemperatur)	1.0425 1.4571 1.0566
Spindel (Stahl, Edelstahl, Tieftemperatur)	1.4571 1.4571 1.4571

DN	L mm	H mm	D_1 mm	m kg	DN	L mm	H mm	D_1 mm	m kg
15	130	110	98	4	65	290	190	143	22
20	150	110	98	6	80	310	255	176	35
25	160	120	98	6	100	350	260	210	52
32	180	140	113	10	125	400	270	250	64
40	200	145	113	12	150	480	415	308	113
50	230	165	128	15	200	600	380	365	160
					250	730	530	435	210
					300	850	530	515	320
					350	980	530	585	446
					400	1100	545	648	614

Schrägsitz-Rückschlagventil (Auswahl*) *slanted seat check valve*

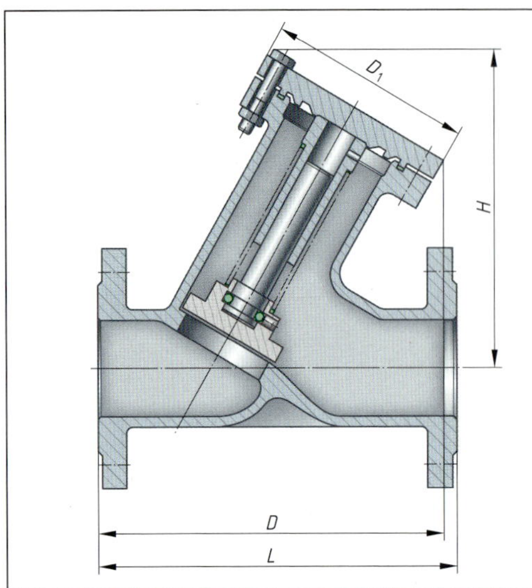

Druckbereich	PN 40
Nennweiten*	DN 15 …400
Temperaturbereiche (T_{min}, T_{max})	
Stahl	–10 °C, + 400 °C
Edelstahl	–200 ° C, + 400 °C
Tieftemperatur	–50 °C, + 300 °C
Werkstoffe	
Gehäuse (Stahl, Edelstahl, Tieftemperatur)	1.0619 1.4408 1.1138
Deckelflansch (Stahl, Edelstahl, Tieftemperatur)	1.0460 1.4571 1.0566
Spindel (Stahl, Edelstahl, Tieftemperatur)	1.4571 1.4571 1.4571

DN	*L* mm	*D* mm	*H* mm	D_1 mm	*m* kg
15	130	145	130	98	4
20	150	140	130	98	6
25	160	150	135	98	6
32	180	170	155	113	10
40	200	180	155	113	12
50	230	215	180	128	15
65	290	260	195	143	22
80	310	300	265	176	35
100	350	340	285	210	52
125	400	375	320	250	64
150	480	525	440	308	113
200	600	595	475	365	160
250	730	805	665	435	210
300	850	870	700	515	320
350	980	945	750	584	446
400	1100	990	780	648	614

* Abbildung DN15…DN 50 ähnlich

Sicherheitsventile (Herstellerangaben/Auszug) *safety valves*

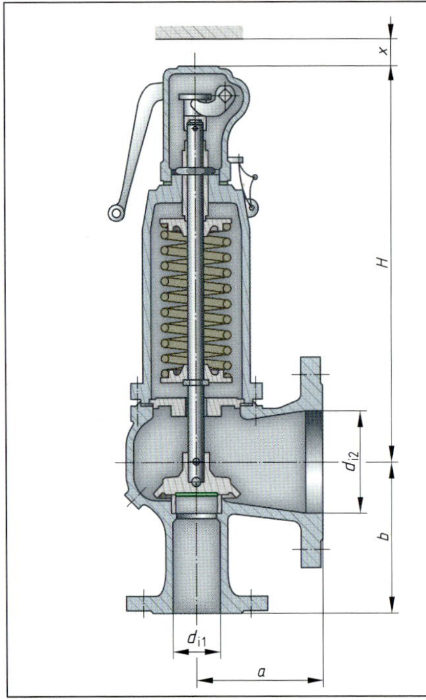

Druckbereich (Baureihe 1 + 2)		
Eintritt	PN 16/25 … PN 40/25	
Austritt	PN16/10 … PN 16	
max. Ansprechdruck	16 … 40 bar	
Nennweiten		
Eintritt	DN 25 … 200	
Austritt	DN 40 … 300	
Betriebstemperatur (Baureihe 1 + 2)	1: max. 300 °C 2: max. 450 °C	
Werkstoffe (Baureihe 1 + 2)		
Gehäuse	1: EN-JL 1040 2: 1.4021	EN-JS 1030 1.4027
Sitz	1: 1.0619	1.4404
Bauformen (Ausführungen)	mit gasdichter Kappe, mit offener Federhaube und Anlüfthebel **mit geschlossener, gasdichter Federhaube und Anlüfthebel**	
Medien	Dämpfe, Gase, Flüssigkeiten	

Sicherheitsventile (Herstellerangaben/Auszug) *safety valves* (Fortsetzung)

<table>
<tr><td rowspan="3">Eintritt Inlet</td><td>Nennweite</td><td>DN</td><td></td><td>25</td><td>32</td><td>40</td><td>50</td><td>65</td><td>80</td><td>100</td><td>125</td><td>150</td><td>200</td></tr>
<tr><td rowspan="2">Nenndruck in bar</td><td rowspan="2">PN</td><td>Baureihe 1</td><td colspan="9">16</td><td>25</td></tr>
<tr><td>Baureihe 2</td><td colspan="9">40</td><td>25</td></tr>
<tr><td rowspan="3">Austritt Outlet</td><td>Nennweite</td><td>DN</td><td></td><td>40</td><td>50</td><td>65</td><td>80</td><td>100</td><td>125</td><td>150</td><td>200</td><td>250</td><td>300</td></tr>
<tr><td rowspan="2">Nenndruck in bar</td><td rowspan="2">PN</td><td>Baureihe 1</td><td colspan="9">16</td><td>10</td></tr>
<tr><td>Baureihe 2</td><td colspan="10">16</td></tr>
<tr><td colspan="3" rowspan="2">max. Ansprechdruck bar</td><td>Baureihe 1</td><td colspan="9">16</td><td>20</td></tr>
<tr><td>Baureihe 2</td><td colspan="5">40</td><td>32</td><td>40</td><td>28</td><td>17</td><td>20</td></tr>
<tr><td colspan="2">kleinster Strömungsquerschnitt in mm²</td><td>A_0</td><td></td><td>416</td><td>661</td><td>1075</td><td>1662</td><td>2827</td><td>4301</td><td>6648</td><td>7543</td><td>12272</td><td>21382</td></tr>
<tr><td colspan="2">kleinster Strömungsdurchmesser in mm</td><td>d_0</td><td></td><td>23</td><td>29</td><td>37</td><td>46</td><td>60</td><td>74</td><td>92</td><td>98</td><td>125</td><td>165</td></tr>
<tr><td colspan="2">Schenkellänge in mm</td><td>a</td><td></td><td>100</td><td>110</td><td>150</td><td>120</td><td>140</td><td>160</td><td>180</td><td>200</td><td>225</td><td>300</td></tr>
<tr><td colspan="2">Schenkellänge in mm</td><td>b</td><td></td><td>105</td><td>115</td><td>140</td><td>150</td><td>170</td><td>195</td><td>200</td><td>250</td><td>285</td><td>290</td></tr>
<tr><td colspan="2" rowspan="2">Bauhöhe in mm</td><td rowspan="2">H</td><td>Baureihe 1</td><td>234</td><td>331</td><td>372</td><td>419</td><td>529</td><td>606</td><td>663</td><td>663</td><td>735</td><td>1090</td></tr>
<tr><td>Baureihe 2</td><td>234</td><td>322</td><td>363</td><td>410</td><td>529</td><td>606</td><td>663</td><td>663</td><td>735</td><td>–</td></tr>
<tr><td colspan="2">empfohlene Deckenfreiheit in mm</td><td>X</td><td></td><td>150</td><td>200</td><td>250</td><td>300</td><td>350</td><td>400</td><td>450</td><td>450</td><td>450</td><td>700</td></tr>
<tr><td colspan="2">Masse in kg (ca.)</td><td></td><td></td><td>9</td><td>12</td><td>16</td><td>22</td><td>32</td><td>56</td><td>75</td><td>85</td><td>131</td><td>290</td></tr>
</table>

5.4.4.5 Kondensatableiter (Herstellerangaben) *steam traps*

Schwimmerkondensatableiter (Auszug) *float steam*

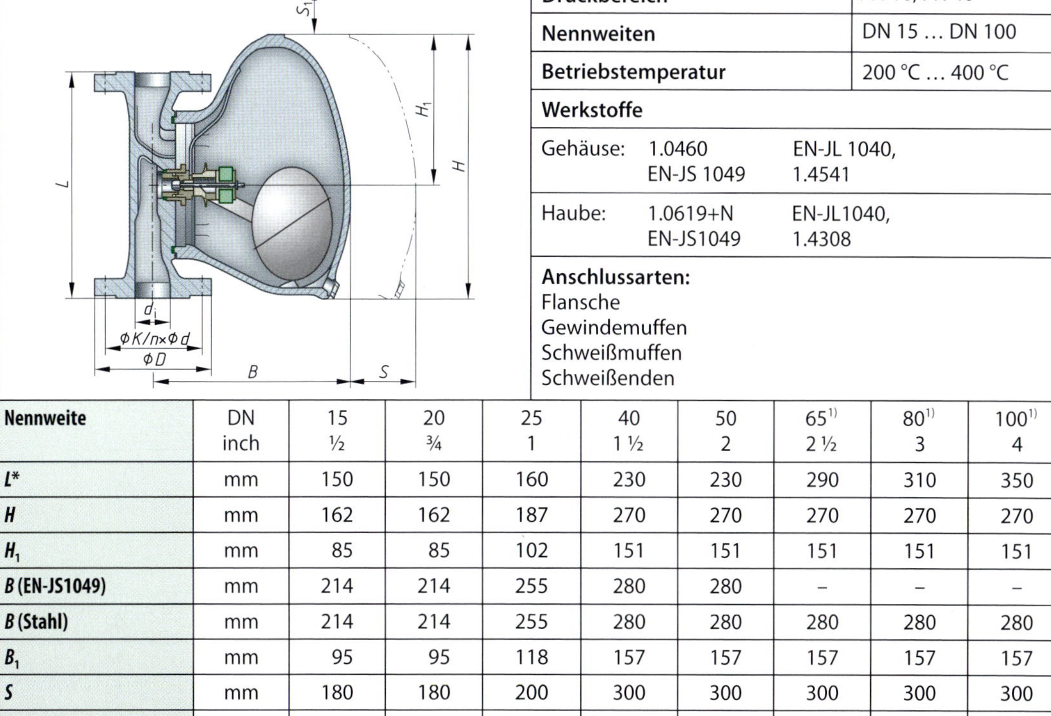

Druckbereich	PN 16, PN 40
Nennweiten	DN 15 … DN 100
Betriebstemperatur	200 °C … 400 °C

Werkstoffe

Gehäuse:	1.0460 EN-JS 1049	EN-JL 1040, 1.4541
Haube:	1.0619+N EN-JS1049	EN-JL1040, 1.4308

Anschlussarten:
Flansche
Gewindemuffen
Schweißmuffen
Schweißenden

Nennweite	DN inch	15 ½	20 ¾	25 1	40 1 ½	50 2	65[1)] 2 ½	80[1)] 3	100[1)] 4
L*	mm	150	150	160	230	230	290	310	350
H	mm	162	162	187	270	270	270	270	270
H_1	mm	85	85	102	151	151	151	151	151
B (EN-JS1049)	mm	214	214	255	280	280	–	–	–
B (Stahl)	mm	214	214	255	280	280	280	280	280
B_1	mm	95	95	118	157	157	157	157	157
S	mm	180	180	200	300	300	300	300	300
S_1	mm	150	150	180	200	200	200	200	200
Masse ca.	kg	7,9	8,1	10,9	24,7	25,3	27,2	29,2	32,7

1) nicht in EN-JL/EN-JS

Bimetall-Kondensatableiter (Auszug) *bimetallic steam*

Druckbereich	PN 40
Nennweiten	DN 15 … 50
Betriebstemperatur	250 °C … 450 °C
Werkstoffe	
Gehäuse	1.0460 1.5415 1.4541
Verschlusskappe	1.0460 1.5415 1.4515
Anschlussarten	Flansche, Gewindemuffen Schweißmuffen, Schweißenden

Nennweite	DN inch	15 ½	20 ¾	25 1	49 1 ½	50 2
*L**	mm	150	150	160	230	230
H	mm	98	98	98	144	144
H_1	mm	62	62	62	68	68
S	mm	70	70	70	90	90
S_1	mm	30	30	30	50	50
SCR	mm	50	50	50	110	110
Masse ca.	kg	3,2	3,7	4,2	11,3	12,1

* Abbildung DN 15 …25 ähnlich

Thermischer Kondensatableiter (Auszug) *thermostatic steam*

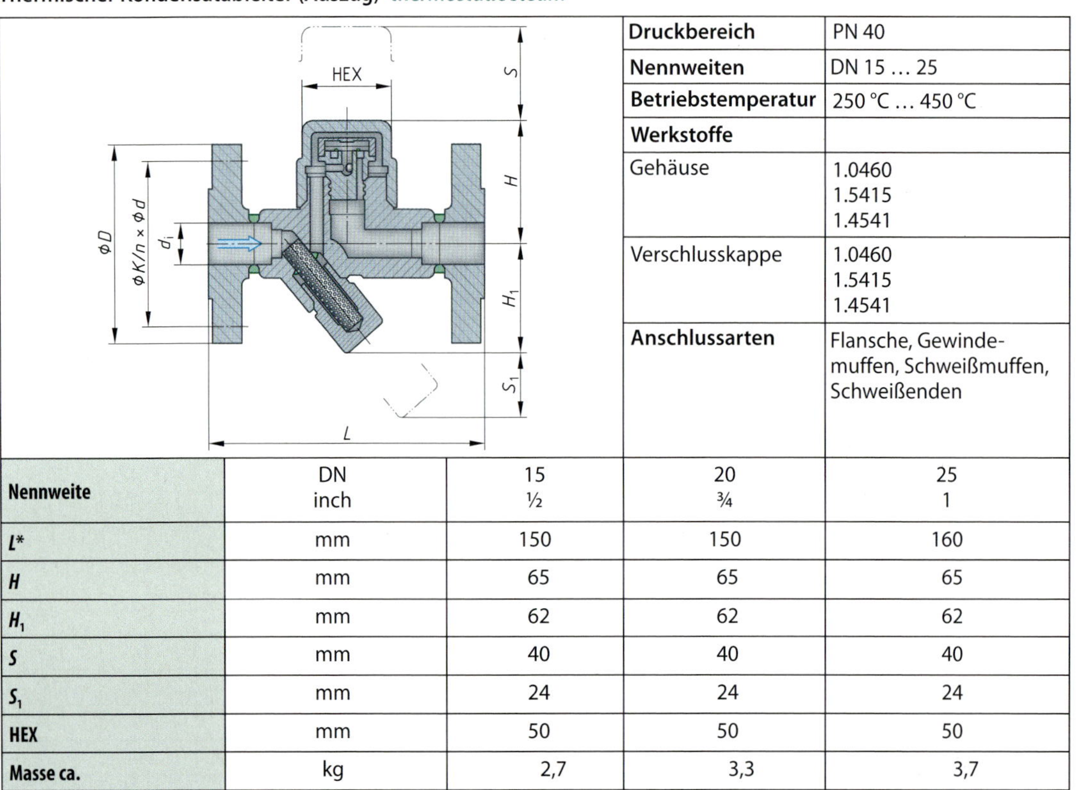

Druckbereich	PN 40
Nennweiten	DN 15 … 25
Betriebstemperatur	250 °C … 450 °C
Werkstoffe	
Gehäuse	1.0460 1.5415 1.4541
Verschlusskappe	1.0460 1.5415 1.4541
Anschlussarten	Flansche, Gewinde- muffen, Schweißmuffen, Schweißenden

Nennweite	DN inch	15 ½	20 ¾	25 1
*L**	mm	150	150	160
H	mm	65	65	65
H_1	mm	62	62	62
S	mm	40	40	40
S_1	mm	24	24	24
HEX	mm	50	50	50
Masse ca.	kg	2,7	3,3	3,7

5.4.4.6 Schmutzfänger mit Flanschen (Herstellerangaben) nach DIN EN 12266-1 : 2009-07 (Auszug) *mudflap with flanges*

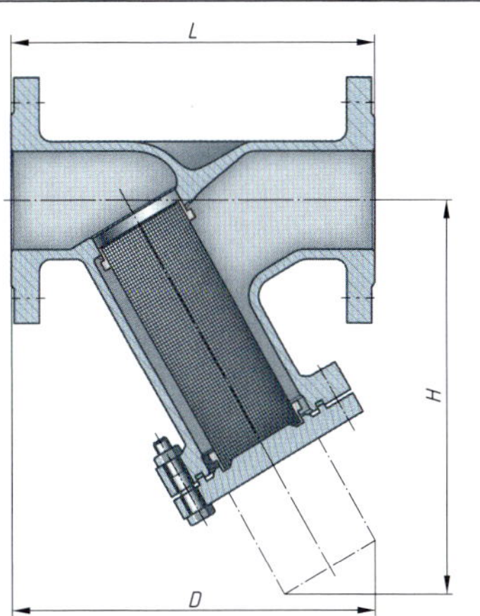

Druckbereich	PN 40
Nennweiten	DN 15 … 400
Temperaturbereiche (T_{min}, T_{max})	
Stahl	–10 °C , + 400 °C
Edelstahl	–200 °C, + 400 °C
Tieftemperatur	–50 °C, + 300 °C
Werkstoffe	
Gehäuse (Stahl, Edelstahl, Tieftemperatur)	1.0619, 1.0425, 1.4571
Deckelflansch (Stahl, Edelstahl, Tieftemperatur)	1.4408, 1.4571, 1.4571
Sieb (Stahl, Edelstahl, Tieftemperatur)	1.1138, 1.0566, 1.4571

DN	*L* mm	*D* mm	*H* mm	D_1 mm	*m* kg	DN	*L* mm	*D* mm	*H* mm	D_1 mm	*m* kg
15	130	145	180	98	4	**65**	290	290	280	143	22
20	150	140	180	98	6	**80**	310	355	405	176	35
25	160	150	185	98	6	**100**	350	390	415	210	52
32	180	180	205	113	10	**125**	400	415	445	250	64
40	200	190	205	113	12	**150**	480	640	640	308	113
50	230	240	250	128	15	**200**	600	705	670	365	160
						250	730	1065	910	435	210
						300	850	1115	940	494	320
						350	980	1175	965	550	446
						400	1100	1220	1000	595	614

5.4.4.7 Schaugläser (Herstellerangaben) nach DIN 28120 : 2004-06 *sight glasses*

Durchfluss-Schaugläser (Auszug) *flow-looking glasses*

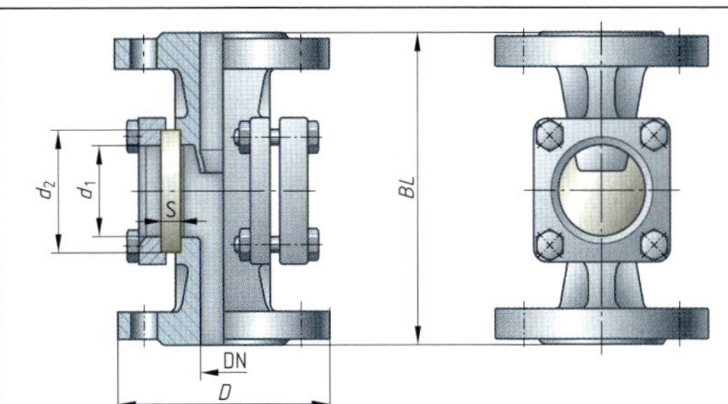

Druckbereiche	PN 16, PN 25, PN 40
Nennweiten	DN 15 … DN 250
Werkstoffe	EN-GJL-250 (max. 16 bar) GP240GH, 1.4408
Verwendung	Sichtkontrolle von Füllungen und Strömungen in Rohrleitungen
Einbaulage	beliebig, Durchflussrichtung beachten
Ausführung	DN 15 … 50 Deckel quadratisch DN 65 … 200 Deckel rund

Abmessungen:

DN	*D* mm	*BL* mm	d_1 mm	Glasplatte d_2 mm	Glasplatte S mm PN 15	PN 25	PN 40	DN	D mm	*BL* mm	d_1 mm	Glasplatte d_2 mm	Glasplatte S mm PN 15	PN 25	PN 40
15	95	130	32	45	10	10	10	**80**	200	310	100	125	20	25	30
20	105	150	32	45	10	10	10	**100**	220 (235)[1]	350	125	150	25	30	35
25	115	160	48	63	10	12	15	**125**	250 (270)[1]	400	150	175	25	30	a. A.
32	140	180	48	63[3]	10	12	15	**150**	285 (300)[1]	480	175	200	30[2]	35	a. A.
40	150	200	65	80	12	15	20	**200**	340 (360/375)[1]	600	175	200	30[2]	35	a. A.
50	165	230	80	100	15	20	25	**250**	405 (425/450)[1]	730	175	200	30[2]	35	a. A.
65	185	290	80	100	15	20	25								

[1] D in ( ) entsprechend PN 25/PN 40
[2] 16 bar nur mit Borosilikatglas lieferbar
[3] bei Grauguß Glasabmessung Ø 80 × 12 > DN 100 und PN 40 in Anlehnung an DIN 3237

Längs-Schauglasarmatur (Auszug) *longitudinal sight glass*

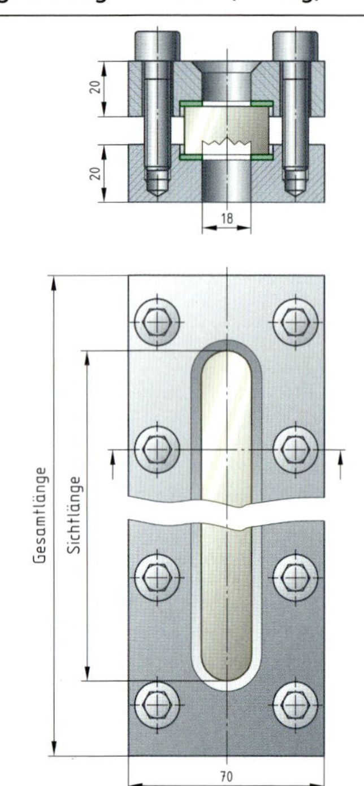

Druck-/Temperaturbereich	16 bar/ 280 °C		
Werkstoffe	1.4571 S235JR		
Verwendung	Flüssigkeitsanzeige, Sichtkontrolle, Beobachtung an Behältern, Kesseln und Silos		
Einbaulängen	170 … 370 mm	500 … 740 mm	900 mm
	1 Glas	2 Gläser	3 Gläser

Gesamtlänge in mm	**170**	**220**	**250**	**310**	**370**	**500**	**620**	**740**	**930**
Sichtlänge in mm	120	170	200	260	320	450	570	690	930
Glasgröße L × 34 × 17	140	190	220	280	340	220	280	340	280
Sicht verdeckt	–	–	–	–	–	50	50	50	2 × 50
Anzahl der Schrauben	8	10	12	14	16	24	28	32	42

Anm.: Bei Gesamtlänge 500 bis 740 mm sind 2 Gläser bzw. bei Gesamtlänge 930 mm 3 Gläser eingebaut.

Runde Schauglasarmaturen (Auszug) *round sight glasses*

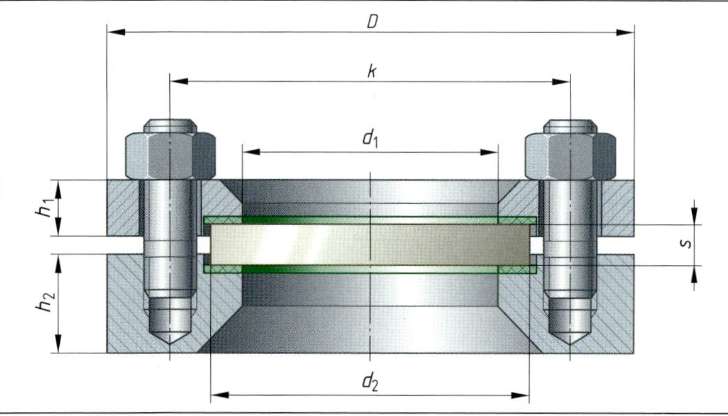

Druckbereich	PN 10, PN 16 (PN 6 und PN 25 auf Anfrage)
Werkstoffe	1.4541 1.4571
Verwendung	Beobachtung und Beleuchtung von Behältern, Kesseln und Silos
Sonderausführungen	Scheibenwischer, Sprühvorrichtung, Doppelverglasung, Schutzüberzug

Abmessungen:

DN	PN bar	d_1 mm	d_2 mm	s mm	D mm	k mm	h_1 mm	h_2 mm	Gewinde
25	10/16	48	63	10	115	85	16	25	4 × M 12
40	10/16	65	80	12	150	110	16	30	4 × M 16
50	10/16	80	100	15	165	125	16	30	4 × m 16
80	10/16	100	125	15/20	200	160	20	30	6 × M 16
100	10/16	125	150	20/25	220	180	22	30	8 × M 16
125	10/16	150	175	20/25	250	210	25	30	8 × M 16
150	10/16	175	200	25/30	285	240	30	36	8 × M 20
200	10	225	250	30	340	295	35	36	8 × M 20

5.4.4.8 Be- und Entlüfter, Luft- und Luft-/Schlammabscheider (Herstellerangaben)

Be- und Entlüfter (Herstellerangaben) *loaded and ventilator*

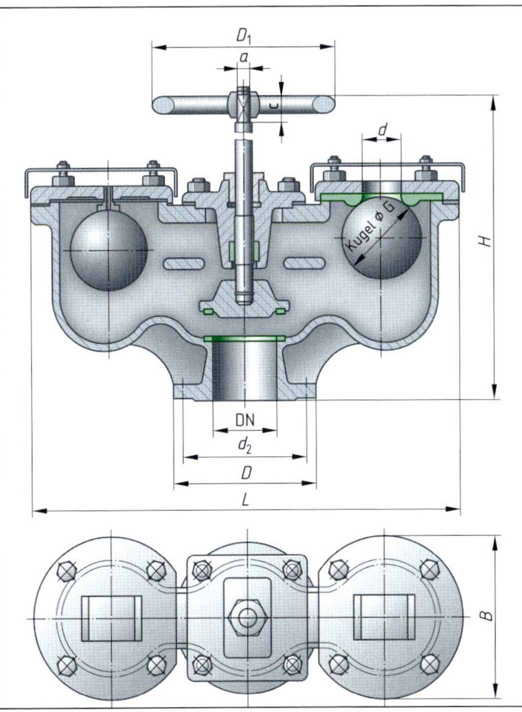

Druckbereiche	PN 10, 16 und 25
Nennweite	DN 50 … 200
Betriebstemperaturen	Max. 80 °C
Werkstoffe	
Gehäuse, Deckel, Kegel	EN-GJS-500-7 EN-JS 1050
Kugel	X5CrNi18-10
Sitzring, Spindel	CuZn37
Dichtungen	EPDM

Baumaße und Gewichte

DN	*L* mm	*B* mm	*H* mm	D_1 mm	*D* mm	*k* mm	d_2 mm	*a* mm	*c* mm	*G* mm	*d* mm	Masse kg
50	390	170	305	180	165	125	4 × 18	14	29	70	35	30
80	600	250	395	225	200	160	8 × 18	17	34	100	56	65
100	700	280	455	280	220	180	8 × 18	19	38	126	80	102
150	930	400	560	360	285	240	8 × 22	24	42	200	110	230
200	1100	500	690	360	340	295	12 × 22	24	42	200 250	165	370

Weitere Sonderausführungen, Nennweiten, Werkstoffe und Zubehör auf Anfrage möglich.

Luftabscheider (Herstellerangaben) *deaerator*

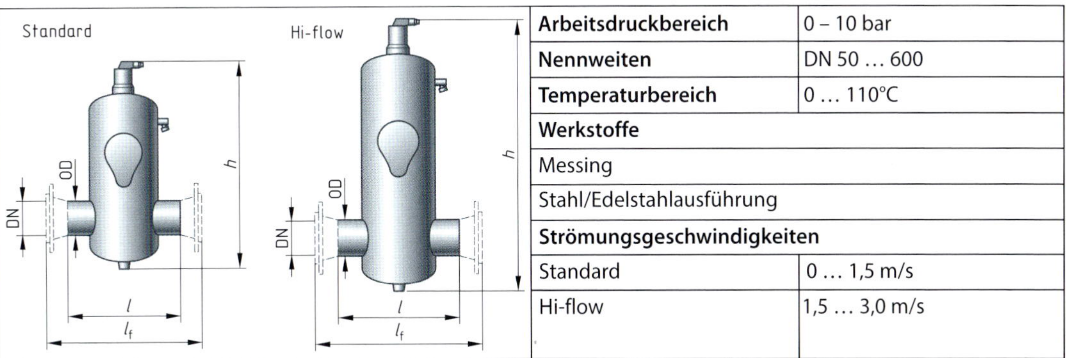

Arbeitsdruckbereich	0 – 10 bar
Nennweiten	DN 50 … 600
Temperaturbereich	0 … 110°C
Werkstoffe	
Messing	
Stahl/Edelstahlausführung	
Strömungsgeschwindigkeiten	
Standard	0 … 1,5 m/s
Hi-flow	1,5 … 3,0 m/s

Standardausführung (1,5 m/s)								**Hi-flow-Ausführung (3 m/s)**			
Anschluss DN	**Anschluss OD mm**	***L* mm**	***LF* mm**	***H* mm**	**Max. Durchfluss l/s**	**Max. Durchfluss m³/h**	**Δp bei max. Durchfluss kPa**	***H* mm**	**Max, Durchfluss l/s**	**Max, Durchfluss m³/h**	**Δp bei max. Durchfluss kPa**
50	60,3	260	350	470	3,5	12,5	3,0	630	7	25	11,8
65	76,1	260	350	470	5,5	20	2,7	630	11	40	11,6
80	88,9	370	470	590	7,5	27	2,9	785	15	54	12,4
100	114,3	370	475	590	13	47	3,7	785	26	94	14,6
125	139,7	525	635	765	20	72	4,2	1045	40	144	16,8
150	168,3	525	635	765	30	108	4,9	1045	60	215	19,4
200	219,1	650	775	975	50	180	5,8	1315	100	360	23,1
250	273,0	750	890	1215	80	288	6,9	1715	160	575	27,7
300	323,9	850	1005	1430	113	405	7,7	2025	225	810	31,0
350	356	n.v.t.	1100	1910	140	500	7,8	2400	280	1000	31,0
400	406	n.v.t.	1200	2120	180	650	8,4	2680	360	1300	34,0
450	457	n.v.t.	1300	2320	235	850	10,0	2920	470	1700	39,0
500	508	n.v.t.	1400	2540	295	1060	11,0	3250	590	2120	43,0
600	610	n.v.t.	1600	2980	425	1530	12,0	3830	835	3000	47,0

Luft- und Schlammabscheider (Herstellerangaben) *air and dirt*

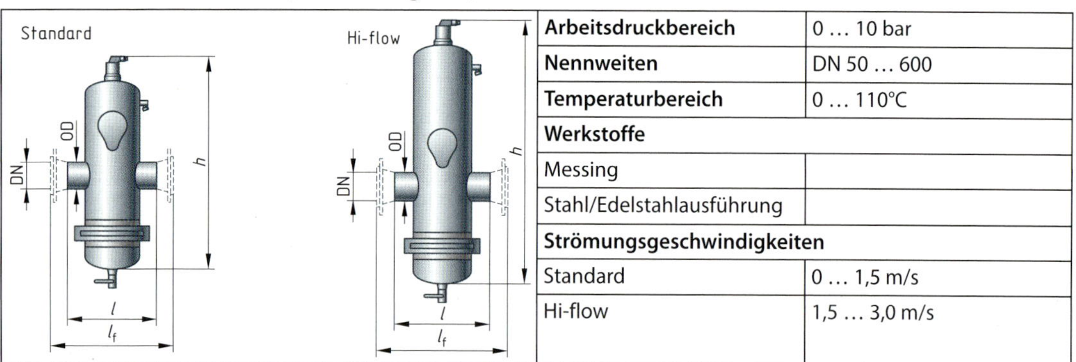

Arbeitsdruckbereich	0 … 10 bar
Nennweiten	DN 50 … 600
Temperaturbereich	0 … 110°C
Werkstoffe	
Messing	
Stahl/Edelstahlausführung	
Strömungsgeschwindigkeiten	
Standard	0 … 1,5 m/s
Hi-flow	1,5 … 3,0 m/s

Standardausführung (1,5 m/s)								**Hi-flow-Ausführung (3 m/s)**			
Anschluss DN	**Anschluss OD mm**	***l* mm**	**l_F mm**	***H* mm**	**Max. Durchfluss l/s**	**Max. Durchfluss m³/h**	**Δp bei max. Durchfluss kPa**	***H* mm**	**Max. Durchfluss l/s**	**Max,. Durchfluss m³/h**	**Δp bei max. Durchfluss kPa**
050	60,3	260	350	630	3,5	12,5	3,0	910	7	25	11,8
065	76,1	260	350	630	5,5	20	2,7	910	11	40	11,6
080	88,9	370	470	785	7,5	27	2,9	1145	15	54	12,4
100	114,3	370	475	785	13	47	3,7	1145	26	94	14,6
125	139,7	525	635	1045	20	72	4,2	1570	40	144	16,8
150	168,3	525	635	1045	30	108	4,9	1570	60	215	19,4
200	219,1	650	775	1315	50	180	5,8	1995	100	360	23,1
250	273,0	750	890	1715	80	288	6,9	2680	160	575	27,7
300	323,9	850	1005	2025	113	405	7,7	3190	225	810	31,0
350	356	Nv	1100	2560	140	500	7,8	3530	280	1000	31,0
400	406	Nv	1200	2860	180	650	8,4	3970	360	1300	34,0
450	457	Nv	1300	3150	235	850	10,0	4410	470	1700	39,0
500	508	Nv	1400	3460	295	1060	11,0	4860	590	2120	43,0
600	610	Nv	1600	4070	425	1530	12,0	5760	835	3000	47,0

Hat die Verschmutzung solche Ausmaße erreicht, dass das Abscheidungselement ausgetauscht oder gereinigt werden muss, besteht die Möglichkeit, sich für eine demontierbare Ausführung zu entscheiden.

5.4.4.9 Kompensatoren *expansion joints*

Übersicht Anwendungen

Bauart	Bewegungsrichtung	Fluide	max. zulässige Temperatur[1]	Druckbereich	Nennweite	Aufgabenbeispiele
Metall-Kompensator	axial, radial, (Axial, Lateral, Angular)	gasförmig, flüssig	800°C	Vakuum bis Hochdruck	DN 15 - 3000	Bewegungsausgleich, Spannungsreduzierung, Schwingungs- und Geräuschdämpfung
PTFE-Kompensator			230°C	Unterdruck bis 25 bar	DN 32 - 600	Bewegungsausgleich, Spannungsreduzierung, Schwingungs- und Geräuschdämpfung
Gummi-Kompensator			110°C	Unterdruck bis 16 bar	DN 25 - 1000	Schwingungs- und Geräuschdämpfung, Ausgleich von Ungenauigkeiten
Weichstoff-Kompensator		gasförmig	600°C	drucklos (+/- 350 mbar)	Unbegrenzt	Schwingungs- und Geräuschdämpfung, Ausgleich von Ungenauigkeiten
Drehrohr-Kompensator	radial	flüssig	275°C	≤ 400 bar	DN 10 – 1350	rauher Betrieb: z.B. Stahlwerk, Walzgerüste
Gleitrohr-Kompensator	axial		260°C	≤ 21 bar	DN 40 – 600	Warmwasser, Erdgas, Sattdampf

[1] Höhere Temperaturen in speziellen Ausführungen möglich

Gummikompensatoren (Herstellerangaben) *rubber expansion joints*

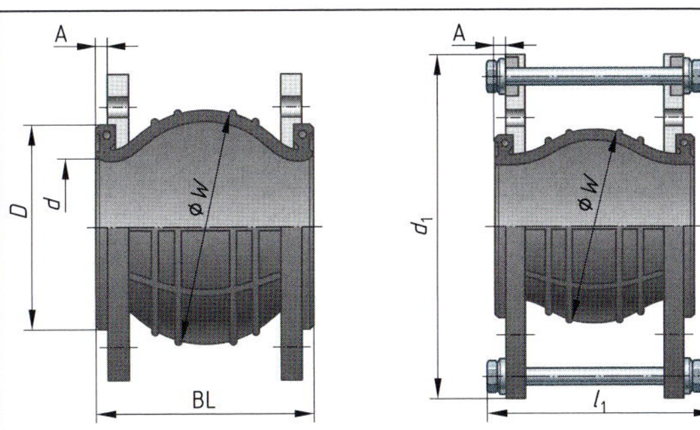

Druckbereich	PN 10
Nennweiten	DN 40 … 300
Betriebstemperatur	max. 90 °C
Werkstoffe	
Flansch	1.0038
Balg	Chloropren EPDM Nirtil Hypalon
Bauformen	ohne/mit Vorspannung

DN	Flansch nach PN	BL	*A*	Ø *W*	Ø *d*	Ø *D*	Flansch-Außen-Ø	Flansch-dicke	Loch-kreis-Ø	Anzahl der Bohrungen	Ø Flanschbohrung	Typ BKT-3840 DFS-D-EPDMT mit Verspannung	
												l_1	Ø d_1
	bar	mm	mm	mm	mm	mm	mm	mm	mm		mm	mm	mm
40	6	150	6,5	75	34,5	69	130	14	100	4	14	188	235
	10/16	150	6,5	75	34,5	69	150	16	110	4	18	188	255
50	6	150	7	96	46	87	140	14	110	4	14	188	245
	10/16	150	7	96	46	87	165	16	125	4	18	188	270
65	6	150	7,5	115	66	109	160	14	130	4	14	188	265
	10/16	150	7,5	115	66	109	185	16	145	4	18	188	290
80	6	150	7	130	73,5	118	190	16	150	4	18	188	295
	10/16	150	7	130	73,5	118	200	18	160	8	18	188	305
100	6	150	8,5	154	99	147	210	16	170	4	18	188	315
	10/16	150	8,5	154	99	147	220	18	180	8	18	188	325
125	6	150	11	176	124	177	240	18	200	8	18	188	345
	10/16	150	11	176	124	177	250	18	210	8	18	190	375
150	10/16	150	11,5	200	142	202	285	18	240	8	22	190	410
		150	11,5	200	142								
200	10	150	14	252	195	263	340	20	295	8	22	190	465
	16	150	14	252	195	263	340	20	295	12	22	190	465
250	10	200	15	317	246	323	395	22	350	12	22	250	550
	16	200	15	317	246	323	405	22	355	12	26	250	560
300	10	200	14	366	295	372	445	26	400	12	22	250	600
	16	200	14	366	295	372	460	26	410	12	26	253	625

Dehnungsaufnahme/Winkelbewegung

DN	Typ BKT-3140 00S-D – EPDMT					Typ BKT-3840 DFS-D-EPDMT
	normale Dehnungsaufnahme					normale Dehnungsaufnahme Δ lateral
	Δ axial		Δ lateral	Δ angular		
	gezogen	gedrückt	+/–	+/–		
	mm	mm	mm	in °		mm
40	12	25	25	35		25
50	12	25	25	35		25
65	12	25	25	30		25
80	12	25	25	30		25
100	12	25	25	25		25
125	12	25	25	20		25
150	12	25	25	20		25
200	12	25	25	15		25
250	12	25	25	10		25
300	12	25	25	10		25

Metallkompensatoren – Axialkompensator mit glatten Festflanschen (Herstellerangaben)

rubber expansion joints

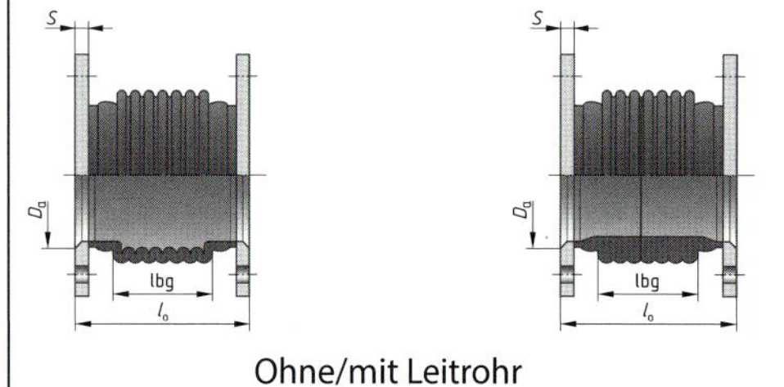

Ohne/mit Leitrohr

Druckbereich	PN 16
Nennweiten	DN 50 … 500
Betriebstemperatur	max. 300 °C
Werkstoffe	
Flansch	1.0038
Balg	1.4515
Bauformen	ohne/mit Leitrohr

Nennweite	Axiale Bewegungsaufnahme nominal	Baulänge	Gewicht ca. ohne Leitrohr	Gewicht ca. mit Leitrohr	Flansch Bohrbild – gemäß EN1092	Flansch Blattdicke
DN –	$2\delta_N$ mm	L_o mm	*m* kg	*m* kg	PN in bar	*s* mm
50	22	141	5,4	5,6	16	19
50	42	230	6,2	6,5	16	19
65	28	148	6,5	6,7	16	20
65	48	220	7,7	8,1	16	20
80	23	148	7,8	8	16	20
80	50	220	8,7	9,1	16	20
100	31	155	9,6	10	16	22
100	53	230	11,5	12,1	16	22
125	21	142	12,1	12,5	16	22
125	42	184	12,7	13,3	16	22
125	59	244	14,5	15	16	22
150	24	147	16	16	16	24
150	48	192	17	17	16	24
150	66	246	19	20	16	24
200	30	158	22	23	16	26
200	60	212	24	26	16	26
200	97	374	33	35	16	26
250	32	189	33	34	16	29
250	56	246	35	37	16	29
250	103	373	45	48	16	29
300	30	182	45	46	16	32
300	80	287	52	55	16	32
300	120	464	70	74	16	32

Balg Außendurchmesser	Balg gewellte Länge	Balg wirksamer Querschnitt	Bewegungsaufnahme[1] nominal bei 1000 Lastspielen angular[1]	Bewegungsaufnahme[1] nominal bei 1000 Lastspielen lateral[1]
D_a mm	lbg mm	*A* cm²	$2\alpha_N$ in °	$2\lambda_N$ mm
89	54	44,9	29	5,2
91	143	45	41	25
108	60	68,1	28	2,7
110	132	68,2	40	22
122	60	87,4	23	4,3
123	132	87,7	38	20
150	65	135,8	23	4,9
152	140	136	36	18
172	42	181	15	1,9
172	84	181	27	7,7
174	144	182	34	18
203	45	260	14	2
203	90	260	25	7,8
205	144	260	32	17
260	54	432	14	2,3
260	108	432	26	9,1
262	270	434	29	36
318	76	665	12	2,8
318	133	665	18	8,5
320	260	665	27	30
374	63	924	9,6	1,8
374	168	924	21	13
376	345	924	25	40

5.5 Kunststoff-Rohrleitungssysteme – Druckrohre für Gas, Wasser und Trinkwasser

5.5.1 Kenngrößen und Bezeichnungen

Rohrkenngrößen für Kunststoffrohre von Trinkwasser und Gasanlagen nach ISO 4065 : 2018-01

	Gas- und Wasserversorgungsleitungen								Trinkwasserinstallation (nach W544)											
Werkstoff	**PVC-U**[1]				**PE 80**		**PE 100**		**PVC-C**			**PP-R**			**PE-X**		**PB**			**Verbundrohre**[2]
Rohrmaße nach DIN Güteanforderungen DIN	**DIN EN ISO 1452-2 und 8062 DIN EN 1452-2 und 8061**				**DIN EN 1555-2 und EN 12202-2 DIN EN 1555-1 und EN 12201-1**				**DIN EN ISO 15877-2 DIN EN ISO 15877-1**			**DIN EN ISO15874-2 DIN EN ISO 15874-1**			**DIN EN ISO 15875-2 DIN EN ISO 15875-1**		**DIN EN ISO 15876-2 DIN EN ISO 15876-1**			
Rohrdurchmesser in mm	$d_a \leq 90$		$d_a \geq 90$																	
SDR	21	13,6	26	17	17,6	11	11	17	21	13,6	9	5	6	11	7,4	11	9	11	17	–
Rohrserienzahl S	10	6,3	12,5	8	8,3	5	5	8	10	6,3	4	2	2,5	5	3,2	5	4	5	8	–
PN	10	16	10	16	6	10	16	10	10	16	25	25	20	10	20	12,5	20	16	10	10
p_s bei 20 °C[3]	10	16	–			12,5		8	10	16	25	32,4	25,7	12,9	20	12,5	22,8	18,1	11,4	
p_s bei 60 °C[3]									4,5	7	11,4	16	12,7	6,4	12,8	8,1	15	11,9		

[1] Minderungsfaktor f_T nach DIN EN ISO 1452-2 verwenden für Betriebstemperaturen von 25° … 45°
[2] Nicht genormt
[3] zul. Betriebsdruck in bar für eine Einsatzzeit von 50 Jahren

Wanddicken bei Kunststoffrohren nach ISO 4065 : 2018-01

$$s = \frac{d_a}{2 \cdot S + 1}$$

$$S = \frac{(d_a - s)}{2s}$$

$$SDR = 2S + 1 \approx \frac{d_a}{s}$$

s: Wanddicke in mm
d_a: Rohraußendurchmesser in mm
S: Rohrserienzahl
SDR: Durchmesser/Wanddickenverhältnis (**S**tandard **D**imension **R**atio)

Druck- und Temperaturbelastbarkeit[1]

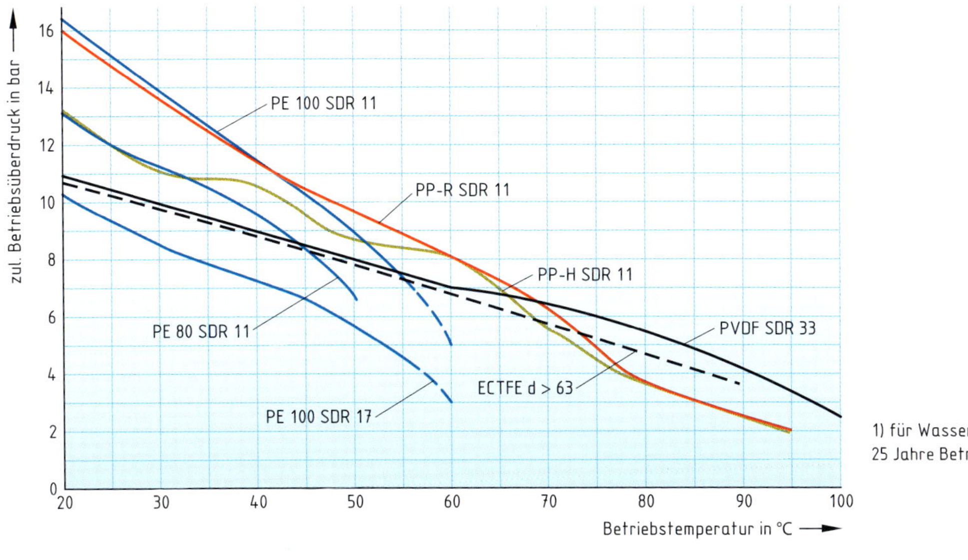

1) für Wasser und 25 Jahre Betriebsdauer

Auswahlkriterien für Rohrleitungssysteme

Kriterien der Produktauswahl

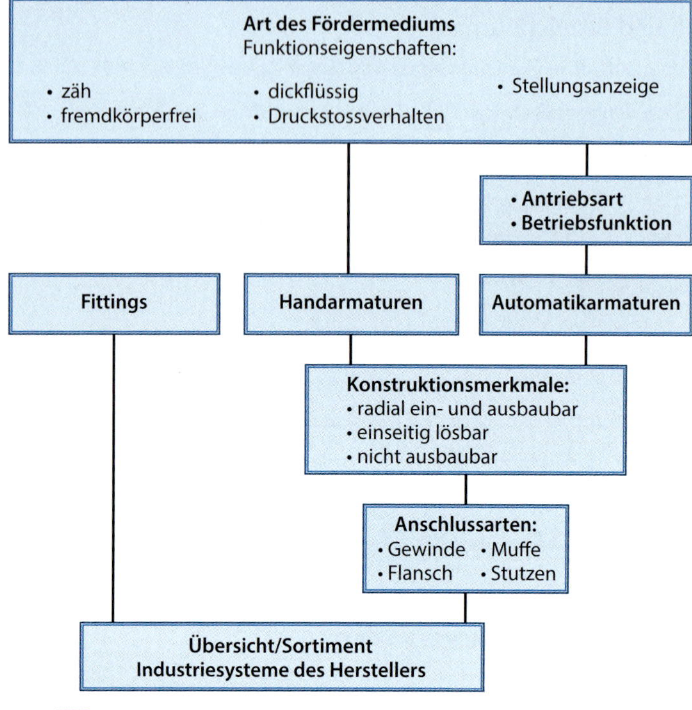

Teil 1 ► siehe Kap_5.pdf Hydraulische Auslegung (S. 1… 4)

Kennzeichnung von Kunststoffrohren nach DIN EN ISO 1452-2 : 2010-04, DVGW-W 544

Hersteller-kennzeich-nung	DIN oder DIN EN-Nummer oder DVGW-Registrier-nummer	Rohraus-führung (Werkstoff)	Abmessung $d_a \times s$	Rohrserie S oder SDR	Herstell-datum	Maschinen-nummer

Beispiel

H&T	BR 0319	PE-Xa	32 × 2,9	SDR 11	30052022	1231

5.5.2 Druckrohrsysteme aus Kunststoff

5.5.2.1 Druckrohrsysteme aus Polyethen (PE 100)

Rohre aus PE mit und ohne Schutzmantel (Herstellerangaben)nach DIN EN 12201, DIN EN 1555, DIN 8074/75, DVGW GW 335-A2, PAS 1075

Kennzeichnung und Einsatzbereiche				
Rohr	**Farbkennzeichnung**	**Dimensionen/Aufbau**	**SDR / Lieferlängen**	**Einsatzbereich**
Druckrohre ohne Schutzmantel				
PE 100 Werkstoff: Polyethylen (MRS = 10 N/mm²)	**Gasrohre:** orange-gelb, schwarz mit orange-gelben Streifen **Trinkwasser:** blau, schwarz mit blauen Streifen **Abwasser:** braun, schwarz mit braunen Streifen	**OD 25 – 1600 mm** Medienrohr, kalibriert und signiert aus PE-HD	**SDR 17,6 – 7,4** **Gerade Längen bis 12 m oder in Ringbunden bis 100 m**	Hausanschlussleitungen, Ver- und Entsorgungsleitungen, Transportleitungen
PE 100 RC Werkstoff: Polyethylen (MRS = 10 N/mm²)	**Gasrohre:** orange-gelb mit weißen Streifen, schwarz mit orange-gelben und weißen Streifen **Trinkwasser:** blau mit weißen Streifen, schwarz mit blauen und weißen Streifen **Abwasser:** braun, schwarz mit braunen Streifen, grün	**OD 25 – 1600 mm** Medienrohr, kalibriert und signiert, aus PE 100 RC (spannungsrissbeständig)	**SDR 17,6 – 7,4**	Hausanschlussleitungen, Ver- und Entsorgungsleitungen, Transportleitungen Grabenlose und sandbettfreie Verlegung möglich
Druckrohre mit Schutzmantel				
SLA Werkstoff Medienrohr: Polyethylen (MRS = 10 N/mm²)	**Trinkwasser:** Blau mit vier grünen Doppelstreifen **Abwasser:** braun mit vier grünen Doppelstreifen	**OD 25 – 1600 mm** Medienrohr, kalibriert und signiert, aus PE 100 RC (spannungsrissbeständig), metallische Permentationsschicht, Schutzmantel aus PEplus	**SDR 17,6 – 7,4**	Hausanschlussleitungen, Ver- und Entsorgungsleitungen, Transportleitungen, industrielle Leitungssysteme Die metallische Schutzschicht bietet permanenten Schutz sensibler Medien und der Umwelt Grabenlose und sandbettfreie Verlegung möglich
SLM Werkstoff Medienrohr: Polyethylen (MRS = 10 N/mm²)	**Gas:** gelb mit vier grünen Doppelstreifen **Trinkwasser:** blau mit vier grünen Doppelstreifen **Abwasser:** braun mit vier grünen Doppelstreifen	**OD 25 – 1600 mm** Medienrohr, kalibriert und signiert, aus PE 100 RC (spannungsrissbeständig), Schutzmantel aus PEplus	**SDR 17,6 – 7,4**	Hausanschlussleitungen, Ver- und Entsorgungsleitungen, Transportleitungen, industrielle Leitungssysteme Grabenlose und sandbettfreie Verlegung möglich

(Fortsetzung) Druckrohrsysteme aus Polyethen (PE 100)

Druckrohre mit und ohne Schutzmantel		
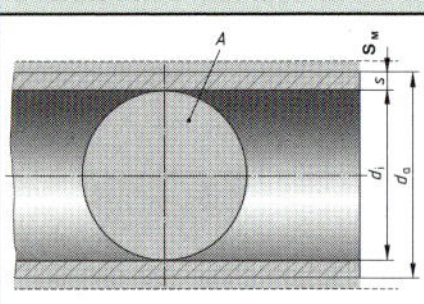	**Rohrabmaße:** d_a/OD: Außendurchmesser in mm s: Wanddicke (ohne Schutzmantel) in mm d_i: Innendurchmesser in mm	A: freie Querschnittsfläche in cm^2 V': längenbezogener Rohrinhalt in dm^3/m m': längenbezogene Masse in kg/m S_M: Manteldicke in mm
	Begriffe: **SDR (Standard Dimension Ratio): Durchmesser-Wanddicken-Verhältnis** **MRS (Minimum Required Strength): Innendruckfestigkeit** **RC (Raised Crack Resistantce): Erhöhte Rissbeständigkeit** **MOP (Maximum Operating Pressure): PN** **S (Rohrserienzahl): S = (d_a – s)/2s nach ISO 4065:2018-01**	

Maße für Rohre aus PE 100

Rohr nach DIN EN 12201-2: 2013-12 (Wasser), DIN EN 1555-2 (Gas)				Rohrserie S 8 (SDR 17) Wasser PN 10 Gas PN (MOP) 4					Rohrserie S 5 (SDR 11) Wasser PN 16 Gas PN (MOP) 10				
DN	*da/OD PE 100/100RC* mm	*da/OD SLM* mm	*da/OD SLA* mm	*s* mm	d_i mm	*A* cm^2	*V'* dm^3/m	*m'* kg/m	*s* mm	d_i mm	*A* cm^2	*V'* dm^3/m	*m'* kg/m
25	32	34,3	34,9	1,9	28,2	6,25	0,63	0,198	3,0	24,0	4,52	0,45	0,282
32	40	42,6	43,4	2,4	35,2	9,73	0,97	0,299	3,7	32,6	8,35	0,84	0,434
40	50	52,8	53,6	3,0	44,0	15,21	1,52	0,458	4,6	40,8	13,07	1,31	0,673
50	63	66,1	66,8	3,8	55,4	24,11	2,41	0,728	5,8	51,4	20,75	2,08	1,06
65	75	78,3	79,0	4,5	66,0	34,21	3,42	1,03	6,8	61,2	29,42	2,94	1,48
80	90	93,6	94,3	5,4	79,2	49,27	4,92	1,47	8,2	73,6	42,54	4,25	2,14
100	110	114,2	115,0	6,6	96,8	73,59	7,36	2,19	10,0	90,0	63,62	6,36	3,18
100	125	129,5	130,3	7,4	110,2	95,38	9,54	2,79	11,4	102,2	82,03	8,20	4,12
125	140	145,0	145,7	8,3	123,4	119,60	11,96	3,50	12,7	114,6	103,15	10,32	5,13
150	160	165,6	166,4	9,5	141,0	156,15	15,62	4,57	14,6	130,8	134,37	13,44	6,74
150	180	188,7	188,7	10,7	158,6	197,56	19,76	5,77	16,4	147,2	170,18	17,02	8,51
200	200	208,8	208,8	11,9	176,2	243,84	24,38	7,12	18,2	163,6	210,21	21,02	10,5
200	225	234,1	234,1	13,4	198,2	308,53	30,85	9,03	20,5	184,0	265,90	26,59	13,3
250	250	259,3	259,3	14,8	220,4	381,52	38,15	11,1	22,7	204,6	328,78	32,88	16,3
250	280	289,6	289,6	16,6	246,8	478,39	47,84	13,9	25,4	229,2	412,59	41,26	20,5
300	315	324,9	324,9	18,7	277,6	605,24	60,52	17,6	28,6	257,8	521,98	52,20	25,9
350	355	368,4	368,4	21,1	312,8	768,46	76,85	22,4	32,2	290,6	663,26	66,33	32,9
400	400	410,6	410,6	23,7	352,6	976,46	97,65	28,3	36,3	327,4	841,87	84,19	41,7
500	450	Auf Anfrage möglich		26,7	396,6	1235,37	123,54	35,8	40,9	368,2	1064,77	106,48	52,8
500	500			29,7	440,6	1524,68	152,47	44,2	45,4	409,2	1315,11	131,51	65,2
600	560			33,2	493,6	1913,55	191,36	55,4	50,8	458,4	1650,36	165,04	81,7
600	630			37,4	555,2	2420,97	242,10	70,2	57,2	515,6	2087,93	208,80	103

Beim Verbinden (Verschweißen) von SLA-Rohren im Spiegelschweißverfahren, als auch mit E-Fittingen muss der Mantel, und die Aluminium Sperrschicht IMMER im Schweißbereich entfernt werden! Verschweißt wird IMMER nur auf dem drucktragenden PE100RC Kernrohr welches die genormten Außendurchmesser und Wandstärken aufweist (SDR 11 / SDR 17). Auf der Aluminium-Schicht funktioniert keine Verschweißung.
Beim Verbinden von SLM-Rohr mit E-Fittingen muss der Mantel zurückgeschnitten / im Schweißbereich entfernt werden, da auch hier IMMER nur auf dem drucktragenden PE100RC Kernrohr geschweißt werden kann. Beim Spiegelschweißverfahren KANN der SCHUTZMANTEL mitverschweißt werden (Schweißparameter beachten!!).

5.5.2.2 Druckrohre aus vernetztem Polyethylen (PE-X) nach DIN EN ISO 15875-2 : 2021-03

pressure pipes made of crosslinked polyethylene

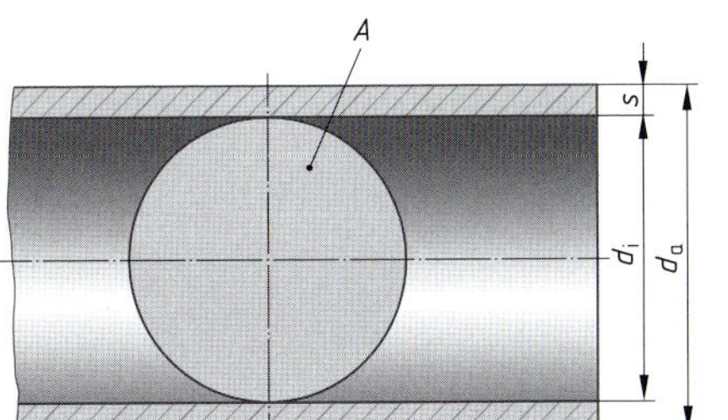

Rohrabmaße:

d_a:	Außendurchmesser	in mm
d_i:	Innendurchmesser	in mm
s:	Wanddicke	in mm
A:	lichter Querschnitt	in cm^2
m':	längenbezogene Masse	in kg/m
V':	längenbezogener Rohrinhalt	in dm^3/m
p_{zul}:	zulässiger Betriebsdruck	in bar
ϑ_{zul}:	zulässige Betriebstemperatur	in °C

Werkstoff: Vernetztes Polyethylen (PE-X); $\varrho = 0{,}94$ kg/dm^3

Lieferart: gerade Längen bis 12 m oder Ringbunde bis 100 m (über 100 m mit Herstellerrücksprache)

Einsatz: Trinkwasser bis 70 °C und für Heizungsanlagen (Rohrserie S5, SDR11) nach DIN 4726 mit Sauerstoffsperrschicht

Einsatz	**SDR**	**ϑ_{zul} °C**	**p_{zul} bar**
Warmwasser (Klasse A)	11	60	6
	7,4	70	10
NT-Heizung	9	60	10
HT-Heizung (Klasse A)	11	80	6
	7,4	80	10

Kennzeichen	**Vernetzungsart**	**min. Vernetzungsgrad**	**Werkstoffkurzzeichen**
a	peroxidvernetzt	75 %	PE-Xa
b	silanvernetzt	65 %	PE-Xb
c	elektronenstrahlenvernetzt	60 %	PE-Xc
d	azovernetzt	60 %	PE-Xd

Rohre aus PE-X für Trinkwasser und Heizungsanlagen DVGW W 544, EN ISO 15875-2 : 2004-03

Rohr		**Rohrserie S 5, (SDR 11), PN 12,5**[1]				
DN	**d_a mm**	**s mm**	**d_i mm**	**A cm^2**	**V' dm^3/m**	**m' kg/m**
–	10	1,3	7,4	0,43	0,043	0,038
8	12	1,3	9,4	0,69	0,069	0,047
10	16	1,5	13,0	1,33	0,13	0,072
15	20	1,9	16,2	2,06	0,21	0,111
20	25	2,3	20,4	3,27	0,33	0,167
25	32	2,9	26,2	5,39	0,54	0,269
32	40	3,7	32,6	8,35	0,83	0,425
40	50	4,6	40,8	13,07	1,31	0,658
50	63	5,8	51,4	20,75	2,07	1,04
65	75	6,8	61,4	29,61	2,96	1,45
80	90	8,2	73,6	42,54	4,25	2,10
–	110	10,0	90,0	63,62	6,36	3,11
100	125	11,4	102,2	82,03	8,20	4,02
–	140	12,7	114,6	103,15	10,31	4,77
125	160	14,6	130,8	134,37	13,44	6,27

[1] nach DIN 4726 mit Sauerstoffsperrschicht

Rohrserie S 4, (SDR 9), PN 16						
–	10	1,3	7,4	0,43	0,04	0,04
8	12	1,4	9,2	0,66	0,07	0,05
10	16	1,8	12,4	1,21	0,12	0,08
15	20	2,3	15,4	1,86	0,19	0,13
20	25	2,8	19,4	2,96	0,30	0,20
25	32	3,6	24,8	4,83	0,48	0,32
32	40	4,5	31,0	7,55	0,75	0,50
40	50	5,6	38,8	11,8	1,18	0,77
50	63	7,1	48,8	18,7	1,87	1,24
65	75	8,4	58,2	26,6	2,66	1,75
80	90	10,1	69,8	38,3	3,83	2,52
–	110	12,3	85,4	57,3	5,73	3,74
100	125	14,0	97,0	73,9	7,39	4,82
–	140	15,7	108,6	92,63	9,26	5,76
125	160	17,9	124,2	121,15	12,12	7,51
Rohrserie S 3,2; (SDR 7,4); PN 20						
–	10	1,4	7,2	0,41	0,04	0,04
8	12	1,7	8,6	0,58	0,06	0,06
10	16	2,2	11,6	1,06	0,11	0,10
15	20	2,8	14,4	1,63	0,16	0,15
20	25	3,5	18,0	2,54	0,25	0,24
25	32	4,4	23,2	4,23	0,42	0,38
32	40	5,5	29,0	6,61	0,66	0,59
40	50	6,9	36,2	10,3	1,03	0,93
50	63	8,6	45,8	16,5	1,65	1,45
65	75	10,3	54,4	23,2	2,32	2,07
80	90	12,3	65,4	33,6	3,36	2,96
–	110	15,1	79,8	50,0	5,00	4,44
100	125	17,1	90,8	64,8	6,48	5,71
–	140	19,2	101,6	81,07	8,11	6,85
125	160	21,9	116,2	106,05	11,60	8,93

Bezeichnung eines Druckrohrs für Trinkwasserinstallation aus PE-X peroxidvernetzt nach DIN EN ISO 15875 mit $d_a = 32$ mm, $s = 4{,}4$ mm, Rohrserie S 3,2 und Durchmesser/Wanddicken-Verhältnis SDR 7,4:

Rohr PE-Xa EN ISO 15875 – 32 × 4,4 – S 3,2 (SDR 7,4)

Druckrohre aus vernetztem Polyethylen (PE-MDX)

DIN 16895 : 2011-04

pressure pipes made of crosslinked polyethylene

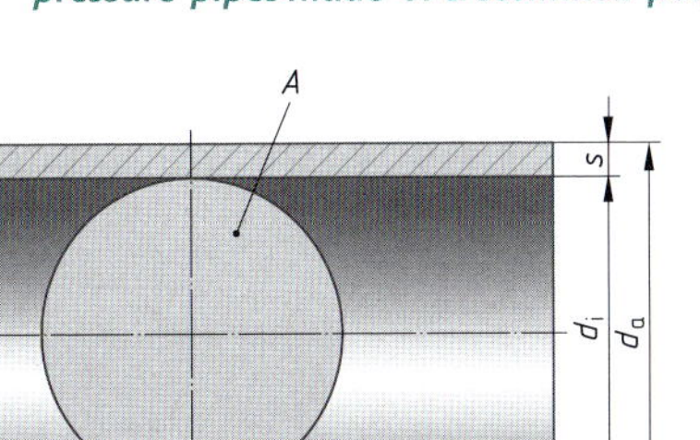

Rohrabmaße:

d_a: Außendurchmesser in mm
d_i: Innendurchmesser in mm
s: Wanddicke in mm
A: lichter Querschnitt in cm^2
m': längenbezogene Masse in kg/m
V': längenbezogener Rohrinhalt in dm^3/m

Werkstoff: Vernetztes Polyethylen mittlerer Dichte (PE-MDX); $\varrho = 0{,}935$ kg/dm^3

Lieferart: Gerade Längen bis 12 m oder Ringbunde bis 100 m (über 100 m mit Herstellerrücksprache)

Einsatz: PE-X-Rohr

Rohre aus vernetztem Polyethylen mittlerer Dichte PE-MDX

Rohr		Rohrserie S4, (SDR 9), PN 12,5					Rohrserie S 2,5, (SDR 6), PN 20				
DN	d_a mm	s mm	d_i mm	A cm^2	V' dm^3/m	m' kg/m	s mm	d_i mm	A cm^2	V' dm^3/m	m' kg/m
–	10	–	–	–	–	–	1,8	6,4	0,32	0,032	0,047
8	12	1,8	8,4	0,55	0,055	0,058	2,0	8,0	0,50	0,050	0,063
10	16	1,8	12,4	1,21	0,121	0,082	2,7	10,6	0,88	0,088	0,112
15	20	2,3	15,4	1,86	0,186	0,130	3,4	13,2	1,37	0,137	0,176
20	25	2,8	19,4	2,96	0,296	0,196	4,2	16,6	2,16	0,216	0,272
25	32	3,6	24,8	4,83	0,483	0,320	5,4	21,6	3,66	0,366	0,444
32	40	4,5	31,0	7,55	0,755	0,498	6,7	26,6	5,56	0,556	0,686
40	50	5,6	38,8	11,82	1,182	0,771	8,4	33,2	8,66	0,866	1,070
50	63	7,0	49,0	18,86	1,886	1,210	10,5	42,0	13,85	1,385	1,690
65	75	8,4	58,2	26,60	2,660	1,730	12,5	50,0	19,63	1,963	2,390
80	90	10,0	70,0	38,48	3,848	2,770	15,0	60,0	28,27	2,827	3,430
–	110	12,3	75,4	44,65	4,465	3,700	18,4	73,2	42,08	4,208	5,150
100	125	13,9	97,2	74,20	7,420	4,740	20,9	83,2	54,37	5,437	6,600
–	140	15,6	108,8	92,97	9,297	5,950	23,4	93,2	73,20	7,320	8,320
125	160	17,8	124,4	121,54	12,154	7,760	26,7	106,6	89,25	8,925	10,840

Bezeichnung eines Druckrohres aus PE-MDXc nach DIN 16895, Rohrserie S 4 (SDR 9), $d_a = 32$ mm, $s = 3{,}6$ mm:

Rohr PE-MDXc 16895 – S 4 (SDR 9) – 32 × 3,6

Teil 3 ▶ siehe Kap_5.pdf Diagramm zur Biegeschenkelbestimmung für PE

Teil 8 ▶ siehe Kap_5.pdf Rohrschellenabstände für PE

5.5.3 Formteile für Druckrohre PE100 und PE80 nach DIN EN 1555-3, DIN EN 12201-3, DVGW 335-B2

5.5.3.1 Fittings zum Heizwendelschweißen für PE-Rohre (Herstellerangaben)

Eignung	Für Rohre und Formteile aus PE 80, PE 100, PE 100 RC (DIN 8074/75, DIN EN 12201-2) und Rohre aus PE-Xa (DVGW 335-A3)
Anwendungsgebiete	Wasser (MOP 8,0 – 16bar), Gas (MOP 2,0 – 10,0bar)
Werkstoff	Polyethylen, PE 100, schwarz, UV-stabilisiert

Muffe, PE 100, d 16–75

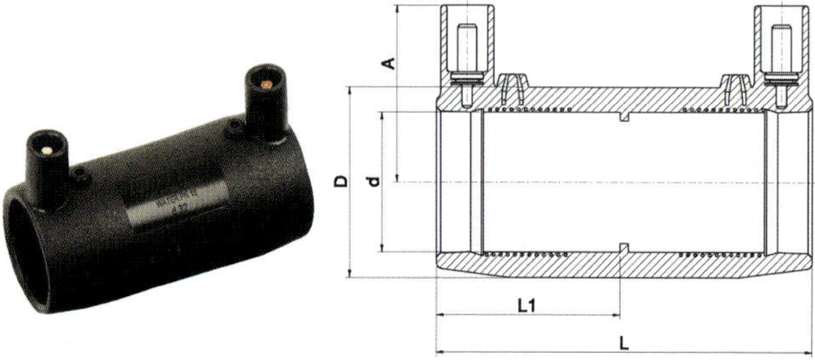

d mm	*A* mm	*D* mm	*L* mm	*L1* mm	*Masse* kg
16	39	35	71	34	0,06
20	34	31	76	37	0,05
25	37	36	82	40	0,04
32	42	44	88	42	0,06
40	45	56	97	47	0,10
50	50	68	102	50	0,16
63	57	82	117	57	0,23
75	64	98	126	61	0,34

Muffe, PE 100, d 90–400

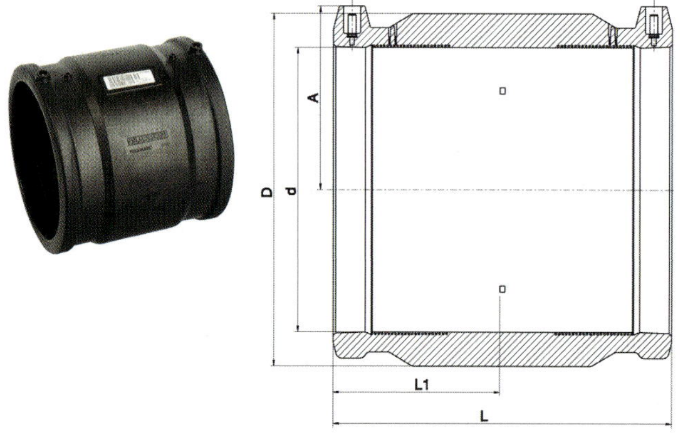

d mm	*A* mm	*D* mm	*L* mm	*L1* mm	*Masse* kg
90	71	112	148	73	0,57
110	81	135	163	80	0,86
125	87	157	173	85	1,08
140	97	174	183	90	1,30
160	105	194	195	93	1,55
180	116	218	212	105	2,11
200	126	242	223	109	2,79
225	138	272	240	119	3,90
250	150	301	246	121	4,46
280	170	342	275	134	6,44
315	184	387	282	139	8,85
355	203	431	277	137	10,20
400	231	485	293	145	13,80

Verschlussmuffe, PE 100, d 20–75

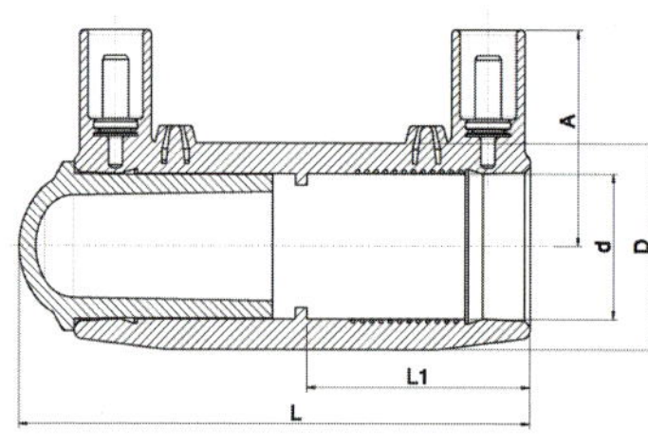

d mm	*A* mm	*D* mm	*L* mm	*L1* mm	*Masse* kg
20	34	31	84	37	0,06
25	37	36	92	40	0,05
32	42	44	103	42	0,08
40	46	56	114	47	0,13
50	51	67	121	49	0,20
63	57	82	142	57	0,33
75	64	98	156	61	0,50

Verschlussmuffe, PE 100, d 90–315

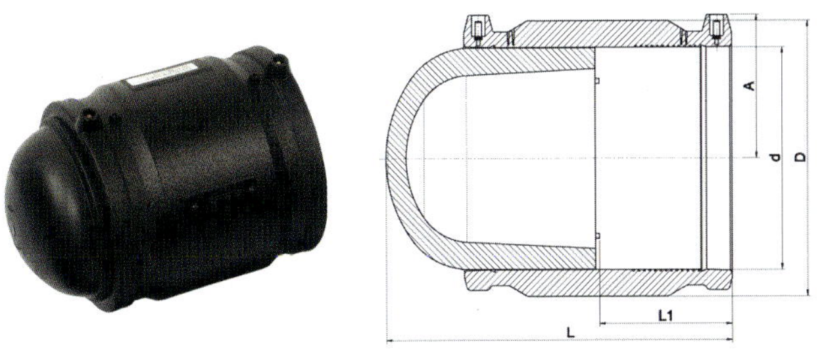

d mm	*A* mm	*D* mm	*L* mm	*L1* mm	*Masse* kg
90	70	117	183	73	0,82
110	81	140	206	78	1,26
125	87	157	222	85	1,70
140	97	174	237	90	2,35
160	105	194	261	93	2,99
180	116	218	283	105	4,16
200	126	242	289	109	5,26
225	138	272	318	119	7,26
250	156	311	344	123	8,38
280	170	340	396	134	11,74
315	184	387	405	139	16,05

Reduziermuffe, PE 100, d 20 × 16 – d 110 × 90

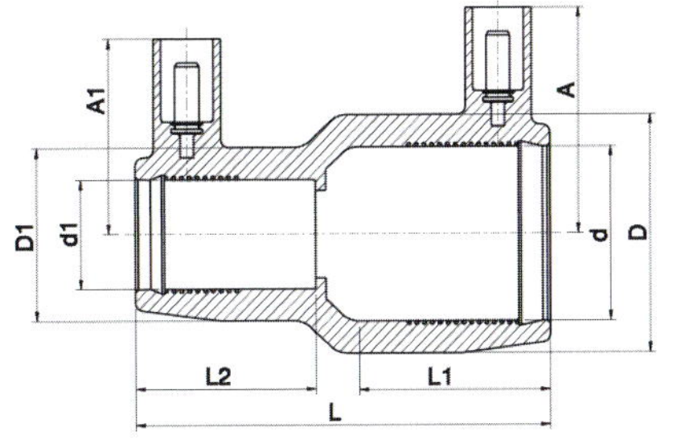

d × d1 mm	*A* mm	*A1* mm	*D* mm	*D1* mm	*L* mm	*L1* mm	*L2* mm	*Masse* kg
20 × 16	39	39	36	36	71	35	35	0,05
26 × 20	39	39	36	36	71	35	35	0,05
32 × 20	43	37	45	32	81	40	35	0,06
32 × 25	43	39	45	36	81	40	35	0,06
40 × 25	47	38	56	37	90	44	40	0,09
40 × 32	47	43	56	44	90	44	40	0,09
50 × 25	52	41	68	37	100	49	41	0,12
50 × 32	52	45	68	45	100	49	40	0,12
50 × 40	52	48	68	56	100	49	44	0,14
63 × 32	59	45	82	45	119	57	40	0,18
63 × 40	59	49	82	56	119	57	44	0,19
63 × 50	59	54	82	68	119	57	49	0,22
75 × 63	66	59	98	82	126	66	57	0,31
90 × 50	78	53	116	69	143	71	49	0,43
90 × 63	78	61	116	82	143	71	57	0,46
90 × 75	78	67	116	98	143	71	61	0,48
110 × 63	84	61	139	82	161	78	57	0,64
110 × 90	84	74	139	116	161	78	72	0,74

Reduziermuffe, PE 100, d 125 × 90 – d 180 × 125

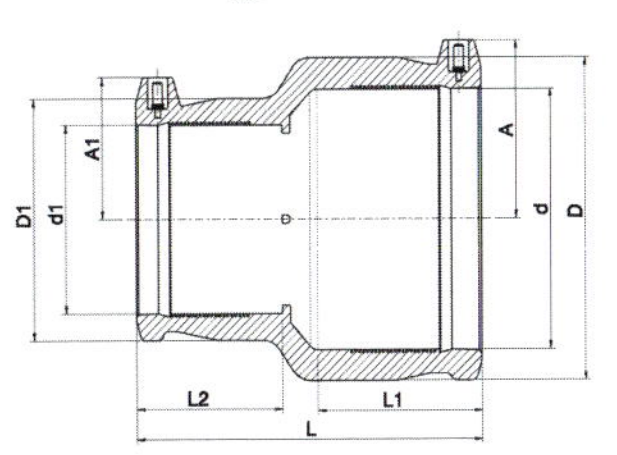

d × d1 mm	*A* mm	*A1* mm	*D* mm	*D1* mm	*L* mm	*L1* mm	*L2* mm	*Masse* kg
125 × 90	88	70	158	116	171	85	72	1,02
125 × 110	88	80	158	141	171	85	78	1,03
160 × 90	105	69	199	116	193	94	72	1,44
160 × 110	105	80	199	141	193	94	81	1,52
160 × 125	105	89	199	158	195	94	85	1,57
180 × 125	116	87	222	158	212	103	85	2,06

T-Stück, 90° egal, PE 100, d 20 × 75

d × d1 × d mm	*A* mm	*D* mm	*H* mm	*L* mm	*L1* mm	*Masse* kg
20 × 20 × 20	39	33	60	96	37	0,06
25 × 25 × 25	43	44	66	103	39	0,11
32 × 32 × 32	43	44	74	104	39	0,10
40 × 40 × 40	47	56	90	120	43	0,17
50 × 50 × 50	52	68	102	139	48	0,26
63 × 63 × 63	58	82	119	167	58	0,42
75 × 75 × 75	62	96	129	196	63	0,64

T-Stück, 90° egal, PE 100, d 90 × 250

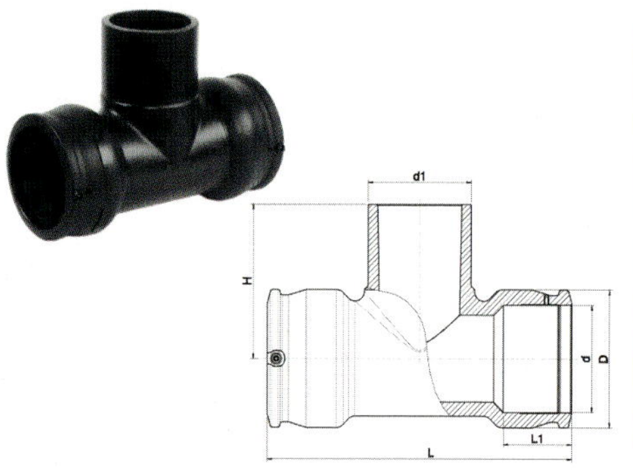

d × d1 × d mm	*A* mm	*D* mm	*H* mm	*L* mm	*L1* mm	*Masse* kg
90 × 90 × 90	71	113	137	294	71	1,09
110 × 110 × 110	81	143	160	326	71	1,96
125 × 125 × 125	88	165	177	382	86	2,95
160 × 160 × 160	106	208	206	440	86	4,70
180 × 180 × 180	116	245	250	422	106	7,20
200 × 200 × 200	125	261	265	451	114	8,65
225 × 225 × 225	140	293	290	494	122	11,86
250 × 250 × 250	152	326	315	538	129	16,25

T-Stück, 90° reduziert, PE 100, d 20 × 75

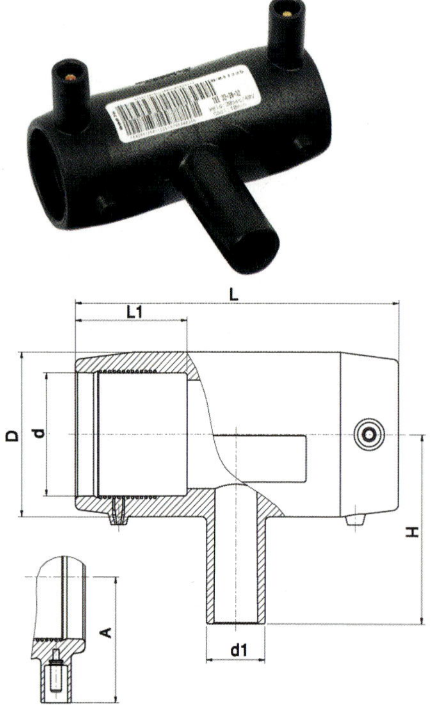

d × d1 × d mm	*A* mm	*D* mm	*H* mm	*L* mm	*L1* mm	*Masse* kg
25 × 20 × 25	43	44	66	104	39	0,11
25 × 32 × 25	43	44	74	104	39	0,12
32 × 20 × 32	43	44	66	104	39	0,09
32 × 25 × 32	43	44	66	104	39	0,09
40 × 20 × 40	47	56	72	120	43	0,15
40 × 25 × 40	47	56	72	120	43	0,15
40 × 32 × 40	47	56	75	120	43	0,15
50 × 20 × 50	52	68	78	139	48	0,22
50 × 25 × 50	52	68	78	139	48	0,23
50 × 32 × 50	52	68	86	139	48	0,23
50 × 40 × 50	52	68	90	139	48	0,24
63 × 20 × 63	58	82	85	167	49	0,35
63 × 32 × 63	58	82	93	167	58	0,35
63 × 40 × 63	58	82	104	167	58	0,37
63 × 50 × 63	58	82	109	167	58	0,38
75 × 63 × 75	62	96	122	196	63	0,61

T-Stück, 90° reduziert, PE 100, d 90 × 250

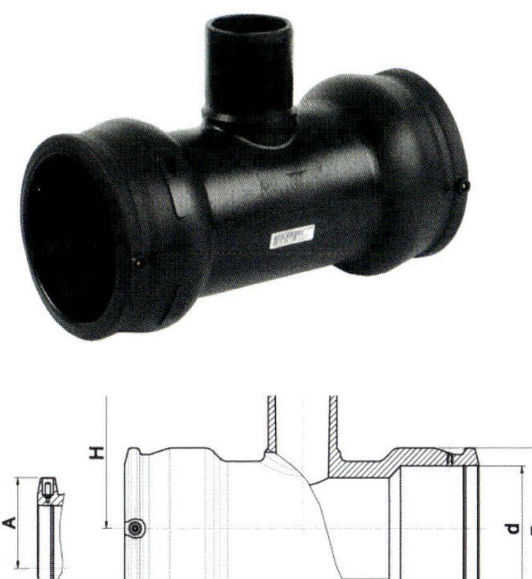

d × d1 × d mm	*A* mm	*D* mm	*H* mm	*L* mm	*L1* mm	*Masse* kg
90 × 63 × 90	71	113	124	294	68	1,05
90 × 75 × 90	71	112	137	293	71	1,05
110 × 63 × 110	81	143	134	326	71	1,72
110 × 75 × 110	81	143	142	328	72	2,16
110 × 90 × 110	81	143	147	326	71	1,82
125 × 90 × 125	88	165	161	382	86	2,81
125 × 110 × 125	88	165	173	382	86	2,86
160 × 90 × 160	105	209	192	396	97	4,19
160 × 110 × 160	105	209	205	396	97	4,47
160 × 125 × 160	105	209	214	396	97	4,47
180 × 90 × 180	116	245	200	422	106	6,09
180 × 110 × 180	116	245	219	422	106	6,27
180 × 125 × 180	116	245	225	422	106	6,41
180 × 140 × 180	116	245	237	422	106	6,61
180 × 160 × 180	116	245	250	422	106	6,95
200 × 90 × 200	125	261	205	451	114	7,14
200 × 110 × 200	125	261	210	451	114	7,24
200 × 160 × 200	125	261	410	451	114	9,95
225 × 90 × 225	140	293	220	494	122	9,90
225 × 110 × 225	140	293	225	494	122	10,00
225 × 160 × 225	140	293	440	494	122	13,50
250 × 90 × 250	152	326	235	538	129	13,35
250 × 110 × 250	152	326	240	538	129	13,40
250 × 160 × 250	152	326	455	538	129	17,80

Winkel 22,5°, PE 100

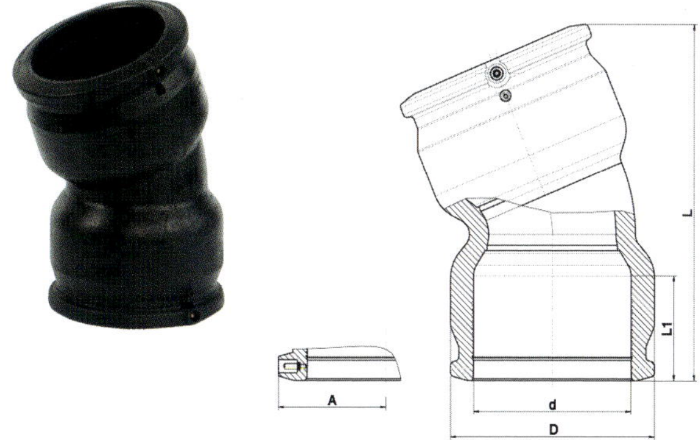

d mm	*A* mm	*D* mm	*L* mm	*L1* mm	*Masse* kg
90	71	113	214	72	0,67
110	81	143	232	71	1,09
125	88	165	274	86	1,85
160	106	209	302	86	2,93
180	115	244	391	105	5,36

Winkel 45°, PE 100, d 32–75

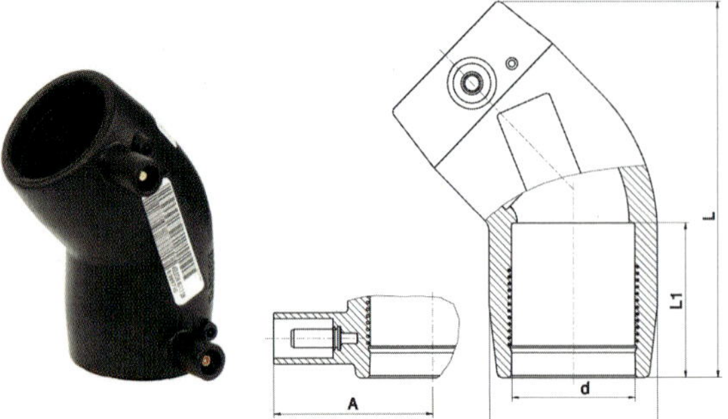

d mm	*A* mm	*D* mm	*L* mm	*L1* mm	*Masse* kg
32	40	44	88	44	0,08
40	44	55	97	47	0,12
50	49	67	103	49	0,18
63	59	81	148	57	0,26
75	62	96	180	71	0,43

Winkel 45°, PE 100, d 90–250

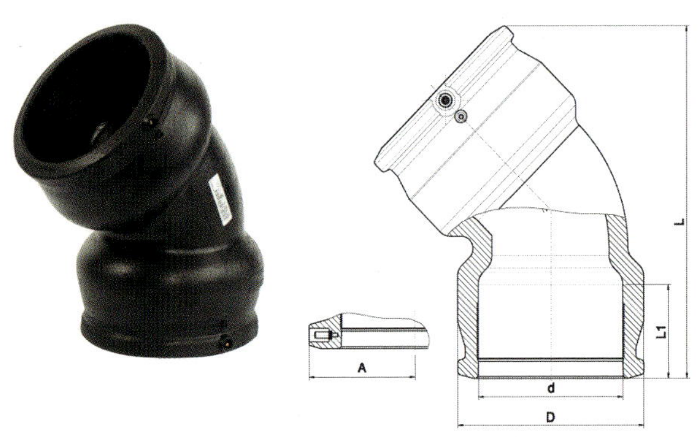

d mm	*A* mm	*D* mm	*L* mm	*L1* mm	*Masse* kg
90	69	112	243	75	0,76
110	78	143	271	81	1,27
125	88	165	304	86	2,03
140	95	182	342	92	2,47
160	105	209	350	95	3,35
180	114	244	434	105	6,15
200	125	261	472	112	7,05
225	140	294	520	120	9,80
250	151	326	571	129	13,40

Winkel 90°, PE 100, d 20 – 75

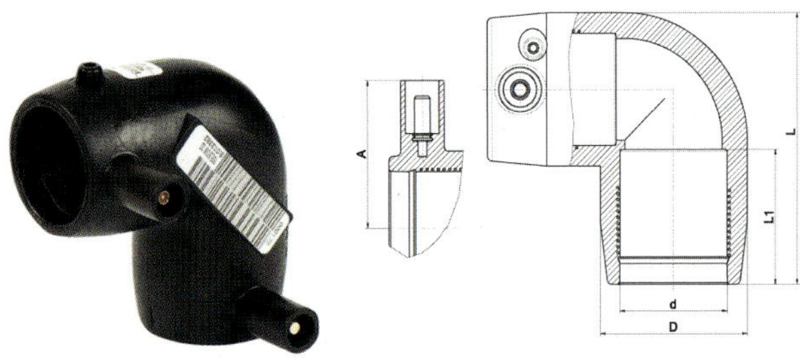

d mm	*A* mm	*D* mm	*L* mm	*L1* mm	*Masse* kg
20	38	36	66	35	0,07
25	38	36	66	37	0,05
32	40	44	83	44	0,09
40	44	55	93	43	0,14
50	49	67	109	49	0,21
63	59	81	131	57	0,32
75	62	97	158	69	0,53

Winkel 90°, PE 100, d 90 – 250

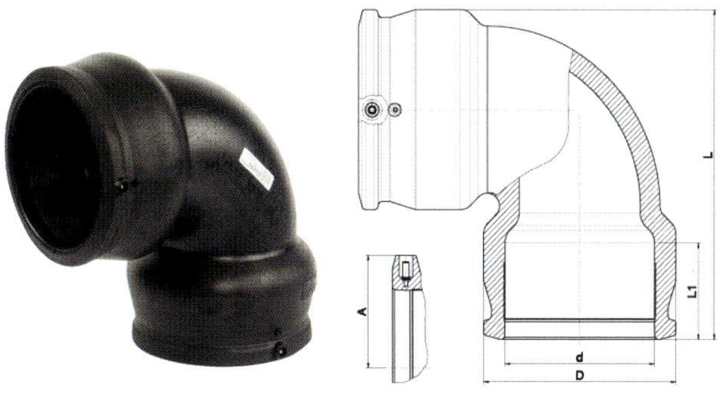

d mm	*A* mm	*D* mm	*L* mm	*L1* mm	*Masse* kg
90	69	113	213	78	0,88
110	79	143	243	79	1,52
125	89	165	271	100	2,42
140	94	183	309	93	3,02
160	106	209	323	87	3,99
180	115	244	412	105	7,59
200	124	262	449	112	8,67
225	140	295	498	121	9,90
250	152	327	550	130	13,50

Ventilanbohrarmatur mit Fräser, mit Unterschale, PE 100, d 63 – 180

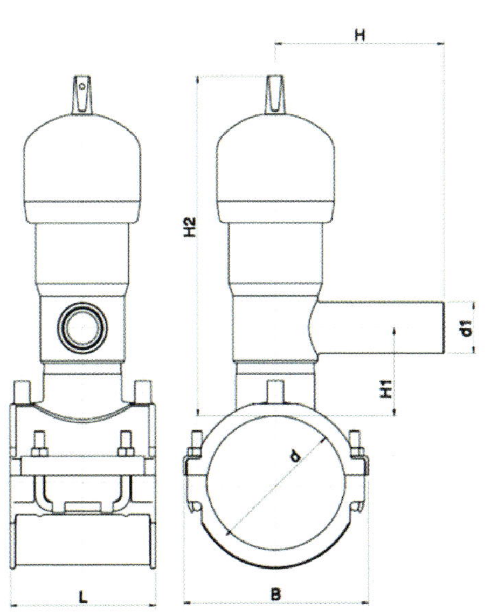

d × d1 mm	*B* mm	*H* mm	*H1* mm	*H2* mm	*L* mm	*Masse* kg
63 × 32	103	126	46	244	118	2,10
63 × 40	103	137	46	244	118	2,11
63 × 50	103	152	51	244	118	2,15
63 × 63	103	186	51	244	118	2,22
75 × 32	117	126	46	244	118	2,11
75 × 40	117	137	46	244	118	2,12
75 × 50	117	152	51	244	118	2,16
75 × 63	117	186	51	244	118	2,23
90 × 32	124	126	46	244	118	2,16
90 × 40	124	137	46	244	118	2,17
90 × 50	124	152	51	244	118	2,21
90 × 63	124	186	51	244	118	2,28
110 × 32	145	126	46	244	118	2,28
110 × 40	145	137	46	244	118	2,26
110 × 50	145	152	51	244	118	2,29
110 × 63	145	186	51	244	118	2,36
125 × 32	162	126	46	244	118	2,29
125 × 40	162	137	46	244	118	2,30
125 × 50	162	152	51	244	118	2,34
125 × 63	162	186	51	244	118	2,40
140 × 32	178	126	46	244	118	2,30
140 × 40	178	137	46	244	118	2,31
140 × 50	178	152	51	244	118	2,35
140 × 63	178	186	51	244	118	2,41
160 × 32	199	126	46	244	118	2,39
160 × 40	199	137	46	244	118	2,40
160 × 50	199	152	51	244	118	2,44
160 × 63	199	186	51	244	118	2,50
180 × 32	219	126	46	244	118	2,45
180 × 40	219	137	46	244	118	2,46
180 × 50	219	152	51	244	118	2,50
180 × 63	219	186	51	244	118	2,57

Ventilanbohrarmatur mit integrierten Stanzer Ø30 mm, mit Unterschale, PE 100, d 63–180

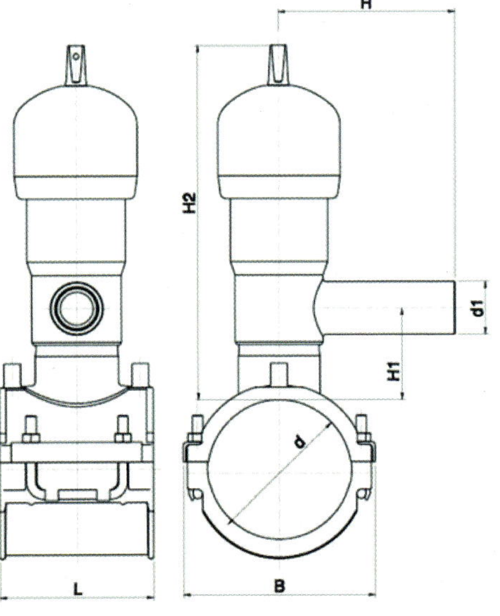

d × d1 mm	*B* mm	*H* mm	*H1* mm	*H2* mm	*L* mm	*Masse* kg
63 × 32	99	126	46	244	118	2,09
63 × 40	99	137	46	244	118	2,10
63 × 50	99	152	51	244	118	2,14
63 × 63	99	186	51	244	118	2,21
75 × 32	117	126	46	244	118	2,10
75 × 40	117	137	46	244	118	2,11
75 × 50	117	152	51	244	118	2,12
75 × 63	117	186	51	244	118	2,09
90 × 32	126	126	46	244	118	2,15
90 × 40	126	137	46	244	118	2,16
90 × 50	126	152	51	244	118	2,20
90 × 63	126	186	51	244	118	2,27
110 × 32	148	126	46	244	118	2,27
110 × 40	148	137	46	244	118	2,25
110 × 50	148	152	51	244	118	2,28
110 × 63	148	186	51	244	118	2,35
125 × 32	162	126	46	244	118	2,28
125 × 40	162	137	46	244	118	2,29
125 × 50	162	152	51	244	118	2,33
125 × 63	162	186	51	244	118	2,39
140 × 32	180	126	46	244	118	2,29
140 × 40	180	137	46	244	118	2,30
140 × 50	180	152	51	244	118	2,34
140 × 63	180	186	51	244	118	2,44
160 × 32	202	126	46	244	118	2,38
160 × 40	202	137	46	244	118	2,39
160 × 50	202	152	51	244	118	2,43
160 × 63	202	186	51	244	118	2,49
180 × 32	220	126	46	244	118	2,44
180 × 40	220	137	46	244	118	2,45
180 × 50	220	152	51	244	118	2,49
180 × 63	220	186	51	244	118	2,55

Ventilanbohrarmatur – Stahl-Rohr mit Hilfsabsperrung (Aufschweißgarnitur)

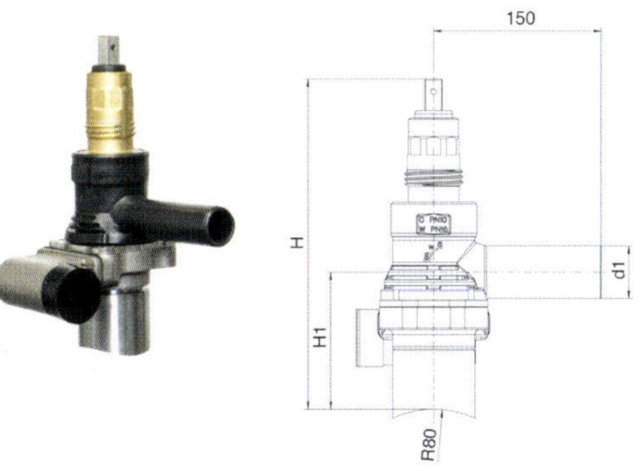

R × d1 mm	*H* mm	*H1* mm	*Masse* kg
80 - 300 × 32	252	104	4,25
80 - 300 × 40	252	104	4,25
80 - 300 × 63	252	104	4,35

Sperrblasenschelle, PE 100

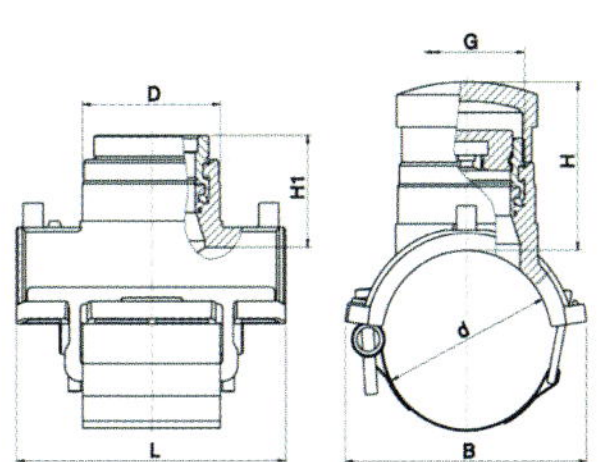

d × G1 × G mm	*B* mm	*D* mm	*H* mm	*H1* mm	*L* mm	max. Anbohr-Ø	*Masse* kg
90 × 2″ × 2 ½″	142	90	105	70	176	56	1,96
110 × 2″ × 2 ½″	160	90	105	70	176	56	1,97
125 × 2″ × 2 ½″	169	90	105	70	176	56	1,98
140 × 2″ × 2 ½″	174	90	105	70	176	56	2,00
160 × 2″ × 2 ½″	176	90	105	70	176	56	1,98
180 × 2″ × 2 ½″	182	90	105	70	176	56	2,00
200 × 2″ × 2 ½″	202	90	105	70	176	56	1,99
225 × 2″ × 2 ½″	227	90	105	70	176	56	2,00
250 × 2″ × 2 ½″	252	90	105	70	176	56	2,01

Muffe mit Gasströmungswächter, PE 100

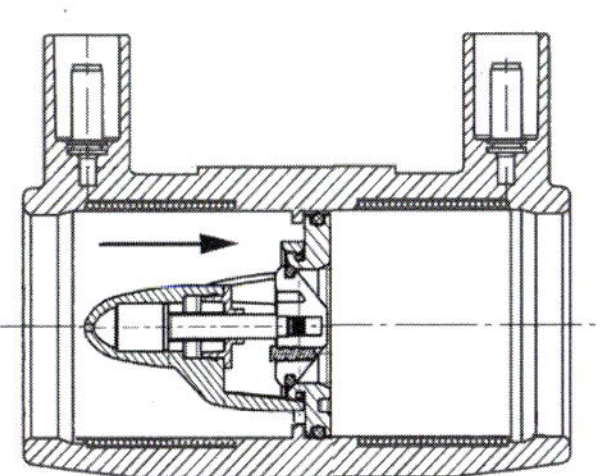

d/DN	Netzdruck pmin. mbar	Netzdruck pmax. bar	Nenndurchfluss VN m^3/h Luft	Nenndurchfluss Gas d=0,64 m^3/h	Masse (kg)
50/40	25	1	22	27,50	0,15
63/50	25	1	40	50,00	0,29
32/25	25	1	9	11,25	0,10
40/32	25	1	15	18,75	0,10

5.5.3.2 Klemmfittings für PE-Rohre

DIN 8076, ISO 17885, DVGW 335-B3 (Herstellerangaben)

Eignung	Für Rohre und Formteile aus PE 80, PE 100, PE 100 RC (DIN 8074/75, DIN EN 12201-2) und Rohre aus PE-Xa (DVGW 335-A3, Wasser)
Anwendungsgebiete	Trinkwasserversorgung, Trinkwassernotversorgungssysteme, Kaltwasserversorgung (max. 40°C), Druckwasserentsorgung, Industrieleitungsbau, Beregnungssysteme, Kabelschutzsysteme
Werkstoff	Körper und Überwurfmuttern aus PP, Dichtungen NBR (d ≤ 63 mm), EPDM (d ≥ 75 mm)

Kupplung, d 16 - 125

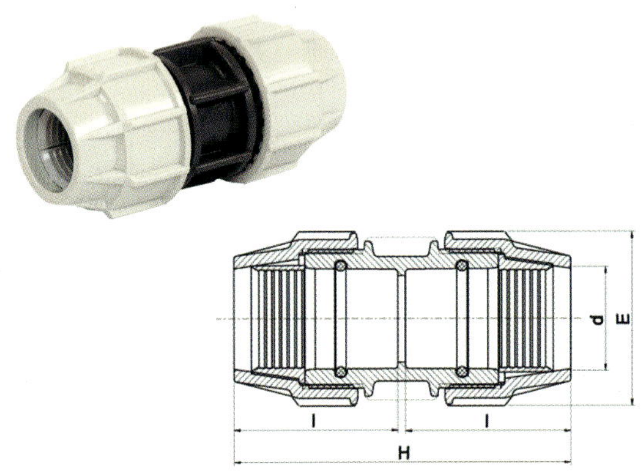

d mm	*E* mm	*H* mm	*l* mm	*Masse* kg
16	39	105	50	0,05
20	48	122	59	0,09
25	54	126	61	0,11
32	64	145	71	0,20
40	82	177	87	0,31
50	96	201	98	0,46
63	113	230	113	0,74
75*	132	289	143	1,25
90*	152	334	164	1,89
110*	181	398	196	3,32
125•	212	460	225	5,35

* d 75, d 90, d 110 auch als Reparaturkupplung verwendbar

Endkappe mit Klemmverschraubung, d 20 – 110

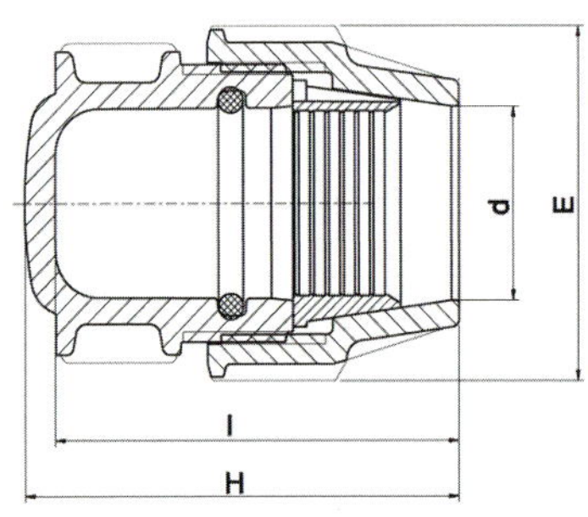

d mm	*E* mm	*H* mm	*l* mm	*Masse* kg
20	48	79	74	0,06
25	54	82	77	0,07
32	64	92	87	0,11
40	82	102	97	0,19
50	96	121	114	0,27
63	113	145	122	0,45
75	132	177	161	0,74
90	152	211	169	1,08
110	181	234	221	1,92

Winkel 45°, PE 100, d 32 – 110

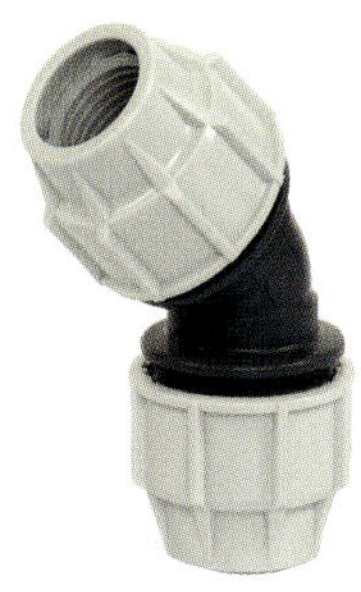

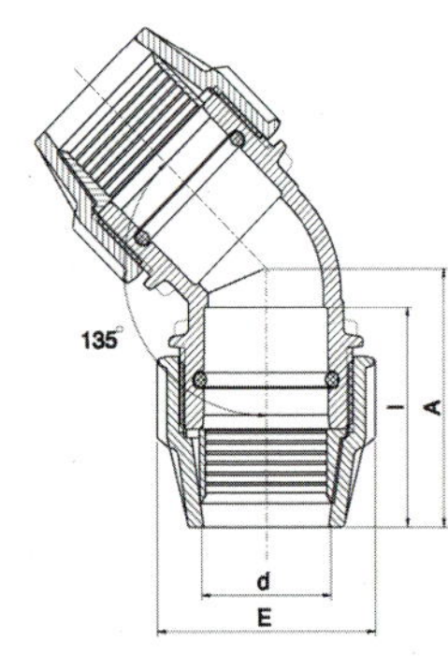

d mm	*A* mm	*E* mm	*l* mm	*Masse* kg
32	92	64	67	0,19
40	99	82	84	0,33
50	110	96	93	0,47
63	130	113	110	0,77
75	159	132	137	1,27
90	194	152	164	2,04
110	237	181	196	3,55

Winkel 90°, PE 100, d 16 – 110

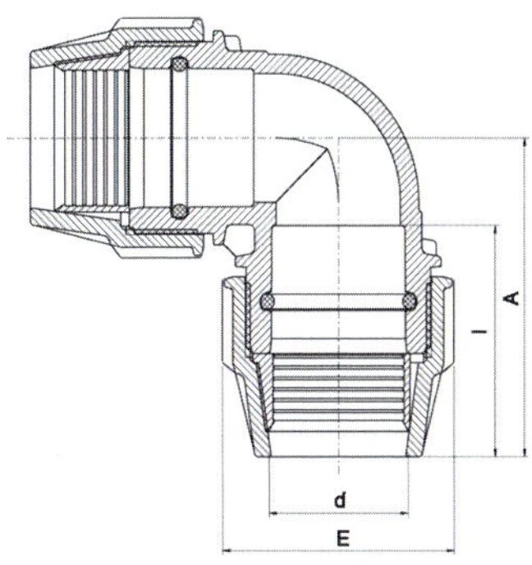

d mm	*A* mm	*E* mm	*l* mm	*Masse* kg
16	63	39	50	0,06
20	73	48	56	0,10
25	79	54	58	0,12
32	93	64	67	0,19
40	108	82	82	0,34
50	127	96	93	0,50
63	151	113	110	0,84
75	184	132	137	1,36
90	216	152	161	2,17
110	294	181	196	4,00

Anschlussverschraubung AG PP, d 16 – 110

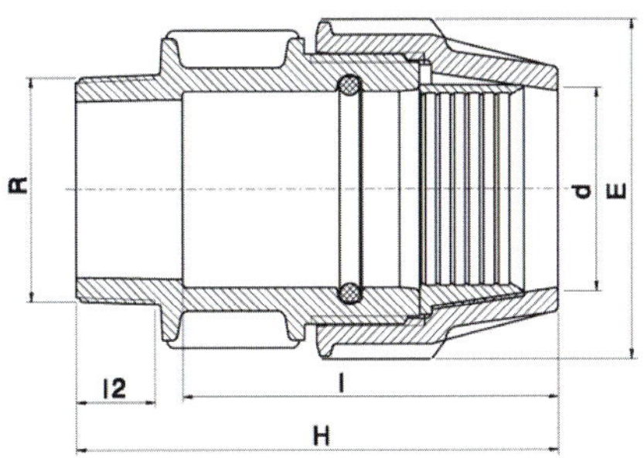

d × R mm	*E* mm	*H* mm	*l* mm	*l2* mm	*Masse* kg
16 × ½′	39	76	59	13	0,03
16 × ½′	39	79	59	16	0,03
16 × ¾′	39	79	59	17	0,04
20 × ½′	48	92	71	17	0,06
20 × ¾′	48	92	71	18	0,06
20 × 1′	48	86	52	20	0,06
25 × ½′	54	94	72	17	0,07
25 × ¾′	54	95	72	18	0,08
25 × 1′	54	97	72	20	0,08
32 × ¾′	64	106	83	18	0,11
32 × 1′	64	107	83	20	0,12
32 × 1 ¼′	64	110	83	22	0,11
32 × 1 ½′	64	110	83	22	0,13
40 × 1′	82	118	91	20	0,18
40 × 1 ¼′	82	117	90	22	0,19
40 × 1 ½′	82	117	90	22	0,18
40 × 2′	82	123	91	26	0,21
50 × 1′	96	133	106	20	0,26
50 × 1 ¼′	96	136	106	22	0,26
50 × 1 ½′	96	136	109	22	0,28
50 × 2′	96	140	109	26	0,28
63 × 1 ¼′	113	154	123	22	0,44
63 × 1 ½′	113	154	123	22	0,45
63 × 2′	113	167	123	26	0,46
63 × 2 ½′	113	160	123	29	0,46
75 × 2′	132	189	156	26	0,74
75 × 2 ½′	132	192	156	29	0,75
75 × 3′	132	196	156	33	0,75
90 × 2′	152	226	169	26	1,14
90 × 2 ½′	152	229	169	29	1,14
90 × 3′	152	232	169	33	1,13
90 × 4′	152	238	169	38	1,13
110 × 2′	181	263	215	26	1,93
110 × 3′	181	259	215	33	1,93
110 × 4′	181	267	215	42	1,94

Anschlussverschraubung IG PP, d 16 – 110

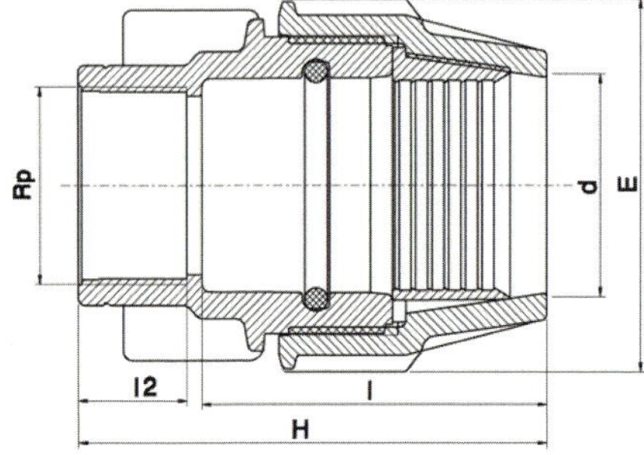

d × Rp mm	*E* mm	*H* mm	*l* mm	*l2* mm	*Masse* kg
16 × ½′*	39	73	52	19	0,04
16 × ¾′*	39	75	53	19	0,04
20 × ½′*	48	82	60	19	0,06
20 × ¾′*	48	82	60	19	0,06
20 × 1′*	48	92	57	21	0,07
25 × ¾′*	54	88	63	21	0,08
25 × 1′*	54	88	63	21	0,08
32 × ¾′*	64	94	73	19	0,11
32 × 1′*	64	94	69	21	0,11
32 × 1 ¼′*	64	96	67	25	0,14
40 × 1′*	82	112	84	21	0,18
40 × 1 ¼′	82	114	84	25	0,20
40 × 1 ½′	82	114	84	25	0,23
50 × 1 ¼′	96	123	93	25	0,28
50 × 1 ½′	96	123	93	25	0,28
50 × 2′	96	128	93	30	0,29
63 × 1 ¼′	113	139	110	25	0,42
63 × 1 ½′	113	139	110	25	0,44
63 × 2′	113	148	110	30	0,44
75 × 2′	132	181	137	30	0,71
75 × 2 ½′	132	175	137	33	0,76
90 × 2′	152	212	182	30	1,13
90 × 3′ •	152	222	182	40	1,18
90 × 4′ •	152	242	182	50	1,43
110 × 3′ •	181	263	215	42	2,00
110 × 4′ •	181	273	215	52	2,13

* Ausführung ohne Edelstahlring

5.5.3.3 Steckfittings für PE-Rohre

DIN 8076, ISO 17885, DVGW 335-B3 (Herstellerangaben)

Eignung	Für Rohre und Formteile aus PE 80, PE 100, PE 100 RC (DIN8074/75, DIN EN12201-2) und Rohre aus PE-Xa (DVGW 335-A3, Wasser)
Anwendungsgebiete	Trinkwasserversorgung, Trinkwassernotversorgungssysteme, Kaltwasserversorgung (max. 40°C), Druckwasserentsorgung, Industrieleitungsbau, Beregnungssysteme, Kabelschutzsysteme
Werkstoffe	Körper und Gewindeeinsätze aus PP, Dichtungen aus NBR
Gewinde	Außengewinde konisch, Innengewinde zylindrisch nach DIN EN 10226-1, Abdichtung hat mit PTFE-(Teflon) Band zu erfolgen

Kupplung

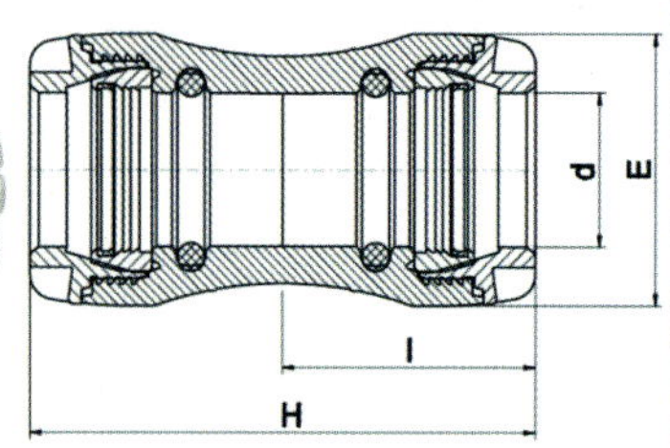

d mm	*E* mm	*H* mm	*l* mm	*Masse* kg
20	41	92	45	0,06
25	47	98	48	0,08
32	58	108	53	0,13
40	70	142	70	0,26
50	85	158	78	0,37
63	103	183	90	0,62

Reduzierkupplung

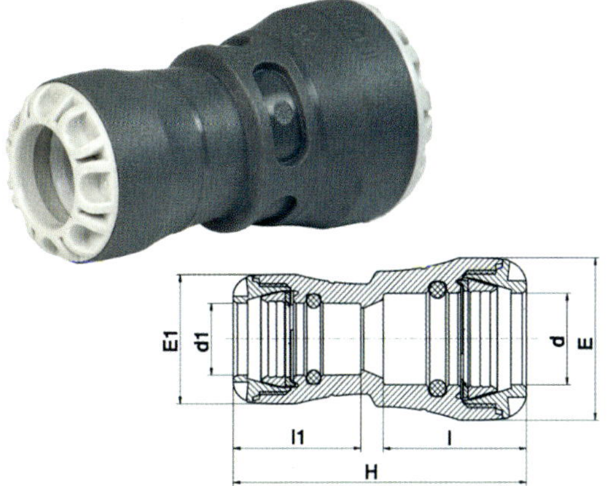

d × *d1* mm	*E* mm	*E1* mm	*H* mm	*l* mm	*l1* mm	*Masse* kg
25 × 20	47	41	100	48	45	0,08
32 × 20	58	41	106	54	45	0,10
32 × 25	58	47	110	54	48	0,11
40 × 25	70	58	137	71	51	0,19
40 × 32	70	58	139	71	55	0,20
50 × 25	85	47	151	79	46	0,26
50 × 32	85	58	151	79	55	0,29
50 × 40	85	58	165	77	53	0,33
63 × 32	103	58	170	91	55	0,45
60 × 40	103	70	184	91	72	0,49
63 × 50	103	85	187	91	81	0,54

Endkappe

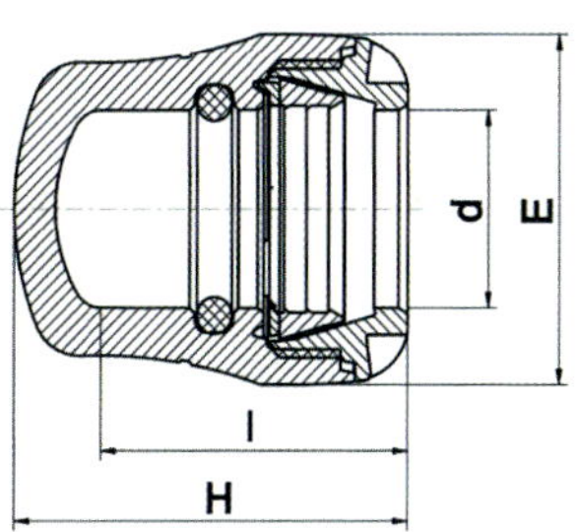

d mm	*E* mm	*H* mm	*l* mm	*Masse* kg
20	41	56	45	0,04
25	47	60	48	0,05
32	58	68	53	0,08
40	70	90	71	0,15
50	85	102	79	0,23
63	103	117	91	0,38

Winkel 45°

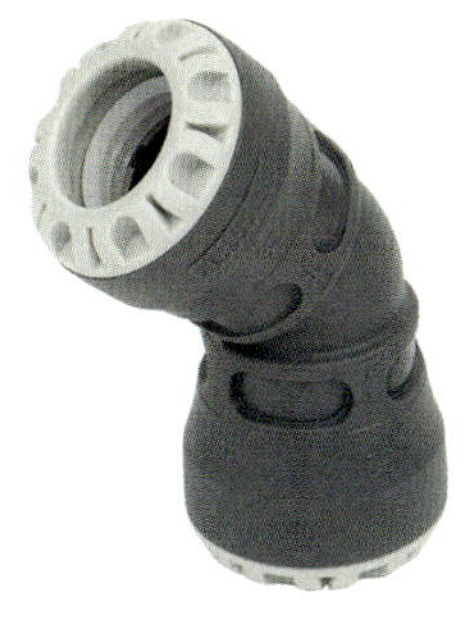

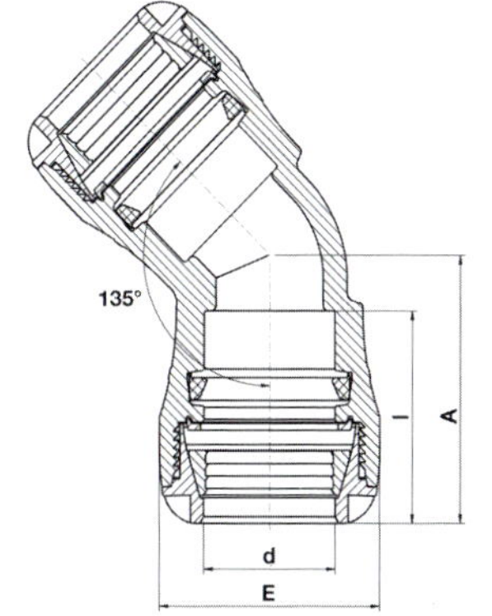

d mm	*A* mm	*E* mm	*l* mm	*Masse* kg
32	67	58	54	0,14
40	88	70	71	0,26
50	100	85	79	0,43
63	118	103	90	0,72

Winkel 90°

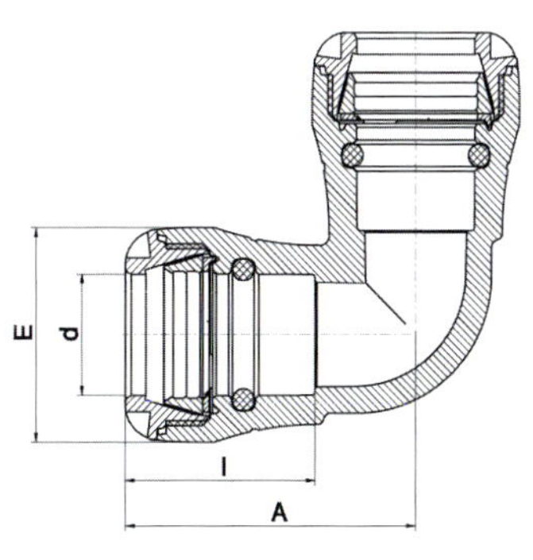

d mm	*A* mm	*E* mm	*l* mm	*Masse* kg
20	67	41	45	0,08
25	73	47	48	0,10
32	81	58	54	0,16
40	106	70	70	0,29
50	119	85	78	0,46
63	141	103	90	0,80

Anschlussverschraubung AG PP

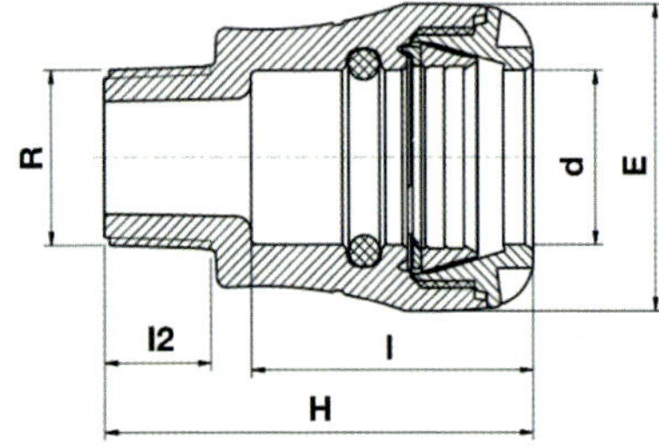

d × R mm	E mm	H mm	l mm	l2 mm	Masse kg
20 × ½′	41	70	45	16	0,04
20 × ¾′	41	71	45	17	0,04
25 × ½′	47	75	48	16	0,05
25 × ¾′	47	76	48	17	0,05
25 × 1′	47	78	48	19	0,06
32 × ¾′	58	82	55	17	0,08
32 × 1′	58	84	55	19	0,09
32 × 1 ¼′	58	86	55	21	0,09
32 × 1 ½′	58	86	55	21	0,09
32 × 2′	58	97	55	25	0,14
40 × 1′	70	104	73	19	0,15
40 × 1 ¼′	70	106	73	21	0,15
40 × 1 ½′	70	106	73	21	0,15
50 × 1′	85	125	78	19	0,24
50 × 1 ¼′	85	122	78	21	0,23
50 × 1 ½′	85	114	81	21	0,23
50 × 2′	85	118	81	25	0,23
63 × 1 ½′	103	125	92	19	0,38
63 × 2′	103	129	92	25	0,37

Anschlussverschraubung AG PP

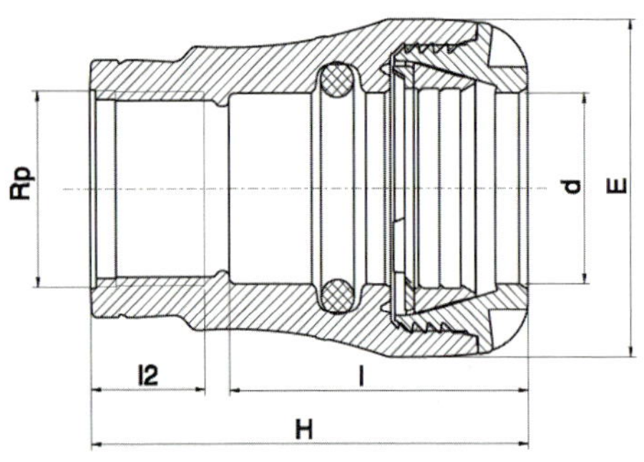

d × Rp mm	E mm	H mm	l mm	l2 mm	Masse kg
20 × ½′	41	67	45	17	0,04
20 × ¾′	41	71	45	18	0,05
25 × ½′	47	70	48	17	0,05
25 × ¾′	47	71	48	18	0,05
25 × 1′	47	80	48	21	0,06
32 × ¾′	58	77	54	18	0,08
32 × 1′	58	79	54	21	0,08
32 × 1 ¼′	58	90	54	24	0,11
32 × 1 ½′	58	95	54	24	0,13
40 × 1′	70	97	70	21	0,15
40 × 1 ¼′	70	100	70	24	0,17
40 × 1 ½′	70	103	70	24	0,17
50 × 1 ¼′	85	110	78	24	0,24
50 × 1 ½′	85	110	78	24	0,25
50 × 2′	85	118	78	29	0,25
63 × 1 ½′	103	125	90	24	0,38
63 × 2′	103	129	90	29	0,38

5.6 Schlauchleitungen *hose assemblies* DIN 20066 : 2021-07

5.6.1 Anwendungsbereiche (Herstellerangaben)

Auswahlkriterien	
	• DN, PN, Temperaturbereich • Bewegung (Art, Größe, Richtung) • Medium • Umgebungsbedingungen (Umwelt, Einbauraum) • Wärmedämmung

Werkstoffgruppe	**Schlauchart / Verstärkung**		**Werkstoff**[1]	**DN_{max}**	**p_{emax}**[2] **in bar**	**Temperaturbereich in °C**	**Einsatzgebiete**[3] **(Beispiele)**
Elastomere	Mit Cordgewebe		CIIR, CR, CSM, EPDM, NBR	100	25	−60 … +210	• Kaltwasser • Heißwasser • Dampf • Gas • Lebensmittel • Chemikalien • Mineralöle • Lösungsmittel • Druckluft • Hydraulik
	Mit Textilgewebe			150	25		
	Mit Stahldrahtgeflecht			50	60		
Thermoplaste	Folienwickelschlauch	Spirale, einlagig	PVC	500	0,01	−20 … +70	• wässrige Stoffe • Druckluft • Mineralöle • Kohlenwasserstoffe • Lösungsmittel • Chemikalien • Luft, Gase oder Dämpfe (mit Stäuben, Fasern oder Spänen)
		Spirale, mehrlagig	PTFE	500	0,02	−150 … +250	
		Spiralen nach DIN 13765	PVC, andere Thermoplaste und/oder PTFE	300	14	−30 … +80	
				100	14	−30 … +150	
	Innen glatt, leicht	Integrierte Spirale aus Hart-PVC	PVC	500	0,05	−20 *b* … +60	
		Integrierte Spirale aus Stahl		400	0,1		
	Innen glatt, schwer	ohne	PVC	100	2	−20 …+60	
		Integrierte Spirale aus Hart-PVC		100	4		
				300	1		
		Integrierte Spirale aus Stahl		150	2		
		Gewebeeinlage		50	5		
				100	4		
	glatt	ohne	PTFE	100	1	−200 … +260	
		Edelstahlumflechtung		50	10		
		Edelstahl-Wickelschlauch mit Umflechtung		100	12,5		
	gewellt	Ohne	PTFE	100	1		
		Spirale		100	1		
		Edelstahlumflechtung		100	10		
		Spirale und Umflechtung		100	10		
Metall	gewickelt ohne Dichtung		Stahl verzinkt/ nichtrostender Stahl	500	0	600	• Schutzschläuche • Luft • Staub • Rauchgase • Späne • Schüttgüter • Granulat • Vakuumtechnik • Kältetechnik • Chemikalien
	gewickelt mit Dichtfaden			500	−1 … 1,5	120	
	gewellt ohne Geflecht			500	−1 … 20	600	
	gewellt mit Geflecht			500	−1 … 60		

[1] Überwiegend verwendete Werkstoffe
[2] Gilt bei maximaler Nennweite
[3] Herstellerangaben

5.6.2 Einbauhinweise für Schlauchleitungen nach DIN 20066 : 2021-07

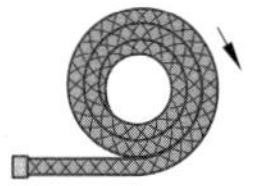	Abrollen (nicht abziehen).	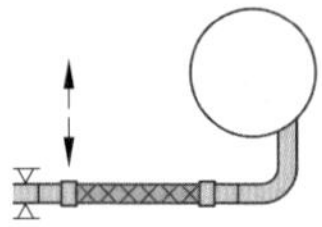	Schlauch senkrecht zur Bewegungsrichtung einbauen (nicht axial).
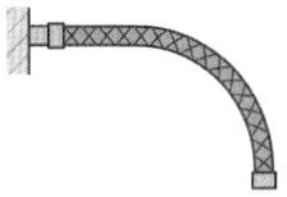	Torsionsfrei einbauen (nicht verdrehen).	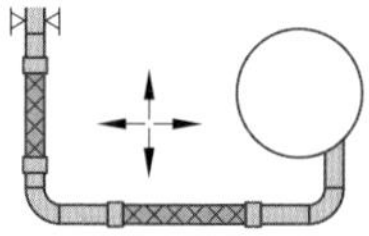	Bewegungen aus mehreren Richtungen durch Winkelleitungen aufnehmen.
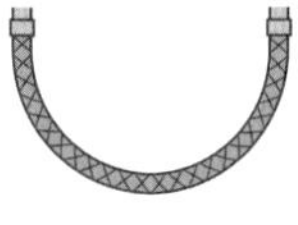	Einbaulänge bemessen (nicht zu kurz).	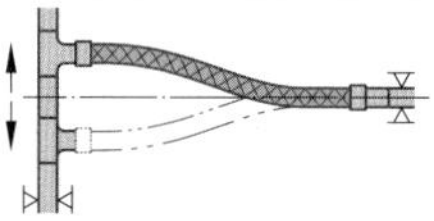	Mittig anordnen.
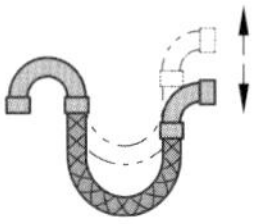	Rohrbogen als Umlenkung einbauen (nicht überbiegen).	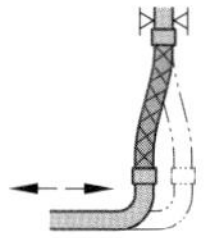	Einbau senkrecht zur Schlauchachse vorsehen.
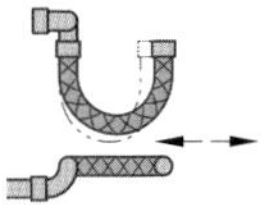	Nur in Einbauebene bewegen (nicht quer dazu).	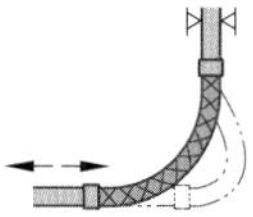	Einbau durch 90°-Bogen vorsehen.
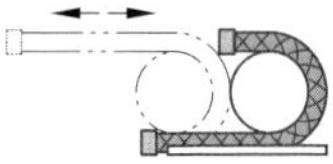	Durch Unterlage stützen (Abknicken durch Eigengewicht).	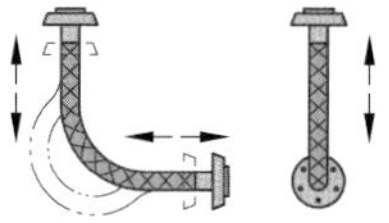	Bewegung nur in Biegeebene (torsionsfrei) aufnehmen.
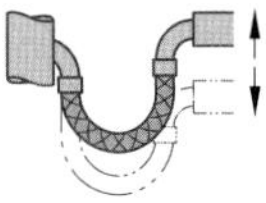	Bewegungsaufnahme durch U-förmigen Einbau.	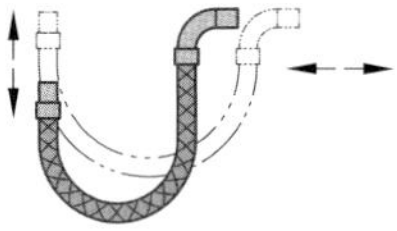	Durch Rohrbogen umlenken.
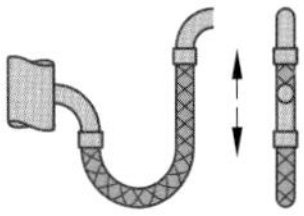	In einer Ebene anschließen (Versetzen vermeiden).	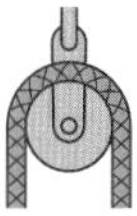	Schlauchsattel für Aufhängung vorsehen.
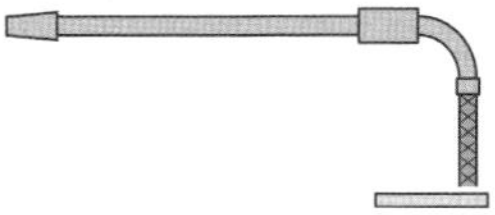	Starre Umlenkung am Schlauchende einbauen.	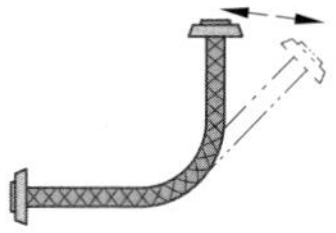	Torsionsfrei in Bewegungsebene biegen.

Achtung: Jede Schlauchleitung erfährt eine positive oder negative Längenänderung unter Druck. Dieser Wert kann einige Prozentpunkte der Ausgangslänge ausmachen. Die Längenänderung ist abhängig von der Schlauchart bzw. dessen Konstruktion und Werkstoff und muss besonders bei Schlauchleitungen mit geringen oder besonders großen Schlauchlängen berücksichtigt werden.

5.7 Drucklose Kunststoff-Rohrleitungssysteme für Entwässerung

Verwendungsbereiche für Kunststoff-Abwasserrohre DIN 1986-4 : 2019-08 (Auszug)

Werkstoff	Norm	Anschlüsse, Verbindungsleitung	Schmutzwasserfallleitung	Sammelleitung	Grundleitung: Unzugänglich in der Grundplatte	Grundleitung: Im Erdreich	Lüftungsleitung	Regenwasserfallleitung im: Gebäude	Regenwasserfallleitung im: Freien	Leitungen für Kondensate aus Feuerungsanlagen	Brandverhalten der Baustoffe nach DINEN 13501-1
PVC-U Rohr	DIN EN 1401-1	–	–[2]	–[2]	+	+[3]	–	–	–	+	B 1
PVC-U Rohr	DIN EN 1329-1 / DIN 19531-10	+	+	+	+	–	+	+	–	+	B 1
PVC-U, Regenfallleitung	DIN EN 12200-1	+	–	–	–	–	–	–	+[1]	–	B 1
PVC-U Rohr/ profiliert	DIN EN 13476	–	–	–	+	+	–	–	–	+	
PVC-C Rohr	DIN EN 1566-1	+	+	+	+	–	+	+	+[1]	+	B 1
PE-HD Rohr	DIN EN 1519-1	+	+	+	+	–	+	+	+	+	B 2
PE-HD Rohr	DIN EN 12666-1		–	–	+	+	–	–	–	+	–
PE-HD Rohr profiliert	DIN EN 13476	–	–	–	–	+	–	–	–	+	–
PP Rohr	DIN EN 1451-1	+	+	+	+	–	+	+	–	+	B 1
PP Rohr	DIN EN 1852-1	–	–	–	+	+	–	–	–	+	–
PP Rohr profiliert	DIN EN 13476	–	–	–	+	+	–	–	–	+	–
PP Rohr mineralverstärkt	DIN EN 14758-1	–	–	–	+	+	–	–	–	+	–
ABS Rohr	DIN EN 1455-1	+	+	+	+	–	+	+	–	+	B 2
UP-GF Rohr geschleudert	DIN EN 14364	–	–		+	+	–	–	–	+	–
UP-GF Rohr gewickelt	DIN EN 14364	–	–	–	+	+	–	–	–	+	–
PRC (Polymerbeton)	DIN EN 14636-1	–	–	–	+	+	–	–	–	+	–

1) Nicht als Standrohr verwendbar

2) Darf als Fall- und Sammelleitung verwendet werden, sofern keine höheren Abwassertemperaturen als 45 °C zu erwarten sind.

3) Mindestens SN 4 nach DIN EN 1401-1

5.7.1 Begriffe und Kennwerte *plastic pipe systems for sewage*

Die Normreihen und Kenngrößen für Kunststoffrohre und Formstücke sind in der internationalen Norm ISO 4065 : 2018 festgelegt:

<table>
<tr><th></th><th colspan="18">Nennweite DN/OD (entspricht dem Außendurchmesser in mm ISO 4065 : 2018</th></tr>
<tr><td>Normreihe</td><td>32</td><td>40</td><td>50</td><td>56</td><td>63</td><td>75</td><td>90</td><td>110</td><td>125</td><td>140</td><td>160</td><td>180</td><td>225</td><td>250</td><td>280</td><td>315</td><td>355</td><td>400</td></tr>
<tr><td>DN</td><td colspan="18">Nennweite – Rohrgrößenbezeichnung für zusammenpassende Rohre und Formteile</td></tr>
<tr><td>DN-OD, DN_{OD}, d_n</td><td colspan="18">Nennweite entspricht dem Außendurchmesser</td></tr>
<tr><td>DN-ID, DN_{ID}</td><td colspan="18">Nennweite entspricht dem Innendurchmesser</td></tr>
<tr><td>e</td><td colspan="18">Wanddicke (nach ISO)</td></tr>
<tr><td>SDR</td><td colspan="2">$SDR = \frac{d_n}{e}$</td><td colspan="16">Belastbarkeitsklasse (Standard Dimension Ratio)
Kenngröße für die Druckbeständigkeit</td></tr>
<tr><td>S</td><td colspan="2">$S = \frac{d_n - e}{2 \cdot e}$</td><td colspan="16">Rohrserie (pipe series)
alternative Kenngröße für die Druckbeständigkeit</td></tr>
<tr><td>SN</td><td colspan="18">Steifigkeitsklasse – Kenngröße für die Ringsteifigkeit in kN/m_2</td></tr>
</table>

Anwendungskennzeichnung

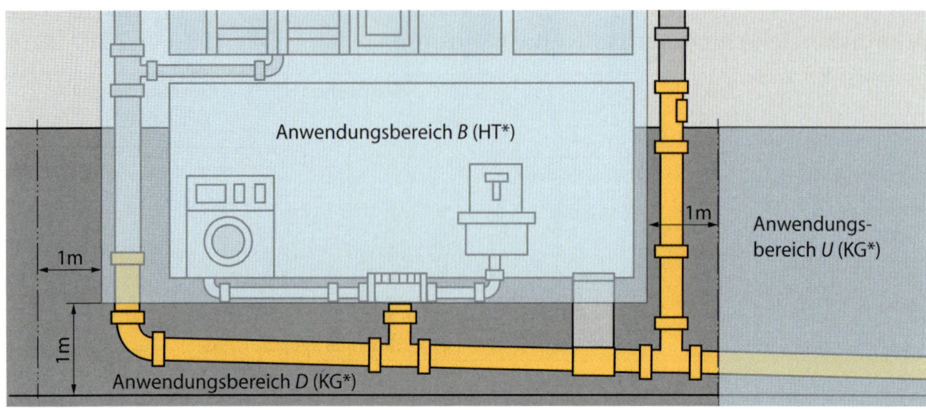

* veraltete Bezeichnung der Anwendungsgebiete

Kennzeichnung nach Werkstoffeigenschaften (alt)	
HT (grau*)	Hochtemperaturrohr, bis 95°C temperaturbeständig, geeignet für Gebäudeinstallation
KG (orangebraun*)	Kanalgrundrohr, sehr formstabil, deshalb für Erdverlegung außerhalb von Gebäuden geeignet, jedoch nur bis 40°C temperaturbeständig, nicht für Gebäudeinstallation zugelassen
KG 2000 (grün*)	Aus PP (Polypropylen) oder PP-MD (Polypropylen mit mineralischen Additiven) geeignet für private Grundstücks- und kommunalen Entwässerung wie beispielsweise für Schmutz- und Regenwasserkanäle im Straßen, hohe Temperaturbeständigkeit.
Schallschutzrohre (weiß*)	Kunststoffe mit mineralfaserverstärkter Außenschicht für erhöhte Schallschutzanforderungen (30 bzw. 20 dB).

* bevorzugte Farbe

Kennzeichnung nach Anwendungsgebieten (DIN EN 1519-1: 2019-07 und DIN EN 1852-1: 2018-03)	
B (Building)	Zugelassen für die Verlegung innerhalb von Gebäuden und außerhalb an Gebäudewänden.
D (Drainage)	Zuglassen für Erdverlegung bis 1m unterhalb und außerhalb eines Gebäudes.
U (Underground)	Zugelassen für Erdverlegung, mehr als 1 m von einem Gebäude entfernt.
BD	Zugelassen für die Anwendungsgebiete B und D.
UD	Zugelassen für die Anwendungsgebiete U und D.

Anwendungsgebiete und Fügeverfahren verschiedener Kunststoffe
(Zulasslungsbereiche der Herstller können sich können abweichen)

Werkstoff	Abkürzung	Anwendungsgebiet			Fügeverfahren		
		B	D	U	Steckmuffen	Schweißen	Kleben
Chloriertes Polyvinylchlorid	PCV-C	●	●	●	●	○	●
Polyvinylchlorid ohne Weichmacher	PVC-U	○ bis 45°C	●	○ ab SN 4	●	●	●
Polyvinylchlorid mineralverstärkt	PVC-U mineral	●	●		●	○	
Polyethylen	PE-HD (HT)	●	●		●	●	
Polyethylen	PE-HD (KG)		●	●	●	●	
Polyethylen – mineralverstärkt	PE-HD mineral	●	●		●		
Polypropylen	PP	●	●		●	●	
Polypropylen mineralverstärkt	PP-MD	●	●	●	●	●	
Acrylnitril-Butadien-Styrol /	ABS	●	●		●	○	●
Acrylnitril-Styrol-Acrylester	ASA	●	●		●	○	●

● geeignet ○ geeignet mit Einschränkungen

Kennzeichnung für das Brandverhalten der Abwasserrohre nach Baustoffklassen (Auswahl)

Kunststoff*	Hersteller	Kurzzeichen	DIN 4102-1	DIN EN 13501-1
Polypropylen	Ostendorf	PP oder PPH	B1 schwer entflammbar	
Chloriertes Polyvenylchlorid		PVC-C, PVC-U		
Polyethylen	Geberit	PE	B2 normal entflammbar	E
Polyetylen - mineralverstärkt	Geberit Silent-db20	PE-S2		E
	REHAU Raupiano plus	PP-MD		D-s3,d0
	Wavin Astalon	PP-AS		D-s3,d2
Polypropylen – mineralverstärkt - dreischichtigt	Poloplast	PP		D-s2,d1

Baustoffklassen nach DIN EN 13501:2016-12 s. Kapitel Brandschutz S. 646
* Brandverhalten muss vom Hersteller gewährleistet werden und kann durch Modifikationen abweichen

Bezeichnungen und Kurzzeichen für HT-/KG-Formstücke

Kurzzeichen		Benennung	Kurzzeichen		Benennung
HT	KG		HT	KG	
HTEM	KGEM	Rohr mit einseitiger Steck**m**uffe	HTR	KGR	Übergangsrohr (**R**eduzierung)
HTDM	KGDM	Rohr mit **D**oppel**m**uffe	HTPA	KG PA	**Pa**rallelabzweig
HTGL	KGGL	Rohr mit **gl**atten Enden	HTSP	KGSP	**Sp**rungrohr
HTB	KGB	**B**ogen	HTKB		**K**losett**b**ogen
HTEA	KGEA	**E**infach**a**bzweig	HTWB		**W**andklosett**b**ogen
HTDA	KGDA	**D**oppel**a**bzweig	HTRE	KGRE	**Re**inigungsrohr
HTED	KGED	**E**ckdo**p**pelabzweig	HTM	KGM	**M**uffenstopfen

Geeignete Kunsstoffe für HT-Abwasserrohre und Formstücke

Polyetylen		PE-HD	DIN EN 1519-1
Polyetylen mit mineraliscehn Additiven		PE-MD	DIN EN 14758-1
Polypropylen	Copolymerisat	PP	DIN EN 1451
	Monopolymerisat	PP-H	
Chloriertes Polyvinylchlorid		PVC-C	DIN EN 1566-1
Acrylnitril-Butadien-Styrol		ABS	DIN EN 1455-1

5.7.2 HT- Entwässerungssysteme aus Polyetylen (PE) mit glatten Enden DIN EN 1519-1 : 2019-07

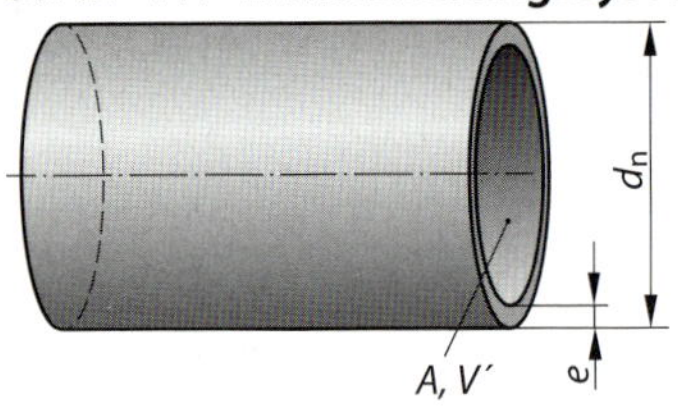

d_n:	Außendurchmesser	in mm
e:	Wanddicke	in mm
A:	freie Querschnittsfläche	in cm²
V´:	länenbezogener Rohrinhalt*	in l/m
m´:	länenbezogene Rohrmasse*	in kg/m

* nach Herstellerangaben, weil nicht in der Norm festgelegt

Werkstoff	Polyetylen (PE -HD) normal entflammbar nach DIN 4101 (B2)
Dichte*	$\approx 0{,}93$ kg/dm³
Längenausdehnungskoeffizient*	$\approx 0{,}00015 \frac{1}{K}$ $\approx 0{,}15 \frac{mm}{m + K}$
Farbe	Vorzugsweise schwarz
Lieferlängen* in mm	5000, 6000
Anwendungsbereichkennzeichnung*	B (innerhalb und außen am Gebäude) BD (einschließlich Erdverlegung innerhalb der Gebäudestruktur)

Ringsteifigkeitsklasse:	**SN 2**				**SN 4**			
Rohrreihe:	**S 16 / SDR 33**				**S 12,5 / SDR 24**			
Anwendungsbereich:	**B (HT)**				**BD (HT)**			
DN/OD (Auswahl) d_n mm	**e mm**	**A cm²**	**V´ l/m**	**m´ kg/m**	**e mm**	**A cm²**	**V´ l/m**	**m´ kg/m**
32	3,0	5,31	0,53	0,26	3,0	5,31	0,53	0,26
40	3,0	9,08	0,91	0,33	3,0	9,08	0,91	0,33
50	3,0	15,21	1,52	0,42	3,0	15,21	1,52	0,42
56	3,0	19,63	1,96	0,47	3,0	19,63	1,96	0,47
63	3,0	25,52	2,55	0,53	3,0	25,52	2,55	0,53
75	3,0	37,39	3,74	0,64	3,0	36,32	3,63	0,74
90	3,0	55,42	5,54	0,77	3,5	53,33	5,33	0,97
110	3,4	83,65	8,37	1,07	4,2	81,07	8,11	1,31
125	3,9	107,88	10,79	1,39	4,8	104,59	10,46	1,7
160	4,9	177,19	17,72	2,24	6,2	171,1	17,11	2,82
200	6,2	276,41	27,64	3,55	7,7	267,64	26,76	4,37
250	7,7	432,26	43,23	5,51	9,6	418,37	41,84	6,82
315	9,7	686,28	68,63	8,75	12,1	664,17	66,42	10,82

Bezeichnungsbeispiel für Rohre:
Rohr DN 90, Wanddicke 3,5 mm aus Polyethylen, zugelassen für Verlegung innerhalb von Gebäuden und außerhalb an Gebäudewänden, Rohrreihe 12,5:

Bezeichnung	Norm	Maße	Werkstoff	Anwendung	Rohrserie
Rohr	DIN EN 1519-1	DN/OD 90x3,5	PE	BD	S12,5

Bezeichnungsbeispiel für Formstücke:
Formstück mit Außendurchmesser 90 mm und 88,5°-Abzweig, reduziert auf 50 mm Außendurchmesser aus Polyethylen, zugelassen für die Verlegung innerhalb von Gebäuden, Mindestwanddicke 3,0 mm

Bezeichnung	Norm	Maße	Werkstoff	Anwendung	Rohrserie
Übergangsrohr	DIN EN 1519-1	DN/OD 90x50x3,5	PE	B	S16

Übergangsrohr (HTR) *joining piece htr*
Bezeichnungsbeispiel: Übergangsrohr (Reduzierstück) von 90 mm auf 50 mm Außendurchmesser aus Polyethylen, zugelassen für die Verlegung innerhalb von Gebäuden, Mindestwanddicke 3,0 mm

Bezeichnung	Norm	Maße	Werkstoff	Anwendung	Rohrserie
Übergangsrohr	DIN EN 1519-1	DN/OD 90x50x3,5	PE	B	S16

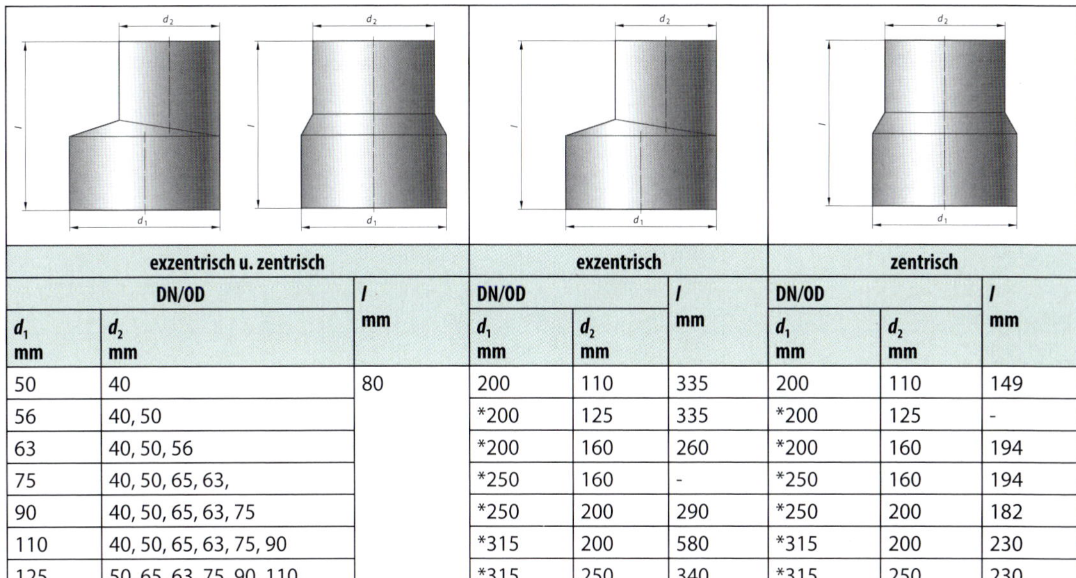

exzentrisch u. zentrisch			exzentrisch			zentrisch		
DN/OD		*l* mm	DN/OD		*l* mm	DN/OD		*l* mm
d_1 mm	d_2 mm		d_1 mm	d_2 mm		d_1 mm	d_2 mm	
50	40	80	200	110	335	200	110	149
56	40, 50		*200	125	335	*200	125	-
63	40, 50, 56		*200	160	260	*200	160	194
75	40, 50, 65, 63,		*250	160	-	*250	160	194
90	40, 50, 65, 63, 75		*250	200	290	*250	200	182
110	40, 50, 65, 63, 75, 90		*315	200	580	*315	200	230
125	50, 65, 63, 75, 90, 110		*315	250	340	*315	250	230
160	110, 125							

* nur für Stumpfschweißen geeignet

HT-Bögen (HTB)

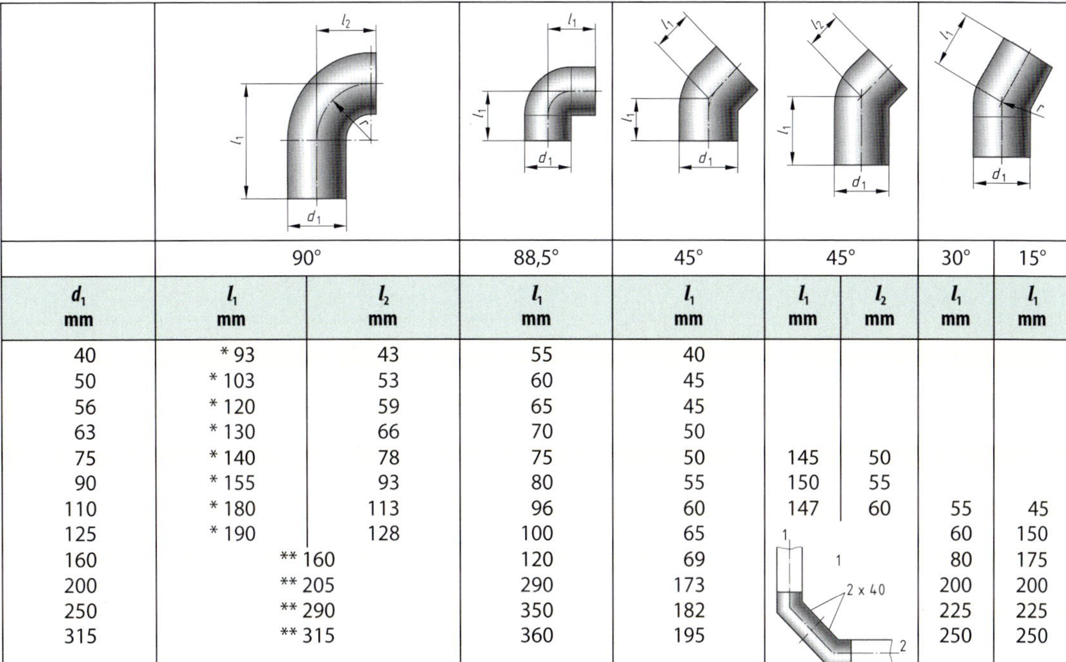

	90°		88,5°	45°	45°		30°	15°
d_1 mm	l_1 mm	l_2 mm	l_1 mm	l_1 mm	l_1 mm	l_2 mm	l_1 mm	l_1 mm
40	* 93	43	55	40				
50	* 103	53	60	45				
56	* 120	59	65	45				
63	* 130	66	70	50				
75	* 140	78	75	50	145	50		
90	* 155	93	80	55	150	55		
110	* 180	113	96	60	147	60	55	45
125	* 190	128	100	65			60	150
160	** 160		120	69			80	175
200	** 205		290	173			200	200
250	** 290		350	182			225	225
315	** 315		360	195			250	250

* Am langen Ende mit Elektromuffen verschweißbar
** Nur für Stumpfschweißung

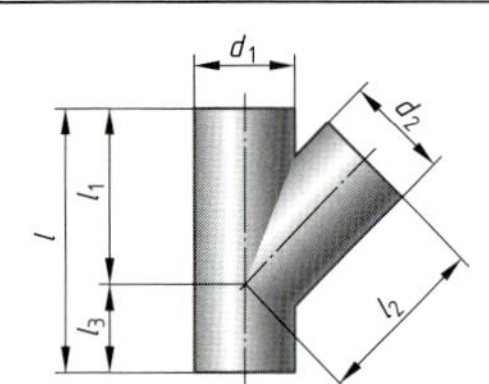

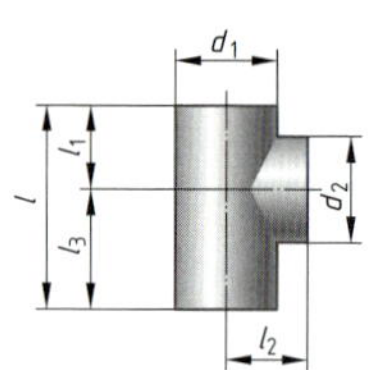

Abzweig 88,5°		PE		
DN/OD		l mm	l_1, l_2 mm	l_3 mm
d_1 mm	d_2 mm			
40	40	135	90	45
50	40, 50	165	110	55
56	40, 50, 56	180	120	60
63	40, 50, 56, 63	195	130	65
75	40, 50, 65, 63, 75	210	140	70
90	40, 50, 65, 63, 75, 90	240	160	80
110	40, 50, 65, 63, 75, 90, 110	270	180	90
125	40, 50, 65, 63, 75, 90, 110, 125	300	200	100
160	50, 65, 63, 75, 90, 110, 125, 160	375	250	125
200	50, 65, 63, 75, 90, 110, 125, 160,	540	360	180
200	200	555	375	180
250	75, 90, 110, 125, 160, 200	660	440	220
250	250	900	600	300
315	75, 90, 110, 125, 160, 200, 250, 300	840	560	280
315	315	950	610	340

Abzweig 55°		PE		
DN/OD		l mm	l_1, l_2 mm	L_3 mm
d_1 mm	d_2 mm			
40	40	130	55	75
50	40, 50	150	60	90
56	40, 50, 56	175	70	105
63	40, 50, 56, 63	175	70	105
75	40, 50, 65, 63, 75	175	70	105
90	40, 50, 65, 63, 75, 90	200	80	120
110	40, 50, 65, 63, 75, 90, 110	225	90	135
125	40, 50, 65, 63, 75, 90, 110, 125	250	100	150
160	50, 65, 63, 75, 90, 110, 125, 160	350	140	210
200	75, 90, 110, 125, 160,	360	180	180
200	200	360	180	180
250	110, 125, 160	440	220	220
250	200, 250	480	240	240
315	110, 125, 160, 200, 250, 300	560	280	280
315	315	560	280	280

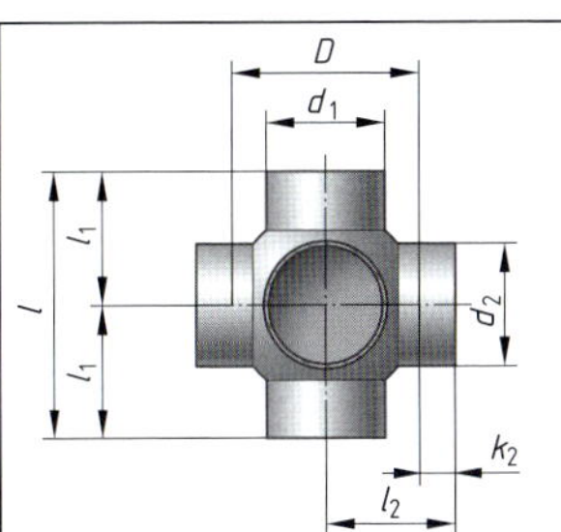

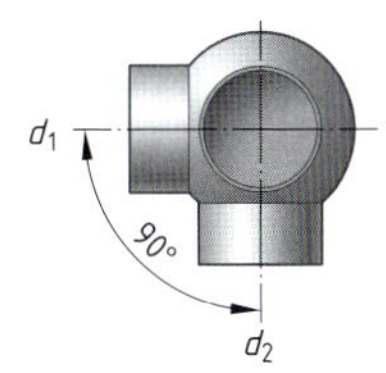

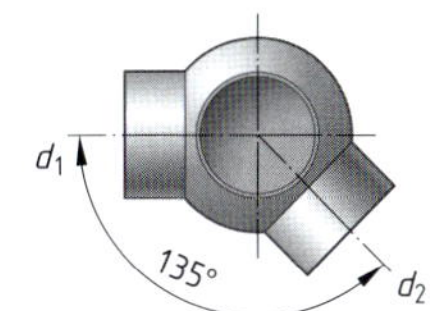

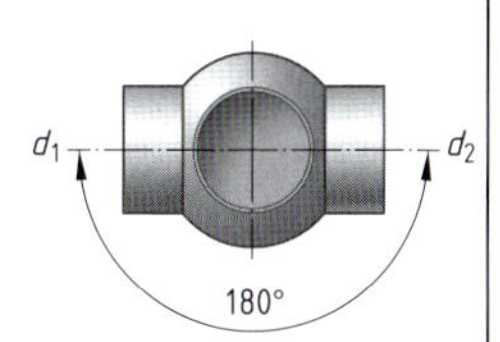

Kugelabzweig 88,5° PE-HD
geschweißt – 90°

d_1/d_2 mm	l mm	l_1 mm	l_2 mm	D mm	d_1/d_2 mm	l mm	l_1 mm	l_2 mm	D mm
110/50	240	120	130	170	125/50	260	130	145	190
110/56	240	120	130	170	125/56	260	130	145	190
110/63	240	120	130	170	125/75	260	130	145	190
110/75	240	120	130	170	125/110	260	130	125	190
110/90	240	120	130	170	125/125	260	130	125	190
110/110	240	120	110	170					

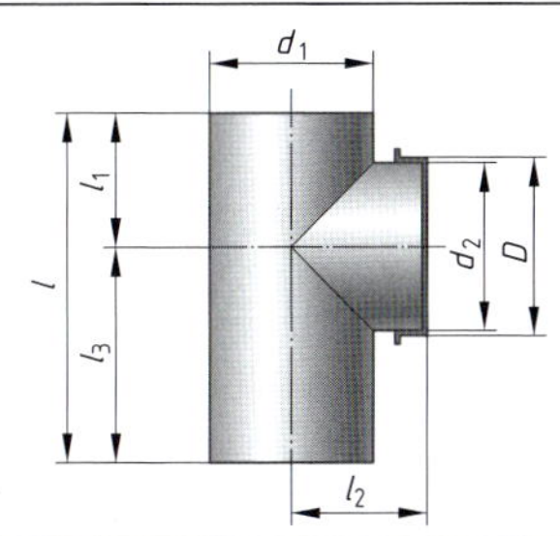

Reinigungsrohr 88,5° PE-HD
mit Schraubverschluss EPDM Dichtung

d_1/d_2 mm	D mm	l mm	l_1 mm	l_2 mm	l_3 mm	d_1/d_2 mm	D mm	l mm	l_1 mm	l_2 mm	l_3 mm
40/40	64	130	55	80	75	110/110	135	225	90	100	135
50/50	72	150	60	72	90	125/110	140	250	100	123	150
56/56	83	175	70	100	105	160/110	140	350	140	140	210
63/63	87	175	70	100	105	200/110	140	360	180	160	180
75/75	91	175	70	100	105	250/110	140	440	220	185	220
90/90	118	200	80	100	120	315/110	140	560	280	220	280

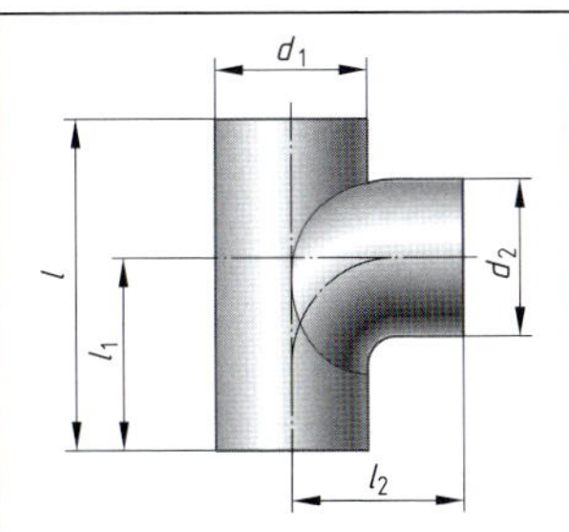

Bogen-Abzweig 88,5° PE-HD

d_1/d_2 mm	l mm	l_1 mm	l_2 mm
110/110	230	140	120

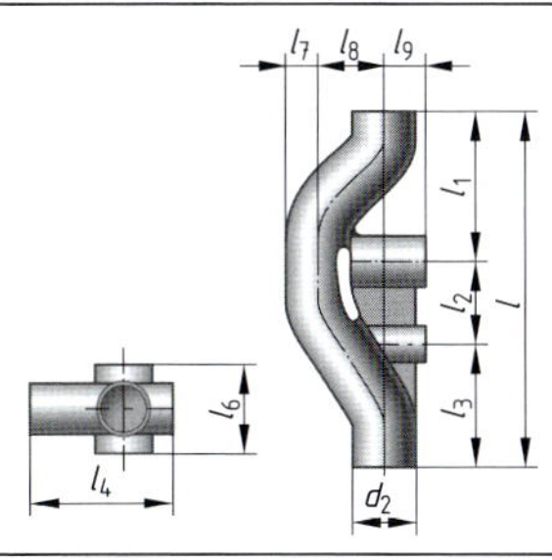

Mischformstück PE-HD

d_1 mm	l mm	l_1 mm	l_2 mm	l_3 mm	l_4 mm	l_5 mm	l_6 mm	l_7 mm	l_8 mm	l_9 mm
110	750	320	170	260	275	90	180	55	130	90
160	715	320	160	235	310	100	200	75	125	110

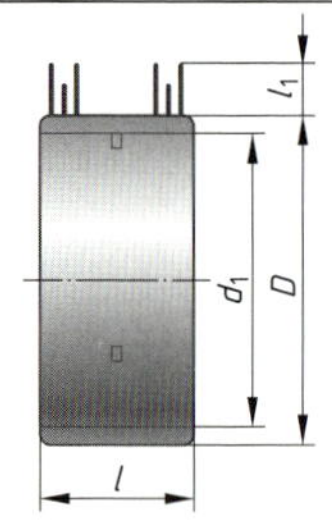

Elektroschweißmuffe PE-HD Akafusion

d_1 mm	D mm	l mm	l_1 mm	System
40	52	54	22	5A/80s
50	62	54	22	5A/80s
56	68	54	22	5A/80s
63	75	54	22	5A/80s
75	87	54	22	5A/80s
90	102	56	22	5A/80s
110	122	58	22	5A/80s
125	137	66	22	5A/80s
160	172	66	22	5A/80s
200	233	175	31	220V/420s
250	283	175	31	220V/420s
315	349	175	31	220V/420s

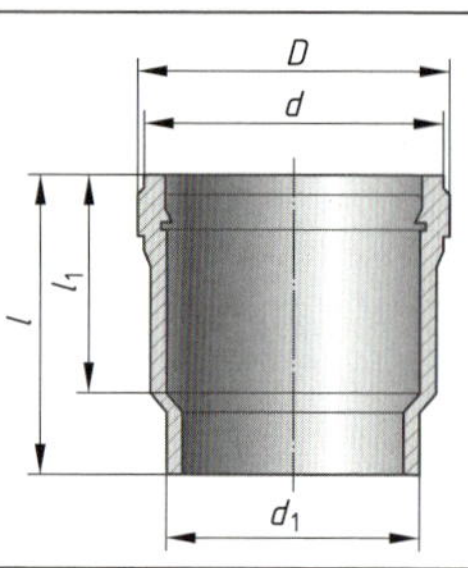

Steckmuffe PE-HD
mit Schutzkappe SBR Dichtung

d_1 mm	D mm	d mm	l mm	l_1 mm
40	53	41	73	54
50	67	51	75	54
56	72	57	80	54
63	84	64	93	69
75	96	76	95	69
90	110	91	95	69
110	131	111	95	69
125	150	126	94	70
160	190	162	130	105

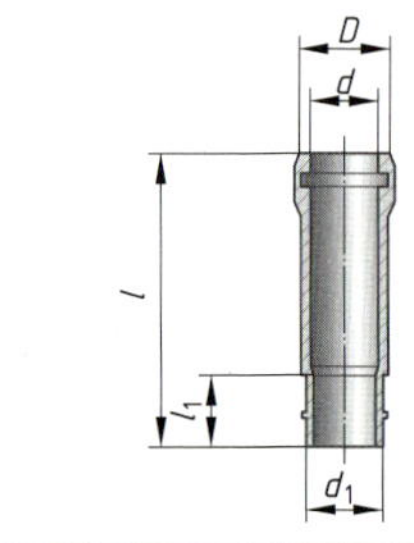

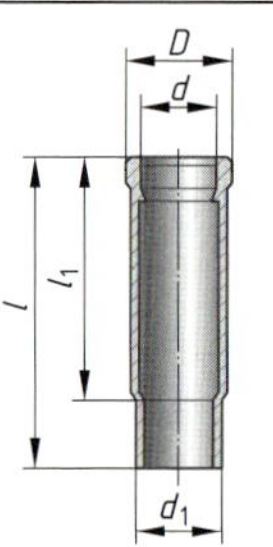

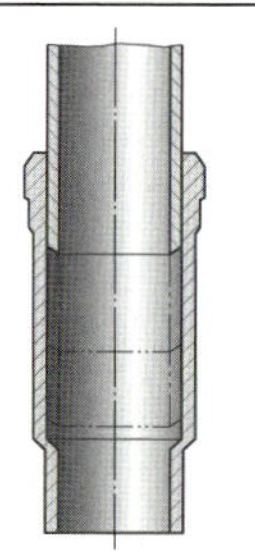

Ausdehnungsmuffe PE-HD
mit Schutzkappe SBR Dichtung

d_1 mm	Typ	D mm	d mm	l mm	l_1 mm	k_1 mm
40	B	58	41	172	135	
50	B	68	51	172	135	
56	B	74	57	172	135	
63	B	78	64	155	135	
75	A	100	76	256	75	35
90	A	116	91	256	75	35
110	A	137	112	256	75	35
125	A	153	127	256	75	35
160	A	189	162	265	75	35
200	B	230	202	310	230	
250	B	300	253	330	250	
315	B	370	319	360	270	

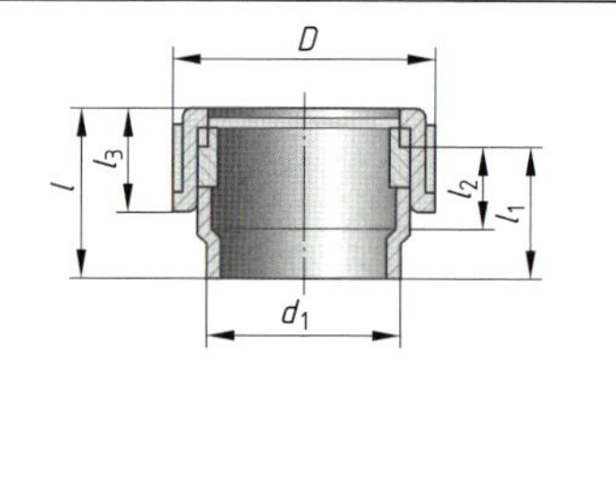

Verschraubung kurz PE-HD
komplett mit Gewindestutzen, Überwurfmutter, Schleifring und Dichtung EPDM Dichtung

d_1 mm	D mm	l mm	l_1 mm	l_2 mm	l_3 mm
40	66	71	56	32	33
50	76	71	56	32	33
56	82	71	56	32	35
63	89	76	61	37	42
75	103	81	65	37	44
90	122	92	75	45	48
110	148	97	80	49	62

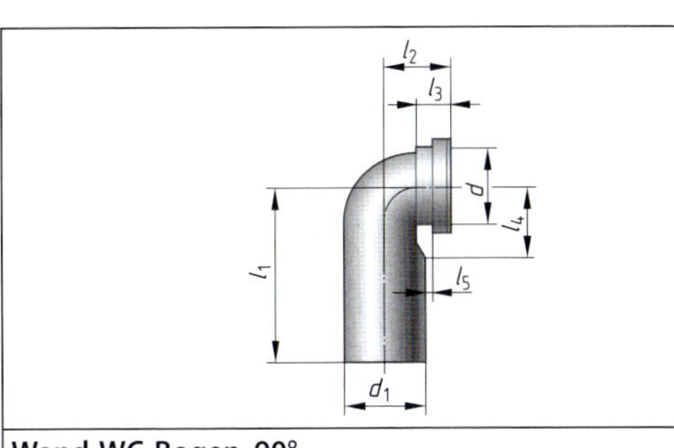

Wand-WC-Bogen 90° PE-HD
mit Schutzkappe SBR Dichtung

d_1/d mm	l_1 mm	l_2 mm	l_3 mm	l_4 mm	l_5 mm	k_1 mm
90/90	225	76	34	83	17	120
110/90	225	76	34	95	17	120
110/110	225	75	30	92	19	120

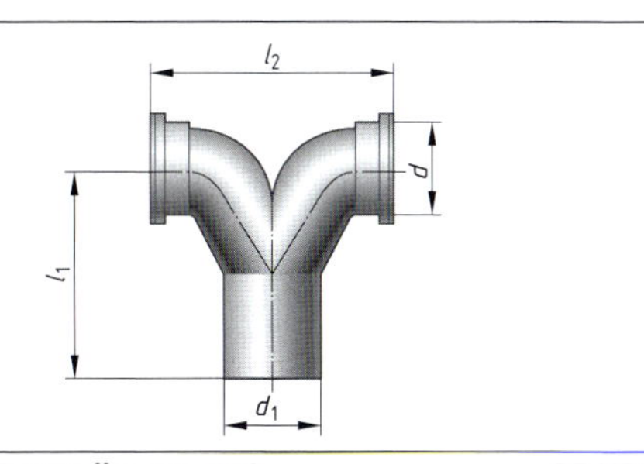

Wand-WC-Doppelbogen 90° (senkrecht) mit Schutzkappe PE-HD

d_1/d mm	l_1 mm	l_2 mm	k_1 mm
110/90	225	275	80
110/110	185	270	60

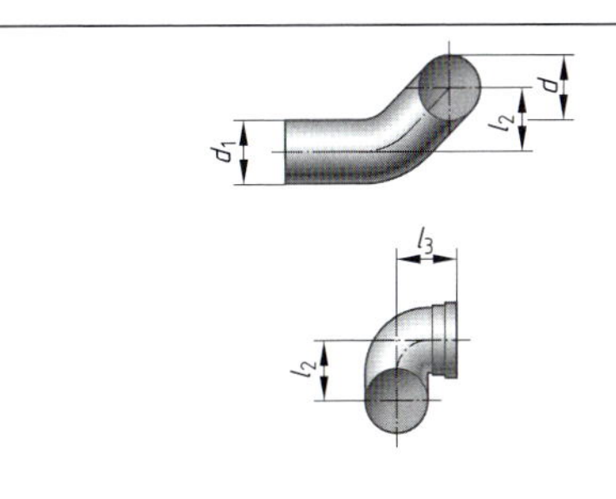

Wand-WC-Bogen 90° (waagerecht) rechts PE-HD
mit Schutzkappe SBR Dichtung

d_1/d mm	l_1 mm	l_2 mm	l_3 mm
90/90	300	100	75
110/90	350	100	75
110/110	350	100	75

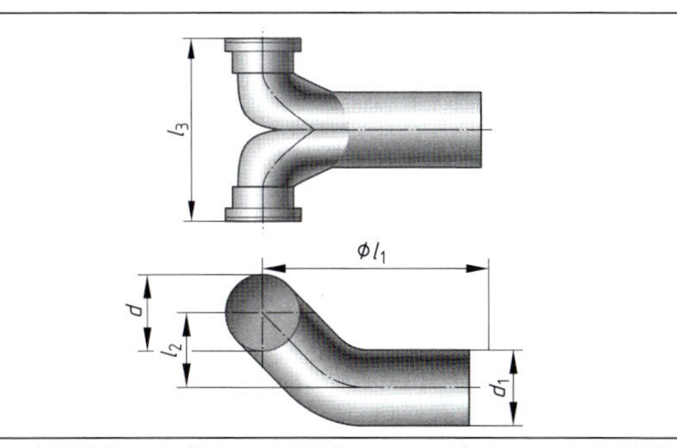

Wand-WC-Doppelbogen 90° (waagerecht) PE-HD
mit Schutzkappe

d_1/d mm	l_1 mm	l_2 mm	l_3 mm
110/90	360	100	275
110/110	360	100	270

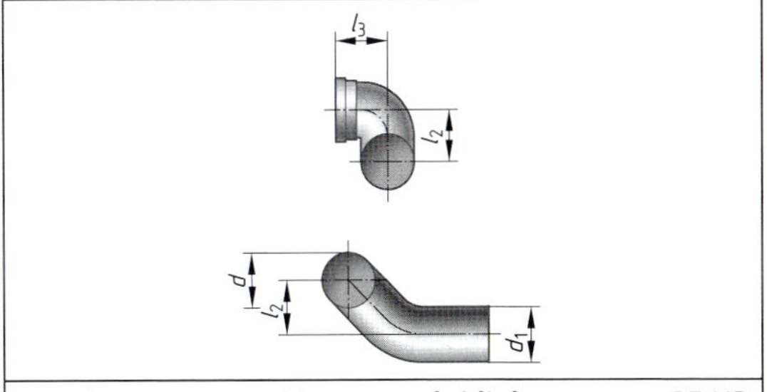

Wand-WC-Bogen 90° (waagerecht) links PE-HD
mit Schutzkappe SBR Dichtung

d_1/d mm	l_1 mm	l_2 mm	l_3 mm
90/90	300	100	75
110/90	350	100	75
110/110	350	100	75

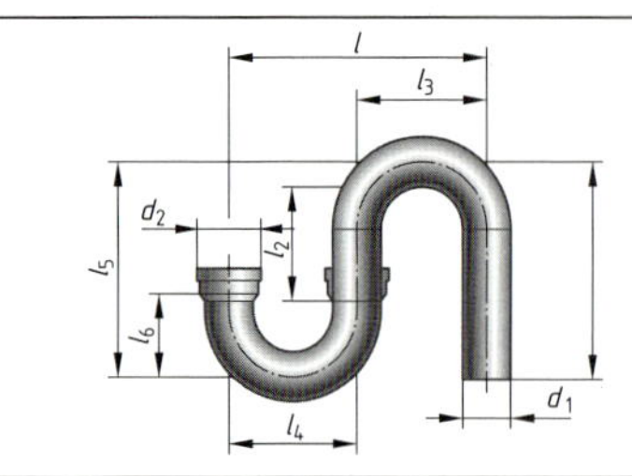

Siphon Einlauf/Auslauf senkrecht PE-HD SBR Dichtung

d_1/d_2 mm	l mm	l_1 mm	l_2 mm	l_3 mm	l_4 mm	l_5 mm	l_6 mm
40/40	160	165	95	80	80	145	50
50/40	170	175	100	90	80	155	50
50/50	200	200	110	100	100	175	60
56/50	200	225	135	100	100	200	60
63/50	200	200	110	100	100	175	60
56/56	210	220	130	110	100	195	60
63/63	260	240	130	130	130	210	75
75/75	300	275	130	150	150	240	85

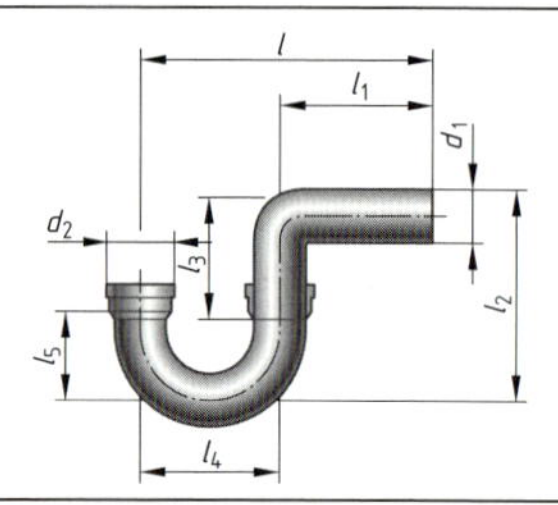

Siphon Einlauf senkrecht Auslauf waagerecht PE-HD SBR Dichtung

d_1/d_2 mm	l mm	l_1 mm	l_2 mm	l_3 mm	l_4 mm	l_5 mm
40/40	172	92	145	95	80	50
50/40	184	104	155	100	80	50
50/50	204	104	180	115	100	60
63/50	218	118	185	120	100	60
56/56	232	132	200	135	100	60
63/63	262	132	210	130	130	75

5.7.3 HT-Entwässerungssysteme mit Steckmuffe aus Polypropylen (PP) mit angeformter Muffe (Auswahl)

DIN EN 1451-1 : 2018-10

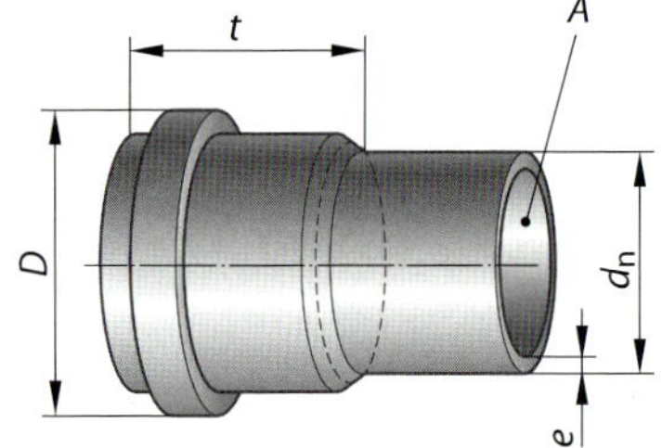

d_n:	Außendurchmesser	in mm
D:	Außerdurchmesser der Muffe	
t:	Einstecktiefe der Muffe	
e:	Wanddicke	in mm
A:	freie Querschnittsfläche	in cm^2
V':	längenbezogener Rohrinhalt*	in l/m
m':	längenbezogene Rohrmasse*	in kg/m

* nach Herstellerangaben, nicht in der Norm festgelegt

Werkstoff	Polypropylen (PP) schwer entflammbar nach DIN 4101 (B1)
Dichte*	$\approx 0{,}91$ kg/dm³
Längenausdehnungs-koeffizient*	$\approx 0{,}00015 \frac{1}{K}$ $\approx 0{,}15 \frac{mm}{m \cdot K}$
Farben:	grau, schwarz oder weiß
Lieferlängen* im mm	150, 250, 500, 750, 1000, 1500, 2000, 3000
Dichtring	EPDM DIN EN 681-1
Anwendungsbereichskenn-zeichnung*	B (innerhalb und außen am Gebäude) BD (einschließlich Erdverlegung innerhalb der Gebäudestruktur

Ringsteifigkeitsklasse:			SN 2				SN 4			
Rohrreihe:			S 20 / SDR 41				S 16 / SDR 33			
Anwendungsbereich:			B (HT)				BD (HT)			
DN/OD)	Muffe N		e	A	V'	m'	e	A	V'	m'
d_n	D	t	mm	cm²	l/m	kg/m	mm	cm²	l/m	kg/m
mm	mm	mm								
32	44	42	1,8	6,33	0,63	0,18	1,8	6,33	0,63	0,18
40	53	44	1,8	10,41	1,04	0,23	1,8	10,41	1,04	0,23
50	63	46	1,8	16,91	1,69	0,29	1,8	16,91	1,69	0,29
63		49	1,8	27,71	2,77	0,33	2,0	27,34	2,73	0,36
75	88	51	1,9	39,82	3,98	0,45	2,3	38,93	3,89	0,49
90	105	54	2,2	57,55	5,76	0,63	2,8	55,95	5,6	0,72
110	125	58	2,7	85,93	8,59	0,94	3,4	83,65	8,37	1,07
125	143	64	3,1	110,85	11,09	1,23	3,9	107,88	10,79	1,39
160	181	73	3,9	181,94	18,19	1,94	4,9	177,19	17,72	2,24
200		85	4,9	284,13	28,41	2,82	6,2	276,41	27,64	3,55
250		118	-	-	-	-	7,7	432,26	43,23	5,51
315		144	-	-	-		9,7	686,28	68,63	8,75

Bezeichnungsbeispiel: Rohr Nennweite 90, Wanddicke 2,2 mm aus Polypropylen, zugelassen für Verlegung innerhalb und außen am Gebäude, Rohrreihe S20.

Bezeichnung	Norm	Maße	Werkstoff	Anwendung	Rohrreihe
Rohr	DIN EN 1451-1	DN 90x2,2	PP-H	B	S 16

HT-Bogen mit Steckmuffe (HTB)

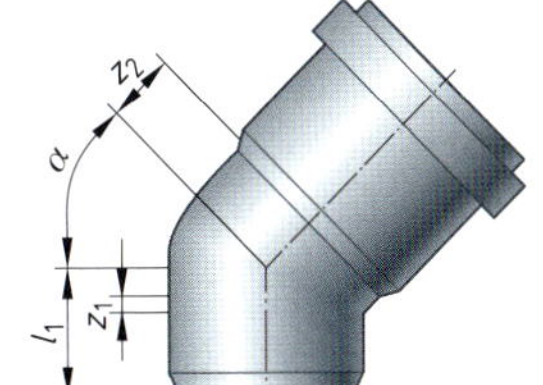

DN/OD	$\alpha = 15°$			$\alpha = 30°$			$\alpha = 45°$			$\alpha = 67°$			$\alpha = 87°$		
	z_1 mm	z_2 mm	l_1 mm	z_1 mm	z_2 mm	l_1 mm	z_1 mm	z_2 mm	l_1 mm	z_1 mm	z_2 mm	l_1 mm	z_1 mm	z_2 mm	l_1 mm
32	3	8	42	6	10	42	9	12	42	14	17	42	19	23	42
40	5	9	44	7	11	44	10	14	44	16	20	44	23	26	42
50	5	9	46	9	13	46	12	16	46	22	23	46	28	31	46
75	7	11	51	12	16	51	16	12	51	28	31	51	40	43	51
90	6	12	54	13	18	54	20	25	54	32	36	54	46	49	54
110	9	17	58	17	24	58	17	24	58	40	44	58	57	61	58
125	10	17	64	19	25	64	28	34	64	14	17	42	65	71	64
160	13	22	73	24	32	73	36	46	73	16	20	44	83	96	73

Bezeichnungsbeispiel für einen HT-Bogen DN/OD 40, $\alpha = 30°$:
Bogen EN1451 – HTB DN/OD 40 × 30

HT-Einfachabzweig *ht-simple branching*

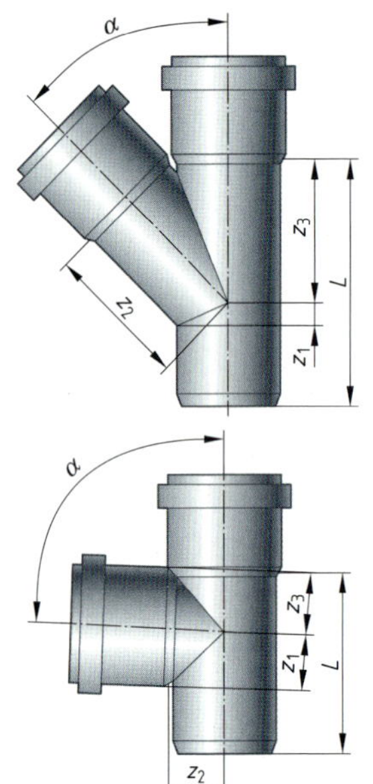

DN/OD	α = 45°				α = 67°				α = 87°			
	z_1 mm	z_2 mm	z_3 mm	L mm	z_1 mm	z_2 mm	z_3 mm	L mm	z_1 mm	z_2 mm	z_3 mm	L mm
32/32	z_1	z_2	l_1	40	14	27	27	86	19	21	21	85
40/40	10	50	50	104	16	33	33	99	23	25	25	92
50/40	5	57	55	106	14	39	35	95	23	30	25	94
50/50	12	62	62	125	20	41	41	110	28	30	30	109
75/50	1	79	74	128	14	54	46	115	27	43	31	112
75/75	18	92	92	164	28	66	60	143	40	43	43	138
90/50	9	90	82	127					26	50	31	111
90/75	9	103	100	163					39	51	44	137
90/90	20	110	110	184					56	70	51	161
110/50	17	104	94	152	8	73	54	125	28	60	34	120
110/75	1	120	115	175	22	78	68	148	40	60	46	113
110/110	25	135	135	218	40	88	88	186	57	64	64	183
125/110	18	144	142	224					58	70	64	191
125/125	28	152	152	249					65	71	71	205
160/110	1	228	158	242					66	87	64	219
160/160	36	194	1944	309					83	91	91	253

Bezeichnungsbespiel für einen Abzweig DN/OD 110/50 mit einem Winkel von $\alpha = 45°$: **Abzweig EN1451 – HTEA DN/OD 110 × 50 × 45**

HT-Muffen

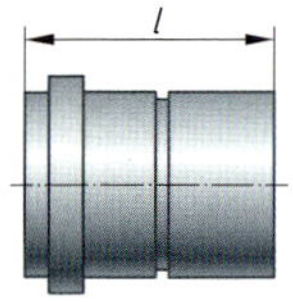

HTAM – Aufsteckmuffe

DN	l mm
50	116
75	96,5
110	123

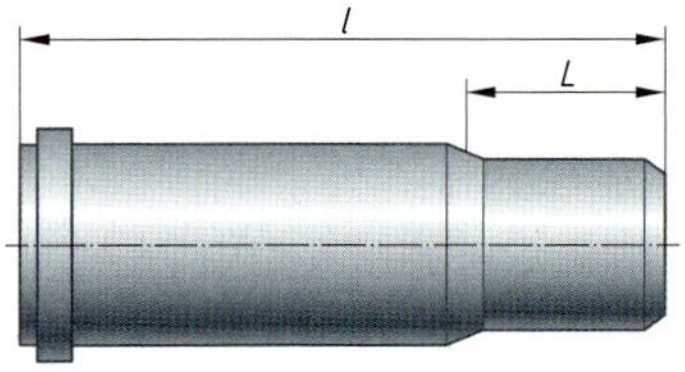

HTL – Langmuffe

DN	l mm	L mm
40	155	48
50	211	54
75	222	57
90	151	60
110	255	68

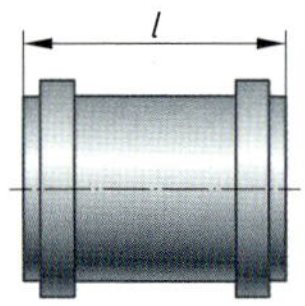

HTU-Überschiebemuffe

DN	l mm	DN	l mm
32	93	90	98
40	103	110	128
50	105	125	120
75	111	160	163

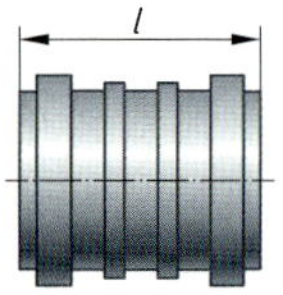

HTMM-Doppelmuffe

DN	l mm	DN	l mm
32	93	90	98
40	103	110	128
50	105	125	116
75	111	160	163

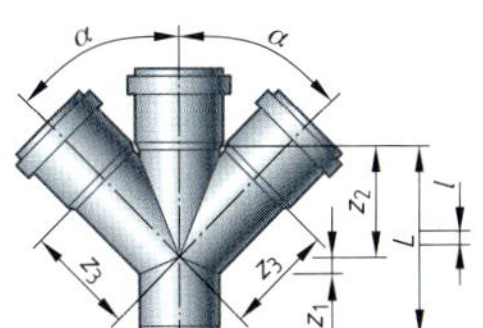

HTDA – Doppelabzweig

DN	*a*	z_1 mm	z_2 mm	z_3 mm	*L* mm
50/50/50	67 °C	20	41	41	107
75/75/75	67 °C	28	55	55	138
110/50/50	67 °C	8	73	73	121
110/110/110	67 °C	40	87	87	189
90/90/90	87 °C	46	51	51	151

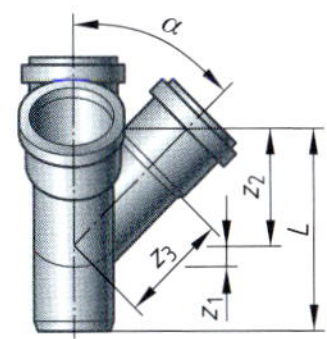

HTED – Eckabzweig

DN	*a*	z_1 mm	z_2 mm	z_3 mm	*L* mm
110/110/110	67 °C	40	86	86	148
90/90/90	–	79	72	60	–

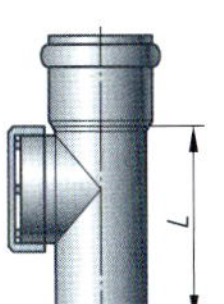

HTRE – Reinigungsrohr

DN	*L* mm
50	110
75	138
90	171

DN	*L* mm
110	179
125	191
160	203

5.7.4 KG-Entwässerungssysteme aus Polyvinylchlorid (PVC-U) mit angeformter Steckmuffe (Auswahl)

DIN EN 1401-1 : 2019-09

Rohre mit angeformter Steckmuffe aus PVC-U

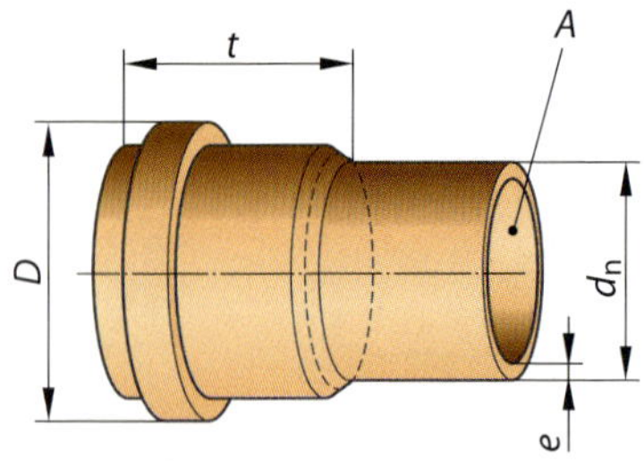

d_n:	Außendurchmesser	in mm
t:	Einstecktiefe der Muffe	in mm
e:	Wanddicke	in mm
A:	freie Querschnittsfläche	in cm²
V′:	längenbezogener Rohrinhalt*	in l/m
m′:	längenbezogene Rohrmasse	in kg/m

* nach Herstellerangaben, nicht in der Norm festgelegt

Werkstoff	PVC-U schwer entflammbar nach DIN 1401 (B1)
Dichte*	≈ 1,4 kg/dm³
Längenausdehnungs-koeffizient*	$\approx 0{,}00008\ \frac{1}{K}$ $\approx 0{,}08\ \frac{mm}{m \cdot K}$
Farben*	orangebraun, grau
Lieferlängen im mm	500, 1000, 2000, 5000
Dichtring	EPDM DIN EN 681-1
Anwendungsbereichskenn-zeichnung*	D: Erdverlegung innerhalb der der Gebäudestruktur U: Erdverlegung außerhalb eins Gebäudes

Ringsteifigkeitsklasse:			**SN 4**				**SN 8**			
Rohrserie:			**SDR 41**				**SDR 34**			
Anwendungsbereich:			**DU (KG)**				**DU (KG)**			
DN/OD) d_n **mm**	**Muffe N** D **mm**	t **mm**	*e* **mm**	*A* **cm²**	*V′* **l/m**	*m′* **kg/m**	*e* **mm**	*A* **cm²**	*V′* **l/m**	*m′* **kg/m**
110	128	60	3,2	84,3	8,43	1,50	3,2	84,3	8,43	1,50
125	145	67	3,2	110,5	11,05	1,71	3,7	108,62	10,86	1,97
160	183	81	4,0	181,5	18,15	2,74	4,7	178,13	17,81	3,21
200	226	88	4,9	284,1	28,41	4,21	5,9	278,18	27,82	5,04
250	287	125	6,2	443,4	44,34	6,65	7,3	435,21	43,52	7,79
315	357	132	7,7	705,0	70,50	10,41	9,2	690,93	69,09	12,37
400	445	150	9,8	1136,5	113,65	16,82	11,7	1113,91	111,39	19,98
500	567	160	12,3	1775,0	177,50	26,38	14,6	1740,86	174,09	31,17

Bezeichnungsbeispiel: Rohr Nennweite 125, Wanddicke 3,2 mm aus Polyvinylchlorid, zugelassen für Erdverlegung mehr als 1m außerhalb eins Gebäudes und Erdverlegung innerhalb der der Gebäudestruktur, Rohrreihe SDR 41, Ringsteifigkeit 4 kN/m²

Bezeichnung	Norm	Maße	Rohrreihe	Werkstoff	Anwendung	Ringsteifigkeit
Rohr	DIN EN 1401-1	DN 125x3,2	SDR 41	PVC-U	UD	SN4

Formstücke mit angeformter Steckmuffe aus PVC-U
Formstücke dürfen nicht gekürzt werden!

KG-Bogen mit Steckmuffe (KGB) (KGEM)

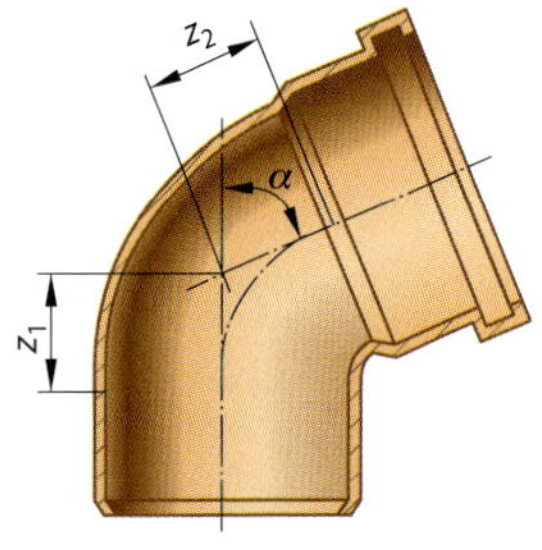

DN/OD	$\alpha = 15°$ z_1 mm	$\alpha = 15°$ z_2 mm	$\alpha = 30°$ z_1 mm	$\alpha = 30°$ z_2 mm	$\alpha = 45°$ z_1 mm	$\alpha = 45°$ z_2 mm	$\alpha = 67°$ z_1 mm	$\alpha = 67°$ z_2 mm	$\alpha = 87°$ z_1 mm	$\alpha = 87°$ z_2 mm
110	9	14	17	21	25	29	40	44	59	62
125	10	15	19	23	28	33	46	50	66	70
160	13	19	24	30	36	42	58	64	84	89
200	15	23	30	38	46	54	72	80	107	113
250	19	30	37	49	57	69	–	–	131	160
315	23	38	47	61	72	86	–	–	166	260
400	29	48	59	78	91	110	–	–	210	310
500	37	59	74	97	114	137	–	–	262	270

Einfachabzweige (KGEA) 45°/87°

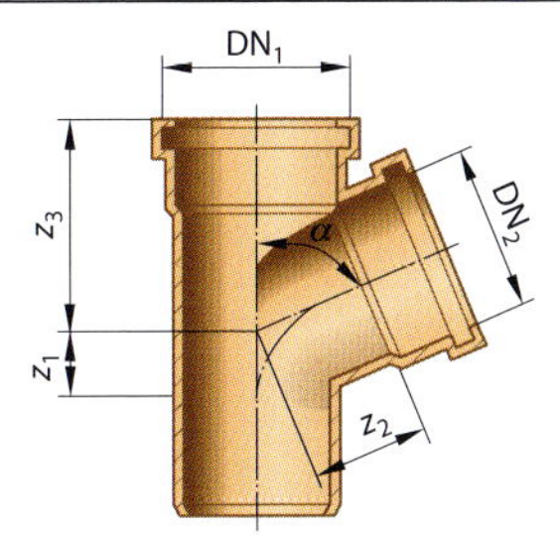

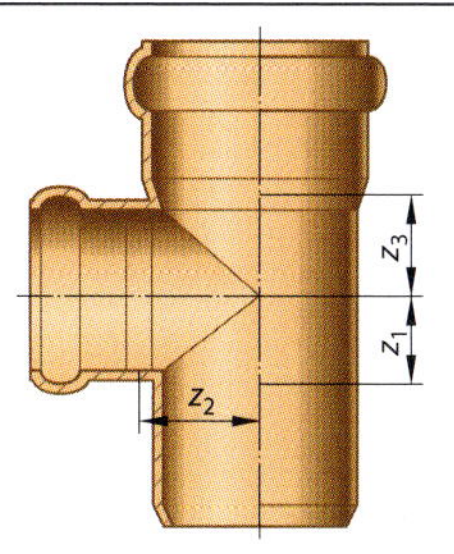

DN/OD	z_1 mm	z_2 mm	z_3 mm	z_1 mm	z_2 mm	z_3 mm
110/110	25	134	134	59	62	62
125/110	18	144	141	59	70	63
125/125	26	152	152	66	70	70
160/110	2	166	159	60	87	65
160/125	13	176	170	67	87	72
160/160	36	194	194	84	89	69
200/110	−14	197	182	61	106	67
200/125	−3	205	197	69	106	75
200/160	21	223	216	86	108	91
200/200	46	243	243	107	113	113
250/110	−37	288	206	64	160	130
250/125	−27	236	217	72	170	130
250/160	−3	254	241	88	165	135
250/200	24	274	268	107	160	160
250/250	20	265	292	131	160	180
315/110	−66	272	240	67	200	130
315/125	−56	279	251	–	–	–
315/160	−33	297	275	90	200	160
315/200	−5	313	302	110	170	180
315/250	26	344	335	134	220	210
315/315	72	378	378	166	260	220
400/110	−105	340	360	70	250	100
400/125	−94	400	400	–	–	–
400/160	−70	355	319	95	210	150
400/200	−43	375	346	114	230	200
400/250	−10	480	450	139	230	220
400/315	34	540	500	114	300	220
400/400	91	550	500	210	310	240
500/110	−150	440	435	–	–	–
500/160	−115	420	370	100	220	280
500/200	−88	470	510	–	–	–
500/250	−55	550	530	144	260	150
500/315	−11	560	583	175	330	300
500/400	47	580	550	216	267	226
500/500	114	650	680	262	270	270

Übergangsrohre und Muffen *transition pipes and sleeves*

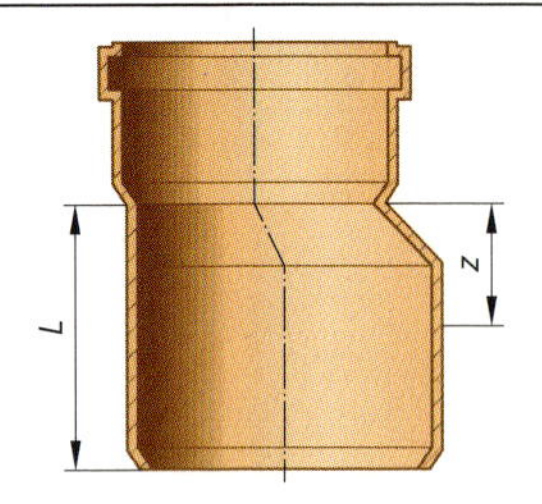

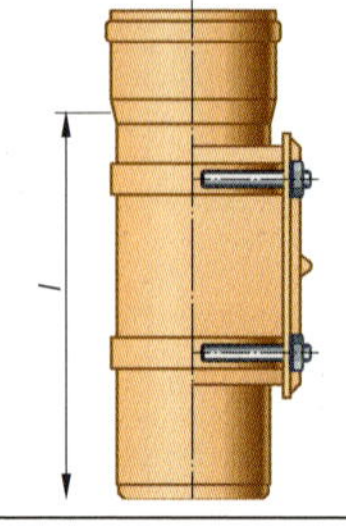

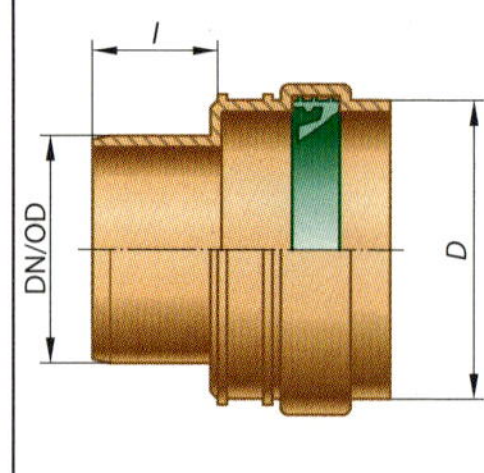

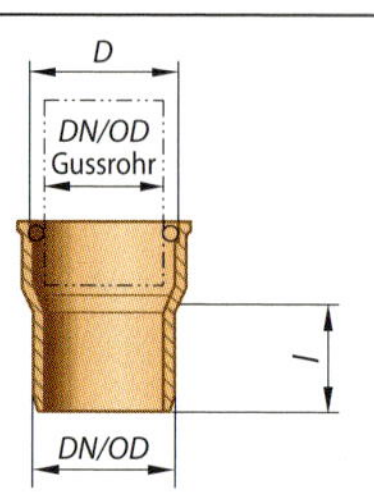

Übergangsrohr (KGR)			Reinigungsrohre (KGRE)		Anschluss an Steinzeug-rohr- Spitzende (KGUS)		Anschluss an Gussrohr-Spitzende (KGUG)	
DN/OD	**z mm**	**l mm**	**DN/OD**	**l mm**	**D mm**	**l mm**	**D mm**	**l mm**
125/110	20	87	**110**	288	136	60	131	76
160/110	33	134	**125**	300	164	67	158	81
160/125	31	121,5	**160**	360	194	81	185	98
200/160	31	130	**200**	435	250	99	236	130
250/200	38	172	**250**		335	180		
315/250	50	194	**315**		390	225		
400/315	64	210						
500/400	76	254						

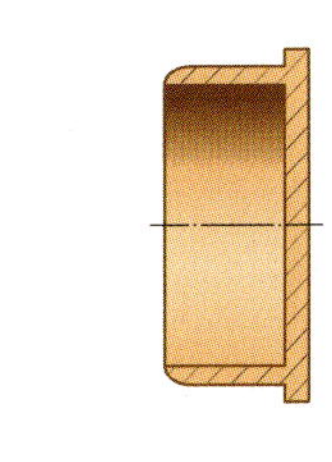

Muffenstopfen (KGM)

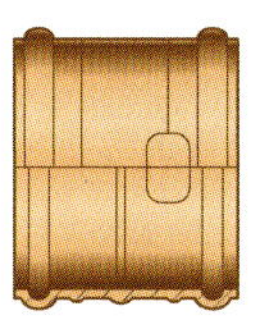

Doppelmuffe (KGMM)

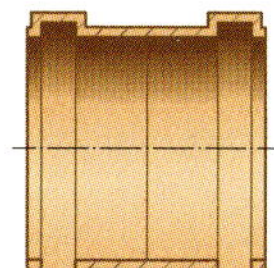

Überschiebemuffe (KGU)

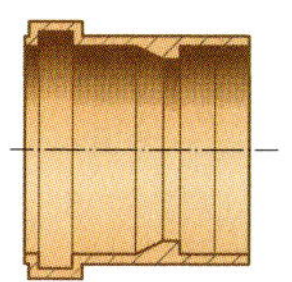

Aufklebemuffe (KGAM)

5.7.5 KG-Entwässerungssysteme aus Polypropylen mit Additiven (PP-MD) und angeformter Steckmuffe (Auswahl)

DIN EN 14758-1: 2012-05

Rohre mit angeformter Steckmuffe aus PP-HD (KG2000)

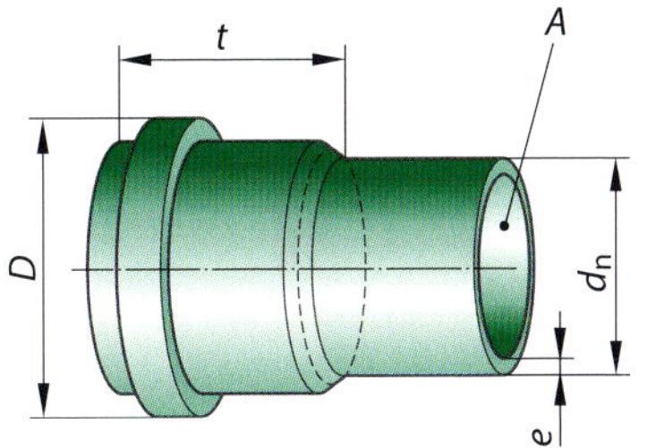

d_n:	Außendurchmesser	in mm
e:	Wanddicke	in mm
A:	freie Querschnittsfläche	in cm^2
V':	längenbezogener Rohrinhalt*	in l/m
m':	längenbezogene Rohrmasse	in kg/m

* nach Herstellerangaben, nicht in der Norm festgelegt

Werkstoff	PP-HD schwer entflammbar nach DIN 1401 (B1)
Dichte*	≈ 1,0 –1,4 kg/dm³
Längenausdehnungs-koeffizient*	$\approx 0{,}00015\ \frac{1}{K}$ $\approx 0{,}07 - 0{,}12\ \frac{mm}{m \cdot K}$
Farben*	maigrün RAL6017
Lieferlängen im mm	500, 1000, 2000, 5000
Dichtring	EPDM DIN EN 681-1
Anwendungsbereichskenn-zeichnung*	D: Erdverlegung innerhalb der der Gebäudestruktur U: Erdverlegung außerhalb eines Gebäudes

Ringsteifigkeitsklasse:			**SN 10**			
Rohrserie:			**SDR 32**			
Anwendungsbereich:			**UD (KG)**			
DN/OD) d_n mm	**Muffe N D mm**	**t mm**	**e mm**	**A cm^2**	**V′ l/m**	**m′ kg/m**
110	128	72	3,4	84	8,4	1,7
125	146	80	3,9	108	10,8	2,1
160	187	95	4,9	177	17,7	3,5
200	236	123	6,2	276	27,6	5,7
250	287	133	7,7	432	43,2	8,9
315	359	155	9,7	686	68,6	14,3
400	450	180	12,3	1107	110,7	26,4
500	572	205	15,3			

Bezeichnungsbeispiel: Rohr Nennweite 125, Wanddicke 3,9 mm aus Polypropylen mit mineralischen Additiven, zugelassen für Erdverlegung mehr als 1m außerhalb eins Gebäudes und Erdverlegung innerhalb der der Gebäudestruktur, Rohrreihe SDR 32, Ringsteifigkeit 10 kN/m²

Bezeichnung	**Norm**	**Maße**	**Rohrreihe**	**Werkstoff**	**Anwendung**	**Ringsteifigkeit**
Rohr	DIN EN 14758-1	DN 125x3,9	SDR32	PP-MD	UD	SN10

Formstücke mit angeformter Steckmuffe aus PP-MD (SN10)
Formstücke dürfen nicht gekürzt werden!

KG-Bogen mit Steckmuffe (KGB) (KGEM)

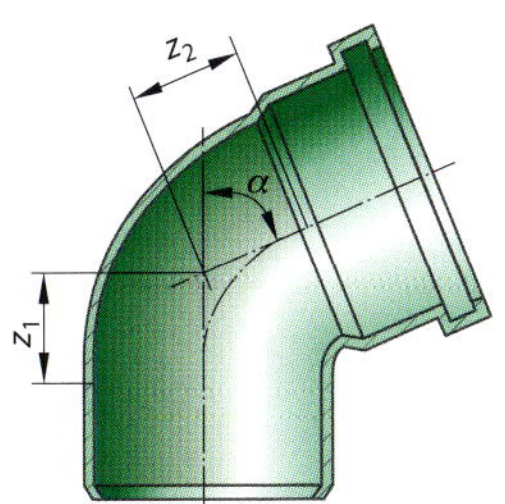

	$\alpha = 15°$		$\alpha = 30°$		$\alpha = 45°$		$\alpha = 67°$		$\alpha = 87°$	
DN/OD	z_1 mm	z_2 mm	z_1 mm	z_2 mm	z_1 mm	z_2 mm	z_1 mm	z_2 mm	z_1 mm	z_2 mm
110	9	16	17	23	26	29	41	47	59	65
125	10	19	19	27,5	29	36	44	54	66	72
160	24	19	24	34	37	45	56	69	84	91
200	15	31	29	46	46	57	–	–	–	–
250	23	44	–	–	59	77	–	–	–	–
315	28	56	–	–	73	98	–	–	–	–
400	29	67	–		92	120	–	–	–	–
500	67	183	101	217	138	254	––		––	

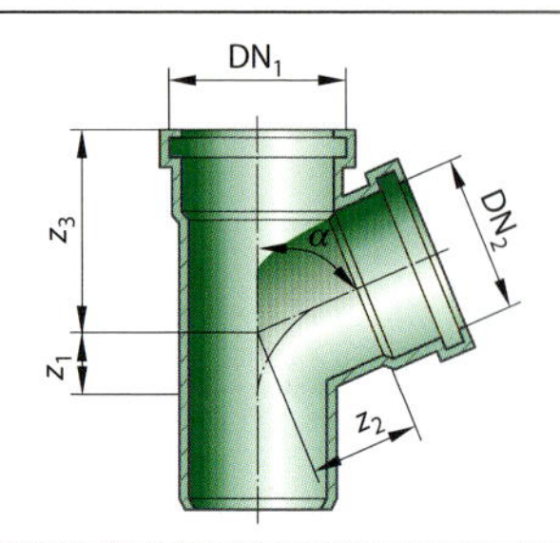

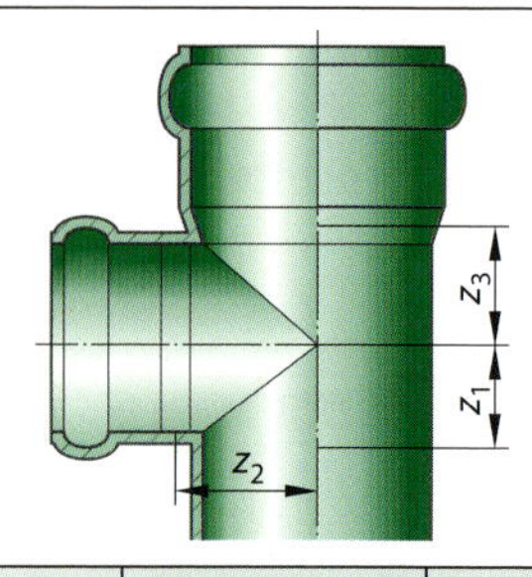

DN/OD	z_1 mm	z_2 mm	z_3 mm	z_1 mm	z_2 mm	z_3 mm
110/110	26	134	134	59	64	64
125/110	81	91	91			
125/125	29	152	152			
160/110	2	168	162	55	85	63
160/125	10	179	175			
160/160	37	195	195	81	91	91
200/160	19	221	221	86	109	100
200/200	46	244	224			
250/160	57	258	311			
315/160	40	301	250			
315/200	72	325	393			
315/315	72	393	393			
400/160	82	394	526			
400/200	55	417	555			
400/400	78	683	683			

Übergangsrohre und Muffen *transition pipes and sleeves*

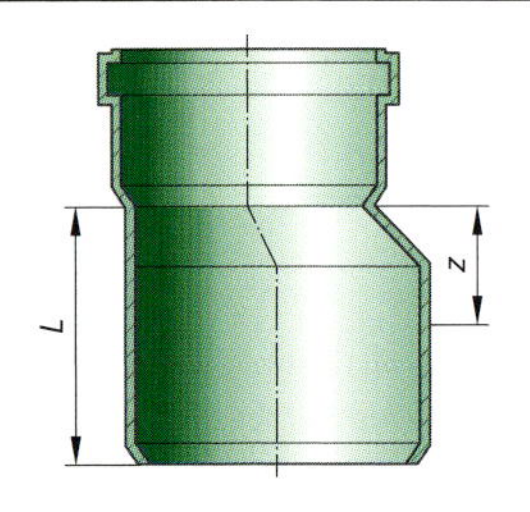

Übergangsrohr (KGR)

DN/OD	Z mm	l mm
125/110	16	99
160/110	34	135
160/125	28	129
200/160	32	175
250/200	49	181
315/250	63	215
400/315	91	271
500/400	116	312

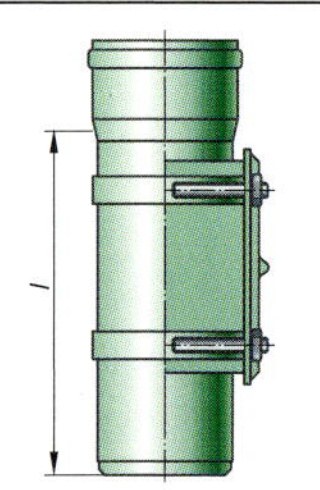

Reinigungsrohre (KGMM)

DN/OD	l mm
110	308
125	313
160	380
200	410
250	
315	
400	
500	

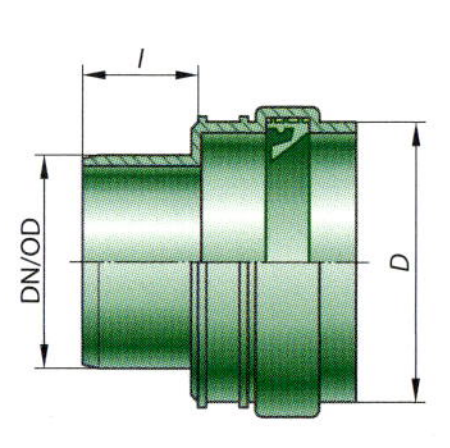

Anschluss an Steinzeug-rohr-Spitzende (KGUS)

D mm	l mm
138	168
163	172
194	226

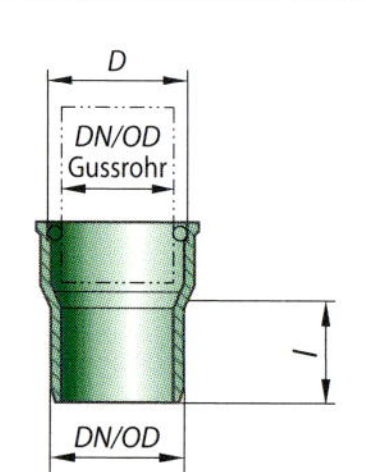

Anschlussan an Guss-rohr-Spitzende (KGUG)

D mm	l mm
124	133
151	151
176	165

Sonstige Formteile

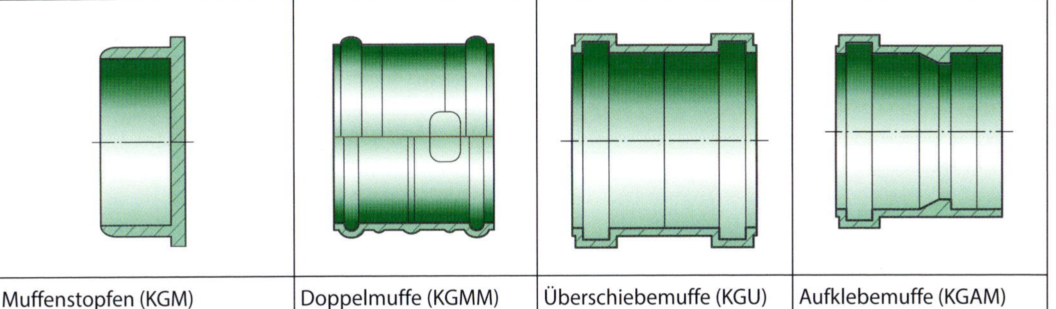

Muffenstopfen (KGM)	Doppelmuffe (KGMM)	Überschiebemuffe (KGU)	Aufklebemuffe (KGAM)

5.8 Abwasserkanalrohr aus Beton DIN EN 206: 2017-01, DIN EN 1916: 2008-08

Betonrohre (Form K-GM) mit integrierter Dichtung (Herstellerangaben)

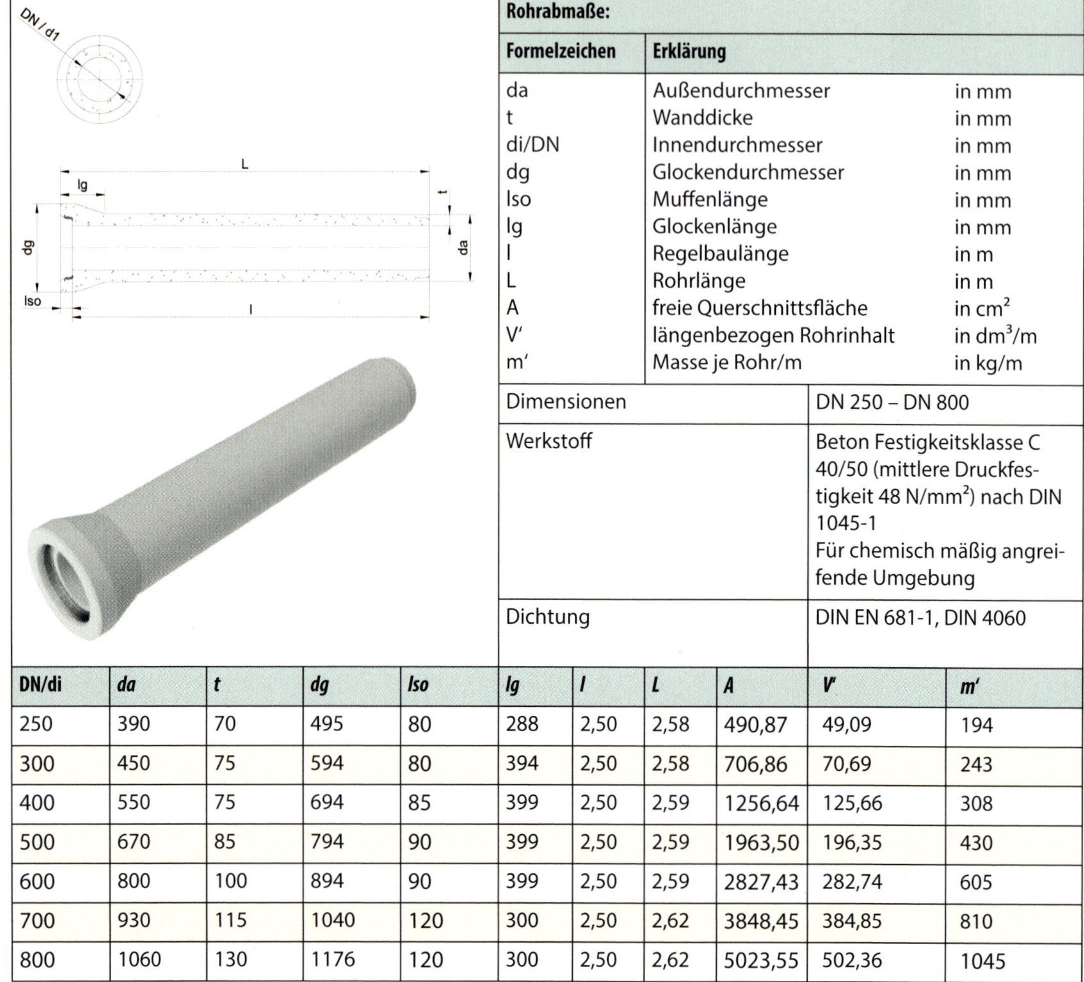

Rohrabmaße:		
Formelzeichen	**Erklärung**	
da	Außendurchmesser	in mm
t	Wanddicke	in mm
di/DN	Innendurchmesser	in mm
dg	Glockendurchmesser	in mm
lso	Muffenlänge	in mm
lg	Glockenlänge	in mm
l	Regelbaulänge	in m
L	Rohrlänge	in m
A	freie Querschnittsfläche	in cm^2
V′	längenbezogen Rohrinhalt	in dm^3/m
m′	Masse je Rohr/m	in kg/m

Dimensionen	DN 250 – DN 800
Werkstoff	Beton Festigkeitsklasse C 40/50 (mittlere Druckfestigkeit 48 N/mm^2) nach DIN 1045-1 Für chemisch mäßig angreifende Umgebung
Dichtung	DIN EN 681-1, DIN 4060

DN/di	***da***	***t***	***dg***	***lso***	***lg***	***l***	***L***	***A***	***V′***	***m′***
250	390	70	495	80	288	2,50	2,58	490,87	49,09	194
300	450	75	594	80	394	2,50	2,58	706,86	70,69	243
400	550	75	694	85	399	2,50	2,59	1256,64	125,66	308
500	670	85	794	90	399	2,50	2,59	1963,50	196,35	430
600	800	100	894	90	399	2,50	2,59	2827,43	282,74	605
700	930	115	1040	120	300	2,50	2,62	3848,45	384,85	810
800	1060	130	1176	120	300	2,50	2,62	5023,55	502,36	1045

Stahlbetonrohre (Form K-FM) mit integrierter Dichtung (Herstellerangaben)

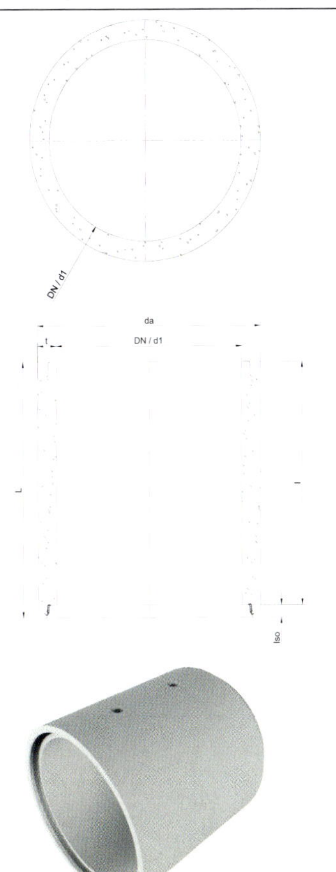

Rohrabmaße:		
Formelzeichen	**Erklärung**	
da	Außendurchmesser	in mm
t	Wanddicke	in mm
di/DN	Innendurchmesser	in mm
dg	Glockendurchmesser	in mm
lso	Muffenlänge	in mm
l	Regelbaulänge	in m
L	Rohrlänge	in m
A	freie Querschnittsfläche	in cm^2
V′	längenbezogen Rohrinhalt	in dm^3/m
m′	Masse je Rohr	in kg/m

Dimensionen	DN 300 – DN 2600
Werkstoff	Beton Festigkeitsklasse C 40/50 (mittlere Druckfestigkeit 48 N/mm^2) nach DIN 1045-1 Für chemisch mäßig angreifende Umgebung
Dichtung	DIN EN 681-1, DIN 4060
Verlegeanker	Zwei pro Rohr

DN/di	*da*	*t*	*lso*	*l*	*L*	*A*	*V′*	*m′*
300	530	115	80	3,00	3,06	706,86	70,69	375
400	625	112,5	90	3,00	3,09	1256,64	125,66	453
500	738	119	90	3,00	3,09	1963,50	196,35	579
600	874	137	90	3,00	3,09	2827,43	282,74	793
800	1280	240	120	3,00	3,12	5026,55	502,36	1960
900	1280	190	120	3,00	3,12	6361,73	636,17	1627
1200	1540	170	100	3,00	3,10	11309,73	1130,97	1829
1400	1840	220	230	3,00	3,23	15393,80	1539,38	2799
1500	1840	170	130	3,00	3,13	17671,46	1767,14	2230
1600	1960	180	130	3,00	3,13	20106,19	2010,62	2516
1800	2200	200	130	3,00	3,13	25446,90	2544,69	3142
2000	2400	200	130	3,00	3,23	31415,93	3141,59	3456
2200	2700	250	230	3,00	3,23	38013,27	3801,32	4811
2400	2900	250	230	3,00	3,23	45238,93	4523,89	5203
2600	3100	250	230	3,00	3,23	53092,92	5309,29	5596

5.9 Steinzeugrohre DIN EN 295-1: 2013-05

Steinzeugrohr mit Verbindungssystem C (Steckmuffe K, Herstellerangaben)

Rohrabmaße:		
Formelzeichen	**Erklärung**	
d3	Außendurchmesser	in mm
s	Wanddicke	in mm
d1	Innendurchmesser	in mm
d8	Glockenaußenø	in mm
d4	Muffeninnenø	in mm
d7	Spitzenendvergussø	in mm
l	Rohrlänge	in m
A	freie Querschnittsfläche	in cm²
V'	längenbezogen Rohrinhalt	in dm³/m
m'	Masse je Rohr/m	in kg/m

Dimensionen	DN 125 – DN 1000
Werkstoff	Steinzeug (65,5% SIO2, 25,0% Al2O3, 3,5% Fe2O3, 6% Andere) Beständigkeit gegenüber ph-Wert 0–14
Dichtung: Ausgleichselement Spitzende	 Polyurethan-hart Polyurethan-weich Beständigkeit gegenüber ph-Wert 0–14

DN	*d3*	*s*	*d1*	*d8*	*d4*	*d7*	*l*	*A*	*V'*	*m'*
200	242±5	21,0	200±5	340	260,0±0,5	263,0±0,5	2,00	314,16	31,42	41
250	299±6	23,0	250±6	440	317,5±0,5	320,5±0,5	2,00	490,87	49,09	53
300	355±7	25,0	300±7	510	371,5±0,5	374,5±0,5	2,00	706,86	70,69	67
350	417±7	27,0	348±7	525	433,5±0,5	436,5±0,5	2,00	954,15	95,41	88
400	486±8	43,0	398±8	650	507,5±0,5	510,5±0,5	2,00	1244,10	124,41	133
500	581±9	40,5	496±9	790	605,0±0,5	608,0±0,5	2,00	1932,21	193,22	184
600	687±12	43,5	597±12	930	720,0±0,5	723,2±0,5	2,00	2799,23	279,23	231
700	790±15	45,0	694±12	1030	871,0±0,5	874,5±0,5	2,00	3782,76	378,28	346
800	895±15	47,5	792±12	1150	976,0±0,5	979,5±0,5	2,00	4926,52	492,65	420
900	1002±20	51,0	891±14	1220	1048,0±0,5	1052,0±0,5	2,00	6235,13	623,51	440
1000	1109±23	54,5	1056±15	1300	1152,8±0,5	1157,0±0,5	2,00	8758,26	875,83	460

Beispiel: Kennzeichnung von Steinzeugrohren

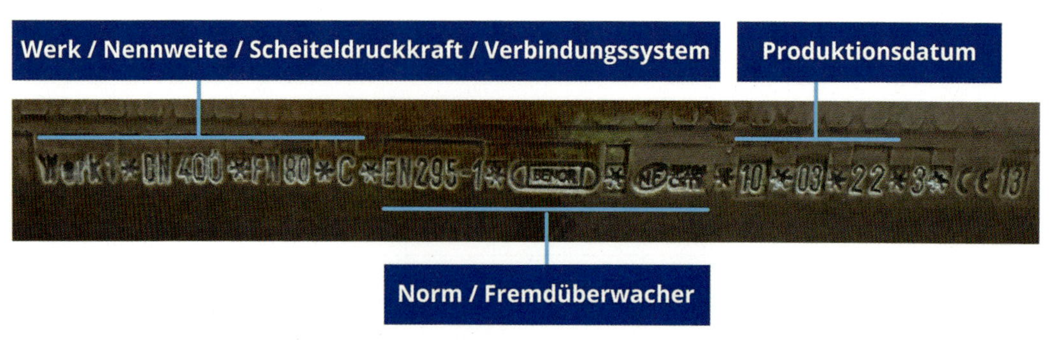

6 Versorgungstechnische Anlagen

6.1 Erdverlegte Rohrleitungen

6.1.1 Erdverlegte Rohrleitungen nach DIN 4124: 2012-01, DIN 1054: 2010-12, DIN EN ISO 14688-1: 2017-12, DGUV

Regelverlegetiefen von Kabeln und Leitungen (DGUV)

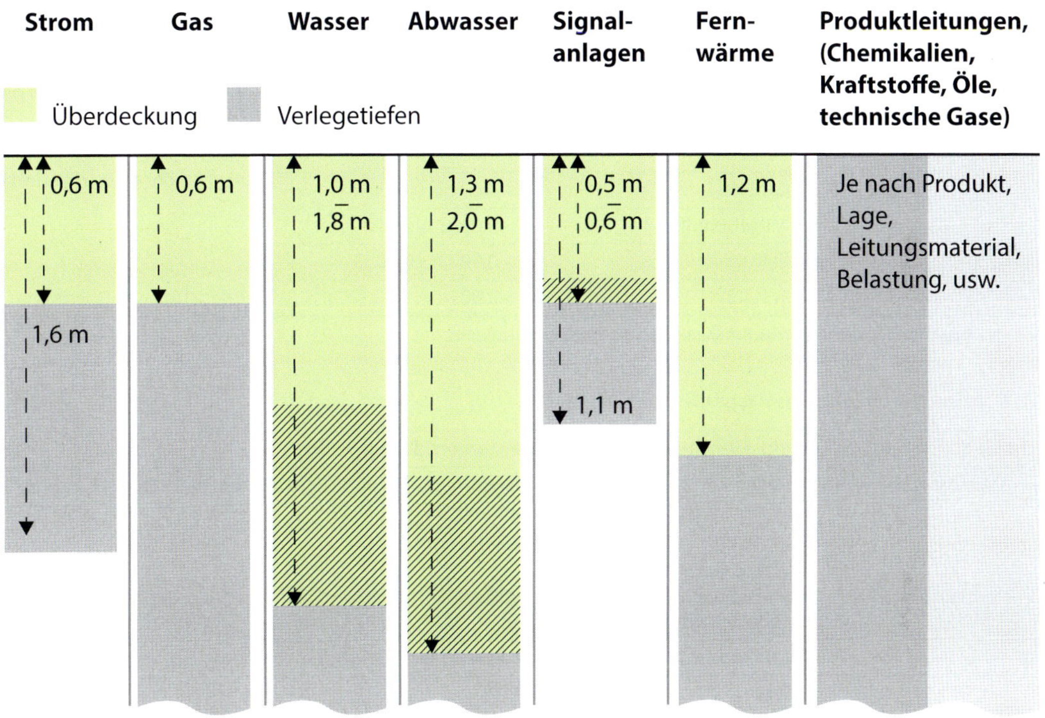

Strom **Gas** **Wasser** **Abwasser** **Signalanlagen** **Fernwärme** **Produktleitungen, (Chemikalien, Kraftstoffe, Öle, technische Gase)**

Überdeckung Verlegetiefen

0,6 m
1,6 m
0,6 m
1,0 m
1,8 m
1,3 m
2,0 m
0,5 m
0,6 m
1,1 m
1,2 m
Je nach Produkt, Lage, Leitungsmaterial, Belastung, usw.

6.1.1.2 Innere und äußere Einflüsse auf Böden

Einflüsse, die sich negativ auf die Standfestigkeit des Bodens auswirken	z. B.: – Erddruck – seitliche Lasten (Aushub, Baumaterial, Maschinen, Geräte) – Einbauten – Erschütterungen (Straßen-, Schienenverkehr, Baumaschinen) – Witterungseinflüsse (Regen, Frost, Tauperioden) – Wasser (Grundwasser, Hangwasser) – Störungen im Boden (alte Gräben, Auffüllungen)

6.1.1.3 Einteilung und Benennung von Böden nach Korngrößen DIN EN ISO 14688-1

Bereich	Benennung (Kurzzeichen)	Korngröße in mm	Bemerkungen
sehr grobkörniger Boden	großer Block (LBo)	> 630	–
	Block (Bo)	> 230 bis 630	> Kopfgröße
	Stein (Co)	> 63 bis 200	< Kopfgröße > Hühnereier
grobkörniger Boden	Kies (Gr)	> 2 bis 63	< Hühnereier > Streichholzköpfe
	Grobkies (CGr)	> 20 bis 63	< Hühnereier > Haselnüsse

Bereich	Benennung (Kurzzeichen)	Korngröße in mm	Bemerkungen
	Mittelkies (MGr)	> 6,3 bis 20	< Haselnüsse > Erbsen
	Feinkies (FGr)	> 2 bis 6,3	< Erbsen > Streichholzköpfe
	Sand (Sa)	> 0,063 bis 2	> Streichholzköpfe, aber Einzelkorn noch erkennbar
	Grobsand (CSa)	> 0,63 bis 2	< Streichholzköpfe > Grieß
	Mittelsand (Msa)	> 0,2 bis 0,63	etwa Grieß
	Feinsand (Fsa)[1]	> 0,063 bis 0,2	< Grieß, aber Einzelkorn noch erkennbar
feinkörniger Boden	Schluff (Si)	> 0,002 bis 0,063	Einzelkörner mit bloßem Auge nicht mehr erkennbar
	Grobschluff (CSi)[1]	> 0,02 bis 0,063	
	Mittelschluff (MSi)	> 0,0063 bis 0,02	
	Feinschluff (FSi)	> 0,002 bis 0,0063	
	Ton (Cl)	> 0,002	

[1] Sand mit Körngrößen ≤ 0,1 mm und Grobschliff werden auch als „Mehlsand" bezeichnet.

6.1.1.4 Arten des Baugrundes nach DIN 1054: 2010-12

Nicht bindiger Boden	Sand, Kies, Steine - Feinkornanteil (unter 0,06 mm) ≤ 5 %
Gemischtkörniger Boden	Toniger Sand, Lehm, Mergel – Feinkornanteil 5-40 % (Einstufung Feinkornanteil richtet sich nach dem plastischen Verhalten des Bodens)
Bindiger Boden	Ton, Schluff – Gewichtsanteil Feinkorn > 40 % Weich (leicht knetbar) Steif (schwer knetbar, noch ausrollbar) Halbfest (bröckelt beim Ausrollen
Fels	Anstehendes Gestein (nur durch Sprengung lösbar)

6.1.1.5 Böschungswinkel für Leitungsgräben

(Böschungswinkel immer nach dem ungünstigsten Material auswählen)

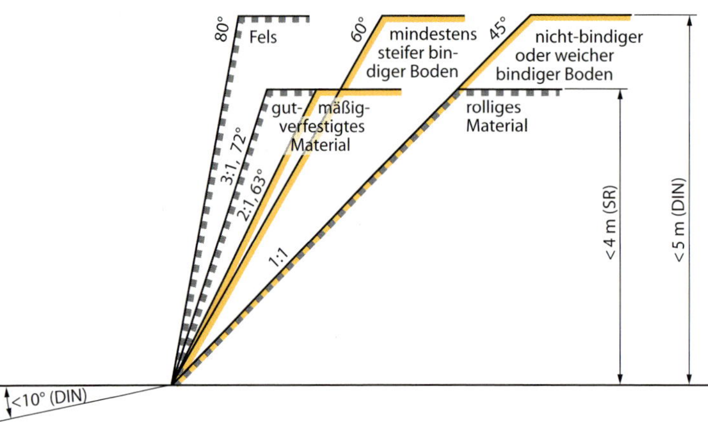

Winkel	Bodenart	Bodenklasse
≤ 45°	Nichtbindige oder weiche bindige Böden, wie Mutterböden, Sande oder Kiese	Bodenklasse 1: Oberboden (Mutterboden, Humus, Zwischenboden) – Lösegerät: Stichschaufel, Spaten Bodenklasse 2: wasserhaltender, fließender Boden (Schöpfboden) – Lösegerät: Schlammschaufel, Schöpfgefäß Bodenklasse 3: leicht lösbare Böden (loser Boden) – Lösegerät: Wurfschaufel
≤ 60°	Steife oder halbfeste bindige Böden, wie Lehm, Mergel, fester Ton	Bodenklasse 4: mittelschwer lösbarer Boden (Stichboden) – Lösegerät: Stichschaufel, Spaten Bodenklasse 5: schwer lösbarer Boden (Hackboden) – Lösegeräte: Spitz und Breithacke
≤ 80°	Leichter Fels	Bodenklasse 6: leicht lösbarer Fels (Reißfels) – Lösegerät: Brechstange, Meißel
≤ 90°	Schwerer Fels	Bodenklasse 7: schwer lösbarer Fels – Löseart: Sprengen
Bei maschineller Arbeit kommen Bagger, Spaltvorrichtungen, Abbauhammer zum Einsatz		

6.1.1.6 Mindestbreiten für Gräben mit/ohne Arbeitsraum nach DIN 4124: 2010-12

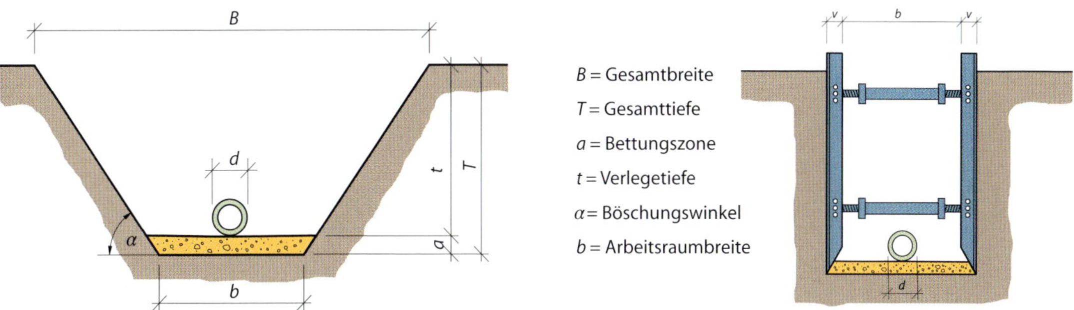

Lichte Mindestbreite für Gräben ohne Arbeitsraum

(Tabelle gilt nicht für Abwasserleitungen und -kanäle nach DIN EN 1610)

Regelverlegetiefe	m	bis 0,70	über 0,70 bis 0,90	über 0,90 bis 1,00	über 1,00 bis 1,25
Lichte Mindestbreite *b*	m	0,30	0,40	0,50	0,60

Lichte Mindestbreite für Gräben mit Arbeitsraum in Abhängigkeit vom äußeren Leitungs- bzw. Rohrschaftdurchmesser

(Tabelle gilt nicht für Abwasserleitungen und -kanäle nach DIN EN 1610)

Äußerer Leitungs- bzw. Rohrschaft-Durchmesser OD m	Lichte Mindestbreite *b* m			
	Verbauter Graben		Geböschter Graben	
	Regelfall	Umsteifung	β ≤ 60°	β > 60°
bis 0,40	*b* = OD + 0,40	*b* = OD + 0,70	*b* = OD + 0,40	
mehr als 0,40 bis 0,80	*b* = OD + 0,70		*b* = OD + 0,40	*b* = OD + 0,70
mehr als 0,80 bis 1,40	*b* = OD + 0,85			
mehr als 1,40	*b* = OD + 1,00			

6.1.1.7 Lichte Mindestbreite für Gräben mit Arbeitsraum und senkrechten Wänden in Abhängigkeit von der Grabentiefe nach DIN 4124: 2010-12

(Tabelle gilt nicht für Abwasserleitungen und -kanäle nach DIN EN 1610)

Lichte Mindestbreite *b*	Art und Tiefe des Grabens	Bemerkungen
0,60	Geböschter Graben bis 1,75 m	siehe Bilder 1 und 2
0,70	teilweise verbauter Graben bis 1,75 m	siehe Bild 3
0,70	verbauter Graben bis 1,75 m	
0,80	verbauter Graben über 1,75 m bis 4,00 m	siehe Bilder 4 und 5 nächste Seite
1,00	verbauter Graben über 4,00 m	

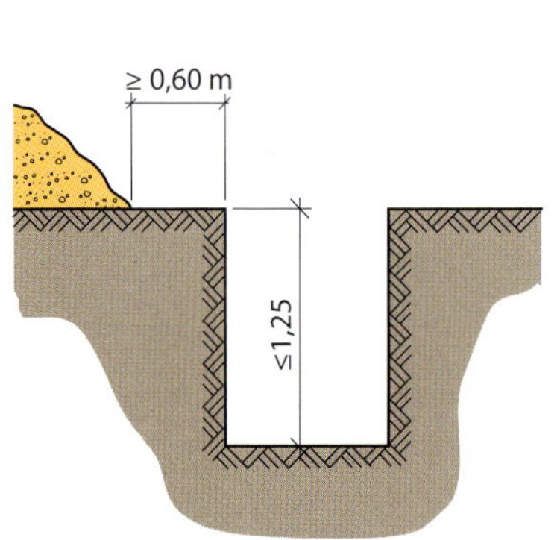

Bild 1: Graben mit senkrechten Wänden

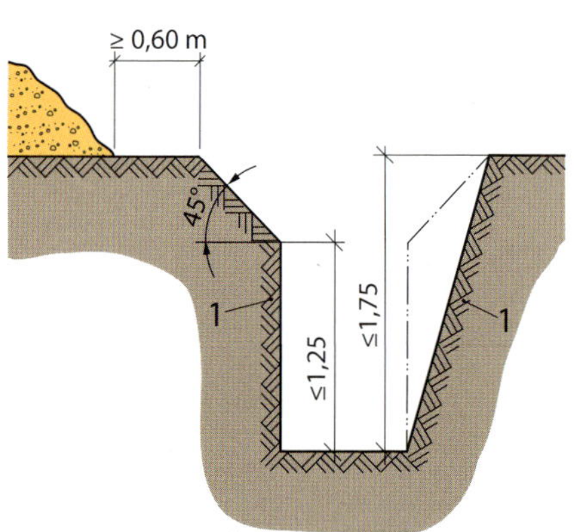

Bild 2: Graben mit geböschten Kanten

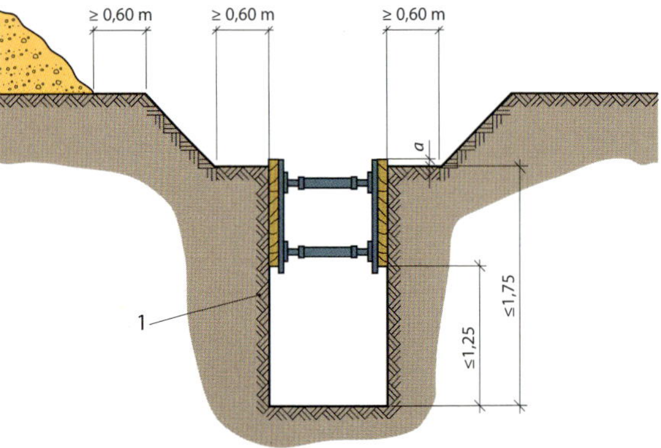

Bild 3: Teilweise verbauter Graben

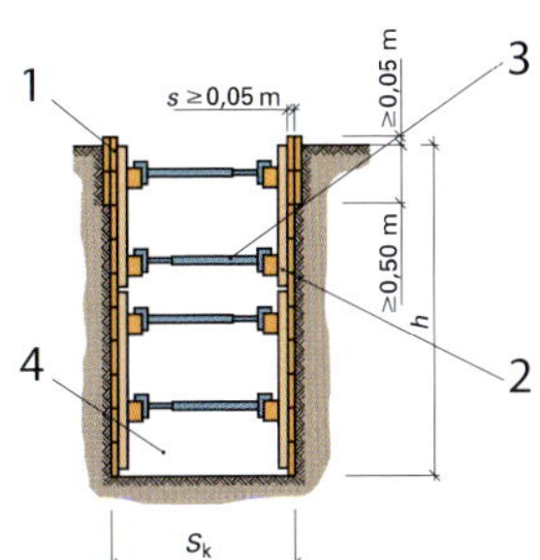

Legende
1 Verdoppelung der Bohlen (falls erforderlich, waagerechte Ausrichtung)
2 Aufrichter (Brustholz)
3 Rundholzstreifen
4 Raum zum Rohreinbau bzw. Kabelverlegung
a ≥ 0,05 bzw. ≥ 0,10

Bild 4: Waagerechter Verbau

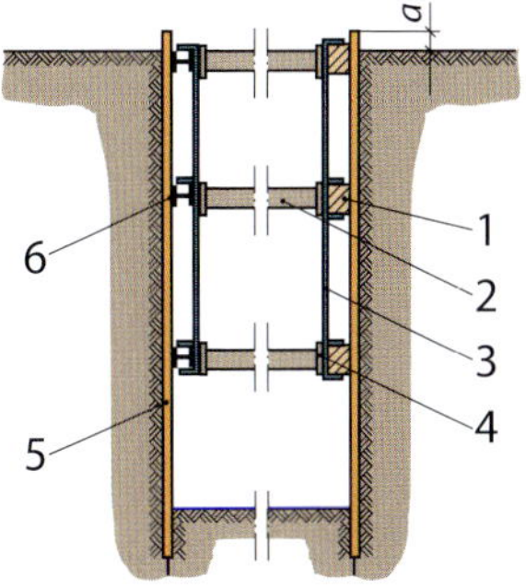

Legende
1 Gurtholz
2 Rundholzstreifen oder Kanalstrebe
3 Hängeeisen
4 Aufhängung einer Rundholzsteife (Krebs)
5 Kanaldielen (senkrechte Ausrichtung)
6 Gurträger
a ≥ 0,05 bzw. ≥ 0,10

Bild 5: Senkrechter Verbau

Hinweise zur Ausführung der Bauarbeiten

Vorbereitung der Bauarbeiten	Zur Vermeidung von Personen- und Sachschäden ist vor Beginn der Bauarbeiten zu ermitteln, ob im Arbeitsbereich Leitungen vorhanden sind (Holschuld des Auftragsnehmers). Elektrische Leitungen nach Möglichkeit freischalten. Beim Antreffen von Gasleitungen sind die Maßnahmen mit dem Betreiber abzustimmen (gilt auch für stillgelegte oder vorübergehend außer Betrieb genommene Leitungen).
Durchführung der Bauarbeiten	Spannungsfreiheit elektrischer Leitungen muss vom Betreiber bestätigt (schriftlich) werden. Arbeiten an spannungsführenden Leitungen dürfen nur von qualifizierten Personen ausgeführt werden. Andere Leitungen, insbesondere Gas- und Fernwärmeleitungen, gelten so lange als gefährdend, bis der Betreiber ausdrücklich die Durchführung der Schutz- und Sicherungsmaßnahmen bestätigt hat. Schutzabstände zu den Leitungen sind nach Vorgaben der Leitungsbetreiber einzuhalten. Handschachtungen zum Freilegen von Leitungen möglichst mit stumpfen, waagerecht geführten Werkzeugen ausführen.

6.1.1.8 Arbeitsstreifen in freier Flur

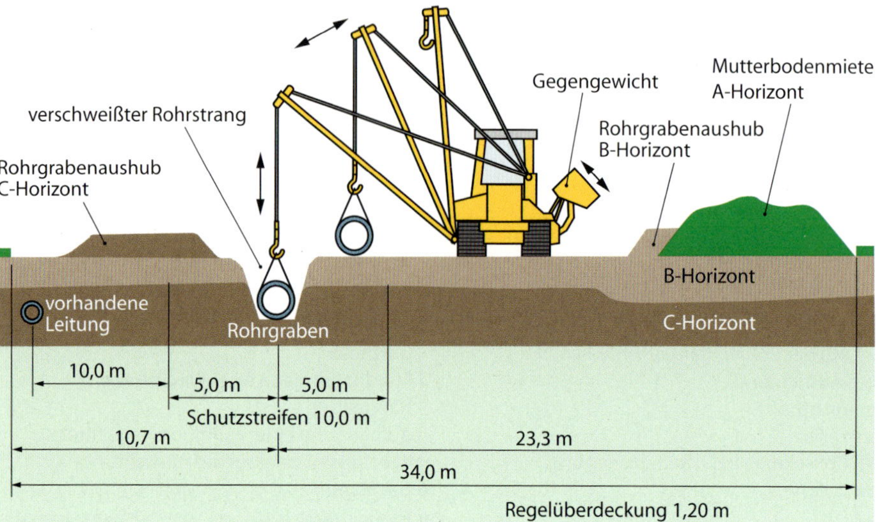

6.1.1.9 Arbeitsstellen an Straßen, Sicherungsregelpläne (RSA, bgbau)

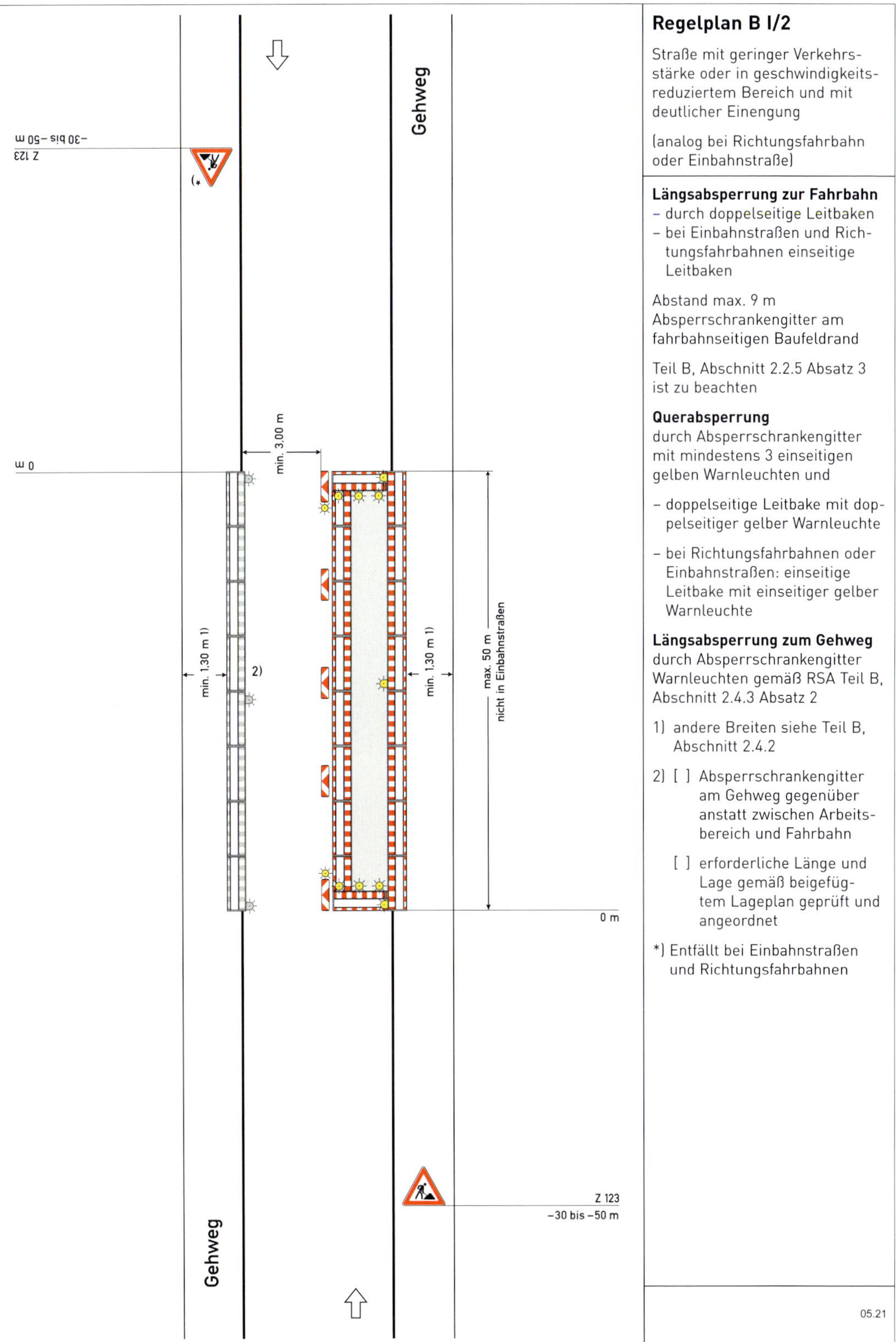

Regelplan B I/2

Straße mit geringer Verkehrsstärke oder in geschwindigkeitsreduziertem Bereich und mit deutlicher Einengung

(analog bei Richtungsfahrbahn oder Einbahnstraße)

Längsabsperrung zur Fahrbahn
- durch doppelseitige Leitbaken
- bei Einbahnstraßen und Richtungsfahrbahnen einseitige Leitbaken

Abstand max. 9 m
Absperrschrankengitter am fahrbahnseitigen Baufeldrand

Teil B, Abschnitt 2.2.5 Absatz 3 ist zu beachten

Querabsperrung
durch Absperrschrankengitter mit mindestens 3 einseitigen gelben Warnleuchten und

- doppelseitige Leitbake mit doppelseitiger gelber Warnleuchte
- bei Richtungsfahrbahnen oder Einbahnstraßen: einseitige Leitbake mit einseitiger gelber Warnleuchte

Längsabsperrung zum Gehweg
durch Absperrschrankengitter Warnleuchten gemäß RSA Teil B, Abschnitt 2.4.3 Absatz 2

1) andere Breiten siehe Teil B, Abschnitt 2.4.2

2) [ ] Absperrschrankengitter am Gehweg gegenüber anstatt zwischen Arbeitsbereich und Fahrbahn

[ ] erforderliche Länge und Lage gemäß beigefügtem Lageplan geprüft und angeordnet

*) Entfällt bei Einbahnstraßen und Richtungsfahrbahnen

05.21

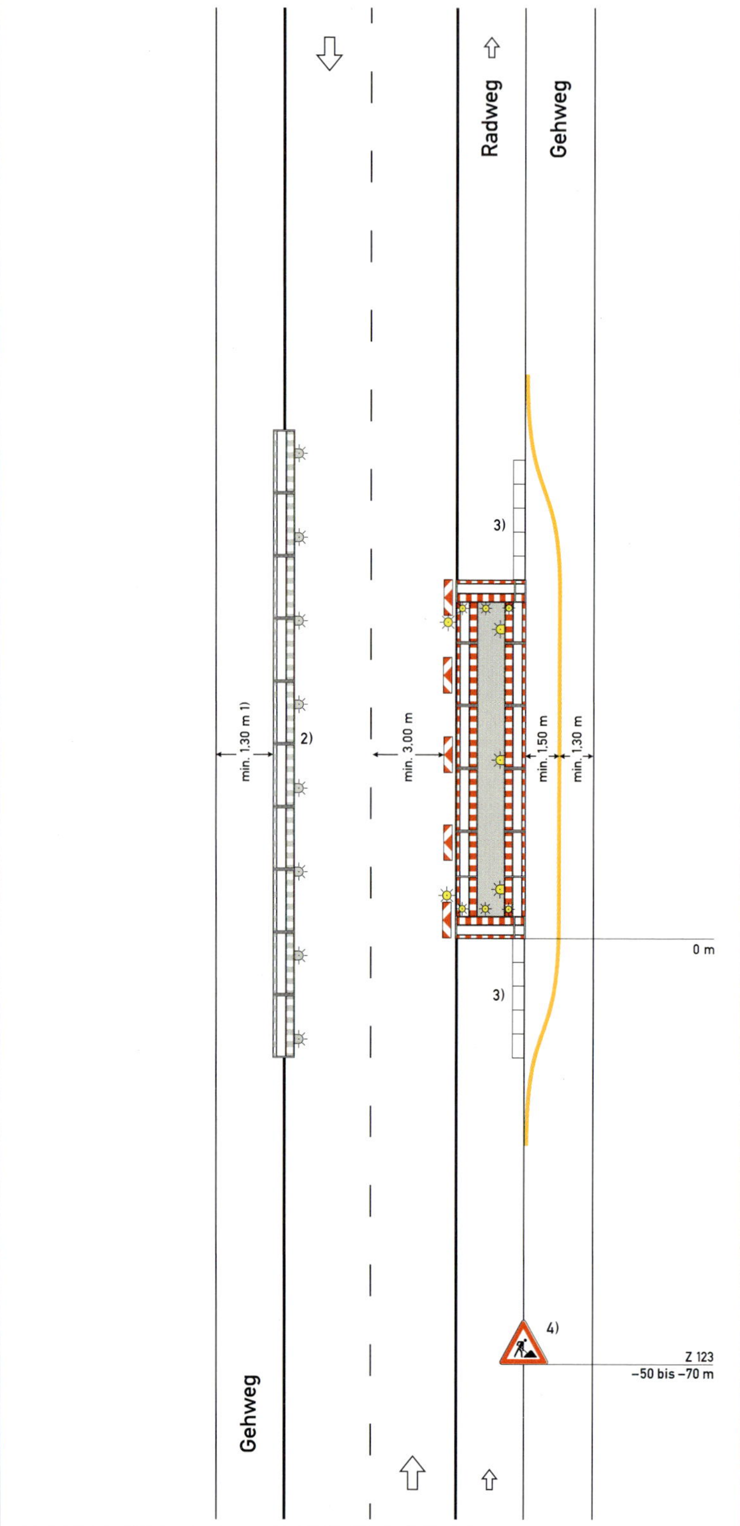

Gehweg

Radweg

Gehweg

min. 1,30 m 1)

2)

min. 3,00 m

min. 1,50 m

min. 1,30 m

3)

3)

0 m

4)

Z 123
–50 bis –70 m

Regelplan B II/1

Paralleler Geh- und Radweg mit Sperrung des Radweges (bei Sperrung des Gehweges analog)

geringe Einengung der Fahrbahn (bei Richtungsfahrbahn analog)

Querabsperrung
durch Absperrschrankengitter mit mindestens 3 gelben einseitigen Warnleuchten und doppelseitige Leitbake mit doppelseitiger gelber Warnleuchte;
bei Einbahnstraße oder Richtungsfahrbahn einseitige Leitbake mit einseitiger gelber Warnleuchte

Wegbegrenzungen
in gelber Markierung

Längsabsperrung zur Fahrbahn
durch doppelseitige Leitbaken, Abstand max. 9 m
Absperrschrankengitter am fahrbahnseitigen Baufeldrand;
bei Einbahnstraße oder Richtungsfahrbahn einseitige Leitbaken

Teil B, Abschnitt 2.2.5 Absatz 3 ist zu beachten

Längsabsperrung zum Gehweg
durch Absperrschrankengitter Warnleuchten gemäß RSA Teil B, Abschnitt 2.4.3 Absatz 2

1) andere Breiten siehe Teil B, Abschnitt 2.4.2

2) [ ] Absperrschrankengitter am Gehweg gegenüber anstatt zwischen Baufeld und Fahrbahn

[ ] erforderliche Länge und Lage gemäß beigefügtem Lageplan geprüft und angeordnet

3) [ ] angerampt

4) [ ] geringe Verkehrsstärke: 30 – 50 m

[ ] Richtungsfahrbahn: 70 – 100 m

05.21

6.1.2 Erdverlegte Rohrleitungen (Kanalrohrleitungen) nach DIN EN 1610, BFR

6.1.2.1 Normen Technische Lebensdauer von abwassertechnischen Anlagen nach WertR 02[1)]

Bezeichnung	Bauart/Baustoff	Jahre
Haltungen/Leitungen	Steinzeug	80 – 100
	Beton/Stahlbeton (Schmutzwasser)	30 – 50
	Beton/Stahlbeton (Schmutzwasser)	40 – 60
	Ortbeton mit Innenauskleidung	100
	Kunststoff	40 – 50
Schächte/Bauwerke	Beton	60 – 80
	Kanalklinker	80 – 100

1) Wertermittlungsrichtlinien 2002

6.1.2.2 Normen und Regelwerk zur Dichtheitsprüfung nach BFR[2)] Abwasser: 2019-12

Regelwerk	Titel	Datum	Neubau/Sanierung	Bestand
DIN EN 1610	Verlegung und Prüfung von Abwasserleitungen und -kanälen	12/2015	x	
DINEN 12889	Grabenlose Verlegung und Prüfung von Abwasserleitungen und -kanälen	03/2000	x	
DWA-A 139	Einbau und Prüfung von Abwasserleitungen und -kanälen	03/2019	x	
DWA-A 142	Abwasserkanäle und -leitungen in Wassergewinnungsgebieten	01/2016	x	x
DIN 1986-30	Entwässerungsanlagen für Gebäude und Grundstücke, Teil 30: Instandhaltung	02/2012		x
DWA-M 149-6	Zustanderfasssung und -beurteilung von Entwässerungssystemen außerhalb von Gebäuden – Teil 6: Druckprüfungen in Betrieb befindlicher Entwässerungssysteme mit Wasser und Luft	08/2016		x
DIN 12566-1	Kleinkläranlagen für bis zu 50 EW -Teil 1: Werkmäßig hergestellte Faulgruben	12/2016	x	

2) Bau Fachliche Richtlinien

6.1.2.3 Anwendungsfälle für bestehende Regelwerke nach BFR Abwasser: 2019-12

Regelwerke	Prüfanlass						Lage			
	Neubauabnahme	Sanierung (Reperatur)	Sanierung (Renovierung)	Sanierung (Erneuerung)	Gewährleistungsabnahme	Wiederkehrende Prüfung	Wassergewinnungsgebiete	Grundleitungen (DIN 1986-100)	Vor Behandlungsanlagen	Nach Behandlungsanlagen
DIN EN 1610	x	x(1)	x	x	x	x(2)	x	x	x	x
DIN EN 12889	x			x	x			x	x	
DWA-A 139	x	x(1)	x	x	x	x(2)	x	x	x(3)	x
DIN 1986-30	(3)	(4)	(3)	(3)	(3)	x	x	x		x
DWA-M 149-6		x(5)				x	x(6)	x(7)		x

(1) Bei Reperatur vor Neubauabnahme und im Rahmen der Gewährleistung
(2) Nur für bestehende Leitungen, Kanäle und Schächte in Wasserschutzzone II
(3) Konkretisierung des Anwendungsbereiches der DIN EN 1610 (DR1)
(4) Konkretisierung des Anwendungsbereiches der DWA-M 149 Teil 6
(5) Prüfung mit dem Verfahren, mit dem der Schaden vor der Sanierung festgestellt worden ist
(6) Nur in Wasserschutzzone III
(7) Nur bei Zweifel der optischen Dichtheit

6.1.2.4 Mindestgrabenbreiten für Kanalrohrleitungen nach DIN EN 1610: 2015-12

Mindestgrabenbreite in Abhängigkeit von der Nennweite

DN	Mindestgrabenbreite (OD + χ) m		
	verbauter Graben	unverbauter Graben	
		β > 60°	β ≤ 60°
≤ 225	OD + 0,40	OD + 0,40	
> 225 bis ≤ 350	OD + 0,50	OD + 0,50	OD + 0,40
> 350 bis ≤ 700	OD + 0,70	OD + 0,70	OD + 0,40
> 700 bis ≤ 1200	OD + 0,85	OD + 0,85	OD + 0,40
> 1200	OD + 1,00	OD + 1,00	OD + 0,40

Bei Angaben OD + χ entspricht χ/2 dem Mindestarbeitsraum zwischen Rohr und Grabenwand bzw. Grabenverbau (Pölzung)

Dabei ist:

OD der Außendurchmesser in m
β der Böschungswinkel des unverbauten Grabens, gemessen gegen die Horizontale

Mindestgrabenbreite in Abhängigkeit von der Grabentiefe

Grabentiefe in m	Mindestgrabentiefe in m
< 1,00	keine Mindestgrabentiefe vorgegeben
≥ 1,00 ≤ 1,75	0,80
> 1,75 ≤ 4,00	0,90
> 4,00	1,00

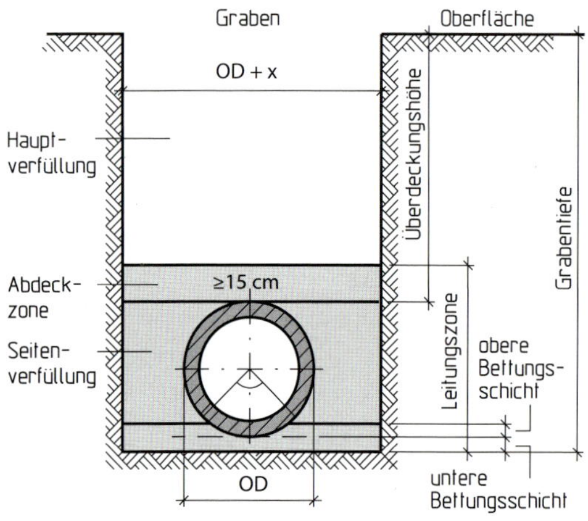

Einbaubedingung	Beschreibung	Verdichtung gegen den gewachsenen Boden
A1/B1	Eingebrachter Boden wird lagenweise gegen den gewachsenen Boden verdichtet	ja
	Lagenweise Verdichtung einer Dammschüttung	ja
A2/B2	Senkrechter Verbau mit Kanaldielen, die nach dem Verfüllen gezogen werden	nein
	Senkrechter Verbau mit Verbauplatten oder -geräten, die bei der Grabenverfüllung schrittweise entfernt werden	ja
A3/B3	Senkrechter Verbau mit Verbauplatten oder -geräten, die unter die Grabensohle reichen und nach dem Verfüllen gezogen werden	nein
A4/B4	wie A1/B1 mit Nachweis des nach ZTVE erforderlichen Verdichtungsgrades	nein

6.2 Trinkwasseranlagen

6.2.1 Trinkwasserversorgung

6.2.1.1 Trinkwasserverordnung 2011 (TrinkwV2001-Neufassung 2021) *drinking water ordinance*

Mikrobiologische Parameter, Anforderungen an Wasser für den menschlichen Gebrauch

Lfd. Nr.	Parameter	Grenzwert (Anzahl/100 ml)
1	Escherichia coli (E. coli)	0
2	Enterokokken	0
3	Coliforme Bakterien	0

Chemische Parameter, deren Konzentration sich im Verteilungsnetz einschließlich der Hausinstallation in der Regel nicht mehr erhöht

Lfd. Nr.	Parameter	Grenzwert mg/l
1	Acrylamid	0,0001
2	Benzol	0,001
3	Bor	1
4	Bromat	0,01
5	Chrom	0,025
6	Cyanid	0,05
7	1,2-Dichlorethan	0,003
8	Fluorid	1,5
9	Nitrat	50
10	Pflanzenschutzmittel und Biozidprodukte	0,0001
11	Pflanzenschutzmittel und Biozidprodukte insgesamt	0,0005
12	Quecksilber	0,001
13	Selen	0,01
14	Tetrachlorethen und Trichlorethen	0,01
15	Uran	0,01

Chemische Parameter, deren Konzentration im Verteilungsnetz einschließlich der Hausinstallation ansteigen kann

Lfd. Nr.	Parameter	Grenzwert mg/l
1	Antimon	0,005
2	Arsen	0,01
3	Benzo-(a)-pyren	0,00001
4	Blei	0,005
5	Cadmium	0,003
6	Epichlorhydrin	0,0001
7	Kupfer	2,0
8	Nickel	0,02
9	Nitrit	0,5
10	Polyzyklische aromatische Kohlenwasserstoffe	0,0001
11	Trihalogenmethane	0,05
12	Vinylchlorid	0,0005

Indikatorparameter

Lfd. Nr.	Parameter	Einheit, als	Grenzwert/Anforderung
1	Aluminium	mg/l	0,2
2	Ammonium	mg/l	0,5
3	Chlorid	mg/l	250
4	Clostridium perfringens (einschließlich Sporen)	Anzahl/100 ml	0
5	Coliforme Bakterien	Anzahl/100 ml	0
6	Eisen	mg/l	0,2
7	Färbung (spektraler Absorptions-koeffizient Hg 436 nm)	m^{-1}	0,5
8	Geruch	TON	3 bei 23 °C
9	Geschmack		für den Verbraucher annehmbar und ohne anormale Veränderung

Analyse 2021 für das Trinkwasser aus dem Wasserwerk Haltern

Analysen: Westfälische Wasser- und Umweltanalytik GmbH (WWU) und Hygiene-Institut des Ruhrgebiets

Parameter	Maß-einheit	Grenzwert Trinkwasserverordnung	Jahresmittelwert	Nachweisgrenze WWU

Allgemeine Parameter

Parameter	Maßeinheit	Grenzwert Trinkwasserverordnung	Jahresmittelwert	Nachweisgrenze WWU
Temperatur	°C	-	**12,7**	-
Elektrische Leitfähigkeit	µS/cm	2790 bei 25 °C	**503**	-
pH-Wert	-	≥ 6,5 und ≤ 9,5	**7,62**	-
Färbung (SAK 436 nm)	m^{-1}	0,5	**0,19**	0,10
Trübung	NTU	1,0	**0,06**	0,05
Organisch gebundener Kohlenstoff (TOC)	mg/l	ohne anormale Veränderung	**2,9**	0,5
Sauerstoff	mg/l	-	**6,5**	0,1
Säurekapazität bis pH 4,3	mmol/l	-	**2,87**	-
Basekapazität bis pH 8,2	mmol/l	-	**0,17**	-
Härte	mmol/l	-	**2,07**	0,03
Gesamthärte	°dH	-	**11,6**	0,2
Karbonathärte	°dH	-	**8,0**	0,1
Härtebereich	-	-	**mittel**	-
Calcitlösekapazität	mg/l	5	**eingehalten**	-

Kationen

Parameter	Maßeinheit	Grenzwert Trinkwasserverordnung	Jahresmittelwert	Nachweisgrenze WWU
Ammonium	mg/l	0,50	**nicht nachweisbar**	0,05
Calcium	mg/l	-	**74**	1
Eisen	mg/l	0,200	**nicht nachweisbar**	0,010
Kalium	mg/l	-	**5,5**	1,0
Magnesium	mg/l	-	**4,9**	0,1
Mangan	mg/l	0,050	**0,003**	0,002
Natrium	mg/l	200	**21**	2

Anionen

Parameter	Maßeinheit	Grenzwert Trinkwasserverordnung	Jahresmittelwert	Nachweisgrenze WWU
Bromat	mg/l	0,010	**nicht nachweisbar**	0,0025
Chlorid	mg/l	250	**30**	1
Cyanid	mg/l	0,050	**nicht nachweisbar**	0,005
Fluorid	mg/l	1,5	**0,17**	0,05
Kieselsäure (SiO_2)	mg/l	-	**8,6**	0,5
Nitrat	mg/l	50	**14,5**	0,5
Nitrit	mg/l	0,10	**0,01**	0,01
Phosphat	mg/l	-	**0,09**	0,03
Sulfat	mg/l	250	**53**	1

Analyse 2021 für das Trinkwasser aus dem wasserwerk Haltern

Analysen: Westfälische Wasser- und Umweltanalytik GmbH (WWU) und Hygiene-Institut des Ruhrgebiets

Parameter	Maß-einheit	Grenzwert Trinkwasserverordnung	Jahresmittelwert	Nachweisgrenze WWU
Anorganische Spurenelemente				
Aluminium	mg/l	0,200	**nicht nachweisbar**	0,010
Antimon	mg/l	0,0050	**nicht nachweisbar**	0,001
Arsen	mg/l	0,010	**nicht nachweisbar**	0,001
Blei	mg/l	0,010	**nicht nachweisbar**	0,001
Bor	mg/l	1,0	**0,06**	0,05
Cadmium	mg/l	0,0030	**nicht nachweisbar**	0,0003
Chrom	mg/l	0,050	**nicht nachweisbar**	0,0005
Kupfer	mg/l	2,0	**nicht nachweisbar**	0,005
Nickel	mg/l	0,020	**nicht nachweisbar**	0,002
Quecksilber	mg/l	0,0010	**nicht nachweisbar**	0,0001
Selen	mg/l	0,010	**nicht nachweisbar**	0,001
Uran	mg/l	0,010	**nicht nachweisbar**	0,001
Radioaktivitätsparameter				
Radon-Aktivitätskonzentration	Bq/l	100	**nicht nachweisbar**	-
Richtdosis	mSv/a	0,1	**eingehalten**	-
Organische Spurenstoffe				
Benzo-(a)-pyren	µg/l	0,010	**nicht nachweisbar**	0,0025
Polyzyklische aromatische Kohlenwasserstoffe	µg/l	0,10	**nicht nachweisbar**	0,005
Benzol	µg/l	1,0	**nicht nachweisbar**	0,1
1,2-Dichlorethan	µg/l	3,0	**nicht nachweisbar**	0,2
Tetrachlorethen und Trichlorethen	µg/l	10	**nicht nachweisbar**	0,1
Trihalogenmethane Summe	µg/l	10	**0,200**	0,1
Pflanzenschutzmittel insgesamt	µg/l	0,50	**nicht nachweisbar**	0,05
Mikrobiologische Parameter				
Clostridium perfringens	/100 ml	0	**0**	0
Coliforme Bakterien	/100 ml	0	**0**	0
Enterokokken	/100 ml	0	**0**	0
Escherichia coli (E. coli)	/100 ml	0	**0**	0
Koloniezahl bei 22°C	/ml	100	**0**	0
Koloniezahl bei 36°C	/ml	100	**0**	0

Quelle: Gelsenwasser

6.2.1.2 Trinkwassergewinnung

Trinkwassergewinnung

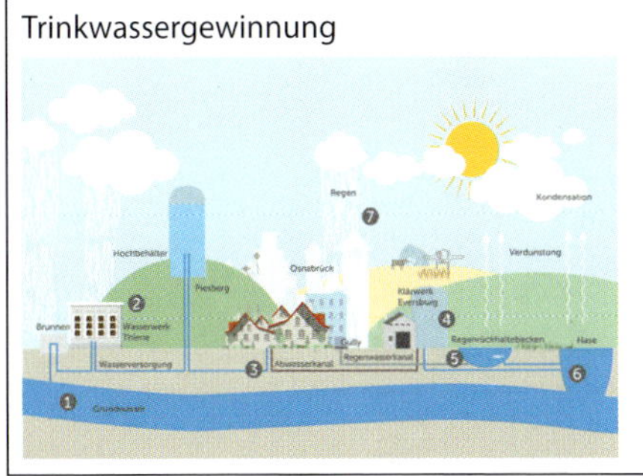

Die **Trinkwassergewinnung** erfolgt über Grund-, Oberflächen- oder Quellwasser.

Aufsteigender Wasserdampf bildet Wolken aus denen der Wasserdampf als Regen niederfällt.

Grundwasser wird über Pumpen gefördert; Oberflächen- und Quellwasser wird aus fließenden Gewässern gewonnen.

Das gewonnene Wasser wird aufbereitet und über das Wasserwerk den Verbrauchern angeboten.

Grundwasserentstehung	Uferfiltrat	Quellwassergewinnung
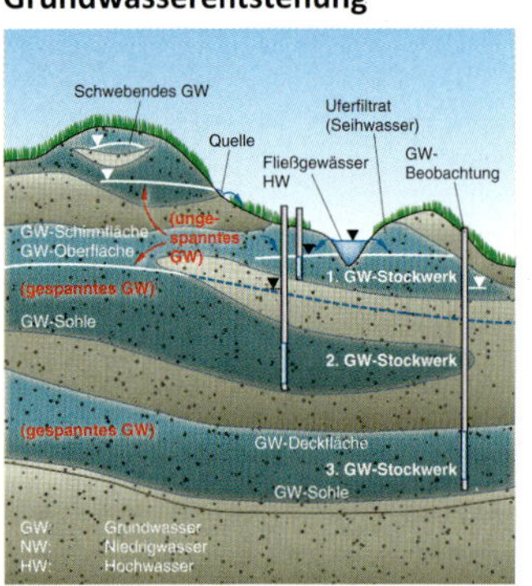	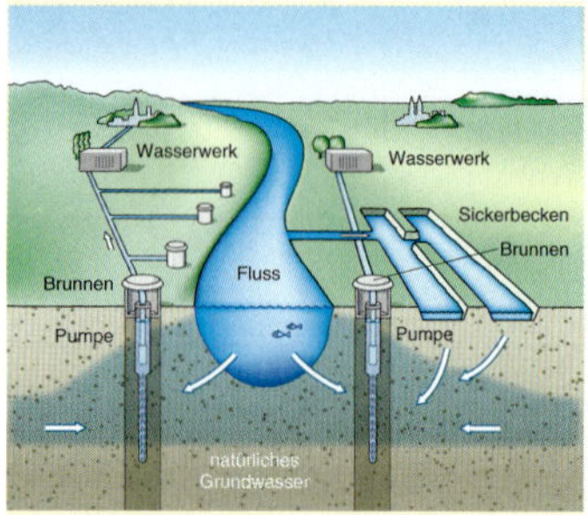	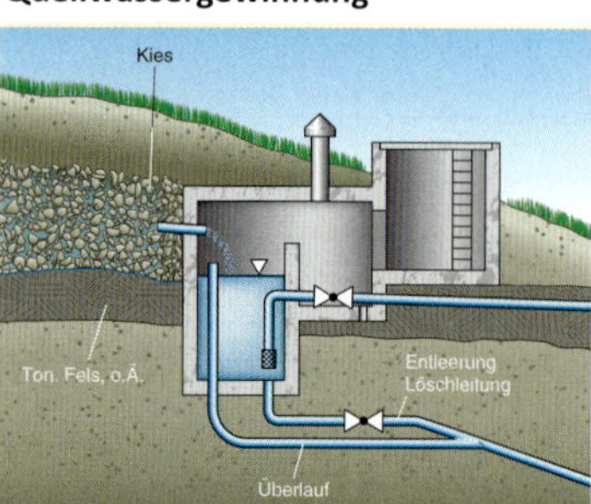
Grundwasser entsteht durch Versickern von Oberflächenwasser und sammelt sich in Hohlräumen.	Oberflächenwasser versickert in seitlichen Erdschichten; dieses bezeichnet man als Uferfiltrat.	Quellwasser wird in Quellfassungen gesammelt und von der weitergeleitet.

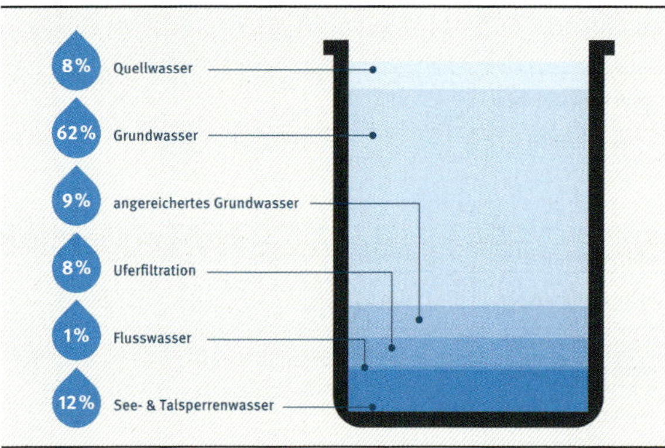

6.2.1.3 Trinkwasserförderung

Vertikalbrunnen - Horizontalbrunnen	Unterwassermotorpumpe	Kreiselpumpen
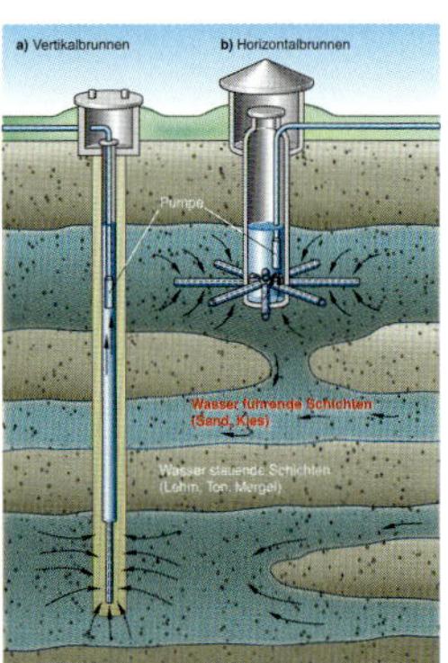	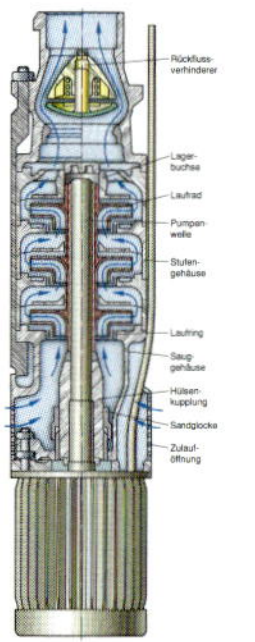	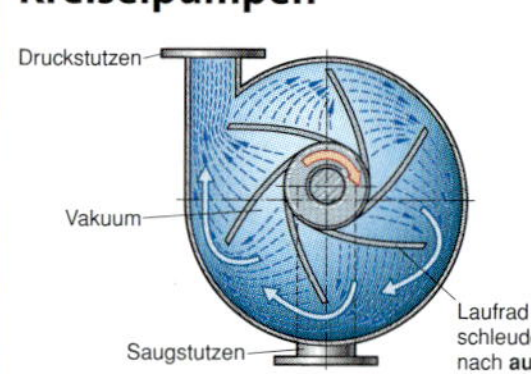
Durch vertikale bzw. vertikale und horizontale Bohrungen erreicht man das Grundwasser und fördert es an die Oberfläche.	Unterwassermotorpumpen werden unterhalb des Wasserspiegels eingebaut, saugen das Grundwasser an und drücken es an die Oberfläche.	Kreiselpumpen saugen das Wasser über den Saugstutzen an und geben es über den Druckstutzen weiter.

6.2.1.4 Öffentliche Wasserversorgung

Aufbereitung von Grundwasser

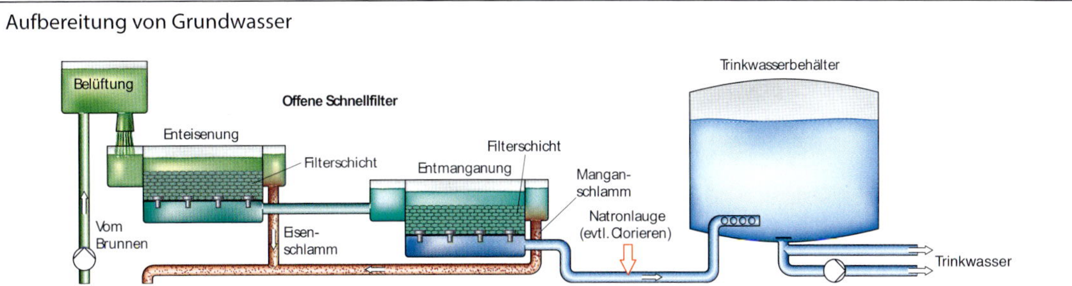

Das Grundwasser muss aufbereitet werden, bevor es als Trinkwasser genutzt werden kann.

Verteilung des Trinkwassers im Ringnetz und Verästelungsnetz

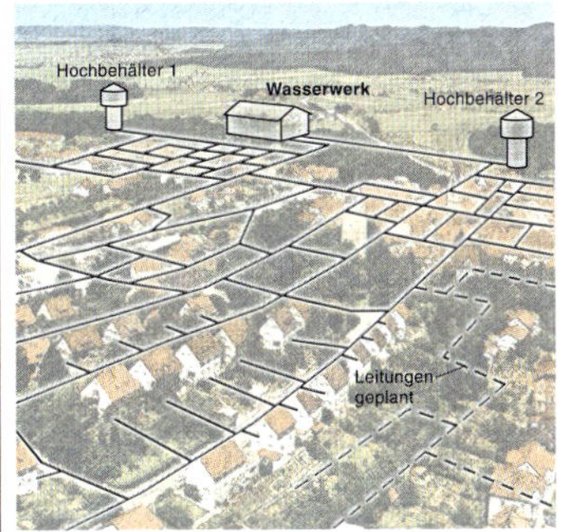

Im **Ringnetz** sind die Leitungen quer miteinander verbunden; im **Verästelungsnetz** verlaufen die Leistung strahlenförmig

Wasserturm

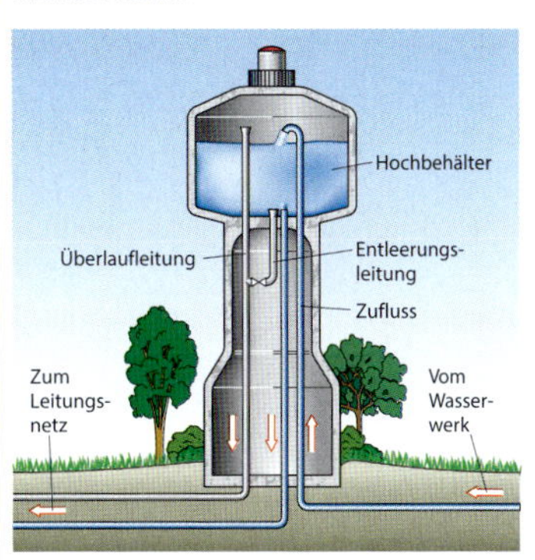

Wassertürme dienen als Wasserreserve, werden nachts mit billigem Strom gefüllt und halten den Druck in den Leitungen konstant.

6.2.1.5 Hausanschluss

Trinkwasserversorgungsanlage nach DIN EN 806[1)], DIN EN 1717 und DIN 1988[2)] *drinking water plant*

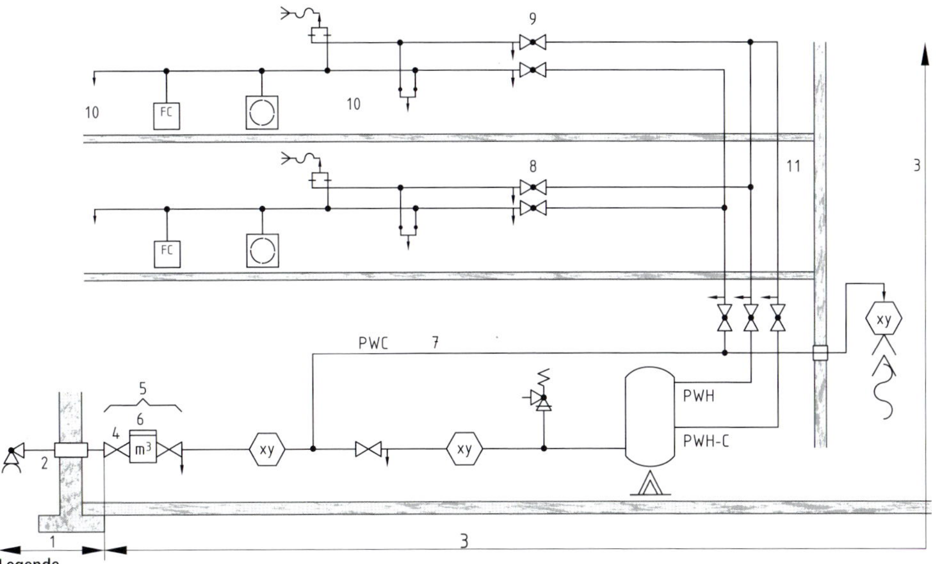

Legende

1 Anschlussleitung
2 Eintrittsstelle
3 Verbrauchsleitung
4 Hauptabsperrarmatur (HAE)
5 Wasserzähleranlage
6 Wasserzähler
7 Sammelzuleitung
8 Steigleitung
9 Stockwerksleitung
10 Einzelzuleitung
11 Zirkulationsleitung

1) Technische Regeln Wasserinstallation – TRWI

2) Die DIN 1988 besteht aus den Teilen ..-100, -200, -300, -500, -600.

Wasserzählergruppe, Wasserzähler *install water meters*

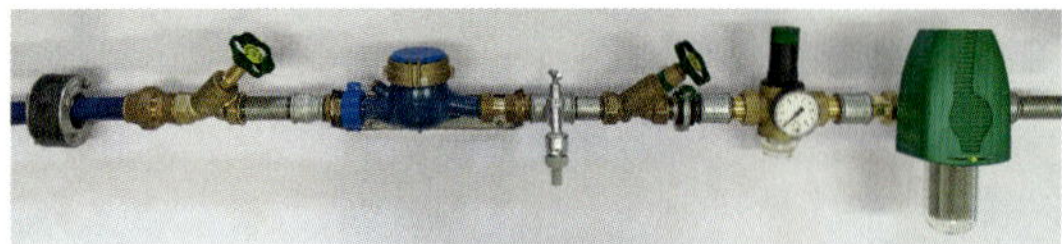

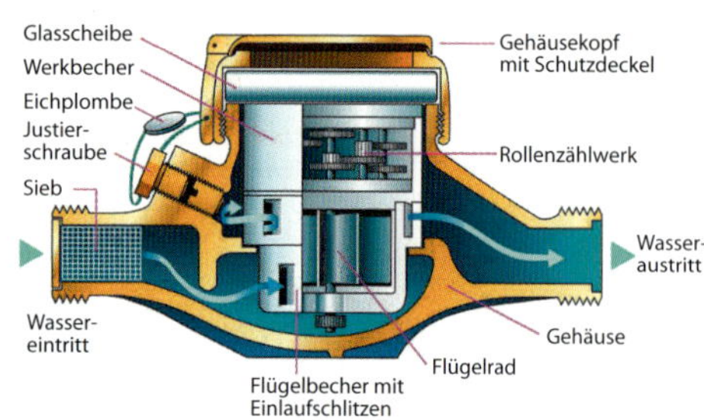

Wasserzähler Einbaumaße

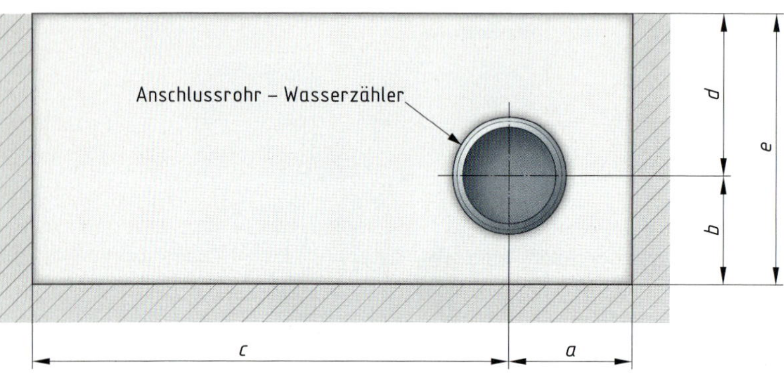

Abmessungen		Maße	
		Volumetrische Zähler, Flügelrad-Wasserzähler	**Woltman-Zähler**
a	Mindestwandabstand (Distanz zwischen Wand und Rohrmitte)	Größte Nennweite der Anschlussleitung zuzüglich 200 mm[1]	
b	Bodenabstand (Distanz zwischen Boden und Rohrmitte)	b_{min}: Größte Nennweite der Anschlussleitung zuzüglich 300 mm b_{max}: 1200 mm	
c	Mindestfreiraum vor der Wasserzähler-anlage (bezogen auf Rohrmitte)	800 mm	Größte Nennweite der Anschluss-leitung zuzüglich 1200 mm
d	Mindestfreiraum über der Wasserzähler-anlage (bezogen auf Rohrmitte)	Größte Nennweite der Anschlussleitung zuzüglich 700 mm	
e	Mindestraumhöhe	Lichter Raum 1800 mm	

[1] Bei der Verwendung von Wasserzählerbügeln darf dieser Abstand unterschritten werden.

Wasserzähler Normwerte für Druckverluste

Zählerart	Nenndurchfluss $\dot{V}_n(Q_n)$ m3/h	Druckverlust Δp bei $\dot{V}_{max}(Q_{max})$ nach ISO 4064 mbar max.
Flügelradzähler	< 15	1000
Woltmann-Zähler senkrecht (WS)	≥ 15	600
Woltmann-Zähler parallel (WP)	≥ 15	300

Anschlüsse von Wasserzählern DIN EN ISO 4064-1 : 2017-10 und DIN EN ISO 4064-4 : 2014-11

connections of water meters

Zählerart			Nennweite DN	Nennvolumenstrom $\dot{V}_n$ in m³/h	Max. Volumenstrom $\dot{V}_{max}$ in m³/h
Flügelradzähler	Anschlussgewinde EN ISO 228-1 : 2000, Klasse B	G ¾ B	15	1,5	3
		G 1 B	20	2,5	5
		G 1 ¼ B	25	3,5	7
		G 1 ½ B	32	6	12
		G 2 B	40	10	20
Woltmannzähler	Flanschverbindungen		50	15	30
			80	40	80
			100	60	120
			150	150	300

Flügelradzähler Ausführungen (Maße Herstellerangaben)

horizontal

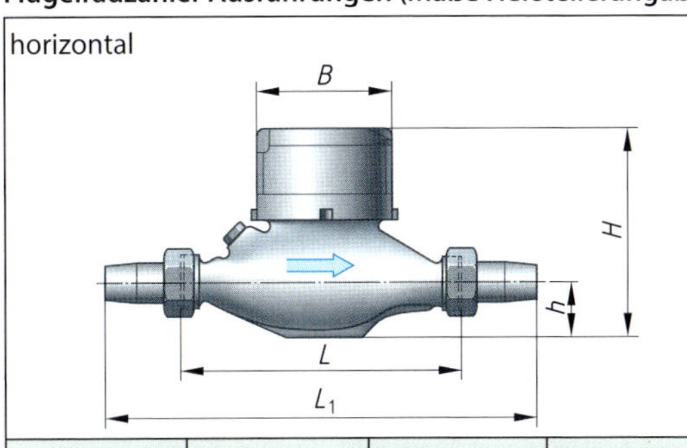

	DN 20	25	40
***L* in mm**	190	260	300
L_1 in mm	288	378	438
***H* in mm**	120	130	150
***h* in mm**	41	44	46
***B* in mm**	98	104	137

vertikal

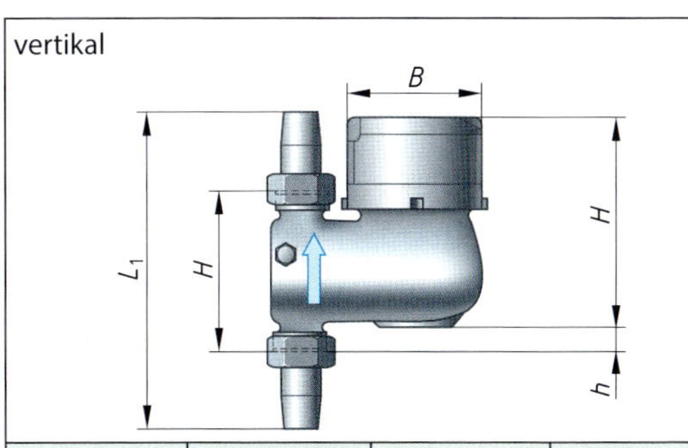

	DN 20	25	40
***L* in mm**	105	150	200
L_1 in mm	203	268	338
***H* in mm**	118	130	147
***h* in mm**	18	22	46
***B* in mm**	98	101	136

Maße (Woltmannzähler)

Maßbild 1: Bauart WS

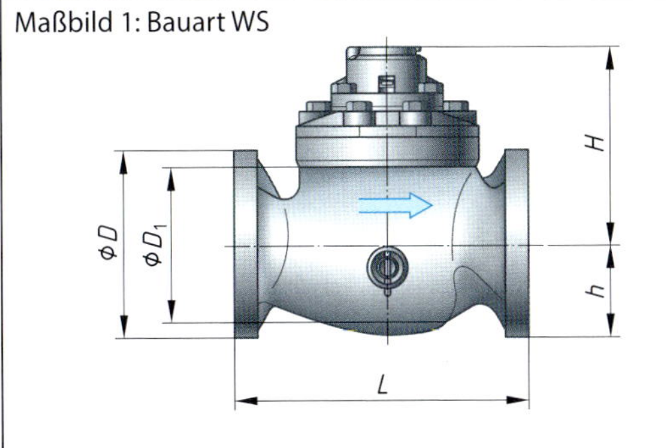

	DN 50	80	100
***L* in mm**	270	300	360
***H* in mm**	135	180	190
***h* in mm**	85	102	113
***D* in mm**	165	200	220
D_1 in mm	125	160	180

Maßbild 2: Bauart WP

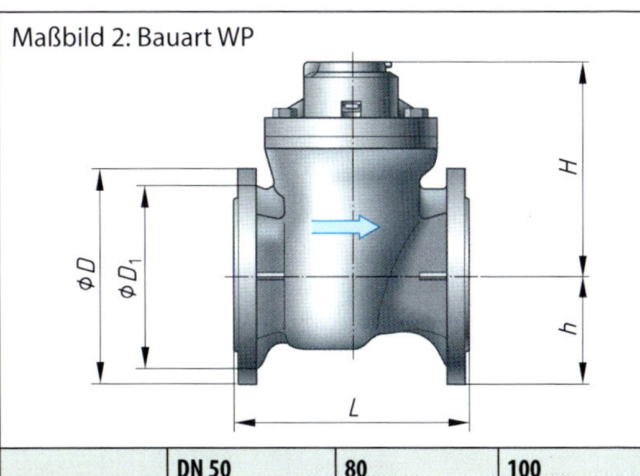

	DN 50	80	100
***L* in mm**	200	225	250
***H* in mm**	123	140	140
***h* in mm**	75	94	106
***D* in mm**	165	200	220
D_1 in mm	125	160	180

Wasserfilter (Herstellerangaben) *water filters*

Anschlussgewinde DN	25	32
Anschlussgewinde Zoll	1	1 ¼
Durchfluss in m³/h ($\Delta p = 0{,}2$ bar)	6,0	7,6
Durchfluss in m³/h ($\Delta p = 0{,}5$ bar)	9,2	12
Maschenweite in µm	100	100
max. Betriebsdruck in bar	16	16
max. Betriebstemperatur in °C	30	30
b_1 in mm	110	110
b_2 in mm	206	226
h_1 in mm	352	352
h_2 in mm	438	438
t in mm	195	194
m in kg	5,7	5,9

Druckminderer *pressure reducer*

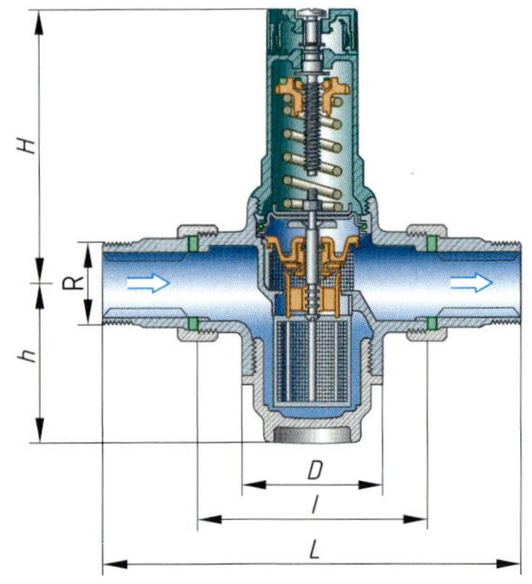

Einbauhinweise

- Einbau in waagrechte Rohrleitung mit Siebtasse nach unten.
- Absperrventile vorsehen.
- Absicherung der nachgeschalteten Anlage durch ein Sicherheitsventil (SV) (Einbau nach dem Druckminderer).
- Der Einbauort muss frostsicher und gut zugänglich sein.
- Manometer gut beobachtbar.
- Verschmutzungsgrad bei Klarsicht-Siebtasse gut beobachtbar.
- Vereinfacht Wartung und Reinigung.
- Bei Hauswasserinstallationen bei denen ein hohes Maß an Schutz vor Verschmutzungen erforderlich ist, sollte vor dem Druckminderer ein Feinfilter eingebaut werden.
- Beruhigungsstrecke von 5xDN hinter Druckminderer vorsehen (Entsprechend DIN EN 806-2 : 2005-06).
- Einbaupflicht ab 75 % des Ansprechdruckes des SV.
- Einstelldruck 20 % kleiner als der Ansprechdruck des SV.

Anschlussgröße	**R**	**½″**	**¾″**	**1″**	**1 ¼″**	**1 ½″**	**2″**
Nennweite	DN	15	20	25	32	40	50
Baumaße mm	L	140	160	180	200	225	255
	l	80	90	100	105	130	140
	H	89	89	111	111	173	173
	h	58	58	64	64	126	126
	D	54	54	61	61	82	82
k_{VS}-Wert m³/h		2,4	3,1	5,8	5,9	12,6	12,0

Rückflussverhinderer DIN EN 13959 : 2005-01/Herstellerangaben *backflow stopper*

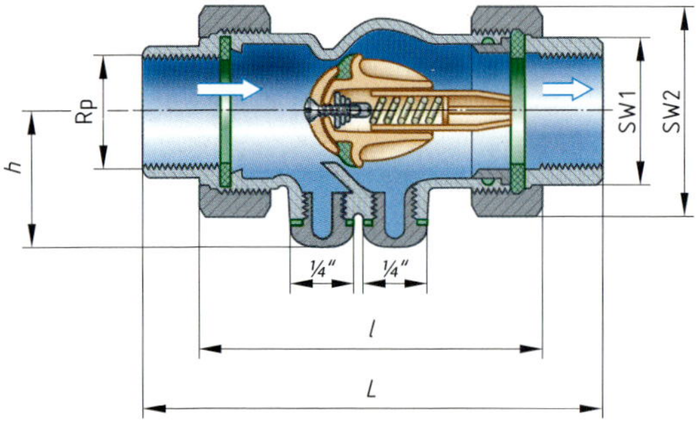

Nennweite (DN)	**Maximale Betriebs-temperatur**	**Maximaler Betriebsdruck**	**Einbau**
DN ≤ 50	65 °C + 90 °C, 1 h	1000 kPa (10 bar)	in beliebiger Stellung
DN > 50	65 °C	1000 kPa (10 bar)	nur in horizontaler Stellung

Typ EA
Öffnungsdruck: 0,05 bar

Typen von Rückflussverhinderern

EA mit Prüföffnung	EB ohne Prüföffnung	EC mit Prüföffnung	ED ohne Prüföffnung

Anschlussgröße	Rp	½"*	¾"	1"	1 ¼"	1 ½"	2"
DN		15	20	25	32	40	50
Baumaße mm	L	106	120	139	161	171	201
	l	60	72	85	95	103	125
	h	34	34	40	45	47	57
	SW 1	24	30	38	46	52	66
	SW 2	37	46	52	64	76	88
Prüf- und Entleerungs-schraube	R	¼"*	¼"	¼"	¼"	¼"	¼"
k_{VS}-Wert	m³/h	4,5	9,1	17,0	28,0	38,0	60,0
Nennvolumenstrom $\dot{V}$ bei $\Delta p = 0{,}15$ bar	m³/h	2,3	3,1	7,7	10,8	15,5	25,2

* Nur Prüfschraube

Rückspülbarer Filter mit Druckminderer *back-flushing filters with pressure reducer*

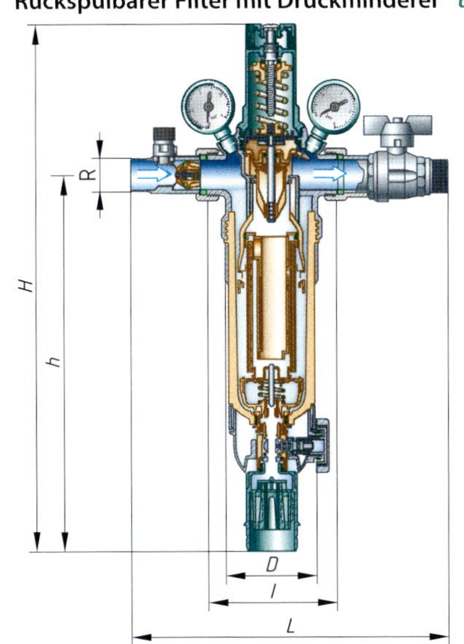

Einsatzgrenzen
Vordruck: 16 bar bei Klarsicht-Filtertassen
25 bar bei Rotguss-Filtertassen
Hinterdruck: 1,5 … 6 bar

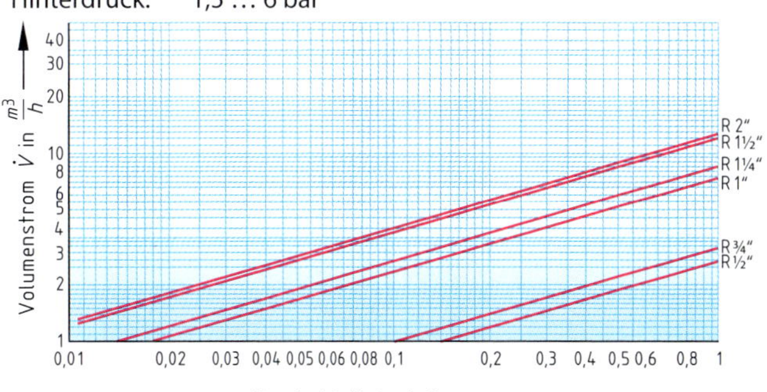

Anschlussdaten (Herstellerangaben)

Anschlussgröße	R	½"	¾"	1"	1 ¼"	1 ½"	2"
Nennweite	DN	15	20	25	32	40	50
Baumaße mm	L	255	268	305	327	370	408
	l	110	110	130	130	150	150
	H	439	439	493	493	590	590
	h	350	350	353	353	417	417
	D	97	97	97	97	120	120
k_{VS}-Wert m³/h		2,7	3,2	7,6	8,9	12,6	13,0

Membran-Druckausdehnungsgefäß für Trinkwasserleitungen bei Einsatz von geschlossenen Speicher-wassererwärmern *Diaphragm expansion tank for potable water for the use of closed storage water heaters*

Aufgaben:
Wasserersparnis: Sicherheitsventil tropft nicht
Anlagensicherheit: Druckspitzen werden gedämpft

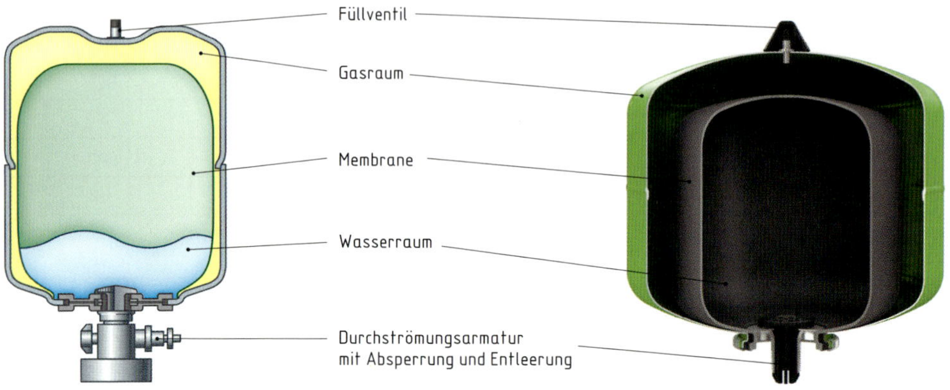

Wartung
- jährliche Überprüfung des Druckminderers
- jährliche Überprüfung des Gasvordruckes
- jährliche Überprüfung der Dichtheit
- jährliche Prüfung des äußeren Zustandes auf Korrosion

Wasserenthärtungsanlagen *water softening systems*

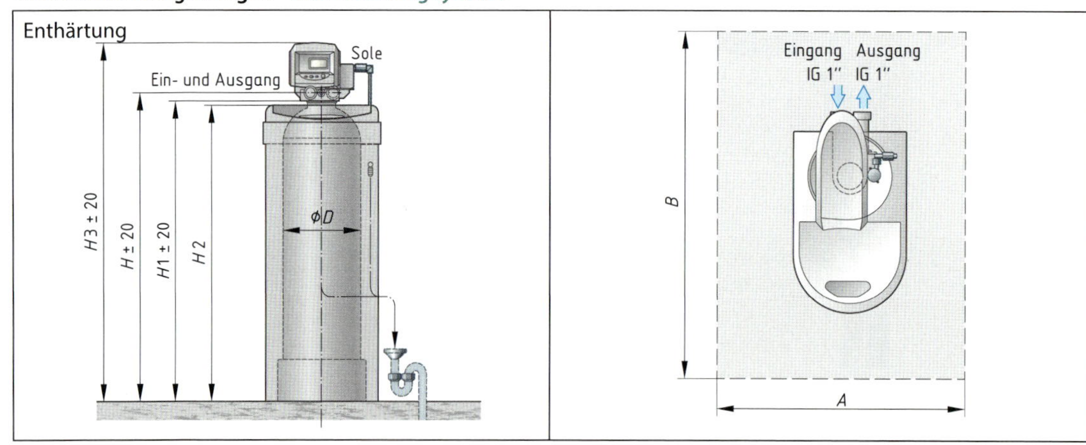

Größenangaben Enthärtungsanlagen in Abhängigkeit der Durchflussleistung $\dot{V}$

	ØD mm	**H** mm	**H_1** mm	**H_2** mm	**H_3** mm	**A** mm	**B** mm
$\dot{V} = 2\ m^3/h$	215	952	920	910	1109	800	1050
$\dot{V} = 3\ m^3/h$	260	952	920	910	1109	800	1050

Betriebsdaten Enthärtungsanlage (nach Herstellerangaben)

Modell JM	$\dot{V} = 2\ m^3/h$	$\dot{V} = 3\ m^3/h$
Max. Durchflussleistung in m^3/h	2	3
Kapazität bei optimaler Besalzung in °dHxm^3	60	100
Salzverbrauch bei optimaler Besalzung in kg/Regeneration	3,3	5,5
Mindestfließdruck in bar	3	3
Max. Betriebsdruck in bar	8	8
Ungefährer Druckverlust bei max. Durchfluss und 12 °C Wassertemperatur in bar	1,2	1,6
Rohranschluss IG Enthärtungsanlage in "	1	1
Max. Wassertemperatur in °C	38	38
Max. Umgebungstemperatur in °C	40	40
Salzlöse- und Vorratsbehälter in l	78	78
Harzfüllung in l	20	30
Elektr. Leistungsaufnahme Steuergerät in VA	5	5
Elektr. Anschlussspannung in VAC/Hz	230/50	230/50

Berechnung des Natriumgehaltes bei Enthärtung durch Ionenaustausch
sodium content in water softening by ion exchange

Berechnung des Natriumgehaltes

  °dH Gesamthärte
– °dH Resthärte (eingestellter Wert)

= °dH Differenz der Wasserhärte
× 8,2 mg Na^+/l × °dH (Differenz der Wasserhärte)
  Na-Ionen-Austauschwert

= mg/l Erhöhung des Natriumgehaltes durch Enthärtung
+ mg/l im Rohwasser bereits vorhandenes Natrium (beim Wasserwerk erfragen)

= mg/l Gesamtnatriumgehalt im Mischwasser

6

Übersicht: Rohrwerkstoffe in der Trinkwasserinstallation und mögliche Fügeverfahren nach twin 9/02
overview: piping materials in potable water use and allow for joining

Rohrwerkstoff	Gängige Verbindungstechniken	Technische Regeln	
		Rohre	Rohrverbindungen
Schmelztauchverzinkte Eisenwerkstoffe (früher: Feuerverzinkter Stahl)	Gewindeverbindung, Klemmverbindung	DIN EN 10255 DIN EN 10240	DIN EN 10242
nichtrostender Stahl	Pressverbindung	DVGW W 541	DVGW W 534
Kupfer	Lötverbindung, Pressverbindung, Klemmverbindung, Steckverbindung	DIN EN 1057, DVGW GW 392	DIN EN 1254 DVGW GW 2, DVGW GW 6 DVGW GW 8, DVGW W 534
Innenverzinntes Kupfer	Pressverbindung, Steckverbindung	DIN EN 1057, DVGW GW 392	DIN EN 1254 DVGW GW 2, DVGW GW 6 DVGW GW 8, DVGW W 534
PE-X (vernetztes Polyethylen)	Klemmverbindung (Metall)	DIN 16893 DVGW W 544	DVGW W 534
PP (Polypropylen)	Schweißverbindung	DIN 8077, DIN 8078 DVGW W 544	DIN 16962 DVGW W 534
PB (Polybuten)	Schweißverbindung, Klemmverbindung	DIN 16968, DIN 16969 DVGW W 544	DIN 16831 DVGW W 534
PVC-C (chloriertes Polyvinylchlorid)	Klebverbindung	DIN 8079, DIN 8080 DVGW W 544	DIN 16832 DVGW W 534

Rohrwerkstoff	Gängige Verbindungstechniken	Technische Regeln	
		Rohre	**Rohrverbindungen**
Verbundrohre[1] PE-MDX PE-RT PE-RT PE-MDX PE-HD PE-X PE-X — Al — PB PB PP PP	Pressverbindung, Klemmverbindung, Steckverbindung	DVGW W 542	DVGW W 534

Anmerkung: Rohre aus PVC-U (weichmacherfreies Polyvinylchlorid), PE 63, PE 80 und PE 100 sind nur für Kaltwasser geeignet.
[1] Schichtaufbau von außen nach innen

Planungshinweise:

- Von der zu einer Feuerlösch- und Brandschutzanlage führenden Trinkwasserleitung abzweigende Leitungen müssen separat absperrbar sein.
- Werden Verteil- und Steigleitungen der Trinkwasser-Installation in brennbaren Materialien ausgeführt, so ist sicherzustellen, dass im Falle einer Löschwasserentnahme diese Leitungsteile durch automatisch schließende Armaturen abgesperrt werden.
- Metallische Rohrleitungen sind in den Potenzialausgleich einzubeziehen.
- Trinkwasserleitungen und Nichttrinkwasserleitungen sind nach DIN 2403 zu kennzeichnen.

Dichtigkeitsprüfung von Trinkwasserleitungen (ZVSHK) *leak testing of drinking water pipes* in Anlehnung an DIN EN 806-4 Prüfverfahren B

Ohne Wasser	**Dichtheitsprüfung** • Dichtheitsprüfung bei 150 hPa (mbar) mit ölfreier Druckluft, Inertgas oder Formiergas. • Prüfzeit: ≤ 100 l ⇒ 120 Minuten; darüber hinaus je 100 l Volumen jeweils 20 Minuten länger. • Anzeigebereich des Manometers 1 mbar. • Dichtheitsprüfung beginnt mit Erreichen des Prüfdrucks unter Berücksichtigung des Temperaturausgleichs. **Belastungsprüfung** • Belastungsprüfung bei max. 0,3 MPa (3 bar) (aus Sicherheitsgründen) bis DN 50, darüber 0,1 MPa (1 bar). • Anzeigebereich des Manometers 100 hPa (0,1 bar). • Während der Prüfung Sichtkontrolle aller Rohrverbindungen. • Prüfzeit 10 Minuten.
Mit Wasser	**Allgemein** • Durchführung aus hygienischen und Korrosionsschutzgründen kurz vor der Inbetriebnahme. • Zu prüfende Leitung muss bereits gespült worden sein. • Die Füllung der Leitungen darf nur mit filtriertem Trinkwasser (keine Partikel ≥ 150 µm) erfolgen; Entlüftung der Rohrleitung sicherstellen. • Temperaturausgleich (Wartezeit 30 Minuten) ist erforderlich, wenn sich die Umgebungstemperatur und Füllwassertemperatur um min. 10 K unterscheiden; der Druck muss dann 10 Minuten gehalten werden. Danach ist die Dichtheitsprüfung vorzunehmen. • Leitungen mit Pressfittings (unverpresst undicht) müssen zunächst mit verfügbarem Versorgungsdruck von max. 0,6 MPa (6 bar) geprüft werden; der Druck muss 15 Minuten gehalten werden. Danach ist die Dichtheitsprüfung vorzunehmen. **Dichtheitsprüfung Metall-, Mehrschichtverbund- und PVC-Rohre** • Prüfdruck min. **1,1-Faches** des zulässigen Betriebsüberdrucks, min. 1,1 MPa (11 bar); Prüfzeit beträgt 30 Minuten. • Undichtheiten dürfen nicht feststellbar sein. **Dichtheitsprüfung Kunststoffrohre aus PP, PE, PE-X und PB sowie damit kombinierte Installationen aus Metall- und Mehrschichtverbundrohren** • Prüfdruck min. **1,1-Faches** des zulässigen Betriebsüberdrucks, min. 1,1 MPa (11 bar); Prüfzeit beträgt 30 Minuten. • Absenkung des Prüfdruckes auf 0,5-fachen Prüfdruck (bei 1,1 MPa (11 bar) auf 0,55 MPa (5,5 bar), weitere Prüfzeit 120 Minuten). • Undichtheiten dürfen nicht feststellbar sein.

6.2.2 Druckerhöhungsanlagen (DEA)

Druckerhöhungsanlage nach DIN 1988-500 : 2021-05 *Pressure boosting system*

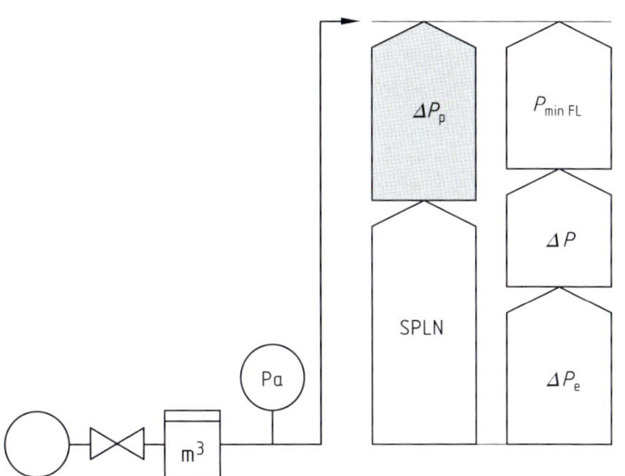

Fließdruck p_{FL}: Angezeigter Druck an einer Messstelle in der Trinkwasser-Installation während einer Wasserentnahme.

Mindestfließdruck $p_{min\,FL}$: erforderlicher statischer Druck an der Anschlussstelle einer Wasserentnahmearmatur bei ihrem Entnahmearmaturendurchfluss.

Förderdruck Δp_p: Differenz zwischen dem Druck an der Enddruckseite der Pumpen einer Druckerhöhungsanlage und dem Druck unmittelbar vor den Pumpen der Druckerhöhungsanlage bei einem bestimmten Förderstrom.

Druckverlust Δp: Druckdifferenz zwischen zwei Punkten in der Trinkwasser-Installation, hervorgerufen durch Rohrreibung und Einzelwiderstände.

Druckverlust aus geodätischem Höhenunterschied Δp_e: Produkt aus geodätischem Höhenunterschied, Erdbeschleunigung und Dichte des Wassers.

Mindest-Versorgungsdruck *SPLN*: in der Anschlussleitung der niedrigste Fließdruck an der Übergabestelle, wie er während einer Zeit hohen Verbrauchs vom Wasserversorgungsunternehmen angegeben wird.

Ausführungsarten

Ausführungsart A

Das Gebäude wird unmittelbar mit dem öffentlichen Wasserdruck versorgt, nur erforderliche Bereiche werden über eine Druckerhöhungsanlage versorgt.

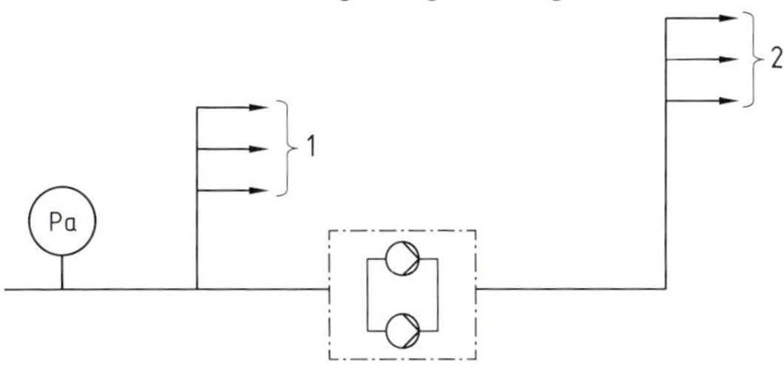

Legende
1 Druckzone 1 (Normalzone)
2 Druckzone 2

Ausführungsart B

Einbau mehrerer Druckerhöhungsanlagen, so dass jeder Druckzone eine eigene Druckerhöhungsanlage zugeordnet werden kann.

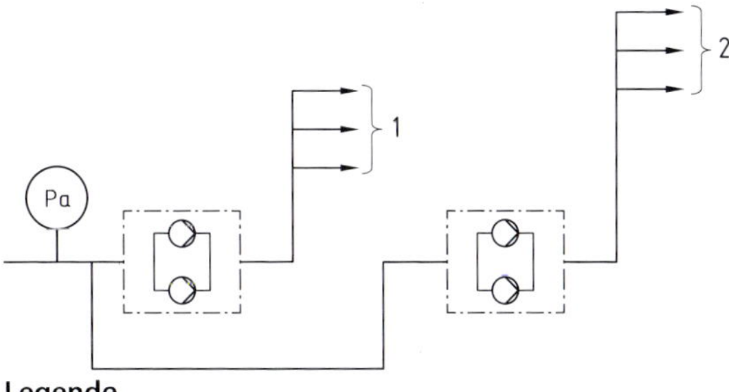

Legende
1 Druckzone 1
2 Druckzone 2

Ausführungsart C

Eine Druckerhöhungsanlage mit einem zentralen Druckminderer für jeweils eine Druckzone.

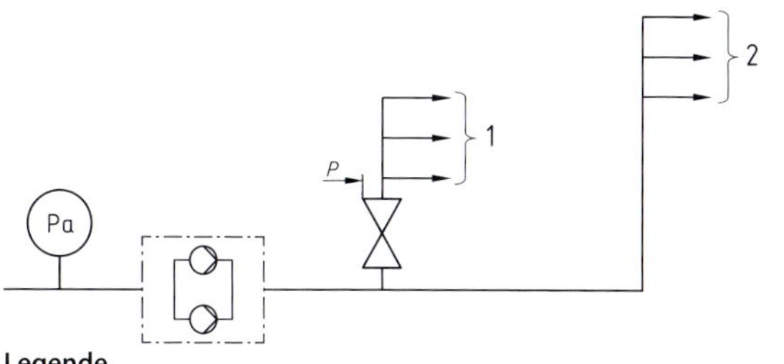

Legende
1 Druckzone 1
2 Druckzone 2

Ausführungsart D

Eine Druckerhöhungsanlage mit dezentralen Druckminderern an den Abzweigen.

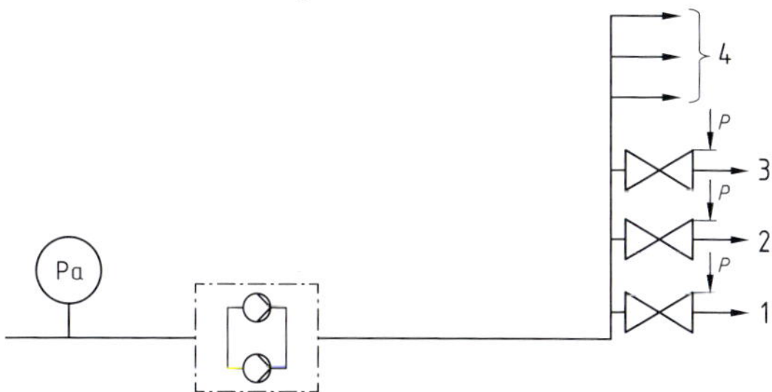

Legende
1 Druckzone 1
2 Druckzone 2
3 Druckzone 3
4 Druckzone 4

Anschlussarten

Anschlussarten
- Druckerhöhungsanlagen können unmittelbar oder mittelbar angeschlossen werden.
- Aus trinkwasserhygienischen und energetischen Gründen ist der unmittelbare Anschluss dem mittelbaren Anschluss vorzuziehen.

Direkter (unmittelbarer) Anschluss	Indirekter (mittelbarer) Anschluss
Der unmittelbare Anschluss ist der direkte Einbau der Druckerhöhungsanlage in die Rohrleitung zur Bildung eines geschlossenen Systems. Der anstehende Versorgungsdruck zur Druckerhöhungsanlage wird mit übernommen, eine geringere Antriebsenergie ist erforderlich.	Beim mittelbaren Anschluss ist der Druckerhöhungspumpe ein offener Vorbehälter „offen zur Atmosphäre" mit freiem Auslauf als Bestandteil der Druckerhöhungsanlage vorgeschaltet. Der mittelbare Anschluss ist erforderlich, wenn z. B. • der Mindest-Versorgungsdruck *SPLN* < 100 kPa ist, • bei maximaler Entnahme durch die Druckerhöhungsanlage unter Berücksichtigung vorgeschalteter Wasserentnahmen der erforderliche Mindestfließdruck $p_{\text{min Fl}}$ unterschritten wird oder • ein kurzzeitiger Zwischenbedarf abzudecken ist.

Inspektion und Wartung

Druckerhöhungsanlagen unterliegen der Inspektions- und Wartungspflicht sowie den Wartungsanweisungen der Hersteller.

Maßnahme	Durchzuführende Aufgaben	Zeitspanne
Inspektion	• Visuelle Kontrolle auf Zustand, Dichtheit und Manometerstände • Zustand der Kompensatoren • Kontrolle der Steuer- und Regelgüte der Pumpen und der Laufruhe • Kontrolle der Wassertemperatur vor und hinter der Druckerhöhungsanlage • Kontrolle des Zustandes des Aufstellraumes	6 Monate
Wartung	• Prüfen der Funktion der Druckwächter, -regler, Wassermangelsicherung und der elektrischen Schalteinrichtungen • Kontrolle des Motorschutzschalters und des thermischen Motorschutzes • Prüfen und Reinigung der Vorbehälter von innen • Funktionsprüfung bei Teil- und Spitzenentnahmen • Prüfen des Vordruckes des Druckbehälters • Funktionsprüfung der Absperreinrichtungen und Rückflussverhinderer	1 Jahr

Ermittlung des Förderdrucks ▶ siehe Kap_6.pdf 

6.2.3 Trinkwasserverbrauch

Entwicklung der Wasserabgabe an Verbraucher

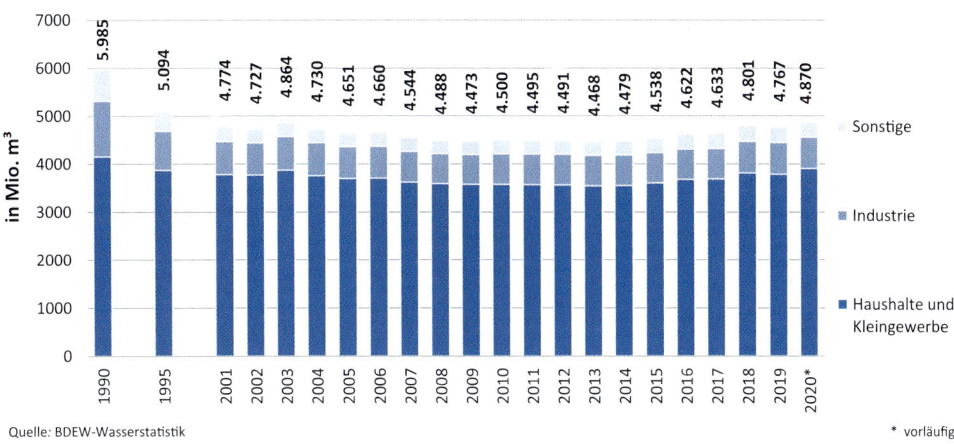

Quelle: BDEW-Wasserstatistik

* vorläufig

Trinkwasserverwendung im Haushalt 2021

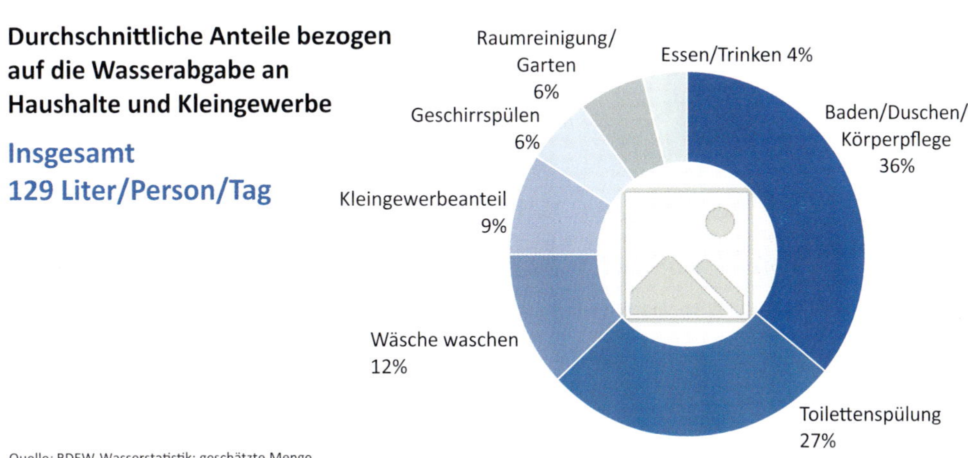

Quelle: BDEW-Wasserstatistik; geschätzte Menge

Entwicklung des personenbezogenen Wassergebrauches in Liter/Einwohner/Tag, Deutschland

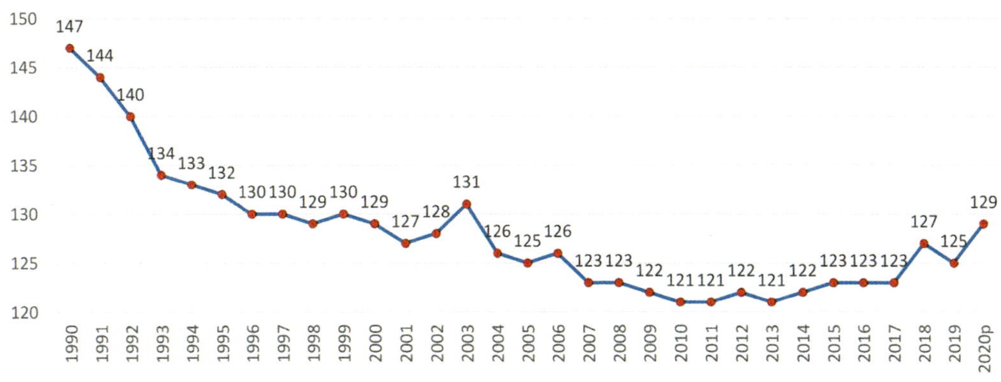

Quelle: BDEW-Wasserstatistik, bezogen auf Haushalte und Kleingewerbe (HuK); Grundlage: Einwohnerdaten auf Basis Zensus 2011, p=vorläufig

6.3 Feuerlöschanlagen

6.3.1 Hydranten nach DIN EN 1074–6: 2009 - 03

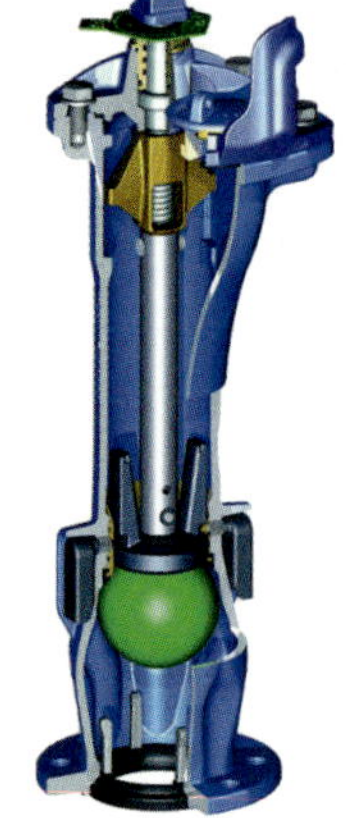

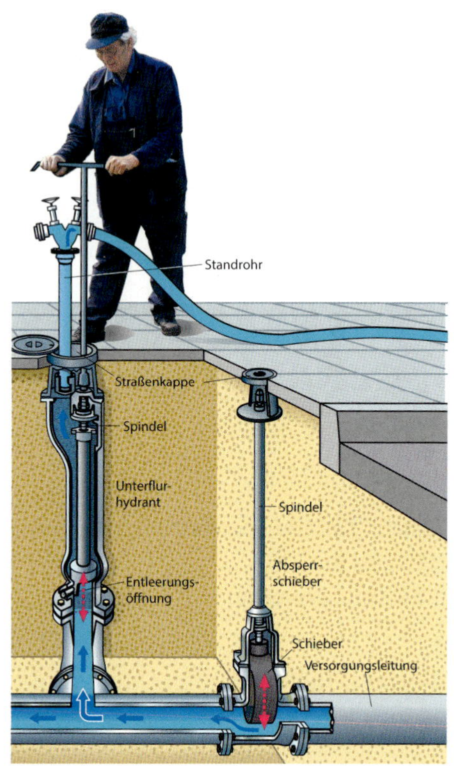

a) Überflurhydrant **b)** Unterflurhydrant

Überflurhydrant DN 80 und DN 100, PN 16 (Herstellerangaben)

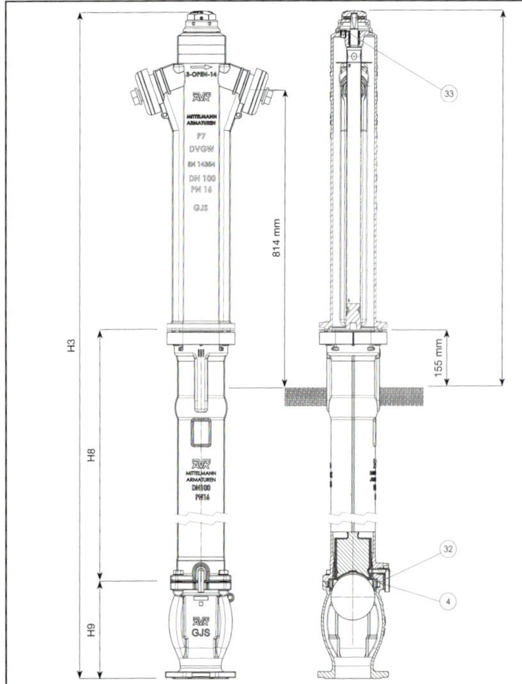

	Werkstoff GJS-400-15 (GGG-40)
	Höhen: H3, H8, H9 in mm
	RD: Rohrdeckung (Höhendifferenz zwischen Oberkante eines Rohres und der Erdoberfläche. In Deutschland ist aus Frostschutzgründen eine Mindestdeckung von 800 mm bei Trinkwasserleitungen vorgeschrieben.)
	Masse in kg

DN mm	RD mm	H3 mm	H6 mm	H9 mm	Masse kg
80	1000	1865	770	220	54
80	1250	2115	1020	220	59
80	1500	2365	1270	220	63
100	1000	1865	725	265	65
100	1250	2115	975	265	70
100	1500	2365	1225	265	75

Unterflurhydrant DN 80, PN 16 (Herstellerangaben)

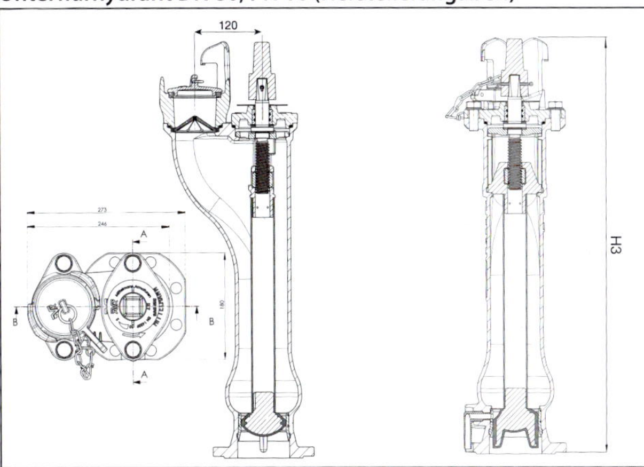

Werkstoff GJS-400-15 (GGG-40)

Höhe: H3 in mm

RD: Rohrdeckung (Höhendifferenz zwischen Oberkante eines Rohres und der Erdoberfläche. In Deutschland ist aus Frostschutzgründen eine Mindestdeckung von 800 mm bei Trinkwasserleitungen vorgeschrieben.)

Masse in kg

DN mm	RD mm	H3 mm	Masse kg
80	1000	721	25
80	1250	971	29
80	1500	1221	33

6.3.2 Sprinkleranlagen *sprinkler*

Sprinklerampullen in verschiedenen Farben mit Temperaturangaben

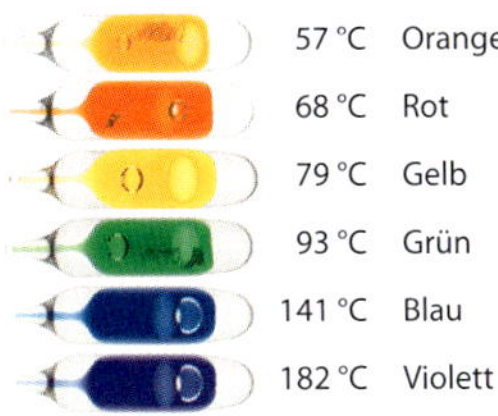

57 °C Orange
68 °C Rot
79 °C Gelb
93 °C Grün
141 °C Blau
182 °C Violett

Funktion:
Bei Erreichen der Auslösetemperatur der Sprinklerflüssigkeit zerplatzt das Sprinklergläschen, das Verschlusselement wird durch den Wasserdruck herausgedrückt und das Wasser strömt, durch den Sprühteller verteilt, auf den Brandherd. Die Auswahl erfolgt nach Ansprechtemperatur und der Wasserbeaufschlagung (*k*-Wert in mm/min) für unterschiedliche Modelle.

Funktionsskizze Sprinkler

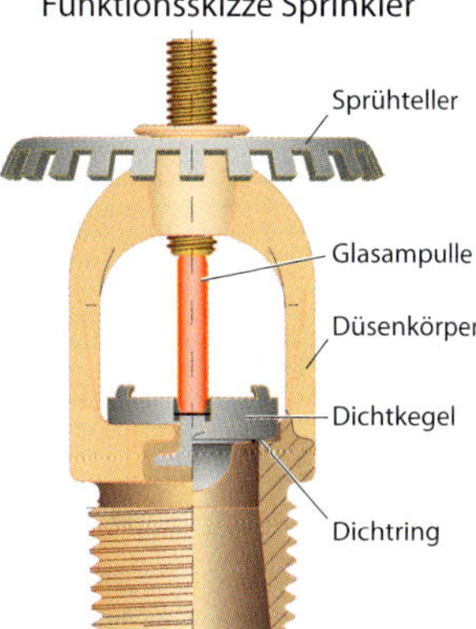

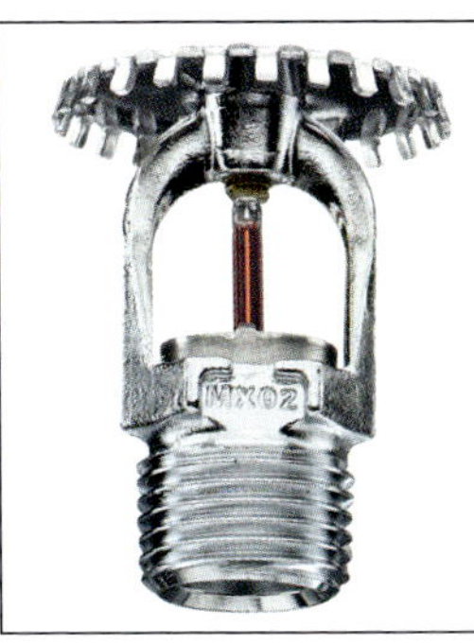

Schirmsprinkler SU, stehend
Standardsprinkler für Räume mit sichtbar verlegten Sprinkler-Rohrleitungen, z. B. in Werkhallen und Lagerräumen. Anschlussgewinde: R 3/8", *k*-Wert: 57; Anschlussgewinde: R 1/2".

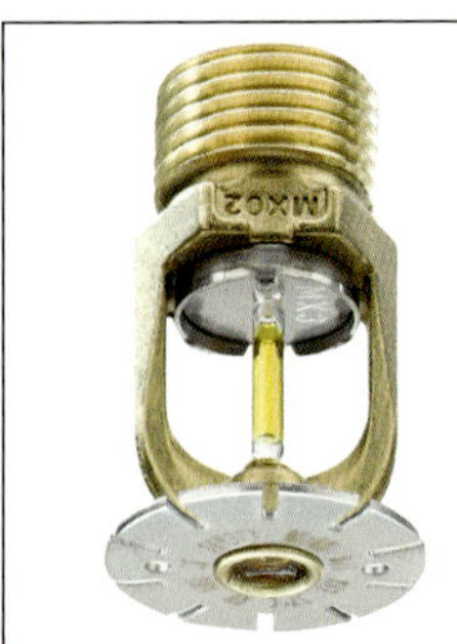	**Flachschirmsprinkler FP, hängend** Insbesondere für Räume mit Rasterdecken, damit im Brandfall eine ausreichende Wurfweite gewährleistet ist. Anschlussgewinde: R 3/8", *k*-Wert: 57; Anschlussgewinde: R 1/2".		**Schirmsprinkler SP, hängend** Für Räume, in denen die Sprinkler-Rohrleitungen im Hohlraum über abgehängten Decken verlegt sind, z. B. in Warenhäusern und Büroetagen. Anschlussgewinde: R 1/2".

Beispiele für Löschanlagen *extinguishing systems*

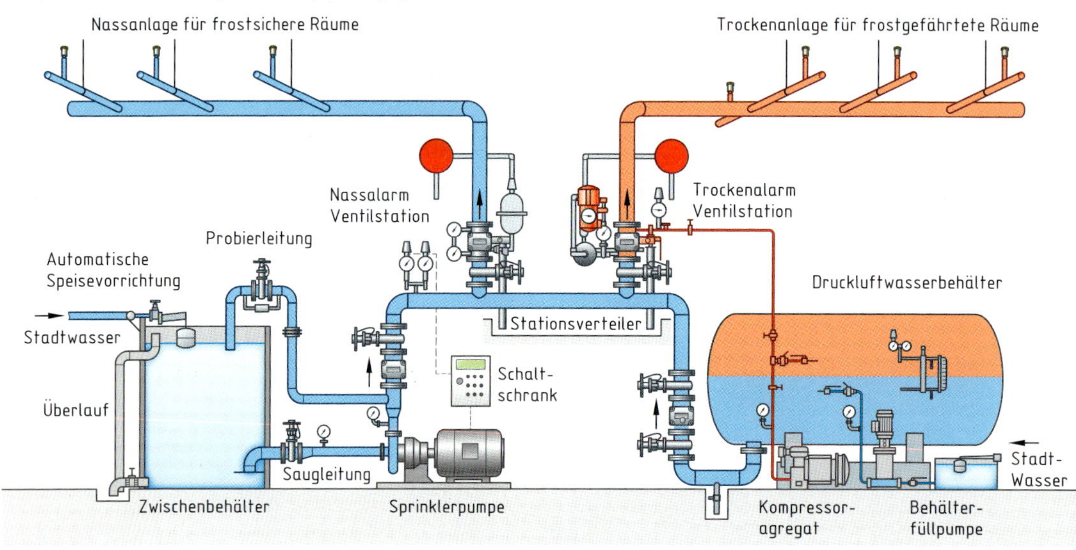

Sprinkleranlage: Funktionsschema

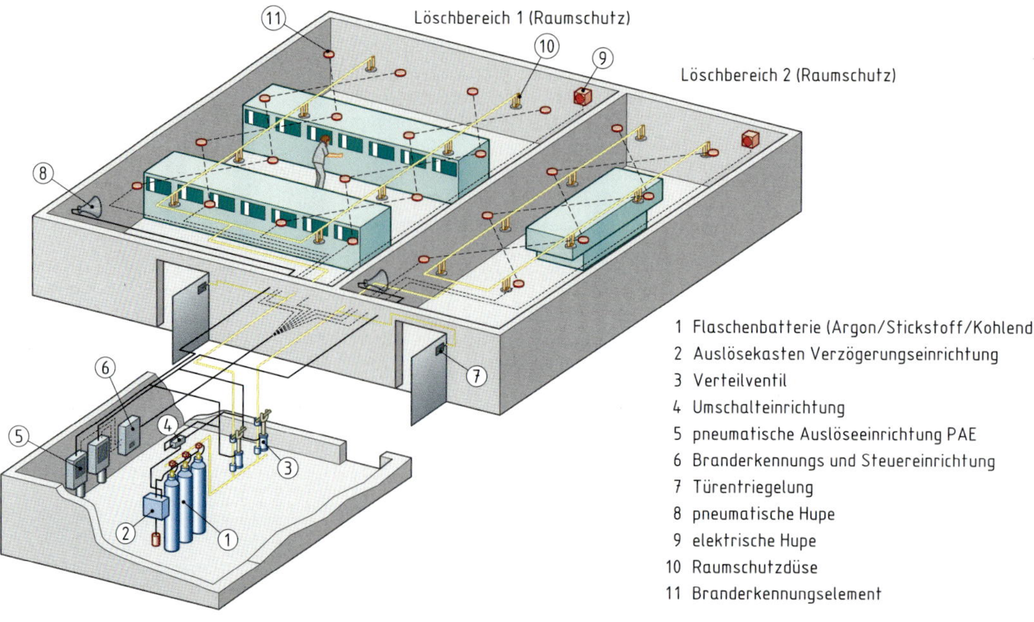

CO_2-, N2*- und Argon*-Hochdruckanlage
***N2 und Argon können mit bis zu 300 bar Betriebsdruck errichtet werden**
(Einsatzgebiet z. B. Serverräume, Bibliotheken)

Brandgefahrenklassen *fire danger classes*

Vor der Planung sind die Brandgefahrenklassen zur Bemessung der Sprinkleranlagen zu bestimmen. Eine wesentliche Rolle spielen Nutzung und Brandbelastung. Die durch Sprinkler zu schützenden Gebäude und Bereiche können eingeschätzt werden als

- kleine (Light Hazard – LH – bei nichtindustrieller Nutzung),
- mittlere (Ordinary Hazard – OH – bei Handel, industrieller Nutzung)
- oder hohe Brandgefahr (High Hazard Production – HHP – bei Produktionsrisiken und High Hazard Storage – HHS – bei Lagerrisiken).

Auslegung von Sprinkleranlagen nach DIN EN 12845 : 2020-11

Brandgefahr	Wasserbeaufschlagung mm/min	Wirkfläche m²	
		Nass- oder vorgesteuerte Anlage	Trocken- oder Nass-Trocken-Anlage
LH	2,25	84	Nicht zulässig Auslegung nach OH1
OH1	5,0	72	90
OH2	5,0	144	180
OH3	5,0	216	270
OH4	5,0	360	Nicht zulässig Auslegung nach HHP 1
HHP1	7,5	260	325
HHP2	10,0	260	325
HHP3	12,5	260	325
HHP4	Sprühwasser-Löschanlagen (siehe Anmerkung)		

Trinkwasserinstallation in Verbindung von Feuerlösch- und Brandschutzanlagen nach DIN 1988-600 : 2021-07

Löschwasserverteilsysteme *fire water distribution systems*

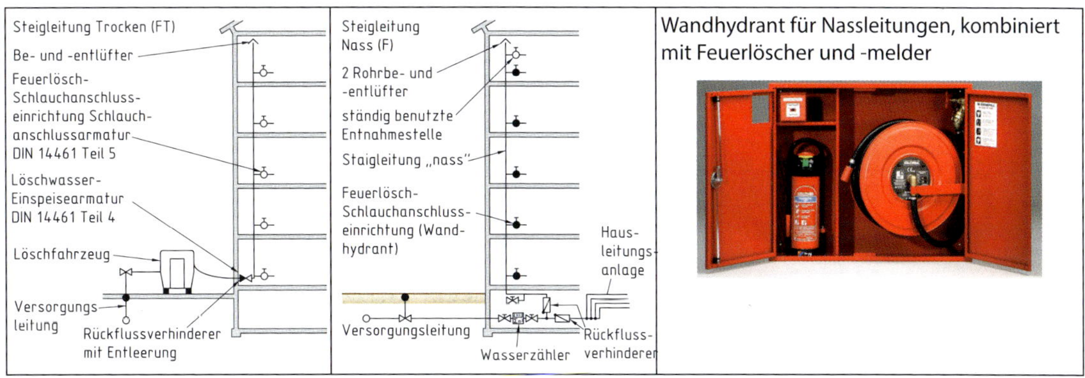

Wandhydrant für Nassleitungen, kombiniert mit Feuerlöscher und -melder

Zuordnungstabelle für zulässige Anschlussarten an der Löschwasserübergabe (LWÜ)

Anlagentyp Übergabestelle	Anlagen mit zusätzlicher Einspeisung von Nichttrinkwasser	Löschwasseranlagen „nass" mit Wandhydrant Typ F, Typ S nach DIN 14462	Löschwasseranlagen „nass-trocken" mit Wandhydrant Typ F, Typ S nach DIN 14462	Trinkwasserinstallation mit Wandhydrant Typ S nach DIN 14462	Feuerlösch- und Brandschutzanlage mit offenen Düsen, z. B. nach, DIN CEN/TS 14816, VdS 2109	Sprinkleranlage, z. B. nach, DIN EN 12845, VdS CEA 4001	Anlagen mit Unter- und Überflurhydranten
Freier Auslauf Typ AA, AB nach DIN EN 1717	x	x	x[b]	–	x	x	x
Füll- und Entleerungsstation nach DIN 14463-1	–	–	x[b]	–	–	–	x[b]
Füll- und Entleerungsstation nach DIN 14463-2	–	–	–	–	x[b]	–	–
Direktanschlussstation nach DIN 14464	–	–	–	–	x[a]	x[a]	–
Schlauchanschlussventil 1" mit Sicherungseinrichtung nach DIN 14461-3	–	–	–	x[c]	–	–	–
Über- und Unterflurhydranten nach DIN EN 14339 und DIN EN 14384	–	–	–	–	–	–	x[c]

[a] Einschränkungen beachten
[b] Spitzenvolumenstrom in der Füllphase beachten
[c] Bei ausreichend durchflossenen Trinkwasserinstallationen geeignet

Rohrleitungsmaterialien in Trinkwasser-Installationen bis zur Übergabestelle

Rohrleitungsmaterial	Rohre nach	Verbindungstechniken	Fittings nach	Rohrverbindungen nach
Duktile Gussrohre	DIN EN 545 DIN EN 969	Flansch/Muffe		DIN 28601
Schmelztauch-verzinkte Eisenwerkstoffe	DIN EN 10255 in Verbindung mit DIN EN 10240	Gewindeverbindung Schweiß-/Flanschverbindung	DIN EN 10241 DIN EN 10242 DIN EN 1092-1	DIN EN 10226-1
		Klemmverbindung	DVGW W 534	DVGW W 534
Nichtrostender Stahl	DVGW GW 541	Pressverbindung	DIN 2459	DVGW W 534
		Klemmverbindung	–	–
Kupfer und innenverzinntes Kupfer	DIN EN 1057 DIN EN 13349 DVGW GW 392 DVGW VP 652	Hartlötverbindung > 28 mm[a] Weichlötverbindung ≤ 28 mm	DIN EN 1254-1 DIN EN 1254-4 DIN EN 1254-5 DVGW GW 6 DVGW GW 8	DVGW GW 2
		Schweißverbindung[a]	DIN 2607 DIN EN 14640	DVGW GW 2
		Pressverbindung	DIN 2459 DVGW W 534	DVGW GW 2
		Klemmverbindung, metallisch dichtend	DIN EN 1254-2 DIN EN 1254-4 DVGW W 534	DVGW GW 2
		Steckverbindung	DVGW W 534	DVGW GW 2
		Pressverbindung	DVGW W 534	DVGW GW 2

Rohrleitungsmaterial	Rohre nach	Verbindungstechniken	Fittings nach	Rohrverbindungen nach
Kupferrohre mit fest-haftendem Kunst-stoffmantel	DVGW VP 652	Pressverbindung	DVGW W 534	DVGW W 534 DVGW VP 652
[a] Hartlöt- und Schweißverbindungen sind für innenverzinntes Kupfer nicht zulässig.				

Planungshinweise:

- Von der zu einer Feuerlösch- und Brandschutzanlage führenden Trinkwasserleitung abzweigende Leitungen müssen separat absperrbar sein.
- Werden Verteil- und Steigleitungen der Trinkwasser-Installation in brennbaren Materialien ausgeführt, so ist sicherzustellen, dass im Falle einer Löschwasserentnahme diese Leitungsteile durch automatisch schließende Armaturen abgesperrt werden.
- Metallische Rohrleitungen sind in den Potenzialausgleich einzubeziehen.
- Trinkwasserleitungen und Nichttrinkwasserleitungen sind nach DIN 2403 zu kennzeichnen.

Darstellung einer Löschwasseranlage „nass" – Löschwasserübergabe (LWÜ): Freier Auslauf (DIN 1988-600 : 2021-07)

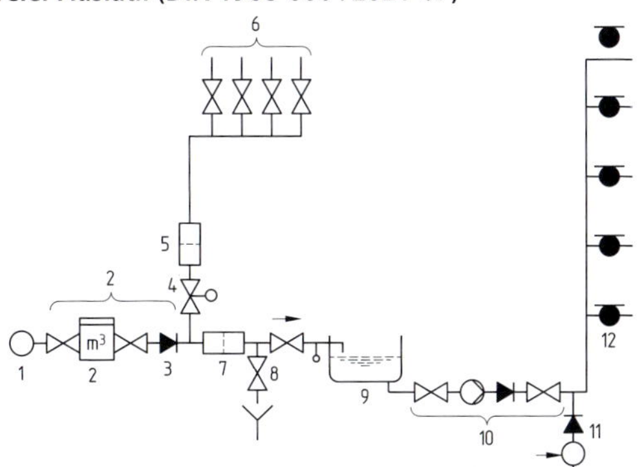

Legende

1 Hauptversorgungsleitung des öffentlichen Wasserversorgers
2 Wasserzähleranlage
3 Rückflussverhinderer EA
4 Trinkwasserabschottung (optional)
5 mechanisch wirkender Filter
6 Trinkwasser-Installation, ständige Trinkwasser-Verbraucher
7 Steinfänger
8 automatische Spüleinrichtung
9 Vorlagebehälter mit freiem Auslauf, z. B. Typ AB nach DIN EN 1717
10 Druckerhöhungsanlage
11 Fremdwassereinspeisung
12 Wandhydrant

Darstellung einer Löschwasseranlage „nass-trocken" mit mittelbarem Anschluss – Löschwasserübergabe (LWÜ): Freier Auslauf (DIN 1988-600 : 2021-07)

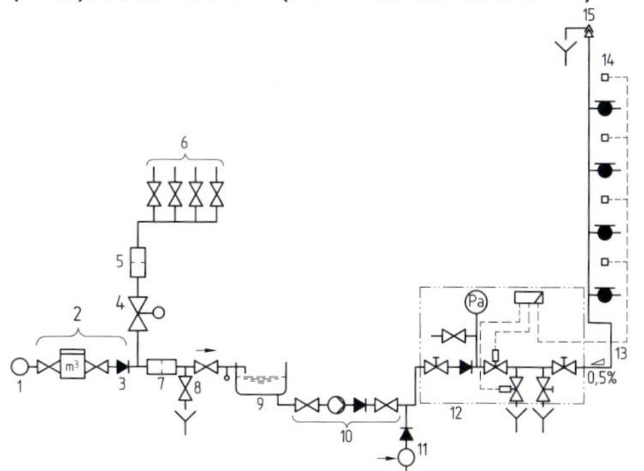

Legende

1 Hauptversorgungsleitung des öffentlichen Wasserversorgers
2 Wasserzähleranlage
3 Rückflussverhinderer EA
4 Trinkwasserabschottung (optional)
5 Mechanisch wirkender Filter
6 Trinkwasser-Installation, ständige Trinkwasser-Verbraucher
7 Steinfänger
8 automatische Spüleinrichtung
9 Vorlagebehälter mit freiem Auslauf, z. B. Typ AB nach DIN EN 1717
10 Druckerhöhungsanlage
11 Fremdwassereinspeisung
12 Füll- und Entleerungsstation
13 Wandhydrant
14 Grenztaster für Schlauchanschlussventil
15 Be- und Entlüftungsventil

Darstellung einer Löschwasseranlage „nass-trocken" mit unmittelbarem Anschluss – Löschwasserübergabe (LWÜ): Füll- und Entleerungsstation

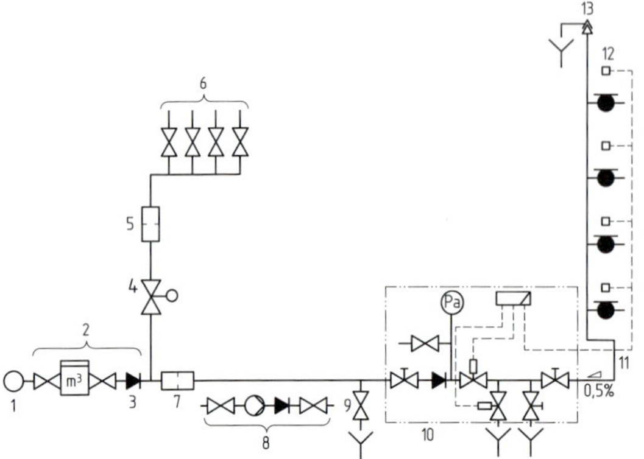

Legende

1 Hauptversorgungsleitung des öffentlichen Wasserversorgers
2 Wasserzähleranlage
3 Rückflussverhinderer EA
4 Trinkwasserabschottung (optional)
5 mechanisch wirkender Filter
6 Trinkwasser-Installation, ständige Trinkwasser-Verbraucher
7 Steinfänger
8 Druckerhöhungsanlage (optional)
9 automatische Spüleinrichtung
10 Füll- und Entleerungsstation
11 Wandhydrant
12 Grenztaster für Schlauchanschlussventil
13 Be- und Entlüftungsventil

Darstellung einer Trinkwasser-Installation mit Wandhydrant Typ S, bei einem Löschwasserbedarf kleiner als dem Trinkwasserbedarf – Löschwasserübergabe (LWÜ): Wandhydrant Typ S mit Sicherungskombination

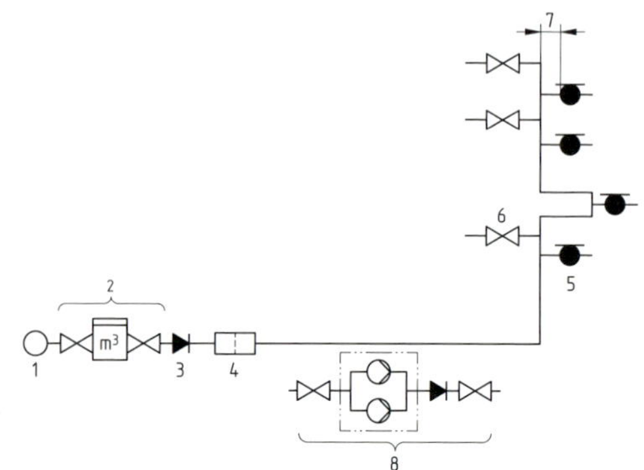

Legende

1 Hauptversorgungsleitung des öffentlichen Wasserversorgers
2 Wasserzähleranlage
3 Rückflussverhinderer
4 Mechanisch wirkender Filter
5 Wandhydrant Typ S mit Sicherheitskombination
6 Trinkwasser-Installation, Ständige Trinkwasserverbraucher
7 Länge ≤ 10 x DN und Volumen ≤ 1, 5 l
8 Druckerhöhungsanlage, optional

6.4 Abwasserentsorgung

6.4.1 Abwasserarten

Abwasser sind häusliche, gewerbliche, landwirtschaftlich oder sonstige sowie von bebauten oder befestigten Flächen gesammeltes Wasser, die zusammen in der Kanalisation abgeleitet werden.

Schmutzwasser sind Flüssigkeiten, die aus Anlagen austreten (z.B. bei Behandlung von Werkstoffen) und austretendes Waser aus Deponien.

Häusliche Abwasser setzen sich zusammen aus

- Fäkalien
- Bade- und Waschwasser und
- Spülwasser.

Sie enthalten Seifen, Waschmittel, Lebensmittelreste u.a.m.

Niederschlagswasser ist reines Wasser in der Natur. Der Mineralstoffgehalt ist gering, jedoch können lösliche Stoffe wie z.B. Sauerstoff und Kohlendioxid sowie aus anthropogen[1] Quellen stammende Stoffe z.B. Schwefeldioxid oder organische Verbindungen aufgenommen werden.

Industrieelle und gewerbliche Abwässer bestehen aus

- organische Verbindungen aus z.B. Tierverarbeitung, Seifenfabriken, Papierherstellung u.a.m.
- Ölen und Fetten aus z.B. Lebensmittelindustrie, Metallverarbeitung u.a.m.
- Schwermetalle und Säuren aus z.B. Lebensmittelindustrie, Metallbearbeitung, chem. Industrie u.a.m.
- Alkalien[2] z.B. aus der Metallverarbeitung und –bearbeitung, Textilindustrie, chem. Industrie u.a.m.
- toxischen[3] Stoffen z.B. aus Textilindustrie, Metallbearbeitung, radioaktive Stoffe aus dem Bergbau, Medizin, Kraftwerken, sowie Detergentien[4] und Schwebstoffe aus der Holz- und Papierindustrie
- Kühlwasser aus z.B. Kraftwerken, Metallindustrie u.a.m., die zum Teil unbehandelt und aufgeheizt in Flüsse abgeleitet werden.

[1] anthropogen · durch den Menschen verursacht
[2] Alkalien: Basen / Laugen / alkalische Lösungen
[3] toxisch: giftig oder durch Gift verursacht
[4] Stoffe für Reinigungs- und Waschmittel

6.4.2 Abwasserkanalsysteme Abwasserabgabengesetz – AbwAG: 1976-09

Mischsystem *mixing system*

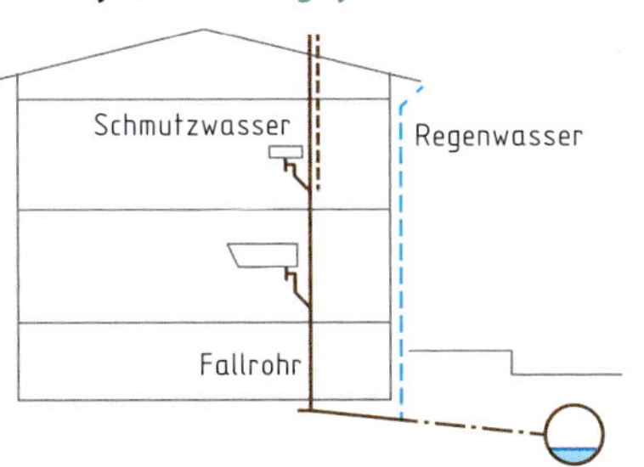

Trennsystem *separation system*

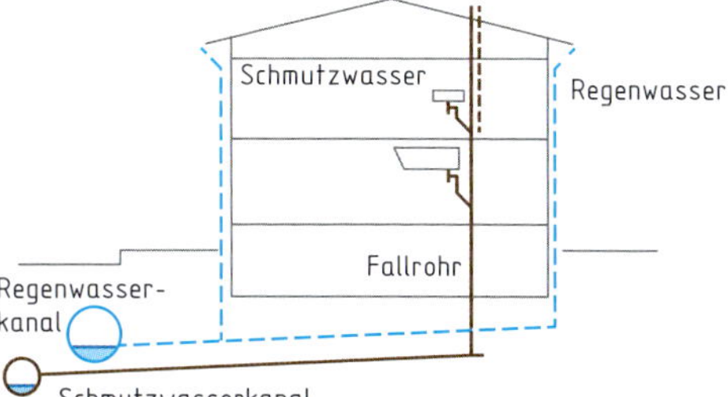

6.4.3 Öffentliche Abwasserbeseitigung

Zentrale Kläranlage

6.4.4 Private Abwasserbeseitigung – Kleinkläranlage nach SBR-Verfahren (ein Behälter: bis 6 Personen)

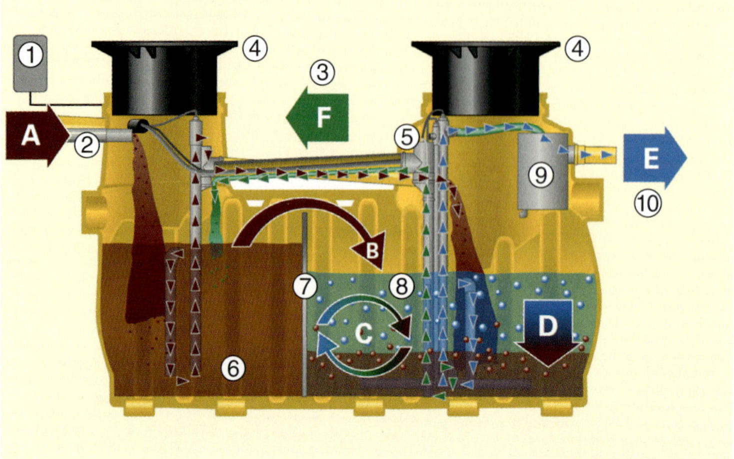

Legende

1 Steuerung und Verdichter
2 Zufluss Schwarzwasser
3 Behälter der Kleinkläranlagen
4 geschlossene, Pkw-befahrbare und kindersichere Abdeckung
5 Belebungsanlage
6 Schlammfang
7 Trennwand
8 Belebungskammer
9 Probenahme
10 Abfluss geklärtes Wasser

A Einleiten des Schwarzwassers
B Füllen der Belebungskammer
C Behandeln des Schwarzwassers
D Absetzphase
E Ableiten des Klarwassers
F Rücksaugen von Belebtschlamm

6

6.4.5 Abwasserkanalrohre

Werkstoffe (Rohrmaße s. Kap. 5.7) und Formstücke nach DIN 1986-4 : 2019-08

1	2	3	4	5	6	7	8	9	10	11	12
Werkstoff/ Konstruktion	**DIN-Norm oder bauaufsichtliche Zulassung**[a]	**Anschluss-/ Verbindungsleitung**	**SW-Fallleitung**	**Sammelleitung**	**Grundleitung**[e]		**Lüftungsleitung**	**Regenwasserfallleitung im**		**Leitungen für Kondensate aus Feuerungsanlagen**	**Brandverhalten der Baustoffe nach DIN EN 13501-1**
					unzugänglich in der Grundplatte	**im Erdreich**		**Gebäude**	**Freien**		
Steinzeugrohr	DIN EN 295-1	+	+	+	+	+	+	+	+	+	A 1 nicht brennbar
Betonrohr, Stahlbetonrohr Typ 2	DIN EN 1916 mit DIN V 1201[a]	–	–	–	+	+	–	–	–	–[c]	A 1 nicht brennbar
Faserzementrohr	DIN EN 12763	+	+	+	–	–	+	+	+	–[c]	A 2 nicht brennbar
Faserzementrohr	DIN EN 588-1	–	–	–	+	+	–	–	+	–[c]	A 2 nicht brennbar
Blechrohre (Zink, Kupfer, Aluminium, verz. Stahl)	DIN EN 612	–	–	–	–	–	–	–	+[f]	–	A 1 nicht brennbar
Gusseisernes Rohr ohne Muffe (SML)	DIN EN 877 mit DIN 19522	+	+	+	+	+[d]	+	+	+	–[c]	A 1 nicht brennbar
Stahlrohr	DIN EN 1123-1 DIN EN 1123-2	+	+	+	+	+[b]	+	+	+	–[c]	A 1 nicht brennbar
Rohr aus nicht rostendem Stahl	DIN EN 1124-1 DIN EN 1124-2 DIN EN 1124-3	+	+	+	+	+[b]	+	+	+	+	A 1 nicht brennbar
PVC-U	DIN EN 1401-1	–	–[g]	–[g]	+	+[h]	–	+	–	+	B 1 schwer entflammbar
PVC-U	DIN EN 1329-1	+	+	+	+	–	+	+	–	+	B 1 schwer entflammbar
PVC-U Regenfallleitung	DIN EN 12200-1	–	–	–	–	–	–	–	+[f]	–	B 1 schwer entflammbar
PVC-C	DIN EN 1566-1	+	+	+	+	–	+	+	+[f]	+	B 1 schwer entflammbar

1	2	3	4	5	6	7	8	9	10	11	12
Werkstoff/ Konstruktion	**DIN-Norm oder bauaufsichtliche Zulassung**[a]	**Anschluss-/ Verbindungsleitung**	**SW-Fallleitung**	**Sammelleitung**	**Grundleitung**[e]		**Lüftungsleitung**	**Regenwasserfallleitung im**		**Leitungen für Kondensate aus Feuerungsanlagen**	**Brandverhalten der Baustoffe nach DIN EN 13501-1**
					unzugänglich in der Grundplatte	**im Erdreich**		**Gebäude**	**Freien**		
PE-HD	DIN EN 1519-1	+	+	+	+	–	+	+	+	+	B 2 normal entflammbar
PP	DIN EN 1852-1	–	–	–	+	+	–	–	–	+	–
PP profiliert	DIN EN 13476-1 DIN EN 13476-2 DIN EN 13476-3	–	–	–	+	+	–	–	–	+	–
PP	DIN EN 1451-1	+	+	+	+	–	+	+	–	+	B 1 schwer entflammbar
PP mineralverstärkt	DIN EN 14758-1	–	–	–	+	+	–	–	+	–	–
ABS	DIN EN 1455-1	+	+	+	+	–	+	+	–	+	B 2 normal entflammbar

Bedeutung der Zeichen: + darf verwendet werden – nicht zu verwenden bzw. nicht zutreffend

[a] Typ 2 Anwendung für Misch- und Schmutzwasserkanäle.

[b] Rohre und Formstücke sind außen mit einem Korrosionsschutz nach DIN 30670 zu versehen. Bauseitig aufgebrachter Korrosionsschutz muss DIN 30672-1 und -2 entsprechen.

[c] Dart für Leitungen verwendet werden, in denen planmäßig eine Verdünnung durch anderes Abwasser entsprechend der Regelungen in DIN 1986-100 in Verbindung mit DWA-A 251 stattfindet. Andernfalls sind diese Rohre mit einer Sonderbeschichtung zu versehen.

[d] Mit geeigneter Außenbeschichtung nach DIN EN 877 für die Erdverlegung.

[e] Bei Wechsel der Muffenmaße innerhalb einer Abwasserleitung müssen Übergangsstücke verwendet werden. Sind diese nicht verfügbar, ist ein Schacht anzuordnen.

[f] Nicht als Standrohr verwendbar. Norm b Tabelle 2

[g] Darf als Fall- und Sammelleitung verwendet werden, sofern keine höheren Abwassertemperaturen als 45°C zu erwarten sind.

[h] Mindestens SN 4 nach DIN EN 1401-1.

6.5 Gasversorgungsanlagen

6.5.1 Brennstoffkennwerte (Auswahl, Durchschnittswerte)

Brennstoff	**Dichte (Norm)** ρ	**Heizwert** H_i	**Brennwert** H_s
Erdgas L(LL)	0,83 kg/m³	8,83 kWh/m³	9,78 kWh/m³
Erdgas H(E)	0,78 kg/m³	10,35 kWh/m³	11,46 kWh/m³
Grubengas	0,72 kg/m³	4,78 kWh/m³	5,30 kWh/m³
Biogas (trocken)	1,00 kg/m³	4,5 - 6,76 kWh/m³	5,0 - 7,5 kWh/m³
Propan	2,01 kg/m³	25,87 kWh/m³	28,10 kWh/m³
Butan	2,71 kg/m³	34,41 kWh/m³	37,25 kWh/m³
Wasserstoff	0,090 kg/m³	3,00 kWh/m³	3,54 kWh/m³
Heizöl EL	0,84 kg/l	9,91 kWh/l	10,59 kWh/l
Heizöl S	0,91 kg/l	10,98 kWh/l	11,64 kWh/l
Benzin	0,75 kg/dm³	8,54 kWh/l	9,06 kWh/l
Diesel	0,83 kg/dm³	9,82 kWh/l	10,47 kWh/l
Biodiesel	0,88 kg/dm³	9,04 kWh/l	9,78 kWh/l
Steinkohle	0,855 kg/dm³*	5,0 kWh/kg	5,0 kWh/kg
Braunkohle (Staub)	0,475 kg/dm³*	5,0 kWh/kg	5,0 kWh/kg
Holzpeletts	0,600 kg/dm³*	5,0 kWh/kg	5,4 kWh/kg
Holz (trocken)	440 kg/fm**	4,2 kWh/kg	4,5 kWh/kg

* Schüttvolumen

** Festmeter

Verbrennungsprozesse

Die Verbrennungsberechnungen flüssiger und fester Brennstoffe werden nach der Elementaranalyse der Brennstoffe durchgeführt. Für die Berechnung benötigt man das Atomgewicht der brennbaren Elemente.

Grundlegende chemische Reaktionen bei Verbrennungsprozessen (Beispiele)

$C + O_2 \rightarrow CO_2$
$2\,CO + O_2 \rightarrow 2\,CO_2$
$2\,H_2 + O_2 \rightarrow 2\,H_2O$
$N_2 + O_2 \rightarrow 2\,NO$
$S + O_2 \rightarrow SO_2$
$CH_4 + 2\,O_2 \rightarrow CO_2 + 2\,H_2O$
$C_2H_4 + 3\,O_2 \rightarrow 2\,CO_2 + 2\,H_2O$
$C_{10}H_{20} + 15\,O_2 \rightarrow 10\,CO_2 + 10\,H_2O$

Beispiel

Verbrennung von Kohlenstoff

Chemische Gleichung	C	+	O_2	⇒	CO_2
Elemente	Kohlenstoff	+	Sauerstoff	⇒	Kohlendioxid
Molmassen in kg/kmol	$1 \cdot (12)$	+	$1 \cdot (2 \cdot 16)$	⇒	$1 \cdot (12 + 2 \cdot 16) = 44$
Massengleichung	12 kg	+	32 kg	⇒	44 kg
Massen pro kg Brennstoff	1 kg	+	2,67 kg	⇒	3,67 kg

Verbrennung von Wasserstoff

Chemische Gleichung	**H_2**	+	**$0{,}5\,O_2$**	⇒	**H_2O**
Elemente	Wasserstoff	+	Sauerstoff	⇒	Wasserdampf
Molmassen in kg/kmol	$1 \cdot (2 \cdot 1)$	+	$0{,}5 \cdot (2 \cdot 16)$	⇒	$1 \cdot (2 \cdot 1 + 16) = 18$

Wirkungen von Schadstoffen

	Schadstoff	Quelle	Wirkungen
Gase	Kohlenmonoxid (CO)	unvollständige Verbrennungen von kohlenwasserstoffhaltigen Brennstoffen, bzw. deren Erhitzung	Unterbindet den Sauerstofftransport im Körper → Erstickungsgefahr
	Kohlenstoffdioxid (CO_2)	Fossile Brennstoffe z. B. Kohle, organische Substanzen z. B. Holz	• Treibhauseffekt führt zu Klimaerwärmung. Verbrennungsabgase können bei hohem Aufkommen die Luft verdrängen → Erstickungsgefahr.
	Schwefeloxide (SO_2, SO_3) und deren Säuren (H_2SO_3, H_2SO_4)	schwefelhaltiges Erdöl	• Es entsteht saurer Regen durch Schwefelsäure, dadurch wird das Waldsterben beschleunigt. • Saurer Regen verursacht Schäden an Bauwerken. • Es entstehen giftige Dioxine und Furane, die das zentrale Nervensystem schädigen können.
	Stickstoffoxide (NO_x)	Durch die Verbrennung von Brennstoffen wird Luftstickstoff eingebunden. Durch die Verbrennung von Benzin ohne Katalysator in Autoabgasen.	• Stickstoffe werden durch Regen ausgewaschen und es kommt zu vermehrtem Nährstoffeintrag im Boden. • Es entsteht Salpetersäure, die Schäden an Bauwerken verursacht. • Es entstehen Gasgemische mit wechselnden Anteilen, die von Stickstoffmonoxid (NO), Stickstoffdioxid (NO_2), Distickstofftrioxid (N_{203}) und Distickstofftetroxid (N_{204}), die giftig sind.
	Kohlenwasserstoffe (C_mH_n)	Unvollständige Verbrennungen von kohlenwasserstoffhaltigen Brennstoffen, bzw. deren Erhitzen.	• Erzeugen Karzinogene, das ist eine Substanz, ein Organismus oder eine Strahlung, die Krebs erzeugen oder die Krebserzeugung fördern kann.
Säure	Salzsäure	Vorwiegend aus PVC-Abbrand	Es entstehen giftige Dioxine und Furane, die das zentrale Nervensystem schädigen können.
Feststoffe	Schwermetalle	Durch Blei im Benzin, durch behandelte Hölzer	• Können zu Vergiftungen führen. • Erzeugen Karzinogene, das ist eine Substanz, ein Organismus oder eine Strahlung, die Krebs erzeugen oder die Krebserzeugung fördern kann.
	Feinstaub, Ruß, Flugasche	Verunreinigungen im festen Brennstoff	• Können allergieauslösend wirken, Atemwegserkrankungen auslösen und zu Kreislaufbeschwerden führen.

6.5.2 Erdgas – Gewinnung, Speicherung und Transport

Lagerstättentypen, Speicherarten

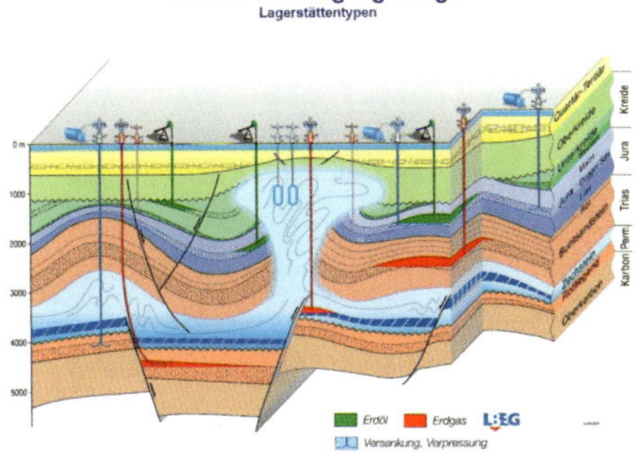

Gasförmige und flüssige Kohlenwasserstoffe steigen durch Porenräume nach oben und sammeln sich unter undurchlässigen Gesteinsschichten an (z.B. Salz oder Ton). Lagerstätten sind umfängliche Ansammlungen von Erdgas oder Erdöl, so dass deren Förderung rentabel ist.

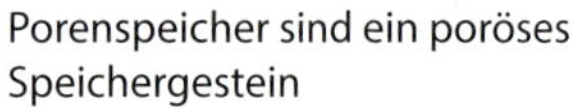

Porenspeicher sind ein poröses Speichergestein

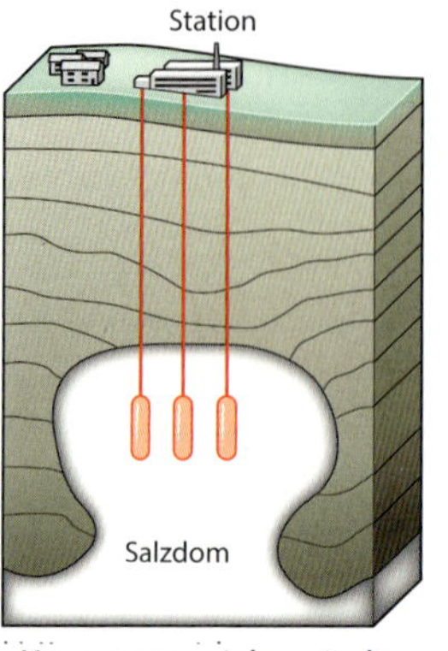

Kavernenspeicher sind ausgeschwemmte Salzstöcke

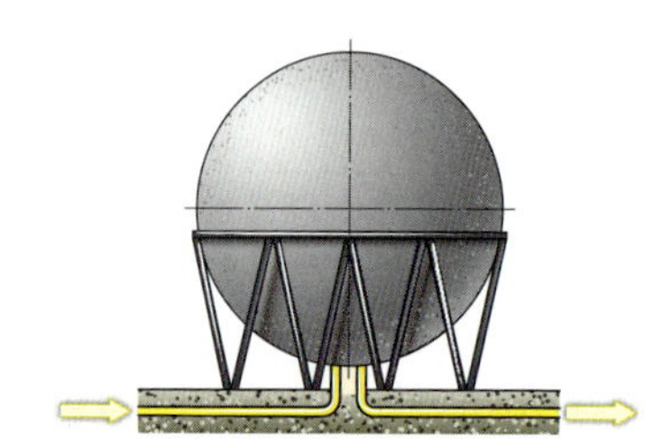

Kugelgasbehälter sind oberirdische Gasspeicher

Gasspeicherstandorte in Deutschland (Stand 2022)

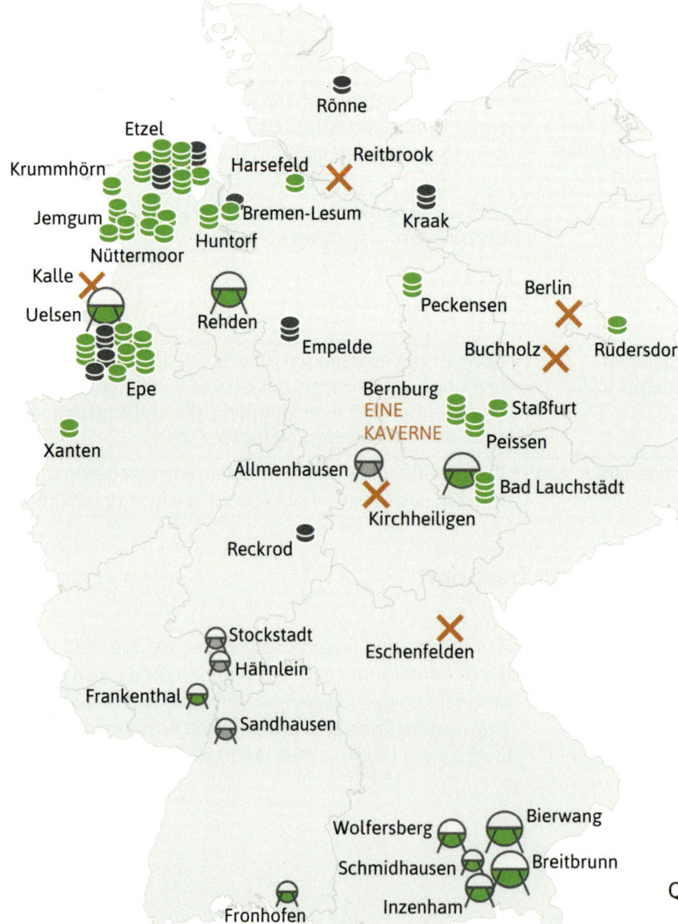

Quelle: Gas Infrastructure Europe, Initiative Energien Speichern

Das deutsche Fernleitungsnetz 2020

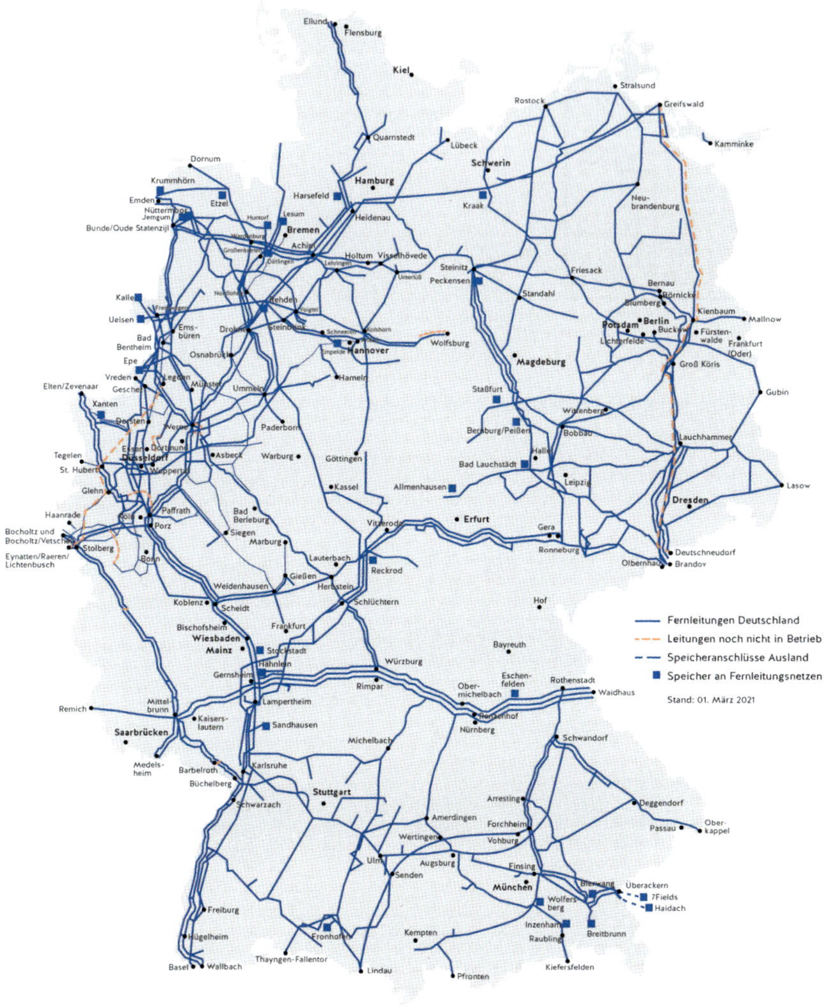

Fernleitungen Deutschland
Leitungen noch nicht in Betrieb
Speicheranschlüsse Ausland
Speicher an Fernleitungsnetzen

Stand: 01. März 2021

Erdgasverflüssigung

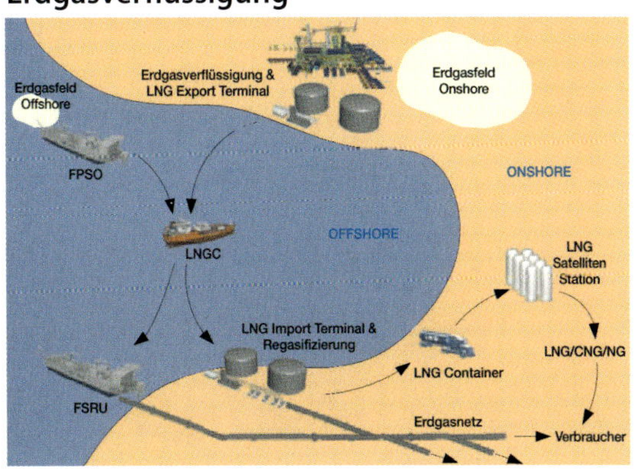

Liegen Erdgasfelder on- oder offshore kann deren Transport oft nicht über Gasleitungen erfolgen. Das Gas wird auf -162°C abgekühlt und im flüssigen Zustand mit speziellen Tankschiffen transportiert. Es wird mit LNG abgekürzt (liquified natural gas).

Aufbau einer Verdichterstation (Transport)

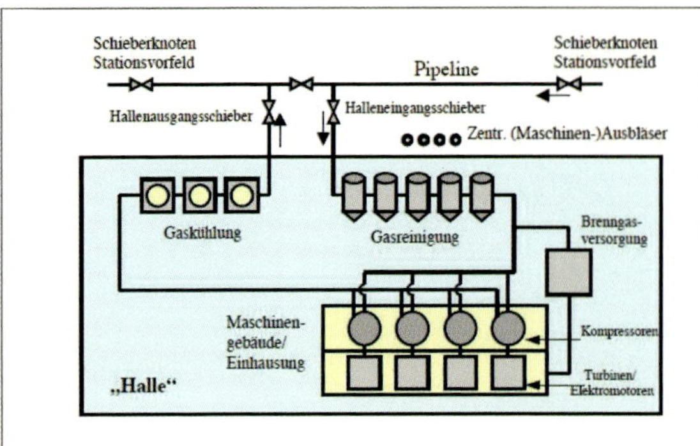

Auf dem Förderweg in Pipelines werden Verdichterstationen in die Leitungen eingebaut, um Durchverluste / Strömungsverluste auszugleichen.

Gasdruck-Regel- und Messanlage (GDRM-Anlage) mit Ersatzschiene (Muster)

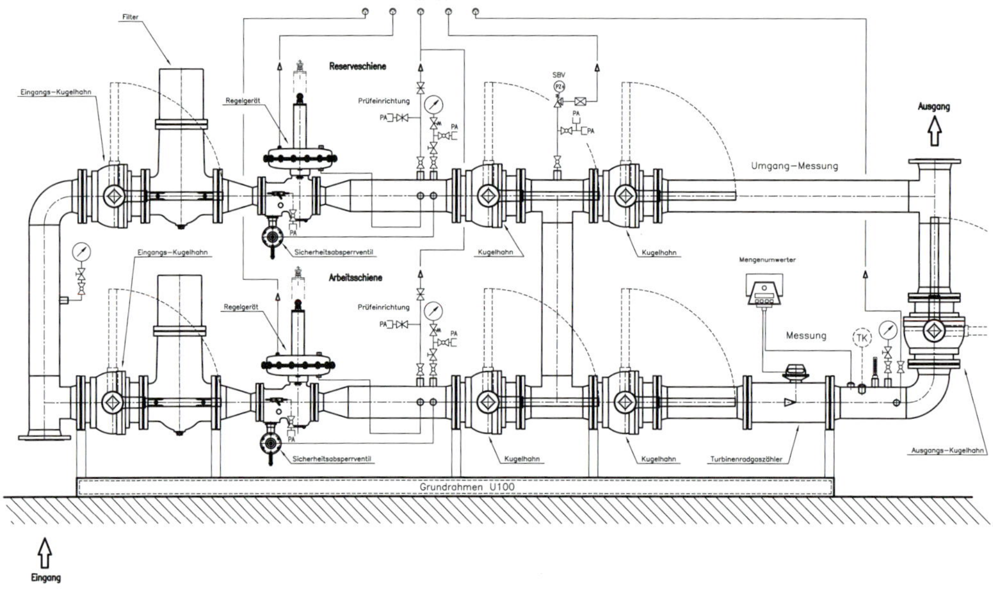

Erdgasversorgung

Erdgasfluss 2020 (vorläufig) in Mrd. kWh

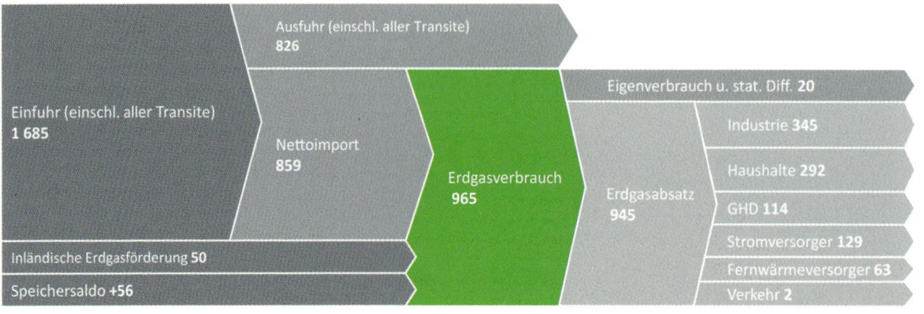

Quellen: Destatis, BVEG, Entsog, BDEW, dena; Stand 02/2021

2020 wurden zudem 9,9 Mrd. kWh auf Erdgasqualität aufbereitetes **Biogas** in das deutsche Erdgasnetz eingespeist.

6.5.3 Öffentliche Gasversorgung

6.5.3.1 Gasfamilien nach DVGW G 260

Gasfamilien nach DVGW G 260 (2021-09) bei Normdruck (p_n = 1013,25 hPa) und Normtemperatur (T_n = 0 °C) (Auszug)

Gasfamilien	1. Gasfamilie S Wasserstoffreiche Gase Zündgrenze: 6 … 36%		2. Gasfamilie N(atur) Methanreiche Gase Zündgrenze: 4 … 17% Vol%		3. Gasfamilie F(lüssig) Flüssiggase Zündgrenze: 2 … 11% Vol%		4. Gasfamilie	5. Gasfamilie Wasserstoff Zündgrenze: 4 … 77%	
	Gruppe A	Gruppe B	Gruppe L	Gruppe H	Propan C_3H_8	Propan-Butan C_3H_8–C_4H_{10}	Flüssiggas/ Luft-Gemische	Gruppe A	Gruppe D
	Stadtgas[1]	Ferngas	Erdgas L	Erdgas H				≥ 98 mol%	≥ 99,97 mol%
Wobbe-Index kWh/m³ kWh/kg	6,4–7,8 –	7,8–9,3 –	11–13,0 –	13,6–15,4 –	45,7 22,6	53,8 25,75	Gas Kommt in Deutschland nicht zur Anwendung	13,4–13,43 –	11,74–13,12 –
Brennwert H_s kWh/m³ kWh/kg	4,6–5,5 –	5,0–5,9 –	8,4–13,1 –		26,26 14,0	37,2 13,8		3,47–3,69 –	3,54 –
Relative Dichte d_n	0,40–0,60	0,33–0,55	0,55–0,75		1,56	2,09		0,097–0,087	0,07
Anschlussdruck p_{an} in hPa (mbar)	8		20		50			–	–
Zündgeschwindigkeit v in cm/s	70		41	43	42	39		350	
theor. Luftbedarf m³/m³ m³/kg	3,65 –	4,2 –	8,4 –	9,9 –	23,9 12,1	31 12		2,39 –	

[1] Stadtgase werden zur Zeit nicht mehr in Deutschland verteilt.

6.5.3.2 Gasbeschaffenheit nach DVGW G 260 und Prüfgase nach DIN EN 437

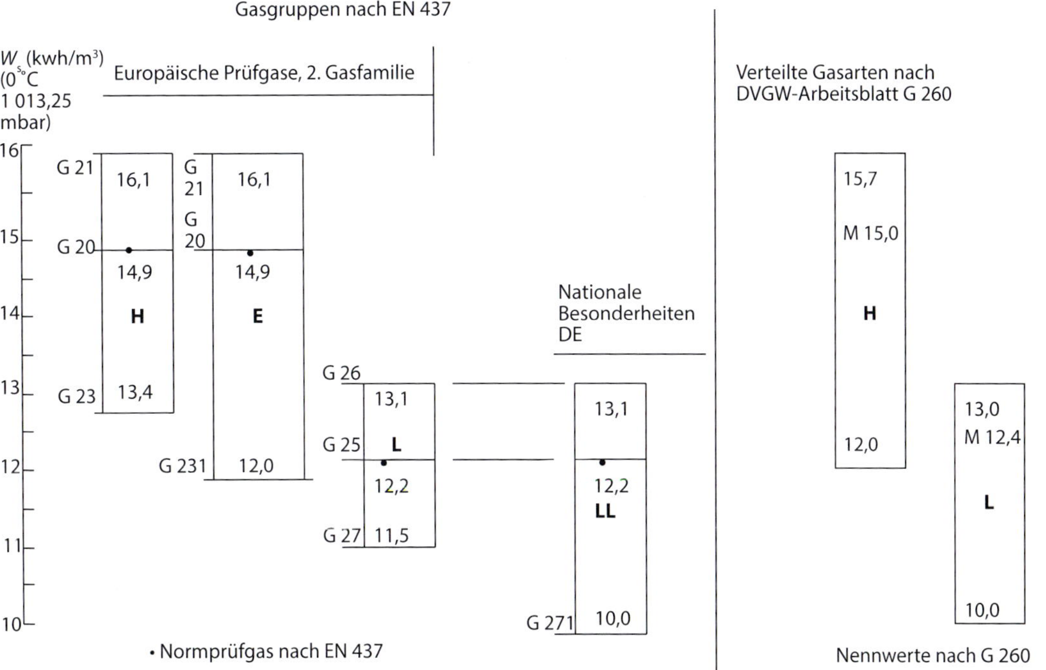

6.5.3.3 Gaskenn- und Anschlusswerte

Ideales und reales Verhalten von Erdgas

Gasvolumen im Normzustand p_n; ϑ_n 1013 mbar 0°C p_{amb} V_n 1m³	$V_n = Z \cdot V_B$ oder: $V_n = \frac{m}{\varrho_{G,n}}$	V_n: Normgasvolumen in m³ Z: Zustandszahl V_B: Gasvolumen bei Betriebszustand in m³ m: Masse des Gases in kg $\varrho_{G,n}$: Dichte des Gases im Normzustand in kg/m³ p_n = 1013,25 mbar ϑ_n = 273,15k = 0°C
Betriebszustand und Zustandszahl 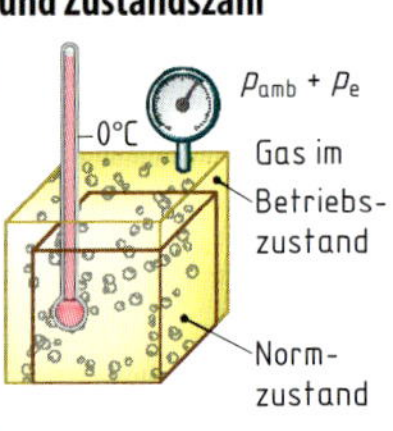 	$Z = \frac{273{,}15\,K}{273{,}15\,K + \vartheta} \cdot \frac{p_{amb} + p_e - \varphi \cdot p_s}{1013{,}25\,hPa} \cdot \frac{1}{K}$ Näherungsweise gilt: $K \approx 1 - \left(\frac{p_{abs}}{450\,kPa}\right)$ für Erdgas bis 70 mbar und einer Temperatur bei ca. 12°C Erdgas nach TRGI hat eine Restfeuchte von $p = 0$	Z: Zustandszahl ϑ: Temperatur im Betriebszustand in °C p_{amb}: Luftdruck in hPa (mbar) p_e: effektiver Gasdruck in hPa (mbar) (Erdgas: $p_{eff} \approx 20$ mbar) φ: relative Feuchte des Gases (trocken: $\varphi = 0{,}0$) p_S: Sättigungsdruck der Feuchte in hPa (mbar) K: Kompressibilitätszahl (im Normzustand ist K bis 1 bar = 1)

Teildruck des Wasserdampfes p_S und absolute Feuchtigkeit ϱ_S von gesättigten Gasen

ϑ °C	p_s 100 kPa	ϱ_s $\frac{kg}{m^3}$	ϑ °C	p_s 100 kPa	ϱ_s $\frac{kg}{m^3}$	ϑ °C	p_s 100 kPa	ϱ_s $\frac{kg}{m^3}$	ϑ °C	p_s 100 kPa	ϱ_s $\frac{kg}{m^3}$
– 20	0,001039	0,000884	7	0,010021	0,007756	24	0,029856	0,021804	52	0,136305	0,091210
– 18	0,001249	0,001061	8	0,010730	0,008276	25	0,031697	0,023073	54	0,150215	0,099931
– 16	0,001507	0,001270	9	0,011483	0,008825	26	0,033637	0,024404	56	0,165322	0,109344
– 14	0,001812	0,001515	10	0,012282	0,009407	27	0,035679	0,025801	58	0,181704	0,119492
– 12	0,002173	0,001804	11	0,013129	0,010021	28	0,037828	0,027266	60	0,199458	0,130418
– 10	0,002599	0,002141	12	0,014028	0,010670	29	0,040089	0,028802	62	0,218664	0,142170
– 8	0,003100	0,002534	13	0,014981	0,011355	30	0,042467	0,030412	64	0,239421	0,154795
– 6	0,003687	0,002992	14	0,015989	0,012078	32	0,047592	0,033864	66	0,261827	0,168344
– 4	0,004375	0,003523	15	0,017057	0,012840	34	0,053247	0,037647	68	0,285986	0,182869
– 2	0,005177	0,004139	16	0,018188	0,013644	36	0,059475	0,041785	70	0,312006	0,198423
0	0,006112	0,004851	17	0,019383	0,014491	38	0,066324	0,046306	72	0,340001	0,215063
1	0,006571	0,005196	18	0,020647	0,015384	40	0,073844	0,051237	74	0,370088	0,232846
2	0,007060	0,005563	19	0,021982	0,016324	42	0,082090	0,056608	76	0,402389	0,251832
3	0,007581	0,005952	20	0,023392	0,017313	44	0,091118	0,062451	78	0,437031	0,272083
4	0,008135	0,006365	21	0,024881	0,018353	46	0,100988	0,068797	80	0,474147	0,293663
5	0,008726	0,006802	22	0,026452	0,019447	48	0,111764	0,075682	90	0,701824	0,423882
6	0,009354	0,007265	23	0,028109	0,020596	50	0,123513	0,083140	100	1,014180	0,598136

Betriebsheizwert, Betriebsbrennwert, Betriebsdruck

Umrechnung Heizwert – Betriebsheizwert

Formel		Formelzeichen	Erklärung
Betriebsheizwert	$H_{i,B} = \frac{H_i \cdot p_B \cdot T_n}{p_n \cdot T_B}$	$H_{i,B}$	Betriebsheizwert in $\frac{kWh}{m^3}$
		$H_{S,B}$	Betriebsbrennwert in $\frac{kWh}{m^3}$
Betriebsbrennwert	$H_{s,B} = \frac{H_s \cdot p_B \cdot T_n}{p_n \cdot T_B}$	H_i	Heizwert in $\frac{kWh}{m^3}$
		H_s	Brennwert in $\frac{kWh}{m^3}$
		T_n	Normbezugstemperatur = 273,15 K
		p_n	Normbezugsdruck = 1013,25 hPa (mbar)
Betriebsdruck	$p_B = p_{amb} + p_e$	T_B	Betriebstemperatur in K = Gastemperatur am Gaszähler in K
		ϑ_B	Betriebstemperatur in °C
Betriebstemperatur in Kelvin	$T_B = \vartheta_B + 273{,}15K$	p_B	Druck bei Betriebsbedingungen in hPa (mbar)
		p_{amb}	Atmosphärendruck in mbar (hPa)
		p_e	Überdruck am Gaszähler in mbar (hPa)

Wärmemenge, Wärmeleistung, Anschlusswert, Wirkungsgrad

Formel		Formelzeichen	Erklärung
Gasförmige Brennstoffe	$Q = V \cdot H_{i,B}$	Q	Wärmemenge in kWh
		V	Volumen des Brennstoffes in m³ bzw. l
		H_i	Heizwert in $\frac{kWh}{kg}$, $\frac{kWh}{l}$
		H_s	Brennwert in $\frac{kWh}{kg}$, $\frac{kWh}{l}$
	$Q = V \cdot H_{s,B}$	$H_{i,B}$	Betriebsheizwert in $\frac{kWh}{m^3}$
		$H_{s,B}$	Betriebsbrennwert in $\frac{kWh}{m^3}$
Anschlusswert	$\dot{V}_A = \frac{\dot{Q}_{NB}}{H_{iB}}$	$\dot{V}_A$	Anschlusswert in m³/h
Einstellwert	$\dot{V}_E = \frac{\Phi_{NB} \cdot 1000 \frac{l}{m^3}}{H_{i,B} \cdot 60 \frac{min}{h}}$	$\dot{V}_E$	Einstellwert in m³/h
Wirkungsgrad	$\eta - \frac{\Phi_{NL}}{\Phi_{NB}}$	η	Wirkungsgrad
		Φ_{NB}	Nennwärmebelastung in kW
		Φ_{NL}	Nennwärmeleistung in kW
			$\dot{Q}_{NB} = \Phi_{NB}$
			$\dot{Q}_{NL} = \Phi_{NL}$

Relative Dichte und Wobbe-Index

Formel		Formelzeichen	Erklärung
Relative Dichte	$d = \frac{\rho_{nGas}}{\rho_{nLuft}}$	d ρ_{nGas} ρ_{nLuft}	relative Dichte in kg/mm³ Dichte von Gas im Normzustand in kg/mm³ Dichte von Luft im Normzustand in kg/mm³
Wobbeindex	$W_{S,n} = \frac{H_{S,n}}{\sqrt{d}}$ $W_{I,n} = \frac{H_{I,n}}{\sqrt{d}}$	W H d I S n	Wobbeindex in kWh/m³ Heizwert in kWh/m³ relative Dichte unterer lat. inferior „unterer" oberer lat. superior „oberer" Normzustand (1013,25 hPa (mbar); 0°C)

6.5.3.4 Gasleitungswerkstoffe und Befestigung

Einsatzbereiche für Rohre nach DVGW-TRGI 2018

Werkstoffe	Norm	Betriebsdruck bis 100 mbar	Betriebsdruck 100 mbar bis 1 bar	Freiverlegte Außenleitung	Erdverlegte Außenleitung	Innenleitung	Gasgeräteanschlussleitung
Stahlrohre	DIN EN 10255 DIN EN ISO 3183 DIN EN 10216-1 DIN EN 10217-1	X	X	X	X	X	X
Rohre aus nicht rostendem Stahl	DVGW GW 541 (A)	X	X	X	X	X	X
Wellrohrleitung aus nicht rostendem Stahl	DIN EN 15266 DVGW G 5616 (P)	X			X[1]	X	X
Präzisionsstahlror	DIN EN 10305-1 bis 3	X	X			X	X
Kupferrohre	DIN EN 1057	X	X	X	X	X	X
Mehrschicht-Verbundrohre	DVGW VP 632	X			X[1]	X	X
Kunststoffrohre aus $PE\text{-}X_a$ $PE\text{-}X_b$, $PE\text{-}X_c$	DVGW GW 335-A3 (A) DVGW VP 640 (P)	X			X[1]	X	X
Kunststoffrohre PE80, PE100	DVGW GW 335-A2 (A)	X	X		X		
Kunststoffrohre $PE\text{-}X_b$, $PE\text{-}X_c$	DVGW VP 640	X	X		X		
Gasschlauchleitungen	DIN 3384 DIN 3383-1 DIN 3383-2 DIN EN 14800	X					X

[1] nur zum Anschluss von Gasgeräten zur Verwendung im Freien
[2] zum Axialausgleich

Richtwerte für Befestigungsabstände horizontal verlegter Leitungen

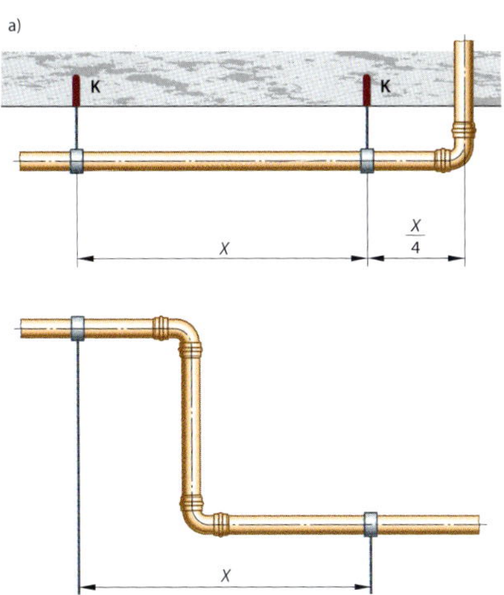

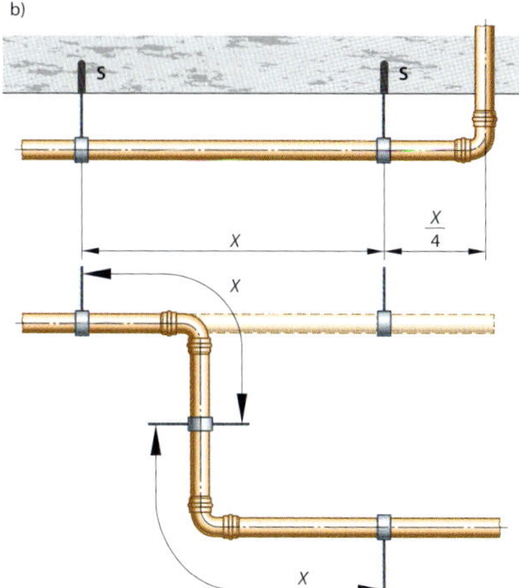

- Befestigung mit Kunststoffdübel (K) zulässig bei zug- und schubfester Rohrverbindung (bis 650°) je nach baulicher Situation und räumlicher Zuordnung
- Beispiel: gepresste Kupferleitung

- Befestigung mit Stahldübel (S) zulässig bei nichtzug- und schubfester Rohrverbindung (bis 650°)
- Beispiel: hartgelötete Kupferleitung

Befestigungsabstände metallener Leitungen

Nennweite DN	Außendurchmesser d_a mm	Befestigungsabstand x m
–	15	1,25
15	18	1,50
20	22	2,00
25	28	2,25
32	35	2,75
40	42	3,00
50	54	3,50
–	64	4,00
65	76,1	4,25
80	88,9	4,75
100	108	5,00

Befestigungsabstände Mehrschichtverbundrohr (Herstellerangaben)

Außendurchmesser d_a mm	Befestigungsabstand m
14	1,00
16	1,00
20	1,15
25	1,30
32	1,50
40	1,80
50	2,00
63	2,00

6.5.3.5 Hauseinführungen *house gas launches*

Mehrspartenhauseinführung

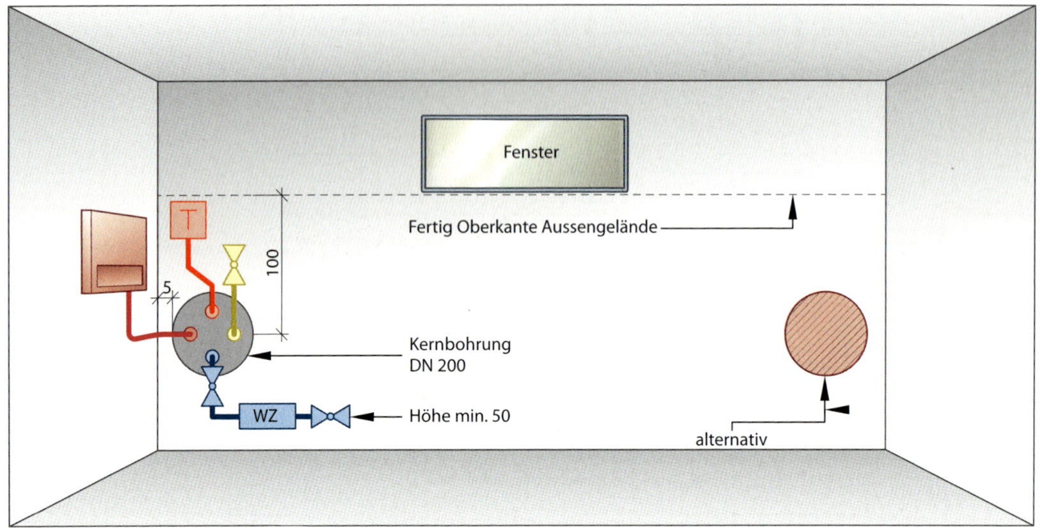

alle Maßangaben in cm

Wichtige Informationen:
Falls die Kernbohrung DN 200 bauseits erstellt werden, muss diese unter Einhaltung der vorliegenden Maße erfolgen.

Einzelhauseinführung

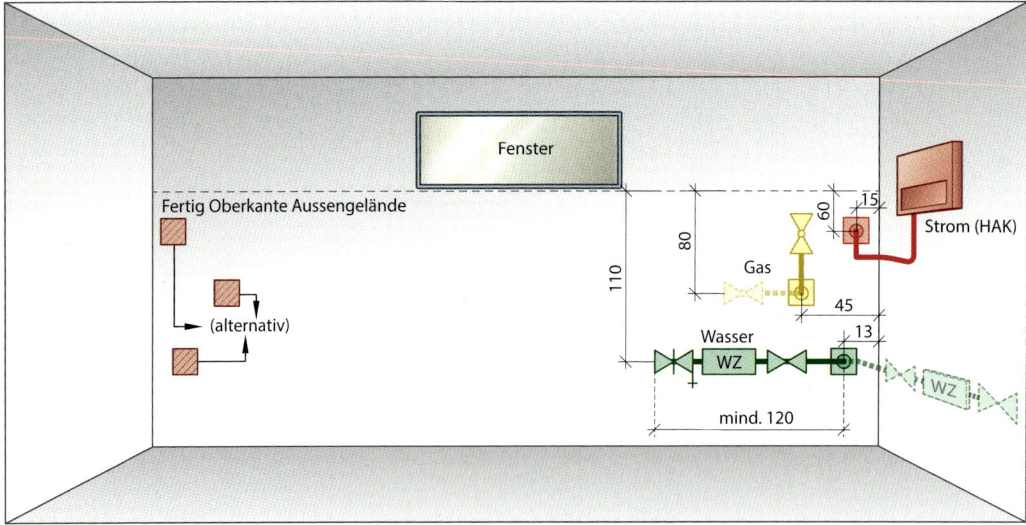

alle Maßangaben in cm

Wichtige Information:
Falls die Kernbohrungen DN 100 bauseits erstellt werden, müssen diese unter Einhaltung der vorliegenden Maße erfolgen.

Schutzrohre für die Hauseinführung bei nicht unterkellerten Gebäuden

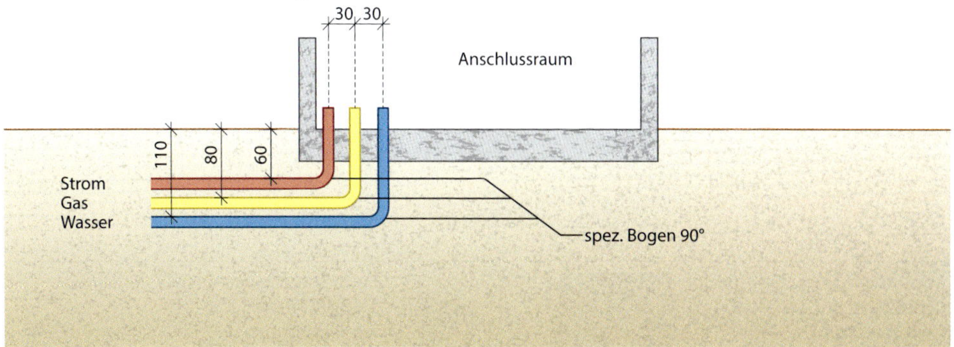

alle Maßangaben in cm

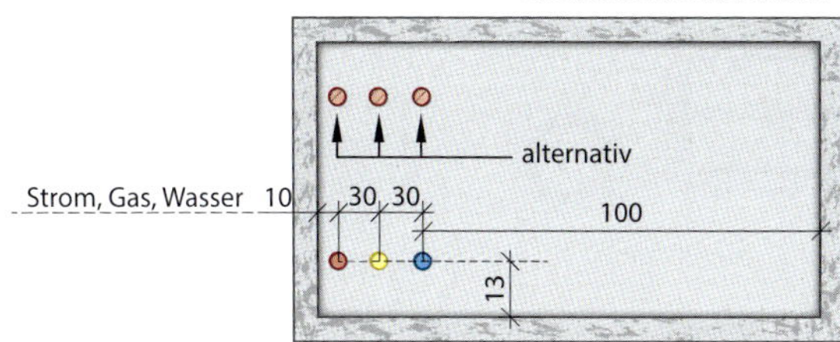

Wichtige Information:
Die Durchmesser der Schutzrohre richtet sich nach den Dimensionen der Hausanschlussleitungen.

6.5.3.6 Abstandsregeln für Gasleitungen

Beschreibung	Kombinationsbeispiele	
Abstände zwischen nichtbrennbaren Rohrleitungen (R)	a $a \geq 1 \times d$ des größten Außendurchmessers der Rohrleitungen (R)	Gasleitung zur Gasleitung oder Nichtbrennbare Rohrleitung zur Gasleitung
Diese Abstandsempfehlung gegenüber Feuerschutzabschlüssen und anderen Einbauten ergibt sich aus den allgemeinen bauaufsichtlichen Verwendbarkeitsnachweisen des DIBt	b $b \geq 200$ mm	Feuerschutzabschluss (T 30/60/90, T 30-/60-/90-RS) zur Gasleitung
Sollten in den allgemeinen bauaufsichtlichen Verwendbarkeitsnachweisen größere Mindestabstände „c" gefordert werden, dann sind diese abweichend zur MLAR/LAR, Abschnitt 4.1.3 zwingend einzuhalten	c $c \geq 50$ mm	Rohrleitungsabschottung (R 30/60/90 bzw. EI 30/60/90) zur Gasleitung • Gasleitungsrohre (R) • Brandschutztechnische Abschottung (ML/BA/MS/BD/H) • Restverschluss wahlweise (M/G) Installationskanal (I 30/60/90, E 30/60/90, L 30/60/90) zur Gasleitung

6.5.3.7 Gas-Hausanschluss

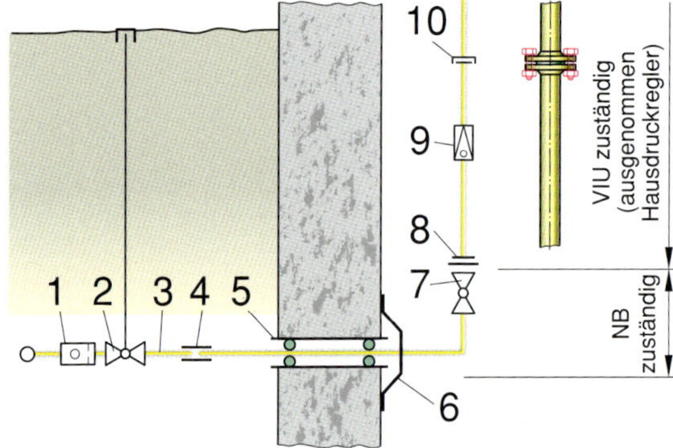

1 Gas-Strömungswächter
2 Außenabsperrarmatur
3 Hausanschlussleitung
4 Kraftbegrenzer
5 Außenwanddurchführung
6 Ausziehsicherung
7 Hauptabsperreinrichtung
8 Isolierstück (integriert in 7)
9 Hausdruckregler (GS integriert)
10 lösbare Verbindung

Typen Gasströmungswächter

M	M Einbaulage senkrecht, für Metallleitungen	15 bis 100 hPa (mbar) $f_{Smin} = 1{,}3$, $f_{Smax} = 1{,}8$ inst. Prüfung bei $1{,}15 \times \dot{V}_N$ $\Delta p \leq 0{,}5$ hPa (mbar)	GS-Nennwert GS 2,5 GS 4 GS 6 GS 10 GS 16	Farbe gelb braun grün rot orange	Nenndurchfluss $\dot{V}_N$ in m^3/h (Luft) 2,0 3,2 4,8 8,0 12,8
K	K Einbaulage senkrecht oder waagrecht , für Metall- und Kunststoffleitungen	15 bis 100 hPa (mbar) $f_{Smin} = 1{,}3$, $f_{Smax} = 1{,}45$ inst. Prüfung bei $1{,}15 \times \dot{V}_N$ $\Delta p \leq 0{,}5$ hPa (mbar)	GS-Nennwert GS 1,6 GS 2,5 GS 4 GS 6 GS 10 GS 16	Farbe weiß gelb braun grün rot orange	Nenndurchfluss $\dot{V}_N$ in m^3/h (Luft) 1,3 2,0 3,2 4,8 8,0 12,8

f_S: Der Schließfaktor ist das Verhältnis von Schließdurchfluss zum Nenndurchfluss $f_S = \dot{V}_S / \dot{V}_N$
$\dot{V}_S$: Der Schließdurchfluss ist der Durchfluss bei dem der GS schließt.
$\dot{V}_N$: Der Nenndurchfluss ist der vom Hersteller angegebene Durchfluss.
$\dot{V}_S$: und $\dot{V}_N$ werden in m^3/h Luft (15 °C, 1013 hPa (mbar)) bei 20 hPa (mbar) Prüfdruck angegeben.
Δp : maximaler Druckverlust in mbar
Inst. Prüfung: Luftvolumenstrom bei Prüfung des Schließverhaltens

Gasgeräte-Kennzeichnung/Typenschild

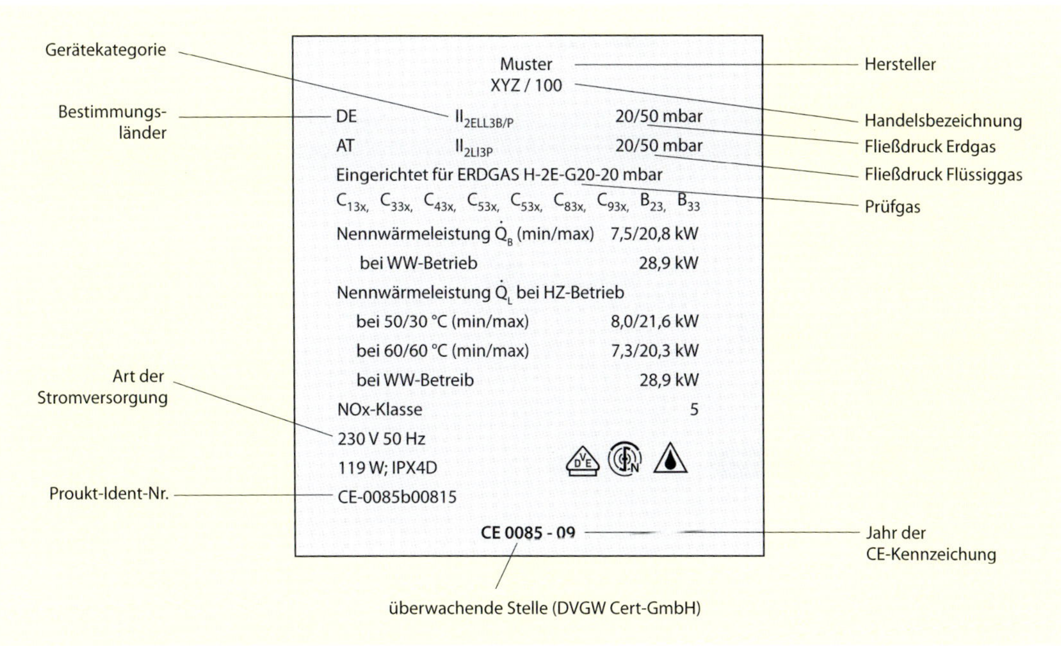

DE = Länderkennzeichnung (Bestimmungsland Deutschland)
II = Gerätekategorie II, geeignet für Gase von zwei Gasfamilien
2E = 2. Gasfamilie, Gruppe E (mit ausreichender Genauigkeit in etwa Erdgas H)
2LL = 2. Gasfamilie, Gruppe LL (mit ausreichender Genauigkeit in etwa Erdgas L)
3B/P = 3. Gasfamilie, Gruppe B/P (Butan, Propan und deren Gemische)
C_{13x} = Zuordnung nach Gasgerät Art (z. B. C = raumluftunabhängig, Index 13 x = Art der Abgasabführung)
H = Erdgas H nach DVGW G 260
G20 = Normprüfgas für Erdgas E 20 mbar

für Deutschland gilt die NO_x-Klasse 5 (Grenzwerte nach Tabelle)

6.5.4 Grubengasanlagen

In stillgelegten Steinkohlebergwerken tritt weiterhin Methan (CH_4) aus. Damit es nicht in die Atmosphäre austritt, wird es abgesaugt und zur energetischen Nutzung Blockheizkraftwerden zugeführt. Das Treibhauspotential des Grubengases reduziert sich und es kann klimafreundlich Strom und Wärme erzeugt werden.

6.5.5 Biogasanlagen

Aufbau

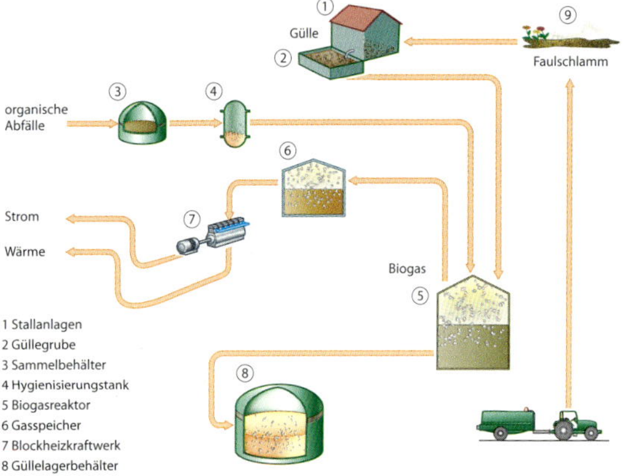

In Biogasanlagen werden organische / pflanzliche Stoffe im Fermenter vergoren. Das entstehende Biogas wird verdichtet und gereinigt. In nachgeschalteten Blockheizkraftwerken wird Energie gewonnen.

Biogasverwendung

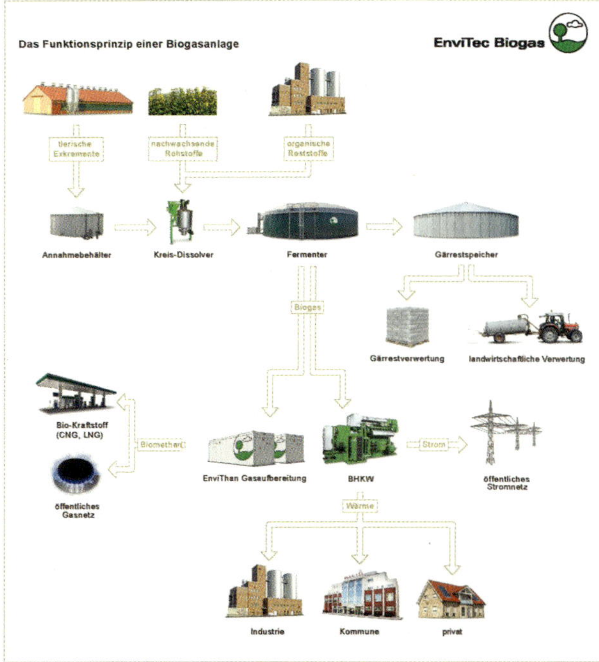

6.5.6 Flüssiggasanlagen

Flüssiggasanlage mit Flaschen

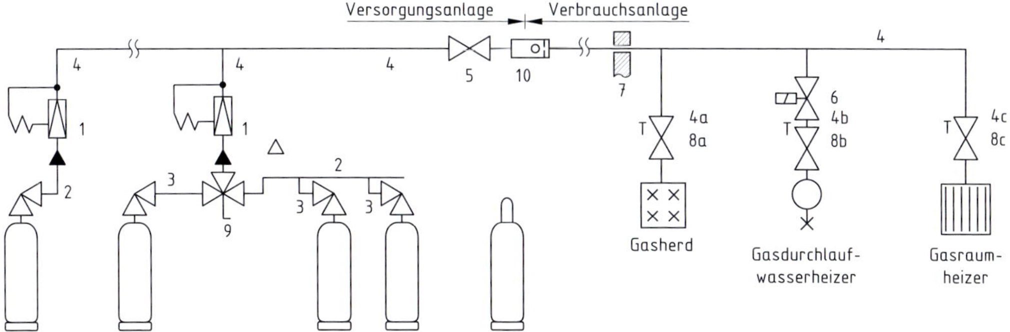

Legende

1 Druckregelgerät mit vorgeschaltenem SAV und nachgeschaltetem PRV
2 Mitteldruck-Rohrleitung
3 Schlauchleitung
4 Niederdruck-Rohrleitung
5 Hauptabsperreinrichtung
6 Magnetventil – stromlos geschlossen (optional)
7 Hauseinführung
8 Geräteabsperrarmatur mit thermisch auslösender Absperreinrichtung (TAE)
9 Umschaltarmatur
10 Gasströmungswächter
A Einflaschenanlage; Regleranschluss direkt am Flaschenventil
B Zweiflaschenanlage (2. Flasche nicht abgebildet)
C Mehrflaschenanlage (2. Flaschegruppe nicht abgebildet)
D Vorratsflasche
B+C können entweder als Betriebs- oder Reserveflasche geschaltet sein

Flüssiggasanlage mit Flüssiggasbehältern DVFG-TRF 2021

LPG system with LPG tanks

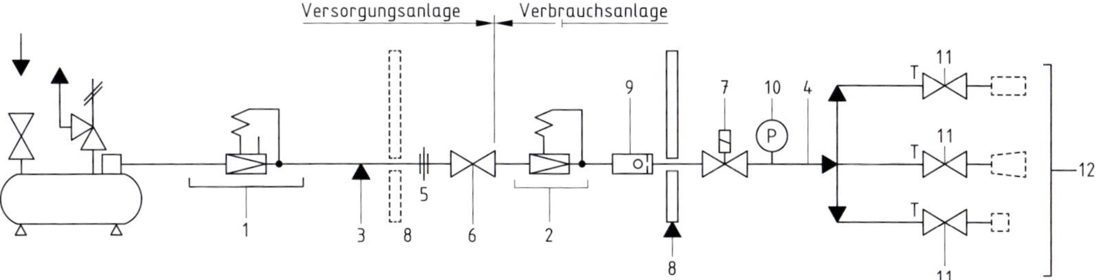

Legende

1 Druckregelgerät 1. Stufe mit SAV/PRV
2 Druckregelgerät 2. Stufe mit SAV/PRV
3 Mitteldruck-Rohrleitung
4 Niederdruck-Rohrleitung
5 Isolierstück
6 Hauptabsperreinrichtung
7 Magnetventil – stromlos geschlossen (optional)
8 Hauseinführung
9 Gasströmungswächter
10 Manometer
11 Geräteabsperrarmatur mit thermisch auslösender Absperreinrichtung (TAE)
12 Gasgeräte

Ausrüstungsteile (Armaturen) an Flüssiggasbehältern: Übersicht

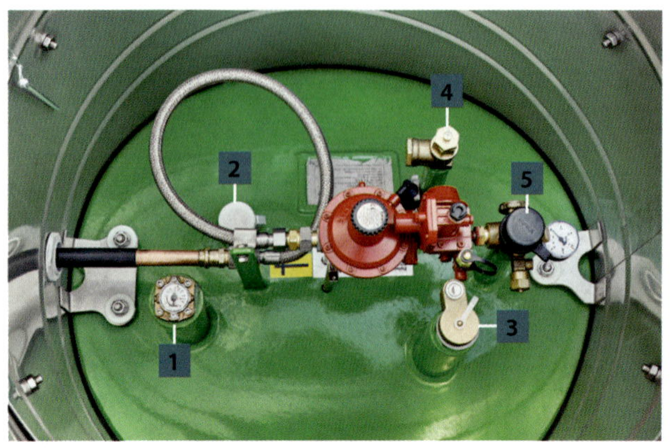

1 Inhaltsanzeiger 2 Sicherheitsventil 3 Fullventil 4 Flussigentrahmeventil 5 Gasentnahmeventil mit Uberfullsicherung

Beispiel für die Ausführung der Grundplatte bei der oberirdischen Aufstellung von Flüssiggasbehältern im Freien

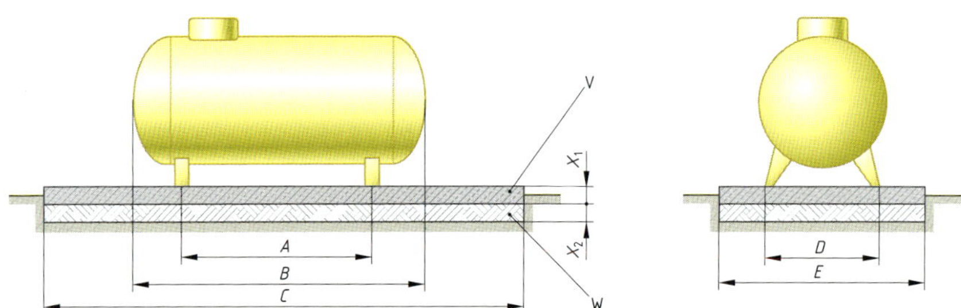

Nenninhalt *l*	*A* mm	*B* mm	*C* mm	*D* mm	*E* mm	Behälter-Gewicht kg
1775	1550 ± 50	2475	3000	850	1200	440
2700	1500 ± 50	2460	3000	950	1400	640
4850	2000	4255	4800	950	1400	1050
6400	3500	5500	6400	950	1400	1170

Legende

V: Beton mindestens nach Güteklasse B_n 150 mit einer Lage Baustahlgewebematerial Q 131
W: Schüttmaterial: Schotter, Sand, Asche je nach Bodenverhältnissen und Frostgefährdung
X_1: Höhe der Betonplatte mindestens 200 mm
X_2: Höhe des Schüttmaterials mindestens 250 mm

Beispiel für die Ausführung halboberirdischer Flüssiggasbehälter

Bedingung: Untere Hälfte ist in die Erde eingelagert

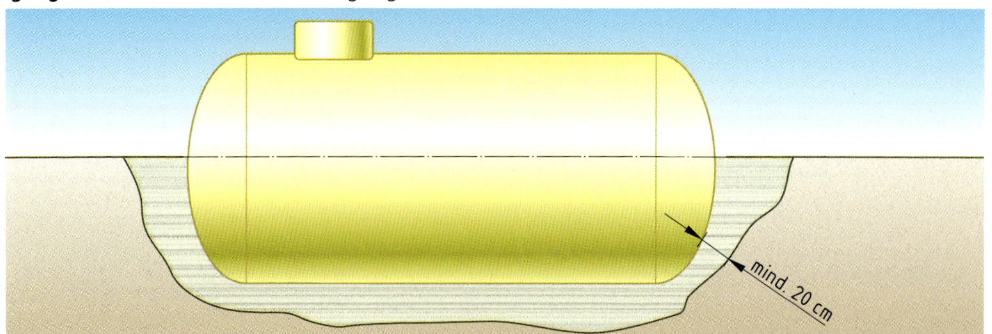

Explosion- und Brandschutzbereiche bei verschiedenen Aufstellbedingungen von Flüssiggasanlagen

Zone 1: Bereiche, in denen damit zu rechnen ist, dass eine gefährliche, explosionsfähige Atmosphäre durch ein Gemisch aus Gasen, Nebeln oder Dämpfen **gelegentlich** auftritt. Sie muss jederzeit von Zündquellen (nicht ex-geschützte elektrische Anschlüsse oder Geräte) freigehalten werden.
Zone 2: Bereiche, in denen damit zu rechnen ist, dass eine gefährliche, explosionsfähige Atmosphäre durch ein Gemisch aus Gasen, Nebeln oder Dämpfen **selten und/oder kurzzeitig** auftritt. Sie muss während des Befüllvorgangs von Zündquellen freigehalten werden.

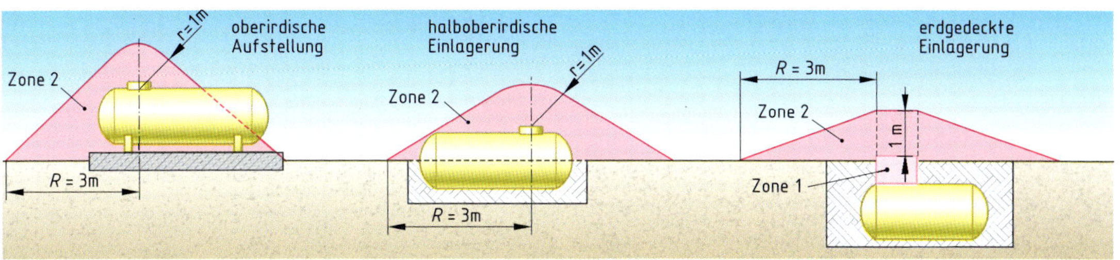

Aufstellung im Raum

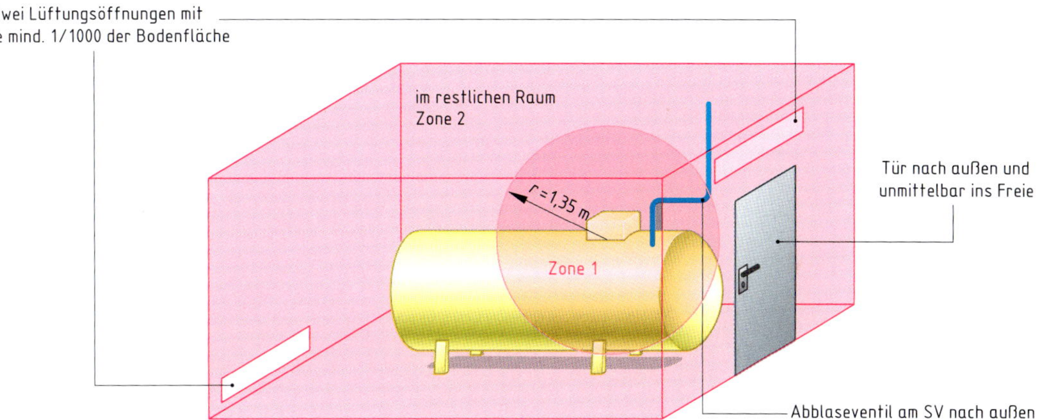

Einschränkungen der Explosion- und Brandschutzbereiche bei verschiedenen Aufstellbedingungen von Flüssiggasanlagen.

Bemerkung: Schutzwand errichten, wenn das nebenstehende Gerät/Einrichtung nicht explosionsgeschützt ist.

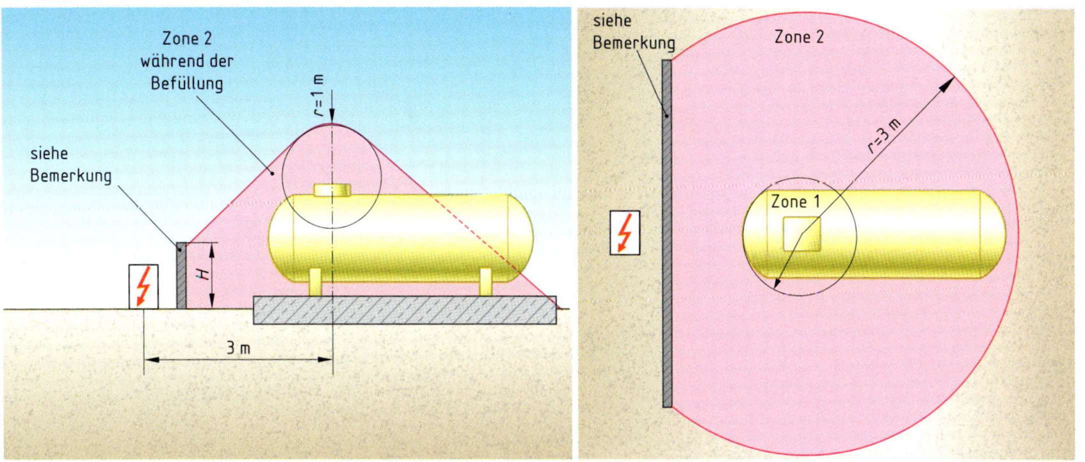

halboberirdische Einlagerung

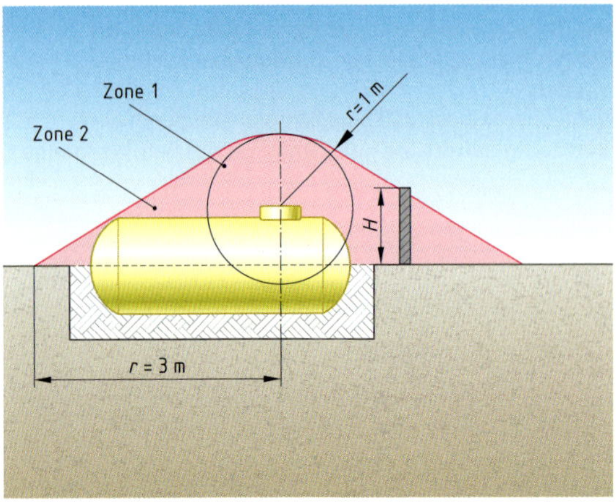

erdgedeckte Einlagerung

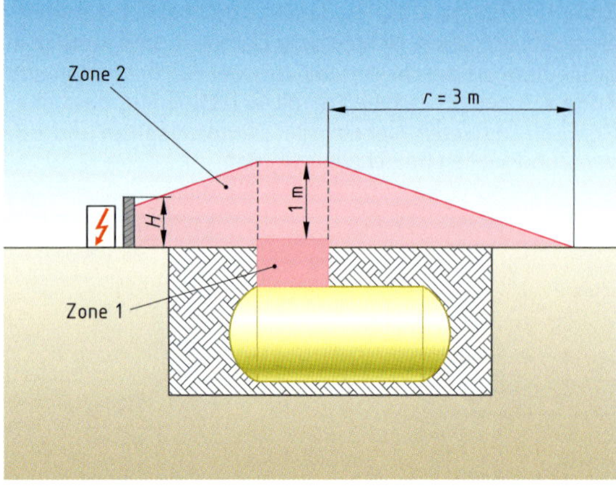

Bauliche Maßnamen zur Reduzierung des Abstandes zu Kanälen, Schächten, Öffnungen

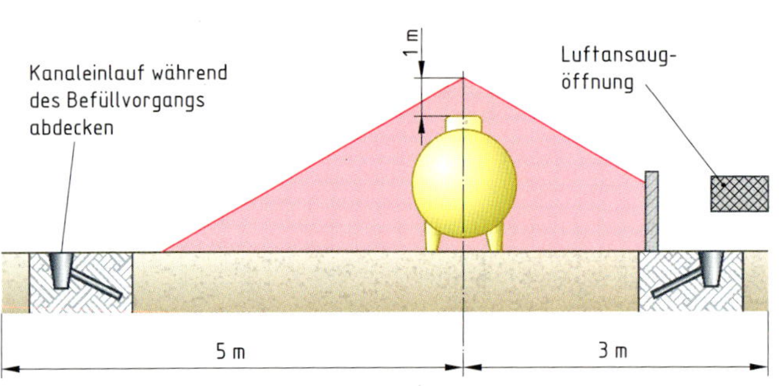

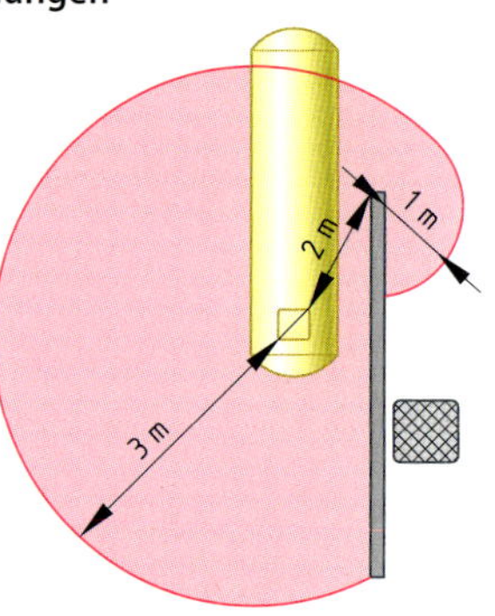

Zusätzliche Maßnahmen bei Gelände mit Gefälle

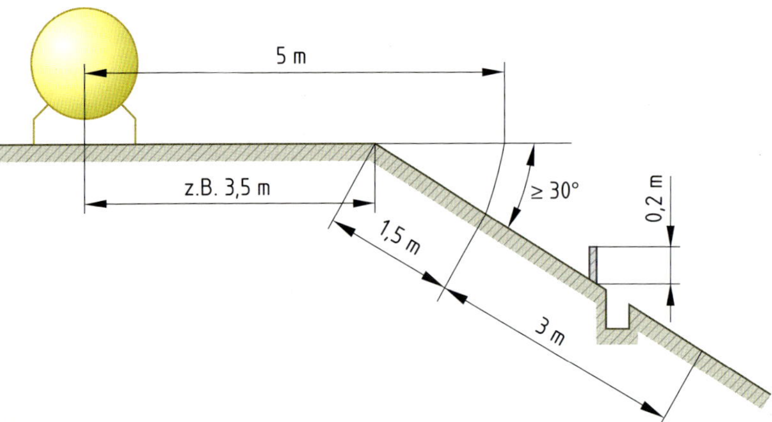

Aufstellung bei einem Dachüberstand von mehr als 0,5 m

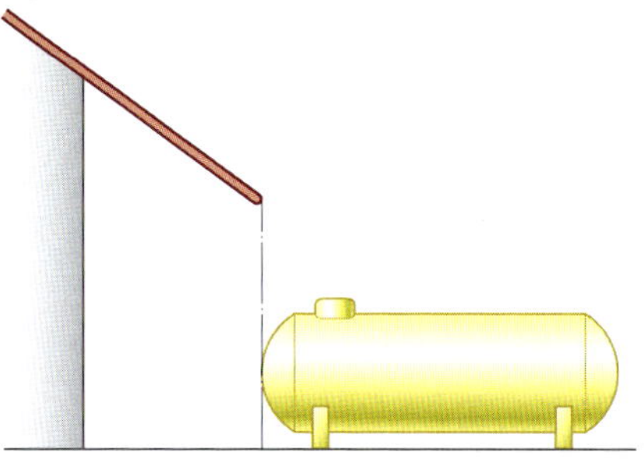

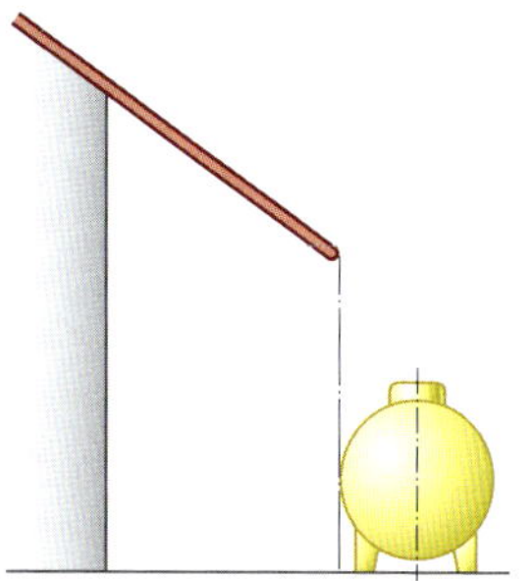

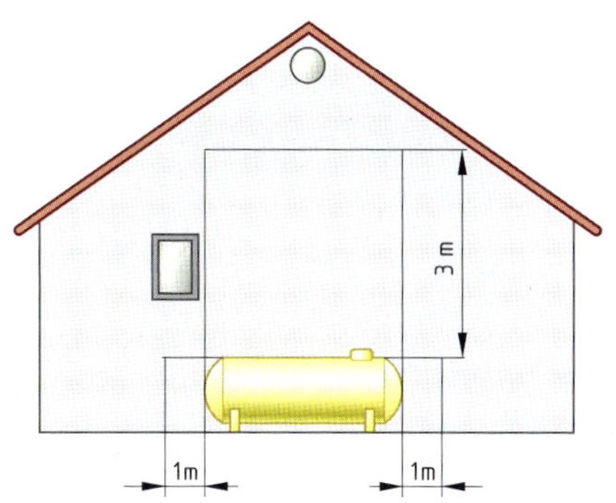

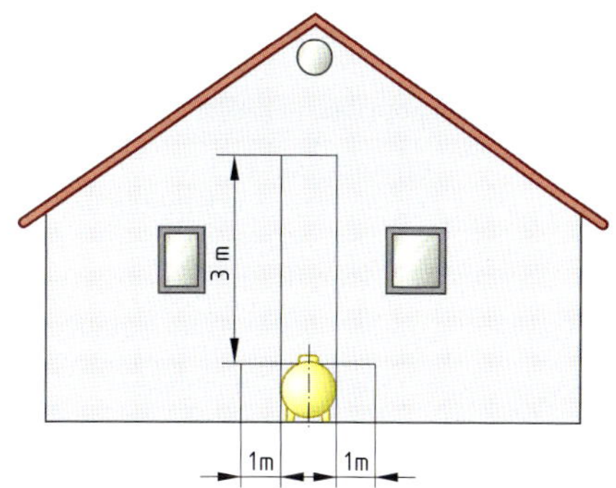

6.5.7 Brandschutz *fire protection*

Abstände von Flüssiggasbehältern zu Brandlasten

Breite der Brandlast in m	≤4	5	6	7	8	9	10	11	12	13	14	15
Abstand des Flüssiggasbehälters zur Brandlast in m	5	6,4	7,2	8,0	8,7	9,5	10,2	10,9	11,6	12,3	12,9	13,6

Schutzwand vor Brandlasten

Beispiel für die Bestimmung der Breite für eine Schutzwand

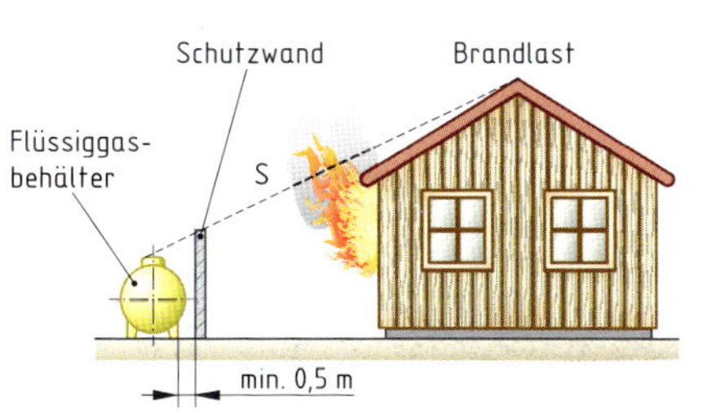

Strahl S:
- bei Spitz- oder Satteldach vom First ausgehend
- bei Flach- oder Pultdach von der Traufe ausgehend

Schutzwand gemauert/Beton min. 12 cm tief

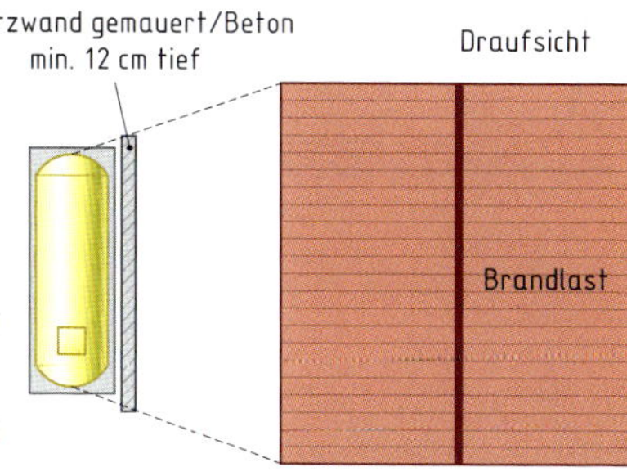

Explosionsgefährdeter Bereich für Mehrflaschenanlagen

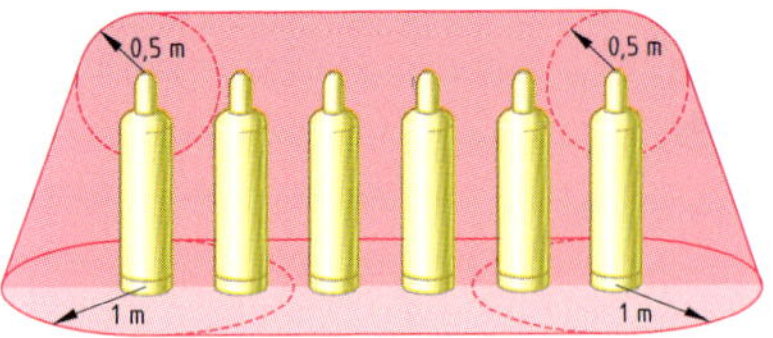

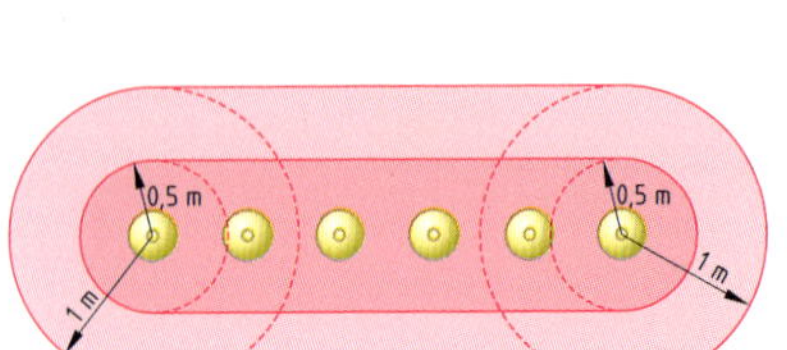

Explosionsgefährdeter Bereich für Flaschenschränke

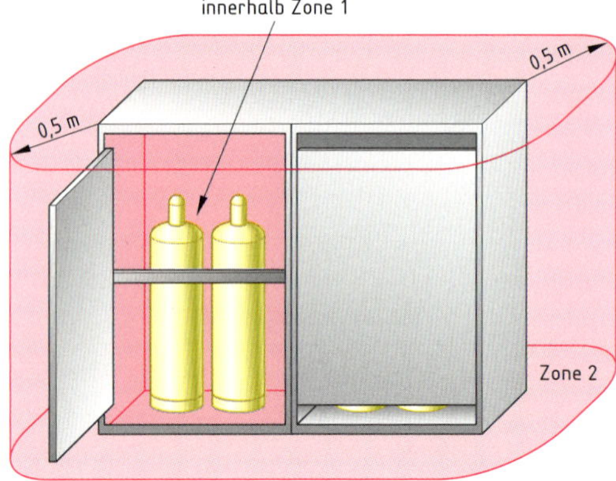

Mindestabstände von Flüssiggasbehältern zu Wärmequellen

Wärmestrahlungsquellen	Mindestabstände ohne Strahlungsschutz in cm	Mindestabstände mit Strahlungsschutz[a] in cm
von Heizgeräten, Feuerstätten und ähnlichen Wärmequellen	70	30
von Heizkörpern[b]	50	10
von Gasherden und ähnlichen Wärmequellen	30	10

[a] aus nichtbrennbarem Material, z. B. ein Strahlungsschutzblech

[b] Bei Vorlauftemperaturen von unter 60° C ist ein Abstand von 10 cm ohne Strahlungsschutz ausreichend.

6.5.8 Anlagenbeispiel mit Hausanschlusskasten

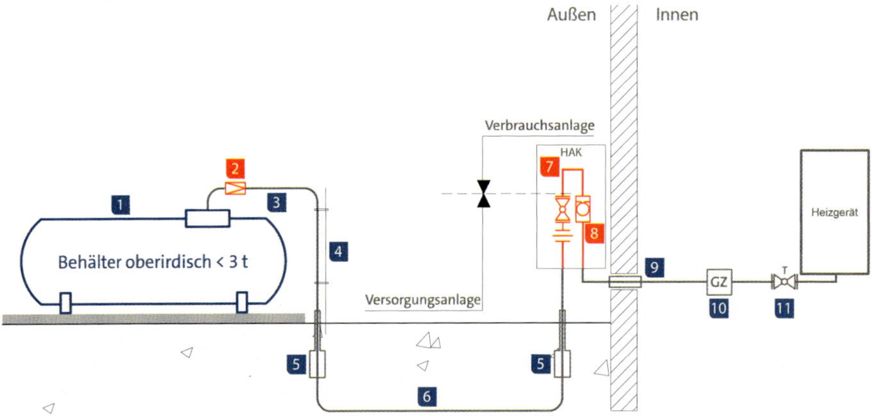

1 Flüssiggaslagerbehälter oberirdisch

2 Gasdruckregelgerät 12kg/h 50mbar + Pressverschr. ¾" KN-AGx22

3 Rohrleitung Kupfer

4 Rohrstütze zur festen Halterung für 3 (bauseits)

5 Übergangsstück PE d32/Cu d22
(Achtung: PE-Teil vollständig im Erdreich – Markierung beachten)

6 Rohrleitung PE-Xa

7 HAK (AB1) ¾" KN-ÜMx1"IG, AP, DN20, ISO/KH/PRÜF

8 Gasströmungswächter Typ K, Vgas 1,6/2,5/4,0/6,0
(Einbau direkt in 1"-Verschraubung von 7 ohne lösbare Verbindung, Einbaulage "D")

9 Wanddurchführung

10 Gaszähler

11 Geräteabsperreinrichtung mit TAE

Mindestmaße einer handwerklich hergestellten Hauseinführung von Flüssiggasleitungen

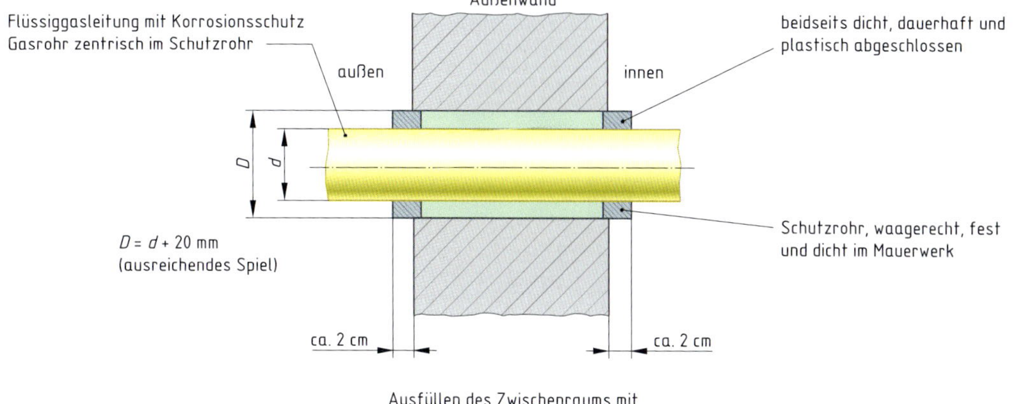

6.6 Dampfkesselanlagen

Einsatzbereiche (Beispiele)	Kraftwerke, Dampfheizungen, Energieträger für chemische Prozesse, Raffinerien	Lebensmittelindustrie (z.B. Fruchtsaftherstellung, Brauereien, Molkereien), Pharmazeutische Industrie Düngemittelindustrie, Automobilbau, Holzverarbeitung
Vor- und Nachteile von Dampfanlagen gegenüber Heißwasseranlagen	**Vorteile** – Kleinerer Massenstrom bei gleicher übertragener Wärmemenge (um Faktor 10 ... 50) – Keine Umwälzpumpen notwendig – Kleinere Leitungsquerschnitte – Sehr schnelles und gleichmäßiges Aufheizen an den Wärmeverbrauchern möglich – Schnelle und präzise Temperaturregelung mittels Dampfdruckeinstellung möglich – Freisetzung großer Energiemengen bei konstanter Temperatur möglich – Sehr hoher Wärmeübertragungskoeffizient beim Kondensieren. Dadurch kleinere Wärmeübertragerflächen möglich und geringere Anlagenkosten für die Prozesswarme – Geeignet zur direkten Aufheizung von Produkten (z. B. bei Lebensmitteln, Autoklaven) – Einfache modulare Erweiterung der Anlage möglich – Unkritisches Verhalten bei Leckagen an Dichtungen oder Armaturen	**Nachteile** – Qualifiziertes Personal für den Betrieb notwendig – Kontinuierliche Wasseraufbereitung notwendig

6.6.1 Schematischer Aufbau eines Dampfkessels

Laufschema des Kessels TT250

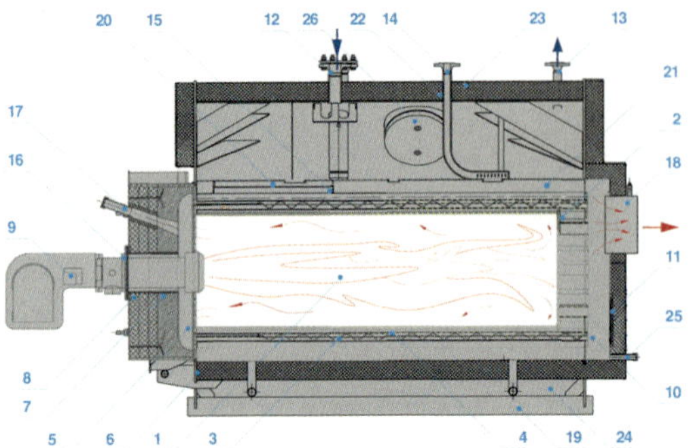

1. Flammrohr
2. Flachankerboden
3. Heizrohre des zweiten Zuges
4. Hitzebeständige Verstärker
5. Wendekammer
6. Vorderer Kesselbereich (Rohrboden)
7. Verkleidung der Fronttür des Kessels
8. Fronttür des Kessels
9. Brenner
10. Rauchkammer
11. Inspektionsluke der Rauchkammer
12. Speisewassereintrittsstutzen
13. Dampfaustrittsstutzen
14. Notleitungsstutzen
15. Wasserleitelement
16. Brennerplatte
17. Schauloch
18. Abgasstutzen
19. Stahlstützen
20. Mantel der Kesselhülle
21. Hinterer Kesselbereich (Rohrboden)
22. Wärmeisolierung des Kessels
23. Geprägte Aluminiumbeschichtung
24. Abflussstutzen des Kessels
25. Abflussstutzen der Rauchkammer
26. Inspektionsluken des Dampfraums

6.6.2 Bearbeitungskette vom Rohwasser bis zur Einspeisung in den Kessel

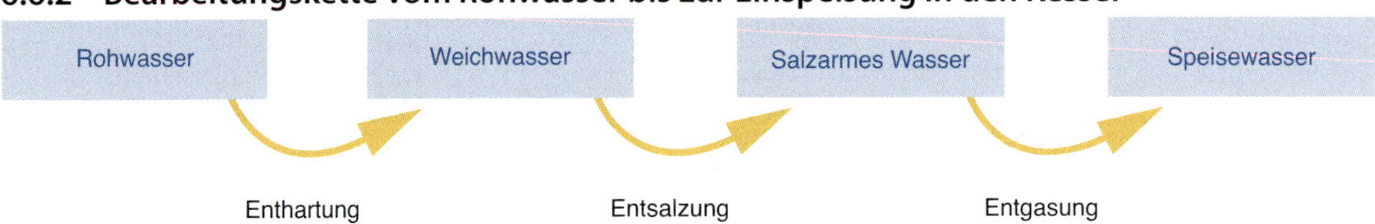

Quelle: LEEN 2014

6.6.3 Dampfarten

Dampfart	Besonderheit	Anwendung	Restfeuchte
Nassdampf	Kann Erosion in Dampfleitungen verursachen	–	> 3%
Satt-/Hochdampf	Am häufigsten verwendete Dampfart	Prozesswärme < –230°C	theoretisch: 0 % techn. Standard: bis 3 %
Heißdampf	Verringerte Wärmeverluste in Dampfleitungen	Dampfturbinen	0 % (Dampftemperatur > Sättigungtemperatur)
Niederdruckdampf	Fällt nicht unter die Druckgeräterichtlinie. Dadurch erleichterte Ausfstell-/Betriebsbedingungen	Prozesswärme bis 0,5 bar, Wäschereien	0….3 %
Kulinarischer Dampf	Einsatz von nicht dampfflüchtigen Dosiermitteln	Lebensmittelindustrie	0….1 %
Reindampf	Erzeugung mittels Edelstahl-Reindampferzeuger mit Hilfe von Sattdampf	Pharmaindustrie, Krankenhäuser	0….3 %
Entspannungsdampf	Entsteht durch Entspannung von unter Druck stehendem Siedewasser	Dampfspeicher (gewollt) Nach Abschlammung/Absalzung (zwangsläufig)	0….5 % (im Dampfspeicher)

Zustandsdiagramm für Wasser bzw. Dampf im Temperatur Enthalpie-Diagramm

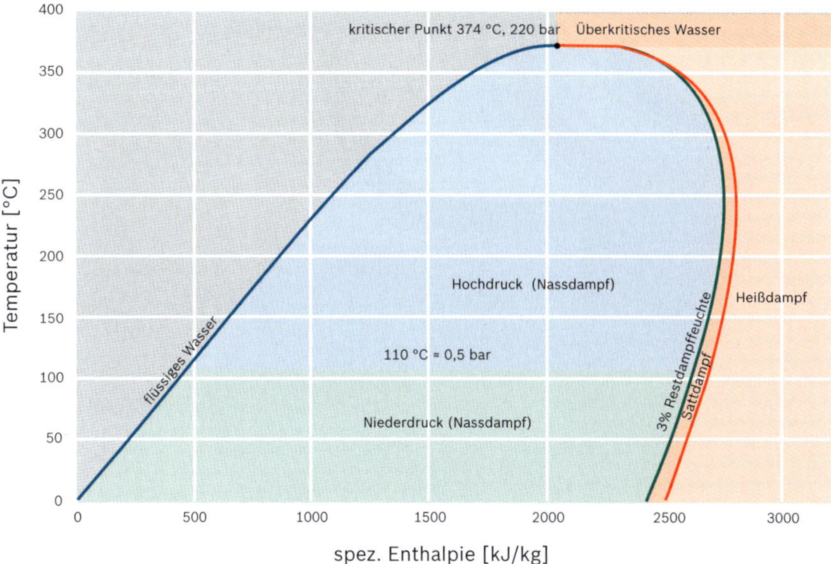

6.6.4 Kesselbauarten

Ausführung stationär im Kesselhaus (bis 3600 t/h Dampfleistung)	Ausführung mobil im Container (bis 30 t/h Dampfleistung/pro Modul)
Wasserrohrkessel	Große Leistungen, große Drücke
Großwasserraumkessel	Kleine und mittlere Leistungen, Drücke bis 30 bar
Schnelldampferzeuger (kompakte Form des Wasserrohrkessels)	Kleine Leistungen
Elektrodampfkessel (diskontinuierlicher Betrieb)	Kleine Leistungen

Anwendungsbereiche der Kesselbauarten

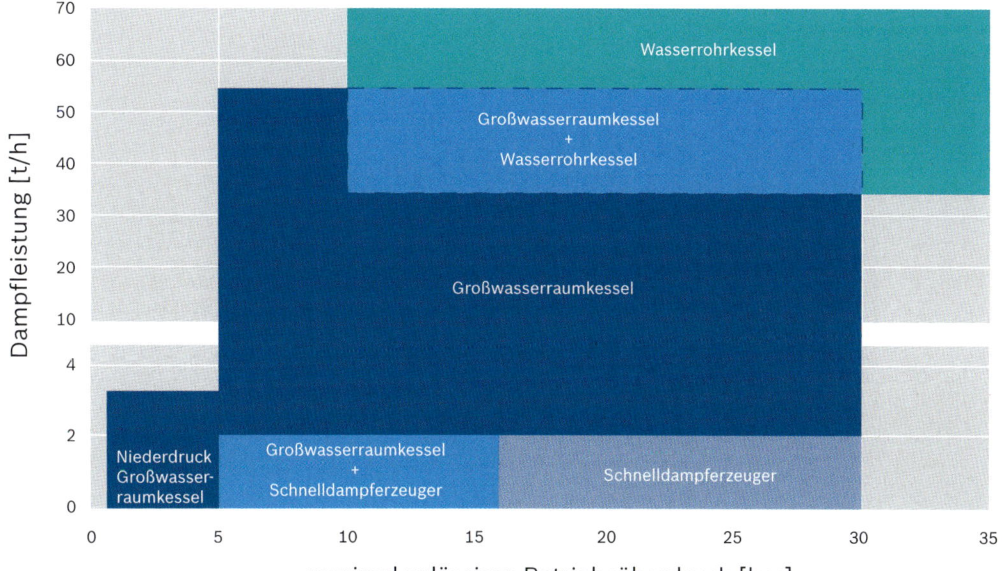

6.6.5 Energiestromdiagramm einer Dampfkesselanlage

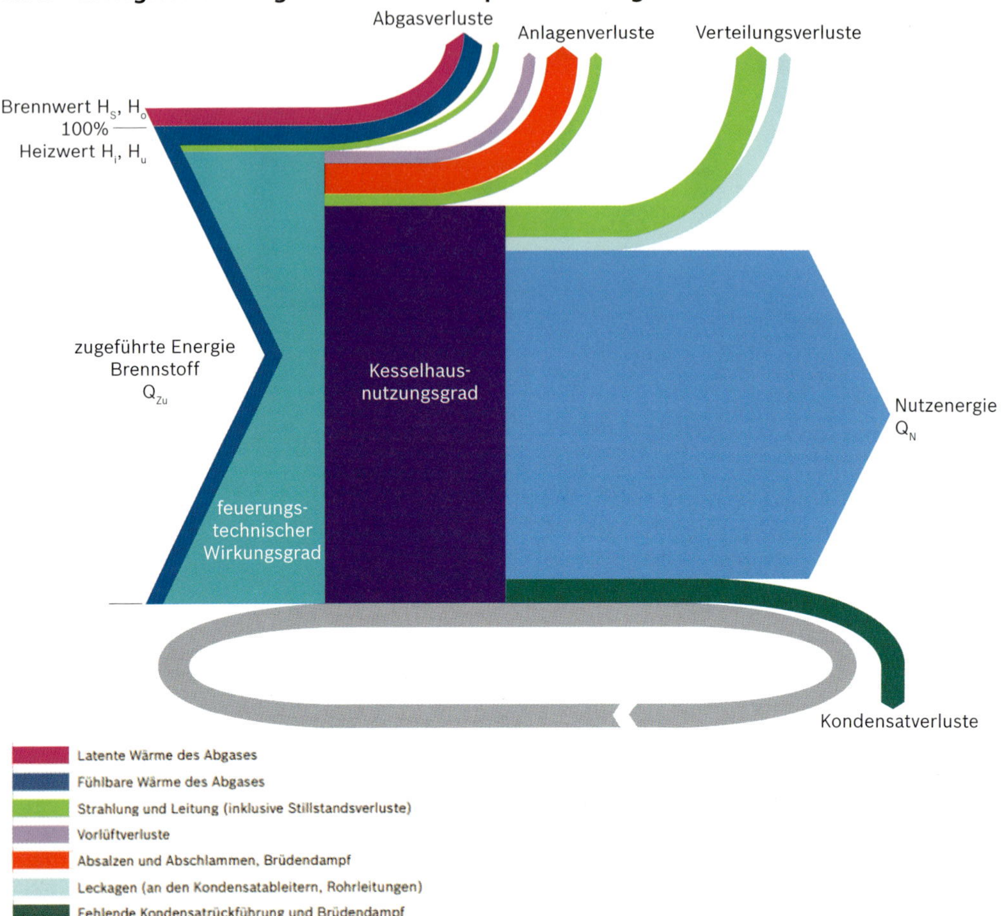

6.6.6 Prüfung Dampfkesselanlagen (Checkliste, Herstellerangaben)

Betrieb der Dampfkesselanlagen Teil I – Allgemeine Anweisungen für den Betreiber von Dampfkesselanlagen Für Dampfkessel der Kategorie IV Ausgabe Juni 1983 (unverändert 8/93)	TRD 601 Betrieb Anhang 1, / EN 12953 T6, Anhang C (siehe auch 18.3)

Checkliste für eine Dampfkesselanlage (Dampf- und Heißwassererzeuger)
(S = Sichtprüfung, Überwachung außergewöhnlicher Geräusche; F = Funktionsprüfung)

Siehe Abschnitt TRD 601 Blatt 2	Bedienungs-, Wartungs- und Prüfarbeiten pro:	24h / 72h BosB	Woche	Monat	6 Monate	12 Monate	Art der Prüfungen (Beispiele)
3.2.1	Sicherheitsventile**	S		F*	F*		Anlüften
3.2.2	Wasserstand – Anzeigeeinrichtung	F			F*		Durchblasen und bei Kesseln mit $p < 32$ bar
3.2.3	Fernwasserstände	S					Vergleich der Anzeige mit direkt anzeigendem Wasserstand
3.2.4	Füllprobiereinrichtung	F					Gangbarkeit und Durchgang
3.2.5	Wasserstandsregler	S			F*		Durchblasen und Gangbarkeit
3.2.6	Wasserstandsbegrenzer				F*		Durchblasen oder Absenken auf Schaltpunkt
3.2.7	Strömungsbegrenzer						Durchflussverminderung
3.2.9/12	Temperatur- bzw. Druckregler	S			F*		Vergleichsmessung durchführen
3.2.10/13	Temperatur- bzw. Druckbegrenzer	S			F*		Veränderung des Sollwertes/Prüftasten
3.2.8/11	Temperatur- bzw. Druckanzeiger (Manometer)	S					Kontrolle mit Präzisionsthermometer / Null-Punkt-Kontrolle
3.2.14	Entleerungs- und Absalzeinrichtungen	F			F*		Durch Betätigung
3.2.15	Kessel – Armaturen	S					Durch Betätigung
3.3.1	Speise- und Umwälzeinrichtungen	S		F			Durch wechselweisen Betrieb
3.3.2	Speisewasser- und Kesselwasseruntersuchung	X					Durch analytische Überwachung gemäß TRD 611
3.3.3	Geräte zur Überwachung des Kesselwassers auf Fremdstoffeinbruch	S		F			Betätigung der Prüftaste
3.4.1	Rauchgasklappen-Endschalter				F*		Schließen und Wiederöffnen der Klappe
3.4.2	Brennerregelung (Stellglieder für Luft und Brennstoff)				F*		Gangbarkeit
3.4.3	Verbrennungsluftgebläse, Zünd- und/oder Kühlluftgebläse	S			F*		Laufruhe, Kraftübertragung (zum Beispiel Keilriemen)
3.4.4	Luftdruck-Mengen-Anzeige und Luftdruckwächter					F*	Unterbrechung der Impulsleitung
3.4.5	Brennstoff-Absperreinrichtung	S		F			Gangbarkeit
3.4.6	Brennstoffbehälter und -leitungen/Armaturen	S					Gangbarkeit, Dichtheit
3.4.7	Brennstoffdruck-Anzeiger	S		F			
3.4.8	Sicherheitsabsperreinrichtung vor dem Brenner (bei 72-Stunden-Betrieb auch in der Rücklaufleitung)	S		F			Gangbarkeit, Dichtheit
3.4.9	Dichtheitskontrolleinrichtung bzw. Zwischenentlüftung	S		F			
3.4.10	Brennerendlagenschalter						Ausschwenken des Brenners, Ziehen der Brennerlanze
3.4.11	Gefahrenschalter		F		F*		Betätigung
3.4.12	Zündung	S					
3.4.13	Durchlüftung	S			F*		
3.4.14	Flammenüberwachung	S		F			Durch Abdunkeln des Fühlers
3.4.15	Beurteilung der Verbrennung	S					
3.4.16	Beurteilung der Feuerräume und der Rauchgaszüge				F*		
3.4.17	Notschalter			F			

F* - bei der halbjährlichen Überprüfung (nach TRD bzw. EN 12953 T6 Anhang C)

**** Eine Prüfung auf Gängigkeit der Sicherheitsventile bei Anlagen mit vollentsalztem Wasser und bei Heißwassererzeugern ist mindestens in Abständen von 6 Monaten erforderlich. Bei anderen Dampferzeugern soll der Zeitabstand 4 Wochen nicht überschreiten.**

Prüfung Dampfkesselanlagen (Checkliste, Herstellerangaben) ▶ siehe Kap_6.pdf 

6.7 Fernwärme

Fernwärmeversorgung

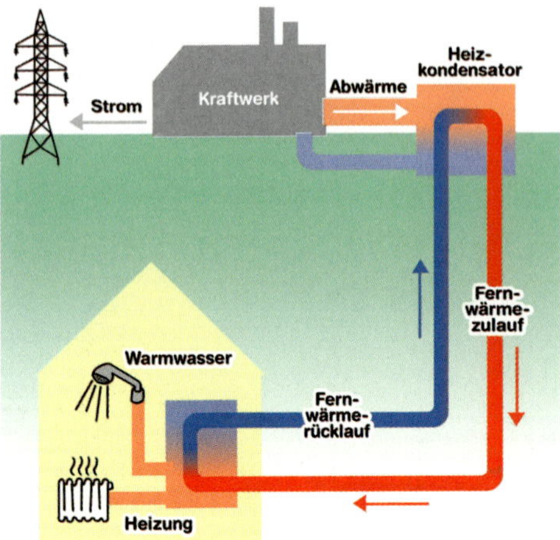

Fernwärmeverteilnetze

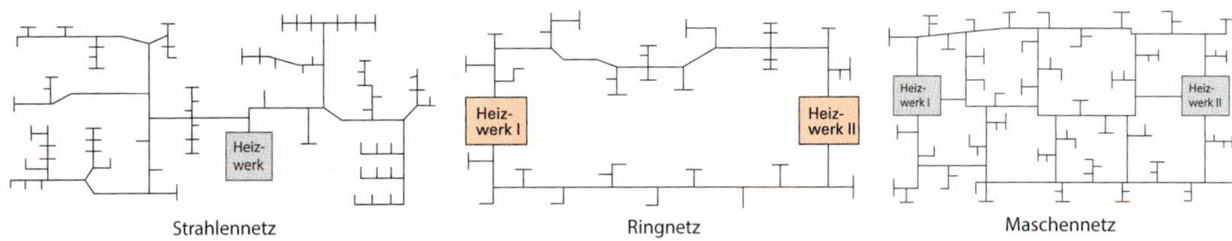

Fernwärmehausstation mit indirektem Anschluss

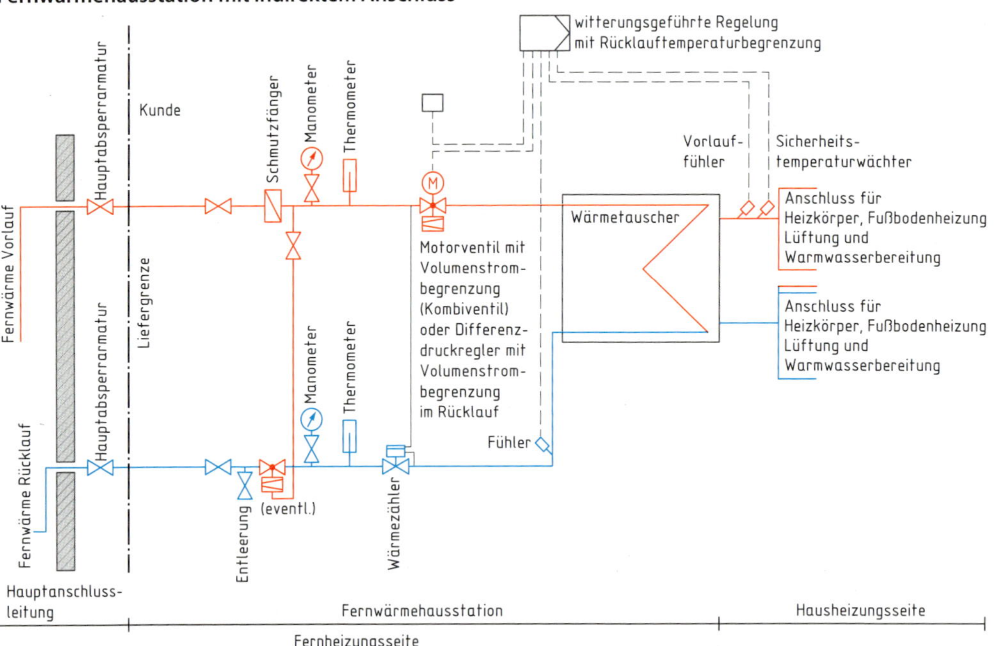

Die zu beachtenden (baulichen) Anforderungen an Fernwärme-Hausstationen regeln die Technischen Anschlussbedingungen (TAB) der einzelnen Wärmeversorgungsunternehmen (WVU).

- Die Lage und Abmessungen sind mit dem jeweiligen WVU abzustimmen (Richtmaße für Stationsräume nach DIN 18012).
- Der Raum muss verschließbar sein und sollte möglichst in der Nähe der Eintrittsstelle der Anschlussleitung liegen.
- Der Stationsraum und die technischen Einrichtungen müssen jederzeit ohne Schwierigkeiten für Mitarbeiter des WVU zugänglich sein.
- Die Zugangstür muss in Fluchtrichtung aufschlagen und mit einem geschlossenen Türblatt versehen sein. Außerdem ist durch eine Türschwelle oder Stationsraum von den anderen Räumlichkeiten so zu trennen, dass die beim Entleeren der Hausanlage geschützt sind (DIN 18012).
- Der Raum soll nicht neben oder unter Schlafräumen (dgl.) und nicht unmittelbar neben einem Treppenraum liegen. Der Stationsraum darf ferner mit anderen Räumen nicht in offener Verbindung stehen.
- Die einschlägigen Vorschriften für den Schall-, Brand- und Wärmeschutz sind zu beachten.
- Für Ein- und Zweifamilienhäuser ist kein besonderer Anschlussraum erforderlich.

Sicherheitstechnische Ausstattung für Fernwärmeübergabestation nach DIN4747 : 2022-08 (indirekter Anschluss)	
Netztemperatur ≤ 120 °C	Netztemperatur > 120 °C
Heizungsanlage mit Sicherheitstemperaturwächter STW	Heizungsanlage mit Sicherheitstemperaturwächter STW und Temperaturregler TR

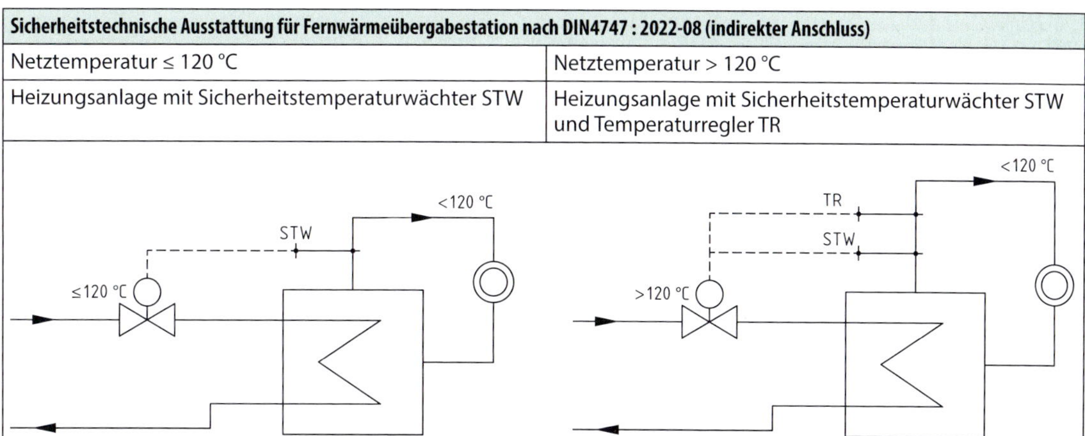

6.8 Brennstoffzelle

Je nach Bauart können Brennstoffzellen hauptsächlich zur Strom- oder zur Wärmeversorgung einsetzt werden. Als Brennstoff eignen sich Wasserstoff (H_2), Alkohol (z. B. Ethanol C_2H_6OH) oder Erdgas (Methan CH_4).

Anlagenschema für Erdgas als Brennstoff

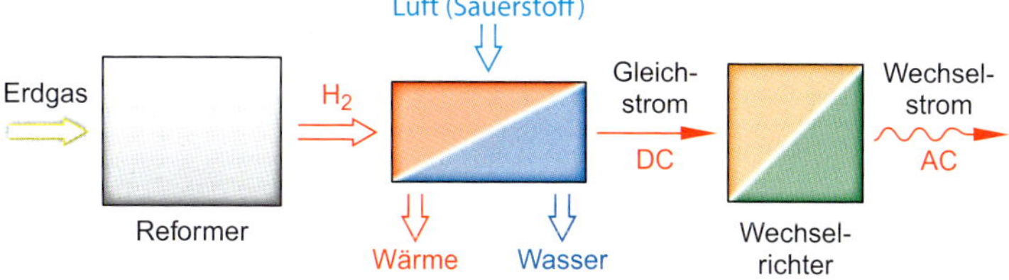

Wird Erdgas oder Alkohol verwendet, muss der Wasserstoff in einem Reformer daraus gewonnen werden.

Wirkungsgrade

Bei bei der „kalten" Verbrennung entseht weniger Abwärme. Sie werden daher vorzugsweise zur Stromerzeugung genutzt. Brennstoffzellen können aber auch zur Kraftwärmekopplung eingesetzt werden. Durch unterschiedliche Brennstoffzellentypen kann der optimale Wirkungsgrad für das benötigte Verhältnis von Strom und Wärme erzielt werden.

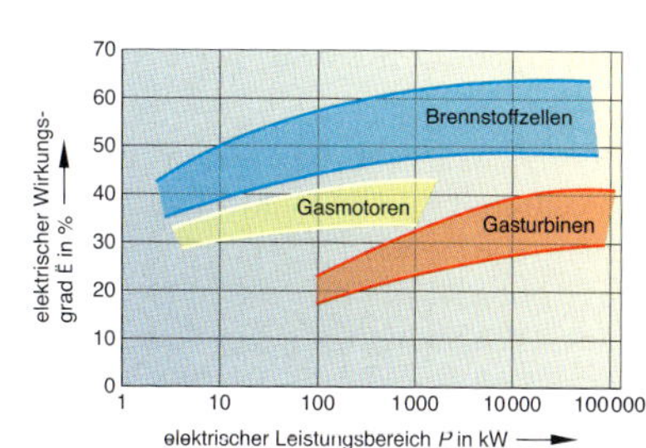

Brennstoffzellentypen

Bezeichnung	Elektrolyt	Anodengas	Leistung	Betriebstemperatur	elek. Wirkungsgrad	Anwendungen
AFC (Alkaline Fuel Cell)	Kalilauge	Wasserstoff	10 – 100 kW	unter 80 °C	Zelle : 60 – 70 % System: 62 %	Raumfahrt, U-Boot
PEMFC (Proton Exchange Membrane Fuel Cell)	Polymer-Membran	Wasserstoff	0,1 bis 500 kW	60 – 80 °C,	Zelle : 50 – 70 % System: 30–50 %	Stromversorgung Blockheizkraftwerk (BHKW)
DMFC (Direct Methanol Fuel Cell)	Polymer-Membran	Methanol (flüssig)	mW bis 100 kW	90 – 120 °C	Zelle : 20– 30 %	Klein- / Blockheizkraftwerk
PAFC (Phosphoric Acid Fuel Cell)	Phosphorsäure	Wasserstoff	bis 10 MW	200 °C	Zelle : 55 % System: 40 %	Blockheizkraftwerk (BHKW) Kraftwerk
MCFC (Molten Carbonate Fuel Cell)	Alkali-Carbonat-Schmelzen	Wasserstoff, Methan, Kohlegas	100 MW	650 °C	Zelle : 55 % System: 47 %	Blockheizkraftwerk (BHKW) Kraftwerk
SOFC (Solid Oxid Fuel Cell)	oxidkeramischer Elektrolyt	Wasserstoff, Methan, Kohlegas	bis 100 MW	800 – 1000 °C	Zelle : 60–65 % System: 55–60 %	Klein-Blockheizkraftwerk Kraftwerk

Doe SOFC- und MCFE-Zellen haben den Vorteil, dass bedingt durch die hohen Temperaturen Erdgas direkt als Brenngas eingesetzt werden kann.

Funktionsweise

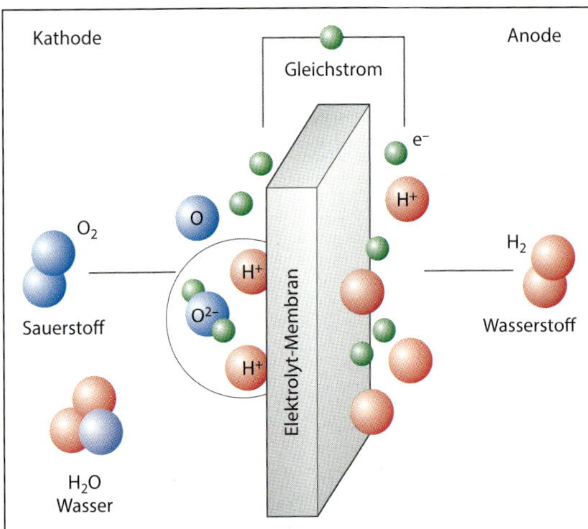

Niedertemperatur-Brennstoffzelle (PEM)

Wasserstoff (H_2) spaltet sich an der Elektrolytmembrane (Anodenseite) auf, wobei die Elektronen (e⁻) sich vom Kern (Positron H^+)) trennen und über einen Leiter zur Kathodenseite fließen.
Die Positronen wandern direkt durch die Membran und verbinden sich mit den dortigen Sauerstoffatomen zu Wasser (H_2O).

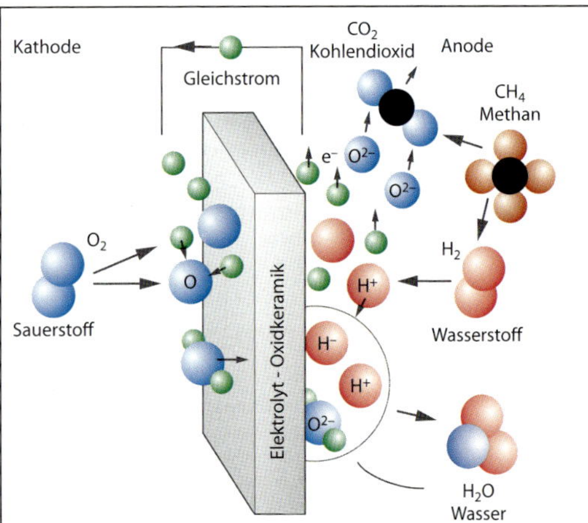

Hochtemperatur-Brennstoffzelle (SOFC)

Methan (CH_4) wird bei über 600°C in Kohlenstoff (C) und Wasserstoff (H) auf der (Anodenseite) aufgespalten. Dabei werden Elektronen frei und fließen über einen Leiter zur Kathodenseite. Aufgrund der hohen Temperatur werden sie von den dortigen Sauerstoffatomen gebunden. Diese können nun aufgrund der Ladung die Poren der Oxidkeramik zur Anodenseite passieren Der Kohlenstoff reagiert hier mit Sauerstoff (O) zu Kohlendioxid (CO_2) und der Wasserstoff (H) zu Wasser (H_2O).

6.9 Erzeugung elektrischer Energie

Bruttostromerzeugung nach Energieträgern in Deutschland Zehnjahresvergleich

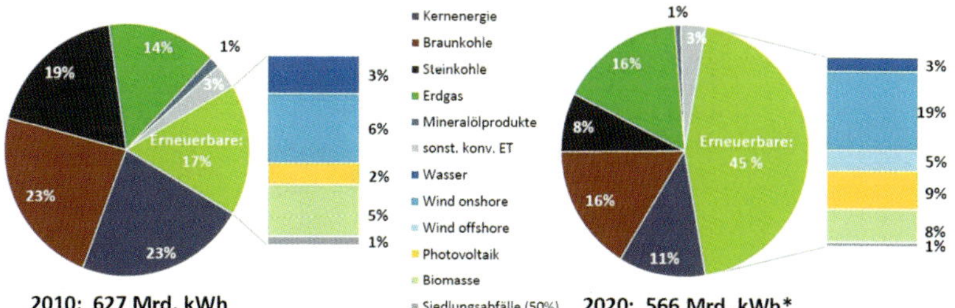

Quelle: BDEW-Schnellstatistikerhebung, Destatis, EEX, VGB, ZSW; Stand 04/2021

* vorläufig

Energiequellen für elektrischen Strom

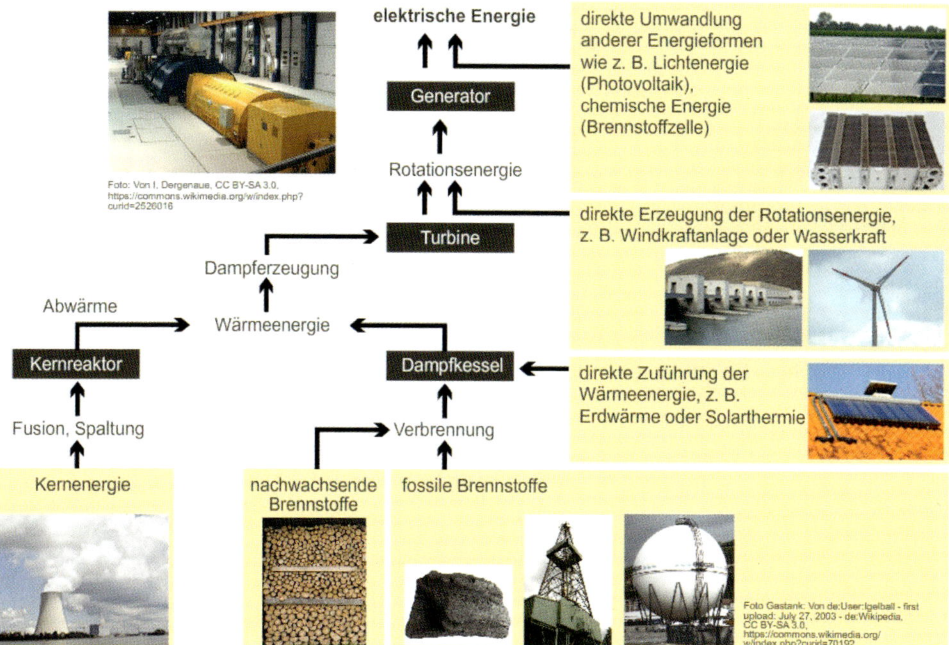

Stromverbrauch in Deutschland

Letztverbrauch nach Verbrauchergruppen - Zehnjahresvergleich

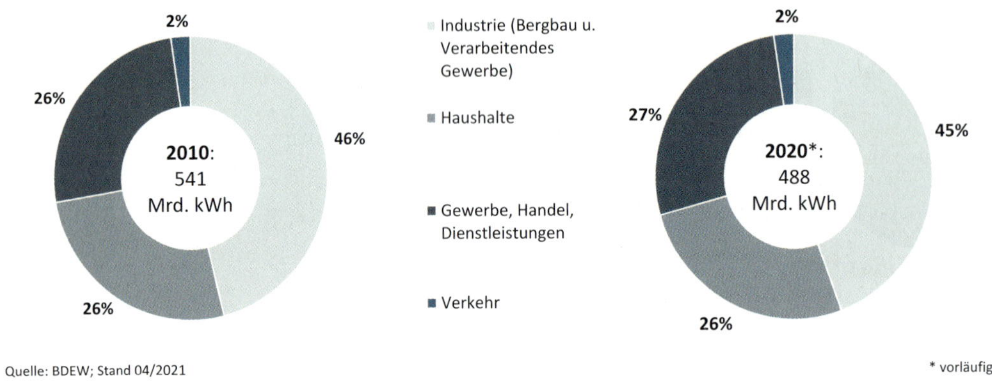

Quelle: BDEW; Stand 04/2021

* vorläufig

Stromverbrauch der Haushalte nach Anwendungsbereichen - Zehnjahresvergleich

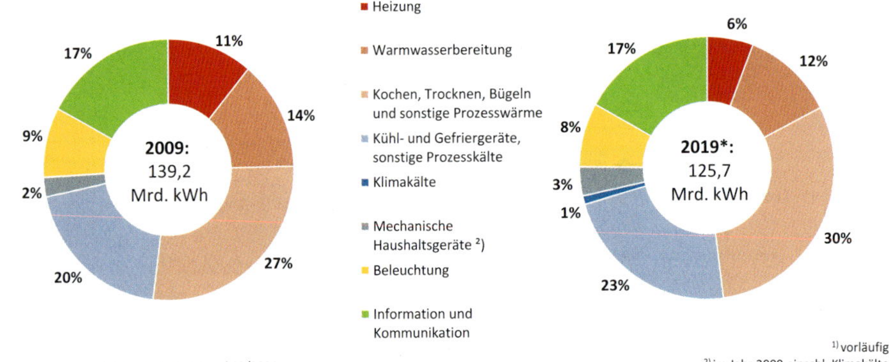

Quellen: AG Energiebilanzen, BDEW; Stand 02/2021

[1] vorläufig

[2] im Jahr 2009 einschl. Klimakälte

7 Komponenten der Anlagentechnik

7.1 Bereiche und Begriffe der Verfahrenstechnik

Bereiche der Verfahrenstechnik:

- **Mechanische Verfahrenstechnik** (Stoffumwandlungsprozesse auf Grund mechanischer Einflüsse: Zerkleinern, Agglomerieren, Mischen, Trennen)
- **Thermische Verfahrenstechnik** (Thermische Trenn- und Reinigungsprozesse: Destillation, Rektifikation, Extraktion, Membrantechnik)
- **Chemische Verfahrenstechnik** (Chemische Stoffumwandlungstechnik)
- **Elektrochemische Verfahrenstechnik** (Anwendung elektrochemischer Phänomene: z.B. Synthese von Chemikalien, elektrolytische Raffination, galvanische Prozesse)
- **Bioverfahrenstechnik** (Stoffumwandlung durch biologische Prozesse: Biokatalyse, Biosynthese, Fermentation, Zellkultivierung)
- **Nanotechnik** (Stoffe und Systeme die unter Umständen nur aus wenigen Molekülen bestehen, z.B. Kohlenstoffnanoröhren)

Begriffe der Verfahrenstechnik nach DIN EN ISO 10209: 2012-11 (Auszug)

Anlage	Gesamtheit der technischen Einrichtungen und Vorrichtungen zur Bewältigung einer festgelegten technischen Aufgabe
Anlagenkomplex	Anzahl einzelner oder miteinander verbundener verfahrenstechnischer Anlagen mit den dazugehörigen Gebäuden
Anlagenteil	Ausrüstungsteil einer verfahrenstechnischen Anlage — wie Behälter, Kolonne, Wärmeübertrager, Pumpe, Kompressor
Fließbild	Darstellung des Fließweges der Einlass- oder Auslassströme bzw. der Werkstoffe, der Energie oder der Energieträger
Fließschema	zeichnerische Darstellung des Ablaufs, Aufbaus und der Funktion einer verfahrenstechnischen Anlage oder eines Anlagenteils
Funktion	Aktivität, Wirkungsweise, durch die ein geplanter Zweck oder eine Aufgabe erfüllt wird
Grundoperation	nach der Lehre der Verfahrenstechnik der einfachste Vorgang bei der Durchführung eines Verfahrens
Produkt	Gegenstand oder Substanz, produziert von einem natürlichen oder künstlichen Prozess
Prozess	Gesamtheit von aufeinander wirkenden Vorgängen in einem System, durch die Material, Energie oder Information umgeformt, transportiert oder gespeichert wird
Prozessablaufdiagramm	Diagramm zur Darstellung der Konfiguration eines Prozesssystems oder einer verfahrenstechnischen Anlage mit graphischen Symbolen
Prozessleitsystem	System zur Prozesssteuerung, dass, obwohl funktional integriert, aus Teilsystemen besteht, die unter Umständen physisch getrennt und räumlich weit voneinander entfernt sind
System	Menge miteinander in Beziehung stehender Objekte, die in einem bestimmten Zusammenhang als Ganzes gesehen und als von ihrer Umgebung abgegrenzt betrachtet werden
Teilanlage	Teil einer verfahrenstechnischen Anlage, der zumindest zeitweise selbstständig betrieben werden kann
Verfahren	Ablauf von chemischen, physikalischen oder biologischen Vorgängen zur Gewinnung, zum Transport oder zur Lagerung von Stoffen oder Energie
Verfahrensabschnitt	Teil eines Verfahrens, der in sich überwiegend geschlossen ist; er umfasst eine oder mehrere Grundoperationen
Verfahrenstechnische Anlage	Für die Durchführung eines Verfahrens notwendigen Einrichtungen und Bauten

7.2 Fließschemata für verfahrenstechnische Anlagen nach DIN EN ISO 10628-1: 2015-04

Fließschemata für verfahrenstechnische Anlagen werden im Wesentlichen in den Bereichen Chemie, pharmazeutische Industrie, Nahrungsmittel- und Getränkeindustrie sowie im Umweltbereich angewendet.
Je nach Umfang der benötigten Angaben wird zwischen Grund-, Verfahrens- und RI-Fließschema unterschieden.

7.2.1 Grundfließschemata *basic flowcharts*

Das Grundfließschema ist die Darstellung eines Verfahrens oder einer verfahrenstechnischen Anlage in einfacher Form. Die Darstellung erfolgt mit Hilfe von Rechtecken, die durch Linien verbunden werden.

Grundfließschema mit Grundinformationen und Zusatzinformationen

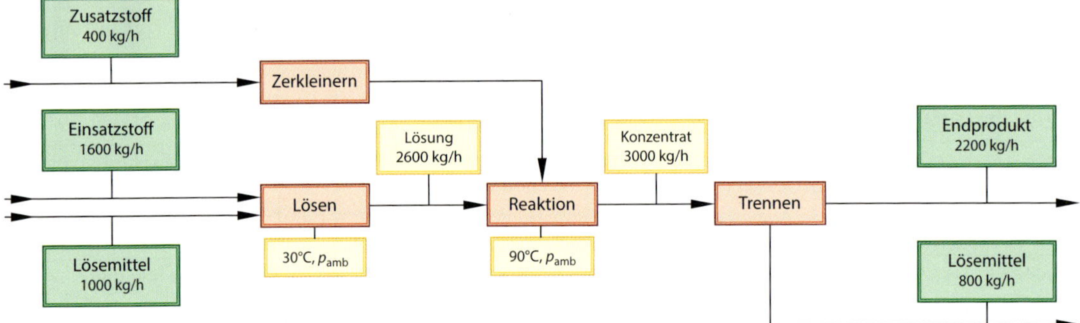

Grundinformationen

- Benennung der Rechtecke und der Ein- und Ausgangsstoffe
- Fließweg und Fließrichtung der Hauptstoffe

Zusatzinformationen

- Benennung der Hauptstoffe zwischen den Rechtecken
- Durchflüsse bzw. Mengen der Stoffe
- Benennung, Fließrichtungen und Mengen bzw Durchflüsse der Energien bzw. Energieträger und charakteristische Betriebsbedingungen

7.2.2 Verfahrensfließschemata *process flowcharts*

Das Verfahrensfließschema ist die Darstellung eines Verfahrens oder einer verfahrenstechnischen Anlage mit Hilfe von grafischen Symbolen, die durch Linien verbunden sind.
Die Symbole bedeuten Anlagenteile, die Linien Fließlinien für Stoffe und Energien bzw. Energieträger.

Verfahrensfließschema mit Grund- und Zusatzinformationen

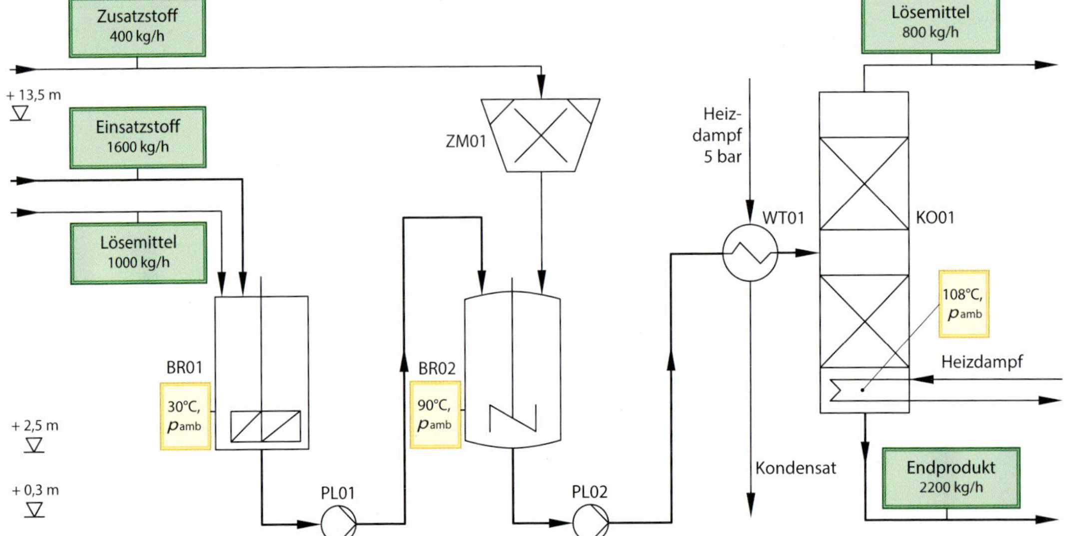

RI-Fließschemata (Rohrleitungs- und Instrumentenfließschemata) *ri-flowcharts*

Das RI-Fließschema basiert auf Verfahrensfließschemata und wird durch Symbole für die Mess-, Steuer- und Regelfunktionen ergänzt.

RI-Fließschema mit Grund- und Zusatzinformationen

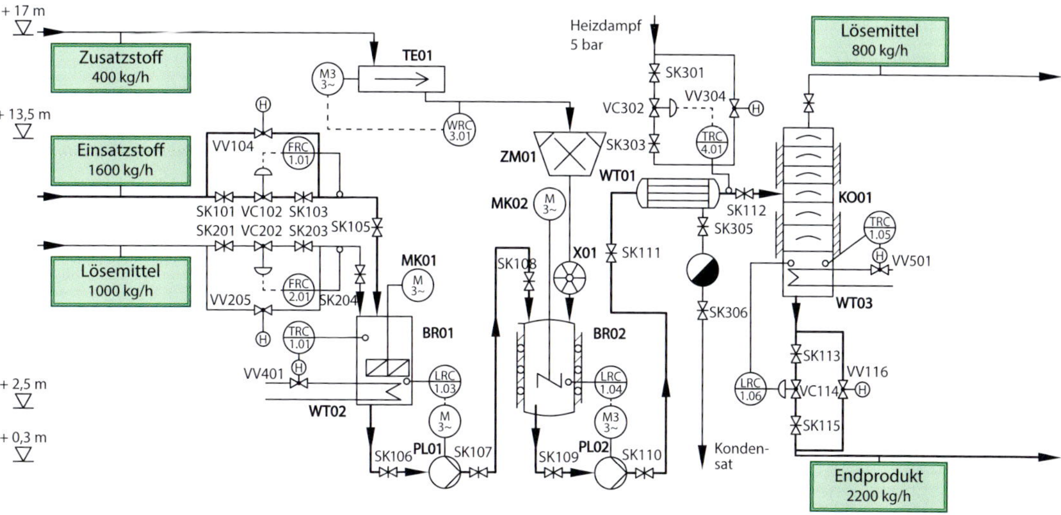

Kurzzeichen	BR01	BR02	WT01	WT02	WT03	K001	TE01	ZM01	X01	PL01, 02
Benennung	Lösebehälter	Reaktionsbehälter	Wärmeübertrager			Rektifikationskolonne	Förderband	Mühle	Portionierer	Kreiselpumpe
Technische Daten	1000 l Ø 900	1000 l Ø 900	16 m²	4 m²	4 m²	Glockenbodenkolonne	8 m³/h	8 m³/h	–	5 m³/h
Temperatur	30 °C	90 °C	55 °C	50 °C	108 °C	108 °C	–	–	–	–

Grundinformationen

Art der Apparate und Maschinen, einschließlich Antriebsmaschinen.
Rohrleitungen bzw. Transportwege und Armaturen (mit installierter Reserve).
Identifikationsnummer von Apparaten und Maschinen (einschließlich Antriebsmaschinen).
Kennzeichnende Größen von Apparaten und Maschinen.
Bezeichnung von Nennweite, Druckstufe, Werkstoff und Ausführung der Rohrleitungen (evtl. durch Rohrleitungsnummer und -klasse oder Identifikationsnummer).
Angaben zur Dämmung der Anlagenteile.
Mess-, Regel- und Steuerfunktionen mit Identifikationsnummer und kennzeichnende Daten von Antriebsmaschinen.

Zusatzinformationen

Benennung, Durchflüsse bzw. Mengen.
Fließweg und Fließrichtung von Energien bzw. Energieträgern.
Art wichtiger Geräte für Messen, Steuern und Regeln.
Wesentliche Werkstoffe von Apparaten und Maschinen.
Plattformhöhe und ungefähre relative vertikale Position der Anlagenteile und Kennzeichnung von Armaturen, Benennung von Anlagenteilen.

7

7.3 Grafische Symbole in verfahrenstechnischen Anlagen

7.3.1 Kennbuchstaben für Fließschemata (Auszug) nach DIN EN ISO 10628-1 Bbl 1 : 2016-12

Kennbuchstaben für Apparate und Maschinen			
AM	Kraft- und Arbeitsmaschinen	PL	Flüssigkeitspumpe
BE	Behälter und Tank	RW	Rührer
BR	Rührbehälter	SA	Siebapparat, Rechen
DE	Dampferzeuger, Ofen, Rückkühlapparat	SB	Abscheider
FH	Formgebungsmaschine – Verarbeitung in horizontaler Richtung	TE	Hebe-, Förder-, Transporteinrichtung
FL	Filter, Flüssigkeitsfilter, Gasfilter	TR	Trockner
FV	Formgebungsmaschine – Verarbeitung in vertikaler Richtung	WA	Waage
KO	Kolonne mit Einbauten	WT	Wärmeübertrager
MK	Mischer, Kneter	ZE	Zentrifuge
PC	Kompressor, Verdichter, Vakuumpumpe	ZE	Zuteil-, Verteileinrichtung
PG	Gebläse, Ventilator	ZM	Zerkleinerungsmaschine
Kennbuchstaben für Armaturen			
VC	Regelventil	VS	Schalldämpfer
VF	Sieb, Schmutzfänger	VT	Kondensatableiter
VG	Schauglas	VV	Armatur
VH	Rückschlagarmatur	VY	Armatur mit Sicherheitsfunktion
Kennbuchstaben für Rohrleitungen			
LP	Rohr, Rohrleitung, Leitungskanal	LT	Rinne (offen), Graben
LR	Rohrleitungsteil	LU	Kanal (unterirdisch)
LS	Schlauch		
Kennbuchstaben für Prozessleittechnik			
Kennbuchstaben für Prozessleittechnik werden nach DIN EN 62424 angewendet (siehe Kapitel 2.13).			

7.3.2 Einteilung grafischer Symbole nach DIN EN ISO 10628-2 : 2013-04

Sachgruppen			
1	Behälter und Tanks	16	Kompressoren, Verdichter, Vakuumpumpen
2	Kolonnen mit Einbauten	17	Gebläse, Ventilatoren
3	Wärmeübertrager, Wärmetauscher	18	Hebe-, Förder- und Transporteinrichtungen
4	Dampferzeuger, Öfen, Rückkühlapparate	19	Zuteil- und Verteileinrichtungen
5	Kühltürme	20	Kraft- und Arbeitsmaschinen
6	Filter, Flüssigkeitsfilter, Gasfilter	21	Armaturen
7	Siebapparate und Rechen	22	Rückschlagarmaturen
8	Abscheider	23	Armaturen mit Sicherheitsfunktion
9	Zentrifugen	24	Rohrleitungsteile
10	Trockner	25	Sonstige graphische Symbole für Rohrleitungen
11	Zerkleinerungsmaschinen	26	Ausrüstungsteile
12	Mischer, Kneter	27	Einbauten
13	Formgebungsmaschinen – Verarbeitung in vertikaler Richtung	28	Rührer
14	Formgebungsmaschinen – Verarbeitung in horizontaler Richtung	29	Inneneinbauten und Einbauteile
15	Flüssigkeitspumpen		

7.3.3 Bildzeichen (Auszug) nach DIN EN ISO 10628-2 : 2013-04 – Auswahl nach Sachgruppen (Auszug)

[1]	Bildzeichen	Bedeutung	[1]	Bildzeichen	Bedeutung	[1]	Bildzeichen	Bedeutung
1	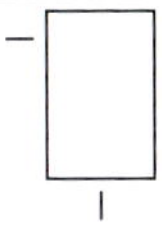	Behälter, Tank	1	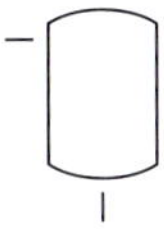	Behälter, Tank mit gewölbten Böden	1		Kugelbehälter
1	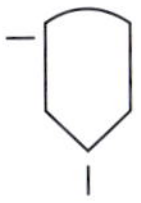	Behälter mit gewölbtem Dach und konischem Boden	1		Container für feste, flüssige oder gasförmige Stoffe	1	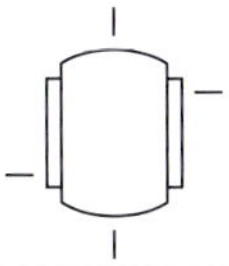	Behälter mit gewölbten Böden mit Heiz- oder Kühlmantel
1	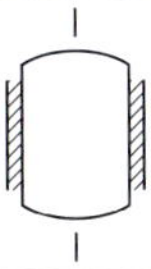	Behälter mit gewölbten Böden und Dämmung	1	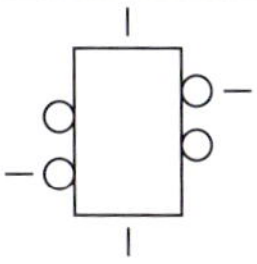	Behälter mit Heiz-, Kühl-Vollrohrschlange	1	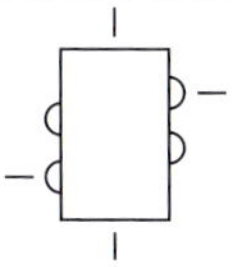	Behälter mit Heiz-, Kühl-Halbrohrschlange
1	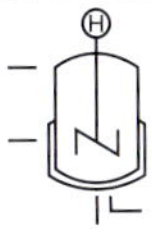	Behälter mit gewölbten Böden, Mantel und Rührwerk mit Antrieb durch Elektromotor	2	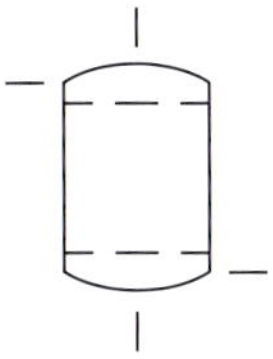	Kolonne (allgemein)	2	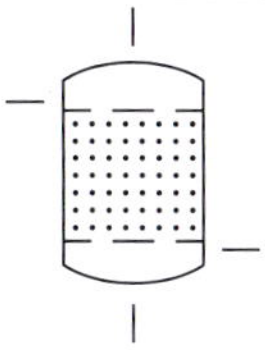	Kolone mit Fließbett
2	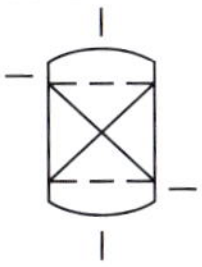	Kolonne mit Festbett	2	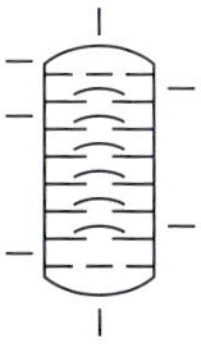	Kolonne mit Glockenböden	3	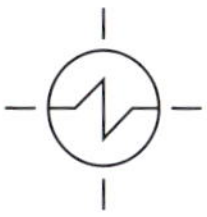	Wärmeübertrager, Wärmetauscher (allgemein), Kondensator
3	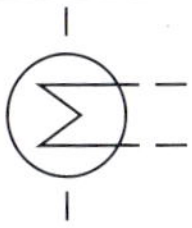	Wärmeübertrager (M-Form)	3	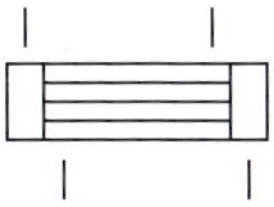	Rohrbündel-Wärmeübertrager mit Festböden	3	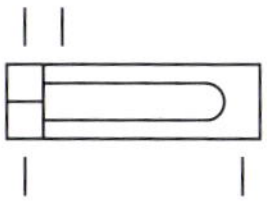	Rohrbündel-Wärmeübertrager mit U-Rohr
3	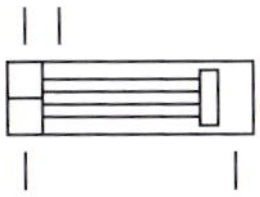	Rohrbündel-Wärmeübertrager mit Schwimmkopf	3	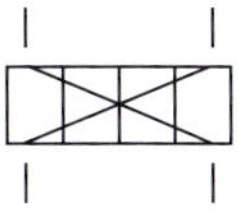	Platten-Wärmeübertrager	3	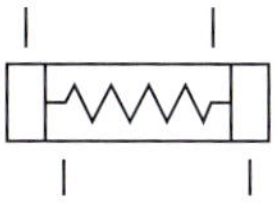	Wärmeübertrager mit Rohrschlange
3	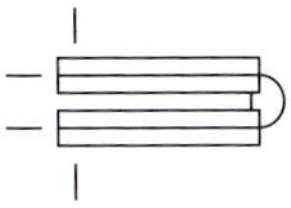	Doppelrohr-Wärmeübertrager	3	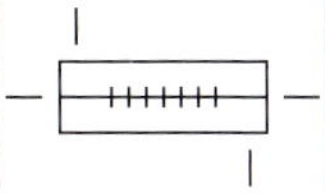	Rippenrohr-Wärmeübertrager	3	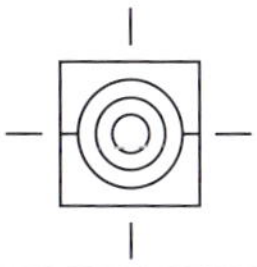	Spiralrohr-Wärmeübertrager
6	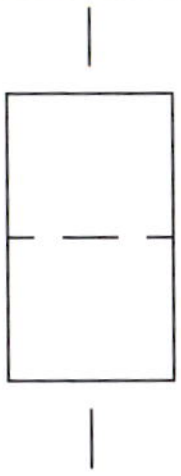	Fluidfilter (allgemein)	6	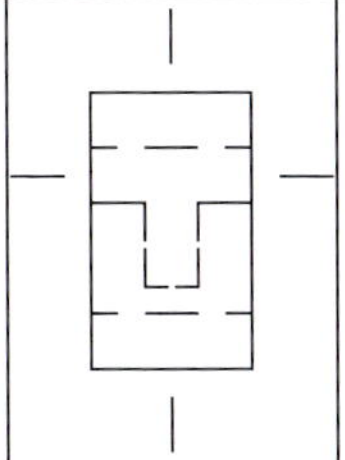	Schlauchfilter, Taschenfilter, Kerzenfilter, Patronenfilter für Flüssigkeiten	6	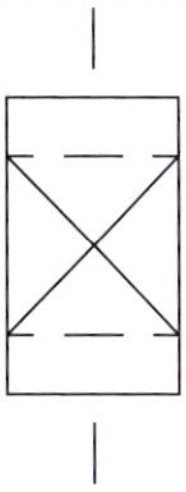	Festbettfilter, Schüttschichtfilter für Flüssigkeiten

[1] Sachgruppe nach 7.3.2

7.3.3 Bildzeichen (Fortsetzung)

[1]	Bildzeichen	Bedeutung
6	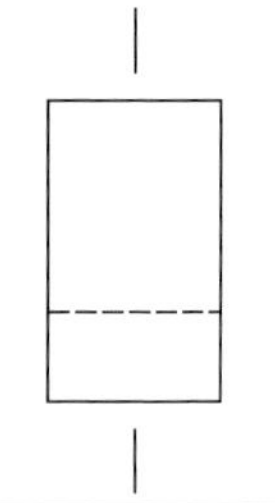	Nutschenfilter
6	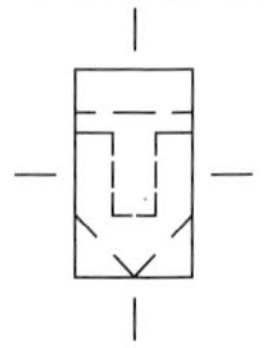	Schlauchfilter, Taschenfilter, Kerzenfilter, Patronenfilter für Gase
7	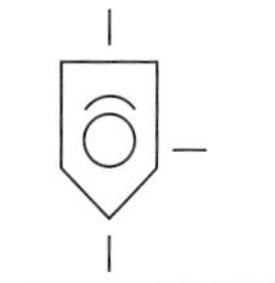	Trommeldrehsieb
8	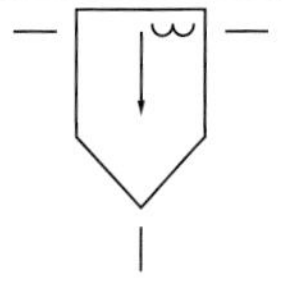	Nassabscheider
8	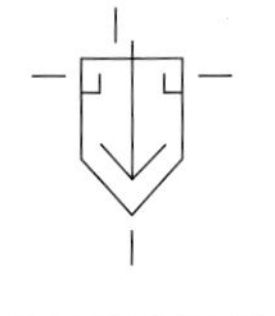	Eindicker (geschlossen)
10	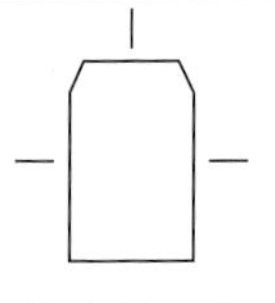	Trockner (allgemein)
11	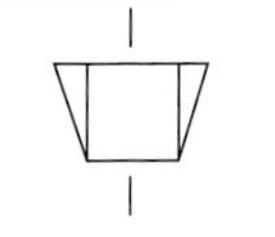	Brecher (allgemein)
12	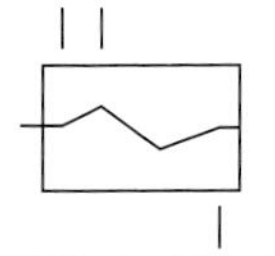	Kneter
14	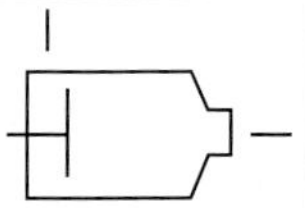	Schneckenpresse
15	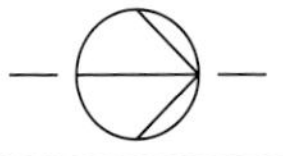	Kreiselpumpe

[1]	Bildzeichen	Bedeutung
6	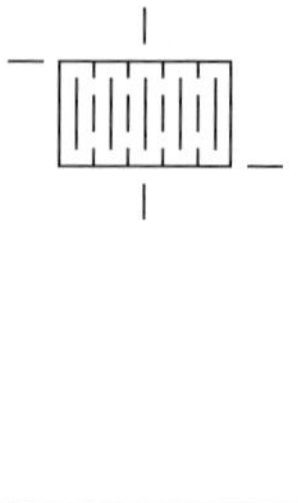	Filterpresse
6	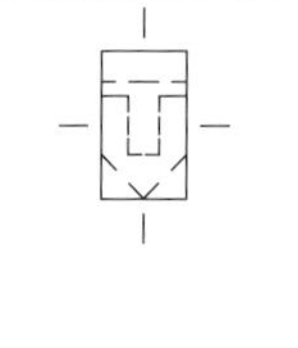	Festbettfilter, Schüttschichtfilter für Gase
8	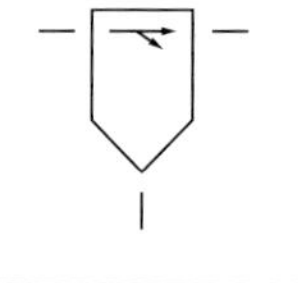	Abscheider, Sichter (allgemein)
8	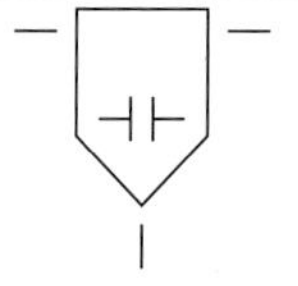	Elektrostatischer Abscheider
9	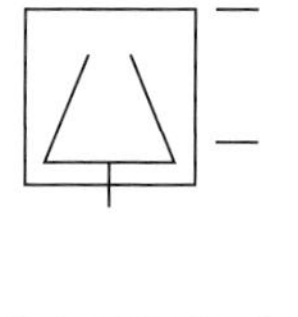	Hochgeschwindigkeits- zentrifuge
10		Schranktrockner, Kammertrockner, Hordentrockner
11	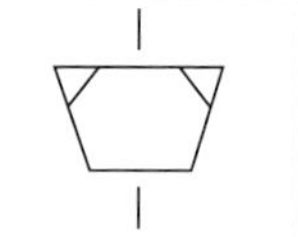	Mühle (allgemein)
13	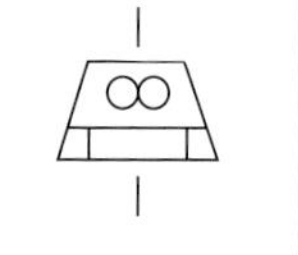	Walzenpresse
14	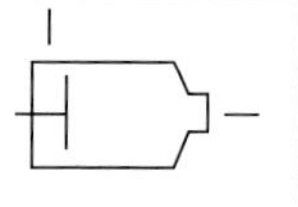	Strangpresse
15	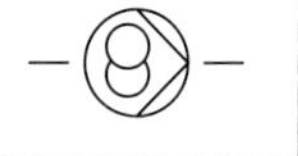	Zahnradpumpe

[1]	Bildzeichen	Bedeutung
6	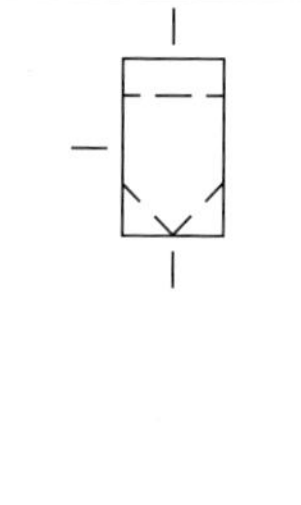	Gasfilter (allgemein)
7	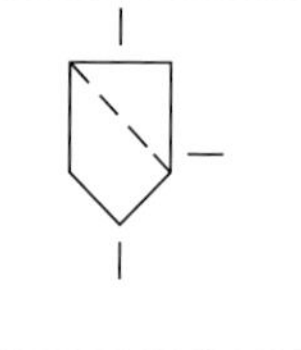	Siebapparat, Rechen (allgemein)
8	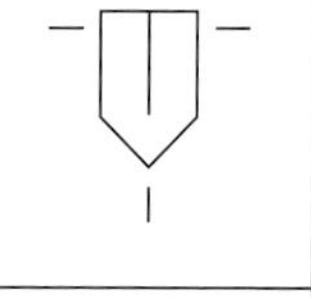	Prallabscheider
8	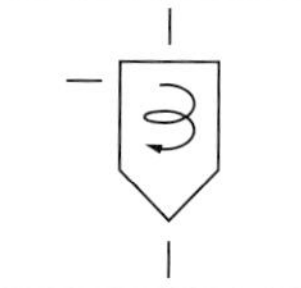	Fliehkraftabscheider, Rotationsabscheider, Zyklon
9	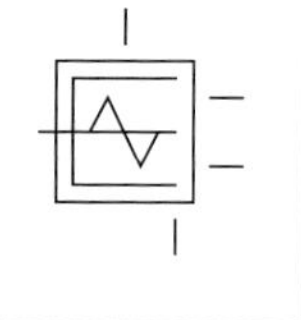	Vollmantel-Schneckenzentrifuge, Dekanter
11	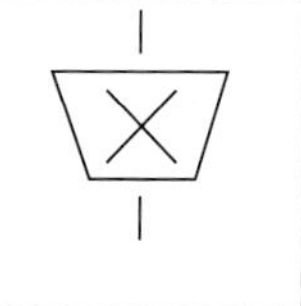	Zerkleinerungsmaschine (allgemein)
12	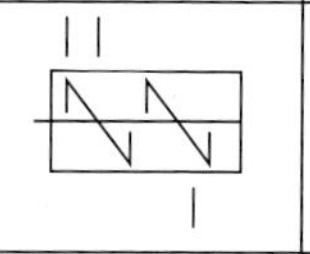	Rotationsmischer
13	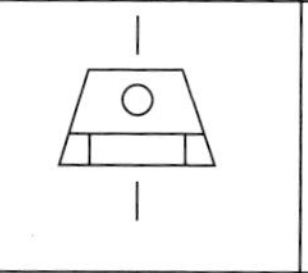	Pelletiermaschine
15	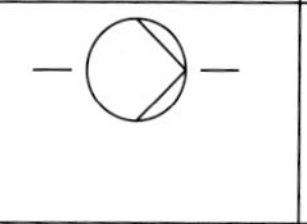	Flüssigkeitspumpe (allgemein)
15	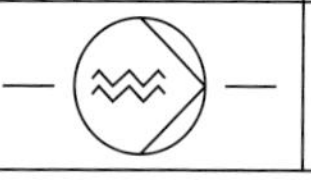	Schraubenspindelpumpe

[1] Sachgruppe nach 7.3.2

7.3.3 Bildzeichen (Fortsetzung)

[1]	Bildzeichen	Bedeutung
15		Exenterschneckenpumpe
15		Strahlflüssigkeitspumpe
16		Membranverdichter, Membranvakuumpumpe
16		Strahlverdichter, Treibmittel-Vakuumpumpe
18		Bandförderer
19		Zuteileinrichtung (allgemein)
19		Sprühdüse
27		Ventilboden
27		Packung
28		Gitterrührer
15		Hubkolbenpumpe
16		Verdichter, Kompressor, Vakuumpumpe (allgemein)
16		Rotationsverdichter, Wälzkolben-Vakuumpumpe
17		Ventilator (allgemein)
18		Schneckenförderer
19		Zellradschleuse
27		Boden (allgemein)
27		Siebboden
28		Rührer (allgemein)
28		Kreuzbalkenrührer
15		Membranpumpe
16		Hubkolbenverdichter, Hubkolbenvakuumpumpe
16		Flüssigkeitsringverdichter, Flüssigkeitsring-vakuumpumpe
18		Stetigförderer (allgemein)
18		Schwingförderer
19		Drehteller
27		Klockenboden
27		Filterelement (allgemein)
28		Blattrührer
28		Ankerrührer

[1] Sachgruppe nach 7.3.2

7.3.3 Bildzeichen (Fortsetzung)

1)	Bildzeichen	Bedeutung	1)	Bildzeichen	Bedeutung	1)	Bildzeichen	Bedeutung
28	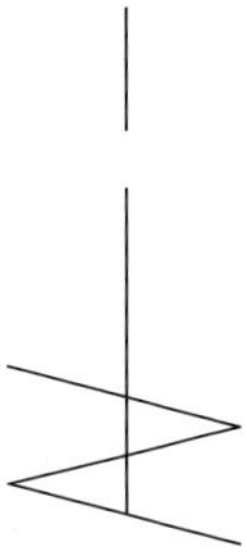	Wendelrührer	28	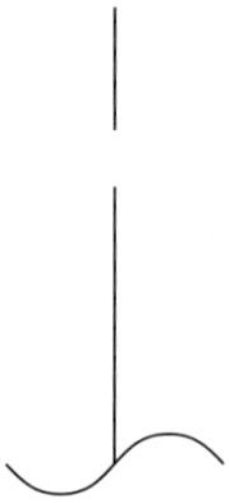	Impellerrührer	28	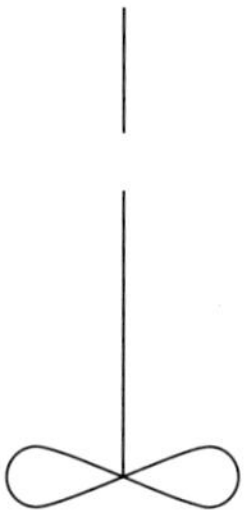	Propellerrührer
28	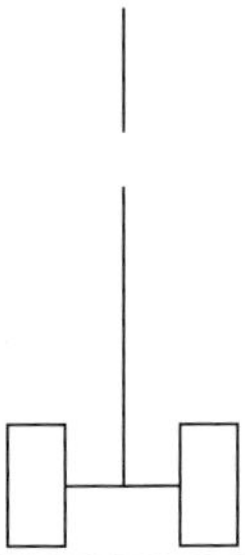	Scheibenrührer	28	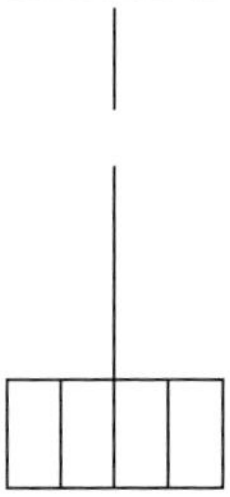	Kreiselrührer, Turbinenrührer	29		Schwerkraft-, Absetzeinrichtung
29	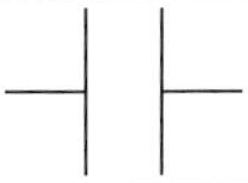	Elektrostatisch	29		Elektromagnetisch	29	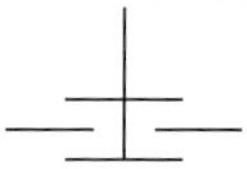	Tellerrotor
29	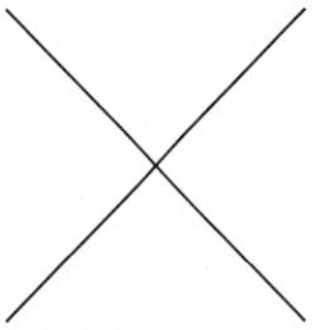	Zerkleinerung	29	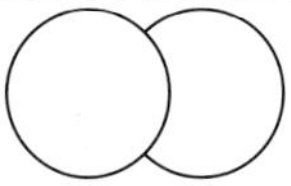	Zahnräder	29	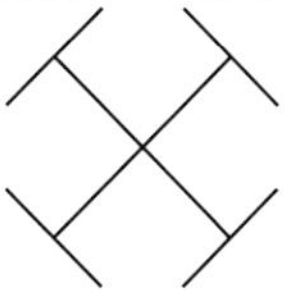	Hammerwerk
29	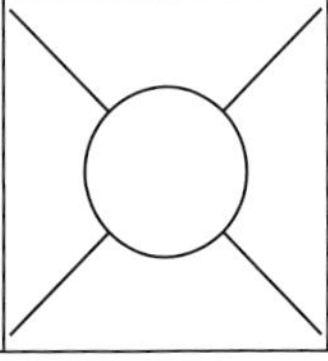	Prallscheiben	29	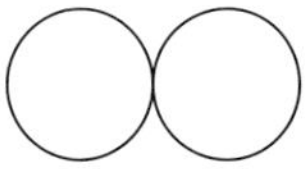	Walzen		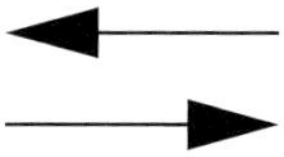	Vibration

[1] Sachgruppe nach 7.3.2

7.4 Fördern von Stoffen

7.4.1 Übersicht Förderpumpen (Auswahl, Herstellerangaben)

Pumpenart	Sinnbild	Normblatt	$\dot{V}_{max}$ m³/h	H_{max} m	Wirkungsgrad η	Fördermedien	Medientemperatur °C
Kreiselpumpe		DIN 24250 DIN EN 22858	> 200 000	> 6500	0,45…0,9	Lösungen, Säuren, Laugen	–120…450
Zahnradpumpe		DIN EN ISO 15136-1	> 350	> 1000	≈ 0,93	Flüssigkeiten, Kunststoffschmelze, Lösungen	> 500

Pumpenart	Sinnbild	Normblatt	$\dot{V}_{max}$ m³/h	H_{max} m	Wirkungsgrad η	Fördermedien	Medientemperatur °C
Kolbenpumpe		DIN 24374-1	> 1000	> 50 000	0,8…0,95	Lösungen, Öle, Säuren, Laugen	–200…500
Schlauchpumpe		VDMA 24286-2	> 70	> 1500	0,15…0,4	empfindliche, hochviskose, aggressive Medien	> 100

7.4.2 Kreiselpumpen

Kreiselpumpen DIN EN ISO 2858 : 2011-12 (Chemienormpumpe) – Übersicht

centrifugal pumps

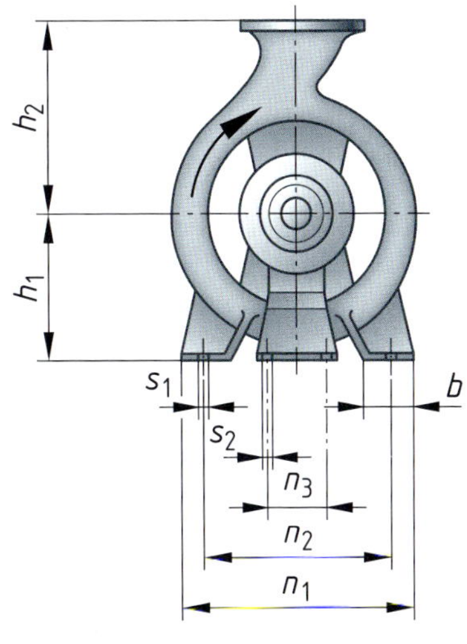

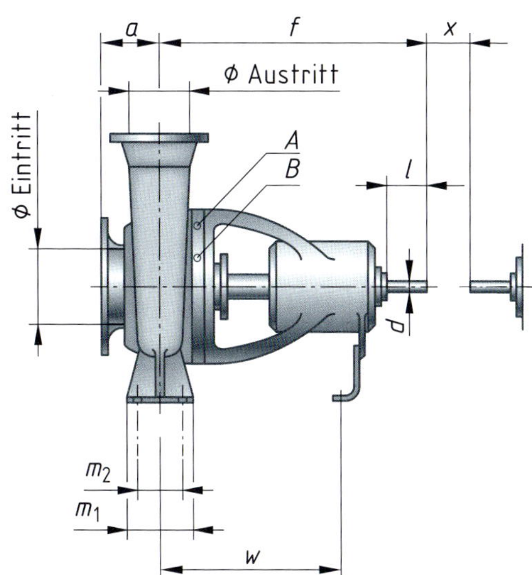

Größenbezeichnung [2]			Nennleistung				Maße in mm															
Eintritt Ø	Austritt Ø	Laufrad (Nenn-Ø)	n 1450 min^{-1}		n 2900 min^{-1}		Pumpenmaße				Fußmaße							Durchgangslöcher für Schrauben		Wellenende		
			$\dot{V}$	H	$\dot{V}$	H	a	f	h_1	h_2	b	m_1	m_2	n_1	n_2	n_3	w	s_1	s_2	d	l	x[1]
mm	mm	mm	m^3/h	m	m^3/h	m	mm	mm	mm	mm	mm	mm	mm	mm	mm	mm	mm	mm	mm	mm	mm	mm
50	32	125	6,3	5	12,5	20	80	385	112	140	50	100	70	190	140	110	285	M 12	M 12	24	50	100
50	32	160		8		32			132	160				240	190							
50	32	200		12,5		50			160	180												
50	32	250		20		80	100	500	180	225	65	125	95	320	250		370			32	80	
65	50	125	12,5	5	25	20	80	385	112	140	50	100	70	210	160	110	285	M 12	M 12	24	50	100
65	50	160		8		32			132	160				240	190							
65	40	200		12,5		50	100		160	180				265	212							
65	40	250		20		80		500	180	225	65	125	95	320	250		370			32	80	
65	40	315		32		125	125		200	250				345	280							
80	65	125	25	5	50	20	100	385	132	160	50	100	70	240	190	110	285	M 12	M 12	24	50	100
80	65	160		8		32			160	180				265	212							
80	50	200		12,5		50				200												
80	50	250		20		80	125	500	180	225	65	125	95	320	250		370			32	80	
80	50	315		32		125			225	280				345	280							
100	80	125	50	5	100	20	100	385	160	180	65	125	95	280	212	110	285	M 12	M 12	24	50	100
100	80	160		8		32		500		200							370			32	80	
100	65	200		12,5		50			180	225				320	250							140
125	80	160	80	8	160	32	125	500	180	225	65	125	95	320	250	110	370	M 12	M 12	32	80	140
125	80	200		12,5		50				250				345	280							
125	80	250		20		80			225	280	80	160	120	400	315			M 16				
125	80	315		32		125		530	250	315										42	110	
125	80	400		50					280	355				435	355							
125	100	200	100[3] 125	12,5	200[3] 250	50	125	500	200	280	80	160	120	360	280	110	370	M 16	M 12	32	80	140
125	100	250		20		80	140	530	225					400	315					42	110	
125	100	315		32		125			250	315												
125	100	400		50					280	355	100	200	150	500	400			M 20				
150	125	250	200	20			140	530	250	355	80	160	120	400	315	110	370	M 16	M 12	42	110	140
150	125	315		32					280		100	200	150	500	400			M 20				
150	125	400		50					315	400												
200	150	250	315[3] 400	20			160	530	280	375	100	200	150	500	400	110	370	M 20	M 12	42	110	180
200	150	315		32				670	315	400				550	450	140	500		M 16	48		
200	150	400		50						450												

[1] Notwendiger Abstand zum Ausbau des Laufzeugs in Richtung des Antriebs.
[2] Flanschbeanspruchung 16 bar.
[3] Diese beiden Werte sind Alternativen.

7.4.3 Umwälzpumpen (Herstellerangaben)

Bauart: Nassläufer (wartungsfrei)

Einbau:

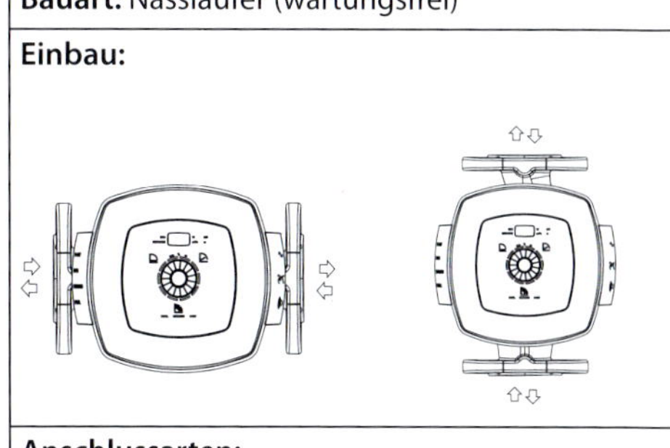

Anschlussarten:
- Gewindeanschluss G1 – G2
- Flanschanschluss DN 40

Werkstoff: GX5CrNi19-10

Förderstrom: $\dot{V} \leq 24\ m^3/h$

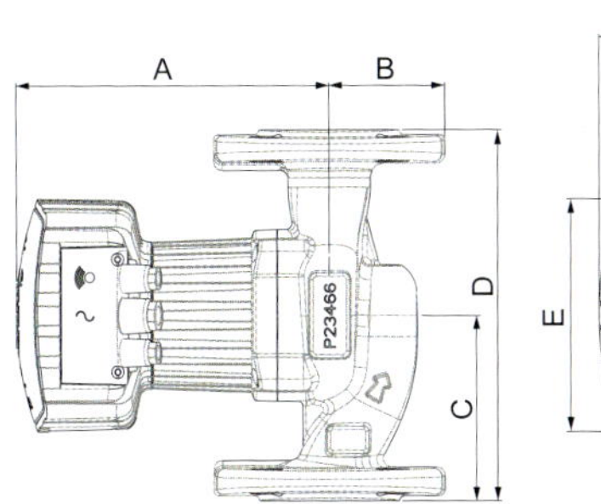

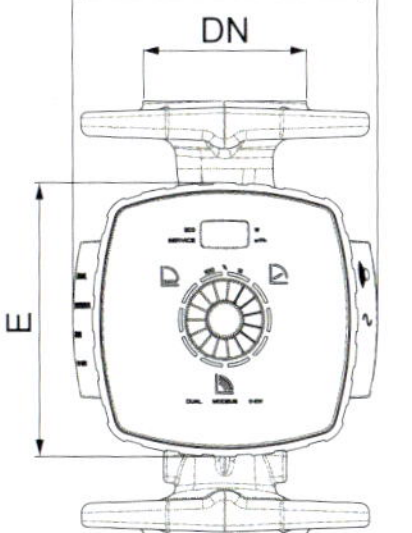

Förderhöhe: $H \leq 12m$

Medientemperatur: +2°C ≤ 70°C

Fördermedien:
- Trinkwasser
- Wasser für Lebensmittelbetrieb

Anwendungen:
- Druckregelung
- Differenzdruckreglung

Anschluss	Förderhöhe HO	A	B	C	D	E	F	P_N	Masse
G, DN	m	mm	mm	mm	mm	mm	mm	W	kg
G 1 ½	8	197	53	102	180	137	168	3,5 – 180	4,6
G 2	10	197	53	102	180	137	168	3,5 – 180	4,8
G 2	12	232	53	98	180	137	168	3,5 – 330	6,4
DN 40	8	242	70	120	220	137	168	3,5 – 265	11,1
DN 40	10	242	70	120	220	137	168	3,5 – 360	11,1

7.4.4 Unterwassermotorpumpen (Herstellerangaben)

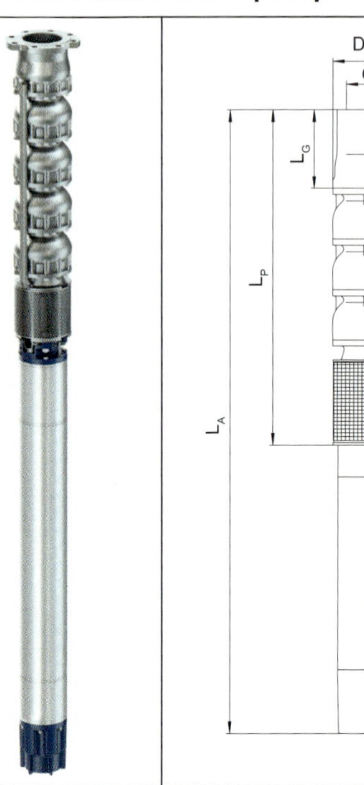

Bauart: einstufig oder mehrstufig

Einbauart: vertikal und horizontal

Anschlussarten:
- Gewindeanschluss G5
- Flanschanschluss DN 125

Werkstoff:
- G-X5CrNiMo19-11-2
- G-X2CrNiMoCuN25-6-3-3

Förderstrom: $\dot{V} \leq 170\ m^3/h$

Förderhöhe: $H \leq 450$ m

Medientemperatur: $T \leq 50$ °C

Fördermedien:
- Trinkwasser
- Flusswasser, Seewasser, Grundwasser
- Sandgehalt bis zu 250 g/m³

Anwendungen:
- Wasserversorgungsanlagen
- Druckerhöhung
- Grundwasserabsenkung
- Bewässerungsanlagen
- Beregnungsanlagen

Anschluss		Förderhöhe HO	LA	LP	LG	D_{max}	P_N	Masse	Einbauart	
DN	G	m	mm	mm	mm	mm	kW	kg	vertikal	horizontal
125	5″	29,4	1180	501	275	202	5,2	76	X	X
125	5″	58,8	1434	625	275	202	10,4	99	X	X
125	5″	88,2	1648	749	275	202	15,6	118	X	X
125	5″	117,6	1862	873	275	202	20,8	137	X	X
125	5″	147,0	2091	997	275	202	26,0	157	X	–
125	5″	176,4	2395	1121	275	202	31,2	184	X	–
125	5″	205,8	2519	1245	275	202	36,4	194	X	–
125	5″	235,2	2642	1412	275	202	41,6	262	X	–
125	5″	264,6	2876	1536	275	202	46,8	291	X	–
125	5″	294,0	3000	1660	275	202	52,0	301	X	–
125	5″	323,4	3254	1784	275	202	57,2	334	X	–

7.4.5 Schlauchpumpen (Herstellerangaben)

Wirkprinzip:

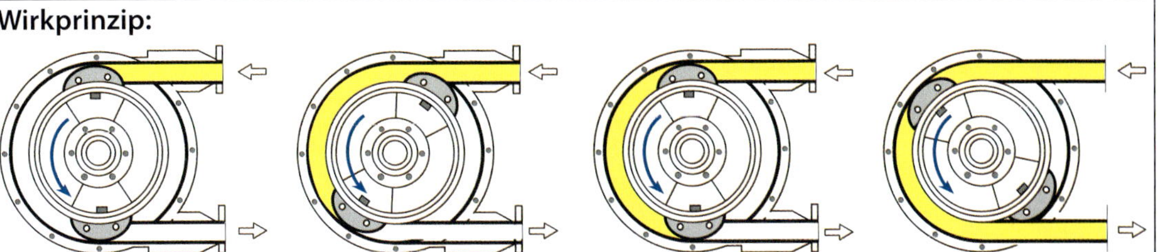

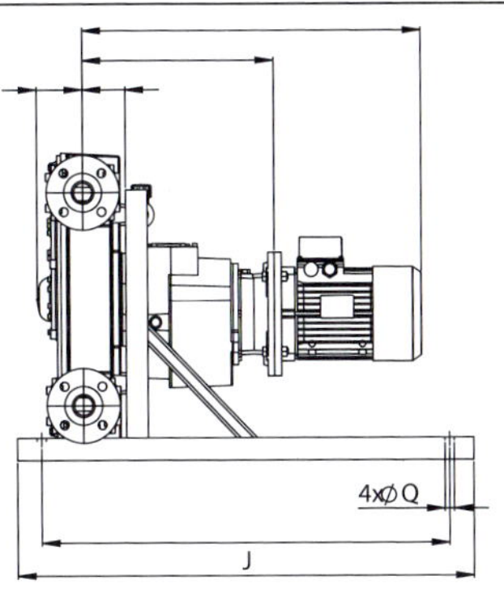

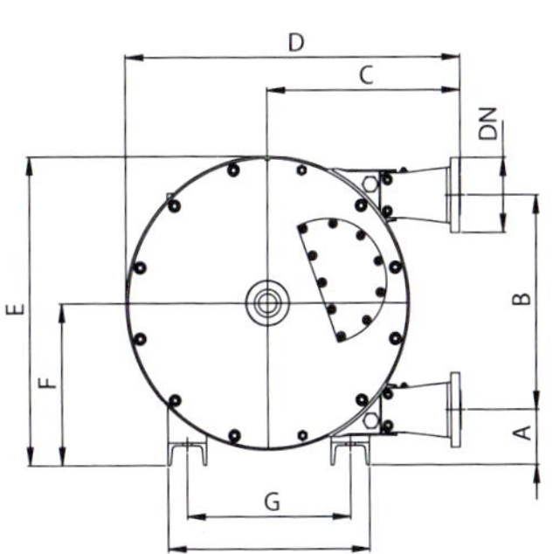

Anschlussart:
- Schlauchtülle D 16 – 25 mm
- Gewindeanschluss G1 – G6
- Flanschverbindung DN 25 – 150

Werkstoff: GGG 40

Schlauchwerkstoff:
- NR bei mechanischer Belastung
- EPDM für Säuren und Laugen
- NBR für Öle und Fette
- NR, NBR für Lebensmittel
- FKM für starke Säuren

Förderdruck: $p_e \leq 15$ bar

Förderstrom: $\dot{V} = 0{,}004 - 150\ m^3/h$

Fördermedien:
- Hochabrasive Medien
- Viskose Medien
- Keramische Massen
- Kieselgur und Most
- Kalkmilch

Anwendungsbeispiele:
- Chemische Industrie
- Lebensmittelindustrie
- Bergbau
- Bauindustrie

Anschluss [0]	Fördermenge (max.) $\dot{V}$	A	B	C	D	E	F	G	J	PN (max.)	Masse
DN	m³/h	mm	mm	mm	mm	mm	mm	mm	mm	kW	kg
25	1	95	262	355,5	190	416	311	351	600	2,2	80
32	2,3	122,5	330	435,5	238	525,5	426	476	810	2,2	145
40	5	122,5	330	435,5	238	525,5	426	476	810	2,2	145
50	10,3	164,5	554	517,5	360	801,5	510	593	1050	7,5	310
65	13,8	164,5	554	517,5	360	801,5	513	593	1050	7,5	335
80	18,9	262	876	803	555	1320	690	830	1400	18,5	930
100	37,2	300	1040	887	685	1680	820	960	2000	22	1250
125	83	263,5	1273	1038	785	1750	1000	1140	2000	37	1800
150	150	385	1720	1241	1003	2408	1000	1160	1500	30	2500

7.4.6 (Doppel-)Membranpumpen (Herstellerangaben)

Wirkprinzip:

Überdruck Unterdruck Zuluft Abluft

Bauarten:
- Metallguss
- Kunststoff

Anschlussarten:
- Gewindeanschluss
- Flanschanschluss (Tri-Clamp)*

Werkstoffe:
- Aluminiumguss
- Stahlguss (1.4404)*
- PP (glasfaserverstärkt)
- PVDF (kohlefaserverstärkt)

Membran (Beispiele):
- EPDM*, FKM, FPM, NBR, PTFE*

Förderstrom: $\dot{V} \leq 42{,}9\ m^3/h$

Förderhöhe: $H \leq 80$ mWs

Fördermedien:
- Abrasive,
- Aggressive,
- Leicht entzündliche,
- Feststoffhaltige,
- Viskose Medien

Antrieb (Luft): $p_e = 2 - 8$ bar

Medientemperatur: T ≤ 100°C

Installationsmöglichkeiten:
- Eingetauchte Betriebsweise
- Hängend
- Mobile Installation
- Selbstansaugend
- Zulaufbetrieb

Zulässige Feststoffkorngrößen: ≤ 9 mm

Max. Viskosität: 3500 – 30000 mPas

Anwendungsbeispiele:
- Chemische Industrie
- Lebensmittelindustrie*
- Pharmaindustrie*

Anschluss	Luftanschluss	PP / PVDF			Aluminiumguss			Stahlguss (1.4404)*		
		A	B	C	A	B	C	A	B	C
R	R	mm	mm	mm	mm	mm	mm	mm	mm	mm
¼"	1/8"	183	203	107	-	-	-	-	-	-
½"	¼"	243	260,5	160	245,5	253,5	160	246,5	247,5	160
1"	3/8"	309,5	344,5	203	310	335	203	312	321,5	203,5
1 ½"	½"	429,5	538	263	467	573	263,5	400	501	263
2"	¾"	563	662,5	345	594	688	345	478	694	346

7.4.7 Strahlpumpen (Herstellerangaben)

Bezeichnungen der Strahlpumpen nach DIN 24290

NACH DER SAUGSEITE	NACH DER TREIBSEITE		
	GASSTRAHLPUMPE	DAMPFSTRAHLPUMPE	FLÜSSIGKEITSSTRAHLPUMPE
Strahlventilator	Gasstrahl-Ventilator	Dampfstrahl-Ventilator	Flüssigkeitsstrahl-Ventilator
Strahlverdichter	Gasstrahl-Verdichter	Dampfstrahl-Verdichter (Dampfstrahl-Brüdenverdichter)	Flüssigkeitsstrahl-Verdichter
Strahlvakuumpumpe	Gasstrahl-Vakuumpumpe	Dampfstrahl-Vakuumpumpe	Flüssigkeitsstrahl-Vakuumpumpe
Strahlflüssigkeitspumpe	Gasstrahl-Flüssigkeitspumpe	Dampfstrahl-Flüssigkeitspumpe	Flüssigkeitsstrahl-Flüssigkeitspumpe
Strahlfeststoffpumpe	Gasstrahl-Feststoffpumpe	Dampfstrahl-Feststoffpumpe	Flüssigkeitsstrahl-Feststoffpumpe

Bestandteile

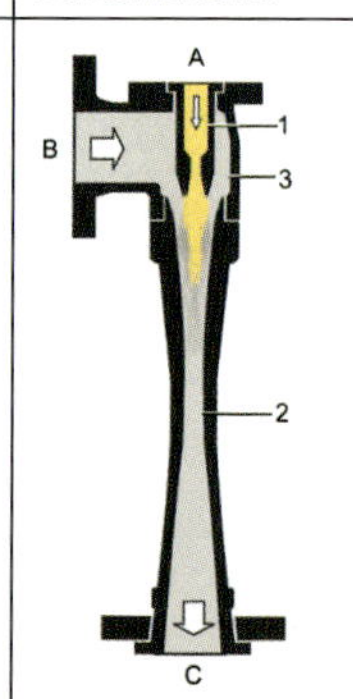

- Treibmittelanschluss (A)
- Saugstutzen (B)
- Druckstutzen (C)
- Treibdüse (1)
- Diffusor (2)
- Kopf (3)

Werkstoffe Gehäuse, Treibdüse (Auswahl)	– S235JRG2 – P265GH – X2CrNiMo18-14-3 – X6CrNi18-10 – GX5CrNiMoNb19-11-2								
Medien	– Flüssigkeit, Gas, Feststoff								
Flüssigkeitsstrahl – Flüssigkeitspumpe	**Anschlüsse DN**			**Baumaße**				**Gemisch**	**Masse**
	A	**B**	**C**	**a mm**	**b mm**	**c mm**	**d mm**	**kg/h**	**kg**
	20	20	20	153	42	111	80	1200	5
	25	20	32	270	60	210	85	3500	10
	32	25	40	350	65	285	100	6000	13
	40	32	50	410	70	340	115	12000	15
	50	40	65	480	80	400	125	24000	22
	65	40	65	480	80	400	125	32000	22
	65	50	80	530	80	450	135	40000	30
	80	65	100	730	115	615	135	70000	45
	100	80	125	950	150	800	165	100000	98

7.4.8 Verdichter (Auswahl) *compressors*

Einteilung

Bauart	**Beispiele**	**Druckbereich**
Kompressoren	Kolbenverdichter Turboverdichter Rotationszellenverdichter Schraubenverdichter	$p_e > 3$ bar
Gebläse	Drehkolbengebläse Flügelzellengebläse Turbogebläse	1,1 bar $< p_e <$ 3 bar
Ventilatoren	Radialventilatoren Axialventilatoren	1 bar $< p_e <$ 1,4 bar
Vakuumpumpen	Turbovakuumpumpe Schraubenvakuumpumpe Hubkolbenvakuumpumpe Rotationsvakuumpumpe Turbomolekularpumpen	**Absolutdruck p_{abs}:** Grobvakuum $10^3 \ldots 1$ mbar Feinvakuum $1 \ldots 10^{-3}$ mbar Hochvakuum $10^{-3} \ldots 10^{-7}$ mbar Ultrahochvakuum $< 10^{-7}$ mbar

Kritische Temperatur und kritischer Druck ausgewählter Gase

Medium	**Kritische Temperatur**[1] ϑ_K (θ) in °C	**Kritischer Druck**[1] p_K (Π) in bar
Argon	–122,4	48,6
Butan	152	38
Helium	–268	2,3
Kohlenstoffdioxid	31,1	73,9
Luft	140,7	37,7
Methan	–82,5	46,4
Propan	96,8	40,6
Sauerstoff	–118,5	50,6
Stickstoff	–147,2	33,9
Wasserdampf	374,2	220,6
Wasserstoff	–240	13

[1] Wird die kritische Temperatur eines Gases unterschritten, muss der Druck über dem kritischen Druck bleiben um Kondensatbildung zu vermeiden.

7.5 Wärmeübertragung

7.5.1 Wärmeübertrager *heat exchanger*

Übersicht Wärmeübertrager (Auswahl)

Bauform	Symbol[1]	Vorteile	Einsatzgebiete
Platten-Wärme-übertrager	Ⓐ Ⓐ Ⓐ Ⓐ	• flexible Plattenzahl • hohe Wärmeübertragung • kompakte Bauweise • einfache Demontage • hoher Wirkungsgrad • freie Werkstoffwahl	• Lebensmittelindustrie • chemische Industrie • Energietechnik
Spiralrohr-Wärme-übertrager	Ⓐ Ⓐ Ⓐ Ⓐ	• einfache Demontage • geringe Druckverluste • hohe Temperaturen möglich • hohe Strömungsgeschwindigkeiten möglich	• Heiz- und Kühlaufgaben • Lebensmittelindustrie • Energietechnik
Doppelrohr-Wärme-übertrager	Ⓐ Ⓐ Ⓐ Ⓐ	• hohe Drücke möglich • einfache Konstruktion • gute Reinigungsmöglichkeiten	• Kühler • für hochviskose Medien • chemische Industrie
Rohrbündel-Wärme-übertrager	Ⓐ Ⓐ Ⓐ Ⓐ	• hohe Drücke • hohe Temperaturen • große Apparate und Volumenströme möglich	• Universallösung für die chemische Industrie und in der Energietechnik

[1] DIN EN ISO 10628

Rohrbündelwärmeübertrager nach DIN EN 13445-3 : 2011-12 *manifold heat exchangers*

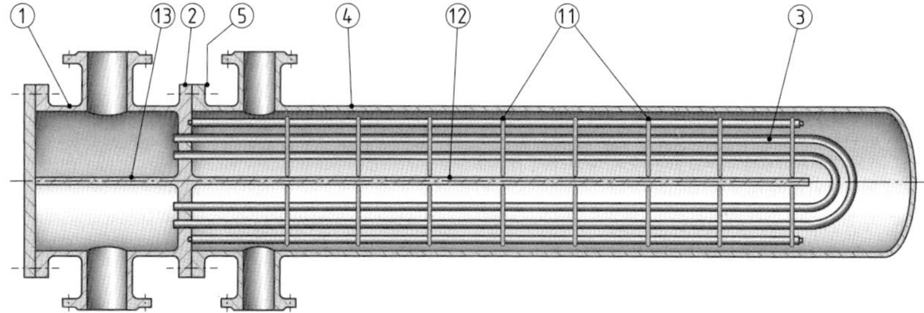

a) U-Rohr-Wärmeübertrager (Haarnadel-Wärmeübertrager)

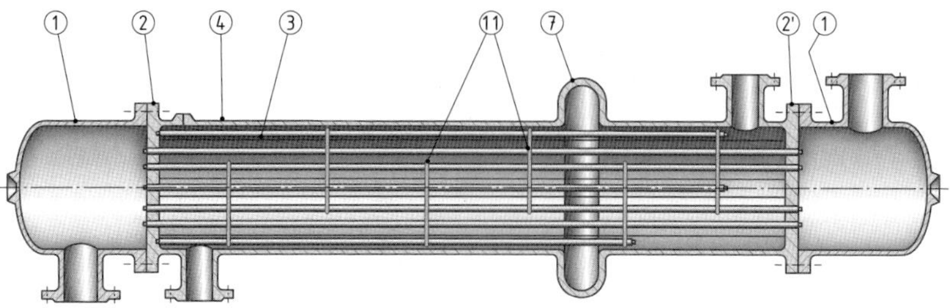

b) Festkopf-Wärmeübertrager mit festen Böden (Wärmeübertrager mit festen Böden)

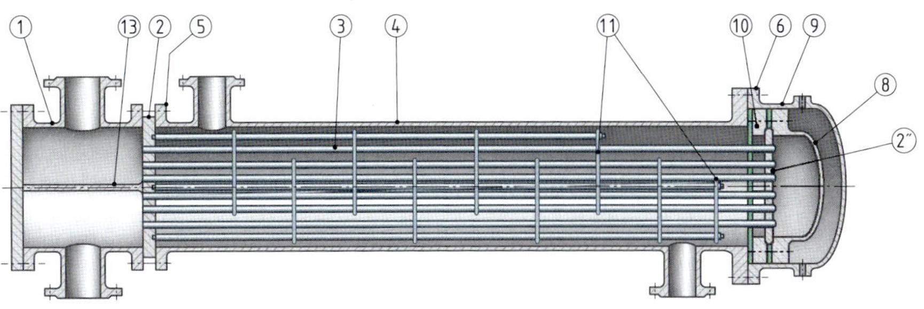

c) Schwimmkopf-Wärmeübertrager

1 Vorkammer mit festem Boden
2 Festkopf-Rohrboden
2′ Fester (stationärer) Rohrboden
2″ Beweglicher Rohrboden (Schwimmkopf)
3 Rohre
4 Schale
5 Schalenflansch
6 Deckelflansch
7 Kompensator
8 Schwimmkopf-Deckel
9 Schwimmkopf-Flansch
10 Schwimmkopf-Gegenhalter
11 Leitbleche oder Stützplatten
12 Längsleitblech
13 Durchgangstrennwand

Bauart	**Vorteile**	**Nachteile**
U-Rohr (Haarnadel)-WT	• hohe Drücke und Temperaturen möglich • große Temperaturdifferenzen zwischen den Medien möglich • keine Dehnungsausgleicher erforderlich	• großer Fertigungsaufwand • höhere Druckverluste im Innenraum • Reinigung in den Rohrbögen schwierig (chemisch)
Festkopf-WT	• einfache Fertigung • geringe Druckverluste im Innenraum • Innenrohre gut zu reinigen • große Werkstoffauswahl möglich	• Dehnungsausgleicher bei größeren Temperaturdifferenzen • Aufwendige Reinigung der Außenrohre
Schwimmkopf-WT	• hohe Drücke und Temperaturen möglich • keine Dehnungsausgleicher erforderlich • große Temperaturdifferenzen zwischen den Medien möglich	• großer Fertigungsaufwand • hohe Kosten

Plattenwärmeübertrager (Herstellerangaben)[1] ***plate heat exchangers***

Gelötete Plattenwärmeübertrager (Auswahl)

Eckdaten (auslegungsabhängig):

- Betriebsüberdruck $p_{e\ max} = 30$ bar
- Betriebstemperatur $-160\ °C \leq T \leq +200\ °C$
- Wärmeleistung $Q = 2{,}0 \ldots 4000$ kW

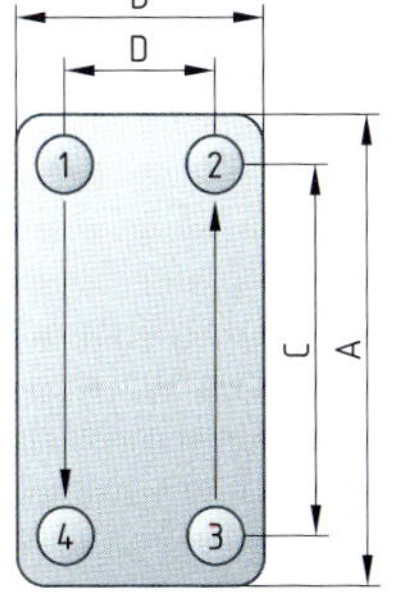

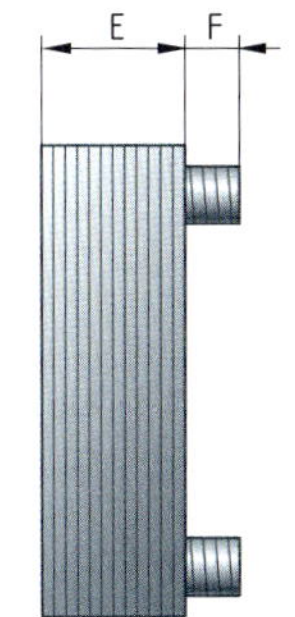

1: warme Seite EIN
2: kalte Seite Aus
3: kalte Seite EIN
4: warme Seite Aus

Optional: Winkelfüße (ab 10 kg Eigenmasse)

Werkstoffe

Platten: X5CrNiMo17-12-2, Prägemuster lang oder kurz (siehe geschraubte Plattenwärmeaustauscher)

Lot: Kupferlot (Standard)
Nickellot (Seewasser, Ammoniak, Silikonöle und stark chloridhaltige Medien)

Medien

- Wasser/Wasser
- Öl/Wasser
- Gas/Flüssigkeit
- … (entsprechend Materialbeständigkeit und Viskosität)

[1] Funke (Gronau)

Gelötete Plattenwärmeübertrager (Auswahl) (Fortsetzung)

Anschlussvarianten

Standardausführung:
- Gewindestutzen (Außengewinde)
- Flansche

Optional:
- Lötanschlüsse
- Gewindestutzen (Innengewinde)

Einsatzgebiete

Systemtrennung, Wärmeauskopplung und Wärmerückgewinnung in Gebäudetechnik, Prozesstechnik sowie Kältetechnik und Maschinenbau u. a.
- Warmwasser/Brauchwasser
- Heizungstechnik (Solar-, Zentral-, Fußbodenheizung)
- Verdampfer/Kondensator in Kälteanlagen

Anschlüsse	Abmessungen mm						Max. Plattenzahl	Max. Tauscherfläche m²	Leermasse kg
	A	B	C	D	E	F			
G ½″	203	73	170	40	$7 + 2{,}3 \cdot n$[1]	20	30	0,36	$0{,}75 + 0{,}05 \cdot n$[1]
G ¾″	230	89	182	43	$12 + 2{,}3 \cdot n$	20	50	0,72	$1{,}10 + 0{,}06 \cdot n$
G ¾″	325	89	279	43	$12 + 2{,}3 \cdot n$	20	30	0,58	$1{,}30 + 0{,}08 \cdot n$
G 1″	171	124	120	73	$12 + 2{,}3 \cdot n$	20	50	0,74	$1{,}20 + 0{,}06 \cdot n$
G 1″	332	124	281	73	$12 + 2{,}3 \cdot n$	20	100	3,28	$1{,}60 + 0{,}12 \cdot n$
G 1″	529	124	478	73	$12 + 2{,}3 \cdot n$	20	100	5,52	$2{,}00 + 0{,}24 \cdot n$
G 2″	529	269	460	200	$14 + 2{,}4 \cdot n$	65	150	18,91	$5{,}50 + 0{,}60 \cdot n$
G 2 ½″	529	269	421	161	$14 + 2{,}4 \cdot n$	65	200	21,80	$10{,}0 + 0{,}54 \cdot n$
G 2 ½″	798	269	690	161	$14 + 2{,}4 \cdot n$	65	200	39,60	$11{,}5 + 0{,}80 \cdot n$
DN 100	870	383	723	237	$23 + 2{,}4 \cdot n$	134	220	65,40	$39{,}5 + 1{,}25 \cdot n$

[1] *n*: Anzahl der Platten

Geschraubte (Variable) Plattenwärmeübertrager (Auswahl) *screwed plate heat exchangers*

Eckdaten (auslegungsabhängig):
- Betriebsüberdruck $p_{e\ max} = 25$ bar
- Betriebstemperatur $-20\ °C \leq T \leq 180\ °C$
- Wärmeleistung 1 kW… 30 MW
- Anschlussnennweite DN 25… DN 500

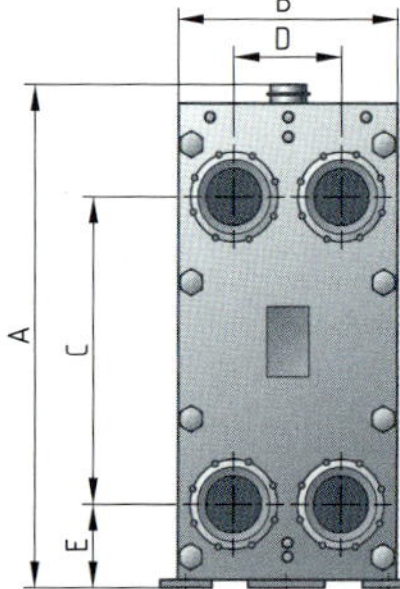

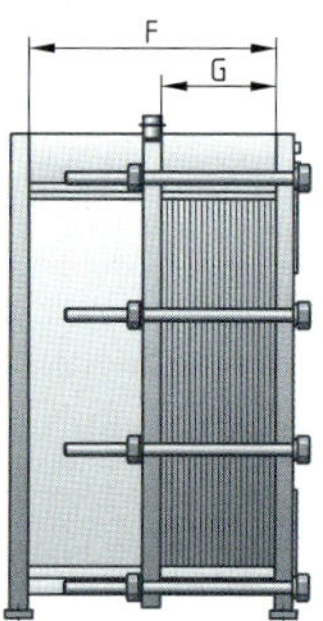

Werkstoffe

Platten:
- X5CrNiMo17-12-2 (Standard)
- X5CrNi18-10 (Kostenoptimierung bei unkritischen Medien)
- X1NiCrMoCu25-20-5 (mit hohem Nickelanteil gegen Spannungsrisskorrosion, gutes Preis-Leistungs-Verhältnis bei schwach säure- und chloridhaltigen Medien)
- X1NiCrMoCuN25-20-7 (chlorid- und säurebeständiger als Standard, z. B. für Brackwässer geeignet)
- Hastelloy[1] (NiMo28, hochbeständig gegen Säuren und Chloride, z. B. für konzentrierte Schwefelsäure)
- Titan ASTM B265
- Titan-Palladium (hochwertigster Werkstoff z. B. für Chloride bei höheren Temperaturen geeignet)

Dichtungen:
- NBR: Universell für wässrige und fettige Medien, z. B. Wasser/Öl-Anwendungen
- EPDM: Breites Einsatzspektrum bei vielen chemischen Verbindungen ohne Mineralöl- und Fettanteile
- FPM (Viton): Sehr hohe Beständigkeit gegenüber Chemikalien und organischen Lösungsmitteln sowie Schwefelsäure und Pflanzenölen bei hohen Temperaturen

[1] Firmenbezeichnung

Anschlussvarianten **Geschraubte (Variable) Plattenwärmeübertrager (Auswahl)** (Fortsetzung)

Standardausführung:
- Gewindestutzen (Außengewinde)
- Flansche

Optional:
- Lötanschlüsse
- Gewindestutzen (Innengewinde)

Einsatzgebiete
- industriellen Anwendungen: z. B. chemische Industrie, Energietechnik
- Heizung, Klima, Lüftung

Baugruppen Wärmeübertrager

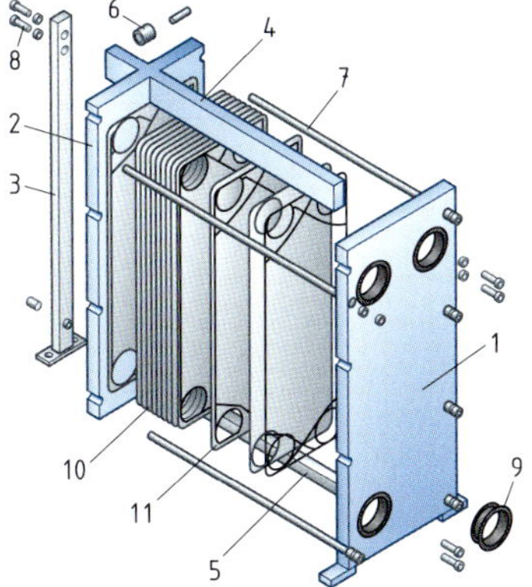

1. Festplatte
2. Losplatte
3. Stütze
4. Träger
5. Untere Plattenführung
6. Tragrolle
7. Gewindebolzen
8. Befestigungsschrauben
9. Gummiformteile
10. Dichtungen
11. Wärmeübertragungsplatten

Prägemuster der Wärmeübertragerplatten

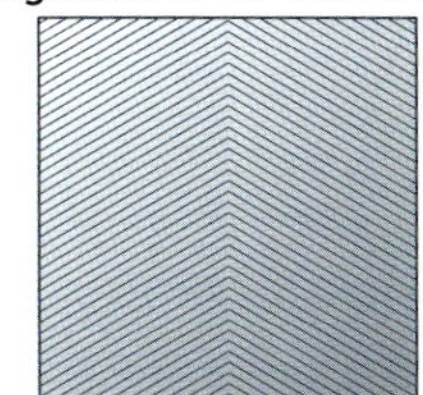
Thermisch lang

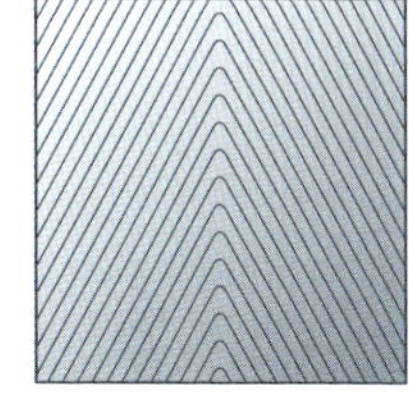
Thermisch kurz

Stumpfe Wellenwinkel bieten thermisch längere Wege und höhere Wärmeübertragungsleistungen bei entsprechend höheren Druckverlusten.
Spitze Wellenwinkel werden gewählt, wenn geringe Druckverlustvorgaben einzuhalten sind.

Anschlüsse/ max. PN	Abmessungen mm							Max. Plattenzahl	Fläche pro Platte m^2	Max. Tauscherfläche m^2
	A	B	C	D	E	F	G			
1″/16	799	160	675	65	85	150 … 600	$n \cdot 2{,}4$	150	0,08	12
2″/16	1066	310	819	135	132	250 … 1000	$n \cdot 2{,}4$	200	0,20	40
DN50/16	735	310	494	126	131	250 … 1000	$n \cdot 2{,}9$	200	0,10	20
DN50/16	1135	440	894	126	131	250 … 1000	$n \cdot 2{,}9$	200	0,22	45
DN80/25	1080	480	650	202	200	500 … 3000	$n \cdot 3{,}1$	500	0,20	100
DN100/25	1160	480	719	225	204	500 … 2500	$n \cdot 3{,}1$	500	0,21	105
DN100/25	1579	480	1141	225	204	500 … 3000	$n \cdot 3{,}1$	500	0,40	200
DN100/25	2320	480	1882	225	204	500 … 3000	$n \cdot 3{,}1$	500	0,71	355
DN150/25	1470	620	941	290	225	500 … 4000	$n \cdot 3{,}1$	750	0,40	315
DN150/25	2200	620	1671	290	225	500 … 4000	$n \cdot 3{,}1$	750	0,80	600
DN150/25	2687	620	2157	290	225	500 … 4000	$n \cdot 3{,}1$	750	1,12	840
DN200/25	1380	760	770	395	285	500 … 4000	$n \cdot 3{,}1$	700	0,41	300
DN200/25	2100	760	1490	395	285	500 … 4000	$n \cdot 3{,}1$	700	1,00	700
DN200/25	2460	760	1850	395	285	500 … 4000	$n \cdot 3{,}1$	700	1,30	910
DN300/25	1930	980	1100	480	365	1280 … 3780	$n \cdot 3{,}8$	700	0,80	585
DN300/25	2710	980	1879	480	365	1280 … 3780	$n \cdot 3{,}8$	700	1,60	1120
DN300/25	3100	980	2267	480	365	1280 … 3780	$n \cdot 3{,}8$	700	1,90	1330
DN500/16	2855	1370	1822	672	480	1280 … 3780	$n \cdot 4{,}1$	700	2,00	1400
DN500/16	3211	1370	2178	672	480	1280 … 3780	$n \cdot 4{,}1$	700	2,50	1750
DN500/16	3567	1370	2534	672	480	1280 … 3780	$n \cdot 4{,}1$	700	3,00	2100

7.5.2 Rechengang Wärmeübertrager

1. Wahl eines U-Wertes nach Tabelle (in Abhängigkeit vom austauschenden Medien, den Strömungsverhältnissen und der Wärmeaustauscherbauart)
2. Ermittlung der erforderlichen Massenströme (Heiz- bzw. Kühlmittel) soweit nicht vorgegeben, Ermittlung der Austrittstemperatur (Heiz- bzw. Kühlmittel) soweit nicht vorgegeben
3. Ermittlung der mittleren Temperaturdifferenz
4. Ermittlung des erforderlichen Wärmestromes
5. Berechnung der erforderlichen Austauschfläche mit Hilfe der Größen aus 1…4

Formeln und Tabellen Wärmeübertrager

1. Wärmeleitung

a) Wärmeleitung durch eine ebene Wand

$$\dot{Q}_L = \frac{\lambda}{s} \cdot A \cdot (\vartheta_1 - \vartheta_2)$$

$\dot{Q}_L$:	Wärmestrom pro Zeit durch Wärmeleitung	
λ:	Wärmeleitfähigkeit nach Kap. 3.2.8	in W/(m · K)
s:	Wanddicke	in m
A:	Austauschfläche	in m²
$\vartheta_1 - \vartheta_2$:	Temperaturdifferenz zwischen den Wandoberflächen	in K

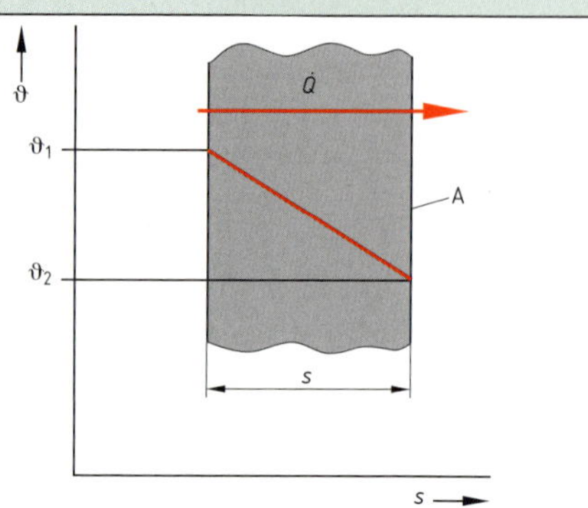

b) Wärmeleitung durch eine mehrschichtige Wärmeaustauscherwand

$$\dot{Q}_L = \frac{1}{\frac{s_1}{\lambda_1} + \frac{s_2}{\lambda_2} + \frac{s_3}{\lambda_3} \dots} \cdot A \cdot (\vartheta_1 - \vartheta_2)$$

$\dot{Q}_L$:	Wärmestrom pro Zeit durch Wärmeleitung	
$\lambda_1, \lambda_2, \lambda_3$:	Wärmeleitfähigkeiten der einzelnen Schichten nach Kap. 3.2.8	in W/(m · K)
s_1, s_2, s_3:	Wanddicken	in m
A:	Austauschfläche	in m²
$\vartheta_1 - \vartheta_2$:	Temperaturdifferenz zwischen den Wandoberflächen	in K

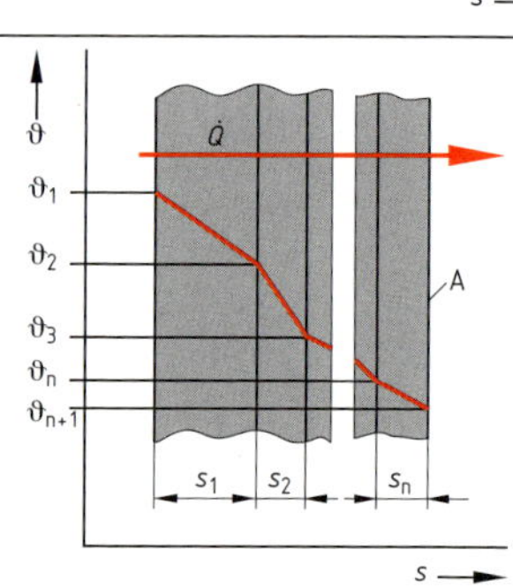

c) Wärmeleitung durch Rohrwände

$$\dot{Q}_L = \frac{\lambda}{s} \cdot d_m \cdot \pi \cdot l \cdot (\vartheta_1 - \vartheta_2)$$

$\dot{Q}_L$:	Wärmestrom pro Zeit durch Wärmeleitung	
λ:	Wärmeleitfähigkeit	in W/(m · K)
s:	Wanddicke	in m
d_m:	mittlerer Rohrdurchmesser $\left(\frac{d_a + d_i}{2} \text{ oder } d_i + s\right)$	in m
l:	Rohrlänge	in m
$\vartheta_1 - \vartheta_2$:	Temperaturdifferenz zwischen den Wandoberflächen	in K

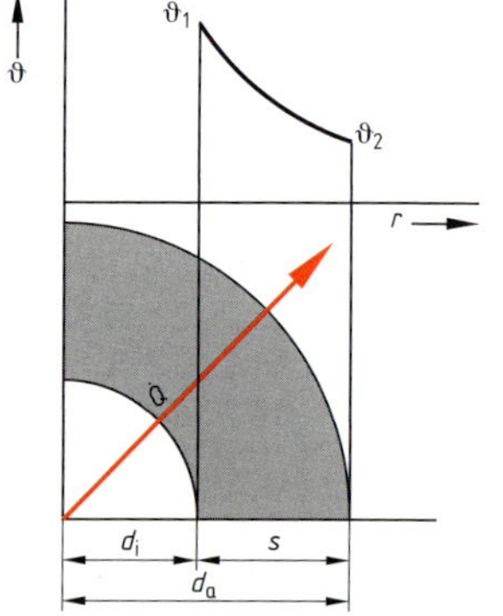

2. Wärmeübergang

$$\dot{Q}_{Ü} = h_1 \cdot A \cdot (\vartheta_1 - \vartheta_2)$$

$\dot{Q}_{Ü}$:	Wärmestrom pro Zeit durch Wärmeübergang	
h_1:	Wärmeübergangszahl (früher α)	in W/(m² · K)
A:	Austauschfläche	in m²
$\vartheta_1 - \vartheta_2$:	Temperaturdifferenz zwischen dem Medium und der Wandoberflächen	in K

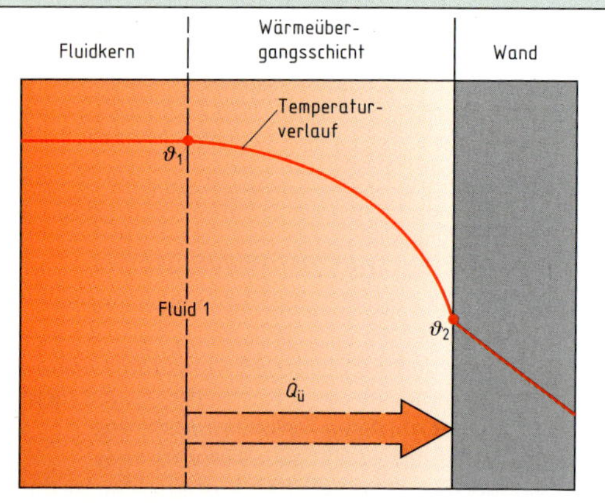

3. Wärmedurchgang

a) Grundformel

$$\dot{Q}_D = U \cdot A \cdot (\vartheta_1 - \vartheta_2)$$

$\dot{Q}_D$: Wärmestrom pro Zeit bei Wärmedurchgang
U: Wärmedurchgangskoeffizient (früher k) in W/(m² · K)
A: Austauschfläche in m²
$\vartheta_1 - \vartheta_2$: Temperaturdifferenz zwischen den Tauschermedien in K

b) Wärmedurchgangskoeffizient

$$U = \frac{1}{\frac{1}{h_1} + \sum \frac{s}{\lambda} + \frac{1}{h_2}}$$

U: Wärmedurchgangskoeffizient (früher k) in W/(m² · K)
h_1, h_2: Wärmeübergangszahlen (früher α) in W/(m² · K)
s: Wanddicke in m
λ: Wärmeleitfähigkeit in W/(m · K)

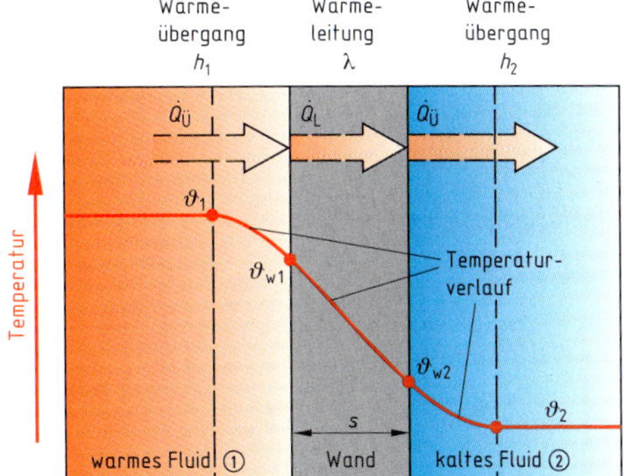

4. Wärmeübertragung in Wärmeübertragern

a) Grundformel

$$\dot{Q} = U \cdot A \cdot \Delta\vartheta_m$$

$\dot{Q}$: Energiemenge pro Zeit in W
U: Wärmedurchgangskoeffizient in W/(m² · K)
$\Delta\vartheta_m$: mittlere logarithmische Temperaturdifferenz in K

b) Mittlere logarithmische Temperaturdifferenz

$$\Delta\vartheta_m = \frac{\Delta\vartheta_{gr} - \Delta\vartheta_{kl}}{\ln\frac{\Delta\vartheta_{gr}}{\Delta\vartheta_{kl}}}$$

$\Delta\vartheta_m$: mittlere logarithmische Temperaturdifferenz in K
$\Delta\vartheta_{gr}$: größte Temperaturdifferenz der wärmeaustauschenden Medien
$\Delta\vartheta_{kl}$: kleinste Temperaturdifferenz der wärmeaustauschenden Medien

c) Ermittlung der Temperaturdifferenz bei Wärmeaustausch im

Gleichstrom

$$\Delta\vartheta_{gr} = \vartheta_{wE} - \vartheta_{kE}$$

$$\Delta\vartheta_{kl} = \vartheta_{wA} - \vartheta_{kA}$$

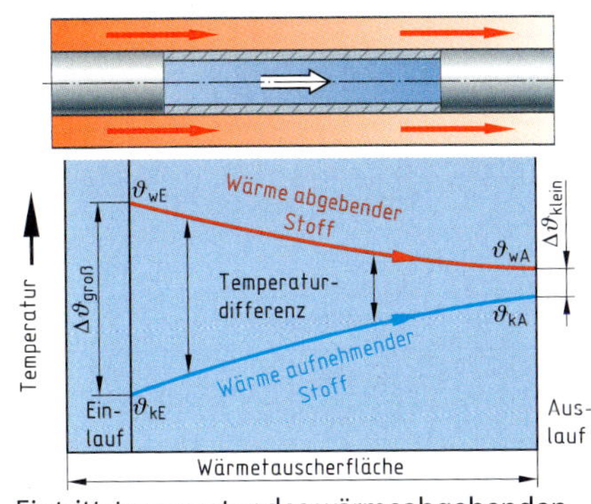

ϑ_{wE}: Eintrittstemperatur des wärmeabgebenden Mediums in °C
ϑ_{wA}: Austrittstemperatur des wärmeabgebenden Mediums in °C

Gegenstrom

$$\Delta\vartheta_{gr} = \vartheta_{wA} - \vartheta_{kE}$$

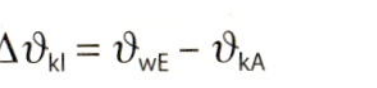

$$\Delta\vartheta_{kl} = \vartheta_{wE} - \vartheta_{kA}$$

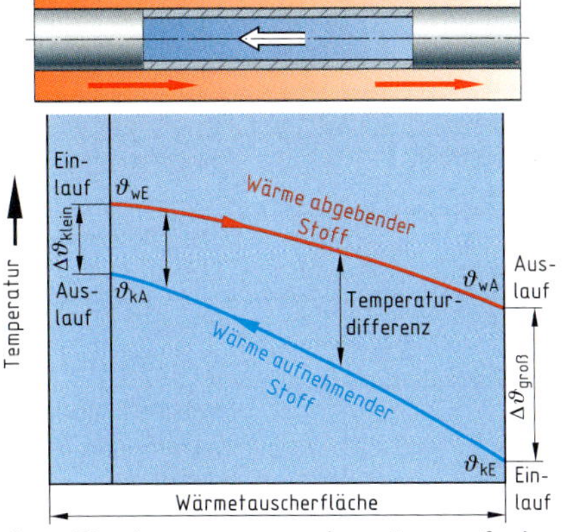

ϑ_{kE}: Eintrittstemperatur des wärmeaufnehmenden Mediums in °C
ϑ_{kA}: Austrittstemperatur des wärmeaufnehmenden Mediums in °C

5. Orientierungswerte für Wärmeübergangszahlen *h*

Übergangsbedingungen	*h* W/($m^2 \cdot K$)	Übergangsbedingungen	*h* W/($m^2 \cdot K$)
Strömendes (laminar) Wasser an ebener Wand oder in Rohren	100 … 350	Wasser in einem Behältermantel	3000 … 14 000
Strömendes (turbulent) Wasser an ebener Wand oder in Rohren	1000 … 15000	Siedendes Wasser an ebener Wand	1000 … 40 000
Strömendes (turbulent) Wasser an einem Rohrbündel	1000 … 5000	Kondensierender Wasserdampf an ebener Wand	5000 … 25 000

6. Orientierungswerte für Wärmeübertragerzahlen U in Wärmeübertragern

Wärmeübertrager	Medien	*U*-Werte W/($m^2 \cdot K$)
Platten-Wärmeübertrager	Flüssigkeit – Flüssigkeit	1200 … 7000
	Dampf – Flüssigkeit	≈ 6500
	Öl – Flüssigkeit	≈ 700
Spiralrohr-Wärmeübertrager	Flüssigkeit – Flüssigkeit	1000 … 2500
	Dampf – Flüssigkeit	900 … 3000
	Öl – Flüssigkeit	300 … 400
Doppelrohr-Wärmeübertrager	Flüssigkeit – Flüssigkeit	300 … 1400
	Flüssigkeit – Gas	200 … 900
	Gas – Gas	10 … 500
Rohrbündel-Wärmeübertrager	Flüssigkeit – Flüssigkeit	800 … 2000
	Dampf – Flüssigkeit	300 … 3000
	Öl – Flüssigkeit	200 … 500

7

7.5.3 Kälte- und Wärmeträger *cold and heat transfer*

Anforderungen

- Materialverträglichkeit mit üblichen Materialien
- keine korrosionsverursachende Wirkung
- geringe Empfindlichkeit gegenüber Fremdstoffen
- geringe Feuergefährlichkeit
- hohe Siedepunkte
- niedrige Dampfdrücke
- gute thermische Stabilität
- niedrige Viskosität
- hohe spezifische Wärmekapazitäten
- ökologische Unbedenklichkeit
- keine Geruchsbelästigung
- gute Entsorgungs- und Verwertungsmöglichkeiten usw.

Übersicht Kälte- und Wärmeträger

Kälte- und Wärmeträgerfluid	Beispiele	Temperaturbereiche °C
Verflüssigte Gase	LHe (Helium) Luft	bis –269 bis –180 … –190
Wasser	flüssig als Sattdampf	0 … 200 °C 100 … 250 °C
Sole	Natriumchlorid Calciumchlorid Methanol	–5 … –21 °C –10 … –45 °C –4 … –57 °C
Wässrige Lösung organischer Stoffe	Mineralöle	0 … 200 °C
Hoch**t**emperatur**s**alze	HTS	150 … 400 °C
Metallschmelzen	Blei, Quecksilber	300 … 920 °C

7.5.4 Elektrische Begleitheizung *electrical trace-heating*

Elektrische Begleitheizungen werden in vielen Bereichen der verfahrenstechnischen Industrie eingesetzt, vorwiegend als Rohrbegleitheizung zum Warmhalten von Produkten auf Förderwegen oder als Frostschutzeinrichtung.

Einteilung der Begleitheizungssysteme

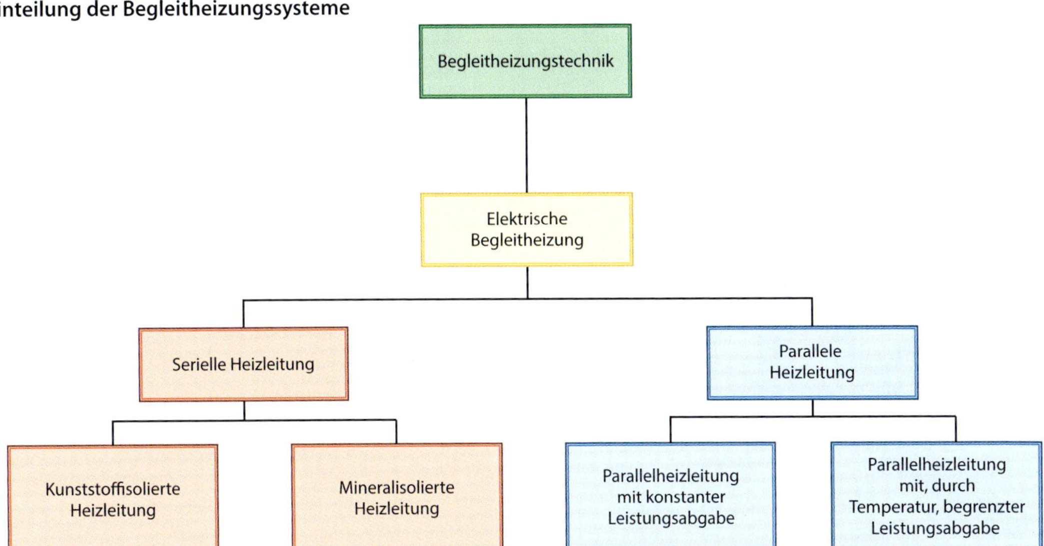

Bauarten von Heizleitungen

(NAMUR-Empfehlung NE86 Version: 23.11.2004, Hrg.: Interessengemeinschaft Automatisierungstechnik der Prozessindustrie)

Aufbau	Vorteile	Nachteile
Kunststoffisolierte Heizleitung Schutzgeflecht verzinktes/vernickeltes Kupfergeflecht, rostfreier Stahl Außenmantel PTFE, PFA, FEP... Heizleiterisolation PTFE, PFA, FEP... evtl zusätzliche Folienumwickelung Heizleiter vernickeltes Kupfer (niederohmige Typen) Kupfernickel, Chromnickel (hochohmige Typen) Der Heizleiter ist von der Heizleiterisolation umgeben. Darüber liegt das Schutzgeflecht und der Außenmantel.	• Kostengünstig • Einfache Montage	• Längenabhängige Leistungsabgabe
Mineralisolierte Heizleitung Heizleiterisolation mineralisch meistens Magnesiumoxid. seltener Aluminiumoxid Option (nicht gezeichnet) Kunststoffmantel PFA Metallaußenmantel Kupfer, Kupfernickel, Edelstahl, Inconel Heizleiter vernickeltes Kupfer (niederohmige Typen) Kupfernickel, Chromnickel (hochohmige Typen) Der Heizleiter ist von der mineralischen Isolation umgeben. Darüber liegt ein metallischer Außenmantel.	• Hohe mechanische Festigkeit • Hohe Temperaturbeständigkeit	• Längenabhängige Leistungsabgabe • Bruchgefahr bei mehrfachem Biegen

Bauarten von Heizleitungen (Fortsetzung)

Aufbau	Vorteile	Nachteile
Selbstbegrenzendes Heizungsband (Parallelheizleitung) 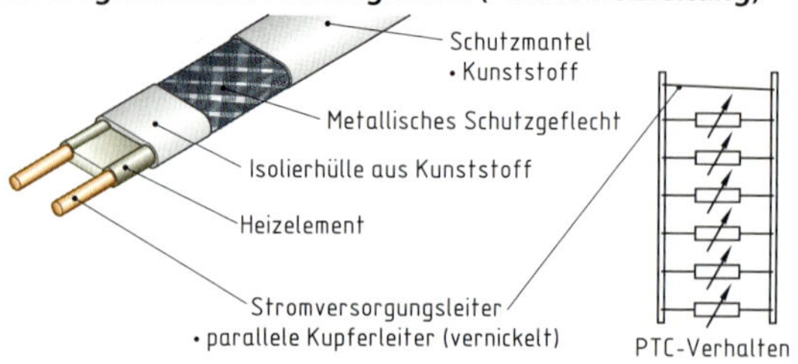 Zwischen zwei parallel liegenden, verzinnten Kupferleitern ist ein leitfähiger Kunststoff als Heizelement eingebettet. Darüber liegt eine Isolierhülle aus Kunststoff sowie ein Schutzgeflecht.	• Die spezifische Heizleistung (W/m) ist im Wesentlichen unabhängig von der Heizkreislänge. • Selbstbegrenzung bei einer vorbestimmten Temperatur.	• Nur eine begrenzte Heizkreislänge möglich. • Hoher Einschaltstrom
Parallelheizleitung mit Heizzonen und konstanter Leistungsabgabe 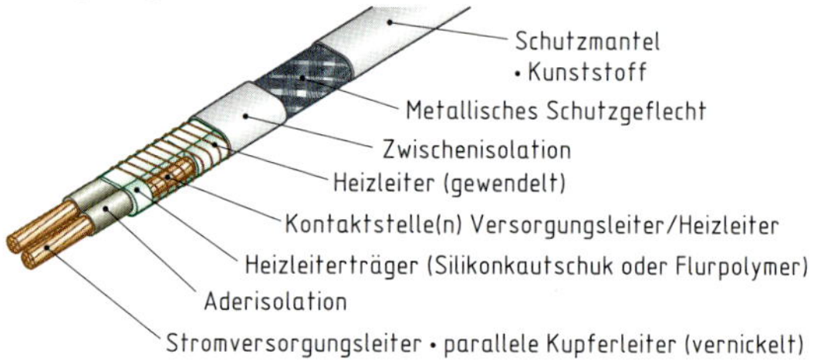 Zwei parallele Kupferleiter sind in isolierendem Kunststoff eingebettet. Der Heizdraht ist in regelmäßigen Abständen mit den Kupferleitern verlötet. Darüber liegen die Zwischenisolation und das Schutzgeflecht.	• Die Heizleistung ist nahezu unabhängig von der Rohrtemperatur. • Die spezifische Leistungsabgabe ist über die gesamte Heizkreislänge konstant.	• Nur eine begrenzte Heizkreislänge möglich. • Es sind spezielle Anschlusstechniken vorgeschrieben. • Die Verlegung muss sehr sorgfältig erfolgen.
Parallelheizleitung mit Heizzonen und temperaturabhängiger Leistungsabgabe 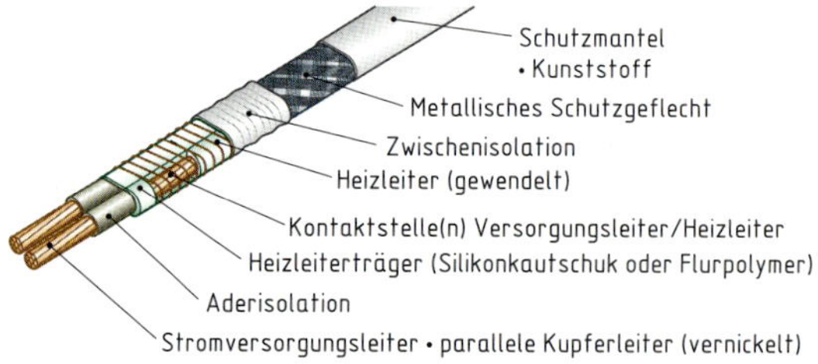 Zwei parallele Kupferleiter sind von einem transparenten Isoliermantel umschlossen. Der Heizdraht mit PTC-Charakteristik ist in regelmäßigen Abständen mit den Kupferleitern verlötet. Darüber liegen die Mantelisolation und das Schutzgeflecht.	• Die Heizleistung ist abhängig von der Rohrtemperatur. • Überlappende Verlegung möglich. • Hohe Leistung bei hohen Temperaturen möglich.	• Nur eine begrenzte Heizkreislänge möglich.
Skineffektsysteme 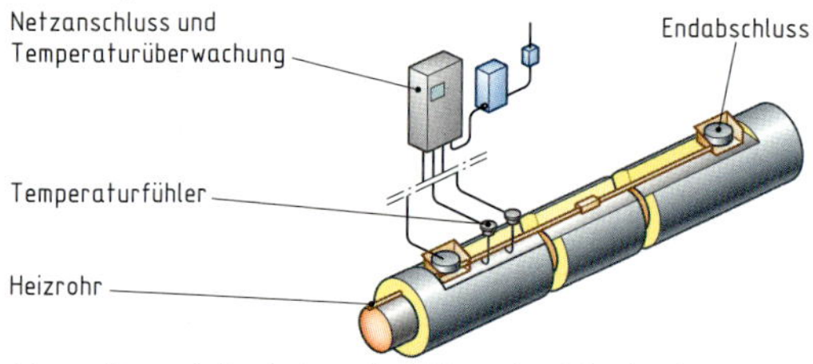 Das Heizrohr und der Leiter sind über eine Wechselspannungsquelle in Reihe verschaltet. Der Wechselstrom durchfließt den Leiter und wird über die Innenseite des Heizrohres zurückgeführt. Die Heizwärme wird durch den Skineffekt erzeugt, wobei sich ein Stromfluss nur an der Innenseite des Heizrohres ergibt.	• Für große Längen geeignet.	• Hohe Wechselspannungen (bis 5000 Volt) notwendig.

Einsatzbereiche verschiedener Heizleitungen

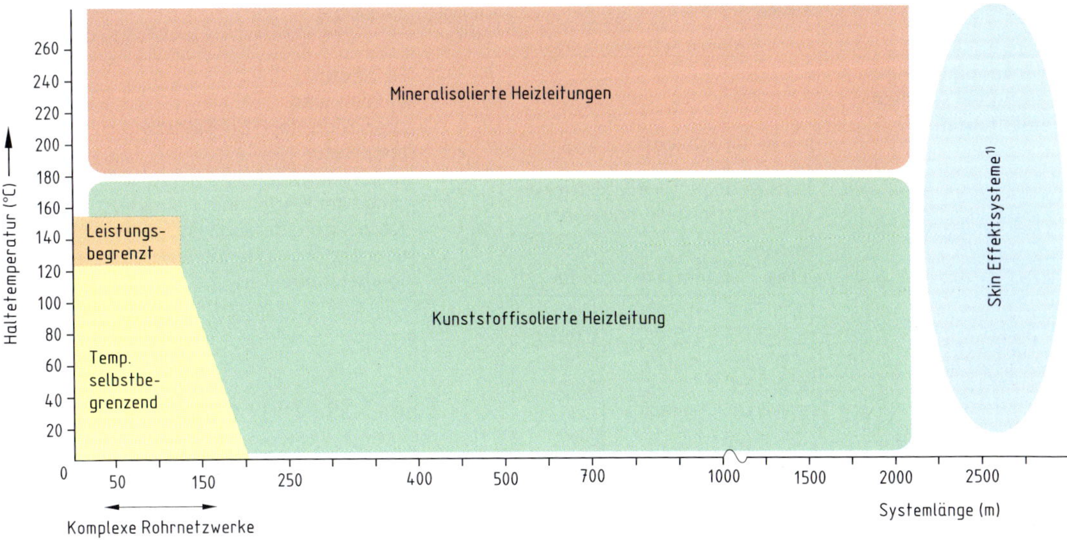

[1] siehe Seite 496 unten

Dämmdicke von Rohrleitungen in Abhängigkeit des Durchmessers und der Haltetemperatur

DN	Rohr-Außen-Ø mm	Haltetemperatur in °C														
		von 0 bis 20	21 40	41 60	61 80	81 100	101 120	121 140	141 160	161 160	181 200	201 220	221 240	241 260	261 260	281 300
20	26,9	50	50	50	50	50	50	50	50	50	50	50	50	50	50	60
25	33,7															
32	42,4		Dämmdicken in mm											60	60	
40	48,3									60	60	60	60			
50	60,3						60	60	60						70	70
65	76,1											70	70	70		80
80	88,9															
100	114,3												80	80	80	90
125	139,7													90	90	100
150	168,3				60	60	80	80	80	80	80	80			100	110
200	219,1											90	90	100	110	120
250	273,0	60	60		70	70				90	90	100	100	110	120	130
300	323,9									100	100				130	140
350	355,6															
400	406,4	70	70		80	80	90	90								
500	506,0											110	110	120	140	

Dämmdicke von Rohrleitungen in Abhängigkeit des Durchmessers und der Haltetemperatur (Fortsetzung)

<table>
<tr><th></th><th>Formel</th><th>Formel-zeichen</th><th>Erläuterung</th></tr>
<tr>
<td>Berechnung der Heizleistung bei seriellen Heizleitungen</td>
<td>$P = \frac{U^2}{R' \cdot l^2}$
$R' = R'_{20} \cdot (1 + \alpha \cdot \Delta\vartheta)$
Kennwerte für serielle Heizleitungen nach Herstellerangaben
<table>
<tr><th>Bezeichnung</th><th>R'_{20} in Ω/m</th><th>α in 1/K</th></tr>
<tr><td>ICW-T2.9</td><td>0,0029</td><td>0,0039</td></tr>
<tr><td>ICW-T7</td><td>0,007</td><td>0,0039</td></tr>
<tr><td>ICW-T15</td><td>0,015</td><td>0,0039</td></tr>
<tr><td>ICW-T25</td><td>0,025</td><td>0,0039</td></tr>
<tr><td>ICW-T50</td><td>0,050</td><td>0,0039</td></tr>
<tr><td>ICW-T100</td><td>0,100</td><td>0,007</td></tr>
<tr><td>ICW-T150</td><td>0,150</td><td>0,007</td></tr>
<tr><td>ICW-T200</td><td>0,200</td><td>0,007</td></tr>
<tr><td>ICW-T500</td><td>0,500</td><td>0,0002</td></tr>
<tr><td>ICW-T1000</td><td>1,000</td><td>±0,0002</td></tr>
<tr><td>ICW-T3000</td><td>3,000</td><td>0,0045</td></tr>
</table>
</td>
<td>P
U
R'

R'_{20}
L
$\Delta\vartheta$

α</td>
<td>Heizleistung in W
el. Spannung in V
spez. Widerstand bei Betriebstemperatur in Ω/m
spez. Nennwiderstand bei 20 °C in Ω/m
Länge der Heizleitung in m
Temperaturdifferenz zwischen Betriebstemperatur und Nenntemperatur in K
Temperaturbeiwert in 1/K</td>
</tr>
</table>

7.6 Aufbereiten und Trennen von Stoffen

7.6.1 Mischen und Rühren *mix and stir*

Übersicht Mischverfahren (Ausgangsstoffe liegen getrennt vor und können unterschiedliche physikalische Eigenschaften aufweisen)

Mischverfahren	Aggregatzustände	Vorrichtung	Beispiele
Gasmischen	gasförmig/gasförmig	Gasmischdüse, Gasmischkammer	Schweißbrenner
Zerstäuben	gasförmig/flüssig	Vergaser, Versprüher	Vergasung von Benzin, Nassentstaubung
Feststoffeinblasung, Fluidisierung	gasförmig/fest	Fluidmischer, Fluidisierer, pneumatischer Mischer	Erzrösten, Kohlenstaubfeuerung, pneumatische Trocknung
Begasung, Blasenbildung	flüssig[1]/gasförmig	Begaser, Gasdispergierer	Abwasserreinigung, Chlorieren, Fermentieren, Flotieren, Hydrieren, Oxidieren
Homogenisieren	flüssig[1]/flüssig	Homogenisier – Flüssigkeitsmischer	Flüssig-Flüssig-Extrahieren, Herstellen von Kühl – Schmieröl, Neutralisieren, Verdünnen
Mischen hochviskoser Stoffe	flüssig/flüssig	Behälter	Asphalt, Sirup
Suspendieren	flüssig[1]/fest	Flüssigkeitsmischer, Suspensionsmischer	Herstellen von Farbstoffen, Kristallisieren, Lösen, Polymerisieren
Mischen pastenähnlicher Stoffe	flüssig/fest	Statischer Mischer, Hochviskosemischer	Fette, Schmierstoffe
Mischen plastischer Stoffe	flüssig/fest	Taumelmischer, Trommelmischer	Kitt
Mischen teigartiger Stoffe	flüssig/fest	Mischer mit Einbauten, zylindrische Mischer	Teig
Mischen breiiger Stoffe	flüssig/fest	Kontinuierlich betriebene Mischer und Kneter	Rohbeton
Benetzen	fest/flüssig	–	Nasses Agglomerieren
Feststoffmischen	fest/fest	Feststoffmischer	Waschmittel- und Zementherstellung

[1] Keine hochviskosen Flüssigkeiten

Rührerbauarten (Auswahl) *stirrer*

Rührer	Strömungsrichtung	Umfangs-geschwindigkeit m/s	Dynamischer Viskositätsbereich Pa · s	Verhältnis von Durchmesser: Behälter innen d_i/ Rührer d_a, Einsatzbereich
Schrägblattrührer	axial	3 … 10	bis 10	$\frac{d_i}{d_a} \approx 2 \ldots 7$ Homogenisieren, Suspendieren und Umwälzen
Sigmarührer®	axial	bis 8	bis > 50	$\frac{d_i}{d_a} \approx 1{,}1 \ldots 2$ Suspendieren, Homogenisieren und Begasen
Propellerrührer	axial	2 –15	bis 10	$\frac{d_i}{d_a} \approx 2 \ldots 20$ Homogenisieren, Dispergieren, Umwälzen und Fördern
Wendelrührer	axial	bis 2	50 … 1000	$\frac{d_i}{d_a} \approx 1{,}02 \ldots 1{,}1$ Homogenisieren, Intensivieren des Wärmeaustauschs
Impellerrührer	radial	2 … 15	bis 10	$\frac{d_i}{d_a} \approx 1{,}4 \ldots 2{,}5$ Homogenisieren, Dispergieren, Begasen, Intensivieren des Wärmeaustauschs
Scheibenrührer	radial	2 … 7	bis 10	$\frac{d_i}{d_a} \approx 2 \ldots 5$ Dispergieren, Begasen
Zahnscheibenrührer	radial	8 … 30	bis 10	$\frac{d_i}{d_a} \approx 2 \ldots 5$ Dispergieren, Emulgieren, Feststoffzerkleinerung, Nassmahlen

Rührerbauarten (Fortsetzung)

Rührer	Strömungsrichtung	Umfangsgeschwindigkeit m/s	Dynamischer Viskositätsbereich Pa · s	Verhältnis von Durchmesser: Behälter innen d_i/ Rührer d_a, Einsatzbereich
Ankerrührer	tangential	1 … 5	2 … 10	$\frac{d_i}{d_a} \approx 1{,}02 \ldots 1{,}1$ Intensivierung des Wärmeaustauschs, Homogenisieren
Blattrührer	tangential	0,5 … 10	bis 2	$\frac{d_i}{d_a} \approx 1{,}4 \ldots 2$ Intensivierung des Wärmeaustauschs, Homogenisieren
Gitterrührer	tangential	2 … 5	bis 20	$\frac{d_i}{d_a} \approx 1{,}4 \ldots 2$ Dispergieren

7.6.2 Trennen von Stoffen *separate from materials*

Mechanische Trennverfahren (Auswahl)

Verfahren	Bereich	Prinzip	Apparat	Anwendung
Sedimentation	Fest-Flüssig-Trennung	Schwerkraft	Absetzbecken, Lamellen - klärer	Kohleaufbereitung, Klärwerk
Filtration	Fest-Flüssig-Trennung	Druckunterschied	Filterzentrifuge, Saugfilter, Pressfilter, Entwässerungssieb	Feste Stoffe aus Flüssigkeiten
Auspressen	Fest-Flüssig-Trennung	Kompression	Pressen	Fruchtsaft
Entstaubung	Fest-Gasförmig-Trennung	Schwerkraft, Trägheitskraft, Zentrifugalkraft, elektrische Ladung	Filter, Zentrifuge	Abscheidung aus der Luft oder anderen Gasen, Entstaubung, Trennung nach pneumatischem Transport
Siebung	Sortieren, Klassieren	Siebung nach Größe und Sorten, falls diese sich nach Größe oder Form unterscheiden	Roste, Siebmaschinen	Entstaubung, Klassieren, Schutzsiebung, Sortieren
Sichten	Sortieren, Klassieren	Schwerkraft, Fliehkraft	Windsichter, Stromsichter	Recycling von Abfällen/Schrott, Einsatz in Getreidemühlen

Thermische Trennverfahren (Auswahl) (Fortsetzung)

Verfahren	Phasen	Anwendungen
Absorption	flüssig – fest	Gasreinigung, Rauchgasentschwefelung
Adsorption	fest – gasförmig, fest – flüssig	Abluftreinigung, Gastrocknung
Auslaugen, Feststoffextraktion	fest – flüssig – fest	Zuckerextraktion
Destillation/Rektifikation	flüssig – gasförmig – flüssig	Alkoholbrennerei, Raffinerie
Kristallisation	fest – flüssig – fest	Düngemittel
Verdampfung	flüssig – gasförmig	Gewinnung des Dampfes (Meerwasserentsalzung)

7.6.3 Zerkleinerungsverfahren (Auswahl) *shred of solid materials*

Zerkleinerungsart	Zerkleinerungsmaschine
Brechen (mittlere Korngröße > 5 mm)	Backenbrecher
	Prallbrecher
	Rundbrecher
	Walzenbrecher
	Federkraftwälzmühle
	Fliehkraftkugelmühle
Mahlen (mittlere Korngröße < 5 mm)	Kollergang
	Planetenmühle
	Prallmühlen
	Rohrmühle
	Schneidmühlen
	Schwingmühle
	Siebtrommelmühle
	Strahlmühlen
	Sturzmühle
	Walzenmühlen

7.6.4 Verfahren der Stoffbindung (Agglomerieren)

Verfahren	Wirkweise
Dragieren	Aufbauagglomeration (aufbauendes Verfahren)
Granulieren	
Pelletieren	
Sintern von Pellets	Anschmelzagglomeration (Wärmebehandlung und Pressdruck)
Brikettieren	Pressagglomeration (Verfahren mit Pressdruck)
Kompaktieren	
Tabelettieren	

7.7 Messtechnik

7.7.1 Durchflussmessung (Summe) *flow measurement*

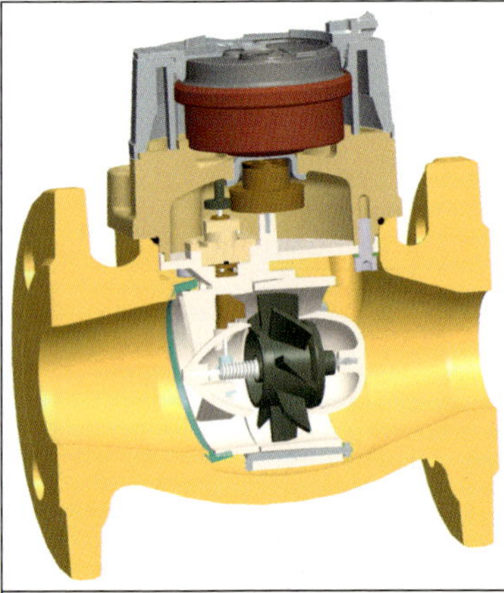

Woltmannzähler
Im Einlassbereich des Messeinsatzes wird die Strömung durch Leitflügel und den Nabenkonus gezielt auf das axial gelagerte Woltmannflügelrad geleitet und treibt dieses an. Die Flügelradumdrehung wird durch ein Getriebe und per direkter Magnetkupplung auf das Zählwerk übertragen.

Ovalradzähler
Die Messeinrichtung wird durch zwei verzahnte ovale Zahnräder gebildet. Durch Druckunterschied werden die Zahnräder bewegt, wodurch sich Kammern an den flachen Seiten des Ovals bilden. Durch diese strömt das Medium. Bei einer Umdrehung wird der Inhalt von zwei Kammern transportiert. Die Umdrehungszahl wird als magnetischer Impuls auf das Zählwerk übertragen.

Einsatzgebiet: Flüssigkeiten mit Nenndurchflussmengen von 0,15m^3/h bis 70m^3/h, typische Nennweiten DN 25 bis DN 100.

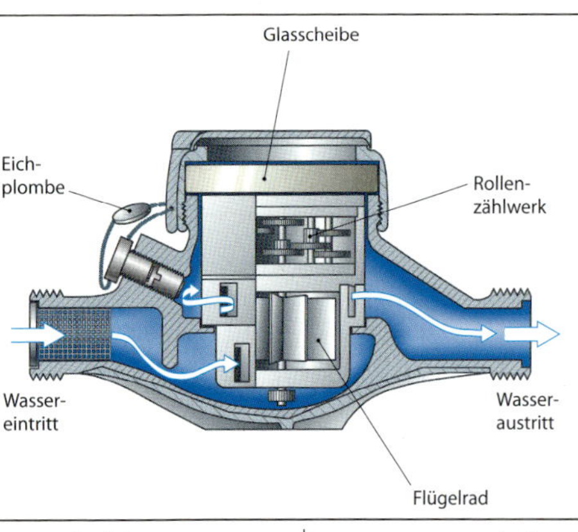

Flügelradzähler
Die Messeinrichtung besteht aus einem Flügelrad, das durch das Durchflussmedium in Bewegung gesetzt wird. Die Umdrehungszahl wird als magnetischer Impuls auf das Zählwerk übertragen.

Einsatzgebiet: Flüssigkeiten mit Nenndurchflussmengen von 1,5m^3/h bis 15m^3/h, typische Nennweiten DN 15 bis DN 40.

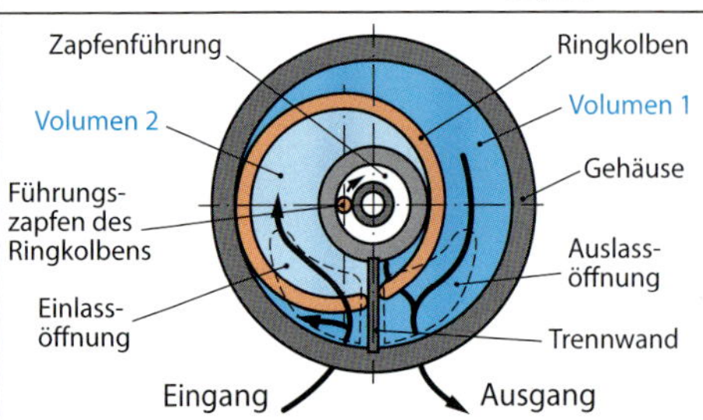

Ringkolbenzähler
Die Messeinrichtung wird durch einen Ringkolben gebildet, der in der Messkammer exzentrisch gelagert ist. Der Kolben wird durch das strömende Wasser gedreht und gibt dabei abwechselnd eine Einlass- und eine Auslassöffnung frei. Jede Umdrehung des Kolbens entspricht einem genau bemessenem Volumen.

Einsatzgebiet: Flüssigkeiten mit Nenndurchflussmengen von 1,5m^3/h bis 2,5m^3/h, typische Nennweiten DN 25 bis DN 40.

7.7.2 Durchflussmessung (Volumenstrom)

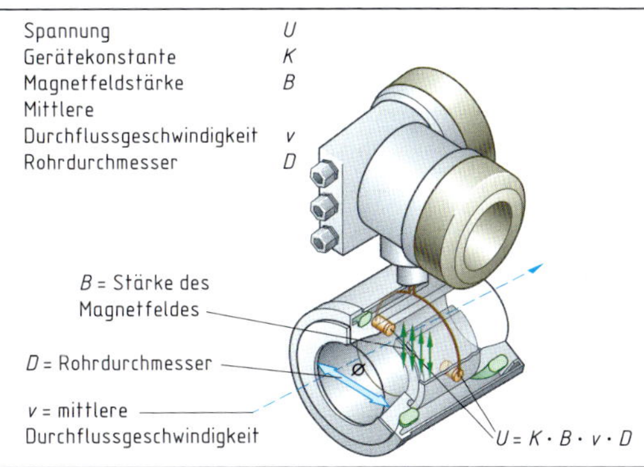

Magnetisch-induktives Verfahren (MID)

In einem Leiter bzw. einem leitfähigen Medium, das sich in einem Magnetfeld bewegt, wird eine bestimmte Spannung induziert.

Diese Spannung ist proportional zur Bewegungsgeschwindigkeit des Mediums.

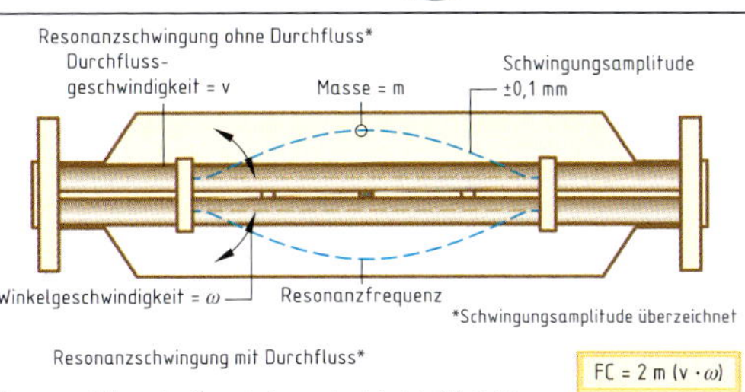

Corioliseffektverfahren

Zur Erfassung des Coriolis-Effektes dienen zwei Sensorspulen. Ist kein Durchfluss vorhanden, zeichnen beide Sensoren das gleiche sinusförmige Signal auf.

Sobald es zu einem Durchfluss kommt, wirkt die Coriolis-Kraft auf die strömenden Massepartikel des Mediums ein und führt zu einer Verformung des Messrohres und damit zu einer Phasenverschiebung zwischen den Sensorsignalen. Die Sensoren messen die Phasenverschiebung der sinusförmigen Schwingungen. Diese Phasenverschiebung ist direkt proportional zum Massedurchfluss.

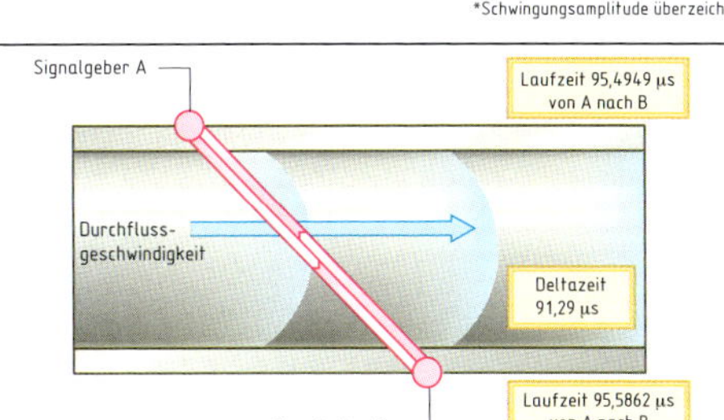

Ultraschallverfahren

Ultraschall-Durchflussmessgeräte arbeiten nach dem Laufzeitdifferenzverfahren.

Dabei fungieren zwei schräg gegenüberliegende Ultraschallsensoren abwechselnd als Sender und Empfänger. So wird das Schallsignal, das wechselweise von beiden ausgeht, einmal von der Strömung beschleunigt und einmal gegen die Strömung abgebremst.

Die Differenz der Zeiten, die das Signal für das Zurücklegen der Messstrecke benötigt, ist direkt proportional zur mittleren Strömungsgeschwindigkeit, aus der sich der Volumendurchfluss errechnen lässt.

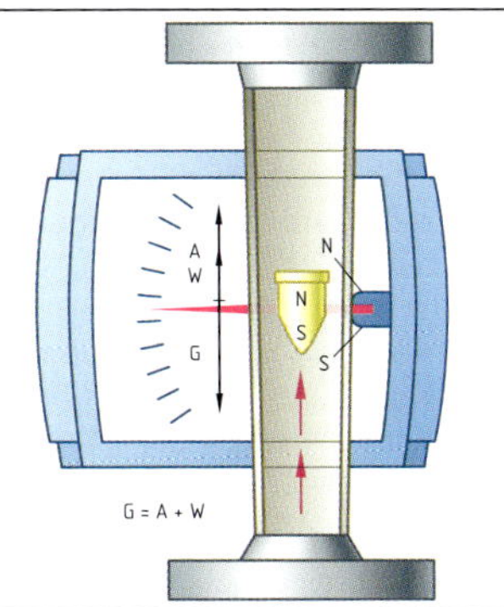

Schwebekörperverfahren

Messgeräte bestehen in der Regel aus einem senkrecht stehenden konischen, transparenten Messrohr. Darin bewegt sich der Schwebekörper frei auf und ab. Das zu messende Medium strömt von unten nach oben und hebt den Schwebekörper an. Bei konstantem Durchfluss stabilisiert sich die Lage des Schwebekörpers, bis die an ihm angreifende Auftriebskraft (A), der Formwiderstand (W) und sein Gewicht (G) in der Balance sind.

	Stauschiebe Beim Durchströmen der Messblende entsteht eine Druckdifferenz (Bernoulligleichung) zwischen den Messstellen vor der Blende und nach der Blende). Aus dem Wirkdruck Δp wird über einen Transmitter ein elektrisches Signal geformt, das dem Durchfluss entspricht. Einsatzgebiet: Flüssigkeiten und Gase bei hohen Temperaturen
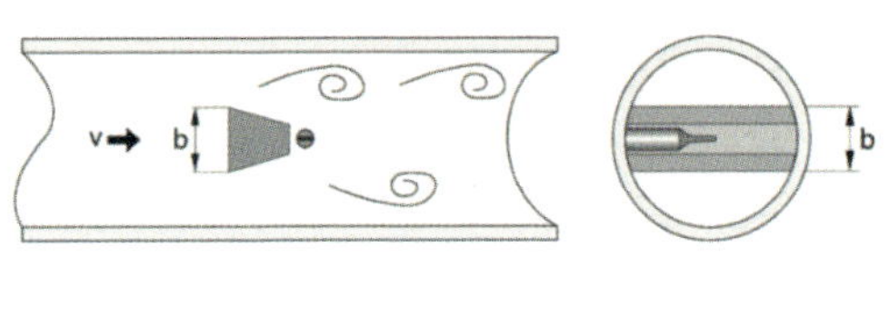	**Wirbelfrequenzverfahren** Das Messprinzip basiert auf dem Prinzip der Karman'schen Wirbelstraße. Im Messrohr befindet sich ein Störkörper, an dem sich Wirbel ablösen, welche von einer dahinter liegenden Sensoreinheit detektiert wird. Einsatzgebiet: Flüssigkeiten, Gase und Dämpfe in vollgefüllten Rohrleitungen. Strömungsschwindigkeit von 0,3m/s – 80m/s typische Nennweiten DN 15 –DN300 Druckstufen PN10 – PN600

7.7.3 Füllstandsmessung

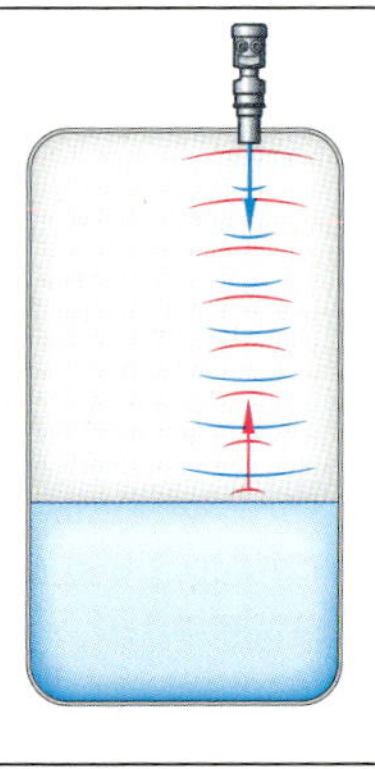	**Ultraschallprinzip** Kurze Ultraschallimpulse im Bereich werden vom Schallwandler auf das zu messende Produkt abgestrahlt, von der Füllgutoberfläche reflektiert und vom Schallwandler wieder empfangen. Die Impulse breiten sich mit Schallgeschwindigkeit aus, wobei die Zeit zwischen Senden und Empfangen der Signale vom Füllstand im Behälter abhängt.
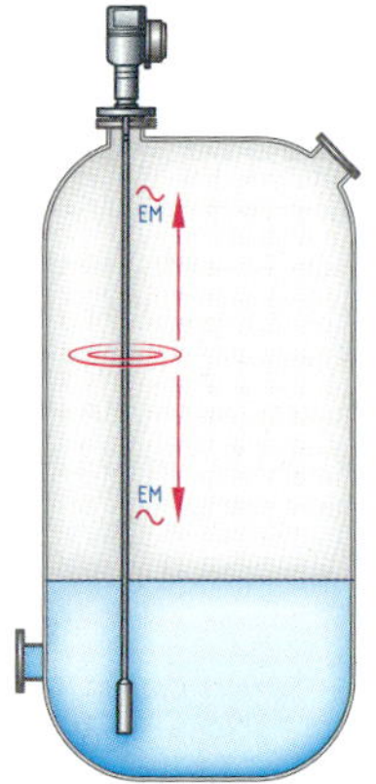	**Puls-Radarprinzip** Elektromagnetische Pulse geringer Stärke werden an einem starren oder flexiblen Leiter entlang gesendet. Diese Pulse bewegen sich mit Lichtgeschwindigkeit. Wenn die Oberfläche des Produkts erreicht wird, werden die Pulse in einer Signalstärke reflektiert, die abhängig von der Dielektrizitätszahl des jeweiligen Produkts ist (so wird z. B. der Puls von der Oberfläche von Wasser mit 80% seiner Stärke reflektiert). Das Messgerät misst die Zeit zwischen Senden und Empfangen der Pulse. Die Laufzeit der Pulse ist direkt proportional zum Abstand zwischen Gerät und Medium. Der dieser Zeit entsprechende Wert wird in einen Ausgangsstrom von 4 … 20 mA und/oder ein digitales Signal umgewandelt.

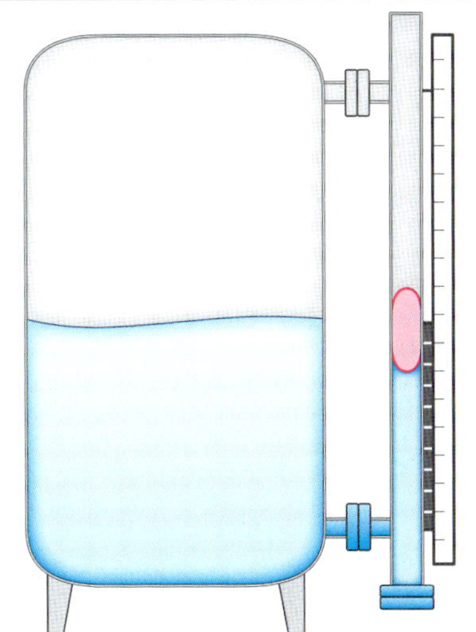	**Schwimmerprinzip** Schwimmer-Messgeräte arbeiteten nach dem Prinzip der kommunizierenden Röhren. Das Messrohr wird als Parallelgefäß so an den Tank angeschlossen sodass in ihm die gleichen Bedingungen herrschen wie im Tank. Änderungen des Behälterfüllstandes ergeben somit Änderungen in der kommunizierenden Röhre. Für die Übertragung des Messwerts auf die örtliche Anzeige ist der Schwimmer mit einem Magnetsystem ausgestattet. Dieses ist mit den Magnetklappen bzw. einem Folgemagneten in der Anzeige gekoppelt. Die Anzahl der umgeschlagenen Magnetklappen bzw. die Höhe des Folgemagneten ist das Maß für den Füllstand. Zusätzlich kann auf einer Skala in verschiedenen Längeneinheiten, Prozent- oder Volumenteilungen die Füllhöhe abgelesen werden.
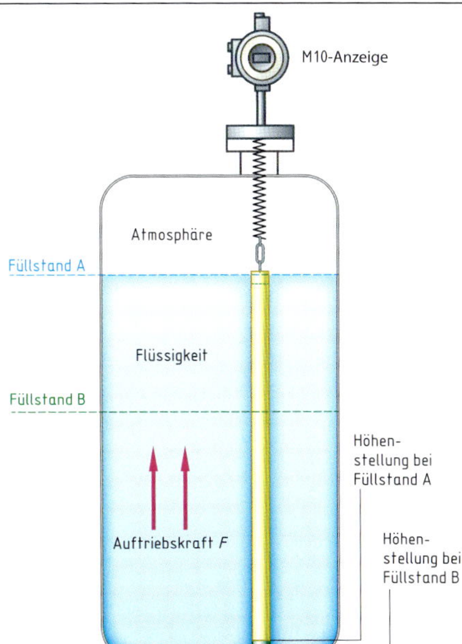	**Verdrängerprinzip** Die die Länge des Verdrängerstabes entspricht dem Messbereich. Der an einer Messfeder aufgehängte Körper taucht in die Flüssigkeit ein und erfährt eine Auftriebskraft, die proportional zur verdrängten Masse der Flüssigkeit ist (Archimedisches Prinzip). Jede Änderung des Stabgewichtes entspricht einer Änderung der Federlänge und ist somit ein Maß für die Füllhöhe. Die Längendehnung der Feder und damit der Messhub werden durch eine Magnetkupplung aus dem Messraum auf eine Anzeige übertragen.
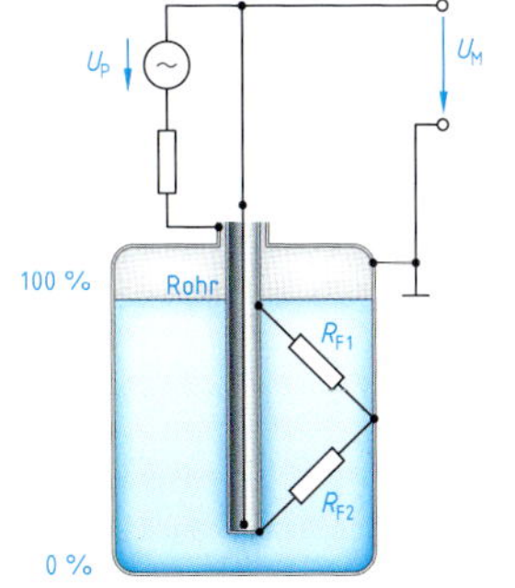	**Prinzip des elektrischen Widerstandes** Die Füllstandsonde (Sensor) besteht aus einem niederohmigen Messrohr, das in eine leitfähige Flüssigkeit eintaucht. Ein Wechselstromgenerator treibt einen höher-frequenten Strom durch das Messrohr. Zwischen der Sonde und der Behälterwand wird eine Spannung abgenommen und einem Verstärker zugeführt. Diese ist bei homogenen Verhältnissen im Medium proportional zur Füllhöhe. Die Auswertungselektronik ist im Anschlusskopf integriert und liefert ein füllstandproportionales Ausgangssignal von 4 … 20 mA.

7.7.4 Druckmessung *pressure measurement*

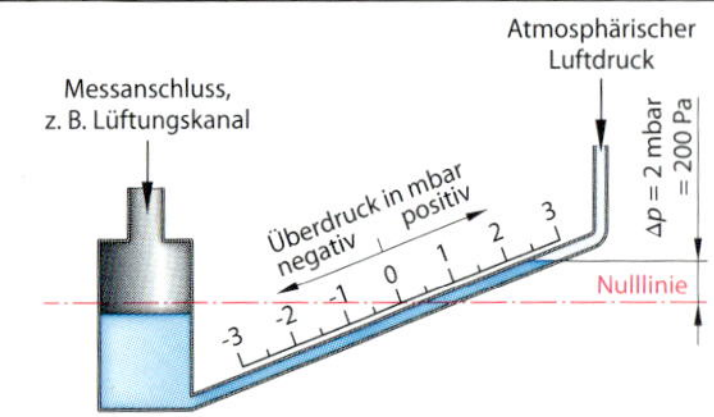

Schrägrohrmanometer
Durch die schräge Anordnung des Maßskala wird eine hohe Messgenauigkeit bei kleinen Druckänderungen erreicht.
Einsatzgebiet: Messung kleiner Drücke oder kleiner Druckdifferenzen, z. B. zur Messung der Druckdifferenz im Abgas oder Fließdruck in Rohren.

Rohrfedermonometer
Die Rohrfeder wird innen mit Druck beaufschlagt, wodurch eine Aufbiegung stattfindet. Die entstehende Bewegung wird über das Getriebe auf den Zeiger übertragen. Auf einer Skala wird der Überdruck abgelesen. Zur Dämpfung von Druckschwingungen werden Flüssigkeitsfüllungen verwendet.
Einsatzgebiet: Messstellen ohne besondere Anforderungen z. B. ohne elektrische Anschlüsse.

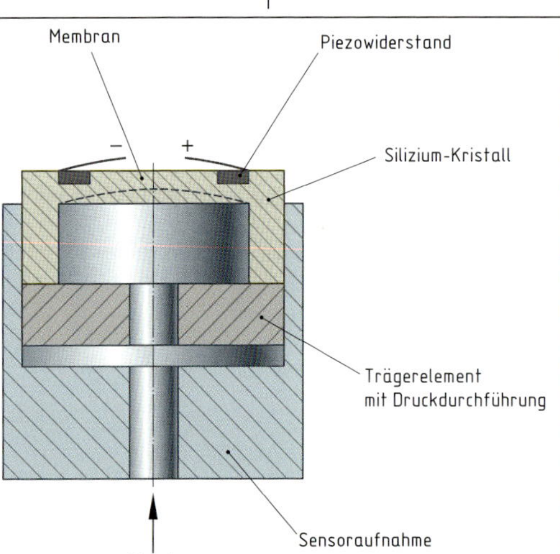

Piezoeffekt
Der wirkende Druck verformt eine in ein Silizium-Kristall eingebettete Membran, die bei Dehnung oder Stauchung ihren spezifischen Widerstand ändert (piezoresistiver Effekt).

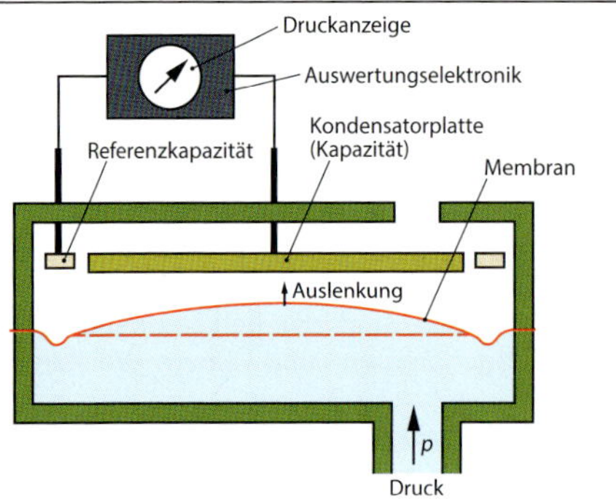

Kapazitiver Druckaufnehmer
Bei Druckbeaufschlagung ändert sich der Abstand der Membran zu der Kondensatorplatte und dadurch die Kapazität. Diese kann direkt gemessen und als elektrisches Signal an die Auswertungselektronik weitergeleitet werden. Dort wird das Signal in einen Druckanzeigewert umgeformt.

7.7.5 Temperaturmessung *temperature measurement*

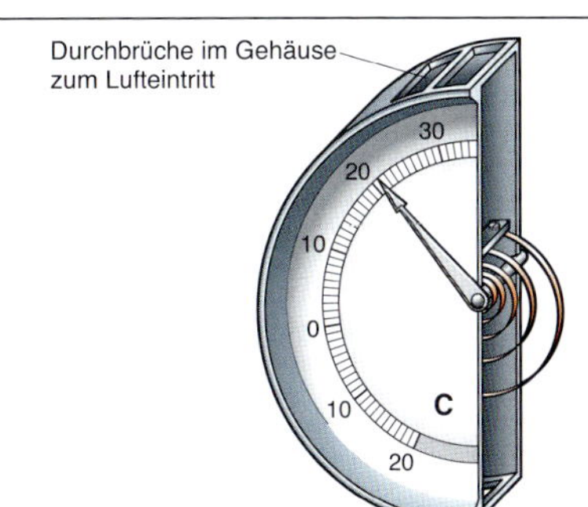	**Bimetallthermometer** Die Spirale besteht aus zwei fest miteinander verbundenen Metallstreifen mit unterschiedlicher Längenausdehnung (Bimetall). Bei Erwärmung dehnen sich die Metalle unterschiedlich aus und weiten die Spirale auf. Das äußere Ende der Spirale ist mit dem Gehäuse verbunden, das innere mit dem Zeiger. Die Bewegung wird so auf den Zeiger übertragen, der dann die Temperatur auf der Skala anzeigt.
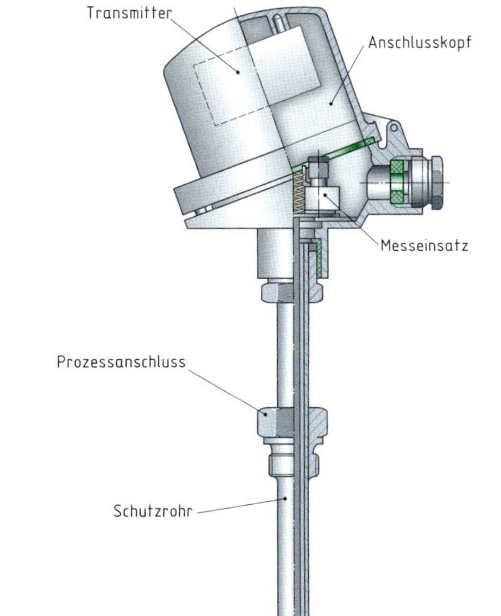	**Prinzip des elektrischen Widerstandes** Das Messprinzip des Widerstandsthermometers beruht auf der Änderung des elektrischen Widerstands, z. B. eines Platin-Messwiderstands, in Abhängigkeit mit der Temperatur. Der Messwiderstand ist in einen so genannten Messeinsatz eingebaut und damit gegen Umgebungseinflüsse geschützt. Bei einem PTC-Fühler nimmt mit steigender Temperatur der Widerstandswert zu (PTC-Verhalten). Bei einem NTC-Fühler nimmt mit steigender Temperatur der Widerstandswert ab (NTC-Verhalten).
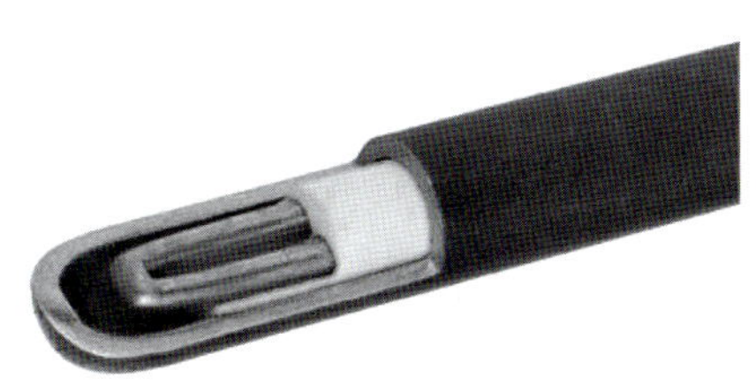	**Thermoelement** An den freien Enden der beiden miteinander verbundenen Leiter wird bei einer Temperaturdifferenz entlang der Leiter aufgrund des Seebeck-Effekts eine elektrische Spannung erzeugt. Werkstoffpaarung: Nickel-Chrom/Nickel –270 … 1372 °C (häufigster Typ)
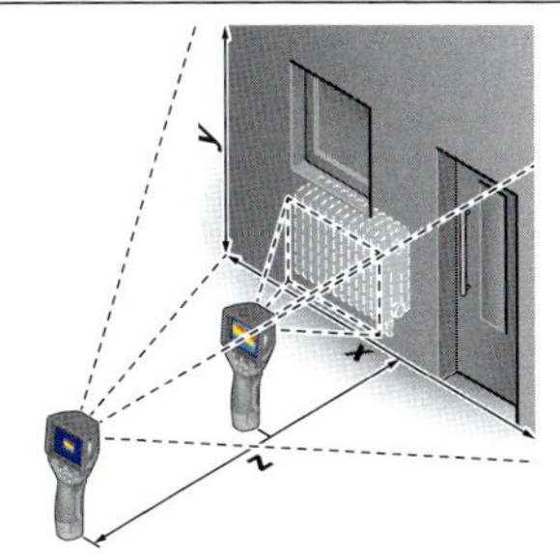	**Infrarot-Thermometer (Pyrometer)** Es wird die Wärmestrahlung (Infrarotstrahlung) von Gegenständen erfasst, die jeder Körper aufgrund seiner Temperatur aussendet. Das vom Messgerät aufgenommen Strahlungsspektrum lässt somit Rückschlüsse auf die Temperatur zu. Mit einem Laserstrahl kann die Messstelle genau anvisiert werden.

7.7.5 Temperaturmessung *temperature measurement* (Fortsetzung)

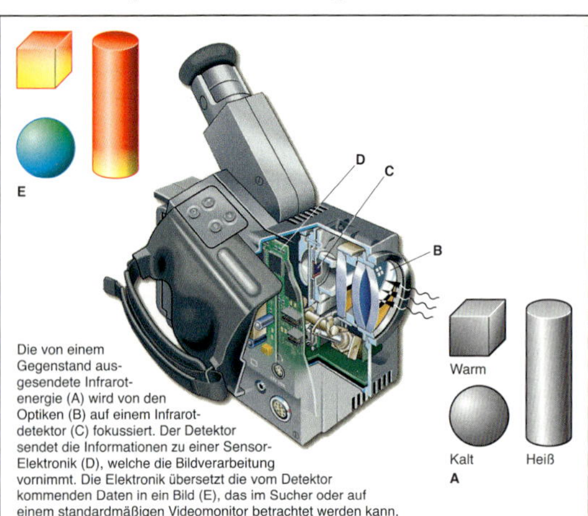

Thermografie

Die Wärmestrahlung (A) (Infrarotstrahlung) eines Gegenstandes wird durch die Linse (B) auf den Infrarotdektor (C) abgebildet. Die Sensorelektronik (D) wandelt das Wärmeabbild in ein nach Temperatur farblich abgestuftes Bild um, das durch den Sucher oder ein Display betrachtet werden kann.

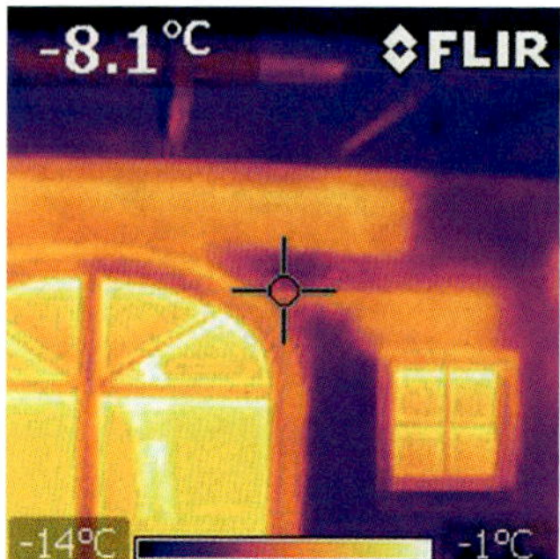

8 Apparate- und Behälterbau

Berechnungen an Behältern (Schraubenspannung, Flächenpressung)

	Formel	Formelzeichen	Erläuterung
Schraube	$\sigma_{zzul} \leq \frac{\sigma_{grenz}}{v}$ $\sigma_{zvorh} = \frac{F_z}{S}$ $\sigma_{zvorh} \leq \sigma_{zzul}$	σ_{zzul} σ_{grenz} σ_{zvorh} v F_z S d	zulässige Spannung in N/mm² Grenzspannung[1] R_e, $R_{p0,2}$ in N/mm² vorhandene Spannung in N/mm² Sicherheitszahl Zugkraft (Schraube) in N Spannungsquerschnitt in mm² Schraubendurchmesser in mm [1] R_e, $R_{p0,2}$ nach DIN EN ISO 898-1 für Stahlschrauben DIN EN ISO 3506-1 für Edelstahlschrauben
Flächenpressung	Ebene Berührflächen: $p_m = \frac{F_N}{A}$ A von Profilen siehe Kap. 3.11ff	p_m F_N A	Flächenpressung in $\frac{N}{mm^2}$ Normalkraft in N Auflagefläche in mm²

8.1 Bauformen von Behältern

Liegender Druckbehälter nach DIN 28080 : 2007-07

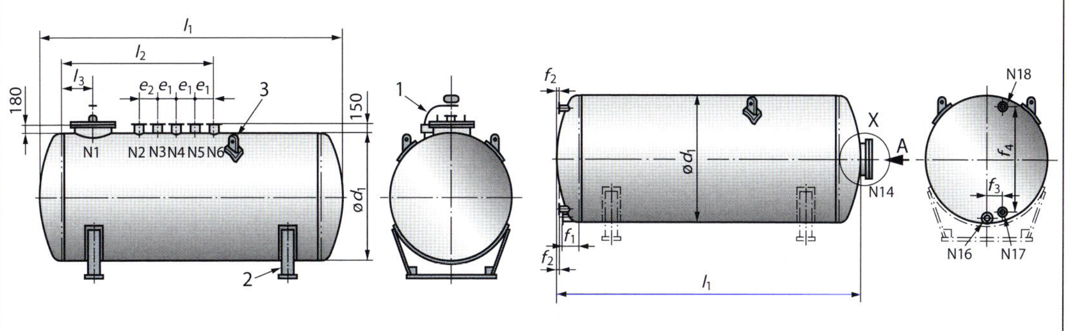

Stehende Druckbehälter von 6,3 m³…100 m³ nach DIN 28021 : 2006-05

Form A: d_1 = 1600 …2200 mm	Form B: d_1 = 2000 …2200 mm	Form C: d_1 = 2000 …2200 mm

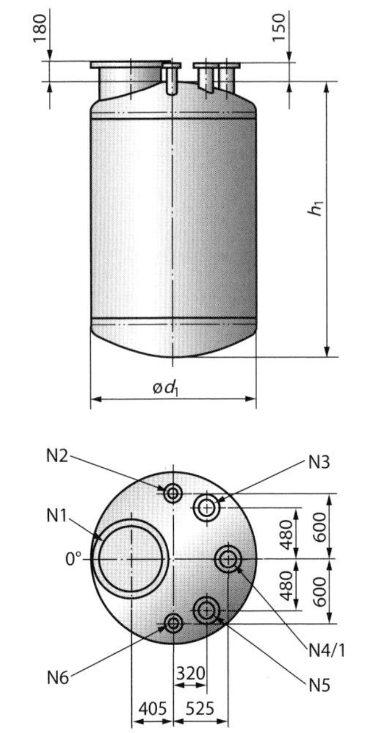

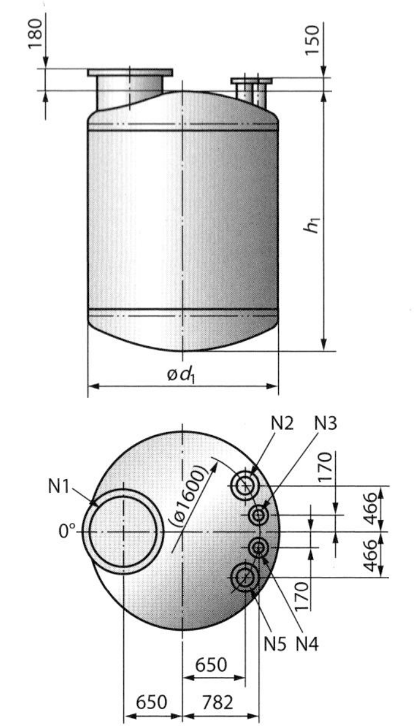

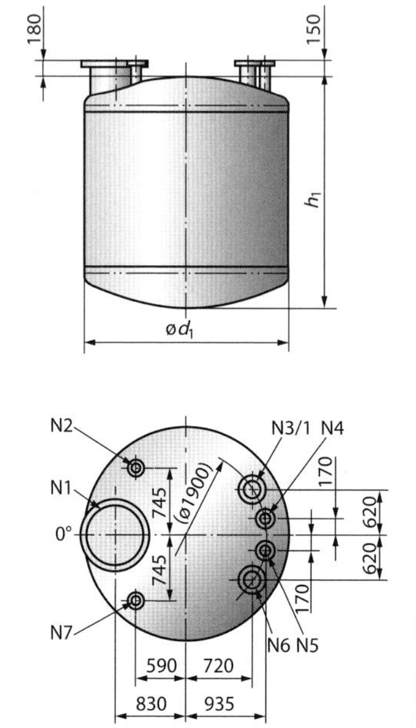

Stehende Druckbehälter für Prozessanlagen nach DIN 28022 : 2006-05

Form A: d_1 = 508 …800 mm	Form B: d_1 = 508 …800 mm	Form C: d_1 = 400 …3000 mm

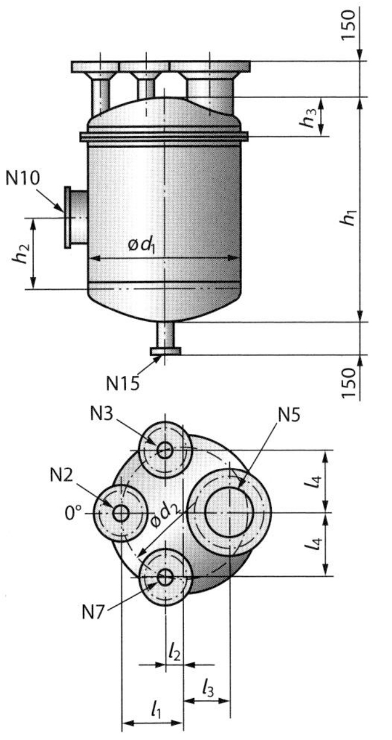

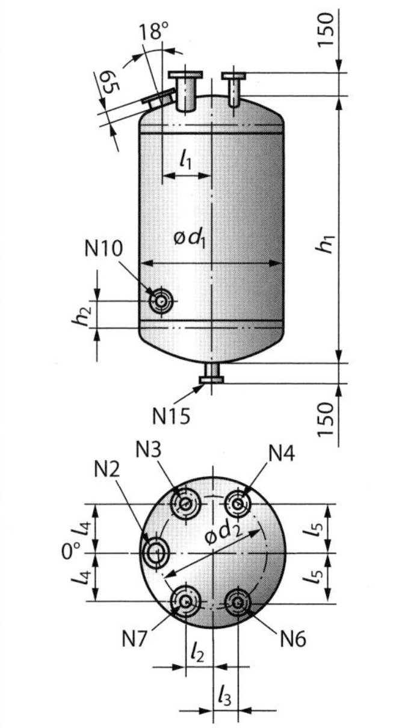

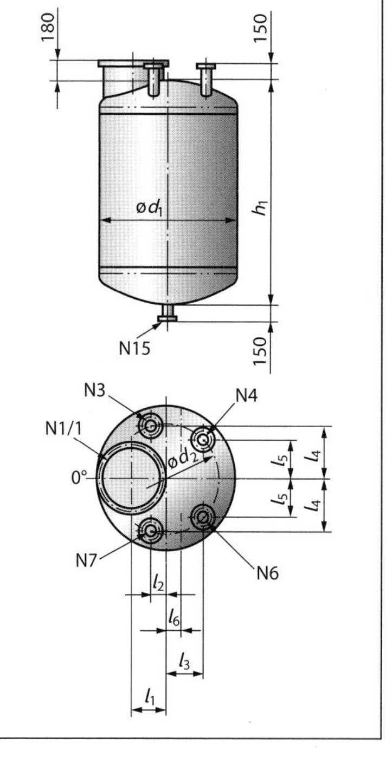

8.2 Werkstoffauswahl

Leitfaden zur Vorauswahl von Werkstoffen (Orientierungshilfe). Für eine verbindliche Auswahl ist eine detaillierte Betrachtung der Angriffsmedien und der herrschenden Betriebsbedingungen erforderlich.

Werkstoff	Geforderte Eigenschaft																
		Chemische Beständigkeit gegen															
	keine	Trinkwasser	Witterung	Wasserdampf	Säuren[1]	Lösungsmittel	Salz	Laugen	Temperaturbeständigkeit[1]	Elektrische Leitfähigkeit	Wärmeleitfähigkeit[1]	Geringe Dichte	Schweißbarkeit	Zugfestigkeit[1]	Kaltumformbarkeit[1]	Niedrige Wärmedehnung	Schlagunempfindlichkeit[1]
Stahl (1.0345, 1.0425, 1.0473, 1.0481)[2]	+	•	•	•	–	–	–	–	+	+	•	–	+	+	+	+	+
Stahl (1.4006, 1.4122, 1.4301, 1.4541)[2]	+	+	+	+	•	+	•	•	+	+	•	–	+	+	+	+	+
Kupfer und Kupferlegierungen	+	+	+	+	•	•	•	•	+	+	+	–	•	+	+	+	+
Aluminium und Aluminiumlegierungen	+	+	+	+	•	+	•	–	•	+	+	+	+	•	+	+	+
Kunststoffe, allgemein	+	+	+	–	•	–	•	+	–	–	–	+	+	–	–	–	+
Nickellegierungen	+	+	+	+	+	+	+	+	+	+	+	–	+	+	+	+	+
Borosilicatglas	+	+	+	+	+	+	+	+	+	–	–	+	+	–	–	+	–
+ Geeignet					• Bedingt geeignet								– Nicht oder wenig geeignet				

[1] Einzelwerkstoffe innerhalb einer Werkstoffgruppe können evtl. ein anderes Verhalten zeigen.
[2] Vergleiche auch Kapitel 4 Werkstofftechnik

8.3 Öffnungen für Behälter nach AD-A5, AD-A5.1 : 1983-12 (Auszug) *openings for containers*

Übersicht über Anforderungen und Abmessungen von Öffnungen

Art der Öffnung	lichte Weite/ Nennweite/ DN mindestens		Stutzen- oder Ringhöhe	Begriffsbestimmung und Anforderungen
	rund mm	oval mm	höchstens mm	
Einsteigöffnung normal	DN 600	–	–	Einstieg mit Hilfsgeräten und persönlicher Schutzausrüstung muss möglich sein.
Befahröffnung normal	420 420	320 × 420 320 × 420	150 gerade 175 konisch	Befahren ohne Hilfsgeräte und ohne persönliche Schutzausrüstung muss möglich sein.
Kopfloch	320	220 × 320	120	Einführen von Kopf und Arm mit einer Lichtquelle muss möglich sein.
Handloch	120 120	100 × 150 100 × 150	65 gerade 100 konisch	Einführen von Hand und Handlampe muss gleichzeitig möglich sein; Sichtfeld muss weiterhin erhalten bleiben.
Schauloch	50	–	50	Besichtigung des Behälters durch Öffnung mit besonderer Beleuchtungseinrichtung oder Einführmöglichkeit geeigneter Besichtigungsgeräte.

8.4 Gewölbte Böden (Auszug)

Gewölbte Böden (Übersicht-Auswahl)

Klöpperböden	Korbbogenböden	Halbkugelböden	Normal- und flachgewölbte Böden
Flache Böden	Tellerböden	Gewölbte Scheiben	Diffuseurböden

Werkstoffe (Beispiele)	
Unlegierte Baustähle nach EN 10025-2	S235JR+N, S355JR+N
Warmfeste Stähle nach EN 17155	13CrMo44, 10CrMo9-10
Nichtrostende Stähle nach DIN 17440	X5CrNi18-10, X6CrNiTi18-10
Feinkornstähle nach EN 10025-3	S355N, S420N
Kaltzähe Stähle	Nach DIN-Normen,
Plattierte Stähle	AD Merkblättern,
Hochwarmfeste und hitzebeständige Stähle	VdTÜV-Werkstoffblättern,
Sonderlegierungen	Stahl-Eisen-Werkstoffblättern
Nichteisenmetalle	

Bordkanten (Beispiele)

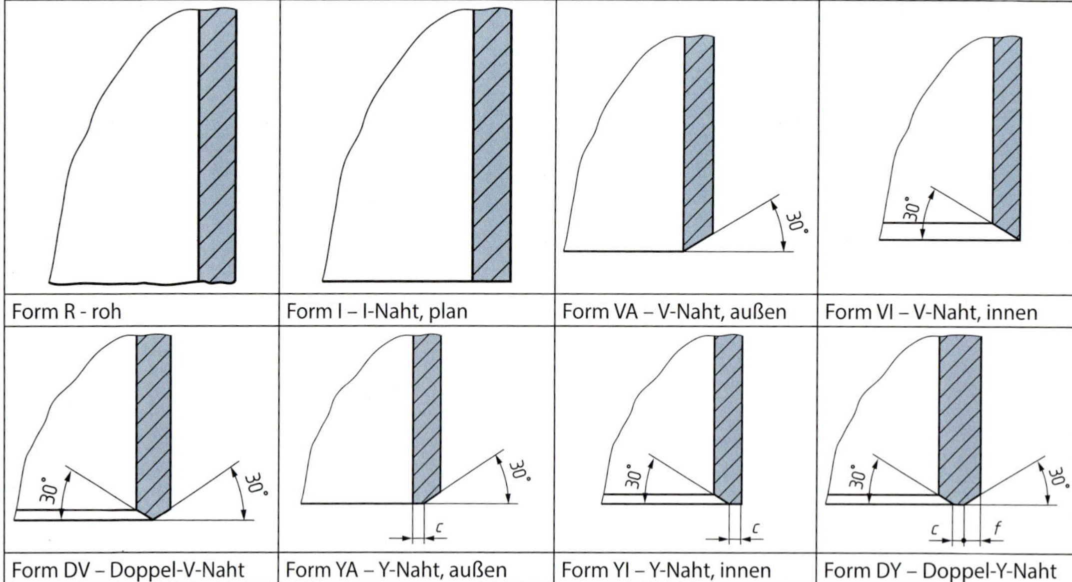

Form R - roh | Form I – I-Naht, plan | Form VA – V-Naht, außen | Form VI – V-Naht, innen

Form DV – Doppel-V-Naht | Form YA – Y-Naht, außen | Form YI – Y-Naht, innen | Form DY – Doppel-Y-Naht

8.4.1 Klöpperböden nach DIN 28011 : 2012-06

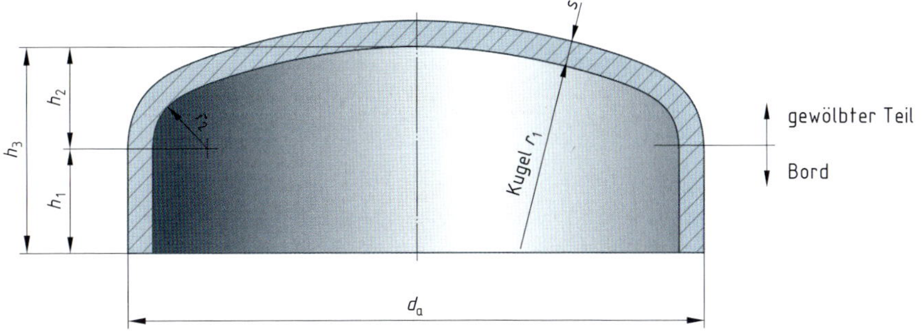

$r_1 = d_a$ $r_2 = 0{,}1\ d_a$ $h_1 \geq 3{,}5\ s$ $h_2 = 0{,}1935\ d_a - 0{,}455\ s$

Wanddicke s in mm			**4**	**4**	**6**	**8**	**10**	**12**	**14**	**16**	**18**	**20**	**22**	**24**
Bordhöhe h_1 in mm			**14**	**20**	**25**	**30**	**35**	**45**	**50**	**60**	**70**		**80**	**90**
d_a mm	**r_1 mm**	**r_2 mm**	**Masse in kg**											
26,9	26,9	2,7	–	–	–	–	–	–	–	–	–	–	–	–
33,7	33,7	3,4	0,09	–	–	–	–	–	–	–	–	–	–	–
42,4	42,4	4,2	0,11	–	–	–	–	–	–	–	–	–	–	–
48,3	48,3	4,8	0,14	–	–	–	–	–	–	–	–	–	–	–
60,3	60,3	6	0,23	–	–	–	–	–	–	–	–	–	–	–
76,1	76,1	7,6	0,33	–	–	–	–	–	–	–	–	–	–	–
88,9	88,9	8,9	–	0,43	0,68	–	–	–	–	–	–	–	–	–
114,3	114,3	11	–	0,66	0,98	–	–	–	–	–	–	–	–	–
139,7	139,7	14	–	0,96	1,44	2,1	–	–	–	–	–	–	–	–
168,3	168,3	17	–	1,3	2,1	3,1	–	3,7	–	–	–	–	–	–
219,1	219,1	22	–	2,1	3,3	4,7	–	5,8	7,7	–	–	–	–	–
273	273	28	–	3,1	4,8	6,9	–	8,6	11,1	13,3	–	–	–	–
323,9	323,9	32	–	4,2	6,6	9,4	11,6	14,9	17,8	21,6	25,5	28,3	32,7	37,3
355,6	355,6	36	–	5,1	7,8	11	13,7	17,9	20,9	25,3	29,8	33	38,1	43,3
406,4	406,4	41	–	6,5	9,9	14,1	17,5	22,1	26,4	31,7	37,4	41,3	47,4	54
457	457	46	–	8	12,3	17,4	21,7	27,3	32,6	38,9	45,7	50	58	66
508	508	51	–	9,8	15,1	21,2	26,3	33	39,3	46,7	55	61	69	78
610	610	61	–	13,6	21,2	29,6	36,9	46	55	65	76	84	95	107
711	711	71	–	18,7	28,5	39,5	49,2	62	73	86	99	110	124	140
813	813	81	–	24,2	36,9	51	64	78	92	109	127	140	158	177
914	914	91	–	30,4	46,2	64	79	98	116	135	156	173	196	218
1 016	1 016	102	–	37,4	57	78	97	119	141	165	189	210	237	264
1 200	1 200	120	–	52	78	107	133	163	193	224	257	286	321	358
1 400	1 400	140	–	69	105	144	179	219	257	300	344	382	427	474
1 600	1 600	160	–	90	138	186	232	284	332	386	442	491	549	608
1 800	1 800	180	–	114	173	234	292	355	418	484	553	614	685	758
2 000	2 000	200	–	141	212	287	359	437	513	593	677	750	836	924
2 200	2 200	220	–	169	256	347	432	525	615	713	812	901	1 002	1 107
2 400	2 400	240	–	201	304	410	513	622	729	854	959	1 065	1 184	1 306
2 600	2 600	260	–	237	356	480	600	727	853	985	1 119	1 262	1 381	1 521
2 800	2 800	280	–	274	413	556	693	840	985	1 136	1 291	1 433	1 592	1 753
3 000	3 000	300	–	312	472	636	794	963	1 128	1 300	1 476	1 638	1 817	2 000
3 200	3 200	320	–	355	535	718	902	1 090	1 275	1 473	1 669	1 856	2 060	2 264
3 400	3 400	340	–	403	606	814	1 015	1 233	1 442	1 661	1 882	2 093	2 319	2 548
3 600	3 600	360	–	448	673	910	1 135	1 371	1 609	1 850	2 101	2 330	2 585	2 845
3 800	3 800	380	–	501	754	1 011	1 262	1 532	1 791	2 060	2 332	2 595	2 872	3 160
4 000	4 000	400	–	554	831	1 120	1 395	1 690	1 981	2 274	2 575	2 866	3 176	3 490

Bestellbeispiel:
Boden DIN 28011 – 610x20 – VA – X5CrNi18-10
Klöpperboden (nichtrostend) mit Außendurchmesser da = 600 mm und Wanddicke s = 20 mm mit Bordkante Form VA aus der Stahlsorte X5CrNi18-10

8.4.2 Korbbogenböden nach DIN 28013 : 2012-06

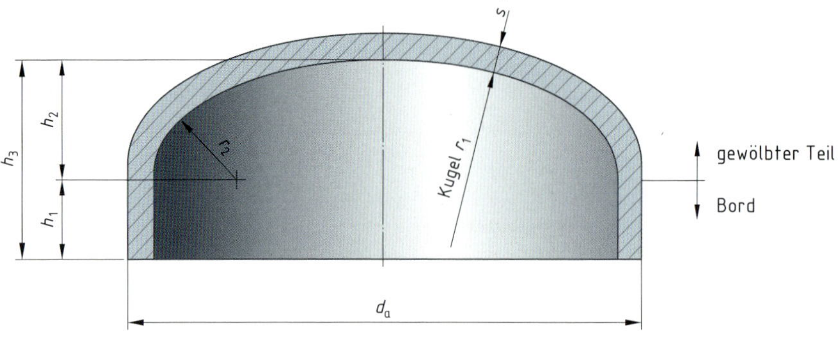

$r_1 = 0{,}8\ d_a$ $r_2 = 0{,}154\ d_a$ $h_1 \geq 3\ s$ $h_2 = 0{,}255\ d_a - 0{,}635\ s$

Wanddicke *s* mm			**4**	**6**	**4**	**6**	**8**	**10**	**12**	**14**	**16**	**18**	**20**	**22**	**24**
Bordhöhe h_1 mm			**12**	**18**	**20**	**20**	**25**	**30**	**40**	**45**	**55**	**55**	**60**	**70**	**75**
d_a mm	**r_1 mm**	**r_2 mm**	**Masse in kg**												
26,9	21,5	4	–	–	–	–	–	–	–	–	–	–	–	–	–
33,7	27	5	0,09	–	–	–	–	–	–	–	–	–	–	–	–
42,4	34	6,5	0,13	–	–	–	–	–	–	–	–	–	–	–	–
48,3	38,6	7,5	0,15	–	–	–	–	–	–	–	–	–	–	–	–
60,3	48	9,5	0,27	0,48	–	–	–	–	–	–	–	–	–	–	–
76,1	61	11,5	0,39	0,66	–	–	–	–	–	–	–	–	–	–	–
88,9	71	14	–	–	0,5	0,83	–	–	–	–	–	–	–	–	–
114,3	92	17,5	–	–	0,75	1,22	–	–	–	–	–	–	–	–	–
139,7	112	21,5	–	–	1,06	1,69	2,58	–	–	–	–	–	–	–	–
168,3	135	26	–	–	1,4	2,2	3,2	4	5,2	6,2	–	–	–	–	–
219,1	175	34	–	–	2,2	3,5	5	6,3	8,1	9,7	–	–	–	–	–
273	218	42	–	–	3,3	5,2	7,4	9,2	11,8	14,1	17,2	20,4	22,4	26	29,7
323,9	254	50	–	–	4,6	7	10	12,4	15,8	18,9	22,9	27,1	29,8	34,3	38,2
355,6	284	55	–	–	5,5	8,4	11,9	14,7	18,7	22,3	26,8	31,6	34,9	40,2	45,7
406,4	325	62	–	–	7	10,8	15,2	18,8	23,8	28,3	33,8	39,7	43,9	50	57
457	365	70	–	–	8,8	13,4	18,8	23,3	29,4	34,9	41,6	48,6	54	62	69
508	406	78	–	–	10,7	16,4	22,9	28,4	35,5	42,1	50	58	65	74	84
610	488	94	–	–	15,2	23,2	32,1	39,9	49,6	59	69	80	89	101	114
711	569	110	–	–	20,5	31,1	42,9	53	66	78	92	107	118	133	150
813	650	125	–	–	26,5	40,3	55	69	85	100	118	136	151	169	190
914	731	140	–	–	33,3	50	69	86	106	125	146	168	187	210	234
1 016	812	155	–	–	40,9	62	85	106	130	153	178	205	228	255	284
1 200	960	185	–	–	56	86	117	145	178	209	244	279	310	348	386
1 400	1 120	215	–	–	77	116	157	196	239	282	327	374	415	463	514
1 600	1 280	245	–	–	99	151	204	254	309	364	421	482	534	596	659
1 800	1 440	280	–	–	125	189	256	320	389	457	529	603	669	745	823
2 000	1 600	310	–	–	154	233	315	393	477	560	648	737	818	911	1 005
2 200	1 760	340	–	–	187	282	380	474	575	674	779	886	983	1 093	1 206
2 400	1 920	370	–	–	221	334	450	562	681	799	921	1 047	1 163	1 291	1 423
2 600	2 080	400	–	–	260	392	527	658	796	934	1 077	1 223	1 357	1 507	1 660
2 800	2 240	430	–	–	300	453	609	761	922	1 079	1 244	1 412	1 568	1 738	1 914
3 000	2 400	460	–	–	344	519	699	872	1 055	1 235	1 423	1 615	1 793	1 988	2 186
3 200	2 560	490	–	–	392	590	793	990	1 198	1 403	1 615	1 830	2 033	2 253	2 476
3 400	2 720	525	–	–	442	666	893	1 117	1 350	1 580	1 818	2 060	2 288	2 534	2 785
3 600	2 880	555	–	–	495	745	1 000	1 250	1 510	1 767	2 034	2 303	2 558	2 833	3 188
3 800	3 040	585	–	–	549	827	1 111	1 388	1 678	1 967	2 262	2 560	2 841	3 148	3 455
4 000	3 200	615	–	–	609	916	1 229	1 539	1 857	2 171	2 499	2 828	3 142	3 479	3 816

Bestellbeispiel:
Boden DIN 28013 – 1200x14 – VI – 13CrMo9-10
Korbbogenboden (warmfest) mit Außendurchmesser da = 1200 mm und Wanddicke s = 14 mm mit Bordkante Form VI aus der Stahlsorte 13CrMo9-10

8.4.3 Stutzenbauarten (Auswahl)

Einbauteile / -arten

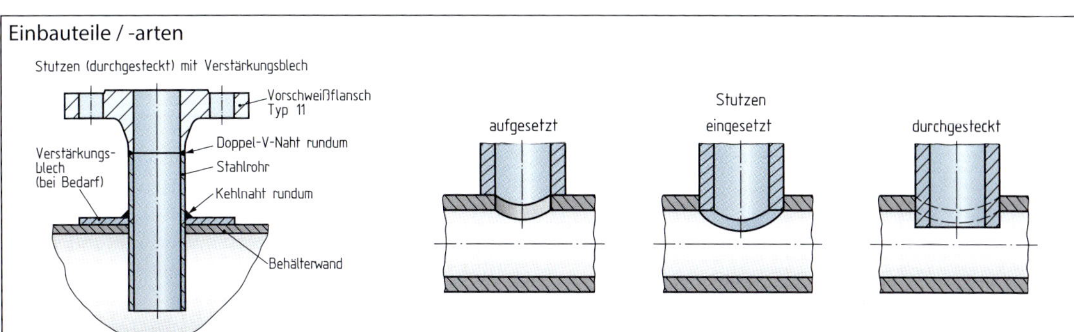

Stutzen aus unlegiertem Stahl nach DIN 28115: 2003-02

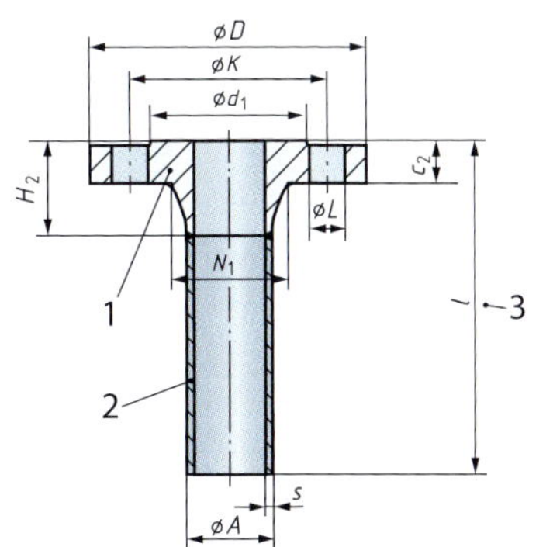

① Vorschweißflansch Typ 11 nach DIN EN 1092-1
② Stahlrohr nach DIN EN 10216 / 102017
③ Stutzenlänge l nach konstruktiven Vorgaben festlegen

Bezeichnungsbeispiel
Stutzen DIN 28115 — B1 100 PN 16 — 1.0038/1.0254
(Stutzen mit der Dichtfläche glatt (Form B1) mit der Nennweite 100 und PN-Nummer 16 mit einem Vorschweißflansch aus unlegiertem Stahl 1.0038 und Stutzenrohr aus 1.0254)

Maße in mm

DN	PN		Stutzen		Flansch						Bohrung-Ø	Schrauben	
	10	16	A	s_{min}	D	c_2	K	d_1	H_2	N_1	L	n	Gew.
15	–	x	21,3	3,2	95	16	65	45	38	32	14	4	M12
20	–	x	26,9	3,2	105	18	75	58	40	40	14	4	M12
25	–	x	33,7	4,0	115	18	85	68	40	46	14	4	M12
32	–	x	42,4	4,0	140	18	100	78	42	56	18	4	M16
40	–	x	48,3	4,0	150	18	110	88	45	64	18	4	M16
50	–	x	60,3	4,5	165	18	125	102	45	74	18	4	M16
65	–	x	76,1	4,5	185	18	145	122	45	92	18	8	M16
80	–	x	88,9	5,0	200	20	160	138	50	105	18	8	M16
100	–	x	114,3	5,6	220	20	180	158	52	131	18	8	M16
125	–	x	139,7	5,6	250	22	210	188	55	156	18	8	M16
150	–	x	168,3	5,6	285	22	240	212	55	184	22	8	M20
200	x	–	219,1	6,3	340	24	295	268	62	234	22	8	M20
	–	x		6,3		24			62	235		12	M20
300	x	–	323,9	7,1	445	26	400	370	68	342	22	12	M20
	–	x		7,1	460	28	410	378	78	344	26	12	M24
400	x	–	406,4	7,1	565	26	515	482	72	440	26	16	M24
	–	x		8,0	580	32	535	490	85	445	30	16	M27
500	x	–	508	7,1	670	28	620	565	75	542	26	20	M24
	–	x		8,0	715	34	650	610	90	548	33	20	M30

Stutzen aus unlegiertem Stahl Ausführung B nach DIN 28115: 2003-02

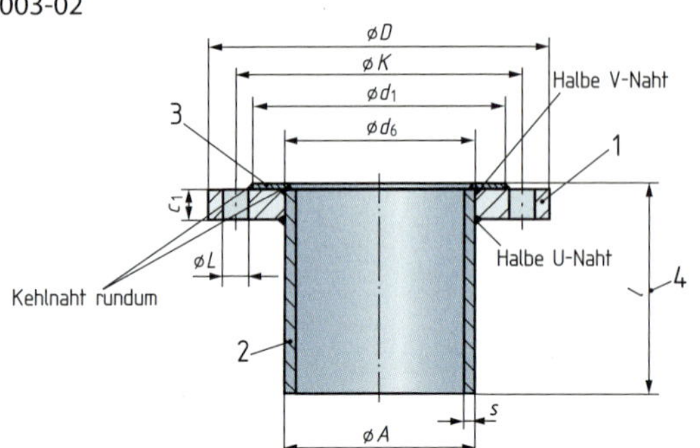

① Flansch Typ 01 nach DIN EN 1092-1
② Stahlrohr nach DIN EN ISO 1127
③ Blech (zugeschnitten) rostfreier Stahl
④ Stutzenlänge l nach konstruktiven Vorgaben festlegen

Bezeichnungsbeispiel

Stutzen DIN 28025 - BC 250 - PN 10 - 1.0425/1.4571

(Stutzens Ausführung B, mit Dichtfläche Feder (Form C), Nennweite 250, Nenndruck PN-Nummer 10, Flansch aus unlegiertem Stahl (Werkstoffnummer 1.0425), Stutzenrohr aus nicht rostendem Stahl (Werkstoffnummer 1.4571))

Maße in mm

DN	PN		Stutzen		Flansch					Bohrung-Ø	Schrauben	
	10	16	*A*	s_{min}	*D*	*K*	c_1	d_1	d_6	*L*	n	Gew.
15	x	x	21,3	3,2	95	65	–	45	–	14	4	M12
20	x	x	26,9	3,2	105	75	–	58	–	14	4	M12
25	x	x	33,7	3,2	115	85	–	68	–	14	4	M12
32	x	x	42,4	3,6	140	100	–	78	–	18	4	M16
40	x	x	48,3	3,6	150	110	–	88	–	18	4	M16
50	x	x	60,3	3,6	165	125	–	102	–	184	4	M16
65	x	x	76,1	4,0	185	145	–	122	–	18	8	M16
80	x	x	88,9	4,0	200	160	–	138	–	18	8	M16
100	x	x	114,3	4,5	220	180	–	158	–	18	8	M16
125	x	x	139,7	5,0	250	210	–	184	–	18	8	M16
150	x	x	168,3	5,0	285	240	22	210	170,5	22	8	M20
200	x	–	219,1	5,0	340	295	24	266	221,8	22	8	M20
		x		8,0							12	
300	x	–	323,9	5,0	445	400	26	370	327,6	22	12	M20
		x		8,0	460	410	32	374		26		M24
400	x	–	355,6	5,0	565	515	32	481	411	26	16	M24
		x		10,0	580	525	38	485		30		M27
500	x	–	508,0	5,0	670	620	38	585	513,6	26	20	M24
	–	x		10,0	715	650	46	607		33		M30

8.4.4 Inspektionsöffnungen für Behälter

Übersicht Mannlochverschlüsse für Druckbehälter aus Stahl / aus Stahl verkleidet DIN 28124-2 : 2010-09, -3 :2013-07

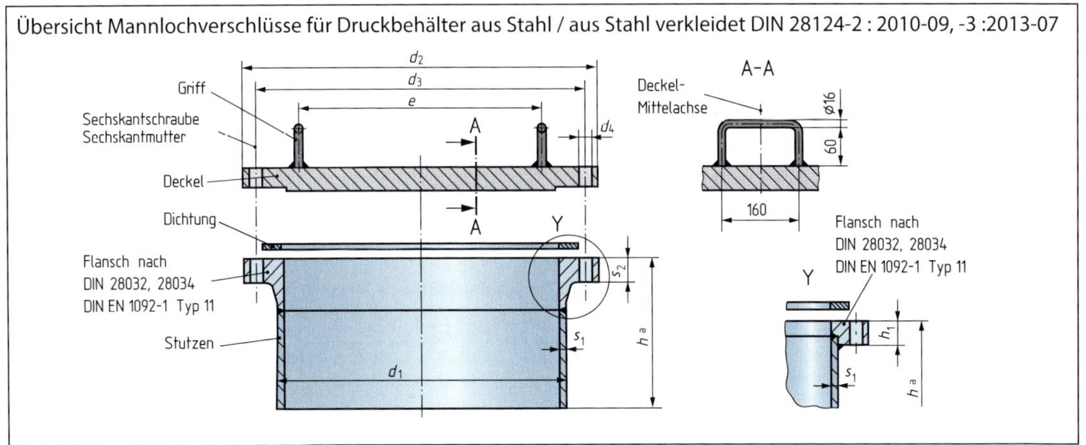

Dichtflächenformen für Druckbehälter aus Stahl nach DIN 28124-2: 2010-09

Alle Beispiele mit Vorschweißflanschen nach DIN 28034 sowie Deckel

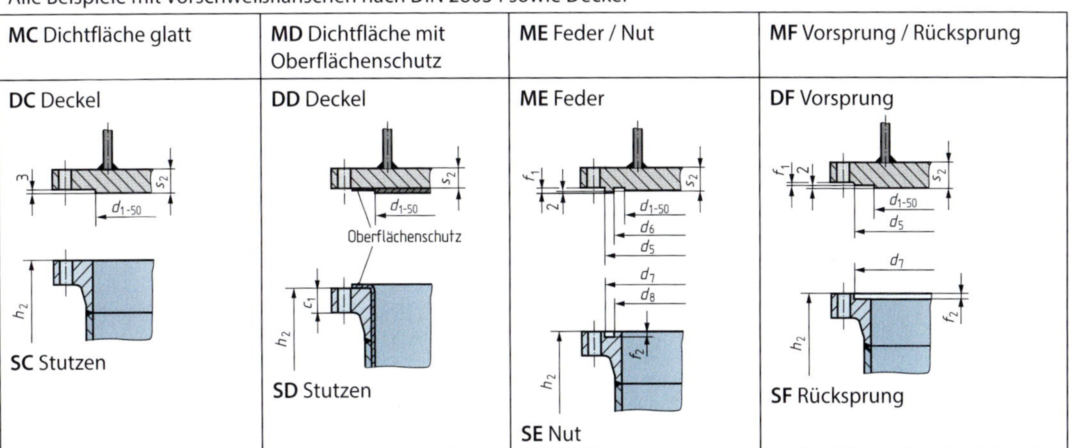

Maße in mm

Nennweite	Druck bei 20°C in bar	Stutzen		Deckel							Flansch					Schrauben			Masse in kg für P245GH
				DIN 28033 und DIN 28034-Typ 05 und 11															
DN	P	d_1	s_1	d_2	d_3	d_5	d_6	e	f_1	s_2	d_7	d_8	f_2	h_1	h_2	n	Gew.	d_4	m
500	10	508	8	615	570	528	508	400	6	28	530	506	5	30	≤250	20	M20	23	104
	16		12	635	585	534				30	536			35			M24	27	144
	25		16	645	590	540				38	542			45			M27	30	189
600	10	600	10	710	665	626	600	500		28	628	598		30		24	M20	23	148
	10		12	730	680	632				35	634			40			M27	27	202
	25		16	760	695	695				45	638			50			M33	33	288

Zulässiger Betriebsdruck für Nennweiten DN 500 und DN 600

	Zulässige Betriebstemperatur in °C				
	20	120	200	250	300
Nach Apparate-Flansch-System maximal zulässiger Druck in bar	10	9	8	7	6
	16	14	13	11	10
	25	22	20	17	15
Bezeichnung (der Deckel ist außen sichtbar und dauerhaft zu kennzeichnen)					

NNN Deckel DIN 28124-2 — DC 500 — A — 16 — P265GH

(Hersteller – Normblattnr. - Nennweite DN – Dichtfläche – Schraube/Mutter/Dichtung - Werkstoff)

Mannlochverschlüsse für Druckbehälter, verkleidet **DIN 28124-3 : 2013-07**

MH Dichtfläche glatt | **MG** Feder und Nut | **MK** Vor- und Rücksprung

DH Deckel | DJ Feder | DK Vorsprung

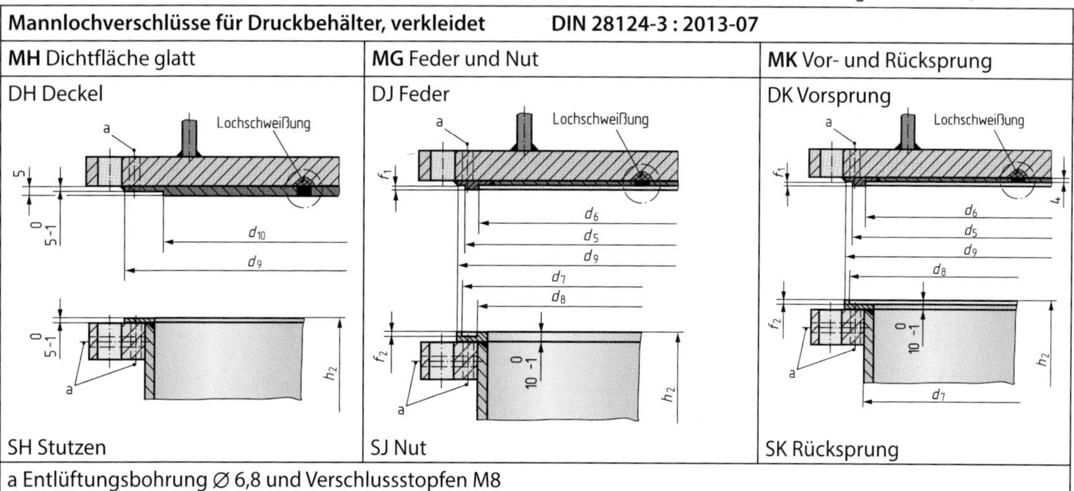

SH Stutzen | SJ Nut | SK Rücksprung

a Entlüftungsbohrung ∅ 6,8 und Verschlussstopfen M8

Maße in mm

Nennweite	Druck bei 20°C in bar	Stutzen		Deckel						Flansch					Verkleidung von Deckel und Flansch		Schrauben			Masse in kg für P265GH
				DIN 28036 – Typ 05 und 01																
DN	P	d_1	s_1	d_2	d_3	d_5	d_6	e	f_1	s_2	d_7	d_8	f_2	h_1	d_9	h_2	n	Gew.	d_4	m
	10		8	615	570	528				24	530			35	540	475		M20	23	102
500	16	508	12	635	585	534	508	400		28	536	506		40	550	465	20	M24	27	140
	2		16	645	590	540			6	35	542		5	50	555	460		M27	30	178
	10		10	710	665	626				25	628			40	635	560		M20	23	149
600	10	600	12	730	680	632	600	500		32	634	598		45	645	555	24	M27	27	196
	25		16	760	695	636				40	638			55	655	550		M30	33	265

Bezeichnung (der Deckel ist außen sichtbar und dauerhaft zu kennzeichnen)

NNN Deckel DIN 28124-3 — DH 500 — A — 16 — P265GH/1.4571

(Hersteller – Normblattnr. - Nennweite DN – Dichtfläche – Schraube/Mutter/Dichtung – Werkstoff/ -nummer)

8.4.5 Tragelemente für Behälter

Sättel für Behälter DIN 28080 : 2015-06

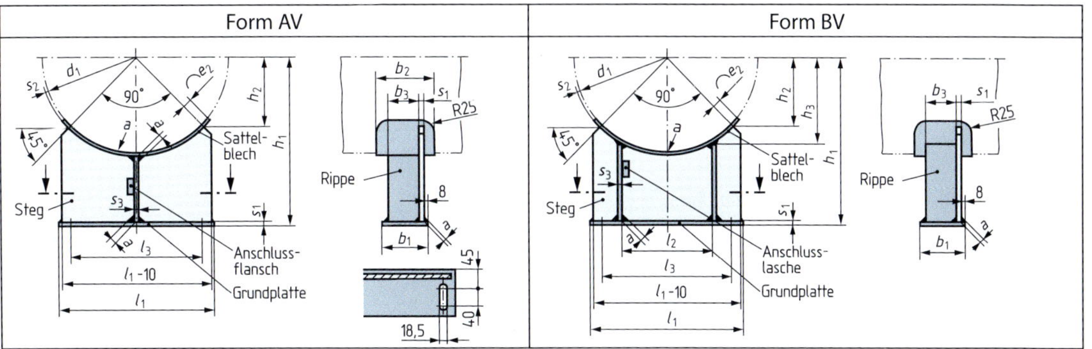

Form AV Grundplatte mit versetztem Steg, Rippe und Sattelblech, Umschlingungswinkel 90°															
Maßangaben in mm								**Allgemeintoleranzen: EN ISO 13920 — BF**							
Außen-durch-messer	**Höhe**	**Grundplatte bzw. Steg**			**Sattelblech**				**Rippe**		**Höhe**	**Befestigungs-schrauben**		**Kehl-nähte**	**Masse je Sattel**
d_1	h_1	l_1	b_1	s_1	b_2	$\hat{e}_2$	s_2[a]	**Bogen-länge**	b_3	s_3	h_2	**Gewinde**	**Abstand l_3**	a **min.**	**kg ≈**
168	285	160						187			64		120		6,0
219	310	200						227			82		150		6,5
273	335	240						269			101		190		8,0
324	360	280	120	8	160	25	6	309	96	8	119	M16	230	3	9,0
356	380	300						334			130		250		10,0
406	405	350						374			148		300		11,0
508	455	420						454			184		350		13,0

Form BV Grundplatte mit versetztem Steg, Rippe und Sattelblech, Umschlingungswinkel 90°																	
Maßangaben in mm								**Allgemeintoleranzen: EN ISO 13920 — BF**									
Außen-durch-messer	**Höhe**	**Grundplatte bzw. Steg**			**Sattelblech**				**Rippen**			**Höhen**		**Befestigungs-schrauben**		**Kehl-nähte**	**Masse je Sattel**
d_1	h_1	l_1	b_1	s_1	b_2	$\hat{e}_2$	s_2 a	**Bogen-länge**	b_3	s_3	l_2	h_2	h_3	**Gewinde**	**Abstand l_3**	a **min.**	**kg »**
600	500	500						546			250	216	280		350		18
700	550	600						624			350	256	310	M20	450		20
800	600		120	8	160	35	6	703	96	8		287	367			3	21
900	650	750						782			500	322	382		600		26
1 000	700							860				358	440				28
1 100	750	900	160	10	200	45		957	134	10	600	393	469		750		43
1 200	800							1 037				429	527				43
1 400	900	1 150				60		1 224			800	499	582		1 000	4	75
1 600	1 050		200	12	240			1 382	172	12		570	700				85
1 800	1 150	1 450				70	8	1 560			1 000	642	758		1 300		110
2 000	1 250							1 717				713	876				122

Werkstoff
Die Werkstoffe müssen der Mindestqualität S235JR nach DIN EN 10025-2 entsprechen.

Bezeichnungsbeispiel
Sattel DIN 28080 — BV — 1 200
(Bezeichnung eines Sattels der Form BV mit Apparate-Außendurchmesser d_1 von 1 200 mm)

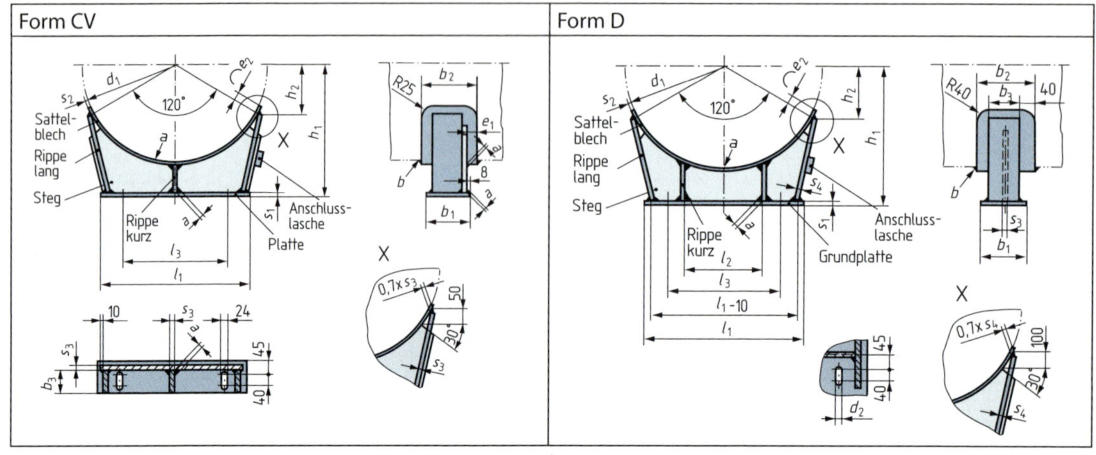

Form CV Grundplatte mit versetztem Steg, Rippen und Sattelblech, Umschlingungswinkel 120°

Maßangaben in mm — **Allgemeintoleranzen: EN ISO 13920 — BF**

Außendurchmesser d_1	Höhe h_1	Grundplatte l_1	Grundplatte s_1	Grundplatte b_1	Sattelblech b_2	Sattelblech e_1	Sattelblech $\hat{e}_2$	Sattelblech s_2[a]	Bogenlänge	Steg bzw. Rippen b_3	Steg bzw. Rippen s_3	Höhe h_2	Befestigungsschrauben Gewinde	Befestigungsschrauben Abstand l_3	Kehlnähte a min.	Masse je Sattel kg ≈
600	500	500	120	10	160	28	35	6	705	96	8	153	M 20	350	3	24
700	550	600							809			178		450		30
800	600								914			203				32
900	650	750							1 019			228		600		36
1 000	700								1 123			253				38
1 100	750	900	160	12	200		45		1 248	134	10	278		750	4	47
1 200	800								1 353			303				51
1 400	900	1 150	200	14	240		60		1 592	172	12	353		1 000		85
1 600	1 050								1 802			405				95
1 800	1 150	1 450					70	8	2 033			454		1 300		140
2 000	1 250								2 243			504				145

Maßangaben in mm — **Allgemeintoleranzen: EN ISO 13920 — BF**

Form D Grundplatte mit Mittelsteg, Rippen und Sattelblech, Umschlingungswinkel 120°

Außendurchmesser	Höhe	Grundplatte			Sattelblech				Steg bzw. Rippen					Höhe	Befestigungsschrauben			Kehlnähte	Masse je Sattel kg
															Gewinde	d_2	Abstand l_3	a min.	
d_1	h_1	l_1	b_1	s_1	b_2	$ê_2$	s_2	Bogenlänge	b_3	l_2	l_4	s_3	s_4	h_2					≈
2 200	1 350	1 750	240	14	300	85	10	2 484	220	800	1 350	10	14	555	M20	24	1500	5	210
2 400	1 450							2 694						605					220
2 600	1 550	2 050	300		360	115	12	2 965	280	1 000	1 600	12		656			1800		320
2 800	1 650							3 175						706					330
3 000	1 750	2 300	350	16	400			3 384	320	1 100	1 850		16	756	M24	28	2050		430
3 200	1 850							3 594						806					440
3 400	1 950	2 600	400		460	140	14	3 855	380	1 300	2 100	14		857			2300	6	550
3 600	2 050							4 065						907					620
3 800	2 150	2 900		18				4 274		1 400	2 400		18	957			2600		710
4 000	2 250							4 483						1 007					720
4 200	2 350	3 200						4 775		1 600	2 700	16		1 058	M30	35	2900		900
4 400	2 450							4 984	420					1 108					920
4 600	2 550	3 500	450	20	500	180	16	5 194		1 700	3 000		20	1 158			3200		1 030
4 800	2 650							5 403						1 208					1 060
5 000	2 750	3 800						5 613		1 900	3 300			1 258			3500		1 130

Füße für Behälter und Apparate

DIN 28081-1 : 2015-06

Form F für Fundamente | **Form S für Stahlbauten**

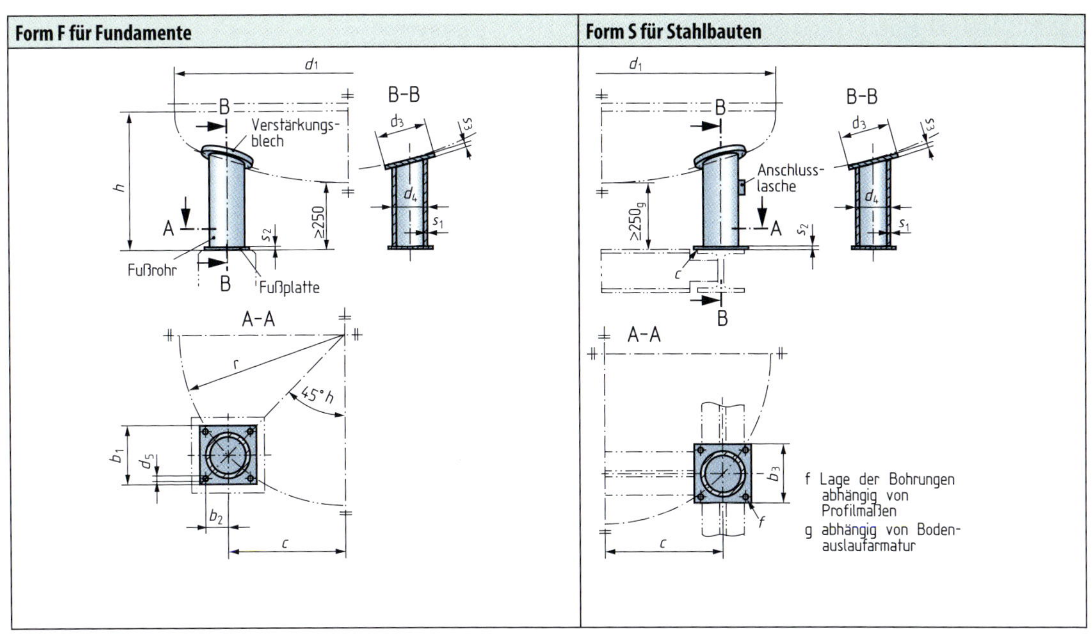

Apparatefüße aus Rohr

Maßangaben in mm

Bodenaußendurchmesser	Fußrohr		Verstärkungsblech		Fußabstand	Fuß-Teilkreis	Fußplatte Form F Aufstellung auf Fundament				Fußplatte Form S Aufstellung auf Stahlbau	
d_1	d_4	s_1	d_3	s_3	c	r	b_1	s_2	b_2	d_5	b_3	s_2
800	88,9	5,0	120	5	220	311	180	12	70	18,5	210	12
900					240	339						
1000	114,3	5,6	150		270	382	200		80		240	
1100					300	424						
1200					330	467						
1400	168,3		220	8	390	552	240	16	95	24	300	16
1600		6,3			440	622						
1800	219,1		290		480	679	280	20	115		350	20
2000					540	764						
2200					610	863						
2400	273,0		360	12	650	920	320		135		410	
2600					710	1004						
2800	323,9	7,1	420		770	1090	360	25	155		460	25
3000					820	1160						
3200					880	1244						
3400	355,6	8,0	460	16	940	1329	400		165		500	
3600					990	1400						
3800	406,4	8,8	530		1040	1471	450	30	185	28	540	30
4000					1100	1556						

Werkstoffe

Die Fußplatte muss der Mindestqualität S235JR (DIN EN 10025-2) entsprechen.
Das Fußrohr muss der Mindestqualität P235TR1 (DIN EN 10216-1 oder DIN EN 10217-1) entsprechen.

Bezeichnungsbeispiel

Fuß DIN 28081 — R — F — 2 000 — 900

(Bezeichnung eines Apparatefußes aus Rohr (R), Form F, für einen Apparat mit Bodenaußendurchmesser d_1 = 2 000 mm und einer Höhe h = 900 mm:)

Apparatefüße aus Profilstahl

DIN 28080-2: 2015-06

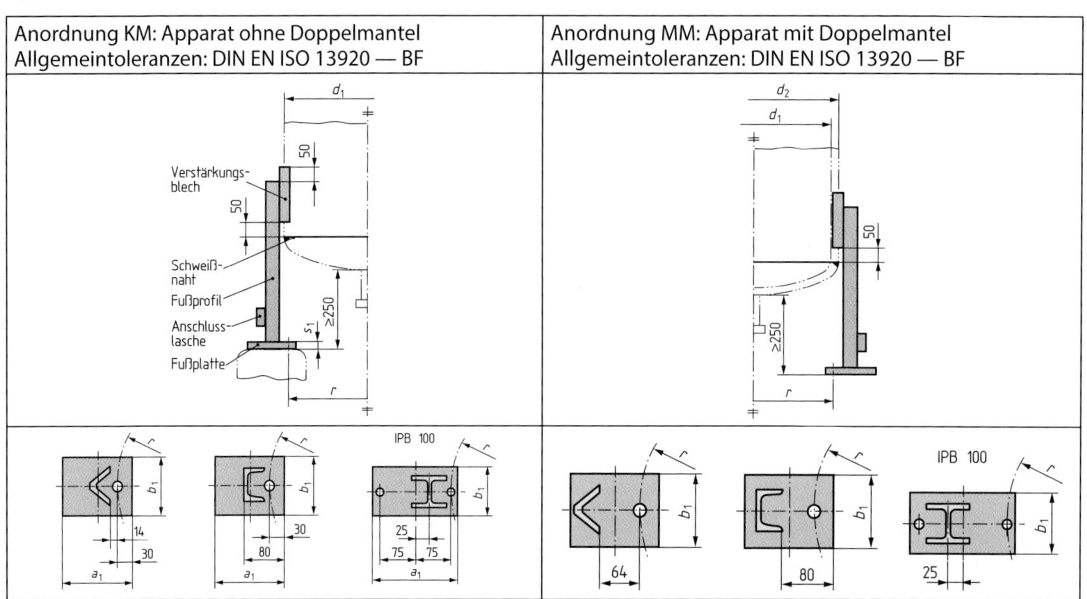

Apparatefüße aus Profilstahl											
Maßangaben in mm											
Apparateaußendurchmesser	**Manteldurchmesser**	**Profil DIN 1025-2 DIN 1026-1 DIN EN 10056-1**	**Fußplatte**					**Verstärkungsblech**			**Masse in kg für 1 m Gesamtfuß**
d_1	d_2		a_1	b_1	d_3	r	s_1	a_2	b_2	s_2	
508	600	L 60 x 6	145	130	18,5	290	12	144	150	5	7,9
800	900	L 80 x 8	155			390		173	190		12,8
1000	1100	U100	160	160		510		160	230	10	15,9
1400	1500	IPB 100	200		24	710	16				27,3
1600	1700					810					27,3
2000	2100	IPB 140	260	200		1010	20	200	310		46,7
2400	2500					1210					46,7
2600	2700					1310					46,7
3000	3100					1510	25				48,8
3400	3550	IPB 200	320	280		1750		260	430		87,7
3600	3750					1850					87,7
4000	4150				28	2050	30				91,2

Werkstoff
Apparatefüße müssen der Mindestqualität S235JR (DIN EN 10025-2) entsprechen.

Bezeichnungsbeispiel
Apparatefuß DIN 28081-2 – 2000 MM
(Bezeichnung einer Anordnung von Apparatefüßen aus Profilstahl für einen Apparateaußendurchmesser d_1 = 2 000 mm mit Doppelmantel (MM))

Zargen und Pratzen für Behälter

Standzargen mit einfachem Fußring (Auswahl)

DIN 28082-1 : 2016-04

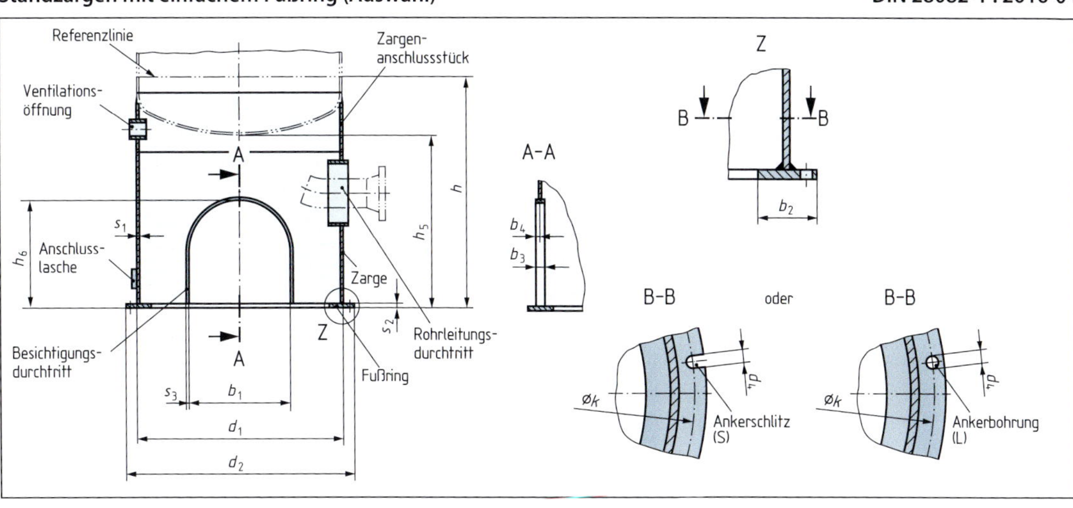

<table>
<tr><th colspan="10">Standardzarge mit einfachem Fußring</th></tr>
<tr><th colspan="10">Maßangaben in mm</th></tr>
<tr><th>Apparate-außendurchmesser</th><th colspan="4">Standzarge</th><th colspan="4">Fußring</th><th>Ankerschlitz bzw. -bohrung</th></tr>
<tr><th>d_1</th><th>h_5</th><th>h_6</th><th>s_1</th><th>b_1</th><th>d_2</th><th>k</th><th>b_2</th><th>s_2</th><th>d_4</th></tr>
<tr><td>356</td><td rowspan="3">500</td><td rowspan="3">300</td><td rowspan="2">5</td><td>178</td><td>460</td><td>420</td><td rowspan="2">100</td><td rowspan="2">10</td><td rowspan="5">20</td></tr>
<tr><td>406</td><td>209</td><td>510</td><td>470</td></tr>
<tr><td>508</td><td rowspan="3">6</td><td>254</td><td>610</td><td>570</td><td rowspan="5">110</td><td rowspan="3">12</td></tr>
<tr><td>600</td><td rowspan="4">800</td><td rowspan="4">500</td><td>300</td><td>710</td><td>670</td></tr>
<tr><td>800</td><td>400</td><td>910</td><td>870</td></tr>
<tr><td>1000</td><td rowspan="2">8</td><td>500</td><td>1110</td><td>1070</td><td rowspan="3">15</td><td rowspan="6">24</td></tr>
<tr><td>1200</td><td rowspan="5">600</td><td>1310</td><td>1270</td></tr>
<tr><td>1600</td><td rowspan="4">1000</td><td rowspan="4">700</td><td rowspan="4">12</td><td>1710</td><td>1670</td><td rowspan="4">120</td></tr>
<tr><td>2000</td><td>2110</td><td>2070</td><td rowspan="3">20</td></tr>
<tr><td>2600</td><td>2710</td><td>2670</td></tr>
<tr><td>3000</td><td>3110</td><td>3070</td></tr>
<tr><td colspan="5">Werkstoff
Die Werkstoffe müssen der Mindestqualität S235JR nach DIN EN 10025-2 entsprechen.</td><td colspan="5">Bezeichnung
Standzarge DIN 28082-1 — 1200— 2000 — S
(Bezeichnung einer Standzarge für einen Apparateaußendurchmesser von 1200 mm, Höhe h = 2 000 mm, Ausführung Fußring mit Ankerschlitz (S))</td></tr>
</table>

Standzargen für Apparate

Fußring mit Doppelring und Stegen oder mit Ankerkonsole

DIN 28082-2 : 2016-04

Die Maße b_1, b_2, b_3, d_1, d_5, h_1, h_2, s_1, s_3 und s_6 sind bei Konstruktion festzulegen.

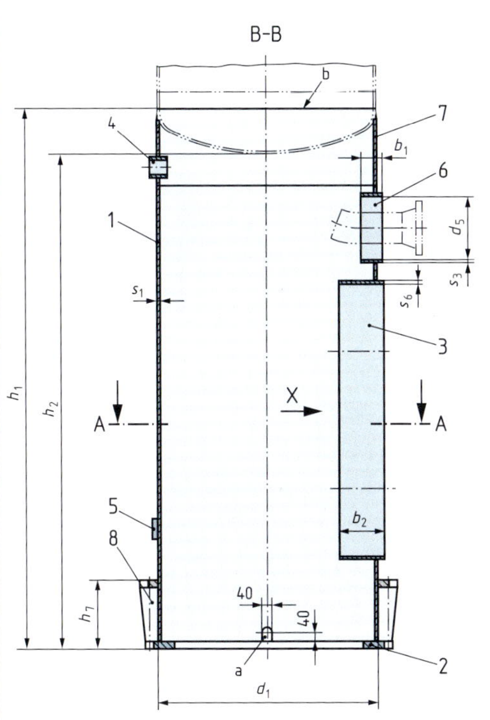

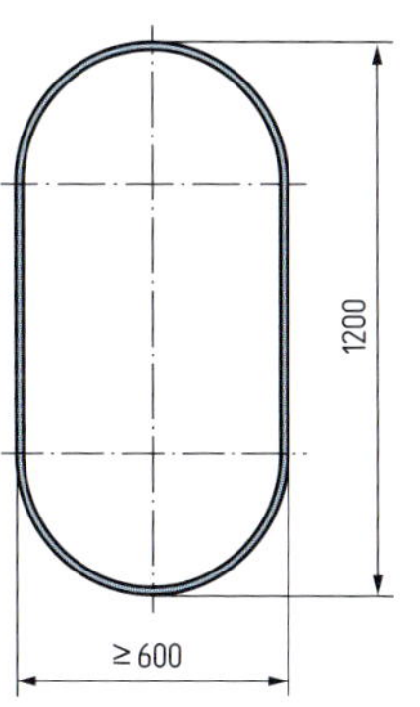

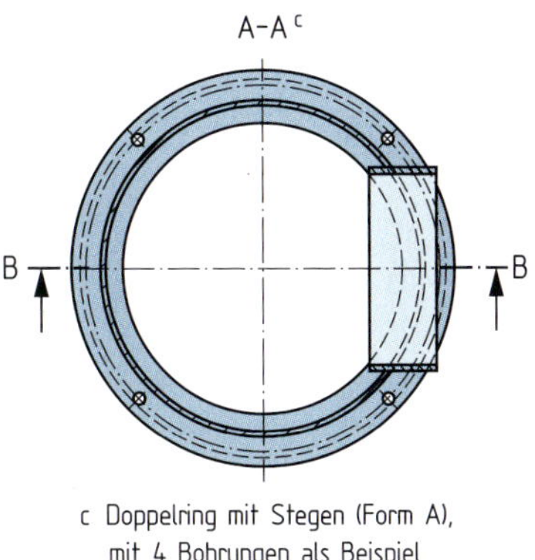

c Doppelring mit Stegen (Form A), mit 4 Bohrungen als Beispiel

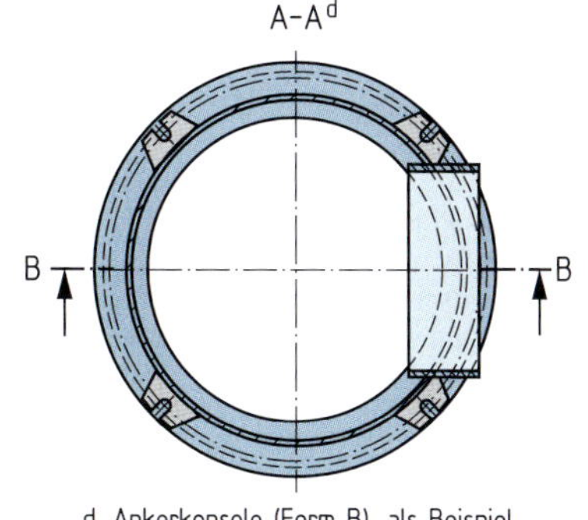

d Ankerkonsole (Form B), als Beispiel mit 4 Verankerungspunkten und Ankerschlitzen

Werkstoffe	**Bezeichnungsbeispiel**
Standzargen müssen der Mindestqualität S235JR (DIN EN 10025-2) entsprechen.	Standzarge DIN 28082-2 — M36 — A — S (Standzarge für Ankerschrauben mit Gewinde M36, Form A Doppelring mit Stegen, Ausführung S mit Ankerschlitz:)

Pratzen

DIN 28083 : 2017-11

geschweißtes Profil (ohne Dämmung)	gekantetes Profil (ohne Dämmung)

geschweißtes Profil (ohne Dämmung)

Anschlusslasche

Verstärkungsblech

Steg

Auflage

Entlüftungsbohrung ⌀ 6,8

gekantetes Profil (ohne Dämmung)

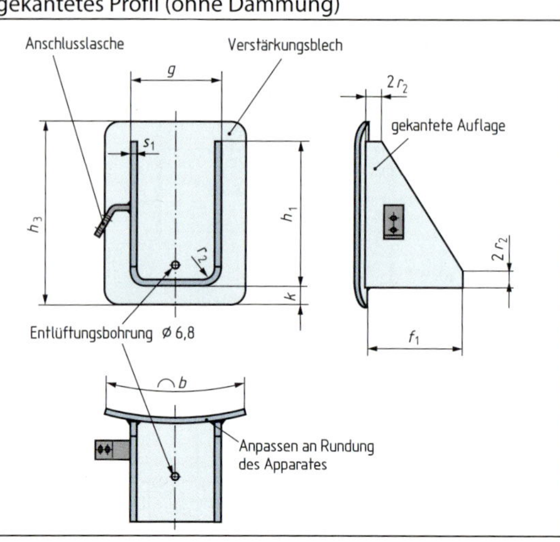

Pratzen

Maßangaben in mm

Pratzen-nenngröße	$h_1 = \hat{b}$	h_2	h_3	b	f_1	g	k	r_1	r_2	s_1	t_1
1	125	119	160	100	95	80	17,5	20	8	6	80
2	160	154	200	125	115	100	20	20	8	6	100
3	200	192	250	160	140	125	25	32	12	8	125
4	250	242	315	200	175	160	32,5	32	12	8	160
5	315	305	400	250	215	200	42,5	40	16	10	200
6	400	388	500	315	265	250	50	50	–	12	250
7	450	434	560	355	295	280	55	50	–	16	280
8	500	480	630	400	330	315	65	63	–	20	315

Werkstoffe

Für Apparate aus unlegiertem, legiertem oder nichtrostendem Stahl muss der Werkstoff Mindestgüte S235JR (DIN EN 10025-2) entsprechen.
Die am Apparat angeschweißten Verstärkungsbleche müssen aus artgleichem Werkstoff hergestellt sein. Der Werkstoff muss für das Verschweißen zugelassen sein.

Bezeichnungsbeispiel:
Pratze DIN 28083 — 3 — S235JR

8

Tragösen für Apparate

DIN 28086 : 1994-06

Tragöse mit Verstärkungsblech

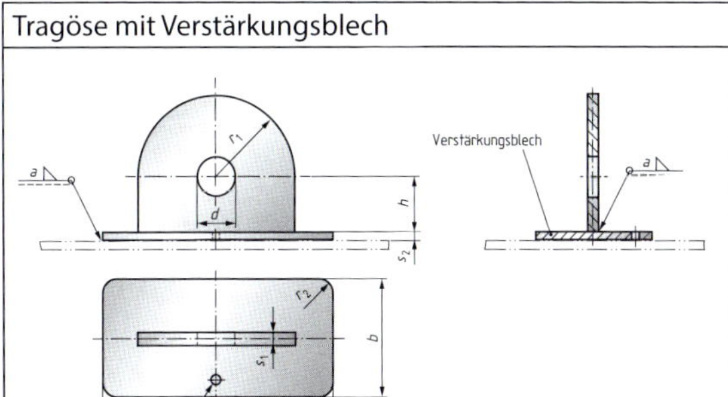

Werkstoff

Tragöse: Mindestgüte S235JR (DIN EN 10025)
Verstärkungsblech: Mindestgüte S235JR (1.0038 nach DIN EN 10025) oder nichtrostender Stahl X6CrNiMoTi17-12-2 (1.4571 nach DIN EN 10088-3)

Bezeichnungsbeispiel
Tragöse DIN 28086-2-1.0038-1.4571

Anordnung von Tragösen

Eine Tragöse

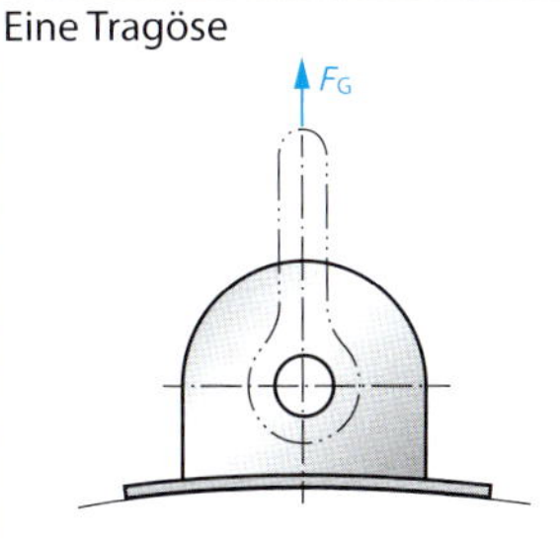

Tragösengröße	F_{Gmax} in kN bei 20°C
1	19
2	77
3	131
4	218
5	332

Zwei Tragösen mit Traverse

Tragösengröße	F_{Gmax} in kN bei 20°C
1	38
2	154
3	262
4	436
5	664

Zwei Tragösen ohne Traverse

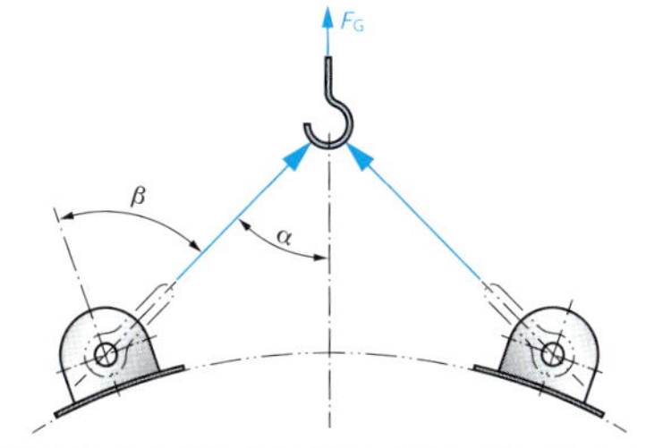

Winkel α	Nenngröße			F_{Gmax} in kN bei 20°C	
	1	2	3	4	5
0°–15°	36	149	254	422	642
>15°–30°	33	133	227	379	576
>30°–45°	27	108	185	310	470
>45°–60°	19	77	131	218	332

Drei Tragösen

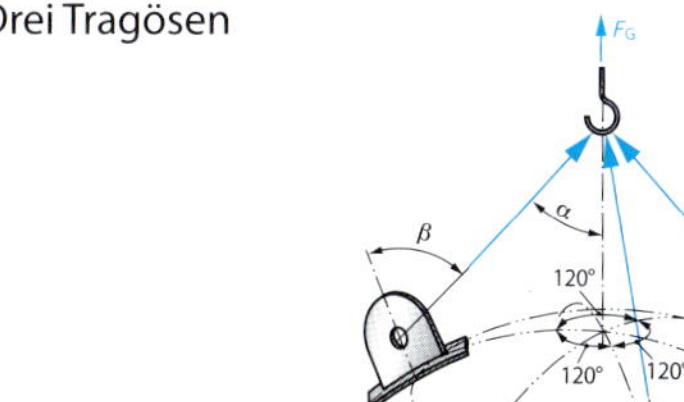

Winkel α	Nenngröße			F_{Gmax} in kN bei 20°C	
	1	2	3	4	5
0°–15°	55	223	380	633	952
>15°–30°	50	199	341	567	863
>30°–45°	40	163	278	464	704
>45°–60°	29	115	197	329	499

8.5 Dichtungen für Behälter nach AD-B7: 1986-06 (Auszug) *seals for containers*

Dichtungskennwerte (Auszug, vergl. auch Kap.)

Dichtungs-art	Dichtungsform	Benennung	Werkstoff	Dichtungskennwerte[1]					
				für Flüssigkeiten			für Gase und Dämpfe		
				Vorver-formen[2]		Betriebs-zustand	Vorver-formen[2]		Betriebs-zustand
				k_0 mm	$k_0 \cdot K_D$ N/mm	k_1 mm	k_0 mm	$k_0 \cdot K_D$ N/mm	k_1 mm
Weichstoff-dichtungen		Flachdichtungen nach DIN 2690 bis DIN 2692	Dichtungs-pappe ge-tränkt	–	20 b_D	b_D	–	–	–
			Gummi	–	b_D	0,5 b_D	–	2 b_D	0,5 b_D
			PTFE[3]	–	20 b_D	1,1 b_D	–	25 b_D	1,1 b_D
		Expandierter Graphit ohne Metalleinlage	Graphit	–	–[6]	–[6]	–	25 b_D	1,7 b_D
		Expandierter Graphit mit Metalleinlage	Graphit	–	–[6]	–[6]	–	20 b_D	1,3 b_D
		Faserstoff ohne Asbest mit Bindemittel ($h_D < 1$ mm)	Faserstoff	–	–[6]	–[6]	–	40 b_D	2 b_D
		Faserstoff ohne Asbest mit Bindemittel ($h_D \geq 1$ mm)	Faserstoff	–	–[6]	–[6]	–	35 b_D	2 b_D
Metall-Weichstoff-dichtungen		Welldichtring	Al	–	8 b_D	0,6 b_D	–	30 b_D	0,6 b_D
			Cu, Mg	–	9 b_D	0,6 b_D	–	35 b_D	0,7 b_D
			weicher Stahl	–	10 b_D	0,6 b_D	–	45 b_D	1 b_D
		Blech-ummantelte Dichtung	Al	–	10 b_D	b_D	–	50 b_D	1,4 b_D
			Cu, Mg	–	20 b_D	b_D	–	60 b_D	1,6 b_D
			weicher Stahl	–	40 b_D	b_D	–	70 b_D	1,8 b_D
Metall-dichtungen		Metall-Flachdichtung	–	0,8 b_D	–	$b_D + 5$	b_D	–	$b_D + 5$
		Metall-Spieß-kantdichtung	–	0,8	–	5	1	–	5
		Metall-Oval-profildichtung	–	1,6	–	6	2	–	6
		Metall-Rund-dichtung	–	1,2	–	6	1,5	–	6
		Ring-Joint-Dichtung	–	1,6	–	6	2	–	6
		Linsendichtung nach DIN 2696	–	1,6	–	6	2	–	6

Verweise siehe Folgeseite

Tafel 1. Dichtungskennwerte (Fortsetzung)

Dichtungsart	Dichtungsform	Benennung	Werkstoff	Dichtungskennwerte[1]					
				für Flüssigkeiten			für Gase und Dämpfe		
				Vorverformen[2]		Betriebszustand	Vorverformen[2]		Betriebszustand
				k_0 mm	$k_0 \cdot K_D$ N/mm	k_1 mm	k_0 mm	$k_0 \cdot K_D$ N/mm	k_1 mm
Metalldichtungen	X = Anzahl d. Kämme	Kammprofildichtung nach DIN 2697[4]	–	$0{,}4\sqrt{x}$	–	$9 + 0{,}2x$	$0{,}5\sqrt{x}$	–	$9 + 0{,}2x$
		Membranschweißdichtung nach DIN 2695	–	0	–	0	0	–	0
	y_1 y_2	Rundschnur-Ring[5]	Gummi und gummiähnliche Kunststoffe	0	–	0	0	–	0
Kammprofi-lierte Stahldichtungen, beidseitig mit weichen Auflagen	b_D h_D	PTFE-Auflagen auf Weichstahl	PTFE	–	–[6]	–[6]	–	$15\,b_D$	$1{,}1\,b_D$
		PTFE-Auflagen auf nichtrostendem Stahl	PTFE	–	–[6]	–[6]	–	$15\,b_D$	$1{,}1\,b_D$
		Graphit-Auflagen auf Weichstahl	Graphit	–	–[6]	–[6]	–	$20\,b_D$	$1{,}1\,b_D$
		Graphit-Auflagen auf niedriglegiertem warmfesten Stahl	Graphit	–	–[6]	–[6]	–	$15\,b_D$	$1{,}1\,b_D$
		Graphit-Auflagen auf nichtrostendem Stahl	Graphit	–	–[6]	–[6]	–	$20\,b_D$	$1{,}1\,b_D$
		Silber-Auflagen auf warmfesten, nichtrostendem Stahl	Silber	–	–[6]	–[6]	–	$125\,b_D$	$1{,}5\,b_D$
Spiraldichtungen mit weichem Füllstoff	b_D h_D	PTFE-Füllstoff, einseitig mit Ring-Verstärkung	PTFE	–	–[6]	–[6]	–	$50\,b_D$	$1{,}4\,b_D$
		PTFE-Füllstoff, beidseitig mit Ring-Verstärkung	PTFE	–	–[6]	–[6]	–	$50\,b_D$	$1{,}4\,b_D$
		Graphit-Füllstoff, einseitig mit Ring-Verstärkung	Graphit	–	–[6]	–[6]	–	$40\,b_D$	$1{,}4\,b_D$
		Graphit-Füllstoff, beidseitig mit Ring-Verstärkung	Graphit	–	–[6]	–[6]	–	$40\,b_D$	$1{,}4\,b_D$

[1] Die gelten für bearbeitete, ebene und unbeschädigte Dichtflächen. Abweichungen sind bei entsprechendem Nachweis möglich. Die Kennwerte sind als Mindestwerte anzusehen. Höhere Dichtungskennwerte nach Angaben des Dichtungsherstellers sind zu beachten.
[2] Sofern k_0 nicht angegeben werden kann, ist das Produkt $k_0 \cdot K_D$ aufgeführt.
[3] Polytetrafluoräthylen
[4] Die Werte gelten nicht für Kammprofildichtungen mit Auflage.
[5] Die Schraubenkräfte sind um das Verhältnis der Hebelarme y_1/y_2 zu erhöhen.
[6] Solange keine Dichtungskennwerte für Flüssigkeiten vorliegen, können die Dichtungskennwerte für Gase und Dämpfe verwendet werden.

8.6 Normen und Toleranzen

8.6.1 Normen

Normen für Rührbehälter

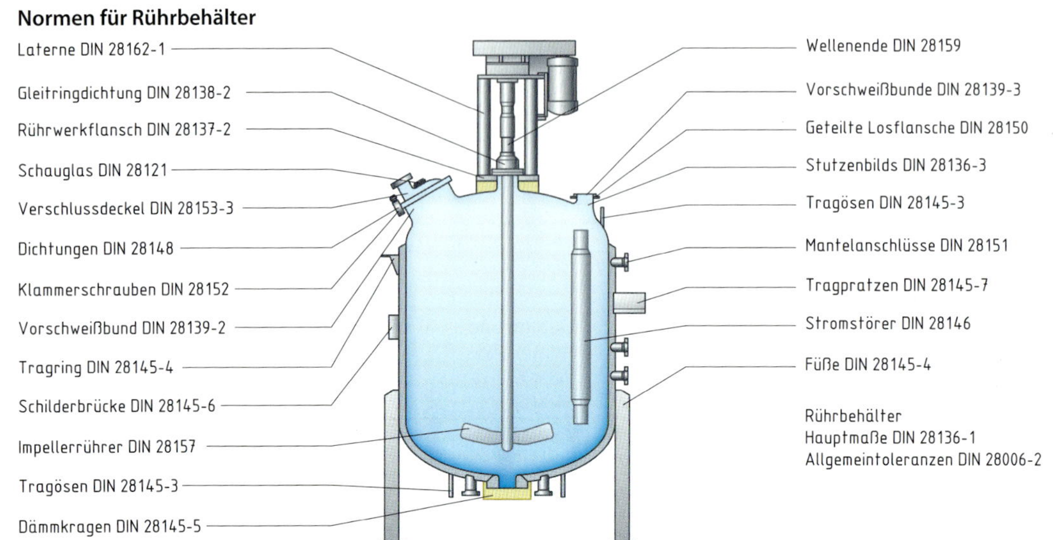

8.6.2 Toleranzen für Stutzen nach DIN EN 13445-4: 2018-12 *spigots*

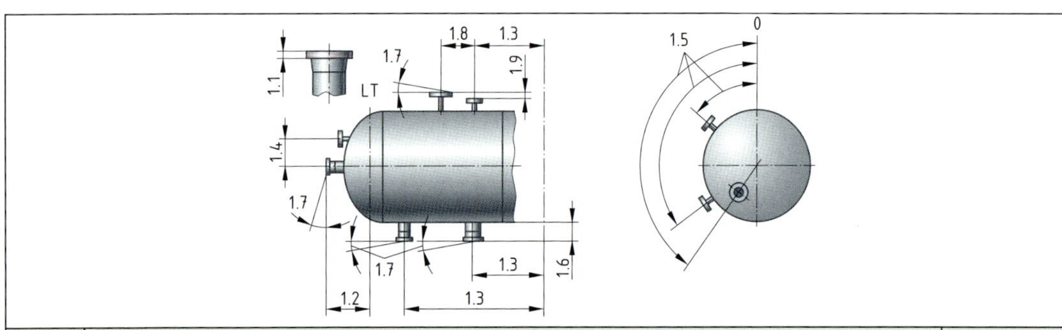

Lfd. Nr	Bezeichnung der Abweichungen bei den entsprechenden Teilen		Grenzabmaße
1.1	Unebenheiten der Abweichungen bei den entsprechenden Teilen		0,2 *e*
1.2	Abweichung der Flanschoberfläche von der Tangentenlinie (LT) eines Bodens oder Bezugslinie (LR)		± 5 mm
1.3	Abweichung einer Stutzenachse von der Bezugslinie (LR)	Anschlussstutzen ≤ 100 mm	± 5 mm
		Sonstiger Stutzen und Mannlöcher	± 10 mm
1.4	Abweichung zwischen Stutzenachse und Behälterlängsachse		± 5 mm
1.5	Abweichung von der theoretischen Richtung, gemessen als Winkelabweichung zwischen Stutzen und Behälterachse	Anschlussstutzen	± 5 mm
		Mannloch	± 10 mm
1.6	Abweichung zwischen Flanschdichtfläche und Behälterwand	Anschlussstutzen	± 5 mm
		Mannloch	± 10 mm
1.7	Neigung der Flanschdichtfläche gegen die theoretische Ebene	Anschlussstutzen	± 0,5°
		Mannloch	± 1°
		Für die Messeinrichtung	± 0,25°
1.8	Abweichung zwischen Stutzenachse für die Messeinrichtung		± 1,5 mm
1.9	Abstand zwischen zwei Flanschdichtflächen für die Messeinrichtung		± 1 mm

8.6.3 Toleranzen von Sätteln und Abstützungen nach DIN EN 13445-4: 2018-12

saddles and supports

Toleranzen von Sätteln und Abstützungen

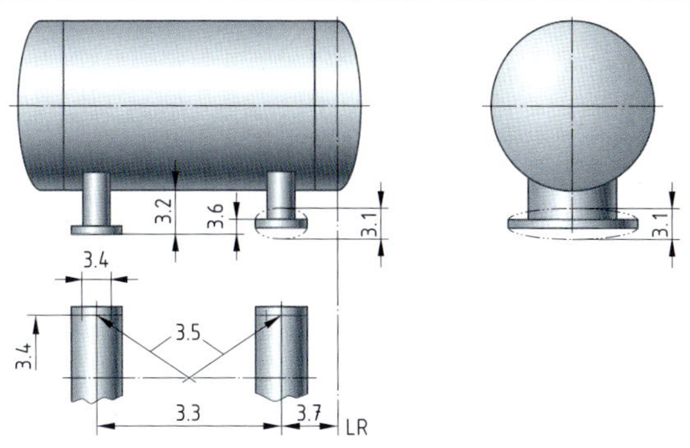

Lfd. Nr	Bezeichnung der Abweichungen bei den entsprechenden Teilen		Grenzabmaße
3.1	Unebenheit der tragenden Fläche einer Abstützung	Querrichtung	± 2 mm
		Längsrichtung	± 4 mm
3.2	Abstand zwischen tragender Bodenplatte und unterer Mantellinie des Behälters		± 3 mm
3.3	Abstand zwischen den Achsen der äußersten Abstützungen		± 5 mm
3.4	Abstand zwischen den Achsen der Schraubenlöcher		± 3 mm
3.5	Abstand zwischen den Diagonalen der Endsättel		± 6 mm
3.6	Abstand zwischen den Niveauebenen der tragenden Bodenplatten		0/+ 5mm
3.7	Abstand zwischen den Sattelachsen und der Tangent- oder Bezugslinie (LR) des Behälters		± 5 mm

Toleranzen von Sätteln und Abstützungen

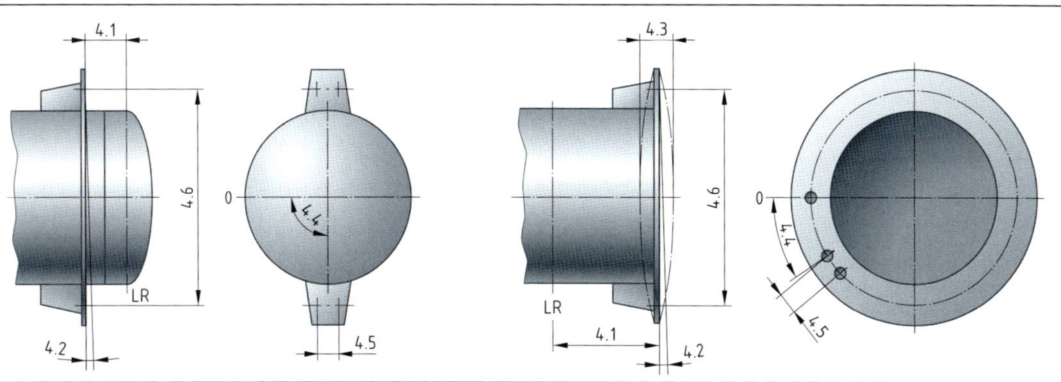

Lfd. Nr	Bezeichnung der Abweichungen bei den entsprechenden Teilen		Grenzabmaße
4.1	Unterschied im Abstand zwischen der unteren Fläche von Abstützungen oder vom Tragring und der Bezugslinie (LR)		± 6 mm
4.2	Abweichung in der Rechtwinkligkeit von Abstützungen oder Tragring in Bezug auf die Behälterachse oder Zarge		± 6 mm
4.3	Abweichung von der ebenen Fläche		± 4 mm
4.4	Richtungsabweichung zwischen der Achse von Abstützungen und der Mantelbezugsbohrung	$D \leq 3000$ mm	± 4 mm
		3000 mm $< D \leq$ 6000 mm	± 8 mm
		$D >$ 6000 mm	± 12 mm
4.5	Abweichung zwischen zwei Schraubenlöchern		± 3 mm
4.6	Abweichung des Ankerschraubenkreises bezogen auf den theoretischen Durchmesser D		± min. (0,002 D, 10)

8.6.4 Toleranzen für stehende Behälter nach DIN EN 13445-4: 2018-12 *vertical vessels*

Toleranzen nach dem Aufstellen eines stehenden Behälters

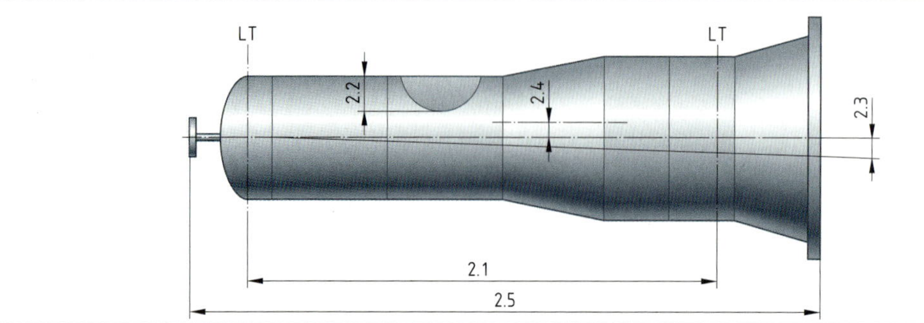

Lfd. Nr	Bezeichnung der Abweichungen bei den entsprechenden Teilen		Grenzabmaße
2.1	Längenunterschied über den größten Abstand *L*	$L \leq 30000$ mm	± 15 mm
	Tangentenlinie (LT)	$L \geq 30000$ mm	± 20 mm
2.2	Abweichung von der geraden Linie	Örtliche Fehlstelle auf der Mantellinie	± 6 mm
2.3	Abweichung zwischen Behälterhauptachse und der vertikalen Länge *L* (2.1) des Behälters		± min. (0,001 *L*; 30 mm)
2.4	Abweichung der Mittellinie von zwei Schüssen mit verschiedenen Durchmessern, bezogen auf den größeren Durchmesser *D*		± min. (0,003 *D*; 20 mm)
2.5	Abweichung über die Gesamthöhe oder Gesamtlänge des Behälters		Summentoleranzen

8.7 Prüfen von Druckbehältern nach DruckbehV (TRB 500-04/2001 ff)

Gruppe	Medium	Zulässiger Betriebsdruck p in bar	Druckinhaltsprodukt $p \cdot V$ in bar · *l*	Prüfung vor Inbetriebnahme					
				Erstmalige Prüfung[1]	Druckprüfung	Abnahmeprüfung[2]		Wiederkehrende Prüfung[3]	
				durch Sachverständige	durch Hersteller	durch Sachverständige	durch Sachkundige	durch Sachverständige	durch Sachkundige
I	Dämpfe oder Gase	$0{,}01 < p \leq 0{,}1$			ja		ja		ja[4]
II	Flüssigkeiten oder Feststoffe mit Gas- oder Dampfpolster	≤ 25	≤ 200		ja		ja		ja
		> 25	≤ 200		ja				ja
		≤ 1	> 200		ja				ja
III	Flüssigkeiten, deren Temperatur die Siedetemperatur bei Atmosphärendruck überschreitet	>1	$200 < p \cdot V \leq 1000$	ja		ja			ja
IV		> 1	> 1000	ja		ja		ja	
V	Flüssigkeiten, deren Temperatur die Siedetemperatur bei Atmosphärendruck nicht überschreitet	$0{,}1 \leq p \leq 500$			ja				
		> 500	≤ 1000		ja				
VI		> 500	$1000 < p \cdot V \leq 10000$	ja		ja			ja
VII		> 500	> 10000	ja		ja		ja	

[1] Vor-, Bau- und Druckprüfung
[2] Ordnungsprüfung, Prüfung der Ausrüstung und Prüfung der Aufstellung
[3] Innere Prüfung und Druckprüfung
[4] Gilt nur für ätzende, brennbare, giftige Dämpfe, Gase oder Flüssigkeiten

8.8 Anschlagmittel

Berechnungen zu Seilen und Rundstahlketten

	Formel	Formelzeichen	Erläuterung
Seile Einlage, Mitteldraht, Draht, Litze, Seil	$\sigma_{zzul} \leq \frac{\sigma_{grenz}}{v}$ $\sigma_{zvorh} = \frac{F_z}{S}$ $S = n_1 \cdot n_2 \cdot \frac{d^2 \cdot \pi}{4}$ $\sigma_{zvorh} \leq \sigma_{zzul}$	σ_{zzul} σ_{grenz} σ_{zvorh} v F_z S n_1 n_2 d	zulässige Spannung in N/mm^2 Grenzspannung R_e, R_m in N/mm^2 vorhandene Spannung in N/mm^2 Sicherheitszahl Zugkraft (Schraube) in N Spannungsquerschnitt in mm^2 Anzahl Litzen Anzahl Drähte Durchmesser Einzeldraht in mm
Rundstahlkette F_z, d, A_D, F_G	$\sigma_{zzul} \leq \frac{\sigma_{grenz}}{v}$ $\sigma_{zvorh} = \frac{F_z}{S}$ $S = 2 \cdot A_p$ $S = 2 \cdot \frac{d^2 \cdot \pi}{4}$ $\sigma_{zvorh} \leq \sigma_{zzul}$	σ_{zzul} σ_{grenz} σ_{zvorh} v F_z A_D d	zulässige Spannung in N/mm^2 Grenzspannung R_e, R_m in N/mm^2 vorhandene Spannung in N/mm^2 Sicherheitszahl Zugkraft in N Spannungsquerschnitt in mm^2 Durchmesser in mm

8.8.1 Anschlagen von Lasten

Anschlagseile	DIN EN 13414-1 … 3 : 2009-02
Litzenseil	**Rundlitzenseil (Seilart N):** Anschlagseile aus einlagigen Rundlitzenseilen, mit Fasereinlage oder Stahleinlage: Rundlitzenseile sind zweifach verseilt: Die Stahldrähte werden zu Litzen verseilt, die Litzen um eine Faser- oder Stahleinlage zum Seil
Kabelschlagseil	**Kabelschlagseil (Seilart K):** Diese bestehen aus Rundlitzenseilen, die nochmals um eine Einlage verseilt sind. Kabelschlagseile sind dreifach verseilt: Die Stahldrähte werden zu Litzen verseilt, die Litzen zum Seil und schließlich die Seile zum Kabelschlagseil.

Seilfestigkeitsklasse 1770 oder 1960

Seilenden			
Schlaufe verpresst mit Kausche 	Schlaufe gespleißt ohne Kausche 	Schlaufe verpresst mit Halbkausche 	Schlaufe verpresst ohne Kausche 

Kennzeichnung von Anschlagseilen

Folgende Angaben sind an der Presshülse oder an einem Seilnanhänger anzugeben:

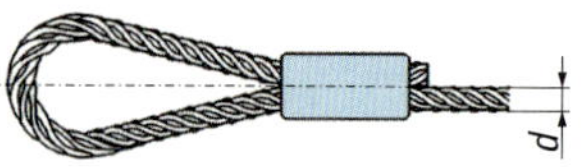

1) Herstellerkennzeichen des Anschlagseiles (üblicherweise zwei Buchstaben)
2) Zahlen und/oder Buchstaben, die Anschlagseil und Prüfbescheinigung einander zuordne
3) Tragfähigkeit
4) Herstelldatum
5) CE-Kennzeichnung

Endbeschläge		
Aufhängeglied 	Schäkel 	Haken 

Seilanhänger:

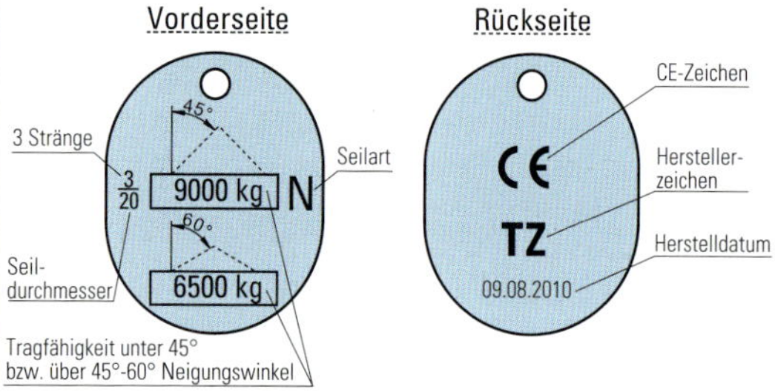

Ablegereife von Drahtseilen

Starke Seilverformungen, wie Knicke, Klanken, Abplattungen, Korbbildung, Heraustreten der Einlage oder andere Schäden, die zu einer Verformung des Seilverbandes führen.

Anmerkung: Leichte Biegungen im Seil, bei denen sich die Drähte und Litzen noch im Wesentlichen in ihrer ursprünglichen Lage befinden, werden nicht als ernsthafte Beschädigung angesehen.

Drahtbrüche entsprechend den Zahlen in der nachstehenden Tabelle:

Seilart	Anzahl sichtbarer Drahtbrüche bei Ablegereife auf einer Länge von		
	3d	***6d***	***30d***
Litzenseil (N)	drei benachbarte Drähte einer Litze	6	14
Kabelschlagseil/Grummet (K)	10*)	15*)	40*)

*) nach DIN 3088

Mögliche Schäden:

Bruch einer Litze – Lockerung der äußeren Lage in der freien Länge – Quetschungen in der freien Länge – Quetschungen im Auflagebereich der Öse mit mehr als 4 Drahtbrüchen bei Litzenseilen und mehr als 10 Drahtbrüchen bei Kabelschlagseilen – Korrosion und Korrosionsnarben wie Lochfraß bei den Drähten oder Verminderung der Flexibilität des Seiles durch starke innere Korrosion – Verschleiß um mehr als 10% des Seildurchmessers – Verformung und/oder Risse in den Aufhänge- oder Endgliedern und/oder den Pressklemmen – Schädigung durch Hitze, die durch Anlaufverfärbung der Drähte, Verlust an Schmierstoff erkennbar wird.

Tragfähigkeiten WLL (= Working Load Limit) für verschiedene Seil- und Anschlagarten

Tragfähigkeiten (WLL) für Anschlagseile mit Fasereinlage, Seilklassen 6 × 19 und 6 × 36 oder Endlosseile mit zwei Pressklemmen (FC)								
	Einsträngiges Anschlagseil		Zweisträngiges Anschlagseil		Drei- und viersträngiges Anschlagseil		Endlosseil	Doppelstrang
Neigungswinkel	0°	0°	0° bis 45°	45° bis 60°	0° bis 45°	45° bis 60°		
Seilnenndurchmesser	direkt	geschnürt	direkt	direkt	direkt	direkt	geschnürt	zweifach umgelegt
mm	Tragfähigkeit in kg							
8	700	560	950	700	1500	1050	1100	2800
9	850	680	1200	850	1800	1300	1400	3400
10	1000	800	1400	1000	2100	1500	1600	4000
11	1250	1000	1800	1250	2600	1900	2100	5000
12	1500	1200	2100	1500	3200	2300	2500	6000
13	1750	1400	2500	1750	3700	2600	2900	7000
14	2000	1600	2800	2000	4200	3000	3200	8000
16	2700	2150	3800	2700	5650	4000	4300	10800
18	3150	2500	4400	3150	6600	4700	5000	12600
20	4000	3200	5600	4000	8400	6000	6400	16000
22	5000	4000	7000	5000	10500	7500	8000	20000
24	6300	5000	8800	6300	13200	9400	10000	25200
26	7000	5600	9800	7000	14700	10500	11200	28000
28	8000	6400	11200	8000	16800	12000	12800	32000
32	11000	8800	15000	11000	23000	16500	17600	44000
36	14000	11200	19000	14000	29000	21000	22400	56000
40	17000	13600	23500	17000	36000	26000	27200	68000
44	21000	16800	29000	21000	44000	31500	33500	84000
48	25000	20000	35000	25000	52000	37000	40000	100000
52	29000	23000	40000	29000	62000	44000	–	–
56	33500	26800	47000	33500	71000	50000	–	–
60	39000	31000	54000	39000	81000	58000	–	–

Anschlagseile (Faserseile) DIN EN 1492-4 : 2009-02

Werkstoffe und Winderstandsfähigkeiten gegen chemische Einflüsse

Chemiefasern – mit Farbe des Kennzeichnungsträgers		Eigenschaften	Naturfasern
Polyamid (PA)	grün	Beständig gegen Laugen, nicht beständig gegen mineralische Säuren	**Hanf (Ha), Manila (Ma):** Weiße Kennzeichnung
Polyester (PES)	blau	Beständig gegen Säuren, nicht beständig gegen Laugen	Nicht beständig gegen Säuren, Laugen, Lösungsmittel
Polypropylen (PP)	braun	Hohe Widerstandsfähigkeit gegen Chemikalien (außer Lösungsmittel); temperaturempfindlich	

Schäden, die zur Ablegereife bei Chemiefasern führen:
Bruch einer Litze – Garnbrüche in großer Zahl, z. B. mehr als 10% der Gesamtgarnzahl im am stärksten beschädigten Querschnitt – starke Verformung infolge Wärme, z. B. durch innere oder äußere Reibung, Wärmestrahlung – Lockerung der Spleiße – Schäden infolge Einwirkung aggressiver Stoffe.

Kennzeichnung von Faser-Anschlagseilen mittels angehängtem Etikett mit den notwendigen Angaben:
- Tragfähigkeit des Seiles im geraden Zug für einsträngige Seile und für mehrsträngige Seile in einem Winkel von 45–60°
- Seilwerkstoff
- Seil-Nenngröße und Güteklasse der Beschlagteile
- Rückverfolgbarkeitscode

Tragfähigkeitstabelle für Faserseile

Seilwerkstoffe	Seil-Nenngröße	Tragfähigkeit WLL in kg						Tragfähigkeit WLL in kg							
		Ein Seil		Zwei Seile			Ein Endlosseil	Ein Endlosseil						Zwei Endlosseile	
	7)	direkt	Schnürgang	Hängegang, parallel	zweisträngig		direkt	Schnürgang	doppelt	doppelt	doppelt	einfach	einfach	direkt	Schnürgang
	Form A (3 Litzen) u. Form L (8 Litzen, geflochten)	1)	2)	3), 6)		4), 6)	5)	6)							
	Neigungswinkel β mm	–	–	–	0° ≤ 45°		–	–	–	0° ≤ 45°	45° ≤ 60°	0° ≤ 45°	45° ≤ 60°	0° ≤ 45°	45° ≤ 60°
PA	16	680	540	2700	950	760	1350	110	2700	1900	1350	950	680	1900	1500
PE		520	420	2100	730	580	1050	840	2100	1450	1050	730	520	1450	1160
PP		480	380	1900	670	530	960	760	1900	1300	960	670	480	1300	1060
PA	18	850	680	3400	1200	960	1700	1350	3400	2400	1700	1200	850	2400	1900
PE		650	520	2600	910	720	1300	1000	2600	1800	1300	910	650	1800	1440
PP		600	480	2400	850	680	1200	960	2400	1700	1200	850	600	1700	1360
PA	20	1100	880	4400	1500	1200	2200	1750	4400	3000	2200	1500	1100	3000	2400
PE		800	640	3200	1100	880	1600	1300	3200	2200	1600	1100	800	2200	1760
PP		750	600	3000	1000	800	1500	1200	3000	2000	1500	1000	750	2000	1600
PA	22	1300	1000	5200	1800	1440	2600	2000	5200	3600	2600	1800	1300	3600	2900
PE		1000	800	4000	1400	1100	2000	1600	4000	2800	2000	1400	1000	2800	2200
PP		900	720	3600	1300	1040	1800	1400	3600	2600	1800	1300	900	2600	2080
PA	24	1500	1200	6000	2100	1680	3000	2400	6000	4200	3000	2100	1500	4200	3350
PE		1200	960	4800	1700	1350	2400	1900	4800	3400	2400	1700	1200	3400	2700
PP		1100	880	4400	1500	1200	2200	1800	4400	3000	2200	1500	1100	3000	2400
PA	26	1800	1400	7200	2500	2000	3600	2800	7200	5000	3600	2500	1800	5000	4000
PE		1400	1100	5600	2000	1600	2800	2200	5600	4000	2800	2000	1400	4000	3200
PP		1200	960	4800	1700	1360	2400	1900	4800	3400	2400	1700	1200	3400	2720
PA	28	2100	1700	8400	2900	2320	4200	3400	8400	5800	4200	2900	2100	5800	4650
PE		1500	1200	6000	2100	1680	3000	2400	6000	4200	3000	2100	1500	4200	3360
PP		1400	1100	5600	2000	1600	2800	2200	5600	4000	2800	2000	1400	4000	3200
PA	30	2300	1800	9200	3200	2550	4600	3600	9200	6400	4600	3200	2300	6400	5100
PE		1800	1400	7200	2500	2000	3600	2800	7200	5000	3600	2500	1800	5000	4000
PP		1500	1200	6000	2100	1680	3000	2400	6000	4200	3000	2100	1500	4200	3360
PA	32	2600	2100	10400	3600	2900	5200	4200	10400	7200	5200	3600	2600	7200	5750
PE		2000	1600	8000	2800	2250	4000	3200	8000	5600	4000	2800	2000	5600	4500
PP		1700	1400	6800	2400	1900	3400	2800	6800	4800	3400	2400	1700	4800	3800
PA	36	3200	2600	12800	4500	3600	6400	5200	12800	9000	6400	4500	3200	9000	7200
PE		2500	2000	10000	3500	2800	5000	4000	10000	7000	5000	3500	2500	7000	5600
PP		2200	1800	8800	3100	2500	4400	3600	8800	6200	4400	3100	2200	6200	5000
PA	40	3800	3000	15200	5300	4250	7600	6000	15200	10600	7600	5300	3800	10600	8500
PE		3000	2400	12000	4200	3350	6000	4800	12000	8400	6000	4200	3000	8400	6700
PP		2600	2100	10400	3600	2900	5200	4200	10400	7200	5200	3600	2600	7200	5800

Seilwerkstoffe	Seil-Nenngröße	Tragfähigkeit WLL in kg						Tragfähigkeit WLL in kg							
		Ein Seil		Zwei Seile			Ein Endlosseil	Ein Endlosseil						Zwei Endlosseile	
	[7]	direkt	Schnürgang	Hängegang, parallel	zweisträngig		direkt	Schnürgang	doppelt	doppelt	doppelt	einfach	einfach	direkt	Schnürgang
	Form A (3 Litzen) u. Form L (8 Litzen, geflochten)	[1]	[2]	[3), 6)]		[4), 6)]	[5]	[6]							
	Neigungswinkel β mm	–	–	–	0° ≤ 45°		–	–	–	0° ≤ 45°	45° ≤ 60°	0° ≤ 45°	45° ≤ 60°	0° ≤ 45°	45° ≤ 60°
PA		4500	3600	18000	6300	5000	9000	7200	18000	12600	9000	3600	4500	12600	10000
PE	44	3700	3000	14800	5000	4000	7400	6000	14800	10000	7400	5000	3700	10000	8000
PP		3200	2600	12800	4500	3600	6400	5200	12800	9000	6400	4500	3200	9000	7200
PA		5400	4300	21600	7600	6050	10800	8600	21600	15200	10800	7600	5400	15200	12100
PE	48	4300	3400	17200	6000	4800	8600	6800	17200	12000	8600	6000	4300	12000	9600
PP		3700	3000	14800	5200	4150	7400	6000	14800	10400	7400	5200	3700	10400	8300

PA: DIN EN ISO 1140, PE: DIN EN ISO 1141, PP: DIN EN ISO 1346

[1] Spalte auch für Zweistranggehänge ab 45° bis 60° Neigungswinkel

[2] Spalte auch für Zweistranggehänge oder zwei Seile (geschnürt) ab 45° bis zu 60° Neigungswinkel

[3] Spalte auch für zwei Endlosseile

[4] Spalte auch für zwei Endlosseile direkt ab 45° bis zu 60° Neigungswinkel

[5] Spalte auch für zwei Endlosseile (geschnürt) ab 45° bis zu 60° Neigungswinkel

[6] Die Handhabungstoleranz ist 6° für Anschlagseile, die als senkrecht betrachtet werden; Hängegangregeln beachten

[7] Die Tragfähigkeit (WLL) für Form B (vierlitzig, gedreht) ist um 10% geringer. Alle Endlosseile mit Langspleiß nur 60% der Tragfähigkeit!

8.8.2 Hebebänder und Rundschlingen

DIN EN 1492-1, -2 : 2009-02

Werkstoffe: PA, PES, im Temperaturbereich von 40 . . . + 100° C; PP in Temperaturbereich von 40 . . . + 80° C

		Tragfähigkeiten WLL [kg] mit einer Rundschlinge, Hebeband und 1-Strang-Rundschlingen-Gehänge							**WLL [kg] mit Rundschlingen, Hebebändern und 2-Strang-Rundschlingen-Gehänge**				**WLL [kg] mit 4-Strang-Rundschlingen-Gehänge*)**	
		einfach direkt	**einfach geschnürt**	**einfach umgelegt Neigungswinkel β**					**Neigungswinkel β**				**direkt über 6° bis 45°**	**direkt über 45° bis 60°**
				bis 6°	**über 6° bis 45°**	**über 45° bis 60°**	**über 6° bis 45°**	**über 45° bis 60°**	**direkt über 6° bis 45°**	**geschnürt über 6° bis 45°**	**direkt über 45° bis 60°**	**geschnürt über 45° bis 60°**		
Rundschlingen														
Hebebänder														
Gehänge														
Lastanschlagfaktor *M*		1,0	0,8	2,0	1,4	1,0	0,7	0,5	1,4	1,12	1,0	0,8	2,1	1,5
Farbe der Umhüllung	oliv	500	400	1000	700	500	350	250	700	560	500	400	1050	750
	violett	1000	800	2000	1400	1000	700	500	1400	1120	1000	800	2100	1500
	grün	2000	1600	4000	2800	2000	1400	1000	2800	2240	2000	1600	4200	3000
	gelb	3000	2400	6000	4200	3000	2100	1500	4200	3360	3000	2400	6300	4500
	grau	4000	3200	8000	5600	4000	2800	2000	5600	4480	4000	3200	8400	6000
	rot	5000	4000	10000	7000	5000	3500	2500	7000	5600	5000	4000	10500	7500
	braun	6000	4800	12000	8400	6000	4200	3000	8400	6720	6000	4800	12600	9000
	blau	8000	6400	16000	11200	8000	5600	4000	11200	8960	8000	6400	16800	12000
	orange	10000	8000	20000	14000	10000	7000	5000	14000	11200	10000	8000	21000	15000
	orange	15000	12000	30000	21000	15000	10500	7500	21000	16800	15000	12000	31500	22500
	orange	20000	16000	40000	28000	20000	14000	10000	28000	22400	20000	16000	42000	30000
	orange	25000	20000	50000	35000	25000	17500	12500	35000	28000	25000	20000	52500	37500
	orange	30000	24000	60000	42000	30000	21000	15000	42000	33600	30000	24000	63000	45000
	orange	40000	32000	80000	56000	40000	28000	20000	56000	44800	40000	32000	–	–
	orange	50000	40000	100000	70000	50000	35000	25000	70000	56000	50000	40000	–	–
	orange	60000	48000	120000	84000	60000	42000	30000	84000	67200	60000	48000	–	–
	orange	80000	64000	160000	112000	80000	56000	40000	112000	89600	80000	64000	–	–
	orange	100000	80000	200000	140000	100000	70000	50000	140000	112000	100000	80000	–	–

*) Hinweis: Tragfähigkeiten gelten nur für symmetrische Lasten und gleiche Stranglängen.
Bei asymmetrischen Lasten sind die Lastanschlagfaktoren der 2-Strang-Gehänge zu verwenden.

Hebebänder und Rundschlingen (Fortsetzung)

Kennzeichnung einer Rundschlinge (Etikettierung) mit mindestens folgenden Angaben:

a) Tragfähigkeit, bei Anschlagart „direkt";
b) Werkstoff der Rundschlinge, d. h. Polyester, Polyamid, Polypropylen;
c) Güteklasse der Beschlagteile;
d) Nennlänge, in Meter (m);
e) Name des Herstellers, Symbol, Warenzeichen oder eine andere eindeutige Identifizierung und – wo zutreffend – Name und Anschrift des autorisierten Bevollmächtigten;
f) Rückverfolgbarkeitscode
g) Nummer dieser Europäischen Norm

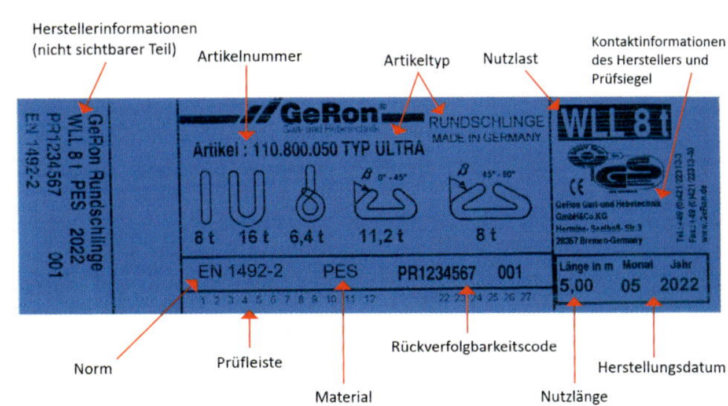

Vor jedem Gebrauch ist zu prüfen:
Auf Vorhandensein des Etiketts und auf Fehler und Schadstellen durch Sichtprüfung und auf die Kriterien der Ablegereife:

- Starke Scheuerstellen an der Oberfläche (Schutzschlauch gegen Abrieb verwenden!)
- Schnitte quer oder längs in der Umhüllung (z. B. bei scharfkantigen Lasten immer Schutzschlauch als Kantenschutz verwenden!)
- Chemischer Einfluss: erkennbar durch Abplatzen von Fasern an der Umhüllung
- Schäden durch Wärme und Reibung: erkennbar an glänzenden Fasern der Umhüllung oder Verschmelzung von Fasern

Einweg-Hebebänder, Einweg-Schlingen — DIN 60 005 : 2018-07

Kennzeichen: oranges Etikett mit der Aufschrift „EINWEG-HEBEBAND" oder „EINWEG-SCHLINGE"
Verwendung: meist für außerbetriebliche Transportvorgänge – nach einmaligem Gebrauch Entsorgung vorgeschrieben!
Mindestbruchkraft des Bandes $\approx 5 \times$ Tragfähigkeit
(vgl. dazu: Mehrweghebebänder nach EN 1492: Mindestbruchkraft $\approx 7 \times$ Tragfähigkeit)

8.8.3 Kurzgliedrige Rundstahlketten für Hebezwecke — DIN EN 818-1 ... 7 : 2008-12

Güteklassen von Anschlagketten – Kennzeichnung
Die Güteklassenkennzeichnung ist gut lesbar gestempelt oder geprägt auf mindestens jedem 20. Kettenglied oder auf Kettengliedern im Abstand von 1 m anzubringen.

	Nennspannung bei der festgelegten Mindestbruchkraft in $\frac{N}{mm^2}$				
Güteklasse	400	500	630	800	1000
feintoleriert	M	P	S	T	V
mitteltoleriert	4	5	6	8	10

Güteklassen von Anschlagketten – Kennzeichnung (Fortsetzung)

Güteklasse 2 (grau):	Güteklasse 4:	Güteklasse 8 (rot):	Güteklasse 10
Kettenstempel  2	**Kettenstempel** 4 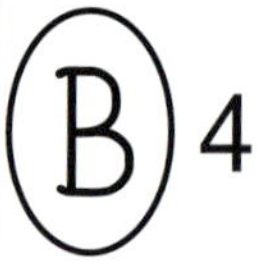	**Kettenstempel** 8 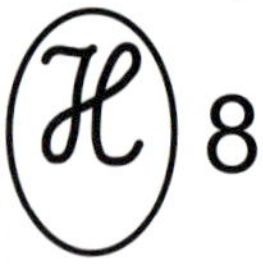	**Kettenstempel** 10 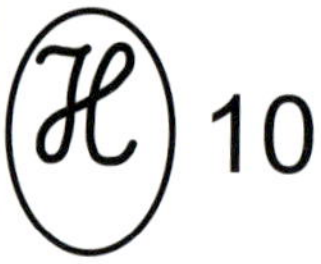
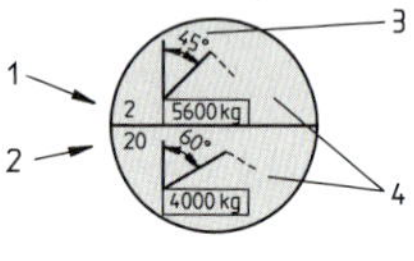 **Kettenanhänger** 1; 2; 3; 4; 2/20; 45°; 5600 kg; 60°; 4000 kg Vorderseite bei einseitiger Beschriftung	**Kettenanhänger** 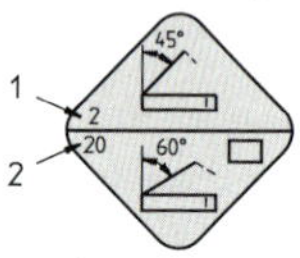 1; 2; 2/20; 45°; 60° Vorderseite (Rückseite frei)	**Kettenanhänger** 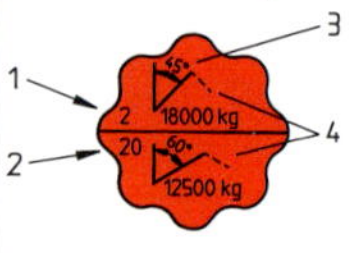 1; 2; 3; 4; 2/20; 45°; 18000 kg; 60°; 12500 kg Bei einseitiger Beschriftung	Kettenanhänger mit Tragfähigkeitsangabe für 0°–45° und 45°–60°; Form und Farbe nach Hersteller verschieden. **Legende:** 1 Anzahl der Kettenstränge 2 Nenndicke der Kette in mm 3 Neigungswinkel 4 Tragfähigkeit in t
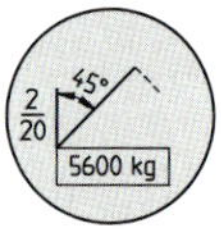 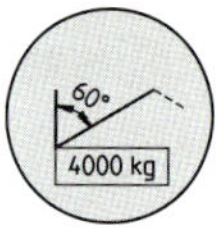 2/20; 45°; 5600 kg — 60°; 4000 kg Vorderseite bei beidseitiger Beschriftung — Rückseite	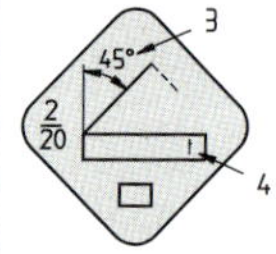 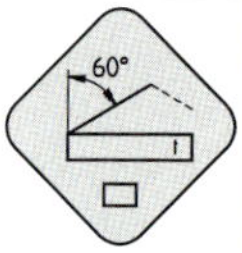 3; 4; 2/20; 45° — 60° Vorderseite bei beidseitiger Anordnung der Angaben — Rückseite	  2/20; 45°; 18000 kg — 60°; 12500 kg Vorderseite bei beidseitiger Beschriftung — Rückseite	

In Beizereien und Verzinkereien dürfen nur Ketten der Güteklasse 2 (nach DIN 695), der Güteklasse 4 (nach DIN EN 818-5) oder Ketten aus austenitischem Stahl der Güteklasse 5 verwendet werden. Es sind nur Werkstoffe zulässig, die weitgehend beständig gegen Wasserstoffversprödung, Spannungsrisskorrosion und interkristalline Korrosion sind. Ketten der Güteklasse 8 würden im Beizbad durch den in den Stahl diffundierenden Wasserstoff verspröden und unter schlagartiger Belastung spröde brechen.

Tragfähigkeiten von Ketten der Güteklasse 2

Ketten-Nenndicke	Tragfähigkeit in kg (direkt angeschlagen)					Tragfähigkeit in kg beim Schnürgang		
	Einzelstrang	Doppelstrang mit Neigungswinkeln von		Drei- und Vierstrang mit Neigungswinkeln von		Einzelstrang	Doppelstrang mit Neigungswinkeln von	
		0° bis 45°	45° bis 60°	0° bis 45°	45° bis 60°		0° bis 45°	45° bis 60°
mm		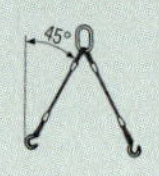 45°	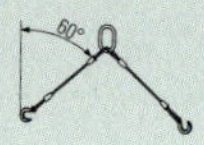 60°	 45°	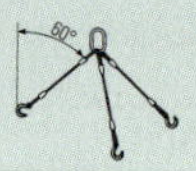 60°		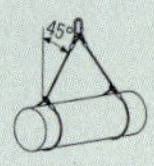 45°	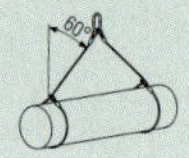 60°
6	320	450	320	670	475	250	350	250
8	630	900	630	1320	950	500	700	500
10	1000	1400	1000	2120	1500	800	1100	800
13	1600	2240	1600	3350	2360	1300	1800	1300
16	2500	3550	2500	5300	3750	2000	2800	2000
18	3200	4500	3200	6700	4750	2500	3600	2500
20	4000	5600	4000	8000	6000	3200	4500	3200
23	5000	7100	5000	10000	7500	4000	5600	4000
26	6300	9000	6300	13200	9500	5000	7100	5000
32	10000	12500	10000	20000	15000	8000	11200	8000
36	12500	16000	12500	25000	18000	10000	14000	10000
40	16000	20000	16000	–	–	13000	16000	13000
45	20000	25000	20000	–	–	16000	20000	16000

Bei Temperaturen unter 0 °C und über 100 °C verringert sich die Tragfähigkeit wie folgt:

Temperatur °C	−20	−10	0 bis 100	150	200	250
Tragfähigkeit %	50	75	100	75	50	30

Tragfähigkeiten von Anschlagketten der Güteklasse 2 für Feuerverzinkereien (DIN 695, DIN 32891)

Kettennenndicke in mm	Tragfähigkeit in kg beim Schnürgang					Tragfähigkeit in kg beim Schnürgang		
	Einzelstrang	Doppelstrang mit Neigungswinkeln		Drei- und Vierstrang mit Neigungswinkeln		Einzelstrang	Doppelstrang mit Neigungswinkeln	
		von 0° bis 45°	von 45° bis 60°	von 0° bis 45°	von 45° bis 60°		von 0° bis 45°	von 45° bis 60°
10	320	450	320	670	475	250	350	250
13	500	700	500	1000	750	400	560	400
16	800	1100	800	1700	1200	640	900	640
18	1300	1800	1300	2700	1900	1000	1400	1000
20	1600	2300	1600	3400	2400	1300	1800	1300
23	2000	2800	2000	4200	3000	1600	2240	1600
26	2500	3500	2500	5300	3800	2000	2800	2000
30	3200	4500	3200	6700	4800	2500	3600	2500
32	4000	5600	4000	8000	6000	3200	4500	3200
36	5000	7100	5000	10000	7500	4000	5600	4000
40	6300	9000	6300	13200	9500	5000	7100	5000
45	8000	10000	8000	17000	12000	6400	9000	6400

Die Tragfähigkeitsangaben berücksichtigen die Einsatztemperaturen der Ketten im Zinkbad. Rundstahlketten, Güteklasse 2, zur Verwendung in Feuerverzinkereien sind bis zum nächstkleineren Nenndurchmesser abnutzbar.

Tragfähigkeiten von Ketten der Güteklasse 4 und 8

Nenngröße der Anschlagkette		Tragfähigkeiten in t für						Metergewicht von Rundstahlketten
		Einstrangkette	Zweistrangkette		3- und 4-Strangkette		Kranzkette im Schnürgang	Masse in $\frac{kg}{m}$
mm			$0 < \beta \leq 45°$ Faktor 1,4	$45 < \beta \leq 60°$ Faktor 1,0	$0 < \beta \leq 45°$ Faktor 2,1	$45 < \beta \leq 60°$ Faktor 1,5	Faktor 1,6	
Tragfähigkeiten von Ketten der Güteklasse 4	7	0,75	1,08	0,75	1,6	1,12	1,25	1,1
	8	1	1,4	1	2,12	1,5	1,6	1,4
	10	1,6	2,24	1,6	3,25	2,36	2,5	2,2
	13	2,65	3,75	2,65	5,6	4	4,25	3,8
	16	4	5,6	4	8,5	6	6,3	5,7
	18	5	7,1	5	10,6	7,5	8	7,3
	19	5,6	8	5,6	11,8	8,5	9	8,1
	20	6,3	8,5	6,3	13,2	9,5	10	9
	22	7,5	10,6	7,5	16	11,2	11,8	10,9
	23	8	11,8	8	17	12,5	13,2	12
	25	10	14	10	20	15	16	14,1
	26	10,6	15	10,6	22,4	16	17	15,2
	28	12,5	17	12,5	25	18	20	17,6
	32	16	22,4	16	33,5	23,6	25	23
	36	20	28	20	42,5	30	31,5	29
	40	25	35,5	25	53	37,5	40	36
	45	31,5	45	31,5	67	47,5	50	45,5
Tragfähigkeiten von Ketten der Güteklasse 8	4	0,5	0,71	0,5	1,06	0,75	0,8	0,35
	5	0,8	1,12	0,8	1,6	1,18	1,25	0,5
	6	1,12	1,6	1,12	2,36	1,7	1,8	0,8
	7	1,5	2,12	1,5	3,15	2,24	2,5	1,1
	8	2	2,8	2	4,25	3	3,15	1,4
	10	3,15	4,25	3,15	6,7	4,75	5	2,2
	13	5,3	7,5	5,3	11,2	8	8,5	3,8
	16	8	11,2	8	17	11,8	12,5	5,7
	18	10	14	10	21,2	15	16	7,3
	19	11,2	16	11,2	23,6	17	18	8,1
	20	12,5	17	12,5	26,5	19	20	9
	22	15	21,2	15	31,5	22,4	23,6	10,9
	23	16	23,6	16	35,5	25	26,5	12
	25	20	28	20	40	30	31,5	14,1
	26	21,2	30	21,2	45	31,5	33,5	15,2
	28	25	33,5	25	50	37,5	40	17,6
	32	31,5	45	31,5	67	47,5	50	23
	36	40	56	40	85	60	63	29
	40	50	71	50	106	75	80	36
	45	63	90	63	132	95	100	45,5

Bei höheren Temperaturen verringert sich die Tragfähigkeit wie folgt:

Güteklasse	Temperatur in °C				
	–40 bis 200	200 bis 300	300 bis 400	400 bis 475	über 475
Zulässige Belastungen ausgedrückt als Prozentsatz der Tragfähigkeit					
4	100	100	75	50	Nicht zulässig
8	100	90	75	Nicht zulässig	

Bei der Verwendung von Anschlagketten der Güteklasse 4 in Feuerverzinkereien müssen die Tragfähigkeitswerte halbiert werden!

Tragfähigkeiten von Ketten der Güteklasse 10[1)]

Ketten-Nenndicke	Tragfähigkeit in kg (direkt angeschlagen)					Tragfähigkeit in kg beim Schnürgang und für Kranzketten				
	Einzel-strang	Doppelstrang mit Neigungswinkeln von		Drei- und Vierstrang mit Neigungswinkeln von		Einzel-strang	Doppelstrang mit Neigungswinkeln von		Kranzkette	
mm		0° bis 45°	45° bis 60°	0° bis 45°	45° bis 60°		0° bis 45°	45° bis 60°	Einzel-strang	Doppel-strang
4	630	880	630	1320	940	500	700	500	1000	2500
5	1000	1400	1000	2100	1500	800	1120	800	1600	4000
6	1400	1960	1400	2940	2100	1120	1570	1120	2240	5600
7	1900	2660	1900	3990	2850	1520	2130	1520	3040	7600
8	2500	3500	2500	5250	3750	2000	2800	2000	4000	10000
10	4000	5600	4000	8400	6000	3200	4480	3200	6400	16000
13	6700	9400	6700	14070	10050	5360	7500	5360	10720	26800
16	10000	14000	10000	21000	15000	8000	11200	8000	16000	40000
18	12500	17500	12500	26250	18750	10000	14000	10000	20000	50000
19	14000	19600	14000	29400	21000	11200	15680	11200	22400	56000
20	16000	22400	16000	33600	24000	12800	17920	12800	25600	64000
22	19000	26600	19000	39900	28500	15200	21280	15200	30400	76000
23	20000	28000	20000	42000	30000	16000	22400	16000	32000	80000
26	26500	37100	26500	55650	39750	21200	29680	21200	42400	106000

[1)] PAS 1061 2006-04 „Rundstahlketten für Anschlagketten – Güteklasse 10"

Tragfähigkeitsbedingungen nach PAS 1061 2006-04:

Temperatur °C	niedrigste Einsatztemperatur bis 300 nach Herstellerangabe	300–380
Tragfähigkeit%	100	60

Ablegereife von Ketten

Anschlagketten dürfen nicht mehr verwendet werden, wenn:

- die ganze Kette oder ein Einzelglied sich um mehr als 5% verlängert hat oder
- die Gliedstärke (Nenndicke) an irgendeiner Stelle um mehr als 10% abgenommen hat (siehe DIN 685).

Bezeichnungsbeispiele für Anschlagketten

Bezeichnungssystem für Anschlagketten, Güteklasse 4

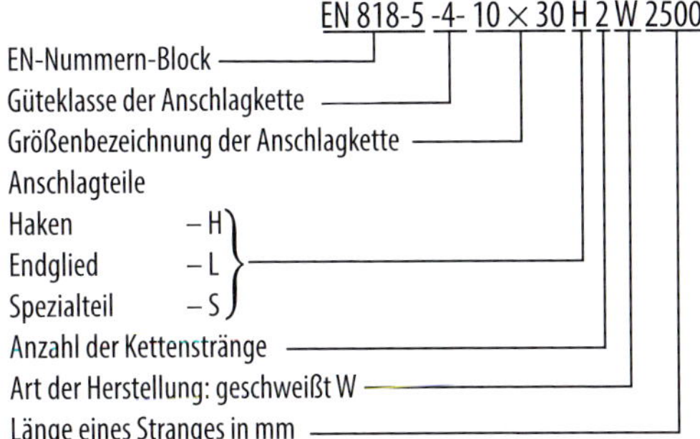

Bezeichnungssystem für Anschlagketten, Güteklasse 8

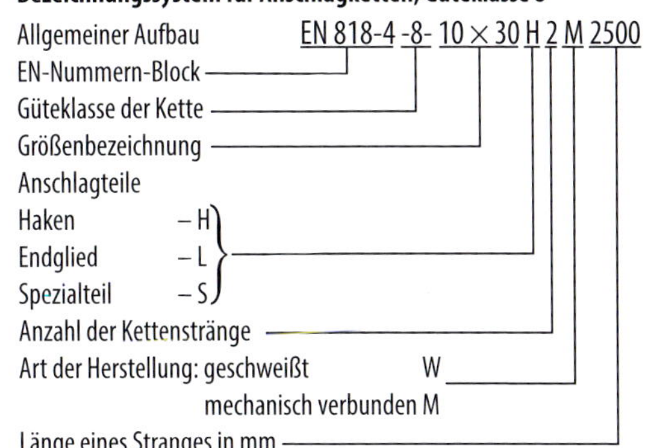

8.8.4 Zubehör für Anschlagmittel

Wirbelhaken mit Kugellager, Grad 80 (Herstellerangaben)

Nenngröße	Tragfähigkeit in kg	Maße in mm								Gewicht/ Stück in kg
		b	*c*	*d*	*h*	*l*	*m*	*s*	*t*	
6-8	1120	34	25	13	27	177	19	21	137	0,8
7-8	1500	36	27	15	30	205	24	27	160	1,2
8-8	2000	38	31	16	32	226	28	30	178	1,4
10-8	3150	42	33	18	42	260	33	31	200	2,5
13-8	5300	64	55	24	47	352	44	42	281	5,7

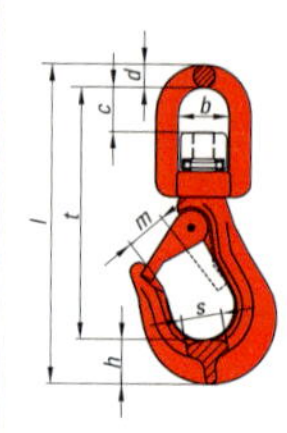

Drahtseilklemmen

DIN EN 13411-5 : 2009-02

Ausführung: verzinkt,
Anwendung: bei sicherheitstechnischen Anforderungen
A_D = Anzahl DS-Klemmen, A_Z = Erforderliches Anziehmoment

Maße in mm						Gewicht/ Stück in kg
Seildurchmesser	*a*	h_1	d_1	A_D	A_Z in Nm	
5	12	25	M5	3	2,0	0,021
6,5	14	32	M6	3	3,5	0,040
8	18	41	M8	4	6,0	0,080
10	20	46	M8	4	9,0	0,092
12	27	64	M12	4	20,0	0,275
16	32	76	M14	4	49,0	0,430
19	36	83	M14	4	68,0	0,490
22	40	96	M16	5	107,0	0,680
26	46	111	M20	5	147,0	1,170
30	54	127	M20	6	212,0	1,400
34	60	141	M22	6	296,0	2,130
40	68	159	M24	6	363,0	2,680

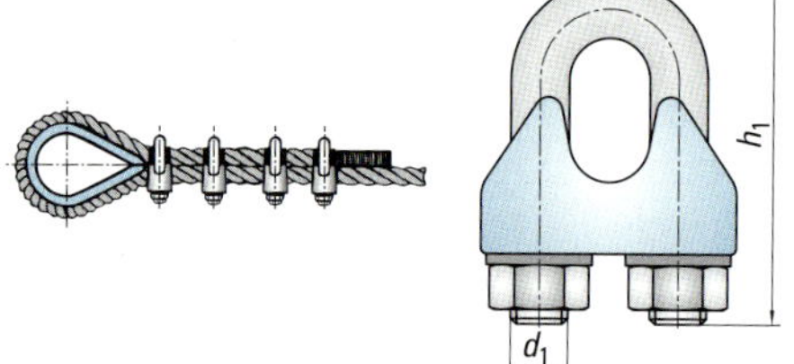

Für den einmaligen Einsatz dürfen nur Drahtseilklemmen nach EN 13411-5 verwendet werden.
Die erste Drahtseilklemme wird dabei dicht an der Kausche angebracht. Die Drahtseilklemmen müssen soweit voneinander entfernt angebracht werden, dass zwischen ihnen ein freier Abstand von mindestens 1,5–3 Drahtseilklemmenbreite verbleibt. Die Klemmbügel sind immer auf das unbeanspruchte Seilende aufzulegen.
Achtung bei Spiralseilen (z.B. 1×7, 1×19, 1×37): Die erforderliche Anzahl der Drahtseilklemmen ist pro Nenngröße um 2 Klemmen zu erhöhen!

Schäkel ähnlich

DIN 82101 : 2005-09

Form A mit Augbolzen; Form C mit überstehendem Bolzen, Mutter und Splint

Nenngröße Form A	Nenngröße Form C	WLL in t	Maße in mm					d_4	Gewicht Stück in kg	
			d_1	d_3	h_1	b_1	b_2		Form A	Form C
0,25	–	0,250	7	16	24,0	11	25	M8	0,042	–
0,4	0,4	0,400	8	20	30,0	14	30	M10	0,082	0,082
0,6	0,6	0,630	10	24	36,0	17	37	M12	0,173	0,173
1,0	1,0	1,000	13	32	49,0	21	47	M16	0,360	0,360
1,6	1,6	1,600	17	40	61,0	27	61	M20	0,750	0,750
2,0	2,0	2,000	19	44	67,0	30	68	M22	1,030	1,030
2,5	2,5	2,500	21	48	73,0	33	75	M24	1,430	1,430
3,0	3,0	3,150	24	54	83,5	38	86	M27	2,110	2,110
4,0	4,0	4,000	27	60	91,0	42	96	M30	2,890	2,890
5,0	5,0	5,000	30	72	111,0	47	107	M36	3,900	3,900
6,0	6,0	6,300	34	78	119,5	53	121	M39	5,020	5,020
8,0	8,0	8,000	38	90	139,5	60	136	M45	6,750	6,750
10,0	10,0	10,000	42	96	147,0	66	150	M48	9,760	9,760
12,0	12,0	12,500	47	104	158,0	73	167	M52	13,100	13,100
16,0	16,0	16,000	52	120	185,0	81	185	M60	17,700	17,700
20,0	20,0	20,000	58	136	211,0	90	206	M68	23,800	23,800
25,0	25,0	25,000	63	144	221,0	100	226	M72	32,700	32,700

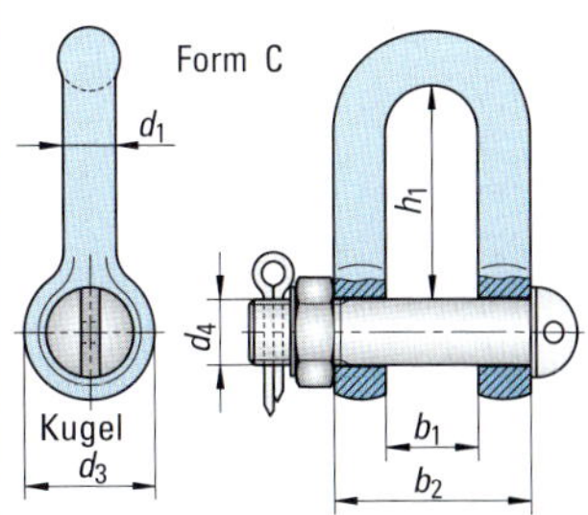

Ringschrauben DIN 580: 2018-04, Ringmuttern DIN 582 : 2018-04

d_1	d_2	d_3	d_4	h	k	l	Masse in kg pro Stück: Schraube	Masse in kg pro Stück: Mutter	Tragfähigkeiten WLL in kg pro Schraube/Mutter: $\beta = 0°$	$\beta \leq 45°$	$\beta =$ 45°–60°	seitlich angeschraubt: $\beta \leq 45°$
M8	20	36	20	36	8	13	0,06	0,05	140	100	70	
M10	25	45	25	45	10	17	0,11	0,09	230	170	115	
M12	30	54	30	53	12	20,5	0,18	0,16	340	240	170	
M16	35	63	35	62	14	27	0,28	0,24	700	500	350	
M20	40	72	40	71	16	30	0,45	0,36	1200	860	600	
M24	50	90	50	90	20	36	0,74	0,72	1800	1290	900	
M30	65	108	60	109	24	45	1,66	1,34	3200	2300	1600	
M36	75	126	70	128	28	54	2,65	2,08	4600	3300	2300	
M42	85	144	80	147	32	63	4,03	3,11	6300	4500	3150	
M48	100	166	90	168	38	68	6,38	5,02	8600	6100	4300	
M52	110	184	100	184	42	78	8,56	6,79	8600	6100	4300	
M56	110	184	100	187	42	78	8,8	6,69	11500	8200	5750	
M60	120	206	110	208	48	90	12,13	9,43	11500	8200	5750	
M64	120	206	110	208	48	90	12,4	9,30	16000	11000	8000	

Ovales Aufhängeglied

DIN EN 1677-4 : 2009-03

ohne Abflachung; Güteklasse 8; rot lackiert; für 1- und 2-Strang Anschlagketten und Anschlagseile

	Anschlagketten		Tragfähigkeit in t	Anschlagseile		Maße in mm			Gewicht/ Stück in kg
	1-Strang Durchmesser in mm	2-Strang Durchmesser in mm		1-Strang Durchmesser in mm	2-Strang Durchmesser in mm	*d*	*l*	*w*	
A13	6/7-8	6-8	1,60	8/9	8/9	13	110	60	0,3
A16	8-8	7-8	2,12	10/11/12/ 13/14	10	16	110	60	0,5
A18	10-8	8-8	3,15	16/18	11/12/13/14	18	135	75	0,8
A22	13-8	10-8	5,30	20/22	16/18	22	160	90	1,6
A26	16-8	13-8	8,00	24/26/28	20/22	26	180	100	2,3
A32	18-8	16-8	11,20	32	24/26	32	200	110	3,9
A36	19/20-8	18-8	16,00	36	28	36	260	140	6,4
A40	22-8	19/20-8	18,00	40	–	40	300	160	8,9
A45	26-8	22-8	25,00	44/48	32/36	45	340	180	12,8
A51	32-8	26-8	33,50	52/56	40	51	350	190	17,2
A57	36-8	32-8	45,00	60	–	57	400	200	24,2

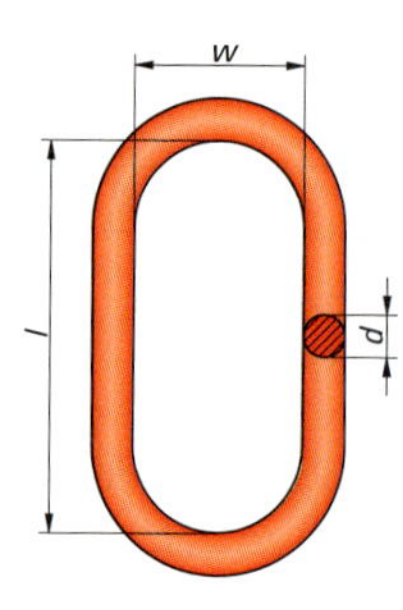

Rundschlingenkupplung SKR – komplett

Bezeichnung	Tragfähigkeit in t	für Kettennenndicke	Maße in mm					Gewicht/Stück in ca. kg
			L	*G*	*B*	*K*	*S*	
SKR 7/8-8	2,00	7/8	63	9	40	18	24	0,3
SKR 10-8	3,15	10	76	12	47	24	29	0,6
SKR 13-8	5,30	13	94	15	53	29	35	1,1
SKR 16-8	8,00	16	114	19	67	35	43	1,9
SKR 18/20-8	12,50	19	134	22	80	43	52	3,0
SKR 22-8	15,00	22	185	24	125	50	70	6,7
SKR 26-8	21,20	26	210	29	150	58	86	11,1

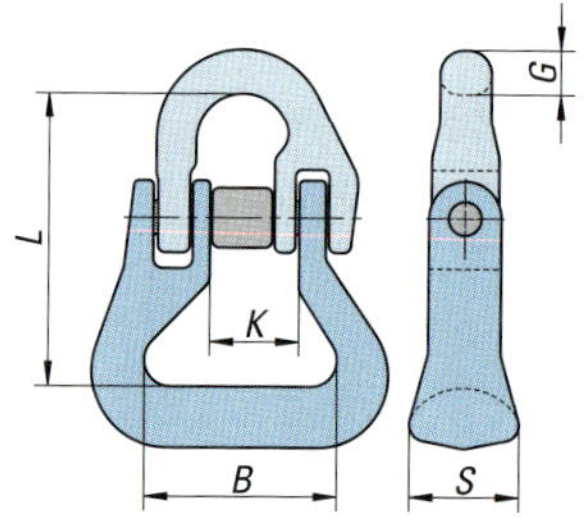

Blechgreifer (Herstellerangaben)

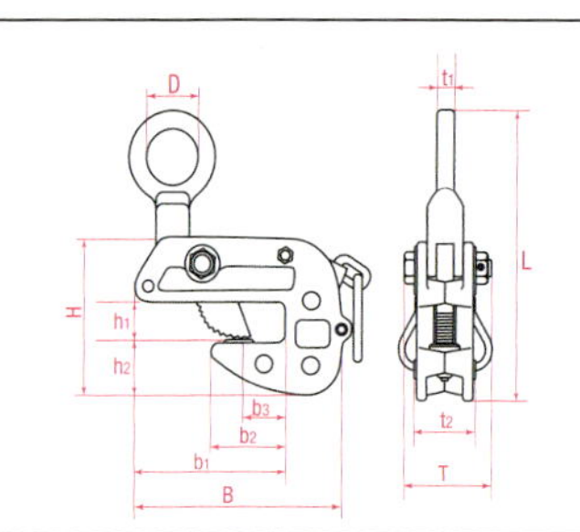

Geeignet zum Heben, Wenden (180°) und Transport von Stahlblechen, Stahlkonstruktionen und Profilen

- Schmaler Klemmkörper für stirnseitiges Anschlagen von Profilen
- Serienmäßig mit Sicherheitsklappriegelverschluss (dadurch kein Ausscheren bei kurzzeitiger Entlastung).
- Korrosionsbeständig durch Phosphat-Beschichtung
- Tragfähigkeits- und Griefbereichsangaben gut lesbar eingeschmiedet.
- **Benötigte Mindestlast 10% der Tragfähigkeit/WLL**
- **Für Transportgüter mit Oberflächenhärte bis 30 HRC (965 N/mm²)**

Typ	Tragfähigkeit in kg	Greifbereich in mm	Abmessungen in mm												Gewicht in kg/Stück
			L	t_1	t_2	*T*	*H*	h_1	h_2	*B*	b_1	b_2	b_3	*D*	
HLC-1HE	1000	0–25	208	12	41	65	115	27	38	169	118	56	34	40	2,8
HLC-2HE	2000	0–30	246	16	51	79	135	32	48	188	138	65	40	50	4,5
HLC-3HE	3000	0–35	292	18	59	92	163	37	58	219	156	74	45	60	7,5
HLC-4HE	4000	0–40	337	20	67	104	190	42	68	249	174	83	50	70	12
HLC-5HE	6000	0–45	386	22	75	117	218	47	78	281	193	90	55	80	20

Universal-Hebeklemme (Herstellerangaben)

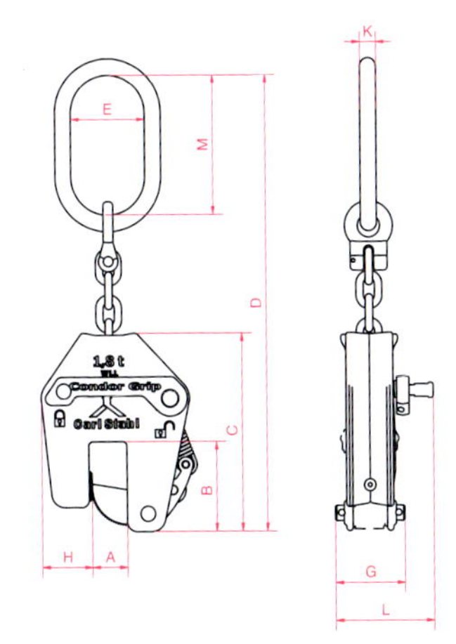

Für den horizontalen und vertikalen Transport.
Bauartbedingt Sicherheit in allen Zugrichtungen

- Geeignet zum Heben, Wenden (180°) und Transport von Stahlblechen, Stahlkonstruktionen und Normprofilen
- Steifes, FEM[1] optimiertes Schmiedegehäuse mit geringen Eigengewicht
- Tragfähigkeit und Greifbereich im Gehäuse eingeschmiedet
- Pulverbeschichtetes Gehäuse in verkehrsrot RAL 3020
- Durch die neue und innovative Kettenführung weniger Verschleißteile.
- Zulässige Zugrichtung 360° im 90°-Winkel, dadurch universell einsetzbar
- Zwei Greifbacken ermöglichen optimalen Verbiss in der Last
- Ergonomisch geformter Sicherungshebel auch mit Arbeitshandschuhen bedienbar
- Die Aufhängeöse kann direkt im Kranhaken eingehängt werden (verwendbar bis Kranhakengroße 2,5)
- Ausführung CGUK10/Standardausführung
- Ausführung CGUK18/Hochfeste Ausführung
- **Benötigte Mindestlast 10% der Tragfähigkeit/WLL**
- **Für Transportgüter mit Oberflächenhärte bis 32 HRC (1030 N/mm²)**

Typ	Tragfähigkeit in kg	Greifbereich in mm	Abmessungen in mm										Gewicht in kg/Stück
		A	B	C	D	E	F	G	H	K	L	M	
CGUK10	1000	0–25	71	156	365	60	125	56	45	13	80	110	2,8
CGUK18	1800	0–25	71	156	365	60	125	56	45	13	80	110	2,9

[1] FEM: Finite Elemente Methode = nummerische Methode zur Festigkeits- und Verformungsuntersuchung.

Besondere Bestimmungen für Handzeichen zwischen Kranführer und Anschläger beim Lastentransport

- Anweisungen per Handzeichen sind nur bei einwandfreier Sichtverbindung gestattet; ansonsten sind Sprechfunkgeräte einzusetzen.
- Handzeichen müssen eindeutig eingesetzt werden, leicht durchführbar und erkennbar sein und sich deutlich von anderen Handzeichen unterscheiden.
- Anschläger, die einweisen, müssen geeignete Erkennungszeichen tragen – vorzugsweise in gelber Ausführung (z B. Westen, Kellen, Manschette, Armbinden, Schutzhelme).
- Sind mehrere Anschläger mit dem Transport einer Last beschäftigt, so ist dem Kranführer rechtzeitig mitzuteilen, wer für die Handzeichen zuständig ist.

1. Allgemeine Handzeichen

Bedeutung	Beschreibung	bildliche Darstellung	vereinfachte Darstellung
Achtung Anfang Vorsicht	Rechten Arm nach oben halten, Handfläche zeigt nach vorn		
Halt Unterbrechnung Bewegung nicht weiter ausführen	Beide Arme seitwärts waagerecht ausstrecken, Handflächen zeigen nach vorn		
Halt – Gefahr	Beide Arme seitwärts waagerecht ausstrecken, Handflächen zeigen nach vorn, und Arme abwechselnd anwinkeln und strecken		

2. Handzeichen für horizontale Bewegungen

Bedeutung	Beschreibung	bildliche Darstellung	vereinfachte Darstellung
Abfahren	Rechten Arm nach oben halten, Handfläche zeigt nach vorn und Arm seitlich hin- und herbewegen		
Herkommen	Beide Arme beugen, Handflächen zeigen nach innen und mit den Unterarmen heranwinken		
Entfernen	Beide Arme beugen, Handflächen zeigen nach außen und mit den Unterarmen wegwinken		
Rechts fahren – vom Einweiser aus gesehen	Den rechten Arm in horizontaler Haltung leicht anwinkeln und seitlich hin- und herbewegen	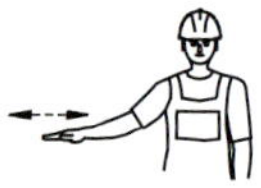	
Links fahren – vom Einweiser aus gesehen	Den linken Arm in horizontaler haltung leicht anwinkeln und seitlich hin- und herbewegen	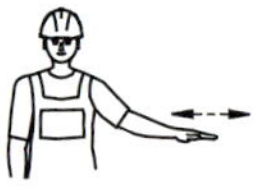	
Anzeige einer Abstandsverringerung	Beide Handflächen parallel halten und dem Abstand entsprechend zusammenführen		

3. Handzeichen für vertikale Bewegungen

Bedeutung	Beschreibung	bildliche Darstellung	vereinfachte Darstellung
Heben Auf	Rechten Arm nach oben halten, Handfläche zeigt nach vorn und macht eine langsame, kreisende Bewegung		
Senken Ab	Rechten Arm nach unten halten, Handfläche zeigt nach innen und macht eine langsame, kreisende Bewegung		
Langsam	Rechten Arm waagerecht ausstrecken, Handfläche zeigt nach unten und wird langsam auf- und abbewegt		

9 Instandhaltung DIN 31051 : 2019-06, DIN EN 13306 : 2018-02

9.1 Instandhaltungsmaßnahmen

Die Grundmaßnahmen der Instandhaltung beinhalten die Inspektion, Wartung, Instandsetzung und Verbesserung. Sie umfassen alle technischen und administrativen Maßnahmen, betriebswirtschaftlichen Erfordernisse und Managemententscheidungen, um die ursprünglich geforderte Funktionsfähigkeit für eine vorgegebene Lebensdauer von Maschinen und Anlagen zu erhalten bzw. wieder herzustellen.

<table>
<tr><th colspan="5">Instandhaltung</th></tr>
<tr><th>Inspektion</th><th>Wartung</th><th colspan="2">Instandsetzung</th><th>Verbesserung</th></tr>
<tr><td rowspan="3">Maßnahmen zur Verzögerung des Abbaus des vorhandenen Abnutzungsvorrats. z. B.: Wasserfilter reinigen oder wechseln, Gleit- u. Laufbahnen von Werkzeugmaschinen reinigen u. ölen…</td><td rowspan="3">Konformitätsprüfung von Objekten durch: Messen, Funktionsprüfung, Wahrnehmung. Feststellung und Beurteilung des Ist-Zustands und Ursachenanalyse von Abnutzungen und Ableitung von Maßnahmen für die zukünftige Nutzung.
z. B.: Undichtigkeits- u. Funktionsprüfung an: Rohrleitungen, Ausdehnungsgefäßen, Rückflussverhinderern …</td><td>planbar[1]</td><td>nicht planbar[1]</td><td rowspan="3">Steigert die geforderte Zuverlässigkeit, Instandhaltbarkeit, Sicherheit und Einsatzmöglichkeiten von Objekten/ technischen Systemen und/ oder senkt die Kosten, z. B.: Hocheffizienzpumpe ersetzt konventionelle Umwälzpumpe, Dichtungssystemaustausch: Stopfbuchse gegen Gleitringdichtung, …
Die ursprüngliche Funktion des Objektes bleibt unverändert.</td></tr>
<tr><td>Rehabilitation[2]
• Erneuerung
• Sanierung
• Reinigen</td><td>Reparatur</td></tr>
<tr><td colspan="2">Stellt die Funktionsfähigkeit von technischen Systemen/ fehlerhaften Objekten wieder her u. schafft so einen neuen Abnutzungsvorrat. z. B.: Reparieren, Austauschen von Teilen (Dichtung erneuern, gerissenen Keilriemen wechseln)</td></tr>
</table>

[1] nach DVGWW 400-3-B1 : 2017-01
[2] Rehabilitationsmaßnahmen nach W 403-g

9.2 Begriffe und Maßnahmen in der Instandhaltung

DIN 31051 : 2019-06, DIN EN 13306 : 2018-02

Abnutzung	Abbau des Abnutzungsvorrats infolge chemischer u./o. physikalischer Einwirkung, z. B.: Korrosion, Abtrag von galvanisierten Oberflächen, Kavitation, Reibung	Außerbetriebsetzung	Beabsichtigte zeitliche Unterbrechung der Funktionsfähigkeit eines Objektes während der Nutzung.
Abnutzungsvorrat	Vorrat der möglichen Funktionserfüllung eines Objektes unter vorgegebenen Bedingungen, z. B.: Verschleißoberflächen	Außerbetriebnahme	Die Funktionsfähigkeit eines Objektes wird absichtlich unbefristet unterbrochen.
Ausfall	Die geforderte Funktion eines Objektes ist nicht mehr gegeben, z. B.: Kühlwasserpumpe ausgefallen	Objekt	Kann sein: Bauelement, Teilsystem, Funktionseinheit, Gerät, Hardware, Software, Betriebsmittel
Funktionsfähigkeit	Ist die Funktionserfüllung eines Objektes bezüglich seines Zustandes.	Schaden	Grenzwertunterschreitung des Abnutzungsvorrats, der unzulässige Funktionsbeeinträchtigungen mit sich bringt.
Inbetriebnahme	Ist die Bereitstellung eines zu nutzenden funktionsfähigen Objektes.	Schwachstelle	Der Ausfall eines Objektes ist häufiger als die geforderte Verfügbarkeit.

Begriffe und Maßnahmen in der Instandhaltung (Fortsetzung)

Nutzungsvorrat	Ein Vorrat der bei Nutzung unter vorgegebenen Bedingungen (nach aaRdT)[3] erzielbare Leistungen erbringt.	Istzustand	Das Vorhandensein aller Merkmalswerte zu einem bestimmten Zeitpunkt, z. B.: momentaner Betriebsdruck oder Betriebstemperatur
Störung	Unbeabsichtigte Beeinträchtigung/ Unterbrechung der Funktion eines Objektes, z. B.: Anlagengeräusche, Leitungsbruch	Sollzustand	Die für den vorhandenen Fall festzulegenden Merkmalswerte, z. B.: vorgeschriebener Systemdruck oder Temperatur
Stillsetzung	Geplante Unterbrechung der Funktion eines Objektes, z. B.: wegen einer Reparatur	Abweichung	Ist das Vorhandensein nicht übereinstimmender Zustände, Zustandswerte oder -größen

[3] aaRdT= allgemein anerkannte Regeln der Technik

Weitere Grundlagen, Anforderungen, Erläuterungen, Begriffe und Erklärungen zum Qualitätsmanagement unter DIN EN ISO 9000, DIN EN ISO 9001, DIN EN ISO 9004, DIN EN 13306 : 2018-02.

9.3 Instandhaltungsstrategien

Die betriebliche Kosten-Nutzen-Betrachtung unter Einbeziehung der Erhöhung der Arbeitssicherheit und der Reduzierung der Umweltbelastung beeinflussen primär die Auswahl der Instandsetzungsstrategie.

Art der Instandhaltung			
Ausfallinstandhaltung		**Vorteile**	**Nachteile**
Kosten / Nutzungsdauer	Die Baueinheit wird bis zu ihrem Versagen genutzt. Es fallen meist kaum Wartungskosten an. Sehr teuer. Beispiel: Zirkulationspumpe:	• Volle Nutzung der Produktlebensdauer	• Kapitaler Schaden ist meist ein Totalschaden • Dauerhafte Bereitschaft vorhalten • Hohe Lagerkosten für Ersatzteile • Lange, unplanbare Ausfallzeiten
Periodisch vorbeugende Instandhaltung		**Vorteile**	
Kosten / Nutzungsdauer	Eine Instandhaltung wird unabhängig von der Abnutzung durchgeführt. Beispiel: Revision einer verfahrenstechnischen Anlage	• Geringe Ausfallzeiten zwischen den Instandhaltungsmaßnahmen • Planbare Stillstandszeiten	• Keine vollständige Nutzung des Abnutzungsvorrats • Unnötiger Austausch von Verschleißteilen
Instandhaltung nach Überprüfung		**Vorteile**	**Nachteile**
Kosten / Nutzungsdauer	Die Instandhaltung wird nur dann durchgeführt, wenn bei einer Inspektion eine Schaden erfasst wird. Beispiel: Kreiselpumpe	• Auf lange Sicht sehr kostengünstig • Reparatur/Ersatzteile nur bei Bedarf nötig • Nutzung des Abnutzungsvorrates • Planbar • Nutzungssicherheit	• sich anbahnende Schäden werden auch außerhalb von Inspektionen auftreten • nur sinnvoll, wenn z. B. eine Anlage weiterhin in Betrieb bleibt

9.4 Verbesserung

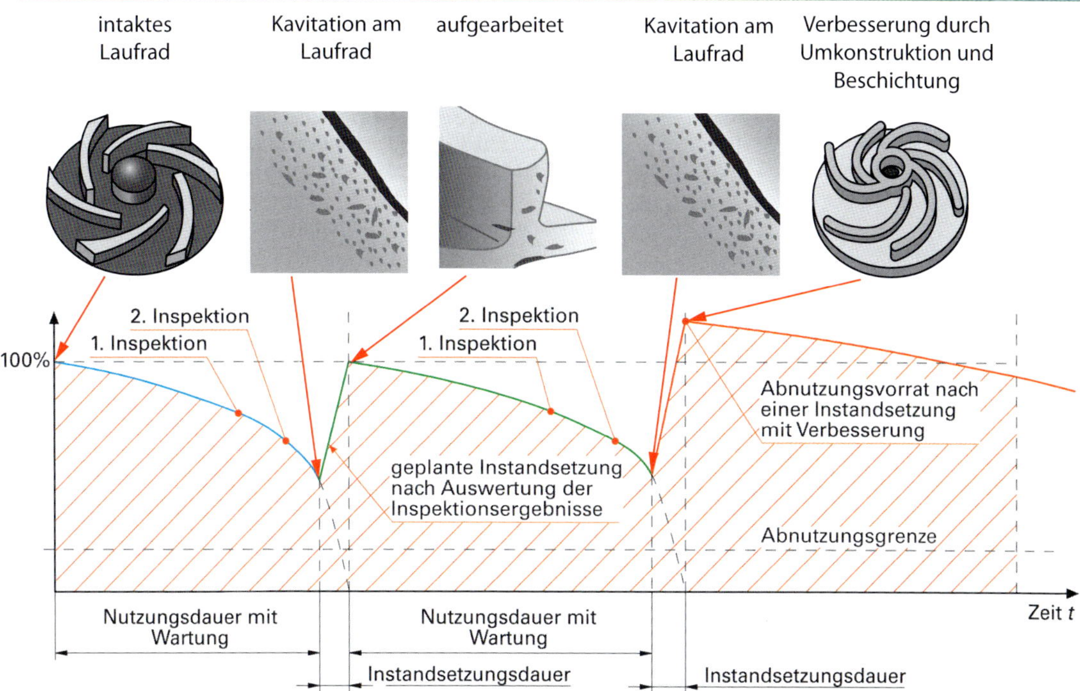

[1] Verlängerung der Nutzungsdauer durch Inspektion und Verbesserung

9.5 Zehnerregel der Fehlerkosten

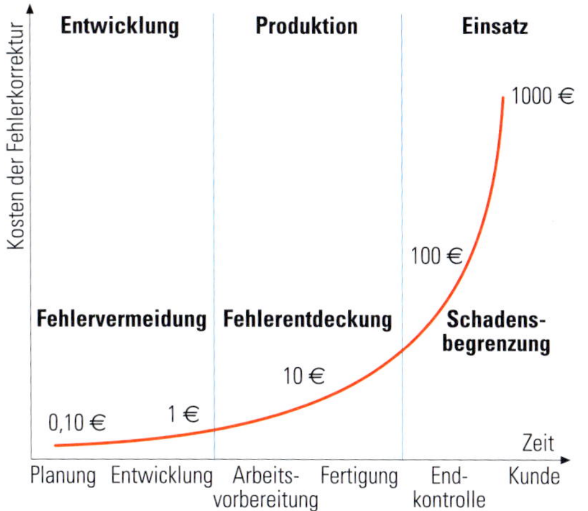

Untersuchungen belegen, dass sich der Kostenaufwand unerkannte Fehler im Verlauf der Produkt-Entstehung bis zum Kundeneinsatz von Phase zu Phase um den Faktor 10 erhöht.

Beispiel: Ein gelieferter Behälter fällt im Betrieb durch eine unzureichende Schweißnaht aus.

9.6 Optimierte zustandsorientierte Instandhaltung

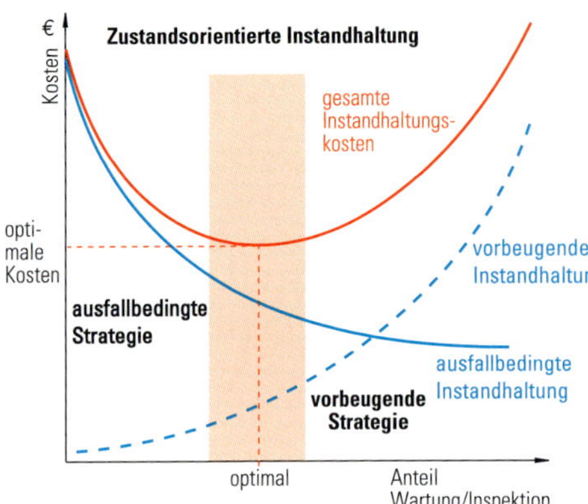

Die zustandsorientierte Instandhaltung kombiniert die Kostenvorteile der vorbeugenden und ausfallbedingten Instandhaltung. Es wird einerseits ein gewisses Ausfallrisiko in kauf genommen, andererseits werden vorbeugend Inspektion und Wartung häufiger durchgeführt.
Das optimale Verhältnis ergibt den Punkt der niedrigsten Instandhaltungskosten als Summe aus vorbeugenden und ausfallbedingten Instandhaltungskosten.

9.7 Methoden der Fehleranalyse und Qualitätsverbesserung

9.7.1 Ishikawa- Diagramm

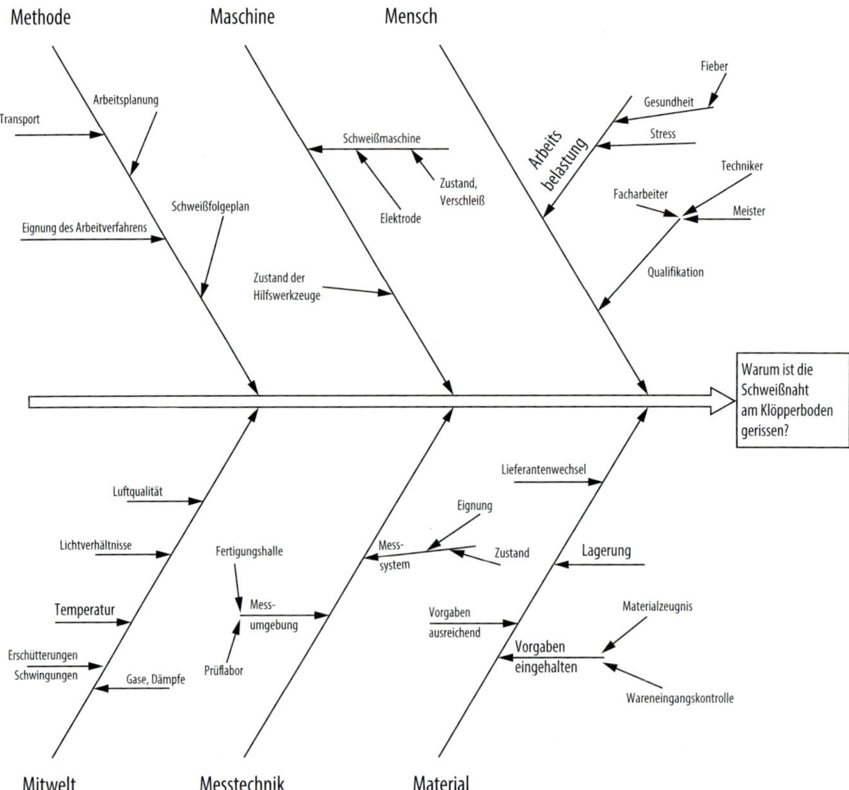

Die 6-M Methode (Methode, Maschine, Mensch, Mitwelt, Messtechnik, Material) ist eine Möglichkeit durch Betrachtung von Ursache und Wirkung, um Produktfehlern aufzuspüren und dient ebenso der Qualitätsverbesserung.

9.7.2 Pareto-Prinzip

Ein weiteres zusätzliches Verfahren ist **das Pareto-Prinzip (80-20 Regel)**. Es besagt, dass 80 Prozent eines Effekts über 20 Prozent der Ursachen erzeugt werden. Hierbei werden z.B. durch Überprüfung von 20% der Werkstücke 80% der vorhandenen Fehler erfasst.

9.8 Beispiel für eine vorbeugende (intervallabhängige) Instandsetzungsstrategie

Auswechseln: Nach 500 Betriebsstunden ist der Keilriemen zwischen Motor und Getriebe auszuwechseln. Einmal jährlich ist die Kühl-/Schmiermittelbehälter vollständig zu entleeren, zu reinigen und mit neuem Kühl-/Schmiermittel zu befüllen, ebenso der Ölvorrat einer Selbstschmieranlage.
Nachstellen: Einmal jährlich ist die Rechtwinkeligkeit von Maschinentisch und Säule zu prüfen und bei Abweichungen von mehr als 30 Winkelminuten nachzustellen. Die Vorspannung des Keilriemens ist zu messen und nach Herstellerangaben wieder auf das geforderte Maß zu bringen.

Schmieranleitung für Säulenbohrmaschine AX4/SV
Säulenbohrmaschine – Column drilling machine – Perceuse à colonne

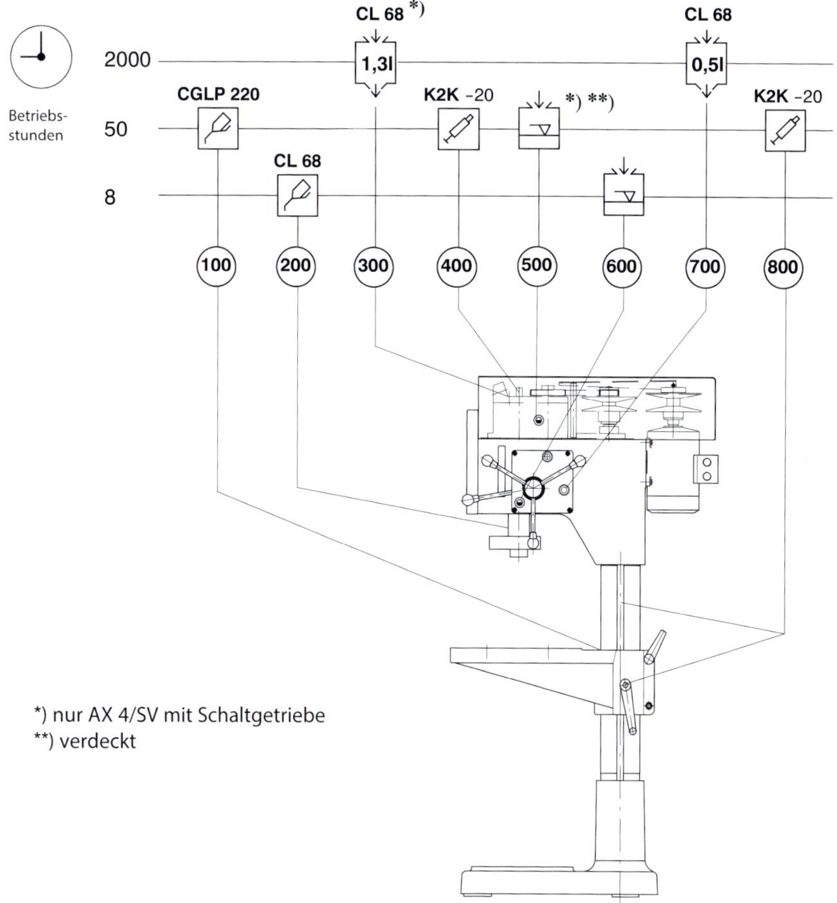

*) nur AX 4/SV mit Schaltgetriebe
**) verdeckt

Nr.	Beschreibung der Eingriffsstelle
100	Säule
200	Pinole
300	Einfüllstopfen für Getriebe
400	Spindelkeilwelle

Nr.	Beschreibung der Eingriffsstelle
500	Ölschauglas AX 4/SV mit Schaltgetriebe
600	Ölschauglas Vorschubgetriebe
700	Öleinfüllschraube Vorschubgetriebe
800	Tischhubgetriebe/Zahnstange

9.9 Rehabilitation als planbare Maßnahme grabenloser Verfahren in der Wasserversorgung

<table>
<tr><td colspan="3">Rehabilitation:
Maßnahmen zur Aufrechterhaltung und Verbesserung der Funktionsfähigkeit von bestehenden Wasserverteilungssystemen (W 403-g).</td></tr>
<tr><td>Reinigung:
Erhaltung, Erneuerung und Beseitigung von Inkrustationen und Ablagerungen vor der Sanierung</td><td>Sanierung:
Wiederherstellung der Funktionstüchtigkeit einer schadhaften Rohrleitung</td><td>Erneuerung:
Ersatz einer außer Betrieb stehenden Rohrleitung aufgrund vorliegender Mängel oder Schäden</td></tr>
<tr><td>– mechanische Reinigung
– Hydraulische Rohrreinigung
– Wasserhochdruckverfahren
– Wasserhöchstdruckverfahren</td><td>– Zementmörtelauskleidung (W 343)
– Auskleiden von Gas- u. Wasserleitungen mit einzukleidenden Gewebeschläuchen (GW 327)
– Einzugsverfahren mit Ringraum (GW 320-1)
– Einzugsverfahren ohne Ringraum (GW 320-2)</td><td>in alter Trasse:
Berstverfahren (GW 323): altes Rohr zerstört, neues Rohr wird nachgezogen
Grabenlose Verlegung in neuer Trasse:
spülunterstützte gesteuerte Bohrverfahren
konventionelle Verlegung in neuer oder alter Trasse</td></tr>
</table>

10 Umwelttechnik

10.1 Umwelt- und ressourcenschonende Heizungssysteme *environmental and resource efficient heating*

10.1.1 Pellets *pellets*

CO_2-Emissionen bei der Verbrennung von fossilen Brennstoffen für Heizungsanlagen (kg CO_2/kWh)

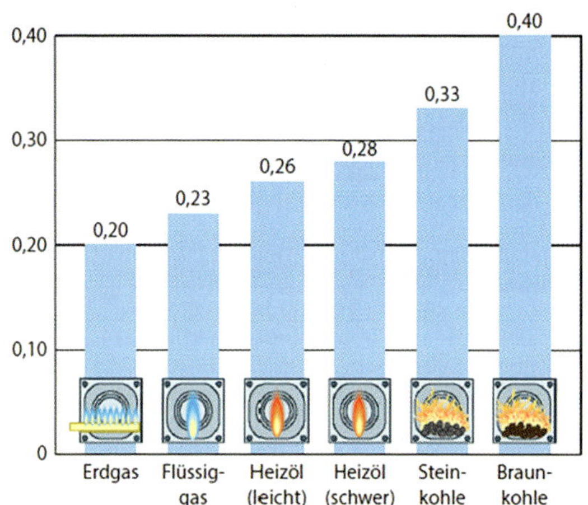

Pellet-Qualität nach DIN EN ISO 17225-2 : 2021-09

Kriterium	Einheit	ENplus-A1	ENplus-A2
Durchmesser	mm	6 (± 1)	6 (± 1)
Länge	mm	$3,15 \le L \le 40$[1]	$3,15 \le L \le 40$[1]
Schüttdichte	kg/m³	≥ 600	≤ 600
Heizwert	MJ/kg	≥16,5	≥16,5
Mechanische Festigkeit	Ma.-%	≥ 97,5[4]	≥97,5[4]
Feinanteil	Ma.-%	≤ 1[1]	≤ 1[3]
Aschegehalt	Ma.-%[2]	< 0,7	< 1,0
Wassergehalt	Ma.-%	≤ 10	≤ 10
Schwefelgehalt	Ma.-%[2]	< 0,05	< 0,05
Chlorgehalt	Ma.-%[2]	< 0,02	< 0,03
Kupfergehalt	mg/kg[2]	≤ 10	≤ 10
Stickstoffgehalt	Ma.-%[2]	< 0,3	< 0,5
Chromgehalt	mg/kg[2]	≤ 10	≤ 10
Arsengehalt	mg/kg[2]	≤ 1	≤ 1
Cadmiumgehalt	mg/kg[2]	≤ 0,5	≤ 0,5
Quecksilbergehalt	mg/kg[2]	≤ 0,1	≤ 0,1
Bleigehalt	mg/kg[2]	≤ 10	≤ 10
Nickelgehalt	mg/kg[2]	≤ 10	≤ 10
Zinkgehalt	mg/kg[2]	≤ 100	≤ 100

[1] maximal 5 % d. Pellets dürfen länger als 40 mm sein, max. Länge 45 mm
[2] im wasserfreien Zustand (wf)
[3] Partikel < 3,15 mm, Feinanteil an der letztmöglichen Stelle vor Übergabe der Ware bzw. beim Eintreffen von Sackware beim Endverbraucher. Beim Absacken ≤ 0,5 %. Pellets der Klasse EN-B dürfen nicht als Sackware verkauft werden.
[4] Bei Messungen mit dem Lignotester gilt der Grenzwert ≥ 97,7 Ma.-%

Verbrennung von Holzpellets

Art der Emissionen	Pellets	Vergleich mit anderen Brennstoffen
SO_2	Bei Verwertung von Restholz ca. 0,53 g/kWh	Heizöl 0,73 g/kWh Erdgas 0,18 g/kWh
CO_2	CO_2 neutral	Heizöl 0,26 … 0,28 CO_2/kWh Erdgas 0,20 kg CO_2/kWh
Feinstaub	8 mg pro MJ Wärmemenge 29 mg/kWh	Einzelöfen 150 mg/MJ (offener Kamin, Kachelofen) Stückholzkesseln ca. 90 mg/MJ

10.1.2 Wärmepumpe *heat pump*

Achtung: für Arbeiten an Kältemittel führende Anlagen gilt die Verordnung zum Schutz des Klimas durch Minderung der Emissionen fluorierter Treibhausgase: EU-F-Gas-Verordnung Nr. 517/2014	
Voraussetzungen nach EU-Verordnung Nr. 517/2014	Sachkundebescheinigung: z.B. Prüfung als Mechatroniker für Kältetechnik
	die für die Tätigkeiten an der Wärmepumpe/Kälteanlage erforderliche technische Ausstattung
	Beschäftigung in einem zertifizierten Betrieb

Verordnung (EU) Nr. 517/2014 über fluorierte Treibhausgase	
Durch die neuen Regelungen sollen die Emissionen fluorierter Treibhausgase (F-Gase) in der EU um 70 Millionen Tonnen CO_2-Äquivalent auf 35 Millionen Tonnen CO_2-Äquivalent bis zum Jahr 2030 gesenkt werden. Die Emissionsreduktion fluorierter Treibhausgase soll durch drei wesentliche Regelungsansätze erreicht werden.	
1	Einführung einer schrittweisen Beschränkung (Phase down) der am Markt verfügbaren Mengen an teilfluorierten Kohlenwasserstoffen (HFKW) bis zum Jahr 2030 auf ein Fünftel der heutigen Verkaufsmengen.
2	Erlass von Verwendungs- und Inverkehrbringungsverboten, wenn technisch machbare, klimafreundlichere Alternativen vorhanden sind.
3	Beibehaltung und Ergänzung der Regelungen zu Dichtheitsprüfungen, **Zertifizierung von Personal und Betrieben**, Entsorgung und Kennzeichnung.

Leistungszahl COP *coeffizient of performance* **nach DIN EN 14511 : 2019-07**	$\varepsilon\,(\text{COP}) = \dfrac{\text{abgegebene Heizwärmeleistung}}{\text{notwendigen Antriebsleistung für den Verdichter}}$
Die Leistungszahl ist ein Momentwert und sagt daher noch nichts über die tatsächlichen Verhältnisse, über ein ganzes Jahr betrachtet, aus.	
Jahresarbeitszahl β nach VDI 4650, Blatt 1 : 2020-06	**Jahresarbeitszahl** $\beta = \dfrac{\text{nutzbare Wärmeenergie in kWh/a}}{\text{zugeführte elekt. Leistung in kWh/a}}$
Die Jahresarbeitszahl JAZ β einer Wärmepumpe stellt das Verhältnis zwischen der abgegebenen Wärmeleistung zur aufgenommenen Leistung (Energie, Antriebsleistung) im Verlauf eines Jahres (Schwankungen durch unterschiedlichen Wärmebedarf aufgrund unterschiedlicher Außentemperaturen) dar.	

Grundfließschema Wärmepumpe

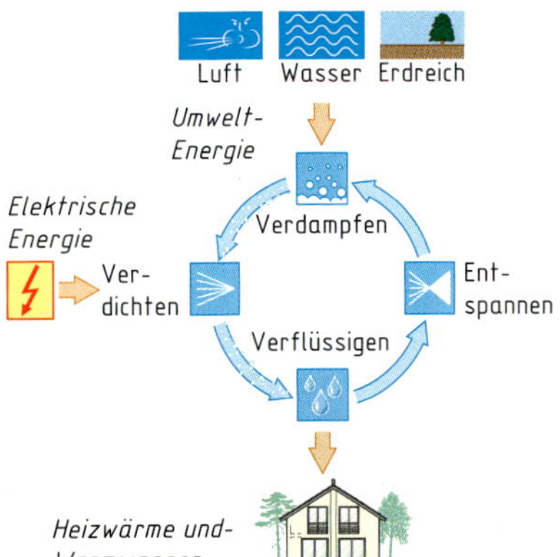

Verfahrensfließschema

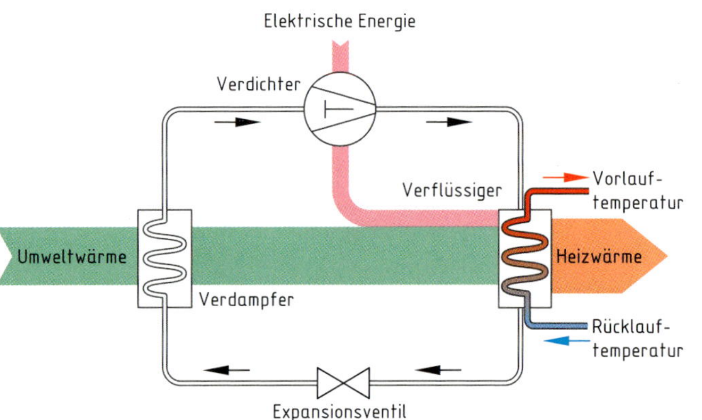

Übersicht verschiedener Wärmepumpensysteme

Darstellung		**Merkmale**
	Außenluft (Luft/Wasser-Wärmepumpe) Bild: Wärmepumpe mit Kompaktaußeneinheit	• Große Temperaturschwankungen über das Jahr (–18 °C … + 30 °C) • Heizleistung bei tiefster Außentemperatur am kleinsten • Leistungszahl bei niedriger Außentemperatur am kleinsten • Abtauen des Verdampfers bei Außentemperaturen von –10 °C … + 7 °C • Kleinere Jahresarbeitszahl im Vergleich zu Sole/Wasser- und Wasser/Wasser-WP • Einfache Installation der Wärmepumpe ohne Erdarbeiten • Keine Anforderungen an die Größe des Grundstücks • Keine behördlichen Genehmigungen erforderlich • Im Split-System kein Wasser/Sole im Außenbereich

Darstellung		Merkmale
	Erdreich (Sole/ Wasser- Wärme- pumpe) Bild: (Erd) Flächen- kollektor	• Geringe Temperaturschwankungen über das Jahr • Heizleistung über das Jahr nahezu konstant • Leistungszahl über die Außentemperaturen nahezu konstant • Kein Abtauen des Verdampfers erforderlich • Hohe Jahresarbeitszahl • Erdarbeiten bei der Installation der Wärmepumpe notwendig • Erdkollektor erfordert freie Grundstücksfläche, 1 … 2-faches der Wohnfläche • Erdwärmesonde anzeige- bzw. genehmigungspflichtig, beim Wasserwirtschaftsamt
	Grundwasser (Wasser/ Wasser- Wärme- pumpe) Bild: Grundwasser- wärme- tauscher	• Geringe Temperaturschwankungen über das Jahr • Heizleistung über das Jahr nahezu konstant • Leistungszahl über die Außentemperaturen nahezu konstant • Kein Abtauen des Verdampfers erforderlich • Hohe Jahresarbeitszahl • Nutzung des Grundwassers erfordert einen Saug- sowie einen Schluckbrunnen • Grundwassernutzung ist genehmigungspflichtig, beim Wasserwirtschaftsamt
	Eisspeicher Bild: Eisspei- cher mit Aufladung (Eisschmelze) durch Solar- kollektor oder Erdwärme	• Hohe Wärmespeicherkapazität, da die latente Wärme genutzt wird • Wegen des niedrigen Temperaturniveaus können vielfältigere und einfachere Wärmequellen zur Aufladung des Speichers genutzt werden (Erdwärme, einfache Solarkollektoren) • Bei stetiger Wärmeentnahme bleibt die Temperatur konstant bei 0 °C, sinkt also nicht weiter ab; stattdessen friert ein immer größerer Teil des Wassers ein • Hohe Leistungszahlen und Jahresarbeitszahlen im Eisspeicher-System, solange dieses bei 0 °C betrieben wird • Es besteht die Möglichkeit, dem Speicher im Sommer für die Klimatisierung eines Gebäudes Kälte zu entnehmen

Wärmepumpenprozess im Druck-Enthalpie-Diagramm (schematisch)		
Berechnungsgrundlagen	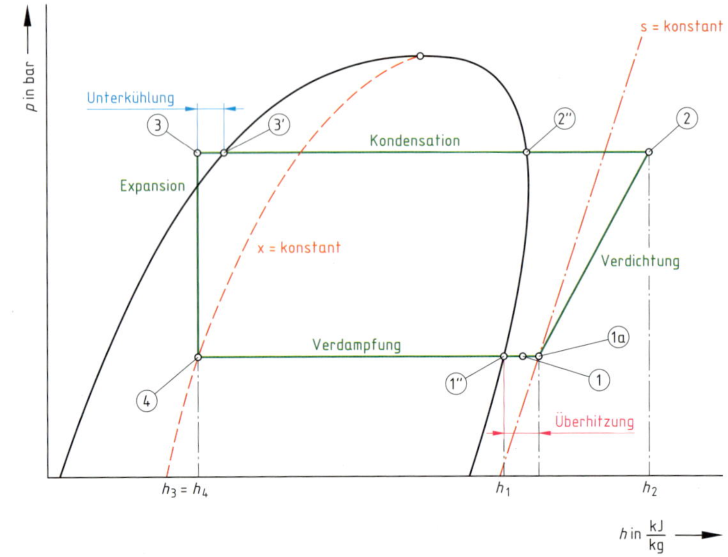 p in bar; h in $\frac{kJ}{kg}$; Unterkühlung; Kondensation; Expansion; Verdichtung; Verdampfung; Überhitzung; x = konstant; s = konstant; ① ; 1a; 1''; 2; 2''; 3; 3'; 4; $h_3 = h_4$; h_1; h_2	
Kälteleistung	$\dot{Q}_e = \dot{m}_R \cdot q_e$ $\dot{m}_R \cdot (h_1 - h_4)$	$\dot{m}_R$: Kältemittelmassenstrom in $\frac{kg}{s}$ $\dot{Q}_e$: Kälteleistung in kW h_1, h_4: Enthalpie in kJ/kg q_e: spez. Verdampferwärme in kJ/kg
Kondensations-(Heiz-)Leistung	$\dot{Q}_c = \dot{m}_R \cdot q_c$ $\dot{m}_R \cdot (h_2 - h_3)$	$\dot{Q}_c$: Kondensationsleistung in kW q_e: spez. Kondensationswärme in kJ/kg h_2, h_3: Enthalpie in kJ/kg
Verdichterleistung	$P_v = \dot{m}_R \cdot w_V =$ $\dot{m}_R \cdot (h_2 - h_{1a})$	P_V: Verdichterleistung in kW w_V: spez. Verdichterarbeit in kJ/kg
Leistungszahl Wärmepumpe	$COP = \frac{h_2 - h_3}{h_2 - h_1} = \frac{\dot{Q}_c}{P_V}$	

10.1.3 Blockheizkraftwerk *block cogeneration plant*

Kraft-Wärme-Kopplung (Blockheizkraftwerk)

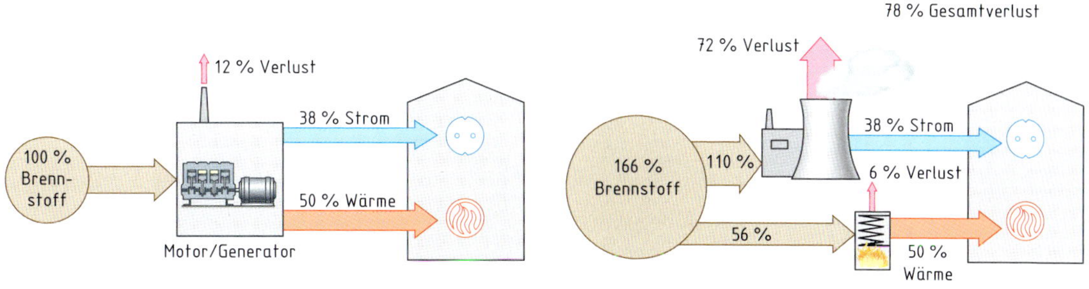

12 % Verlust
100 % Brenn-stoff
38 % Strom
50 % Wärme
Motor/Generator

78 % Gesamtverlust
72 % Verlust
166 % Brennstoff
110 %
38 % Strom
6 % Verlust
56 %
50 % Wärme

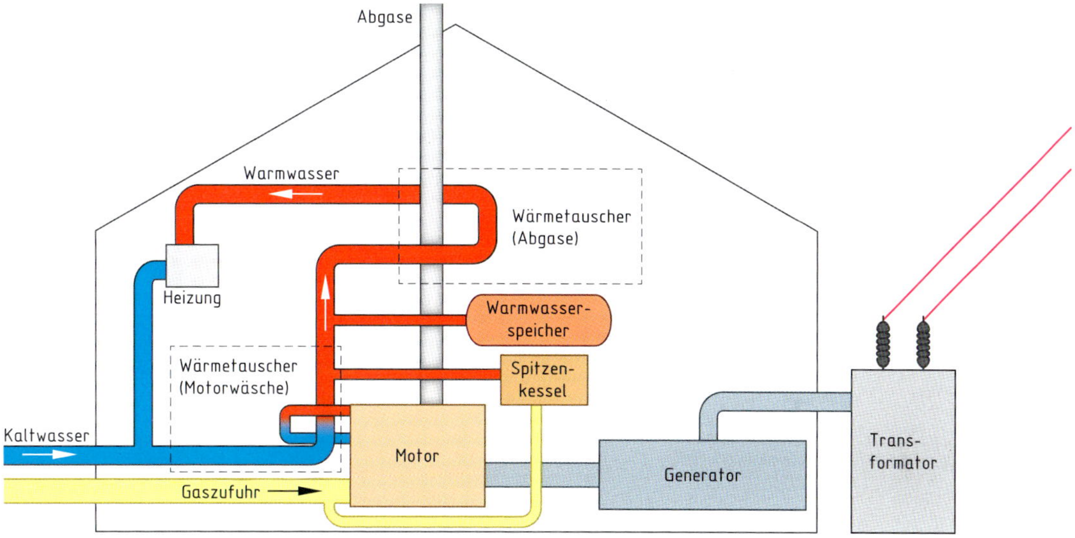

Abgase
Warmwasser
Wärmetauscher (Abgase)
Heizung
Warmwasser-speicher
Wärmetauscher (Motorwäsche)
Spitzen-kessel
Kaltwasser
Motor
Generator
Trans-formator
Gaszufuhr

10.1.4 Solare Heizungsunterstützung und Trinkwassererwärmung *solar heating support and solar DHW heating*

Solarangebot und Wärmebedarf (Warmwasser, Heizung)

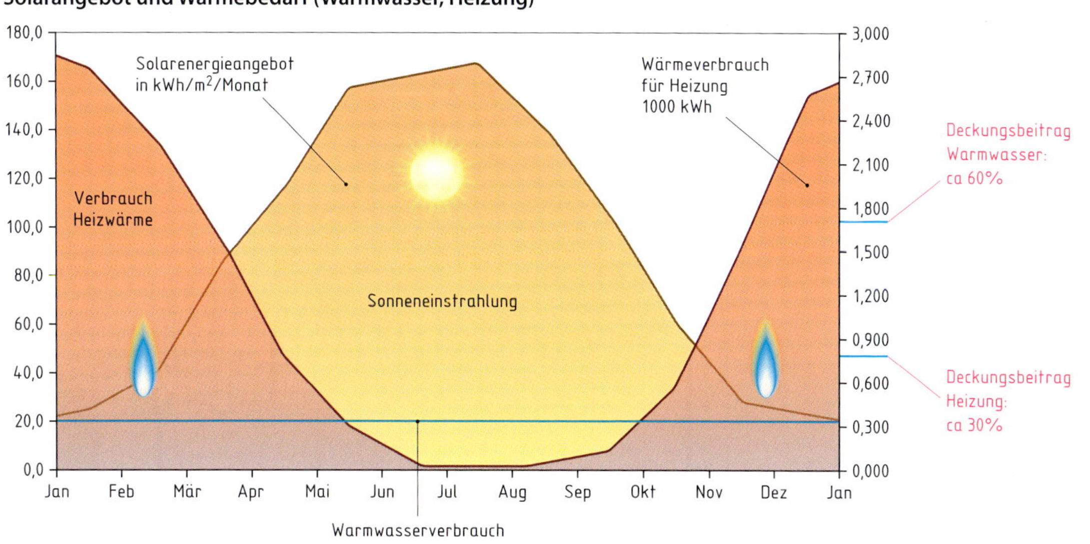

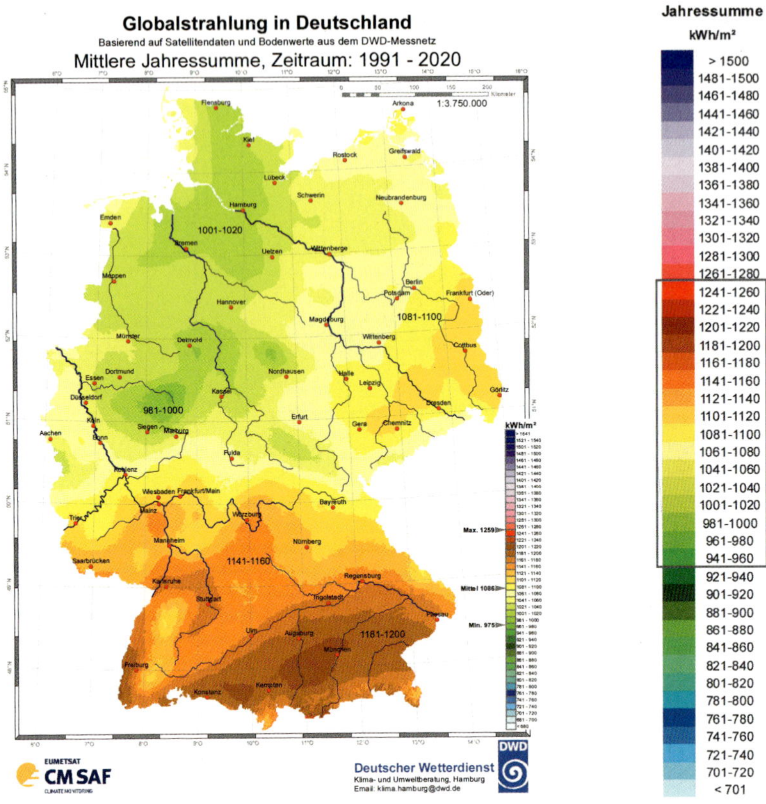

Durchschnittliche Sonneneinstrahlung in Deutschland

Übersicht: Anlagen mit solarer Heizungsunterstützung	
Zweispeicheranlage: Brauchwasserspeicher und Heizungspufferspeicher	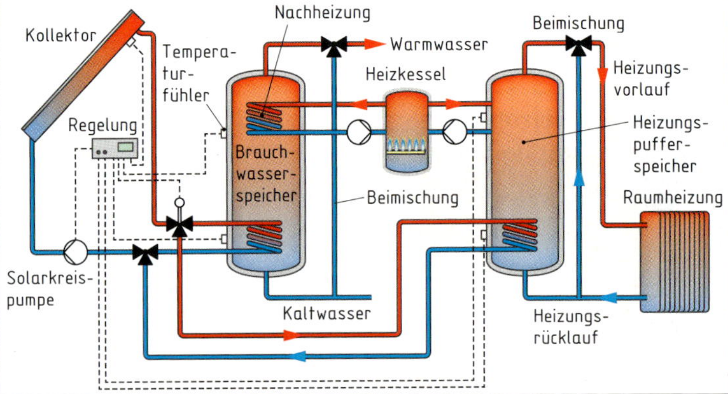
Einspeicher-Kombianlage	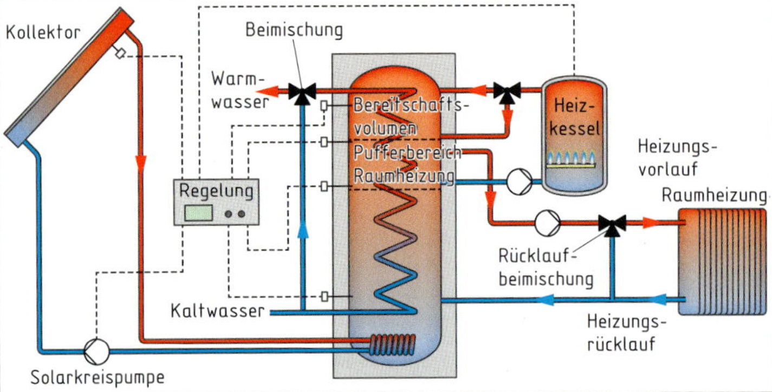

Übersicht: Anlagen mit solarer Heizungsunterstützung	
Kombianlage mit eingebautem Zusatzbrenner	Kollektor Beimischung Warmwasser Bereitschaftsvolumen Pufferbereich Raumheizung Regelung Gasbrenner Heizungsvorlauf Raumheizung Rücklaufbeimischung Kaltwasser Heizungsrücklauf Solarkreispumpe
Kombianlage mit Rücklaufanhebung	Kollektor Beimischung Warmwasser Bereitschaftsvolumen Heizkessel Heizungsvorlauf Nachheizung Regelung Raumheizung Rücklaufanhebung Rücklaufbeimischung Kaltwasser Heizungsrücklauf Solarkreispumpe Rücklaufwächter

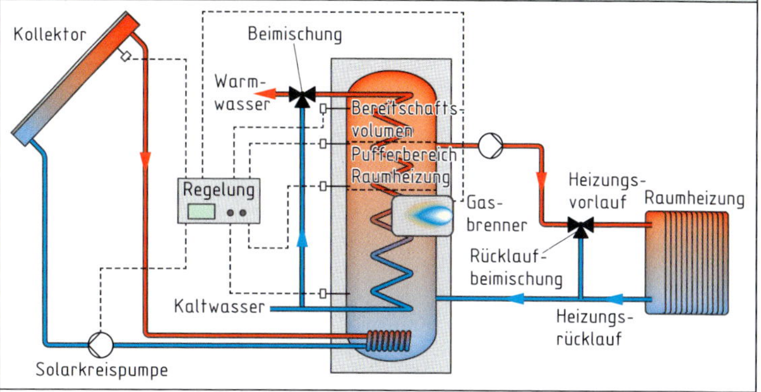

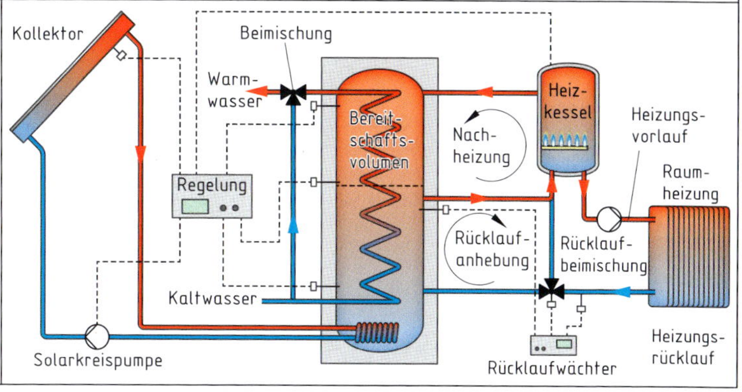

Wirkungsgrad

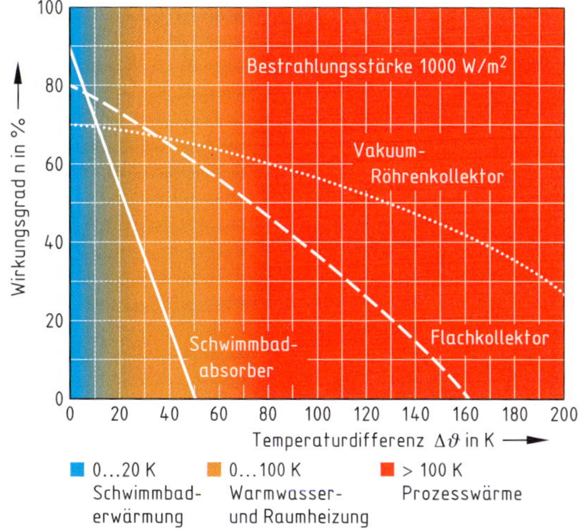

Dachneigung und Dachausrichtung (Azimutwinkel)

Dachneigung Neigungswinkel und Dachausrichtung (Azimutwinkel)

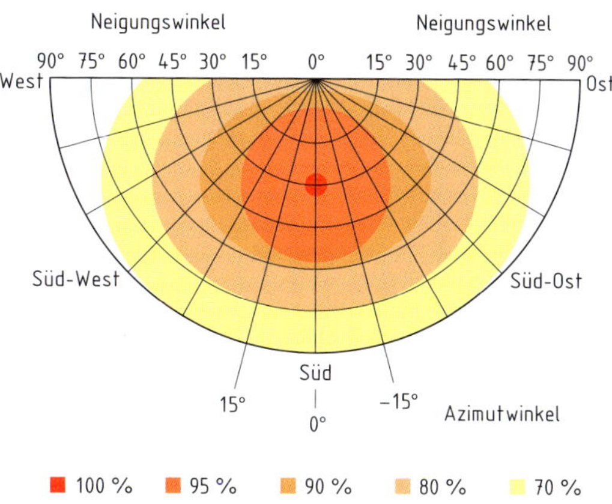

Kollektorfläche und Speichergröße (vereinfachte Speicher-Auslegung)

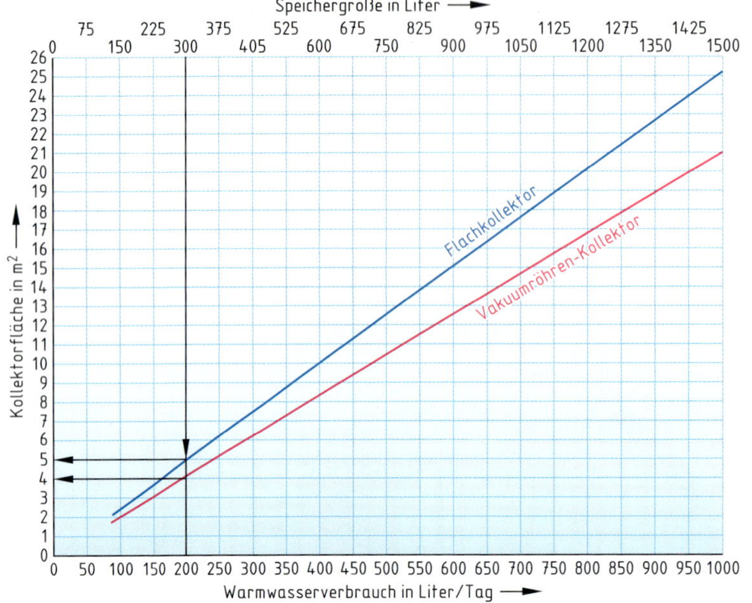

Solare Baugruppe

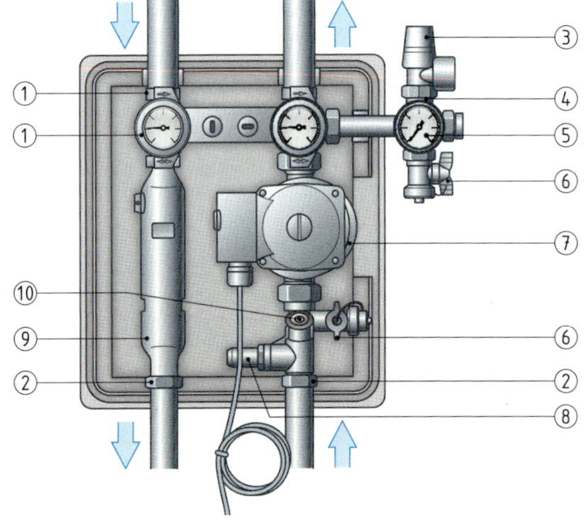

1 Kugelhahn mit Thermometer
2 Klemmringverschraubung
3 Sicherheitsventil
4 Manometer
5 Anschluss für Membranausdehnungsgefäß
6 FE-Hahn
7 Solarkreispumpe
8 Durchflussanzeiger
9 Luftabscheider (nicht bei 1-Strang-Stationen)
10 Regulier-/Absperrventil

Sicherheitsventil

Das Sicherheitsventil wird abhängig vom Anlagenfülldruck p_a aus der folgenden Tabelle bestimmt. Dabei wird bei Zwischenwerten jeweils das nächst größere Ventil gewählt.

Fülldruck p_a in bar	**1,0**	**1,5**	**3,0**	**6,0**
Nenndruck SV in bar	2,5	4,0	6,0	10,0

Anlagenenddruck p_e

Der Anlagenenddruck p_e sollte etwa 10 % unter dem Ansprechdruck des gewählten Sicherheitsventils liegen.

$p_e = 0{,}9 \cdot \text{Nenndruck SV}$

Mischer

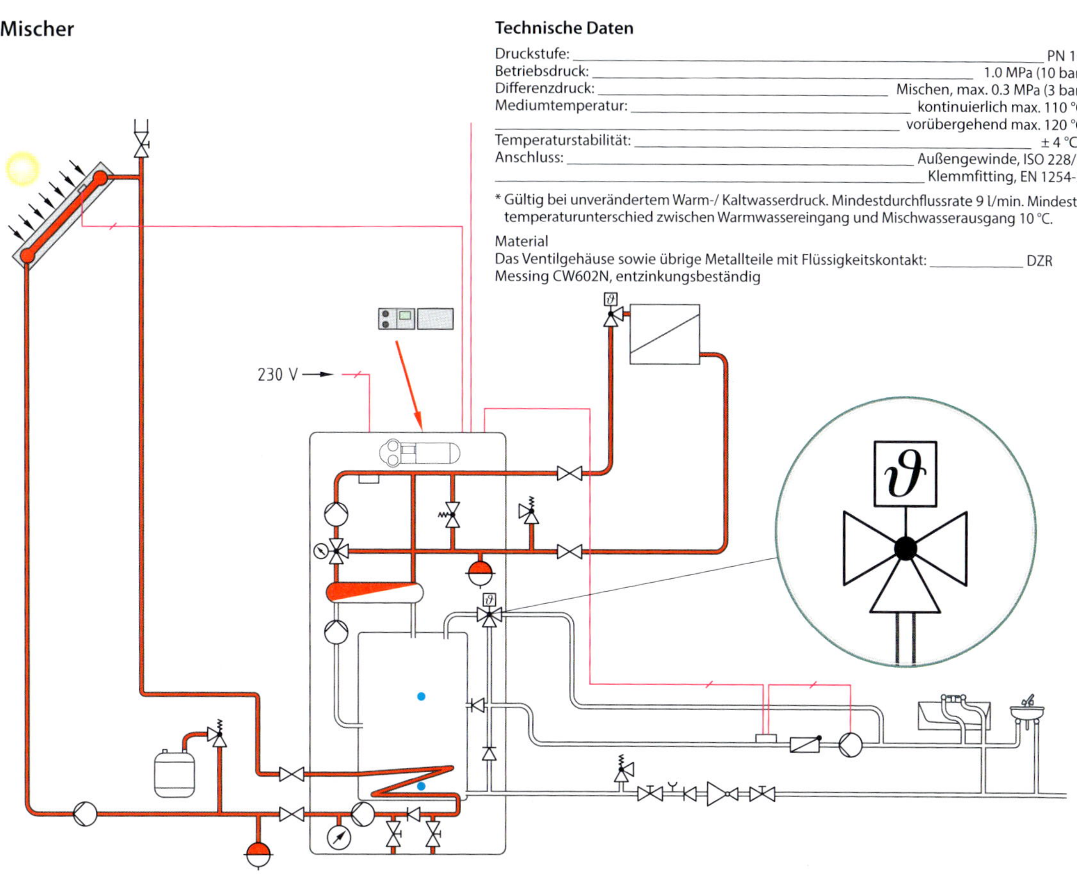

Technische Daten

Druckstufe: PN 10
Betriebsdruck: 1.0 MPa (10 bar)
Differenzdruck: Mischen, max. 0.3 MPa (3 bar)
Mediumtemperatur: kontinuierlich max. 110 °C
vorübergehend max. 120 °C
Temperaturstabilität: ± 4 °C*
Anschluss: Außengewinde, ISO 228/1
Klemmfitting, EN 1254-2

* Gültig bei unverändertem Warm-/ Kaltwasserdruck. Mindestdurchflussrate 9 l/min. Mindesttemperaturunterschied zwischen Warmwassereingang und Mischwasserausgang 10 °C.

Material
Das Ventilgehäuse sowie übrige Metallteile mit Flüssigkeitskontakt: DZR Messing CW602N, entzinkungsbeständig

10.2 Gesetzliche Vorgaben

10.2.1 Gebäudeenergiegesetz (GEG : 2020-11)

Entwicklungsgeschichte GEG

Energieeinsparungsgesetz 1976		
WSchV 1977- 1995		HeizAnlV 1978- 1998
U-Wert Vorgaben Bilanzverfahren Kennzahlen Heizwärmebedarf Lüftungsanlagen		Regelung Anforderung an Kessel Dämmung der Rohre Wartung
EnEV 2002	Einführung Bilanzverfahren: Heizung, Warmwasser, Lüftung, Primärenergie	
EnEV 2004	Änderung der DIN: „Reparatur-Novelle“	
EnEV 2007	Umsetzung der EU-Gebäuderichtlinie, Energieausweis im Bestand, neues Bilanzverfahren für Nichtwohngebäude	
EnEV 2009	Absenkung der Grenzwerte um ca. 30 %, Einführung von Kontrollen, Verschärfung der Nachrüstpflichten	
EnEV 2014	Umsetzung der novellierten EU-Gebäuderichtlinie, Absenkung des Prmärenergiebedarfs-Grenzwerts um 25 %, Einführung „EnEV-easy“	EEWärmeG 2009
GEG 2020	Einhaltung energie- und klimapolitischer Ziele, Erhöhung des Anteils erneuerbarer Energien	

Inhalte und Begriffsdefinitionen

<table>
<tr><td rowspan="5">Inhalte GEG 2020</td><td>Anforderungen an zu errichtende Gebäude
• Jahres-Primärenergiebedarf und baulicher Wärmeschutz, Berechnungsgrundlagen
• Nutzung erneuerbarer Energien</td></tr>
<tr><td>bestehende Gebäude
• Anforderungen
• Nutzung erneuerbarer Energien</td></tr>
<tr><td>Anlagen der Heizungs-, Kühl- und Raumlufttechnik sowie der Warmwasserversorgung
• Aufrechterhaltung der energetischen Qualität
• Einbau und Nachrüstung z.B Betriebsverbot für Heizkessel, Dämmung von Rohrleitungen und Armaturen
• Energetische Inspektion von Klimaanlagen</td></tr>
<tr><td>Energieausweis</td></tr>
<tr><td>Finanzielle Förderung erneuerbarer Energien, Bußgelder, Übergangsvorschriften</td></tr>
<tr><td>Begriffsdefinitionen</td><td>„Energiebedarfsausweis“ ein Energieausweis, der auf der Grundlage des berechneten Energiebedaris ausgestellt wird,
„Energieverbrauchsausweis“ ein Energieausweis, der auf der Grundlage des erfassten Energieverbrauchs ausgestellt wird,
„Gesamtenergiebedarf“ der nach Maßgabe dieses Gesetzes bestimmte Jahres-Primärenergiebedarf
a) eines Wohngebäudes für Heizung, Warmwasserbereitung, Lüftung sowie Kühlung oder
b) eines Nichtwohngebäudes für Heizung, Warmwasserbereitung, Lüftung, Kühlung sowie eingebaute Beleuchtung.

„Geothermie“ die dem Erdboden entnommene Wärme,
„Heizkessel“ ein aus Kessel und Brenner bestehender Wärmeerzeuger, der dazu dient, die durch die Verbrennung freigesetzte Wärme an einen Wärmeträger zu übertragen.

„Jahres-Primärenergiebedarf“ der jährliche Gesamtenergiebedarf eines Gebäudes, der zusätzlich zum Energiegehalt der eingesetzten Energieträger und von elektrischem Strom auch die vorgelagerten Prozessketten bei der Gewinnung, Umwandlung, Speicherung und Verteilung mittels Primärenergiefaktoren einbezieht.

„Klimaanlage“ die Gesamtheit aller zu einer gebäudetechnischen Anlage gehörenden Anlagenbestandteile, die für eine Raumluftbehandlung erforderlich sind, durch die die Temperatur geregelt wird,

„Stromdirektheizung“ ein Gerät zur direkten Erzeugung von Raumwärme durch Ausnutzung des elektrischen Widerstands auch in Verbindung mit Festkörper-Wärmespeichern.

„Umweltwärme“ die der Luft, dem Wasser oder der aus technischen Prozessen und baulichen Anlagen stammenden Abwasserströmen entnommene und technisch nutzbar gemachte Wärme oder Kälte mit Ausnahme der aus technischen Prozessen und baulichen Anlagen stammenden Abluftströmen entnommenen Wärme.

„Wärme- und Kälteenergiebedarf“ die Summe aus
a) der zur Deckung des Wärmebedarfs für Heizung und Warmwasserbereitung jährlich benötigten Wärmemenge, einschließlich des thermischen Aufwands für Übergabe, Verteilung und Speicherung der Energiemenge und
b) der zur Deckung des Kältebedarfs für Raumkühlung jährlich benötigten Kältemenge, einschließlich des thermischen Aufwands für Übergabe, Verteilung und Speicherung der Energiemenge,

„Wohnfläche“ die Fläche, die nach der Wohnflächenverordnung vom 25. November 2003 (BGBl. 1 S. 2346) oder auf der Grundlage anderer Rechtsvorschriften oder anerkannter Regeln der Technik zur Berechnung von Wohnßächen ermittelt worden ist.

„Wohngebäude“ ein Gebäude das nach seiner Zweckbestimmung überwiegend dem Wohnen dient, einschließlich von Wohn-, Alten- oder Pllegeheimen sowie ähnlicher Einrichtungen.

Erneuerbare Energien im Sinne dieses Gesetzes ist oder sind
1. Geothermie,
2. Umweltwärme,
3. die technisch durch im unmittelbaren räumlichen Zusammenhang mit dem Gebäude stehenden Anlagen zur Erzeugung von Strom aus solarer Strahlungsenergie oder durch solarthermische Anlagen zur Wärme- oder Kälteerzeugung nutzbar gemachte Energie,
4. die technisch durch gebäudeintegrierte Windkraftanlagen zur Wärme- oder Kälteerzeugung nutzbar gemachte Energie,
5. die aus fester, flüssiger oder gasförmiger Biomasse erzeugte Wärme; die Abgrenzung erfolgt nach dem Aggregatzustand zum Zeitpunkt des Eintritts der Biomasse in den Wärmeerzeuger; oder
6. Kälte aus erneuerbaren Energien.</td></tr>
</table>

Jahres-Primärenergiebedarf und baulicher Wärmeschutz bei zu errichtenden Wohngebäuden

Jahres-Primärenergiebedarf:

Für das zu errichtende Wohngebäude und das Referenzgebäude ist der Jahres-Primärenergiebedarf nach DIN V 18599: 09-2018 oder durch ein vereinfachtes Nachweisverfahren zu ermitteln. Der Jahres-Primärenergiebedarf für Heizung, Warmwasser, Lüftung und Kühlung darf das 0,75-fache des Wertes eines Referenzgebäudes nicht überschreiten.

Baulicher Wärmeschutz:

Ein Wohngebäude ist so zu errichten, dass der Höchstwert des spezifischen, auf die wärmeübertragende Umfassungsfläche bezogenen Transmissionswärmeverlust das 1,0-fache des Referenzgebäudes nicht überschreitet.

Technische Ausführung des Referenzgebäudes (Wohngebäude)

Nummer	Bauteile/Systeme	Referenzausführung/Wert (Maßeinheit)	
		Eigenschaft (zu den Nummern 1.1 bis 4)	
1.1	Außenwand (einschließlich Einbauten, wie Rollladenkästen), Geschossdecke gegen Außenluft	Wärmedurchgangskoeffizient	$U = 0{,}28\ W/(m^2 \cdot K)$
1.2	Außenwand gegen Erdreich, Bodenplatte, Wände und Decken zu unbeheizten Räumen	Wärmedurchgangskoeffizient	$U = 0{,}35\ W/(m^2 \cdot K)$
1.3	Dach, oberste Geschossdecke, Wände zu Abseiten	Wärmedurchgangskoeffizient	$U = 0{,}20\ W/(m^2 \cdot K)$
1.4	Fenster, Fenstertüren	Wärmedurchgangskoeffizient	$U_W = 1{,}3\ W/(m^2 \cdot K)$
		Gesamtenergiedurchlassgrad der Verglasung	Bei Berechnung nach • DIN V 4108-6: 2003-06: $g\perp = 0{,}60$ • DIN V 18599-2: 2018-09: $g = 0{,}60$
1.5	Dachflächenfenster, Glasdächer und Lichtbänder	Wärmedurchgangskoeffizient	$U_W = 1{,}4\ W/(m^2 \cdot K)$
		Gesamtenergiedurchlassgrad der Verglasung	Bei Berechnung nach • DIN V 4108-6: 2003-06: $g\perp = 0{,}60$ • DIN V 18599-2: 2018-09: $g = 0{,}60$
1.6	Lichtkuppeln	Wärmedurchgangskoeffizient	$U_W = 2{,}7\ W/(m^2 \cdot K)$
		Gesamtenergiedurchlassgrad der Verglasung	Bei Berechnung nach • DIN V 4108-6: 2003-06: $g\perp = 0{,}64$ • DIN V 18599-2: 2018-09: $g = 0{,}64$
1.7	Außentüren; Türen gegen unbeheizte Räume	Wärmedurchgangskoeffizient	$U = 1{,}8\ W/(m^2 \cdot K)$
2	Bauteile nach den Nummern 1.1 bis 1.7	Wärmebrückenzuschlag	$\Delta U_W = 0{,}05\ W/(m^2 \cdot K)$
3	Solare Wärmegewinne über opake Bauteile	wie das zu errichtende Gebäude	
4	Luftdichtheit der Gebäudehülle	Bemessungswert n_{50}	Bei Berechnung nach • DIN V 4108-6: 2003-06: mit Dichtheitsprüfung • DIN V 18599-2: 2018-09: nach Kategorie 1

Nummer	Bauteile/Systeme	Referenzausführung/Wert (Maßeinheit)	
		Eigenschaft (zu den Nummern 1.1 bis 4)	
5	Sonnenschutzvorrichtung	keine Sonnenschutzvorrichtung	
6	Heizungsanlage	• Wärmeerzeugung durch Brennwertkessel (verbessert, bei der Berechnung nach § 20 Absatz 1 nach 1994), Erdgas. Aufstellung: – für Gebäude bis zu 500 m² Gebäudenutzfläche innerhalb der thermischen Hülle – für Gebäude mit mehr als 500 m² Gebäudenutzfläche außerhalb der thermischen Hülle • Auslegungstemperatur 55/45 °C, zentrales Verteilsystem innerhalb der wärmeübertragenden Umfassungsfläche, innen liegende Stränge und Anbindeleitungen, Pumpe auf Bedarf ausgelegt (geregelt, Δp const) Rohrnetz ausschließlich statisch hydraulisch abgeglichen • Wärmeübergabe mit freien statischen Heizflächen, Anordnung an normaler Außenwand, Thermostatventile mit Proportionalbereich 1 K nach DIN V 4701-10: 2003-08 bzw. P-Regler (nicht zertifiziert) nach DIN V 18599-5: 2018-09	
7	Anlage zur Warmwasserbereitung	• zentrale Warmwasserbereitung • gemeinsame Wärmebereitung mit Heizungsanlage nach Nummer 6 • bei Berechnung nach § 20 Absatz 1: allgemeine Randbedingungen gemäß DIN V 18599-8: 2018-09 Tabelle 6. Solaranlage mit Flachkollektor nach 1998 sowie Speicher ausgelegt gemäß DIN V 18599-8: 2018-09 Abschnitt 6.4.3 • bei Berechnung nach § 20 Absatz 2: Solaranlage mit Flachkollektor zur ausschließlichen Trinkwassererwärmung entsprechend den Vorgaben nach DIN V 4701-10: 2003-08 Tabelle 5.1-10 mit Speicher. indirekt beheizt (stehend), gleiche Aufstellung wie Wänneerzeuger. – kleine Solaranlage bei $A_N \leq 500$ m² (bivalenter Solarspeicher – große Solaranlage bei $A_N > 500$ m² • Verteilsystem mit Zirkulation, innerhalb der wärmeübertragenden Umfassungsfläche, innen liegende stränge, gemeinsame Installationswand, Standard-Leitungslängen nach DIN V 4701-10: 2003-08 Tabelle 5.1-2	
8	Kühlung	keine Kühlung	
9	Lüftung	zentrale Abluftanlage, nicht bedarfsgeführt mit geregeltem DC-Ventilator, • DIN-V 18599-10: 2018-09: nutzungsbedingter Mindestaußenluftwechsel n_{Nutz}: 0.55 h^{-1}	
10	Gebäudeautomation	Klasse C nach DIN V 18599-11: 2018-09	

Weitere Informationen zum GEG ▶ siehe Kap_10.pdf  

10.3 Rohrleitungsdämmung *piping insulation*

Einteilung von Dämmstoffen nach Materialien

Materialgruppe	Matten/Filze	Platten	Schüttungen
Mineralische Dämmstoffe	–	Perlite Schaumglas Kalzium-Silikat Mineralschaum	Perlite Glimmerschiefer Blähglas-Granulat
Mineralisch-Synthetische Dämmstoffe	Mineralfasern	Mineralfasern	Mineralfaserflocken
Synthetische Dämmstoffe	Polyester	Polystyrol (EPS/XPS) Polyurethan-Hartschaum (PUR)	–
Pflanzliche Dämmstoffe	Flachs Hanf Kokosfasern Baumwolle	Holzfasern Kork Schilf Zellulose	Zellulose Kork Baumwolle Holzspäne Holzfasern
Tierische Dämmstoffe	Schafwolle	–	Schafwolle

Vergleich der Wärmeleitfähigkeit von Dämmstoffen

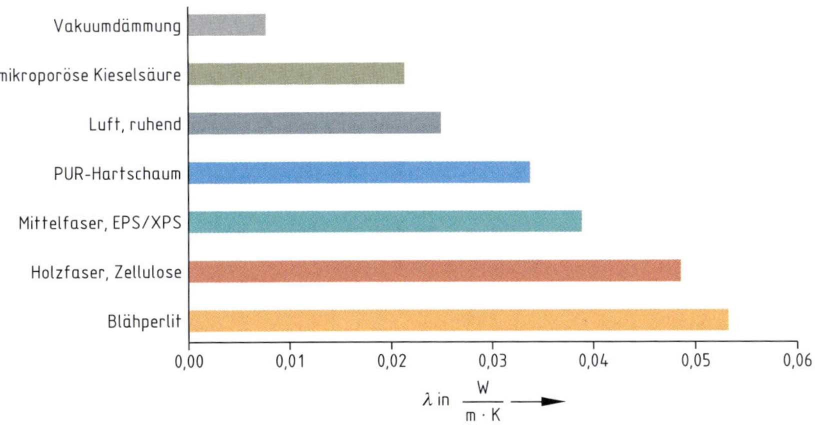

Bauaufsichtliche Bezeichnung	„Alt" Brandschacht Baustoffklasse nach DIN 4102-1	Euroklasse nach DIN EN 13501	Anforderungsniveau
nicht brennbar	A1	A1	kein Beitrag zum Brand
	A2	A2	vernachlässigbarer Beitrag zum Brand
schwer entflammbar	B1	B	sehr geringer Beitrag zum Brand
		C	geringer Beitrag zum Brand
normal entflammbar	B2	D	hinnehmbarer Beitrag zum Brand
		E	Hinnehmbares Brandverhalten
leicht entflammbar	B3	F	Keine Anforderungen

Bei dem Einsatz von Dämmstoffen ist eine genaue Auswahl entsprechend den brandschutztechnischen Bestimmungen notwendig (DIN EN 13501).

Das Brandverhalten wird nicht nur vom Dämmstoff selbst, sondern auch von evtl. Bindemitteln, Klebern, Flammschutzmitteln, Beschichtungen usw. positiv oder negativ beeinflusst.

Wärmedämmung von Wärmeverteilungs- und Warmwasserleitungen, Kälteverteilungs- und Kaltwasserleitungen sowie Armaturen nach GEG

Zeile	Art der Leitungen/Armaturen	Mindestdicke der Dämmschicht, bezogen auf eine Wärmeleitfähigkeit von 0,035 W/(m · K)
1	Innendurchmesser bis 22 mm	20 mm
2	Innendurchmesser über 22 mm bis 35 mm	30 mm
3	Innendurchmesser über 35 mm bis 100 mm	gleich Innendurchmesser
4	Innendurchmesser über 100 mm	100 mm
5	Leitungen und Armaturen nach den Zeilen 1 bis 4 in Wand- und Deckendurchbrüchen, im Kreuzungsbereich von Leitungen, an Leitungsverbindungsstellen, bei zentralen Leitungsnetzverteilern	1/2 der Anforderungen der Zeilen 1 bis 4
6	Leitungen von Zentralheizungen nach den Zeilen 1 bis 4, die nach dem 31. Januar 2002 in Bauteilen zwischen beheizten Räumen verschiedener Nutzer verlegt werden	1/2 der Anforderungen der Zeilen 1… 4
7	Leitungen nach Zeile 6 im Fußbodenaufbau	6 mm
8	Kälteverteilungs- und Kaltwasserleitungen sowie Armaturen von Raumlufttechnik- und Klimakältesystemen	6 mm

Soweit Wärmeverteilungs- und Warmwasserleitungen an Außenluft grenzen, sind diese mit dem Zweifachen der Mindestdicke nach Tabelle 1 Zeile 1 bis 4 zu dämmen.

Richtwerte für Schichtdicken zur Dämmung von Rohrleitungen für Trinkwasser kalt **DIN 1988-200 : 2012-05**

Einbausituation	Dämmschichtdicke bei $\lambda = 0{,}040$ W/(m · K)[1)]
Rohrleitungen frei verlegt in nicht beheizten Räumen, Umgebungstemperatur ≤ 20 °C (nur Tauwasserschutz)	9 mm
Rohrleitungen verlegt in Rohrschächten, Bodenkanälen und abgehängten Decken. Umgebungstemperatur ≤ 25 °C	13 mm
Rohrleitungen verlegt, z. B. in Technikzentralen oder Medienkanälen und Schächten mit Wärmelasten und Umgebungstemperaturen ≥ 25 °C	Dämmung wie Warmwasserleitungen
Stockwerksleitungen und Einzelzuleitungen in Vorwandinstallationen	Rohr-in-Rohr oder 4 mm
Stockwerksleitungen und Einzelzuleitungen im Fußbodenaufbau (auch neben nichtzirkulierenden Trinkwasserleitungen warm)[2)]	Rohr-in-Rohr oder 4 mm
Stockwerksleitungen und Einzelzuleitungen im Fußbodenaufbau neben warmgehenden zirkulierenden Rohrleitungen[2)]	13 mm

[1)] Für andere Wärmeleitfähigkeiten sind die Dämmschichtdicken entsprechend umzurechnen; Referenztemperatur für die angegebene Wärmeleitfähigkeit: 10 °C

[2)] In Verbindung mit Fußbodenheizungen sind die Rohrleitungen für Trinkwasser kalt so zu verlegen

Heizung	**Mehrfamilienhaus/ Nichtwohngebäude mehrere Nutzer**	**Einfamilienhaus/ Nichtwohngebäude ein Nutzer**
Leitungen in unbeheizten Räumen und Kellerräumen	100 %	100 %
Leitungen in Außenwänden, in Außenbauteilen, zwischen einem unbeheizten und beheizten Raum, in Schächten und Kanälen	100 %	100 %
Verteilleitungen zur Versorgung mehrerer, unterschiedlicher Nutzer	100 %	Keine Anforderungen
Im Fußboden verlegte Leitungen auch HK-Anschlussleitungen gegen Erdreich/unbeheizte Räume	100 %	100 %
Leitungen und Armaturen in Wand- und Deckendurchbrüchen, im Kreuzungsbereich von Leitungen, an Leitungsverbindungsstellen, an zentralen Leitungsverteilern	50 %	50 %
Leitungen in Bauteilen, zwischen beheizten Räumen verschiedener Nutzer	50 %	Keine Anforderungen
Im Fußbodenaufbau verlegte Leitungen, zwischen beheizten Räumen verschiedener Nutzer	Siehe EnEV Zeile 7	Keine Anforderungen
Heizungsleitungen in beheizten Räumen oder in Bauteilen zwischen beheizten Räumen eines Nutzers und absperrbar	÷	Keine Anforderungen
Wärmeverteilleitungen, die direkt an Außenluft angrenzend verlegt sind	200 %	200 %

Dämmschichtdicken für Heizungsleitungen nach GEG		
Für Rohrleitungen sämtlicher Dimensionen, die im Fußbodenaufbau (unabhängig von ihrer dortigen Lage) zwischen beheizten Räumen verschiedener Nutzer verlegt sind, gelten die folgenden Dämmdicken		
Mindestdicke der Dämmschicht bezogen auf eine Wärmeleitfähigkeit bei 40 °C		
0,035 W/(m · K) für konzentrische Dämmung	0,040 W/(m · K) für konzentrische Dämmung	0,040 W/(m · K) für exzentrische/ asymmetrische Dämmung
6 mm	9 mm	Siehe allg. bauaufsichtliche Zulassung des Herstellers

Dämmvorgaben nach GEG

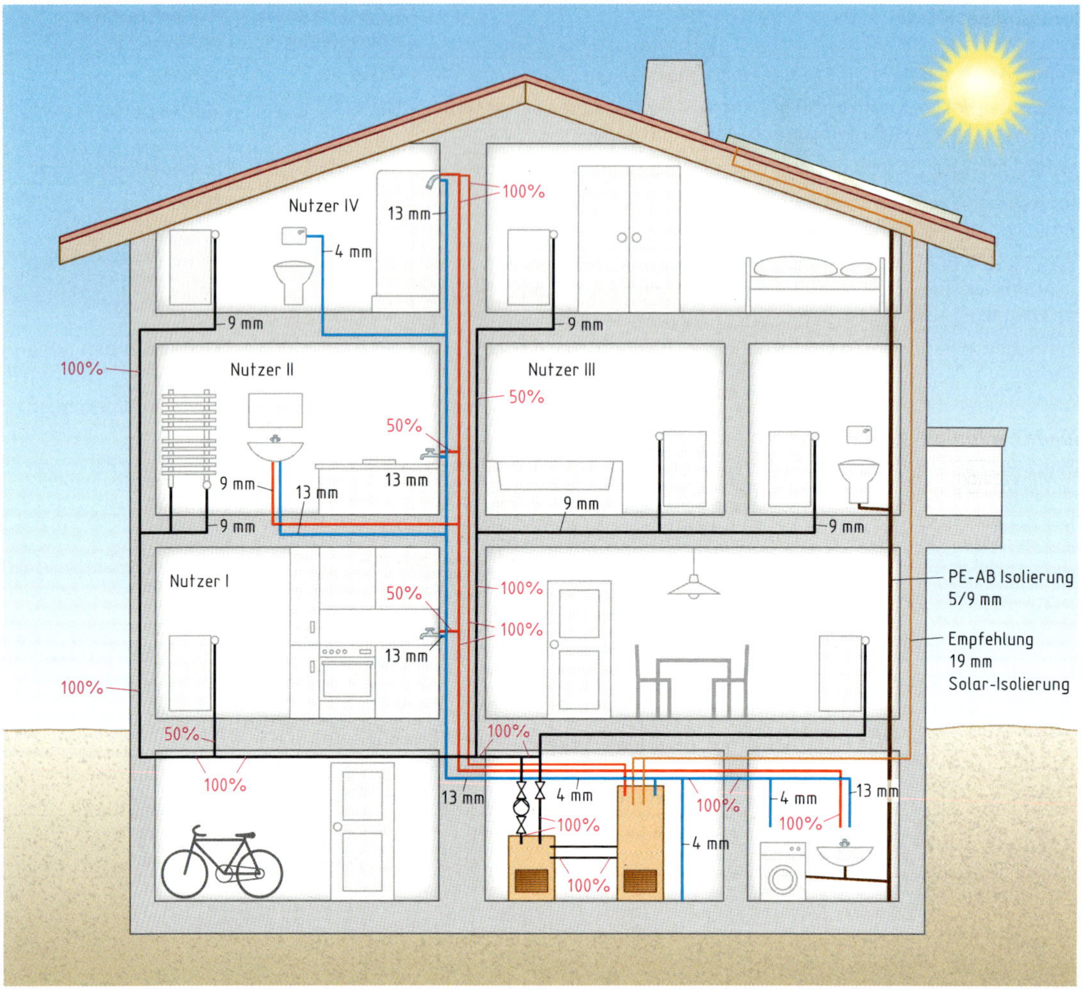

Empfohlene Abstände zwischen gedämmten Rohrleitungen

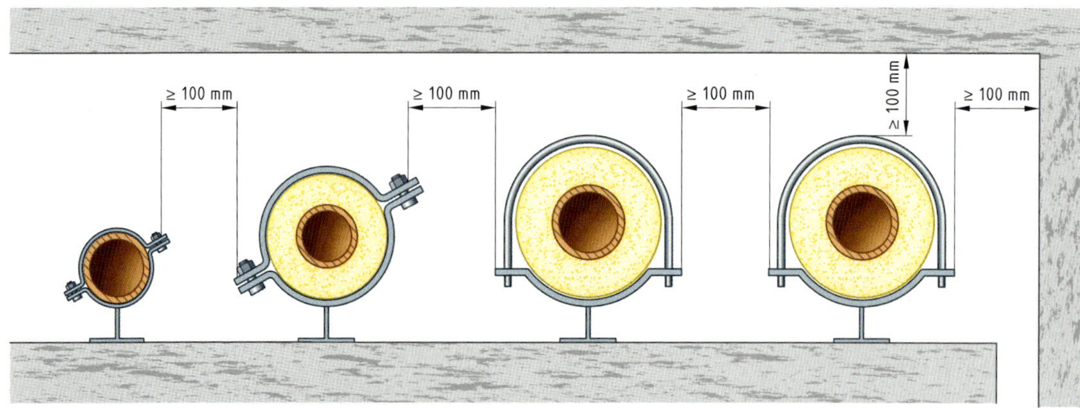

Dämmstoffe mit unterschiedlicher Wärmeleitfähigkeit im Vergleich

Bezugsgröße: 100 % Rohrdämmung nach GEG

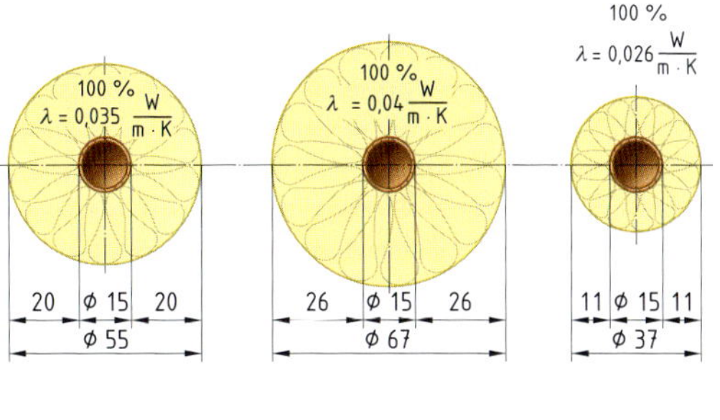

Wird mit Materialen gedämmt, die von der WLG 035 abweichen, sind die Mindestdicken der Dämmschichten gemäß nachstehender Tabelle umzurechnen.

Wärmeleitfähigkeiten λ $\frac{W}{m \cdot K}$	100 % Dämmung			50 % Dämmung		
	14 × 2	16 × 2	20 × 2	14 × 2	16 × 2	20 × 2
0,025	10	11	11	6	6	6
0,030	15	15	15	8	8	8
0,035	20	20	20	10	10	10
0,040	27	26	26	13	13	13

Mindestanforderungen and die Wärmedämmschichtdicken nach GEG

Dämmstoffdicke in mm ausgehend von $\lambda = 0{,}040$ W/(m · K)																				
	20 | 10; 100 % | 5 %										**30 | 15**						**40 | 20**			
Durchmesser Kupferrohre in mm[1]	10/12		13/15		16/18		19/22				25/28		32/35		–		39/42		–	
Durchmesser Stahlrohre in mm[2]	12,6/17,2		–		–		(16,1/21,3)		21,7/26,9		27,3/33,7		–		36/42,4		–		40/48,3	
DN	**10**		**10**		**15**		**20 (15)**		**20**		**25**		**32**		**32**		**40**		**40**	
λ_0 in W/(m · K)	100	50	100	50	100	50	100	50	100	50	100	50	100	50	100	50	100	50	100	50
0,025	10[3]	5	11	6	11	6	11	6	12	6	17	9	18	9	21	11	23	12	24	13
0,030	15	8	15	8	15	8	15	8	14	8	23	12	23	12	28	14	30	16	31	16
0,035	**20**	**10**	**20**	**10**	**20**	**10**	**20**	**10**	**20**	**10**	**30**	**15**	**30**	**15**	**36**	**17**	**39**	**20**	**40**	**20**
0,040	27[4]	13	26	13	26	13	26	13	25	13[4]	39	19	38	19	46	21	50	24	50	24
0,045	37[5]	18	34	16	33	16	33	16	30	16[4]	49	23	47[3]	22	57	25	62	29	69	32

[1] EN 1057; [2] EN 10255; [3] bei Stahlrohren: 1 mm Zugabe; [4] 1 mm weniger; [5] 3 mm weniger

Umrechnung von Dämmschichtdicken in Abhängigkeit von der Wärmeleitfähigkeit (nach VDI 2055, Blatt 1: 2008-09) für Angaben nach DIN 1988-200

Wärmeleitfähigkeit $\lambda_D = 0{,}040$ W/(m · K)	Anwendungsbereiche		
0,025	2,0	4,3	6,1
0,030	2,6	5,6	8,0
0,035	3,2	7,2	10,3
0,040	4	9	13
0,045	4,9	11,1	16,1
0,050	5,9	13,4	19,8
0,055	7,0	16,2	24,0
0,060	8,3	19,3	28,8

Taupunkttemperatur in Abhängigkeit von der Lufttemperatur und der relativen Luftfeuchte

Lufttemperatur θ_a in °C	Taupunkttemperatur der Luft in °C bei einer relativen Luftfeuchte ω in %						
	30	40	50	60	70	80	90
10	−6	−2,6	0	2,6	4,8	6,7	8,4
15	−2,2	1,5	4,7	7,3	9,6	11,6	13,4
20	1,9	6	9,3	12,0	14,4	16,4	18,3
25	6,2	10,5	13,9	16,7	19,1	21,3	23,2
30	10,5	14,9	18,4	21,4	23,9	26,1	28,2

Schutz vor Tauwasserbildung

10.4 Regenwassernutzung *rainwater harvesting*

Regenwasserbewirtschaftung **Ziel: Regenwasser möglichst lange im Gebiet halten und bewirtschaften**	
Regenwassernutzung	Regenwasserversickerung
Entsiegelung durch Schaffung wasserdurchlässiger Befestigung	Verdunstungsflächen schaffen
Nutzung von Gründächern	Naturnahe Rückhaltung und Ableitung von Regenwasser

130 Liter Wasserbedarf pro Person und Tag/Substitutionsmöglichkeit durch Regenwassernutzung

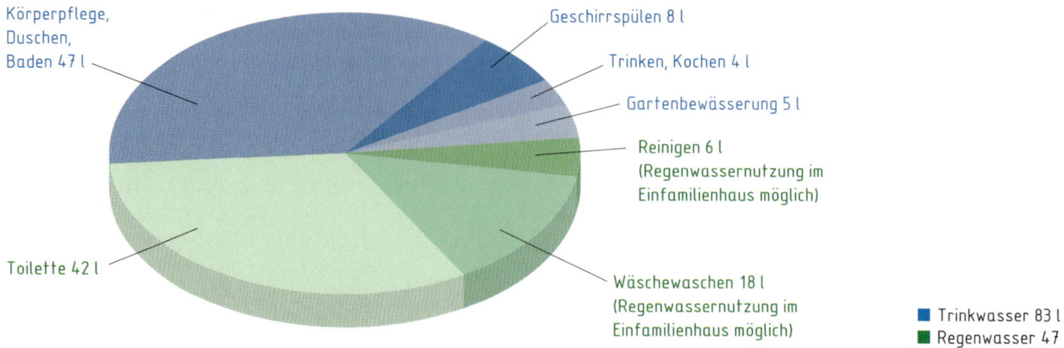

Durchschnittliche Niederschlagsmengen

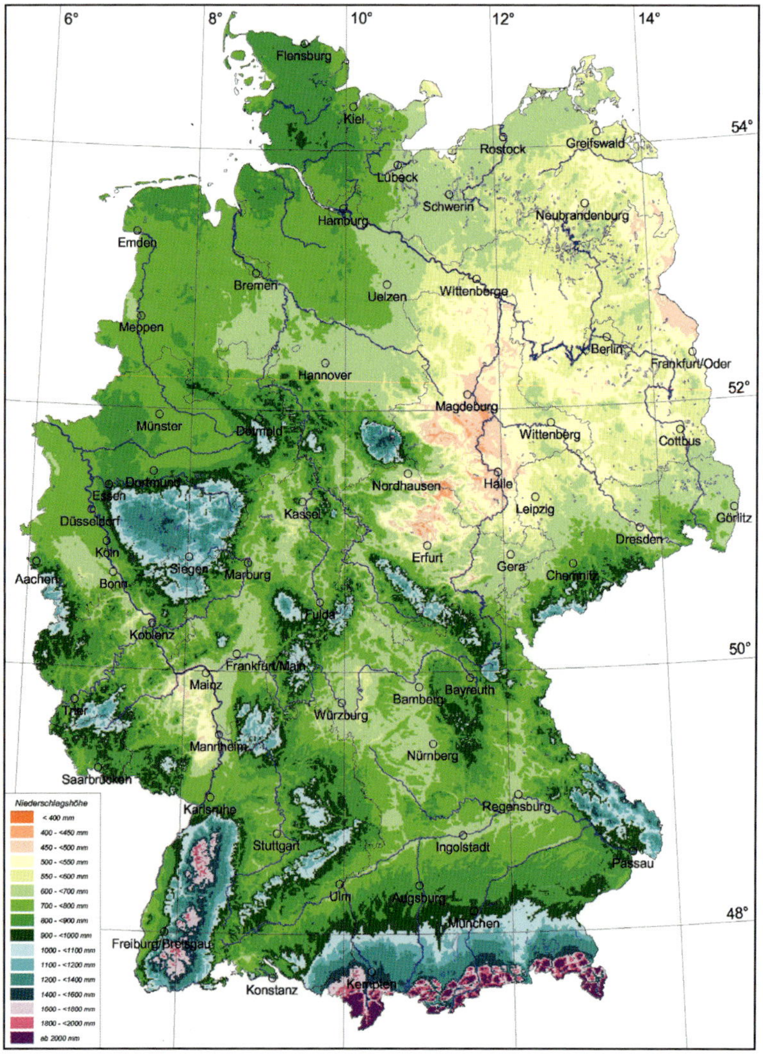

Mittlere jährliche Niederschlagshöhe
für den Zeitraum 1961–1990 in mm

Datenbasis: ca. 4500 Stationen (Werte geprüft)

Alle Entnahmestellen von Regenwasser sind wie folgt zu kennzeichnen: **Kein Trinkwasser**	• Regenwasser ist Betriebswasser. • Es hat keine Trinkwasserqualität. • Gesundheitsbeeinträchtigung durch Bakterien (z. B. Pseudomonas aeroguinosa) möglich. • Trinkwasser- und Regenwasserleitungen sind unterschiedlich zu kennzeichnen. • Unmittelbar an der Trinkwasserhauseinführung bzw. am Wasserzähler ist folgender Hinweis nach DIN 1989-100 anzubringen: Achtung! In diesem Gebäude ist eine Regenwassernutzungsanlage installiert. Querverbindungen sind nicht zulässig.

Regenwassernutzungsanlage mit Außenspeicher

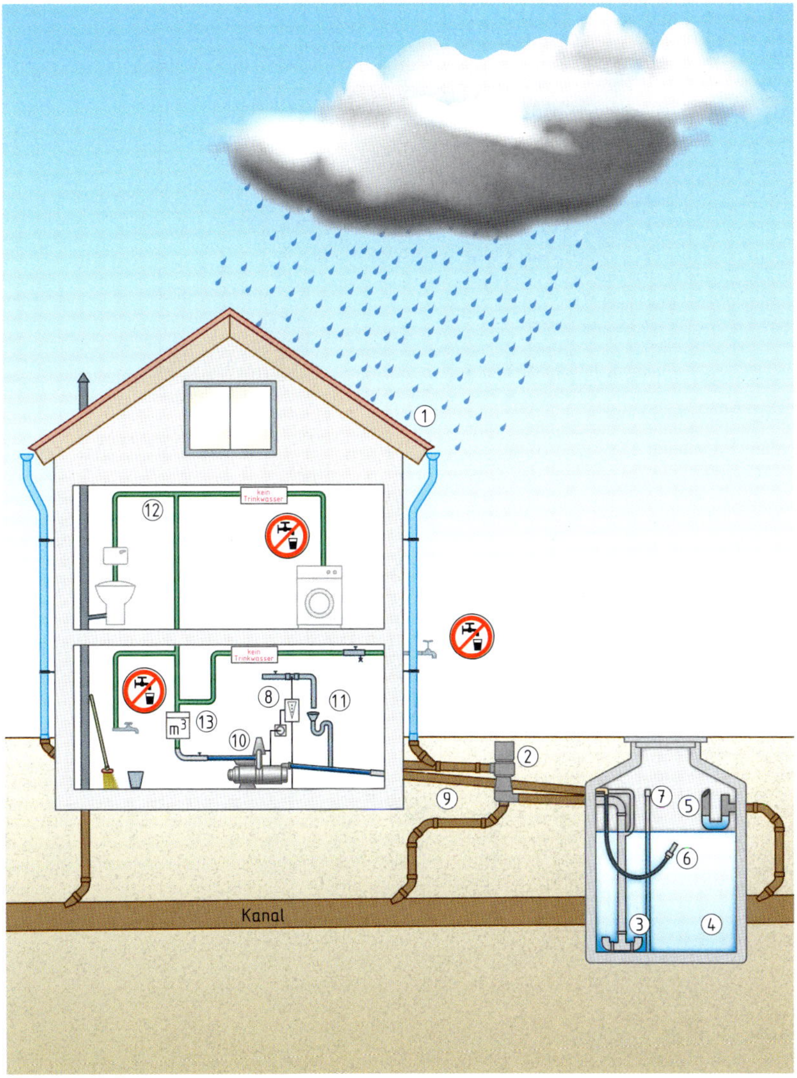

1 Auffangfläche
2 Filter vor dem Speicher
3 beruhigter Zulauf
4 Speicher
5 Überlauf mit Geruchsverschluss und Kleintierschutz
6 Saugleitung (schwimmende Entnahme)
7 Füllstandserfassung
8 Anlagensteuerung
9 Leerrohr
10 Hauswasserstation
11 Trinkwassernachspeisung, mit freiem Auslauf nach DIN 1988[1] (EN 806)/DIN EN 1717
12 Leitungsnetz + Entnahmestelle
13 Betriebswasserzähler

[1] Die DIN 1988 besteht aus den Teilen ..-100, -200, -300, -500, -600.

Regenwassernutzungsanlage mit innenliegendem Speicher nach DIN 1989-100 : 2022-07

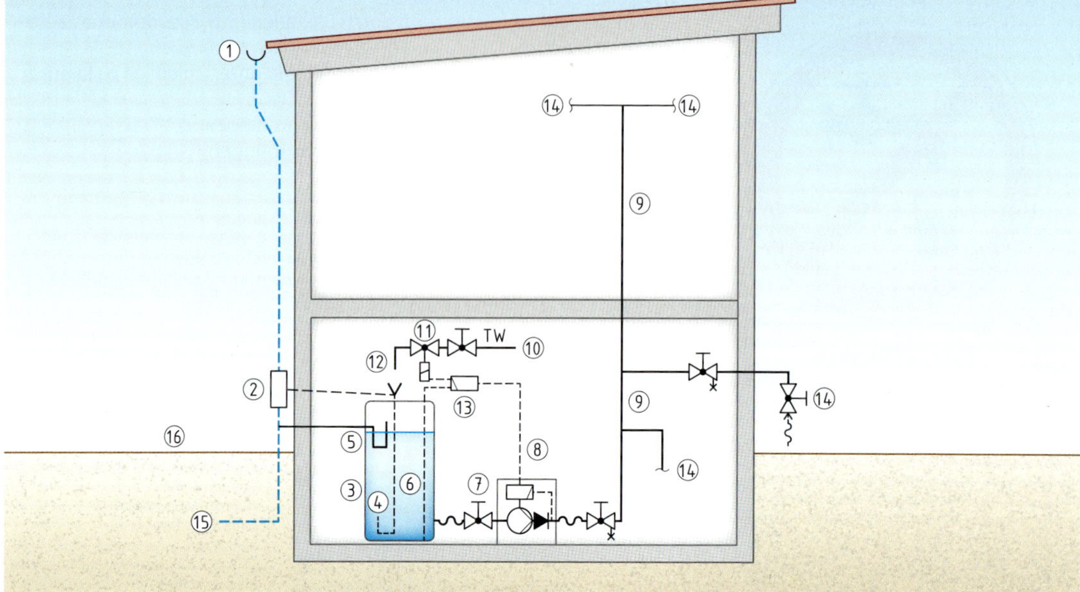

Legende

1 Dachrinne/Fallrohr
2 Filter
3 Regenwasserspeicher
4 beruhigter Zulauf
5 Überlauf mit Geruchsverschluss
6 Wasserstandserfassung
7 Entnahmeleitung
8 Betriebswasserpumpe
9 Betriebswasserleitung
10 Trinkwasserleitung
11 Magnetventil
12 freier Auslauf Typ AA oder Typ AB nach DIN EN 1717
13 Anlagensteuerung
14 Entnahmestellen
15 Versickerungsanlage/Kanalisation
16 Rückstauebene

Speicherdimensionierung nach DIN 1989-100 : 2022-07

Berechnung der speicherbaren Regenwassermenge

$E_R = A \cdot e \cdot h_N \cdot \eta_F$

E_R: Regenwasserertrag in Liter je Jahr (l/a)
A: Dachgrundfläche in m^2
h_N: Niederschlagshöhe in Liter je Quadratmeter (l/m^2) oder Millimeter (mm)
η_F: Filterwirkungsgrad (bei regelmäßiger Wartung $\eta_F = 0{,}9$)
e: Ertragsbeiwert

Ertragsbeiwerte

Beschaffenheit	Ertragsbeiwert *e*
geneigtes Hartdach[1)]	0,8
Flachdach unbekiest	0,8
Flachdach bekiest	0,6
Gründach intensiv	0,3
Gründach extensiv	0,5
Pflasterfläche/Verbundpflasterfläche	0,5
Asphaltbelag	0,8

[1)] Abweichungen je nach Saugfähigkeit und Rauheit

Ermittlung des jährlichen Betriebswasserbedarfs

DIN 1989-100 : 2022-07

Für die individuellen Berechnungen werden folgende Bedarfswerte angegeben:			
Verbraucher		**personenbezogener Tagesbedarf**	**spezifischer Jahresbedarf**
– Toiletten im Haushalt[1]		24 l/Person × Tag	–
– Toiletten im Bürobereich[1]		12 l/Person × Tag	–
– Toiletten in Schulen[1]		6 l/Person × Tag	–
– Gartenbewässerung je 1 m^2 Nutzgarten, Grünanlagen		–	60 l/m^2
Bewässerung oder Beregnungsmengen, während der Vegetationszeit von April bis September			
– bei Sportanlagen	Gesamtmenge für 6 Monate	–	200 l/m^2
– für Grünland bei leichtem Boden bei schwerem Boden	 Gesamtmenge für 6 Monate Gesamtmenge für 6 Monate	 – –	 100 l/m^2 ... 200 l/m^2 80 l/m^2 ... 150 l/m^2

[1] Bei Toiletten sollten grundsätzlich nur wassersparende Ausführungen angeschlossen werden, wie z. B. 6 l mit Zweimengen-Spülsystemen. Zur Erhöhung des Deckungsgrades können 4,5 l Toiletten bei entsprechenden hydraulischen Verhältnissen genutzt werden.

Anmerkung: Sollten Waschmaschinen angeschlossen werden, würde sich der personenbezogene Tagesbedarf um 10 Liter erhöhen.

$$BW_{Bedarf} = P_d \cdot n \cdot 365\,\frac{\mathrm{d}}{\mathrm{a}} + A \cdot BS$$

BW_{Bedarf}: Betriebswasserjahresbedarf in Liter
P_d: personenbezogener Tagesbedarf in Liter mal Tage ($l \cdot \mathrm{d}$)
n: Anzahl der Personen
A: Bewässerungsfläche in m^2
BS: spezifischer Jahresbedarf in $\frac{l}{m^2}$

Berechnung des Nutzvolumen des Regenwasserspeichers

Für die Bestimmung des Regenwasserspeichers wird der kleinere Wert von Regenwasserertrag E_R und Betriebswasserbedarf BW_{Bedarf} verwendet! Von diesem kleineren Wert werden 6 % als ausreichende Speichergröße angenommen.	
$V_N = E_R \cdot 0{,}06$ wenn $E_R < BW_{Bedarf}$	$V_N = BW_{Bedarf} \cdot 0{,}06$ wenn $BW_{Bedarf} < E_R$

Berechnungsformular zur Ermittlung des Regenwasserertrags ▶ siehe Kap_10.pdf 

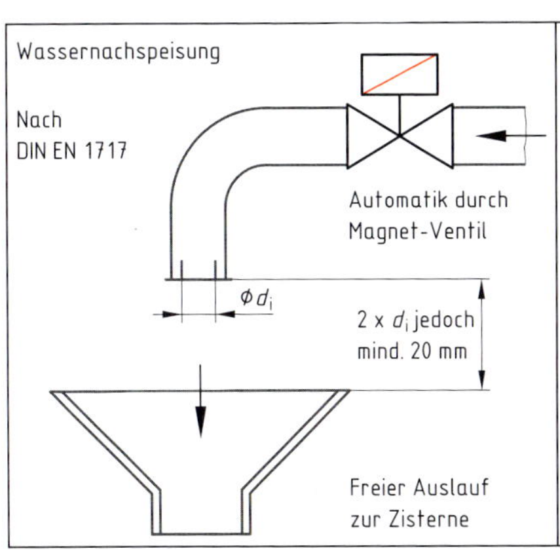

Schutzmaßnahmen des Trinkwassers

- Eine direkte Verbindung des Trinkwassersystems mit dem Regenwassersystem ist verboten.
- Nachspeisung von Trinkwasser nur mit Sicherheitseinrichtung AA (ungehinderter Freier Auslauf) oder Typ AB (Freier Auslauf mit nicht kreisförmigen Überlauf) nach DIN EN 1717.

Regenwasser-Entkeimung

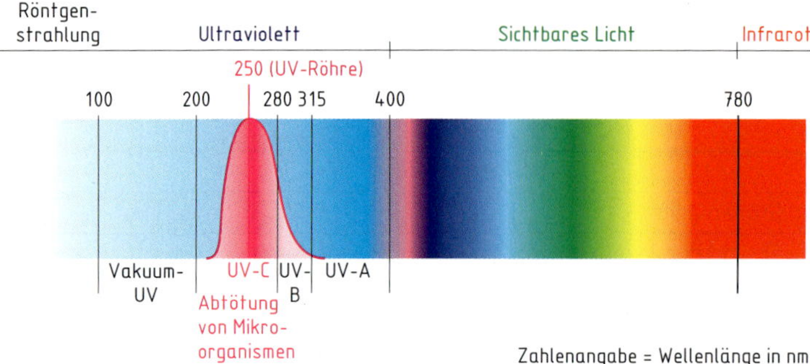

Quelle: Afriso

Filtertypen DIN 1989-100 : 2022-07

Filterart	Funktionsprinzip		
	Filter mit mechanischer Filtration und Sedimentation		Filter mit mechanischer Filtration
	großes Sedimentationsvolumen	kleines Sedimentationsvolumen	ohne Sedimentationsvolumen
mit Fremdstoffrückhalt	TYP A	TYP B	–
mit Fremdstoffableitung	TYP A	TYP B	TYP C

11 Umweltschutz, Arbeitsschutz, Brandschutz, Schallschutz

11.1 Umweltschutz *environment protection*

11.1.1 Übersicht Materialfluss und gesetzliche Regelungen der Abfallbeseitigung

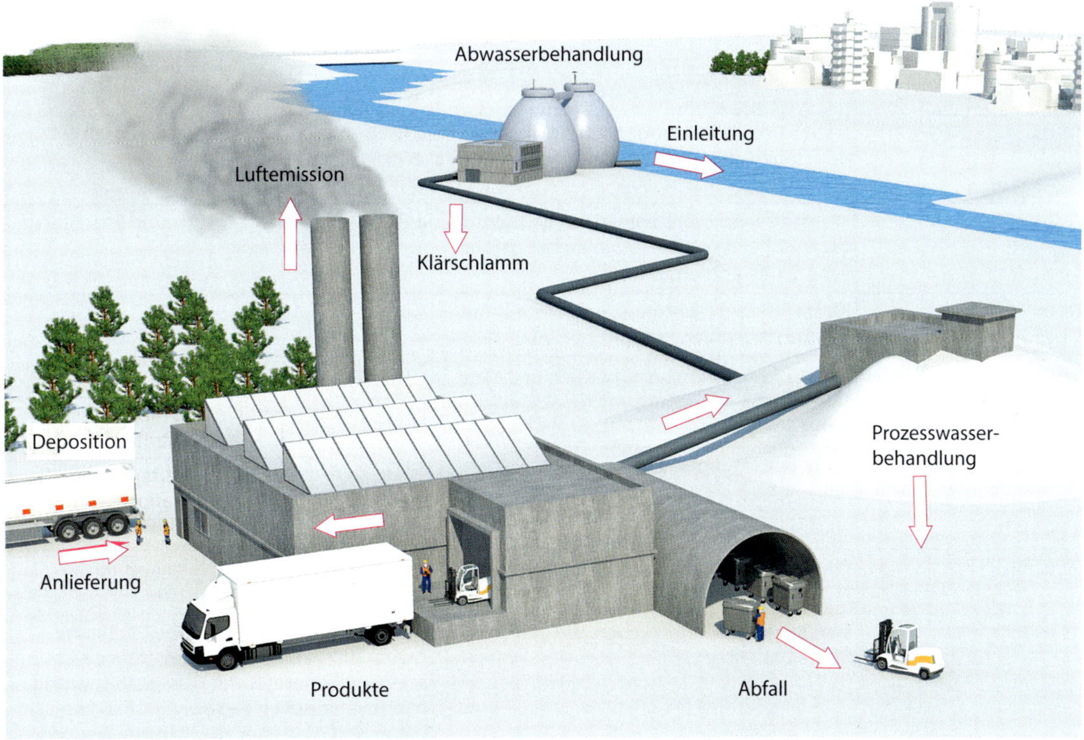

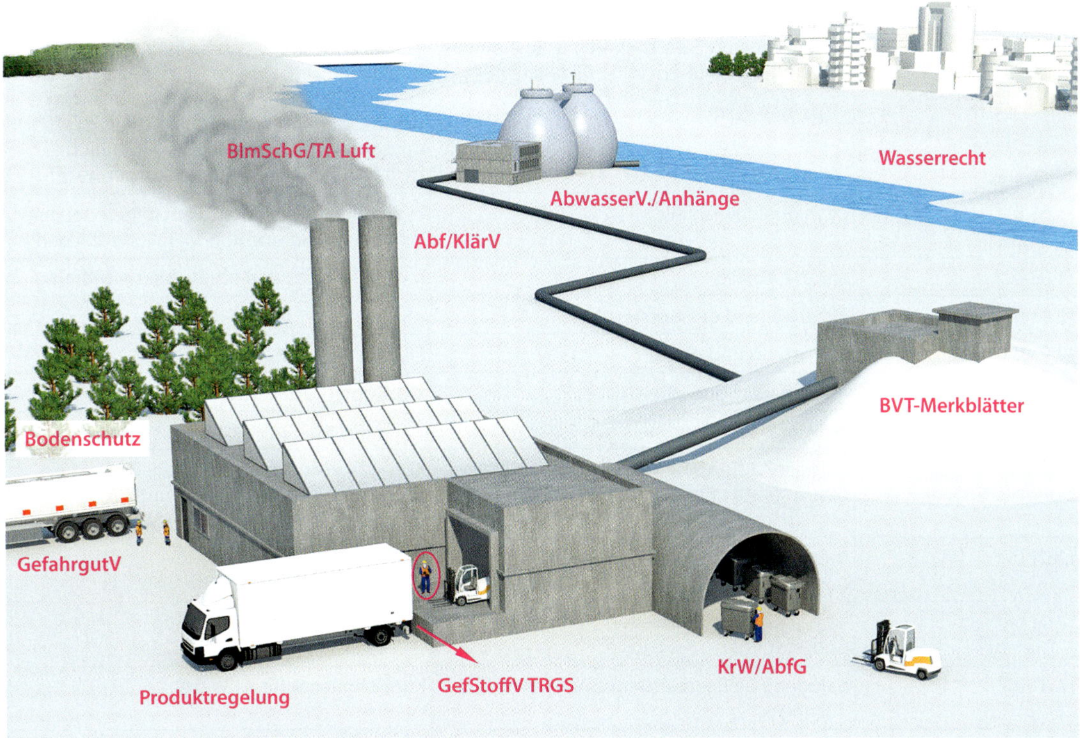

11.1.2 Abfallarten *environment protection*
(Auszug aus dem Europäischen Abfallverzeichnis – Abfallverzeichnis-Verordnung AVV: 2020-06)

Abfallschlüssel zur Ermittlung eines zugelassenen Entsorgungsbetriebes	**Abfallbezeichnung**	**Beispiele**
06 02 03*	Ammoniumhydroxid	z. B. Ammoniak aus Kälteanlagen (Salmiakgeist)
06 03 14	feste Salze und Lösungen mit Ausnahme derjenigen, die unter 06 03 11 und 06 03 13 fallen	z. B. Eisenchlorid, Eisensulfat (Grünsalz)
08 04 09*	Klebstoff- und Dichtmassenabfälle, die organische Lösemittel oder andere gefährliche Stoffe enthalten	z. B. nicht ausgehärtete Kitt- und Spachtelabfälle, Klebstoffe etc.
08 04 10	Klebstoff- und Dichtmassenabfälle mit Ausnahme derjenigen, die unter 08 04 09 fallen	s. o.
10 01 01	Rost- und Kesselasche, Schlacken und Kesselstaub mit Ausnahme von Kesselstaub, der unter 10 01 04 fällt	
11 01 05*	saure Beizlösungen	stark saure chemische Spülbäder, z. B. Salzsäurebeize
11 01 07*	alkalische Beizlösungen	Laugengemische, Brüniersalze
11 01 08*	Phosphatierschlämme	z. B. aus der Aluminium, Alkali-, Zinkphosphatierung
11 01 09*	Schlämme und Filterkuchen, die gefährliche Stoffe enthalten	cyanidhaltiger Schlamm ohne Cadmium, chrom (VI)-haltiger Schlamm; stark alkalische Spülbäder z. B. mit Wasserstoffperoxid nach cyanidischen Elektrolyten; Prozessbäder und Abwasser aus Standspülen und Vorspülkaskaden bzw. Spülbäder
11 01 10	Schlämme und Filterkuchen mit Ausnahme derjenigen, die unter 11 01 09 fallen	größter Abwasserstrom kupfer-, blei-, kobalt-, nickel-, zinn-, bzw. zinkhaltig kein Chrom (VI), Cadmium, Cyanid; z. B. auch wenn Cadmiumhydroxid im Schlamm enthalten ist; Eisenhydroxid, Aluminiumhydroxid (Konzentrate, Halbkonzentrate)
11 03 01*	cyanidhaltige Abfälle	cyanidhaltige Abfallsalze entstehen bei der Wärmebehandlung von Metalloberflächen
11 03 02*	andere Abfälle	s. o. Abfallsalze sind nitrat- oder nitrithaltig
12 01 01	Eisenfeil- und drehspäne	
12 01 02	Eisenstaub und -teile	Eisenschleifstaub
12 01 03	NE-Metallfeil und -drehspäne	z. B. Kupfer-, Zink-, Aluminium-, Bleispäne
12 01 04	NE-Metallstaub und -teilchen	
12 01 06*	halogenhaltige Bearbeitungsöle auf Mineralölbasis (außer Emulsionen und Lösungen)	Kühlschmierstoffe, CKW-haltig, die die Verschmelzung von Werkstück und Werkzeug verhindern sollen; Honöle, CKW-haltig
12 01 07*	halogenfreie Bearbeitungsöle auf Mineralölbasis (außer Emulsionen und Lösungen)	s. o. jedoch CKW-frei
12 01 08*	halogenhaltige Bearbeitungsemulsionen und -lösungen	Kühlschmierstoffe, CKW-haltig
12 01 09*	halogenfreie Bearbeitungsemulsionen und -lösungen	Kühlschmierstoffe, CKW-frei

Abfallschlüssel zur Ermittlung eines zugelassenen Entsorgungsbetriebes	**Abfallbezeichnung**	**Beispiele**
12 01 10*	synthetische Bearbeitungsöle	Kühlschmierstoffe
12 01 12*	gebrauchte Wachse und Fette	z. B. überlagerte Schmierfette
12 01 14*	Bearbeitungsschlämme, die gefährliche Stoffe enthalten	z. B. sonstige Galvanikschlämme, Erodierschlamm
12 01 16*	Strahlmittelabfälle, die gefährliche Stoffe enthalten	
12 01 17	Strahlmittelabfälle mit Ausnahme derjenigen, die unter 12 01 16 fallen	z. B. beim Entrosten von Stahlkonstruktionen bzw. Entfernen von Form-/Kernsandanhaftungen
12 01 20*	gebrauchte Hon- und Schleifmittel, die gefährliche Stoffe enthalten	metallhaltige Rückstände, die bei der Metallbearbeitung anfallen (ölhaltiger Schleifschlamm)
12 01 21	gebrauchte Hon- und Schleifmittel mit Ausnahme derjenigen, die unter 12 01 20 fallen	wie oben, jedoch ohne Öl
13 01 01*	Hydrauliköle, die PCB enthalten	
13 01 09*	chlorierte Hydrauliköle auf Mineralölbasis	
13 01 10*	nicht chlorierte Hydrauliköle auf Mineralölbasis	
13 01 13*	andere Hydrauliköle	
13 02 04*	chlorierte Maschinen-, Getriebe- und Schmieröle auf Mineralölbasis	
13 02 05*	nicht chlorierte Maschinen-, Getriebe- und Schmieröle auf Mineralölbasis	Altöl bekannter Herkunft
13 03 01*	Isolier- und Wärmeübertragungsöle, die PCB enthalten	
13 03 06*	chlorierte Isolier- und Wärmeübertragungsöle auf Mineralölbasis mit Ausnahme derjenigen, die unter 13 03 01 fallen	
13 03 07*	nicht chlorierte Isolier- und Wärmeübertragungsöle auf Mineralölbasis	
13 03 08*	synthetische Isolier- und Wärmeübertragungsöle	
13 03 10*	andere Isolier- und Wärmeübertragungsöle	Kühlflüssigkeit (Ethylenglykole)
13 05 02*	Schlämme aus Öl/Wasserabscheidern	Schlamm aus Öltrennanlagen
13 08 02	andere Emulsionen	„Kompressorenwasser“
14 06 02*	andere halogenierte Lösemittel und Lösemittelgemische	z. B. verbrauchte CKW-haltige Entfettungsbäder
14 06 03*	andere Lösemittel und Lösemittelgemische	z. B. aus der Kleinteilereinigung, verbrauchte Entfettungsbäder, CKW-frei
14 06 04*	Schlämme oder feste Abfälle, die halogenierte Lösemittel enthalten	z. B. Destillationsrückstände aus der Entfettung mit CKW
14 06 05*	Schlämme oder feste Abfälle, die andere Lösemittel enthalten	z. B. Destillationsrückstände aus der Entfettung ohne CKW
15 01 02	Verpackungen aus Kunststoff	Verpackungsschaum und -chips
15 01 04	Verpackungen aus Metall	entleerte Blechgebinde

Abfallschlüssel zur Ermittlung eines zugelassenen Entsorgungsbetriebes	**Abfallbezeichnung**	**Beispiele**
15 01 10*	Verpackungen, die Rückstände gefährlicher Stoffe enthalten oder durch gefährliche Stoffe verunreinigt sind	z. B. Fässer, Eimer, Dosen, Folien (Öl, Fett, Wachs, Lack)
15 02 02*	Aufsaug- und Filtermaterialien (einschließlich Ölfilter), Wischtücher und Schutzkleidung, die mit gefährlichen Stoffen verunreinigt sind	z. B. mit Metallstäuben beladene Filtereinsätze aus Absauganlagen, Tücher mit Beizen, Entfettungsmitteln verunreinigt; Kieselgur, Quarzkies bzw. Aktivkohlefilter; Putzlappen, Handschuhe, mit Fett oder Öl verunreinigt; gebrauchte Polierballen, lösemittelbeladene Filtereinsätze aus Absauganlagen
16 02 10*	gebrauchte Geräte, die PCB enthalten oder damit verunreinigt sind	z. B. Kondensatoren, Transformatoren
17 01 01	Beton	
17 01 02	Ziegel	
17 01 03	Fliesen, Ziegel und Keramik	
17 01 06*	Gemische aus oder getrennte Fraktionen von Beton, Ziegeln, Fliesen und Keramik, die gefährliche Stoffe enthalten	z. B. aus Kaminabriss
17 01 07	Gemische aus Beton, Ziegeln, Fliesen und Keramik mit Ausnahme derjenigen, die unter 17 01 06 fallen	
17 02 02	Glas	Fensterglas
17 02 03	Kunststoff	z. B. Armaturenteile, Einbauschränke etc.
17 02 04*	Glas, Kunststoff und Holz, die gefährliche Stoffe enthalten oder durch gefährliche Stoffe verunreinigt sind	z. B. Altfenster
17 02 08	Baustoffe auf Gipsbasis	
17 03 03*	Kohlenteer und teerhaltige Produkte	Dachpappe
17 04 01	Kupfer, Bronze, Messing	z. B. Kupferarmaturen
17 04 02	Aluminium	
17 04 03	Blei	z. B. Wasserrohre
17 04 04	Zink	
17 04 05	Eisen und Stahl	z. B. Heizkörper (Eisenschrott)
17 04 06	Zinn	
17 04 07	gemischte Metalle	
17 04 09*	Metallabfälle, die durch gefährliche Stoffe verunreinigt sind	z. B. flammschutzbehandelte Metallteile
17 04 11	Kabel	
17 06 01*	Dämmmaterial, das Asbest enthält	
17 06 04	Dämmmaterial mit Ausnahme desjenigen, das unter 17 06 01 fällt	z. B. Glaswolle (Mineralfaserabfälle), Styrol-Dämmplatten
17 06 05*	asbesthaltige Baustoffe	z. B. Fassadenplatten (Eternit, Kamelit)
19 08 06*	gesättigte oder verbrauchte Ionenaustauscherharze	a. d. Brauchwasseraufbereitung
19 08 13*	Schlämme, die gefährliche Stoffe aus einer anderen Behandlung von industriellem Abwasser enthalten	

* Sondermüll

11.1.3 Container- und Behältersysteme

Bezeichnung	Aussehen	Größe in m³	Eigenschaften
Sonderabfallbehälter		1 … 3	Spezialanfertigung für ölige und pastöse Stoffe
Big-Bags		0,25 1,0 2,0	Kunststoffgewebe, sehr reißfest, wasser- und luftdicht verschließbar, auch für die Erfassung von staubenden Gütern, Tragkraft 1000 kg bei 1 m³
Foliensäcke		1,0 … 2,5	Einsatz bei Rücknahmesystemen, geeignet für die Sammlung von Folien und Verpackungsmaterialien
Kleincontainer offen oder mit Deckel, Planen, Netz		0,5 … 2	sehr variabel einsetzbar, innerbetriebliche Logistik kleiner Mengen z. B. Bauschutt, Holz auch stapelbar befüllbar
Abrollbehälter offen oder mit Deckel, Plane, Netz		4,0 8,0 bis zu 40	befahrbar
Container geschlossen (z. B. Deckel, Plane, Netz)		1,0 2,0 5,0 7,0 bis zu 40	Zum Schutze vor Fremdeinwürfen und Nässe, auch abschließbar
Absetzcontainer offen		1,0 2,0 5,0 7,0 bis zu 40	Geeignet für schwere und sperrige Stoffe z. B. Holz, Bauschutt

11.2 Arbeitsschutz

11.2.1 Verbots-, Gebots-, Warn- und Hinweisbeschilderung

DIN 4844-2 : 2021-11,
DIN EN ISO 7010 : 2020-07

11.2.1.1 Verbotsbeschilderung *prohibitions*

Verbot

Rauchen verboten

Feuer, offenes Licht und Rauchen verboten

Fußgänger verboten

Mit Wasser löschen verboten

Kein Trinkwasser

Zutritt für Unbefugte verboten

Flurförderzeuge verboten

Berühren verboten

Nicht schalten

Nichts abstellen oder lagern

Betreten der Fläche verboten

Mobilfunk verboten

Essen und Trinken verboten

11.2.1.2 Gebotsbeschilderung *mandatory-signs*

Augenschutz benutzen

Schutzhelm benutzen

Gehörschutz benutzen

Atemschutz benutzen

Fußschutz benutzen

Handschutz benutzen

Schutzkleidung benutzen

Gesichtsschutz benutzen

Für Fußgänger

Vor Arbeit freischalten

11.2.1.3 Warnbeschilderung *danger signs*

Allgemeines Warnzeichen

Feuergefährliche Stoffe

Explosionsgefährliche Stoffe

Giftige Stoffe

Ätzende Stoffe

Radioaktive Stoffe oder ionisierende Strahlen

Schwebende Last

Flurförderzeug

Gefährliche elektrische Spannung

Laserstrahl

Brandfördernde Stoffe

Magnetisches Feld

Stolpergefahr

Kälte

Batterie

Explosionsgefährdete Atmosphäre

Heiße Oberfläche

Rutschgefahr

11.2.1.4 Rettungszeichen DIN ISO 23601 : 2021-11 *emergency signs*

E00 Standort

E001 Notausgang

Notausgang rechts
* nur in Verbindung mit E001

Notausgang unten
* nur in Verbindung mit E001

E003 Erste Hilfe

E004 Notruftelefon

E007 Sammelstelle

E009 Arzt

E010 Defibrillator

E011 Augenspüleinrichtung

E012 Notdusche

E013 Krankentrage

11.2.1.5 Brandschutzzeichen *fire safety signs*

F03 Löschschlauch

F04 Leiter

F05 Feuerlöscher

F06 Brandmeldetelefon

F07 Mittel u. Geräte zur Brand bekämpfung

F08 Brandmelder (manuell)

11.2.2 Gefahrstoffe *hazardous substances*

11.2.2.1 Gefahrensymbole und Gefahrenbezeichnung DIN 4844-2 : 2021-11

Kennzeichnung ab 2008	Beschreibung	Seit 2018 nicht mehr erlaubt
GHS06	**Tödliche Vergiftung** Produkte können selbst in kleinen Mengen auf der Haut, durch Einatmen oder Verschlucken zu schweren oder gar tödlichen Vergiftungen föhren. Die meisten dieser Produkte sind Verbrauchern nur eingeschränkt zugänglich. Lassen Sie keinen direkten Kontakt zu.	T+ Sehr giftig oder T Giftig
GHS08	**Schwerer Gesundheitsschaden, bei Kindern möglicherweise mit Todesfolge** Produkte können schwere Gesundheitsschäden verursachen. Dieses Symbol warnt vor einer Gefährdung der Schwangerschaft, einer krebserzeugenden Wirkung und ähnlich schweren Gesundheitsrisiken. Produkte sind mit Vorsicht zu benutzen.	oder Xn Gesundheitsschädlich
GHS05	**Zerstörung von Haut oder Augen** Produkte können bereits nach kurzem Kontakt Hautflächen mit Narbenbildung schädigen oder in den Augen zu dauerhaften Sehstörungen führen. Schützen Sie beim Gebrauch Haut und Augen!	C Ätzend oder Xi Reizend
GHS07	**Gesundheitsgefährdung** Vor allen Gefahren, die in kleinen Mengen nicht zum Tod oder einem schweren Gesundheitsschaden führen, wird so gewarnt. Hierzu gehört die Reizung der Haut oder die Auslösung einer Allergie. Das Symbol wird aber auch als Warnung vor anderen Gefahren, wie der Entzöndbarkeit genutzt.	Xn Gesundheitsschädlich oder Xi Reizend
GHS09	**Gefährlich für Tiere und die Umwelt** Produkte können in der Umwelt kurz- oder langfristig Schäden verursachen. Sie können kleine Tiere (Wasserflöhe und Fische) töten oder auch längerfristig in der Umwelt schädlich wirken. Keinesfalls ins Abwasser oder den Hausmüll schütten!	N Umweltgefährlich
GHS02	**Entzündet sich schnell** Produkte entzünden sich schnell in der Nähe von Hitze oder Flammen. Sprays mit dieser Kennzeichnung dürfen keineswegs auf heiße Oberflächen oder in der Nähe offener Flammen versprüht werden.	F+ Hochentzündlich oder F Entzündlich

11.3 Brandschutz *fire prevention*

11.3.1 Brandentstehung *brand genesis*

Voraussetzungen für alle Verbrennungsvorgänge

Darstellung der Explosionsgrenzen und Explosionspunkte an der Dampfdruckkurve

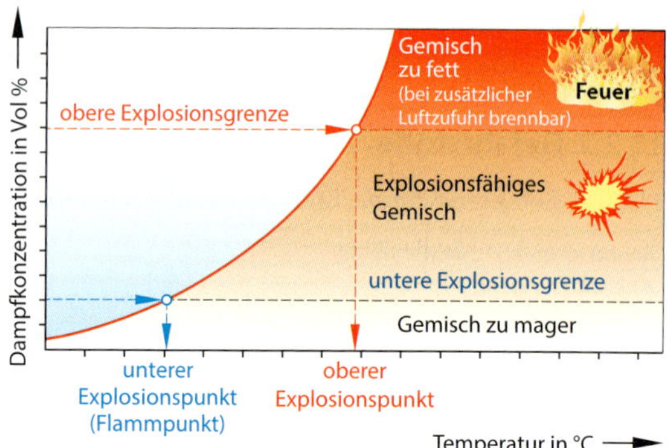

11.3.2 Vorbeugender Brandschutz und Brandschutzmaßnahmen *Fire prevention and fire safety measures*

Brandklassen nach DIN EN 2 : 2005-01 und geeignete Löschmittel *Fire classes and fire-extinguishing mediums*

Übersicht über den Anwendungsbereich der Löschmittel		
Brandklasse	**Art des brennbaren Stoffes**	**Geeignete Handfeuerlöscher**
A	Brennbare feste Stoffe (außer Metalle) wie z. B. Holz, Kohle, Papier, Stroh, Textilien usw.	Pulverlöscher mit ABC-Löschpulver, Wasserlöscher, Schaumlöscher
B	Brennbare flüssige Stoffe, z. B. Benzin, Fett, Lack, Öl, Teer, Verdünnung usw.	Kohlendioxidlöscher, Pulverlöscher mit • ABC-Löschpulver oder • BC-Löschpulver, Schaumlöscher
C	Brennbare gasförmige Stoffe, insbesondere unter Druck ausströmende Gase wie z. B. Azetylen, Butan, Methan, Propan, Wasserstoff, Erd- und Stadtgas usw.	Pulverlöscher • mit ABC-Löschpulver oder • mit BC-Löschpulver
D	Brennbare Metalle wie z. B. Aluminium, Kalium, Lithium, Magnesium, Natrium und deren Verbindungen	Pulverlöscher mit Metallbrandlöschpulver

Übersicht über den Anwendungsbereich der Löschmittel		
Brandklasse	**Art des brennbaren Stoffes**	**Geeignete Handfeuerlöscher**
E	Brandklasse wurde abgeschafft!!! Früher: Brände in Niederspannungsanlagen	Heutige Feuerlöscher dürfen alle in Niederspannungsanlagen eingesetzt werden
F	Brennbare Speiseöle/-fette	Spezial-Fettbrandfeuerlöscher Bei Speiseöl- und Fettbränden wirkt das Lösch mittel durch Verseifung der brennenden Flüs sigkeit. Es bildet sich eine Sperrschicht, die die Zufuhr von Sauerstoff unterbindet. Gleichzeitig kühlt das Löschmittel das Speiseöl oder Speisefett unter die Selbstzündungstemperatur ab und verhindert ein erneutes Aufflammen des Brandes.

Brände verhüten ▶ siehe Kap_11.pdf 

Brände verhüten

Feuer, offenes Licht und Rauchen verboten

Verhalten im Brandfall

Ruhe bewahren

Brand melden

Notruf 112

Handfeuermelder betätigen
Ort:

Gefährdete Personen warnen
Hilflose mitnehmen
Türen schließen

In Sicherheit bringen

Gekennzeichneten Fluchtwegen folgen

Aufzug nicht benutzen

Auf Anweisungen achten

Löschversuche unternehmen

Feuerlöscher benutzen

Wandhydranten benutzen

Einrichtungen zur Brandbekämpfung benutzen (Löschdecke)

Löschanlage mit offenen Düsen oder Sprinkleranlage (s. auch Kap. 6.3.2) mit *unmittelbarem Anschluss* – Löschwasserübergabe (LWÜ): *Direktanschlussstation*

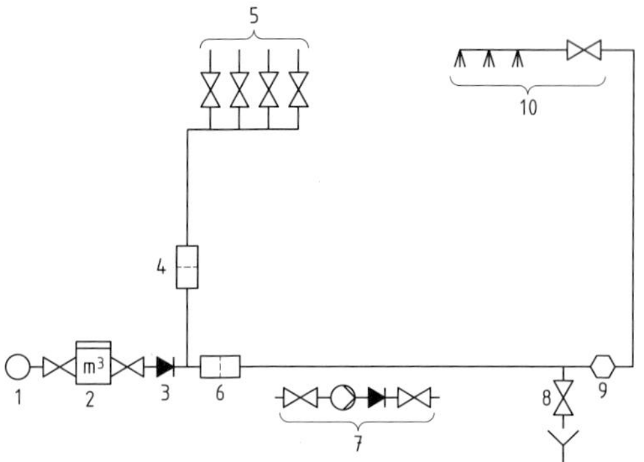

Legende

1 Hauptversorgungsleitung des öffentlichen Wasserversorgers
2 Wasserzähleranlage
3 Rückflussverhinderer
4 Mechanisch wirkender Filter
5 Ständige Trinkwasserverbraucher
6 Steinfänger
7 Druckerhhungsanlage, optional
8 Automatische Spüleinrichtung
9 Direktanschlussstation
10 Löschanlage mit offenen Düsen und Sprühwasserventilstation oder Sprinkleranlage

Löschanlage mit offenen Düsen oder Sprinkleranlage mit *mittelbarem Anschluss* – Löschwasserübergabe (LWÜ): *Freier Auslauf*

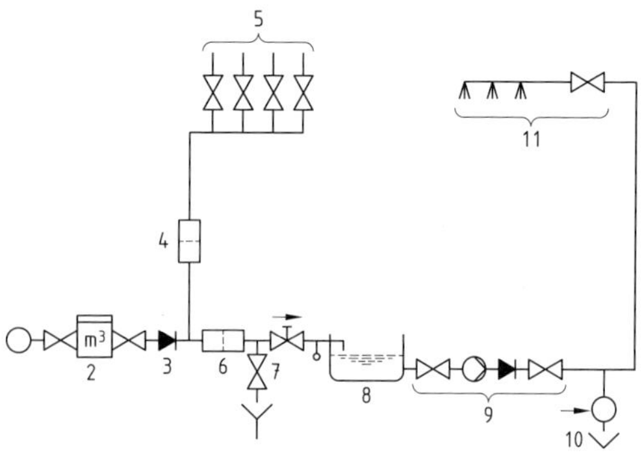

Legende

1 Hauptversorgungsleitung des öffentlichen Wasserversorgers
2 Wasserzähleranlage
3 Rückflussverhinderer
4 Mechanisch wirkender Filter
5 Ständige Trinkwasserverbraucher
6 Steinfänger
7 Automatische Spüleinrichtung
8 Vorlagebehälter mit freiem Auslauf, z. B. Typ AB nach DIN EN 1717
9 Druckerhöhungsanlage
10 Fremdwassereinspeisung
11 Löschanlage mit offenen Düsen und Sprühwasserventilstation oder Sprinkleranlage mit Alarmventilstation

Löschanlage mit offenen Düsen mit unmittelbarem Anschluss – Löschwasserübergabe (LWÜ): *Füll- und Entleerungsstation*

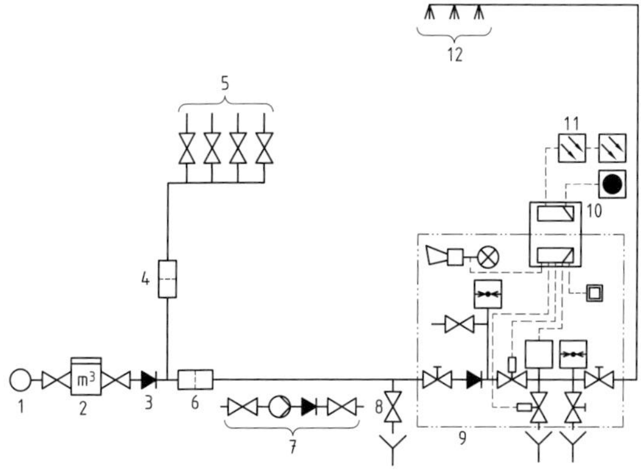

Legende

1 Hauptversorgungsleitung des öffentlichen Wasserversorgers
2 Wasserzähleranlage
3 Rückflussverhinderer
4 Mechanisch wirkender Filter
5 Ständige Trinkwasserverbraucher
6 Steinfänger
7 Druckerhöhungsanlage, optional streichen
8 Automatische Spüleinrichtung
9 Füll- und Entleerungsstation
10 Handfeuermelder
11 Automatischer Melder, z. B. optischer Rauchmelder
12 Löschanlage mit offenen Düsen

Anlage mit Unter- und Überflurhydranten bei einem Löschwasserbedarf kleiner als dem Trinkwasserbedarf – Löschwasserübergabe (LWÜ): *Unter- oder Überflurhydrant*

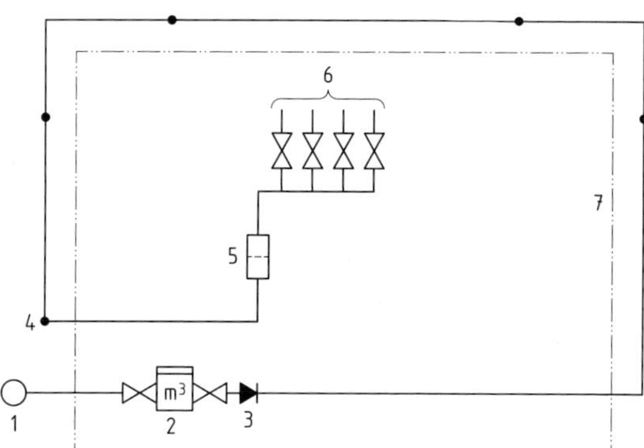

Legende

1 Hauptversorgungsleitung des öffentlichen Wasserversorgers
2 Wasserzähleranlage
3 Rückflussverhinderer
4 Hydrant, z. B. Unterflurhydrant
5 Mechanisch wirkender Filter
6 Ständige Trinkwasserverbraucher
7 Gebäude

Anlage mit Unter- und Überflurhydranten mit unmittelbarem Anschluss – Löschwasser Übergabe (LWÜ): *Füll- und Entleerungsstation*

Legende

1 Hauptversorgungsleitung des öffentlichen Wasserversorgers
2 Wasserzähleranlage
3 Rückflussverhinderer
4 Mechanisch wirkender Filter
5 Ständige Trinkwasserverbraucher
6 Steinfänger
7 Druckerhöhungsanlage, optional
8 Automatische Spüleinrichtung
9 Füll- und Entleerungsstation
10 Grenztaster
11 Hydrant, z. B. Unterflurhydrant
12 Be- und Entlüftungsventil
13 Gebäude

Anlage mit Unter- und Überflurhydranten mit mittelbarem Anschluss- Löschwasserübergabe (LWÜ): *Freier Auslauf*

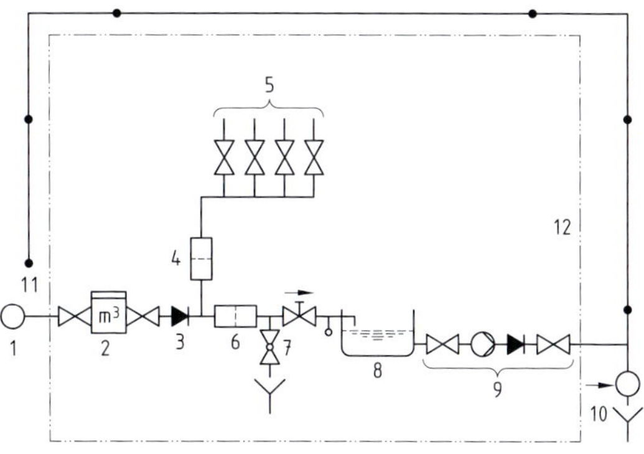

Legende

1 Hauptversorgungsleitung des öffentlichen Wasserversorgers
2 Wasserzähleranlage
3 Rückflussverhinderer
4 Mechanisch wirkender Filter
5 Ständige Trinkwasserverbraucher
6 Steinfänger
7 Automatische Spüleinrichtung
8 Vorlagebehälter mit freiem Auslauf, z. B. Typ AB nach DIN EN 1717
9 Druckerhöhungsanlage
10 Fremdwassereinspeisung
11 Hydrant, z. B. Unterflurhydrant
12 Gebäude

Klassifizierung von Bauprodukten und Bauarten nach ihrem Brandverhalten

Feuerwiderstandsfähigkeit von Bauteilen DIN EN 13501-2 : 2016-12			
	Funktion	**Die Fähigkeit eines Bauteils**	**Anwendungsbereich**
R	Tragfähigkeit (Résistance)	begrenzte Verformung	
E	Raumabschluss (Étanchéité)	Einer Brandbeanspruchung von nur einer Seite zu widerstehen	
I	Isolation	Hitzebarriere Wärmedämmung unter Brandeinfluss	
W	Strahlung (Radiation)	Die auf der feuerabgewandten Seite gemessene Hitzestrahlung für gewisse Zeit zu widerstehen	
M	mechanisch	Mechanische Einwirkung auf Wände	
S	Rauchschutz (Smoke)	Begrenzung der Rauchdurchlässigkeit/Dichtheit	Rauchschutztüren, Lüftungsanlagen und -klappen
	z. B. S200 Rauchschutz 200 °C Prüftemperatur		
C	Selbstschließend (Closing)	Beim Auftreten von Feuer oder Rauch eine Öffnung automatisch zu schließen	Rauchschutztüren, Feuerschutzabschlüsse (inkl. Abschlüsse für Förderanlagen)
P		Aufrechterhaltung der Energieversorgung und Signalübermittlung	Elektrische Leitungsanlagen allgemein
I_1, I_2		Unterschiedliche Wärmedämmkriterien	Feuerschutzabschlüsse
200, 300 °C		Angaben der Temperaturbeanspruchung	Rauchschutztüren

Feuerwiderstandsfähigkeit von Bauteilen DIN EN 13501-2 : 2016-12			
	Funktion	**Die Fähigkeit eines Bauteils**	**Anwendungsbereich**
i (in) o (out)	z. B. i → o	Richtung der klassifizierten Feuerwiderstands-dauer	Nicht tragende Außen-wände, Installations-schächte, Lüftungs-anlagen und -klappen
a (above) b (below)	z. B. a → b oben nach unten a ↔ b von beiden Richtungen	Richtung der klassifizierten Feuerwiderstands-dauer	Unterdecken
f (full)		Beanspruchung durch volle Einheitstemperatur-zeitkurve, Vollbrand	Doppelboden
v (vertical) h (horizontal)		Für vertikalen/horizontalen Einbau klassifiziert	Lüftungsleitungen/ -klappen

Brandparallel-erscheinungen (s: smoke) (d: droplets)	s1: keine Sichtbehinderung durch Rauchentwicklung
	s2: Sichtbehinderung durch Rauchentwicklung
	s3: starke Sichtbehinderung durch Rauchentwicklung
	d0: kein brennendes Abtropfen oder Abfallen
	d1: brennendes Abtropfen oder Abfallen über max. 10 Sek. (in einem 10 Min. Test)
	d2: brennendes Abtropfen oder Abfallen mehr als 10 Sek. (in einem 10 Min. Test)

Feuerwiderstandsklassen nach DIN EN 13501-2 : 2016-12 (Bezeichnung nach alt DIN 4102)						
Bauaufsichtliche Benennung	**Tragende Bauteile ohne Raumabschluss**	**Tragende Bauteile mit Raumabschluss**	**Nicht tragende Innenwände**	**Nicht tragende Außenwände**	**Doppelböden**	**Selbstst. Unterdecken**
feuerhemmend	R 30	REI30	EI30	E 30 i → o EI 30 o → i	REI 30 ETK (f)	EI 30 a → b EI 30 b → a EI 30 a ↔ b
	F 30	F 30	F 30	W 30	F 30	F 30
	R 60	REI 60	EI60	E 60 i → o EI 60 o → i	REI 60 ETK (f)	EI 60 a → b EI 60 b → a EI 60 a ↔ b
	F 60	F 60	F 60	W 60	F 60	F 60
feuerbeständig	R 90	REI 90	EI 90	E 90 i → o EI 90 o → i	REI 90 ETK (f)	EI 90 a → b EI 90 b → a EI 90 a ↔ b
	F 90	F 90	F 90	W 90	F 90	F 90
Feuerwiderstandsdauer 120 min	R 120	REI 120				
	F 120	F 120				
Brandwand		REI-M 90	EI-M 90			

Feuerwiderstandsklassen nach DIN EN 13501-2 : 2016-12 Sonderbauteile (Bezeichnung nach alt DIN 4102)					
Bauaufsichtliche Benennung	**Feuerschutzabschlüsse (inkl. Förderanlagen) ohne Rauchschutz**	**Feuerschutzabschlüsse (inkl. Förderanlagen) mit Rauchschutz**	**Rauchschutztüren**	**Abschottungen elektr. Leitungen**	**Rohrabschottung**
feuerhemmend	EI_2 30-C	EI_2 30-CS_{200}		EI 30 EI 60	EI 30 EI 60
	T 30 T 60	T 30 RS T 60 RS		S 30 S 60	R 30 R 60
feuerbeständig	EI_2 90-C	EI_2 90-CS_{200}		EI 90	EI 90
	T 90	T 90 RS		S 90	R 90
Feuerwiderstandsdauer 120 min				EI 120	EI 120
				S 120	R 120
rauchdicht, selbstschließend			CS_{200}		
			RS		

Feuerwiderstandsklassen nach DIN EN 13501-2 : 2016-12 Sonderbauteile (Bezeichnung nach alt DIN 4102)					
Bauaufsichtliche Benennung	**Lüftungsleitungen**	**Klappen in Lüftungsleitungen**	**Installationsschächte und -kanäle**	**Elektr. Leitungsanlagen mit Funktionserhalt**	**Brandschutzverglasung**
feuerhemmend	EI 30 ($v_e h_o i \leftrightarrow o$)-S EI 60 ($v_e h_o i \leftrightarrow o$)-S	EI 30 ($v_e h_o i \leftrightarrow o$)-S EI 60 ($v_e h_o i \leftrightarrow o$)-S	EI 30 ($v_e h_o i \leftrightarrow o$)-S EI 60 ($v_e h_o i \leftrightarrow o$)-S	P 30 P 60	E 30 E 60
	L 30 L 30	K 30 K 60	I 30 I 60	E 30 E 60	G 30 G 60
feuerbeständig	EI 90 ($v_e h_o i \leftrightarrow o$)-S	EI 90 ($v_e h_o i \leftrightarrow o$)-S	EI 90 ($v_e h_o i \leftrightarrow o$)-S	P 90	EI 90
	L 90	K 90	I 90	E 90	G 90

Baustoffklassen nach DIN EN 13501-2 : 2016-12				
Bauaufsichtliche Benennung	**Zusatzanforderung: kein Rauch**	**Zusatzanforderung: kein brennendes Abfallen/Abtropfen**	**Klasse nach DIN EN 13501**	**Klasse nach alt DIN 4102**
nicht brennbar	×	×	A 1	A 1
	×	×	A 2 – s1 d0	A 2
schwer entflammbar	×	×	B, C – s1 d0	B 1
		×	B, C – s3 d0	
	×		B, C – s1 d2	
			B, C – s3 d2	
normal entflammbar		×	D – s3 d0 E	B 2
			D – s3 d2	
			E – d2	
leicht entflammbar			F	B 3

11

Feuerwiderstandsklassen bei Leitungsdurchführungen laut Musterbauordnung (MBO 2002)

Gebäudeklassen Bauteile	GK 1 (a+b)	GK 2	GK 3	GK 4	GK 5	Sonderbauten
OKF = Oberkante Fußboden von Aufenthaltsräumen ab Oberkante Erdreich	Freistehende Gebäude ≤ 7 m OKF (≤ 2 Nutzungseinheiten und insgesamt ≤ 400 m²)[1]	Gebäude ≤ 7 m OKF (≤ 2 Nutzungseinheiten und insgesamt ≤ 400 m²)[1]	sonstige Gebäude ≤ 7 m OKF[1]	Gebäude ≤ 13 m OKF (Nutzungseinheiten mit jeweils nicht mehr als 400 m²)[1]	sonstige Gebäude ≤ 22 m OKF[1]	– Hotels – Versammlungsstätten – Sportstätten – Schulen – Krankenhäuser jeder Höhe und Hochhäuser ≥ 22 m OKF[3]
Bauteile in Kellergeschossen (Decken), MBO § 31 (2)	F 30	F 30	F 90	F 90	F 90	F 90/F 120[3]
Bauteile in Obergeschossen (Decken), MBO § 31 (1)	keine Anforderungen	F 30[2]	F 30[2]	F 60/F 90[2) 5)]	F 90[2]	F 90[2]
Raumabschließende Trennwände in Obergeschossen, z. B. Wohnungstrennwände bzw. Trennwände von Nutzungseinheiten, MBO § 29	keine Anforderungen	F 30	F 30	F 60/F 90[5]	F 90	F 90[3]
Wände von notwendigen Fluren und Ausgänge ins Freie, MBO § 36 (4)	keine Anforderungen	keine Anforderungen	F 30 Obergeschoss Keller F 30	F 30 Obergeschoss Keller F 90	F 30 Obergeschoss Keller F 90	F 30 Obergeschoss Keller F 90
Wände von notwendigen Treppenräumen, MBO § 35 (3)	keine Anforderungen	F 30-A	F 30-A	F 60/F 90-A[5]	F 90-A	F 90-A[3]
Gebäudetrennwände/Brandwände, MBO § 30	keine Anforderungen	F 60/F 90-AB[5]	F 60/F 90-AB[5]	F 60/F 90-AB[5]	F 90-A	F 90-A[3]

[1] Nach § 40 werden keine Anforderungen an die Abschottung von Leitungsanlagen, Installationsschächten, Kanälen und Leitungsanlagen innerhalb von Wohnungen und Nutzungseinheiten mit nicht mehr als 400 m² und nicht mehr als 2 Geschossen gestellt.

[2] Für Decken zu Dachräumen und Flachdächern gelten keine besonderen Anforderungen, wenn sich im Dachraum keine Aufenthaltsräume befinden.

[3] In Sonderbauten gelten differenzierte Anforderungen. Details sind den Sonderbauordnungen und dem spez. Brandschutzkonzept als Bestandteil der Baugenehmigung zu entnehmen.

[4] In Bayern, Hessen, Hamburg gelten F 30 Anforderungen für tragende Bauteile im Kellergeschoss. Leitungsabschottungen in F 30 Bauteilen mit Anforderungen an den Wärme-, Schall- und Brandschutz.

[5] Abschottungen für F 60 Bauteile sind zurzeit im Markt nicht verfügbar, deshalb Abschottungen für F 90 Bauteile einbauen.

Leitungsdurchführungen mit Anforderungen an den Wärme- und Schallschutz

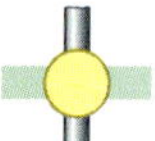
Leitungsabschottungen in F 30 Bauteilen mit Anforderungen an den Wärme-, Schall- und Brandschutz

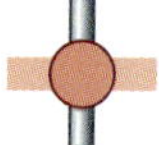
Leitungsabschottungen in F 60/F 90/F 120 Bauteilen mit Anforderungen an den Wärme-, Schall- und Brandschutz

Leitungsanlagen in Flucht- und Rettungswegen

Brandlastenfreie Leitungsstraße bei offener Verlegung

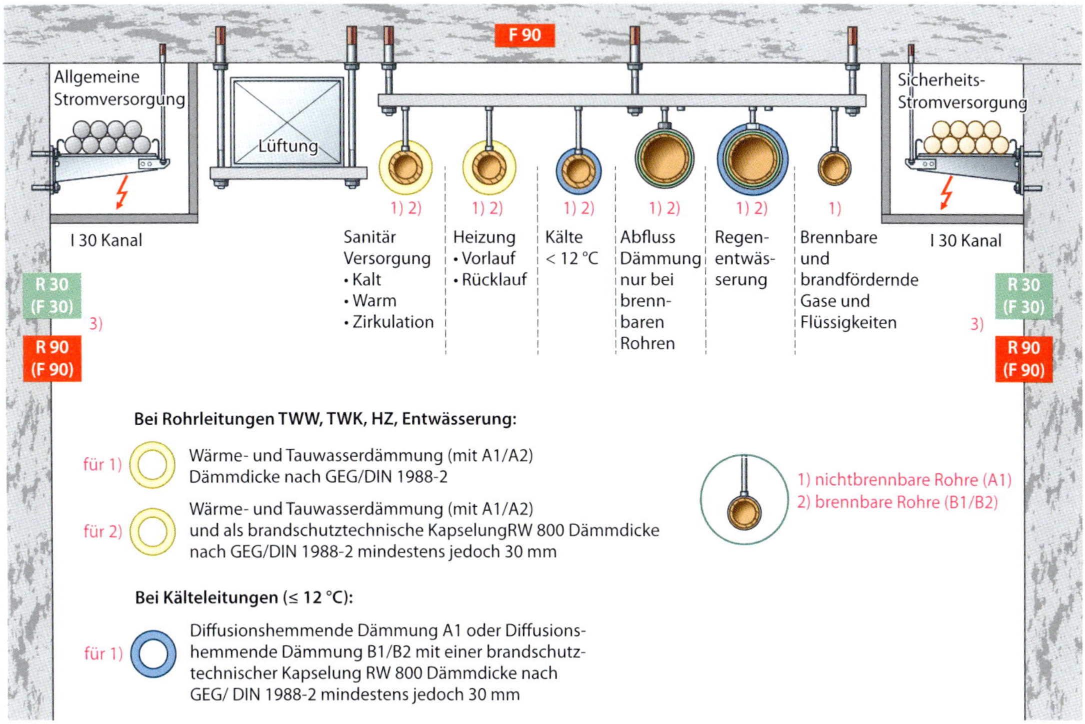

F 90

Allgemeine Stromversorgung

Lüftung

Sicherheits-Stromversorgung

I 30 Kanal

1) 2) Sanitär Versorgung
• Kalt
• Warm
• Zirkulation

1) 2) Heizung
• Vorlauf
• Rücklauf

1) 2) Kälte < 12 °C

1) 2) Abfluss Dämmung nur bei brennbaren Rohren

1) 2) Regenentwässerung

1) Brennbare und brandfördernde Gase und Flüssigkeiten

I 30 Kanal

R 30 (F 30) 3)
R 90 (F 90)

Bei Rohrleitungen TWW, TWK, HZ, Entwässerung:

für 1) Wärme- und Tauwasserdämmung (mit A1/A2) Dämmdicke nach GEG/DIN 1988-2

für 2) Wärme- und Tauwasserdämmung (mit A1/A2) und als brandschutztechnische KapselungRW 800 Dämmdicke nach GEG/DIN 1988-2 mindestens jedoch 30 mm

1) nichtbrennbare Rohre (A1)
2) brennbare Rohre (B1/B2)

Bei Kälteleitungen (≤ 12 °C):

für 1) Diffusionshemmende Dämmung A1 oder Diffusionshemmende Dämmung B1/B2 mit einer brandschutztechnischer Kapselung RW 800 Dämmdicke nach GEG/ DIN 1988-2 mindestens jedoch 30 mm

Leitungsstraßen oberhalb einer F 30 Unterdecke

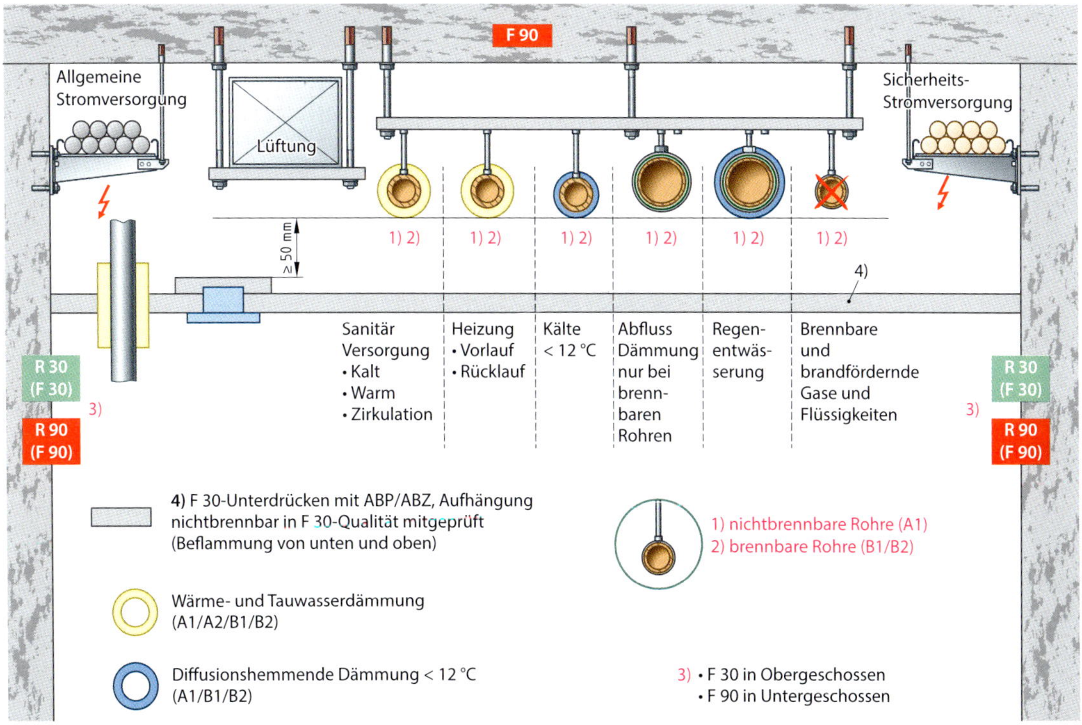

F 90

Allgemeine Stromversorgung

Lüftung

Sicherheits-Stromversorgung

≥ 50 mm

1) 2) Sanitär Versorgung
• Kalt
• Warm
• Zirkulation

1) 2) Heizung
• Vorlauf
• Rücklauf

1) 2) Kälte < 12 °C

1) 2) Abfluss Dämmung nur bei brennbaren Rohren

1) 2) Regenentwässerung

1) 2) Brennbare und brandfördernde Gase und Flüssigkeiten

4)

R 30 (F 30) 3)
R 90 (F 90)

4) F 30-Unterdrücken mit ABP/ABZ, Aufhängung nichtbrennbar in F 30-Qualität mitgeprüft (Beflammung von unten und oben)

1) nichtbrennbare Rohre (A1)
2) brennbare Rohre (B1/B2)

Wärme- und Tauwasserdämmung (A1/A2/B1/B2)

Diffusionshemmende Dämmung < 12 °C (A1/B1/B2)

3) • F 30 in Obergeschossen
• F 90 in Untergeschossen

11.4 Lärmschutz *noise protection*

▶ siehe Kap_11.pdf 

11.4.1 Schallpegel *sound level*

Von der Hörschwelle bis zum Atmosphärendruck

Anzahl Hörschwellenmücken	Schallpegel	Beispiel		Wirkung
1	0 db (A)		Hörschwelle	?
1 000	30 db (A)		Bibliothek	bis 55 db (A) konzentriertes Arbeiten möglich
1 000 000	60 db (A)		Fernsehgerät	55 db (A) Konzentrationsstörung möglich
1 000 000 000	90 db (A)		Schlagbohrer	85 db (A)
Eine Billion (10^{12})	120 db (A)		Düsentriebwerk	ab Dauerpegel 85 db (A) Gehörschaden möglich
Eine Billiarde (10^{15})	150 db (A)		Pistolenknall in Ohrnähe	137 db (C) Knall- und Explosionstrauma ab 137 db (C_{Peak}) möglich
Eine Trillion (10^{18})	180 db (A)		Explosion	
	194 db (A)		p_{max} = 1 bar	

BG-Chemie

11.4.2 Schalltechnische Begriffe

dB (A)	Da das menschliche Ohr verschieden hohe Töne (Frequenzen) des gleichen Schallpegels verschieden stark empfindet, muss der Lärm mit Filtern bei bestimmten Frequenzen entsprechend gedämpft werden. Die Frequenzbewertungskurve mit Filter A berücksichtigt dies und gibt den subjektiven Gehöreindruck an. Ein Unterschied von 10 dB (A) entspricht etwa einer Verdoppelung (oder Halbierung) der empfundenen Lautstärke.
Dezibel (dB)	Genormte Einheit für den Schallpegel dargestellt auf logarithmischer Skala.
Frequenz	Anzahl der Schwingungen pro Sekunde. Einheit: 1 Hertz = 1 Hz = 1/s. Die Tonhöhe steigt mit der Frequenz. Frequenzbereich des menschlichen Hörens: 16 Hz … 20 000 Hz (altersabhängig).
Lärm	Unerwünschte, belästigende oder schmerzhafte Schallwellen; Schädigung ist abhängig von der Stärke, Dauer, Frequenz und Regelmäßigkeit der Einwirkung. Bei einem Lärmpegel von 85 dB (A) und mehr droht die Gefahr der unheilbaren Schwerhörigkeit.
Persönliche Schutzausrüstung (Schall)	Lassen sich Lärmbelastungen nicht vermeiden, ist geeigneter Gehörschutz auszuwählen. Unter dem Gehörschützer sind maximal zulässige Expositionswerte von 85 dB (A) einzuhalten.
Schallpegel	Schall entsteht durch mechanische Schwingungen. Er breitet sich in gasförmigen, flüssigen und festen Körpern aus.
Schallschutzstufen	Die Richtlinie VDI 4100 definiert drei Schallschutzstufen für die Beurteilung unterschiedlicher Qualitäten des baulichen Schallschutzes.

11.4.3 Lärmwirkung *noise effect*

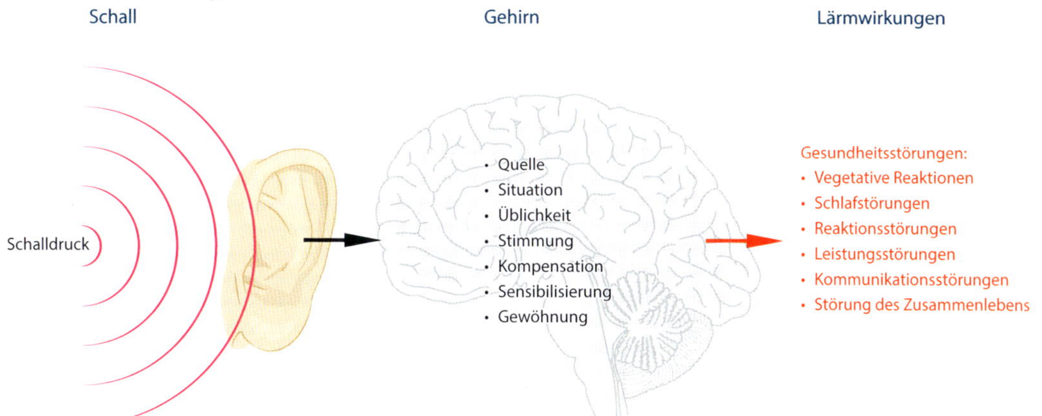

11.4.4 Lärmminderungsmöglichkeiten *noise reduction*

Maßnahme	Beispiel
Organisatorische Maßnahmen	• Zeitliche Verlegung • Lärmpausen • Räumliche Trennung von lauten und leisen Arbeitsplätzen
Geräuschminderung an der Lärmquelle	• Konstruktive Maßnahmen • Geräuscharme Maschinen • Geräuscharme Verfahren
Geräuschminderung auf dem Ausbreitungsweg	• Minderung der Luftschallübertragung (z. B. Kapseln, Schalldämpfer) • Minderung der Körperschallübertragung (z. B. Schwingungsdämpfer, Trennfugen)
Geräuschminderung am Arbeitsort	• Kabinen • Schallschutzschirme
Persönliche Schutzmaßnahmen	• Gehörschutzstöpsel • Kapselgehörschützer, • Otoplastiken, • Bügelstöpsel

11.4.5 Unfallverhütungsvorschriften für lärmerzeugende Betriebe

- Kennzeichnungspflicht (ab 90 dB (A))
- Ab 85 dB (A) müssen Schallschutzmittel benutzt werden
- Ab 80 dB (A) müssen Schallschutzmittel zur Verfügung stehen
- Vorsorgeuntersuchungen durch Fachärzte sind verpflichtend
- neue Arbeitsstätten müssen nach dem Stand der Technik lärmgemindert werden

11.4.6 Lärmgrenzwerte *noise limit values* nach Arbeitsstättenverordnung (VDI 2058, Blatt 3 : 2014-08)

Grenzwert	Lärmbeurteilung	Tätigkeitsanforderungen	Praxisbeispiele
≤ 55 dB (A)	überwiegend geistigen Tätigkeiten	• *hohe Komplexität* • *schöpferisches Denken* • *Entscheidungsfindung* • *Problemlösungen*	• *Teilnahme z. B. an Verhandlungen, Prüfungen, Lehrtätigkeit in Unterrichtsräumen* • *wissenschaftliches Arbeiten (z. B. Abfassen von Texten) und Entwickeln von Programmen* • *Untersuchungen, Behandlungen und Operationen* • *technisch-wissenschaftliche Berechnungen* • *Dialogarbeiten an Datenprüf- und Datensichtgeräten* • *Entwerfen, Übersetzen, Diktieren von schwierigen Texten* • *Tätigkeiten in Funkräumen, Notrufzentralen*
≤ 70 dB (A)	einfache oder mechanisierte Büro- und vergleichbare Tätigkeiten	• *mittlere Komplexität* • *zeitliche Beschränkung* • *ähnlich wiederkehrende Aufgaben bzw. Arbeitsinhalte* • *befriedigende Sprach verständlichkeit*	• *Disponieren, Datenerfassen, Textverarbeitung* • *Arbeiten in Betriebsbüros und Laboratorien* • *Prüfen und Kontrollieren an hierfür eingerichteten Arbeitsplätzen, Arbeiten an Bildschirmgeräten* • *Bedienen von Beobachtungs-, Steuerungs- und Überwachungsanlagen in geschlossenen Messwarten und Prozessleitwarten* • *Verkaufen, Bedienen von Kunden, Tätigkeiten mit Publikumsverkehr* • *schwierige Feinmontagearbeiten*
≤ 85 dB (A)	Arbeitsplätze mit Beurteilungspegel ≤ 85 dB(A)	• *geringe Komplexität mit entsprechendem Schwierigkeitsgrad* • *durch wiederkehrende Arbeitsinhalte* • *Signalerkennbarkeit* • *Entscheidungsfindung anhand vorgegebener Alternativen*	• *handwerkliche Tätigkeiten (Anfertigen, Installieren)* • *Tätigkeiten an Fertigungsmaschinen, Vorrichtungen, Geräten* • *Warten, Instandsetzen und Reinigen technischer Einrichtungen* • *Arbeiten an Bearbeitungsmaschinen für Metall, Holz und dergleichen*

11.4.7 Schallschutzanforderungen nach DIN 4109-1 : 2018-01

11.4.7.1 Anforderungen an die Schalldämmung für Geschosshäuser mit Wohnungen und Arbeitsräumen

	Bauteile	Anforderung R'_w (Bau-Schalldämm-Maß) dB
Decken	Decken unter nutzbaren Dachräumen	≥ 53
	Wohnungstrenndecken	≥ 54
	Decken über Kellern, Hausfluren und Treppenräumen	≥ 52
	Decken unter Bad und WC	≥ 54
Wände	Wohnungstrennwände	≥ 53
	Treppenraumwände und Wände neben Hausfluren	≥ 52
	Schachtwände von Aufzugsanlagen	≥ 57

11.4.7.2 Maximal zulässige Schalldruckpegel in schutzbedürftigen Räumen (Wohn- und Schlafräumen), Anforderungen an Geräte und Armaturen

	Geräuschquellen	Maximal zulässiger Schalldruckpegel L_{AF}, Armaturengeräuschpegel L_{ap} dB
Anlagen	Sanitärtechnik/Wasserinstallation gemeinsam	≤ 30[1) 2) 3)]
	Sonstige hausinterne, fest installierte Schallquellen inkl. Garagenanlagen	≤ 30[4)]
	Fest installierte Schallquellen der Raumlufttechnik	≤ 30[1) 2) 3) 4)]
	Fest installierte Schallquellen von heiztechnischen Anlagen (Empfehlung nach DIN 4109-1, Anhang B)	≤ 30[1) 2) 3)]
Armaturen	Auslaufarmaturen	≤ 20[5)]
	Anschlussarmaturen	≤ 20[5)]
	Druckspüler	≤ 20[5)]
	Spülkästen	≤ 20[5)]
	Durchflusswassererwärmer	≤ 20[5)]
	Durchgangsarmaturen wie Absperrventile, Rückflussverhinderer, Sicherheitsgruppen, Filter	≤ 30[5)]
	Drosselarmaturen	≤ 30[5)]
	Druckminderer	≤ 30[5)]
	Duschköpfe	≤ 30[5)]
	Auslaufvorrichtungen, die direkt an die Auslaufarmatur angeschlossen werden, wie Strahlregler, Durchflussbegrenzer	≤ 15
	Auslaufvorrichtungen, die direkt an die Auslaufarmatur angeschlossen werden, wie Kugelgelenke, Rohrbelüfter, Rückflussverhinderer	≤ 25

1) Einzelne, kurzzeitige Geräuschspitzen, die beim Ein- und Ausschalten der Anlage auftreten, dürfen maximal 5 dB überschreiten
2) Voraussetzung zur Erfüllung des zulässigen Schalldruckpegel:
- Schallschutznachweise müssen vorliegen.
- Verantwortliche Bauleitung muss benannt und vor Fertigstellung der Installation hinzugezogen werden.
3) Auf eine Messung in der lautesten Raumecke wird verzichtet.
4) Es sind um 5 dB höhere Werte zulässig, sofern es sich um Dauergeräusche ohne auffällige Einzeltöne handelt.
5) Geräuschspitzen, die beim Betätigen der Armaturen entstehen, werden nicht erfasst.

Tabelle 2: Bauakustische Kennwerte für den Schallschutz in Mehrfamilienhäusern
Schallschuzstufen (SSt) nach VDI 4100 und E-DIN 4109 Teil 10

	akustische Größe	SSt I DIN 4109	SSt II	SSt III
Geräusche von Wasserinstallationen	L_{In} in dB(A)	30	30*	25**
Geräusche von sonstigen haustechnischen Anlagen	L_{AFmax} in dB(A)	30	30*	25**

*) nach E-DIN 4109-10 L_{In} = 27 dB(A)
**) nach E-DIN 4109-10 L_{In} = 24 dB(A)

Normen, Verordnungen, Vorschriften

Sachwortverzeichnis